永州市地方志丛书

永州市水利志

（1992—2019）

永州市水利志编纂委员会 编

方志出版社
Publishing House of Local Records

图书在版编目（CIP）数据

永州市水利志：1992—2019／永州市水利志编纂委员会编．— 北京：方志出版社，2022.12
ISBN 978-7-5144-5584-7

Ⅰ.①永… Ⅱ.①永… Ⅲ.①水利史-永州-1992-2019 Ⅳ.①TV-092

中国版本图书馆 CIP 数据核字(2022)第256618 号

责任编辑：李晓晓
责任校对：刘玉霞
责任印制：梅中英
出 版 者：方志出版社
地　　址：北京市朝阳区潘家园东里 9 号（国家方志馆 4 层）
邮　　编：100021
网　　址：http：//www.zgfzcb.cn
发　　行：方志出版社图书营销中心（010-67110500）
印　　刷：湖南湘衡彩印有限公司
开　　本：889 毫米×1194 毫米　1/16
印　　张：38
字　　数：1233 千字
版　　次：2022 年 12 月第 1 版
印　　次：2022 年 12 月第 1 次印刷
定　　价：320.00 元

《永州市水利志》编纂委员会

（2016 年 10 月）

主　　　任：廖荣良

常务副主任：欧阳平清

副　主　任：黄保平　曹小阳　王桂芳　李启华　蒋燕翔　蒋正生
周智亮　鲁金舟　夏剑平　黎世民　唐顺亚　李祥红
杨　勇　罗广林　陈成林　于　熙

成　　　员：石　琪　单剑平　李国旗

《永州市水利志》编纂委员会办公室

（2016 年 10 月）

主　　　任：欧阳平清（兼）

副　主　任：王方卓（2019 年 9 月起）

成　　　员：唐重斌　李志翔　谭清华　廖红华　何江辉　彭群英
黄安晓　肖　毅　雷端生　熊智华　蒋国胜　陈　琼
杨涛波　王　勇　韩少武　蒋志彦　唐　平　周珊莉
蒋仲峰　张光珍　付　炜　李国勇　刘团荣　高安德
陈茂智　何富根　杨　浩　李一平　黄　剑

《永州市水利志》编纂委员会

（2021 年 7 月）

主　　　任：黄保平

常务副主任：欧阳平清

副　主　任：廖荣良　曹小阳　蒋燕翔　刘大兵　秦雄飞　黄海涛
　　　　　　夏剑平　黎世民　凌向韶　王振华　刘德文　李建红
　　　　　　陈绍荣　张青疆

成　　　员：李启华　王桂芳　廖红华　单剑平　杨涛波

《永州市水利志》编纂委员会办公室

（2021 年 7 月）

主　　　任：欧阳平清（兼）

副　主　任：王方卓

成　　　员：周　波　彭群英　何江辉　熊智华　肖　毅　王江本
　　　　　　谷孝军　刘光明　成　刚　刘红雨　黄崇县　蒋国胜
　　　　　　唐　平　唐　奕　王　勇　蒋志彦　陈颖川　卢兆盛
　　　　　　宋定满　郑黎明　李　忠　王勇国　蔡胜军　赵丽君
　　　　　　周庚芝　肖小铁　李新娟

《永州市水利志》编纂室

主　　　编：陈颖川

副　主　编：廖红华　成　刚

编　　　辑：左建平　唐　平　蒋仲峰

图片编辑：王瑶东

《永州市水利志》审稿人员

黄保平　廖荣良　欧阳平清

《永州市水利志》终审人员

蒋政平　高　波

序　一

《永州市水利志》修编五载，即将付梓，欣然为序，聊表祝贺。

善治国者先治水，为政之要在治水。永州市历届党委、政府十分重视水利事业，动员和组织广大干部群众兴水利、除水害，建成了一大批水利工程，为永州社会经济发展奠定了坚实基础。

20 世纪 90 年代以来，永州市借改革开放的东风，推动水利事业实现一个又一个新的跨越，在全省率先引进外资和技术，在潇水上建成南津渡水电站；在全市率先采取中外合资的形式，在湘江上建成潇湘水电站；蓝山、江华等县大兴股份制水电站建设，掀起水能资源开发的热潮。

进入 21 世纪后，永州市运用市场机制，社会融资开发水电资源，晒北滩、浯溪、湘祁、五洲、大林江、五里牌、太洲等一大批上规模的水电站相继建成投产，水电开发成为永州市招商引资的重头戏，经济增长的新亮点。

2012 年后，永州市水利建设开启一个大投入、大规模、大超越的新时代。涔天河水库扩建枢纽工程、灌区工程以及毛俊大型水库工程列入“十三五”期间国务院确定的全国 172 项重大水利建设项目，总投资达 129.1 亿元。与此同时，一大批病险水库得到有效治理，农村饮水安全工程遍地开花，灌区配套改造扎实推进，河道治理成效显著，民生水利、生态水利风生水起，为农村脱贫攻坚、乡村振兴提供强大的水利支撑。

党的十八大将生态文明建设提到前所未有的战略高度，永州市开启生态水利建设新征程。永州“双河长制”治水新举措，被提名为全国十大基层治水经验，参与水利部中国水利记忆评选。最严格的水资源管理工作“三条红线”“四项制度”在全市各级得到贯彻落实，永州地表水水环境功能区达标率、饮用水水源地水质达标率、城镇集中式饮用水源地全年水质达标率都保持 100%。防汛抗旱、移民安置、水文气象等各项事业均有长足发展。总之，28 年来永州水利改革发展承前启后，继往开来，扎实推进，卓有成效，是值得浓墨重彩大书特书的。

盛世修史，传承文明。承蒙各承修单位和各县区水利局的共同努力、市地方志编纂室的精心指导、市水利局各科室站院的支持配合、水利志编纂室同志们的辛勤笔耕，《永州市水利志》史料翔实、内容丰富、图文并茂。它集时代特征、行业特点、地方特色于一体，沉甸甸的很有分量；它全面梳理了永州水利 28 年间发展变化的轨迹和脉络；它凝聚了永州水利人为兴利除害、改善民生所倾注的心血和汗水；它客观全面的记述为后人提供可以借鉴的经验和教训，彰显出存史、育人、资政和教化方面的价值和意义。

读史明智，知古鉴今。期待同志们通过读志、用志，借鉴历史，指导工作，开创未来，推动永州市水利事业在新时代取得新的更大成就。

永州市水利局二级巡视员　廖荣良

2021 年 11 月

序　二

水是生命之源，河流是人类文明的摇篮。永州市雨量丰沛、河流众多，水网密布，是湖南水域最广、水量最多的地区之一，江南水乡特色十分鲜明，因潇、湘两水在境内汇合，故有“潇湘”之雅称。永州水资源得天独厚，水文化源远流长，潇湘两水“九曲回肠”的自然形态，唐宋以来文人元结、柳宗元、周敦颐与“三溪”（浯溪、愚溪、濂溪）结缘，衍生出灿烂的潇湘水文化，让永州成为历代文人墨客的打卡胜地。

千百年来，勤劳勇敢的永州人民治水兴利，历史上记载较早的水事活动有秦始皇修灵渠，沟通漓湘两水。新中国成立后，永州各级党委、政府动员组织人民群众兴水利、除水害，在湘江干流及西源上建成湘江、太洲、潇湘、浯溪、湘祁5个梯级水利工程，在湘江东源（潇水）建成涔天河、大林江、五洲、双牌、五里牌和南津渡6个梯级水利工程。截止到2019年底，在2.24万平方公里的潇湘大地上镶嵌着各类水利工程20多万处，其中大小水库1332座（大型6座、中型31座、小型1295座），大小水闸、河坝1312座，泵站2907处，水电站671座、总装机163.2万千瓦，农村集中式供水工程2185处。这一大批水利设施的防洪、排涝、供水、灌溉、发电、旅游、航运、养殖等综合效益，不仅为永州经济社会发展提供重要支撑，还像一串串珍珠撒落在潇湘二水两岸，将永州这座历史文化名城映衬得更加光彩夺目，极大地丰富了潇湘水文化内涵。

党的十八大以来，作为湘江源头和上游地区，永州市委、市政府从2013年开始全面贯彻落实习近平生态文明思想，把湘江保护和治理摆上重要议事日程，在全省率先出台了《永州市江河水库水资源保护办法》《永州市最严格水资源管理制度》《永州市全面推行河长制实施方案》等一系列文件政策，大力实施“保护水资源，改善水环境，修复水生态”的重大战役，举全市之力“守护好一江碧水”，从源头上遏制水生态环境恶化趋势。2020年底，永州市在全国337个地级及以上城市地表水考核断面中水环境质量状况排名前列，领跑全省，湘江水质优良率100%，潇湘大地呈现山青、水碧、河畅、库美、岸绿的怡人景色。如今，水生态、水文化成为永州经济社会发展的两张最具灵性、最赋韵味的名片。

《永州市水利志》立意高远，资料翔实，全面系统地记载了永州近30年来治水兴水业绩。传承潇湘水文化，弘扬水利人精神，既有垂鉴后世的存史作用，又有服务当代的现实功能。它的出版发行，是永州市水利史上的一件大事喜事，我表示由衷的祝贺，并向关心支持和参加编纂的同志们致以诚挚的谢意。

谨以为序。

永州市水利局党组书记、局长　黄保平

2021年12月

凡　例

一、本志以马克思列宁主义、毛泽东思想、邓小平理论、“三个代表”重要思想、科学发展观、习近平新时代中国特色社会主义思想为指导思想，坚持辩证唯物主义和历史唯物主义的立场、观点和方法，实事求是、客观公正地记述28年来永州市水利改革与发展历程，力求突出新时期永州市水利行业特点和地方特色，力求思想性、科学性和资料性的统一。

二、本志是《零陵地区水利志》的续志，叙事上限为1992年，下限至2019年，为保持志书的连续性和完整性，个别事项适当上溯和下延。

三、本志以篇系事，以篇立题，除序、凡例、概述、大事记、人物、附录、索引、编后记外共设9篇，每篇设章、节、目3个层次，逐层统率。以志为主，采用志、述、记、传、图、表、录等体裁。概述为全志之纲，形式述中有议。大事记以编年体为主，结合纪事本末体。

四、人物传略坚持生不立传的原则，在世人物的先进事迹以事系人入志，设人物简介、人物名录予以收录。

五、中华民国成立前的纪年，使用朝代年号纪年，括注公元年份；中华民国成立后的纪年，均使用公元纪年。志中所称“新中国成立前（后）”，以中华人民共和国成立日1949年10月1日为界；“改革开放前（后）”，以1978年12月中共十一届三中全会召开为界。本志“××年代”，凡未加世纪者，均指20世纪。

六、本志中记述的机构名称和地名以记事年代为准，在志书中第一次出现时使用全称，括号内注明简称，再次出现时使用简称，如中国共产党湖南省委员会（简称省委）、湖南省人民政府（简称省政府）、湖南省水利厅（简称省水利厅）、中国共产党永州市委员会（简称市委）、永州市人民政府（简称市政府）、中国共产党零陵地区委员会（简称地委）、零陵地区行政公署（简称行署）、永州市水利局（简称市水利局）。地名不同时用括号加注说明。

七、1995年11月，经国务院批准，撤销零陵地区和县级永州市、冷水滩市，设立地级永州市，辖祁阳县、东安县、双牌县、道县、宁远县、江华瑶族自治县、江永县、新田县、蓝山县和芝山区、冷水滩区。2005年6月，芝山区复名零陵区。1996年3月以前称零陵地区，1996年3月以后称永州市；2005年6月以前称芝山区，2005年6月以后称零陵区。

八、本志数字用法、标点符号用法分别采用国家标准《出版物上数字用法》（GB/T 15835—2011）、《标点符号用法》（GB/T 15834—2011），计量单位采用国家技术监督局1993年12月发布的《量和单位》系列国家标准。历史上使用的计量单位，如斗、石、里、尺、磅、华氏度等，在引文时可照录。考虑到社会使用习惯，全书中亩不统一换算。

九、本志资料大部分来源于永州市水利局各科室站、各县区水利局和各承修单位，部分来自省、市水利部门档案室和省、市档案馆；还有部分来自调查、征集、口碑等资料。部分数据分项之和不等于总和的，是由于数值修约误差所致，本书未作机械调整。

永州市行政区划图

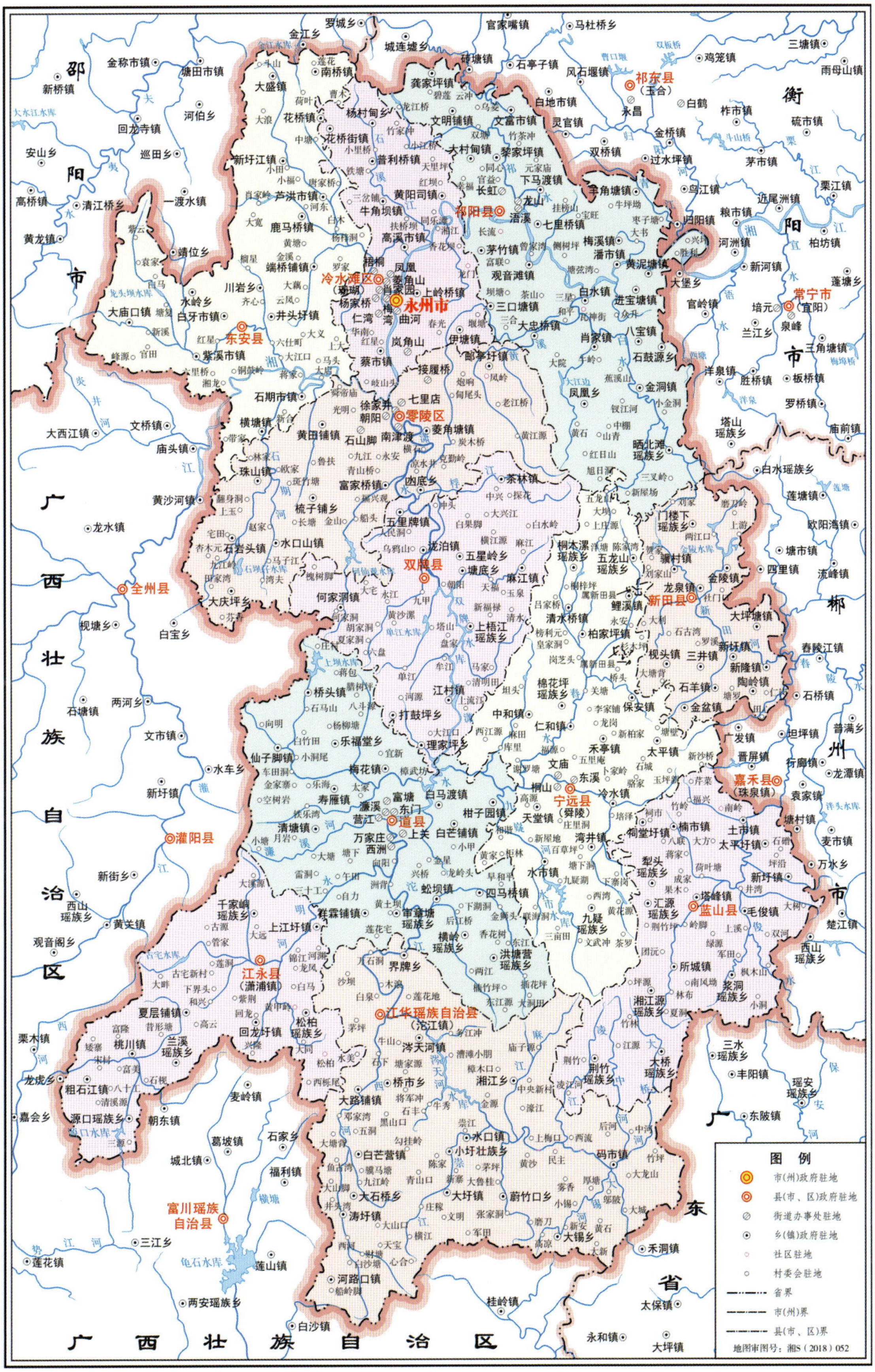

永州市
冷水滩区
零陵区
祁阳县
东安县
双牌县
道县
江永县
宁远县
新田县
蓝山县
嘉禾县
江华瑶族自治县
祁东县
常宁市
全州县
灌阳县
富川瑶族自治县
邵阳市
衡阳市
郴州市
广西壮族自治区
广东省
图例
市(州)政府驻地
县(市、区)政府驻地
街道办事处驻地
乡(镇)政府驻地
社区驻地
村委会驻地
省界
市(州)界
县(市、区)界
地图审图号：湘S（2018）052

2018年6月29日，湖南省委书记杜家亳（中）在蓝山县湘江源头调研

2012年7月9日，湖南省委书记徐守盛（左三）到涔天河水库调研

2002年8月，湖南省委书记杨正午（中）调研涔天河水库

1992年12月，湖南省委书记熊清泉（左二）调研南津渡电站

1992年11月30日，水利部部长杨振怀（前排右三）调研涔天河水库

湘江环抱的永州市中心城区——冷水滩区

拍摄人：蒋新国　供图人：李国旗

圣脉泉

宋明理学开山鼻祖周敦颐被儒家推崇为孔、孟之后的又一圣人。圣脉泉位于永州市道县周敦颐故居西侧，泉水为濂溪之源，濂溪为湘江支流。周敦颐是湖湘文化的奠基人，其哲学思想在中国影响深远，故有“吾道南来，原是濂溪一脉；大江东去，无非湘水余波”之说，“圣脉”二字系明朝嘉靖年间知州方进所题。

湖南最早水系图石刻——《道州江华县阳华岩图并序》

禁水碑——清朝乾隆和嘉庆年间道县祥霖铺镇莫家湾村为保护水源立碑禁水

九龙井位于江华瑶族自治县原始檵木林内，檵木的根系十分发达，盘根错节，林地涌出九股清泉，故名“九龙井”。传说唐朝时有一年大旱，九龙井下游两村的村民因引水灌溉发生纠纷。道州刺吏元结到江华调处水事纠纷。元结通过仔细勘查两村田地，组织村民在九龙井出水口修筑一道石坝，坝上开凿九道槽坎，下游疏通几道水渠，将井水一分九支，抗旱时燃香放水，一炷香一亩田依次灌溉。九龙井石坝上刻有两行字：“神泉天赐，水流同源；世代共有，永享太平！”从此，两村百姓按照分水石调配水源，再没有发生水事纠纷，村民和睦相处，友善如初。

九龙井分水石槽

江永县上甘棠村是湖南省到目前为止发现年代最为久远的千年古村落，村内至今仍然保存着200多幢明清时代的古民居。村前谢沐河上筑有护村石墙（防洪墙）。西汉元鼎六年（前111年）设立谢沐县，县治设上甘棠，历时700年。据载，唐朝征南大元帅周如锡次子弘本定居上甘棠，开始在谢沐河上修筑护村墙2750米，历经沧桑，护村墙现保存下来1000余米，成为永州古代水利建筑经典之作。

上甘棠村古防洪墙

湘江西源东安县湘江第一湾

湘江源头第一泉——蓝山天泉

湘江是长江七大支流之一、湖南省最大河流，发源于永州市蓝山县湘江源瑶族乡野狗岭，流经江华瑶族自治县、道县、双牌县，在零陵区萍岛与湘江西源汇合，经祁阳县进入衡阳市，流经株洲市、湘潭市、长沙市，至岳阳市的湘阴县注入洞庭湖。湘江全长948公里，在永州境内515公里，占总长的54.3%。总流域面积9.47万平方公里，永州境内的流域面积2.1398万平方公里，占总面积的22.6%。

祁阳县国家水利风景区——浯溪水利风景区

永州八景，名盛天下：香零烟雨，朝阳旭日、回龙夕照、萍洲春涨、恩院风荷、愚溪眺雪、绿天蕉影、山寺晚钟，八景分布在零陵古郡潇湘两岸，自然景观、人文景观串为一线，交织成一幅山、水、洲、城、林的"百里画廊"，宋代大文豪欧阳修赋有"画图曾识零陵郡，今日方知画不如"的佳句。

永州八景之一——香零烟雨

江永县国家水利风景区——千家峒水利风景区

涔天河水库景区

孕育潇水的千里大瑶山

双牌县国家水利风景区——阳明山水利风景区

江华瑶族自治县国家水利风景区——潇湘源水利风景区

涔天河水库
扩建工程

涔天河水库扩建工程是在原涔天河大型水库的基础上扩建的国家水利重点工程，工程包括枢纽、灌区两个项目，是国家“十三五”期间172项重大节水工程中的2个，总投资130亿元，工程项目位于湖南省永州市江华瑶族自治县境内的湘江上游。2012年8月5日，涔天河水库扩建工程开工。水库大坝为混凝土面板堆石坝，最大坝高114米，正常蓄水位313米，总库容15.1亿立方米，电站装机20万千瓦，设计年发电量4.58亿千瓦时。2016年12月30日，水库下闸蓄水。2017年9月23日，电站首台机组并网发电。2018年6月9日，4台机组全部并网发电。

1998年，原涔天河水利水电管理局局长郭懋德（中），在左岸山顶查看扩建工程规划布置情况

涔天河扩建工程建设投资有限责任公司领导班子成员到工程建设现场办公

零陵区猫儿岩水库

江永县源口水库

湘江源第一坝——蓝山县板塘抽水蓄能水库

冷水滩区岭口水库

毛俊水库

建设中的蓝山县毛俊水库是一座大（2）型水库，设计库容1.165亿立方米，设计灌溉面积41.15万亩，总投资28.93亿元。工程于2018年5月正式开工，到2020年3月，累计完成投资13.13亿元。

1 江华瑶族自治县草岭水库
2 祁阳县叶家井水库
3 潇湘水电站水库下游

1 2
3 4

1 东安县高岩水库下游
2 道县天鹅塘水库
3 零陵区石坝仔水库
4 东安县松江水库

天鹅塘水库

蓝山县红卫水库施工场景

祁阳县官塘水库

宁远县仁和坝

1 双牌县阳明山水库
2 江永县古宅水库
3 冷水滩区山口水库

宁远县凤仙桥水库

新田县肥源水库

1 2 3

4 5 6

1 双牌电站大坝
2 双牌电站更新改造后旧貌换新颜
3 电站工人劳作场景
4 南津渡电站办公楼
5、6 南津渡电站大坝

1 冷水滩区潇湘水电站拦河大坝
2 祁阳县内下二级电站
3 东安县高岩电站
4 高岩电站控制室

1

2

永州市水能资源理论蕴藏量287.424万千瓦，其中100千瓦以上电站技术可开发量1001处，装机容量185.2万千瓦。到2015年，永州市已开发建设水电站681座，装机容量达到144.2万千瓦。

3

1 祁阳县湘祁电站

2 东安县湘江电站厂房

3 金洞管理区油榨铺电站控制室

增效扩容改造后的宁远县九嶷山电站

道县向阳坝电站

冷水滩区牛角坝水厂

新田县肥源水库水厂

2019年底，全市农村集中式供水工程2185处（万人以上工程70处，千人以上工程771处，千人以下工程1344处），通自来水的行政村2586个，农村自来水普及率73.50%。

道县洪塘营水厂

宁远县湾井水厂

涔天河水库移民新镇水厂——江华瑶族自治县小圩水厂，2016年建成，供水人口1.7万人，其中贫困人口1.3万人。

祁阳县大村甸水厂

江永县上江圩水厂无阀滤池

道县东门乡高车村泵房

农家用上洁净的自来水

祁阳、江华、道县大型水厂应用的先进控制设施

江华瑶族自治县涛圩水厂

双牌灌区建成于1966年，干渠96公里、支渠16条，共329公里。引用流量25立方米/秒，灌溉永州市双牌、零陵、冷水滩、祁阳4县（区）32万亩农田。自1999年始，双牌灌区先后列入全国大型灌区续建配套与节水改造项目、中日技术合作“中国大型灌区节水改造示范项目”，工程标准和灌溉效益得到进一步提升。

2015年，双牌灌区改造后的新貌

参加双牌灌区运行五十周年庆典活动人员合影

2015年10月29日，湖南省副省长戴道晋（中）、湖南省水利厅厅长詹晓安（左一）出席涔天河灌区工程开工仪式

涔天河灌区工程

涔天河灌区扩建后由原灌溉面积17万亩增加到110.46万亩，基本解决江华、江永、道县、宁远等四县长期干旱缺水的状况。新灌区于2015年10月开工建设，总投资40.18亿元，项目新建干渠240.1公里、支渠169.6公里，建成后是湖南省最大灌区。

■ 涔天河灌区工程建设场景

涔天河原灌区进水渠段和西河渡槽

湖南省中小河流治理样板工程——道县伏水河项目

湖南省小流域治理样板工程——冷水滩腊树村河项目

2012年10月，水利部党组副书记副部长矫勇（右二）到永州调研河道治理工程

国家水土保持重点治理工程，江永县千家峒乡大远河小流域

宁远县水市河道治理工程

冷水滩区水汲江农村河道治理工程

1 2
3 4 5 6

1 零陵区贤水河治理工程
2 道县九佳河坝治理工程
3 江永县大远河治理工程
4 江永县油田河坝治理工程
5 道县伏水河治理施工场景
6 冷水滩区岚角山农村河道水闸

2015年11月10日，永州市市长易佳良（右一）接受湖南省5家新闻媒体记者关于湘江保护的专题采访

河道保洁员在工作

永州市实施“湘江保护与治理”行动，守护好一江碧水。2016年全市水功能区水质达标率100%，饮用水水源地水质达标率100%，行政交接断面流量合格率100%。

会商指挥中心
HUI SHANG ZHI HUI ZHONG XIN
湖南 永州

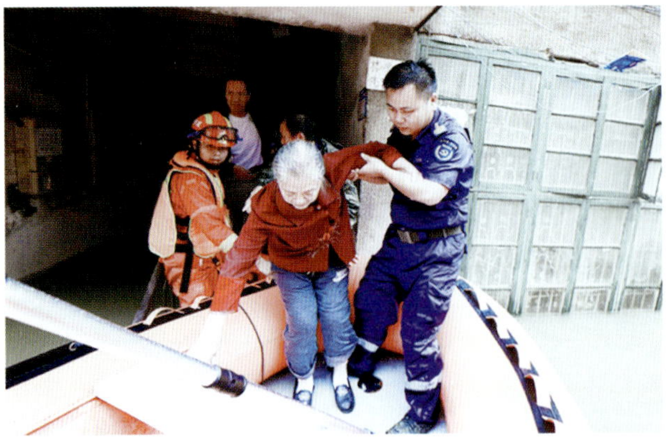

2011年8月3日，国家防汛总指挥部办公室副主任张旭（前排中）率工作组到永州检查指导抗旱工作

2011年7月，市委书记张硕辅（左一）查看旱情

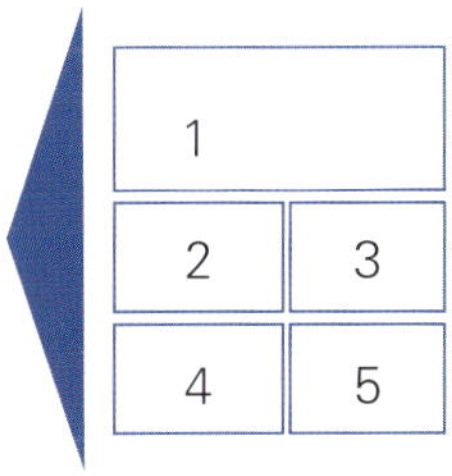

1 2017年永州市防汛指挥部召开防汛调度会
2 2017年永州市市长易佳良（右三）在冷水滩区滨江公园涉水查看积水区域
3 2017年宁远河山洪损毁乡村道路
4 2017年双牌县抢修损毁乡村道路
5 2017年冷水滩区应急分队帮助群众转移

2011年7月，新田县抗旱救灾场景

1

2 4

3

1 涔天河水库小圩移民安置点

2 涔天河水库东田移民安置点

3 涔天河水库移民安置中学

4 建设中的毛俊水库移民安置点

永州市实施水土流失综合治理，2012年以来共治理水土流失面积238.14平方公里，坡耕地水土流失综合治理15.06平方公里，崩岗治理170处，总投入1.28亿元。

不忘初心、牢记使命

永远在路上……

水是一切生命赖以生存的，经济社会发展不可缺少、不可替代的重要资源。一部永州史，半部治水史。兴水利、除水害，是永州水利人的使命和担当。

1992年，南津渡电站率先在全省引进外资和技术，潇湘电站一跃成为全省第一个中外合资水电站，蓝山、江华、宁远等县股份制小水电的开发引领着当地群众脱贫致富奔小康。

2011年中央一号文件，推动永州水利大建设、大投入、大发展，涔天河水库扩建工程等三大“国字号”大型水利工程先后上马，“四水”治理、中小河流治理、大中型灌区续建配套、生态小流域建设项目陆续开展，小农水重点县建设和节水改造有序推进，病险水库得到有效治理，农村群众实现了从“喝上水”到“喝好水”的历史性转变。

顺应人民群众对优质水资源、健康水生态、宜居水环境的需求，让潇湘大地每一条河流都成为造福于民的幸福河，永州水利人不忘初心、牢记使命，永远在路上……

1 永州市水利局局长廖荣良（右一）到建设工地指导工作

2 永州市水利局原局长唐运军（左三）到基层单位现场办公

3 永州市水利局原局长冯德校（左二）向厅检查组介绍情况

4 永州市水利局原局长周作生（前左）陪厅领导到基层调研

5 永州市水利局原局长李作林（右）与基层单位同志交谈

2015年，永州市水利局领导班子成员合影。左起：欧阳平清、蒋正生、李启华、曹小阳、廖荣良、黄保平、王桂芳、蒋燕翔

2016年，永州市水利局退休干部到蓝山县毛俊水库建设工程调研，图为听取建设单位领导汇报

2003年11月，永州市水利局领导与涔天河水电管理局历届领导班子成员合影

致敬

那个伟大时代的建设者

20世纪90年代以前，永州人民在各级党组织和政府领导下，掀起大修水利热潮。领导干部事事带头，深入一线，与大家同吃、同住、同劳动；工程技术人员用自己的双脚踏遍工程的每一寸土地，白天指导施工，晚上研究课题，呕心沥血，一丝不苟；广大民工，像当年支援前线一样，争相奔赴治水工地，他们自带粮食，自带工具，没有分毫报酬，却热情奔放，干劲冲天。他们为了千秋后代，不辞万难，艰苦卓绝，取得了永州治水工程的伟大胜利。永州各地先后建成了大中小型水库1000多座，治理河道60多条，新建灌溉渠道3000多公里，灌溉面积达到200多万亩。在当时物质不足、施工条件落后情况下，完成如此艰巨的工程，体现了广大人民群众对党的无限信赖，体现了一个真正为人民服务的政党在人民群众中的感召力。所有决策者和建设者为永州水利事业建立了不朽功勋。

零陵区大庆坪乡干部群众自力更生建设猫儿岩水库剪影

涔天河水库旧貌

冷水滩区山口水库建设场景纪实

永州市水利水电勘测设计院组织祁阳县大村甸水厂管网延伸工程初步设计评审

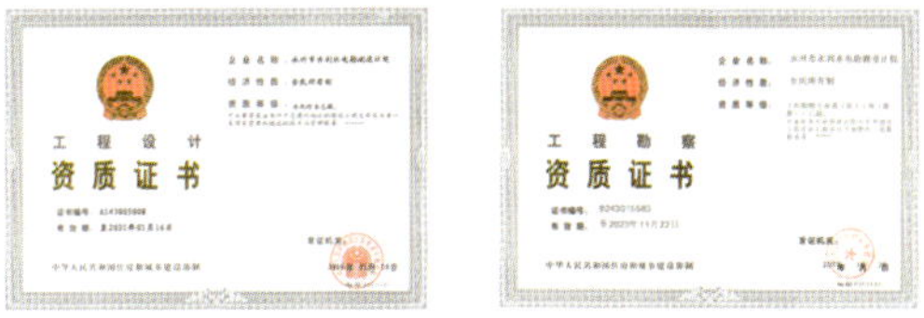

永州市水利水电勘测设计院工程设计和工程勘察资质证书

零陵区泵站更新改造工程

涔天河灌区节水配套改造

江华瑶族自治县清江水库

江华瑶族自治县涛圩河道治理

宁远县金钩挂水库工程

道县云溪水库扩建工程

永州市城市防洪工程

永州市水利水电勘测设计院是永州市水利局下属自收自支事业单位，1988年建院，是永州市唯一具有水利行业设计乙级资质的勘测设计单位，下辖永州市水利水电工程建设监理咨询有限公司和湖南潇湘招投标代理有限公司。院本部有各类专业技术人员50人，其中高级工程师21人，全院规划、结构、地质、水土保持、环境保护、移民、电气、水力机械、工程造价等专业配备齐全。承担了全市90%以上中小型水利工程项目的规划、勘测、设计等工作。

明星项目（部分）

- 与省设计院合作设计南津渡电站
- 湘永公路、巴州大道防洪评价
- 单江流域梯级开发水资源论证
- 永连公路水土保持方案编制
- 永州市“五小”水利规划

永州市水利局办公大楼

永州市水利局干部职工开展丰富多彩的文体活动

2016年7月，永州市水利局干部职工到祁阳县陶铸纪念馆参观

《永州市水利志》编纂工作人员合影
左起：唐平、左建平、陈颖川、欧阳平清、廖红华、成刚

目 录

概 述 …… 1

大事记 …… 11

第一篇 水系水资源 …… 37

第一章 水 系 …… 39
第一节 湘江源头 …… 39
第二节 湘 江 …… 40
第三节 湘江主要支流 …… 41
第四节 其他河流 …… 42

第二章 水资源 …… 48
第一节 水 量 …… 48
一、地表水 …… 48
二、地下水 …… 49
三、总量及分区 …… 49
第二节 水 能 …… 50
第三节 水 质 …… 51

第三章 水旱灾害 …… 60
第一节 水 灾 …… 60
一、水灾特性 …… 60
二、典型洪水灾害 …… 61
第二节 旱 灾 …… 65
一、旱灾特性 …… 65
二、典型旱灾 …… 65

第二篇 水利建设 …… 69

第一章 蓄水工程 …… 71
第一节 水 库 …… 71
一、大型水库 …… 71
二、中型水库 …… 74

三、小型水库 …… 78
第二节　病险水库除险加固 …… 81
一、大中型水库除险加固 …… 82
二、小型水库除险加固 …… 83
第三节　山平塘 …… 90
第二章　引提水工程 …… 92
第一节　引水工程 …… 92
一、病险水闸除险加固 …… 92
二、典型小型河坝建设 …… 93
第二节　提水工程 …… 94
第三章　灌溉工程 …… 99
第一节　灌区工程 …… 99
一、大型灌区 …… 99
二、中型灌区 …… 100
三、小型灌区 …… 102
第二节　节水灌溉工程 …… 103
第四章　饮水工程 …… 105
第一节　饮水解困工程 …… 105
第二节　饮水安全工程 …… 106
第三节　饮水安全巩固提升 …… 106
第四节　饮水工程选介 …… 111
一、城乡供水一体化 …… 111
二、千吨万人水厂 …… 112
第五章　城镇水利建设 …… 117
第一节　防洪工程 …… 117
一、冷水滩区防洪堤 …… 119
二、零陵区防洪堤 …… 119
三、祁阳县城防洪堤 …… 119
第二节　城市水利建设选介 …… 120
一、宋家洲整治 …… 120
二、湘江风光带 …… 121
三、潇湘平湖 …… 121
附 1：大型水利工程专辑——双牌灌区 …… 122
一、灌区自然环境 …… 122
二、灌区管理机构 …… 124
三、灌区建设 …… 125
附 2：大型水利工程专辑——涔天河水库 …… 135

一、枢纽工程 …… 135
二、水旱灾害和防汛抗旱 …… 136
三、灌区工程 …… 138
四、水库电站 …… 139
五、管理机构 …… 144
六、生活区、办公区搬迁和近区供电 …… 145
七、水库扩建 …… 146

第三篇 水电建设 …… 147

第一章 电站建设 …… 148
第一节 水电开发 …… 148
第二节 水电梯级开发 …… 154
一、湘江干流梯级开发 …… 155
二、湘江西源梯级开发 …… 155
三、潇水梯级开发 …… 156
四、道县泡水河流域梯级开发 …… 158
第三节 农村电气化 …… 159
第四节 水电管理 …… 160
一、队伍建设 …… 160
二、生产经营管理 …… 160
三、企业配套挖潜 …… 161
第五节 小型水电站选介 …… 174
一、冷水滩区 …… 174
二、零陵区 …… 174
三、祁阳县 …… 174
四、东安县 …… 175
五、双牌县 …… 175
六、道县 …… 175
七、江永县 …… 175
八、江华瑶族自治县 …… 176
九、宁远县 …… 176
十、新田县 …… 176
十一、蓝山县 …… 176
十二、金洞管理区 …… 177
十三、退出类电站 …… 177
第二章 电网建设 …… 178
第一节 地方电网建设 …… 178

第二节　县级电网建设和改造 …… 179
一、蓝山县电网 …… 180
二、东安县电网 …… 180
三、祁阳县电网 …… 180
四、江永县电网 …… 181
五、宁远县电网 …… 181
六、新田县电网 …… 182
七、江华瑶族自治县电网 …… 182
八、永州市水利电力有限公司 …… 182
附 3：中型水电站专辑——双牌水电站 …… 184
一、规划 …… 184
二、勘测设计 …… 184
三、建设施工 …… 184
四、管理与运用 …… 185
附 4：中型水电站专辑——南津渡水电站 …… 186
一、概况 …… 186
二、前期工作 …… 186
三、勘测设计 …… 186
四、施工前准备 …… 187
五、建设施工 …… 187
六、管理与运用 …… 188
七、综合效益 …… 189
附 5：中型水电站专辑——潇湘水电站 …… 190
一、工程概况 …… 190
二、建设生产经营 …… 191
附 6：中型水电站专辑——涺溪水电站 …… 193
一、规划 …… 193
二、勘测设计 …… 193
三、建设施工 …… 194
四、管理与运用发电 …… 194

第四篇　涔天河水库扩建工程 …… 195

第一章　前期工作 …… 197
第一节　建设背景 …… 197
第二节　前期准备 …… 198
一、领导关怀 …… 198
二、规划设计 …… 198

三、审批立项 …… 199
第二章 枢纽工程 …… 201
第一节 组织机构 …… 201
第二节 工程建设 …… 202
一、技术支撑 …… 203
二、项目施工 …… 203
第三节 工程管理 …… 205
一、质量安全管理 …… 205
二、投资控制管理 …… 206
三、招投标管理 …… 206
第四节 减灾效益 …… 206
第三章 灌区工程 …… 207
第一节 组织机构 …… 207
第二节 工程建设 …… 207
第三节 工程管理 …… 209
一、征地拆迁 …… 209
二、资金管理 …… 209
三、土地开垦 …… 209
第四章 移民安置 …… 210
第一节 移民安置前期工作 …… 210
一、移民安置规划 …… 210
二、完善移民安置方式 …… 211
三、复核补登遗漏实物指标 …… 211
四、编制移民安置实施规划设计报告 …… 212
第二节 移民安置工程建设 …… 212
一、安置点建设 …… 212
二、道路、桥梁复改建 …… 213
第三节 枢纽工程移民安置验收 …… 213
第四节 移民资金拨付管理 …… 214
一、拨付移民资金 …… 214
二、筹措移民缺口资金 …… 214
第五节 办理征地手续 …… 214
第六节 移民搬迁安置 …… 215
一、处置淹没影响小水电站 …… 215
二、单位、企业专项设施迁建补偿 …… 215
三、农村移民搬迁安置 …… 215
四、农村移民生产安置 …… 215

五、落实移民后期扶持政策 …… 216
六、下闸蓄水阶段移民安置验收 …… 217
七、正常蓄水位移民安置验收 …… 218

第五篇　生态水利 …… 219

第一章　湘江保护与治理 …… 220
第一节　湘江保护 …… 220
第二节　湘江治理 …… 222
第三节　项目选介 …… 224
一、零陵锰矿整治 …… 224
二、宋家洲综合整治 …… 225
三、湘江纸业土地治理 …… 226
四、城市城镇污水综合治理 …… 226
五、农村人居环境整治 …… 226
六、水源地安全保障达标建设 …… 226
七、入河排污口整治 …… 227
八、湘桂运河项目 …… 227
九、湘江永州至衡阳三级航道改扩建工程 …… 228
第二章　水资源管理 …… 229
第一节　水资源管理制度 …… 229
一、宣传教育 …… 229
二、取水许可 …… 230
三、水资源有偿使用 …… 230
四、水资源管理 …… 231
五、最严格水资源管理制度考核 …… 234
第二节　水资源开发利用控制 …… 235
一、开发利用控制目标 …… 235
二、开发利用情况 …… 236
第三节　用水效率控制 …… 237
一、开发利用控制指标 …… 237
二、开发利用情况 …… 237
第四节　水功能区限制纳污 …… 239
一、限制纳污控制指标 …… 239
二、工作开展情况 …… 239
第三章　水土保持 …… 241
第一节　水土流失 …… 241
一、水土流失概况 …… 241

二、水土流失分布 …… 242
三、水土保持区划 …… 243
第二节 综合治理 …… 245
一、坡耕地水土流失综合治理 …… 246
二、生态清洁小流域水土流失综合治理 …… 246
三、农业综合开发水土流失综合治理 …… 247
四、面上国家水土保持重点项目 …… 248
五、崩岗治理 …… 248
第三节 监督管理 …… 250
一、水土保持方案审批 …… 251
二、水土保持工程施工监理 …… 251
三、水土保持监测 …… 251
四、水土保持监督执法 …… 251
第四章 水生态修复 …… 253
第一节 河长制 …… 253
一、“河长制”出台背景 …… 253
二、工作实施 …… 253
三、落实省总河长令 …… 254
四、重点问题整治 …… 255
第二节 河道治理 …… 256
一、河道规划 …… 257
二、河道“清四乱” …… 257
三、河道采砂整治 …… 258
四、河道保洁 …… 260
第三节 中小河流治理 …… 261
第四节 生态流量 …… 266
一、生态流量控制目标 …… 266
二、电站生态流量改造 …… 267
第五节 水利风景区建设 …… 268
一、国家水利风景区 …… 268
二、省级水利风景区 …… 270

第六篇 防汛抗旱 …… 273

第一章 组织体系 …… 274
第一节 机构体系 …… 274
一、防汛抗旱指挥部 …… 274
二、市防汛办 …… 276

第二节 保障体系 …… 276
一、物资储备 …… 276
二、抢险队伍 …… 277
三、抗旱服务队 …… 277
第三节 责任体系 …… 277
一、水库防汛责任制 …… 278
二、城市城镇防汛责任制 …… 278
三、山洪灾害易发区防汛责任制 …… 278
四、防汛值班责任制 …… 278
五、后盾单位责任制 …… 279
第四节 应急预案体系 …… 279
一、防汛抗旱预案 …… 279
二、预报预警机制 …… 280
第二章 防灾减灾 …… 281
第一节 培训演练 …… 281
第二节 指挥调度 …… 282
一、汛前准备 …… 282
二、江河洪水调度 …… 282
三、水库防汛调度 …… 284
四、应急响应 …… 285
第三节 山洪灾害防治非工程措施 …… 287
一、县级山洪灾害防治非工程措施 …… 287
二、市级山洪灾害预警平台 …… 287
第四节 工程措施 …… 288
一、重点山洪沟治理项目 …… 288
二、抗旱应急水源工程 …… 289
三、防汛安全隐患整治项目 …… 290
第五节 重大抗灾选介 …… 290
一、抗洪救灾 …… 290
二、水利工程抢险 …… 294
三、山洪灾害抢险救灾 …… 297
四、抗旱救灾 …… 300

第七篇 水利管理 …… 303

第一章 机 构 …… 304
第一节 市级水行政管理机构 …… 304
一、零陵地区水利水电局 …… 304

二、永州市水利水电局 …… 304
三、永州市水利局 …… 305
第二节 市级水行政管理直属事业单位和下属单位 …… 307
一、市防汛抗旱指挥部办公室 …… 307
二、市水利工程管理站 …… 308
三、市水利经济站 …… 308
四、市地方电力管理站 …… 308
五、市水利水电质量监督站 …… 308
六、市水土保持监测站 …… 309
七、市河道管理站 …… 309
八、市河长制办公室 …… 309
九、市水政监察支队 …… 309
十、市库区移民事务中心 …… 310
十一、市水旱灾害防御事务中心 …… 310
十二、市河湖管理事务中心 …… 310
十三、市水利工程建设与运行事务中心 …… 311
十四、零陵地区水利水电职工学校 …… 311
十五、市水利水电勘测设计院 …… 311
十六、零陵地区水利水电物资公司 …… 311
十七、永州市水利水电建设公司 …… 311
十八、永州市水利水电工程建设监理咨询有限公司 …… 312
第二章 水利规划 …… 313
第一节 综合规划 …… 313
一、“八五”计划（1991—1995 年）时期 …… 313
二、“九五”计划（1996—2000 年）时期 …… 313
三、“十五”规划（2001—2005 年）时期 …… 313
四、“十一五”规划（2006—2010 年）时期 …… 314
五、“十二五”规划（2011—2015 年）时期 …… 314
六、“十三五”规划（2016—2020 年）时期 …… 315
第二节 专项规划 …… 316
一、湘江流域综合规划 …… 316
二、零陵地区地方电网规划 …… 316
三、零陵地区粮食以工代赈农田水利基本建设发展规划 …… 316
四、永州市城市防洪规划 …… 316
五、永州市水土保持规划 …… 317
六、“十四五”县级农村供水保障规划 …… 317
七、河道采砂规划 …… 318

八、河流岸线保护与利用规划 …… 318
第三章 投资 规费 …… 319
第一节 投 资 …… 319
一、“八五”期间水利投资 …… 320
二、“九五”期间水利投资 …… 320
三、“十五”期间水利投资 …… 320
四、“十一五”期间水利投资 …… 320
五、“十二五”期间水利投资 …… 321
六、“十三五”期间水利投资 …… 321
第二节 规 费 …… 322
一、基金 …… 322
二、行政事业性收费 …… 324
第四章 工程管理 …… 328
第一节 建设管理 …… 328
一、项目法人制 …… 328
二、招标投标制 …… 329
三、建设监理制 …… 330
四、竣工验收 …… 330
第二节 工程质量管理 …… 331
一、工程质量监管 …… 331
二、质量监管案例 …… 332
第三节 工程运行管理 …… 332
一、管理组织 …… 332
二、水利工程检查观测 …… 333
第五章 水政管理 …… 335
第一节 行政许可 …… 335
一、行政许可事项 …… 335
二、行政许可程序 …… 336
三、行政许可办理 …… 337
第二节 水行政执法 …… 337
一、执法队伍 …… 337
二、执法依据 …… 338
三、“世界水日”“中国水周”宣传 …… 340
第三节 典型案例 …… 342
一、水行政执法案件 …… 342
二、水事纠纷调处典型案例 …… 345
第六章 水利经济 …… 347

第一节 水 费 …… 347
一、水价改革 …… 347
二、灌溉水费 …… 347
三、农村自来水水费 …… 348
第二节 电 费 …… 348
一、电价改革（税费改革） …… 348
二、上网电价 …… 348
三、用户电价 …… 349
第三节 综合经营 …… 349
第七章 水利科技 …… 351
第一节 推广应用 …… 351
一、推广“控水增产技术” …… 351
二、推广节水灌溉技术 …… 351
三、推广水肥一体化技术 …… 352
第二节 自动化 信息化 …… 352
一、气象多普勒雷达系统 …… 352
二、气象中小尺度系统 …… 352
三、水文站网系统 …… 353
四、县级山洪灾害防治非工程措施 …… 353
五、湘江水情自动测报系统 …… 353
六、视频会商系统 …… 353
第三节 水利科技成果选介 …… 354
一、猫儿岩水库深层岩溶地质处理研究 …… 354
二、按水稻生育阶段控制田间水分状况的试验研究 …… 354
三、XD—103 防水复合柔毡处理漏库 …… 354
四、小型水电站直流控制保护跳闸操作电源技术研究应用 …… 354
五、中日技术合作“中国大型灌区节水改造示范项目” …… 354
六、灌区渠道整治新技术研究与应用 …… 355
七、西瓜种植膜下滴灌技术引进与推广 …… 355
八、金钩挂水库特殊地质条件设计方案 …… 355

第八篇 库区移民 …… 357

第一章 水库淹没 …… 359
第一节 淹没设计标准 …… 359
第二节 淹没实物指标 …… 359
第三节 淹没处理规划 …… 360
第四节 淹没补偿 …… 360

第二章　移民安置 …… 363
第一节　移民安置发展阶段 …… 363
第二节　移民安置方式 …… 364
一、后靠安置 …… 364
二、外迁安置 …… 364
三、城镇安置 …… 365
四、以土安置 …… 365
五、一次性货币安置 …… 365
六、长效实物补偿安置 …… 365
第三章　水库移民后期扶持政策 …… 366
第一节　口粮补助 …… 366
第二节　双牌水库移民扶助金 …… 366
第三节　移民后期扶持基金 …… 366
第四节　库区开发专项资金 …… 367
第五节　部门支持移民资金 …… 367
第六节　后期扶持政策成效 …… 367
第四章　水库移民区基础设施建设 …… 370
第一节　水电路等建设 …… 370
第二节　移民异地搬迁安置 …… 370
一、二次搬迁安置 …… 370
二、无房户建房安置 …… 371
三、生态移民安置 …… 371
四、避险解困安置 …… 371
第三节　重点移民村建设 …… 372
第四节　移民重点建设项目选介 …… 373
一、零陵区供水工程 …… 373
二、道县移民安全饮水工程 …… 373
三、双牌县江尚公路 …… 373
四、双牌县塘上公路 …… 373
五、古宅水库库区通村公路 …… 373
六、源口水库库区通村公路 …… 373
七、晒北滩水库环库公路建设 …… 374
八、湘江西汉河大桥 …… 374
九、晒北滩茅碧岗大桥 …… 374
十、庙头大桥（冷水大桥） …… 374
十一、水市镇卜家大桥 …… 374
十二、清塘镇塘枧大桥 …… 374

十三、源口水库人行吊桥 …… 375
十四、双牌水库人行吊桥 …… 375
第五节 水库移民区生产开发 …… 375
第五章 重点库区移民 …… 377
第一节 双牌水库移民安置 …… 377
一、水库淹没 …… 377
二、淹没补偿 …… 377
三、移民搬迁 …… 377
四、后期扶持 …… 378
第二节 三峡水库移民安置 …… 379
一、安置机构 …… 379
二、安置人数 …… 379
三、安置地点 …… 380
四、调出耕地 …… 380
五、安置点建设 …… 380
六、移民资金 …… 380
七、移民管理 …… 381
八、后期扶持 …… 381
第三节 毛俊水库移民安置 …… 382
一、水库淹没情况 …… 382
二、移民规划设计 …… 383
三、组织实施 …… 384

第九篇 水文气象 …… 387

第一章 水 文 …… 388
第一节 水文特性 …… 388
一、降水和蒸发 …… 388
二、径流 …… 390
三、洪水与干旱 …… 390
四、河流泥沙 …… 392
第二节 水文站网 …… 393
一、水文站网规划 …… 393
二、站网管理 …… 396
第三节 水文测验 …… 397
一、测验项目和时制 …… 397
二、测验技术和仪器设备 …… 398
第四节 水文情报预报 …… 401

一、水情站网 …… 401
二、水文预报 …… 401
第五节　河流水环境与水质检测 …… 402
一、监测项目与技术 …… 403
二、技术标准和计量认证 …… 403
三、水质评价 …… 404
四、农村饮水水质检测 …… 404
五、实时监测公报 …… 404
六、水功能区划 …… 405
第六节　水文机构 …… 405
第二章　气　象 …… 407
第一节　天气与气候 …… 407
一、气候特征 …… 407
二、主要气象要素 …… 409
三、气象灾害 …… 411
第二节　气象服务 …… 412
一、天气预报 …… 412
二、决策气象服务 …… 415
三、人工影响天气 …… 418

人　物 …… 423

一、人物传略 …… 424
二、人物简介 …… 427
三、人物名录 …… 442
（一）1992—2019 年永州市水利局历任党组成员名录 …… 442
（二）1992—2019 永州市水利局非党组成员市管干部名录 …… 443
（三）永州籍外地从事水利工作正处级以上职务或正高级职称人员名录 …… 444
（四）《永州市水利志》承修单位历任局长、党组书记名录 …… 445
（五）县区水利局历任局长、书记名录 …… 449
（六）1992—2019 年永州市水利系统省、部级以上先进人物名录 …… 452
（七）永州市水利系统高级专业技术人员名录 …… 454

附　录 …… 457

一、永州市小河流名录 …… 458
10～50 平方公里河流一览表 …… 458
二、古代水工程选介 …… 474
三、文件文稿选录 …… 479

（一）关于大力开展农田水利建设的决定 …… 479
（二）零陵地区征集防洪保安资金实施细则 …… 480
（三）关于开发水电资源加速电力建设的若干意见 …… 482
（四）关于湖南省潇水涔天河水库扩建工程项目建议书的批复 …… 484
（五）关于认真贯彻落实中央和省委 1 号文件精神　加快我市水利改革发展的实施意见 …… 485
（六）湖南省涔天河水库扩建工程农村移民安置办法 …… 489
（七）永州市 2015—2017 年河道采砂集中整治工作方案 …… 493
（八）关于切实加强农村饮水工作的意见 …… 497
（九）永州市全面推行河长制实施方案 …… 499
（十）永州市水利局机关各内设机构及直属事业单位主要职责规定 …… 505
（十一）节约保护水资源　建设美好新家园 …… 511
（十二）加强湘江源头保护　为幸福城市增添更多水利元素 …… 512
（十三）加强水资源管理　建设水生态文明 …… 514
（十四）落实五大发展理念　推进最严格水资源管理 …… 515
（十五）在永州市专题研究农村饮水工作会议上的讲话 …… 517
（十六）大庆坪治水的故事（报告文学） …… 518
四、永州市小型水利工程名录 …… 523
永州市小（1）型水库名录 …… 523
永州市小（2）型水库名录 …… 526
2019 年永州市千人以上农村饮水安全集中供水工程名录 …… 544
2019 年永州市农村水电站名录 …… 562
五、志书编纂文件 …… 574
（一）《永州市水利志》编纂工作实施方案 …… 574
（二）关于认真开展《永州市水利志》资料收集整理工作的通知 …… 577
（三）关于进一步加强《永州市水利志》编纂工作的通知 …… 579
（四）关于《永州市水利志》编纂工作的说明 …… 581

索　引 …… 584

编后记 …… 590

概 述

一

永州，古称零陵，秦始皇二十六年（前221）设长沙郡，始置零陵县（治所在今广西壮族自治区桂林市全州县）。西汉元鼎六年（前111），置零陵郡。隋开皇九年（589）废郡设州，因境地有“永山永水”，置永州总管府。从此，零陵、永州一地二名。又因潇、湘两水在境内萍岛汇合，雅称潇湘。

永州市位于湖南省南部，东连郴州，南接广东省清远市、广西壮族自治区贺州市，西接广西壮族自治区桂林市，北邻衡阳、邵阳两市。地理坐标北纬24°39′～26°51′、东经111°06′～112°21’，土地总面积2.24万平方公里。

永州市下辖冷水滩、零陵2个区和祁阳县、东安县、双牌县、道县、江永县、江华瑶族自治县、宁远县、新田县、蓝山县9个县，以及永州经济技术开发区、金洞管理区、回龙圩管理区。2019年末，全市常住人口544.61万人，其中城镇人口277.21万人，城镇化率50.9%；耕地面积36.43万公顷，基本农田29.48万公顷；全市达到或优于III类标准的水质断面比例为100%；自然保护区32个，其中国家级4个、省级2个，自然保护区面积12.88万公顷；森林覆盖率为65.66%。

永州市属亚热带大陆性季风湿润气候区，严冬季节短，夏热时间长，春夏多雨，秋冬多旱，四季分明。因受季风气候和地势地貌等因素影响，区域降雨时空分布不均。4—6月主汛期，降雨集中，江河洪水多发易发，溪河易发生山洪地质灾害；7—9月后汛期，副热带高压晴热少雨，加之境内“三山夹两盆”的地形，降雨较少且地域不均，易形成干旱；部分年份，台风和强对流天气同时影响，水旱灾害交叠发生。

永州市境内溪河纵横，水系发达，共有大小河流733条，总长10515公里，除少数流入珠江外，绝大部分流入湘江汇入洞庭湖，属于长江水系。永州市多年平均自产水资源总量193.7亿立方米，加外来客水多年平均75.6亿立方米，全市多年平均总水资源量为266.3亿立方米。永州市水力资源十分丰富，水能资源理论蕴藏量287.24万千瓦，可开发装机容量185.2万千瓦。

二

湘江是永州的母亲河。两千多年来，据史料记载，湘江源头在广西壮族自治区兴安县白石乡越城岭海洋山近峰岭。东汉许慎《说文解字》载：“湘水，出零陵阳海山，北入江。从水相声。”北魏的郦道元引用罗君章《湘中记》中的说法，“湘水之出于阳朔，则觞为之舟；至洞庭，日月若出入于其中也”。湘、漓两水同源，灵渠铧嘴分派，七分入湘，三分入漓。湘江进入湖南，在永州的萍岛汇潇水，形成几千年来的潇湘文化，声名远播，影响深广。2011年6月，湖南省水利普查办依据国际河流正源确定的“河源唯长、水量唯大、与河流的主方向一致的支流的源头为正源”的三个标准，将湘江源头在永州市蓝山县的普查结果报南京水利科学院。2012年1月，南京水利科学院复核认定。2012年5月，湖南省第一次水利普查成果发布表明，湘江源头在湖南省永州市蓝山县紫良瑶族乡。根据这一普查结果，国务院水利普查办和水利部认定，蓝山县至永州市零陵区萍岛（潇水）为湘江干流，广西壮族自治区兴安县至永州市零陵区萍岛为湘江西源。

“挥毫当得江山助，不到潇湘岂有诗。”湘江在永州市境内河长515公里，占湘江总长54.3%，境内湘江与潇水“九曲回肠”的水文特点，衍生出灿烂的潇湘水文化。历史上，元结与浯溪、柳宗元与愚溪、周敦颐与濂溪结缘，相得益彰，三条永州小溪成为三条中国文化名溪，让永州文化熠熠生辉。

浯溪，湘江一级支流，流经祁阳盆地后在祁阳县城南郊2公里处的古渡口注入湘江。唐宝应二年（763），唐代著名散文家、诗人元结出任道州刺史，乘舟逆湘江而上，路过此地，爱其胜异，将溪命名“浯溪”，以《浯溪铭》记之。此后，元结又写下《吾亭铭有序》《峿台铭有序》，请著名金石家用三种不同体裁篆刻于此。而元结撰文、大书法家颜真卿手书的摩崖石刻《大唐中兴颂》，更以“文绝、字绝、碑绝”扬名天下，世称摩崖三绝，被尊为国宝。《大唐中兴颂》碑，高3.2米、宽3.3米，全幅面积10.56平方米，元结用242个字排比手法，记述了安史之乱发生、平定的经过，如今完好地保存在浯溪的崖壁上。自此，历代文人学士到浯溪吟诗作赋，铭刻石上，达505方之多，形成驰名中外的诗海碑林，为西安碑林、曲阜碑林之后的中国第三大露天碑林。

愚溪，湘江一级支流，发源于零陵区梳子铺乡大古源，全长41公里，于古城永州西郊注入潇水。愚溪，原名冉溪，唐永贞元年（805），唐朝著名思想家、文学家柳宗元被贬为永州司马，将其改名为愚溪（辱而愚之，抒发遭贬谪的愤懑之情）。柳宗元谪居永州达十年，创作了脍炙人口的《永州八记》，将中国山水游记文学推向一个高峰。宋代文学家汪藻《柳先生祠堂记》云：“先生之文载集中，凡瑰奇绝特者，皆居零陵时所作”“至今言先生者必曰零陵，言零陵者必曰先生。”据学者考证，柳宗元传世作品600余篇，其中400多篇写于永州。

濂溪，湘江一级支流，发源于道县都庞岭下的月岩庆里源，全长48公里。北宋理学家周敦颐出生在濂溪流经的道州清塘乡楼田村，他晚年移居江西庐山，心恋故土，取濂溪为号，世称濂溪先生。周敦颐开创的学派称为“濂溪学派”。朱熹评价周敦颐：“千年道学兴吾宋，万世宗师首此翁。”湖南岳麓书院门联道尽其影响，“吾道南来，原是濂溪一脉；大江东去，无非湘水余波”。

三

兴水利、除水害，历来是安民、治国之大计，也是千百年来潇湘儿女的不懈追求。一部永州史，半部治水史。

先秦时期，境内水稻种植普及，遍布各地的稻田之埂即为最早的蓄水工程，饮水之井、筑水之坝、引水之圳惠及黎民百姓。

秦始皇三十三年（前214），监御史禄在零陵兴安（现广西壮族自治区桂林市兴安县）开凿灵渠，将湘江水引入漓江，沟通了长江、珠江两大水系，促进了国家大一统局面形成，泽被后世。

西汉时期，淮南王刘安主持撰写的《淮南子》记载：“九疑之南，陆事寡而水事众”，说明西汉时的永州一带，水路交通多而便利，陆路交通少且不便利。1973年出土于长沙马王堆一号汉墓的西汉古地图“长沙国南部地形图”，绘制汉初长沙国南部8个县（道）地形，即今湖南南部潇水流域、南岭、九嶷山及附近地区地形。图上所绘河流骨架、流向及主要弯曲等，均和现在地图大体相似，所绘山脉坐落、山体轮廓、范围及走向也大体正确。证明这是一幅经过科学测量、计算而绘制的地图，对世界地图研究历史有着重要意义。

三国时，零陵修吕虎井，“在府城东山上，吴孙权遣吕蒙取荆州，尝驻兵于此，插剑泉涌”。

唐朝时，开始修建谢沐县治（今江永县上甘棠村）护村堤（防洪堤），全长约2750米，经后代维修重修，现尚存1000米遗址。零陵修司马塘，塘在县北关外，后人纪念大文豪柳宗元而取名司马塘，为境内记载最早的山平塘。道州刺史元结在江华“九龙井”筑石坝刻九道槽坎，均匀分配灌溉水量，并刻字：“神泉天赐，水流同源；世代共有，永享太平！”

北宋天圣年间，宁远县建碧虚塘，道县修俗星池。北宋元丰二年（1079），境内始有“竹车激水，资以灌溉”。北宋诗人沈辽坐事流放湖南永州时，写下了气势磅礴的水车诗：“黄叶渡头春水生，江中水车上下鸣。谁道田间得机事，不如抱瓮可忘情。山田绕山脚，江水何可作。车轮十丈围，飞湍半天落……”，这是南方诸省中最早的筒车记载。南宋绍兴七年（1137）零陵建紫岩仙井，至今井水仍清洌，四季不涸。南宋绍兴二十六年（1156），江华县令、劝农营田公事安珪序并立石，豫章罗煜书《道州江华县阳华岩图并序》，高93厘米、宽113厘米，分上、下两部分，上部为阳华岩图并篆额，下部为楷书图序，共44行、每行15字，图文真实记录了阳华岩当时境况，是国内少有、湖南省仅存的水景观摩崖图刻。

明天顺七年（1463），宁远县乡贤黄绍礼组织保和乡何家村民筹资一百八十千文，建成一座宽2.5米、长105米、高1米的拦河坝“多公坝”，开通2.5公里的引水渠，灌溉农田1100亩。明嘉靖二十一年（1542），宁远县礼仕湾村用条石筑东坝（今洪坝）、西坝（今礼仕湾长岭上河坝），灌田3000亩。明嘉靖二十三年（1544）宁远县下灌村修建长670米、宽2.8米、高2.5米的拦河大坝，共用条石3685立方米，灌田6101亩。明嘉靖年间，道州知州方进题周敦颐故里山泉曰“圣脉”，传说“圣脉”为濂水之源，泉水清冷莹澈，春水多时而不混浊，夏水暴时而不泛滥，秋冬水盈而不枯涩。明万历四十七年（1619），道县建陂塘797口。至明末，新田有河坝78座、大山塘17口。

清朝时期，沿袭前代做法，境内民间设有塘长、陂长或坝长，负责塘坝工程维修管理和灌溉用水事宜。康熙二十一年（1682），宁远县禾亭乡新烟竹村泥姑塘（灌田700亩）建立塘会，在塘边修建房屋两间，塘下面有公田10亩，派村民长期居住，负责塘的养护管理，耕种塘下公田，作为报酬。乾隆年间，宁远县修建鲤溪乡汲坝、水市乡紫家坝（木椿卵石坝）、仁和乡土坝。道光八年（1828）《永州府志》载：“零陵祗进贤乡之仰贤水，富田峒之仰黄溪为上上，辛乐洞之仰桴江，隆庆里之仰马子江，辛兴里之仰石岩水”，这些地方主要靠筑坝引河水和岩水灌溉。道光二十年（1840），宁远县柏万城乡下柏万城村人以杨孟松、杨建坤为首，与上柏万城村、虎形、鱼形一道，四村联合兴建鸡公坝，灌田1000余亩。清光绪年间，据《湖南通志》和县志记载，零陵县有塘陂堰井2471处，其中塘707口、陂1691处、堰15处、泉井58处。

民国时期，各县政府设有建设科，主管城镇建设和农业、水利工作。1932年，宁远县建立塘坝委员会，县长任主任，各乡乡长任委员。1934年8月，湖南省政府颁布《湖南省修建塘坝暂行规定》，明确规定，修塘坝任其漏水者，破坏塘埂者，任意放水造成漫溢流失者，任意新开圳者，填塞水圳、破坏水利者，或处以罚金，或责成修复填复。永州各县成立修建塘坝委员会，至1935年，共修竣塘坝546处，其中新建塘坝17处。1941年2月，湖南省政府颁布《非常时期强制各县修建塘坝暂行办法》，是年，永州共修缮塘2296口、坝1132处，新建塘580口、坝147处。1942年，境内整修新建河坝1054处。1946年冬至翌年春，善后救济总署以工赈物资、补助口粮形式修建塘坝，湖南分署配发零陵、祁阳、东安工赈物资2350吨，受赈日235万个，修建塘坝3910处。1949年，全市共有小型河坝1.57万座，河坝结构为木桩卵石坝、土石混合坝、干砌石坝、三合泥（石灰、沙子、黄泥）浆砌坝等。

永州市水文记载，始于民国时期。1924年8月，扬子江水道讨论委员会在永州设立雨量观测站。1932年，该会先后在永明（江永）、道县、零陵、祁阳、蓝山、宁远等县城和东安石期市、零陵莲花村设立雨量站、水位站。1940年5月，扬子江水利委员会设立零陵老埠头水文站和零陵莲花村水文站，施测潇、湘二水流量。

到1949年底，永州市境内所建大山塘达到小（2）型水库标准（蓄水10万立方米以上）的有12口，其中零陵1口、东安3口、江华6口、宁远2口，各项水利设施的蓄、引、提水总量8.125亿立方米，每亩耕地平均水量195立方米。有效灌溉面积238.36万亩，占耕地面积的53.6%，旱涝保收面积49.01万亩，占耕地面积的11%。

四

中华人民共和国成立后，永州市各级党委、政府充分发挥社会主义制度优势，动员和组织人民群众开展持续数十年的大规模水利建设，建成了永州历史上规模最宏大的水利基础设施体系，为农业持续丰收、经济社会持续发展、人民安居乐业提供了有力保障和重要支撑。

1949—2019年，永州70年治水史大体上可以划分为三个历史时期：社会主义革命和建设时期、改革开放和社会主义现代化建设新时期、中国特色社会主义新时代。

社会主义革命和建设时期，面对严重的水旱灾害和日益增大的粮食生产压力，零陵地委、行署领导人民开展轰轰烈烈的“兴修水利大会战”，实施史无前例、气壮山河的水利建设工程，农田水利建设热潮席卷潇湘大地，建成一大批灌溉、防洪基础设施，有力支撑了国民经济的恢复和发展。

新中国成立之初，面对水利残缺不全、江河泛滥成灾的落后局面，治理水旱灾害、保障人民生命财产安全、恢复农业生产，成为人民政府紧迫而艰巨的任务。经过农村土地改革和合作化运动，特别是经历1951年、1952年连续两年大旱后，群众兴修水利的愿望非常强烈，各级政府因势利导，采取“以工代赈”和“民办公助”形式，号召和组织群众建设了一大批塘坝、机械提灌等水利设施。河坝建设和管理，执行“全面考虑、统一规划、加速改造、重点兴建”的原则，以整修、加固和改造小型河坝为重点，将临时性河坝改为永久性河坝，木桩卵石坝改为砌石圬工坝，布局过密的多处小河坝合并为较大的河坝，并开始逐条河流进行统一规划、统一布局，兴建河坝。仅1950—1952年，全区新增塘、坝等水利设施2.15万处，新增供水能力8500万立方米，增加有效灌溉面积27.35万亩，增加旱涝保收面积20.33万亩，天水田由1949年的140.9万亩减少到113.84万亩。1952年，全区第一座浆砌石坝零陵县函底乡梓江坝竣工，该坝是当时全省6处重点河坝工程之一。1954年，全区第一座小（1）型水库——祁阳县三口塘乡里塘水库动工兴建。1955年，东安县龙溪水电站的建成，揭开了零陵地区农村水电建设的序幕。1955年冬，永明县城关镇（今江永县潇浦镇）三元宫村在永明河上建成全区第一个水轮泵站。1956年冬，全区第一座中型河坝宁远县仁和坝动工兴建。

“大跃进”运动和国民经济调整时期，全区性规模空前的群众性水利建设运动取得很大成绩。1958年，零陵地区全面开展人民公社化和“大跃进”运动，贯彻国家对水利工作提出的“以小型为主、以蓄水为主、以社队自办为主”的“三主方针”，全区出现了全党动员、全民动手大干水利的空前盛况，高峰期每天上劳动力百万人以上，潇湘大地上一座座大坝拔地而起，一条条渠道横空出世，一汩汩清水环绕村庄和农田。1958年11月，国家重点工程、零陵地区第一座大型水库——双牌水库，破土动工。1959年6月，东安县金江水库建成，结束了零陵地区无中型水库的历史。是年底，全区河坝发展到2.05万座，比1949年的1.57万座增加4800座，其中零陵县增加1700座，宁远县增加1500座。至1960年，全区共建成祁阳县龙江桥水库、东安县金江水库、新田县金陵水库3座中型水库，宁远县仁和坝、道县团结坝2处中型河坝，小（1）型、小（2）型水库501座。之后党和国家实行“调整、巩固、充实、提高”的经济建设方针，全区水利工作按照国家“发扬大寨精神，大搞小型，全面配套，狠抓管理，更好地为农业增产服务”的“大、小、全、管、好”水利工作方针，深刻吸取三年困难时期群众吃不饱饭的教训，农田水利建设再掀高潮，宁远县凤仙桥、双龙、水市，东安县松江、双江，新田县肥源、立新，祁阳县大江边、江华瑶族自治县草岭等9座中型水库和一大批小型水库陆续开工建设。同时紧抓续建、整修、配套，发挥工程效益，大兴机电排灌设施。至1966年，全区新增电力排灌机械1214台，容量33491千瓦，新增水轮泵站1027处、1642台，初步形成了以水库为骨干，塘坝为基础，蓄水、引水、提水相结合的灌溉体系。

1963年，双牌水库枢纽工程竣工；1964—1966年，完成灌区建设和配套设施建设。道县、双牌、宁远三县3.7万多名库区移民，按照省委“移民费包括各项公私财产补偿在内，每人平均200元，由地县包干”的规定，积极、自觉配合水库建设，绝大部分在1961年前就近后靠建房安置，移民人数之多、搬迁速度之快，在永州移民搬迁史上绝无仅有。双牌水库及灌区的建成，发挥了巨大的灌溉、发电、航运、滞洪等综合效益，是零陵地区水利史乃至零陵地区经济建设史上的一座里程碑，数十年来持续造福上百万潇湘儿女。

“文化大革命”期间，广大基层干部和农民群众在党的领导下，在“农业学大寨”和“以粮为纲”精神带动下，继续贯彻“三主”水利建设方针和“大、小、全、管、好”水利工作方针，以“每人一亩旱涝保收稳产高产农田”为目标，战天斗地，改造旧山河，建成了一大批水利工程。1966年7月1日，永州市第二座大型水库涔天河水库开工建设，1970年8月，一座46米高的大坝耸立在潇水上游峡谷之间，涔天河水库成为潇湘大地上又一座水利丰碑。宁远县永佳水库、江永县源口水库、道县上坝水库、廊洞水库、乐海水库、新田县杨家洞水库、永州市石坝仔水库等8座中型水库先后开工建设。至1979年底，全区先后新建、扩建、改建中型水库18座、中型河坝8座、中型水轮泵站7处、大型水库配套灌区2处，新增蓄、引、提总水量10.79亿立方米。在大规模农田水利建设的同时，注重治水和改土相结合，山、水、田、林、路综合治理，防治水土流失，高产稳产农田建设取得很大成绩，全区旱涝保收面积增加到165万亩。这一时期，全区小水电得到较快发展，装机容量6.5万千瓦（不含双牌电站），小水电逐步点亮全区城乡的夜晚。

改革开放和社会主义现代化建设新时期，我国经历了从计划经济体制向社会主义市场经济体制的伟大转型，市委、市政府先后实施改革开放过渡试验区战略、大郊区战略、生态效益发展型经济战略、湘南国家产业转移承接示范区战略，全市经济社会持续快速健康发展，水利从支撑农业发展向支撑整个国民经济发展转变，可持续水利、民生水利得到重视和发展，水利事业取得长足进步。

改革开放初期，零陵地区按照国家要求，逐步明确了“加强经营管理，讲究经济效益”的水利工作方针，确立了“全面服务，转轨变型”的水利改革方向，以“两个支柱（调整水费和开展多种经营）、一把钥匙（实行不同形式的经济责任制）”作为加强水利管理、提高工程经济效益的中心环节。在水利建设上，全区水利基本建设计划有所压缩，主要放在现有工程除险保安、配套挖潜和“干旱死角”乡村水利建设上，全区21座中型水库、145座小（1）型水库、1023座小（2）型水库经过保安改造，基本达到水电部颁发的防洪标准。在水利管理上，不但强调搞好工程管理、发挥工程效益，而且强调搞好综合经营、增加经济收入，对重点骨干工程实行目标管理，进行千分制考核，开展社会主义劳动竞赛活动。在水利经济上，全地区水利系统主要发展水库养鱼、种植业、加工业、养殖业和第三产业，同时开发临街地段搞综合经营，发展小水电以及兴办小工厂等。在水利改革上，从推行农田灌溉水费收缴制度切入，1985年全地区开始收缴农田灌溉水费，1988年水费标准由原水每亩几角提高到几元，收取办法改管理单位自收为财粮部门或乡镇代收，部分工程改按亩收费为基本水费加按方收费，或实行购票供水等，还在1987年由对外经济贸易部谈判引进境外资金建设南津渡水电站，多元化水利投入机制破冰前行。同期，适应农村家庭联产承包责任制的全面推行，广大农村先试行后推行统一管水、以水养水的做法，冬修水利实行“劳动积累工”和“以奖代补”制度。1988年《中华人民共和国水法》颁布实施，这是新中国成立以来第一部水的基本法，标志着我国水利事业开始走上法治轨道，地区水利水电局和各县（市）水利水电局被明确为同级政府的水行政主管部门，形成城乡水资源、地表水、地下水由水行政主管部门统一管理的新局面，全区进入了依法治水管水的新阶段。

1989—1991年，零陵地区连续三年大旱，1989年是百年未遇的特大干旱，1990年是南北并发夏秋连旱，1991年是春夏秋严重干旱。这三年，全区建立健全水利建设责任制，连续三年开展小型水利示范片建设，推行“夏季办点、秋季铺开、冬季大干、春季扫尾”四季办水利新举措，着力解决严重干旱地带的水利问题，每年投入水利建设资金2000多万元，高峰时每天投入劳动力80万人以上，共新建小（1）型水库7座、小（2）型水库122座，扩建小（2）型水库185座。骨干山平塘2219口，处理病险水库300座，江永县古宅、双牌县单江2座中型水库动工新建，新增蓄水量近1亿立方米。

1991 年，永州市（现零陵区）猫儿岩水库蓄水成功，成为国内外喀斯特地区中型水库建设的典范，被称为水利建设史上的奇迹。该水库坐落在湘桂岩溶地区，地跨湖南、广西，由于断层构造影响，暗河发育，地质地貌十分复杂，从 1966 年开始建设到 1991 年竣工，经过 25 年的反复研究和艰苦努力，查明水库坝址区 20000 平方米范围有大小溶洞 125 个、落水洞 7 个、漏斗 8 个、天窗 3 个、溶井 4 处、溶沟 2 个，最终建成坝高 33 米、库容 4240 万立方米、灌溉面积 6.2 万亩的较大中型水库。猫儿岩水库深层岩溶地质处理研究，获省“八五期间推广应用科技研究成果奖”。

五

20 世纪 90 年代，随着我国向社会主义市场经济体制转型，水资源的经济资源属性日益凸显，国家先后提出“要把水利作为国民经济的基础产业，放在重要战略位置”“把水利摆在国民经济基础设施建设的首位”，水利对整个国民经济发展的支撑作用越来越明显。全市开始打破国营独家办电体制，国有、集体、个体以多种形式合股办电局面逐步形成，水电开发以大改革迎来大突破，成为水利经济发展主战场、招商引资重头戏、县域经济新亮点。1993 年，湖南省第一个中外合资电站——潇湘水电站在冷水滩开工。1996 年，成立蓝山县万年桥水电股份有限公司，承建全市第一个国有、个人合股的万年桥水电站。当年蓝山县委、县政府出台政策鼓励社会资金参与小水电开发，之后仅半年时间，蓝山县 28 个电站项目相继上马，设计装机 2 万千瓦，相当于该县前 40 年水电装机总和。1997 年，仅江华瑶族自治县就引进县外资金近 9 亿元，开工建设电站项目 47 个，总装机 6.4 万千瓦。紧接着全市陆续建成、巩固蓝山县、东安县、祁阳县、江永县、江华瑶族自治县、宁远县、新田县 7 个县级地方电网，极大缓解全市广大农村地区用电难、用电贵问题。水利建设进一步加强，农村饮水解困工程持续推进，城市防洪工程开始启动，农田水利建设持续开展，双牌灌区列入全国大型灌区续建配套与节水改造项目，祁阳县内下、东安县高岩、江永县古宅、道县云溪、新田县两江口、东安县芦江等中型水库先后建成，全市基本形成大中小相结合、蓄引提相配套的水利工程体系和农田灌溉网络。依法治水管水进程加快，市河道管理站、市水利水电质量监督站、市水土保持监测站、市水利经济站、市地方电力管理站、市水利工程管理站先后成立。1993 年依法征收水资源费。1995 年在全市范围内征集防洪保安资金。1998 年水利工程建设项目法人制、招标投标制、建设监理制、合同管理制得到全面推行，水利建设市场逐步规范、有序。1998 年永州市潇水公司涔天河到码市 110 千伏线路项目实行公开招标，为全市向社会公开招标的第一个水利工程项目。1999 年湖南省永州市水利水电工程建设监理咨询有限公司对码市 110 千伏变电站开展监理工作，为全市第一个实施工程监理的水利水电工程。

世纪之交，永州市进入全面建设小康社会、加快推进社会主义现代化建设的关键时期，经济社会发生深刻变化，水利发展进入传统水利向现代水利加快转变的重要时期。

水电建设在发展中规范。21 世纪初，全市各水能资源丰富县区均对水电开发出台优惠政策，落实省政府《加快发展农村水电意见的通知》，鼓励个人（包括国家公务人员）、集体和各类经济主体、外商投资开发农村水电项目，江华、江永等县实现与广东、广西电网联合运行，为地方水电开拓了广阔市场。2003 年，永州市潇湘水电开发股份有限公司取得道县泡水河流域水能资源开发权。之后，国内大能源集团纷纷进入永州参与水电开发，广东韶能集团与南风集团共同投资兴建冷水滩区太洲电站，新华集团投资兴建祁阳县浯溪电站和晒北滩电站，华能集团投资兴建祁阳县华能湘祁电站，郴电国际收购东安县湘江水电站。道县五洲水电站、江华瑶族自治县大林江水电站、双牌县五里牌水电站等相继开工建设，2005 年底全市水能资源基本得到开发。2008 年 7 月，全市开展“四无”水电站清理整顿工作，全面规范水电开发秩序。2011 年，全市启动农村水电增效扩容改造试点工作。

水利建设重点在防洪保安上发力。2002 年开始，永州市启动实施大中型病险水库除险加固工程，

2002—2008 年实施双牌水库等 8 个大中型病险水库除险加固项目，2008—2010 年实施石坝仔水库等 12 个中型病险水库除险加固项目，2013—2019 年实施半山水库等 6 个国家新增病险水库除险加固规划项目。2008 年开始，永州市启动实施小型病险水库除险加固工程，2008—2010 年实施祁阳县石洞源水库等 64 个国家专项规划小（1）型病险水库除险加固项目，2011—2013 年实施冷水滩区长坝水库等 74 个新编小（1）型病险水库除险加固规划项目和道县岭柏洞水库等 216 个重点小（2）型水库除险加固规划项目，2011—2015 年实施江永县蔡石岭水库等 799 个一般小（2）型水库除险加固规划项目，2014—2015 年又安排实施东安县凤江水库等 19 个新出险的小（1）型水库和 8 个重点小（2）型水库除险加固项目，2017—2020 年实施《加快灾后水利薄弱环节建设实施方案》中的道县红盆塘水库等 72 个小型病险水库除险加固项目。城市防洪堤建设，通过"四水治理"项目新建防洪堤 24.6 公里，通过"亚行贷款"城市防洪项目新建防洪堤 27.14 公里。农田水利建设突出打通"最后一公里"，2009 年启动实施小型农田水利建设重点项目县建设，2010 年开始对全市岭口、石坝仔、猫儿岩、大江、龙江桥、石喝、金江、单江、上坝、水市、金陵、源口、古宅 13 个 5 万亩以上重点中型灌区进行续建配套和节水改造。

水利改革积极稳妥推进。工程招投标逐步规范，2000 年永州市对投资 50 万元以上的水利工程项目全部实行招投标制，2005 年建立全市水利工程评标专家库，2008 年出台《永州市水利水电工程建设招标投标实施细则》，2011 年在全省水利项目建设领域率先采取"合理定价评审抽取法"开展招投标。河道砂石采矿权实施公开拍卖，2003 年 9 月对境内的河道砂石采矿权进行首次拍卖，冷水滩区湘江段拍出 2315 万元、芝山区（今零陵区）潇水河段拍出 748 万元。2005 年湘江百里平湖全面禁采。水利长效投入机制开始建立，2011 年开始，全市从政府性基金、行政事业性收费、城市维护建设税等 6 个方面筹集水利建设基金（原防洪保安资金不再征收），从土地出让收益中计提 10%专项用于小型农田水利建设。水利工程管理体制改革在艰难中前行，全市逐步形成以重点工程管理单位为依托、以乡村行政组织为基础的双层水利管理服务体系，全市上型号的水利工程建立管理机构并配备专管人员，乡镇水管站为基层水利建设和防汛抗旱提供技术支撑服务。

农村饮水困难问题极大缓解。农村饮水解困工作力度进一步加大。2001 年投入 550 万元。2002 年投入 950 万元，解决 9 万多人饮水困难。2003 年投入 4662 万元，兴建饮水工程 1625 处，解决 19.85 万人饮水困难。2004 年解决 2.3 万人饮水困难。从 2005 年开始，全市实施农村饮水安全工程建设，确保农村居民能及时取得足量够用且长期饮用不影响人身健康的生活饮用水，当年全市完成投资 593 万元，解决近 4 万人饮水不安全问题。2006 年，完成投资 2200 万元，解决 6 万多人饮水不安全问题。2007 年，完成投资 4277 万元，兴建工程 169 处，解决 12.33 万人饮水不安全问题。2008 年，完成投资 4460 万元，建设工程 145 处，解决 11.24 万人饮水困难问题。2009 年，建成工程 255 处，解决 23.42 万人饮水不安全问题。2010 年，建成工程 186 处，解决农村饮水不安全人口 26.2 万人。2011 年，完成投资 9829.12 万元，兴建集中供水工程 104 处，解决饮水不安全人口 20.72 万人。

生态水利建设陆续展开。2000 年左右启动"四水治理"项目，2001 年启动实施国家水土保持重点治理县建设，2006 年双牌县阳明山水利风景区获批"国家水利风景区"，2008 年启动实施农业综合开发水土保持综合治理项目，2009 年启动中小河流治理项目，2011 年启动主要支流治理、生态清洁小流域综合治理、坡耕地水土流失综合治理、崩岗治理等项目建设。

地方电网基本完成历史使命。1997 年 10 月，永州潇水流域开发有限公司明确"依托涔天河电站，建设岭东配电网，开发岭东水电资源，开辟广东售电市场"发展思路，经过四年建设，2000 年江华岭东电网初步建成，并将电力输送到广东。2001 年，涔天河水库电站分出一台机组与江华岭东联网，实现电力输送广东市场目标。20 世纪末至 21 世纪初期，随着国家电力体制改革推进，东安县电网、祁阳县电网、新田县电网陆续由国家电网公司代管或接管。2007 年，水利部综合事业局所属新华公司收购湖南省永州潇水流域开发有限公司。2008 年，宁远县电力公司由永州市电业局代管，宁远县地方电网移交国家电网。2009 年 12 月，江永县地方电网移交国家电网。2010 年 2 月，湖南省蓝山电力有限公司（供电企业）由湖南省电力公司永州电业局代管。2011 年底，国家电网对东安县地方电网实行直管。

2016 年 12 月，江华瑶族自治县地方电网移交国家电网。

2011 年中央一号文件、省委一号文件出台后，中共永州市委 5 月 18 日印发《关于认真贯彻落实中央和省委 1 号文件加快我市水利改革发展的实施意见》，明确全市水利改革发展指导思想是：把水利作为基础设施建设的优先领域，把农田水利作为农村基础设施建设的重点任务，把严格水资源管理作为加快经济发展方式转变的战略措施，大力推进安全水利、民生水利、生态水利、法制水利，不断深化水利体制机制创新，加快建立人水协调的现代水利体系。目标任务是：通过 5~10 年的努力，水利建设逐步适应经济社会发展的需要；中心城区防洪标准达到 100 年一遇，县城防洪标准达到 50 年一遇；基本完成病险水库和病险水闸的除险加固任务；解决 180 万农村人口饮水安全问题，基本实现乡乡（镇镇）通自来水；建成水资源合理配置和高效利用体系，全市年用水总量控制在 30 亿立方米以内；万元地区生产总值和万元工业增加值用水量下降 50%；新增和恢复灌溉面积 40 万亩，新增节水灌溉面积 100 万亩，农田灌溉水有效利用系数提高到 0.55 以上；全市水功能区水质达标率提高到 95%以上，城市居民饮用水达标率 100%；全市水能资源开发利用率 90%以上，新增水电装机容量 50 万千瓦。

六

党的十八大开启了中国特色社会主义新时代，习近平总书记专门就保障国家水安全发表重要讲话并提出“节水优先、空间均衡、系统治理、两手发力”的治水思路，为全市水利改革发展提供了根本遵循，引领永州水利改革发展步入快车道。这一时期，全市统筹推进水灾害防治、水资源保护、水生态修复、水环境治理，解决了许多长期想解决而没有解决的水问题。

水利投资创下新高，为经济高质量发展注入强劲动能。从年度看，2012 年全市完成水利投资 12.61 亿元，2013 年完成水利投资 20.1 亿元，2014 年完成水利投资 26.62 亿元，2015 年完成水利投资 26.13 亿元，2016 年完成水利投资 18.78 亿元，2017 年完成水利投资 41.44 亿元，2018 年完成水利投资 26.37 亿元，2019 年完成水利投资 28.91 亿元；从项目类别看，2012—2019 年，全市农村饮水安全工程项目合计完成投资 28.61 亿元，病险水库（水闸）除险加固项目完成投资 13.91 亿元，中小河流治理项目和四水治理项目完成投资 13.75 亿元，山洪灾害防治项目完成投资 1.53 亿元，重点中型灌区节水配套改造项目完成投资 1.74 亿元，小型农田水利重点县建设项目完成投资 4.83 亿元，农村水电增效扩容改造和电气化项目完成投资 4.88 亿元，水土保持项目完成投资 1.51 亿元。特别是几代永州水利人期盼的涔天河水库扩建枢纽工程、灌区工程和毛俊水库工程，均列入国务院确定的 172 项重大水利项目，总投资达 129.1 亿元，分别在 2012 年 8 月、2015 年 10 月、2018 年 5 月开工建设。涔天河水库扩建枢纽工程于 2016 年 12 月下闸蓄水后，持续发挥巨大综合效益，完善了全市江河流域防洪体系，优化了水资源配置格局，与双牌水库等一大批已建成水利工程一道，极大提升了全市水旱灾害防御能力，科学抗御了 2017 年湘江流域史上最高洪水位等多次大洪水、特大洪水，有效应对了 2019 年等大范围气象干旱，切实保障了人民群众生命财产安全。

农村贫困人口饮水安全问题全面解决，农村为吃水发愁、缺水找水的历史宣告终结。2005—2015 年，全市农村饮水安全工程建设累计投资 11.87 亿元，兴建供水工程 1528 处，解决饮水不安全人口 265.5 万人。2016 年，全市启动实施农村饮水安全巩固提升工程，同步推进农村饮水安全脱贫攻坚，市人民政府向省人民政府递交《“十三五”农村饮水安全巩固提升工作目标任务责任书》，各县区人民政府向市人民政府递交责任书，当年完成投资 1.48 亿元，巩固提升农村饮水安全人口 18.23 万人，其中 209 个贫困村、14.07 万贫困人口受益。2017 年，全省最大的农村供水项目涔天河水厂开工建设，祁阳县大村甸水厂建设（6.2 万吨/天）采取 PPP 模式完成招标工作，宁远县在县自来水公司的基础上组建县水务集团公司统管县城和农村供水工作。全市完成投资 4.58 亿元，兴建巩固提升工程 530 处，巩固提升39.61万人的饮水安全，其中建档立卡贫困人口16.58万人。2018年，全市完成投资3.71亿元，巩固提升782处工程，解决17.26万名建档立卡贫困人口的饮水安全问题，祁阳、宁远、江华等县城乡供水一体化稳步推进。2019年，市政府办公室印发《永州市农村饮水工程建设与管理实施方案》，全市农村饮水工作按照“城乡供水一体化、区域供水规模化、工程建管专业化”发展模式全面铺开。年底，完成投资10亿元，全市774个贫困村、67.35万名建档立卡贫困人口的饮水安全问题全部得到解决，脱贫攻坚农村饮水安全取得了决定性胜利，全市通自来水的行政村2586个、419.47万人，农村自来水普及率达到73.50%，农村饮水安全实现全覆盖。

最严格水资源管理制度全面建立，水资源刚性约束作用明显增强。2011年中央一号文件提出在全国范围内实行最严格水资源管理制度后，永州市全面推进最严格水资源管理制度各项工作。2012年，市水利局完成永州市最严格水资源管理“三条红线”指标体系报告编制、水功能区纳污能力核定和重要水域纳污总量核定工作，制定出台《永州市贯彻落实最严格水资源管理制度实施方案》《永州市水资源管理绩效考核工作方案》《永州市水量分配管理办法》，2013年永州市政府印发《永州市江河水库水资源保护办法》，2014年市政府批准实施《永州市水功能区划》，年底全市水资源开发利用控制红线、用水效率控制红线、水功能区限制纳污红线“三条红线”，用水总量控制制度、用水效率控制制度、水功能区限制纳污制度、水资源管理责任和考核制度“四项制度”全面建立。2011—2013年，市政府将最严格水资源管理制度纳入政府绩效考核，2014年开始，市政府对县区政府实施最严格水资源管理制度年度专项考核，县级以上地方政府主要负责人对本行政区域水资源管理和保护工作负总责。2016年，永州市政府批准永州市“十三五”水资源管理“三条红线”控制指标年度分解方案和2020年县级行政区用水效率控制指标方案。2018年底，全市省级饮用水水源地保护区内所有入河排污口全部完成整改销号。2019年，全市地表水水功能区达标率、饮用水源地水质达标率、城镇集中式饮用水源地水质达标率常年保持100%，万元工业增加值用水量、万元GDP用水量比2011年分别下降62.76%和50.59%。

湘江保护和治理全面加强，河湖长制全面建立，全市水生态系统质量和稳定性明显提升。全市认真落实省委、省政府湘江保护和治理“一号重点工程”，从2013年开始，连续实施三个永州市湘江保护和治理“三年行动计划”，先后制定出台《永州市水库污染治理实施方案（试行）》《永州市全面推行河长制实施方案》《永州市河道采砂管理暂行办法》《永州市小水电清理整改工作方案》《国家节水行动永州市实施方案》等政策文件。率先全省建立了双河长制，全市所有大小河流和水库都建立健全了河湖长制，3800多名市、县区、乡镇、村河长参与到江河治理和保护中，全市大小河流面貌焕然一新。截至2019年底，河道采砂专项整治“三年行动”顺利完成，实行河道采砂权统一公开出让，全市14个标段共出让资金3.45亿元；河湖“四乱”问题得到有效整治，拆解处置各类“僵尸船”325艘，整治“四乱”问题389个、渡口33处；小水电清理整改工作扎实推进，66座立即退出类电站已全面退出，5座限期退出类电站已签订退出协议，653座整改类电站正推进手续补办、生态流量泄放设施改造和监测设施安装工作；主要支流治理，共批复治理项目50个，完成投资6.39亿元，完成堤防（或岸坡）治理长度78.5公里；中小河流治理，共治理30条，完成投资7.36亿元，治理河道48段，治理河道长326.26公里；生态清洁小流域综合治理，共实施项目24个，累计投入资金0.74亿元，治理水土流失面积276.73平方公里。在全省首次（2016年度）绿色发展指标评估中，水环境质量的四大指标，即地表水达到或好于Ⅲ类水比例、地表水劣Ⅴ类水体比例、重要江河湖泊水功能区水质达标率、地级及以上城市集中式饮用水水源地水质达到或优于Ⅲ类水比例，永州市全部夺取湖南省第一。2019年，永州市在全国337个地级市国家地表水断面考核中排名前三十，列湖南省第一名。

库区移民、水文、气象工作取得新的进步。库区移民工作，20世纪90年代以后重点聚焦在两个方面，一是对双牌水库移民进行后期扶持，1996—2005年到位后期扶持资金8000多万元，1996—2005年省政府投入生产开发资金1亿多元，1997—2000年市委市政府投入资金4181万元，1999—2005年完成特困移民搬迁安置345户1552人；二是对新建大中型水库工程进行移民安置，2006—2019年共安置库区移民42408人，涔天河水库扩建工程的城集镇移民集中安置点安置、长效实物补偿安置模式获全国推介。2006—2019年，全市累计到位移民后期扶持资金50.97亿元，整合部门投入和地方配套3.94亿元，其中发放移民后期扶持直补资金16.53亿元、用于基础设施建设9.15亿元、投入移民产业发展8亿元，移民人均纯收入从2006年的1265元增长到2019年的12970元。水文工作，全市各水文报汛站均建立了遥测系统，到2015年底永州市境内共设立38个预报断面，预报项目有降水、洪峰水位、相应流量、洪峰出现时间、洪峰预见期、超过警戒水位时间、退出警戒水位时间等，预报期从短期预报发展到长期预报、长中短期相结合，实现了水信息采集现代化、水信息传输网络化、水信息处理智能化、水信息服务产品化；实施水环境和水生态监测评价工作，辖区内主要江河湖库、重要饮用水水源地、省界市界河流的日常监测工作，以及农村安全饮水工程水质的监督性检测工作全面开展。气象工作，2005年8月永州新一代天气雷达多普勒天气雷达站竣工，接着建成自动气象站网点、中尺度数值天气预报系统网点186个，2014年对新一代天气雷达数字中频进行升级改造，到2019年底，永州新一代S波段多普勒天气雷达可以监视半径为400公里范围内的台风、暴雨、飑线、冰雹、龙卷等大范围强对流天气，降水预报的时间、空间分辨率有效提高，实现定点、定量、定时化，地质灾害气象等级预报精确到乡镇、易发点，全市暴雨、冰雹等灾害性天气的监测和预警能力明显增强。

七

七十载治水兴水，七十载山河换颜。经过几代永州水利人持续不懈接力奋斗，全市水利基础设施不断完善，水利公共服务不断提升，截至2019年底，全市已建成各类水利工程20多万处，已注册登记大小水库1332座，其中大型水库6座、中型水库31座、小型水库1295座，大小水闸、河坝1312座，泵站2907处，水电站671座，总装机163.2万千瓦，农村集中式供水工程2185处，建成国家水利风景区6个。在防洪减灾方面，基本建成以堤防为基础、江河控制性工程为骨干、中小水利工程为重要手段、工程措施与非工程措施相结合的防洪减灾体系，洪涝和干旱灾害年均损失率分别降低到0.43%、0.04%，水旱灾害防御能力明显增强。在水资源配置方面，以涔天河水库、双牌水库为龙头，以江河水系为基础，跨区域水资源配置工程和重点水源工程为框架的“南北调配、东西互济”的水资源配置格局初步形成，全市水利工程供水能力超46.2亿立方米，城乡供水保障能力显著提升，全市农村自来水普及率达到73.50%。在农田水利方面，全市农田有效灌溉面积增加到434万亩，有力保障了全市粮食安全。在水生态保护方面，主要支流和中小河流治理、河道采砂整治、河湖“清四乱”、河湖生态补水、水土流失防治等水生态保护修复工程扎实推进，水生态环境质量呈现持续向好态势。在水利管理方面，初步形成以水法贯彻落实为核心的水法规政策体系，依法治水、科学治水更加有力。在水利改革方面，多元化水利投入改革、水价改革、水利工程建设管理等领域的改革深入推进，成效显现。在水利科技方面，科技推广应用能力不断增强，科技进步贡献率达到50%。

对标对表习近平总书记“节水优先、空间均衡、系统治理、两手发力”的治水思路，与人民群众日益增长的需求和高质量发展的需要相比，永州市水利改革发展特别是水安全保障能力仍然存在短板差距。防洪能力仍然薄弱，行洪空间保护压力大，侵占河道水域现象时有发生，部分乡镇和村庄几乎处于不设防的状态；饮水保障水平仍然不高，中心城区以及超一半县城没有应急备用水源，农村集中式饮水工程互联互通覆盖面不足，规模以下水厂长效管护运行机制有待完善；用水安全保障面临新挑战，社会节水意识普遍不强，用水效率有待提升，万元GDP用水量偏高，农田灌溉水有效利用系数偏低，大中小灌区续建配套和节水改造任务重；河湖生态安全压力较大，集镇、农村大部分未实现雨污分流，农村面源污染现象普遍，水土流失治理任务仍然艰巨，生态流量保障能力不足，水生态价值实现机制尚未建立；水利信息化建设比较滞后，水利治理体系和治理能力现代化任重道远，等等，需要在以后的工作中加以重视和解决。

大事记

1992 年

3 月 8 日，蓝山县、宁远县地方电网实现联网运行。

3 月 20 日，水利部农村水电司副司长郑贤到零陵地区调研地方电网工作，湖南省水利厅厅长付声远、副厅长刘红运、地区水利水电局局长李作林参加调研。

4 月 21 日，新田县、宁远县、江永县、东安县、道县、江华瑶族自治县、冷水滩市（今冷水滩区）遭暴雨和冰雹袭击，全区 117 个乡镇 110 万人受灾。

5 月 7 日至 11 日，由乔治·布查南率领的美国田纳西流域管理局高级水电专家组一行 4 人，在省水利厅副厅长刘红运、零陵地区政协联工委主任黄森陪同下，对零陵地区潇水流域进行实地考察访问。

7 月 5 日，祁阳县内下水库工程建设指挥部副指挥长刘冬元（系祁阳县纪律检查委员会办公室副主任）在抗洪抢险中壮烈牺牲，中国共产党湖南省委员会追认刘冬元为优秀共产党员。

8 月 5 日，地区水利水电局首次在祁阳县举行地方电力系统外线工技术比武，东安县、蓝山县和宁远县分别获得一、二、三等奖。

8 月 28 日，地区水利水电局首次在涔天河水利水电管理局举行全区水利水电系统文艺调演，为参加全国水利水电系统文艺演出选送节目。

9 月，冷水滩市水利水电局在全区率先实行“精简、转体、分流”的机构改革，局机关将原 10 个股室合并为二股一室，行政人员保留 17 人，其余 34 人除 10 人因年老体弱自愿内退外，全部告别机关，“下海”创办经济实体，成立了冷水滩市水利水电开发总公司。

11 月 1—7 日，由水利部、劳动部、中华全国总工会和共青团中央共同举办的全国首届水文勘测工技术大赛在长沙举行，零陵地区选手何江波获得总分第一名，并获得水准测量和雨量计安装调试两个单项第一名。

11 月 15 日，双牌县单江中型水库工程建设举行奠基典礼，省水利厅副厅长汪亮成、零陵地区领导谢朝月、王干成出席奠基仪式。单江水库工程设计总库容 2350 万立方米，枢纽工程投资 4000 万元。

11 月 18 日，中国共产党中央政治局常务委员会委员、全国人民代表大会常务委员会委员长乔石，在中共湖南省委副书记杨正午和零陵地委书记以及零陵行署专员颜永盛陪同下，到永州市（现零陵区）南津渡水电站视察工作。

11 月 29—30 日，水利部部长杨振怀、长江水利委员会主任魏廷铮、湖南省人民政府副省长王克英到零陵地区考察南津渡水电站、双牌水电站和涔天河水库。湖南省计划委员会副主任陈作贵、省水利厅副厅长刘红运等陪同考察。

12 月，省委书记熊清泉、副省长孙文盛考察零陵地区永州市南津渡水电站。

是年，零陵行署在祁阳县羊角塘区召开冬修水利现场会，学习推广该区全面整修山平塘的典型经验。

是年，全区进一步深化农业灌溉水费收缴制度改革，采取“以物计价，粮站代收”方式，全区计划收水费 1226. 4 万元，实收 1159. 3 万元，占计划的 95%。

1993 年

2 月 8—10 日，水利部农村水电司副司长郑贤、省水利厅副厅长刘红运到东安县调研世界银行、水利部联合开展的降损节能试点和地方电网工作。

3 月 12 日，零陵地区水利水电局长会议在冷水滩市召开，会议推广冷水滩市水利水电局机构改革、转变职能、人员分流、创办实体的经验。

3 月 15 日，零陵地区中级人民法院、地区水利水电局联合下发文件，成立“零陵地区中级人民法院水利水电法律法规办案室”。

6 月 28 日，零陵地区最大合资项目——潇湘水利水电枢纽工程在冷水滩市奠基，地委书记邹金鷟、行署专员卞翠屏和香港集盛国际有限公司主席陈勋出席庆典活动。

8 月 22—23 日，零陵地区秋修水利现场会在新田县召开。行署副专员郑纯发出席会议并讲话。

8 月 28 日，投资达 3 亿多元人民币的潇湘水利水电枢纽工程正式动工，行署专员卞翠屏参加开工典礼。

11 月，地区水利水电局组织全区 11 个县市水利水电局局长及地区局各科室站负责人到广东省沿海经济发达地区考察学习。

12 月 22 日，地区水利水电局向各县市水利水电局转发水利部文件《关于依法征收水资源费的通知》。

是年，省委书记熊清泉到零陵地区考察旱情后向国务院提出扩建涔天河水库的建议。

是年，零陵地区地方水电全年发电量达到 7. 94 亿千瓦时，创历年最高纪录。

1994 年

2 月 18 日，零陵地委办公室发文，成立零陵地区征集防洪保安资金领导小组，决定从 1995 年 1 月开始，每年面向各单位和个人征集防洪保安资金，用于城市防洪工程和农村重点水利工程项目建设。

3 月 1 日，零陵地区水利水电局长会议在东安县召开，会议推广东安县、宁远县和江永县创办经济实体，开展综合经营的经验。

3 月 23—26 日，《涔天河水库扩建工程可行性研究报告》审查会在长沙召开，水利部规划设计总院、国家计划委员会国际咨询公司、长江水利委员会以及湖南省水利厅有关专家参加审查会。

7 月 22—25 日，零陵地区潇水上游发生历史罕见的特大洪水。

8 月 6—16 日，受省委、省政府委托，副省长郑培民到零陵地区慰问灾民，指导抗洪救灾工作。

8 月至 9 月，零陵地区水利水电局机关从永州市（现零陵区）城北路 73 号搬迁到冷水滩市（现冷水滩区）双洲路 138 号。

11 月 5 日，地委书记邹金鷟、行署专员卞翠屏以及刘桂阳、郑纯发、胡参政等地区领导率领机关单位工作人员和军分区、武警部队官兵，分别到永州市大庙头乡峦石山坝、富家桥镇石角坝水利建设工地与当地群众一起参加劳动。

12 月 2—4 日，由新华社、湖南日报社、湖南电视台、湖南广播电台等新闻媒体记者组成的湖南省“芙蓉杯”水利建设竞赛新闻采访组一行 9 人，深入零陵地区进行新闻采访活动。

1995 年

3 月 2 日，零陵地区水利水电局长会议在宁远县召开，与会代表参观宁远县“三厂一场”经济实体现场，会议推广宁远县、祁阳县、东安县和江永县发展水利经济的典型经验。

3 月 9 日，省委书记王茂林到涔天河水库考察，传达中央政治局常委、国务院总理李鹏对涔天河水库扩建工程项目的重要批示。

3 月，地区移民开发办公室成立，归口地区水利水电局管理。

5 月 6—9 日，省人大常委会副主任俞海潮，省人大农业委主任委员王连副、副主任委员周新安、王明湘，省水利厅副厅长汪亮城到零陵地区检查《中华人民共和国水法》《湖南省水法实施办法》施行情况。

5 月 13 日，零陵地区水利水电综合开发有限责任总公司成立，该公司为国有独资公司，隶属零陵地区水利水电局，实行独立核算，自负盈亏。总公司下设四个分公司，即城镇供水公司、水电公司、水电建筑安装工程公司、水电物资建材公司。

5 月 13 日，零陵地区水利水电综合开发有限责任总公司与冷水滩市自来水厂合股投资建设曲河水厂。

8 月 29 日至 9 月 2 日，列入全国第二批农村初级电气化县建设的祁阳县、东安县通过验收达标。同时，经国务院批准，江永县、宁远县列入全国第三批农村初级电气化县建设。

9 月 23—25 日，零陵地区水利工作会议在冷水滩市召开。地委书记邹金鸏、行署专员卞翠屏、人大联工委主任孔宪访、政协联工委主任欧学佳、行署副专员郑纯发在会上分别发表讲话。与会代表现场参观冷水滩市、东安县秋修水利样板点，冷水滩、东安、祁阳、永州作典型经验介绍。会议对全区“潇湘杯”水利建设竞赛的先进集体、先进个人进行表彰。

9 月，南津渡水电站由华银公司移交省水利厅管理。

11 月 28 日，零陵行署办公室发文，同意地区水电建设公司停产整顿。

12 月 4 日，零陵行署办公室发函，成立零陵地区河道划界清障领导小组，行署副专员郑纯发任组长。

是年，零陵地区《防洪保安资金征集管理办法》出台。

1996 年

1 月 2 日，零陵地区水利水电局、零陵地区科学技术委员会联合发文，在祁阳、东安和冷水滩三县市推广“水稻作物控水增产技术”。

1 月，蓝山县成立以县水电局为主管单位，由县电网和所有国有电站组成的蓝山县水电总公司，实现发供电一体化。

2 月 4 日，全区水利水电局长会议在冷水滩市召开，会议讨论决定，自 1996 年开始，地区水利水电局对“县市水利水电局工作实行年度目标管理考核”。

4 月 29 日，永州市防汛抗旱指挥部制定实施《市防汛抗旱指挥部成员单位职责》和《领导成员防汛工作包县（区）责任制》。

4 月，因地改市，零陵地区水利水电局更名为永州市水利水电局。

4月，永州市水利水电局组织全市11个县区水利水电局长赴江苏省考察学习发展水利经济的经验。

6月28日，永州市人大常委会任命李作林为撤地改市后第一任永州市水利水电局局长。

9月14日，市政府办公室印发《关于永州市水利水电局职能配置、内设机构和人员编制方案的通知》，市水利水电局行政编制27名。所属事业单位8个，即市防汛抗旱指挥部办公室、市水利工程管理站、市水利经济管理站、市地方电力管理站、市河道管理站、市水利水电工程质量监督站、市水土保持监测站、职工培训中心，事业编制50名。归口管理永州市人民政府移民开发办公室、市水利水电设计院、市涔天河水利水电工程管理局。撤销市水利水电综合经营管理站、农田水利建设管理站、小水电管理站、水利水电器材管理站、水利水电职工学校，其人员编制全部核销。

10月13日，省水利厅厅长刘红运参加市委、市政府召开的全市秋修水利现场会并讲话。

11月13日，市机构编制委员会印发《关于设立移民开发局的批复》，同意设立永州市移民开发局，为副处级事业单位，归口市政府办公室管理。

11月15日，经市长办公会议研究同意、市政府办发文批准永州市水利水电建设公司依法破产解散，市中级人民法院发文宣布该公司破产还债。

12月，蓝山县成立全市第一个国有、个人股份制水电公司——蓝山县万年桥水电股份有限公司，公司投资1500万元建设万年桥水电站。

是年，永州市水利水电局与冷水滩区自来水公司联合建设曲河水厂，投资1200万元的主体工程动工建设。

是年，双牌灌区和涔天河灌区在财政部门的支持下，深化水费制度改革，农业灌溉水费统一由财政部门代扣代缴。

是年，蓝山县委、县政府出台《关于开发水电资源，加速电力建设的若干意见》，蓝山县出现全民投资办电的热潮，仅半年时间，经水电部门规划和审批的总投资8000万元的28个电站工程相继上马，设计装机2万千瓦，相当于该县前40年投资和装机的总和。

是年，双牌、涔天河两大灌区农业灌溉水费收缴采取由财政代扣代缴的办法取得成效，当年全市收取农业灌溉水费3225万元，比上年增长29%。

1997年

2月26日，永州市水利水电局长会议在蓝山县召开，与会代表参观蓝山县水电站建设现场，推广蓝山县股份制办电的经验。会议根据《永州市水利水电局关于发展水利经济目标奖励办法》，对蓝山县水电局、蓝山县水电总公司、祁阳县水电局、东安县水电局、东安县地方电力公司、冷水滩区水电局和道县水电局等7个单位进行表彰奖励。

4月4日，市中级人民法院下达市水利水电建设公司破产裁定书。

4月24日，省水利厅发文，决定成立湖南地方电力蓝临有限责任公司。永州市蓝山县与郴州市临武县通过架设110千伏输电线路，实现两县地方水电并网运行，为地方水电开辟了新的市场。

5月24—25日，市委书记邹金鸞、副书记谭政、市人大常委会副主任郑纯发、市政府副市长谢梦阳等党政领导率市直有关部门负责人到双牌水库水淹区调查研究库区群众脱贫致富问题。

7月，道县在双牌水库库区集中连片开发脐橙基地5600亩。

7月，冷水滩区成为首批全国抗旱服务组织示范县。

8月25日，市委召开常委扩大会议，专题研究双牌水库水淹区开发扶贫规划与实施意见。

10月17日，市水利水电局成立江华水资源开发和林区电网建设筹备工作领导小组。由市水利水电局与江华瑶族自治县水电局联合组建的湖南省潇水流域开发有限责任公司成立。

10月26日，市委召开常委扩大会议，通过《关于双牌水库淹没区开发扶贫的实施方案》。

是年，祁阳县被省政府授予“全省水利建设强县”称号。

1998年

2月25日，永州市水利水电局长会议在江华瑶族自治县召开，与会代表参观江华瑶族自治县水电建设现场，会议对东安县水电局、江永县水电局、祁阳县水电局进行表彰奖励。

3月4日，市水利水电局成立永州市水电建设公司托管中心。

5月5日，市水利水电局成立永州市防洪总体规划领导小组。

5月24日，道县普降大到暴雨，黑山岭小（2）型水库出现大范围的大坝外坡滑坡险情，水利专家赶赴现场实施抢险，有效控制水库险情。

6月，湖南省潇水流域开发有限责任公司对“涔天河到码市110千伏线路项目”实行公开招标，为全市第一个向社会公开招标的项目，开创了永州市中型以上水利水电工程建设招投标的先例。该项目概算903万元，经招标投资为800多万元。

7月2—3日，全省大型灌区建设与管理工作会议在双牌县召开。

7月19—21日，以日本农林水产省中国田园农政局土地改良技术事务所所长牧野为团长的日本专家考察团一行5人，就中日合作双牌灌区技术改造及节水灌溉示范区建设，在水利部、省水利厅及市政府有关领导的陪同下到双牌县进行考察。

8月26日，市委、市政府召开全市秋修水利流动现场会，市委副书记谭政、副市长崔永平参加会议并讲话。与会人员参观双牌灌区干渠高标准防渗工程、冷水滩区八支渠扩建工程、祁阳县七里桥镇上湾村秋修水利工程现场。

9月11日，省农业综合开发办公室、省水利厅联合发文《关于永州猫儿岩水库灌区水利骨干工程项目实施计划的批复》。

10月12—14日，省水利厅厅长王孝忠一行到永州市调研冬修水利工作。

是月，湖南省水利设计院编制完成《涔天河水库扩建工程（枢纽部分）初步设计报告》和《涔天河水库扩建工程灌区可研报告》。

12月16—17日，永州市建整开发扶贫工作总结表彰会议在冷水滩区召开。表彰1998年度在双牌水库水淹区建整开发扶贫工作中做出突出成绩的市直先进单位和个人。

1999年

2月26日，全市水利水电工作会议在新田县召开，学习推广新田县水电局发展经济、壮大产业的经验。

5月，双牌水库管理局荣获全国农村水利先进集体称号，受到水利部表彰。

6月16—18日，全省移民生产开发现场会在双牌库区召开，各市（州）、县分管移民工作的领导和移民局局长（主任）及省直有关单位负责人参加会议。与会人员参观道县库区脐橙产业开发基地。副省长庞道沐到会并讲话。

6月30日，周作生任市水利水电局党组书记、局长。

8月24日，省政府印发《关于双牌库区建设有关问题的会议纪要》，明确将永州市双牌库区特困村列入全省重点扶贫范围等事项。

10月11日，省委副书记、省长储波在省政府副秘书长李妙和、省计委主任徐宪平、省经贸委主任陈德铨、市委书记曾庆炎、代市长刘爱才陪同下到涔天河水库进行调研。

11月17日，永州市水利学会第一次代表大会召开。

2000年

1月18日，全省水利局长会议在长沙召开，芝山区在会上被授予全省“芙蓉怀”水利建设竞赛强县称号。

3月21日，市水利局机关简报《永州水利》第一期发刊。

6月5日，市政府下发《关于认真做好河道划界工作的通知》。

6月9—11日，湖南省防汛工作检查组到东安县金江、高岩水库，新田县杨家洞、立新水库，双牌水库、南津渡水电站检查防汛工作。

7月，全市水电开发研讨会在江华瑶族自治县召开，与会代表研究分析国家相关宏观政策和永州水电开发现状，参观江华瑶族自治县岭东林区水电开发现场，听取有关水电企业改革的经验介绍。这次会议的召开，为全市大规模开展水电资源开发奠定了舆论和思想基础。

7月21日，市委书记邹金鳶到双牌水库尾灌区祁阳县指导抗旱救灾工作。

9月28日，省水利厅发文《关于永州市城市防洪规划的批复》。

10月18日，市委书记邹金鳶、副市长崔永平率市计委、市水利局、市重点办等市直有关部门负责人，在长沙市湖南宾馆向水利部副部长张基尧、省水利厅厅长王孝忠汇报涔天河水库扩建工程有关事项。

11月10日，市计划委员会发文《关于利用外资兴建江华瑶族自治县大林江水利水电工程立项的批复》。

是年，江永县古宅水库工程建设项目通过省水利厅专家验收，竣工投运。

2001年

2月23日，水利部与日本农林水产省签署“中国大型灌区节水改造示范项目”实施协议，该项目确定永州市双牌灌区为全国3个重点示范灌区之一，合作内容包括双牌灌区田间示范工程改造、干渠水管理系统的改造、八支渠量水设施改造。

4月，引资800万元建设的江永古宅水库一级电站建成投产，并实现与广西电网联网运行。

5月28日，全国大型灌区水管理信息化技术研讨会在永州市双牌水库灌区召开。

6月10—13日，东安、道县、蓝山、宁远、江华、双牌、芝山、冷水滩和祁阳等9个县区普降大到暴雨，宁远县水市水库达229毫米，东安县杨江河坝在2小时内集中降雨120毫米。湘江老埠头水文站洪水位104.2米，超过警戒水位2.2米。全市9个县区83个乡镇的145.87万人受灾，6个县城进水，倒塌房屋5200间，农作物受灾面积69千公顷，全市因洪灾造成的直接经济损失3.44亿元。

6月19日，21时40分，涔天河水库电站正式分离出3号发电机组、2号主变向江华瑶族自治县岭东林区供电。

7月下旬和8月中旬，全市出现持续高温少雨天气，旱情逐步发展，全市农作物受旱面积108千公顷。市县两级坚持合理调度用水，全市水利工程蓄水量比上年同期增加4亿立方米，为抗旱保灌提供了较为充足的水源。

8月10日，永州市第一次组织接收三峡移民818人，其中冷水滩区移民安置小区266人、芝山区移民安置小区552人。

9月27—28日，湖南省抗旱工作座谈会在永州市召开。省水利厅厅长王孝忠、副厅长张硕辅，市委书记曾庆炎，市领导邓三龙、崔永平、唐松成、程晨曦等参加会议。

11月19日，永州市人民政府办公室印发《关于永州市水利局职能配置、内设机构和人员编制规定的通知》，市水利局内设机构6个，即办公室、计划（规划）财务科、水政水资源科（加挂永州市节约用水办公室牌子）、水利建设与管理科、水土保持科、政工科教科，行政编制为19名；市防汛抗旱指挥部办公室核定全额拨款事业编制3名；局所属具有行政管理职能的市防汛抗旱指挥部、河道管理站人员编制精简20%；水土保持站更名为水土保持监测站，人员编制、经费渠道不变；其他单位暂维持现状。永州市水利局归口管理市水利水电勘测设计院、市涔天河水利水电管理局。永州市水利局水电职能职责划转至市经信委。

12月28日，永州市中心城区首个城区湘江防洪堤工程开工建设，第一期工程项目投资1600万元。

是年，涔天河水库电站全年发电1.3亿千瓦时，创总收入1600万元，为建站以来效益最好的一年。

是年，江华瑶族自治县水口等电站采取股份合作、出售、租赁、抵押承包等多种形式，完成了地方电力企业产权制度改革。

是年，永州市首次荣获全省"芙蓉杯"水利建设竞赛奖杯。

是年，全市水电资源开发形成热潮，在建电站68座，设计总装机容量10.66万千瓦。其中江华瑶族自治县水电开发持续发力，建设电站50座，设计装机容量6.7万千瓦。

是年，冷水滩曲河水厂在完成机房和供水系统的调试运行后，顺利实施产权债务的转让。

2002年

1月16日，全市水利工作会议在涔天河水利水电管理局召开，参加会议人员扩大到全市中型水库、河坝管理所（站）长。

1月，涔天河水利水电管理局获评全国水利系统先进集体。

4月25日，永州市水利局批复《关于〈泡水河流域（中下游）水能规划报告〉审查意见》，该流域可开发电源点25个，设计总装机容量3.963万千瓦。

6月17—18日，全省农村能源工作会议在江华瑶族自治县召开，会议参观了江华的沼气生态农业和水电开发现场，副省长庞道沐出席会议并讲话。

6月20日，省委书记、省人大常委会主任杨正午到永州市指导抗洪救灾工作。杨正午在市委书记曾庆炎、市长刘爱才陪同下深入老埠头水文站检查工作，慰问一线水文职工。

6月21日，农业部部长杜青林在省委副书记、常务副省长周伯华，省农业厅厅长余英生，市长刘爱才陪同下视察永州灾区，看望慰问受灾群众。

6月25日，水利部稽查办公室特派员赵武京率检查组到永州市督查农村饮水解困工程建设情况。

6月29日20时至7月1日8时发生在永州市的特大暴雨，受到省委书记、省人大常委会主任杨正午的高度关注。7月1日，省委常委、省委秘书长谢康生受杨正午的委托，了解永州雨情、水情和灾情，并就当前抗洪救灾工作作出指示。

7月8日，省民政厅厅长李定坤到永州市督查指导救灾工作。

7月9日，副省长郑茂清带领省直有关部门负责人到永州市督查指导抗灾救灾工作，市委书记曾庆炎、市长刘爱才参与督查活动。

8月1日，市长刘爱才在市水利局主持召开市长办公会，专题研究险病水库除险加固工作。会议要求，全市中型险病水库除险加固分三年完成，小型险病水库分两年完成，市政府对水库除险加固实行“以奖代补”政策，县区完成1座中型水库奖励10万元，完成1座小（1）型水库奖励4万元，完成1座小（2）型水库奖励2万元。

8月17日，永州市第二次组织接收三峡搬迁移民36户156人，安置在东安县移民小区。

8月29日，《永州市堤防工程初步设计（冷水滩河东城区防洪圈）》方案获省水利厅批复。

9月16日，投资1.2亿元、总装机2.5万千瓦、年发电量7926万千瓦时的阳明山水电站破土兴建，湖南湘能股份有限公司总经理傅伯约、市委书记曾庆炎参加开工仪式。

9月24日，全国政协副主席毛致用到双牌县视察双牌水库枢纽工程。

10月14日，市委、市政府召开全市抗洪救灾总结表彰大会。市委书记曾庆炎、市长刘爱才向抗洪抢险救灾先进单位和先进个人颁奖。

11月14—15日，副省长庞道沐率省直有关部门负责人，到永州市考察灾后重建工作。

12月，永州市第一个县级水务局——江永县水务局挂牌成立。

是年，永州市荣获全省“芙蓉杯”水利建设竞赛奖杯，东安县荣获“全省水利建设强县”称号。

是年，全市在建电站总规模达到18万千瓦，年度新增水电装机容量2.7万千瓦，地方水电年发电量达9.3亿千瓦时，分别比上年增长55%、204%和15%。

2003年

1月23日，永州市城区河道砂石开采权拍卖工作领导小组成立。

4月，浙江省丽水阳光房地产有限公司与祁阳县人民政府签订正式合同，开发建设晒北滩水电站。该工程项目设计装机容量2.5万千瓦，总投资2.13亿元人民币。

4月，水利部将湖南省3个县列为“小水电代燃料生态工程”试点县，永州市道县、蓝山两县成为试点县。

5月16日，市委、市政府召开电视电话会议，部署抗洪救灾工作，市委书记曾庆炎、市长刘爱才、市人大常委会主任谢朝月、市政协主席蒋桃生等参加会议。

5月17日强降雨过程，全市平均降雨169.5毫米，最多的道县降雨224.7毫米，老埠头水文站最高洪峰为105.57米，超警戒水位3.57米，全市120万人受灾。

5月16—18日，省委常委、省军区司令员郑治栋在永州市督战抗洪抢险工作，市委常委、永州军分区司令员谭甲南陪同。

6月，永州市持续晴热高温天气，全市11个县区发生干旱灾害。

7月29日，省委副书记戚和平到新田县、宁远县检查指导抗旱救灾工作。

8月3日，省委副书记、代省长周伯华、副省长杨泰波到永州市检查指导抗旱救灾工作。

8月5日，市委书记曾庆炎主持召开常委会会议，全面分析当前旱情，安排部署下一阶段抗旱救灾工作。

9月12日，永州市荣获全省农田水利基本建设“芙蓉杯”奖。

9月28日，市政府第53次常务会议讨论通过《关于实施取水许可和征收水资源费的通知》。

9月28日，永州市潇湘两水河道砂石开采权拍卖，当日，冷水滩区湘江三个标段采砂权拍卖，拍得资金2315万元。

10月14—17日，永州市在湖南（深圳）投资洽谈会上与海内外投资商签订水电开发投资项目18个，电站总装机容量38.653万千瓦，签约金额32.858亿元人民币。

11 月 1 日，永州市人民政府发布通告，全市开征水资源费。

11 月 29 日，“涔天河水库电站投产发电 30 周年庆典”在江华瑶族自治县民族文化宫举行。

是年，全市水电资源开发形成高潮，在建水电项目装机容量 60 万千瓦，年度完成水电项目装机容量 16 万千瓦，投入社会资金 28 亿元，其中个人独资办电占 30%、个人合伙办电占 30%、企业与个人共同办电占 15%、社会法人办电占 15%。

2004 年

2 月 20—21 日，以日本 JICA 农业开发部荒井博元次长为团长的日本政府评估团，到永州市就中日技术合作项目双牌灌区节水示范工程中期建设情况进行现场调查评估。

3 月 19 日，永州市水利工程水价改革工作会议在冷水滩区召开。

4 月 11—12 日，省水利厅厅长王孝忠一行到永州市调研，市委副书记邓三龙、副市长程晨曦陪同。

6 月，永州市农村水电管理协会正式成立。

7 月 25 日，永州市第三次接收三峡移民 45 户 212 人，安置在祁阳县 9 个移民小区点。

12 月 7 日，市委常委、副市长崔永平，副市长刘新普率市环保、国土、农业、林业、水利和芝山区有关负责人到芝山区石期河流域，对滥采乱挖锰矿资源的情况进行现场调研。

12 月 13 日，涔天河水库流域水情自动化测报系统通过省防汛抗旱指挥部、省水文局、省水电勘测设计总院专家级的验收，涔天河大型水库雨水情实现科学化、自动化调度。

是年，冷水滩区荣获全省“芙蓉杯”水利建设强县称号。

是年，全市解决 5 个县 22 个乡镇 41 个行政村 5542 户 2. 3 万人的饮水困难问题。

2005 年

4 月 21 日，市委、市政府召开全市防汛抗旱工作电视电话会议，市长刘爱才出席会议并讲话。

6 月 14—15 日，省人大农业与农村委员会执法检查组到永州市检查《中华人民共和国水法》和《湖南省实施〈水法〉办法》的贯彻落实情况。

11 月 17 日，总投资 9 亿余元人民币、装机容量达 10 万千瓦的浯溪水利水电枢纽工程开工建设。

12 月 1 日，市水利局创建“依法办事示范窗口单位”，对行政审批项目实行一站式管理、一次性告知、限时办结，并建立行政许可台账。

是年，全省水利建设与管理工作会议在永州市召开，会议推广永州市加强病险水库治理、增强农业综合生产能力的经验。

是年，永州市积极争取亚洲开发银行对山丘地区城市防洪项目贷款 2935 万美元。

是年 7 月以后，全市持续晴热高温天气，7—9 月全市平均降雨 144. 0 毫米，比历年均值 335. 3 毫米偏少 191. 3 毫米，同期蒸发量 454. 3 毫米，全市有 11 个县区 198 个乡镇 82. 28 千公顷农作物受旱，2422 个村民组 18. 59 万人、9. 43 万头大牲畜饮水困难，193 座水库、29951 口山塘水源干涸，484 条溪河断流。

是年，市人民政府下发《关于进一步明确水电开发建管职责的通知》，明确水利部门负责农村水电开发的规划和行使水法法律法规行政执法权。

2006 年

3 月 8 日，省政府副省长贺同新到祁阳县浯溪水利水电枢纽工程调研。

4 月 12 日，市委书记曾庆炎带领市直有关部门负责人，到零陵区石岩头镇慰问 4 月 9 日遭受风雹灾害袭击的受灾群众。

5 月 10 日，涔天河水库右岸电站一号机组正式并网发电。

5 月 24 日，冷水滩区农贸公司农药仓库火灾造成农药泄漏事故，市水利局及时跟踪调查和处置。

6 月 13 日，市委书记曾庆炎主持召开市委常委扩大会议，安排部署当前抗灾救灾补损工作。

是月，市政府召开全市水利工程管理体制改革工作会议，正式出台《永州市水利工程管理体制改革实施意见》，全市开启水管体制改革工作。

7 月，4 号台风“碧利斯”造成的强降雨，覆盖全市 11 个县区，形成重大洪水灾害。湘江老埠头水文站先后出现 5 次超警戒洪水位。其中 7 月 17 日出现全年最高洪水位 104. 76 米，超过警戒水位 2. 76 米，超警戒水位持续时间长达 48 小时。全市发生的 5 次山洪，致使 11 个县区 176 个乡镇的 182. 5 万人受灾，直接经济损失 7. 9 亿元。

7 月 21 日，长沙市支援永州灾区捐赠仪式在冷水滩区举行，省委常委、长沙市委书记梅克保向永州市发来慰问信。

7 月 30—31 日，副省长许云昭深入道县、宁远、双牌等县视察中小学校受灾情况。

8 月 1—3 日，省长周伯华对永州抗灾救灾工作进行调研，省政府秘书长袁建尧以及省直相关单位负责人参与调研。

8 月 16 日，水利部公布第六批国家水利风景区，双牌县阳明山水利风景区被确定为“国家水利风景区”。

9 月 22 日，省机构编制委员会办公室印发《关于永州市移民开发局机构规格的复函》，明确永州市移民开发局为正处级事业机构。

是日，全省防汛抗旱总结表彰大会在长沙召开，永州市水利局党组书记、局长周作生在会上被省政府授予“2006 年度防汛抗灾功臣”荣誉称号。

是年，涔天河水库扩建项目得到国家发改委、水利部和长江水利委员会的支持，成功列入国家“十一五”重点水利工程建设规划，并由湖南省澧水流域水利水电开发有限责任公司担任业主，负责项目的申报立项和建设管理。

是年，水利部水电司司长程回洲和省人大常委会分别视察永州市水电开发项目，对道县沲水河流域水电开发的机制和模式给予积极评价。

是年，永州市水利局积极调处祁阳县与衡阳常宁市跨流域引水纠纷、蓝山县与郴州市临武县水能资源开发水事纠纷。

是年，江永县千家洞生态旅游风景区通过省水利厅评审，获得省级水利风景区授牌。

是年，全市水利系统根据水利部的统一部署，开展水库大坝注册登记及安全普查工作。全市注册登记的水库有 1229 座，其中大型水库 2 座、中型水库 26 座、小（1）型水库 159 座、小（2）型水库 1042 座。

2007 年

3 月，冯德校任市水利局局长、党组副书记。

5月25—26日，市委书记曾庆炎主持召开市委常委会会议，部署山洪地质灾害防御工作。

6月6—7日，道县、宁远县、蓝山县、双牌县、新田县、零陵区部分地区降大到暴雨，降雨100毫米以上的雨量点11个，主要集中在道县、宁远县及江永县的局部地方。“6·7”洪灾全市直接经济损失11.88亿元。

6月11—12日，副省长杨泰波到遭受“6·7”洪灾的永州市道县视察灾情，看望慰问受灾群众，指导抗灾救灾工作。

7月24日，永州市召开抗旱工作电视电话会议，市委常委、副市长刘事青出席并讲话。

7月24—29日，市委书记曾庆炎到旱情严重的冷水滩、东安、祁阳县区以及双牌灌区进行调研，市农业、水利、气象、农机和民政等部门负责人随同调研。

7月29日，市委、市政府召开全市“全民动员抗大旱，实现‘四保’解民难”电视电话会议。是日，永州市政府召开第9次常务会议，分析当前旱情，部署抗旱救灾工作。

10月15—21日，永州市水文局职工何江波出席在北京召开的中国共产党第十七次全国代表大会。

11月11日，全省移民产业开发现场会在道县召开，推广道县移民产业开发经验。与会代表参观道县脐橙产业开发基地。

12月，永州市政府重新启动涔天河水库扩建工程前期工作。

2008年

1月13日起，受极端天气影响，永州市遭受百年不遇的严重低温雨雪冰冻灾害，全市大范围停电、停水、停运、停工、停产、停业、停学。

1月28日，因冰冻灾害，永州市南部六县输电线路严重受损，与永州市电网解网，涔天河水库电站独网运行，为南六县县城提供电力保障。

4月11日，省政府召开全省移民工作会议，对全省移民后期扶持政策实施工作进行总结，江永县政府、冷水滩区移民局、双牌县移民局和道县白马渡镇政府被评为先进单位。

5月26日，省委副书记、省长周强率领省直有关部门负责人到江华瑶族自治县涔天河水库扩建工程项目调研，市委书记黄天锡参与调研活动。

6月4日，副省长、省防汛抗旱指挥部指挥长徐明华到永州市指导防汛保安工作。6月5日，市委书记黄天锡主持召开防汛会商会议。

6月8—13日，全市出现强降雨过程，多地发生特大洪涝和地质灾害，全市11个县区2个管理区、132个乡镇、218万人受灾，紧急转移安置群众26.16万人，全市因灾直接经济损失26亿元。

6月13日，涔天河水库流域内发生建库以来最大洪水，最大入库洪峰流量达到每秒3900立方米，接近百年一遇洪水设计标准。

6月14—15日，副省长、省防汛抗旱指挥部指挥长徐明华率省直有关部门负责人到道县、江华瑶族自治县了解受灾情况，慰问受灾群众。

6月18—19日，省委书记、省人大常委会主任张春贤到永州市考察指导抗洪救灾工作，慰问受灾群众，省委常委、省委秘书长杨泰波以及省直有关部门负责人陪同。

7月8日，永州市人民政府印发《永州市“四无水电站”清理整顿实施方案》。

7月15—31日，全市持续晴热天气，水利工程蓄水量锐减3.5亿立方米，11个县区97个乡镇不同程度遭受干旱灾害，农作物受旱面积达31.6千公顷，4.61万人饮水困难，19座小型水库、2252座山塘干涸，14条溪河断流，1079眼机电井出水不足。

7月29—31日，副省长刘力伟深入永州市调研防汛抗旱工作。

8 月 3—5 日，全国人大代表、省人大常委会副主任谢勇率领全国人大代表团深入江华、江永、道县等县，对涔天河水库扩建工程项目进行专题调研。

10 月 16 日，市委、市政府在冷水滩区召开抗洪救灾总结表彰暨水利建设动员大会，市委书记黄天锡出席会议并讲话。

10 月 16 日，全市“四无”水电站清理整顿督办工作会议在冷水滩召开，参加会议的有市水利局、市发改委、市公安局、市监察局、市安监局、市工商局、市电业局等单位负责人，市“四无”水电站清理整顿工作领导小组成员，各县区分管农业的副县区长和各县区水利水务局局长。

11 月 27—28 日，省人大常委会党组副书记、省政府顾问谢康生到永州市就涔天河水库扩建工程进行专题调研。

是年，道县荣获全省“芙蓉杯”水利建设竞赛先进县称号。

2009 年

2 月 8 日，省委书记张春贤到涔天河水库进行调研，省委常委、省委秘书长杨泰波，市委书记黄天锡参加调研活动。

2 月 18 日，副省长徐明华带领省水利厅及涔天河水库扩建工程指挥部负责人到北京分别向水利部正、副部长和水利部水利规划设计总院院长汇报涔天河水库扩建工程情况。

3 月 2 日，永州市委、市政府到北京专题向国务院副秘书长张勇、国家发改委副主任杜鹰和国土资源部副部长鹿心社汇报涔天河水库扩建工程和涔天河流域国土综合整治项目有关情况。省委副书记、省长周强，省委常委、副省长徐宪平等领导应约出席汇报会。

4 月，永州市纪检、检察部门对全市移民系统移民资金使用违法违纪窝案进行查处。

5 月 12 日，水利部综合事业局副局长王杨群、总工程师郭潇、首席专家何文垣组织水利部综合事业局安全生产督查组到永州市祁阳县浯溪水利水电枢纽工程检查防汛工作。

5 月 31 日，江华瑶族自治县水利局被评为全国农村水电及电气化建设先进集体。

6 月 1 日，市委书记黄天锡主持召开常委办公会议，专题研究涔天河水库扩建工程移民安置工作。

6 月 9—10 日，副省长刘力伟率省直有关部门负责人深入新田县、江华瑶族自治县、双牌县等地检查指导防汛工作。

6 月 11 日，湖南省政府办公厅下发《关于成立湖南省涔天河水库扩建工程协调领导小组的通知》，成立以省委常委、常务副省长于来山为组长的协调领导小组。

7 月，全市持续干旱少雨，各县区发生旱灾，南部六县为重灾区。全市 13 个县区（管理区）88 个乡镇 890 个行政村受灾，73.57 千公顷农作物受旱，因灾损失粮食 10.37 万吨，损失经济作物价值 1.38 亿元。共有 19 万人、5.06 万头大牲畜发生饮水困难，390 座水库、4000 余口山塘水源干涸。

7 月 11 日，受国家发改委委托，中国国际工程咨询公司主持召开的《涔天河水库扩建工程项目建议书》评估审查会在北京举行。由国家级设计大师石瑞芳、中国工程院院士雷志栋等 9 位专家组成的咨询审查专家小组，省直有关部门负责人、专家以及永州市、江华瑶族自治县相关负责人参加评估审查会议。

7 月 24 日，湖南省病险水库除险加固工作会议在永州市召开，副省长徐明华出席会议并讲话。省政府副秘书长陈吉芳主持会议，省水利厅厅长戴军勇等出席会议。省直各有关部门负责人及各市（州）主管副市（州）长、水利局局长参加会议。

8 月 18 日，中国国际工程咨询公司向国家发改委提交《关于湖南省潇水涔天河水库扩建工程项目建议书的咨询评估报告》。

9月4日，省水库移民开发管理局与永州市人民政府在江华瑶族自治县联合举办水库移民搬迁安置工作培训班，涔天河水库扩建工程库区和移民安置区乡镇党委、政府主要负责人及分管移民工作的领导、县扩建办全体工作人员和县直相关单位负责人参加培训。

11月，冷水滩区荣获全省“芙蓉杯”水利建设竞赛先进县区称号。

12月19日，湖南省重点工程、湘江中上游最大的水电工程新华浯溪水电站首台机组成功并网发电。该水电站总装机容量10万千瓦，年均发电量3.955亿千瓦时，总投资12.3亿元人民币。

是年，基层水利管理体制改革取得突破，市、县两级制定出台政策性文件，对基层水管单位进行定性定编，编制部门核定在编1882人，财政部门核定人员经费3726万元、工程养护经费3434万元。

2010年

1月20—23日，涔天河水库流域出现一次持续性的强降雨天气过程，受其影响，22日水库水位24小时上涨5.67米，入库洪峰流量每秒近800立方米，出现罕见“冬汛”现象。

1月28日，永州市8条河流9个项目进入湖南省中小河流治理（2009—2011）试点项目，治理河流长度72.4公里，总投资1.113亿元。

1月，东安县被财政部、水利部确定为全国小型农田水利建设重点县。

2月，唐运军任市水利局党组副书记、局长。

5月，位于湘江西源冷水滩区蔡市镇，总装机容量2.5万千瓦、设计年发电量1.053亿千瓦时的太洲水电站建设工程全面竣工。

6月11日，副省长刘力伟率省直相关部门负责人到永州调研防汛工作。

6月20日零时至21日上午8时，零陵、双牌、新田、宁远等县区遭受入汛以来最强降雨袭击，洪水灾害造成4人死亡、3人失踪，92个乡镇49.78万人受灾，3277间房屋倒塌。

6月26日，省委副书记、代省长徐守盛到永州市指导抗洪救灾工作。在双牌县茶林乡全药冲村视察灾情时，徐守盛得知该村遭遇特大泥石流灾害，房屋、稻田及基础设施遭受灭顶之灾，而村民因转移救援及时无一伤亡之时，称赞“这是一个抗洪救灾的奇迹”。

7月2日，市委书记黄天锡到双牌县茶林乡全药冲村视察指导抗洪救灾工作。

8月11—12日，副省长徐明华率领省直相关部门负责人到江华瑶族自治县、道县实地考察涔天河水库扩建工程移民安置和土地开垦工作。

8月21日，国家发改委下发《国家发展改革委关于湖南省潇水涔天河水库扩建工程项目建议书的批复》。

8月25日，市政府第68次常务会议专题研究涔天河水库扩建工程，会议决定成立永州市涔天河水库扩建工程建设指挥部，市委书记黄天锡任政委，市委副书记、市长任指挥长。

8月，江永县“十一五”水电农村电气化县建设通过省、市水利部门的达标验收。

10月20日，市政府办发文《关于成立永州市第一次水利普查领导小组的通知》，副市长舒平任市水利普查领导小组组长。

10月27—30日，涔天河水库扩建工程可行性研究报告审查会在长沙举行。来自水利部和省水利厅的30多名水利专家对涔天河水库扩建工程可行性研究报告进行认真评审，通过该工程可行性研究报告的初审意见。市委书记黄天锡等参加评审活动。

11月15日，省委副书记、省长徐守盛主持召开省政府第69次政府常务会议，专题研究涔天河水库扩建工程。

11月25日，省政协副主席龚建明到祁阳县浯溪水利水电枢纽工程建设工地，专题调研湘江河道水运工作。

是年，启动永州市水利工程建设领域突出问题专项治理，印发《永州市水利工程建设领域突出问题专项治理工作实施方案》。

是年，实施新的水利工程招投标评审办法，永州市在全省水利系统率先实施“合理定价评审抽取法”。

是年，成功调处江华、江永两县的老屋山水事纠纷，确保了道贺高速公路重点工程的顺利施工。

是年，成功调处积累两年多的道县同海山电站与宁远县曹家滩电站水事纠纷，维护了边界的水事秩序和社会稳定。

是年，成功协调大林江电站投产发电后对晏家田水轮泵站产生影响的水事纠纷，当事人双方达成协议，确保了大林江电站建设的顺利实施。

2011 年

3 月 12 日，总装机容量 15 万千瓦的双牌水电站 3 号水轮发电机组完成增容改造，并一次性通过开机并网 72 小时的试运行。

3 月 18 日，副省长徐明华在澧水公司主持召开涔天河水库扩建工程前期工作调度会。

3 月 31 日，市委召开常委会会议，专题研究涔天河水库扩建工程移民安置工作，要求签订移民安置协议，制订 33 处淹没影响小水电站补偿方案，签订补偿协议。

4 月 1 日，永州市第一次水利普查工作全面启动。副市长、市水利普查领导小组组长舒平率领市水利普查办相关人员到冷水滩区水利普查办参加该区水利普查清查登记启动工作。

4 月，水利部、湖南省政府印发《关于湖南省潇水涔天河水库扩建工程建设征地移民安置规划大纲的批复》。

5 月 18 日，中共永州市委、永州市人民政府出台《关于认真贯彻落实中央和省委 1 号文件精神加快我市水利改革发展的实施意见》。

6 月 16 日，涪溪水电站四台机组全面投产发电庆典仪式在祁阳县举行。全国政协委员、水利部原副部长翟浩辉，水利部综合事业局局长王文珂等领导出席。

6 月 25 日，市委书记张硕辅主持召开防汛会商会。

7 月 21 日 12 时起，全市启动旱灾Ⅳ级应急响应。

1—7 月，根据数据统计，永州市是有气象记录以来降雨量最少、蒸发量最大、工程蓄水最少、土壤墒情最低的年份，比历史上类似的 1963 年、1971 年还要少。全市平均降雨 639. 8 毫米，比上年同期均值偏少 39%，全市水利工程总蓄水量仅 6. 68 亿立方米，比上年同期 12. 6 亿立方米偏少 47%，比历年同期平均 11. 3 亿立方米偏少 40. 9%。

8 月 10 日，省水利厅与永州市政府在长沙签订共同推进永州水利改革发展合作备忘录。省水利厅厅长戴军勇以及省水利厅领导詹晓安、陈梦晖、廉世界、钟再群和市委书记张硕辅等出席签约仪式。

9 月 1 日，冷水滩区依法对河道采砂权进行第二轮拍卖，每年最大开采量 300 万立方米，出让年限为 5 年，由永州市嘉信沙卵石有限公司以 4500 万元成功竞得，所拍资金专款用于河道堤防工程的修复、上砂码头的修建以及河道采砂的日常管理。

是日，永州市开征水利建设基金。市本级从土地出让金、地方收取的政府性基金和行政事业性收费、城市维护建设税等六个方面渠道筹集年度水利建设基金 3100 万元。

9 月 22 日，冷水滩区湘江西路风光带、防洪堤暨南甸路项目开工建设，市委副书记唐松成，市委常委、常务副市长周德睿等出席开工典礼。

9 月 23 日，涔天河水库扩建工程建设指挥部揭牌暨技术合作协议签约仪式在冷水滩区举行，标志着湖南省水利“一号工程”涔天河水库扩建工程正式进入实质性建设阶段。

9月30日，水利部对涔天河水库扩建工程枢纽可研和灌区项目建议书审查通过，向国家发改委报送《关于报送湖南省潇水涔天河水库扩建工程可行性研究报告审查意见的函》和《关于报送湖南省潇水涔天河水库扩建工程灌区项目建议书审查意见的函》。

10月28日，省政府办公厅下发《关于成立涔天河水库扩建工程联席会议制度的通知》，建立联席会议制度，指导协调工程建设，由副省长徐明华、省政府副秘书长陈吉芳为召集人，省水利厅副厅长詹晓安为办公室主任。

11月15日，涔天河水库扩建工程奠基仪式在江华瑶族自治县东田镇溪江自然村举行。水利部副部长李国英，省人大常委会副主任蔡力峰、省政府副省长徐明华、省军区副政委魏永景，省直相关部门负责人，永州市委书记张硕辅等出席奠基典礼。

12月11—12日，省委常委、省委统战部部长李微微率省工商联、省民委、省林业厅负责人到涔天河水库及库区务江村考察调研民族地区经济发展工作。市委书记张硕辅等参与调研。

12月14日，《湖南潇水涔天河水库扩建工程环境影响报告书》在中华人民共和国环境保护部部务会审议通过，获正式批准。

12月14—15日，市政府在道县召开全市冬春水利建设暨河道采砂专项整治现场会，市政府主要负责人及市领导唐定、程晨曦、舒平参加会议。

12月，永州市成立国有独资企业——湖南涔天河工程建设投资有限责任公司，作为涔天河水库扩建工程的项目法人。

是年，市委、市政府首次将万元工业增加值用水量和水功能区水质达标率纳入永州市绩效评估。

是年，永州市水利局首次发布全市水资源公报，即《永州市2010年水资源公报》。

是年，永州市开展河道清理整顿专项治理工作。成立由市长任组长，分管副市长任副组长，市直有关部门主要负责人为成员的河道采砂专项整治领导小组；开展以“禁止无证采砂、禁止非法上砂、禁止在禁采区采砂、禁止非法买卖砂洲、清除河道中的尾砂堆”为主要内容的“四禁一清”行动。

是年，国家实施水电站增效扩容改造试点建设，永州市祁阳县人民电站、大江一级电站成为全国增效扩容改造试点建设项目，改造项目总投资2688万元。

2012年

1月3日，东安县高岩水库引水入城工程竣工通水，该工程改善东安县城10万居民的饮用水状况。

1月10日，省地方海事局局长陈健强率省交通厅安监处、省水利厅洞工局等单位组成的省河道采砂专项整治“三禁一清”行动督查组到永州市零陵区进行督导。

1月13日，副省长徐明华主持召开省联席会议，研究涔天河扩建工程可研批复以及移民、资金等问题，明确各成员单位的职责分工。

3月2日，市政府在北京与水利部相关部门签署《技术合作协议》《共同推进永州市水库移民工作合作备忘录》。

3月5—7日，国家发改委、水利部联合调研组赴江华瑶族自治县调研可研阶段涔天河水库扩建工程移民安置前期工作落实情况。省移民局副局长杨北伟参与调研。

3月21日，水利部水库移民开发局高级工程师徐之青挂职江华瑶族自治县县委副书记，支持涔天河水库扩建工程。

3月，廖荣良任市水利局党组书记、局长。

4月13日，副省长徐明华率省发改委、省财政厅、省水利厅负责人到永州市调研指导涔天河水库扩建工程建设。

4月22日，国家防汛抗旱总指挥部办公室副主任万海斌率水利部减灾中心、长江水利委员会等单位有关负责人到永州市调研零陵区珠塘水库水位雨量监测点、朝阳办事处蒋家田预警广播站、县级监测预警平台建设情况。

5月4日，涔天河水库扩建工程库区移民外迁安置对接动员大会召开，市委副书记、市长魏旋君出席会议并讲话。

5月9日，江华瑶族自治县成为全国小型农田水利建设重点县。建设项目分3年实施，涉及9个乡镇86个行政村，项目总投资1.55亿元。

5月23日，水利部水库移民开发局到江华瑶族自治县举办全国移民干部培训班，对参与涔天河水库扩建工程移民安置工作相关人员进行专题培训，水利部移民局局长唐传利在培训班上给学员授课。

6月11日，市委书记张硕辅主持召开会议，专题研究涔天河水库扩建工程移民安置工作，市领导周德睿、朱映红、舒平、荣燕明等参加会议。

6月15日，省委常委、省委组织部部长郭开朗到永州市蓝山县白鸬洞水库、竹管寺镇大富头村视察防汛预警预案和群众防洪避灾演练工作。

6月20日，市委书记张硕辅、市长魏旋君等市级领导以及各县（区）党委或政府主要领导、水利局局长等到零陵区邮亭圩镇小河江村观摩全市山洪灾害防御和水库防守演练。

6月27日，国家发改委下发《关于湖南省潇水涔天河水库扩建工程可行性研究报告的批复》，根据此批复，涔天河水库扩建工程由拦河坝、泄洪建筑物、引水发电系统、电站厂房、灌溉引水建筑物、通航建筑物等组成，拦河坝为混凝土面板堆石坝，最大坝高113米，正常蓄水位313米，总库容15.1亿立方米，防洪库容2.5亿立方米，电站设计装机容量20万千瓦，工程总工期为46个月，工程总投资51.1491亿元。

7月3日，市委书记张硕辅主持召开专题会议，研究部署涔天河水库扩建工程正式开工的各项准备工作。

7月6日上午，湖南省河道采砂权出让观摩会暨永州市潇湘河道砂石开采经营权拍卖现场会在冷水滩举行。永州市是第一个被省水利厅批准出让河道采砂权的市，这次拍卖是全省采砂专项整治以来的第一拍。市长魏旋君致辞，省水利厅分管领导、省洞庭湖水利工程管理局局长沈新平，永州市领导李俊湘、舒平、唐运军出席。14个市州水利局及部分县区水利局负责人现场观摩。本次零陵、双牌两县区潇水河段拍卖会出让河道总长43.95公里，分5个标段出让33.26公里河道5年采砂经营权，起拍价2070万元，实际成交总金额1.16亿元。

7月7日，省委副书记梅克保在长沙主持召开专题会议，研究涔天河水库扩建工程有关问题。涔天河工程协调领导小组成员及相关部门单位负责人，市委书记张硕辅、市长魏旋君等参加会议。

7月9日，省委副书记、省长徐守盛深入涔天河水库大坝和库区，检查指导涔天河水库扩建工作。省政府秘书长戴道晋以及省直相关部门负责人，市委书记张硕辅、市长魏旋君等参与活动。

8月5日，涔天河水库扩建工程开工典礼在江华瑶族自治县举行。水利部部长陈雷，省委书记、省人大常委会主任周强，省委副书记、省长徐守盛，以及省领导梅克保、易炼红、蔡力峰、徐明华、武吉海，市领导张硕辅、魏旋君、唐松成、唐定以及水利部、国家林业局、省市县各级各部门干部群众上千人参加开工典礼。

8月23日，副省长徐明华主持召开涔天河水库扩建工程联席会议，研究移民安置方案落实、初步设计编制和审批等工作。

9月11日，《湖南省涔天河水库扩建工程农村移民安置办法》正式出台。

10月27—28日，水利部党组副书记、副部长矫勇到永州市调研涔天河水库扩建工程和中小水库除险加固工程。国家移民局副局长刘冬顺，水利部水规总院、规计司、建管司等有关负责人随同调研。副省长徐明华、省政府副秘书长陈吉芳、省水利厅厅长戴军勇，市委书记张硕辅等参与调研。

10 月，湘江干流第九级开发项目——湘祁水电站工程全面竣工，该电站位于永州市祁阳县和衡阳市祁东县交界处，坝址控制流域面积 2.7 万平方公里，电站总装机容量 8 万千瓦，为 4 台 2 万千瓦灯泡贯流式水轮发电机组，设计年发电量 3.297 亿千瓦时。

11 月 8 日，涔天河水库扩建工程《勘察设计合同》暨《移民安置综合监理及监测评估合同》签字仪式在长沙举行。

11 月 15 日，市政府办公室发文转发《湖南省水利建设基金筹集和使用管理办法》。

11 月 21—24 日，水利部水规总院组织专家在北京召开《湖南省潇水涔天河水库扩建工程初步设计报告》审查会议，基本通过初设报告。

11 月，冷水滩区获由水利部授予的全国农田水利基本建设先进单位荣誉。

2013 年

1 月 9 日，副省长徐明华在长沙市主持召开涔天河水库扩建工程项目建设工作专题会议。

2 月 25—26 日，副省长、永州市委书记张硕辅到江华瑶族自治县专题调研涔天河水库扩建工程移民安置工作，分别在水口镇、清塘壮族乡召开移民工作队员、村组移民代表座谈会。

3 月 7—8 日，市委书记陈文浩到江华瑶族自治县调研涔天河水库扩建工程移民安置工作。

4 月 7—9 日，全国移民搬迁安置工作研讨会在江华瑶族自治县召开，水利部移民局副局长黄凯主持会议，全国 20 多个省市移民部门负责人参加会议。

5 月 7 日，市民兵舟桥营在冷水滩潇湘平湖开展民兵抗洪抢险水上演练活动。

5 月 15 日 8 时至 16 日 8 时，永州市境内普降大到暴雨，局部出现特大暴雨，暴雨中心位于江华、道县、蓝山、江永一带。江华瑶族自治县林业采育场大龙村降雨量达 233 毫米；江永县粗石江镇古调站 1 小时、2 小时最大降雨分别达 128.3 毫米、216.3 毫米，降雨强度均创永州市有气象记录以来最大值。

5 月 16 日，省水利厅厅长詹晓安到永州市指导防汛抗灾工作。

5 月 20 日，湖南省永州市蓝山县竹林村野狗岭被水利部、国务院水利普查办公室认定为湘江源头。

6 月 13—14 日，省住建厅纪检组长王芳柏到江华瑶族自治县对涔天河水库扩建工程移民安置工作进行专题调研。

7 月 25 日 12 时，市防汛抗旱指挥部启动旱灾三级应急响应。

7 月 29—31 日，市委书记陈文浩到宁远县和祁阳县检查指导抗旱救灾工作。

8 月 2 日 10 时，市防汛抗旱指挥部启动旱灾二级应急响应。

8 月 2—4 日，省委常委、省委组织部部长郭开朗到永州市检查指导抗旱救灾工作。

8 月 4 日，市委书记陈文浩到江永县、道县检查指导抗旱工作，看望慰问坚守在抗旱一线的干部群众。

8 月 15—17 日，蓝山县普降暴雨，最大降水出现在汇源瑶族乡，达到 426.5 毫米，造成严重洪涝灾害。省委副书记、省长杜家毫就蓝山县"8·16"洪涝地质灾害作出重要指示，要高度重视暴雨山洪地区的学校、水库、矿山、道路和桥梁等安全。

8 月 17 日，受省委书记、省人大常委会主任徐守盛，省委副书记、省长杜家毫委托，副省长张硕辅到蓝山县现场指挥抢险救灾，看望慰问受灾群众。市委书记陈文浩、市长严志辉等参加活动。

8 月 21 日，永州市召开抗灾救灾和灾后建设电视电话会议，市委书记陈文浩、市长严志辉参加会议并讲话。

9 月 6 日，水利部下发《关于湖南省潇水涔天河水库扩建工程初步设计报告的批复意见》，批复了涔天河水库扩建工程初步设计报告及工程投资，这标志着"十二五"期间湖南省"水利一号工程"涔天河水库扩建工程已完成各种审批程序，具备全线开工条件。

9 月 14 日，市委书记陈文浩到蓝山县指导灾后重建工作。

10 月 15 日，水利部公布第十三批国家水利风景区名单，江华瑶族自治县潇湘源水利风景区被确定为“国家水利风景区”。

10 月 17 日，副省长盛茂林到涔天河水库扩建工程调研，市长严志辉参与调研活动。

10 月 28 日，市委书记陈文浩在蓝山县、道县指导灾后重建工作。

12 月 3 日，省经协办副主任谢海珍一行到江华瑶族自治县调研涔天河水库扩建工程对口援建项目。

12 月 11 日，市政府批准实施《永州市江河水库水资源保护办法》。

12 月 28 日，市委书记陈文浩到蓝山县指导灾后重建工作。

是日，市水利局全面完成全国第一次水利普查永州市各阶段的普查工作任务。

是年，宁远县获评全省“芙蓉杯”水利建设竞赛先进县。

是年，永州市建立水利工程信用制度，印发《永州市水利局水利工程建设领域建设市场守信激励和失信惩戒制度建设试点工作方案》《永州市水利工程建设领域建设市场守信激励和失信惩戒管理制度》。

2014 年

2 月 12 日，永州市农田水利建设现场会议在祁阳县召开。

2 月 21 日，副省长张硕辅到江华瑶族自治县调研涔天河水库扩建工程。

3 月 18—19 日，市委书记陈文浩到江华瑶族自治县调研涔天河水库扩建工程移民安置工作。

3 月 20 日，市政府办公室印发《关于成立永州市湘江保护协调委员会和湘江重金属污染治理委员会的通知》，市委副书记、市长严志辉任主任，市委常委、常务副市长易佳良，市委常委、副市长蒋善生任副主任。

3 月 24 日，省政协副主席杨维刚率部分省政协委员赴永州开展“加快推进湘江保护与治理”调研活动。

5 月 13 日，省委副书记、省长杜家毫率省直相关部门负责人调研涔天河水库扩建工程。

5 月 16 日，市政府批准实施《永州市水功能区划》。

6 月 21 日，市委副书记、市长候选人向曙光到市防汛指挥部指挥调度全市防汛工作。

7 月 3 日，副省长张硕辅召集省发改委、国土、移民、水利、财政等省直部门和永州市、江华瑶族自治县等负责人研究涔天河水库扩建枢纽工程和移民安置工作。

7 月 10—12 日，市长向曙光主持召开涔天河水库扩建工程建设调度会议，并就库区移民工作进行调研。

7 月 18 日，永州市召开推进水利工作电视电话会议。市长向曙光出席并讲话，市委副书记唐松成主持会议，市委常委、副市长蒋善生作工作报告。

8 月 12 日，市湘江保护协调委员会办公室印发《关于印发〈永州市湘江保护协调委员会工作规则〉的通知》《关于印发〈永州市湘江保护协调委员会成员单位工作责任分工〉的通知》《关于印发〈永州市 2014 年度湘江保护协调工作方案〉的通知》。

8 月 24 日，省委副书记孙金龙到江华瑶族自治县调研涔天河水库扩建工程。

8 月 28 日，市政府下发《永州市最严格水资源管理制度实施办法》的通知，明确水资源开发利用控制红线、用水效率控制红线、水功能区限制纳污红线。

10 月 9 日，市委书记陈文浩就涔天河水库扩建工程相关事项到江华瑶族自治县召开书记现场办公会。市长向曙光主持办公会。

10 月 22 日，市长向曙光主持召开永州市湘江保护协调委员会和湘江重金属污染治理委员会全体会议。市湘江保护和治理委员会各成员单位、各县区主要负责人参加会议。

11 月 3 日，市政府办公室印发《永州市水库污染治理实施方案（试行）》的通知。

11 月 13 日，省委常委、常务副省长陈肇雄到江华瑶族自治县调研涔天河水库扩建工程建设和移民安置工作。

2015 年

2015 年 1 月开始，永州市按月发布《永州市水资源质量状况通报》。

2 月 2 日，副省长张硕辅到江华瑶族自治县调研涔天河水库扩建工程建设及移民安置工作。

2 月 16 日，市委书记陈文浩在春节前夕到江华瑶族自治县慰问涔天河水库扩建工程一线施工人员。

是日，市政府出台《永州市河道保洁工作实施方案》。

3 月 4 日，涔天河水库扩建工程灌区工程通过国家发改委评审中心专家组的可研评估。

3 月 18 日，水利部移民局、省移民局联合工作组到江华瑶族自治县指导涔天河水库扩建工程库区移民防汛保安及移民应急搬迁安置工作。

3 月 25 日，市长向曙光主持召开全市湘江保护和治理委员会全体会议。

3 月 29 日至 4 月 2 日，水利部长江水利委员会副总工程师夏仲平等 18 位水利专家到蓝山县对毛俊水库工程项目进行实地勘测，并对项目建议书进行评审，市长向曙光等出席相关活动。

6 月 29 日至 7 月 2 日，国家发改委稽查组深入江华瑶族自治县调研评估涔天河水库扩建工程移民安置稳定风险。

7 月 7 日，市委副书记、市长候选人易佳良到江华瑶族自治县调研涔天河水库扩建工程。

7 月 16 日，毛俊水库工程作为全国 172 项重大水利工程之一，获水利部批复项目建议书。

7 月，省政府对市政府实行最严格水资源管理制度首次（2014 年度）考核结果公布，永州市在全省 14 个市州中排名第三位。

8 月 12—14 日，水利部水利水电规划设计总院在北京组织专家对《湘江流域综合规划》进行审查。参加评审会的有长江水利委员会、湖南省水利厅、广西壮族自治区水利厅、广东省水利厅以及相关地市水利（务）局等单位的专家和代表。会议同意对规划内容做适当补充，修改完善后报水利部审批。

8 月，江华瑶族自治县水利局召开全县 40 座水库除险加固工程初设审查会，县水利局特别邀请 11 名乡镇分管负责人和 50 名村代表到会与水利专家共同参与工程研讨决策。

9 月 18 日上午，市长易佳良主持召开市长办公会，专题研究处理第一轮河道砂石开采权出让遗留问题。

10 月 8 日，市政府召开全市水利建设暨河道采砂专项整治动员会。

10 月 15 日，市政府办公室印发《永州市 2015—2017 年河道采砂集中整治工作方案》。

10 月 28 日，水利部建管司司长孙继善一行到永州督导病险水库除险加固工作。

10 月 29 日，涔天河水库扩建工程灌区项目开工建设。副省长戴道晋、水利部建设与管理司司长孙继昌、省政府副秘书长曹英华、省水利厅厅长詹晓安、省移民局局长颜向阳，市委书记陈文浩、市长易佳良等出席开工仪式。

11 月 10 日，市长易佳良就永州市湘江保护工作接受《人民日报》、新华社、《中国水利报》和《湖南日报》、湖南卫视、湖南经视、红网、湖南教育电视台等国家及省内主要新闻媒体记者的采访。

11 月 11 日 8 时至 13 日 10 日，永州市普降大到暴雨，平均降雨 109 毫米，其中超 200 毫米的雨量站点 4 个，全市最大降雨量为江华瑶族自治县桥头铺站达 245. 7 毫米。受强降雨影响，永州市境内江河水位暴涨，湘江老埠头水文站水位 105. 3 米，超警戒水位 3. 3 米。市气象、水文部门调查统计，此次冬汛暴雨洪水的强度，创永州市有记录以来同期最高极。

11 月 14—15 日，国家防汛总指挥部长江委防汛办主任陈敏率工作组深入永州市视察指导“11·13”抗洪抢险工作。

11 月 17—18 日，全国、省人大代表到永州开展“湘江流域生态环境治理和保护工作”专题集中视察活动。

11 月 30 日，水利部公布第十五批国家水利风景区名单，江永县千家峒水利风景区、蓝山县湘江源水利风景区被确定为“国家水利风景区”。

12 月 10 日，全省水库水闸及四水治理项目建设推进会在江华瑶族自治县召开。

12 月 16 日，市发展改革委员会印发《关于调整市中心城区城市供水价格暨实行阶梯水价的通知》，中心城区居民阶梯水价制度全面建立并实施。

12 月，湖南省发展改革委批复《涔天河水库扩建工程灌区初步设计报告》，这标志着永州市国家重大水利项目涔天河水库扩建工程灌区项目前期工作圆满完成，工程按计划进入实施建设阶段。该工程设计灌溉面积 111.46 万亩，建成后将成为湖南省最大灌区。

是年，永州市严格规范河道采砂权出让，公开出让河道砂石开采权 14 个标段，出让总金额 3.45 亿元。

是年，涔天河水库扩建工程被《中国水利报》评为 2015 年度全国最有影响力的十大水利工程之一。

是年，永州市市级水功能区水质达标率 100%，其中 I、II 类水高达 80.51%；全年出境水质全面达到 II 类水以上，高于省政府下达的 III 类水标准。

2016 年

1 月 4 日，市长易佳良主持召开市政府第 72 次常务会议，会议原则通过《关于切实加强农村饮水工作的意见》。

1 月 8 日，市委、市政府在江华瑶族自治县召开涔天河灌区工程建设动员大会，市委书记陈文浩出席会议并讲话，市长易佳良主持会议，市领导张严、蒋善生、舒平以及市直相关部门主要负责人、灌区四县党政主要领导和分管领导、灌区县直有关部门及灌区沿线乡镇党委书记或乡镇长、工程设计、建设、监理单位负责人参加动员大会。

1 月 12 日，市政府办印发《永州市人民政府办公室关于切实加强农村饮水工作的意见》。

2 月，中国烟草总公司复函湖南省人民政府，同意将道县营乐源水库列为烟草援建水源项目，援建资金 7736.49 万元。

3 月 7 日，市长易佳良主持召开市政府常务会议，讨论通过《湖南省涔天河水库扩建工程库区农村移民长效实物补偿实施管理办法》。

5 月 17 日，湖南省水利工程质量监督工作会议在永州市召开，省水利厅党组成员、副厅长王跃生，市人大常委会副主任郑柏顺等出席会议。永州市、长沙市、常德市、祁阳县等水利部门负责人在会上作典型发言。

6 月，江华瑶族自治县编委办批复同意成立江华瑶族自治县水利水电工程质量监督站，这是永州市首家正式成立的县级水利水电工程质量监督机构。

7 月 1 日，永州市全部使用国有资金投资以及国有资金投资占控股或主导地位的水利工程统一实行电子招标投标。

7 月，双牌水电站、南津渡水电站由湖南省水利厅划归湖南省国有资产监督管理委员会监管。

8 月 10 日，湖南省地勘局 409 队承担的国家地下水监测工程（永州市部分）土建工程在永州市冷水滩区水汲江村正式开工，监测站点建成后将进一步完善永州市国家级地下水监测网。

9月9日，永州市水利局出台《永州市水利工程项目技术评审咨询工作暂行管理办法》。

10月11日，市政府办公室印发《永州市湘江保护和治理第二个“三年行动计划”实施方案（2016—2018年）》。

10月17日，由永州市水利局帮扶的贫困村祁阳县茅竹镇三家村荣获湖南省政府颁发的“全省脱贫攻坚示范村”荣誉。

10月，水利部发布全国重要饮用水水源地名录，永州市冷水滩区湘江水源地、永州市零陵区潇水水源地、永州市祁阳县湘江水源地、永州市道县潇水水源地成功晋级全国重要饮用水水源地。

11月23日，永州市毛俊水库工程建设启动仪式在蓝山县举行。副省长戴道晋宣布工程启动，水利部建设与管理司副司长徐元明发表讲话，市委书记陈文浩致辞。长江水利委员会建设与管理局局长徐勤勤、水利部水库移民开发局巡视员黄凯、省人民政府副秘书长曹英华、省水利厅厅长詹晓安，市政协主席唐定等出席启动仪式。

12月30日，副省长戴道晋宣布涔天河水库扩建工程下闸蓄水，标志着这项“十二五”期间湖南水利“一号工程”基本完成建设任务，进入建设与初期调度运用并行阶段。水利部长江水利委员会建管局局长徐勤勤宣读《长江委关于导流洞下闸蓄水阶段验收鉴定书》。湖南省水利厅厅长詹晓安、永州市委书记李晖讲话。

是年，永州市水质检测中心挂牌成立。

2017年

1月1日，市水文局实现对全市规模以上入河排污口实施常态化监测全覆盖。

1月19日，市委副书记张严到原市水利水电建设公司走访慰问下岗困难职工。

2月7日，永州市水利局被省水利厅评为2016年度“芙蓉杯”水利建设考核优秀单位。

2月28日，涔天河水库扩建工程移民完成搬迁6666户28476人，其中外迁集中安置移民6454户27672人，后靠分散安置移民197户771人，外迁分散安置移民15户33人。

3月29日，市政府召开全市防汛抗旱暨水利工作会议。副市长、市防汛指挥部指挥长贺辉出席会议并讲话。

4月10—12日，由水利部水库移民开发局、长江水利委员会、省水利厅、省水库移民开发管理局、省发改委等组成的验收组，审核通过江华瑶族自治县涔天河水库扩建工程正常蓄水位313米高程以下移民安置验收。

4月21日，市长易佳良主持召开市政府常务会议，审议通过《永州市关于全面推行河长制的实施方案》。

5月3日，省委书记、省人大常委会主任杜家毫在市委书记、市人大常委会主任李晖，市委常委、江华瑶族自治县委书记罗建华陪同下深入涔天河水库扩建工程开展调研活动。

5月18日，市委、市政府召开全市全面推行河长制动员大会。市委书记李晖、市长易佳良出席会议。

6月25日至7月3日，永州市自北向南普降暴雨，局部大暴雨或特大暴雨，引发湘江干流特大洪灾。湘江干流老埠头及以下各水文站点创下有水文记录以来最高值。

7月1日14时，市防指启动市级防汛应急Ⅳ级（蓝色）响应，20时，市防指将全市应急响应等级提升为Ⅱ级（橙色）响应。7月2日9时30分，市级防汛应急响应升级为Ⅰ级（红色）响应。

7月2日凌晨开始，省委书记杜家毫、省长许达哲、省委副书记乌兰、省政协主席李微微、副省长杨光荣等省领导先后询问、调度永州汛情灾情，并作出重要指示。省政协主席李微微、省政协秘书长卿渐伟一行赶到永州调研督查防汛救灾工作。

7月10—11日，市委书记、市人大常委会主任李晖率市四大家领导赴省发改委、省财政厅、省水利厅、省民政厅、省国土资源厅、省交通运输厅、省人力资源和社会保障厅等省直有关单位，专题汇报永州防汛救灾和灾后恢复重建工作，争取省直单位对永州市灾后重建工作的支持。

8月8日，全市抗洪救灾先进事迹报告会暨部署当前抗旱工作会议召开，市委书记李晖出席会议并讲话，市长易佳良主持会议，市领导张严、石艳萍、唐能武、杨永、吴志雄、王守海、刘尤碧、罗建华等出席会议。

是日，市委、市政府召开全市河长制工作委员会暨市湘江保护和治理委员会第一次全体成员会议，市委书记、市人大常委会主任李晖任第一河长，市委副书记、市长易佳良任总河长。

8月28日，省委、省政府在长沙召开全省抗洪救灾总结大会，永州市水利局获评全省抗洪救灾先进单位。

8月31日，水利部批准祁阳浯溪水利风景区为国家水利风景区。

9月9日，省委副书记、省长许达哲到涔天河水库扩建工程调研，副省长隋忠诚、省政府秘书长王群，市委书记李晖、市长易佳良参加调研活动。

9月15日，永州市召开“民间河长”新闻发布会，市人大常委会副主任袁火林、副市长贺辉等参加会议，标志着永州市率先在全省实施双河长制。

9月16日，湖南涔天河水库扩建工程灌区右总干渠二标段龙门桥2号隧洞顺利贯通，这是整个涔天河灌区工程84条隧洞中第一座贯通的隧洞。

9月23日，涔天河水库扩建工程电站首台机组成功并网发电，标志着工程项目进入发电运行阶段。

9月26日，全市第一次河长制会议在冷水滩召开，市委书记、市人大常委会主任、市第一河长李晖，市委副书记、市长、市总河长易佳良出席会议。

10月14日，毛俊水库工程开工仪式在蓝山县举行，市委书记李晖宣布工程开工，市长易佳良主持开工仪式，市领导蒋善生、唐能武等出席开工仪式。

11月7日，省委常委、常务副省长、湘江总河长陈向群巡查湘江干流永州段部分水域，市委书记李晖参与巡查活动。

12月底，全市县城及以上饮用水水源保护区内入河排污口截污关闭整治工作全部完成。

是年，永州市水利系统在全省率先创建电子招投标体系，所有施工、监理项目都实行电子招投标，构建公开、公正、公平的招投标平台，全年共办理招投标备案41个项目。

是年，永州市“双河长制”新举措，被提名为十大基层治水经验，参与水利部中国水利记忆评选。

2018年

1月29日，经市政府批准，市防汛抗旱指挥部发布正式公告，确立永州市中心城区外河（湘江干流）防洪标准为50年一遇，内河（曲河、黄溪河等）防洪标准为20年一遇。

2月1日，永州市水利局被评为全省2017年度“芙蓉杯”水利建设考核第一名。

3月，农村饮水工程祁阳县城乡供水一体化（一期）PPP项目——大村甸水厂，通过PPP项目公开招标，成功引进北京碧水源公司负责建设运营，合作期限为30年，解决29万人的饮水问题。

4月11日，全市防汛抗旱暨第一次河长制会议在道县召开，市委书记、市人大常委会主任李晖出席并讲话。会议期间，与会代表观看了在道县祥霖铺镇两河口村举行的防汛抗灾应急演练活动。

4月19日，省长许达哲到蓝山县考察湘江源国家森林公园生态建设及水资源保护等工作。

5月22日，生态环境部督查组到永州开展集中式饮用水水源地环境保护专项督查。

5 月 26 日，永州市城管执法部门在相关部门的配合下，依法对冷水滩区滨江公园内 13 家游乐场所进行拆除。

6 月 9 日，涔天河水库扩建工程水电站最后一台机组并网发电，标志着该工程 4 台机组全部实现并网发电。

6 月 11 日，省人大常委会副主任周农率省人大调研组一行到永州开展《湖南省湘江保护条例修正案（草案）》立法调研。

6 月 28—29 日，省委书记、省人大常委会主任杜家毫深入永州市双牌县、宁远县、蓝山县开展调研活动，省委常委、省委秘书长谢建辉，省直有关部门负责人王晓科、胡伟林、邓立佳、王志群等以及市委书记李晖参与调研活动。杜家毫一行到位于蓝山县野狗岭南麓的湘江源头，实地考察当地生态环境保护情况。

6 月，涔天河水库扩建枢纽工程荣获水利部颁发的全国水利建设工程文明工地称号。

7 月 25—26 日，全国水利工程移民前期工作和实施管理培训会在西藏拉萨市召开，永州市库区移民事务中心代表湖南省向大会推介涔天河水库扩建工程移民搬迁安置工作典型经验。

8 月 2 日，零陵、祁阳、东安、双牌等四县区集中开展一次人工增雨作业，有效缓解四县区旱情的持续发展。

8 月 16 日下午，祁阳县肖家镇大江水库右干渠出现塌方，造成 200 多户居民、10000 余亩稻田受灾。市委书记李晖闻讯后率市直有关部门负责人赶赴灾区现场指挥抢险救灾工作。到晚上 20 时左右，抢险救援人员通过挖机填土、人工填埋沙袋等方式，成功阻断山洪，使险情得到有效控制，洪灾未造成人员伤亡。

8 月 30—31 日，涔天河水库扩建工程通过由水利部长江水利委员会、湖南省水利厅主持的正常蓄水位蓄水阶段政府验收，成为国务院确定的 172 项重大水利工程中最早通过正常蓄水位蓄水阶段验收的工程之一。

11 月 26 日，副省长陈文浩调研东安县城水源地整改情况，实地查看了紫水河新屋断面、扬江河坝临时水源地，并听取汇报，要求尽快完成湘江西源水源地取水工程建设。

11 月 29 日，水利部长江水利委员会现场核查组到东安县井头圩镇凤凰村核实水质污染问题。东安县委、县政府成立以县委书记冯德校为总指挥长，县委副书记、县长龙向洋为指挥长，县人大常委会党组书记、主任张波为组长的井头圩镇凤凰村部分群众信访问题整治工作领导小组，领导小组下设安全饮水组、办公室、合同终止组、水库清淤诉求落实组、水质检测组、财务清查组、群众工作组等 7 个专项工作组。从 11 月 30 日起，“六组室”进驻凤凰村，进组入户开展工作。

12 月 1 日，省水利厅厅长詹晓安、市委书记李晖到东安县凤凰村开展调研、督办工作。

是日，市人民政府印发《永州市小水电站突出问题专项整治方案》，就小水电站建设秩序、“僵尸”电站、安全隐患、河道生态等突出问题进行专项整治，全面清理全市 675 座建成运行和 24 座停运、停建电站。

12 月 5 日，水利部发文批准永州金洞白水河水利风景区成为第十八批国家水利风景区。

12 月 10 日，市委、市政府召开农村饮水安全专题工作会议，会议要求，切实提高供水覆盖率、水质达标率和群众满意度，争取用两年时间解决供水覆盖率和提质改造的问题，做到“市里主导、县里主抓、村里主人”，保障农村人口的饮水安全。

12 月 18 日，市政府市长办公会议专题研究中心城区应急备用水源工作。会议明确，由永州市水利局牵头开展中心城区应急备用水源项目前期工作。

12 月，市水利局认真落实中央环保督察组交办函件，累计接到交办函 16 件，调查处理举报件 22 起，全部整改到位。

是年，全省首次年度绿色发展指标评价结果表明，永州市地表水达到或好于Ⅲ类水体比例、地表水劣Ⅴ类水体比例、重要江河湖泊水功能区水质达标率、地级及以上城市集中式饮用水水源水质达到或优于Ⅲ类比例等四项指标均名列全省第一。

2019年

1月30日，市机构编制委员会印发《关于永州市本级机构改革涉改处级事业单位调整的通知》，市移民开发局承担的行政职能划入市水利局，改为市库区移民事务中心，为市水利局所属正处级公益类事业单位；市防汛抗旱指挥部办公室承担的行政职能分别划入市水利局、市应急管理局，市水旱灾害防御事务中心为市水利局所属副处级公益事业单位。

1月，东安县凤凰村水库污染事件整改到位，该村集中式饮水工程竣工投用。

2月1日，全市农村饮水安全巩固提升暨自来水"村村通"工程建设与管理工作会议在冷水滩召开，副市长谢景林出席会议并讲话。会议要求，2020年实现全市农村饮水安全全覆盖和自来水村村通。

3月10日，早上5时50分，因连续降雨造成江华瑶族自治县小圩壮族乡深冲小（1）型水库溢洪道右岸与山体结合部的山体发生塌方滑坡，导致非正常泄流，造成下游沿河部分农田及村庄受灾，未发生群死群伤。市委副书记、代市长何录春率相关部门负责人赶到受灾现场安排部署抢险救灾工作。

3月14日，代市长何录春主持召开市长办公会，研究通过《永州市农村饮水工程建设与管理实施方案》。

3月21日，水利部副部长蒋旭光调研涔天河水库扩建工程。省水利厅党组书记、厅长颜学毛，省水利厅党组成员、副厅长罗毅君，代市长何录春，副市长谢景林等参与调研活动。

3月30日，市长何录春召开市长办公会，专题研究涔天河水库扩建工程相关工作，决定将市涔天河水库扩建工程建设协调小组办公室协调职能归口市水利部门管理。

4月1日，市政府办下发《关于印发〈永州市农村饮水工程建设与管理实施方案〉的通知》。

4月10日，市委书记、市人大常委会主任严华，市委副书记、市长何录春专题调研冷水滩区宋家洲防汛避险搬迁工作，市领导唐能武、刘新良、欧阳元初参加调研。

5月21—22日，水利部水库移民司副司长夏泉率队到蓝山县调研毛俊水库移民安置工作，省库区移民事务中心主任、党委书记袁侃夫，巡视员杨北伟，蓝山县委书记秦志军等参加调研活动。

5月24日，市委办、市政府办印发《永州市水利局职能配置、内设机构和人员编制规定》。

6月6日，市水利局、市发展和改革委员会、市生态环境局联合印发《永州市小水电清理整改工作方案》，明确全市所有5万千瓦以下已建、在建、停建水电站为清理整改对象。

6月13日，水利部发展研究中心副主任吴强率调研组对永州市实行最严格水资源管理制度考核、生态流域建设等情况开展调研。

6月19—20日，水利部副部长魏山忠率队到永州市调研水旱灾害防御工作，水利部水旱灾害防御司督查专员王翔，长江水利委员会副主任戴润泉，湖南省水利厅党组副书记、副厅长钟再群参与调研活动。

6月25—26日，全国水库移民脱贫攻坚工作座谈会在祁阳县召开，水利部水库移民司副司长赵晓明，湖南省水利厅副厅长易放辉，湖南省库区移民事务中心党委书记、主任袁侃夫出席会议。

7月4日，市委书记严华主持召开全市总河长会议，全面贯彻落实全省总河长会议精神，总结2018年河长制工作，部署下一阶段工作。会议观看全市河长制工作突出问题暗访专题片。

7月，永州市水利局、永州市扶贫办联合印发《全市农村饮水安全"回头看"实施方案》，组织开展最全面、最彻底的"回头看"排查、整改行动。

9月12日，市政府第45次常务会议对《永州市河道采砂实施暂行办法》进行审议，原则同意并成立永州市河道采砂管理工作领导小组。

9月20日，永州市开展水土保持第一次卫星遥感监管疑似违法违规问题图斑核查工作，共核查439个项目。

9月25日，市职称改革工作领导小组办公室行文同意市水利局组建水利水电工程系列中级职称评审委员会，负责全市水利水电工程系列中级专业技术职务任职资格评审工作。

10月初，涔天河水库扩建工程灌区项目因未在水土保持方案确定的专门存放地弃渣、未依法履行水土流失防治义务，被水利部列入长江经济带水土保持违法案件挂牌督办名单。

10月22—26日，由水利部主办的全国水利工程移民前期工作和实施管理培训会议在广西南宁市召开，永州市库区移民事务中心在会上介绍涔天河水库扩建工程移民搬迁安置工作经验。

10月31日，市水利局出台《关于做好市级水行政审批管理权限下放衔接落实工作的通知》。

11月19日，湖南省水利厅发布《湖南省水利工程建设领域农民工实名制管理实施办法（试行）》，全市水利工程建设领域农民工以真实身份进行综合管理。

11月20日，市政府印发《永州市河道采砂实施暂行办法》。

11月26日，市政府办印发《关于成立永州市河道采砂管理工作领导小组的通知》。

12月25日，市机构编制委员会办公室印发《关于市水利局所属部分事业单位职责和机构编制调整的批复》，整合市河长制办公室、市河道管理站有关公益服务职能，设立市河湖管理事务中心，市水利工程管理站更名为市农村饮水事务中心，整合市地方电力管理站、市水利水电工程质量监督站、市水土保持监测站有关公益服务职能，组建市水利工程建设与运行事务中心。

第一篇 水系水资源

永州市地处中亚热带大陆性季风湿润气候区，雨量充沛，空气湿润，常年降水量在1100～1800毫米。永州市地势总体呈西南高、东北及中部低，山丘地区，溪河纵横，水系发育，有大小河流733条，总长10515公里，本地水加上客水年平均水资源总量266.3亿立方米，境内河床谷深流急，水能资源理论蕴藏量287.24万千瓦。丰富的水资源、良好的生态环境给永州经济社会发展提供了有利条件，但由于降雨时空分布不均，水旱灾害时有发生，人们也因水而忧。

中华人民共和国成立以来，永州人民在党和政府领导组织下，揭开治水兴水崭新篇章。通过以水施策，兴利除弊，水利自然环境得到改观。进入21世纪以后，人们顺应自然，坚持人水和谐，永州水生态环境不断优化，随着一系列水生态保护举措的有力实施，水污染防治、水环境保护、水生态修复取得明显进展，一条条河溪成为惠泽百姓幸福水。

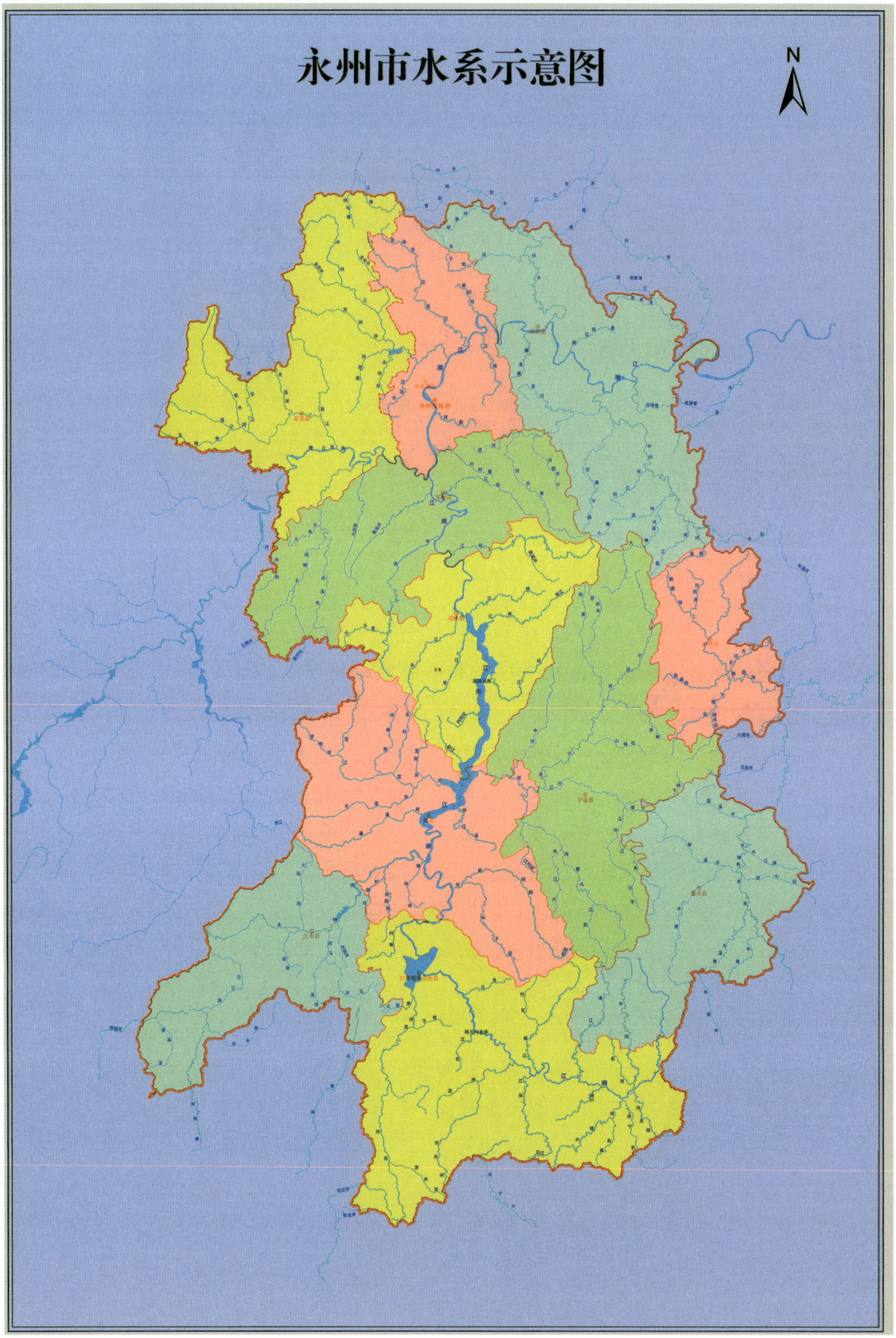
永州市水系示意图
N

第一章　水　系

永州市地势总体呈西南高，东北及中部低，都庞岭、越城岭、萌渚岭屏障于西南，九嶷山、阳明山、四明山拦腰穿插于东西，分成南北两个盆地，形成三山围夹两盆地，最高峰为都庞岭韭菜岭，海拔 2009.3 米。境内地层演变发育成熟，地层中震旦系、寒武系、奥陶系、泥盆系、石炭系、二叠系、三叠系、侏罗系、白垩系及第四系等各时代均有分布。境内土壤种类繁多，共有水稻土、红壤、山地黄壤、黄棕壤、山地草甸土、黑色石灰土、红色石灰土、紫色土、潮土等 9 个土类，18 个亚类。境内植被以乔木、灌木为主体天然或人工植物群落。永州市地处中亚热带大陆性季风湿润气候区，四季分明，年平均气温为 17.6℃~18.6℃，年温差在 19.1℃~23.5℃，年平均日照时数在 1384.1~1688.0 小时。常年平均降水量在 1100~1800 毫米，地域分布南部多于北部，山区多于平原，一年中降水主要集中在春夏雨季，约占年总雨量的 70%，秋冬雨季约占 30%，大部分地区春多于夏，秋多于冬，降水最大月份在 4 月或 6 月，最少在 1 月或 2 月，降水在春夏之交，尤以 4—6 月降水最多，占全年总量的 40%。全市雨季一般开始于 3 月中、下旬，结束于 6 月底。

永州市河流水系大致分为两大水系：一是长江洞庭湖水系，约占全市总面积的 96.6%，其中湘江流域控制面积 21389 平方公里，占湘江流域面积的 22.7%；二是珠江流域，约占全市总面积 3.4%。

永州市共有大小河流 733 条，总长 10515 公里。按长度分，5 公里以上 667 条，其中 5~50 公里 633 条，50~100 公里 26 条，100~300 公里 6 条，300 公里及以上 2 条。按流域面积分，10 平方公里以上 667 条，其中 10~100 平方公里 587 条，100~1000 平方公里 68 条，1000~5000 平方公里 9 条，5000 平方公里及以上 3 条。

境内流域面积大于 1000 平方公里河流有 12 条，即湘江、湘江西源、紫水河、芦洪江、祁水、白水、永明河、宁远河、新田河、春陵水、大宁河、恭城河。

第一节　湘江源头

两千多年来，据史料记载，湘江源头在广西壮族自治区兴安县白石乡越城岭海洋山近峰岭。2011 年，全国进行水利普查时，湖南省水利普查办对湘江干支流关系进行核实、调查。受水利部水文局委托，南京水利科学研究院利用数字线划图、卫星遥感影像等技术手段，对湘江干支流有关数据进行计算、复核，结果表明：蓝山县至永州市零陵区萍岛河段（潇水）河长 354 公里，流域面积 12099 平方公里，河口多年平均流量 345 立方米/秒，多年平均径流量 117.1 亿立方米，平均比降 0.761‰；广西壮族自治区兴安县至永州市零陵区萍岛河段（原湘江上游）河长 314 公里，流域面积 9240 平方公里，多年平均径流量 97.5 亿立方米，平均比降 0.647‰。无论河长、流域面积还是水量，蓝山县至永州市零陵区萍岛河段（潇水）均大于广西壮族自治区兴安县至永州市零陵区萍岛河段（原湘江上游）；从河流交汇处河势看，蓝山县至永州市零陵区萍岛河段（潇水）也比广西壮族自治区兴安县至永州市零陵区萍岛河段（原湘江上游）更宽，依据国际河流正源确定的“河源唯长，水量唯大、与河流的主方向一致的支流的源头为正源”三个标准，2011 年 6 月，湖南省水利普查办将湘江源头在永州市蓝山县的普查结果报南京水利科学学院。2012 年 1 月，南京水利科学研究院复核认定，湘江源头在湖南省永州市蓝山县，具体地点在蓝山国家森林公园境内。

2012年5月20日，湖南省第一次水利普查成果发布表明，湘江源头在湖南省永州市蓝山县紫良瑶族乡。根据这一普查结果，国务院水利普查办和水利部认定，蓝山县至永州市零陵区萍岛（潇水）为湘江，广西壮族自治区兴安县至永州市零陵区萍岛为湘江西源。从蓝山县湘江源头计算，湘江全长948公里，比原来把广西壮族自治区兴安县海洋山作为湘江源头长40公里。

2017年7月19日，湖南省水文水资源勘测局在蓝山县紫良乡野狗岭南麓设立"湘江源"标示。湖南省水文水资源勘测局局长郭世民在湘江源立碑揭幕仪式上的讲话中提到，"湘江，历史记载发源于广西，经过水文部门和水利普查办的勘测得出科学结论，于2013年5月宣布：湘江发源于湖南蓝山。这是水文发展取得的科学进展，这也是尊重历史、尊重事实的一个新成果"。

蓝山县紫良瑶族乡野狗岭天泉

2012年5月，全国水利普查结果及国务院水利普查办和水利部认定，湘江源头发源于永州市蓝山县紫良乡野狗岭南麓，南行至江华瑶族自治县码市镇纳入中河后称冯水，流向转西，先纳入凌江、麻江、贝江，在江华瑶族自治县水口镇纳入岭东河流经涔天河后在江华瑶族自治县沱江镇鱼塘坡与西河（萌渚水）汇合成沱水，流回转北，沿途纳入蚣坝河、永明河、宁远河至道县称潇水，流经双牌县后纳入单江、贤水、茆江及愚溪（又名九江），在永州市零陵区萍岛与湘江西源汇合称湘江。于永州市零陵区萍岛会湘江西源后水量大增。再纳芦洪江、石溪江、祁水、白水等较大支流，在祁阳县黄泥塘镇九洲村流出永州市进入衡阳市常宁市，最后在湖南省湘阴县城西镇濠河口村注入洞庭湖。

第二节　湘　江

2012年9月27日，湖南省第十一届人民代表大会常务委员会第三十一次会议通过《湖南省湘江保护条例》。2018年11月30日，湖南省第十三届人民代表大会常务委员会第八次会议提出《关于修改〈湖南省湘江保护条例〉的决定》，经修正后的《湖南省湘江保护条例》明确，湘江干流是指上起永州市零陵区老埠头、下至岳阳市湘阴县濠河口河段。湘江干流流经永州市、衡阳市、株洲市、湘潭市、长沙市，至岳阳市的湘阴县注入长江水系的洞庭湖。湘江干流在永州境内总长161公里，占湘江干流总长的27.1%。

湘江在永州市境内河长515公里，占湘江总长的54.3%。湘江干流出境多年平均流量为656立方米/秒。湘江老埠头水文站实测最大流量为14700立方米/秒，出现日期为1976年7月10日；最小流量11.7立方米/秒，出现日期为2007年11月21日。

湘江东源，又名潇水，发源于湖南省蓝山县紫良瑶族乡九嶷山脉野狗岭南麓，南以萌渚岭与广西壮族自治区桂江分流，北抵湘江，东以阳明山南岭山脉与舂陵水，南与广东连江毗邻，西以都庞岭为界。河流从源头向南流经江华、道县、双牌、永州市零陵区，于萍岛注入湘江。潇水涔天河峡谷以上称上游，河段长133公里；涔天河峡谷至双牌县城为中游，河段长155公里；双牌县城至永州市零陵区萍岛潇水河口为下游，河段长 66 公里。潇水河流全长 354 公里，平均坡降为 0.761‰，流域总面积 12099 平方公里，河口多年平均流量 345 立方米/秒。

湘江东源（潇水）与西源汇合处——永州市零陵区萍岛

湘江西源，又名海洋河，发源于广西壮族自治区兴安县白石乡白竹村，流至广西壮族自治区全州县汇入灌阳河和万乡河，于全州县庙头乡流入湖南省永州市东安县。在永州市境内先后流经东安县、零陵区和冷水滩区。汇集紫水河、石期河、大河坝，在永州市零陵区萍岛与湘江相会。河流全长 314 公里，平均坡降为 0.647‰，流域总面积 9240 平方公里，河口多年平均流量 309 立方米/秒，多年平均径流量 97.5 亿立方米。湘江西源在永州市境内河长 62 公里，流域面积 2051 平方公里。

第三节　湘江主要支流

永州市境内流域面积在 500 平方公里以上的湘江主要支流有紫水河、石期河、萌渚水、蚣坝河、永明河、宜水、宁远河、芦洪江、祁水、白水、舂陵水。

江华瑶族自治县西河（萌渚水）在沱江镇豸山汇入湘江

紫水河（又名紫溪河），流域编码 FEID4B00000L，发源于东安县大庙口镇，流经紫溪市镇、井头圩镇、白牙市镇，在白牙市镇大江口汇入湘江西源，河流全长 77 公里，平均坡降 4.09‰，流域面积 1012 平方公里，多年平均流量 21.9 立方米/秒。

石期河，流域编码 FEIDAC00000R，发源于广西全州县白宝乡，流经零陵区石岩头镇、珠山镇、东安县横塘镇、石期市镇，在石期市镇汇入湘江西源，河流全长 78 公里，平均坡降 2.07‰，流域面积 920 平方公里，多年平均流量 25.2 立方米/秒。

西河（萌渚水），流域编码 FEIDIB00000L，发源于江华瑶族自治县大圩镇姑婆山，流经江华瑶族自治县大圩镇、河路口镇、涛圩镇、大石桥乡、白芒营镇、大路铺镇、沱江镇，在沱江镇豸山汇入湘江，河流全长 84 公里，平均坡降 2.5‰，流域面积 884 平方公里，多年平均流量 28.3 立方米/秒。

蚣坝河，流域编码 FEIDIC00000R，发源于湖南省宁远县九嶷瑶族乡黄河村，流经宁远县九嶷瑶族乡、道县洪塘营瑶族乡、四马桥镇、蚣坝镇、审章塘瑶族乡，于审章塘瑶族乡茶园村汇入湘江，河流全长 50 公里，平均坡降 7.97‰，流域面积 511 平方公里，多年平均流量 16.8 立方米/秒。

永明河，流域编码 FEIDID00000L，发源于江永县千家峒瑶族乡大畔分场，流经潇浦镇、上江圩镇、道县祥霖铺镇，于道县祥霖铺镇岑江渡汇入湘江，河流全长 80 公里，平均坡降 2.56‰，流域面积 1219

平方公里，多年平均流量39.8立方米/秒。

宜江，流域编码FEIDIE00000L，发源于道县九狮岭，流经桥头镇、仙子脚镇、寿雁镇、梅花镇，在梅花镇的小河边汇入湘江，河流全长70公里，平均坡降1.87‰，流域面积936平方公里，多年平均流量32.8立方米/秒。

江永县永明河发源地——千家峒

宁远河，流域编码FEIDF00000R，发源于湖南省宁远县荒塘瑶族乡竹山源村，流经宁远县桐木漯瑶族乡、清水桥镇、柏家坪镇、棉花坪瑶族乡、仁和镇、中和镇、天堂镇、道县柑子园镇、宁远县中和镇，在道县白马渡镇青口流入湘江，河流全长113公里，平均坡降1.31‰，流域面积2606平方公里，多年平均流量75.5立方米/秒。

芦洪江，流域编码FEID2A00000L，发源于邵阳县河伯岭林场，流经东安县大盛镇、新圩江镇、芦洪市镇、端桥铺镇、芦洪市镇、永州经济开发区、冷水滩区高溪市镇，在冷水滩区高溪市镇枫木塘村汇入湘江，河流全长83公里，平均坡降2.58‰，流域面积1067平方公里，多年平均流量21.9立方米/秒。

祁水，流域编码FEID2C00000L，发源于祁东县四明山乡白水源村，流经祁东县蒋家桥镇、太和堂、砖塘镇、祁阳县文明铺镇、文富市镇、黎家坪镇、下马渡镇，在祁阳县城北汇入湘江，河流全长126公里，平均坡降1.20‰，流域面积1683平方公里，平均流量30.8立方米/秒。

白水，流域编码FEID2D00000R，发源于桂阳县白水瑶族乡清溪村，流经常宁市塔山瑶族乡、祁阳县晒北滩瑶族乡、金洞镇、八宝镇、肖家镇，在白水镇赵衙里村汇入湘江，河流全长109公里，平均坡降2.75‰，流域面积1815平方公里，多年平均流量56.4立方米/秒。

春陵水，流域编码FE1DB000000R，发源于临武县西山瑶族乡塔山坪村，流经湖南临武县、蓝山县、嘉禾县、新田县、桂阳县、耒阳市、常宁市、衡南县，在衡南县廖田镇河口村汇入湘江，全长313公里，流域面积6637平方公里，永州市境内长27.5公里，境内流域面积1383平方公里。

第四节　其他河流

永州市除本书第一章第三节湘江主要支流外，还有其他河流如下。

石溪江（俗称老毛江）湘江一级支流，全长58公里，流域面积324平方公里。

桴江，湘江一级支流，全长71公里，流域面积333平方公里。

贤水，湘江一级支流，全长68公里，流域面积469平方公里。

大锡河，湘江一级支流，全长43公里，流域面积373平方公里。

岭东河，湘江一级支流，全长52公里，流域面积353平方公里。

黄花河，白水一级支流，全长75公里，流域面积648平方公里。

泠江，宁远河一级支流，全长63公里，流域面积719平方公里。

九嶷河，宁远河一级支流，全长72公里，流域面积597平方公里。

舜水，舂陵水一级支流，全长53公里，流域面积524平方公里。

俊水，舂陵水河源，全长50公里，流域面积484平方公里。

恭城河（桃水），桂江一级支流，属珠江水系，全长 164 公里，流域面积 4283 平方公里。在永州市境内长 40.0 公里，境内流域面积 614 平方公里。

凌江，湘江一级支流，全长 62 公里，流域面积 188 平方公里。

麻江，湘江一级支流，全长 40 公里，流域面积 183 平方公里。

零陵区贤水河周家大院段

濂溪河（濂溪），湘江一级支流，全长 41 公里，流域面积 203 平方公里。濂溪源头位于都庞岭脚下的月岩林场庆里源。

愚溪河（愚溪），湘江一级支流，发源于零陵区梳子铺乡大古源，全长 40 公里，流域面积 153 平方公里，河流坡降 1.4‰，多年平均径流总量 0.95 亿立方米，多年平均流量 3.5 立方米/秒，于古城永州西郊注入潇水。

浯溪，湘江一级支流，在祁阳县城南郊 2 公里处的古渡口流入湘江。

2019 年永州市境内流域面积 50 平方公里以上河流基本情况统计表

表 1-1-1　　单位：公里、平方公里

序号	河名	上级河名	河长	面积	湖南面积	河源地点村	河源地点镇	河源地点县	河口地点村	河口地点镇	河口地点县
1	湘江	长江	948	94721	85225	紫良工区	紫良瑶族乡	蓝山县	濠河口村	城西镇	湘阴县
2	湘江西源	湘江	262	9208	2263	白竹村	白石乡	兴安县	老埠头村	蔡市镇	永州冷水滩区
3	宁远河	湘江	113	2606	2606	竹山源村	荒塘瑶族乡	宁远县	青口村	白马渡镇	道县
4	白水	湘江	109	1815	1815	清溪村	白水瑶族乡	桂阳县	东川村	白水镇	祁阳县
5	祁水	湘江	126	1683	1683	白水源村	四明山乡	祁东县	塔边村	浯溪镇	祁阳县
6	永明河	湘江	80	1219	1204	大畔分场	千家峒瑶族乡	江永县	分江头村	祥霖铺镇	道县
7	芦洪江	湘江	83	1067	1067	企坪工区	河伯岭林场	邵阳县	枫木塘村	上岭桥镇	永州冷水滩区
8	紫水河	湘江西源	77	1012	1002	大庙口林场	大庙口镇	东安县	枫木山村	横塘镇	东安县
9	春陵水	湘江	313	6637	6637	塔山坪村	西山瑶族乡	临武县	河口村	廖田镇	衡南县
10	新田河	春陵水	82	1678	1678	千马坪村	金陵镇	新田县	新窑村	飞仙镇	桂阳县
11	大宁河	贺江	110	2407	42	军田村	大圩镇	江华县	长利村委	贺街镇	贺州八步区
12	恭城河	桂江	164	4283	614	十八岭村委会	三江乡	恭城县	南佛村委会	平乐镇	平乐县
13	宜江	湘江	70	936	865	崩塘村	道县桥头林场	道县	泥江口村	白马渡镇	道县
14	石期河	湘江西源	78	920	644	白宝村委会	白宝乡	全州县	石期市村	石期市镇	东安县
15	西河	湘江	84	884	861	涛圩分场	大圩镇	江华县	县园艺场	沱江镇	江华县
16	白河	湘江	86	860	860	田家村	风石堰镇	祁东县	前进村	归阳镇	祁东县
17	东陂河	连江	72	827	4	浆洞瑶族乡林场	浆洞瑶族乡	蓝山县	城西村	连州镇	连州市
18	泠江	宁远河	63	719	719	茶罗坪村	九疑瑶族乡	宁远县	曹家滩村	天堂镇	宁远县
19	车溪河	新田河	75	687	687	福隆村	华泉乡	桂阳县	东溪村	新隆镇	新田县
20	黄花河	白水	75	648	648	桐木冲村	邮亭圩镇	零陵区	新中村	白水镇	祁阳县
21	檀江	邵水	71	635	635	马皇村	南桥镇	东安县	双江村	檀江乡	邵阳大祥区

续表1-1-1

序号	河名	上级河名	河长	面积	湖南面积	河源地点村	河源地点镇	河源地点县	河口地点村	河口地点镇	河口地点县
22	九嶷河	宁远河	72	597	597	牛头江村	九疑瑶族乡	宁远县	刘家村	柑子园乡	道县
23	舜水	舂陵水	53	524	524	峡源村	所城镇	蓝山县	溪林村	毛俊镇	蓝山县
24	蚣坝河	湘江	50	511	511	黄河村	九疑瑶族乡	宁远县	茶园村	审章塘瑶族乡	道县
25	贤水	湘江	68	469	455	大竹江村	何家洞乡	双牌县	栗山铺村	富家桥镇	永州零陵区
26	大锡河	湘江	43	373	271	高凉村	大锡乡	江华县	咸佳村	码市镇	江华县
27	岭东河	湘江	52	353	352	蕉叶村	两岔河乡	江华县	河口街	水口镇	江华县
28	石家河	贺江	55	346	48	建新村	松柏瑶族乡	江永县	龟石水库	莲山镇	富川县
29	桴江	湘江	71	333	333	林场场部	阳明山林场	双牌县	伏塘村	凼底乡	永州零陵区
30	石溪江	湘江	58	324	324	灯塘村	花桥街镇	永州冷水滩区	华里村	上岭桥镇	永州冷水滩区
31	西春水	宁远河	39	302	302	大源村	桐木漯瑶族乡	宁远县	茄子园村	柏家坪镇	宁远县
32	白沙河	贺江	52	301	67	腊面山村	河路口镇	江华县	程石村委会	钟山镇	钟山县
33	浯水	湘江	44	298	298	蒋家冲村	上司源乡	祁阳县	河洲村	新河镇	常宁市
34	毛溪桥	石期河	37	283	171	毛坪里村	大庆坪乡	永州零陵区	敏塘村	珠山镇	永州零陵区
35	清江	白河	40	281	281	枣园村	灵官镇	祁东县	双河村	归阳镇	祁东县
36	大黄溪河	白水	52	271	271	黄泥口村	荒塘瑶族乡	宁远县	欧莱河村	小金洞乡	祁阳县
37	汉江源	恭城河	29	255	243	茶花山分场	桃川镇	江永县	里川村	桃川镇	江永县
38	燕子岩河	祁水	45	243	243	大塘村	四明山乡	祁东县	培子湾村	黎家坪镇	祁阳县
39	双江口	祁水	41	242	242	文龙村	石株桥乡	邵东县	双江口村	文富市镇	祁阳县
40	麻江	湘江	53	241	241	麻江分场	务江乡	江华县	贝江村	贝江乡	江华县
41	秀水河	恭城河	33	234	28	茶山村委	朝东镇	富川县	邑口村	桃川镇	江永县
42	中河	宁远河	40	227	227	西山村	中和镇	宁远县	农科站村	柑子园乡	道县
43	扬江	紫水河	30	224	215	舜皇山林场	黄龙镇	新宁县	中心村	紫溪市镇	东安县
44	中河	湘江	60	224	224	三分石工区	—	蓝山县	所城村	码市镇	江华县
45	马河	永明河	32	223	208	南峰山村	松柏瑶族乡	江永县	江河村	消浦镇	江永县
46	石羊河	新田河	30	215	215	湾田洞村	太平镇	宁远县	梧村村	新圩镇	新田县
47	垚子头	蚣坝	47	208	208	东江沅村	洪塘营瑶族乡	道县	桃李园村	蚣坝镇	道县
48	濂溪河	湘江	41	201	201	—	月岩林场	道县	濂溪社区	道江镇	道县
49	车壁塘	祁水	39	194	194	高峰村	马杜桥乡	祁东县	清太村	文富市镇	祁阳县
50	昌木套河	白水	44	194	194	龙凼村	大江林场	祁阳县	两江村	白水镇	祁阳县
51	南涧河	芦洪江	25	192	192	町尾村	井头圩镇	东安县	洲江村	端桥铺镇	东安县
52	日西河	新田河	29	189	189	舍子沅村	门楼下瑶族乡	新田县	城关	龙泉镇	新田县
53	凌江	湘江	62	188	188	三分石工区	—	蓝山县	民主村	码市镇	江华县
54	麻江	湘江	40	183	183	麻江工区	五星岭林场	双牌县	麻滩村	塘底乡	双牌县
55	西涧河	芦洪江	38	181	181	林场场部	黄泥洞林场	东安县	白木村	芦洪市镇	东安县
56	贝江	湘江	49	178	178	上塘村	蔚竹口乡	江华县	贝江村	贝江乡	江华县
57	安宁河	大锡河	35	173	72	禾坪村	禾洞镇	连山县	水口寨村	码市镇	江华县
58	靖位江	紫水河	42	165	165	公安村	一渡水镇	新宁县	杨柳村	紫溪市镇	东安县
59	濛溪水	舜水	22	160	160	源桐村	竹管寺镇	蓝山县	雷家岭村	毛俊镇	蓝山县

续表1-1-1

序号	河名	上级河名	河长	面积	湖南面积	河源地点村	河源地点镇	河源地点县	河口地点村	河口地点镇	河口地点县
60	永江	湘江	33	157	157	谢家村	桥头林场	道县	上双村	泷泊镇	双牌县
61	大远河	永明河	28	155	155	大远保护区	桃川镇	江永县	红山村	消浦镇	江永县
62	洪河	西河	24	155	155	洪水村	大石桥乡	江华县	白芒营村	白芒营镇	江华县
63	愚溪河	湘江	40	153	153	山岩村	水口山镇	永州零陵区	—	朝阳街道	永州零陵区
64	石燕河	春陵水	25	145	145	新塘下村	太平镇	宁远县	秀溪村	坦坪乡	嘉禾县
65	大河坝	湘江西源	41	143	143	楚阳村	水口山镇	永州零陵区	隆兴村	石期市镇	东安县
66	泥河	黄花河	31	141	141	里塘村	三口塘镇	祁阳县	深滩村	大忠桥镇	祁阳县
67	秀江	灌江	27	133	2	月岩林场	月岩林场	道县	车田村委会	灌阳镇	灌阳县
68	寒塘	宁远河	25	130	130	排楼下村	太平镇	宁远县	彭家村	柏家坪镇	宁远县
69	宥江	紫水河	32	129	129	上界头村	川岩乡	东安县	晓江口村	井头圩镇	东安县
70	龙江桥	湘江	28	123	123	马垒村	白芒铺乡	道县	社复村	白马渡镇	道县
71	洞尾河	永明河	26	123	123	罗坪村	桥头铺镇	江华县	洞尾村	新车乡	道县
72	茆江	湘江	33	112	112	楠木源村	邮亭圩镇	永州零陵区	茆江桥村	南津渡街道	永州零陵区
73	田心河	春陵水	23	111	111	章山村	楚江乡	临武县	火市村	毛俊镇	蓝山县
74	社江	湘江	44	109	109	禾山岌村	上梧江瑶族乡	双牌县	上梧江村	上梧江瑶族乡	双牌县
75	社福山	宁远河	18	108	108	富村村	禾亭镇	宁远县	牛尾塘村	仁和镇	宁远县
76	蓝溪水	春陵水	23	108	108	甘溪村	楠市镇	蓝山县	新村村	土市乡	蓝山县
77	龙溪河	紫水河	23	105	105	光荣村	一渡水镇	新宁县	湖塘村	白牙市镇	东安县
78	横江	湘江	36	104	104	白水岭村	麻江乡	双牌县	—	泷泊镇	双牌县
79	油田	永明河	21	103	103	马鹿头办事处	回龙圩镇	江永县	红山村	消浦镇	江永县
80	东江	泠江	31	100	100	荆竹坪村	汇源瑶族乡	蓝山县	泠江村	湾井镇	宁远县
81	烟江	湘江	29	96	96	姚家村	伊塘镇	永州冷水滩区	狮子岭村	黄阳司镇	永州冷水滩区
82	邬龙河	湘江	28	91	78	禾洞农林场	禾洞镇	连山县	大柳村	码市镇	江华县
83	岩家湾	清江	16	90	90	远景村	过水坪镇	祁东县	清江村	羊角塘镇	祁阳县
84	大溶坝	宜江	34	89	89	月岩林场	道县月岩林场	道县	李家洞村	寿雁镇	道县
85	泥河	黄花河	21	89	89	郑家村	接履桥镇	永州零陵区	滑石山村	邮亭圩镇	永州零陵区
86	油麻岭	新田河	21	89	89	黑砠岭村	枧头镇	新田县	道塘村	新圩镇	新田县
87	别江	九嶷河	21	88	88	黄河村	九疑瑶族乡	宁远县	上洞村	九疑瑶族乡	宁远县
88	玉陛源	扬江	25	88	78	—	大庙口林场	东安县	白沙村	大庙口镇	东安县
89	龙合水	芦洪江	22	88	88	泥塘村	花桥镇	东安县	纪家村	芦洪市镇	东安县
90	龙井水	芦洪江	22	87	87	马头岭工区	河伯岭林场	邵阳县	新圩村	新圩江镇	东安县
91	栎溪	马河	15	87	79	李家塘办事处	回龙圩镇	江永县	瓦屋下村	黄甲岭乡	江永县
92	蛟源	西春水	21	85	85	竹山源村	桐木漯瑶族乡	宁远县	清二村	清水桥镇	宁远县
93	花桥河	石溪江	21	85	85	曹木村	南桥镇	东安县	小里桥村	普利桥镇	永州冷水滩区
94	骡马桥	檀江	16	81	81	新町村	南桥镇	东安县	胡桥村	五峰铺镇	邵阳县
95	曹家祠	祁水	22	79	79	马皇村	南桥镇	东安县	曹家祠村	城连圩乡	祁东县
96	沐福堂	宜江	26	79	79	到江源村	道县桥头林场	道县	上李村	寿雁镇	道县
97	小黄溪河	大黄溪河	24	77	77	白果分场	白果市乡	祁阳县	木园村	金洞镇	祁阳县

续表1-1-1

序号	河名	上级河名	河长	面积	湖南面积	河源地点村	河源地点镇	河源地点县	河口地点村	河口地点镇	河口地点县
98	单江	湘江	37	76	76	西河源村	打鼓坪林场	双牌县	周冲村	泷泊镇	双牌县
99	塘坪河	石期河	28	75	23	三江村委会	东山瑶族乡	全州县	樟树脚村	石岩头镇	永州零陵区
100	臭水	春陵水	23	75	75	渣梨板工区	浆洞瑶族乡	蓝山县	枫木山村	浆洞瑶族乡	蓝山县
101	龙白江河	湘江	16	74	74	高照村	七里桥镇	祁阳县	姣龙岭村	七里桥镇	祁阳县
102	宜阳河	宜江	26	73	73	西河源村	双牌打鼓坪林场	双牌县	石下渡村	梅花镇	道县
103	漕溪水	春陵水	30	73	73	渣梨板工区	浆洞瑶族乡	蓝山县	漕溪河村	毛俊镇	蓝山县
104	花江	湘江	17	72	72	齐共村	小圩壮族乡	江华县	黄石村	涔天河镇	江华县
105	深冲	岭东河	18	72	72	金竹冲村	大石桥乡	江华县	小圩村	小圩镇	江华县
106	神下	泠江	21	71	71	大陂岭村	冷水镇	宁远县	冷水村	冷水镇	宁远县
107	杨家洲	祁水	22	70	70	田头冲村	龚家坪镇	祁阳县	太平桥村	砖塘镇	祁东县
108	涵江水	春陵水	24	70	70	下舟村	楚江乡	临武县	小佳田村	太平圩乡	蓝山县
109	黄阳司	湘江	14	70	70	菱角塘村	黄阳司镇	永州冷水滩区	黄阳司社区	黄阳司镇	永州冷水滩区
110	罗敏河	宜江	17	68	62	六字界村委会	东山瑶族乡	全州县	罗敏村	仙子脚镇	道县
111	蒋龙滩	湘江	19	67	67	皇福村	茅竹镇	祁阳县	新埠头村	浯溪镇	祁阳县
112	后河	中河	22	66	66	荆竹村	荆竹瑶族乡	蓝山县	所城村	码市镇	江华县
113	水汲江	芦洪江	22	66	66	抬头村	仁湾镇	永州冷水滩区	水汲江村	工业园区	永州冷水滩区
114	新村	湘江	18	65	65	富足村	桥头铺镇	江华县	上宅洞村	桥头铺镇	江华县
115	大成河	春陵水	25	65	65	李家库村	太平镇	宁远县	心安村	新隆镇	新田县
116	务江	湘江	16	64	64	屯冲村	务江乡	江华县	务江村	务江乡	江华县
117	旨江	湘江	18	64	64	圩漯工区	双牌打鼓坪林场	双牌县	马蹄村	理家坪乡	双牌县
118	竹瓦	麻江	17	64	64	腊竹岭村	湘江乡	江华县	湘江村	湘江乡	江华县
119	大车头	石期河	16	64	63	鸭头村	横塘镇	东安县	大冲村	珠山镇	永州零陵区
120	祥林铺	永明河	17	63	63	向荣村	审章塘瑶族乡	道县	常青村	祥霖铺镇	道县
121	流车源	西河	19	63	62	涛圩分场	大圩镇	江华县	凤尾村	涛圩镇	江华县
122	小木园河	黄花河	21	62	62	小木口村	邮亭圩镇	永州零陵区	李家冲村	邮亭圩镇	永州零陵区
123	肥源河	日西河	15	61	61	林家源村	骥村镇	新田县	李家山村	骥村镇	新田县
124	茶陵河	白水	26	61	61	枫树脚村	门楼下瑶族乡	新田县	史家坪村	内下乡	祁阳县
125	腊树村	湘江	20	61	61	枫塘岭村	接履桥镇	永州零陵区	千世头村	岚角山镇	永州冷水滩区
126	龙村	宜江	29	60	60	谢家村	道县桥头林场	道县	接龙头村	寿雁镇	道县
127	大圩圹	新田河	22	60	60	黄家舍村	知市坪乡	新田县	道塘村	新圩镇	新田县
128	云咀下	石羊河	20	60	60	塘头岭村	太平镇	宁远县	宋家村	石羊镇	新田县
129	钗江河	白水	20	59	59	山青村	白果市乡	祁阳县	白泡回村	金洞镇	祁阳县
130	猛江河	白水	26	59	59	晒北滩分场	内下乡	祁阳县	晒北滩村	内下乡	祁阳县
131	大江洲	九嶷河	24	57	57	三亩田村	九疑瑶族乡	宁远县	水市村	水市镇	宁远县
132	龙田河	永明河	15	56	56	黄甲岭村	黄甲岭乡	江永县	龙田村	上江圩镇	江永县
133	鹤岗河	湘江西源	20	56	35	石岩头林场	石岩头镇	永州零陵区	湾山村委	庙头镇	全州县
134	曲河	湘江	18	56	56	五口井村	岚角山镇	永州冷水滩区	青草铺村	仁湾镇	永州冷水滩区
135	石坝水	芦洪江	21	55	55	里湾村	仁湾镇	永州冷水滩区	九江村	端桥铺镇	东安县

续表1-1-1

序号	河名	上级河名	河长	面积	湖南面积	河源地点村	河源地点镇	河源地点县	河口地点村	河口地点镇	河口地点县
136	小斗里	贤水	20	55	55	倪家洞村	何家洞乡	双牌县	刘家洞村	何家洞乡	双牌县
137	黑漯河	桴江	16	55	55	桐子坳村	茶林乡	双牌县	大河江村	茶林乡	双牌县
138	砂龙冲	白沙河	15	54	20	白草云村	河路口镇	江华县	白沙社区居委会	白沙镇	富川县
139	大祖窝	西河	23	54	54	南峰山村	松柏瑶族乡	江永县	德桥河村	沱江镇	江华县
140	江村河	九嶷河	18	54	54	婆仂园村	四马桥镇	道县	岭江村	天堂镇	宁远县
141	白湖村	洞尾河	11	53	53	河源村	上江圩镇	江永县	致福村	祥霖铺镇	道县
142	河埠塘	湘江	23	53	53	新立村	大堡乡	常宁市	合洲村	潘市镇	祁阳县
143	清溪源	恭城河	20	53	53	清溪源村	源口瑶族乡	江永县	仁字坝村	粗石江镇	江永县
144	雾江	湘江	21	52	52	香南村	码市镇	江华县	新田埂村	码市镇	江华县
145	向阳河	湘江	15	51	51	群力村	理家坪乡	双牌县	五里村	江村镇	双牌县
146	龙潭堰	浯水	18	50	50	农民村	进宝塘镇	祁阳县	三房村	官岭镇	常宁市
147	岩下	西河	11	50	50	北冲村	桥市乡	江华县	新石岩村	桥市乡	江华县
148	黄石	大锡河	17	50	50	芙蓉村	大锡乡	江华县	厚塘村	码市镇	江华县
149	下坡	泠江	17	50	49	大兴村	祠堂圩乡	蓝山县	夏壁村	冷水镇	宁远县

第二章　水资源

第一节　水　量

一、地表水

永州市大小河流基本上汇入境内湘江水系。湘江流域集水总面积21389平方公里，占全市总面积的96.1%；珠江水系集水面积765平方公里，占3.4%；资水水系，集水面积101平方公里，占0.5%。全市多年平均降水量1501.6毫米，总降水量334.2亿立方米，多年平均地表水资源总量193.7亿立方米，本地水加上客水，多年平均地表水资源总量266.3亿立方米。

永州市有年降水量在1600毫米以上高值区3个和小于1400毫米低值区4个。3个高值区：一是以住龙门（年降水1968.2毫米）为中心九嶷山的高值区，覆盖蓝山县南大半部，宁远县鲁观乡、道县洪塘营、江华瑶族自治县湘江乡、码市及河路口乡；二是都庞岭东侧高值区，包括道县月岩、清塘，江永县千家峒瑶族乡、高泽源林场，雨量在1600~1950毫米；三是阳明山高值区，包含金洞管理区、冷水滩区倒公岩、双牌县黄柏洞、宁远县荒塘，雨量为1600~1780毫米。四个低值区：一是以祁阳窑头铺（年雨量为1195.1毫米）为中心的低值区，范围为东安县除紫溪区以外全境、冷水滩区、祁阳县北半部，多年平均年降水在1200~1400毫米，素称衡邵干旱区；二是新田县东大半部、宁远县神下、蓝山县北部低值区，多年降水量在1300~1390毫米；三是双牌县城至道县庄村、豪福低值区；四是江华瑶族自治县白芒营、大路铺、沱江、江永县松柏低值区。除上述地区之外，大部分地区降水量在1400~1600毫米。降水量总趋势是依南向北递减，山区大于丘陵区。

永州市降水分配不均匀，有明显汛枯之分，在仲春和初夏期间，为多雨季节（春汛）。全市多年平均汛期（4—9月）降水量占年降水量的63%~70%，连续最大4个月降水量占年降水总量的50%~58%，大都出现在3—6月。秋冬季因受太平洋副热带高压及发源于西伯利亚和蒙古等地变性极地大陆性气团影响，雨量稀少，特别是夏末到冬初，经常出现干旱。全市多年平均7—9月降水量346.4毫米，占年降水量的23.4%，此期间平均湿润度（P/E米）0.88，多年变化较大，Cv（离差系数值）一般在0.335左右，最大的双牌县和零陵区Cv值分别为0.379和0.367，最小的是江华瑶族自治县0.299。

永州市径流量主要由降水形成，年内产水量主要集中在4—9月，占全年的74.8%，连续最大4个月产水量占全年产水量61.3%. 而枯水期6个月产水量占全年产水量的25.2%，全市多年平均天然水资源量193.7亿立方米，主要分布在9条较大的河流内，年际间变化较大，Cv值为0.23，各条河流Cv值均在0.23.~0.26。

永州市过境水资源量较多，多年平均过境水量75.6亿立方米，它们分别分布在：邵阳市新宁县流入东安县0.8689亿立方米；广东省流入江华瑶族自治县1.064亿立方米；衡阳市祁东县流入祁阳县3.356亿立方米；衡阳市常宁市流入祁阳县1.932亿立方米；广西壮族自治区流入东安县67.5167亿立方米，郴州市临武县流入蓝山县0.8624亿立方米，其时空分布基本依属市内产水量的规律。

二、地下水

永州市石灰岩分布较广，出露面积占全市总面积的42%，岩溶水是全市地下水主要类型，量大而埋藏不深，分布较广，占地下水总排泄量的80%。基岩裂隙水和松散孔隙水排泄量占20%。永州市地下水资源在地区分布上大致趋势是，南多北少，山区丰富，丘陵平原区贫乏。多雨山区丰富，少雨丘陵平原贫乏。地下水分布规律与降水、与地表径流的分布规律相似，3—6月降水量多，地下水丰富，10—12月降水量较少，地下水贫乏。山丘区地下水一般以泉水和地下水河形成排泄，地下水全年平均值为26亿平方米。地下水富水构造11条。

（一）江华瑶族自治县桥头铺—涛圩向斜。该向斜汇水面积1200平方公里，其中内有地下河35条，岩溶大泉90个，排泄总量1.37亿立方米/年，水位埋深3~7米。

（二）江华瑶族自治县小圩—新圩富水区。汇水面积400平方公里，含水层为石灰系灰岩，水位埋深5.0米左右，有地下河6条，岩溶大泉14个，排泄总量约2400升/秒。

（三）道县道江镇—寿雁富水块段。总面积794平方公里，含水层为泥盆系、石炭系灰岩，有地下河2条，泉水24个，岩溶潭水量大于100吨/日，钻孔涌水量105.4吨/日，水位深小于5米。

（四）道县祥林铺富水地段。祥林铺一带为向斜构造，含水层为泥盆系灰岩。大于1升/秒，水位埋深少于3米。

（五）江永县铜山岭花岗岩外围接触带富水区。该区面积113平方公里，含水层为石炭系灰岩等，有地下河9条，钻孔涌水量92.57~50.7吨/日。

（六）新田县石羊圩富水块段。石羊圩乡为一峰林洼地，含水层为泥盆系灰岩，岩溶发育，发现地下河7条，大于1升/秒的泉水14个，总流量2542万立方米/年。

（七）蓝山县城关—楠市富水块段。块段为向斜构造，含水层为泥盆系灰岩，发现地下河1条，泉水26个，最大泉水流量197.5升/秒，地下河与泉水总量为976.8万立方米/年，水位深5~7米。

（八）宁远县神下—湾井富水块段。块段含水层为泥盆系灰岩，有地下河19条，总流量7930万立方米/年，水位少于10米。

（九）宁远县杨桂坪—鲤溪富水块段。块段含水层为泥盆系灰岩，有地下河9条，泉水95个，两者合计流量3723万立方米/年。

（十）东安县地村向斜西翼富水构造带。富水带位于紫云、塘复一带，面积83平方公里，含水层为泥盆系灰岩，有溶蚀洼地116个，地下河8条，泉水10个，总流量1737升/秒。

（十一）零陵区西头富水背斜。含水层为石岩系灰岩，水位埋深小于5米，有地下河4条，合计流量1489升/秒，泉水2个，流量17.2升/秒。

三、总量及分区

永州市多年平均自产水资源总量193.7亿立方米，加外来客水多年平均75.6亿立方米，全市多年平均总水资源量为266.3亿立方米。全市分三个水系分区：一是湘江水系，流域面积21389平方公里，多年平均水资源量184.8亿立方米；二是桂贺江水系，流域面积765平方公里，多年平均水资源量8.209亿立方米；三是资水水系，流域面积101平方公里，多年平均水资源量0.711亿立方米。2015年各分区水资源量情况如下。

2015 年永州市行政分区水资源量统计表

表 1-2-1

县区名称	计算面积（平方公里）	年降水量（亿立方米）	地表水（亿立方米）	地下水（亿立方米）	水资源总量（亿立方米）	产水系数
零陵	1959	36.77	19.73	3.92	19.73	0.54
冷水滩	1218	15.75	8.38	2.44	8.38	0.53
东安	2211	32.53	17.48	4.39	17.48	0.54
祁阳	2538	41.34	21.27	4.26	21.27	0.51
双牌	1739	31.66	17.86	4.52	17.86	0.56
道县	2441	53.00	32.06	9.37	32.06	0.61
新田	1004	17.39	11.69	2.68	11.69	0.67
宁远	2489	46.02	28.11	8.35	28.11	0.61
蓝山	1807	39.02	22.99	7.26	22.99	0.59
江华	3216	76.26	45.73	12.97	45.73	0.60
江永	1633	36.63	26.31	4.96	26.31	0.72
合计	22255	426.4	251.6	65.12	251.6	0.59

2015 年永州市流域分区水资源量统计表

表 1-2-2

流域三级分区名称	计算面积（平方公里）	年降雨量（亿立方米）	地表水（亿立方米）	地下水（亿立方米）	水资源总量（亿立方米）	产水系数
湘江	21389	406.6	237.7	62.47	237.7	0.58
资水	101	1.285	0.661	0.201	0.661	0.51
桂贺江	765	18.48	13.27	2.448	13.27	0.72
合计	22255	426.4	251.6	65.12	251.6	0.59

第二节　水　能

永州市水能资源十分丰富，水能资源理论蕴藏量 287.24 万千瓦，可开发装机容量 185.2 万千瓦。根据《湖南省湘江支流潇水流域规划报告》，按照河流开发任务和已建、在建电站的基本情况，潇水干流水电开发规划布置 8 个梯级，开发方案为：涔天河水库扩建（313 米已建）+沱江（220.5 米）+大林江（206 米已建）+向阳（187.5 米）+五洲（175.26 米已建）+双牌（168.26 已建）+五里牌（126 米已建）+南津渡（114 米已建）。

2008年永州市水能资源情况表

表1-2-3

区县名称	水能资源理论蕴藏量（万千瓦）		水能资源技术可开发量（万千瓦）	
	总计	其中，农村水能资源理论蕴藏量	总计	其中，农村水能资源技术可开发量
永州市	287.24	232.54	185.2	130.5
冷水滩	13.17	7.97	8.39	3.19
零陵	37.8	37.8	14.28	14.28
祁阳	45	27	31.37	13.37
东安	14	14	9.35	9.35
双牌	42	28.5	34.96	21.46
道县	36	36	14.63	14.63
江永	13.64	13.64	7.13	7.13
江华	46.52	28.52	42.23	24.23
宁远	15.28	15.28	11.66	11.66
新田	2.58	2.58	1.29	1.29
蓝山	21.25	21.25	9.91	9.91
金洞	计入祁阳县			

第三节　水　质

技术人员在监测水质

永州市自2010年开始编制永州市水资源公报，采用《地表水环境质量评价》（GB 3838—2002）分汛期和非汛期分类评价河段水质。永州市水功能区水质监测断面数量逐年增加，水质监测断面逐年布设数量：2010年15个、2011年16个、2012年26个、2013年26个、2014年29个、2015年33个、2016年56个、2017年56个、2018年104个，实现市级水功能区水质监测全覆盖。水质从2010年全年期，Ⅱ类34.8%、Ⅲ类64.7%、Ⅴ类0.5%，汛期，Ⅱ类54.3%、Ⅲ类38.9%、Ⅴ类6.8%，非汛期，Ⅱ类12.5%、Ⅲ类87.0%、Ⅳ类0.5%，提升到2018年全年期、汛期、非汛期Ⅱ类100%。2019年党政机关机构改革，明确将水利部门负责编制水功能区划职责划入生态环境部门，永州市水利局于2019年7月进行工作移交。2019年8月，永州市水利局停止水功能区水质监测工作。2020年1月开始，永州市水利局对全市34个断面水资源质量状况进行检测，内部发布《永州市水资源质量状况通报》。

2010—2018 年永州市主要河流水质评价统计表

表 1-2-4

年份	范围	水质河长评价占比（%）
2010	各水期水质状况	全年期：Ⅱ类 34.8%，Ⅲ类 64.7%，Ⅴ类 0.5% 汛期：Ⅱ类 54.3%，Ⅲ类 38.9%，Ⅴ类 6.8% 非汛期：Ⅱ类 12.5%，Ⅲ类 87.0%，Ⅳ类 0.5%
	主要水系水质状况	湘江：Ⅱ、Ⅲ类水质，汛期 57.1%、全年和非汛期 96.6% 潇水：Ⅱ、Ⅲ类 100% 紫溪：全年期、非汛期Ⅲ类，汛期Ⅱ类 100% 宁远河：全年期、非汛期Ⅲ类 100%，汛期Ⅳ类 100% 祁水、白水：全年期、汛期、非汛期Ⅲ类 100%
2011	各水期水质状况	全年期：Ⅱ类 94.8%，Ⅲ类 5.2% 汛期：Ⅱ类 100% 非汛期：Ⅱ类 94.8%，Ⅲ类 5.2%
	主要水系水质状况	湘江：全年、汛期、非汛期Ⅱ、Ⅲ类 100% 潇水：全年、汛期、非汛期Ⅱ、Ⅲ类 100% 紫溪、宁远河、祁水、白水：全年、汛期、非汛期Ⅱ类 100% 舜水：全年Ⅲ类 100%，汛期Ⅱ类 100%，非汛期Ⅲ类 100%
2012	各水期水质状况	全年期、汛期、非汛期Ⅱ类 99.6%，Ⅲ类 0.4%。
	主要水系水质状况	湘江：Ⅱ、Ⅲ类 100% 潇水：Ⅱ类 100% 紫溪、泠江、祁水、白水、舜水、凌江、麻江、永明河、新田河、恭城河：全年、汛期、非汛期Ⅱ类 100%
2013	各水期水质状况	全年期、汛期、非汛期Ⅱ类 100%
	主要水系水质状况	湘江、潇水：全年、汛期、非汛期Ⅱ类 100% 紫溪、泠江、祁水、白水、舜水、凌江、麻江、永明河、新田河、恭城河：全年、汛期、非汛期Ⅱ类 100%
2014	各水期水质状况	全年期：Ⅱ类 99.1%，Ⅲ类 0.9% 汛期：Ⅱ类 99.1%，Ⅲ类 0.9% 非汛期：Ⅱ类 97.2%，Ⅲ类 2.8%
	主要水系水质状况	湘江：全年、汛期、非汛期Ⅱ类 100% 潇水：全年、汛期、非汛期Ⅱ类 100% 紫水河、泠江、祁水、舜水、凌江、麻江、永明河、恭城河：全年、汛期、非汛期Ⅱ类 100% 白水：全年期、汛期Ⅱ类 100%，非汛期Ⅲ类 100% 新田河：全年、汛期、非汛期Ⅲ类 100%
2015	各水期水质状况	全年期：Ⅱ类 98%，Ⅲ类 2.0% 汛期：Ⅱ类 99.2%，Ⅲ类 0.8% 非汛期：Ⅱ类 96.1%，Ⅲ类 3.9%
	主要水系水质状况	湘江：全年、汛期、非汛期Ⅱ类 100% 潇水：全年、汛期、非汛期Ⅱ类 100% 紫水河、芦洪江、泠江、春陵水、凌江、麻江、永明河、恭城河：全年、汛期、非汛期Ⅱ类 100% 祁水、白水：全年期水质为Ⅱ类，汛期为Ⅱ类，非汛期为Ⅲ类 新田河：全年、汛期、非汛期Ⅲ类 100%

续表1-2-4

年份	范围	水质河长评价占比（%）
2016	各水期水质状况	全年期：Ⅱ类 100% 汛期：Ⅱ类 98.4%，Ⅲ类 1.6% 非汛期：Ⅱ类 98%，Ⅲ类 2.0%
	主要水系水质状况	湘江：全年、汛期、非汛期Ⅱ类 100% 潇水：全年、汛期、非汛期Ⅱ类 100% 紫水河、泠江、白水、春陵水、凌江、麻江、永明河、新田河、恭城河：全年、汛期、非汛期Ⅱ类 100% 芦洪江：全年期、汛期Ⅱ类 100%，非汛期Ⅲ类 100% 祁水：全年期、非汛期Ⅱ类 100%，汛期Ⅲ类 100%
2017	各水期水质状况	全年期、汛期、非汛期Ⅱ类 100%
	主要水系水质状况	湘江：全年、汛期、非汛期Ⅱ类 100% 潇水：全年、汛期、非汛期Ⅱ类 100% 紫水河、泠江、白水、春陵水、凌江、麻江、永明河、新田河、恭城河、宁远河、桴江、西河、蚣坝河：全年、汛期、非汛期Ⅱ类 100% 芦洪江：全年期、汛期Ⅱ类 100%，非汛期Ⅲ类 100% 祁水：全年期、非汛期Ⅱ类 100%，汛期Ⅲ类 100%
2018	各水期水质状况	全年期、汛期、非汛期Ⅱ类 100%
	主要水系水质状况	湘江：全年、汛期、非汛期Ⅱ类 100% 潇水：全年、汛期、非汛期Ⅱ类 100% 石溪江、紫水河、芦洪江、石期河、檀江、白水、春陵水、舜水、凌江、麻江、大锡河、西河、岭东河、永明河、新田河、恭城河、泠江、宁远河、桴江、黄花河、贤水、蚣坝河、宜水：全年、汛期、非汛期Ⅱ类 100% 祁水：全年期、非汛期Ⅱ类 100%，汛期Ⅲ类 100%

2018 年永州市水功能区水质状况统计表

表 1-2-5　　单位：类

序号	断面名称	断面位置	河流（水库）	水功能区名称	水质目标	检测结果												
						1 月	2 月	3 月	4 月	5 月	6 月	7 月	8 月	9 月	10 月	11 月	12 月	主要污染物及超标倍数
一	重要饮用水水源地																	
1	鱼塘坡	江华县东西河汇合口	潇水	潇水江华饮用水源区	II	II	II	II	I	I	II	II	II	II	I	II	II	
2	道县水厂	道县自来水厂取水口	潇水	潇水道县饮用水源区	II	II	II	II	II	I	I	II	II	II	I	II	I	
3	双牌	双牌县城	潇水	潇水双牌饮用水源区	II	II	II	II	II	I	II	I	II	II	II	I	II	
4	南津渡	南津渡水电站引水渠内	潇水	潇水（湘江）零陵饮用水源区	III	II	II	II	II	II	II	II	II	II	II	III	II	
5	宋家洲	冷水滩城区宋家洲电站	湘江	湘江永州宋家洲饮用水源区	II	II	II	II	II	I	II	II	II	II	II	II	II	
6	冷水滩	冷水滩区城区浮桥	湘江		III	II	II	II	III	II	II	II	II	II	III	II	II	
7	高岩水库	东安县城	高岩水库	饮用水源地	II	II	II	II	II	I	II	II	I	II	II	II	I	
8	杨家桥	祁阳县水厂取水口	湘江	湘江祁阳饮用水源区	II	II	II	II	II	II	II	II	II	III	劣 V	II	II	氨氮（0.11）、总磷（0.6）
9	岭脚	蓝山县岭脚村	春陵水	春陵水蓝山饮用水源区	II	II	II	II	I	I	II	I	II	II	I	I	II	
10	窝子地	宁远县舜陵镇窝子地	泠江	泠江宁远饮用水源区	II	II	II	II	I	II	II	II	II	II	II	III	II	总磷（0.6）
11	水市水库	水市水库大坝	九嶷河	九嶷河宁远饮用水源区	II	I	I	II	II	I	II	II	II	II	I	I	II	
12	金陵水库	新田县金陵水库	金陵水库	新田河金陵水库饮用水源区	II	II	II	II	II	I	II	II	II	II	II	II	I	
13	大坪坳水库	江永县大坪坳	永明河	饮用水源地	II	II	II	II	I	I	II	II	II	II	II	I	II	
二	重点河段																	
1	码市	江华县码市镇	潇水	潇水蓝山—江华源头水保护区	II	II	I	II	II	I	II	II	II	II	II	II	II	
2	东山村	江华县沱江东山村	潇水	潇水江华保留区	III	III	II	II	I	II	III	II	II	II	III	I	II	
3	凌江口	江华凌江河口	凌江	潇水凌江江华源头水保护区	II	I	I	II	I	I	I	II	II	II	III	I	I	

续表1-2-5

序号	断面名称	断面位置	河流（水库）	水功能区名称	水质目标	检测结果												
						1月	2月	3月	4月	5月	6月	7月	8月	9月	10月	11月	12月	主要污染物及超标倍数
4	麻江口	江华麻江河口	麻江	潇水麻江江华源头水保护区	II	II	I	II	I	I	II	II	II	II	I	II	II	
5	大锡	大锡乡	大锡河	大锡河江华保留区	III		I		III			I	III		I		I	
6	小圩	小圩镇	岭东河	岭东河江华保留区	III		II		III			III	I		I		II	
7	白芒营	白芒营村	西河	西河江华保留区	III		II		III			III	II		II		II	
8	大路铺	大路铺水文站	西河	西河江华开发利用区西河江华工业用水区	III		II		III			III	II		I		II	
9	道县	道县道江镇小江口（水厂）	潇水	湘江道县工业用水区	III	III	II	II	II	I	III	II	II	II	II	III	II	
10	红旗坝	道县红旗坝	潇水	潇水江华—道县保留区	III	II	II	II	II	I	III	II	II	II	I	III	II	
11	蚣坝	蚣坝村	蚣坝河	蚣坝河道县保留区	III		II		III			II	I		II		II	
12	柑子园	柑子园镇兴隆村	九嶷河	九嶷河宁远—道县保留区	III		II		III			III	III		II		II	
13	上坝水库	上坝水库	宜江	宜江道县保留区	III		II		II			III	I		I		II	
14	双牌水库	双牌水库大坝	潇水	潇水道县—双牌保留区	III	II	II	II	II	I	II	II	II	II	II	III	II	
15	平福头	双牌县平福头乡	潇水	潇水双牌工业用水区	III	II	II	III	II	II	II	II	II	II	II	III	II	
16	茶林	茶林公路桥下	桴江	桴江双牌源头水保护区	II		II		II			II	I		II		II	
17	富家桥	永州市零陵区富家桥	潇水	潇水双牌—零陵保留区	III	II	II	II	II	II	III	II	II	II	II	III	II	
18	石岩头	石岩头樟树脚村	石期河	石期河零陵保留区	III		II		III			III	III		II		II	
19	东湘桥	东湘桥水位站	石期河	石期河零陵工业用水区	III		II		II			II	I		II		II	
20	邮亭圩	邮亭圩镇桥头村	黄花河	黄花河零陵—祁阳保留区	III		III		II			III	II		II		II	
21	肉底	肉底乡政府	桴江	桴江双牌—零陵保留区	III		III		III			III	III		II		II	
22	何仙观	何仙观水库	贤水	贤水双牌—零陵保留区	III		II		III			III	I		II		III	
23	潇水河口	零陵区潇水河口	潇水	潇水零陵工业用水区	III	II	II	II	III	I	II	II	II	II	II	III	II	
24	老埠头	零陵区老埠头水文站	湘江	湘江东安—永州保留区	III	III	III	II	II	I	II	II	II	II	II	II	II	

续表1-2-5

序号	断面名称	断面位置	河流（水库）	水功能区名称	水质目标	检测结果												
						1月	2月	3月	4月	5月	6月	7月	8月	9月	10月	11月	12月	主要污染物及超标倍数
25	油榨铺村	岚角山镇油榨头	湘江	湘江岚角山饮用水源区	II		II		II			II	I		II		II	
26	城南大桥	曲河大桥上游3000米	湘江	湘江永州景观娱乐区	II		II		II			II	I		II		II	
27	下河线	冷水滩区下河线	湘江	湘江冷水滩工业用水区	III	II	III	II	II	II	III	I	II	II	II	III	II	
28	周家坝	冷水滩区黄阳司镇周家坝	湘江	湘江永州冷水滩过渡区	III	II	II	II	II	II	III	II	I	II	II	III	II	
29	刀背石	冷水滩区黄阳司镇刀背石码头	湘江	湘江冷水滩黄阳司饮用水源区	II	II	II	II	II	II	II	II	I	II	II	II	II	
30	黄阳司	永州市与祁阳县交界处	湘江	湘江冷水滩黄阳司工业用水区	III	II	III	II	II	II	III	II	I	II	II	II	II	
31	岭口水库	岭口水库	石溪江	石溪江冷水滩保留区	III		III		III			II	II		II		II	
32	紫溪河口	东安县横塘镇枫木山村	紫溪	紫水河东安保留区	III	II	III	II	II	I	III	II	II	II	III	III	II	
33	伍家村	东安县芦洪市镇伍家村	芦洪江	芦洪江东安工业用水区	III	II	II	II	II	I	II	II	II	II	II	II	II	
34	芦洪江口	冷水滩区高溪市小江口	芦洪江	芦洪江东安—冷水滩保留区	III	II	II	II	II	I	III	II	II	II	II	III	II	
35	横塘	横塘村	石期河	石期河零陵—东安保留区	III		III		III			III	II		II		II	
36	紫溪	紫溪镇	紫水河	紫水河紫溪—白牙市保留区	III		II		II			II	II		II		I	
37	东安水厂	东安县水厂取水口	紫水河	紫水河东安饮用水源区	III		II		III			II	II		II		I	
38	石期市	石期河口	石期河	石期河东安饮用水源工业用水区	III		II		III			II	II		I		II	
39	神华	芦洪市镇神华电厂	芦洪江	芦洪江东安工农业用水区	III		III		III			III	II		II		III	
40	南桥镇	南桥镇	檀江	檀江东安保留区	III		II		III			III	II		II		II	
41	祁阳	祁阳县城宝塔街	湘江	湘江祁阳工业用水区	III	III	II	II	II	II	III	II	II	II	II	II	II	
42	瓦屋大院	祁阳县瓦屋大院	湘江	湘江祁阳保留区	III	III	II	III	II	II	III	II	II	II	II	II	II	
43	祁水河口	祁阳县下马渡镇下马渡村（下马渡水文站）	祁水	祁水黎家坪工业用水区	III	II	III	II	II	III	III	III	II	III	III	III	II	

续表1-2-5

序号	断面名称	断面位置	河流（水库）	水功能区名称	水质目标	检测结果												
						1月	2月	3月	4月	5月	6月	7月	8月	9月	10月	11月	12月	主要污染物及超标倍数
44	白水口	永州市祁阳县白水镇白水大桥	白水	白水白水镇饮用水源区	III	II	II	III	II	II	III	II	II	II	III	II	II	
45	青云村	文富市镇青云村（要靠近县界）	祁水	祁水祁东—祁阳保留区	III		II		III			III	II		II		II	
46	黎家坪水厂	黎家坪水厂	祁水	祁水黎家坪饮用水源水区	II		II		II			II	II		II		II	
47	晒北滩水库	晒北滩水库	白水	白水晒北滩饮用水源区	II		II		II			II	I		II		I	
48	油榨头	万宝山乡油榨铺村	白水	白水金洞保留区	III		II		III			II	I		I		I	
49	金洞水文站	金洞水文站	白水	白水金洞工业用水区	III		II		III			II	I		III		I	
50	冷水铺村	白水镇冷水铺村	白水	白水金洞—祁阳保留区	III		II		III			II	I		III		II	
51	蓝山	蓝山水文站	春陵水	春陵水蓝山工业用水区	III	II	II	II	II	III	II	I	II		II	II	III	
52	社下	蓝山县土市乡社下村	春陵水	春陵水蓝山—嘉禾保留区	III	II	III	II	II	II	III	II	II		II	II	II	
53	岭脚上	蓝山县岭脚村上游 5km	春陵水	春陵水蓝山保留区	III	III	II	II	I	I	II	I	II		II	I	II	
54	所城	蓝山县所城镇黄泥铺村	春陵水	春陵水蓝山源头水保护区	II	II	II	II	I	II	II	I	I		I	II	II	
55	湘江源	湘江源	湘江	湘江蓝山—江华源头水保护区	II		I		II			II	I		I		I	
56	舜水河口	舜水河口	舜水	舜水蓝山保留区	II		II		II			II	II		II		II	
57	排楼屋村	桐山街道排楼屋村	宁远河	宁远河宁远—道县保留区	III		I		III			III	III		I		III	
58	半山水库	半山水库	泠江	泠江宁远半山保留区	III		II		III			III	III		I		I	
59	宁远县城	宁远县城	泠江	泠江宁远工业用水区	III		III		III			III	II		V		III	
60	仁山庙村	舜陵镇仁山庙村	泠江	泠江宁远保留区	III		III		III			II	III		II		III	
61	九嶷电站	九嶷山电站	九嶷河	九嶷河宁远源头水保护区	II		II		II			II	I		I		I	
62	荞麦花	荞麦花电站	九嶷河	九嶷河宁远保留区	III		II		III			III	III		I		II	
63	谭田	龙泉镇挂兰村	新田河	新田河新田保留区	III		II		III			III	III		II		II	

续表1-2-5

序号	断面名称	断面位置	河流（水库）	水功能区名称	水质目标	检测结果												
						1月	2月	3月	4月	5月	6月	7月	8月	9月	10月	11月	12月	主要污染物及超标倍数
64	大历县	龙泉镇大历县村	新田河	新田河新田工业用水区	III		III		III			III	III		II		III	
65	新隆	新隆站	新田河	新田河新田—桂阳保留区	III		III		III			III	III		II		II	
66	桃川	永州江永县桃川镇	恭城河	恭城河江永保留区	III	II	II	II	II	II	II	II	III	III	III	III	II	
67	古宅	古宅水库	永明河	永明河古宅水库饮用水源区	II		II		I			II	I		I		I	
68	允山	允山镇	永明河	永明河江永保留区	III		II		I			III	III		II		II	
69	江永水文站	江永水文站	永明河	永明河江永工农业用水区	III		II		III			II	III		III		III	
70	上江圩	上江圩镇	永明河	永明河江永—道县保留区	III		I		II			II	III		II		I	
三	省界水体水质																	
1	渌埠头	东安县紫溪镇大龙村	湘江	湘江桂湘缓冲区	III	II	II	II	II	II	III	II	II	II	II	II	II	
2	大田	江永县源口瑶族自治乡大田村	恭城河	恭城河上游桂湘缓冲区	II	II	II	II	II	II	II	II	II	II	II	II	II	
3	黄沙湾	广西恭城县龙虎乡黄沙湾村	恭城河	恭城河湘桂缓冲区		II	II	II	II	III	II	II	III	III	III	II	II	
四	水库水功能监测断面																	
1	草岭水库	江华草岭水库	草岭水库	草岭水库农业用水区	III		II		III			II	I		III		III	
2	廊洞水库	廊洞水库	道县廊洞水库	廊洞水库农业用水区	III		II		III			II	I		II		II	
3	乐海水库	乐海水库	道县乐海水库	乐海水库饮用水源区	II		I		II			II	I		II		I	
4	猫儿岩水库	零陵区猫儿岩水库	猫儿岩水库	猫儿岩水库农业用水区	III		II		III			III	I		II		II	
5	石坝仔水库	零陵区石坝仔水库	石坝仔水库	石坝仔水库饮用水源区	II		I		II			II	I		II		I	
6	金江水库	东安金江水库	金江水库	金江水库农业用水区	III		II		III			II	III		I		I	

续表1-2-5

序号	断面名称	断面位置	河流（水库）	水功能区名称	水质目标	检测结果												
						1月	2月	3月	4月	5月	6月	7月	8月	9月	10月	11月	12月	主要污染物及超标倍数
7	松江水库	东安松江水库	松江水库	松江水库农业用水区	III		II		Ⅲ			II	III		II		II	
8	双江水库	东安双江水库	双江水库	双江水库饮用水源区	III		II		Ⅲ			II	I		II		II	
9	内下水库	祁阳内下水库	内下水库	内下水库农业用水区	III		II		Ⅲ			III	I		II		I	
10	大江水库	祁阳大江水库	大江水库	大江水库农业用水区	III		II		Ⅲ			III	I		I		I	
11	龙江桥水库	祁阳龙江桥水库	龙江桥水库	龙江桥水库农业用水区	III		II		Ⅲ			II	I		II		I	
12	风仙桥水库	宁远风仙桥水库	风仙桥水库	风仙桥水库饮用水源区	II		II		Ⅱ			II	I		I		I	
13	双龙水库	宁远双龙水库	双龙水库	双龙水库农业用水区	III		II		Ⅲ			II	I		II		I	
14	永佳水库	宁远永佳水库	永佳水库	永佳水库农业用水区	III		II		Ⅲ			III	III		III		I	
15	立新水库	新田立新水库	立新水库	立新水库农业用水区	III		II		Ⅲ			III	II		III		III	
16	肥源水库	新田肥源水库	肥源水库	肥源水库农业用水区	III		II		Ⅲ			II	I		II		II	
17	杨家洞水库	新田杨家洞水库	杨家洞水库	杨家洞水库农业用水区	III		III		Ⅲ			II	II		III		II	
18	高塘坪水库	高塘坪水库	蓝山高塘坪水库	高塘坪水库农业用水区	III		II		Ⅲ			II	I		III		I	

第三章　水旱灾害

永州市年降水主要集中在春夏两季，约占年总降水量的70%，秋冬两季约占30%，春多于夏，秋多于冬，尤以春夏之交4—6月降水最多，占全年总量的40%，有的年份可达60%。其间，多暴雨洪涝，具有明显的“五月峰”特点，常常在“清明”“端午”有洪涝发生。其中3—5月降水量占全年的38%，6—8月占33%，9—11月占14%，12月至次年2月占15%。根据多年气象资料统计，全市历年最大月雨量为517.7毫米（江永2005年6月），最小月雨量0毫米。全市雨季一般开始于3月中、下旬，结束于6月底7月初。与降雨特性相对应，每年最大洪水常发生在4—8月，约占90%，尤以5—6月出现机率大，约占61%。6月下旬后，降水量减少，以高温晴热天气为主，蒸发量增大，易出现旱情。永州市的旱灾多发生在夏季和秋季，以夏旱、秋旱和夏秋连旱为主。

第一节　水　灾

水灾是永州市主要自然灾害之一，永州市在1800—1949年150年间发生较大洪水有40次，其中1800—1899年平均4.3年发生一次，1900—1949年平均3.4年发生一次。新中国成立后，特别是1992年以后，江河较大洪水发生概率频率明显降低，虽然全局性大洪水发生次数不多，但局部中小河流洪水、山洪灾害发生频率较高。随着沿河城镇经济发展，社会财富增加，受洪涝灾害影响越来越大，加之社会对洪涝灾害的关注度和要求不断提高，防汛工作的压力不断增大。

2017年7月2日，祁阳县祁水出现超历史洪水位

一、水灾特性

永州市水灾主要有两类。一是区域性洪灾。区域性洪水由江河洪水大范围淹没造成，受灾面积大，持续时间长，受灾人口多，一般发生在每年5—6月，持续时间3~5天，多则6~8天。1976年7月7—10日，永州市普降暴雨，潇、湘两水同涨，形成恶劣组合，湘江老埠头水文站洪峰水位107.18米，超过警戒水位5.18米，出现新中国成立以来最高水位。1994年4—8月，全市先后发生6次暴雨洪水，湘江老埠头水文站5次超警戒水位，江华瑶族自治县东河、西河，宁远县九嶷河，东安县金江、紫江，祁阳县祁水、白水等潇、湘主要支流均出现超历史洪水位，潇水注入湘江的最大流量8700立方米/秒。2017年“7·2”特大洪灾，湘江干流老埠头、冷水滩、祁阳等各水文站点相继出现有水文记录以来最高洪水位，流域性洪水造成全市14个县区、183个乡镇（街道）100万人受灾，紧急转移29.98万人，

直接经济损失 70.79 亿元。

二是局部山洪灾害。由局部突发性强降雨造成，其特点是洪水汇流时间短、消落过程快、洪峰流量大，一般发生在每年 5—9 月，持续时间几小时，多则 1~2 天。据史料记载，“咸丰九年夏（1859 年 6 月），江华大水，东水营、磨磬石二冲蛟水暴涨数丈，山崩里许，时值太平军在境，避难在山之人，悉数淹死，山脚房屋荡无余存”。2002 年永州市发生 6 次局部山洪灾害，全市因灾死亡 4 人，倒塌房屋 21700 间，直接经济损失 35.6 亿元。江华瑶族自治县 207 国道、1861 线公路以及输电线路、通信设施因山洪多处发生塌方，设施损毁，该县岭东和岭西交通通信完全中断，12 个乡 15 万名群众被洪水围困。2010 年 6 月 20 日发生强降雨过程，零陵区桐子坪站 1 小时降雨达 80 毫米，创历史极值，因灾死亡 4 人，失踪 3 人，永州市境内南北主要通道永连公路发生两处大的滑坡，100 多米路基被洪水冲毁。双牌县红水岭公路塌方损毁光缆，南部六县移动通信一度中断。2013 年受“尤特”台风影响，蓝山县汇源最大 24 小时降雨为 426.5 毫米，引发严重的山洪灾害，因灾死亡 9 人，失踪 1 人。2008 年 6 月全市性强降雨引发特大的洪涝和山洪地质灾害，发生山体滑坡、塌方、泥石流等较大地质灾害 47 起，紧急转移安置群众 26.16 万人，直接经济损失 26 亿元。

1976—2017 年部分年份永州市典型洪水灾害损失情况表

表 1-3-1

年份	月份	受灾乡镇（个）	受淹农作物（万亩）	倒塌房屋（间）	直接经济损失（亿元）	因灾死亡人数（人）
1976	7	174	66.85	9856	0.1876	52
1985	5	270	46.23	6117	2.64	29
1994	5—8	285	578.4	71111	15.0	57
2002	5—8	186	609.3	21700	35.6	4
2003	5	143	123.0	1743	5.0	0
2006	7	176	225.1	6823	17.8	0
2007	6	169	125.7	16416	12.24	0
2008	6—9	132	161.16	18012	26	0
2010	4—6	192	212.73	17891	17.68	7
2013	5—8	220	116.80	9576	27.71	9
2015	11	156	38.2	336	6.2 亿	0
2016	5—6	170	81.89	1742	12	0
2017	6—7	190	219.87	7336	73.88	0

二、典型洪水灾害

（一）1994 年 7 月 22 日至 25 日特大洪水

1994 年 4 月至 8 月中旬，零陵地区（现永州市）先后发生 6 次暴雨洪水，湘江老埠头水文站 5 次超警戒水位，三次为较大洪水。7 月 22—25 日，潇水上游发生历史罕见的特大洪水。由于降雨集中，强度特大，造成山洪暴发，潇水流域河水猛涨。涔天河水库从 23 日 7 时 30 分至 16 时 55 分，全开 5 孔闸门连续行洪 9 个多小时，最大泄量 3030 立方米/秒，是建库以来最大的泄洪量；双牌水库从 23 日 20 时至 25 日 2 时，全开 11 孔闸门连续行洪 54 小时，最大泄量 7120 立方米/秒，是建库以来泄流最大，持续时间最长的一次泄洪；整个潇水最大倾泻量达 8784 立方米/秒；潇、湘两水汇合处老埠头水文站超警戒水位（102

1994 年 7 月 23 日，涔天河水库开闸泄洪

米），连续行洪 65 个小时，24 日 21 时 42 分出现洪峰，洪峰水位 104.71 米，超过警戒水位 2.71 米，洪峰流量达 10000 立方米/秒。江华水口站洪峰流量 2550 立方米/秒；江华西河大路铺洪峰流量达 1000 立方米/秒；道县站洪峰流量 6700 立方米/秒，均为建站以来最大的洪水；江华瑶族自治县城沱江镇洪水流量达 4000 多立方米/秒（涔天河水库下泄 3030 立方米/秒，西河注入 1000 多立方米/秒），为百年罕见的特大洪灾。江华、东安、宁远、蓝山、江永、道县等县损失十分惨重。该次洪灾全区有 11 个县市、1 个县级农场、285 个乡镇、3083 个村，284.66 万人受灾，20.85 万人被洪水围困，因灾死亡 36 人。损坏大小水利工程 1.5 万多处，其中局部损坏大型水库 1 座（涔天河）、中型水库 2 座（双龙、凤仙桥）、小（1）型水库 5 座、小（2）型水库 19 座，冲垮塘坝 1800 多处、渠道 2823 处 166.53 公里，直接影响灌溉面积 151 万亩，水利设施损失 1.1 亿元。

（二）2002 年 6 次洪灾

2002 年汛期，每半个月就出现一次强降雨过程。3 月 14 日，湘江老埠头水文站出现当年的第一次洪水，到 7 月、8 月，雨季非但没有结束，降雨反而不断增加。1—9 月全市降雨 1644 毫米，比历年全年降雨均值偏多 16.7%，南六县降雨 1767 毫米，比历年全年均值偏多 20.7%。每次强降雨集中在二三天内，全市出现了 11 次较大洪水过程，平均每个月发生 1.6 次洪水过程，形成了 6 次洪灾。洪水过程间隔时间短，且潇、湘两水洪峰在老埠头水文站汇合，造成洪峰叠加，顶托抬高。湘江老埠头水文站出现 7 次超警戒水位，最高水位达到 105.33 米（7 月 2 日，流量 10700 立方米/秒，超警戒 3.33 米）。

该年 6 次较大洪水中，洪水总量近 100 亿立方米，占历年过流总量的 50%。“7·2”特大洪水过程中洪峰流量达 10700 立方米/秒（1994 年为 9940 立方米/秒），水位达到 105.33 米（1994 年洪水为 104.71 米），流量超过 10000 立方米/秒持续时间达 14 小时，超过警戒水位的时长达 50 个小时（1994 年洪水为 31 小时），洪水总量达到 20.3 亿立方米，这种大洪量、长时间的高洪水位是该站建站以来少见的。道县水文站 8 月 9 日凌晨 2 点的洪峰，超出警戒水位 3.62 米，流量达 4110 立方米/秒，高洪水位持续 64 个小时，超过 1976 年的洪水。水口、涔天河、大路铺、毛俊、金洞、新田、下马渡 7 个水文站和湘江电站点出现 50 年一遇的高洪水位，江华大路铺（西河）、涔天河（东河）、东安湘江电站和祁阳下马渡（祁水）等水文站都发生建站以来最大洪水。江华水口（东河）、蓝山毛俊（毛俊水）、祁阳金洞（白水）、道县和祁阳等水文站都发生建站以来第二大洪水。多次长时间集中连片降雨，造成全市各类水利工程长期处于高洪水位下，开闸泄洪次数多，流量大。除新田县杨家洞水库外，全市 24 座中型水库都相继出现多次较大流量泄洪。湘江干流枢纽工程出现历史少有大洪水，涔天河水库 8 月 7—8 日，最大下泄流量 3300 立方米/秒，为 1959 年有水文资料以来的最大值。双牌水库 8 月 8 日，11 孔闸门全开，下泄流量 6300 立方米/秒，为建库以来第三大洪水。

2002 年全市总计受灾人口达 709 万人次，成灾人口 427.7 万人次，累计经济损失达 35.6 亿元。全市 9 个县城和 2 个中心城区多次进水，其中道县县城进水最深达 3.8 米，祁阳县城进水最深达 3.6 米。8 月 6 日洪灾，因山体滑坡和泥石流造成 4 人死亡，倒塌房屋 21700 间。蓝山县塔峰、土市和太平等地 49 个村庄 2.6 万人被洪水围困。全市因灾倒塌房屋 2.17 万间，通信线路损坏 333.6 公里，380 个工矿企业停产，农作物受灾面积 406.18 千公顷，绝收面积 110.17 千公顷。损坏水利设施 5000 多处，公路中断 383 条次，毁坏公路 296 公里，江华瑶族自治县的 207 国道、1861 线多处发生塌方，路基被冲毁，致使江华瑶族自治县的岭东和岭西交通通信中断，12个乡15万名群众被困。8月19日的山洪灾害，又造成207国道单江段一处大型山体滑坡，滑下土石方超过1万立方米，中断交通5天。

（三）2006年台风“碧利斯”强降雨过程

2006年4号台风“碧利斯”形成的强降雨范围覆盖全市11个县区，造成重大的灾害损失。

2006年7月16日，宁远九嶷河上游河堤被洪水损毁

4号台风“碧利斯”减弱后的低气压进入江西省后，强降雨云系就开始影响永州市，形成三个降雨云团，大暴雨在阳明山、都庞岭、九疑山三个暴雨中心反复出现。先由南向北，再从北向南，覆盖全市。永州市的强降水从7月15日2时开始，到16日20时结束，历时42小时，创历史极值。全市发生100毫米以上大暴雨的有蓝山、宁远、江华、双牌、江永、零陵、道县、新田8个县区。这次降雨过程全市平均降雨量达137.3毫米，降雨量最大的点是江华瑶族自治县湘江乡的竹瓦站331.9毫米。宁远县3小时最大降雨量达70.5毫米，蓝山县12小时最大降雨达108毫米。受强降雨影响，涔天河水库水位从15日16时40分的253.09米涨至16日22时的255.97米，水位上涨2.88米。双牌水库水位从15日23时的163.06米涨至16日23时的169.65米，水位上涨6.59米。道县站水位从15日18时41.04米开始起涨至17日7时30分到达峰顶47.69米，水位上涨6.65米。老埠头水文站水位从16日1时99.85米起涨至17日16时到达峰顶104.76米，水位上涨4.91米，超警戒水位2.76米，超过警戒水位持续时长达48小时。道县水文站该年最高洪峰水位达到47.69米，超警戒水位2.69米，超过警戒水位持续时间达43个小时。潇水支流江华西河，宁远九嶷河、宁远河，道县沱水河也于7月16日出现该年最高洪水位。

“碧利斯”台风影响形成的暴雨共造成永州市11个县区普遍受灾。受灾严重的为蓝山、道县、宁远、江华四县，受灾乡镇90个，重灾乡镇8个，重灾村16个，受灾人口111.4万人，洪灾造成全市直接经济损失5.33亿元。由于洪水形成快，全市被洪水围困70000余人，紧急转移43300人。因洪水倒塌房屋493户1513间，损坏房屋3571间，造成危房146户524间。洪灾发生时正值农业生产重要时期，全市农林牧渔业经济损失3.5886亿元。农作物受灾58763公顷，成灾41134公顷；蔬菜受灾4500公顷，绝收2000公顷；烤烟被水浸损260余公顷；冲走成鱼5024吨、鱼苗8169万尾。全市水利设施损失1.0946亿元，其中损坏小型水库28座、堤防475处13910米、护岸182处，损坏灌溉设施596处。工业和交通运输业直接经济损失6700万元。台风暴雨导致10个工矿企业停产，公路中断205条次，毁坏路基35520米，其中1条国道、3条省道、33条县道交通全部中断。全市损坏输电线路4690米，损坏通信线路22290米。此外，全市还发生地质灾害39起，其中滑坡28起、崩塌9起、泥石流1起、地裂缝1起。

（四）2008年“6·13”特大洪灾

2008年6月8日至13日，全市普降暴雨到大暴雨，局部特大暴雨。降雨超过300毫米的有江华瑶族自治县码市352.8毫米，江永县城319.1毫米，道县新车350毫米，蓝山高坪塘314.6毫米等9个站；雨量超过200毫米的有54个站，雨量在100~200毫米的有132个站。其中最大24小时降雨江永站205.7毫米，最大过程降雨水口站达401毫米，创历史极值。道县水文站水位49.95米，超警戒水位4.95米，为历史最高洪水位（2002年“8·9”洪灾中超警戒水位3.62米）；湘江老埠头水文站水位

106.76 米，超警戒水位 4.76 米，仅次于 1976 年高洪水位（1976 年最高洪水位为 107.08 米）。潇、湘干流主要水利工程陆续泄洪，13 日 15 时起，涔天河水库 5 孔闸门全开，最大入库流量 3720 立方米/秒，最大下泄流量 3500 立方米/秒，最高调洪水位达 255.98 米，接近水库设计标准 100 年一遇的洪水，为建库以来的最大洪水。双牌水库 11 孔全开，最大入库 7550 立方米/秒，最大下泄流量 6900 立方米/秒，最高调洪水位 170.35 米，接近 1994 年的最大洪水（最大下泄流量 7150 立方米/秒，最高调洪水位 170.6 米）。全市 7 个县城和中心城市两区城区不同程度被淹，其中道县县城 80%受淹。洪灾致全市 11 个县区、2 个管理区、132 个乡镇，218 万人受灾，紧急转移安置群众 26.16 万人。全市直接经济损失 26 亿元。发生山体滑坡、塌方、泥石流等较大地质灾害 47 起。其中道县洪塘营乡东江脚村、江华瑶族自治县贝江乡大田村等地山体滑坡体积都在 5 万立方米以上。永州市因山洪灾害倒塌房屋 18012 间，中断公路 83 条次，毁坏公路 80 公里，损坏输电线路 107.4 公里、通信线路 134.1 公里。

（五）2015 年冬汛

2015 年 11 月 11 日 8 时至 13 日 8 时，全市平均累计降雨 108.8 毫米，其中超 200 毫米站点有 3 个，超 100 毫米站点有 161 个，超 50 毫米站点有 283 个，最大降雨站点主要有：江华桥头铺 245.5 毫米、道县丰村洞 210 毫米、江永冶炼厂 203.7 毫米。两天内江永县平均降雨达 163 毫米，江华瑶族自治县平均降雨达 162 毫米。如此大范围的集中性超强降雨十分罕见，且出现在冬季更是历史罕见。由于永州市南部和相邻的广西同时出现超强降雨，湘江两源来水形成恶性组合，湘江干流发生自 2008 年以来最大流域性洪水，并且高位运行时间长。双牌水库 12 日 14 时 11 孔闸门全开，最大出库 5240 立方米/秒。湘江干流电站全线开闸泄洪。道县水文站 12 日 15 时达到警戒水位 171 米，13 日 10 时 40 分出现洪峰，水位达 172.26 米，超警戒水位 1.26 米，14 日 8 时退出警戒水位，高洪水位持续时间达 41 小时；冷水滩水文站 12 日 16 时达到警戒水位 95 米，13 日 18 时出现洪峰，水位达 98.37 米，超警戒水位 3.37 米，14 日 20 时 46 分退出警戒水位，高洪水位持续时间达 53 小时；祁阳水文站 12 日 20 时达到警戒水位 83 米，14 日 5 时出现洪峰，水位达 86.85 米，超警戒水位 3.85 米，15 日 4 时 19 分退出警戒水位，高洪水位持续时间达 57 小时。

2015 年 11 月，湘江冷水滩段宋家洲被洪水淹没

这次洪水造成永州市 14 个县区、156 个乡镇，34.92 万人受灾，受淹城镇 4 个，紧急转移人口 2.52 万人，因灾倒塌房屋 336 间，农作物受灾面积 38.2 万亩，其中成灾面积 22.13 万亩、绝收面积 7.2 万亩；因灾造成直接经济损失 6.2 亿元，其中农业直接经济损失 3.52 亿元，水利设施直接经济损失 1.15 亿元。道县潇水河、濂溪河沿岸的万家庄、东门、濂溪、西洲、上关等乡镇（街道）受淹严重，城区多个路段被水淹，交通阻断，县城农贸市场 100 余户商铺进水，县财政局、教育局、人保财险公司、新车站、濂溪学校等多个单位进水，无法正常上班或上课，全县 77060 人受灾。祁阳县湘江沿线乡镇受灾严重，白水镇沿河 28 个村受淹，16000 人受灾。

（六）2017 年“7·2”特大洪灾

2017 年 6 月 25 日至 7 月 3 日永州市降雨特别集中，全市自北向南普降暴雨，局部大暴雨或特大暴雨，全市平均降雨达到 225 毫米。其中 7 月 1 日到 2 日，在不到 36 个小时的时间，全市降水平均达到 90.8 毫米。超 400 毫米站点 9 个，超 300 毫米站点 73 个，最大降雨点宁远荒塘高达 504.5 毫米。北五县平均降雨295毫米，为近30年同期最大值。零陵水口山1小时降雨114.8毫米（7月1日18—19时），双牌麻江1小时降雨75.7毫米（7月2日4—5时）。强降雨造成境内江河水位猛涨，尤其是与广西境内湘江西源上游洪水叠加，湘江干流老埠头及以下各水文站点相继超警戒水位，并创下有水文记录以来最高值。湘江老埠头水文站7月2日20时最高水位达107.32米（历史最高水位107.18米），洪峰流量13700立方米/秒。冷水滩水文站7月2日22时出现最高洪峰，水位100.00米（历史最高99.64米）。祁阳水文站7月3日6时出现最高洪峰，水位89.10米（历史最高88.51米）。超高洪水位致冷水滩城区进水面积达7.3平方公里，水淹最深达5.1米；祁阳县城区10.8平方公里进水，水淹最深9米，全城停电、停水达80小时、48小时；零陵区柳子庙水淹最深达2.5米；永州机场水淹最深达1.2米。洪灾致使全市14个县区、183个乡镇（街道）超过100万人受灾，紧急转移29.98万人，因灾倒塌农房7190间，北部县区水库山塘普遍溢洪，湘江干流洪水陡涨，城镇大面积受淹，灾区堤岸、道路、桥梁损毁严重，地质灾害不同程度发生，5条国道和省道、10余条县道相继中断，水利、通信、电力、市政等基础设施损毁严重，冷水滩、零陵、祁阳、东安、金洞、经开区6个城区进水，全市直接经济损失高达70.79亿元。

第二节　旱　灾

一、旱灾特性

干旱是永州市主要自然灾害之一。每年夏秋季节，受副热带高压控制，持续晴热少雨，蒸发量增大。“三山夹两盆”的独特地形造成降雨地域不均，形成干旱死角。遇降雨年季不均或台风影响不明显年份往往形成两季、三季连旱。1960年以来发生特大干旱年份有1960年、1963年、1989年、1990年、1991年、1994年、1998年、2000年、2007年，1989—1991年全市连续三年大旱。

二、典型旱灾

1998年7月永州旱景

1998年湘南遭受新中国成立以来特大干旱，永州市更是发生严重的夏秋冬三季连旱，受灾程度超过1963年的大旱和1989年至1991年三年连旱。6月28日断雨脚以来，连续7个月未下透雨，持续4个月晴热高温天气。7—12月降雨量只有218毫米，比历年同期减少近6成，是永州市有气象记录以来的极少值。1998年全市的日均气温高达19.6摄氏度，比历年的日均气温高出1.4摄氏度，蒸发量比历年同期增加56%以上，是中华人民共和国成立以来的极大值。全市有11个县区、178个乡镇，267.81万亩农作物受旱，2930个村民组32万人发生饮水困难。受旱范围之广，时间之长，程度之深，灾情之重，是新中国成立以来所没有的。

2003年6月下旬开始至2004年春节前永州市未下过透雨，干旱范围之大，损失程度之深，造成300万亩耕地受旱，53500人发生饮水困难，直接经济损失超过1亿元。

2005年7—9月，永州市长时间晴热高温少雨，蒸发量大，农作物耗水量多，全市出现特大气象性干旱，经济损失严重。据10月10日旱情高峰期统计，全市有11个县区、208个乡镇（含办事处）8.496万公顷作物受旱，其中晚稻受旱5.417万公顷。旱作物受灾面积3.079万公顷，枯萎绝收0.862万公顷。全市共有10.007万公顷水田缺水，1.999万公顷耕地无水翻耕，15.56万头大牲畜发生饮水困难，193座水库、29951处山塘水源干涸，484条溪河断流，大部分中小型水库蓄水量在30%以下。全市2494个村民组20.89万人出现饮水困难。

2007年7月25日，永州市副市长刘事青（中）主持全市抗旱工作电视电话会议

2009年7月中、下旬和8月中旬以后，永州市持续晴热高温天气，蒸发量不断增大，水利工程蓄水急剧减少，最高气温达39℃，最大日蒸发量达6.5毫米（7月12日），其间，虽受台风外围云系影响出现一次明显的较强降雨过程，但并没有改变整个旱情格局。全市13个县区（管理区）、120个乡镇1421个行政村受旱。农作物受旱面积110.82万亩，占总播种面积的16.3%，其中轻旱68.42万亩，重旱32.76万亩，干枯9.64万亩，因旱粮食损失10.37万吨，经济作物损失1.38亿元。林业受旱19.7千公顷，经济损失250万元。牧业受灾牲畜6.5万头。水产养殖因旱减产8000吨，经济损失8500万元。全市35万人、8.2万头大牲畜发生饮水困难，全市有450座水库、40000余口山塘因旱干涸。

2011年永州市总降雨量严重偏少，形成春、夏、秋三季连旱。5月8日才开始有效降雨，雨季按正常年份推迟了一个月。这年1月1日至12月15日，全市平均降雨1003.6毫米，较历年均值1413.6毫米偏少29%。7月1日至8月8日全市平均降雨48.8毫米，较历年同期均值158.7毫米偏少69%，其中零陵区降雨异常偏少，降雨量仅6.9毫米，比历年同期154.3毫米偏少96%。7月份全市11个县区中有6个县区降雨量低于10毫米，祁阳县仅0.2毫米，为历史所罕见。7月持续高温，极端气温达40.5℃（7月31日祁阳），高温热害达中度到重度等级。根据蒸发监控站的实测资料统计，全市7月平均蒸发量为111毫米，最大日蒸发量达15毫米。其中南部地区平均蒸发量为115毫米，北部地区平均蒸发量为107毫米。最大蒸发量站为湘江老埠头水文站135毫米。后汛期江河水位持续下落，到8月底，全市水库塘坝蓄水总量仅为6.22亿立方米，与历年同期平均值9.55亿立方米相比偏少34.9%。新田县立新、杨家洞水库一度接近死水位，祁阳县大江边水库蓄水383万立方米，不到正常蓄水4950万立方米的1/10。8月31日干旱高峰期，全市有294座水库干涸，近30%的山塘见底，243条溪河断流，3955眼机井出水不足，水源严重短缺。全市大部分地区出现中等程度干旱，部分地方旱情严重。其中双牌、新田、宁远、江华、零陵等县区达到重旱等级，冷水滩、祁阳、东安、蓝山等县区等达到中旱等级。13个县区（管理区）不同程度受旱，受灾人口达193.8万人，有45.77万人发生饮水困难。全市农作物受灾面积204.48万亩，重旱

2011年8月，新田县大坝水库灌区农民引水抗旱保苗

63.29 万亩，干枯绝收 39.65 万亩，全市因缺水影响晚稻无法种植面积 58.55 万亩，造成农业经济损失 10.54 亿元。全市因旱死亡苗种 1.43 亿尾，死亡成鱼 2.5 万吨。引发疾病死亡生猪 17800 头、家禽 74000 羽，养殖业直接经济损失 2.7 亿元。全市 108.44 万亩新造幼林普遍受旱，造林成活率平均下降 12 个百分点以上。全市林木育苗受干旱影响面积达 2276 亩，因干旱受灾减少苗木出圃量 4000 万株左右，全市林业系统因旱灾直接经济损失约 5250 万元。

2013 年 6 月中旬开始，永州市长达两个月的晴热高温少雨天气，其中 7 月 1 日至 8 月 2 日，全市平均降水量 22.3 毫米，较常年同期显著偏少 79%，为 1981 年以来最小值，其中冷水滩区累计降水量较常年同期偏少 100%，道县偏少 98%，东安县偏少 95%。全市日平均蒸发量达 5.8 毫米，最大日蒸发量达 7.3 毫米，江河、水库水位急剧下降，潇、湘两水水位迅速回落，达到历年最枯水位。6 月 15 日到 7 月 31 日，全市水利工程蓄水总量由 16.73 亿立方米锐减至 9.2 亿立方米，116 条河流断流，116 座小型水库干涸，1388 眼机电井出水不足。全市 13 个县区（管理区）、188 个乡镇不同程度受旱，北部县区比南部各县旱情重，位于衡邵干旱走廊的祁阳、东安、冷水滩、零陵等北部县区和新田县达到特大干旱，南部县普遍达到严重干旱，一些干旱死角地带出现人畜饮水困难。据统计，旱情高峰时，全市农作物受灾面积 246.56 万亩，占全市农作物面积 490.5 万亩的 50.3%，其中重灾面积 92.61 万亩，绝收面积 35.99 万亩。全市耕地缺水面积 285.35 万亩，其中因缺水影响晚稻栽插面积 95.76 万亩。有 43.85 万人口和 29.36 万头大牲畜出现饮水困难。全市受旱灾影响苗木面积达 2000 余亩，约占育苗总面积 5067 亩的 39%，枯死苗木 9000 多万株，直接经济损失 6000 多万元。

2019 年 7 月 16 日后，永州市持续高温晴热少雨，降雨明显偏少。至 12 月中旬，降雨只有 221 毫米，偏少 50%。全市平均降雨 84.1 毫米，较历年均值（215.9 毫米）偏少 61.0%，9 月到 12 月中旬的 3 个多月降雨只有 85 毫米，偏少 65%，蓝山、江华、江永、宁远偏少 7 成以上，引发夏、秋、冬连旱。江河水位持续偏低。全市有 149 座小型水库水位降至死水位以下，28 条小河流断流。水利工程总蓄水量较上年同期偏少 15.1%，中型水库蓄水同比偏少 28.4%，小型水利工程蓄水同比偏少 21%。全市因旱影响供水人口 5.632 万人，应急送水人口 0.193 万人。

第二篇 水利建设

20世纪50年代，永州市在人民公社化和“大跃进”运动中掀起第一轮水利建设高潮，全市第一座中型水库——金江水库在东安县建成，全市第一座大型水库——双牌水库在双牌县破土动工，结束永州无大中型水库的历史。二十世纪六七十年代，永州市在“农业学大寨”运动中掀起水利建设的第二轮高潮，建成潇水上游龙头水利枢纽工程——涔天河水库以及一大批机电排灌和塘坝等小型水利工程。到20世纪90年代，全市基本形成大中小结合，蓄引提配套的水利工程体系和农田灌溉网络。进入21世纪后，全市广泛开展农村饮水工程建设，经历饮水解困、饮水安全和巩固提升三个阶段，完成从“有水喝”到“喝好水”的飞跃。2002年开始，永州市实施病险水库除险加固工程，确保水库的安全和效益。2011年中央一号文件出台后，涔天河水库扩建枢纽工程、灌区工程和毛俊水库工程被列入国家节水供水172项重大水利工程规划，分别于2012年、2015年、2018年开工建设，再掀全市水利建设热潮。

永州市主要大中型水库分布示意图

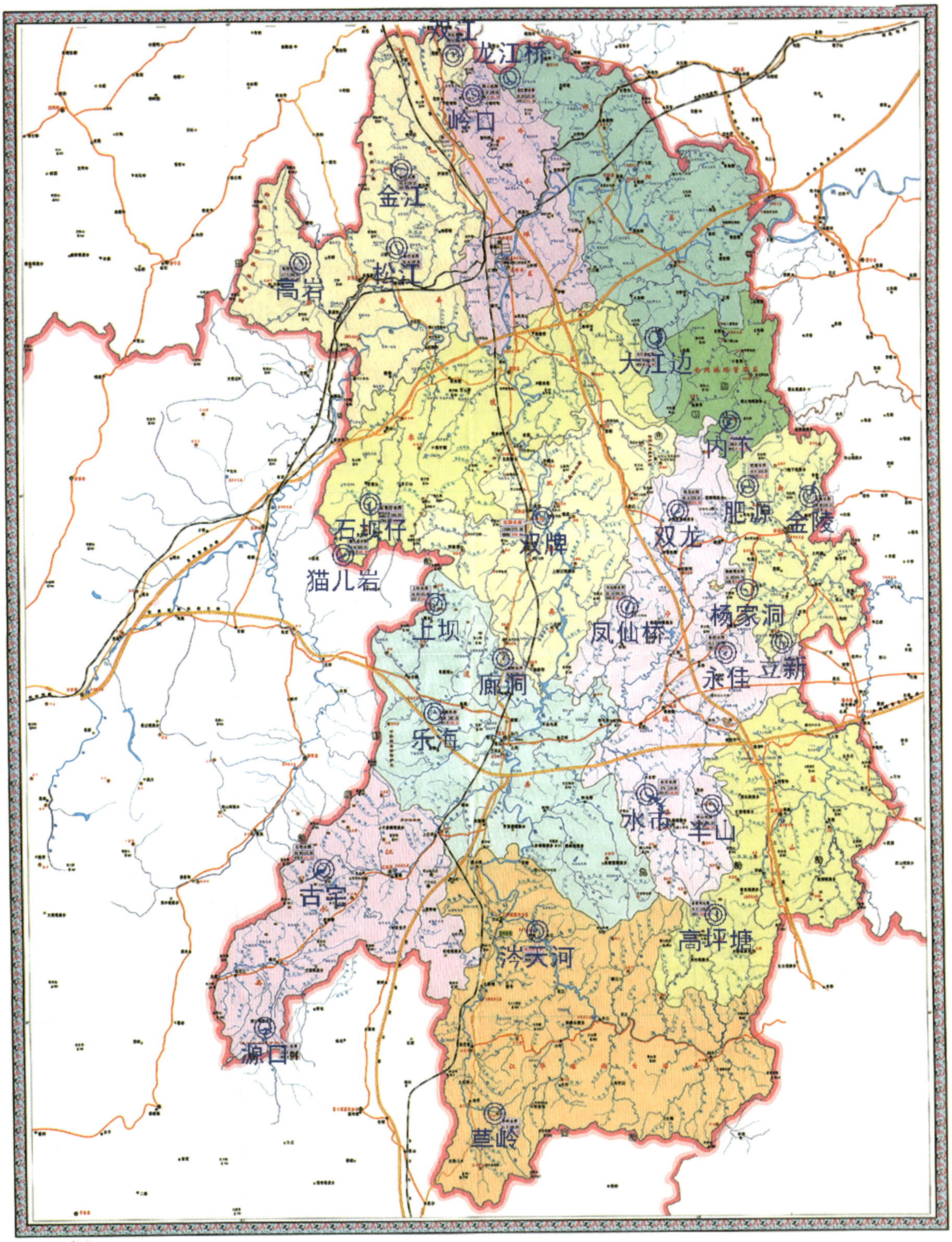

第一章　蓄水工程

永州市主要地形地貌为丘陵山区，农田灌溉主要依靠山塘、水库等蓄水工程。中华人民共和国成立前，兴建的蓄水工程基本为山平塘，1949 年共有山平塘 86033 口，虽数量众多，但规模较小，受益分散，全市所建大塘达到小（2）型水库规模（库容 10 万立方米）的仅有 12 口。

永州市大多数蓄水工程建成于二十世纪六七十年代。1992 年，全市有水库 1201 座，其中大型水库 2 座，中型水库 21 座，小型水库 1178 座［其中小（1）型水库 155 座、小（2）型水库 1023 座］，总库容 17. 62 亿立方米；有山平塘 169300 口，总库容 4. 47 亿立方米。

2002 年启动实施大中型病险水库除险加固工程，2010 年开始全面实施小型病险水库除险加固工程。经过 10 多年的建设，全市共完成 26 座大中型水库、1211 座小型水库除险加固任务。

第一节　水　库

1951 年永州市开始兴建水库，20 世纪 50 年代初、中期试点推广，50 年代后期到 70 年代有较大发展，二十世纪八九十年代以巩固、配套、挖潜为主，2000 年以后又建设一批大中小型水库。2019 年，全市注册登记的水库共有 1332 座，其中大型水库 6 座，中型水库 31 座，小型水库 1295 座［其中小（1）型水库 159 座、小（2）型水库 1136 座］，总库容 43. 89 亿立方米。水利部门将原来未纳入注册登记范围的潇湘电站水库、浯溪电站水库、湘祁电站水库等电站水库纳入注册登记范围。

双牌水库枢纽工程

一、大型水库

全市有大型水库 6 座，分别为双牌水库、涔天河水库（已完成扩建）、晒北滩电站水库、浯溪电站水库、湘祁电站水库、潇湘电站水库。毛俊水库在建。

（一）双牌水库

双牌水库位于湘江潇水中游。水库大坝建在双牌县城关镇周冲，以灌溉为主，结合发电、防洪、航运等，控制流域面积 10594 平方公里，多年平均径流总量 97. 3 亿立方米，多年平均流量 309 立方米/秒。水库设计总库容 5. 85 亿立方米，设计灌溉面积 32 万亩。电站装机 3 台、容量 13. 5 万千瓦，设计年发电量 6. 2 亿千瓦时。

（二）涔天河水库（2012 年扩建前）

涔天河水库枢纽工程（扩建前）

涔天河水库位于湘江潇水上游的江华瑶族自治县境内，坝址控制流域面积 2432 平方公里，占整个潇水流域面积的 20%，多年平均径流总量 26.1 亿立方米，是《潇水流域规划报告》中确定的潇水流域梯级开发龙头水库。涔天河水库是以灌溉为主，结合防洪、发电、供水、放木、航运等综合利用的大型水利枢纽工程。水库总库容 1.05 亿立方米，设计灌溉面积 17.38 万亩（实际灌溉面积 8.5 万亩），发电装机容量 2.25 万千瓦。

（三）晒北滩电站水库

晒北滩电站水库位于金洞管理区晒北滩瑶族乡，湘江一级支流白水河上游河段，是一个以发电为主，兼有防洪、灌溉、旅游等综合效应的水库工程。水库工程坝址控制集雨面积 324 平方公里，年径流量 4.03 亿立方米。水库最大坝高 97 米，坝顶轴线长 220 米，总库容 10855 万立方米，正常库容 9300 万立方米，水库水面 3.90 平方公里，水库回水长度 11.63 公里；大坝坝型选用混凝土面板石坝。晒北滩电站为引水式电站，电站由引水隧道、发电厂房两部分组成，电站厂房建在牛头山附近的刘家田，引水隧洞全长 5.4 公里。晒北滩电站装机容量 3.5 万千瓦（2×1.75 万千瓦），年平均发电量 1.17 亿千瓦时。工程于 2004 年 9 月 26 日开工，由祁阳县阳光水电开发有限公司建设，2010 年建成投产。工程设计单位为湖南省水利水电勘测设计研究总院；施工单位：C1 标永州市水利水电建设公司，C2 标浙江隧道公司，C3 标葛洲坝集团第六工程有限公司，C4 标湖南省建工集团公司，C5 标湖北武汉海瀚科技有限公司，C6、C7 标大禹水利水电建设有限公司；监理单位是永州市水利水电工程建设监理咨询有限公司；质量监督单位是湖南省水利厅水利水电工程质量监督中心站。

（四）潇湘电站水库

潇湘水电站又称潇湘水利枢纽工程，位于永州市冷水滩城区湘江干流上游，是一个具备发电、航运、交通、供水、旅游、灌溉等综合效益的大（2）型水利水电交通枢纽工程。潇湘电站水库大坝坝高 28 米，为混凝土闸坝，总库容 1.82 亿立方米。潇湘水电站为低水头径流式电站，河床式厂房，总装机容量 5.2 万千瓦（4×1.3 万千瓦），灯泡贯流式水轮发电机组，年发电量 2.15 亿千瓦时。水轮机转轮直径 5.8 米，最大水头 9.35 米，额定水头 6 米，最小水头 2.3 米。

1993 年 1 月，香港集盛国际有限公司与中国湖南冷水滩市宋家洲综合开发有限公司合资成立湖南潇湘综合开发有限公司，公司计划投资 2 亿元人民币建设潇湘水电站，合营时间 60 年。1993 年 6 月 28 日，工程奠基，地委书记邹金鹫、行署专员卞翠屏和香港集盛国际有限公司主席陈勋出席庆典活动，8 月 28 日工程正式动工。1999 年 5 月，拦河大坝建成并关闸蓄水。2002 年 5 月 4 日，电站 1 号机组上网供电。2003 年 6 月 9 日，电站 2 号机组上网供电。2013 年 6 月 12 日，电站 4 号机组上网供电，工程竣工投运。

（五）浯溪电站水库

浯溪水利水电枢纽工程位于湘江干流中游上段，由湖南新华水利电力有限公司投资 12.3 亿元建设。工程是以发电为主，集防洪、旅游、航运、灌溉、交通于一体的大型水利枢纽。水库大坝控制流域面积23380平方公里，占湘江总流域面积的24.7%，多年平均径流量220亿立方米。工程属低水头、大流量河床式水电站，正常水位88.5米，坝顶高程96米，最大坝高28米，坝顶长1369米，总库容2.757亿立方米，正常库容1.778亿立方米，死库容1.56亿立方米。浯溪水电站总装机10万千瓦（4×2.5万千瓦），年平均发电量3.955亿千瓦时，可实现日调节发电。2005年11月17日，浯溪水利水电枢纽工程开工。2009年12月19日，电站首台机组并网发电。2013年6月28日，工程全部竣工投运。设计单位：湖南省水利水电勘测设计研究总院。监理单位为湖南水利水电工程监理承包总公司。质量监督单位为湖南省水利厅水利水电工程质量监督中心站。施工单位：湖南省水利水电工程总公司承建右岸一期闸坝和船闸工程，广东水电二局股份有限公司承建厂房、二期闸坝和金属结构制造安装工程，中国水电十六局承建机电安装工程，四川卓越科技工程有限公司承建大坝与船闸工程安全监测，马鞍山路桥有限公司承建大坝公路桥建设，天发重型水电设备制造有限公司承建主机设备制造，江苏武进液压机有限公司承建闸门液压启闭设备制造。

2007年建设中的祁阳浯溪电站水库

（六）湘祁电站水库

湘祁水电站工程为《湘江干流规划》九级开发方案的第四级，处于湘江中游（永州市祁阳县和衡阳市祁东县交界河段），坝址位于祁阳县黄泥塘镇，控制流域面积2.7118万平方公里，占湘江总流域面积的28.7%。工程属低水头、大流量河床式水电站，最大坝高26.8米，总库容3.131亿立方米，正常蓄水位75.5米。湘祁水电站总装机容量8万千瓦，为4台2万千瓦灯泡贯流式水轮发电机组，设计年发电量3.297亿千瓦时，工程以发电为主，兼顾航运、灌溉与旅游等综合利用。工程2009年10月开工建设，2011年12月，第1台机组正式并网发电。2012年8月，工程全部竣工投运。

（七）毛俊水库

2013年，蓝山县委、县政府组织相关部门开展毛俊水库工程项目前期工作。2015年，毛俊水库工程项目建议书通过水利部审查；2016年11月14日，国家发改委下达毛俊水库工程可行性研究报告批复；2016年11月23日，永州市委、市政府在毛俊水库工程坝址举行工程启动仪式；2016年12月14日，工程初步设计报告经过水利部水规总院审查；2017年3月水利部审批通过初设报告。

毛俊水库工程是国家“十三五”期间172项重大水利工程之一，是一座以灌溉为主，结合供水、兼顾发电等综合利用的大（2）型水库，水库正常蓄水位342.5米，设计水位342.91米，校核洪水位343.93米，死水位307米。工程项目包括枢纽工程和灌区工程两部分。水库枢纽工程位于永州市蓝山县毛俊镇禾坪村，湘江二级支流、舂陵水一级支流俊水上游，坝址控制流域面积284平方公里，多年平均径流量3.78亿立方米，设计总库容11650万立方米，兴利库容9200万立方米。枢纽主要建筑物有大坝、3孔10×6米开敞式溢流道、坝内引水管道、水库电站和升鱼机等，大坝按100年一遇洪水标准设计、1000年一遇洪水标准校核，型式为碾压混凝土重力坝，最大坝高76米，坝顶轴线长512米。水库库区水面面积409万平方米。

毛俊水库工程移民涉及两市三县（永州市蓝山县、新田县及郴州市嘉禾县），14个乡镇（街道）、111个行政村、387个村民小组，影响人口792户2855人。工程需要征收（用）土地13622.98亩，拆迁房屋 161518.92 平方米。

工程多年平均供水量 12859 万立方米，其中农业灌溉供水 9515 万立方米，城乡供水 3344 万立方米。灌溉干渠总长 112.372 公里，设计灌溉面积 41.15 万亩，其中永州市蓝山县 20.46 万亩，郴州市嘉禾县 7.76 万亩，永州市新田县 12.93 万亩；改善灌溉面积 26.95 万亩，新增灌溉面积 14.2 万亩（含新开垦耕地 1.47 万亩）。供水范围包括蓝山和嘉禾县城、蓝山县楠市等 7 个乡镇和新田县三井等 11 个乡镇及灌区范围内农村人畜用水。水库电站装机容量 1.1 万千瓦，多年平均发电量 3080 万千瓦时；渠首电站装机容量 0.5 万千瓦，多年平均发电量 640 万千瓦时。

2019 年 3 月 20 日，水利部副部长蒋旭光（前右二）调研蓝山县毛俊水库

毛俊水库工程可研批复总投资 27.89 亿元，其中资本金 24.49 亿元，中央财政资金 14.18 亿元，占资本金的 58%，其余部分地方筹集；贷款 3.4 亿元。初设批复总投资 28.93 亿元（其中资本金 26.41 亿元）。由于国家发改委不再对初步设计报告核概，增加的 1.92 亿元资金由地方筹集。

毛俊水库工程于 2018 年 5 月正式开工，到 2020 年 3 月，工程累计完成投资 13.13 亿元。

2019 年永州市大型水库大坝注册登记表

表 2-1-1

序号	水库名称	县区	总库容（万立方米）	坝高（米）	集雨面积（平方公里）	坝型	建成时间
1	双牌水库	双牌	69000	58.8	10594	混凝土双支墩大头坝	1963 年 11 月
2	涔天河水库	江华	151000	114	2466	面板堆石坝	2018 年 8 月蓄水验收
3	潇湘电站水库	冷水滩	18200	28	21590	常态混凝土实体重力坝	1999 年 5 月
4	晒北滩电站水库	金洞	10855	97	324	碾压混凝土重力坝	2010 年
5	浯溪电站水库	祁阳	27570	28	23380	常态混凝土实体重力坝	2009 年 12 月
6	湘祁电站水库	祁阳	31310	26.8	27118	常态混凝土实体重力坝	2011 年 12 月

二、中型水库

东安县金江水库是全市最早建成的中型水库，工程于 1958 年 5 月 1 日开工，同年 10 月 1 日完成大坝枢纽工程，坝高 54 米，坝型为钢筋混凝土平板坝，正常库容 1520 万立方米，设计灌溉东安县 8 个乡镇和冷水滩区 1 个乡镇，实际灌溉面积 5.76 万亩。工程总投资 541 万元，其中枢纽工程投资 430 万元，灌区工程投资 111 万元。东安县共动员民工 4000 多人投入水库建设。

祁阳县内下、东安县高岩水库分别于 1994 年、1996 年建成，以发电为主，成为地方电网的骨干电源工程。2000 年后，相继建成江永县古宅、道县云溪、新田县两江口、东安县芦江等以灌溉为主的中型水库。到 2019 年，全市共有中型水库 31 座。

（一）内下水库

祁阳县内下水库

内下水库位于永州市祁阳县南部的内下林场，坝址坐落在湘江水系白水一级支流大黄司河中上游，距祁阳县城 97 公里。工程于 1988 年开工，1994 年 11 月竣工。大坝以上控制流域面积 155 平方公里，多年平均降水量 1714.9 毫米，多年平均产水量 1.95 亿立方米，属多年调节水库，是一座集防洪、发电、灌溉、过木、养殖等综合效益于一体的中型水利工程。水库枢纽建筑物主要由大坝、输水隧洞、放空底孔、电站等组成。大坝坝型为圬工重力坝，最大坝高 76 米，坝顶高程 473 米，坝轴线长 215 米；溢流坝堰顶高程 461 米，装有两扇 10×9.3 米的钢质弧形闸门；下游河道设计安全下泄流量为 883 立方米/秒，校核下泄流量为 1223 立方米/秒；水库设计正常蓄水位 470 米，相应库容 6800 万立方米；校核洪水位 470.8 米，总库容 6923 万立方米；汛期防洪限制水位 466 米，相应库容 5720 万立方米；兴利库容 4126 万立方米，防洪库容 2262 万立方米。大坝按 50 年一遇洪水设计，500 年一遇洪水校核。发电隧洞底板高程 425.00 米，洞径 2.5 米；放空底孔底板高程 419 米，孔径 1.5 米。大坝下游一级电站装机容量 5200 千瓦（2×1600 千瓦+1×2000 千瓦）、二级电站装机容量 26000 千瓦（2×9000 千瓦+1×8000 千瓦）、三级电站装机容量 2500 千瓦（2×1250 千瓦）。2002 年 11 月 27 日水库大坝被省水利厅安全鉴定为三类坝，即病险坝；2008 年 4 月 1 日水利部大坝安全管理中心复核确认为三类坝鉴定结论。内下水库除险加固工程初步设计由湖南省水利水电勘测设计院完成；加固工程于 2008 年 12 月 12 日开工，主要工程项目为：坝基帷幕灌浆 2657.61 米，混凝土防渗面板 C20 混凝土浇筑 5924.99 立方米，闸墩加固丙乳砂浆抹面 3605.8 平方米，坝顶下游栏杆改造 C20 混凝土 49.76 立方米，大坝其他混凝土结构补强丙乳砂浆抹面 1191.70 平方米，防汛公路 3 公里，管理房屋改造 178.3 平方米，施工导流隧洞 252 米。完成总投资 1558.84 万元。

（二）高岩水库

高岩水库是湘江一级支流紫水河上游的一处水利工程，水库大坝位于永州市东安县紫溪市镇高岩村，距东安县城 27 公里。高岩水库是以防洪、发电、城镇供水为主，兼顾灌溉、旅游等综合效益的中型水库。水库坝址以上控制流域面积 117 平方公里，水库总库容 4680 万立方米，灌溉面积 1.7 万亩，防洪保护面积 4 万亩，为东安县城 10 万人口提供饮水水源，经济效益和社会效益显著。

1989 年，东安县水利局组织技术人员对紫水流域开发进行勘测调查，并委托湖南省水利水电勘测设计院作紫水流域规划。1990 年 11 月，湖南省水利水电厅发文批复同意高岩水库作为紫水流域的一期开发工程。水库枢纽工程由大坝和坝后式电站构成，大坝坝型为浆砌石空腹重力坝，计划投入建设资金 6050 万元，其中中央和省小水电拨改贷资金 1200 万元，县自筹资金 2392 万元，建设银行贷款 2458 万元。水库大坝高 67 米，坝顶高程 297 米，坝轴线长 290 米，溢流坝于河谷居中布置，设 2 孔 10×6 米的表面孔口泄洪，溢流堰采用实用堰型，堰顶高 289 米，以钢质弧形闸门挡水。坝后式水电站厂房位于右岸主河道，装机容量 2×2500 千瓦，发电涵洞进口地板高程 260 米，管身为钢筋混凝土内衬钢板，闸门为钢质平板门。1991 年 10 月，湖南省水利水电厅下达《关于东安县高岩水库一级电站工程初步设计报告的批复》，同意高岩水库正常蓄水位 295 米，1991 年 9 月高岩水库开工建设，1994 年 5 月 20 日水库大坝下闸蓄水，电站两台机组分别于 1995 年 2 月和 11 月并网发电，1997 年 7 月全部工程完成。

（三）古宅水库

古宅水库大坝坝址位于江永县境内永明河支流古宅河段的峡谷入口处，距江永县城20公里，坝址控制流域面积68.3平方公里，库区内雨量充沛，多年平均降雨量1822毫米，年均径流深1237毫米。古宅水库是以灌溉为主，兼顾发电、防洪、城市供水、养殖等综合效益的中型水库，工程项目由大坝、二道坝、一级引水发电隧洞、一级电站、二级引水发电隧洞、二级电站及开关站等部分组成。大坝坝型为浆砌块石双曲拱坝，最大坝高51.0米，坝顶高程419米，坝顶弧长169.0米，顶宽3米，底宽9米，正常高水位415米，相应库容4008万立方米，校核洪水位418.52米，相应库容4730万立方米。

古宅水库工程于1992年3月3日动工兴建，至2002年6月底主体工程完工，工程完成投资6915万元，完成土石方200940立方米，浆砌石49838立方米，混凝土28788立方米，钢筋制安738.6吨，帷幕及固结灌浆12895米。2019年尚有二道坝、大坝下游固结灌浆、一级引水隧洞回填灌浆等未完工程。

水库大坝于1999年12月下闸蓄水，古宅一级电站于2001年5月1日投产发电。古宅水库工程的防洪、发电效益已得到发挥，但灌区工程未按设计完成。

（四）云溪水库

云溪水库地处道县清塘镇，位于潇水支流濂溪河上游，坝址集雨面积13.75平方公里，距道县县城25公里，原属小（1）型水库工程，总库容860万立方米，灌溉面积1.92万亩。1998年夏秋连旱中，云溪水库灌区受旱水田1.18万亩，颗粒无收的有4670亩，万亩甘蔗基地全部受旱，濂溪河下游断流10余天，群众生产、生活受到严重影响。为提高抗旱能力，维护社会稳定，湖南省水利水电厅1999年6月下发《关于永州市道县云溪水库扩建工程可行性研究的批复》，同意扩建云溪水库。工程总投资为1963.47万元，静态总投资1918.77万元（含渠系配套）。

云溪水库扩建工程于2001年6月6日动工，2017年1月9日完工，完成投资2351.51万元。扩建工程主要是在原坝外坡加高培厚，坝顶高程增至385.70米，最大坝高增至40.7米，正常蓄水位384.46米，校核洪水位384.63米，总库容1145万立方米，属多年调节水库。灌溉面积增加到3.81万亩，并利用渠首富余水头建设坝后电站，装机容量2×200千瓦，同时向清塘镇及周边乡镇供水。通过水库调蓄调度，还可改善水库下游群众的生产、生活条件，其经济、社会效益显著。

道县清塘镇云溪水库

2019年9月20日，永州市水利局组织道县云溪水库扩建工程蓄水验收，结论为：已完工程施工质量控制较好，总体满足设计和规范要求，工程形象面貌达到蓄水要求，同意下闸蓄水。2020年9月，永州市水利局组织完成云溪水库扩建工程竣工验收。

（五）两江口水库

两江口水库位于新田县门楼下乡，舂陵水支流日东河上游，距金陵水库7.5公里。坝址控制集雨面积43.5平方公里，总库容1310万立方米，是一座具有灌溉、供水、防洪、发电等综合效益的中型水库工程。

水库正常蓄水位343米，相应正常库容1298万立方米。设计灌溉面积2.5万亩，其中新增灌溉面积 1.2 万亩；向新田县城年供水 1330 万吨；坝后电站装机 2×320 千瓦，年发电量 212 万千瓦时。淹没耕地 261 亩，其中水田 145 亩；移民 104 户 330 人。

坝型为细石子混凝土砌块石重力坝，大坝设计洪水标准为 50 年一遇，校核洪水标准 1000 年一遇。设计洪水位 343 米，校核洪水位 343.19 米，相应总库容 1310 万立方米。死水位 310 米，死库容 86.5 万立方米。

新田县两江口水库

枢纽工程由大坝、放水设施、坝后电站组成。大坝最大坝高 55 米，坝顶高程 345 米，坝顶长度 177.3 米，采用坝顶溢洪方式，设 2 扇 5.2×8 米弧形钢闸门，最大下泄流量 361.8 立方米/秒。溢流坝由设计 C20 细石子混凝土砌块石改为 C15 细石子混凝土砌块石，非溢流坝由 C10 细石子混凝土砌块石改为 C15 细石子混凝土砌块石，防渗面板由设计 C15 混凝土改为 C20 混凝土。放水孔布置在大坝左岸，进口底板高程 306 米，采用孔径 1.4 米钢筋混凝土圆管，设计流量 2.36 立方米/秒，引水进入坝后电站发电。

大坝下游 3.4 公里修建引水坝；经 4 处总长 3.511 公里隧洞和 4 段总长 1.44 公里输水管道接金陵水库原供水管道向县城供水。引水坝正常运用洪水标准 20 年一遇，非常运用洪水标准 100 年一遇，溢流坝高 8 米，溢流坝坝顶高程 273.5 米，坝顶长度 55 米，采用浆砌石重力坝，由设计 M10 浆砌石改为 M7.5 浆砌石；供水管道采用管径 1.0~0.6 米的钢筒混凝土预制管；隧洞尺寸 1.8×2 米。

两江口水库枢纽工程静态投资 4685.35 万元，其中枢纽工程 4182.79 万元，供水工程 502.56 万元。动态总投资 5194.35 万元。投资来源包括省以工代赈资金 1600 万元，水利基建资金 1200 万元，贷款 1600 万元，县财政和群众自筹 794.35 万元。

该工程于 1997 年立项，2000 年开工建设，2010 年完成大坝、输水泄水设施、金属结构安装等工程。2014 年竣工并完成大坝蓄水安全鉴定。

（六）芦江水库

芦江水库位于东安县新圩江镇，湘江一级支流芦江上游，坝址以上控制流域面积 163 平方公里，水库设计正常蓄水位 218.5 米（85 黄海高程）。大坝为混凝土重力坝，最大坝高 60 米（不包括防浪墙），挡水坝段总轴线长 140.8 米。总库容 2210 万立方米，设计灌溉面积 5.4 万亩，电站设计年发电量 940 万千瓦时。工程建成后，可解决 4.26 万人和 2.16 万头牲畜饮水问题；有效控制并调节芦洪江的水资源，局部缓解衡邵干旱走廊水资源匮乏局面；芦江水库预留防洪库容 810 万立方米，显著提升下游防洪标准。

早在 20 世纪 50 年代末，东安县就提出兴建芦江水库的设想，之后又有多次提出工程建议书和规划书，但因当时多种条件制约，项目没能付诸实施。2012 年东安县启动芦江水库项目，完成 18 个专业 21 个报告在长江委和省各业务主管部门的评审批复。2014 年 2 月 26 日省发改委批准芦江水库工程立项。枢纽工程于 2014 年 11 月开工，2018 年底完工。工程初设概算总投资 3.2 亿元，后因设计变更，增加坝后电站工程 0.27 亿元，加上国家征地拆迁政策调整，增加投资 0.8 亿元，工程计划总投资达 4.27 亿元，其中，枢纽工程投资 3.26 亿元，灌区工程投资 1.01 亿元。

2019 年永州市中型水库大坝注册登记表

表 2-1-2

序号	水库名称	县区	坝高（米）	总库容（万立方米）	设计灌溉面积（万亩）	坝型	建成时间
1	岭口水库	冷水滩	47.3	1185	5.77	均质土坝	1978 年 12 月
2	太洲电站水库	冷水滩	22.9	6660	—	砼实体重力坝	2010 年 1 月
3	石坝仔水库	零陵	33.5	2796	5.31	砌石重力坝	1978 年 10 月
4	南津渡电站水库	零陵	25	6100	—	混凝土闸坝	1988 年 6 月
5	猫儿岩水库	零陵	38	3859	4.62	砌石拱坝	1989 年 12 月
6	龙江桥水库	祁阳	32	1102	5.4	均质土坝	1965 年 3 月
7	大江水库	祁阳	56.9	4950	16.84	砌石重力坝	1971 年 10 月
8	内下水库	祁阳	76	6923	2.2	砌石重力坝	1994 年 11 月
9	金江水库	东安	50	1531	6.593	平板坝	1959 年 6 月
10	松江水库	东安	45	1050	4.36	黏土斜墙坝	1966 年 5 月
11	双江水库	东安	59.8	1079	1.9	黏土心墙坝	1971 年 10 月
12	高岩水库	东安	67	4680	1.7	砌石重力坝	1997 年 7 月
13	五里牌电站水库	双牌	24.5	4000	—	砼实体重力坝	2011 年 7 月
14	云溪水库	道县	40.7	1145	1.75	均质土坝	1960 年 5 月
15	乐海水库	道县	32.5	1041	1.6	黏土斜墙坝	1975 年 11 月
16	廊洞水库	道县	45.4	1012	2.43	黏土心墙坝	1978 年 12 月
17	上坝水库	道县	57	1517	3.98	砌石重力坝	1982 年 12 月
18	源口水库	江永	74.4	4060	8.762	大头坝	1986 年 12 月
19	古宅水库	江永	51	4730	7.92	砌石拱坝	1999 年 12 月
20	草岭水库	江华	43.3	1199	3.5	黏土心墙坝	1972 年 3 月
21	水市水库	宁远	37.3	1852	6.2	砼实体重力坝	1968 年 12 月
22	双龙水库	宁远	60.8	1204	3.35	黏土心墙坝	1973 年 10 月
23	凤仙桥水库	宁远	42.3	1040	4.22	砼心墙坝	1974 年 12 月
24	永佳水库	宁远	28.3	1088	3.96	均质土坝	1978 年 12 月
25	半山水库	宁远	49.2	1077	3.34	砼心墙坝	1996 年 12 月
26	金陵水库	新田	45	4442	6.5	黏土心墙坝	1959 年 3 月
27	立新水库	新田	23.4	1257	2.5	均质土坝	1966 年 5 月
28	肥源水库	新田	42.7	1556	2.61	黏土斜墙坝	1974 年 4 月
29	杨家洞水库	新田	24.2	1391	2.41	均质土坝	1976 年 11 月
30	高塘坪电站水库	蓝山	49.6	1033	—	砌石重力坝	1987 年 12 月
31	板塘电站水库	蓝山	53.3	1935	—	砼双曲拱坝	2007 年 6 月

三、小型水库

1951 年，永州市兴建小（2）型水库 3 处，分别为东安县棉石塘水库、宁远县官塘水库、江华瑶族自治县五洞水库。1954 年 8 月，全市第一座小（1）型水库祁阳县三口塘乡里塘水库动工兴建，1956

年2月建成，坝高12.4米，坝型为均质土坝，正常库容119万立方米，设计灌溉面积2000亩，实际灌溉面积2100亩。2010年后，兴建金钩挂水库、清江水库、营乐源水库等烟草援建小型水库，还建成抗旱水源工程蓝山县两江口水库。到2019年，全市拥有小型水库1295座［其中小（1）型159座，小（2）型1136座］。

（一）金钩挂水库

金钩挂小（1）型水库位于宁远县冷水镇金钩挂村，是一座以灌溉为主的水利工程。大坝为均质土坝，坝顶高程264.60米，坝顶宽6.0米，坝轴线长178.00米，坝基高程226.00米，最大坝高38.60米，坝址以上控制流域面积24.5平方公里，总库容988.6万立方米，设计灌溉面积3.26万亩。工程为国家烟草水源工程援建项目，批复总投资1.97亿元，其中国家烟草援建资金为1.17亿元，县级配套0.8亿元。

宁远县金钩挂水库

工程由枢纽工程和灌溉工程组成，其中枢纽工程主要包括大坝、溢洪道、灌溉放水隧洞、放空兼导流隧洞等；灌溉工程主要包括左右干渠各1条、10条分渠、10处渡槽、7处隧洞及2处倒虹吸等渠系建筑物。干渠总长23.167公里（其中左干渠13.519公里、右干渠9.648公里），分渠总长18.424公里，渡槽总长1678米，隧洞总长2638米，倒虹吸总长142米。

工程于2013年6月批复立项，2014年1月23日招投标，3月26日开工建设，设计建设工期为26个月。由于受地质、天气的影响，工程建设工期延期19个月，于2017年12月16日全面完工。完成工程总投资25535.39万元（其中枢纽工程7482.00万元；左干渠3988.44万元、右干渠2798.15万元、移民征地投资11266.8万元），超预算5835.39万元，由县财政筹资解决。

（二）清江水库

清江水库位于江华瑶族自治县大石桥乡源口村，是一座以灌溉为主，结合乡镇供水等综合利用的小（1）型水库工程。水库坝址以上控制流域面积17.38平方公里，水库总库容467.1万立方米，最大坝高58.80米。灌区范围涉及大石桥乡和白芒营镇2个乡镇32个行政村，灌溉面积22560亩（新增3340亩，改善9710亩），其中新增烤烟面积2988亩，改善烤烟面积8688亩。水库同时可为大石桥乡及周边村组供水500吨/天。工程由枢纽和灌区两部分组成，枢纽工程由水库大坝（混凝土砌石重力坝）、放水设施（灌溉取水高涵、冲砂放空低涵）等组成，灌区工程由左干渠、右干渠及其渠系建筑物等组成。左岸非溢流坝长67.4米，溢流坝长31.6米，右岸非溢流坝长66.8米，坝长165.8米，坝顶宽9米。

江华瑶族自治县清江水库

清江水库属于国家烟草部门水源工程援建项目，工程预算总投资为12602.61万元，其中烟草部门定额援建8419.19万元，不足部分4183.42万元由地方政府解决。项目前期工作于2011年下半年开始启动；2012年3月委托永州市水利水电勘测设计院编制《清江水库工程可行性研究报告》；2012年11月省水利厅通过《清江水库工程可行性研究报告》审查；2013年4月省国家投资项目评审中心通过《湖南省江华瑶族自治县清江水库工程可行性研究报告》评审，下达《关于江华瑶族自治县清江水库工程可行性研究报告的批复》；2013年5月省水利厅通过《清江水库工程初步设计报告》审查，下达《关于湖南省永州市江华瑶族自治县清江水库工程初步设计的批复》；2013年8月省烟草公司组织专家对《清江水库工程初步设计报告》和有关前期工作批文进行审查并通过；2014年1月中国烟草总公司组织专家对《清江水库工程初步设计报告》进行审查并通过；2015年2月中国烟草总公司下达复函，明确清江水库水源工程建设项目补贴资金8419.19万元。清江水库工程于2015年9月29日开工建设，2017年完成工程枢纽、灌区等主体工程。

（三）营乐源水库

营乐源水库坝址位于道县清塘镇中坪村，是宜水一级支流大溶坝河上游的小（1）型水库，水库正常蓄水位405米，相应库容440万立方米，50年一遇设计洪水位与正常蓄水位相同，200年一遇校核洪水位407.36米，总库容495.3万立方米。水库拦河大坝为混凝土重力坝，由溢流坝段及非溢流坝段组成，最大坝高69.8米，坝顶宽6米。

营乐源水库是国家烟草部门水源工程援建项目，工程预算总投资为10863.9万元，其中烟草部门定额援建7736.49万元，不足部分3127.41万元由地方政府解决。工程于2014年4月16日启动前期工作，2014年7月8日工程可行性研究报告通过省水利厅的审查，2014年9月14日工程初步设计报告通过省水利厅审查，2014年11月营乐源水库通过湖南省2014年度第二批烟草水源工程援建项目审查，2015年营乐源水库工程初步设计报告通过中国烟草总公司的评审，2016年1月中国烟草总公司同意给予道县营乐源水库援建资金补助7736.49万元。工程于2016年10月19日开工建设，2018年完成工程枢纽、灌区等主体工程。营乐源水库建成投运，有效保障区域内的水源供给调控和增加烟区抗御自然灾害能力，改善烟叶种植面积约1.5万亩，灌溉保证率为80%，乡镇及农村用水保证率为95%，并可作为道县县城供水水源地。

（四）两江口水库

两江口水库位于蓝山县塔峰镇两江村，是一座以抗旱应急保障供水为主，兼顾农村安全饮水供水、农田灌溉、生态用水等综合效益的小（2）型水库。一方面保障塔峰镇（蓝山县城）5万规划人口抗旱应急供水，另一方面保障水库下游塔峰镇7个行政村近3万人的常规供水。两江口水库坝址集雨面积

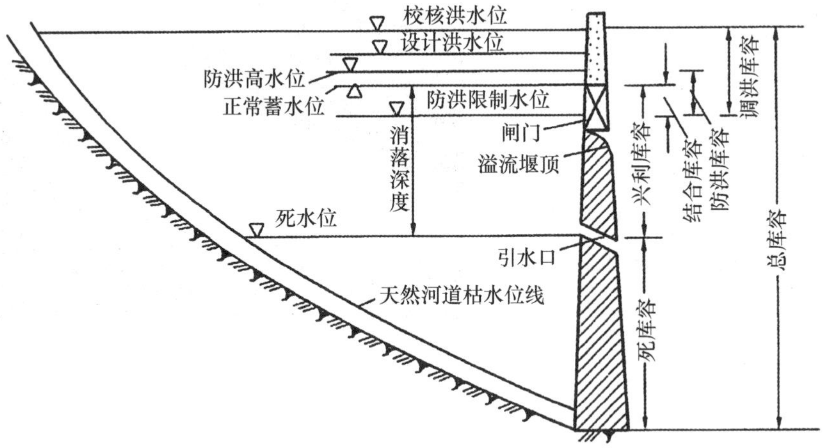

水库特征水位和相应库容示意图

6.97 平方公里，坝顶长 127.2 米，坝顶宽 5 米，最大坝高 28 米，坝顶高程 340 米，为黏土心墙土坝，正常蓄水位 336.1 米，正常库容 56.22 万立方米，校核洪水位 338.16 米，总库容 72.18 万立方米。

两江口水库工程预算总投资为 3304 万元，其中中央资金 1654 万元，不足部分 1650 万元由地方政府解决。工程于 2014 年 11 月启动前期工作，2015 年 9 月完成可行性研究报告批复，2015 年 11 月完成初步设计批复。2016 年 8 月完成项目施工图预算评审，蓝山县成立工程建设指挥部及项目部，11 月完成国土和林业的用地调规。蓝山县委、县政府于 4 月 14 日、8 月 4 日分别召开县政府常务会议和县委常委扩大会议，对各相关部门进行调度，加快前期工作进度，确保工程项目 1650 万元地方配套资金及时到位。2016 年 11 月 21 日，两江口水库工程项目在长沙采用电子招投标方式完成公开招投标，工程施工由岳阳市君山水利工程建筑安装公司中标，中标金额为 1459 万元。工程监理由永州市水利水电工程建设监理咨询有限公司中标，中标金额为 25.68 万元。第三方检测单位为湘建检测有限公司。工程于 2016 年 12 月 15 日开工建设，2017 年完成枢纽、灌区等主体工程。

永州市小（1）型水库大坝注册登记表、永州市小（2）型水库大坝注册登记表见附录统计表。

第二节　病险水库除险加固

永州市各类水库大多兴建于二十世纪五六十年代，受当时经济技术条件所限，水库工程普遍存在质量标准偏低问题，加之年久失修，病险隐患严重。从 2002 年开始，永州市启动实施病险水库除险加固工程，其中大中型病险水库除险加固工程建设分为三个阶段，2002—2008 年实施双牌水库等 8 个国家一、二期病险水库除险加固规划项目；2008—2010 年实施石坝仔水库等 12 个国家病险水库除险加固专项规划项目；2013—2019 年实施半山水库等 6 个国家新增病险水库除险加固规划项目。

小型病险水库除险加固工程从 2008 年开始实施，2008—2010 年实施祁阳县石洞源水库等 64 个国家专项规划小（1）型病险水库除险加固项目，2011—2013 年实施冷水滩区长坝水库等 74 个新编小（1）型病险水库除险加固规划项目和道县岭柏洞水库等 216 个重点小（2）型水库除险加固规划项目，2011—2015 年实施江永县蔡石岭水库等 799 个一般小（2）型水库除险加固规划项目，2014—2015 年又安排实施东安县凤江水库等新出险的 19 个小（1）型水库和 8 个重点小（2）型水库除险加固项目，2017—2020 年实施《加快灾后水利薄弱环节建设实施方案》中的道县红盆塘等 72 个小型病险水库除险加固项目。

2009 年 7 月 24 日，湖南省病险水库除险加固工作会议在永州市召开，副省长徐明华出席会议并讲话。省政府副秘书长陈吉芳主持会议，省水利厅厅长戴军勇等出席会议。省直有关部门负责人及各市（州）主管副市（州）长、水利局局长参加会议。

2011 年 6 月 2 日，永州市政府在道县召开全市山洪地质灾害防御暨病险水库除险加固现场会，会上各县区、管理区向市政府递交病险水库除险加固责任状。这次现场会对全市病险水库除险加固工作的持续开展起到良好的促进作用。2012 年 2 月 12 日至 13 日，长江水利委员会派出由副总工夏仲平带队的专家组对永州市凤仙桥、半山、杨家洞 3 座中型水库除险加固工程初步设计进行现场复核。随后，专家组在长沙市召开会议对 3 座水库初步设计进行技术审查复核，并同意水库除险加固工程初步设计方案。永州市宁远县凤仙桥水库除险加固工程总投资达 5000 多万元，是湖南省实施病险水库除险加固项目以来投资额最大的中型水库项目。

2012 年 3 月 22 日，由水利部建管司司长孙继昌带队的督查组到永州市督查病险水库除险加固工程建设。督查组一行到祁阳县高彼塘、楠木皂、炭木冲 3 座水库了解工程进展、建设管理及工程资金拨付等情况。

一、大中型水库除险加固

全市大中型病险水库除险加固，大体分为三个阶段。

（一）2002 年至 2008 年，永州市有双牌水库、双江水库、大江边水库、高岩水库、岭口水库、草岭水库、立新水库、龙江桥水库等 8 座大中型水库列入国家一、二期病险水库除险加固规划项目实施病险水库除险加固。

新田县立新水库

双牌水库除险加固工程。工程于 1999 年开始启动前期工作，2000 年 8 月经水利部大坝管理中心复审确认为三类坝，2001 年 2 月经长江委批复初步设计。工程的主要建设内容包括：左、右岸浆砌石坝段灌浆及加固；河床挡水坝段锚固（锚索 54 根）；左、右岸坝段帷幕灌浆；防汛公路；厂坝区供排水系统；船闸过渡段底板加固；孙家岭滑坡体排水沟处理；下游右岸护坡处理；坝体裂缝及伸缩缝漏水处理；溢流坝面改造；发电引水管及升压站改造；弧形闸门制作及安装；大坝安全监测系统等。工程于 2002 年 10 月 25 日开工，原计划总工期为 32 个月，由于资金到位不及时、设计变更等原因，至 2014 年 1 月 15 日才基本完工（安装完成最后一批弧形闸门）。工程下达总投资计划 5872 万元，其中中央国债专项资金 2900 万元、地方配套资金 2972 万元；实际到位资金 3450 万元，其中中央国债专项资金 2900 万元、地方配套资金 550 万元；工程实际完成总投资为 3448. 613990 万元。

祁阳县大江边水库除险加固工程。工程于 2002 年 11 月 3 日开工，2004 年 5 月建成完工，共完成中央及省配套资金 550 万元，主要加固内容为：处理防渗面板、挡水坝顶及溢流坝裂缝；重新钻孔形成扬压力观测孔；坝基帷幕灌浆；大坝附近下游岸坡防冲采用浆砌石护坡；废除原卧管；新建塔式进水口；压力输水涵管内衬钢板；增设大坝安全监测系统等。

东安县双江水库除险加固工程。工程于 2003 年 3 月 20 日开工，2004 年 4 月建成完工，共完成中央及省配套资金 400 万元，主要加固内容为：大坝左坝段帷幕灌浆，大坝外坡堆石体局部整形加固，李子坪两处滑坡体沿滑坡体界线以外 5 米开设排水沟拦截坡面径流，对滑坡体周界裂缝采用黏土回填夯实，设置位移观测监测，库区左岸近坝滑坡体设置一排抗滑桩，军民渡槽修补防渗分缝处开沟导水。

（二）2008 年至 2010 年，永州市共有石坝仔水库、源口水库、金江水库、双龙水库、内下水库、廊洞水库、肥源水库、上坝水库、乐海水库、松江水库、水市水库、永佳水库等 12 座中型水库列入国家病险水库除险加固专项规划项目实施病险水库除险加固。

市水利局副局长曹小阳（右三）到零陵区石坝仔水库检查工作

零陵区石坝仔水库除险加固工程。工程于 2008 年 6 月 2 日开工，2010 年 10 月 29 日建成完工，共完成中央及省、市配套资金 873 万元，主要加固内容为：主、副坝连通明渠，主坝防渗面板裂缝化学防渗涂料修补，主坝坝基帷幕灌浆，主坝低涵钢板内衬，副坝新开灌溉隧洞，溢洪道加固，主坝右岸土坝及副坝加固，增设大坝安全监测系统等。

宁远县双龙水库除险加固工程。工程于2008年11月10日开工，2010年10月30日建成完工，共完成中央及省、市配套资金1294万元，主要加固内容为：坝体冲抓+高喷、坝基坝肩帷幕灌浆，大坝上游混凝土预制块护坡，下游坝坡草皮护坡，输水涵洞封堵，坝右岸山体新开低涵隧洞，左岸滑坡体对其上部削坡及坡面整形、外围设排水沟、坡面防渗保护，已有裂缝封堵防渗、坡面排水，坡内设排水洞，陡岩以下坡面保护为主危岩清理、坡面整形及喷锚等，增设大坝安全监测系统等。

（三）2013年至2019年，永州市共有双江水库、南津渡水库、猫儿岩水库、半山水库、凤仙桥水库、杨家洞水库等6座中型水库列入国家新增病险水库除险加固规划项目实施病险水库除险加固。

宁远县凤仙桥水库除险加固工程。工程于2014年11月24日开工，2016年10月30日建成完工，共完成中央及省配套资金4411万元，主要加固内容为：坝体混凝土防渗墙、坝基帷幕灌浆，上游坝坡整坡培厚、混凝土预制块护坡，下游坝坡培厚草皮护坡，排水棱体加固培厚，坝顶增设混凝土路面，溢洪道加固、增设溢洪道交通桥，灌溉发电放空隧洞启闭支架及机房拆除重建，原灌溉发电涵洞封堵，左干渠大坝下游排水棱体段改造，更新灌溉发电输水隧洞进水口斜拉式闸门等。

宁远县半山水库除险加固工程。工程于2013年11月24日开工，2016年4月20日建成完工，共完成中央及省配套资金2136万元，主要加固内容为：坝体混凝土防渗墙+复合土工膜、坝基帷幕灌浆，上、下游坝坡进行修整培厚，上游坝坡混凝土预制块护坡，下游坝坡培厚草皮护坡，排水棱体改造翻修，坝顶新建防浪墙及混凝土路面，溢洪堰拆除重建，泄槽段拆除重建，挑流段拆除重建，增设溢洪道交通桥，新建灌溉发电输水隧洞，封堵原输水涵洞，增设大坝安全监测系统等。

宁远县半山水库

二、小型水库除险加固

2008年至2010年，实施国家专项规划小（1）型病险水库除险加固项目，永州市共有64座小（1）型水库列入规划。中央财政投入项目建设资金1.785亿元，省级财政投入资金0.256亿元。2011年至2013年，实施国家新编规划小（1）型病险水库除险加固项目，永州市共有74座小（1）型水库列入规划，其中中央投资水库50座（投入项目建设资金2.25亿元），地方投资项目24座。

2010年11月18日至12月19日财政部派出考评组对病险水库除险加固工程建设情况进行逐县逐项目考核评估，财政部永州组一行5人通过看现场、查资料等方式对永州市专项规划小（1）型病险水库除险加固项目建设工作进行全面细致的考评，考评组肯定永州市病险水库除险加固工作的成效，同时也指出在项目管理等方面存在的不足，并为进一步做好病险水库除险加固工作提出指导意见。

2011年，永州市启动实施小（2）型病险水库除险加固规划项目。全市共有1015座小（2）型水库列入规划，其中列入全国重点小（2）型病险水库除险加固规划的重点水库216座，列入全省小（2）型病险水库除险加固规划的一般水库799座。列入全国重点小（2）型病险水库除险加固规划的项目，中央财政每座补助资金270万元，要求在2013年底之前完成建设任务，列入一般小（2）型病险水库除险加固工程项目的要求在2015年底之前完成建设任务。

2017年，道县红盆塘等72个列入《加快灾后水利薄弱环节建设实施方案》的小型病险水库除险加固项目启动实施。

祁阳县石洞源小（1）型水库除险加固工程。工程于2008年11月3日开工，2010年3月底主体工程完工，完成总投资410万元，其中中央投资350万元。工程建设内容主要有：坝体冲抓回填、坝基帷幕灌浆，坝内坡预制混凝土六角砖护坡，下游坝坡草皮护坡，放水设施改造，溢洪道改造等。

东安县超美小（1）型水库除险加固工程。工程于2011年11月20日开工，2012年5月完工，完成总投资320.45万元，其中中央投资300万元。完成工程建设内容主要包括：大坝坝基帷幕灌浆，坝体冲抓回填，大坝上游六方块护坡及下游草皮护坡，放水设施改造工程，溢洪道加固工程。完成主要工程量：帷幕灌浆1087米，冲抓回填1056米，土方开挖7587立方米，坝面平整8607平方米，土工模2806平方米，六方块制块429平方米，草皮护坡7653平方米。

零陵区东风小（1）型水库除险加固工程。工程于2011年10月23日开工，2012年10月25日完工，完成总投资263万元，全部为中央投资。完成工程建设内容主要包括：坝体冲抓回填，坝基帷幕灌浆；坝顶泥结石路面；上游坝坡混凝土预制六角块护坡；下游坝坡草皮护坡，完善排水系统；新建贴坡排水；改造加固溢流堰、泄槽、消力池及尾水渠，改建人行桥；涵洞、卧管挖除重建；放水闸门及启闭设施更新改造等。

冷水滩区山塘重点小（2）型水库除险加固工程。工程于2012年10月开工，2013年10月完工，完成总投资202.55万元，其中中央投资180万元。完成工程建设内容主要包括：坝体冲抓回填，坝基帷幕灌浆；坝顶泥结石路面，增设混凝土防浪墙；上游坝坡风化块石清除，正常水位以上草皮护坡，正常水位以下混凝土六角块护坡；下游坝坡增设挡土墙，草皮护坡，完善坡面排水系统；新建贴坡排水；新建溢流堰，重建部分段泄槽，新建消力池；卧管拆除重建，涵洞挖除重建；防汛公路改造等。

冷水滩区山塘水库

宁远县黄花源小（1）型水库除险加固工程。工程于2012年10月23日开工，2013年5月2日完工，完成总投资194.63万元，其中中央投资180万元。完成工程建设内容主要包括：坝体高喷灌浆，坝基帷幕灌浆防渗；上游坝坡培厚并采用混凝土预制块护坡；下游坝坡培厚，采用草皮护坡并完善坡面排水系统；坝脚排水棱体改建；新建溢流堰，底板拆除重建，侧墙修整与新建相结合；隧洞局部修补防渗，老涵洞重新封堵；放水闸门及启闭设施更新改造。

新田县山田湾小（1）型水库除险加固工程。工程于2011年12月7日开工，2012年12月完工，完成总投资485.2万元，其中中央投资330万元。完成工程建设内容主要包括：坝体冲抓回填，坝基帷幕灌浆；上游坝坡砼预制块护坡；坝顶混凝土硬化；下游坝坡滑坡体处理后采用草皮护坡，完善排水系统；排水棱体局部翻修；新建溢流堰及导墙；泄槽段侧墙拆除重建，原底板清除并浇筑钢筋混凝土；新建消力池；拆除重建1#人行桥，新建2#人行桥；新建下游连接段；卧管、涵洞拆除重建；放水闸门及启闭设施改造等。

道县鲁塘重点小（2）型水库除险加固工程。工程于2012年10月18日开工，2013年6月27日完工，完成总投资236.98万元，其中中央投资150万元。工程建设内容主要有：坝体冲抓回填，坝基帷幕灌浆。上游坝坡预制混凝土六角块护坡；下游坝坡草皮护坡及排水系统；新建贴坡排水；新建溢流堰及两侧导墙；卧管拆除重建，涵洞挖除重建，放水闸门及启闭设施更新改造等。

2019年永州市大中型水库除险加固表

表2-1-3

水库名称	县区	主坝坝型	批复投资（万元）	实际完成投资（万元）	开工时间	完工时间
双牌	双牌	混凝土双支墩大头坝	5872	3449	2002年10月25日	2014/1月15日
岭口	冷水滩	均质土坝	2092	1047	2006年3月26日	2008/1月28日
石坝仔	零陵	砌石重力坝	1296	873	2008年6月2日	2010/10月29日
南津渡	零陵	混凝土重力坝	7122.34	3300	2017年2月27日	—
猫儿岩	零陵	浆砌石拱坝	3759	—	2018年11月8日	—
大江边	祁阳	浆砌石重力坝	1012	550	2002年11月3日	2004年5月18日
龙江桥	祁阳	均质土坝	1884	930	2006年12月	2008年12月
内下	祁阳	浆砌石重力坝	1353	1353	2008年12月12日	2010年11月28日
双江（第一次）	东安	黏土心墙坝	3938	400	2003年3月20日	2004年4月
高岩	东安	砌石重力坝	2320	6050	2005年1月	2007年6月
金江	东安	钢筋混凝土平板支墩坝	2979	1906	2008年12月18日	2010年10月20日
松江	东安	黏土斜墙堆石坝	2513	1931	2009年11月1日	2010年12月1日
双江（第二次）	东安	黏土心墙坝	3938	2362	2014年11月18日	2016年9月29日
乐海	道县	黏土斜墙土坝	2099	1780	2009年10月30日	2010年9月15日
廊洞	道县	黏土心墙土坝	1936	1578	2009年10月30日	2010年11月20日
上坝	道县	浆砌石重力坝	2008	1654	2009年10月30日	2010年11月25日
源口	江永	混合坝	2128	1009.55	2008年12月15日	2010年11月15日
草岭	江华	黏土心墙坝	2177	975	2006年2月1日	2008年6月1日
水市	宁远	圬工重力坝	1562	1562	2009年10月31日	2010年5月
双龙	宁远	混凝土心墙坝	1809	1294	2008年11月10日	2010年10月30日
永佳	宁远	混凝土心墙坝	2207	1371.46	2009年10月28日	2010年11日
半山	宁远	混凝土心墙坝	3059	2136	2013年11月24日	2016年4月20日
凤仙桥	宁远	均质土坝	5282	4411	2014年11月24日	2016年10月30日
立新	新田	均质土坝	1691	735	2006年2月8日	2007年11月
肥源	新田	黏土斜墙堆石坝	2037	1630	2009年10月28日	2010年11月
杨家洞	新田	均质土坝	5282	2300	2013年12月10日	2016年1月

2019年永州市小（1）型水库除险加固表

表2-1-4

水库名称	县区	主坝坝型	批复投资（万元）	实际完成投资（万元）	开工时间	完工时间
小吉塘	冷水滩	均质土坝	475	265	2008年11月8日	2009年10月20日
红坝	冷水滩	均质土坝	552	265	2008年11月8日	2009年10月20日
建设	冷水滩	均质土坝	656	265	2008年11月8日	2009年10月20日

续表2-1-4

水库名称	县区	主坝坝型	批复投资（万元）	实际完成投资（万元）	开工时间	完工时间
三百塘	冷水滩	均质土坝	258.83	280	2010年11月28日	2011年07月18日
长坝	冷水滩	均质土坝	460.89	285	2010年11月28日	2011年8月28日
哲塘冲	冷水滩	均质土坝	483.6	285	2010年10月25日	2011年9月15日
嗽塘	冷水滩	均质土坝	540.42	395.4	2011年10月22日	2012年7月30日
铁炉冲	冷水滩	均质土坝	564.46	395.4	2011年12月1日	2012年8月18日
新抬头	冷水滩	均质土坝	589.79	395.4	2011年11月7日	2012年9月15日
山口	冷水滩	混凝土单曲拱坝	529.48	395.4	2011年12月1日	2012年9月18日
莲塘	冷水滩	均质土坝	441.5	395.4	2011年11月22日	2012年11月22日
挑水塘	冷水滩	均质土坝	522.4	270	2014年11月6日	2015年7月10日
邓古塘	零陵	均质土坝	506	311.32	2008年11月6日	2009年7月1日
栈板塘	零陵	均质土坝	499	235.47	2008年11月6日	2009年8月22日
朗板凳	零陵	均质土坝	447	328.8	2008年11月1日	2009年12月1日
花山岭	零陵	黏土斜墙坝	717	262.13	2009年12月18日	2010年12月13日
两水口	零陵	均质土坝	497.88	248.43	2010年11月17日	2011年9月2日
小木口	零陵	浆砌石重力坝	484.02	293.5	2010年11月18日	2011年11月30日
北冲	零陵	均质土坝	242.32	162	2011年10月17日	2012年10月25日
富塘	零陵	均质土坝	196.19	140	2011年10月23日	2012年10月25日
禁山里	零陵	均质土坝	604.21	452	2011年10月17日	2012年10月25日
东风	零陵	均质土坝	370.03	263	2011年10月23日	2012年10月25日
珠塘	零陵	均质土坝	144.14	101.17	2011年10月17日	2012年10月25日
邓家冲	零陵	均质土坝	499.63	382	2011年11月28日	2012年10月25日
张家冲	零陵	均质土坝	720.45	542	2011年11月28日	2012年10月25日
霞塘	零陵	均质土坝	433.93	308.5	2011年11月28日	2012年10月25日
大木源	零陵	黏土斜墙堆石坝	474.06	342	2011年12月18日	2012年10月25日
清水头	零陵	圬工堵体	132.36	116.5	2011年12月18日	2012年10月25日
双井	零陵	均质土坝	513.95	378	2011年10月23日	2012年10月26日
大古源	零陵	均质土坝	349.77	238	2011年11月28日	2012年11月27日
长塘冲	祁阳	均质土坝	559	314.29	2008年10月28日	2009年3月17日
文家冲	祁阳	均质土坝	739	423.06	2008年10月28日	2009年3月30日
石洞源	祁阳	均质土坝	786	409.99	2008年11月3日	2010年3月10日
波罗山	祁阳	均质土坝	479	249.71	2008年10月28日	2010年5月18日
大桥	祁阳	均质土坝	622	301.77	2008年11月1日	2010年5月30日
东江源	祁阳	均质土坝	491	404.37	2010年1月18日	2010年11月13日
陶家冲	祁阳	均质土坝	359	316.14	2010年1月18日	2010年11月13日
丁源冲	祁阳	均质土坝	371	355.39	2010年1月18日	2010年11月16日
四角丘	祁阳	均质土坝	478.13	320.66	2010年11月23日	2011年8月7日

续表2-1-4

水库名称	县区	主坝坝型	批复投资（万元）	实际完成投资（万元）	开工时间	完工时间
高彼塘	祁阳	均质土坝	532.68	315.07	2010年11月23日	2011年11月25日
炭木冲	祁阳	均质土坝	475.15	357.99	2011年11月12日	2012年3月16日
舜塘	祁阳	均质土坝	328.55	259.14	2011年11月20日	2012年4月20日
月口冲	祁阳	均质土坝	397.24	254.13	2011年10月23日	2012年4月30日
杨司桥	祁阳	均质土坝	347.71	275.35	2011年12月11日	2012年5月3日
水口庙	祁阳	均质土坝	467.42	318.97	2011年10月23日	2012年5月10日
碧芝塘	祁阳	均质土坝	428.47	311.02	2011年12月5日	2012年5月20日
楠木皂	祁阳	黏土心墙土石坝	508.05	393.29	2011年10月29日	2012年6月21日
烟塘	祁阳	均质土坝	358.07	234.11	2011年10月14日	2012年7月12日
大堰	祁阳	均质土坝	412.78	251.41	2011年11月17日	2012年7月19日
保定安	祁阳	均质土坝	376.02	252.59	2012年10月1日	2012年12月18日
畔塘	祁阳	均质土坝	318.4	175.46	2014年11月15日	2015年2月17日
楼塘	祁阳	黏土心墙坝	322.2	189.95	2014年12月10日	2015年3月4日
乌山冲	祁阳	均质土坝	375.3	329.89	2014年11月13日	2015年4月11日
长塘	祁阳	均质土坝	262.3	165.19	2014年11月14日	2015年4月12日
茶园	祁阳	均质土坝	378.4	223.52	2014年11月23日	2015年5月14日
唐家冲	祁阳	均质土坝	295.1	215.66	2014年11月21日	2015年6月27日
高拱桥	祁阳	浆砌石重力坝	385.2	285.85	2014年12月14日	2015年7月8日
里塘	祁阳	均质土坝	336.1	206.22	2014年12月10日	2016年5月2日
石堰脑	祁阳	均质土坝	308.64	166.97	2015年12月19日	2016年6月30日
福江	东安	黏土心墙坝	508	240.92	2008年11月	2009年7月
坪一	东安	均质土坝	773	289.08	2008年11月	2009年7月
飞跃	东安	黏土心墙坝	437	275	2009年12月	2010年5月
大兴	东安	黏土心墙坝	540	280	2009年12月	2010年7月
东源	东安	黏土心墙坝	563	305	2009年12月	2010年7月
大古塘	东安	黏土心墙坝	217.64	172.85	2010年12月	2011年5月
妙江	东安	均质土坝	470.99	339.53	2010年11月	2011年5月
大盛	东安	均质土坝	594.2	378.75	2010年12月	2011年6月
龙溪	东安	均质土坝	582.8	363.68	2010年11月	2011年7月
金溪	东安	均质土坝	772.1	292	2010年12月	2011年7月
白石江	东安	均质土坝	686.31	424.74	2010年11月	2011年7月
群峰	东安	均质土坝	275.79	188.29	2011年11月	2012年4月
超美	东安	均质土坝	774.14	320.45	2011年11月20日	2012年5月
新江	东安	均质土坝	526.31	363.68	2011年11月	2012年7月
大田	东安	均质土坝	534.35	408	2011年11月	2012年8月
龙江	东安	均质土坝	561.11	460	2011年12月	2012年11月

续表2-1-4

水库名称	县区	主坝坝型	批复投资（万元）	实际完成投资（万元）	开工时间	完工时间
险峰	东安	均质土坝	442.4	271.65	2014 年 11 月	2015 年 4 月
群伍	东安	均质土坝	437.1	330.43	2014 年 11 月	2015 年 5 月
群江	东安	黏土心墙坝	333.8	276.77	2014 年 11 月	2015 年 6 月
陶江	东安	黏土心墙坝	323.8	217.18	2014 年 11 月	2015 年 6 月
天堂	东安	黏土心墙坝	383.2	276.79	2014 年 11 月	2015 年 6 月
凤江	东安	均质土坝	796.9	—	2014 年 11 月	—
卫星	东安	黏土斜墙坝	981.4	—	2014 年 11 月	—
前进	双牌	土石坝	520	265	2008 年 9 月 1 日	2010 年 6 月 1 日
向阳	双牌	土石坝	498	265	2009 年 12 月 1 日	2010 年 6 月 1 日
朱里源	双牌	黏土心墙坝	803.46	544	2011 年 1 月 1 日	2011 年 7 月 1 日
天鹅塘	道县	均质土坝	434	262.54	2008 年 11 月	2009 月 4 月
乐福堂	道县	均质土坝	1282	256.61	2009 年 12 月	2010 年 12 月
沙田	道县	均质土坝	458	283.57	2009 年 12 月	2010 年 12 月
大路坝	道县	均质土坝	594.1	432.53	2010 年 11 月	2011 年 5 月
西源	道县	均质土坝	463.67	396.58	2010 年 11 月	2011 年 7 月
新花园	道县	均质土坝	381.63	289.07	2010 年 10 月	2011 年 7 月
四清	道县	均质土坝	708.06	390.6	2011 年 11 月	2011 年 8 月
砚石	道县	均质土坝	452.14	340.06	2011 年 11 月	2012 年 6 月
下观	道县	均质土坝	241.28	200.65	2011 年 11 月	2012 年 7 月
清明田	道县	均质土坝	587.46	425.54	2011 年 11 月	2012 年 8 月
跃进	道县	均质土坝	485.58	327.83	2011 年 11 月	2012 年 10 月
联合	道县	均质土坝	569.28	301.63	2011 年 11 月	2012 年 10 月
天花岩	道县	均质土坝	358.26	272.19	2011 年 11 月	2012 年 11 月
梅冲	江永	均质土坝	857	340.1	2008 年 12 月 16 日	2010 年 4 月 25 日
狮形	江永	均质土坝	443	297.8	2009 年 12 月 29 日	2010 年 10 月 25 日
大坪坳	江永	心墙土坝	1062	386.3	2008 年 12 月 10 日	2010 年 11 月 5 日
水流界	江永	均质土坝	450.89	308.3	2009 年 12 月 25 日	2010 年 11 月 30 日
大漯	江永	均质土坝	536	336.4	2010 年 1 月 19 日	2010 年 11 月 30 日
汉江源	江永	均质土坝	857	345.5	2009 年 12 月 29 日	2010 年 11 月 30 日
花楼	江永	均质土坝	496	425.2	2009 年 12 月 26 日	2010 月 11 月 30 日
莲花	江永	均质土坝	528	366.5	2009 年 12 月 29 日	2010 年 11 月 30 日
两江口	江永	均质土坝	465	269.5	2009 年 12 月 29 日	2010 年 11 月 30 日
富隆	江永	均质土坝	418.37	300.5	2011 年 11 月 1 日	2012 年 11 月 1 日
大路岩	江永	均质土坝	437.45	270	2011 年 11 月 1 日	2012 年 11 月 15 日
川岩	江永	均质土坝	638.7	276.3	2014 年 11 月 25 日	2015 年 5 月 25 日
开源	江华	黏土心墙坝	601	406.11	2010 年 1 月	2010 年 8 月

续表2-1-4

水库名称	县区	主坝坝型	批复投资（万元）	实际完成投资（万元）	开工时间	完工时间
深冲	江华	黏土斜墙坝	793	554.02	2010 年 1 月	2010 年 8 月
四角山	江华	均质土坝	433	265.45	2010 年 11 月	2010 年 9 月
二坝	江华	均质土坝	393	277.34	2010 年 1 月	2010 年 10 月
东水源	江华	黏土心墙坝	634	467.11	2010 年 1 月	2010 年 11 月
旱塘	江华	均质土坝	427	240.43	2010 年 1 月	2010 年 11 月
黑山口	江华	均质土坝	271.4	210.99	2011 年 10 月 23 日	2012 年 5 月 27 日
石盘坝	江华	浆砌石重力坝	403.67	337.92	2011 年 10 月 25 日	2012 年 10 月 19 日
向阳	宁远	均质土坝	603	602.52	2008 年 11 月 12 日	2010 年 1 月 29 日
桂里源	宁远	均质土坝	597	321.86	2009 年 12 月	2010 年 1 月
红旗	宁远	均质土坝	539	333.11	2008 年 12 月 21 日	2010 年 3 月 27 日
锡海	宁远	均质土坝	469	286	2010 年 1 月	2010 年 9 月
三联	宁远	均质土坝	676	408	2010 年 1 月	2010 年 10 月
黄梅洞	宁远	均质土坝	442	284.89	2009 年 12 月	2010 年 11 月
石坝	宁远	均质土坝	521	356.36	2009 年 12 月	2010 年 11 月
牛形坝	宁远	均质土坝	439	342.64	2009 年 12 月 31 日	2010 年 12 月
中心江	宁远	均质土坝	654	429.9	2010 年 1 月 4 日	2010 年 12 月 1 日
小观音阁水	宁远	黏土心墙坝	440	312.07	2009 年 12 月 30 日	2010 年 12 月 14 日
伞把冲	宁远	均质土坝	423.79	291.11	2010 年 10 月 12 日	2011 年 12 月
小东江	宁远	浆砌石双曲拱坝	237.51	120.18	2010 年 10 月 12 日	2011 年 12 月
大坝口	宁远	浆砌石双曲拱坝	495.62	—	2011 年 11 月	2012 年 5 月
河东	宁远	均质土坝	583.18	—	2011 年 11 月	2012 年 5 月
塘下	新田	心墙土坝	881	581	2008 年 11 月	2009 年 6 月
下圩	新田	均质土坝	425	201.37	2008 年 11 月	2009 年 6 月
东岭	新田	均质土坝	514	434.65	2009 年 12 月 30 日	2010 年 11 月
团结	新田	均质土坝	440	223.36	2009 年 12 月 30 日	2010 年 11 月
友谊	新田	心墙土坝	628	514.06	2009 年 12 月 29 日	2010 年 12 月
大坝	新田	均质土坝	761	281.63	2009 年 12 月 30 日	2010 年 12 月 11 日
赵家	新田	均质土坝	517.08	351.1	2010 年 11 月 11 日	2011 年 8 月
野牛山	新田	均质土坝	358.78	178.1	2011 月 12 月	2012 年 7 月
罗家厂	新田	均质土坝	388.37	182.9	2011 年 10 月 20 日	2012 年 9 月
新亭岭	新田	均质土坝	362.7	198.9	2011 年 12 月 1 日	2012 年 11 月
山田湾	新田	均质土坝	389.19	485.2	2011 年 12 月 7 日	2012 年 12 月
甘竹山	蓝山	均质土坝	591	347	2008 年 12 月	2009 年 5 月
龙冲庙	蓝山	心墙土坝	490	334.8	2008 年 12 月	2009 年 6 月
毛江	蓝山	拱坝	489	338.4	2008 年 12 月	2009 年 6 月
白鸬洞	蓝山	均质土坝	466	343.6	2010 年 1 月	2010 年 5 月

续表2-1-4

水库名称	县区	主坝坝型	批复投资（万元）	实际完成投资（万元）	开工时间	完工时间
蓝嘉	蓝山	均质土坝	616	421.55	2009年1月	2010年8月
岐山	蓝山	均质土坝	412	316.2	2009年1月	2010年9月
油榨冲	蓝山	均质土坝	467	344.8	2009年12月	2010年9月
红卫	蓝山	均质土坝	662.51	528.51	2010年12月	2011年6月
上下村	蓝山	均质土坝	451.91	402	2011年1月	2012年4月
油榨铺	金洞	浆砌石重力坝	270	270	2015年11月	2016年12月
盐下	回龙圩	均质土坝	739	265	2008年11月	2009年5月
双龙	回龙圩	均质土坝	495.25	376.11	2010年11月	2011年6月

第三节　山平塘

新中国成立初期，零陵地区各县设立水利委员会或塘坝委员会，负责组织群众开展小塘小坝整修、兴建小型农田水利工程。1950—1954年，全区新修山平塘2.27万口，年均增加4540口。至1954年，全区有山平塘16.05万口，其中零陵县3.21万口，新增1.46万口，比1949年增长83.14%。

20世纪80年代开始，永州市新修山塘数量锐减，山平塘整治成为每年秋冬修水利的重点任务之一，基本通过村组进行组织，以群众集资和投工投劳为主，市县财政投入资金或水泥等主要物资进行补助，采取防渗、加固、清淤等整治措施，恢复、提高灌溉效益。

宁远县整治后的山塘

1991年底，全市共有山平塘16.93万口，各类山平塘总容量4.47亿立方米，约占全市水利工程总蓄水量的15%。2011年底，据全国第一次水利普查，全市共有山平塘171220处，各类山平塘总容量68481.04万立方米，约占全市水利工程总蓄水量的16%。

2007年12月6日，永州市政府办公室下发《关于对农村重点骨干山塘整治实行奖励的通知》，明确市政府分三年时间投入2000万元对全市10000口骨干山塘整治实行“以奖代补”（奖励标准为每口2000元），其中2008年度完成2500口，2009年度完成3500口，2010年度完成4000口。2008年，经市水利局、市财政局联合检查验收，全市实际完成骨干山塘整修2620口，完成土方444万立方米、浆砌石4.2万立方米、混凝土2.2万立方米，完成工程投资1.45亿元，新增蓄水量1318万立方米，治理效果明显。市政府兑现2008年每口山塘2000元的补助。

2009—2011年，湖南省新增农资综合补贴资金用于山平塘清淤扩容项目，永州市共有7737口山平塘清淤扩容整治项目，分4批实施，总投资1.516亿元，其中省补资金7919万元。

为贯彻落实《中共湖南省委湖南省人民政府关于进一步加强小型农田水利建设的意见》，2013年9

月26日永州市人民政府办公室印发《永州市"五小水利"工程三年建设计划方案（2013—2015年）》，目标任务是：2013—2015年期间，全市计划投资12亿元，新建、改扩建"五小水利"工程28410处，新增蓄引提水量6500万立方米，恢复和改善灌溉面积50万亩，新增有效灌溉面积10万亩。到2015年，基本解决农田灌溉"最后一公里"问题，干旱死角地区现状得到根本改观，水利设施明显改善，农业综合生产能力明显提高，生态环境明显优化。其中山平塘清淤扩容加固22000口（清淤水面在2亩以上），其中2013年10000口，2014年6000口，2015年6000口。永州市掀起新一轮山塘整治高潮。

2013年12月20日，永州市水利局印发《永州市"五小水利"工程五年建设实施方案（2013—2017年）》，进一步明确目标任务：全市塘坝共清淤扩容加固30000口（清淤水面在2亩以上），其中2013年10000口，2014年6000口，2015年6000口、2016年4000口、2017年4000口。

2014年，永州市水利局印发《永州市"五小水利"工程建设目标管理考核办法》，对山塘整治进行全市考核。

2014年3月，永州市水利局成立"五小水利"工程建设领导小组，由局党组书记、局长任组长，分管副局长任副组长，相关科室为成员，负责全市"五小水利"的指导和督促检查工作。

2015年4月16日，市水利局印发《2015年全市六件惠民实事"五小水利"建设实施意见》，明确2015年六件惠民实事"五小水利"建设目标责任和具体措施。

2015年永州市各县区塘坝处数统计表

表2-1-5

县区	塘坝处数（口）	县区	塘坝处数（口）
合计	171220	道县	10877
冷水滩区	22223	江永县	3360
零陵区	11387	江华瑶族自治县	1423
祁阳县	70620	宁远县	24807
东安县	17996	新田县	5921
双牌县	1493	蓝山县	1113

第二章　引提水工程

永州市引提水工程主要建在境内中小河流平缓、粮田集中的河段，引水工程为河坝（有闸门控制流量和调节水位的河坝称为水闸），提水工程为电力提灌和水轮泵提灌（统称泵站）。引提水工程大多建成于二十世纪六七十年代，其中部分工程因设备老化、运维困难等原因已报废，河坝、水轮泵保有量从1975年开始逐渐减少，电力排灌保有量从1990年后开始减少。2016年以来，引水工程重点实施道县向阳河坝和宁远仁和坝2处病险水闸除险加固工程，另外通过中小河流治理、小农水重点县、水毁工程修复等项目新建、整修或拆除重建部分河坝。提水工程自2013年到2017年重点实施零陵区国营大型泵站更新改造工程。

第一节　引水工程

新中国成立后，50年代零陵地区河坝建设和管理执行“全面考虑、统一规划、加速改造、重点兴建”的原则，以整修加固和改造小型河坝为重点，临时性河坝改为永久性河坝，木桩卵石坝改为砌石圬工坝，布局过密的多处小河坝合并为较大的河坝，并开始逐条河流进行统一规划、统一布局，兴建河坝。1952年，全区第一座浆砌石坝零陵县函底乡桴江坝竣工。该坝是当时全省6处重点河坝工程之一，位于潇水一级支流桴江河下游，坝高6米，开南北干渠2条，灌溉农田6000亩。1956年冬，全区第一座中型河坝宁远县仁和坝动工兴建，1957年6月竣工。仁和坝坝高13.7米，长98米；开挖左、右干渠2条，总长27.2公里；支渠11条，长47.2公里；引水流量3立方米/秒，设计灌溉农田2.68万亩；投入劳动工日117万个，投资137.76万元。

1992年，全市共有河坝2.5万座，引水总量5.53亿立方米，灌溉稻田53.07万亩，其中中型河坝10座。2019年，全市共有水闸1312座，其中规模以上494座（大型5座、中型40座、小型449座），规模以下818座。

一、病险水闸除险加固

全市共有13座大中型病险水闸，其中3座大型病险水闸，分别为向阳水闸（道县）、仁和水闸（宁远县）、洞上水闸（江永县）；10座中型病险水闸，分别为扬江河水闸（东安县）、晏家田水闸（道县）、桐溪尾水闸（道县）、紫江河水闸（东安县）、久佳水闸（道县）、石枧水闸（江永县）、老屋冲水闸（祁阳县）、豹虎龙水闸（祁阳县）、罗家水闸（新田县）、大鱼坝水闸（冷水滩区）。2012年，13座大中型病险水闸全部完成安全鉴定（被鉴定为三类坝），其中3座大型病险水闸完成除险加固初步设计。2017年7月，13座水闸中已有7座批复初步设计。2016—2020年，相继实施向阳水闸和仁和水闸两处大型水闸除险加固工程。

（一）向阳水闸

向阳水闸位于道县蚣坝镇油榨屋村，是潇水中游的一处大型水闸，距道县县城约19公里。水闸闸址控制集雨面积4298平方公里，设计灌溉面积2.0万亩，实际灌溉1.2万亩。

向阳水闸是一座以灌溉为主，兼顾发电、防洪、航运等综合效益的水利工程，枢纽工程主要由溢流坝、泄洪闸、提水泵站和左、右岸电站等建筑物组成，于1966年9月动工兴建，1967年2月工程全部完工并投入运行。

道县向阳水闸

2005年向阳水闸工程开始进行除险加固工程的前期工作，除险加固的主要项目有：闸坝、溢流堰加固改造，左岸，右岸电站导墙加固改造，防渗灌浆，左右岸围堰，护坡岸工程，泄洪闸工程等。2008年12月完成安全评价；2009年3月完成安全鉴定书；2012年5月水利部大坝安全管理中心完成安全鉴定审核；2014年7月完成初步设计报告并进行审查；2015年4月省发改委、省水利厅分别对初设概算进行核定和对初设报告进行批复。此次除险加固工程设计总投资4468.15万元，其中中央投资2680.90万元、地方配套1787.25万元。2016年6月开始，国家发改委、水利部分年度对道县向阳水闸除险加固工程下达专项资金共计4700万元。

向阳水闸除险加固工程建设单位为道县向阳坝管理所，经过公开招标，确定施工单位为湖南兴禹建设有限公司，监理单位为湖南正源水利水电工程监理有限公司，第三方检测单位为湖南湘建检测有限公司。整个工程分三年实施，2016年12月25日开工，2018年底完工。

（二）仁和水闸

仁和水闸位于宁远县仁和镇桐干脚村，是潇水一级支流宁远河上的一座大（2）型水闸，距宁远县城14公里，闸址控制流域面积700平方公里，主要由泄洪闸、非溢流坝段、冲砂底孔、进水闸、渠道、电站组成，是一座以灌溉、防洪为主，兼顾发电等效益的综合性水利工程。

仁和水闸于1956年动工兴建，1957年竣工投入使用，历经1988年、2000年两次改造。2008年12月，湖南省水科所鉴定为三类坝。2015年4月，省水利厅发文对工程除险加固初步设计进行批复。2018年2月，省发改委、省水利厅下达除险加固投资计划，总投资2958万元，主要建设内容：泄洪闸段原混凝土闸门改为平板钢闸门；新建工作桥、启闭机房；溢流坝体充填灌浆，闸坝基础帷幕灌浆；加高非溢流坝段顶部至防洪标准高程；更换冲砂闸门、进水闸门，加固进水闸边墙及岸坡；下游两岸护岸整修；新建防汛公路；新建水位流量等水文观测设施；维修和新建管理用房。

工程于2018年9月进行公开招标，分为三个标段，土建标段由中交一公局集团水利工程有限公司（原名湖南益众水利建设有限公司）承建，合同价1508.51万元；机电标段由华自科技股份有限公司承建，合同价241.56万元；金结标段由湖南省水利水电第一工程有限公司承建，合同价308.56万元，建安工程合同总价2058.63万元。监理单位为湖南省永州市水利水电工程建设监理咨询有限公司，检测单位为湖南省岳阳精益检测有限公司。工程于2018年11月18日开工，2020年7月17日竣工。

工程建成后，泄洪排涝由手动控制升级为智能控制，提高工作效率和安全性、准确性及稳定性；泄洪断面增大，提高泄洪能力；进水闸加宽后，加大渠道进水量，增加发电量；人工观测水雨情系统改为智能观测水雨情系统，提高科学调度能力。

二、典型小型河坝建设

冷水滩区境内大小河坝主要分布于境内湘江一、二级支流，大多数始建于二十世纪五六十年代，均为浆砌石圬工重力光头坝。坝顶与两岸高差不大，大部分坝的上游两岸只比正常水位高 0.3~0.4 米，当年工程设计不合理、施工质量差，加之长期运行、工程老化等原因，工程效益每况愈下。

2010—2019 年，冷水滩区实施完成中小河流治理项目 13 个（含中小河流重点县综合整治及水系连通试点项目），改造河坝 53 座（其中拆除重建 34 座、整修 19 座），累计完成改造河坝资金 1981.61 万元。可实现引水流量 0.558 立方米/秒，灌溉面积 4622 亩。其中的典型河坝有两处：新沙洲坝（拆除重建）。新沙洲坝位于冷水滩区牛角坝镇境内石溪江牛角坝河段，原为浆砌石圬工重力光头坝，建于 20 世纪 60 年代，因坝体运行数十年，年久失修，坝体老化，病险严重。2012 年，该河坝拆除重建项目被列入冷水滩区老毛江牛角坝河段治理工程，具体方案为将原河坝全部拆除，重建自动翻板闸坝，坝体设计长 26 米，坝高 2.0 米，闸体、闸底板及支墩均采用 C25 混凝土结构，闸室沿河纵向长 5.2 米，并设有 4 扇钢筋混凝土水力自控翻板闸门，每孔翻板闸门宽 6.0 米、高 2.0 米，后接 3.0 米长的消力池。工程于 2013 年 6 月 1 日开工建设，2013 年 10 月 6 日竣工，完成投资 77.1 万元。通过改造后，实现引水流量 0.024 立方米/秒，灌溉面积 190 亩。善良院子坝（整修加固）。善良院子坝位于冷水滩区普利桥镇境内石溪江普利桥河段，原为浆砌石圬工重力光头坝，建于二十世纪六七十年代，当年仅建有坝体，无消力池。因坝体年久失修，表面出现多处破损，下游坝下河床冲刷出深坑，危及坝体安全和稳定。2014 年，该河坝整修加固项目被列入冷水滩区老毛江普利桥河段治理工程，具体方案为将原坝体表面凿除 20 厘米，衬砌 C25 钢筋混凝土防渗面板厚 0.25 米，上游设齿墙断面尺寸 0.5 米×0.5 米，消力池采 C25 钢筋混凝土结构，长 5 米，底板厚 0.5 米，首末设齿墙。该河坝长 48.5 米，高 2.78 米。工程于 2015 年 6 月 1 日开工建设，2015 年 7 月 30 日竣工，完成投资 15.6 万元。通过整修加固后，排除河坝险情，实现引水流量 0.007 立方米/秒，灌溉面积 62 亩。

祁阳县白水河支流昌木套引水坝

2010—2019 年，江永县实施完成中小河流治理项目 8 个，共改造河坝 25 座（其中拆除重建 2 座、整修 19 座、新建 4 座），共投入河坝改造资金 681.63 万元，设计引水流量共计 2.76 立方米/秒，灌溉面积共计 22376 亩。

祁阳县白水河昌木套河段治理工程包含改造加固引水坝 4 处，分别为九牛坝、石湾坝、陈家洲坝及同心坝。4 处河坝均建于二十世纪六七十年代，为浆砌石圬工重力光头坝，坝顶与两岸高差不大，大部分坝的上游两岸只比正常水位高出 0.3~1.0 米，部分坝的正常水位到达上一级坝的坝脚，人为地抬高河道水位，严重影响河道行洪。为降低治理河段的设计洪水位，结合坝体病险情况，4 处河坝的改造方案均为将原圬工重力坝部分坝段改为自动翻板闸。工程于 2013 年 2 月开工建设，是年 12 月，4 处河坝全部改造完成，共投入河坝改造资金 254.83 万元，引水流量 0.057 立方米/秒，总灌溉面积 510 亩。

第二节　提水工程

1955 年冬，江永县城关三元宫村在永明河上建成零陵地区第一个水轮泵站，安装 30 型水轮泵 1 台，设计灌田 60 亩。1957 年，湖南省全面推广水轮泵工程。是年秋冬，东安县建 2 处 2 台水轮泵站，祁阳县建4处4台，合计灌田900亩。1964年初，零陵地区被列为全省发展水轮泵重点地区之一，东安县被列为全省3个发展水轮泵重点县之一。1965年，道县向阳、红旗，新田县新安，蓝山县群英，江华瑶族自治县大林江等6处中型水轮泵站同时动工兴建。其中，道县红旗水轮泵站是全区最大的水轮泵站，位于上关公社潇水干流上，1971年12月竣工，坝高5.1米，提水高程左岸16米、右岸28.5米；安装80-8型水轮泵19台、60-6型水轮泵8台，合计27台，提水流量2.66立方米/秒；设计灌田1.95万亩，实际灌田1.1万亩；安装水轮发电机2台300千瓦。至1974年，全区水轮泵拥有量达到1241处1926台，灌溉面积26.17万亩。其中，中型水轮泵7处131台，设计灌田10.15万亩，实际灌田5.69万亩。1975年后，由于蓄水与电灌工程增加，全区水轮泵工程逐年减少。1992年，全区共有水轮泵534处1215台，灌溉面积14.91万亩。

1958年，零陵县仁湾公社张家铺大队建成电灌机埠1处，装机1台，容量28千瓦，灌田1000亩，是全区最早建成的电灌站。1963年，道县利用糖厂闲榨期电能，在上关公社七里岗、东门公社跃眼石兴建电灌机埠，灌田5000亩。1964—1967年，全区大力开展电力排灌建设。1964年零陵专区与零陵县联合成立双、零、冷电力排灌工程建设指挥部，副专员郭自安任指挥长；从地区水电局和零陵县水电局抽调8名技术干部成立电力排灌工程勘测设计室；地区水电部门组建线路安装队，负责零（陵）冷（水滩）、零（陵）东（安）10千伏以下线路和电灌机埠安装。是年，东安县成立电力排灌工程指挥部，共同建设双、零、冷和零陵至石期市电力排灌工程。其具体建设分三期施工：第一期工程建设双牌霞灯、良村、禄寿一、二级，零陵县富家桥、潘家岭、五里牌、大夫庙、刀扎、陆坪等，共装机埠18台，容量2020千瓦，架设35千伏线路163.48公里，设计灌田3.37万亩；二期建设零陵县蔡家铺、黄田铺、狮子岭、冷水滩、石期市等电力排灌机埠，装机3200千瓦，设计灌田3.17万亩，1966年完成；三期是黄阳司片，设计建设机埠5处，装机850千瓦。三年建成电灌站58处、71台3874.3千瓦，架设35千伏线路3条70.24公里，6—10千伏线路48条151.5公里，35千伏变电站3处、6台9300千伏安，配电变压器49台8095千伏安。1967年后，地区水电局每年将勘测规划和编制电力排灌发展计划报省水电厅，每年安排零陵地区100多万元专门资金用于电力排灌工程建设，实行计划单列、器材专拨、资金不变。至1969年底，东安县完成石期市、紫溪市、井头圩等3个区17个公社（镇）的电力排灌工程，安装电动机60台2990千瓦，灌田2.8万亩，全县组建石期市、紫溪市、芦洪市3个国营机电排灌站。20世纪70年代，全区电力排灌建设全面发展。1970年成立道县电力排灌工程指挥部，县委副书记熊炳恩任指挥长。1971年6月底，完成35千伏变电站，接着建设10千伏输电线路，同时建成上关2×115千瓦、下关1×155千瓦、城关2×75千瓦3处电灌机埠，1972年受益。1974年6月，祁阳县喝螺滩电灌站动工兴建。该站位于湘江左岸松林公社建新大队喝螺滩，总装机9台，容量1805千瓦，设计提水2.595立方米/秒，灌溉潘家埠、羊角塘2个区7个公社60个大队，耕地3.34万亩，1978年7月建成。共耗资247.8万元，其中省地投资232.8万元，县自筹15万元。1985年双牌水库淹没区的电力排灌建设，被省里列为重点建设项目。从1985年开始，省水利厅每年安排200多万元，至1988年，在淹没区共建设和安装电力排灌机埠31处，装机31台，容量1141千瓦，改迁旧机埠10台457千瓦，增加保收面积3万亩，扩大耕地2981亩，土改田1860亩。1986年开始，宁远县对太平区的地形地质进行勘探和测量，提出开发地下水，利用电力排灌解决干旱问题的“以线代渠”规划。该区先后架设35千伏线路1条，长43公里和10千伏线路44条120公里。建设35千伏变电站1处，安装和建设电力排灌机埠70处，电灌机84台，容量505.9千瓦。完成投资410万元，其中国家投资180万元，自筹230万元，此电灌系统共灌溉农田1万亩，改善灌溉面积0.8万亩。1995年，全区共有电力排灌机6700台，装机8.159万千瓦。提水总量1.8236亿立方米，灌溉农田64.875万亩。到2019年，全市共有泵站2907座，其中规模以上422座（中型7座、小型415座），规模以下2485座。

零陵区大型国营泵站更新改造。零陵区国营泵站（包含狮子岭、南津渡等11座泵站）是永州市唯一的一处大型泵站，设计总装机为12914千瓦，总设计流量25.22立方米/秒，设计灌溉面积24.56万亩，受益人口14.72万人。2008年，零陵区国营机电排灌站泵站更新改造项目列入湖南省泵站更新改造规划。

2009年3月，水利部组织专家对零陵区国营泵站更新改造项目进行核查，10月完成《零陵区国营机电排灌站现状调查报告》《现场检测报告》《零陵区国营机电排灌站工程复核分析报告》。2011年完成批复，按照省水利厅批复，计划对狮子岭、南津渡等11座中心站进行改造，项目概算总投资6930万元，其中，列入中央预算内投资4158万元，省市县配套2772万元。

零陵区国营泵站更新改造

零陵区国营泵站更新改造项目共分五年实施，2013年一期安排中央资金550万元，省市区配套资金未到位，完成投资计划550万元，共实施南津渡1#站7个机房的土建、机电、金结更新改造工程。2013年二期安排中央资金1500万元、省市区配套资金265万元，完成投资计划1765万元，共实施狮子岭站7个机房、寿塘站7个机房、烟竹塘站3个机房、六坪站4个机房的土建、机电、金结更新改造工程。2014年度共安排中央资金500万元，省市区配套资金未到位，完成投资计划500万元，共实施潘家岭站2个机房、鬼沙凼站3个机房的土建、机电、金结更新改造工程。2015年度共安排中央资金800万元，省市区配套资金未到位，完成投资计划800元，共实施南津渡2#站7个机房、甸尾头站3个机房、田心站1个机房的土建、机电、金结更新改造工程。2016年度共安排中央资金100万元、省市区配套资金40万元，完成投资计划140万元，共实施田心站2个机房的土建、机电、金结更新改造工程。2017年度共安排中央资金550万元，省市区配套资金未到位，共实施田心站3个机房、胡家一级站4个机房的土建、机电、金结更新改造工程。

永州市中型灌溉排水泵站基本情况表

表2-2-1

序号	泵站名称	县区	座数（座）	装机功率（千瓦）	装机台数（台）	设计流量（立方米/秒）	扬程（米）	受益灌溉面积（万亩）		建成年份
								设计	实际	
	合计	—	39	65967	782	131.69	—	110.55	54.94	—
一	小计	市管	1	1100	11	2.4	35	2.3	1.2	1971
1	涔天河晏家田泵站	道县	1	1100	11	2.4	35	2.3	1.2	1971
二	小计	—	2	4035	37	11.35	—	10.84	5.27	—
1	黄普泵站	冷水滩	1	2050	20	5.73	—	5.64	2.5	1965
2	蔡岚泵站	冷水滩	1	1985	17	5.62	—	5.2	2.77	1966
三	小计	—	4	5278	46	10.48	—	9.37	4.6	—
1	横石泵站	零陵	1	1585	14	2.15	—	2.15	1.03	1964
2	桐梓坪泵站	零陵	1	1012	9	2.22	—	2.07	1.02	1966
3	舜帝庙泵站	零陵	1	1410	12	3.14	—	3.14	1.56	1967
4	友谊泵站	零陵	1	1271	11	2.97	—	2.01	0.99	1976
四	小计	—	9	21969	171	41.35	—	31.82	12.74	—
1	黄泥塘泵站	祁阳	1	1320	11	2.43	40	1.73	0.66	1962
2	于家冲泵站	祁阳	1	2816	18	5.44	53	3.88	1.67	1964

续表2-2-1

序号	泵站名称	县区	座数（座）	装机功率（千瓦）	装机台数（台）	设计流量（立方米/秒）	扬程（米）	受益灌溉面积（万亩）		建成年份
								设计	实际	
3	羊角塘镇泵站	祁阳	1	1448	12	2.58	50	1.85	0.74	1965
4	祁阳大江泵站	祁阳	1	2570	21	5.01	43	3.65	1.35	1966
5	文家冲泵站	祁阳	1	2548	21	4.62	31	3.4	1.45	1966
6	老屋冲泵站	祁阳	1	2518	21	4.18	41.5	3.33	1.42	1970
7	喝螺滩泵站	祁阳	1	4164	28	8.27	56.1	7.43	2.75	1978
8	祁阳双牌泵站	祁阳	1	2442	20	4.5	41	3.23	1.25	1986
9	匡家堰泵站	祁阳	1	2143	19	4.32	34	3.32	1.45	1986
五	小计	—	4	4865	38	5.98	—	6.13	2.3	—
1	石期市机电排灌站	东安	1	1155	11	1.97	—	2.27	0.5	1963
2	紫溪市机电排灌站	东安	1	1490	12	1.22	—	1.46	0.9	1964
3	芦洪市机电排灌站	东安	1	1020	8	1.41	—	1.3	0.5	1965
4	湘江水轮泵站	东安	1	1200	7	1.38	52	1.1	0.4	1972
六	小计	—	1	1342	9	1.28	110	1.26	0.48	1998
1	张家岭泵站	双牌	1	1342	9	1.28	110	1.26	0.48	1998
七	小计	—	4	6798	109	11.08	—	8.74	6.77	—
1	向阳水轮泵站	道县	1	1798	33	2.27	—	2.04	1.53	1965
2	九嶷河泵站	道县	1	1600	27	2.77	54	1.16	0.76	1965
3	陆洲水轮泵站	道县	1	2000	27	2.48	—	2.32	1.74	1966
4	泡水河泵站	道县	1	1400	22	3.56	—	3.22	2.74	1967
八	小计	—	3	3230	65	14.34	—	8.58	2.51	—
1	上江圩泵站	江永	1	1080	27	4.36	—	3.53	1.02	1963
2	恭城河泵站	江永	1	1105	20	3.26	—	2.64	0.79	1978
3	油田河泵站	江永	1	1045	18	6.72	—	2.41	0.7	—
九	小计	—	4	8682	186	16.53	—	14.34	11.99	—
1	潇水河水轮泵站	江华	1	3095	62	4.24	13座水轮泵	3.86	3.28	1966
2	沱江水轮泵站	江华	1	1773	49	3.88	13座水轮泵	3.53	3	1966
3	西河水轮泵站	江华	1	2723	71	5.77	15座水轮泵	5.25	4.46	1967
4	大林江水轮泵站	江华	1	1091	4	2.64	21.5	1.7	1.25	1976
十	小计	—	3	3489	53	9.42	—	8.59	2.43	—
1	九嶷河泵站	宁远	1	1110	18	3.24	—	2.96	0.63	1964
2	宁远河泵站	宁远	1	1245	19	2.87	—	2.66	0.83	1966

续表2-2-1

序号	泵站名称	县区	座数（座）	装机功率（千瓦）	装机台数（台）	设计流量（立方米/秒）	扬程（米）	受益灌溉面积（万亩）		建成年份
								设计	实际	
3	泠江河泵站	宁远	1	1134	16	3. 31	—	2. 97	0. 97	1980
十一	小计	—	2	2835	31	4. 34	—	3. 81	3. 04	—
1	新田河联合泵站	新田	1	1515	25	2. 94	—	2. 78	2. 22	1965
2	心安泵站	新田	1	1320	6	1. 4	50	1. 03	0. 82	1971
十二	小计	—	2	2344	26	3. 14	—	4. 77	1. 61	—
1	群英水轮泵站	蓝山	1	1040	12	1. 45	53	1. 25	0. 85	1970
2	土市联合泵站	蓝山	1	1304	14	1. 69	253	3. 52	0. 76	1980

2019年永州市小型灌溉排水泵站基本情况汇总表

表2-2-2

序号	泵站类别	县区	座数（座）	装机总功率（千瓦）	装机台数（台）	设计流量（立方米/秒）	受益面积（万亩）			
							灌溉		排涝	
							设计	实际	设计	实际
合计		—	3875	96182. 5	4719	194. 479	139. 125	83. 825	0. 931	0. 678
一	灌溉泵站小计	—	3856	95237. 5	4698	192. 631	138. 419	83. 33	—	—
1	灌溉泵站	冷水滩	771	7940	776	16. 161	12. 835	10. 965	—	—
2	灌溉泵站	零陵	1101	32236	1246	56. 12	32. 942	17. 705	—	—
3	灌溉泵站	祁阳	548	16330	665	27. 989	32. 758	22. 557	—	—
4	灌溉泵站	东安	391	8740. 5	420	18. 603	15. 013	3. 011	—	—
5	灌溉泵站	双牌	87	2921	92	4. 32	3. 943	3. 306	—	—
6	灌溉泵站	道县	239	7138. 5	383	15. 501	14. 276	11. 576	—	—
9	灌溉泵站	江永	113	1525. 5	218	5. 497	3. 665	1. 279	—	—
8	灌溉泵站	江华	57	5570. 6	181	16. 79	2. 848	2. 627	—	—
7	灌溉泵站	宁远	263	5191	306	10. 938	9. 36	3. 769	—	—
11	灌溉泵站	新田	196	4808. 4	310	15. 463	7. 048	3. 829	—	—
10	灌溉泵站	蓝山	78	2511	89	4. 619	3. 436	2. 449	—	—
12	灌溉泵站	金洞	12	325	12	0. 63	0. 295	0. 257	—	—
二	排涝泵站小计	—	7	330	9	0. 822	—	—	0. 23	0. 208
1	排涝泵站	祁阳	1	22	2	0. 03	—	—	0. 03	0. 03
2	排涝泵站	双牌	1	110	2	0. 6	—	—	0. 04	0. 028
3	排涝泵站	道县	5	198	5	0. 192	—	—	0. 16	0. 15
三	灌排泵站小计	—	12	615	12	1. 026	0. 706	0. 495	0. 701	0. 47
1	灌排泵站	东安	2	90	2	0. 35	0. 3	0. 2	0. 3	0. 2
2	灌排泵站	双牌	2	70	2	0. 268	0. 066	0. 055	0. 061	0. 03
3	灌排泵站	道县	8	455	8	0. 408	0. 34	0. 24	0. 34	0. 24

第三章　灌溉工程

新中国成立后，永州市按照水权集中统一、以引补蓄、以塘渡水的原则，开始灌区建设。20 世纪 60 年代后，永州灌区逐步形成以小型为主，大中小相结合；以蓄为主，蓄引提相结合；以水库为骨干，塘坝为基础的“长藤结瓜”式的灌溉网。灌溉工程长年运行，老化失修，效益日益衰减。进入 21 世纪后，永州市大中型灌区陆续纳入续建配套和高效节水改造项目建设。2015 年 10 月，涔天河水库灌区扩建工程开工，总投资 40. 18 亿元，总工期 42 个月，竣工后，灌溉面积由原来的 17. 38 万亩扩大到 111. 46 万亩，截止到 2019 年 12 月，已完成投资 23 亿元。

第一节　灌区工程

1991 年底，全区共有 33 处大、中型灌区工程，设计灌溉面积 295. 73 万亩，实际灌溉面积 215. 8 万亩，占设计面积的 73%。2019 年，永州市共有规模以上灌区工程 282 处，设计灌溉面积 348. 6 万亩，其中 30 万亩以上大型灌区 1 处（双牌灌区），10 万~30 万亩灌区 4 处，5 万~10 万亩灌区 10 处，1 万~5 万亩灌区 48 处，0. 2 万~1 万亩灌区 219 处。

一、大型灌区

永州市已建成 1 个大型灌区，为双牌灌区，另有 1 处大型灌区在建，为涔天河水库扩建灌区工程。

（一）双牌灌区

双牌灌区设计灌溉双牌、零陵、冷水滩、祁阳 4 个县区 32. 5455 万亩农田（其中双牌 1. 156 万亩，零陵 8. 638 万亩，冷水滩 12. 525 万亩，祁阳 9. 885 万亩，地区柑橘示范场、林科所、红壤所等单位 0. 3415 万亩）。灌区工程于 1963 年 10 月动工兴建，国家投资 2121 万元（灌区每亩造价 60 元）。灌区共有大小渠道 372 条，全长 1184. 28 公里，其中干渠 95 公里，干渠主要附属建筑物有渡槽 13 处，长 1699. 14 米，隧洞 12 处，长 3598. 4 米；埋管 11 处，长 1516. 1 米；例虹吸管 1 处，长 128 米；泄洪闸 12 处；支渠进水口分水闸 14 处；小型附属建筑物 395 处。灌区内原有水利设施 20199 处，其中小（1）型水库 10 座，小（2）型水库 112 座，山平塘 20116 口，河坝 18 座，泉井 165 眼，电灌机埠 77 处容量 2154 千瓦，提灌机械 232 台 5167 马力，控制面积 21. 7 万亩，蓄水量 7565 万立方米，提水量 1800 万立方米。

灌区工程于 1966 年建成通水，设计流量 25 立方米/秒，引水高程 158 米，渠道水利用系数 0. 4，年平均供水 1. 34 亿立方米。有效灌溉面积 29 万亩，其中旱涝保收、稳产高产农田 24. 3 万亩，到 1991 年，共灌溉用水 33. 59 亿立方米。灌区渠道工程年久失修，渗漏严重，干渠每年渗漏水量约 900 万立方米。部分渠道断面不够，崩垮严重，过水能力未达到设计标准，影响灌溉效益。

1999—2008 年，双牌灌区列入全国大型灌区续建配套与节水改造项目，完成投资 1. 1119 亿元（其中中央投资 7950 万元），完成干渠防渗 67 公里、支渠防渗 143 公里。2000 年 7 月，双牌灌区列入中日技术合作项目“中国大型灌区节水改造示范项目”。2012—2016 年，双牌灌区着力打造生态灌区取得成效。

（二）涔天河灌区

涔天河老灌区于 1969 年 11 月动工，1970 年 4 月基本完成，8 月底通水。灌区从涔天河水库引水自流灌溉，引水高程 248 米，引用流量 8 立方米/秒，总干渠 34.54 公里，中干渠 12.66 公里、西干渠 15.5 公里、东干渠 8.32 公里。干渠有隧洞 6 处 1940 米，渡槽 2 座 1038 米；支渠 34 条 138 公里。涔天河灌区灌溉江华瑶族自治县、江永县、道县 11 个乡镇 99 个村和铜山岭农场共 12.36 万亩农田，其中江华 4.5903 万亩、道县 7.3981 万亩、江永 0.38 万亩。

2015 年 6 月 11 日，市水利局总工程师蒋燕翔（中）主持涔天河水库灌区续建配套和节水改造项目初步设计报告专家审查会

涔天河水库扩建灌区工程于 2015 年 10 月 29 日开工，设计灌溉永州市江华、江永、道县、宁远 4 个县 41 个乡镇 2 个农林场 242 个村，111.46 万亩农田。项目概算总投资 40.1831 亿元，到 2019 年 12 月，累计完成投资 23 亿元。

二、中型灌区

2019 年，永州市有 1 万亩以上中型灌区 62 处，设计灌溉面积 226.58 万亩，有效灌溉面积 140.75 万亩。

1956 年 4 月，蓝山县蓝嘉水库灌区建成开灌，灌溉面积覆盖蓝山县新圩镇和嘉禾县塘村镇，设计灌溉面积 1.1 万亩，有效灌溉面积 1.0 万亩。干渠 2 条总长 25 公里；支渠 7 条总长 13.05 公里。

1958 年，冷水滩区岭口灌区建成开灌，灌溉范围覆盖冷水滩区杨村甸、牛角坝、普利桥 3 个乡镇，设计灌溉面积 5.77 万亩，有效灌溉面积 3.80 万亩。干渠 3 条，总长 54.87 公里；支渠 38 条，总长 124.16 公里。

大江灌区是永州市最大的中型灌区，于 1966 年 5 月动工兴建，1972 年 5 月竣工受益，灌溉范围覆盖祁阳县肖家镇、八宝镇、进宝塘镇、黄泥塘镇、大忠桥镇，金洞管理区凤凰、石鼓源乡及常宁市大堡乡，设计灌溉面积 16.84 万亩，有效灌溉面积 12.01 万亩。现有干渠 4 条，总长 102.77 公里；支渠 13 条，总长 133.12 公里。渡槽 44 处总长 6363.5 米，倒虹吸管 4 处总长 702 米，隧洞 6 处总长 982 米，暗涵 10 处总长 875 米，泄洪闸 55 处，放水灌溉涵 504 处。

2010 年，永州市对设计灌溉面积 5 万亩以上的中型灌区进行续建配套和节水改造规划，列入本次规划的有岭口、石坝仔、猫儿岩、大江、龙江桥、石喝、金江、单江、上坝、水市、金陵、源口、古宅等 13 处重点中型灌区和涔天河老灌区。从 2010 年开始，首先由农业开发部门投入资金对源口、大江、金江、上坝、涔天河（老灌区）等灌区实施续建配套和节水改造，之后水利部门陆续对其余重点中型灌区实施节水配套改造。

2010 年，江永县源口灌区实施节水配套改造，总投资 531 万元，其中中央投资 500 万元，工程完成主要建设内容：渠道工程改造 9.6 公里，渠系建筑物改造 9 座。新增、恢复灌溉面积 0.65 万亩，新增粮食生产能力 230 万公斤，新增节水能力 1130 万立方米。2018 年，源口灌区再次进行节水配套改造，总投资 1468.36 万元，其中中央投资 1150 万元，工程完成总干渠防渗衬砌 475 米、左干渠防渗衬砌8692米、右干渠防渗衬砌4059米，新增、恢复灌溉面积2.04万亩，新增粮食生产能力118.42万公斤，新增节水能力551万立方米。

2012年，永州市第一个国家烟草援建水源工程项目新田县金陵水库水源连通工程开始实施，2015年建成受益，总投资1.19亿元，工程建设项目包括新建渡槽6处、倒虹吸管5处、隧洞2处、渠道25公里，旧渠道维修维护94公里，新修小型水库3座，加固配套小型水库5座。

2012年至2013年，祁阳县大江灌区实施节水配套改造，总投资1473万元，其中中央投资980万元。主要建设内容：干渠除险加固6处0.443公里，其中总干渠1处0.158公里，右干渠3处0.111公里，左干渠2处0.174公里；干渠防渗衬砌3条35.7256公里，其中总干渠1.982公里，右干渠24.6766公里，左干渠9.067公里；渠系建筑物新建、加固改造47处，其中渡槽加固5处1284米，隧洞加固改造1处68米，倒虹吸管改造3处672米，改造泄洪闸21处、新建泄洪闸1处，新建节制闸2处，加固分水闸2处，新建跨渠公路桥9处，新建渡槽3处。节水配套改造项目完工运行后，新增、恢复灌溉面积1.9万亩，改善灌溉面积1.86万亩，新增粮食生产能力756万公斤，新增节水能力753万立方米。

2013年至2014年，东安县金江灌区实施节水配套改造，总投资1447.83万元，其中中央投资1000万元，工程完成主要建设内容：渠首工程改造2座，渠（沟）道工程改造15.362公里，渠系建筑物改造8座，工程管护设施125处，计量设施3处。

2014年至2015年，宁远县水市灌区实施节水配套改造，总投资1523.8万元，其中中央投资及省级投资1400万元，工程完成主要建设内容：干渠混凝土防渗衬砌24.5公里，险工险段加固2.25公里，渡槽加固5处，改造生产管理办公用房500平方米，附属建筑物加固改造89处等。工程建成后，改善灌溉面积1.3万亩，新增节水能力200万立方米。

2015年至2016年，道县上坝灌区实施节水配套改造，总投资1492.45万元，其中中央投资1250万元，工程完成主要建设内容：渠首工程改造1座，渠（沟）道工程改造39.125公里，渠系建筑物改造167座，工程管护设施49处、计量设施7处。工程建成后，新增、恢复灌溉面积3276亩，改善灌溉面积5828亩，新增粮食生产能力174.84公斤。

2016年至2017年，农业开发部门安排投资1453万元对涔天河老灌区实施节水配套改造，由于涔天河水库扩建灌区工程也安排对涔天河老灌区的改造项目，项目业主对两个项目资金整合使用，总投资4890万元，主要改造涔天河老灌区渠道（低灌片渠道），长约71.02公里，包括总干渠35.55公里、西干渠15.5公里、中干渠11.65公里、东干渠8.3公里，其中含隧洞8个、渠下涵28个、倒虹涵4个、渡槽2处。2018年，节水配套改造项目部分实施完毕，2020年全部工程建成完工。

2018年至2019年，祁阳县石噶灌区实施节水配套改造，总投资1400万元，工程完成主要建设内容：渠道工程改造12公里，渠带路修建全长6公里，渠系建筑物改造22座。工程建成后，新增、恢复灌溉面积0.2万亩，改善灌溉面积0.6万亩，新增节水能力50万立方米。

2019年，江永县古宅灌区进行节水配套改造，总投资961.45万元，其中中央投资858万元，工程完成主要建设内容：改造左干渠总长度397米，改造箱涵6处总长37米，采用M7.5浆砌石衬砌渠道长度2520米，拆除重建渡槽4处总长度123米，新开隧洞1处总长度140米，改造输变电线路6.5公里，新增工程管护设施200平方米，新增信息化管理系统1套。工程建成后，新增、恢复灌溉面积0.66万亩，新增粮食生产能力86万公斤，新增节水能力1554万立方米。

2019年至2020年，冷水滩区岭口灌区实施节水配套改造，总投资969万元，其中中央投资858万元，工程完成主要建设内容：渠（沟）道工程改造23.2公里，渠系建筑物改造27座，工程管护设施8处、计量设施4处。工程建成后，新增、恢复灌溉面积0.8125万亩，改善灌溉面积0.135万亩，新增粮食生产能力176公斤，新增节水能力104.6万立方米。

2019年至2020年，祁阳县龙江桥灌区进行节水配套改造。2019年投资648.83万元，其中省级财政奖补资金450万元，工程完成主要建设内容：溢洪道尾水灌溉渠加固改造1876米，清淤376米，新建渠道衬砌1500米；改造配套节制闸3处、机耕桥3处、取水码头5处；总干渠险工险段拆除重建150米，清淤700米。恢复灌溉面积0.2万亩，改善灌溉面积0.14万亩。2020年投资909万元，主要对干渠3735米进行混凝土防渗，332米险工险段改造；龙江桥与铁丝江2处117米渡槽防渗加固。工程完工后，恢复灌溉面积0.32万亩，改善灌溉面积0.49万亩。

2019年至2020年，金陵灌区进行灌区续建配套节水工程改造，总投资1077万元，工程完成主要建设内容：渠（沟）道工程改造3公里，闸门改造10处，渡槽改造7处，倒虹吸管改造3处，渠堤硬化1.5公里。

2020年，零陵区石坝仔灌区进行节水配套改造，总投资1078.86万元，其中中央投资909万元，工程完成主要建设内容：渠首工程改造4座，渠（沟）道工程改造8.76公里，渠系建筑物改造20座，工程管护设施1处、计量设施17处。工程建成后，新增、恢复灌溉面积0.18万亩，改善灌溉面积0.37万亩，新增粮食生产能力100.5万公斤，新增节水能力1191.1万立方米。

2020年，双牌县单江灌区节水配套改造，总投资909万元，其中中央投资909万元，工程完成主要建设内容：渠首工程改造1座，渠道工程改造7.89公里，渠系建筑物改造28座，计量设施3处。工程建成后，改善和恢复灌溉面积1.32万亩，新增粮食生产能力40.1公斤，新增节水能力295.79万立方米。

三、小型灌区

小型水库、山塘、河坝、泵站等灌溉水源工程通过修建灌排沟渠而形成小型灌区，小型灌区新建、整修，一般通过群众自筹资金加投工投劳来完成，地方政府在冬修水利中对部分工程补助资金、物资，或者采取“以奖代投”方式，调动群众兴修小型水利工程的积极性。

2009年，财政部、水利部下发《关于实施中央财政小型农田水利重点县建设的意见》，从2009年起开展小型农田水利建设重点项目县建设，国家加大对小型灌区建设的支持力度。

宁远县金钩挂灌区渡槽

2009年，东安县列入全国第一批小型农田水利建设重点县，一定三年，国家每年投入800万元，省财政配套80万元。2010年，冷水滩区、宁远县相继列入全国第二批小型农田水利建设重点县，一定三年，国家每年投入800万元，省财政配套80万元。2010年，第一批全国小型农田水利建设重点县东安县、第二批全国小型农田水建设重点县宁远县、冷水滩区参加省厅绩效考核，东安县、宁远县获优秀等次，奖励东安县200万元（2009—2010）、宁远县100万元，安排用于2011年小农水建设。2011年，祁阳县通过全省遴选入围第三批全国小型农田水利建设重点县，建设期3年，每年中央投入1200万元、省财政配套660万元。零陵区、新田县列入省级重点县，中央和省级财政各投入资金800万元，建设期一年。祁阳县、冷水滩区在2011年第二、第三批重点县省厅绩效考核中获得优秀等次。2012年，江永县、江华瑶族自治县通过全省遴选列入第四批全国小型农田水利建设重点县，建设期3年，每年每县中央投入800万元，省财政配套400万元。2013年，零陵区、道县、新田县、蓝山县通过全省遴选列入第五批全国小型农田水利建设重点县，建设期3年，每年每县中央投入800万元、省财政配套400万元。2014年，双牌县、冷水滩区（第二轮）通过全省遴选列入第六批全国小型农田水利建设重点县，建设期3年，冷水滩区每年中央投入1400万元，省财政配套320万元；双牌县每年中央投入1000万元、省财政配套320万元。2009年至2017年，永州市六批小农水重点县项目共计投入小农水专项资金5.27亿元，其中中央财政投资2.45亿元，省级财政投入1.02亿元，市县配套1.11亿元，群众自筹0.69亿元。共完成改造灌排渠道1912条2195公里，整治山塘2060口、河坝402座、泵站83座1956.5千瓦，河道治理7条34.3公里，附属建筑物改造5758处，新建高效节水灌溉面积11720亩。

2016年，国家分别下达祁阳县、东安县、江永县、宁远县中央资金各1200万元，省财政配套祁阳县、东安县290万元，江永县、宁远县390万元，实施农田水利项目县建设。2017年，国家分别下达零陵区、道县、蓝山县中央资金各750万元；下达新田县、江华瑶族自治县各1150万元，实施农田水利项目县建设。同年，省级财政下达全市14个县区、管理区、永州经开区141个行政村小型农田水利奖补资金1881万元。2018年，国家分别下达冷水滩区、零陵区、东安县、祁阳县、双牌县、江永县中央资金共计6400万元（祁阳1300万元，江永1100万元，其余均为1000万元），实施农田水利项目县建设。同年，省级财政下达全市140个行政村小型农田水利奖补资金1869万元。

2019年，全市共有0.2万~1万亩的小型灌区224处，灌溉面积43.1千公顷，共有0.005万~0.2万亩的小型灌区5481处，灌溉面积88.03千公顷。

2019年，机构改革调整部门工作职能，农田水利建设项目管理职责划给市农业农村局，水利部门不再安排小型灌区等相关项目。

第二节　节水灌溉工程

永州市节水灌溉工程主要有喷灌、微灌、低压管灌、渠道防渗等类型。

1978年4月，零陵地区在东安县芦洪市公社杨柳井大队和新圩江公社田心大队办喷灌工程试点。杨柳井大队喷灌工程为移动式，投资3万元，建100立方米压力水池1个，购买175喷灌机1台、20马力柴油抽水机1台，灌溉柑橘80亩。田心大队喷灌工程为固定式，投资5万元，建1000立方米水池1个，灌溉柑橘150亩，于是年5月完工试水成功。

1978年7月，地区在新田县办喷灌工程建设试点，国家投资106万元建设3万亩喷灌工程，至1979年10月试点完成，喷灌面积达到3.5万亩。1979年，双牌县城关镇上双大队建成该县第一处喷灌工程，装机2处2台22千瓦，喷灌面积3.7公顷，国家投资31454元。国家投资16.6万元在该县双牌、五里牌等公社部分大队柑橘场和县良种场建成喷灌站11处。1980年零陵地区各县市铺开喷灌工程建设，是年底，全区发展喷灌面积达到8.92万亩。1981年，全区对喷灌工程进行普查认定，符合质量标准的工程只有158处，喷灌面积2.99万亩。1982年开始，各县市喷灌工程建设速度加快，成功率提高。东安县原种场固定式喷灌200亩（橘园），年总产由9.5万公斤上升到19万公斤，增产9.5万公斤，产量增加一倍。1983年4月，地区柑橘示范场建自压喷灌面积650亩。到1984年，全区喷灌工程404处，喷灌面积6.89万亩。

20世纪80年代至90年代，道县大力发展喷灌工程，兴建机房75处，灌溉面积达9348亩，国家投资55.8万元，贷款84万元，群众自筹51.65万元，用工日10.95万个。1985—1991年，全区建成喷灌工程105处，面积2.51万亩。其中固定式2.1万亩，占83.7%；移动式0.41万亩，占16.3%。全区40个国营农林场所，有31个建有喷灌工程，面积0.13万亩。

1991年，全区喷灌工程总投资2516.23万元，其中国家投资882.68万元，贷款963.8万元，自筹资金669.75万元。建成喷灌工程385处，装机655台8069千瓦，喷灌面积4.2万亩，其中祁阳县1.17万亩，占总面积的27.86%。1995年，全区喷灌工程620处，装机620台0.792万千瓦，喷灌面积4.515万亩。是年，双牌县在泷泊镇霞灯、平福头乡建立柑橘和农田喷灌站2处，灌溉面积67.8公顷。

2000年以来，由于国家财政加大对高效节水灌溉工程的投资，水利、发改、国土、农业、农发等部门都涉及高效节水投资项目，永州市每年新增高效节水灌溉面积都在1万亩以上，与此同时，各县区建后管护机制比较健全，高效节水工程所在地都成立农民用水户协会，初步实现建成一片、移交一片、见效一片的目标。

蓝山县雷家岭高效节水工程

2002年，道县节水灌溉示范项目得到批复，项目包括团结坝支渠防渗衬砌620米，斗渠开挖初砌3条5480米，农渠开挖初砌6255米，排水沟开挖护砌4条4470米，修建4米宽机耕道2750米，3条2米宽生产道1720米，田间平整及田埂工程，新建小型附建物352处。购置节水灌溉观测试验设备以及节水技术推广等。该项目国家投资100万元、地方配套资金101.42万元。

2003年，蓝山县实施节水灌溉增效项目，受益村组有早禾的尧仁村、彭家、邹家，新圩的竹山村、楼下村、龙家坊村，受益群众达4500多人。示范区水利设施完善后，渠系利用率达0.75以上，实现节水高效目的。

2009年，为推广应用高效节水，国家出台一系列政策促进高效节水灌溉的发展。永州市全面推广高效节水工程，中央财政小型农田水利重点县（项目县）重点发展高效节水工程，主要灌溉形式为管灌和喷灌两种形式。2014—2017年，冷水滩区发展喷灌工程形成高潮，共发展高效节水灌溉面积达9000多亩，国家投资2430万元，群众自筹360万元。发展喷灌工程的主要乡村有伊塘镇的孟公山村、山门口村、茶花村、姚家村等。

2016年永州市完成高效节水面积1.01万亩，其中喷灌0.565万亩、微灌0.067万亩、管灌0.3714万亩。2017年永州市水利局编制《湖南省永州市高效节水灌溉“十三五”发展方案》，规划发展高效节水面积22.81万亩，其中喷灌6.174万亩、管灌10.337万亩、微灌6.279万亩。

2009—2018年，永州市小农水重点县（项目县）发展高效节水面积：2009年1500亩，2010年1500亩，2011年10600亩，2012年5100亩，2013年6300亩，2014年8370亩，2015年6775亩，2016年10100亩，2017年17000亩，2018年30000亩。

2019年，全市节水灌溉面积17.89千公顷，其中喷灌面积1.52千公顷、微灌面积1.36千公顷、低压管灌面积3.39千公顷、其他面积11.62千公顷。

第四章　饮水工程

永州市农村饮水工程建设先后经历三个阶段：1981—2004年为农村饮水解困（也称人畜饮水解困）工程建设阶段，重点解决农村干旱死角地区人畜饮水困难问题；2005—2015年为农村饮水安全工程建设阶段，确保农村居民能及时取得足量够用的生活饮用水，且长期饮用不影响人身健康；2016—2019年为农村饮水安全巩固提升阶段，建成市、县两级农村饮水水质检测体系，农村居民饮用水逐步完成从“有水喝”向“喝好水”的提升。

第一节　饮水解困工程

新中国成立后，政府为防止传染病，通过各级爱国卫生运动委员会推动，在农村开展饮用水改良工作，简称“改水”，工程的手段主要是通过打井引泉。

1981年，零陵地区水电局开始安排资金建设饮水工程，解决农村人畜饮水困难问题。到1985年，全区投入资金35.13万元，完成人畜饮水工程264处，解决13.6万人、3万头牲畜的饮水问题。

宁远县村民在饮水安全工程建设前生活用水状况

从1986年开始，地区人畜饮水工程实行专项安排，并按国家建设五年计划分步进行。1986—1990年，全区投资308.76万元，建设各类饮水工程654处，其中自来水工程15处，耗用钢材395.9吨、木材565立方米、塑料管39.21吨，解决5.93万人、3.84万头牲畜饮水困难问题。

1991年至1992年，地区安排江华瑶族自治县以工代赈专项资金128.77万元，建设解决人畜饮水工程78处，其中打井10口，建设蓄水池51个，开挖引水渠21公里，建设管道64910米，解决21952人、17603头牲畜的缺水问题。地处湘桂交界的干旱死角江华瑶族自治县鲤鱼塘乡高寨村1985年在政府支持下，集资投劳，苦干两年，打通432米隧洞引来邻乡清泉，但由于资金困难未安装管道，饮用水遭到污染。1991年，该村利用以工代赈资金安装1168米水管并新建蓄水池，村民家家户户喝上干净的自来水。1992年底，全区建成各类人畜饮水工程978处，其中自来水工程213处，泉井478口、其他工程287处，累计解决21.72万人、3.59万头牲畜饮水困难问题。

2001年，全市三批农村人饮解困工程安排国债资金550万元。2002年，全市投入人饮解困工程资金950万元，解决农村9万多人饮水困难。2003年，全市投入资金4662万元，兴建饮水工程1625处，日供水能力达4.5万吨，解决167个乡镇361个行政村、19.85万人的饮水困难。2004年，以湖南省委、省政府为民办“八件实事”为契机，永州市解决5个县22个乡镇41个行政村、5542户2.3万人的饮水困难问题。

第二节 饮水安全工程

2005年，永州市启动实施农村饮水安全工程建设，主要解决农村饮用水氟砷超标、水污染、苦咸水及其他饮水不安全问题，当年国家安排国债资金593万元，项目涉及7个县，共解决近4万人的饮水不安全问题。2005年开始，国家和省对农村饮水安全工程执行175元/人的补助标准。2006年，全市农村安全饮水项目完成投资2200多万元，解决6万多人饮水不安全问题。2007年，全市农村安全饮水工程完成投资4277.11万元，兴建工程169处，解决12.33万人饮水不安全问题。

2008年，国家提高补助标准，享受西部政策县补助标准400元/人、其他县补助标准300元/人。是年，永州市农村安全饮水工程完成投资4460万元，其中国家投资1746万元、省投资736万元、市县级配套1235万元、群众自筹743万元，建设饮水工程145处，解决11.24万人的饮水困难问题。2009年，全市建成农村饮水安全工程255处，解决23.42万人农村饮水不安全问题。

2008—2009年，永州市农村饮水安全工程建设连续两年圆满完成湖南省为民办实事各项目标任务，完成400处农村饮水安全工程，解决36.78万人的饮水安全问题。永州市水利局获得“湖南省为民办实事先进集体”称号。

2010年，全市兴建农村饮水安全工程186处，解决农村饮水不安全人口26.2万人。2011年，全市农村饮水安全项目建设涉及11个县区、管理区、永州经济开发区，兴建集中供水工程104处，解决饮水不安全人口20.7206万人，完成投资9829.12万元。2012年，全市农村饮水安全项目建设涉及12个县区、管理区、永州经济开发区，兴建集中供水工程157处，解决饮水不安全人口43.6810万人，完成投资2.06亿元。2013年，全市农村饮水安全项目建设涉及12个县区、管理区、永州经济开发区，兴建集中供水工程67处，其中新建57处，改扩建4处，续建2处，管网延伸4处，解决饮水不安全人口30.1万人，完成投资14548.83万元。

2014年全市农村饮水安全项目建设涉及14个县区、管理区、永州经济开发区，新续建工程261处，解决饮水不安全人口51.9032万人。同时，建设水质检测中心12处，其中市级水质检测中心1处、县级11处。完成投资27056.74万元，其中国债专项资金投资19283.91万元、省配套投资3962.79万元、市县配套投资2538.96万元、群众配套投资1271.08万元。

2015年，永州市政府与县区政府、县区政府与乡镇政府分别签订《2015年农村饮水安全工作责任书》。是年，全市农村饮水安全项目建设涉及13个县区、管理区、永州经济开发区，兴建工程190处，解决饮水不安全人口36.7234万人，完成投资17544.91万元，其中中央专项资金投资12644.03万元、省配套投资2406.09万元、市县配套投资1651.67万元、群众配套投资843.12万元。

2005—2015年，永州市农村饮水安全工程建设投资11.87亿元，其中中央资金8.01亿元、省级资金1.75亿元、市县及自筹2.11亿元，兴建供水工程1528处，解决饮水不安全人口265.5万人。

第三节 饮水安全巩固提升

2015年11月19日，永州市水利局下达《精准扶贫水利支持实施方案》，计划投资2.64亿元，用5年时间全部解决931个贫困村、52.97万名建档立卡贫困人口的饮水安全问题。12月23日，永州市政府第71次会议研究同意《永州市农村饮水安全工程市本级水质检测中心建设方案》。

2016年，是实施农村饮水安全巩固提升第一年，也是农村饮水安全脱贫攻坚的起步年。1月4日，市政府第72次会议审议通过市水利局起草的《关于切实加强农村饮水工作的意见》，1月12日《永州市人民政府办公室行文下发各县区，文件要求各县区将农村饮水安全巩固提升工作列入重点民生实事项目考核内容，通过三年（2016—2018年）的努力，全部解决全市774个贫困村、52.97万名建档立卡贫困人口的饮水问题（除8.2万人在易地搬迁中统筹解决外，其余44.77万人按500元/人补助解决，争取上级补助资金2.8亿元）。

2016年11月，市人民政府市长易佳良向湖南省人民政府签订《“十三五”农村饮水安全巩固提升工作目标任务责任书》，具体工作目标：到2020年，农村自来水普及率达80%以上，建档立卡的931个贫困村、52.97万名贫困人口的饮水问题全部得到解决，水质达标率每年提高5个百分点以上。是年12月，各县区人民政府向市人民政府递交责任书。

2016年永州市完成投资1.48亿元，巩固提升农村饮水安全人口18.23万人，其中209个贫困村，14.07万贫困人口受益。是年7月，永州市农村饮水水质检测中心开工建设，10月中心实验室建成，检测设备陆续到位，具备水质检测能力。2017年初，市水利局、市水文局联合下发《永州市农村饮水水质中心水质检测实施方案》，检测中心投入运行。

2017年6月，全省最大的农村供水项目，供水规模达15万吨/天，覆盖人口30万人，供水范围涉及江华瑶族自治县沱江镇、涔天河镇、界牌乡、桥市乡、大路铺镇的涔天河水厂开工建设。祁阳大村甸水厂建设（6.1万吨/天）采取PPP模式完成招标工作。道县农村自来水全覆盖工程进入财政PPP项目计划笼子。宁远县在县自来水公司的基础上组建县水务集团公司统管县城和农村供水工作，积极推进城乡供水一体化。2017年全市完成投资4.58亿元，兴建巩固提升农村饮水工程530处，巩固提升39.61万人的饮水安全，其中建档立卡人口16.58万人。

2018年12月，市委书记李晖和省水利厅厅长詹晓安分别调研东安县凤凰村水质污染、农村饮水安全巩固提升工作。12月10日，市政府召开会议专题研究农村饮水巩固提升工作，要求按照“市里主导、县里主体、乡镇主抓、村里主人”的原则压实责任；推行社会化的管理模式和市场化的运用方式，探索新的运营模式，保障农村人口的饮水安全。2018年，全市农村饮水安全巩固提升工程建设完成投资3.71亿元，巩固提升782处工程，解决17.26万名建档立卡贫困人口的饮水安全问题。祁阳、宁远、江华等县城乡供水一体化稳步推进，2018年11月9日祁阳县大村甸水厂开工建设。

2019年10月29日，永州市召开农村饮水暨河长制工作推进会

2019年1月10日，市水利局局长廖荣良赴省厅汇报，就《永州市农村饮水工程建设和管理实施方案》征求省厅有关领导的意见，省水利厅副厅长钟再群提出修改意见。1月14日，副市长谢景林到市水利局调研指导农村饮水安全工作。3月14日，代市长何录春召开市长办公会，研究《永州市农村饮水工程建设与管理实施方案（送审稿）》。4月1日，市政府办公室印发《永州市农村饮水工程建设与管理实施方案》，要求用两年时间（2019—2020年）强化农村饮水工程的建设与管理，实现全市农村饮水安全全覆盖和自来水“村村通”。全市农村饮水工作按照“城乡供水一体化、区域供水规模化、工程建管专业化”发展模式全面铺开。4月9—15日，市人大常委会组织部分代表到零陵、新田、宁远、东安、道县等地调研农村饮水工作。4月23—26日，市政协组织部分委员到新田、道县、祁阳、东安、武冈、恩施等地调研农村饮水工作。8月16日，第26次市委常委会会议研究民生实事“回头看”工作（包括农村饮水安全“回头看”）。8月18—20日，全市党政领导脱贫攻坚专题培训班在市委党校开班，脱贫攻坚农村饮水安全工程培训为重点内容之一。8月28日，市水

利局、市扶贫办联合印发《全市农村饮水安全“回头看”实施方案》，全市农村饮水安全“回头看”工作全面铺开。9 月 15 日，市水利局、市扶贫办联合印发《关于开展全市农村饮水安全“回头看”交叉核查的通知》，市级共派出 11 个核查组，赴县区核查农村饮水安全“回头看”相关情况。10 月 12 日，省水利厅派出 6 个指导组到永州市开展农村饮水安全“回头看”省级抽查工作。

2019 年 12 月底，全市 774 个贫困村、67.35 万名建档立卡贫困人口的农村饮水安全问题全部得到解决，全市贫困人口农村饮水安全基本得到保障。与此同时，永州市大力推进的“城乡供水一体化、区域供水规模化、工程建管专业化”（简称“三化”）发展模式等到湖南省政府领导的肯定，“北有祁阳，南有宁远”的“永州经验”在全省推广，祁阳县城乡供水一体化 PPP 模式还登上水利部农村饮水“红榜”，在全国推广。

2019 年底，全市农村集中式供水工程 2185 处（万人以上工程 70 处、千人以上工程 771 处、千人以下 1344 处），通自来水的行政村 2586 个、419.47 万人，自来水普及率 73.50%。

2020 年，永州市完成农村饮水安全巩固提升工程投资 6.58 亿元，新增和改善自来水人口 51.34 万人，此两项工作在全省排名第一。全市农村饮水安全实现全覆盖，脱贫攻坚农村饮水安全取得决定性胜利，全市农村自来水普及率达到 82.25%。是年，永州市水利局获评湖南省脱贫攻坚先进集体，市农村饮水事务中心获全市脱贫攻坚记功，蒋国胜获评全国脱贫攻坚农村饮水安全先进个人。

2005—2019 年永州市农村饮水工程建设发展变化一览表

表 2-4-1

建设阶段	农村饮水解困（人畜饮水）工程建设	农村饮水安全工程建设	农村饮水安全巩固提升工程建设
时间	2005 年以前	2005 年至 2015 年	2016 年后
目标	解决吃水难问题	解决饮水安全问题	饮水安全全覆盖，自来水村村通
工程措施	分散式打井，简易单村供水工程	大小结合，建设一批千吨万人供水工程和一大批联村、单村供水工程	新建和改扩建一批供水工程
净化、消毒	基本上没配备净化消毒措施	200 吨/天以上工程配备净化、消毒	大型规范配备，小型简易配备
管材	PVC 管铸铁管水泥管	前期 PVC 管，后期 PE 管	PE 管、PCCP、内衬 PE 的 DILP 管
水表	无	机械表，部分采用智能表	智能表为主
资金来源	水利、卫生自筹	水利、地方自筹	水利、银行融资、PPP、地方自筹
水质	原水	有提高、不稳定	提高较快（14.5%提到 60.5%）
建设标准	低	千吨万人供水工程标准较高	建设标准有明显提高

2019 年永州市千吨万人以上农村饮水安全集中供水工程汇总表

表 2-4-2

序号	供水工程名称	县区	工程总投资（万元）	开始供水时间	设计供水规模（立方米/天）	实际年供水（万立方米）	供水人数（人）
1	黄阳司水厂	冷水滩	526.36	2001 年 4 月	5000	35.04	8764
2	岚角山水厂	冷水滩	486.35	2004 年 4 月	1200	17.8	9345
3	马坪水厂	冷水滩	494.44	2012 年 4 月	2150	17.885	18749
4	蔡市水厂	冷水滩	507.32	2012 年 4 月	1450	37.595	11530
5	牛角坝水厂	冷水滩	227.53	2012 年 4 月	1100	40.15	10896
6	杨村甸水厂	冷水滩	568.26	2014 年 4 月	1150	41.975	12974

续表2-4-2

序号	供水工程名称	县区	工程总投资（万元）	开始供水时间	设计供水规模（立方米/天）	实际年供水（万立方米）	供水人数（人）
7	牛角圩集中供水工程	冷水滩	1136.32	2018年12月	1300	47.45	12490
8	黄田铺镇供水工程	零陵	701.15	2012年12月	1500	18	24338
9	石坝仔集中供水工程	零陵	2465.32	2012年12月	3150	88.4423	45000
10	大庆坪乡猫儿岩集中供水工程	零陵	620.12	2013年12月	900	25.2692	10566
11	富家桥镇集中供水工程	零陵	260.76	2014年12月	1650	46.3269	15170
12	邮亭圩集镇供水工程	零陵	322.79	2014年12月	1200	33.6923	10000
13	梳子铺乡大古源集中供水工程	零陵	426.67	2015年12月	1300	36.5	16611
14	水口山镇岩门前供水工程	零陵	539.42	2016年12月	880	24.7076	10752
15	文明铺镇供水工程	祁阳	715.88	2011年12月	1800	65.7	30931
16	黎家坪镇集中供水改扩建续建工程	祁阳	1032.3	2012年12月	17000	620.5	59248
17	石喝供水工程	祁阳	1161.8	2012年12月	3850	138.7	56358
18	八宝镇供水工程	祁阳	629.54	2013年12月	1760	64.24	25351
19	观音滩镇水厂改扩建工程	祁阳	522.39	2014年12月	2000	73	13442
20	茅竹镇供水工程	祁阳	433.67	2015年12月	2400	43.8	10941
21	白水镇三江集中供水工程	祁阳	837.26	2015年12月	4000	87.6	22558
22	石期市集中供水工程	东安	507.06	2006年11月	2080	75.92	22753
23	南桥镇双江供水工程	东安	815.79	2006年11月	1620	59.13	24594
24	芦洪市镇集中供水工程	东安	649.29	2006年11月	1210	44.165	30784
25	大庙口集镇供水工程	东安	703.58	2009年5月	1820	42.5324	12266
26	端桥铺镇改扩建工程	东安	268.85	2011年12月	550	20.075	12694
27	西江桥供水工程	东安	531.23	2012年12月	1000	36.5	14962
28	大盛镇供水工程	东安	404.28	2012年12月	710	25.915	16463
29	大江口乡供水工程	东安	530.94	2012年12月	1060	38.69	17324
30	松江水库供水工程	东安	560.28	2015年11月	2000	69.6829	20096
31	道县乐海水厂	道县	507.07	2010年9月	2000	73	21927
32	道县四马桥水厂	道县	998.05	2010年10月	2220	81.03	11647
33	道县云溪水厂	道县	1716.35	2014年10月	5000	109.5	18892
34	道县廊洞水厂	道县	1302.16	2014年12月	3000	54.75	18068
35	道县柑子园水厂	道县	770.81	2014年12月	975	35.5875	12968
36	道县洪塘营乡水厂	道县	525.54	2015年5月	1200	18.25	4189
37	大坪坳水厂	江永	2550	2004年11月	20000	288.0003	29102
38	源口集镇水厂	江永	2324.44	2011年8月	5040	183.96	47944
39	夏层铺集镇水厂	江永	822.93	2014年4月	900	32.85	11835
40	码市水厂	江华	800	2006年6月	6628	241.922	6628
41	白芒营水厂	江华	955	2013年6月	1318	48.107	13175

续表2-4-2

序号	供水工程名称	县区	工程总投资（万元）	开始供水时间	设计供水规模（立方米/天）	实际年供水（万立方米）	供水人数（人）
42	涛圩水厂	江华	1592	2015 年 7 月	2196	80. 154	21964
43	河路口水厂	江华	1351	2015 年 10 月	1864	68. 036	18638
44	小圩水厂	江华	874	2015 年 10 月	1207	44. 0555	12068
45	大圩水厂	江华	665	2015 年 10 月	9181	91. 81	9181
46	水口水厂	江华	895	2016 年 6 月	1200	43. 8	12000
47	大路铺集中供水工程	江华	911	2016 年 7 月	1258	45. 917	12577
48	涔天河水厂	江华	25500	2016 年 10 月	3823	139. 5395	38231
49	柏家坪镇供水工程	宁远	192	2005 年 12 月	1000	10. 95	4517
50	水市镇集中供水工程	宁远	927. 49	2010 年 12 月	1850	29. 565	20585
51	九嶷山乡集中供水工程	宁远	1068. 56	2011 年 12 月	2200	73	21270
52	鲤溪镇供水工程	宁远	821. 04	2012 年 12 月	1550	47. 45	18047
53	中和镇供水工程	宁远	997. 97	2012 年 12 月	3500	80. 3	32044
54	仁和镇集中供水工程	宁远	1023. 23	2013 年 12 月	2010	43. 8	15733
55	冷水镇集中供水工程	宁远	498. 02	2013 年 12 月	1260	41. 245	11493
56	湾井镇集中供水工程	宁远	1281. 13	2013 年 12 月	2100	76. 65	27190
57	柏家坪镇岭脚洞水厂	宁远	428. 9	2014 年 12 月	2000	35. 035	10010
58	县城自来水管网延伸工程	宁远	336. 91	2015 年 12 月	1700	29. 2	8068
59	清水桥镇三江自来水厂	宁远	80. 74	2015 年 12 月	2000	29. 2	10800
60	禾亭镇永佳水厂	宁远	537. 72	2015 年 12 月	2400	29. 2	23409
61	肥源水库供水工程	新田	1087. 58	2012 年 12 月	5000	172. 5	25526
62	石羊镇集中供水工程	新田	800	2014 年 12 月	1000	36. 5	16000
63	金陵水库供水工程	新田	797. 97	2016 年 8 月	2800	90	34674
64	楠市镇集中供水工程	蓝山	620	2002 年 12 月	1400	51. 1	12560
65	新圩镇集中供水工程	蓝山	165	2003 年 12 月	1750	54	14780
66	新圩毛江水厂	蓝山	340. 52	2010 年 11 月	1200	43. 8	10850
67	竹管寺镇白鸬洞集中供水工程（一期）	蓝山	529. 89	2013 年 12 月	1300	47. 45	11954
68	蓝山县两江口水厂	蓝山	436. 19	2015 年 11 月	2700	98. 55	24680
69	金洞城区一体化供水工程	金洞	4000	2018 年 6 月	5000	173. 3	18000
70	回龙圩管理区自来水厂改扩建工程	回龙圩	210. 24	1985 年 7 月	3400	34. 091	16500

第四节　饮水工程选介

一、城乡供水一体化

2016年，永州市开始实施农村饮水巩固提升工程，开启全民覆盖、城乡共享优质供水服务的供水保障模式。祁阳、宁远等县积极推进“城乡供水一体化”，争取使乡村居民能早日享受到和城市用户同样标准的自来水、同样标准的供水服务。

（一）祁阳县城乡供水一体化

2016年，祁阳县委十二次党代会向全县人民承诺：“让祁阳人民呼吸上新鲜空气，喝上干净水，走上平坦路，过上有品质、有尊严的生活！”县委、县政府成立由县委书记任组长、县长任第一副组长的祁阳县城乡供水一体化项目建设领导小组。2018年6月，聘请湖南省建筑设计院对全县城乡供水一体化进行科学规划设计。按照以大水源为主，建设大水厂、铺设大管网、供水大覆盖，实现规模化供水，大水厂覆盖不到的地方，因地制宜适量建设小水厂的思路。规划分4个片区，以湘江干流为水源，新改扩建大村甸、潘市、县城及新埠头水厂4个水厂，项目规划分期建设，一期为新建大村甸水厂，设计供水量为6.1万吨/日，投资4.04亿元；二期为改扩建潘市水厂，设计供水量为6万吨/日，投资6.72亿元，项目建成后可让101.9万名群众喝上优质、安全的自来水。2018年11月19日，县委、县政府召开县、镇（街道）、村（组）三级书记参加的大村甸水厂建设千人动员大会。

大村甸水厂建设创新投入机制，采取PPP模式引进北京碧水源公司（中交集团控股），按照“主管进镇、支管进村、管网到组、龙头入户”的标准，分阶段统筹推进水厂建设。工程于2018年11月9日开工，2019年10月24日通水。截至2020年7月底，高标准建成取水泵房1座，高、低位制水厂区各1处，水质化验室，加压配水厂3座，供水主管116公里，供水支管290公里，入户管网1800公里，新增用水户19462户，供水管网覆盖项目区内五镇一办一场134个行政村，日供水能力达2.6万吨。水厂全面采用信息化、智能化设备，所有操作实现集中远程操控，实时在线监测，取水厂、制水厂、配水厂均实现无人值班、少人值守。县财政每年预算安排1000多万元用于大村甸水厂运行补助，保证水厂保本微利经营，确保供水安全。水厂采用“县政府+乡镇政府+营运公司”的运行服务体系。县政府负责统一协调、营运监管、考核审计、营运补助、政策出台等工作，争取和给予水厂运行优惠政策；乡镇政府履行属地供水设施保护责任，安排专人协助监管；营运公司负责运行维护、供水巡查、水质水量保障、智慧水务、开户、水费收缴等供水服务，接受政府部门监督检查。公司优先聘用原存量水厂人员，实现运行管理人员专业化、本土化。推行智能化管理。采用远传智能水表计量收费，定制专业营收系统，实现水量显示、微信缴费和水费催缴。

（二）宁远县城乡供水一体化

2016年10月21日上午，宁远县委召开县委常委会会议，对城乡供水一体化工作进行研究部署。2019年5月8日，宁远县人民政府办公室印发《宁远县城乡供水一体化工程建设与运行管理暂行办法》。6月，宁远县城乡供水、污水治理一体化工程建设指挥部成立。7月6日，宁远县委召开宁远县委常委会会议，专题研究组建水务集团有限公司事宜。

2020年3月，宁远县水务集团有限公司挂牌成立，对具备城乡供水一体化实施条件的农村供水工程，由公司全盘接手、全面管理、提质改造。县政府将已建成的231处农村集中供水工程、九嶷山电站、水市水库等6座中型水库、河坝等10亿元资产，提供给水务集团公司用于融资贷款，确保城乡供水一体化建设顺利推进。按照“规划新建一批，提质改造一批，户表改造一批，延伸到户一批，中间加压一批，联网联村一批”的要求，让农村老百姓从“有水喝”向“喝好水”转变，创新宁远特色的城乡供水一体化建设之路。

2020年10月，《宁远县农村供水管理办法（试行）》实施。2021年5月17日，宁远县人民政府印发《宁远县城乡供水一体化工程建设与运行管理办法》，宁远县人民政府办公室印发《宁远县城乡供水一体化进村到户建设实施细则》。

2016年至2020年5月，宁远县投资5.5亿元，建设农村饮水安全和城乡供水一体化供水工程231处，农村饮水安全巩固提升受益人口55.56万人。联网合并城乡供水一化水厂3座，日供水能力9万吨。在满足城区供水的同时，向县城周边乡镇、村进行城乡一体化供水，形成“城乡供水一体化、区域供水规模化、工程建管专业化”的格局。宁远县已投产运行的千吨万人水厂共11处，分别是湾井镇水厂、柏家坪镇岭脚洞水厂、柏家坪镇水厂、中和镇水厂、九嶷山乡水厂、冷水镇水厂、水市镇水厂、鲤溪镇水厂、禾亭镇永佳水厂、清水桥镇三江自来水厂和县城自来水厂，覆盖供水到户农村人口17.39万人。

二、千吨万人水厂

（一）大村甸水厂

祁阳县大村甸水厂以湘江为水源，设计供水规模为61000立方米/天，设计供水范围为地处衡邵干旱走廊核心区域的长虹办事处、大村甸镇、黎家坪镇、文明铺镇、龚家坪镇、文富市镇、十里坪畜牧场、高铁新城共134个村，包括辖区学校、工业企业，总人口为347111人，规模生猪养殖85136头。该工程主要由取水工程、输水工程、净水工程（反应沉淀池、虹吸滤池、清水池）、配水工程（配水管网及配水厂）、消毒及管理设施等组成，供水主管116公里，供水支管290公里，入户管网约3732公里，项目总投资约4.04亿元。

工程自2018年11月9日开工建设，2019年10月1日开始通水。到2021年7月，已建成并投入运营的设施有取水泵房、大村甸主厂区、黎家坪厂区、三角湾配水厂、羊兴亭配水厂、黄泥山配水厂；已建成供水主管116公里，供水支管290公里，入户管网约1800公里，新增用水户19462户（不含原黎家坪水厂、文明铺水厂老用水户）；2019年12月份完成出厂水、配水厂、末梢水抽样检测，水质符合国家饮用水标准，供水水质、水量明显优于原有供水。

祁阳碧水源水务有限公司为祁阳县大村甸水厂营运单位，设有综合管理部、客服调度部、管网工程部、生产运营部、财务部等部门，下辖黎家坪厂区、三角湾配水厂、羊兴亭配水厂、黄泥山配水厂、文富市配水厂、双江口配水厂等，现有职工80人。采用NB远传智能水表计量收费，定制专业营收系统，实现水量显示、微信缴费、水费催缴，可接入城乡供水智慧水务平台，做到运行维护智能化。已具备水厂营运、维护、收费能力，保障城乡供水安全，为用水户提供优质、安全、干净、足量的自来水。

（二）涔天河水厂

江华瑶族自治县涔天河水厂供水规模为15万立方米/天，其中一期（2016年）供水规模为5万立方米/天，二期（2020年）新增供水规模为5万立方米/天，并预留远期5万立方米/天规模发展用地，水厂从涔天河水库取水。

江华瑶族自治县涔天河水厂

涔天河水厂一期工程于2017年6月开工建设，2020年10月完成，完成投资1.5亿元。主要由原水取水工程（含取水泵站、原水管线)、净水厂工程、输水管线工程、配套农村饮水管网工程组成。

二期工程设计供水规模5万立方米/天。一期、二期工程完工后，可解决县城20万人及6个乡镇84个村10万人饮水安全问题，其中建档立卡贫困村26个、贫困人口27423人；东田和四联2个涔天河水库扩建工程移民安置点1.5万人。

（三）石坝仔供水工程

零陵区石坝仔供水工程始建于2002年，原供水范围为珠山镇机关、镇直单位、中小学校以及珠山镇街道居民，石岩头镇政府机关单位、镇街道居民等。供水规模2500立方米/天，供水人口20000人，从石坝仔水库副坝深层取水（自压式）。

2012年，零陵区对石坝仔供水工程进行改扩建，增加部分供水区域，新增范围为石岩头镇集镇、滩头村，乐塘村、夏阳村、汗塘新塘里自然村，新增安全饮水人口6480人。工程总投资622.45万元，于2014年3月完工，工程项目包括取水工程、输水工程、净水工程（反应沉淀池及滤池）、配水工程（清水池及配水管网）、消毒设施等，设计日最大供水量3150立方米，设计供水人口28364人。

（四）马坪水厂

马坪水厂位于冷水滩区马坪农业经济开发区龙家岭村，近期设计供水规模5000立方米/天，远期设计供水规模1万立方米/天，近期计划解决农村饮水不安全人口50000人。工程于2012年8月27日公开招标，湖南省水利水电施工公司中标承建，永州市水利水电工程建设监理咨询有限公司负责工程监理。工程于2012年9月11日开工，完成工程总投资721万元。

主要建设内容有210立方米取水泵房、210立方米反应沉淀池、210立方米滤池、500立方米清水池2个、生产用房55.67平方米、管理用房615立方米、输配水管网6.23公里等。

马坪水厂于2014年12月建成投入运行，解决马坪农业经济开发区街道、学校及周边6个村组50000余人的饮水不安全问题，为马坪农业经济开发区的发展提供水利保障。

（五）大庙口水厂

大庙口自来水厂位于东安县大庙口镇屯里村，工程总投资约450万元，建成于1994年9月，之后于2009年、2010年又相继投入230万元进行改扩建，2019年投入15万元更换消毒设备，工程建设内容主要包括：在舜皇山华仔冲水源处兴建取水工程1处（含过滤、调节池），铺设输水管和配水管共10公里。工程从舜皇山华仔冲取水，采用重力自流方式供水，净水工艺采用絮凝沉淀、过滤、消毒的常规处理，供水规模1300立方米/天，主要供水范围为大庙口集镇及周边村，设计供水人口19863人，已供水人口13283人。

（六）大坪坳水厂

大坪坳水厂位于江永县千家峒乡古源村瓦屋自然村，距江永县城15公里。该工程总投资2550万元，2004年11月建成投产，主要由取水工程、输水工程、净水工程、配水工程、消毒设施组成。大坪坳水厂采用自流式方式供水，水源为大坪坳水库，设计供水规模为20000立方米/天，2019年测算实际按超负荷30000立方米/天供水，供水范围涉及潇浦镇（江永县县城）、千家峒乡、上江圩镇等3个乡镇19个村近6万人及工业园区用水，2019年底供水人口29102人。

江永县大坪坳水厂

（七）五里牌镇水厂

双牌县五里牌镇位于双牌县北部山丘陵地区，距双牌县城12公里，东邻泷泊镇平福头片区，南连泷泊镇，西、北界零陵区。镇政府驻五里牌村，辖五里牌村、柏梧塘村、潇水湾村、红福田村、青山里村、大叶江村、盘大岭村、全家洲村8个村，112个村民组。

双牌县五里牌镇集镇供水工程

全镇辖8个行政村112个组3955户16432人。该镇在2011年实施集镇供水工程，工程设计供水人口8791人，设计供水能力760立方米/天，水源点为小（1）型八一水库和机井备用水源，供水范围为五里牌镇机关、学校，附近的五里牌村、潇水湾村等5个行政村。建设40立方米/小时反应沉淀池1组、40立方米/小时重力式无阀滤池1组、300立方米清水池1个、15平方米加药消毒房2间、80平方米管理用房。该工程水费收取正常、消毒设施使用正常、管理制度及人员落实到位。

（八）云溪水厂

道县云溪水厂是道县2013年启动的“千吨万人”以上农村集中供水工程，列入2014年度为民办实事考核，2014年获得省级为民办实事先进单位称号。该工程属重力式自流供水，源水取自云溪水库，水质优良。厂区位于清塘镇至中坪村乡道西侧，距大坪铺农场场部约1公里，距县城约17公里。工程设计供水范围为清塘镇、大坪铺农场、营江街道办事处和寿雁镇4个乡镇场（办事处）35个行政村及4所中小学校，设计供水人口5.4万人，供水规模5000立方米/天。水厂采用穿孔旋流式反应池、斜管式沉淀池、重力式无阀滤池进行水质净化，采用二氧化氯发生器进行消毒处理（2019年通过中央维修养护资金更换为电解次氯酸钠消毒设备），输供水管材全部为PE管，管道总长约350公里，水表采用IC卡智能表。工程静态总投资2555.73万元。

道县云溪水厂

2013年启动工程建设，“十二五”期间实施三期工程，实现15个行政村（合并后10个行政村）、清塘镇镇直机关和3所学校通水，受益人口3.23万人，完成投资2137万元。设计范围内未通水行政村已纳入道县城乡水务一体化建设PPP项目云溪水厂管网延伸范畴，预计2021年底完工。

工程由道县清泉农村供水有限公司运行管理，该水厂现有运行人员8人，年水费收入约60万元。

（九）金陵水库集中供水工程

新田县金陵水库集中供水工程总投资1267.45万元，2014年2月开工，2016年底竣工，项目建设主要包括取水工程、输水工程、净水工程、配水工程、送水泵房、消毒设施等，工程供水方式采用分区供水。

集中供水工程以金陵水库为供水水源，供水范围涉及龙泉镇、金陵镇、大坪塘镇等 3 个乡镇共 18 个行政村，日最大供水量 2800 立方米，供水人口 4.2 万人。

（十）白鸬洞水厂

蓝山县白鸬洞水厂于 2014 年 8 月开工建设，2015 年 3 月建成供水，工程供水范围覆盖塔峰镇的界头、大富头、石豪尾、杨柄二、下坊、总市、蒋家洞、白跃、金银福村、近江、小泉等村庄和机关、学校，供水人口 1.33 万人。

白鸬洞水厂建设项目包括厂房、泵房区建抽水池、泵房和机电设备、反应沉淀池、无阀滤池、清水池（2 座）等，工程投资 750 万元。

蓝山县白鸬洞水厂

（十一）九嶷山水厂

九嶷山水厂位于宁远县九嶷山九龙村，距离县城 30 公里。水厂采用自流式取水方式，取水水源通过两处引水坝（别江口引水坝、初滩引水坝）引水。工程主要由取水工程、输水工程、净水工程（反应沉淀池及过滤池）、配水工程（清水池及配水管网）组成，设计供水规模为 2200 立方米/天，设计供水范围为九嶷洞村、大桑塘村、别江口村、九嶷山村、西湾村、童子坪村、新塘村、麦地村、太平村、王奇生村、上洞村、山头源村、下洞村、盘江湾村、花盘洞村等，供水覆盖人口 24777 人。

2011 年 8 月，省水利厅下达《关于宁远县九嶷山乡集中供水工程初步设计的批复》。九嶷山水厂工程分三期实施。一期工程项目有新建 500 立方米/天水厂 1 处；197 万立方米/天水源工程 1 处，净水工程（反应沉淀池及过滤池）1 处；铺设 50 毫米以上引水管 8.9 公里、25 毫米以上输水干支管 37.2 公里以及进户配水管网。水厂一期工程投资 347.96 万元，于 2011 年 9 月开工，承建企业为宁远县兴达建筑有限公司。2012 年 2 月水厂一期工程竣工，3 月试行营运供水。二期工程于 2012 年 9 月动工，2012 年 12 月竣工。续建供水规模 2200 立方米/天水厂，延伸供水管网管道铺设 140 毫米 6.3 公里、110 毫米 8.7 公里、90 毫米 9.2 公里、63 毫米 8.2 公里、50 毫米 10.4 公里等。二期工程投资 74.8 万元，承建企业为宁远县春城建筑有限公司。三期工程于 2015 年 4 月动工，2015 年 7 月竣工。续建取水构筑物（河坝）1 处，铺设 250 毫米引水管 2.3 公里，铺设 110 毫米以上输水干支管 8.5 公里以及进户配水管网。水厂三期工程投资 299.68 万元，承建企业为湖南省金佳建设工程有限公司。

（十二）金洞一体化供水工程

金洞管理区城区一体化供水工程是湖南省 2016 年省级重点项目。项目总投资 5000 万元，建设规模为日供水 5000 立方米。工程由水坝、引水管网、水厂和供水管网组成，水坝建在金洞镇下古村杨家湾，引水管全长 13.58 公里，采用直径为 315 毫米的 PE 管，水厂建在大寨山顶，水厂供水范围上至柏子坳，下至龙潜肉，惠及 12000 人。工程于 2017 年 8 月动工，2018 年 6 月竣工。

（十三）回龙圩水厂

回龙圩管理区水厂建于 20 世纪 80 年代，2003 年、2007 年共投资 400 万元对原水厂进行改扩建，改建后水厂的供水规模为1800立方米/天，主要为回龙圩管理区城区及周边村组1.1万人供水。2013年，回龙圩管理区再次投资140万元对水厂供水净化处理设施进行改造。2019年为加快全区用水安全，实现村村通自来水，回龙圩管理区水厂列入“回龙圩管理区城乡供水一体化工程”项目进行改扩建，“回龙圩管理区城乡供水一体化工程”项目是2019年省市级重点民生项目，该项目计划总投资6000万元，建设规模为日供水4500立方米，主要建设工程为：老水厂改扩建成日供水4500立方米供水规模；村村通自来水水管铺设、水源工程、城区老管网改造工程，供水管网采用饮水级PE管，引水管全长达86公里。到2020年12月，“回龙圩管理区城乡供水一体化工程”项目已完成水厂改扩建和村村通自来水管网铺设、城区水表改造和水源工程PE350管网2.1公里铺设，完成投资2800余万元。水厂改扩建项目全部完成后，将形成日供水规模为4500立方米，覆盖全区9个行政村和2个居委会，供水人口3.5万人。

第五章　城镇水利建设

随着社会经济发展，永州市城镇水利建设从最简单的安居保障和防洪保障逐步向水环境改善和水生态修复迈进。1998 年，城市防洪规划的编制掀开全市城市防洪建设的序幕。2000 年，《永州市河道采砂清理整顿实施方案》的出台是对水环境整治保护的开始。经过不断持续发力，全市建设 24 个城镇防洪保护圈，实现采砂禁采区全面禁采，完成中心城区 11 处黑臭水体和 16 处饮用水水源保护区排污口截污整治，关闭重度污染企业湘江纸业公司，持续开展湘江沿岸河道复绿，随着宋家洲搬迁整治、公园的建立，永州向着“水清、河畅、岸绿、景美”的美好愿景迈进。

永州市冷水滩城区湘江鸟瞰

第一节　防洪工程

1998 年，永州市开始编制城市防洪工程规划，按照中心城市（冷水滩区和零陵区）防洪工程 50 年一遇，县城 20 年一遇的设计要求建设城市城镇防洪工程。2000 年 9 月，永州市城市防洪规划报告获得湖南省水利厅批复，规划范围为中心城区冷水滩和零陵两区，分冷水滩区河东、河西和零陵区河东、河西、岚角山五大片防护，水平年为近期 2010 年、远景 2020 年，初步核定总投资 1. 93 亿元。至 2021 年，仅完成冷水滩河东堤防，零陵河东片、冷水滩河西片正在建设之中。全市各县逐步实施大规模城市防洪工程建设，其中，2006 年前

市水利局副局长欧阳平清（右一）陪同省厅检查组考察道县堤防工程

冷水滩、零陵、祁阳、道县、双牌、东安、江永、江华、宁远等县区通过“四水治理”项目新建防洪堤24.6公里，完成投资8亿余元；2006年后冷水滩、零陵、祁阳、江永、江华、宁远、新田等两区五县通过“亚行贷款”城市防洪项目，新建20条防洪堤，总长27.14公里，完成投资5.82亿元；各级政府通过自筹资金，完成城市防洪工程建设35.68公里，完成投资近10亿元。2018年，市县两级分别对城市防洪规划进行修编，新增城市防洪堤工程70余公里，规划总投资20.69亿元。为完成修编后的建设任务，永州各级政府采取措施，决定将政府债券、土地出让金、水利建设基金等优先用于城市防洪工程建设，计划用3~5年的时间，完成修编后城市防洪工程规划建设任务，实现城市防洪工程保护圈的闭合。到2019年底，全市建成防洪堤工程96.32公里，完成投资23亿余元。

2019年永州市县级以上城市（镇）防洪圈一览表

表2-5-1

序号	所在县区	防洪圈名称	防洪圈位置	设计防洪标准	防洪圈堤防		现状
					堤防总长（公里）	已建堤长（公里）	
1	冷水滩	河东圈	永州大桥至曲河大桥	50年一遇	7.48	7.48	已闭合达标
2	冷水滩	河西圈	永州大桥上游至省道217大桥	50年一遇	10	1.5	未闭合
3	零陵	河东圈	茆江桥至萍洲大桥	50年一遇	9.3	7.8	未闭合
4	零陵	河西圈	沙沟河湾至萍岛河口	50年一遇	8.7	6.3	未闭合
5	祁阳	城东圈	河口至毛口塘	20年一遇	2.29	2.29	已闭合达标
6	祁阳	城北圈	浯溪电站至肖家院	20年一遇	5.7	4.6	未闭合
7	东安	龙溪河左岸圈	白牙市镇	20年一遇	4.7	4.7	已闭合未达标
8	东安	龙溪河右岸圈	白牙市镇	20年一遇	2.848	2.848	已闭合达标
9	双牌	城东圈	盘家村至水桶村	20年一遇	4	2.2	未闭合
10	双牌	城西圈	义村至潇水一桥	20年一遇	3.7	3.7	已闭合达标
11	道县	城西圈	营江洞—喜鹊塘	20年一遇	8.8	4.8	未闭合
12	道县	城北圈	阳乐田—下关段	20年一遇	7	1.1	未闭合
13	江永	城南圈	层山大桥至猫仔山	20年一遇	2.3	2.3	已闭合未达标
14	江永	城北圈	双江口至玉田水闸	20年一遇	2.3	2.3	已闭合未达标
15	江华	西河沱水左岸圈	沱江镇	20年一遇	3.9	3.5	未闭合
16	宁远	城南圈	宁远县县城	20年一遇	4	3.7	未闭合
17	宁远	城北圈	宁远县县城	20年一遇	4.1	2.9	未闭合
18	新田	第一保护圈	庙边至谭田村	20年一遇	9.5	6.3	已闭合未达标
19	新田	第二保护圈	柏家村	20年一遇	2.9		未闭合
20	新田	第三保护圈	风云亭至漆山里村	20年一遇	6.6	1.3	未闭合
21	新田	第四保护圈	日西双胜保护圈	20年一遇	9	2.1	未闭合
22	新田	第五保护圈	日东保护圈	20年一遇	8	3.2	未闭合
23	蓝山	县城片圈	省道216桥至七里江大桥	20年一遇	12.3	9.1	未闭合
24	蓝山	河东片圈	省道216桥至七里江大桥	20年一遇	12.1	10.3	未闭合

一、冷水滩区防洪堤

冷水滩区城市防洪标准为 50 年一遇，主城区有河西和河东 2 个城市防洪保护圈，其中，河东主城区 7.87 公里保护圈（汽车北站—白石山公园）于 2005 年闭合，由于资金不足，梅湾路段排渍站及交通闸等配套设施没有建成，致使河东防洪保护圈处于闭合未达标状态；河西主城区 9.15 公里防洪保护圈一直未建，处于未闭合未达标状态，其中，老造纸厂至潇湘电站段 7.15 公里施工图已批复，由市城建投负责实施，潇湘电站至亲水桥段 2.0 公里由经开区负责实施，河西段城市防洪工程采取路堤结合方式，以湘江西路为防洪堤。

2002 年 4 月，湖南省水利厅厅长王孝忠（前左二）在永州市委副书记邓三龙（前左三）陪同下视察永州中心城区防洪堤建设

河东湘江防洪堤工程是永州市中心城区的标志性工程，总长 9.6 公里。宋家洲电站大坝上游右岸至曲河大桥堤防工程全长 5.29 公里，建于 20 世纪 90 年代，由市城市建设局负责实施，该堤防工程为浆砌石挡墙。宋家洲电站大坝下游右岸至白石山公园 4.31 公里堤防工程于 2001 年下半年启动，由市水利局负责实施，2005 年 12 月竣工，2006 年市政府明确防洪堤由市公用事业局管理（现市城管局）。工程审批概算投资为 4409.91 万元，实际完成投资 3721 万元，其中国家安排“四水治理”资金 1400 万元，市财政投资 2321 万元。该堤防工程为土堤，自 89 米高程设混凝土基础，砂砾石填筑至 96 米高程设 5 米宽平台，再采用黏土填筑至 101 米，堤体外坡 1∶2，96 米高程平台以下采用混凝土六角块护坡，96 米高程至 101 米高程采用草皮护坡，101 米高程平台临河侧设防浪墙 1.2 米高，2 个平台均铺以彩色地板砖。2016—2017 年，永州市政府委托市城市建设投资公司对冷水滩区河东已建防洪堤工程进行提质改造，项目总投资近 1 亿元。

河西保护圈施工图等工作已经完成，但是由于城区拆迁和资金问题没有解决，工程建设迟迟不能启动。

二、零陵区防洪堤

永州市零陵区城市防洪工程位于湘江两岸，于 1998 年开始编制城市防洪工程规划，工程按 50 年一遇防洪标准规划设计。零陵区成立的防洪工程项目部与沿江大道开发公司合署办公，负责城市防洪工程和沿江大道的建设工作，在防洪工程建设过程中坚持与城市道路相结合，与城市开发相结合。工程共计申请亚行贷款 2900 万元，向工商银行借款 2.4 亿元，共完成河西保护圈防洪堤 5.17 公里、河东保护圈防洪堤 3.935 公里。零陵区于 2018 年启动了城市水利规划，对城市防洪工程进行修编，新增城市防洪工程 12 公里，规划总投资 3.6 亿元，零陵区将利用 3~5 年的时间，将政府债券、土地出让金等资金用于城市防洪工程建设，实现城市防洪工程保护圈的闭合。

三、祁阳县城防洪堤

祁阳县城市防洪工程城北防洪堤始建于 2003 年，当年举全县之力，发放政府债券 1000 万元启动县城防洪堤工程建设。2005年，祁阳县争取亚行贷款城市防洪工程资金604万美元，2013年、2014年湖南省水利厅为祁阳县城市防洪堤工程下达配套资金1200万元。2018—2019年祁阳县政府委托县城市建设投资公司对祁阳县城北保护圈未闭合的防洪堤进行续建，项目总投资近2亿元。到2019年底，建成达到设计标准高度的堤防3.276公里（湘江桥至黄道门码头段及东江桥至污水处理厂段）；已建未达标的堤防1.224公里（浯溪电站至湘江大桥段，这一段中前0.6公里已达88.0米高程，后0.624公里已达85.28米高程）；正在实施的堤防2.115公里（黄道门码头至东江桥段1.05公里；污水处理厂至肖家院段1.065公里）。

第二节　城市水利建设选介

一、宋家洲整治

宋家洲位于冷水滩区杨家桥街道狮子口社区，是湘江江心洲，总面积1134亩，其中陆地面积810亩、水域面积324亩，属于一级水源保护区。由于历史原因，宋家洲土地一直未被开发利用，基础设施建设落后，“脏乱差”现象突出，网箱养鱼、水上餐饮等行为导致宋家洲河段水质不断恶化。截至2015年，宋家洲共有水上餐饮船店15家，养鱼网箱面积26.5万平方米。宋家洲综合治理问题成为急需解决的重大环保问题、重大民生问题。

2016年，市人大代表将宋家洲综合治理问题提出，并被确定为市四届人大八次会议一号议案。2016年5月5日，永州市宋家洲综合整治工作动员大会在永州礼堂召开。至此，一场事关永州中心城区长远发展和民生福祉的宋家洲治理攻坚战开始打响。经过近一年的整治，共取缔网箱养殖146户，网箱26.5万平方米，非法水上餐饮店全部关停取缔。由于地处湘江上游，宋家洲常年遭受水患，是永州中心城区的洪涝重灾区。同时，随着人口的增长，洲上违法建筑不断增加，违法建筑达193栋，面积8.1万平方米，因洲上无序管理，导致各类问题不断累积、矛盾日益凸显，岛内居民生活污水直接排放，生态环境也日趋恶劣，严重影响一级水源保护区水质。

宋家洲公园

2019年5月，永州市正式启动宋家洲避险搬迁及环境综合治理工作，拆除152栋房屋以及违建工棚共计74222平方米。8月12日，洲上15.6万平方米的房屋全部实现安全避险搬迁，洲上居民或货币补偿自购商品住房，或统一安置新建的宋家绿洲安置小区，生活环境得到明显改善。同时，市委、市政府决定全面推进环境整治，建设宋家洲生态休闲文化公园，打造“永州的橘子洲头”。2020年11月19日，宋家洲公园开工建设，公园占地面积1134亩，项目投资约3亿元。2021年5月1日，宋家洲公园建成开园，内有环湖跑道3400米、大小游道6733米、草坪广场3.2万平方米；有原生古樟树上百株，有松园、竹园、梅园、果园、樱花园等十多个特色景观园；洲上栖息鸟类、蛙类等飞禽走兽数十种、数万只；内湖有湘江生态鱼20余种、数十万尾，景观鱼万余尾。从原来杂乱无章的城中村到“永州的橘子洲头”，宋家洲成为市民休闲娱乐的好去处。

二、湘江风光带

为改善永州中心城市人居环境，提升城市品位，从2012年起，永州市决定分期对湘江、潇水永州中心城区段进行生态治理及景观工程建设。湘江风光带规划北起冷水滩区永州大桥，南至零陵区香零山大桥，东西两岸约72公里，腹地面积以湘江东路及湘江西路为界。通过对两岸滨江绿地、湿地、洲滩进行规划设计，形成“一江两岸十六景”的景观格局。滨水道路、桥梁、防洪堤、沿江建筑立面都纳入湘江风光带体系，统一规划、统一设计，分步实施。湘江风光带的规划设计，体现尊重现代城市气质和时尚城市要素，景观设计采用现代主义手法，立足城市需求、景观提质和原生态保护，力求通过湘江风光带的打造，深刻展现锦绣潇湘、和美永州的山水环境、历史文化和时尚都市风貌。其中，2012年启动建设的中心城区段，北起于永州大桥，南至刚建成的长丰二桥，东西两岸长20公里，设计面积137.6公顷。主要建设内容包括：山体公园、杨柳岸、亲水平台、水岸风情小街、健身活动广场、滨江体育广场、滨江演艺广场、音乐喷泉、垂钓半岛、草坪、沙滩、生态湿地、游戏沙坑、林下活动空间、自行车道、亲水步道、景观平台、休闲亭台、景观灯夜景等，到2021年，工程建设全面完成。特别是滨江演艺广场成为永州中心城区人民娱乐休闲、重大节庆活动的重要场所。

三、潇湘平湖

潇湘平湖是20世纪90年代修建宋家洲水利水电工程截流形成的城市内湖。因潇、湘二水交汇其中，水面开阔、水势平缓而得名，它南起永州市零陵区异蛇村，北至永州市冷水滩区宋家洲大桥（潇湘水电站），连接永州中心城区（零陵古城和冷水滩现代城区），两岸绵延百余里，平均宽度350米，平均水深9米，总蓄水量达到1.6亿立方米，形成“城中有湖，湖中有城”的独特景观。

潇湘平湖荟萃潇湘美景之精华，潇湘平湖将柳宗元《永州八记》遗址、永州八景（萍洲春涨、香零烟雨、朝阳旭日、愚溪眺雪、恩院风荷、绿天蕉影、山寺晚钟、淡岩秋日）和柳子庙、文庙、武庙、廻龙塔、李达故居及异蛇村、水上大世界、鸟沙洲、巴洲和零陵机场、衡昆高速湘江大桥、宋家洲电站等自然景观、人文景观和现代景观串为一线，交织成一幅山、水、洲、城、林有机同构的“百里画廊”，美不胜收。

附 1：大型水利工程专辑——双牌灌区

双牌水库位于潇水中游，以灌溉为主，结合发电、航运、滞洪等综合效益于一体的大中型水库。水库大坝建在双牌县城关镇周冲，控制流域面积 10594 平方公里，多年平均径流总量 97.3 亿立方米，多年平均流量 309 立方米/秒。水库设计总库容 6.9 亿立方米，设计灌溉农田 32 万多亩；电站装机 3 台、容量 13.5 万千瓦，设计年发电量 5.85 亿千瓦时。工程于 1958 年 11 月 5 日动工，1963 年枢纽工程全部完成。1963 年 11 月，中共中央中南局第一书记陶铸视察双牌水库，并题写“双牌水库”库名。双牌水库枢纽工程建设共耗资 9620 万元，全部由国家投资。

双牌水库枢纽工程分为大坝、坝后电站、船闸及左右干渠四大部分。

拦河坝为混凝土双支墩大头坝，最大坝高 58.8 米，坝顶高程 176.5 米，坝顶总长 311 米，河床右侧的 2 号支墩为溢流坝段，总长 136.85 米。每支墩宽 23 米，溢流坝顶高程 161 米，上置 11 扇 10×9 米（宽×高）钢弧门，控制蓄水。河床左侧 8—11 支墩为挡水坝段，每支墩宽 18 米，总长 72 米；左右两岸以浆砌石重力坝与岸坡衔接。

灌区渠道原设左右涵管各一道，左涵为钢筋混凝土圆管，内径 2.5 米，引用流量 12.5 立方米/秒，设计灌田 16 万亩，后因电站发电用水不够，计划修建单江、何仙观、石坝仔水库代替，废弃左干渠灌溉方案。右干渠首设放水压力涵管 2 个，内径均为 2.5 米，合计引用流量 25 个，干渠全长 95 公里，灌溉双牌、永州（现零陵区）、冷水滩、祁阳等县市农田 32 万亩。1963 年，零陵县菱角塘、邮亭圩、双牌 3 个区，组织 3000 人常年施工，开挖右干渠前 5 公里。1964 年 7 月起，零陵县 3 万名农村劳力，按公社分段包干负责，历时一年多，开通右干渠 54 公里。1966 年春再开挖 41 公里，是年 7 月 1 日全干渠通水。至 1984 年，双牌水库右干渠灌区配套工程全部完成。

双牌水库建成后，电站及枢纽工程隶属湖南省水利厅管理（详见第三篇水电建设中型水电站专辑一），灌区工程由零陵地区管理，成立双牌水库管理局。

一、灌区自然环境

双牌水库灌区位于湘江上游右岸。灌区主要承担永州市的双牌县、零陵区、冷水滩区和祁阳县四个县区 32.54 万亩农田、经作、养殖等供水任务。双牌灌区属南方湿润气候，多年平均降雨量 1350 毫米，引水水源为双牌水库，双牌水库总库容为 6.9 亿立方米，年水资源总量达 95.5 亿立方米。2013 年灌区年引用水总量仅 2.27 亿立方米，不到水库年水资源总量的 4%。灌区控制范围土地总面积为 170.75 万亩，耕地总面积 56.48 万亩，工程设计灌溉面积 32.54 万亩。灌区内土地面积 170.75 万亩，其中耕地面积达 56.48 万亩，占土地总面积的 33.1%，复种指数 2.14，极具农业发展潜力。灌区主要种植水稻，其他作物种植面积均较小。水田面积占灌溉面积的 97.7%；旱土作物有黄豆、红薯、蔬菜等，种植面积占 1.2%；经济作物以柑橘为主，油菜、花生次之，种植面积占 1.1%。

（一）地形地貌

双牌水库坝址位于潇水中游双牌峡谷出口，距下游零陵 60 公里，控制流域面积 10594 平方公里，占潇水流域面积的 85%。潇水为湘水流域最大支流之一，位于湖南省西南隅。东以阳明山南岭山脉与湘水支流舂陵水连江为界，南以萌渚岭与广东桂江分流，西抵都庞岭，北连湘水。流域形状为南北长而东西窄，地势则南高北低，流域面积为 12099 平方公里。

潇水源头称为深水，至江华瑶族自治县境始名东河，行至沱江镇纳入萌渚河，复名沱江蜿蜒至道县，沿途纳玉田、永明等河。道县以下汇宜水、宁远河等支流，经青口、双牌于零陵下游4公里处的萍洲注入湘水，全长354公里，河道弯曲率为1.8。潇水流域的涔天河以上多属崇山峻岭，涔天河至青口则为道县盆地。青口至双牌间为高山峡谷，双牌以下河谷开阔，两岸多冲积台地及丘陵。整个流域山地分布较广，约占全流域面积的60%，丘陵则占30%以上。潇水自河源至涔天河为上游，长133公里；涔天河至双牌县城为中游，长155公里；青口以下则为下游，长66公里。

灌区地貌系属中切割低山丘与平缓丘陵区的过渡地带，丘陵区占90%以上。地势南高北低，山岭海拔高程一般为500~1000米，丘陵地带海拔高程100~200米。

灌区内地层除下古生代前泥盆（龙山系）纪变质岩系外，主要为上古生代泥盆纪地层，兼有新生代第三纪和第四纪地层。

灌区内所在大地构造位置为华南台块赣湘台向斜衡道复式背斜轴部的西南端，道县旋转式构造穹窿构造北端，阳明山穹窿之西南零陵盆地南部边缘。区内经江南运动和燕山运动，以及伴随燕山运动大规模岩浆浸入，使泥盆系地层轻微变质，褶皱断裂时基本形成。岩层走向近似南北（坝址区）。区内有斜坡渡北斜、道县向斜、涔江渡北斜、马蹄北斜、白马渡向斜和杨家岭一带南北向的大北斜，在坝区内有横江口右岸小型的倾状背斜，断层多与河流斜交。

灌区内在第三纪初处于零陵小盆地的边缘，因而没有接受沉积。第四纪随同小盆地一起上升。区内可见到四级阶地，第四级阶地高出河水面180~200米，两岸地形陡峻，河床多裸露，基岩很少沉积。灌区内仍处于缓慢上升阶段。根据历史记载的有关地震情况加以分析，结合地质构造特点对微震分区的影响，参考湖南省地质局地震分区的意见，以及中国科学院出版的地震年表，考虑建筑物的重要性，故推荐地震烈度为7度。

双牌水利枢纽工程位于湖南省潇水的中游双牌县，坝址位于河道转弯处，河床断面右深左浅，基岩最低高程120米，砂砾石覆盖层厚1~3米。坝址地质为中下泥盆纪跳马涧系，地层倾向下游，呈波状起伏，两岸褶皱不对称，尤以右岸岩层节理裂隙处于发育阶段。岩性分两组，河床部位大头坝基础为紫色砂岩与紫色板岩，互层比较完整，岩层走向北西30°~40°，倾向下游5°~12°；紫色板岩饱和极限抗压强度466千克/平方厘米，层面摩擦系数 $tg\Phi = 0.5$。两岸山坡重力坝的基础石英砂岩与页岩互层，风化、破碎较严重。左岸风化深达13~14米，右岸风化深达30余米，页岩饱和极限抗压强度122千克/平方厘米，层面摩擦系数 $tg\Phi = 0.35$。河床及两岸均有断层存在，尤以F68断层斜切坝轴，通过#2、3、4、5、6坝垛，缝宽0.5~1米。F16破碎带宽1.5~2米，斜割左岸圬工坝及厂房1#机坑，对防渗及岸坡稳定明显不利，#11垛基础下面夹有薄层泥质板岩，摩擦系数降低为0.25。

（二）气候水文

潇水流域位于北纬25°~26°、东经111°~112°，属亚热带季风气候，夏季热而长，冬季甚短，年平均气温17℃~19℃，月最高温度36℃~44℃，月最低温度0℃~5℃。春夏多雨，秋冬少雨，年平均雨量约1500毫米，且以4—6月最多，其总量约占全年雨量的50%。

流域内年平均相对湿度约为30%，各地历年平均降水日数160天，霜期一般91天，无霜期达272天。境内下雪时间更短，平均为7天，最长为10天。年平均蒸发量在1000毫米左右。风向是冬季多西北风，夏季多南风，一般各月风力以4~5级居多，最大风力曾达9级。

坝址以上控制流域面积为10594平方公里，地面径流为流域主要水源，河流水量年内分配与逐年交替情况不甚均衡。每年3月即进入雨季，径流量逐渐增多。3—8月为丰水期，其水量占全年水量的79.6%，而枯水期9月至次年2月仅占全年水量的20.4%。

流域内的沙量并不严重，汛期含沙量较大，冬季水清，含沙量几近于零。输沙量年内分配情况，汛期4—7月占年总量的84.1%。根据零陵（二）站的泥沙资料推算，双牌坝址多年平均输沙率为70.5公斤/秒，侵蚀模数为0.0068公斤/（平方公里·秒），年输沙量为222万吨。

二、灌区管理机构

双牌水库灌区的各级管理机构从双牌渠道的动工兴建至2015年间，即工程兴建过程中、工程建成完工、工程运行管理阶段，在每次机构设置、调整变化后的一段时间内相对稳定，职能明确。

（一）机构

2001年，市委、市政府设置湖南省双牌水库管理局，属市政府主管，归口市农委领导，业务由市水利局指导，工作经费由省水利厅直接拨付。内设办公室、政工科、纪检监察室、工程供水科、财务科、经济发展科、水政监察科（加挂保卫科）7个科室，工会、老龄协会等机关党群团组织按文件规定设置。下辖霞灯、平福头、桴江坝、菱角塘、木斗岭、集义、茶花、野鸡皂8个所和1个灌溉试验站。

2002年3月，湖南省双牌水库管理局机构改革，科以下岗位全部实行竞争上岗，双向选择，优化组合。通过改革，局机关由原8个科室51人，精简为7个科室29人，所站由原49人减少为39人，共转岗分流人员32人。机构三定：机关设办公室、政工室、财务科、工程供水科、水政监察科、保卫科、综合经营科7个科室；基层设八所一站未变。

2006年6月，永州市政府办公室发文规定湖南省双牌水库管理局职能配置、内设机构和人员编制。机关内设办公室、政工科、工程管理科、财务科、保卫科、经济发展科6个科室；基层管理所8个：霞灯、平福头、桴江坝、菱角塘、木斗岭、伊塘、茶花、清水塘管理所；直属机构1个：永州灌溉试验站。核定局事业编制117名，其中，机关管理人员编制30名，后勤人员编制9名。党委书记、局长1名，党委副书记、副局长1名，副局长2名，纪委书记1名，工会主席1名，总工程师1名，共领导职数7名，正副科长（含主任、所长、纪检监察负责人）30名。永州灌溉试验站编制6人，其中站长、副站长各1名。

2006—2014年，湖南省双牌水库管理局机构没有大的变化，内设科室、基层管理机构也无增减，编制设置保持2006年三定数。

2014年12月，永州市编委下发《关于湖南省双牌水库管理局事业单位分类有关事项的通知》，在事业单位分类改革中将双牌水库管理局由准公益性事业单位定性为公益一类事业单位，财政体制由原来的差额拨款变为全额拨款。

2015年，湖南省双牌水库管理局是双牌灌区干渠管理单位，为正处级事业单位。机关设7个科室，基层辖八所一站。

（二）队伍建设

湖南省双牌水库管理局主要担负着双牌、零陵、冷水滩、祁阳四县（区）32.5万亩农田的灌溉任务，维护双牌灌区96公里干渠及其建筑物工程完好，促进双牌灌区农业生产和农村经济的发展，为灌区40万人民的生产生活提供水利服务。

2015年，双牌水库管理局实有人数103人，其中，正处级5人，副处级6人，乡科级92人。退休78人。2012年来，新进大学本科以上学历10人，其中研究生2人，新增高、中级技术职称7人，整个灌区具有高、中、初级技术职称达到34人，大专以上文凭达到79人，分别占在岗人数的34%和79%。

（三）用水户协会

双牌灌区建立和完善工程分级管理体制，干渠由双牌水库管理局管理，支渠由所属县区管理，斗农毛渠由所属乡镇、村组协会管理。干支渠按干渠每公里1人、支渠每2公里1人的标准，实行专业技术队伍定渠段、定人员、定目标、定责任、定工资、定奖罚的责任制办法管理。过水流量小的支渠及田间工程由群众民主管理，逐步试行三种管理方式。建立农民用水户协会。按行政区划或流域特点，组建具有独立法人资格的农民用水户协会，全权负责渠系的维护、配水和水费收缴，实行独立核算、自负盈亏。实行公有民营和民有民营。2000年，组建灌区第一个农民用水合作组织——十三支渠农民用水户协会。2001年底，按照分级管理的原则，各县区根据《双牌灌区综合改革方案》编制出全面长远的支（斗）渠改革方案，建立产权明晰、职责分明、责权利相统一的管理组织。采用用水户协会加用水户的管理模式，实行自主管理。

2002年一季度，组建用水户协会。3、7、11支和西滩、绿寿、鲁家湾、鱼食井、五星、星星埋管等斗渠所在县区准备成立改革领导小组，领导小组组长由主管农业的副县长、区长担任，水利、财政、物价、农业等部门和有关乡镇的负责人为成员。同时，由县区水行政主管部门和相关乡镇、村、组干部及当地支渠道管理所人员组成工作组，成立农民用水户协会筹建领导小组。利用新闻媒体、散发宣传资料、走访灌区、召开群众大会等形式，宣传组建农民用水户协会和用水户直接参与灌区管理的目的、意义、方法、步骤。

2002年上半年，支（斗）渠进行设备、资产评估、登记，明确所有权，签订委托代管协议。2002年4月，民主选举用水户代表，起草协会章程，规定农民用水户协会的性质、职责、任务、运行管理办法等。5月，用水户协会成立并运行。

在体制改革上，紧紧抓住国务院办公厅《水利工程管理体制改革实施意见》出台的机遇，将水库管理人员经费列入财政预算；抓好用水户协会的建设，组建一支、五支、八支、十三支及霞灯、江边斗渠、岭陶斗渠等32个农民用水户协会，协会管理面积达到12.9万亩。

2005年，水利部、发改委和民政部三部委出台《关于加强农民用水户协会建设的意见》，双牌水库管理局加大工作力度。2006年出台《双牌灌区2006年支斗渠管理体制改革实施意见》，成立支斗渠改革专门工作班子。2006年新组建五支渠、霞灯、岭脚、冲头、桴江、伊塘、三塘等7个农民用水户协会，至此成立19个农民用水户协会，协会管理灌溉面积超过6万亩。

2006年8月21日，双牌水库管理局批复成立双牌灌区岭脚、冲头斗渠、霞灯农民用水户协会。

2008年农民用水户协会组织建设继续推进。2008年10月6日，双牌水库管理局批准同意，成立双牌灌区平福头斗渠农民用水户协会。2008年新建平福头、菱角塘联组、周水塘斗渠、凡塘卡斗渠、刘家斗渠、岗山斗渠等6个农民用水户协会，协会总数达到31个，协会管辖面积达到12.6万亩。十四支渠、三八斗渠用水户协会完成筹备工作，全面进行用水户协会考核验收。

2009年，新建三八斗渠用水户协会，协会总数达到32个，协会管辖面积达到12.9万亩。

2010年新建用水户协会9个，新增协会覆盖面积4.7万亩，全灌区用水户协会个数达到41个，协会覆盖面积达到17.6万亩。2011—2019年，灌区未再新增用水户协会。

三、灌区建设

双牌灌区于1966年建成受益，有干渠1条（长96公里）、支渠16条（共长329公里）。工程设计引用流量25立方米/秒，设计灌溉永州市双牌、零陵、冷水滩、祁阳4个县（区）19个乡镇的32万亩农田，受益人口40万人。1966—2000年，工程的运行为灌区农业生产和农村经济发展作出巨大贡献，累计增产粮食达29亿公斤。

20世纪90年代，灌区工程自然老化严重，灌溉效益每况愈下。设计引水流量25立方米/秒，1995年以前只能通过18立方米/秒；1998年灌溉水利用系数为0.387，干渠水的利用系数不到0.6；灌溉面积已逐年递减到24.3万亩，有近2万亩只能断续灌溉，还有6.24万亩从未受益过，严重制约灌区农业和农村经济的进一步发展。1999—2008年，双牌灌区连续十年被列入全国大型灌区续建配套与节水改造项目，至2010年，所有建设项目完工且取得较好成效。

2001—2006年，双牌灌区被列为中日合作“中国大型灌区节水改造示范项目”的全国三个重点示范灌区之一，中日双方在调查计划、旱地灌溉、水田灌溉三个领域进行技术合作。

2011年，续建配套与节水改造项目完成后，干渠工程状况得到改善，灌区农田灌排能力得到提高。灌区灌溉水利用系数提高到0.49，干渠水的利用系数达到0.95。同年8月，中国灌溉排水发展中心在双牌灌区双牌水库管理局举办节灌技术推广与用水户协会建设培训班，中国灌排发展中心、中国水利水电科学研究院、省外大型灌区和省水利厅的领导专家参加培训班。

双牌灌区渠道旧貌

2012年，双牌水库管理局首次提出建设“四个灌区”，即“节水效益灌区、生态风景灌区、安全和谐灌区、文明示范灌区”。2013年，菱角塘栽种第一批桂花树苗，双牌水库管理局启动实施生态灌区建设。至2015年，建立起包括祁阳县吉庆村紫薇园和各所苗木园在内的规模近500亩的生态养护基地，培育和移栽三红紫薇、红叶石楠、丹桂、青钱柳、高端茶花、红豆杉等各类珍稀苗木60多万株，生态灌区建设初具规模。双牌水库管理局得到水利部、中国灌排中心和省水利厅的肯定，在2015年全省大型灌区水利经济交流会上作典型发言。

经过15年的灌区建设，2013年，灌区农业综合生产能力由1998年的6.36亿元提高到2013年的10.12亿元，增幅为59%。灌区农民人均收入由1998年的1800元，提高到2013年的4225元，增加2425元，增长率为134%。

（一）灌区建设规划

2000年8月，双牌灌区被列入全国大型灌区续建配套与节水改造项目后，委托湖南省水利水电勘测设计总院编制《双牌灌区续建配套与节水改造规划报告》，规划基础年为2008年，目标年为2015年。规划总投资为2.3亿元，其中骨干工程投资1.5亿元。规划的主要目标任务为：设计灌溉面积32.54万亩，灌溉设计保证率90%，设计引水流量25立方米/秒。规划主要建设内容为：改造干渠1条、56.99公里，改造支渠16条、192.53公里，配改建筑物316座，配改斗渠445条、592公里，配改农渠725条、80公里。规划的主要工程量为：土方开挖回填87.78万立方米，石方开挖11万立方米，浆砌石9.68万立方米，混凝土13.5万立方米。规划主要效益为：新增（含恢复）灌溉面积4.57万亩，改善灌溉面积8.24万亩，灌溉水利用系数0.6，渠系水利用系数0.635，田间水利用系数0.95。

2001年6月24日，永州市国民经济和社会发展“十五”计划纲要提出“要着力抓好双牌灌区等11个工程建设的配套和节水改造，使渠系水的利用系数提高到0.65以上，狠抓双牌大型水库的除险加固，基本消除危害”。

2005年5月，湖南省水利厅委托湖南省南方设计院编制《湖南省大型灌区续建配套与节水改造“十一五”规划报告》，双牌灌区规划总投资为4153.06万元，其中骨干工程投资3748.4万元。规划主要建设内容为：干渠除险加固9处，干渠建筑物加固8座，干渠防渗衬砌19.04公里，支渠防渗衬砌37.0公里，配改建筑物204座。规划的主要工程量为：土方开挖10.1万立方米，土方回填3.32万立方米，浆砌石3.19万立方米，混凝土4.41万立方米。规划主要效益为：新增（含恢复）灌溉面积2.04万亩，改善灌溉面积3.24万亩，灌溉水利用系数0.53，渠系水利用系数0.58。

2006年湖南省发改委对潇湘现代农业科技示范基地批复立项，并分别被省、市发改委列入“十一五”规划重点发展项目。规划设计其主要功能是通过科技示范服务“三农”，利用基地优势积极开展农业新技术、新品种的试验、示范、推广以及跟踪服务；农业新技术的组装配套；农产品加工；农业技术的培训。

2012—2015年，双牌水库管理局领导班子将现代治水理念与双牌灌区实践相结合，树立“大灌区”的发展思维，规划建设“四个灌区”，即“节水效益灌区、生态风景灌区、安全和谐灌区、文明示范灌区”。

配套改造后双牌灌区渠道新貌

节水效益灌区　计划全面完成干渠渠首改线，干渠和17条支渠渠道及建筑物的除险加固，在干支渠中下游利用节瓜塘库改扩建一批调节水库或水池，充分利用弃水资源。优化水资源配置，充分利用渠首改线的水面高差兴建水力发电站，新建灌区城镇供水。推进“示范片”建设，在伊塘建节水示范区，打造1万亩的现代化综合节水示范区，灌溉保证率由80%提高到90%，灌溉水利用系数由0.55提高到0.635，灌溉面积达到设计的32.54万亩。

生态风景灌区　在试验站基地打造约1万亩以三红紫薇为主的生态观光园，把伊塘测控站打造成具有国家AAA级旅游景区环境配套的国家级水管基层单位；构建“风景线”，把干渠渠堤打造成路畅林美的标准化渠堤。

安全和谐灌区　建设一个覆盖全灌区的信息化管理系统，利用信息化手段及时掌握水情、工情信息，构建稳妥可靠的防洪减灾体系，以信息化推动灌区现代化，依托信息化数据来决策，确保灌区防洪、供水、水环境安全。

文明示范灌区　加快灌区水资源管理体制改革，形成责权一致、开发保护并重的管理模式；加快灌区工程管理体制改革，形成统一高效的工程管理体系；加快灌区工程管理升级，力争“十三五”期间灌区干渠工程全部达到省级管理标准，指导县（区）管理工程40%左右达到省级管理标准。

2019年双牌灌区建设现代灌区项目及投资估算一览表

表2-6-1

序号	项目建设内容	单位	数量	投资估算（万元）	备注
一	节水效益灌区建设	—	—	33110	—
1	干渠防渗	公里	12.3	1845	—
2	干渠除险加固	公里	3.5	655	—
3	渠首改线，新建隧洞2.5公里	公里	2.5	5000	减少傍山渠道6.5公里
4	社公山傍山渠道改线，新建渡槽0.8公里	公里	0.8	1600	减少傍山渠道2.8公里
5	干、支渠建筑物除险加固	处	345	6800	—
6	支渠防渗	公里	222	6600	—
7	支渠除险加固	公里	66	3960	—
8	干渠新建调节水库，10万立方米/座	座	10	1200	—
9	支渠新建调节水池，1万立方米/座	座	100	1200	—
10	利用渠首改线的水面高差兴建水力发电站	千瓦	2000	750	—
11	现代化综合节水示范区	万亩	1	500	—

续表2-6-1

序号	项目建设内容	单位	数量	投资估算（万元）	备注
12	结合灌区灌溉试验站建设，新建1万亩风景及珍稀苗木示范园，采用喷灌、滴灌等新型节水灌溉模式	万亩	1	3000	—
二	生态风景灌区建设	—	—	3300	—
	干支渠渠堤生态风景建设	公里	300	1500	—
	灌区基层创建花园式管理单位改造	处	15	1500	—
	伊塘测控站3A景区环境配套的国家级水管基层单位示范点建设	处	1	300	—
三	安全和谐灌区建设	—	—	7100	—
1	新建干渠安全防护栏	公里	100	1500	—
2	改扩建干支渠防汛道路	公里	135	1100	—
3	灌区信息化提质改造	项	1	4500	—
四	合计	万元	—	43510	—

（二）干渠建设

1999年始，双牌灌区被列入全国大型灌区续建配套与节水改造项目。至2008年，通过该项目，双牌灌区累计获得国家计划投资1.53亿元，其中中央投资7950万元，地方配套7350万元，计划完成骨干渠道防渗267公里。实际完成投资1.1119亿元，其中中央资金7950万元，地方配套资金3169万元，完成骨干渠道防渗衬砌210公里，其中干渠防渗67公里，骨干支渠防渗143公里；改造建筑物278座；解决险工隐患136处；新建信息采集点62处。

2000年7月19—21日，日本政府派遣调查团到湖南双牌灌区进行考察，认为双牌灌区在中国南方大型灌区中具有较强的代表性。2000年7月，水利部将双牌灌区列入中日技术合作项目“中国大型灌区节水改造示范项目”全国3个重点示范灌区之一。2001年6月1日，项目正式启动，合作期限为5年。

2001—2006年，双牌水库管理局成立中日技术合作项目领导小组，并确定项目工作人员；永州市人民政府成立永州市双牌灌区中日技术合作项目节水技术推广领导小组，副市长担任组长；双牌水库管理局针对梁木铺节水灌溉示范区的管理，成立中日合作项目节水示范区管理委员会。在项目实施过程中，领导小组成员经常督查项目进展情况，共召开各类办公会议44次，参加人数275人次，项目对等人员共25人，参与项目工作共36872个工作日。五年中，接待中日专家到灌区开展现场调查46次，日本专家29人，其中长期专家12人、短期专家17人，共在灌区工作579个工作日；灌排中心专家8人，共298个工作日；省水利厅专家8人，共128个工作日；共计1005个工作日。参加项目赴日培训6次共11人，参加由JICA（日本国际协力机构）和灌排中心举办的各类培训班13期，共403人次；参加灌区规划指南研讨会3次、项目协调会3次。灌区内部举办各类培训班9期，参加人数共450人次。参加外部学习、培训、学术研讨会共18期次，41人次。至2006年，项目所确认的工作任务全部完成。

2007年、2008年双牌灌区相继获批4个国家投资项目，总投资6880万元，其中中央投资3735万元。

2009年双牌灌区续建配套改造投入继续加大，共实施三大项目：按期完成2008年中央新增投资项目共计2228万元的建设任务（其中中央投资1800万元，地方配套428万元）；完成投资169万元的农业水价综合改革试点末级渠系改造项目；实施续建配套2008年常规项目，用半年时间完成1000万元工程的招投标工作，停水后及时进场开工，到年底完成投资480万元。三大项目共完成投资2877万元，完成渠道混凝土防渗75.3公里，其中干渠防渗6.7公里；完成土石方22.43万立方米；砌石1.17万立方米；混凝土4.02万立方米；劳动工日21.15万个。

双牌灌区干渠滩头垒太阳能液压遥控闸门

2010年3月25日，灌区续建配套项目全部完工。1998—2010年，共完成骨干渠道衬砌210公里，骨干渠道改造2.02公里，新建骨干渠道建筑物13座，改造骨干渠道建筑物576座；累计完成工程量为：土方开挖60.9万立方米，石方开挖17.9万立方米，混凝土15.1万立方米，钢结构258吨。

1999—2005年，项目均已通过竣工验收合格，且1999年、2001年、2002年三个年度项目被省验收专家小组评定为优良工程，工程竣工验收完成率为100%，年度工程优良率75%。2011年2月24—26日，由省水利厅、省发改委有关部门及省内各大型灌区专家组成的项目验收组，对双牌灌区续建配套2006—2008年项目以及2008年中央新增投资项目，共5个批次的项目进行验收。验收组对项目实施严格执行计划、严格资金管理以及工程高标准高质量给予较高评价，5批项目得分均超过85分。

2012—2015年，随着全国大型灌区续建配套与节水改造项目的验收，干渠建设的大型工程基本完成，灌区建设的重点逐渐转移到“四个灌区”现代灌区建设项目上。

1999—2008 年湖南省双牌灌区全国大型灌区续建配套与节水改造项目投资情况表

表 2-6-2　　　　单位：类

年度	投资计划下达文号		计划投资（万元）				到位资金情况					
	省	市	小计	中央投资	省投资	地方配套	合计（万元）	中央到位资金（万元）	到位配套资金（万元）			
									小计	省	市	县（区）投劳
合计			15303.93	7950	100	7253.93	11944.5	7950	3994.5	815	2780.42	399.08
1999	湘计农〔1999〕860 号		1403.95	700	100	603.95	1315.0	700	615	100	515	
2000	湘计农〔2000〕935 号		1000	500		500	968.4	500	468.4	100	250	118.4
2001	湘计农〔2001〕955 号		699.98	350		349.98	696.0	350	346	50	232	64.00
2002	湘计农〔2002〕648 号		1000	500		500	972.3	500	472.3	70	313	89.3
2003	湘水计〔2004〕35 号		1000	500		500	991.3	500	491.3	40	323.92	127.38
2004	湘水计〔2005〕47 号		1200	600		600	962.0	600	362	40	322	
2005（一）	湘水计〔2006〕1 号	永水计财〔2006〕5 号	800	400		400	1231.5	800	431.5	40	391.5	
2005（二）	湘水计〔2006〕36 号	永发改农〔2006〕6 号	800	400		400						
2006（一）	湘发改农〔2007〕32 号	永发改农〔2007〕44 号	600	300		300	40.0	600	240		240	
2006（二）	湘发改农〔2007〕491 号		600	300		300						
2007	湘发改农〔2007〕1039 号		800	400		400	608	400	208	15	193	
2008	湘水工管〔2008〕65 号		2400	1200		1200	1200	1200	0			
2008（新增）	湘水工管〔2008〕89 号		3000	1800		1200	2160	1800	360	360		

（三）末级渠建设

2008 年，双牌灌区干渠配套改造工程施工现场

2001 年，灌区 16 条支渠 329 公里已防渗渠段占支渠总长的 50%，未防渗渠段中险段难段约有 60 公里，三分之一以上渠段没有防渗砌衬，部分“卡脖子”渠段和隐患没有解决，支渠、斗渠、农渠的工程状况差，使沿途的水流损失很大。市计委、市农业局、林业局、畜牧水产局、农业开发办在由双牌水库管理局牵头、市水利局参加的管理模式下，编制双牌灌区 16 条支渠配套改造总体规划。一期工程安排 2～3 年时间，先改造难工险段。

2001—2003 年，在全国大型灌区续建与配套工程项目实施初期，项目资金主要向干渠倾斜，干渠的续建配套建设快速推动，但与此同时，由于资金投入少，支渠、斗渠、毛渠等末级渠的维修改造建设相对滞后。

2003 年，永州市遭遇夏秋连旱。降雨量之少，高温持续时间之长，干旱程度之深，历史少见。旱灾造成较大损失，但也因此引起各级领导、社会各界对水利事业的重视。在此次抗旱过程中发现一些问题：末级渠系状况差，水的利用率低下，大部分末级渠防渗衬砌率低，渠道卡水、阻水、漏水严重，造成灌溉水大量浪费；农民节水意识不强，人为浪费水的现象严重；斗渠以下渠系没有集中水权，没有实行统一调度，用水秩序混乱，影响灌溉效率。2003 年冬至 2004 年春，双牌水库管理局加大对支渠的维修改造力度。对供需矛盾突出、尾水收益困难、旱灾损失严重，且投资见效快的四支、五支、七支、八支、十一分支和十二支渠重点渗漏渠段进行防渗衬砌，对阻水的卡脖子工程进行处理，对各支渠淤积严重的渠段进行清理，对七分支进行延伸改造。共完成渠道混凝土三面防渗 20 公里，处理卡脖子工程 26 处，渠道清淤 32 公里。支渠共完成投资 104.8 万元，其中祁阳县 44.8 万元，冷水滩区 47.3 万元，芝山区（现零陵区）12.7 万元。完成土石方 1 万立方米，砌石 3100 立方米，混凝土（钢筋混凝土）2500 立方米。

2004—2005 年，双牌水库管理局完成渠道混凝土三面防渗 28.8 公里，其中支渠 20.3 公里。2006—2008 年，继续加大对支渠的改造力度，灌区的灌排保障能力得到提高，灌溉保证率从不到 70% 提高到 90%。

2008 年，双牌灌区争取到湖南省末级渠系节水改造试点项目，该项目全省仅 4 个名额。2007—2008 年，投入支渠、斗渠的改造资金共 2100 余万元，投资规模超过此前 40 余年的投资总和。改造后的支渠、斗渠灌溉保证率得到提高，一些从未受益的尾水通水。九支渠 2006 年通水长度为 8 公里，2008 年达到 15 公里；十一支渠 2006 年是 16 公里，2008 年为 25 公里；十五支渠 2006 年仅 4 公里，2008 年达到 16.5 公里。投入 260 万元到十支渠改造项目中，完成渠道高标准防渗 12 公里，使十支渠的工程状况得到根本性的改变。改造前水从渠首到尾灌区需 3 天以上，改造后仅需 1 天；改造前通过干部守水及实行轮灌制，十支渠通水长度勉强可达到 15.5 公里，但干旱年份中下游的农田用水很难保障，灌溉效益较低。改造后，由于渗漏量减少，渠道水的利用率提高，渠道输水能力明显提高，通水长度比改造前延伸 2 公里，十多年未通水的东村、仁湾村部分水田恢复灌溉。2009 年开始，十支渠不需实行轮灌，到下游的流量就可达到 0.2 立方米/秒，恢复和改善灌溉面积达 2000 余亩。

2009 年，随着干渠工程配套改造的基本完成，灌区对支渠工程的投资比例逐渐增加。十一支渠设计流量为 1.67 立方米/秒，属于骨干工程。针对该支渠用水难的情况，2008 年冬至 2009 年春，灌区新增中央投资项目两次安排十一支渠维修改造资金，2009年底完成渠道三面防渗9.5公里，完成投资180余万元。改造后，十一支渠衬砌长度达到20公里，通水长度达到25公里，将祁阳县大忠桥镇胜利村纳入灌溉受益范围。

2011年，双牌灌区重点对影响工程安全运行的险工隐患进行加固处理，包括菱角塘社公山、木斗岭三座山等山体滑坡和霞灯连珠石渠堤塌方。全年共除险加固16处，处理渠道渗漏15处，排洪渠护砌1处，重点清淤12处，完成投资120余万元。

2012年，受强降雨等极端天气的影响，干渠出现不同程度的滑坡、塌方等险情20多处。随着续建配套项目的完成，双牌灌区获得资金投入减少，为确保运行安全，双牌水库管理局从人员经费中挤出20多万元资金，及时对几处较大的水毁工程进行修复。

2014—2015年，双牌水库管理局对96公里干渠全线进行一次大检查，共排查隐患工程35处，建立隐患台账，逐一制订隐患处理的技术方案和实施计划。对支渠开通和未开通的渠道进行摸底登记，完成现代灌区规划的基础资料准备工作。

（四）生态灌区建设

2000—2005年，在全国大型灌区续建配套与节水改造项目的实施过程中，双牌灌区建设沿渠排水系统，沿线的水土流失及渠道清淤工作量减少；对渠道进行防渗处理、对分水口实施改造，减少沿程输水损失和渗漏损失，降低地下水位，使灌区内的冷浸田大大减少，土壤潜育化和盐碱化得到改善，利于作物生长，区域内生态平衡得到保护。至2005年，灌区内渠道滑坡、崩塌、塌方的现象比2000年明显减少，生态环境得到改善。

2012年，“四个灌区”（节水效益灌区、生态风景灌区、安全和谐灌区、文明示范灌区）建设理念提出后，双牌水库管理局将基层所站的空地利用起来，建立小型植物园。菱角塘管理所有20多亩荒地，通过发动干部职工自力更生，自己动手，砍灌木、清竹根、挖树洞、施底肥，近百名干部职工轮流上阵，用5天时间使荒山大变样，当年冬天移栽上千株丹桂大苗。

双牌灌区生态渠道一景

2013—2014年，为选择投入少、成本低、成景快、效益高的苗木品种，双牌水库管理局组织人员到南方的10多个省市，考察上百个苗木项目，先后试种红叶石楠、高端茶花、红豆杉、青钱柳、罗汉松、落羽杉、丹桂、香樟、栾树等10多个品种。2013年春天，在菱角塘管理所移栽8万株红叶石楠。2014年初，与湖南省林科院王晓明博士合作，引进“三红紫薇”新品种。“三红紫薇”（红火箭、红火球和红叶）具有花期长、花色艳丽、成活率高、管理成本低、市场前景广阔等优势，其花期远超其他花卉，最长可达120天，俗称“百日红”，尤其成景快，当年种，当年就可以成景，是建设生态风景灌区的首选品种。双牌水库管理局在祁阳县吉庆村租了300亩荒地，并将荒山改造为苗圃，建立以“三红紫薇”为主要品种、数量超过百万株的花卉苗木基地。

2014年，双牌水库管理局在茶花管理所选取5公里渠段作为试点段，试种落羽杉、栾树和红叶石楠等苗木。2016年，又在木斗岭管理所选取5公里渠段作为示范段。按照生态养护与风景灌区相结合、“绿色屏障”与“花海花带”相结合、自身利益与农民利益相结合的原则，高起点规划、高标准设计，共栽种“三红紫薇”约20万株、栾树约5000株。

截至2016年底，双管局共有四个试验点，分别为祁阳、菱角塘苗木基地，木斗岭生态灌区示范片和茶花管理所。其中以祁阳苗木基地和木斗岭生态灌区为主要试验点。祁阳苗木基地面积 235.5 亩，“三红紫薇”苗 80 万株、红叶石楠苗 40 万株、高端茶花苗 20 万株、其他各类苗木 10 万株。紫薇园是截至 2016 年永州市最大的紫薇基地，每到紫薇花开的季节，许多人慕名而来，观花赏景。木斗岭试验点则通过在干渠两边种植紫薇观光带，建设生态风景灌区。试验点采用微喷和滴灌技术的灌溉方式，节水且不易破坏土壤结构。引进的紫薇花苗为美国三红，分别为红火箭、红火洲、红叶。紫薇花和基地的苗木在 2016 年特殊干旱的情况下仍然长势良好。

（五）灌区建设成效

2000—2011 年，双牌灌区经过全国大型灌区续建配套与节水改造项目的实施，灌区工程得到大规模的改造，工程标准提高，输水能力增强，工程运行保障率上升。2012—2015 年，通过着力建设“四个灌区”，生态灌区初具规模。1998 年渠首引水流量为 18 立方米/秒，2008 年渠首引水流量为 23.9 立方米/秒；1998 年干渠水利用系数为 0.58，2008 年干渠水利用系数为 0.92；1998 年输水时间为 56 小时，2008 年输水时间为 30 小时；1998 年供水总量为 1.9 亿立方米，2008 年供水总量为 2.4 亿立方米，相当于新建几个中型水库；1998 年灌溉受益面积不足 24 万亩，2008 年灌溉受益面积提高到 30.5 万亩，并改善灌溉面积 6.2 万亩，因灌溉因素年增产粮食 8.67 万吨，年直接经济效益 1240 多万元。运行期间停水抢修的次数由续建配套与节水改造项目建设前的年均 6 次降低到 2009 年的 1 次；干渠输水能力大大增强，渠首引水流量由改造前的 18 立方米/秒提高到 2011 年的 26 立方米/秒，达到设计流量；灌区灌溉周期由 2005 年的 3.5 天缩短到 2011 年的 2.5 天，周期缩短 1 天，灌溉周期缩短率为 28.6%；工程配套率由 2005 年 73%提高到 2011 年的 78%，提高 5%；渠道完好率由 2005 年的 69.5%提高到 2011 年的 75%，提高 5.5%；渠道衬砌率由 2005 年的 39.6%提高到 2011 年的 58%，提高 18.4%；水的利用率也逐步提高，干渠灌溉水利用系数由改造前的不足 0.77 提高到 2009 年的 0.95；受益面积也逐年增加，实际灌溉面积由改造前的 24.3 万亩提高到 2010 年的 31.5 万亩。

续建配套项目实施前，双牌灌区工程状况很差，渠道崩、垮、漏事故频繁发生，灌区运行以来至 1998 年，干渠出现决堤事故 24 起、滑坡垮方抢险 16 起，停水抢修时间最长达 25 天，最短也有 6 天，且一般都出现在农田需水高峰时期，给农业生产带来极大影响，造成部分农田减产甚至失收。续建配套与节水改造项目实施以后，未再出现大的事故。

灌区恢复灌溉面积 4.54 万亩，改善灌溉面积 7.3 万亩，因非灌溉范围的农田灌溉水源得到保证和灌溉范围的农田灌排能力得到提高。加之控水增产技术成果的推广，增产非常明显。该项技术成果使亩均年产量由 890 公斤/亩增长到 956 公斤/亩。使用控水增产技术的水田增产在 7%以上，灌区推广水田面积 18 万亩，年增产粮食 1188 万公斤。灌区项目受益区的乡镇农业综合生产能力 1998 年为 63555 万元，2013 年为 101245 万元，农业综合生产能力提高 59%。双牌灌区 1998 年农民人均收入 1800 元，2013 年项目受益区农民人均收入 4225 元，增加 2425 元，增长率 134%。

双牌灌区平福头管理所

通过项目的实施，骨干渠道得以改造、衬砌，漏水、卡水渠段得以彻底改造，渠道输水损失得以减小，灌区灌溉水利用系数由 1998 年 0.387 提高到 2010 年的 0.49。双牌灌区 2008—2010 年实际灌溉用水量统计显示，骨干水源三年平均年引水量为 21900 万立方米。基础水利设施供水量 7563 万立方米，年灌溉用水总量为29463万立方米，年减少渗漏损失水量3623万立方米。

续建配套与节水改造项目实施后，渠道险工隐患得到除险加固，渠系建筑物得到改造，工程的失事率减少，灌区的运行保证率提高，抢险、抢修、维修及赔偿等费用明显减少。1998年以前，每年平均水毁事故抢修费312万元，而2010年用于工程水毁事故抢修费用为60万元，减少水毁事故抢修费252万元。

2012—2016年，双牌水库管理局着力打造生态灌区，2016年种植20万株紫薇和5000株栾树的成本不到100万元，5年后其价值预计可达1000万元，经济效益十分可观。花卉苗木栽种在渠堤上，对于防止水土流失、改善生态环境作用巨大，同时有利于工程安全，减少滑坡塌方与渠道清淤，增强灌区防灾抗灾的能力。灌区打造的“风景走廊”可以带动沿渠村庄的美丽乡村建设，有利于推动乡村旅游发展。

附2：大型水利工程专辑——涔天河水库

涔天河水库位于江华瑶族自治县境内，是一座集灌溉、发电、防洪、航运、过木等综合利用于一体的大型水利水电工程。工程包括枢纽大坝、电站和灌区三个部分，1966年7月破土动工，1970年8月水库建成蓄水，1971年4月渠道通水灌溉，1973年12月电站第一台机组投产发电。涔天河水库为潇水流域梯级开发龙头水库，控制流域面积2423平方公里，约占潇水流域总面积的1/5；多年平均径流量26.1亿立方米，最大库容1.05亿立方米，设计灌溉农田17.38万亩；总投资3475万元，其中枢纽投资2101万元、灌区投资1374万元。

20世纪60年代中期，为避免淹没原江华瑶族自治县县城水口镇，将规划的高坝方案改为低坝方案实施，1966年7月1日水库正式动工，1970年9月建成蓄水，坝高46米，正常蓄水位254.26米，总库容1.05亿立方米，设计灌溉面积17万亩（实际灌溉面积8.5万亩），发电装机容量2.25万千瓦。其管理机构为永州市涔天河水利水电管理局。

一、枢纽工程

1958年，湖南省水利厅水电勘测设计院提出潇水流域规划，1963年水利电力部在批准双牌水利枢纽工程初步设计时将涔天河水库工程推荐为潇水流域开发的第二期工程，拟定涔天河水库初步设计方案为：正常蓄水315米（吴淞基面），装机91.5万千瓦，库容13.15亿立方米，灌溉农田面积24万亩。1963年湘南地区的江华、江永、道县、宁远四县发生严重干旱。省有关部门拟建涔天河水利水电枢纽工程，解决潇水上游两岸筒车坝灌溉农田与木材流放及湘南电力紧张的矛盾。是年11月，中共中央中南局第一书记、广东省委第一书记陶铸视察江华、江永、道县、宁远等县旱情，在江华瑶族自治县听取涔天河水利水电枢纽工程设计汇报时指出，以不增加对江华县城的淹没影响为前提，具体方案由省水电设计院研究比较确定，按设计程序上报审批。1963年冬，省水利水电勘测设计院派出工程技术人员开赴江华瑶族自治县，开始涔天河水库工程实地勘测，并进行初步设计。1964年4月，省水利水电勘测设计院完成《涔天河水利水电枢纽工程设计书》。是年11月，中共中央中南局第一书记陶铸、国家计委副主任程子华、湖南省委第一书记张平化和省水电厅副厅长史杰到零陵地区视察，确立涔天河水库坝址，决定由水利部和林业部两部共同投资修建。1965年8月，零陵地区成立涔天河水库工程指挥部，专区副专员郭自安任指挥长兼指挥部党委书记，从地直单位抽调干部10多名到指挥部工作，由江华、道县、江永三县组织民工5000多人，对水库库区公路（沱水公路）改道施工，1966年5月公路正式通车。7月1日，涔天河水库工程指挥部召开"涔天河水库工程开工、沱水公路通车典礼大会"，工程指挥部党委负责人张育文讲话，宣布大坝工程清基破土动工。9月，经上级批准同意，"涔天河水库"更名为"东方红水库"。1967年9月，涔天河水库工程完成爆破封堵右岸施工导流明槽及截流成功，并开始第二期工程施工。1968年3月底，第二期（252米高程以下）移民拆迁；是年底，第三期（252—256米高程）移民拆迁。1969年9月，省革委会主任黎源、省军区副司令员刘善福到工地视察，黎源提出，灌溉引水高程为248米，库内取水8.0立方米/秒。枢纽要当年建成，打通渠道，发挥蓄水效益。10月，零陵地区成立涔天河水库灌区工程指挥部，张育文任指挥长。11月，零陵地区革委会决定成立"东方红水库工程指挥部"。1970年3月，枢纽工程（包括大坝、筏道及水电站厂房）等主体工程竣工，共完成土石方237.35万立方米，混凝土和钢筋混凝土9.35万立方米。同年8月，水库建成蓄水。1970年7月，涔天河水库大坝枢纽工程、筏道、水电站厂房及灌溉干渠全面竣工。同时，右岸小电站 3×124 千瓦发电机组正式发电运行，供全工地施工、生产、生活。同年 12 月底，完成了渠首隧洞开挖和衬砌；完成大坝溢流坝#1、#2、#3、#4、#5 弧形闸门及筏道活动渡槽的制造和安装工作。1971 年 1 月 20 日，渠道第一次通水试验，4 月 20 日正式通水。筏道活动渡槽采取临时起吊措施开始通航过木。

涔天河水库大坝坝型为双支墩大头坝，最大坝高 46. 0 米，坝顶轴长 158. 5 米，其中溢流坝长 50 米、非溢流坝长 108. 5 米，坝基高程 212 米（吴淞高程），坝顶高程 259 米，溢流堰顶高程 243 米。溢流段安装 5 扇宽 10 米、高 13 米的钢质弧形闸门，门顶高程 256. 2 米；大坝正常蓄水位 256 米，相应正常库容 8600 万立方米。设计洪水位 255. 8 米（p=1%），相应设计库容 8600 万立方米；校核洪水位 258. 7 米（p=0. 1%），相应总库容 10500 万立方米；闸门最大下泄流量 6800 立方米/秒。大坝左岸建有坝后电站，装机 3 台，单机 7500 千瓦，总容量 2. 25 万千瓦，设计年发电量 1. 09 亿千瓦时。1996 年、2003 年，分别将#2、#3 机组进行扩容改造，总装机容量达到 2. 55 万千瓦，通过 110 千伏线路并入华中电网运行。2001 年 6 月，分离#3 机组并入江华瑶族自治县岭东电网。2013 年 8 月，因涔天河水库扩建工程施工，电站停产发电。同年 9 月，厂房、设备正式拆除。

1992 年 11 月 29 日，水利部部长杨振怀（中）在省市领导陪同下考察涔天河水库

涔天河水库过木筏道全长 585 米，进口段钢质活动升降渡槽长 66. 1 米，坡降 0~16. 7%；固定钢筋混凝土渡槽坡降 10. 9%，设计年过木量 35 万~50 万立方米。另外配制垂直与斜面升船机、机电设备，在渡槽侧墙安装滑轨，设计过坝船吨位为 10 吨。1994 年 7 月，2 节筏道被洪水冲毁。2013 年 9 月，筏道整体被拆除。

涔天河水库在施工和运行过程中，曾先后出现安全事故和人身事故四次。1975 年 5 月开始浇筑三号发电机组蜗壳混凝土体，9 月发现 500 标号水泥质量不合格，经混凝土体取样送省水利电力勘测设计院检验鉴定发现混凝土一氧化硫含量过高，超过允许值 3%以上，混凝土体中生成硫铝钙，出现大量膨胀，形成白色死亡混凝土，蜗壳全部返工重浇。1977 年 10 月 2 日动工凿壳，1977 年 12 月 12 日开始重浇，1978 年 2 月完成。1976 年 10 月 30 日，五号弧形闸门在关闭过程中被库水冲垮。事发后，由地区水电局副局长胡友礼负责组织地区供电公司、水电设备厂、轻机厂、通用机械厂和江华县采育场五个单位突击抢修，1977 年春节前完成。1978 年 2 月三号弧形闸门在起吊过程中被水冲垮。后由省水利水电机械厂负责抢修，一个月完成任务。二次弧形门冲垮事故，经省水利水电勘测设计院调查分析鉴定，其主要原因是支臂与支座（牛腿）不同心，支臂上下前后最大偏差 7 毫米，按技术规范超过 5 毫米，其次支臂本身刚度不够，后涔天河水库管理局于 1984 年对闸门的主要构件作了加强处理，此后运行一直正常。1977 年 3 月 26 日，因建筑工程队职工吸烟失火，烧毁工棚 900 多平方米、木材 300 立方米，损失 4 万余元。

二、水旱灾害和防汛抗旱

涔天河水库建成以来，遭受多次水旱灾害，管理单位强化防汛抗旱责任，严守度汛规程，通过科学调度，确保了上、下游人民群众的生命财产安全和工程安全。同时，正确处理抗旱与发电关系，确保灌区抗旱夺丰收。

1971年6月28日，涔天河水库上游普降暴雨，流域日平均降雨量达100毫米，涔天河水库流域内发生洪峰流量高达3100立方米/秒的大洪水。这次洪水最大溢洪流量为2700立方米/秒。

1989年6—12月，涔天河水库流域及灌区内发生百年一遇特大干旱，全年降雨量1052.9毫米，比流域多年平均降雨量1574毫米减少33.1%，涔天河水库入库径流量17.93亿立方米，比多年入库径流量减少33.7%，旱情持续长达200余天。涔天河水库担负江华、道县、江永3个县8万多亩农田的抗旱灌溉任务，涔天河电站服从抗旱大局，主动减少发电700万千瓦时，让水保农田灌溉。

1990—1992年，严重的干旱再次袭击零陵地区南六县，1990年7月6日至10月20日，江华瑶族自治县境内累计降雨仅有49.9毫米，导致涔天河水库蓄水严重不足，涔天河灌区出现了极其严重的夏秋连旱。1991年，因降雨时空分布不均，涔天河灌区再次出现了不同程度的旱情。1992年7月12日至9月5日，涔天河水库流域平均降雨量仅有20.2毫米，蒸发量却高达542.4毫米，受其影响，涔天河灌区旱情极为严重。由于认真吸取了1989年特大干旱的教训，涔天河水利水电管理局做到未雨绸缪，从1990年冬至1991年春，在资金十分紧缺的情况下，投入自有资金30万元，对灌溉渠道进行了全面维修，完成清淤补漏120处，重点维修项目33处，重点防渗22000多米，为抗旱灌溉打下了良好基础。1989年，保证84500亩农田灌溉任务，1990年完成灌溉面积84800亩，为计划的98%，1991年和1992年灌溉面积都达到86000亩，超额完成灌溉任务，据统计，涔天河灌区江华、道县两县八个乡镇粮食增产150万公斤，大旱之年夺丰收。

1994年7月21日至22日，涔天河水库流域内48小时平均降雨量达118.2毫米，造成山洪暴发，23日1时6分，入库洪峰流量达3130立方米/秒，为1959年以来本流域内发生的最大一次洪水过程。受洪水影响，过木筏道被冲垮两节，防洪保安木排冲走3节，渠道渠堤冲垮186.4米。涔天河水利水电管理局科学制定洪水调度方案，合理调度洪水，最大限度地减少了上下游灾害损失。同时，积极组织抢修被洪水冲垮的渠道，确保了灌区二季稻灌溉用水。

1998年涔天河水库流域发生了自1989年以来的夏秋冬三季连旱，7月23日至12月底，流域平均降雨量较历年同期偏少近6成，8月份正值灌溉用水的高峰季节，水库的入库流量却不到30立方米/秒，发电和灌溉矛盾加剧，涔天河电站停机保灌溉，并高价从大电网购电对近区27处电排站实施“倒送电”，保证村民抽水抗旱灌溉。

2002年8月7日，受第12号强热带风暴的影响，涔天河水库流域普降暴雨，24小时平均降雨量达133.7毫米，造成流域内发生了自1959年以来的最大一次洪水。从8日7时30分开始历时5个小时，最大流量达3300立方米/秒的特大洪峰安全通过枢纽大坝。2003年以来涔天河水库先后遭受了“5·15”、“7·15”（2006年）、“6·13”（2008年）三次大的洪涝灾害。面对洪灾，涔天河水利水电管理局加强防范、精心调度，将洪灾损失降到最低程度。

2001年6月，暴雨洪水造成涔天河灌区渠道垮堤

2003年引入项目资金110万元在库区建设水情自动测报系统和气象卫星云图监测系统。2004年12月13日，涔天河水库流域水情自动化测报系统通过了省防汛抗旱指挥部、省水文局、省水电勘测设计院专家组的验收，标志着涔天河水库进入了防汛抗旱、科学调度雨水情的新时代。

2008年1月28日，受极端天气的影响，永州市遭受百年不遇的冰冻灾害，永州通往南部各县的输电线路严重受损，永州电网解网，涔天河电站成为永州市南部灾区唯一的电力支撑点。市委、市政府指示涔天河电站独网运行，为江华、道县、江永等县全力提供电力保障。是年6月13日，涔天河水库流域内发生建库以来最大洪水，最大入库洪峰流量达到3900立方米/秒，接近百年一遇设计标准。涔天河水利水电管理局顶住巨大压力，将调洪水位蓄至255.98米，距离安全保证水位仅2厘米，最大出库流量3500立方米/秒，削减洪峰400立方米/秒，降低下游沱江洪水位1.12米，最大限度地减少洪灾损失，成为遇特大洪水时水库防洪调度的成功范例。

2010年1月20日至23日，涔天河水库流域内出现了一次持续性的强降水天气过程。受其影响，22日水库水位24小时上涨5.67米，入库洪峰流量近800立方米/秒，这次“冬汛”在涔天河水库运行历史上实属罕见。

2011年涔天河水库流域降雨量1100毫米，较多年平均降雨量1621毫米偏少三成。且年内降雨时空分布不均，出现了严重的春夏秋三季连续干旱，给当地农业生产造成了较大影响。

三、灌区工程

1969年10月24日，零陵地区革命委员会副主任赵企贤在道县主持召开江华、江永、道县革命委员会负责人会议，专题研究涔天河灌区建设方案和按县分级包干开渠办法，11月灌区渠道动工，1970年4月灌区渠道基本完成，8月底通水。

1971年3月底，涔天河灌溉工程实现第三次通水试验。4月20日，灌溉渠道放水流量4立方米/秒，灌区部分区社农田受益。渠道工程管理与维护任务，由苗圃、西河、下坝、小盘、铜山岭、晏家田等6个管理所分段负责。2005年8月，将下坝、小盘、铜山岭3个管理所进行合并，成立桥头铺中心管理所。

涔天河灌区从涔天河水库引水自流灌溉，引水高程248米，引用流量8立方米/秒，总干渠长34.54公里，中干渠长12.66公里，西干渠长15.5公里，东干渠长8.32公里。干渠有隧洞6处，长1940米；渡槽2座，共长1038米；支渠34条，共长138公里。灌溉江华、江永、道县11个乡镇99个村和铜山岭农场，设计灌溉面积17.38万亩。1981年12月，按照省水利厅部署，涔天河水利水电管理局开展“三查三定”工作。经核查确定，涔天河灌区灌溉面积12.36万亩，其中江华4.5903万亩、道县7.3981万亩、江永0.38万亩。1982年通过“五查四定”，除去油茶林面积，实际灌溉农田12.318万亩。1996年8月，市政府在道县召开办公会议，确定灌溉水费收缴面积为8.1917万亩，其中道县4.0110万亩、江华4.1807万亩。

涔天河灌区西河倒虹吸管

涔天河灌区渠道通水运行以来，或因自然灾害，或因工程质量问题，发生多起停水抢修事件。1971年8月桐子山渠底暗涵垮塌；1972年6月老寨大填方发生严重沉陷；1977年石壁处垮堤7米；1982年5月，新塘尾渠底暗涵漏水严重，致使垮堤5米；1983年冬，西河渡槽15~22号排架顶部钢筋混凝土裂缝；1985年5月，受暴雨洪水影响，麻拐石、砂帽山渠段决堤80余米；1989年7月，麻子窝、麻拐石两处垮堤；1990年6月，砂子岭大塘暗涵垮塌；1994年7月23日，渠道全线因山洪决堤180余米；2000年8月，总干畚箕湾渠段垮渠13米；2001年6月，因普降暴雨，造成山口铺以下渠段全线漫顶，八角山段溃堤；2005年2月，主干牛山渠段因年久老化塌方，底板穿孔直接危及渠道和渠底暗涵安全；2006年放水不到3个月内总干山口铺段、中干渠东家段因渗漏引发溶洞坍塌，先后两次停水抢修；2007年“6·6”洪水造成渠道多处漫堤，损毁渠堤9处；2013年6月麻子窝垮堤，9月胡猪口大填方垮堤；2014 年 2 月西河渡槽 54#与 55#槽身发生位移、U 型槽止水橡胶拉裂，人行栏杆脱落及54#、64#、53#、52#、50#、40#、2#、1#支墩排架开裂；2016 年 7 月桐子山渠堤垮塌。

涔天河灌区管理所职工维修改造渠道

灌区渠道因多年运行，工程老化严重，灌溉效益下降，涔天河水利水电管理局从 1978 年冬开始，对灌区渠道进行“三面不见泥”防渗护砌加固整修。经过运行实践，块石护砌部分渗漏仍然严重。1980 年冬，采取混凝土防渗面板加混凝土截水墙办法处理渠道漏水。到 1988 年，总干、中干、西干、东干共 72.02 公里的渠道，全部完成“三面不见泥”的护砌。其中干砌石水泥沙浆勾缝 17.84 公里，干砌块石水泥沙浆勾缝后再加砌截水墙止漏 17.04 公里，干砌块石后加水泥沙浆抹面止漏 2.83 公里，直接浇混凝土护面防渗 25.56 公里。累计投资 687.478 万元。至此，渠道断面整齐，防渗效果显著，输水过流畅通，灌溉效益提高，年平均灌溉水量为 9164 万立方米。1989 年，灌区遭受百年不遇特大干旱，灌溉水量达 11295 万立方米，灌区农业获得大丰收。2000 年，省水利厅批复涔天河灌区续建配套工程项目，静态投资 4850 万元。2000—2003 年划拨资金 115 万元，加上 1∶1 的配套资金，对赫洞、雷公井等 8 段共计 3300 米的病险渠段进行了高标准防渗处理。2014 年 3 月，实际投入资金 37 万元对西河渡槽支墩排架开裂、部分槽身移位、渗漏等问题进行全面处理，消除了安全隐患。同年，争取人畜安全饮水项目资金 41 万元，实施渠道管理所安全饮水工程项目，晏家田中型水闸除险加固改造工程项目初设经省水利厅批复同意。2016 年，争取国家农业综合开发中型灌区节水配套改造项目资金 1400 万元，对渠首至西河渡槽 12.8 公里渠道进行了三面混凝土防渗改造。同年，涔天河扩建老灌区改造工程项目正式启动，改造资金 3490 万元，计划分四年实施完成。在节水灌溉配套改造项目施工中，采用新型的隔板跳仓无缝施工技术，解决了以往的混凝土浇筑伸缩缝易渗漏、长柴草等问题。工程完工后，整个灌区的防渗能力和水利用率得到提高。

涔天河灌区从 1982 年起实行灌溉水费征收，采取按亩收费的办法，水田每亩征收稻谷 3 斤，旱土每亩征收 1 斤，由灌区乡镇代收代管，主要用于各灌溉管理站人员的开支和支渠的维修配套。1986 年，湖南省人民政府颁布《湖南省水利工程水费收缴和使用管理办法》，从 1987 年起，涔天河灌区按灌区第四届代表大会核定面积，每亩征收稻谷 10 公斤，按当时夏粮收购价格计费，其中 10%划归受益县，管理单位与乡镇各占 45%。2007 年，在冷水滩召开水费收缴协调会议，会议明确：涔天河水利水电管理局每年向江华瑶族自治县、道县收取水费各 14 万元，并由原来两县财政收缴改为市财政代扣代缴，解决了以往水费收缴难的问题。2013 年 11 月，受市委常委舒平委托，市政府副秘书长周国定在江华瑶族自治县主持召开会议，专题研究涔天河水库灌区水费收缴工作有关问题，会议明确：灌溉水费的收取要严格按照《关于核定涔天河灌区供水价格的通知》和《关于明确 2011 至 2015 年度双牌和涔天河灌区灌溉水费收缴办法的通知》所明确的收缴办法和标准执行；2012—2015 年度仍按当年夏粮收购价计费，约合每亩按 12 元的标准收取灌溉水费。为缓解道县、江华两县财政压力，会议一致同意，按三步到位的办法实施。即 2013 年缴纳应缴水费总额的 70%（江华应缴 351178 元、道县应缴 336924 元），2014 年缴纳应缴水费总额的 90%（江华应缴 451515 元、道县应缴 433188 元）；从 2015 年起按核定标准的 100%缴纳，灌区每年实现水费收入 98.3 万元，大幅提升了灌区水费总量，同时大大缓解渠道维修资金困难的问题。

四、水库电站

涔天河电站位于潇水上游江华瑶族自治县涔天河镇涔天河口，属潇水流域梯级开发中的龙头水库电站。水库容量1.05亿立方米，集雨面积2423平方公里，多年平均径流量26.1亿立方米；电站安装水轮发电机3台，总容量2.25万千瓦，设计年发电量1.09亿千瓦时，多年实际平均发电量0.9亿千瓦时，水轮机组为HL365-LH-230，最大水头33.8米，最小水头22.74米，设计水头26米，单机引用流量37.4立方米/秒，发电机为TS425/79-32型，额定功率7500千瓦，相数3相。电站保证出力3400千瓦，年利用小时为4850小时。

涔天河水电站

大坝及主厂房土建于1966年7月1日开工，1970年3月完成，接着湖南省机电局二处开始进入现场安装电站机组。1973年12月，第一台7500千瓦的发电机组安装调试，1974年1月17日并入湘南电网运行。1975年7月，第二台7500千瓦机组安装完成并网发电，第三台7500千瓦机组于1975年9月安装完毕后，因涡壳质量问题返工，延至1978年5月1日投入运行。1981年10月，省水利厅在涔天河水利水电管理局召开全省“一查五定”工作现场会，并对全局“一查五定”工作进行全面验收。经验收，涔天河电站机电设备密封状况全省第一；一、二类设备完好率全省第一；全员劳动生产率居全省领先；安全记录累计达670余天，居全省第一。1996年、2003年分别将#2、#3机组进行扩容改造，总容量达到2.55万千瓦。

涔天河水电站建成后，纳入华中电网运行。2001年，根据江华瑶族自治县县委、县政府的要求和江华岭东林区群众的迫切愿望，涔天河水利水电管理局审时度势，果断决策，并通过多方努力，基本理顺了关系，于当年6月19日部分调整经营方向，分离#3机组和#2主变并入江华岭东林区小电网，使岭东群众告别了祖祖辈辈缺电的历史，支持了江华瑶族自治县“开发水电兴江华”的战略。由于向岭东及广东供电价格较高，涔天河水利水电管理局每年增加收入400万元，创造了可观的经济效益。

2001年6月19日，涔天河水库电站分离一台机组向江华瑶族自治县岭东林区合闸送电

2004年8月8日，省物价局下文，将涔天河电站上网电价每千瓦时平均提高到0.20元，这是涔天河电站投产以来，电价提幅最大的一次。

涔天河水电站可进行季调节，也可进行日周调节。投产40年来，年发电量超过1亿千瓦时共15年，其中1992—2013年间，年发电量过亿千瓦时。2002年，全年发电13755.45万千瓦时为历史之最。

涔天河水电站投资3475万元，1974年开始发电到2013年9月发电设备拆除，累计完成发电量37.107亿千瓦时，总产值46841.89万元。其中，1974—1991年总产值11449.32万元，1992—2013年总产值35392.57万元。按国家1992年不变价790元/万千瓦时计算，电站发电总产值为投资额的13.6倍，为社会创造工业产值43906.89万元。

涔天河电站历年效益统计表

表2-7-1

年份	降水量（毫米）	入库水量（亿立方米）	电站发电量（万千瓦时）	晏家田电站发电量（万千瓦时）	发电总收入（万元）
1979	1552.1	22.89	8249	—	—
1980	1556.3	25.55	8241	—	—
1981	1810.2	35.36	7842.9	—	—
1982	1767.1	31.48	9143.6	—	—
1983	1727.1	33.12	8547.55	—	—
1984	1457.4	24.03	7099.35	—	—
1985	1490.1	23.98	9689.75	—	—
1986	1320.5	22.79	8889.24	—	—
1987	1580.2	21.54	9924.45	—	—
1988	1333.5	22.85	10096.65	—	—
1989	1052.9	17.85	5804.85	—	—
1990	1623.8	23.92	9511.2	—	—
1991	1218.3	18.77	8902.8	—	—
1992	1497.1	29.18	9111.9	—	702.72
1993	2113.4	36.84	10429.5	—	698.1
1994	1915.5	38.23	10848.85	—	827.4
1995	1861.1	33.2	11660.25	—	871.9
1996	1539.8	29.18	10030.6	—	994.9
1997	2228.7	37.67	13072.5	—	1095.43
1998	1747.5	32.52	11492.65	—	1427.47
1999	1463.1	22.26	10290.15	—	1131.47
2000	1413.8	19.23	9284.11	—	1025.64
2001	1922.4	33.84	13016.4	—	1334.99
2002	2220.6	40.6	13755.45	—	1951.78
2003	1372.5	26.73	10177.95	74.87	1513.26
2004	1419.5	18.24	9175.65	—	1374.44
2005	1656.8	25.91	9164.7	29.46	1533.65
2006	1998.9	32.38	11650.7	78.58	1908.57
2007	1250.3	17.21	7748.24	132.6	1681.19
2008	1519.4	24.23	9212.94	102.82	2058.24
2009	1118.2	14.31	7253.34	50.22	1890.9
2010	1766.9	28.44	10709.4	66.65	2845.81
2011	1208.8	16.83	6871.85	111.75	2525.13
2012	1738.4	25.36	10919.34	57.68	3175.14

续表2-7-1

年份	降水量（毫米）	入库水量（亿立方米）	电站发电量（万千瓦时）	晏家田电站发电量（万千瓦时）	发电总收入（万元）
2013	1844.3	35.60	10284.40	164.43	3364.44
2014	1394.1	23.19	—	—	—
2015	2258.3	41.26	—	—	—
2016	2021.1	44.61	—	—	—
					总计 35932.57（1992—2013 年发电收入）

涔天河水库历年雨水情及发电量统计表

表 2-7-2

年份	降水量（毫米）	入库水量（亿立方米）	电站发电量（万千瓦时）	右岸补偿电量（万千瓦时）	发电总收入（万元）
1959	—	32.2	—	—	—
1960	—	23.1	—	—	—
1961	—	38.3	—	—	—
1962	—	31.6	—	—	—
1963	—	11.9	—	—	—
1964	—	25.8	—	—	—
1965	—	15.8	—	—	—
1966	—	21.3	—	—	—
1967	—	22.1	—	—	—
1968	—	35.1	—	—	—
1969	—	21.7	—	—	—
1970	—	31.7	—	—	—
1971	—	22.5	—	—	—
1972	—	23.3	—	—	—
1973	—	48.7	—	—	—
1974	—	34.45	2854	—	—
1975	—	36.12	6577	—	—
1976	—	28.38	7786.5	—	—
1977	—	27.87	6601	—	—
1978	—	24.17	8145.5	—	—
1979	1552.1	22.89	8249	—	—
1980	1566.3	25.55	8241	—	—
1981	1810.2	35.36	7842.9	—	—
1982	1767.1	31.48	9143.6	—	—

续表2-7-2

年份	降水量 （毫米）	入库水量 （亿立方米）	电站发电量 （万千瓦时）	右岸补偿电量 （万千瓦时）	发电总收入 （万元）
1983	1727. 1	33. 12	8547. 55	—	—
1984	1457. 4	24. 03	7099. 35	—	—
1985	1490. 1	23. 98	9689. 75	—	—
1986	1320. 5	22. 79	8889. 24	—	—
1987	2580. 2	21. 54	9924. 45	—	—
1988	1333. 5	22. 85	10096. 65	—	—
1989	1052. 9	17. 85	5804. 85	—	—
1990	1623. 8	23. 92	9511. 2	—	—
1991	1218. 3	18. 77	8902. 8	—	—
1992	1497. 1	29. 18	9111. 9	—	—
1993	2113. 4	36. 84	10429. 5	—	—
1994	1915. 5	38. 23	10848. 85	—	—
1995	1861. 1	33. 2	11660. 25	—	—
1996	1539. 8	29. 18	10030. 6	—	—
1997	2228. 7	37. 67	13072. 5	—	—
1998	1747. 5	32. 52	11492. 65	—	—
1999	1463. 1	22. 26	10290. 15	—	—
2000	1413. 8	19. 23	9284. 11	—	—
2001	1922. 4	33. 84	13016. 4	—	—
2002	2220. 6	40. 6	13755. 45	—	—
2003	1372. 5	26. 73	10177. 95	—	—
2004	1419. 5	18. 24	9175. 65	—	—
2005	1656. 8	25. 91	9164. 7	—	—
2006	1998. 9	32. 38	10790. 85	859. 849	11650. 7
2007	1250. 3	17. 21	6830. 85	917. 388	7748. 24
2008	1519. 4	24. 23	7555. 2	1657. 742	9212. 94
2009	1118. 2	14. 31	6701. 4	551. 943	7253. 34
2010	1766. 9	28. 44	9878. 1	831. 348	10709. 4
2011	1208. 8	16. 8285	6871. 855	—	—
2012	1738. 4	25. 36342	10919. 34	—	—
2013	1844. 3	35. 60067	10284. 395	—	—
2014	1394. 1	23. 18521	—	—	—
2015	2258. 3	41. 26061	—	—	—
2016	2021. 1	44. 60684	—	—	—

五、管理机构

永州市涔天河水库和工程管理局原址在江华瑶族自治县东田镇黄泥渡。1998 年 10 月，机关正式迁往江华瑶族自治县县城沱江镇豸山路 80 号办公，大院占地面积 100 余亩。

1970 年 4 月 26 日，湖南省革命委员会批准成立零陵地区涔天河水利水电工程管理局，负责对枢纽和灌区工程的管理、维修和调度，归口零陵地区水利水电局。涔天河水利水电工程管理局下设政工组、保卫组、办事组、生产组，局直属机构设运行连、检修连、渠道管理所。1973 年局机关改名零陵地区涔天河水利水电管理局，内设政工科、职教科、保卫科、办公室、器材科、生产技术科、渠道管理科；直属机构有运行车间、检修车间、水工筏道车间。1981 年改办公室为行政科，增设党委办公室。1982 年增设宣传教育科。1985 年增设财务科，改器材科为材料科。1986 年增设局长办公室，改人事科为政工科，撤销党委办和宣传科。1988 年撤销职教科，改政工科为政治部，增设总工程师办公室。1990 年改政治部为党委办。至 1991 年底，全局共有职工 447 人，其中高级工程师 5 人、工程师 26 人、助理工程师和技术员 86 人，干部 110 人，工人 303 人。机构设置有党委办、局长办、财务科、材料科、生技科、劳资科、科教科、保卫科、渠道科、行政科以及三个车间（运行车间、检修车间、水工车间）、1 所子弟学校和 1 个劳动服务公司。6 个渠道管理所，即苗圃所、西河所、下坝所、铜山岭所、晏家田所、小盘所。1994 年 1 月，党委办、局长办合并为党政综合办公室，内设纪检监察室、财务科、人事科、生产技术科、电站、渠道管理站、涔天河开发总公司等 15 个职能科室，渠道管理站下辖 6 个管理所。1996 年地改市后，更名为永州市涔天河水利水电管理局。1997 年 5 月，成立内审科、后勤科。1998 年 10 月，机关由原址迁往江华瑶族自治县城沱江镇豸山路 80 号办公，大院占地面积 100 余亩。当时，涔天河水利水电管理局下辖两站（电站、渠道站）、15 个职能科室，有职工 587 人，专业技术人员 142 人，其中高、中级职称 62 人。1999 年 1 月，撤销总公司，设立水利经济科。2000 年 4 月，成立涔天河水利水电管理局灌区道县服务中心，同年 7 月成立厂区管理委员会。2004 年 7 月，成立信息中心。2005 年 3 月，机构适当调整，成立涔天河水电安装调试技术服务站，8 月，渠道管理站下辖的下坝、小盘、铜山岭 3 个管理所合并成立桥头铺中心管理所。2012 年 8 月，涔天河水库扩建工程开工建设，市编制委员会明文规定，新的涔天河灌区设立 19 个基层管理所，其性质为公益一类事业单位。

2013 年 4 月，省编办下发文件批复同意，更名为永州市涔天河水库和工程管理局，属永州市人民政府管理的正处级事业机构。2013 年 9 月，原涔天河电站停产发电，内设机构进行了相应调整，共设党政综合管理办公室、财务资产管理办公室、渠道灌溉管理办公室等 7 个职能科室。因电站停产发电，涔天河水利水电管理局基本上无收入来源。2014 年 3 月 18 日，市长严志辉主持召开市政府第 36 次常务会议，专题研究涔天河水库扩建工程建设期间涔天河水利水电管理局运行经费安排问题。会议同意，从 2014 年 1 月 1 日起至涔天河水库扩建工程完工期间，涔天河水利水电管理局的管理及职工待遇按市直全额拨款事业单位核定，其他专项经费和事业发展经费根据需要向市政府专项请示报批。2015 年 10 月，涔天河水库扩建工程灌区项目顺利开工。

2016 年 12 月，永州市事业单位登记管理局审核批准“永州市涔天河水利水电管理局”变更为“永州市涔天河水库和工程管理局”，并在国家事业单位在线管理平台进行注册登记与公布。内设机构：办公室、人事科、纪检监察室、资产财务科、保卫科、渠道管理科、技术科、工程管理科、经营管理科、工会办公室等 10 个科室。年底，全局干部职工人数 518 人，其中在职人员 248 人，退休人员 270 人。有专业技术人员 120 人，具有高、中级职称 77 人。

1972 年 6 月成立“中共零陵地区涔天河水利水电管理局总支委员会”，同年 12 月成立“中共湖南省涔天河工程指挥部临时委员会”。1976 年 1 月成立“中共零陵地区涔天河水利水电管理局委员会”。1996 年地改市后为“中共永州市涔天河水利水电管理局委员会”。2016 年 12 月，更名为“中共永州市涔天河水库和工程管理局委员会”。

六、生活区、办公区搬迁和近区供电

涔天河水利水电管理局原来地处枢纽工程所在地——江华瑶族自治县务江乡与东田镇境内，距离江华瑶族自治县县城9公里，被乡村和林场重重包围。住房差，交通不便，就学就医难，生活比较艰苦，这些问题困扰了涔天河水利水电管理局20多年。20世纪90年代中期，涔天河水利水电管理局作出“以涔天河扩建为契机，将生活区和办公区迁往县城沱江”的决策，并报上级机关批准。涔天河水利水电管理局在沱江仓库原有30多亩土地的基础上又购置了60多亩土地，1996年10月正式向全局职工发出了在县城集资建房的通知。同年11月举行了生活区动工奠基仪式。1998年10月，值涔天河电站投产发电25周年之际，涔天河水利水电管理局机关正式迁入沱江新区综合大楼办公。同期由局建筑公司承建的第一、二栋住宅楼通过验收，第一批集资建房户陆续搬入新生活区。从第二期工程起，搬迁工程实行社会公开招标，确保了第三、四栋住房在半年后按合同圆满竣工。第五、六栋也在2000年1月交付使用。进入2000年后，由于国家取消了福利分房政策，涔天河水利水电管理局第四批集资建房的职工按有关文件，只能实行全额集资建房。2001年5月，第七、八、九、十栋全部按时完工，交付使用。至此，新区201套住房各得其主，大部分职工告别大瑶山，在县城圆了安居梦。

生活区、办公区搬迁工程，是涔天河水利水电管理局成立以来最为浩大的工程，据统计，住宅楼工程投资1200万元，新区其他附属设施和配套工程投资400万元。2013年7月，涔天河电站棚户区改造工程项目正式开工。经多方努力，当年完成主体工程量40%，项目共争取国家和省基础设施建设资金1320万元。

涔天河水利水电管理局职工生活区

在涔天河水库电站的历史中，近区供用电秩序散乱差曾是一个老大难问题。2001年6月，在江华瑶族自治县县委、县政府、县人大以及全县政法系统的高度重视和大力支持下，县成立涔天河近区供用电秩序整顿领导小组。涔天河水利水电管理局抽调70多名骨干力量，加强了对近区供用电秩序的全面整治，打击了村痞电霸，规范了用电的管理与电费的收缴。同时，该局投入70万元用于部分线路的农网改造，经过近4个月的艰苦奋战，整顿工作胜利结束。通过整顿，近区群众“依法用电、电是商品”的意识普遍增强，用电的无序状况实现了根本改变。之后，涔天河水利水电管理局进一步巩固近区整改成果，近区人民用上了安全电、放心电。2003年涔天河水利水电管理局的近区电费收入达到100万元。

2001年涔天河水利水电管理局被评为全国水利系统先进集体

2009年4月，涔天河水利水电管理局再次成立近区供电整顿工作领导小组，从相关科室抽调近40人，分为协调组、农区（林区）现场校核组、工业小区现场校核组、厂区现场校核组、后勤保障、安全保卫组、侦稽组等7个工作小组，开展降低线损变损集中整治工作。通过整治，近区平均线损率由74.3%降至33.1%，全年累计减少电量损耗186万千瓦时，折合减少供电损失83万元。此外，还纠正2个蛋筒厂因安装技术问题导致的十多年的严重计量错误。

七、水库扩建

由于水库库容小、调节能力低，涔天河水库长期处于“大材小用”的尴尬境地，一方面丰富的水资源没有得到充分利用，另一方面经济社会的发展对水资源需求进一步加大，涔天河水库扩建提上省、市政府的议事日程。1990年湖南省正式启动涔天河水库扩建工程前期工作，经过20多年不懈努力，涔天河水库扩建工程于2010年8月获国家发改委批复项目建议书。2012年6月国家发改委正式批复涔天河水库扩建工程（枢纽部分）可行性研究报告。2012年9月灌区工程项目建议书经国家投资项目评审中心评估并完成土地开垦规划设计。

涔天河水库扩建工程于2012年8月5日正式开工。水库大坝为混凝土面板堆石坝，最大坝高114米，坝顶宽10米，坝轴线长328米。坝址控制流域面积2466平方公里，正常蓄水位313米，总库容为15.1亿立方米，防洪库容2.5亿立方米。电站总装机容量20万千瓦，安装4台5万千瓦混流式机组，多年平均发电4.58亿千瓦时。2016年12月30日，水库下闸蓄水。2017年9月23日，电站首台机组并网发电。2018年6月9日，4台机组全部并网发电。

涔天河水库扩建工程灌区工程于2015年10月29日正式开工。设计灌溉永州市江华、江永、道县、宁远4个县41个乡镇2个农林场242个村的农田面积111.46万亩。到2019年12月，灌区干渠11个标段全面开工，灌区四县代建的13条支渠工程开工9条，累计完成投资23亿元。

第三篇

水电建设

永州市地处亚热带季风区域，降雨丰沛，河网密布、水系发育，水能资源蕴藏量丰富。中华人民共和国成立前，全市没有一处水力发电工程，中华人民共和国成立后，各级政府重视水能资源开发利用，在江河溪流上建设一大批水电工程，促进区域经济和社会发展。

永州市水力资源开发利用始于20世纪50年代初，其间，发展速度缓慢，到20世纪70年代才建成涔天河、湘江、人民、军田等几处单机在1250千瓦以上骨干电站。二十世纪八九十年代，永州市水电建设开始提速，初步形成部门、集体、个体多元办电格局。“九五”时期，蓝山、江华等县针对水电开发出台优惠政策，揭开全市社会投资办电帷幕。江华、江永等县实现与广东、广西电网联合运行，为地方水电开拓广阔市场。“十五”时期，永州市全面掀起引进境外资金开发水电资源热潮，祁阳县浯溪水电站、湘祁水电站、道县五洲水电站、江华瑶族自治县大林江水电站、双牌县五里牌水电站、冷水滩区太洲水电站等一批水电站相继开工建设。“十一五”时期，永州市开展“四无”电站清理，规范水电开发秩序和增效扩容改造工作。“十二五”期间，全市58个水电站实施水电站增效扩容改造，中央和省到位资金2亿元，新增装机容量2.3万千瓦。“十三五”期间，全市82个水电站实施水电站增效扩容改造，中央到位资金10547万元，新增装机容量24990千瓦，5个水电站实施生态机组改造，到位资金1687万元，新增装机容量4135千瓦。2018年，按照立即退出、限期退出、生态改造要求，进一步开展水电站清理整顿工作，地方水电逐步进入一个有序、良性发展轨道。

第一章　电站建设

永州市河流密布、水系发育，共有大小河流733条，河床谷深流急，水能资源蕴藏丰富。根据2008年《湖南省永州市水能资源调查评价报告》，全市水能资源理论蕴藏总量287.424万千瓦，其中100千瓦以上电站技术可开发量1001处，装机容量185.2万千瓦。

第一节　水电开发

新中国成立后，永州市水电开发大致分为四个发展阶段。

祁阳县人民电站

第一阶段，计划经济时期的水电站建设。新中国成立前，永州市没有一处水电站。1955年零陵地区水利部门派出专干在东安县龙溪河源头坝兴建一处装机28千瓦水电站，龙溪水电站建设拉开永州市水电站建设序幕。20世纪50年代和60年代，零陵地区（现永州市）在中央“水利是农业的命脉”指导思想下，持续开展农田基本建设，广泛发动群众大兴水利，配套建成一大批小水电站。这批小水电站100千瓦以下微型电站居多，大都是径流式无调节电站，且独立运行和供电。到1970年，零陵地区建成小水电393处，装机容量6021.1千瓦。进入70年代，零陵地区水电资源开发开始注重规模效益，涔天河、湘江、人民、军田等几处单机在1250千瓦以上骨干电站相继建成投产。这个时期，地方水电站建设以解决农村照明、农副产品加工用电为主，兼顾城镇工业用电。到1980年，零陵地区小水电装机1338处，装机容量77177.6千瓦。20世纪80年代初，地委、行署在水电站建设中贯彻中央提出的“谁建、谁管、谁有、谁用”和“以电养电”政策，对全地区电源点进行规划，建成一批骨干电站和水库调节电站，县级区域性电网也逐步形成。东安县湘江电站、祁阳县内下三级电站和人民电站、蓝山县军田电站、宁远县九疑山电站等县域电网中骨干电站陆续开工建设或投产。

20世纪80年代后期，随着国家经济体制改革启动，水电建设资金由拨款改为贷款，地方电力开始注重产权归属，追求经济效益。在电源点规划和资金投放上，重点放在电气化县、有蓄水能力电站和规模以上电站等方面，以缓解县电网小水电丰枯矛盾。永州市（现零陵区）南津渡电站上马，蓝山县高塘坪梯级电站、祁阳县内下梯级电站相继开工，全市水电建设迎来一个小高潮。到1991年，零陵地区共建成小水电1359处，装机1582台，容量166697千瓦。

第二阶段，民间资本进入水电资源开发领域。20世纪80年代末、90年代初，蓝山县下枯山电站、东安县平江电站率先在零陵地区引入民间资金进行水电开发。蓝山县11位个体户集资兴建下枯山电站，该电站装机容量375千瓦，于1987年5月开工，1990年10月建成并网发电，为蓝山县第一座个体股份制水电站。90年代，国家提出逐步建立社会主义市场经济体制，零陵地区开始打破独家办电传统习惯，加大市场引资力度，初步形成部门、集体、个体以各种形式集资合股办电局面。1996年，蓝山县人民政府出台相关政策，鼓励社会资金参与小水电开发，县水利部门确立了“统一规划，多家办电，一家管网，新电新价，以电养电，共图发展”工作思想，使股份办电主导地位和作用得到明确。蓝山县水电总公司动员全县水利系统干部职工集资270万元对军田水电站进行扩机增容，接着又以股份制形式投资建设万年桥、东山等水电站。1997年10月，永州市水利局和江华瑶族自治县水利局联合发起成立永州市潇水流域开发有限公司，实施江华岭东水能资源开发、建设江华岭东区域电网发展战略，在解决江华岭东林区少数民族群众长期缺电问题基础上，将富余电能输送到广东电网。江华瑶族自治县县委、县政府提出“封山育林、以林蓄水、以水发电、以电兴工、以工生财、以财补林”经济社会发展战略，在水资源开发方面出台一系列优惠政策，外联内引，依托涔天河电站和南方电网，整合岭东各乡镇自供区电网，建成岭东区域电网。以此为基础，江华瑶族自治县吸引大批社会资本参与水电开发，一年时间引进境外资金近9亿元，陆续开工建设电站项目47个，装机总容量6.4万千瓦。

2003年，湖南省人民政府印发《加快发展农村水电意见的通知》，通知明确提出允许有资质单位进入农村水电设计和建设领域，按照“谁投资，谁所有，谁收益”原则，鼓励个人（包括国家公务人员）、集体和各类经济主体、外商投资开发农村水电项目。永州市全面落实湖南省政府文件精神，水电开发进入快车道。水能资源较为丰富县区对水电开发均出台优惠政策，为全市新一轮水电开发高潮到来创造良好外部环境。

2003年，永州市潇湘水电开发股份有限公司取得道县东南部泡水河流域水能资源开发权，经过几年开发建设，泡水河流域建成水电站44座，总装机容量56795千瓦。泡水河流域水电开发成为永州市引进外资开发水能资源又一成功范例。之后，国内一些大能源集团纷纷进入永州参与水电开发，广东韶能集团与南风集团共同投资兴建冷水滩区太洲水电站，新华集团投资兴建祁阳县浯溪水电站和晒北滩水电站，华能集团投资兴建祁阳县华能湘祁水电站，郴电国际收购东安县湘江水电站以及道县五洲水电站、江华瑶族自治县大林江水电站、双牌县五里牌水电站等相继开发建设，到2015年，永州市水能资源基本得到开发利用，全市共开发水电站681座，装机容量达到144.2万千瓦。

由永州市潇湘水电开发股份有限公司组织建设的道县泡水河两岔河变电站

第三阶段，水电站清理整顿、增效扩容时期。在基本完成境内水能资源开发之后，永州市从“十一五”时期开始，区域内水电站进入规范管理、增效扩容阶段。

2008年7月8日，永州市人民政府办公室印发《永州市“四无”水电站清理整顿实施方案》，成立由市委副巡视员刘国器为组长，市政府副秘书长唐定奇、市水利局局长冯德校为副组长，市发改委、市公安局、市监察局、市安监局、市工商局、市电业局、市水利局为成员单位的“四无”（无立项、无设计、无审批、无管理）水电站清理整顿工作领导小组。领导小组下设办公室，由市水利局局长冯德校兼任办公室主任，负责全市“四无”水电站清理整顿日常工作。各县区人民政府、各管理区成立相应清理整顿工作领导小组和办事机构。2008年9月开始，永州市水利局组建“四无”水电站清理整顿专门班子，由局领导带队，地方电力管理站、水政水资源科、水土保持科、河道管理站等科室站参加，逐县逐站进行“四无”水电站清理，对无设计资料和行政许可手续不完整水电站，明确提出整改要求和整改时限；对未按照规定缴纳行政事业费的，限期缴纳行政事业费。

2008年10月16日，市“四无”水电站清理整顿工作领导小组在冷水滩召开全市“四无”水电站清理整顿督办工作会议，市“四无”水电站清理整顿工作领导小组成员单位负责人、各县区分管农业副县区长和各县区水利（水务）局长参加会议。会议通报全市“四无”水电站清理整顿工作进度，共清理出“四无”水电站410处，下达整改通知书410份，其中省管电站6份，市管电站111份，县区管电站293份。永州市“四无”水电站清理整顿工作得到湖南省水利厅肯定，《湖南省“四无”水电站清理整顿工作简报》第3期刊登《道县重拳整治“四无”水电站》、第5期刊登《整治整改保平安——来自永州市“四无”水电站清理整顿的报道》、第12期刊登《蓝山县“四无”水电站清理整顿的做法》等通讯报道，在全省推广永州经验。

2009年和2011年，水利部先后启动农村水电增效减排和增效扩容改造试点工作，永州市人民、大江一级两座水电站成为全国增效扩容改造试点建设项目，改造总投资2688万元，改造后，新增装机容量1320千瓦、新增多年平均发电量1044万千瓦时。“十二五”期间，永州市申报农村水电增效扩容改造项目共58座电站，其中，2013年完成改造项目27座，2014年完成改造项目31座。58座电站改造前总装机容量为13.765万千瓦，改造后总装机容量为16.065万千瓦。项目改造总投资5.034亿元，其中，申请中央补助资金1.6065亿元，省配套补助资金0.4016亿元，项目单位自筹资金3.0259亿元。

增效扩容改造后的蓝山恒昌水电站

2016年，永州市水利局、永州市财政局联合印发《关于加强全市2016年增效扩容改造建设管理的通知》，对水电站增效扩容改造工程建设的管理、质量、安全、进度、资金、验收和绩效评价等方面作了具体要求。市、区县两级先后成立“十三五”农村水电增效扩容改造领导小组，明确各级各部门职责，确定部门责任人和项目责任人。永州市“十三五”农村水电规划增效扩容改造项目85个，生态改造项目130个，涉及河流46条，总投资3.28亿元。其中2016年到位中央财政奖励资金3069万元，2017年到位中央奖励资金2635万元，2018年到位中央财政奖补资金4253万元，2019年到位中央财政奖励资金590万元。全市实际启动增效扩容改造电站82座、生态改造项目126个，涉及河流46条。到2019年底，完成增效扩容改造项目82个，河流生态改造项目126个，修复减（脱）水河段198.433公里，新增装机容量24990千瓦、增长32.49%，新增年发电量13508万千瓦时、增长55.04%，新增生态机组装机容量4135千瓦，新增生态年发电量1532万千瓦时，效益显著。完成工程量：更换水轮机178台，改造水轮机10台，更换发电机174台，改造发电机14台，更新改造自动控制设备187套、高低压开关柜223台、升压变压器97个、闸门及启闭设备167套，改造送出线路9公里、引水渠和隧洞25公里、压力管道3583米，改造厂房面积11121平方米。永州市82个农村水电增效扩容改造项目实际到位资金30698.97万元，其中，中央财政补助资金10547万元，地方财政补助资金690万元，项目单位自筹资金19461.97万元。

第四阶段，实施“绿盾”行动，开展小水电生态环境清理整顿。2018年开始，按照立即退出、限期退出、生态改造要求，永州市全面开展水电站清理整改工作。2018年11月26日永州市人民政府办公室在全省率先出台《永州市小水电站突出问题专项整治方案》。

2019年2月21日，永州市水利局印发《关于开展小水电清理整改前期工作的通知》，要求切实纠正小水电开发中存在的生态环境突出问题，保护和修复河流生态系统。限期退出涉及自然保护区核心区或缓冲区、严重破坏生态环境的违规水电站，全面整改审批手续不全、影响生态环境水电站，完善建管制度和监管体系，有效解决小水电生态环境突出问题，促进小水电科学可持续发展。各县区、管理区水利局做好前期工作，认真摸排核查问题，按退出、保留、整改三种类型进行精准分类，逐站初步制定整改方案。按照退出类、保留类、整改类分类处置、严格验收销号、严控新建小水电项目准入。2019年6月6日，永州市水利局、永州市发展和改革委员会、永州市生态环境局联合印发《永州市小水电清理整改工作方案》，明确全市所有5万千瓦以下已建、在建、停建电站为清理整改对象。2019年，11个区县全面完成小水电清理整改综合评估和“一站一策”清理整改方案编制工作；各县区小水电清理整改综合评估方案、小水电站“一站一策”清理整改方案经湖南省专家组评审通过；各县区小水电清理整改综合评估方案由永州市小水电清理整改联席会议办公室组织有关部门复核通过，湖南省小水电清理整改联席会议办公室组织有关部门审定、批准；小水电站“一站一策”清理整改方案由各县区小水电清理整改联席会议（领导小组）办公室组织有关部门复核通过，永州市小水电清理整改联席会议办公室组织有关部门审定通过，永州市人民政府行文批准，确定全市整改类电站653座、保留类电站1座、退出类电站71座。

《2019年长江经济带生态环境警示片》曝光永州市大村和万年桥水电站人为封堵生态流量孔，导致水坝下游分别断流一公里多和三公里多，生态环境破坏严重。永州市、蓝山县认真抓整改，2020年6月8—12日，国家长江办调研组在湖南省开展现场调研，在国家长江办年中分析评估调研情况中特别指出，永州市大村水电站和万年桥水电站问题等项目整改方案科学合理、整改效果突出，经验做法值得借鉴推广。2020年6月30日，蓝山县大村、万年桥水电站生态环境问题整改工作得到湖南省委书记杜家毫的充分肯定，省推动长江经济发展领导小组办公室在全省推广永州经验。2020年7月9日，省突出环境问题整改工作领导小组办公室、省长江办、省水利厅（牵头督导单位）、省自然资源厅、省农业农村厅、省能源局、省林业局对国家移交的永州市蓝山县大村、万年桥水电站生态环境问题整改情况进行现场核查，通过查看资料、查看整改现场、召开座谈会，省核查组认为：永州市、蓝山县两级政府重视，成立工作领导小组，制定整改方案，核定生态下泄流量，迅速完成电站生态流量泄放设施改造、生态流量监测设备安装，同时，建立县级小水电生态流量监控信息平台，完善长效监管机制。整改任务已基本完成，具备销号条件，建议按程序进行销号。

2019年永州市水电站建设情况表

表3-1-1

序号	县区	已建电站		
		个数（座）	装机容量（千瓦）	设计年发电量（万千瓦时）
	合计	681	1442050	506260.4
1	省属电站	2	214000	85800
2	冷水滩	5	78695	31829
3	零陵	37	45605	14929
4	祁阳	33	240915	84435
5	东安	60	62805	21094
6	双牌	51	154370	46909
7	道县	82	107375	27905

续表3-1-1

序号	县区	已建电站		
		个数（座）	装机容量（千瓦）	设计年发电量（万千瓦时）
8	江永	28	44360	17501
9	江华	139	184065	64946.4
10	宁远	42	84555	31588
11	新田	14	9010	2512
12	蓝山	168	148240	50630
13	金洞	20	68055	26182

2019年永州市小水电清理整改退出类水电站分类清单

表3-1-2

序号	县区	电站名称	装机容量（千瓦）	企业性质	类别
1	冷水滩（1座）	岭口	375	国有	立即退出类电站
2	零陵（4座）	楠木源	1200	私营	立即退出类电站
3		搞茶背	1000	私营	立即退出类电站
4		炭木桥	500	私营	立即退出类电站
5		东湘桥	750	私营	立即退出类电站
6	祁阳（1座）	邓家岭	100	私营	立即退出类电站
7	东安（6座）	舜皇源	720	国有	立即退出类电站
8		平水江	450	私营	立即退出类电站
9		金鸡岭	1000	国有	立即退出类电站
10		长虹	570	私营	立即退出类电站
11		玉陛源	1500	私营	立即退出类电站
12		玉陛源一级	1050	私营	立即退出类电站
13	双牌（7座）	阳明山二级	25000	私营	限期退出类电站
14		黑漯河三级	2060	私营	限期退出类电站
15		水竹山	1000	私营	立即退出类电站
16		湘江湾	1500	私营	立即退出类电站
17		黄江源	1800	私营	立即退出类电站
18		朝富	1000	私营	立即退出类电站
19		周家塘	250	私营	立即退出类电站
20	道县（3座）	韭菜岭	1890	私营	立即退出类电站
21		大江源	1600	私营	立即退出类电站
22		庆理源	1600	私营	立即退出类电站

续表3-1-2

序号	县区	电站名称	装机容量（千瓦）	企业性质	类别
23	江永（2座）	千家峒正冲	640	私营	立即退出类电站
24		上木源	1260	私营	限期退出类电站
25	江华（31座）	茶花山	800	私营	立即退出类电站
26		神龙	1200	私营	立即退出类电站
27		水头	1050	私营	立即退出类电站
28		中河	250	私营	立即退出类电站
29		沱江	12800	私营	立即退出类电站
30		回龙	520	私营	立即退出类电站
31		大田湾	125	私营	立即退出类电站
32		飞达	1200	私营	立即退出类电站
33		水口	500	私营	立即退出类电站
34		螃海口	500	私营	立即退出类电站
35		金威	3200	私营	立即退出类电站
36		金竹	1600	私营	立即退出类电站
37		富丰	3200	私营	立即退出类电站
38		西流口	26	私营	立即退出类电站
39		应天	750	私营	立即退出类电站
40		黄沙三级	200	私营	立即退出类电站
41		蒋家河口	650	私营	立即退出类电站
42		京华	1840	私营	立即退出类电站
43		泮水	1890	私营	立即退出类电站
44		大发	1040	私营	立即退出类电站
45		东陂	325	私营	立即退出类电站
46		泽丰	2000	私营	立即退出类电站
47		民发	1260	私营	立即退出类电站
48		富华	6400	私营	立即退出类电站
49		飞鹅	1250	私营	立即退出类电站
50		花江洞	320	私营	立即退出类电站
51		光明二级	445	私营	立即退出类电站
52		涔天河右岸	15000	私营	立即退出类电站
53		天源	560	私营	立即退出类电站
54		邬陂	140	私营	立即退出类电站
55		冯源	1120	私营	立即退出类电站

续表3-1-2

序号	县区	电站名称	装机容量（千瓦）	企业性质	类别
56	宁远（6座）	住龙门	9600	私营	限期退出类电站
57		源头坝	375	集体	立即退出类电站
58		小东江（坝后）	800	股份	限期退出类电站
59		桃子坪	320	私营	立即退出类电站
60		河底坪	1600	私营	立即退出类电站
61		中渡河	800	私营	立即退出类电站
62	蓝山（10座）	金鸡岭一级	250	私营	立即退出类电站
63		金鸡岭二级	400	私营	立即退出类电站
64		金鸡岭三级	1260	私营	立即退出类电站
65		云峰	1800	私营	立即退出类电站
66		禾坪	640	私营	立即退出类电站
67		浏山岭	970	私营	立即退出类电站
68		源水	3200	私营	立即退出类电站
69		沙坪	600	私营	立即退出类电站
70		斋公塘	2650	私营	立即退出类电站
71		毛江二级	200	私营	立即退出类电站

第二节　水电梯级开发

1986年，湖南省水利水电勘测设计研究总院编制《湘江干流规划》，确定湘江干流开发任务为航运、发电为主，结合灌溉、防洪为辅的开发思路。20世纪80年代先后完成《湘江干流规划》《湘江干流太洲至高山庙河段规划复核》《潇水流域规划》《白水河流规划复核》等流域规划。

湖南省水利厅在《湘江干流规划》和河段规划复核基础上，拟定湘江干流布置18个梯级进行水电开发，分别为：广西境内的上桂峡（已建）、两岔江（在建）、金山（在建）、昌福、水晶岗（已建）、大源屋、柳铺（在建）和湖南境内的白滩河（123米）+湘江（118米）+太洲（105米）+潇湘（青龙矶97米）+浯溪（高山庙88米）+湘祁（75.5米）+近尾洲（66米）+土谷塘（58米）+大源渡（萱洲50米）+株洲航电（淦田40.5米）+长沙综合枢纽（31.0米）。其中永州市境内白滩河、湘江、太洲、潇湘、浯溪、湘祁等6个梯级，经过三十多年持续开发建设，到2019年，已建成投运湘江、太洲、潇湘、浯溪、湘祁5个梯级水电站。

经省、市水利部门初步规划，永州市潇水流域分八级开发水能资源，即涔天河、沱江、大林江、向阳、五洲、双牌、五里牌、南津渡8个梯级。到2019年，已按规划实施梯级有涔天河、沱江（停建）、大林江、向阳（未达标）、五洲、双牌、五里牌和南津渡8个梯级。涔天河水库电站为潇水流域“龙头”水库电站，具有较好调节性能，2018年涔天河水库经扩建后，电站装机容量达到20万千瓦，年发电量4.58亿千瓦时。

一、湘江干流梯级开发

《湘江干流规划》中拟定湘江干流永州段布置6个梯级进行水电开发。

（一）湘祁水电站

湘祁水电站工程为《湘江干流规划》湖南境内十一级开发方案第六级，位于湖南省永州市祁阳县和衡阳市祁东县交界处祁阳县境内，坝址控制流域面积2.7万平方公里，占湘江总流域面积28.7%，电站总装机容量8万千瓦，为8万千瓦（4×2万千瓦）灯泡贯流式水轮发电机组，设计年发电量3.297亿千瓦时。该工程以发电为主，兼顾航运、灌溉与旅游等综合利用。2009年10月开工建设，2011年12月，第1台机组正式并网发电。2012年8月全部竣工投运。

（二）浯溪水电站

浯溪水电站为《湘江干流规划》湖南境内十一级开发方案第五级，位于祁阳县县城浯溪碑林公园上游800米处。该工程以发电为主，是集防洪、旅游、航运、灌溉、交通于一体的大型水利枢纽，电站大坝控制流域面积23380平方公里，占湘江总流域面积的24.7%。工程属低水头、大流量河床式水电站，正常水位88.5米，坝顶高程96米，最大坝高28米，坝顶长1369米，总库容2.756亿立方米，正常库容1.778亿立方米，死库容1.56亿立方米。浯溪水电站总装机10万千瓦（4×2.5万千瓦），设计年发电量3.955亿千瓦时。2005年11月18日开工建设，2009年12月19日第一台机组正式并网发电。2013年6月28日全部竣工投运。

（三）潇湘水电站

潇湘水电站又称潇湘水利枢纽工程，是《湘江干流规划》湖南境内十一级开发方案第四级，位于湖南省永州市冷水滩城区，是一个集发电、航运、交通、供水、旅游、灌溉等综合效益于一体的大（2）型水利水电交通枢纽工程。水库总库容1.82亿立方米。混凝土闸坝，坝高28米。低水头径流式电站，河床式厂房，装机容量5.2万千瓦（4×1.3万千瓦），灯泡贯流式水轮发电机组，年发电量2.15亿千瓦时。水轮机转轮直径5.8米。最大水头9.35米，额定水头6米，最小水头2.3米。该工程于1993年6月28日奠基，8月28日正式开工，2002年5月4日一号机组并网试发电成功。2013年6月全部竣工投运。

二、湘江西源梯级开发

（一）太洲水电站

太洲水电站是《湘江干流规划》湖南境内十一级开发方案第三级，位于冷水滩区蔡市镇歧山头村境内。坝址上游距东安县湘江水电站19公里，下游距萍岛9公里、距潇湘水电站32公里。太洲水电站以发电为主，兼有防洪、航运等综合效益，主要由厂房、14孔闸坝、船闸等设施组成。坝址以上控制流域面积9172平方公里，设计装机2台，单机容量1.25万千瓦，总装机2.5万千瓦，年发电量1.053亿千瓦时。该电站2007年9月开工，2009年5月第一台机组投运发电，2010年5月电站项目全部竣工。

（二）湘江电站

湘江水电站是《湘江干流规划》湖南境内十一级开发方案第二级，位于湖南省东安县石期市镇羊角坪，为湘江干流第一座径流式水电站，具有防洪、发电、灌溉、航运等综合效益。电站控制流域面积 7940 平方公里，多年平均流量为 224 立方米/秒。湘江电站枢纽拦坝坎长 751 米，引水渠长 1280 米，设计装机容量 1.92 万千瓦（6×3200 千瓦）。电站年供水 39.73 亿立方米，年发电量 0.9 亿千瓦时，有效灌溉面积 1200 公顷。工程于 1980 年建成投运。通过增效扩容改造，总装机容量为 2.16 万千瓦。

三、潇水梯级开发

（一）南津渡水电站

南津渡水电站是《潇水流域规划报告》八级开发方案第八级，位于永州市零陵区南郊潇水末端，集发电、船运、灌溉等综合效益为一体的中型水电枢纽工程，系潇水梯级开发的最后一级电站。主要由厂房、引水渠、拦河坝、升船机、库区防护工程和输送电系统六项主体工程组成。该水电站是中国与奥地利合作建设项目，机组设备为引进奥地利单机 2 万千瓦贯流式灯泡型机组 3 台，总容量 6 万千瓦，设计年发电量 2.93 亿千瓦时，工程总投资 3.5 亿元，其中引进外资 1730 万美元。该工程 1989 年全面动工，1992 年 5 月底整个工程基本竣工，3 台机组全部发电并网。

（二）五里牌水电站

五里牌水电站是《潇水流域规划报告》八级开发方案第七级，兼具发电、灌溉、航运、旅游开发等效益。枢纽坝址位于双牌县陶家渡，厂址位于双牌县五里牌镇江边奉家村。工程包括拦河坝、引水渠、发电厂房、通航建筑物等。拦河坝由 9 孔溢流坝（5 孔护坦+4 孔消力池）、两岸连接坝段组成，堰顶高程 115.0 米，坝顶高程 132.5 米，正常蓄水位 126.0 米，相应库容 2650 立方米。电站厂房安装 2 台灯泡贯流式水轮发电机组，单机容量 2.25 万千瓦，年发电量 1.8 亿千瓦时。工程于 2008 年 8 月动工兴建，2011 年 7 月下闸蓄水，2011 年 11 月首台机组并网发电，2012 年 3 月第 2 台机组并网发电运行。

双牌县五里牌水电站

（三）双牌水电站

双牌水电站是《潇水流域规划报告》八级开发方案第六级，坝址、厂房等枢纽工程位于双牌县境内。双牌水库是一座集发电、灌溉、航运和防洪等综合效益于一体的大型水利水电工程。1958 年 11 月，双牌水库枢纽工程正式破土动工，1962 年底基本完成。1963 年 4 月，“湖南省双牌水电站”正式挂牌成立，同年 7 月，2 台 0.3 万千瓦的发电机组投入运行，至 1979 年 5 月，双牌水库电站装机容量扩充到 13.5 万千瓦，年设计发电量达 5.85 亿千瓦时。水库大坝结构为“砼双支墩大头坝”，坝高 58.8 米，坝长 311 米，控制流域面积 10594 平方公里，总库容 6.9 亿立方米，是湘江水系调洪调峰骨干水库。大坝右岸主干渠道 92 公里，流经双牌、零陵、冷水滩、祁阳 4 个县（区）境，灌溉农田 32 万多亩。双牌水电站是国家第一个五年计划时期湖南省重点工程。

（四）五洲水电站

五洲水电站是《潇水流域规划报告》八级开发方案第五级，位于永州市道县万家庄乡五一村，电站是引水式电站。总装机容量1.2万千瓦，年发电量5800万千瓦时。五洲水利水电工程位于潇水中游，是一处具有防洪、供水、灌溉、发电等综合效益的水利水电工程。电站在陆洲河坝下游约1000米的地方筑坝，控制流域面积5578平方公里，拦河坝全长400米。溢流坝为圬工重力坝，长326米，高4米。2003年，道县人民政府、永州电业发展总公司、永州市水利水电综合开发公司签署联合投资开发合同，并成立恒通五洲水电开发有限公司，负责建设五洲水电站。2003年9月至2006年8月投资7000万元，工程项目完成总任务30%。之后，由于恒通五洲水电开发有限公司资金链断裂，五洲水电站项目停工。2008年4月，道县县委、县政府，市水利局、市电业局联合引进祁阳华安、冷水滩潇湘市政进行续建，共投资14348万元，于2011年1月建成并网发电。2011年1月全部竣工投运。

（五）向阳水电站

道县向阳坝水电站是《潇水流域规划报告》八级开发方案第四级，工程于1966年建成投产，工程以灌溉为主，兼顾发电，电站装机容量475千瓦。2003年对电站进行扩建，新增总装机容量4000千瓦。2013年再次对电站进行增效扩容改造，新增装机容量2000千瓦，向阳水电站总装机容量达到6475千瓦。

（六）大林江水电站

大林江水电站是《潇水流域规划报告》八级开发方案第三级，位于江华瑶族自治县界牌乡境内。工程为引水式电站，正常运行水位205.84米，安装单机容量1.25万千瓦灯泡贯流式机组3台，总装机容量3.75万千瓦，工程主要建筑物有引水渠、电站厂房、拦河坝等组成。工程于2004年12月动工兴建，2013年5月下闸蓄水，2009年9月首台机组并网发电，2013年12月3台机组全部并网发电运行。

（七）涔天河水电站

涔天河水库是《潇水流域规划报告》八级开发方案第一级，位于江华瑶族自治县境内，坝址控制流域面积2466平方公里，占整个潇水流域面积20%，多年平均径流量26亿立方米，是潇水流域梯级开发龙头水库。工程以灌溉为主，兼具防洪、发电、放木、航运等综合效益。20世纪60年代中期，为避免淹没江华瑶族自治县老县城水口镇，将规划高坝方案改为低坝方案实施，工程于1970年9月建成蓄水，坝高46米，正常蓄水位254.26米，总库容1.05亿立方米，设计灌溉面积17万亩（实际灌溉面积8.5万亩），发电装机容量2.25万千瓦。2012年6月，国家发改委正式批复涔天河水库扩建工程（枢纽部分）可行性研究报告，工程是以灌溉、防洪、向湘江下游长株潭河段补水为主，兼顾发电、航运等综合效益的大型水利水电工程。枢纽工程在原有坝址下游约200米设新址建设，由混凝土面板堆石坝、泄洪洞、电站厂房和灌溉渠首工程等主要建筑物组成。水库正常蓄水位313米，总库容15.1亿立方米，防洪库容2.5亿立方米。最大坝高114米，坝顶宽10米，坝轴线长328米。总装机容量20万千瓦，安装4台5万千瓦混流式机组，多年平均发电4.58亿千瓦时。扩建工程于2012年8月5日开工建设，2016年12月30日水库下闸蓄水，2017年9月23日电站首台机组并网发电。2018年6月9日4台机组全部并网发电。

2005年副省长肖捷（前左一）在市委书记曾庆炎（前右一）的陪同下考察涔天河水库电站

四、道县泡水河流域梯级开发

道县泡水河流域水能资源开发规划25个电源点、总装机容量3.963万千瓦，年发电量1.62亿千瓦时。流域上游规划建设2座水库，总库容为536.3万立方米。2002年7月15日，永州市发展计划委员会印发《关于道县泡水河流域两岔河等25个电站项目立项的批复》，同意建设泡水河流域两岔河等25个电站。

2002年道县泡水河流域电站建设项目规划情况表

表3-1-3

序号	电站名称	装机容量（台×千瓦）	年发电量（万千瓦时）	总投资（万元）
	合计	37000	15146.52	12600
1	大槽水电站	2×200	178.9	159.34
2	洗菜坪水电站	2×200	173.54	211.02
3	东江岔水电站	2×250	199.12	158.41
4	楠竹道水电站	2×2000	1553.63	2236.12
5	萝卜滩水电站	2×1000	754.69	412.15
6	两岔河水电站	3×2000	2525.98	1844.14
7	白石塘水电站	2×630	498.02	511.59
8	虎目脑水电站	2×1600	1337.53	781.75
9	连排岭水电站	3×1000	1185.19	1021.36
10	车子江水电站	2×400	339	329.5
11	何家乡水电站	2×200	164.23	425.31
12	社冲水电站	2×100	71.64	124.92
13	浪泥湖水电站	2×100	76.3	118.79
14	花油坪水电站	2×630	480.16	398.56
15	头步水水电站	2×250	212.83	218.63
16	白石塘水电站	2×100	88.86	96.89
17	发电厂水电站	2×250	215.73	136.66
18	石溪塘水电站	3×400	477.5	384.76
19	大平水电站	3×400	492.96	356.22
20	牛郎坪水电站	2×400	332.84	207.52
21	楠竹坪水电站	2×320	400.16	238.56
22	东江脚水电站	3×800	1011.2	586.35
23	小边河水电站	2×200	177.04	170.97
24	杰士口水电站	3×500	610.44	600.15
25	牛栏洞水电站	3×1250	1589.03	926.99

到2015年，道县泡水河流域水能资源开发投资13287.64万元，建设水电站47处，装机容量5.1345万千瓦。

第三节　农村电气化

20世纪80年代初，为解决农村用电问题，国务院决定在水能资源丰富地区开展农村电气化县建设。永州市通过持续开展农村电气化县建设，建成或完善东安、蓝山、祁阳、宁远、江永、新田、江华、道县等八个县级电网，提高地方水电供电质量和可靠性，解决广大农村尤其是水能资源丰富的边远山村无电缺电问题，促进农村经济和社会发展。

1983年，蓝山县纳入全国第一批100个农村初级电气化试点县建设。兴建高塘坪水库、一级电站等工程，积极推行电炊户，解决富余电能出路问题，1989年验收合格。

1990年，祁阳县、东安县纳入全国第二批水电农村初级电气化县建设。东安县建成高岩水库、一级电站等一批项目。祁阳县建成内下水库、二级电站等一批项目。1995年8月29日至9月2日，祁阳县、东安县顺利通过省计委、省水电厅组成电气化联合验收小组验收，经水利部审查合格，国务院批准祁阳县、东安县成为全国第二批208个农村初级电气化县建设达标县。

1996年9月，江永县、宁远县经国务院批准列入全国第三批农村水电初级电气化县建设，其间，省水利厅将江华瑶族自治县作为第三批农村水电初级电气化增补县。江永县建成古宅水库、一级电站等一批项目。宁远县建成小东江水库及坝后电站等一批项目。江永县通过水利部验收。

2000年6月，永州市政府在江华瑶族自治县召开地方水电发展研讨会

2001年11月，蓝山县、江永县、江华瑶族自治县经国务院批准列入全国水电农村电气化县建设，道县作为电气化后备县。2003年4月，江永县政府出台《关于加快全县水电资源开发的实施办法》。施行“谁建谁有，谁投资谁受益”的政策；实行税费优惠；允许干部、职工集资办电站；鼓励民间资本、域外资本进入水电开发领域。江永县掀起小水电开发热潮，通过集资、引资、融资等渠道，当年总投入8000多万元，先后兴建千家峒瑶族乡大溪源村雷公岭电站、千家峒瑶族乡上木源电站、黄甲岭大漠头电站、盘山电站等22座水电站，装机52台，装机总容量为4.056万千瓦。2005年，蓝山县、江华瑶族自治县通过验收，成为全国水电农村电气化达标县。2010年江永县通过验收，成为为全国水电农村电气化达标县。

2011年，江华瑶族自治县、双牌县列入全国水电新农村电气化县建设。

作为农村电气化县的一部分，2001年国家实施小水电代燃料生态保护工程。2010年道县车子江电站小水电代燃料生态保护工程经省水利厅现场验收。

第四节　水电管理

一、队伍建设

1992年，零陵地区水利水电局举办首届地方电力系统知识抢答赛，选拔优秀人员组建零陵地区代表队参加湖南省地方电力系统知识抢答赛。是年9月，零陵地区首届地方电力系统外线工技术比武在祁阳县召开，优胜单位参加全省地方电力系统外线工技术比赛。

1994年，地区水利水电局印发《零陵地区地方电力工作票、操作票暂行规定（试行）》，将《电业安全工作规程》做了详细的明确规定和规定说明。与此同时，根据县（市）水电局人事部门要求，地区水利水电局研究决定，并经地区劳动部门同意，开办九四级零陵地区水电系统机电就业前培训班，是年2月19日，地区水利水电局印发《关于全区水电系统九四级机电就业前培训班招生的通知》，2月20日印发《关于地区水电系统机电就业前培训班生产实习安排意见的通知》。

1992年8月28日，零陵地区水利水电局在涔天河水利水电管理局举办全区首届文艺调演活动

二、生产经营管理

1987年开始，按照湖南省水利水电厅颁布的《湖南省小水电站管理考核评分办法（修订稿）》，零陵地区开展一年一度小水电站管理千分制考核工作。

1991年，零陵地区地方水电系统调整办电指导思想，改变经营理念，引入市场机制，打破独家办电传统习惯，形成部门、集体、个体多元办电格局。同时，零陵地区地方水电系统以电气化县建设为重点，逐步建立区域性电网，形成“以电养电，滚动发展”的良性循环。电站经营管理工作摆上重要日程。

1991年5月下旬，水利部在零陵地区永州市召开全国水利系统中小水电建设和中型电站生产管理经验交流会，全国20个省市、自治区和各大流域机构代表参加会议。

1995年，根据省水利水电厅要求，地区水利水电局恢复地方电力系统以安全生产为主的一年一度电站（网）千分制考核评比活动。

是年，按照省水利水电厅部署，地区水利水电局与地区技术监督局联合对祁阳、东安两县进行了电力计量执法检查，此项工作走在全省各地州市前列。

1996年年初，蓝山县成立以县水电局为主管单位、由县电网和所有国有电站组成的发供电用一体化的蓝山县水电总公司，实现发供电一体化，采取一级法人二级核算经营模式，为地方电力集约化经营探索一条新途径。2010年2月8日，蓝山县水电总公司更名为蓝山县水电有限责任公司。蓝山县这种发供用一体化经营模式没有在全市得到推广。

三、企业配套挖潜

（一）“十二五”期间增效扩容改造

全市完成59座水电站增效扩容改造任务，总装机容量由改造前17.7651万千瓦增加到改造后20.485万千瓦，完成总投资48835.8万元，其中，中央资金18389万元、省配套资金3439.58万元。

（二）“十三五”期间增效扩容改造

全市完成81座水电站增效扩容改造任务，总装机容量由改造前7.691万千瓦增加到改造后10.19万千瓦，完成总投资30997.903万元，其中，中央资金10547万元、省配套资金683万元。

（三）“十三五”生态机组改造

全市完成5座水电站生态机组改造任务，新增总装机容量4135千瓦，完成总投资1687万元，其中，中央资金414万元、省配套资金27万元。

2011—2020 年永州市增效扩容改造情况统计表

表 3-1-4

序号	项目名称	所在县市	电站增效扩容改造				改造总投资（万元）	资金来源			中央、省到位资金	
			改造前		改造后						中央资金	省配套资金
			装机容量（千瓦）	近 3 年平均年发电量（万千瓦时）	装机容量（千瓦）	年发电量（万千瓦时）		项目单位自筹（万元）	中央财政奖励（万元）	地方配套（万元）	合计（万元）	合计（万元）
	2011—2015 年合计		177651	60952.25	204850	86705.8	48835.80	22451.54	18419.00	4592.01	18389.00	3439.58
1	樟木凼电站增效扩容改造工程	冷水滩	1000	290	1000	420	260	142	90	18	90	18
2	南津渡电站增效扩容改造工程	零陵	40000	13510	44000	18153	9222.87	4237.67	3960	761	3960	639.58
3	石坝仔水电站增效扩容改造工程	零陵	750	145	1505	311.9	441	232.38	131	40	107	10
4	四仙岩水电站增效扩容改造工程	零陵	750	185	750	282.5	171	77.96	68	13	68	8
5	四仙岩三级水电站增效扩容改造工程	零陵	1040	213	1040	324	245	119.29	94	18	94	12
6	邓家湾水电站增效扩容改造工程	零陵	1320	410	2180	720	1200	940	196	42	196	42
7	大江二级电站增效扩容改造工程	祁阳	1590	320	1750	480	394	174.89	158	30	158	30
8	内下二级电站增效扩容改造工程	祁阳	26000	8175	27000	10950	6031	2655.9	2428	465	2428	465
9	内下三级电站增效扩容改造工程	祁阳	3750	798	4500	1315	1118	555.05	405	78	405	78
10	石洞源电站增效扩容改造工程	祁阳	320	83.6	500	165	110	47	45	9	45	9
11	老屋冲电站增效扩容改造工程	祁阳	375	129.35	540	221.4	117	49.52	49	9	49	9
12	大忠电站增效扩容改造工程	祁阳	500	168.7	640	226	140	60	58	11	58	11

续表3-1-4

序号	项目名称	所在县市	电站增效扩容改造				改造总投资（万元）	资金来源			中央、省到位资金	
			改造前		改造后						中央资金	省配套资金
			装机容量（千瓦）	近3年平均年发电量（万千瓦时）	装机容量（千瓦）	年发电量（万千瓦时）		项目单位自筹（万元）	中央财政奖励（万元）	地方配套（万元）	合计（万元）	合计（万元）
13	杨家湾电站增效扩容改造工程	祁阳	300	126.1	500	220	115	52	45	9	45	9
14	白沙源电站增效扩容改造工程	祁阳	520	240	1000	465	280	158.4	90	18	90	18
15	高岩电站增效扩容改造工程	东安	5000	1230	5400	1602	1698	888	486	93	486	93
16	金江电站增效扩容改造工程	东安	925	205	1000	300	234	104	90	18	90	18
17	松江电站增效扩容改造工程	东安	1320	225	1320	340.1	329	131	119	23	119	23
18	湘泵电站增效扩容改造工程	东安	735	260	950	374	235	94	86	18	86	18
19	紫江电站增效扩容改造工程	东安	965	180	1200	265	270	130	108	20	108	20
20	紫五坝电站增效扩容改造工程	东安	750	320	960	484	281	103	86	17	86	17
21	双江电站增效扩容改造工程	东安	206	32	375	58.4	114	58	34	6	34	6
22	湘江电站增效扩容改造工程	东安	19200	9193	23400	11858	4996	2402	2105	404	2105	404
23	扬江电站增效扩容改造工程	东安	825	195	1000	291	212	92.6	90	18	90	18
24	舜皇山电站增效扩容改造工程	东安	2000	685	2520	972	678	300	227	43	227	43
25	清水湾电站增效扩容改造工程	东安	1000	280	1280	350	324	132	115	22	115	22

续表3-1-4

序号	项目名称	所在县市	电站增效扩容改造				改造总投资（万元）	资金来源			中央、省到位资金	
			改造前		改造后			项目单位自筹（万元）	中央财政奖励（万元）	地方配套（万元）	中央资金	省配套资金
			装机容量（千瓦）	近3年平均年发电量（万千瓦时）	装机容量（千瓦）	年发电量（万千瓦时）					合计（万元）	合计（万元）
26	单江水电站增效扩容改造工程	双牌	1400	410	1800	743	483	120	162	76	162	31
27	杨柳湾水电站增效扩容改造工程	双牌	1500	360	1800	642	520	125	162	76	162	31
28	前进水电站增效扩容改造工程	双牌	580	150	800	280	276	80	72	34	68	14
29	低头江水电站增效扩容改造工程	双牌	1000	260	1250	450	357.5	150	113	52	111	22
30	晏家田电站增效扩容改造工程	道县	575	206	625	302.5	158	80	56	11	56	11
31	廊洞水电站增效扩容改造工程	道县	1110	251	1110	350	247	108.32	100	20	100	20
32	上坝水电站增效扩容改造工程	道县	1000	280	1280	400	310	150	115	22	115	22
33	向阳坝水电站增效扩容改造工程	道县	1920	620	2400	980	709	409.28	216	42	216	42
34	源口电站增效扩容改造工程	江永	3750	1437	4800	2715.3	1100	500	432	98	432	98
35	一字山电站增效扩容改造工程	江永	1000	327.9	1300	670.9	312.5	150	117	27	117	27
36	朝阳电站增效扩容改造工程	江永	870	351	1430	696	428.7	250	129	29	129	29
37	七工岭电站增效扩容改造工程	江永	1000	245.2	1130	512.3	291.3	150	102	23	102	23
38	长冲口电站增效扩容改造工程	江华	960	390	1270	716	477.7	318.9	114	25	114	25

续表3-1-4

序号	项目名称	所在县市	电站增效扩容改造				改造总投资（万元）	资金来源			中央、省到位资金	
			改造前		改造后						中央资金	省配套资金
			装机容量（千瓦）	近3年平均年发电量（万千瓦时）	装机容量（千瓦）	年发电量（万千瓦时）		项目单位自筹（万元）	中央财政奖励（万元）	地方配套（万元）	合计（万元）	合计（万元）
39	桐冲口电站增效扩容改造工程	江华	1000	312	1260	527	283.7	126.18	113	25	113	25
40	小鲁桂电站增效扩容改造工程	江华	775	150.9	900	284	225.5	113	81	19	81	19
41	漕滩（新春）电站增效扩容改造工程	江华	1125	460	1585	819	449.4	251.6	143	33	143	33
42	九疑山水电站增效扩容改造工程	宁远	13550	3528	15050	5950	3597.3	1716	1355	260	1355	260
43	凤仙桥水库电站增效扩容改造工程	宁远	400	100	640	142	150.6	75.58	58	11	58	11
44	水市水库电站增效扩容改造工程	宁远	1510	509	1510	670	334.9	180	136	27	136	27
45	双龙水库电站增效扩容改造工程	宁远	1400	250.5	1400	356	334.6	180	126	24	126	24
46	仁和坝电站增效扩容改造工程	宁远	1515	680	2000	851	420.6	200	180	34	180	34
47	半山水库电站增效扩容改造工程	宁远	945	228.2	1160	355	246.3	120	104	20	104	20
48	立新水库电站增效扩容改造工程	新田	445	33	480	65.8	175.66	66.54	40	19.13	40	8
49	肥源水库电站增效扩容改造工程	新田	765	170	945	277	295.63	130.62	76	35	76	14
50	新圩电站增效扩容改造工程	新田	1500	520	1760	840	550.32	255.63	158	74	158	30
51	金陵水库电站增效扩容改造工程	新田	890	203	1040	350	355.69	150.45	94	44	94	18

续表3-1-4

序号	项目名称	所在县市	电站增效扩容改造				改造总投资（万元）	资金来源			中央、省到位资金	
			改造前		改造后						中央资金	省配套资金
			装机容量（千瓦）	近3年平均年发电量（万千瓦时）	装机容量（千瓦）	年发电量（万千瓦时）		项目单位自筹（万元）	中央财政奖励（万元）	地方配套（万元）	合计（万元）	合计（万元）
52	心安电站增效扩容改造工程	新田	875	285	875	409	311. 45	145. 66	79	36. 88	79	15
53	新隆电站增效扩容改造工程	新田	500	205	640	308	241. 58	125. 32	58	27	58	11
54	高塘坪一级电站增效扩容改造工程	蓝山	6400	3245	7200	4246	1540	450	646	384	646	124
55	立新电站增效扩容改造工程	蓝山	750	453. 8	1200	589. 4	269	89	108	50	108	20
56	高塘坪二级电站增效扩容改造工程	蓝山	5000	2450	5600	3223	1190	320	504	298	504	98
57	军田电站增效扩容改造工程	蓝山	3750	1604	4500	2142. 5	934	260	405	238	405	78
58	滴水龙电站增效扩容改造工程	蓝山	3000	1141	3000	1547. 8	685	230	270	112	270	52
59	油榨铺电站增效扩容改造工程	金洞	3750	1537	4800	2147	1358	737. 8	432	83	432	83
	2016—2020年合计		76910	24543. 87	101900	37903. 29	30997. 903	16780. 528	10603. 5	2652. 875	10547	683
1	五星水电站增效扩容改造项目	零陵区	2820	593	3600	1406	1010. 41	560. 41	360	90	360	24
2	鱼乐江一级水电站增效扩容改造项目	零陵区	1600	528	2500	950	712. 09	399. 59	250	62. 5	250	17
3	翔宏电站增效扩容项目	祁阳县	375	96	640	274	197	75	64	16	64	5
4	群力电站增效扩容改造项目	祁阳县	305	100	445	173	177. 75	92. 125	44. 5	11. 125	45	3
5	冷水江电站增效扩容改造项目	祁阳县	375	129	540	197	201	97. 5	54	13. 5	54	4

续表3-1-4

序号	项目名称	所在县市	电站增效扩容改造				改造总投资（万元）	资金来源			中央、省到位资金	
			改造前		改造后						中央资金	省配套资金
			装机容量（千瓦）	近3年平均年发电量（万千瓦时）	装机容量（千瓦）	年发电量（万千瓦时）		项目单位自筹（万元）	中央财政奖励（万元）	地方配套（万元）	合计（万元）	合计（万元）
6	华湘电站增效扩容改造项目	祁阳县	375	158	640	223	206	126	64	16	64	3
7	双江口电站增效扩容改造项目	祁阳县	400	129	500	205	182	119.5	50	12.5	50	3
8	棕树坪电站增效扩容改造项目	祁阳县	1130	357	1630	526	395	191.25	163	40.75	163	7
9	内下一级电站增效扩容项目	祁阳县	5200	1350	6000	2020	1638	491	600	150	600	40
10	高拱桥电站增效扩容改造项目	祁阳县	375	130	600	180	181	106	60	15	60	3
11	金鸡岭电站增效扩容改造项目	东安	1000	185	1000	354	300	175	100	25	100	7
12	平江电站增效扩容改造项目	东安	820	283	960	357	312	192	96	24	96	7
13	紫一坝电站增效扩容改造项目	东安	75	35.5	325	115	125.55	84.925	32.5	8.125	32.5	3
14	皂州电站增效扩容改造项目	东安	325	80	525	150	119.9	54.275	52.5	13.125	52.5	4
15	紫二坝电站增效扩容改造项目	东安	200	60	325	115	122.9	82.275	32.5	8.125	32.5	3
16	紫三坝电站增效扩容改造项目	东安	250	50	400	150	238	188	40	10	40	3
17	源尾坝电站增效扩容改造项目	东安	55	26.5	200	100	55	30	20	5	20	2
18	文家冲电站增效扩容改造项目	东安	360	86	400	143	160	110	40	10	40	3

续表3-1-4

序号	项目名称	所在县市	电站增效扩容改造				改造总投资（万元）	资金来源			中央、省到位资金	
			改造前		改造后						中央资金	省配套资金
			装机容量（千瓦）	近3年平均年发电量（万千瓦时）	装机容量（千瓦）	年发电量（万千瓦时）		项目单位自筹（万元）	中央财政奖励（万元）	地方配套（万元）	合计（万元）	合计（万元）
19	白米寨电站增效扩容改造项目	东安	270	105	400	150	217	167	40	10	40	3
20	新圩电站增效扩容改造项目	东安	110	35	200	61	108	83	20	5	20	2
21	皂水氹电站增效扩容改造项目	东安	640	101	640	162	170	90	64	16	64	5
22	两江口水电站增效扩容改造项目	双牌	1800	470	2000	691	431.2	181.2	200	50	200	9
23	塔山三级水电站增效扩容改造项目	双牌	800	232	1130	396	330.2	188.95	113	28.25	113	5
24	向阳水电站增效扩容改造项目	双牌	125	32	250	82	55	23.75	25	6.25	25	3
25	陆洲水轮泵水电站增效扩容改造项目	道县	475	142	1400	240	1990	1815	140	35	140	6
26	跳鱼台水电站增效扩容改造项目	道县	1260	466	1440	650	327	147	144	36	144	10
27	道县金源水电站增效扩容改造项目	道县	1030	180	1260	340	256.5	99	126	31.5	126	6
28	道县乐福堂水电站增效扩容改造项目	道县	640	150	640	230	128	46	64	18	64	5
29	道县两岔河水电站增效扩容改造项目	道县	6000	1180	6000	2108	1360	610	600	150	600	25
30	道县沙田水库坝后水电站增效扩容改造项目	道县	250	60	480	130	112	52	48	12	48	4
31	龙村水电站增效扩容改造项目	道县	400	105.3	840	219	205	100	84	21	84	6

续表3-1-4

序号	项目名称	所在县市	电站增效扩容改造				改造总投资（万元）	资金来源			中央、省到位资金	
			改造前		改造后						中央资金	省配套资金
			装机容量（千瓦）	近3年平均年发电量（万千瓦时）	装机容量（千瓦）	年发电量（万千瓦时）		项目单位自筹（万元）	中央财政奖励（万元）	地方配套（万元）	合计（万元）	合计（万元）
32	道县云溪水库坝后电站增效扩容改造项目	道县	400	64. 32	800	200	183	83	80	20	80	6
33	古宅一级电站增效扩容改造项目	江永县	4000	1270	5000	1556. 7	1143. 01	187. 01	500	125	530	33
34	古宅二级电站增效扩容改造项目	江永县	1500	550	1890	750. 6	727. 7	366. 45	189	47. 25	189	12
35	江永县源口四级电站增效扩容改造项目	江永县	800	196. 2	1000	412	387. 25	262. 25	100	25	100	7
36	大码头电站增效扩容改造项目	江华县	500	123. 01	500	294. 9	506. 69	444. 19	50	12. 5	50	4
37	团结电站增效扩容改造项目	江华县	640	148	640	220	128	48	64	16	64	3
38	瑶人坪水电站增效扩容改造项目	江华县	2000	489	2000	600	404	154	200	50	200	14
39	黄塘冲电站增效扩容改造项目	江华县	320	90	320	135	66	26	32	8	32	2
40	小江电站增效扩容改造项目	江华县	250	100	800	142	75	−25	80	20	80	6
41	鱼晒电站增效扩容改造项目	江华县	640	175	640	255	132	52	64	16	64	3
42	中央冲电站增效扩容改造项目	江华县	480	126. 36	660	188. 7	155	72. 5	66	16. 5	66	5
43	水井电站增效扩容改造项目	江华县	640	205. 43	640	256	275	195	64	16	64	5
44	沉田电站增效扩容改造项目	江华县	140	51. 54	300	86	97	59. 5	30	7. 5	30	3

续表3-1-4

序号	项目名称	所在县市	电站增效扩容改造				改造总投资（万元）	资金来源			中央、省到位资金	
			改造前		改造后						中央资金	省配套资金
			装机容量（千瓦）	近3年平均年发电量（万千瓦时）	装机容量（千瓦）	年发电量（万千瓦时）		项目单位自筹（万元）	中央财政奖励（万元）	地方配套（万元）	合计（万元）	合计（万元）
45	田坪电站增效扩容改造项目	江华县	900	410.22	1900	571	430	192.5	190	47.5	190	12
46	兴发电站增效扩容改造项目	江华县	650	260.06	1450	493	331	149.75	145	36.25	145	10
47	中星电站（黄茶坪）增效扩容改造项目	江华县	2520	1008.43	4460	1338	1100	542.5	446	111.5	446	30
48	小东江（坝后）电站增效扩容改造项目	宁远	800	350	1260	430.88	380.8	223.3	126	31.5	38	0
49	下洞电站增效扩容改造项目	宁远	125	123	720	343.17	219.44	129.44	72	18	72	6
50	官塘电站增效扩容改造项目	宁远	200	65	730	299.36	225.7	134.45	73	18.25	73	6
51	源头坝电站增效扩容改造项目	宁远	200	40	375	157.78	131.28	84.405	37.5	9.375	38	3
52	宁远县龙潭电站增效扩容改造项目	宁远	1020	156	1020	365	314.12	186.62	102	25.5	102	7
53	军屯电站增效扩容改造项目	蓝山县	250	50	285	118	104.06	68.435	28.5	7.125	29	3
54	北门电站增效扩容改造项目	蓝山县	1000	432	1260	588	369.1	211.6	126	31.5	126	5
55	牛角冲电站增效扩容改造项目	蓝山县	200	54	320	116	78.92	38.92	32	8	32	4
56	栗树坪（鸭婆洞）三级增效扩容改造项目	蓝山县	400	190	500	233	184.86	122.36	50	12.5	50	4
57	栗树坪二级增效扩容改造项目	蓝山县	400	130	570	200	161.38	90.13	57	14.25	57	5

续表3-1-4

序号	项目名称	所在县市	电站增效扩容改造				改造总投资（万元）	资金来源			中央、省到位资金	
			改造前		改造后						中央资金	省配套资金
			装机容量（千瓦）	近3年平均年发电量（万千瓦时）	装机容量（千瓦）	年发电量（万千瓦时）		项目单位自筹（万元）	中央财政奖励（万元）	地方配套（万元）	合计（万元）	合计（万元）
58	半山二级电站增效扩容改造项目	蓝山县	500	235	640	315	186.49	106.49	64	16	64	5
59	河坪（东山）电站增效扩容改造项目	蓝山县	460	170	640	220	165.02	85.02	64	16	64	8
60	万年桥电站增效扩容改造项目	蓝山县	3200	1450	3600	1820	812.19	362.19	360	90	360	24
61	箭岭一级电站增效扩容改造项目	蓝山县	200	130	450	168	201.51	145.26	45	11.25	45	3
62	下枯山电站增效扩容改造项目	蓝山县	375	200	650	300	200.32	119.07	65	16.25	65	5
63	下源井电站增效扩容改造项目	蓝山县	1050	504	1320	613	344.7	179.7	132	33	132	9
64	小洞电站增效扩容改造项目	蓝山县	1040	338	1040	417	264.62	134.62	104	26	104	7
65	大志鹏电站增效扩容改造项目	蓝山县	1250	448	1250	541	370.2	213.95	125	31.25	125	10
66	鲁田电站增效扩容改造项目	蓝山县	3200	1105	3600	1367	858.51	408.51	360	90	360	6
67	恒昌电站增效扩容改造项目	蓝山县	1300	500	1500	660	330.38	142.88	150	37.5	150	18
68	汇源水电站增效扩容改造项目	蓝山县	800	290	1000	370	306.5	181.5	100	25	100	7
69	高塘坪三级电站增效扩容改造项目	蓝山县	3200	974	3200	1341	709	309	320	80	320	15
70	水竹河电站增效扩容改造项目	蓝山县	1200	529	1500	745	395.62	208.12	150	37.5	150	17

续表3-1-4

序号	项目名称	所在县市	电站增效扩容改造				改造总投资（万元）	资金来源			中央、省到位资金	
			改造前		改造后						中央资金	省配套资金
			装机容量（千瓦）	近3年平均年发电量（万千瓦时）	装机容量（千瓦）	年发电量（万千瓦时）		项目单位自筹（万元）	中央财政奖励（万元）	地方配套（万元）	合计（万元）	合计（万元）
71	三亩田电站增效扩容改造项目	蓝山县	100	32	200	53	83.64	58.64	20	5	20	2
72	三步水电站增效扩容改造项目	蓝山县	200	66	320	93	109	69	32	8	32	3
73	堡里电站增效扩容改造项目	蓝山县	300	188	800	291	261.07	161.07	80	20	80	6
74	浆洞（庙背岭）电站增效扩容改造项目	蓝山县	500	179	720	302	262.12	172.12	72	18	72	6
75	高落岭电站增效扩容改造项目	蓝山县	800	182	800	238	226.7	126.7	80	20	80	6
76	里佳田电站增效扩容改造项目	蓝山县	500	200	800	268	199.6	99.6	80	20	80	6
77	大鱼梁电站增效扩容改造项目	蓝山县	500	358	1500	747	520.8	333.3	150	37.5	150	10
78	大桥蓝江电站增效扩容改造项目	蓝山县	400	163	500	222	150.8	88.3	50	12.5	50	4
79	大桥界牌（界牌坳）电站增效扩容改造项目	蓝山县	2520	880	2520	1100	531	216	252	63	252	17
80	红日山电站增效扩容改造项目	金洞	500	211	900	350	258.975	146.475	90	22.5	90	6
81	团结二级电站增效扩容改造项目	金洞	2000	720	4500	1915.2	1228.628	666.128	450	112.5	450	30

2016—2019 年永州市生态机组改造情况统计表

表 3-1-5

序号	项目所在河流名称	项目名称	所在县市	新增生态机组装机容量（千瓦）	新增生态机组年发电量（万千瓦时）	改造总投资（万元）	资金来源			中央、省到位资金						
										中央资金					省配套资金	
							项目单位自筹（万元）	中央财政奖励（万元）	地方配套（万元）	合计（万元）	2016 年（万元）	2017 年（万元）	2018 年（万元）	2019 年（万元）	2018 年（万元）	2019 年（万元）
		合计		4135	1342	1687	1170	414	104	413.5	118	19	249	27.5	19	8
1	扬江河	扬江河坝电站生态改造项目	东安	55	22	33	26	6	1	5.5	4	1		0.5	1	1
2	紫水河	高岩水库电站生态改造项目	东安	630	252	250	171	63	16	63	41	16	3	3.0	3	2
3	西涧河	金江水库电站生态改造项目	东安	100	25	33	21	10	3	10	7	2		1.0	1	1
4	潇水河	陆洲水轮泵水电站生态改造项目	道县	1400	346	389	214	140	35	140	66		67	7.0	6	
5	九嶷河	宁远县水市水库电站生态改造项目	宁远	1950	697	982	738	195	49	195			179	16.0	8	4

第五节 小型水电站选介

一、冷水滩区

岭口水电站 1959年，冷水滩区第一个水力发电工程——岭口水库一、二级电站建成，岭口水库位于石溪江上游杨村甸乡，坝高42米，电站设计水头44米，单机最大流量1.5立方米/秒，装机容量385千瓦，年发电量130万千瓦时。

樟木凼水电站 1968年冷水滩区（原零陵县冷水滩镇）在湘江一级支流芦洪江高溪市境内的樟木凼村兴建樟木凼水电站，电站装机容量1006千瓦，设计年发电量450万千瓦时，2013年机组进行改造。

二、零陵区

五星水电站 位于零陵区大庆坪乡，属湘桂两省交界之地。1966年，大庆坪乡村民计划开凿一条1.8公里隧洞从广西壮族自治区全州县东山乡小禾坪村引地下水灌溉农田，1979年五星隧洞全线贯通。经测量，在五星右干渠与兆江洞灌溉渠存在巨大的落差可以修建水电站，且不影响农田灌溉。大庆坪乡在兆江洞村修建了装机2500千瓦的五星水电站，1981年电站投产运行，后增加一台320千瓦的冲击式机组。2016年五星增效扩容改造后，装机容量增加至3600千瓦。

三、祁阳县

内下梯级水电站 内下水库大坝位于祁阳县金洞林场（现金洞管理区）内下村朽木滩。内下水库总库容6800万立方米，水库下游建设一、二、三级水电站，一级水电站装机容量3×1600千瓦，二级水电站装机容量3×9000千瓦，三级水电站3×1250千瓦。1974年8月13日，衡阳地区规划在祁阳县金洞林场内下村（朽木滩）建一级电站，在土坳建二级电站，在豹虎龙建三级电站。1977年3月15日，豹虎龙电站——内下三级电站开工建设，1979年12月26日第一台1250千瓦机组发电，1980年12月第二台机组发电。2019年经增效扩容改造后，一、二、三级电站装机容量分别为6000千瓦、27000千瓦和4500千瓦。

人民电站 1975年8月，祁阳县委、县政府决定修建人民电站，提出"当年设计、当年施工、当年收益"。1975年9月，祁阳县动员三万劳力上工地揭开人民电站建设序幕。1976年9月29日完成电站主体工程和50多项附建工程。电站大坝顶长179米，控制集雨面积812平方公里，引水渠长7.91公里，流量34.4立方米/秒。电站设计水头为21.7米，装机4×1250千瓦。人民电站建设共投资729万元，其中国家投资271万元，自筹资金458万元。人民电站曾获评"全国小水电建设先进单位"。

大江电站 分一、二级电站，一级电站（坝后电站）设计装机2×630千瓦，其中一号机1972年投运，二号机1976年投运。经衡阳地区水利电力局批准，1983年，大江一级电站进行扩建，增加装机容量1000千瓦。二级电站位于八宝镇四木村，右干渠龙潜凼倒虹吸管进口处，是利用非灌溉期渠水和灌溉余水发电的引水式电站。大江二级电站1976年动工兴建，翌年投产，装机1×630+3×320千瓦。

石洞源电站 1958年祁阳县动工兴建石洞源水库，水库大坝位于石洞乡高山村，是一座以灌溉为主发电为辅的小（1）型水库，坝高42.5米，库容810万立方米。石洞源电站始建于1959年，位于石洞源水库大坝下游，1960年元旦电站建成发电，装机1台68千瓦发电机组。1969年停止发电。1978

年3月重新兴建坝后式电站，设计水头17.9米，设计流量2.6立方米/秒，装机2台250千瓦。电站工程于1979年7月竣工投产发电。

四、东安县

高岩水库电站 位于东安县西部湘江一级支流紫水河上游紫溪镇高岩村，电站于1991年9月开工，装机容量2×2500千瓦，1994年5月20日下闸蓄水，1995年2月第一台机组并网发电，同年11月第二台机组并网发电。2014年7月，高岩水库电站进行增效扩容改造，改造后装机容量2×2700千瓦，实现全自动微机运行，年平均发电量为600万千瓦时。

舜皇山水电站 位于东安县舜皇山国家森林公园管理局大坳工区（现为大坳村）境内，距大庙口镇6公里、距东安县城35公里，1990年正式开工，1991年10月竣工发电。电站总控制集雨面积38.7平方公里，设计水头204.19米，总装机容量2000千瓦（共四台机组），投资总额550万元。运行30年来，电站年平均发电量1000万千瓦时，电费收入300多万元/年。

五、双牌县

阳明山水电站 位于双牌县阳明山鸡公板，由双牌湘能阳明山水电开发有限责任公司投资兴建。工程于2002年9月16日开工，坝高67米，坝长196米，坝顶宽4米，坝底宽21米，隧洞7公里，落差440米，装机容量25000千瓦，年发电量7926万千瓦时，总投资1.1亿元。2019年永州市水利部门对小水电站清理整顿，阳明山水电站被列为限期拆除。

六、道县

车子江电站 位于道县横岭瑶族自治乡莲花村垚子头河流域。工程项目于2003年10月开工，2005年12月投产发电。电站工程项目由引水坝、明渠、压力前池、压力管道及厂房组成，拦河坝系重力坝，坝高4米，坝址以上集雨面积169.62平方公里，电站装机2×500千瓦，水头6米，发电引用流量18立方米/秒。车子江电站是湖南省第一批小水电代燃料试点项目。

七、江永县

源口水库枢纽电站 为源口水库枢纽配套工程，属“长藤结瓜”式梯级开发建设电站，分左、右干渠五级建成，即源口电站、一字山电站、左干渠朝阳电站、右干渠七工岭电站、右干渠四级电站、右干渠五级电站，共投资1204.25万元，装机13台，总装机容量10130千瓦，年发电量4592万千瓦时。

古宅水库枢纽电站 属古宅水库枢纽配套工程，共投资2927.2万元，装机9台，总装机容量7130千瓦，年发电量2666万千瓦时。古宅一级电站装机2台，总容量4000千瓦，年发电量1270万千瓦时，于1999年8月动工，2001年5月1日竣工发电。2016年10月至2018年3月对电站进行增效扩容改造，投入资金1143.01万元，装机容量由4000千瓦增加到5000千瓦，年发电量由1270万千瓦时提高到1556.7万千瓦时。古宅二级电站装机3台，总装机容量1500千瓦，年发电量550万千时。1998年6月竣工运行，2016年10月对电站进行增效扩容改造，投入资金727.7万元，2018年3月完工，装机容量由1500千瓦扩增到1890千瓦，年发电量由550万千瓦时提高到750.6万千瓦时。古宅三级电站于2003年9月动工兴建，2005年12月建成，装机2台，总容量1030千瓦，年发电量300万千瓦时。古宅四级电站于2003年8月动工兴建，2004年6月建成，投资320万元，装机2台，总容量600千瓦，年发电量250万千瓦时。

小古源水电站 是江永县水头最高水电站。电站毛水头412米，发电设计水头400米。电站位于潇江（永明河）支流古宅河两江口下游0.5公里的小古源村（板铺）附近，距县城21公里。由广西壮族自治区桂东电力投资建设的股份制水电站，电站装机容量4000千瓦，年发电量1500万千瓦时。

八、江华瑶族自治县

流车源二级电站 位于江华瑶族自治县河路口镇招礼村，2009年5月建成投产，装机容量5000千瓦，大坝控制流域面积20.6平方公里，多年平均流量0.808立方米/秒，设计水头360米。

团结水电站 是江华瑶族自治县第一座股份制水电站，位于大圩镇草皇村，1999年5月建成投产，装机容量640千瓦，大坝控制流域面积0.81平方公里，设计水头274米。

黄塘冲电站 是江华瑶族自治县第一座私营水电站，位于码市镇田沟村，1998年7月建成投产，装机容量375千瓦，大坝控制流域面积4.04公里，设计水头105米。

九、宁远县

九嶷山电站 属国有电站，位于宁远县九嶷山瑶族乡别江口村境内，为宁远县最大小型水电站。1978年动土兴建，设计装机容量12000千瓦，设计水头238米。控制流域面积147平方公里。1980年建成投产，装机7250千瓦（2×3000+1250千瓦），工程总投资733.6万元。2015年增效扩容后总装机1.505万千瓦，其中2×3000千瓦改造扩容至2×3500千瓦，新建6800千瓦一台，共投资4856.8万元，年发电量5995万千瓦时，比2013年增加发电量2242千瓦时，增加利润400万元。

十、新田县

新圩电站 位于新田县新圩镇山水塘村石羊河流域水系，装机容量3×500千瓦，年发电量620万千瓦时。2013年，投入资金584.5万元实施农村电站增效扩容改造，总装机容量达到1760千瓦。

十一、蓝山县

高塘坪梯级水电站 位于蓝山县南部的九嶷山南麓，为一跨流域引水式小型水电站群。龙头水库有高塘坪水库和板塘水库，板塘水库通过抽水站抽水至高塘坪水库供水给电站发电。抽水站装机3台1250千瓦离心水泵，抽水设计扬程为93米；高塘坪梯级电站总装机13000千瓦，总利用水头为629米。高塘坪水库位于中河上游紫良瑶族自治乡高塘坪村，总库容933万立方米，板塘水库位于凌江河上游，总库容1935万立方米。高塘坪一级电站总装机容量2×3200千瓦，2014年完成增效扩容改造，改造后总装机2×3600千瓦，年发电量4246万千瓦时；二级电站装机容量2×2500千瓦，2015年完成增效扩容改造，改造后总装机2×2800千

扩容增效后蓝山高塘坪一级电站

瓦，年发电量3223万千瓦时；三级电站装机容量2×1250千瓦，2019年完成增效扩容改造，改造后总装机依然为2×1250千瓦，年发电量1341万千瓦时。

下枯山水电站 位于蓝山县塔峰镇（原龙溪乡）排田村，控制集雨面积12.7平方公里，毛水头114米，装机容量375千瓦。电站于1987年5月开工建设，1990年10月建成并网发电。由钟国操、钟学勇、雷三斤、杨建财、彭文初、赵子兴、钟积文、盘木生、曾广生、冯生友、赵光仔等11个股东集资兴建，为蓝山县第一座股份制水电站。2016年，下枯山水电站进行增效扩容改造，投资390多万元，装机容量达到900千瓦。

十二、金洞管理区

晒北滩水电站 晒北滩水库位于金洞管理区白水河上游河段，工程坝址控制流域面积324平方公里，电站装机容量3.5万千瓦，年均发电量1.24亿千瓦时。工程于2004年9月26日开工建设，2010年竣工投产。

油榨铺电站 属金洞管理区国有企业，坝址位于金洞管理区万宝山乡油榨铺村的泥凼组，电站装机容量3×1250千瓦。油榨铺电站于1992年10月10日开工建设，1997年两台机组试运行；1998年三台机组投入运行；1999年并入祁阳地方电网运行；2002年11月14日并入华中湖南永州电网运行。2012年3月对电站进行增效扩容改造，总投资1596.82万元，改造后装机容量3×1600千瓦。

十三、退出类电站

正冲水电站 位于江永县千家峒乡大溪源村境内，距江永县城27公里，距千家峒乡政府14公里。电站引水坝位于正冲河，坝顶高程为799.0米，坝高8米，长15米，采用干砌石（砼护面）滚水坝。引水坝后接引水隧洞570米，隧洞出口接压力钢管，压力钢管主管内径0.6米，总长300米。电站总装机容量640千瓦，设计水头150米，设计引用流量0.63立方米/秒。电站坝址集雨面积6.5平方公里，电站设计多年平均发电量221万千瓦时，总投资250万元。因正冲电站位于都庞岭国家自然保护区核心区、缓冲区内，按国家环保要求，该电站于2018年12月底拆除退出，为全市第一座退出水电站。

第二章 电网建设

1992年，永州市拥有6个县级地方电网，后又建设江华岭东和道县泡水河流域地方电网，到2019年底，地方电网移交国家电网，只有道县泡水河流域地方电网负责部分农村供电。

第一节 地方电网建设

20世纪60年代中期，零陵地区开展农业电力排灌大会战，为确保电力排灌投运，新建一些35千伏输变电工程和10千伏高压输电线路，开始零陵地区地方电力网络建设。20世纪70年代，零陵地区贯彻执行中央对水电站建设提出的“谁建、谁管、谁有、谁用”和“以电养电”政策，各县市建设一批骨干水电站和水库调节水电站，零陵地区县域区域性电网逐步形成。70年代中期，零陵地区开始新建万千瓦以上水电站，但由于片面强调优先上马单位千瓦造价低水电站，新建水电站出现电源结构不合理现象。这个时期，因为地方电力建设有国家投资补偿，加上民工无偿调遣，零陵地区地方水电建设进入高速发展时期，开始考虑建设以县为实体独立电网。20世纪70年代后期，湖南省将地区级电网无偿移交给国家电网。

20世纪80年代，零陵地区在电源建设上，重点放在电气化县、有蓄水能力电站和规模电站上，以缓解地方水电丰枯矛盾，并由单一注重电站建设转变到电站、电网建设同步推进，其间，蓝山县在农村初级电气化试点县建设过程中，建成有调节能力骨干电源点——高塘坪一级电站，以此完善以城关110千伏变电站为核心的县级独立电网。之后，东安、江永、新田三个县先后建成县为实体地方电网，祁阳、蓝山、宁远三个县进行地方电力网络配套和完善，扩充供电区。至此，零陵地区形成6个县为实体地方电力网络。

由于县为单元电网难以做到大而全，难以自行解决较为突出丰枯矛盾，零陵地委、行署及地区水利水电主管部门开始构想组建地区电网。

“八五”时期，零陵地区大小电网之间矛盾逐渐突显，地方水电为确保自身生存和发展，工作重点放在以电气化县建设为主，逐步建立区域性电网，形成“以电养电，滚动发展”良性循环上。通过探索市场经济规律，打破独家办电传统习惯，初步形成部门、集体、个体办电，多元开发水能资源格局。零陵地委、行署明确区域电网建设发展思路：地方为主，分级管理；统一规划，分期实施；大小并存，共同发展。并着手区域性地方电网建设前期工作。1991年3月，零陵地区水利水电局编制完成《湖南省零陵地区地方电网建设规划（初稿）》，提出巩固完善东安、祁阳、蓝山、宁远、江永、新田等6个县为实体地方电网，先分片联网，再形成零陵地区地方电网工作思路，委托湖南省水利水电勘察设计院编制完成《零陵地区地方电网规划报告》。

1991年6月3日，水利部部长杨振怀在湖南岳阳地区视察工作，省委书记熊清泉、省长陈邦柱以及省水利水电厅厅长王明湘、零陵行署专员颜永盛等向杨振怀汇报零陵地区涔天河水库扩建工程、零陵地区区域电网以及火电厂建设项目等情况。杨振怀指出，零陵建设地区电网条件优越，可到梧州地区参观学习，地区电网建设和涔天河水库扩建工程是相辅相成的，要抓紧工作。

1991年7月，地委、行署主要领导组织地直相关部门负责人召开会议专题研究地区电网建设问题，明确大致方针，理顺工作思路。

1991 年 9 月 18 日，地委、行署主要领导到北京，分别向国家计委、水利部汇报零陵地区建设涔天河水库扩建工程、地区电网、火电厂项目情况，得到国家相关部门支持。

1991 年 12 月下旬，零陵行署签订第一个县与县之间的联网协议——蓝山、宁远两县联网协议，迈出地区电网建设第一步。

1992 年 3 月 3 日，零陵行署印发《关于成立零陵地区水电公司的通知》。

1992 年 3 月 8 日，蓝山、宁远两县电网正式联网运行。

1992 年 6 月 1 日，大电网在无通知情况下，拉闸与宁远县地方电网解列。

1992 年 11 月 29 日，水利部部长杨振怀率部办公厅、外事司、农电司等负责人到零陵地区进行工作视察，对涔天河水库扩建工程项目和建设区域性地方电网构想给予肯定，明确表示予以支持。之后，水利部农电司数位司长多次到零陵地区考察地方水电工作。

1993 年 3 月 27 日，宁远县地方电网与大电网恢复并网，拆除蓝宁 35 千伏线路太平变电站变压器太平变侧一组隔离刀闸和引下线，蓝山、宁远两县电网解网。

1996 年 1 月 18 日，国家电网与东安县地方电网通过一条 4.3 公里 110 千伏联网线路实现一点并网。

1996 年开始，全国开展农村水电电气化建设，永州市以此为契机，先后建成或完善蓝山县、东安县、祁阳县、江永县、宁远县、新田县等六个县级地方电网。

1997 年 4 月 24 日，湖南省水利厅印发《关于成立“湖南地方电力蓝临有限责任公司”的决定》，明确公司经营范围，即蓝山县城关 110 千伏变电站至临武五里牌 110 千伏变电站 110 千伏输电线路建设及营运。

蓝山电网高塘坪变电站

1997 年 10 月，由永州市水利水电局和江华瑶族自治县水电局联合发起组建湖南省永州潇水流域开发有限公司，公司确定“依托涔天河电站，建设岭东配电网，开发岭东水电资源，开辟广东售电市场”发展思路，近期在岭东实施“一网两站三线”建设目标，即建设岭东配电网，码市 110 千伏、小圩 35 千伏变电站和 3 条输电干线，尽快解决岭东缺电问题。江华岭东电网经过四年建设，2000 年，码市 110 千伏变电站等一批电网项目投运，江华岭东电网初步建成，并将电力输送到广东。2001 年，涔天河水库电站一台机组与江华岭东联网，实现电力输送广东市场目标。2007 年，水利部综合事业局所属新华公司收购湖南省永州潇水流域开发有限公司。

第二节 县级电网建设和改造

20 世纪 90 年代初，全市有六个县级地方电网，蓝山县全境由县级地方电网负责供电，东安县、祁阳县、宁远县、江永县、新田县与国家电网并存，各自负责部分供电区。电网结构以 35 千伏电压等级为主要输电网络。1997 年，开始建设江华瑶族自治县岭东地方电网。

一、蓝山县电网

2006年省水利厅农电局领导到蓝山检查农村电网建设

蓝山县1977年新建古城（城关）变电站开始初步形成县级电网，1998年蓝山县实施第一、二期农网改造，历时近10年，累计投资仅3340万元，改造覆盖面30%。2009年底，形成以110千伏古城、牛承、高塘坪变电站为枢纽，以110千伏线路为主干线，以楠市、坪山、所城、城西、毛俊5座35千伏变电站及35千伏线路为骨架，以10千伏配电线路覆盖全县25个乡镇（办事处）所有用电负荷联成一个整体的县级地方性电网。网内有110千伏变电站3座，变电容量5万千伏安，110千伏输电线路3回77.5公里，35千伏输电线路11回142公里，10千伏输电线路1200公里，配电变压器1210台总容量9.96万千伏安。

2009年蓝山县启动电力体制改革，实现“厂网分开”，原厂网一家的水电总公司分立为“蓝山县水电有限责任公司”（发电企业）和“湖南省蓝山电力有限公司”（供电企业）。2010年2月县政府与永州电业局签订代管协议，将湖南省蓝山电力有限公司交由湖南省电力公司永州电业局代管。2016年1月，湖南省蓝山电力有限公司按程序上划湖南省电力公司直管，更名为国网湖南省电力公司蓝山县供电分公司。

二、东安县电网

1964年7月建成零陵杨梓塘至东安石期市35千伏输电线路和石期市变电站，1965年线路延伸到东安县城。1981年10月，东安县电网第一期工程（城关中心变电站）竣工，东安地方电网与大电网脱网运行，组建以湘江电站为骨干，联合中型水库电站发供电统一县内供电系统。1988年全县域地方电网基本完成。1985年，原湘江电站供电所改为东安县小水电公司，后通过新建、改建、扩建，形成县域电网运行网络。1999年6月，东安县小水电公司被大电网代管，地方电网重新与大电网并网运行。到2011年底，东安县共有110千伏输电线路4条69.14公里，35千伏输电线路14条244.15公里，10千伏配电线路1195.31公里，0.4千伏配电线路4386.8公里。全县共有110千伏变电站4座，主变6台，总容量21.25万千伏安；35千伏变电站9座，共有主变16台，总容量5.78万千伏安。2011年底，大电网对东安县地方电网实行直管。

三、祁阳县电网

1990年，祁阳县被列为全国第二批200个农村初级电气化试点县，1991年10月编报《祁阳县农村初级电气化规划报告》，获省批准，以1989年为基准年到1994年如期达标，以内下水库为龙头，建成、完善白水河八个梯级电站：朽木滩的内下一级电站、土坳的内下二级电站、豹虎龙的内下三级电站、油榨铺电站、银子源电站、小沙洲电站、人民电站、杨家湾电站。同时，建设城关110千伏变电站一处，架设110千伏输电线路55公里。全县形成以2条110千伏线路为主干，14条35千伏线路为骨架的地方电网，有效作用半径可达全县每个乡村，覆盖面达98%。

从2000年4月起，用一年时间，投资5117万元，完成“一户一表”改造12.79万户，完成村网改造410个，完成10千伏线路195公里，完成低压线路2160公里，新建肖家村、潘家埠2座35千伏变电站，完成110千伏并网线路212公里，县城电网改造基本完成。通过农网改造，祁阳县55%的居民得到实惠。之后，祁阳县电网由国家电网公司代管、接管。

四、江永县电网

江永县电网建设始于20世纪70年代，1986年10月桃川镇变电站建成营运，为江永县城至桃川、桃川至源口、桃川至糖厂、桃川至广西富川县朝东4回路35千伏线路汇集站。1987年10月，松柏变电站建成营运，供电区域为松柏、黄甲岭乡。

1991年至1996年期间，江永县级电网建设被列入全国第二批农村初级电气化试点县范围，先后架设5条110千伏输电线路和2条35千伏输电线路（县城至桃川110千伏输电线路36.52公里、县城至松柏110千伏输电线路21.8公里、县城至千家峒大溪源110千伏输电线路22.36公里、县城至大坪坳110千伏输电线路4.55公里，县城至祥霖铺110千伏输电线路40公里，桃川至广西富川县朝东镇35千伏输电线路9.2公里、桃川至源口35千伏输电线路14.36公里），江永县级电网初具规模。

2002年，架通县城至回龙圩35千伏输电线路11.15公里、县城至广西富川县麦岭镇110千伏输电线路30公里。2003年，新增输电线路603.7公里，新建10千伏变电台区315处，装机326台、装机容量26145千伏安。从1999年开始实施县地方电网农村电网改造第一、二期改造工程，总投资8661.2万元，至2004年底，新建和改造35千伏输电线路79.4公里，改造35千伏变电站3座，新增电容补偿2100千伏安；新建、改造10千伏输电线路88公里，新建、改造400伏线路690公里，新增及改造变压器39台，完成8个乡镇342个自然村202个台区改造。县地方电网供电区农村用电量从1999年740万千瓦时，到2004年1065万千瓦时，增加43.9%。

2009年12月24日，江永县政府与湖南省电力公司、永州市电业局签订《关于代管湖南省江永电力公司的协议》，江永县地方电网移交国家电网。

五、宁远县电网

宁远县电网始建于20世纪80年代，1980年，宁远县投资10.1万元，建成仁和、九嶷2处35千伏简易变电站。1981年，投资38.05万元建成猪头山变电站。1987年，投资101.02万元建成太平变电站。1992年，建成猪头山至柏家坪35千伏线路30公里。2000年，建成禾亭35千伏变电站，变压器容量1800千伏安，35千伏线路13公里。2001年，建成水市35千伏变电站，35千伏线路18公里。2002年，鲤溪变电站建成投产，变压器容量3150千伏安，35千伏线路10公里。2003年，中和35千伏变电站建成，变压器容量9450千伏安，35千伏线路18公里。2009年冷水变电站建成，变压器容量1.5万千伏安，35千伏线路10公里。2010年，上宜35千伏变电站建成，变压器容量3150千伏安，35千伏线路16公里。至2015年共建成10千伏线路1051.38公里，改造712.39公里，400伏线路新建改造2733.435公里。

2004年市水利局检查组到宁远县检查农村电网建设

2008年，宁远县电力公司由永州市电业局代管，宁远县地方电网移交国家电网。

六、新田县电网

新田县电网建设兴起于20世纪70年代初期。20世纪80年代中期，全县形成新圩、新隆、心安、金陵、肥源、立新等6个自供区，新田县设立小水电管理所，主要管理县级6个电站的发电上网及供配电任务，隶属新田县水利局管理，逐步建设县级电网。

1995—2005年，新田县较大幅度增加10千伏电力网络建设以及县城中心城区变电站建设投入，先后建成县城—新圩—新隆35千伏电力线路、县城—莲花—金陵35千伏电力线路、县城—骥村—肥源35千伏电力线路、高山—洞心35千伏电力线路。2005年开始县级农村电网改造项目，当年完成5个行政村电网改造。21世纪初叶，随着国家电力体制改革，新田县电网移交县电力局管理。

七、江华瑶族自治县电网

江华瑶族自治县1997年开始建设岭东地方电网，农网建设和改造工作分两期进行。

1997年江华瑶族自治县岭东电网第一批接受专业培训的农电员

1998—2001年为第一期农网建设和改造，共投资1960万元，新建110千伏变电站1座，新建35千伏变电站1座、10千伏开关站1座，新建35千伏线路40公里、10千伏线路121公里，改造10千伏线路146公里，新建及改造400伏以下线路160公里，完成整改行政村39个，组建供电营业所6个。

2002—2003年为第二期农网建设和改造，总投资1500万元，主要以10千伏及以下工程改造为主，新建改造10千伏线路200公里，低压线路改造80公里，台区改造84个，更换高能配变150台7500千伏安。

两期农网改造完成后，筹集资金9500万元（其中银行贷款7500万元），完成东田110千伏输变电工程一期工程、贝江110千伏变电站扩容工程、大柳35千伏变电站扩容工程、小圩35千伏变电站扩容工程，新建和改造10千伏线路123.6公里、0.4千伏及以下线路334.12公里、配电台区42台2150千伏安，建设电力调度自动化系统、营销系统、办公自动化OA系统，启动湘江35千伏变电站一期工程、35千伏贝柳Ⅱ线LGJ-95段线路技术改造，110千伏贝姑线勾挂岭段线路技术改造及竹市供区收网接管工作，共计完成38个村组低压配电线路及户表改造，解决18个无电村组用电问题。截至2011年底，江华瑶族自治县地方农网农村户表改造率达51.9%，一户一表改造累计达16882户。

2001年2月27日，江华瑶族自治县实施农村电力管理体制改革，将供电营业区及集体经营性供电资产移交给县水电公司。至此，永州市地方电网由国网代管。

八、永州市水利电力有限公司

永州市水利电力有限公司是一家股份制公司，其前身是永州市潇水流域开发有限公司，经资产重组并更名为永州市水利电力有限公司，注册资金3000万元，于2002年1月正式挂牌运作。

1997 年 10 月，永州市水利局和江华瑶族自治县水利局共同出资组建永州市潇水流域开发有限公司，注册资金 1000 万元，公司位于江华瑶族自治县沱江镇。公司负责推进江华瑶族自治县岭东片区水电开发，促进江华瑶族自治县岭东片区地方电网建设，解决该区域供用电问题，打开广东电力市场，将富裕电能向广东输送。2000 年，公司建成码市 110 千伏变电站、涔天河电站至码市变电站、码市变电站至广东连南 2 条 110 千伏输电线路，涔天河电站一台机组电力向广东输送。江华瑶族自治县岭东片区富余电能通过码市变电站至广东连南输电线路售电。

2003 年 7 月，公司搬迁至道县道江镇，致力于开发道县泡水河流域水能资源，解决道县洪塘营、横岭瑶族乡及四马桥镇部分行政村共计两乡一镇 57 个行政村供用电问题。

2003 年，投资农网建设与改造资金 2000 万元，完成码市 110 千伏变电站扩容，新建牛栏洞 35 千伏变电站 1 座，新建 35 千伏线路 11.47 公里，新建 10 千伏线路 88.06 公里，新建 0.4 千伏及以下线路 119.78 公里，新建和更换配电变压器 56 台及通信调度系统，工程涉及 51 个自然村。

到 2004 年，公司形成码市 110 千伏变电站、两岔河 110 千伏变电站、牛栏洞 35 千伏变电站、东江脚 35 千伏升压站为主输配电骨干网络，负责道县横岭瑶族乡、洪塘营瑶族乡和四马桥镇共计 57 个行政村的供电，将富裕电能销售到广东南方电网。

附 3：中型水电站专辑——双牌水电站

湖南省双牌水电站坐落在湖南省永州市双牌县阳明山五星岭下，是一座集防洪、灌溉、发电与航运等综合效益于一体大型国有水利水电枢纽工程。工程于 1958 年破土动工，1963 年建成投产。

电站大坝为钢筋混凝土双支墩大头坝，坝高 58.8 米，坝长 311 米。右岸有一条 92 公里主干渠道，灌溉农田 32 万亩；左岸有一座单线双向二级 100 吨位船闸。水库控制流域面积 10594 平方公里，总库容 6.9 亿立方米。电站装有单机 5 万千瓦机组 3 台，装机总容量 15 万千瓦，年设计发电量为 5.85 亿千瓦时。

双牌水电站先后获得“全国文明单位”“全国模范职工之家”“湖南省五一劳动奖状”“湖南省园林式单位”等国家级、省（部）级、市级荣誉 190 余项。

双牌水电站发电机房

一、规划

1953 年至 1958 年，湖南省水利电力局勘测设计院在苏联地质专家奥加林、水工专家别列日诺依帮助下，经过对潇水流域水能资源勘测设计和考查论证，建议在潇水兴建双牌水电站枢纽工程。1958 年 7 月，湖南省委在全省大中型水电工程施工准备会上，确定将双牌水库工程列入全省综合利用重点大型工程之一。

二、勘测设计

双牌水电站枢纽工程勘测设计工作始于 1953 年。1956 年至 1958 年，湖南省水利电力厅勘测设计院对流域进行勘测规划，初步拟定电站装机容量为 15.36 万千瓦，装设 3×4.4 万千瓦苏联机组及 1×2.16 万千瓦的机组。后经过变更，最终确定总装机容量 13.5 万千瓦。1958 年 4 月，“双牌枢纽工程计划任务书”上报国家计委、国家经委。为尽快解决工农用电问题，湖南省计委同意提前上马，立即进行工程初步设计。

三、建设施工

1958 年衡阳地委、专署成立双牌水库建设指挥部，由原零陵县委书记蒋德玟任指挥长，随即调集祁阳、零陵两县一万多名民工，开始双牌水电站工程建设。1961 年 3 月水库建成投运。1962 年 1 月封闭导流底孔开始蓄水，8 月船闸正式通航。1961 年苏联撤走专家，单方撕毁机组供货合同，原订购的苏制机组无法供货，在 1 号机坑临时安装 2 台 3000 千瓦机组。1966 年 3 月、1969 年 5 月，双牌水电站共安装 2 台苏式中制 4.5 万千瓦大机组。1979 年 5 月 1 日，第三台 4.5 万千瓦机组安装投产。同时，双牌水库右干渠建成。

双牌水电站工程在建设施工过程中，得到了党和国家领导人高度重视；1963 年水电站建成时，中共中南局第一书记陶铸到工地视察，题写“双牌水库”四个大字。

四、管理与运用

1966 年建设初期的双牌水电站大坝和厂房

（一）安全生产

双牌水电站坚持“安全第一、安全发展”理念，从 2002 年 10 月份开始，双牌水电站利用国债资金 3400 多万元，全面启动大坝除险加固工程，消除大坝安全隐患，提高健康水平，增强防洪度汛能力，投资 9000 多万元对生产设备进行更新改造。截至 2017 年 3 月，双牌水电站连续安全运行 3400 多天，实现“零事故”安全生产目标。

（二）生产经营

双牌水电站坚持电力主业和多元经营“两个车轮”同时转，组建湖南双牌明珠有限责任公司和双牌远望水电发展有限责任公司，采用自办、引资合作等方式，先后创办 7 家联营企业，每年创产值 1 亿多元。

双牌水电站挖潜增效，投资 6900 万元，从 2009 年 9 月至 2013 年 1 月，历经四年时间，对 3 台发电机组进行增容改造。新增装机容量 1.5 万千瓦，年增发电量 6000 万千瓦时。

双牌水电站挖潜增效，积极寻找新的经济增长点，组织完成大坝下游河滩阻水石清理工程，每年可为电站多发电 1200 多万千瓦时，年增电费收入 330 多万元；做好五里牌水电站代维代管工作，两年来，共发电 3.94 亿千瓦时，每年为电站创收 390 万元；联营企业华瑞公司创产值 5500 万元；投资合股阳明山黑漯河电站；成功对接涔天河水电站技术服务项目；组建安装分公司，正在筹建售电公司。

双牌水电站整治库区用电秩序。1985 年水电分家后，水淹区用电电费收缴非常困难。从 1997 年开始，电力部门将库区用电总量，直接从双牌水电站上网电费中抵扣。从 2008 年 9 月开始，除水淹区排渍抗旱用电 800 万千瓦时包干和承担 230 万元机埠维护费外，电力部门不再抵扣上网电费，这个困扰双牌水电站长达 23 年之久的库区用电难题基本破解，按现行电价计算，每年可为电站减少损失 2500 多万元。

（三）改革创新

根据企业定位和管理方式转变，双牌水电站开展以打造“效益型、执行型、服务型、和谐型”企业为主要内容“四型”创建活动，通过在全员中开展忠诚敬业、责任心教育、财务管理年、精细化管理年等主题管理活动，不断促进企业管理的“三个转变”，即习惯性管理向科学型管理转变、随意性管理向规范型管理转变、松散型管理向严细实快型管理转变；注重发挥主观能动性，始终坚持以“管”为手段，以“理”为主线，推行实施中层干部执行力问责制、员工责任追究制等绩效考核机制，提升企业管理水平。同时，推行企业民主管理，发挥职代会职能、坚持推行站务公开、征集合理化建议等行之有效方式，拓宽企业民主管理渠道。

（四）电站效益

1963—2015 年，双牌水电站累计发电 300 多亿千瓦时，售电产值 30 多亿元，相当于水库枢纽工程投资 40 倍。按省内水电平均每千瓦时 0.35 元计算，双牌水电站累计创产值 98 亿多元。双牌水电站还是湖南电网重要的调峰、调频电站，社会效益显著。

附 4：中型水电站专辑——南津渡水电站

湖南省南津渡水力发电有限公司（原湖南省南津渡水电站）位于历史文化名城永州市零陵区，系潇水梯级开发末级电站，通过拦河筑坝、截弯取直、引水发电，水利工程兼有航运、灌溉、城市供水等综合效益。公司为中二型水力发电企业，隶属于湖南省国资委。

一、概况

南津渡电站由发电厂房、引水渠、拦河大坝、斜面升船机、库区防护工程和输变电系统 6 项主体工程组成。拦河坝设在零陵区函底乡羊公滩。电站上游集雨面积 11791 平方公里，多年平均流量 325 立方米/秒，发电引用流量 480 立方米/秒，年利用小时 4891 小时；设计正常蓄水位 114 米，最大水头 17.36 米，最小水头 8.3 米，设计水头 14.5 米；安装奥地利产单机 2 万千瓦贯流式灯泡型机组 3 台，总容量 6 万千瓦，单机引用流量 156.17 立方米/秒；设计年发电量 2.9343 亿千瓦时，保证出力 1.16 万千瓦。1991 年 11 月第一台机组投产发电，1992 年 5 月三台机组全部投入运行。

南津渡水电站全貌

二、前期工作

1958 年，南津渡水电站工程列入湖南省潇水梯级开发规划。1975 年 3 月，在“农业学大寨”运动和大办地方小水电推动下，中共零陵县委作出决定，由县水电局对南津渡水电站进行勘测设计，并以零陵县革命委员会首次正式向省、地上报《关于兴建南津渡水电站的请示报告》。湖南省水电局十分重视，随即指定省水电勘测设计院派出工作组进行实地考察。是年 4 月，零陵县再次编报《南津渡水电站设计任务书》，经省有关部门审查后于 5 月底编报《南津渡水电站设计任务书补充说明》，提出新埠头、羊公滩两处建坝方案。省水电局、水电勘测设计院经过认真审查，一致同意在羊公滩建坝。1976 年 2 月，湖南省委在桃源县召开全省农村工作会议，会上，省委和有关部门领导一致支持兴建南津渡水电站。

三、勘测设计

1976 年 3 月，湖南省水电局发出《关于下达南津渡等四处新上中型电站规划设计任务书的通知》，通知明确“上述电站计划列为 1977 年国家基建项目工程”。

省水电局领导到南津渡进行实地考察，省水电勘测设计院派出工作组到零陵县具体协助规划设计工作，省409地质队、省水文地质队在坝址、厂房址钻孔进行地质查勘。5月，零陵县第二次编报《南津渡水电站设计任务书》，并成立“南津渡水电站工程指挥部”。6月，开始修筑至厂址、坝址简易公路，全面着手施工前准备工作。后因零陵地委要求集中力量修建贤水河工程，南津渡电站工程暂停。

四、施工前准备

1984年2月，南津渡水电站再次提上建设议程。中共零陵地委、行署和永州市委、市政府（现零陵区）集中财力物力，并决定引进部分外资兴建南津渡水电站。地、市联合成立“南津渡水电站筹建领导小组”。5月，零陵行署向湖南省人民政府报送《关于兴建南津渡水电站计划任务书的报告》。11月，国家计委、水利电力部、经贸部联合下文审查项目。1985年2月，湖南省计委下文批复《南津渡水电站计划任务书》。是月底，中共零陵地委、行署决定将南津渡水电站工程交由永州市单独兴建。4月，永州市成立“南津渡水电站工程指挥部”。8月，零陵地区水电局（现永州市水利局）勘测设计编报《南津渡水电站初步设计报告》。1986年5月，省水利水电厅批复同意《南津渡水电站初步设计报告》。

与此同期，中方就南津渡水电站发电设备采购事宜与奥地利代表进行谈判。1986年7月，中、奥双方草签设备采购合同。10月，湖南省计委下达工程施工准备工作计划通知；11月，省水利水电厅下达施工项目计划；随后，国家计委批准立项。12月，中、奥双方在北京人民大会堂正式签订永州市南津渡水电站引进奥方发电机组合同，机组设备由奥方伊林公司和伏依特公司制造。1987年9月，湖南省人民政府就南津渡水电站以贷款形式引进奥地利机组一事向国务院提交专题报告；10月，国务院在全国压缩基本建设规模情况下，以《国务院办公厅关于湖南省南津渡水电站引进发电设备问题的复函》，同意湖南省政府报告。是月底，中、奥双方正式签订引进低水头机组商务合同，并即日生效。

五、建设施工

1987年1月22日，湖南省建委下达《关于同意永州市南津渡水电站工程开工兴建的批复》，批准该工程正式动工，总概算控制在9309.23万元。11月1日，承担厂房、大坝、引水渠等主要工程建设的省水利水电第二工程公司、湖南省水利水电机械工程公司和中国建设总公司第五工程局第七工程公司等施工单位陆续进入工地，开始工程建设。

1991年11月30日，奥利地驻华大使布科夫斯基（前中）在南津渡水电站首台机组并网发电典礼上讲话

工程开挖填筑土石方580万立方米、干砌石18万立方米，浇筑混凝土24万立方米。由于工程工期延长、设计修改等原因，1989年2月，省水利水电勘测设计院和零陵地区水电勘测设计院共同修正该工程概算，修正后概算总投资19496.6万元，实际投资3.61亿元，其中引进外资2.16亿奥先令。

1989年2月，湖南省委副书记、省人大常委会主任刘夫生到工地视察，协调解决电站建设资金和水淹区等问题。12月，省委书记熊清泉率省直有关部门负责人到工地视察，全面听取工程建设情况汇报，指出工程建设既要加快进度，又要保质量、保安全。1990年10月，省长陈邦柱深入施工现场，走访一线工人，就工程质量、资金、安全等问题作出指示，要求将南津渡水电站工程建设成为全省优质样板工程。1991年，省委副书记、省人大常委会主任刘夫生，省长陈邦柱，省委常委、组织部部长赵培义，副省长储波，省委副书记杨正午，省政协主席刘正等领导先后到工地视察，指导工程建设。1991年10月15日，南津渡水电站大坝正式下闸蓄水。11月29日，首台机组并网发电。翌日，在南津渡水电站举行“永州市南津渡水电站发电典礼”，湖南省副省长王克英、奥地利驻华大使布科夫斯基等参加剪彩揭牌仪式。12月，省委书记熊清泉、副省长孙文盛到南津渡水电站视察。1992年5月，三台机组全部投入运行。

1993年10月，湖南省经委、计委、统计局、财政局、劳动厅、人事厅联合下文，批准永州市南津渡水电站为中二型电力企业。南津渡库区防护工程于1992年荣获国家科技进步二等奖、湖南省科技进步一等奖；1998年3月，湖南省水利厅及省水利水电勘测设计院、省水电第二工程公司等单位对南津渡水电站工程质量进行验收评审，评定其为优良工程；电站工程获湖南省优秀工程设计二等奖。

六、管理与运用

1992年1月，永州市机构编审委员会批准设立“永州市南津渡水电站工程管理局”，为副处级事业单位，“南津渡水电站工程指挥部”随之撤销。3月，中共永州市委任命欧阳天和为工程管理局首任党委书记、于乐清为首任局长。10月，中央顾问委员会委员、国家审计署原署长、首任零陵行署专员于明涛到电站视察。11月18日，中共中央政治局常委、全国人大常委会委员长乔石在省委副书记杨正午陪同下视察电站。11月29日，水利部部长杨振怀到电站视察。

南津渡水电站从属管理关系历经多次变动。电站筹建及投运初期均由零陵地区及永州市（现零陵区）人民政府直接管理，1994年12月，永州市人民政府同意将南津渡水电站以吸收合并方式并入“湖南华银电力股份有限公司”，并更名为湖南华银南津渡水电站。1995年8月，湖南省人民政府决定将“湖南华银南津渡水电站”移交湖南省水电厅直属管理。9月，湖南省水利厅确定南津渡水电站为水利厅直属电站，并更名为“湖南省南津渡水电站”。1996年，转由湖南省水利厅水利水电开发集团有限公司直接管理。1999年2月，湖南省水利厅批准成立“湖南省南津渡水库管理局”，与南津渡水电站实行两块牌子、一套人马管理。2014年8年，水利水电开发集团有限公司重组成立湖南省水利发展投资有限公司，南津渡水电站交由省水利发展投资有限公司直接管理。2016年4月，湖南省水利发展投资有限公司移交湖南省国资委，湖南省南津渡水电站相应成为省国资委下属国有企业。2017年12月，湖南省南津渡水电站进行公司制改制，正式更名为“湖南省南津渡水力发电有限公司”，注册资本1亿元，为湖南省水利发展投资有限公司全资子公司，母公司隶属湖南省国资委管理。

1992年12月，制定《南津渡水电站各科室、车间和管理所工作职责》，各单位根据职责建立岗位责任制，实行挂牌上岗，对生产系统实行目标管理。1994年，为全面推行劳动、人事、工资等制度改革，制定《关于职工上岗实行双向选择的方案》和《未被组合人员安置暂行办法》，在全站范围内实行择优上岗、双向选择。1998年，电站坚持“靠制度管理人、向制度要效益”，对60多种有关生产经营管理方面规章制度进行修订完善。是年，全站推行全年有计划、月月有目标、月初有布置、月中有检查、月终有考核、年终有总评目标管理责任制，严格考勤、考纪、考绩“三考”制度，并得到省水利水电厅充分肯定，在当年厅人事工作会议作为经验向厅直单位做介绍。1998年12月1日至1999年8月24日，电站集中开展“三改四定”（即改革管理机构、改革干部人事制度、改革劳动用工制度，定编、定岗、定员、定责）工作。彻底改变“人浮于事”现象，并建立现代企业管理制度。2001年，经全站干部职工共同努力，电站发电量突破3亿千瓦时，创投产以来最高发电水平，首次超过年设计发电量（2.93亿千瓦时）。2002年12月，被省直工委授予“省直双文明建设先进单位”荣誉称号。2004年11月，电站被水利部命名为“2002—2003年度全国水利系统文明单位”。2007年，电站被中共湖南省委、省政府授予“2006届湖南省文明单位”称号；同年，机组定子线棒国产化改造取得成功，一举打破国外机组定子线棒必须去国外定购不敢国产化改造的惯例。2011年，电站先后被省委、省政府，水利部分别授予“2010届湖南省文明标兵单位”和“全国水利系统人才工作先进集体”荣誉称号。2012年，电站全年发电收入首次突破亿元大关。2013年，出台《湖南省南津渡水电站“五A”文化手册》，打造企业文化，树立企业形象；电站顺利通过国家电力安全生产标准化达标二级企业评审，安全生产达到国家二级标准。2015年2月，电站被中央文明委授予第四届“全国文明单位”荣誉称号；4月，电站增效扩容项目机组改造获得成功；同年，电站所属南电分公司中标中广核柳州分公司“古顶电站泄水闸机电设备检修工程”项目，首次实施对外承接检修业务。2018年底，南津渡公司完成省国资委和省水利投公司下达“三供一业”改革工作任务。2018年，南津渡公司开始启动“三项制度”改革，截至2019年年中，公司内设机构由改革前13个精减到9个，人均劳效不断提高。

七、综合效益

南津渡水电站库区（淹没区）涉及永州市零陵区、双牌县2个县（区），共6个乡镇（办事处）、18个行政村、164个村民小组，人口3万余人，水库灌溉农田60000亩，有效保护耕地7709亩（其中水田6380亩、旱土1329亩）。为解决周边群众用电、用水问题，南津渡水力发电有限公司先后架设杨梓塘变电站至烟竹塘10千伏高压线路1条，改造凼底乡羊公滩、高桥、涯次渡、凉水井4个村高压线路3条，彻底解决相关村组用电问题；还为库区和大坝下游脱水区改建、新建电力排灌46处，打深井26口，增加旱涝保收耕地面积2100多亩，为3000余亩耕地改善灌溉条件，减少移民3000人，减少房屋拆迁2948间66917平方米。

水库上游4公里为饮用水水源一级保护区，每年为永州城区提供城市供水20余万吨。为此，南津渡水力发电有限公司每年投入大量人力物力，用于库区生态环境治理和水库水质保护。公司在大坝及引水渠一带投资200多万元建成高标准果园350亩，并将果园承包给无田地农转非移民，解决部分劳动力就业问题；投入80多万元资助沙沟湾社区、人民桥社区修建排灌机埠、开发果园；投入8万元帮助人民桥社区、鱼池头村改建鱼池；零租金或低租金将已征水库山塘租给当地移民养鱼；为库区群众担保抵押贷款办猪场、搞网箱养鱼等。公司还累计投资近2000万元对库区道路、桥梁等交通设施进行新建和维修，改善道路交通150余公里，改善水路交通50余公里，促进库区经济发展。

湖南省南津渡水力发电有限公司投产发电28年来，建立安全文明生产机制和科学合理管理体系，形成“团结拼搏，追求卓越”企业精神。公司先后被评为“园林式单位”“全省综合治理先进单位”“全国群众体育先进单位”“全国水利系统文明单位”“全国水利系统模范职工之家”“湖南省文明标兵单位”“全国文明单位”等。截至2018年底，电站累计发电64.41亿千瓦时，上缴国家税收2.82亿元。

附 5：中型水电站专辑——潇湘水电站

潇湘水电站隶属于永州盛湘电力开发有限公司。1993 年 5 月 24 日，香港集盛国际有限公司和永州市冷水滩区政府下辖永州市冷水滩宋家洲综合开发公司共同出资成立中外合资经营企业湖南潇湘综合开发有限公司，建设潇湘水电站工程。2008 年 9 月，永州盛湘电力开发有限公司成立，系台港澳与境内合资独立法人企业，其中香港集盛国际有限公司占股 75%，永州市冷水滩区宋家洲综合开发公司占股 25%。

一、工程概况

潇湘水电站大坝

潇湘水电站位于湘江干流中上游河段永州市城区中心宋家洲洲尾，由溢流坝、发电厂房、土坝、船闸、公路桥和升压站等组成，大坝控制流域面积 21590 平方公里。宋家洲全长 2 公里，宽 300～400 米，面积约 0.7 平方公里，地面 95～99 米高程，坝址上游 4.8 公里为曲河大桥，河道净宽 280 米，下游 2 公里为潇湘大桥，河道过水断面净宽约 220 米。坝址处，东河宽 357 米，西河宽 160 米，宋家洲宽 310 米，沿河两岸房屋、人口密集。东河河床全部布置溢流坝，右岸厂房与溢流坝相接，西河以土坝封堵，左岸布置船闸与土坝连为一线，西河土坝与沙洲上土坝段、厂房上游公路桥以半径 250 米、夹角 40 度弧段相接，从大坝右岸岸坡到船闸中心线，全长 945 米。

湖南省水利水电勘测设计研究院负责潇湘水电站技施设计，湖南省水电厅《关于冷水滩潇湘水利水电枢纽工程初步设计的批复》明确，潇湘水电站为低水头、径流式电站，装机容量 5. 2 万千瓦，工程属于Ⅲ等（中型）工程。枢纽主要永久建筑物大坝、厂房、船闸按 3 级建筑物设计，临时建筑物按 5 级标准设计。根据洪水设计标准，永久性建筑物设计洪水重现期标准采用 50 年（P＝2%），校核洪水重现期为 500 年（P＝0. 2%）。船闸上闸首为挡水建筑物，设计与校核和大坝标准相同，临时建筑物按 10 年洪水重现期进行设计。

（一）溢流坝

潇湘水电站枢纽工程属低水头工程，溢流建筑物采用闸坝结构，系重力坝型。溢流坝采用 27 孔宽 12 米、高 8 米溢流孔，配置钢制弧形闸门，净宽为 324 米，共设 28 个闸墩，与厂房相毗连为 1 号坝孔的边墩，厚度为 4 米，右岸 27 号闸孔边墩厚度为 2 米，其余 26 个闸墩厚度均为 1. 5 米，下游接同等厚度导墙，闸墩长 27. 5 米。右岸坝头与岸坡接头长 20 米挡土墙采用空箱、衡重式纯砼结构。溢流坝前缘长 363 米，采用底流式消能，消力池段 7 孔，从第 6 孔开始，总宽度为 94. 5 米，加设分水墩及尾水差动式齿坎辅助消能，消力池及左右各 1 孔下游设 25 米长海漫，其余 19 孔设护坦，长 25 米。闸墩上游为弧门上升导向，局部闸墩由104米高程上升到108米高程，液压启闭机房及配电间在闸墩108米高程左右侧悬出2.5米构成平台，布置7个泵房及1个配电间，闸门由7台液压启闭机控制。弧门上游设检修门槽，采用移动式启闭机，轨道高程为109.5米，配置2扇叠梁式钢闸门，平时叠梁门存放在右岸门库内。

在坝顶及厂房进闸墩上布置有永久性沉陷、位移观察点，为电站安全运行提供依据。

（二）发电厂房

发电厂房位于宋家洲右侧，与溢流坝相接，为封闭、河床式厂房。主厂房总长70.5米，跨度20米，装有4台天津发电设备厂生产灯泡式水轮发电机组，水轮机为GZF08-WP-580，转轮直径5.8米，额定水头6米，运行水头2~9.35米，单机额定流量250.1立方米/秒，额定功率1.34万千瓦，额定转速83.3转/分钟，飞逸转速233转/分钟，转轮中心安装高程81.5米；发电机型号为SFW9.13-68/6400，额定容量1.3万千瓦，功率因素0.9，额定电压等级为6.3千伏。机组间距17米，机组间均设置构造缝，各成独立体系。主机置于流道空腹内，主轴安装高程为81.5米，过水流道上部顶板高程为92.5米，运行层为97.5米，主机房流道底板高程69.81米，流道总长73.54米。

安装间长33.8米，连邻主厂房，端部副厂房长35.5米，分五层布置，紧邻安装间的左侧，3个建筑物连成一线，总长为139.8米。

（三）船闸

船闸为单级Ⅵ级船闸，设在西河右岸，船闸上游设103米长引航道，上闸首长20米，宽20米，闸顶高程同溢流坝为104米，闸室净宽8米、长80米，两侧为重力式结构，闸墙高程98米，下闸首长18米、宽22米，顶高程98米，出口为90米下游引航道。上游通航最高水位97米，最低96米，下游最高水位92.2米，最低88.7米，最大通航水头8.3米。

（四）土坝

西河土坝为黏土斜墙碾压砂砾石壳坝，是连接东河及西河城区交通道路的一部分。坝轴长155米，顶宽21米，坝高22~29米，上下游边坡分别为1∶5及1∶2，98米高程留有1.5米宽马道，均用干砌石护面。采用高喷与基岩帷幕灌浆相并举措施形成防渗墙。

（五）升压站

主变压器场布置于厂区安装间进厂大门左侧，地面标高97.4米，场内设置3.15万千伏安主变压器2台，开关站与主变场相对，地面高程97.4米，内设两回110千伏出线，送宋家洲变电站并入电网。

（六）公路桥

溢流闸墩下游面布置公路大桥，主车道宽14米，两边人行道各宽3米，在闸墩下游采用4.5米悬臂，桥面为承重结构，用宽1.5米的装配式钢筋砼简支空心板组合成主车道。

二、建设生产经营

公司设有总经理办公室、总工办、财务部、运行发电部、设备保障部、水工建筑部。公司制订各部门工作职责条例和绩效考核制度，明确员工工作目标与责任。公司重视对员工技能、安全培训以及岗位考核，按照“安全第一、高效发电”指导思想，重点抓好机组安全稳定运行、人员安全规范操作，并深入结合文明生产管理工作，在日常工作中要求严格遵守《安全规程》《调度规程》《设备缺陷管理制度》《设备专责人管理制度》等安全制度。公司在岗员工81人，其中高级职称6人，中级职称29

人，初级职称16人。

潇湘水电站于1993年8月28日开工，投资近6亿元，4台机组分别于2002年5月4日、2003年6月9日、2005年1月22日、2013年6月12日并网发电，2019年产值约8000万元，年纳税约1500万元。截至2019年10月31日，已累计发电325660万千瓦时，发电总收入10.88亿元，上缴国家税收超过2亿元，提供就业岗位近百个。2008年，将公路桥无偿捐赠给地方政府作为连通主城东、西城区公共交通路桥使用，改善当地生态和社会发展环境。

潇湘水电站坝桥一体

潇湘水电站枢纽工程具有发电、航运、灌溉、城市供水、改善城市交通条件、促进土地及房地产开发、旅游等一系列综合利用效益。潇湘水电站库区形成的百里平湖自然景观成为永州城市一道秀美风景。

附 6：中型水电站专辑——浯溪水电站

浯溪水利水电枢纽工程位于湘江干流中游上段祁阳县境内，总库容 2.78 亿立方米，电站总装机容量 10 万千瓦，多年平均发电量 3.955 亿千瓦时，是一个以发电为主，兼有旅游、航运、交通、灌溉等综合效益的中型水利水电枢纽工程，项目概算总投资 12.38 亿元。

工程于 2005 年 11 月开工，2006 年被列为湖南省重点工程项目，2009 年 1 月湖南新华水利电力有限公司收购并控股投资建设，2009 年 12 月首台机组并网发电，2011 年 4 月 4 台机组全部投产发电，2013 年 6 月工程全面竣工。

浯溪水电站大坝

湖南新华浯溪水电开发有限公司成立于 2003 年 10 月 15 日，原为湖南浯溪水电开发有限公司（2011 年 8 月更名为“湖南新华浯溪水电开发有限公司”），2009 年 1 月经湖南新华水利电力有限公司收购控股，现股权比例为：湖南新华水利电力有限公司出资额为 9000 万元，占 90%；湖南波隆投资集团股份有限公司出资 1000 万元，占 10%。

一、规划

浯溪水利水电枢纽工程位于湖南省祁阳县境内湘江干流中上游段，下距祁阳县城约 3 公里，上距冷水滩城区 53 公里。坝址控制流域面积 23380 平方公里，占湘江总流域面积 24.7%，年径流量 220 亿立方米，是湘江干流规划开发的梯级水利工程。该工程具有发电、旅游、航运、灌溉、交通及城市开发建设等方面综合效益。

二、勘测设计

浯溪水利水电枢纽工程等级为Ⅲ等中型工程，其主要建筑物大坝、电站厂房、船闸等级别为 3 级，次要建筑物消能工程、导墙等级别为 4 级，临时导流建筑物等级别为 5 级。挡水坝设计洪水标准为 50 年一遇设计，500 年一遇校核；电站厂房为挡水建筑一部分，其上游防洪标准与挡水坝相同，下游设计洪水标准为 50 年一遇，校核洪水为 200 年一遇，消能防冲建筑物设计洪水标准为 30 年一遇。船闸为Ⅳ级，按 500 吨级通航标准设计。按 JTJ261-266《船闸设计规范》，最高通航水位采用洪水频率 $p=10\%$；按 GBJ-90《内河通航标准》，通航净高 8 米。

1995 年 12 月，湖南省水利水电勘测设计研究院完成《浯溪水利水电枢纽工程可行性研究报告》，2003 年 6 月对可研报告进行修编，并于 2003 年 8 月 8 日取得湖南省水利厅关于《浯溪水利水电枢纽工程可行研究初审意见并批复的函》。2003 年 7 月 7 日湖南省环境保护局对浯溪水利水电枢纽工程出具《湖南省祁阳县浯溪水利水电枢纽工程环境影响评价大纲》评估意见；7 月 30 日湖南省水利厅对浯溪水利水电枢纽工程出具《祁阳县浯溪水利水电枢纽工程环境影响评价大纲》批复。2003 年 8 月 26 日湖南省发展计划委员会对浯溪水利水电枢纽工程出具《祁阳县浯溪水利水电枢纽工程项目建议书》批复。2003 年 9 月 8 日湖南省电力公司对浯溪水利水电枢纽工程出具《关于祁阳县浯溪水电站并网问题的复函》的批复。2003 年 9 月 3 日湖南省物价局对浯溪水利水电枢纽工程出具《关于祁阳县浯溪水电站上网电价问题》复函。2004 年 5 月 8 日湖南省发展计划委员会对浯溪水利水电枢纽工程出具《关于祁阳县浯溪水利水电枢纽工程可行性研究报告》批复。2005 年 1 月 27 日湖南省水利厅对浯溪水利水电枢纽工程出具《祁阳县浯溪水电站工程初步设计报告》的批复；同日，湖南省移民开发局对浯溪水利水电枢纽工程出具《湖南省祁阳县浯溪水电站初步设计阶段水库淹没处理及移民安置规划报告》批复。2005 年 1 月 27 日，湖南省水利厅以《祁阳县浯溪水利水电枢纽工程初步设计报告的批复》，批准工程静态总投资 85060 万元，动态总投资 90879 万元。

三、建设施工

施工单位——湖南省水利水电工程总公司承建右岸一期闸坝和船闸工程，广东水电二局股份有限承建厂房、二期闸坝和金属结构构制造安装工程，中国水电十六局承建机电安装工程，四川卓越科技工程有限公司承建大坝与船闸工程安全监测，马鞍山路桥有限公司承建大坝公路桥建设，天发重型水电设备制造有限公司承建主机设备制造，江苏武进液压机有限公司承建闸门液压启闭设备制造。

2004 年 8 月，完成浯溪水电站右岸进场道路硬化。2004 年 12 月，完成观音滩至浯溪水电站 10 千伏施工线路架设。2005 年 9 月，完成土建工程和主机设备招投标工作。

浯溪水电站设备安装

由于受国家政策调整和物价上涨等因素影响，加之工程遭遇洪水、雪灾、管涌等灾害损失，浯溪水利水电枢纽工程工期延长、工程建设成本增加，原 2004 年批复概算水平已无法反映工程实际造价。2009 年公司再次委托湖南省水利水电勘测设计研究总院，对浯溪水利水电枢纽工程初步设计概算进行调整，2010 年 12 月 14 日，经湖南省发展和改革委员会批复，浯溪水电站概算总投资 123848.81 万元。

四、管理与运用发电

（一）管理机构设置

公司按照公司法相关规定，积极完善项目法人治理结构，定期召开股东会，决定项目重大投资决策；由股东会选举产生董事会，对公司发展目标和重大经营活动作出决策；由董事会聘任总经理及经营班子，对董事会决策具体执行，并主持项目全面工作。同时，设立监事会，对公司财务和董事、经营班子行为发挥监督作用。

（二）运行发电

2010 年至 2016 年浯溪水电站累计发电 260284.3 万千瓦时，累计销售电量 256096.8 万千瓦时，总发电收益约 85052.84 万元。其中 2012 年发电量、销售电量及发电收益最多。

第四篇

涔天河水库扩建工程

湖南涔天河水库扩建工程是在原涔天河水库的基础上扩建为大（1）型水库工程，工程包括枢纽、灌区两个项目，是国家“十三五”期间172项重大节水工程中的2个，是湖南省“十二五”期间水利建设“一号工程”，工程总投资130亿元，项目法人为湖南涔天河工程建设投资有限责任公司。

枢纽工程位于湖南省永州市江华瑶族自治县境内的湘江东源上游，系潇水流域开发的第一个梯级，也是湖南省批复的《潇水流域规划报告》的龙头水库。1960年建设时，以不淹没江华瑶族自治县当时县城水口镇为前提，将规划的高坝方案改为低坝方案，并于1970年9月建成水库大坝蓄水，正常蓄水位254.26米，最大坝高46米，总库容1.05亿立方米，设计灌溉面积12.3万亩，装机容量2.25万千瓦，年发电量1.09亿千瓦时。随着经济社会的发展，低坝方案建成的水库已满足不了生产生活的需要，扩建涔天河水库成为湖南人民特别是永州人民几十年不懈追求的梦想。

1991年湖南省启动涔天河水库扩建工程项目前期工作，1992年湖南省人民政府批准《潇水流域规划报告》，湖南省水利水电勘测设计研究院先后完成扩建工程《项目建议书》《可行性研究报告》《枢纽部分初步设计报告》，并分别得到水利部、水利部水利规划设计总院审查或批复，由于各种原因，项目被搁置下来。2005年底，涔天河水库扩建工程再次被提到湖南省和永州市政府的议事日程，2008年湖南省政府再次向国家发改委申报；2010年8月，国家发改委批复立项；2012年6月，国家发改委批复可研报告；2013年9月，水利部批复初步设计。

扩建后的涔天河水库最大坝高114米，坝长328米，正常蓄水位313米，总库容15.1亿立方米，防洪库容2.5亿立方米，水电站装机容量20万千瓦。灌区工程设计灌溉面积111.46万亩，涉及江华、江永、道县、宁远四县，工程建设包括新建3个渠首电站、干渠240公里、支渠170公里，田间工程及老灌区改造。枢纽工程总投资为60.0068亿元，工程建设工期46个月。灌区工程总投资40.18亿元，总工期42个月，建成后将成为湖南省最大灌区。涔天河水库扩建枢纽、灌溉工程竣工后，可基本解决江华、江永、道县、宁远四县潇水两岸的农田灌溉和人畜饮水问题，提高下游沿河城镇的防洪标准，缓解永州市电力供需矛盾，并在湘江枯水期向下游河道补水，还可改善库区航运条件。涔天河水库扩建工程是一处具有灌溉、防洪、下游补水和发电，兼顾航运、灌区土地开垦等综合效益的大型水利工程。

2012年8月5日，涔天河水库扩建工程枢纽工程开工。2016年12月30日，水库下闸蓄水，进入建设与初期调度运用并行的阶段。2017年9月23日，电站首台机组并网发电。2018年，4台机组全部投产发电，当年实现发电2.304亿千瓦时。枢纽工程在防汛抗旱中发挥出预期效果。2015年10月，灌区工程开工；2016年9月，灌区控制性工程开工。至2019年底，灌区干渠11个标段全面开工，14条支渠开工9条，累计完成投资26.9亿元。

永州市委、市政府举全市之力支持涔天河水库扩建工程建设，工程所在地江华瑶族自治县承担水库移民安置的实施主体。2020年10月，移民全部完成搬迁安置，搬迁安置6666户28431人。

2015年11月，涔天河水库扩建工程枢纽工程建设工地

2015年至2017年，涔天河水库扩建工程连续三年被评为“全国最具影响力十大水利工程”之一，2019年被水利部评为全国文明建设工地。

第一章　前期工作

20 世纪 80 年代，湖南省委领导提出涔天河水库扩建设想以后，湖南省和永州市以及江华瑶族自治县围绕涔天河水库扩建工程做了大量前期准备工作，从中央到地方各级党委、政府领导对扩建工程给予高度关注和重视，扩建工程项目先后被列入湖南省政府和水利部“八五”、“九五”、“十一五”发展规划、计划，各级职能部门和专业技术机构在规划、勘测、设计等方面提供有力的技术支撑。

第一节　建设背景

1958 年湖南省水利厅水电勘测设计院提出潇水流域规划，1963 年获得水利电力部批准，规划拟定潇水流域龙头水库涔天河水库初步设计方案：正常蓄水 315 米（吴淞基面），总库容 13.15 亿立方米，装机容量 9.15 万千瓦，灌溉农田面积 24 万亩。

1963 年 11 月，中共中央中南局第一书记、广东省委第一书记陶铸考察零陵地区江华、江永、道县、宁远等县旱情，在江华瑶族自治县听取涔天河水利水电枢纽工程设计汇报时，指出以不增加对江华瑶族自治县县城的淹没影响为前提，具体方案由湖南省水电设计院研究比较确定，按设计程序上报审批。涔天河水库建设项目设计为两种方案，即正常蓄水位的 315 米高坝方案和正常蓄水位 254.26 米低坝方案，为避免淹没江华瑶族自治县老县城（水口镇），决策者最后确定采用低坝方案实施。

1966 年 7 月 1 日，涔天河水库建设工程正式动工。1970 年 3 月，涔天河水库枢纽（水库大坝、筏道、发电厂房）工程相继竣工。1971 年 1 月 20 日，灌溉渠道第一次通水试验。是年 4 月 20 日正式通水。1973 年 9 月 30 日，涔天河水库电站第一台水轮发电机组安装调试完成。1973 年 12 月 20 日，一号发电机组正式投产发电。涔天河水库工程全部建成投运后，总库容 1.05 亿立方米，防洪库容 0.36 亿立方米；水库坝顶高程 259 米，水库面积 4800 亩，正常蓄水水位 256 米；发电装机容量 2.25 千瓦，年发电量 1.09 亿千瓦时。灌区干渠 4 条，全程 71.02 公里，设计灌溉农田 12.32 万亩，实际灌溉 5.62 万亩。

1986 年，江华瑶族自治县县城从水口镇搬迁到水库下游的沱江镇。

1988 年 6 月至 12 月，涔天河水库灌区发生百年一遇的特大干旱，旱情持续长达 200 余天。是年 12 月下旬，湖南省委书记熊清泉到湘南严重干旱灾区视察指导工作，深入江华瑶族自治县涔天河水库查看水位，了解灌区灾情，第一次提出涔天河水库扩建的设想。1989 年，零陵地区发生特大旱灾，湖南省委书记熊清泉视察灾情，向党中央、国务院呈送《一份早应呈送的报告》，提出扩建涔天河水库的议题。

1990 年，涔天河水库扩建工程被列入湖南省“八五”计划。湖南省政府向国务院报送《关于上报涔天河水库扩建工程项目建议书的报告》。10 月 22 日，省政府省长陈邦柱带领省直有关部门负责人到零陵地区涔天河水库视察，听取湖南省水电勘测设计院技术负责人关于涔天河水库扩建工程的情况汇报。1990 年 10 月，零陵地区成立涔天河水库扩建工程筹备领导小组。1991 年 2 月 28 日，湖南省在江华瑶族自治县召开涔天河水库扩建工程移民安置工作研讨会。1992 年涔天河水库扩建工程《项目建议书》获得国家计委批准。

第二节　前期准备

一、领导关怀

1992年11月29日，水利部部长杨振怀、长江水利委员会主任魏廷峥、湖南省水利厅副厅长刘红运等到零陵地区对涔天河水库扩建工作进行调研，深入江华瑶族自治县涔天河水库察看地形条件。1993年国务院副总理朱镕基在湖南省关于涔天河水库扩建工程的报告上作出“抓紧前期工作，争取尽快上马”的批示。1995年3月9日，湖南省委书记王茂林考察涔天河水库，向零陵地区和江华瑶族自治县传达中央对涔天河水库扩建工程报告的批复“重点考虑，力争早日立项”。

2000年，水利部听取湖南省政府关于涔天河水库扩建工程汇报，提出涔天河水库扩建工程可以在湖南皂市水库建成后上马。2006年湖南省重新启动涔天河水库扩建工程项目前期工作。是年3月，湖南省委书记张春贤、省长周伯华在全国人大会议期间向水利部主要领导汇报涔天河水库扩建工程，要求列入“十一五”建设规划。是年，涔天河水库扩建项目被列入水利部“十一五”水利发展规划。2007年水利部同意重新启动涔天河水库扩建工程前期工作。

2008年5月26日，湖南省委副书记、省长周强带领省直有关部门负责人到涔天河水库现场调研。是年6月，湖南省委书记张春贤在永州市防御“6·13”特大洪灾汇报会上讲话指出，涔天河水库扩建宜快则快，要加快前期论证工作。湖南省政府正式向国务院申报涔天河水库扩建工程项目，同时向国家发改委和水利部发出申报函。

2009年2月8日，湖南省委书记张春贤，省委常委、省委秘书长杨泰波到涔天河水库现场调研。6月11日，湖南省政府办公厅下发《关于成立湖南省涔天河水库扩建工程协调领导小组的通知》，成立以常务副省长于来山任组长、副省长徐明华任副组长的涔天河水库扩建工程协调领导小组。

2011年5月23日至24日，水利部水库移民开发局在江华瑶族自治县举办2011年全国第二期移民干部培训班。水利部移民局局长唐传利、副局长刘冬顺，省移民局局长颜向阳等出席培训班开班仪式。9月23日，湖南省涔天河水库扩建工程建设指挥部揭牌。10月11日，永州市委办、市政府办下发《关于成立湖南省涔天河水库扩建工程建设指挥部的通知》。11月15日，湖南省涔天河水库扩建工程奠基典礼在江华举行，水利部副部长李国英以及湖南省人大常委会副主任蔡力峰、副省长徐明华、省军区副政委魏永景，永州市委书记张硕辅等领导出席典礼并为工程奠基。

2012年8月5日，涔天河水库扩建工程开工典礼在江华瑶族自治县举行。水利部部长陈雷，湖南省委书记、省人大常委会主任周强，省委副书记、省长徐守盛，省委副书记梅克保，省委常委、省委秘书长易炼红，省人大常委会副主任蔡力峰，副省长徐明华，省政协副主席武吉海，市委书记张硕辅，市长魏旋君等领导出席开工典礼。

二、规划设计

1992年2月17日，湖南省水电勘测设计院在长沙召开《涔天河水库扩建工程可行性研究报告》审议会。1993年9月，湖南省水利勘测设计院完成《涔天河水库扩建工程可行性研究报告》编制。1994年3月19日，水电部规划设计总院、国家计委国际咨询公司、长江水利委员会及湖南省水利厅、省水电勘测设计院组成专家组考察涔天河水库，实地查看大坝坝址、库区滑坡地质、新电站地址及工程开工石料场。3月23日至26日，《涔天河水库扩建工程可行性研究报告》审查会在长沙召开，水利部水电规划设计总院会同湖南省水利厅在长沙共同主持审查可行性研究报告并呈报水利部，请求国家予以立项实施。6月中旬，国家水电规划设计总院对省水电勘测设计院《关于扩建涔天河水库可行性研究报告》的补充报告进行论证，由原则性同意可行性报告改为基本通过。

1996年由江华瑶族自治县与湖南省水利勘测设计院等单位组成联合调查组，对水库扩建后的正常水位达到315米、317米、319米三种方案进行全面分析、论证和初步规划，推荐选择“317米”方案。1998年10月，湖南省水利勘测设计院编制完成《涔天河水库扩建工程（枢纽部分）初步设计报告》和《灌区可研报告》，1998年底报国家水规总院提请审查。

2007年3月，湖南省水利厅编制完成《涔天河水库扩建项目建议书（枢纽工程）》及《涔天河水库灌区规划报告》。2007年9月，永州市再次组织对“317米”方案进行调查摸底。“317米”方案淹没区涉及人口6090户27025人，耕地10882.89亩，林地16211.28亩，房屋面积1743742.13平方米，公路99.23公里，并对移民安置条件比较合适的东田镇、沱江镇、界牌乡、大路铺镇等5个乡23个村14个移民安置点的各种资源情况进行调查摸底，可供开发土地27741亩，安置移民15409~17338人。2008年3月25日，省水利勘测设计院与永州市政府、江华瑶族自治县政府和涔天河水利水电管理局联合召开会议，确定移民安置规划，决定以省水利勘测设计院1998年初步设计成果为基础，按照317米正常蓄水方案制定征地移民规划，包括农村移民安置，集镇、城镇迁建，防护工程，专业项目迁建等初步方案。2009年1月21日，水利部水规总院对湖南长株潭湘江河段补水和正常水位专题报告进行审查，敲定涔天河水库以“灌溉、防洪为主，兼顾发电、长株潭河段补水、航运等综合利用”的开发目标，明确313米正常水位工程规模。涔天河水库扩建工程项目建议书阶段水利部技术审查完成。8月18日，中国国际工程咨询公司向国家发改委提交《关于湖南省潇水涔天河水库扩建工程项目建议书的咨询评估报告》。

2010年8月21日，国家发改委下发《关于湖南省潇水涔天河水库扩建工程项目建议书的批复》。8月28日至30日，湖南省潇水涔天河水库扩建工程可行性研究报告审查会在长沙召开，经过与会专家的严格评审，会议最后通过《湖南省潇水涔天河水库扩建工程可行性研究报告初审意见》。10月18日，湖南省水利厅向水利部报送《关于审查〈湖南省潇水涔天河水库扩建工程可行性研究报告〉的请示》。12月13日至16日，《湖南省涔天河水库扩建工程项目建议书》审查会在北京召开，水利部原则通过涔天河水库扩建工程项目建议书的开发任务和总体方案。2011年9月23日，永州市政府代表湖南省涔天河水库扩建工程建设指挥部与湖南澧水流域水利水电开发有限责任公司、湖南省水利勘测设计研究总院分别签订《技术合作协议》。10月20日至23日，环保部在江华瑶族自治县召开湖南潇水涔天河水库扩建工程环境影响报告书技术评估会，《湖南潇水涔天河水库扩建工程环境影响报告书》通过专家评审。

2012年3月2日，永州市政府与水利部水利水电规划设计总院在北京签署《技术合作协议》，与水利部水库移民开发局签署《共同推进永州市水库移民工作合作备忘录》。

三、审批立项

1996年，国务院将涔天河水库扩建工程列入“九五”计划。

2008年3月，部分全国人大代表向第十一届全国人大一次会议提出关于请求国务院及有关部门立项扩建湖南涔天河水库工程的建议。7月，水利部和国家发改委答复，明确将涔天河水库扩建工程列入水利部和国家发改委共同编制的《全国大型水库建设规划（2008—2012年）》。2009年2月26日，水利部部委会正式通过涔天河水库扩建工程项目的申报，并向国家发改委提交《关于报送湖南省潇水涔天河水库扩建工程项目建议书审查意见的函》。4月，湖南省发改委向国家发改委报送《关于请求审批〈湖南省潇水涔天河水库扩建工程项目建议书〉的请示》。2011年2月21日，水利部、湖南省政府联合下发《关于湖南省潇水涔天河水库扩建工程建设征地移民安置规划大纲的批复》。3月7日，水利部水利水电规划设计总院向水利部报送《关于报送湖南省潇水涔天河水库扩建工程可行性研究报告审查意见的报告》。7 月 21 日，湖南省水利厅下发《关于对〈涔天河水库扩建工程水资源论证报告书〉的审批同意书》。7 月 28 日，湖南省政府下发《关于组建涔天河水库扩建工程项目法人的通知》，委托永州市政府组建工程项目法人。8 月 25 日，水利部向湖南省水利厅下发《关于湖南省潇水涔天河水库扩建工程水土保持方案的批复》，向环保部报送《关于报送湖南省潇水涔天河水库扩建工程环境影响报告书预审意见的函》。9 月 30 日，水利部对涔天河水库扩建工程枢纽可研和灌区项目建议书审查通过，向国家发改委报送《关于报送湖南省潇水涔天河水库扩建工程可行性研究报告审查意见的函》和《关于报送湖南省潇水涔天河水库扩建工程灌区项目建议书审查意见的函》。11 月 7 日至 11 日，国家发改委委托中咨公司在湖南长沙举行湖南省涔天河水库扩建工程可行性研究报告评估会，枢纽可研通过专家评审。12 月 26 日，水利部向国家发改委发文《关于报送湖南省潇水涔天河水库扩建工程建设征地移民安置规划报告审核意见的函》，审核同意《湖南省潇水涔天河水库扩建工程建设征地移民安置规划设计报告》。

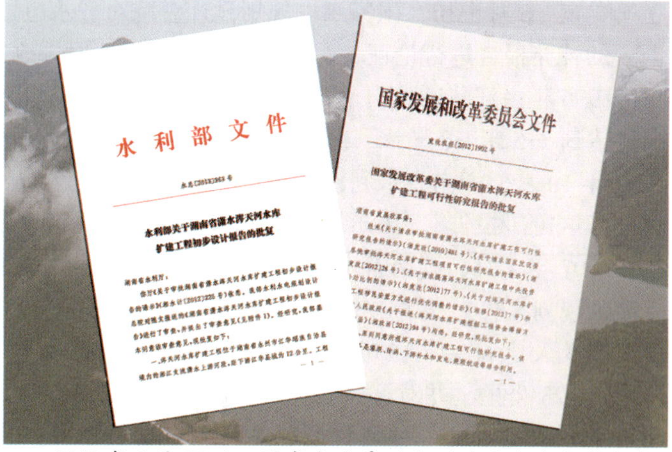

2012 年 6 月 27 日，国家发改委下发《关于湖南省潇水涔天河水库扩建工程可行性研究报告的批复》，2013 年 9 月 6 日，水利部下发《关于湖南省潇水涔天河水库扩建工程初步设计报告的批复》

2012 年 1 月 19 日，环保部下发《关于涔天河水库扩建工程环境影响报告书的批复》。2 月 24 日，水利部移民开发局、水规总院、长江委、中南院在长沙组织移民专家专题研究涔天河水库扩建工程创新移民安置问题。6 月 20 日，国家发改委主任办公会议正式审批通过涔天河枢纽工程可研报告。6 月 27 日，国家发改委正式下发《关于湖南省潇水涔天河水库扩建工程可行性研究报告的批复》。7 月 12 日，国家发改委农经司、水利部移民局、水规总院、国家南水北调办征地移民司对《涔天河水库扩建工程农村移民安置办法》进行咨询审查。2013 年 6 月，国家发改委批复涔天河水库扩建灌区工程正式立项。2014 年，枢纽工程与灌溉工程同时列入国家“十三五”期间 172 个重大水利工程。

2015 年 7 月，国家发改委批复灌区工程可研报告。11 月，省发改委批复初设报告。

第二章　枢纽工程

涔天河水库扩建工程枢纽项目初设批复投资60.0068亿元，主要建筑物有大坝、泄洪建筑物、发电引水道、通航建筑物和电站厂房，总工期46个月，准备工期16个月，主体工程工期22个月，首台机组发电工期38个月。大坝为混凝土面板堆石坝，最大坝高114米，正常蓄水位313米，总库容15.1亿立方米，调节库容9.92亿立方米，防洪库容2.5亿立方米，电站装机容量20万千瓦，年发电量4.58亿千瓦时。

第一节　组织机构

2011年5月9日，水利部召开部长办公会议，通过涔天河水库扩建工程可研设计报告，但未通过项目法人组建方案，即以澧水公司为项目法人的方案，要求湖南省重新上报法人组建方案后，才能批复可研报告。7月22日，经湖南省政府常务会议研究，决定委托永州市人民政府组建项目法人。7月28日，省政府下发《关于组建涔天河水库扩建工程项目法人的通知》，委托永州市政府组建涔天河水库扩建工程项目法人。10月，省政府办公厅下发《关于成立涔天河水库扩建工程联席会议制度的通知》，由省人民政府副省长徐明华、副秘书长陈吉芳为召集人，省水利厅副厅长詹晓安为办公室主任，指导协调省直相关部门支持配合工程建设。与之相应，永州市同时成立市委书记任组长、市长任第一副组长的永州市涔天河水库扩建工程协调领导小组，明确一名市委常委专抓。12月，成立湖南涔天河工程建设投资有限责任公司，为涔天河水库扩建工程的项目法人。

2013年8月，永州市规范和完善法人治理结构，党政机关干部不再在公司兼职，永州市以现有的涔天河水利水电管理局优选人员为主，从市委办选调一名副秘书长为湖南涔天河工程建设投资有限责任公司董事长。在工程建设技术管理上，鉴于永州市缺乏从事大型水利工程建设管理和技术方面专业人才，湖南涔天河工程建设投资有限责任公司从澧水公司、省水利水电勘测设计研究总院聘用8名专家参与管理及技术指导。湖南涔天河工程建设投资有限责任公司设四室十部一子公司，即办公室、总工室、综合档案室、审计监察室，党委工作部、人力资源部、宣传群工部、计划合同部、质量安全部、枢纽工程部、机电工程部、电站、移民环保水保部、资金财务部，实业公司，公司共有员工134人（含灌区公司64人）。

2014年7月，永州市对工程建设实行专项督查和市长一月一调度制度。2015年7月，市协调领导小组对工程建设实行一周一调度、一月一通报制度。

2011年永州市涔天河水库扩建工程建设指挥部成员名录

表4-2-1

职务	姓名	任职时间	备注
政　委	张硕辅	2011.10.11	市委书记
指挥长		2011.10.11	市人民政府市长

续表4-2-1

职务	姓名	任职时间	备注
副指挥长	周德睿	2011.10.11	市委常委、常务副市长
	朱映红	2011.10.11	市委常委、副市长
副指挥长	舒　平	2011.10.11	市委常委
	袁满娥	2011.10.11	市人大常委会副主任
	荣燕明	2011.10.11	市政府正厅级干部
办公室召集人	黎世民	2011.10.11	涔天河水利水电管理局党委书记
2012年2月14日，湖南省涔天河水库扩建工程建设指挥部更名为永州市涔天河水库扩建工程协调领导小组，其组成人员不变			

2013—2015年永州市涔天河水库扩建工程协调领导小组名录

表4-2-2

职务	姓名	任职时间	备注
组长	陈文浩	2013.7.23	市委书记
第一副组长	严志辉	2013.7.23	市委副书记、市长
副组长	易佳良	2013.7.23	市委常委、常务副市长
执行副组长	舒　平	2013.7.23	市委常委
副组长	李俊湘	2013.7.23	市人大常委会副主任
办公室主任	李祥红	2013.7.23	市委副秘书长

2015年永州市涔天河水库扩建工程协调领导小组名录

表4-2-3

职务	姓名	任职时间	备注
组长	陈文浩	2015.10.8	市委书记
第一副组长	易佳良	2015.10.8	市委副书记、市长
副组长	张　严	2015.10.8	市委副书记
	蒋善生	2015.10.8	市委常委、副市长
执行副组长	舒　平	2015.10.8	市委常委
副组长	李俊湘	2015.10.8	市人大常委会副主任
	刘新良	2015.10.8	副市长、市公安局长
办公室主任	黎世民	2015.10.8	市政府副秘书长

第二节　工程建设

2012年8月5日，涔天河水库扩建枢纽工程开工，组织工程实施的项目业主是湖南涔天河工程建设投资有限责任公司。主要参建单位有湖南省水利勘测设计研究总院、湖南水利水电工程监理承包总公司、湖南水总水电建设集团有限公司、中国水利水电第十一工程局有限公司、中国水利水电第八工程局有限公司、广西海河水利建设有限责任公司、湖南华宇水利水电建设工程有限公司、中国电建集团中南勘测设计研究院有限公司、湖南省水利水电工程质量检测中心有限公司等。

一、技术支撑

2009年，湖南省委、省政府将涔天河水库扩建工程列为“十二五”期间全省水利建设“一号工程”后，湖南省水利勘测设计研究总院（以下简称省水利设计院）开展实地勘测，完成地形地质测绘300多平方公里、地质钻孔近1000个、岩土实验等近1000组地质勘探实验，完成100多万亩灌区现状调查和库区近3万名移民调查工作，编制完成涔天河水库扩建工程项目建议书、可行性研究、初步设计等各阶段的设计报告，并顺利通过审查。

2011年9月，永州市政府与省水利设计院签订技术合作协议，省水利设计院为涔天河水库扩建工程提供技术服务。为工程建设加强技术力量，省水利设计院抽调各专业精干力量，组成近50人的涔天河水库扩建工程设代处。省水利设计院各种勘测设备、办公设施和交通工具的调配，均优先满足涔天河项目需要。同时成立由省水利设计院总工程师郑洪牵头，副总工程师兼设计总负责人杨志明为主要负责人，多个专业技术骨干参与的技术攻关小组，对大坝防渗面板抗裂、泄洪洞进出口高边坡处理、坝前雾江滑坡体处理、泄洪洞掺气消能、深孔弧门止水等重大技术难题进行攻关。

左岸临时交通洞，是涔天河水库扩建工程重要的辅助工程项目，2012年2月，省水利设计院规划设计的“零开挖”进洞处理技术，在湖南省水利工程首次应用，起到节约资金、缩短工期、保护环境的作用。

涔天河水库扩建工程坝址右岸依次布置发电引水洞、泄洪洞、放空洞、溢洪洞以及灌溉洞，图为建成后的5洞布局

涔天河水库扩建工程是在原水库工程的基础上进行的，按照规划设计，坝址右岸依次布置有发电引水洞、泄洪洞、放空洞、溢洪洞以及灌溉洞等。发电引水洞进口位于老坝右坝肩右侧约40米处，泄洪洞位于发电洞右侧，二者进口相距约60米；放空洞位于泄洪洞右侧约35米处，轴线与泄洪洞基本平行；溢洪洞位于放空洞右侧约45米，轴线与放空洞基本平行；灌溉洞位于溢洪洞右侧约90米处。如何在有限的区域内安排多个项目施工，这是一个难题。2013年3月，省水利设计院技术攻关小组对导流洞布置拟定三种布置方案：一是单独布置于左岸；二是单独布置于右岸；三是布置于右岸，与溢洪洞部分结合。扩建工程坝址处为S河段，左岸为凹岸，如果左岸布置导流洞，洞长约660米，导流洞造价约5500万元，厂坝需单独做下游围堰，且发电厂房围堰布置较为困难；如果右岸单独布置导流洞，洞线长约1200米，造价约9000万元，假设导流洞与泄洪洞或者发电引水洞结合，岩层厚度较小，约1倍洞径，平面上又较难错开，施工不安全。为满足枢纽布置需要，导流洞布置于溢洪洞右侧，与溢洪洞部分结合，结合段长520米，非结合段长202米，造价约2100万元。2014年5月，经技术经济比较，省水利设计院推荐导流洞与溢洪洞部分结合的方案，实践证明此方案既节约投资，又方便施工，还加快工程进度。

二、项目施工

导流洞是涔天河水库扩建工程的控制性工程之一，它的建成引水改道，对涔天河水库新坝建成有着决定性作用。导流洞与2#泄洪洞部分结合，布置于同一个纵剖面上，洞身全长845米，坡比2%。洞身按照12米分段，共71段，每段分2~3仓进行施工，共约200仓。此导流洞15.5米×14.4米，在水利行业里属于特大断面。为加快导流洞施工进度，施工单位布置1条施工支洞，施工支洞至引水洞段全长98米，该施工支洞岩石破碎，施工难度大，项目部技术人员和施工工人多方论证、实地试验，最终确定采取“短进尺，强支护，弱爆破”等技术措施推进施工。2012年11月29日，导流洞施工支洞至引水洞段顺利贯通。

针对导流洞上层地质复杂多变，岩石较差、施工难度大的实际，施工单位经过技术攻关，采用“先中部垂直钻孔拉槽、两侧保护层交替扩挖跟进”的措施，施工节奏环环相扣，并行展开2个作业面，同时出渣，24小时不停机作业，加快施工进度。2013年4月20日，导流洞（2#泄洪洞）下半洞上层开挖0+664.5至0+140段顺利完成节点目标。6月28日，导流洞（2#泄洪洞）第一仓边顶拱混凝土衬砌开盘浇筑。10月1日，导流洞出口3#滑坡体抗滑桩第一仓混凝土浇筑开盘。

2012年11月29日，涔天河水库扩建工程导流洞施工支洞至引水洞段顺利贯通

导流洞出口明渠开挖与混凝土浇筑工期紧、任务重，出口围堰是保证开挖与浇筑干态施工的前提，更是导流洞施工中的重中之重。2013年10月13日，施工单位提前开始出口围堰施工；10月26日，导流洞出口围堰完成；10月30日，围堰投入运行，围堰内挑流鼻坎基础开挖全面展开；11月29日，导流洞全线贯通。

2013年11月18日，涔天河水库扩建枢纽工程大坝筑建项目开工。涔天河水库扩建枢纽大坝工程所在地为湖南四大暴雨中心区，4月份进入主汛期，根据水文部门测算，4月中旬20年一遇洪水，坝前水位达到264.17米；4月底100年一遇洪水，坝前水位达到277米。施工单位在大坝施工过程中抢抓三个时间节点，才能确保大坝施工安全、顺利，即在2015年4月30日前将面板堆石坝断面填筑到277米高程，是年11月大坝填筑至EL320.3米高程，到2016年4月一期混凝土面板浇筑至285米高程。由于施工任务异常艰巨，加之截流、征地时间延缓，工期滞后，尤其溪江石料场开工时间推迟达217天，导致大坝填筑时间非常紧迫。施工单位采用智能压实控制系统新技术填筑大坝，使工程质量和进度得到大力提升。在施工现场，每台碾压设备上都装有一个显示屏，实行GPS电脑控制，数据可以随时传送到后方管理中心，这种新技术对大坝填筑碾压轨迹、碾压遍数、压实度CMV值等进行自动记录，对施工过程质量进行有效控制。在边坡开挖中，施工单位根据现场环境，不断调整爆破参数，做到一次爆破、分层开挖、分层支护。在大坝防渗面板施工时施工单位采用边墙挤压机，与传统施工方法相比，减少装模，不需养护，提高大坝施工进度和施工的安全性，保证垫层料的施工质量，使坡面更为整洁美观。

在第二个枯水期施工阶段，为尽量延长大坝堆石体的沉降稳定期，及早贯通大坝左右岸交通，方便右岸洞群进口大型闸门设备运输安装，湖南涔天河工程建设投资有限责任公司将大坝填筑至EL320米节点目标工期由2016年4月30日调整为2015年11月30日。施工单位通过优化施工组织、严格科学调度，始终保持较高水平的施工强度。2014年10月15日枢纽工程实现下闸截流；12月开始大坝主堆石体填筑施工并通过截流阶段验收。

2014年12月，涔天河水库扩建枢纽工程通过水利部长江委主持的截流阶段验收。

2015年4月27日，大坝填筑到EL277米高程，提前3天完成第一个枯水期大坝填筑任务，实现主体工程建设的百年一遇度汛目标；11月28日，大坝填筑至320.3米高程，填筑量300万立方米，提前

153 天完成坝体填筑任务。

2016 年，按照“防汛、下闸蓄水、机组无水调试”三大目标，湖南涔天河工程建设投资有限责任公司组织各参建单位先后开展“四保攻坚战（保安全、保度汛、保工期、保质量）”、“大干六个月”、“冲刺 40 天”劳动竞赛，先后完成厂房桥机的安装、1#~4#机座环蜗壳的安装、大坝一期混凝土面板的浇筑、大坝固结灌浆和帷幕灌浆以及引水发电洞、1#泄洪洞进水塔防汛高程以下混凝土的浇筑。4 月 28 日，水库主厂房封顶。10 月 30 日，工程通过水利部水规总院组织的蓄水安全鉴定。12 月 15 日，通过长江委、省水利厅组织的技术预验收。12 月 16 日，通过长江委会同省水利厅组织的下闸蓄水阶段验收。12 月 30 日，水库下闸蓄水。

2016 年 12 月 30 日，涔天河水库扩建工程下闸蓄水仪式会场

2017 年 9 月 23 日，涔天河水库扩建工程首台机组并网发电。

2018 年 6 月 9 日，涔天河水库扩建工程最后一台机组并网发电，标志着该工程 4 台机组全部并网发电。当年，实现发电 2.304 亿千瓦时。8 月 27 日至 28 日，通过水利部长江委组织的涔天河水库扩建枢纽工程正常蓄水位蓄水技术预验收。8 月 30 日至 31 日，涔天河水库扩建工程通过水利部长江委和湖南省水利厅主持的正常蓄水位蓄水阶段验收，标志着工程从建设阶段正式进入运行管理阶段。

2020 年 12 月 30 日，涔天河电站安全运行 1195 天，累计发电量 11.23 亿千瓦时。其中 2019 年年发电量 5.89 亿千瓦时，超出设计年发电量 1.13 亿千瓦时。

涔天河电站建成后厂房全景

第三节　工程管理

一、质量安全管理

2014 年初，行使政府监督职能的水利部质量监督总站涔天河项目站进驻工地开展工作，完善安全管理制度，健全安全管理体系，法人、监理、施工单位严格落实安全生产主体责任。受省水利厅委托，永州市水利局设立安全生产监督站进驻工地对涔天河水库扩建工程进行安全监督。坚持环保优先，建立法人、监理（监测）、施工单位环保管理体系，自觉接受华南环保督查中心和省环保厅及市县环保部门的督促检查。工程建设期间，没有发生工程质量、安全、环保事故，工程质量、安全、环保工作都

处于可控状态。

二、投资控制管理

2016年12月9日，质量监理部门对涔天河水库扩建工程大坝面板混凝土浇筑进行质量检测

涔天河水库扩建工程（枢纽）总投资60.0068亿元（中央投资20.21亿元，省配套24.7亿元，法人贷款15.1亿元）。2014年7月30日，湖南省政府批复涔天河水库移民安置技施阶段实施规划报告；9月15日，省政府召开常务会议，同意增加用于移民安置的刚性支出5.77亿元，由省政府解决。为确保投资目标、工期目标的实现，湖南涔天河工程建设投资有限责任公司对工程建设实行计划管理，编制工程总体建设计划和各年度建设投资计划，对年度建设目标任务进行分解，将招标工作、设计工作、项目形象进度、资金需求等分解到月，按月有序推进各项工作。截至2020年11月底，投资到位资金58.7亿元，其中，中央资金20.21亿元、省级资金25.89亿元、贷款12.6亿元。

三、招投标管理

2012年3月，湖南涔天河工程建设投资有限责任公司成立招标投标领导小组及办公室，制定《公司招标投标管理办法》等相关制度，在省发改委招标办、省水利厅水利工程招投标办公室、省水利厅监察室的监督下按照规定开展招标投标工作。2015年11月，经审计署和省市审计部门的审计检查，涔天河水库扩建工程建设资金管理符合财政部关于国家建设项目资金管理的有关规定。

第四节　减灾效益

2017年6月25日至7月3日，永州市遭遇历史罕见洪灾。其间，涔天河流域累计降雨量143毫米。强降雨形成的入库洪峰于7月2日20时出现，流量达1302立方米/秒。按照省、市防汛指挥部的调度命令，7月2日8时起，涔天河水库将下泄洪水控制在170立方米/秒。7月4日14时，水库完全停止泄流。水库充分发挥拦洪削峰作用，长时间拦截1000多立方米/秒洪水，库内坝前水位从7月2日15时的EL281米高程上升到7月4日11时的EL286.1米高程，在短短一天多时间，拦截洪水1亿立方米，相当于拦下了一个大型水库的水量，极大减轻了下游防洪压力，为永州市抗洪救灾工作争取主动权。7月12日，省水利厅巡视员王跃生在深入涔天河库区开展防汛救灾工作督查时，肯定涔天河水库扩建工程为全省防洪减灾工作作出的贡献。

2019年7月，永州市持续晴热高温少雨，降雨较常年均值偏少53%，大部分县区出现气象干旱（中旱），一些地区出现重旱。永州市水利局向涔天河水库发出调度令，命令涔天河水库出库流量保持在60~70立方米/秒下泄，为下游河道补水，全力保障下游地区城市供水、农业灌溉用水和生态用水需求，到8月25日，涔天河水库为下游地区补水近7000万立方米。

第三章　灌区工程

灌区工程是涔天河水库扩建工程的配套工程，2013 年 6 月，国家发改委批复立项，2014 年与枢纽工程分开同时成为国家“十三五”期间 172 个重大水利工程之一。2015 年 7 月，国家发改委批复可研报告，2015 年 11 月，省发改委批复初设报告。初设批复工程设计灌溉面积 111.46 万亩，设计水平年改善区域内 16.73 万人的生活用水条件。主要建设内容包括左总干渠及所属左干渠、白芒营提灌干渠，右总干渠及所属东干渠和西干渠，以及支渠等灌区骨干渠系和配套工程等。灌区工程涉及江华、江永、道县、宁远 4 个县 41 个乡镇 2 个农林场 242 个村。规划新建干渠以上渠道 240.039 公里、支渠 169.609 公里；渠道电站 3 处，总装机容量 1.2 万千瓦；提灌站 1 处，渠首设计流量 4.8 立方米/秒。搬迁安置 114 户 523 人，永久用地征用 10569 亩，临时用地 3520 亩。工程概算总投资为 40.1831 亿元，其中中央投资 14.539 亿元，其余为地方配套。

2015 年 10 月 29 日，涔天河灌区工程开工仪式现场

第一节　组织机构

2015 年 11 月，湖南涔天河工程建设投资有限责任公司全资组建永州涔天河灌区工程建设有限责任公司履行灌区工程的项目法人职责。灌区公司设三室九部，即办公室、总工室、综合档案室，工程技术部、计划合同部、质量安全部、资金财务部、环保水保群工部、江华现场管理部、白芒营现场管理部、道县现场管理部、宁远现场管理部，公司共有员工 60 人（含聘请专家 5 名）。

第二节　工程建设

2015 年 10 月 29 日，灌区工程开工。主要参建单位有：湖南省水利勘测设计研究总院、湖南省水利电力工程建设监理咨询有限公司、湖南水利水电工程监理承包总公司、湖南水总水电建设集团有限公司、中国水利水电第六工程局有限公司、中国水利水电第十一工程局有限公司、北京通成达水务建设有限公司、中铁五局集团有限公司、中电建建筑集团有限公司、中国水利水电第九工程局有限公司、湖北水总水利水电建设股份有限公司、中国水利水电第十四工程局有限公司、新邵县公路桥梁工程有限责任公司、山东水总有限公司。

涔天河灌区第一标段水渠干渠工程正式开工，该标段为接通左岸灌区渠首的左干渠，全长1.7公里，总投资1200多万元。

2016年9月8日，灌区工程右总干二标开工。该标段位于道县境内，总干渠全长26.231公里，涉及道县4个乡镇17个村，灌溉面积40余万亩，受益群众13万人。主要工程有渠道16.342公里、隧洞9处，渡槽9处、分水闸1处、退水闸4处、节制闸5处、渠下涵31处、人行桥15处、退水渠602米。计划工期为38个月，合同投资2.06亿元。该标段为涔天河水库扩建灌区工程的控制性工程，也是整个灌区工程中施工最复杂的标段。12月28日，灌区工程右总干渠二标段虎板石隧洞在道县审章塘乡开工建设。该隧洞属城门形，长4787米，底宽4.6米，隧洞进口底板高程271.317米，出口底板高程269.724米，设计为无压洞，是灌区右总干渠二标段重点控制性工程，施工单位采取进出口对打，无施工支洞，单口掘进长。

涔天河灌区总干渠渡槽工程建设

2016年年底，对涔天河水库原有的灌溉洞进行封堵。2017年1月10日至4月18日，施工单位克服雨水天气多、施工难度大等困难，科学安排工期，增加施工人员，优化施工组织，实现按期通水目标。2017年4月28日，涔天河水库扩建工程新渠道向老灌区恢复供水，8万多亩农田保证春耕用水。

涔天河新灌区左总干渠渠口段

2017年9月16日，灌区工程右总干渠二标段龙门桥2号隧洞贯通，这是整个涔天河灌区工程84条隧洞中第一座贯通的隧洞。该隧洞全长434米，洞身段最大埋深约17米，最小埋深约1.53米，2017年5月2日开工，面对灰岩溶蚀裂隙段、大型溶洞、竖向贯通性溶槽等施工难题，施工单位中铁五局通过增加人员、投入设备，科学组织施工，历时四个半月，完成隧洞贯通。12月23日，灌区右总干渠二标段小麦冲隧洞顺利贯通，这是整个灌区工程84条隧洞中第二座贯通的隧洞。小麦冲隧洞全长548.13米，地质条件复杂，全隧均为溶蚀发育洞段及软弱破碎围岩，穿越多条地质断层破碎带，地下水极为丰富，并且围岩自稳性、完整性极差。

2018年12月5日，涔天河灌区工程建设推进会在宁远县召开，副市长谢景林出席会议，江华、江永、道县、宁远四县及市直有关单位人员参加。

2019年9月，位于江永县境内的锦江

涔天河水库灌区工程锦江倒虹吸建设施工工地

倒虹吸工程下河施工。到 2019 年 12 月，灌区干渠 11 个标段全面开工，灌区四县代建的 14 条支渠工程开工 9 条，灌区工程累计完成投资 23 亿元。右干渠小骑牛隧洞贯通，左干渠锦江倒虹吸工程开工，左岸渠首电站、跌水电站厂房装饰施工。10 月，涔天河灌区公司开展“三保三比，大干 150 天劳动竞赛”，江华、江永、道县、宁远各工程项目部施工队伍抢抓工期，加快工程建设进度。

第三节 工程管理

一、征地拆迁

灌区工程涉及征地拆迁安置 114 户 523 人，全部实行就地后靠安置，执行国家线性工程的征地拆迁安置政策。至 2016 年 5 月 9 日，完成境内左干渠、左总干渠征地 800 亩。道县完成右总干渠 4 个乡镇 18 个村 743.4 亩土地的征收工作。宁远县完成房屋拆迁 16 户，征地测绘签订协议 1180 亩。江永县召开涉村村组干部和村民代表会议，广泛开展宣传发动工作。至 2020 年底，涔天河水库灌区工程完成征地 11359 亩，其中，江华 3000 亩、宁远 3183 亩、道县 4578 亩、江永 598 亩。

二、资金管理

灌区项目自 2015 年 10 月开工以来，累计筹集资金 27.21 亿元，其中，中央资金 12.19 亿元，市财政配套 1 亿元，债券资金 7 亿元，相关县整合田间工程的各类项目资金 7.02 亿元。截至 2020 年 12 月，灌区工程共完成投资 77050 万元，占 2020 年水利部下达灌区投资计划 4.69 亿元的 164%，占市政府批复的年度计划任务 5 亿元的 154%，开工累计完成投资 36.8 亿元，占总投资 40.18 亿元的 91.6%。其中，江华 30568.8 万元、宁远 39887.88 万元、道县 71604.02 万元、江永 7363.81 万元、涔天河管理局 4487.97 万元、灌区公司 215076.92 万元。

三、土地开垦

土地开垦是涔天河水库灌区工程地方配套资金的主要筹资渠道。永州市委、市政府配合湖南省国土厅重新编制《涔天河灌区土地开发实施规划》，灌区土地开垦规模为 16.61 万亩，其中涉及林地 11.47 万亩，“旱改水” 5.14 万亩。省国土厅综合汇总林业等部门意见，将《涔天河灌区土地开垦实施规划》报省政府审批。

第四章　移民安置

2011 年 4 月，水利部、湖南省政府联合下发《关于湖南省潇水涔天河水库扩建工程建设征地移民安置规划大纲的批复》，涔天河水库扩建后坝高 114 米，正常蓄水位 313 米，总库容 15.1 亿立方米，水库淹没涉及江华瑶族自治县 9 个乡镇场 49 个村，淹没影响集镇 5 个，其中务江乡、花江乡、贝江乡和水口镇全部淹没，小圩镇部分受淹，淹没影响总人口 5975 户 25147 人；淹没影响各类房屋面积 151.95 万平方米；淹没各类土地 4.88 万亩，其中耕地 8562.5 亩（水田 4577.4 亩、旱地 3985.1 亩），林地 26225 亩。淹没影响主要专项设施有：小水电站 33 处 6.24 万千瓦，水文站 2 处，四级公路 98 公里，通信线路杆程 338.19 公里，10 千伏线路 166.47 公里，低压线路 786.78 公里，文物点 2 处。

涔天河水库扩建工程规划搬迁安置人口 27471 人，生产安置人口 28346 人，全部分布在江华瑶族自治县内。在现状农村搬迁人口中，需要进行第二次搬迁安置的老水库移民达 6781 人，占搬迁移民总数的 34%。涔天河水库搬迁安置移民大都属于林农，历来以林业生产为主，缺乏种田经验，搬迁以后也不打算种田，对生产安置配置田土缺乏应有热情。

2012 年永州市涔天河水库扩建工程协调办领导到基层了解情况

第一节　移民安置前期工作

一、移民安置规划

2007 年底，涔天河水库扩建工程前期工作重新启动。湖南省水利水电勘测设计研究总院承担编制涔天河水库扩建工程建设征地和移民安置规划设计。2010 年 8 月，国家发改委印发《关于湖南省潇水涔天河水库扩建工程项目建议书的批复》。2010 年 10 月，水规总院审查通过《湖南省潇水涔天河水库扩建工程建设征地移民安置规划大纲》，随后对《湖南省潇水涔天河水库扩建工程可行性研究报告》、《湖南省潇水涔天河水库扩建工程建设征地移民安置规划设计报告》进行审查。2011 年 4 月，水利部、湖南省人民政府印发《关于湖南省潇水涔天河水库扩建工程建设征地移民安置规划大纲的批复》。2011 年 9 月初，省水利设计院进场测设库区永久界桩，同时向市政府提交移民安置规划设计工作大纲。9 月中旬，省水利规划设计院配合市县对建设征地实物指标进行复核调查，对影响区原估算指标进行详查，对实物指标进行分解，对房屋装修和淹没线下远迁移民在淹没线上的财产进行调查。2012 年 1 月初，江华瑶族自治县对实物指标进行三榜公示，省水利规划设计院对有异议的指标进行复核，3 月底完成实物指标的公示、复核、确认工作。省水利规划设计院根据规程规范，对水利部审查同意、国家发改委批复的正常蓄水位313米方案重点进行移民安置规划工作，编制完成《湖南省潇水涔天河水库扩建工程初步设计阶段建设征地移民安置规划设计报告（送审稿）》。2012年6月，国家发改委印发《关于湖南省潇水涔天河水库扩建工程可行性研究报告的批复》。2013年7月，国家发改委印发《关于湖南省潇水涔天河水库扩建工程初步设计概算的批复》，确定涔天河水库扩建工程概算投资60.01亿元，其中移民和环境部分投资43.24亿元。2013年9月，水利部印发《关于湖南省潇水涔天河水库扩建工程初步设计报告的批复》。

二、完善移民安置方式

根据《水利部关于湖南省涔天河水库扩建工程初步设计报告的批复》，涔天河水库扩建工程大部分移民在永州市江华、道县、江永和回龙圩管理区的21个居民点，主要通过调整土地流转方式进行安置。由于涔天河水库少数民族移民、二次搬迁移民和林农移民占比大，在移民安置对接过程中，绝大部分移民担心外迁出县后打乱原有的村组建制，改变生产生活习惯，同时担心享受不到少数民族地区的优惠政策，经管不了承包山林，不愿外迁出县意愿强烈。同时，按照规划移民安置区当时的土地流转价格，移民实行进城镇土地流转安置，每年每亩收益只有172公斤稻谷，移民对未来生活感到担忧，不愿接受这种安置方式。虽然三县一区1000多名干部从2013年大年初三开始进村入户，做了大量艰苦细致的工作，外迁出县安置的移民签订去向协议26户87人，仅占出县外迁移民3069户12379人的0.7%，移民工作陷入了僵局。为破解移民安置工作难题，2013年5月7—8日，新到任的永州市委书记陈文浩深入江华瑶族自治县涔天河库区分别召开县级领导座谈会、移民干部座谈会、移民代表座谈会，听取意见、研究对策，形成进一步按程序优化移民安置方式的共识。5月23日，市政府召开政府常务会议，专题研究涔天河水库扩建工程移民安置工作，同意在移民安置去向上，坚持政府主导与移民意愿相结合，由移民自主选择在农村移民生产安置方式上，增加长效实物补偿安置方式。5月27日市委书记陈文浩、市长严志辉等到省政府向副省长张硕辅作专题汇报，请求进一步优化移民安置方式，并到省移民局进行专题汇报，得到副省长张硕辅和省移民局领导的支持。

2013年8月，省移民局报经省政府同意后以《湖南省水库移民开发管理局关于涔天河水库扩建工程移民安置方式有关问题的复函》给予批复，在生产安置方面增加长效实物补偿安置方式，在生活安置方面由移民在原规划三县一区21个安置点内自主选择安置点。移民安置方式经过充实完善后得到广大移民的普遍认同，99%的农村移民生产安置人口选择了长效实物补偿方式，移民收入由原来的每年每亩172公斤稻谷增加到每年每亩500公斤稻谷，所有移民都选择在江华瑶族自治县内6个移民集中安置点安置。

2013年，江华瑶族自治县领导深入移民户家中做思想工作

三、复核补登遗漏实物指标

2013年8月，根据移民诉求，市移民局牵头，会同涔天河公司移民部、设计单位、江华瑶族自治县和监理单位，组成4个大组8个小组1000多人，历时两个多月，对库区淹没土地等实物指标进行复核分解，对遗漏实物指标进行复核补登，按期完成库区淹没影响实物指标复核锁口。在实物指标复核过程中始终坚持实事

求是、公平、公开、公正的原则，在尊重客观事实的基础上，对移民合理的诉求坚决维护，对移民不合理的主张加强政策引导，做到不乱开政策口子，避免移民之间相互攀比，保证实施规划设计报告的真实和准确性，为移民安置工作的实施创造了条件。

四、编制移民安置实施规划设计报告

2013 年 8 月，省水利水电勘测设计研究总院根据省移民局要求，编制《涔天河水库扩建工程技施设计阶段建设征地移民安置实施规划设计报告》。2014 年 3 月，永州市人民政府上报《涔天河水库扩建工程技施设计阶段建设征地移民安置实施规划设计报告》给省人民政府。2014 年 4 月，省移民局根据省政府安排，组织对涔天河水库扩建工程移民安置实施规划设计报告进行审查。2014 年 7 月 30 日，省政府印发《涔天河水库扩建工程技施设计阶段建设征地移民安置实施规划设计报告》，对涔天河水库扩建工程移民安置实施规划设计报告给予批复。

第二节　移民安置工程建设

一、安置点建设

江华瑶族自治县水口镇移民安置点——瑶都水街

根据省政府批复和移民意愿，永州市江华瑶族自治县坚持靠近县城、靠近集镇、靠近产业集聚区、靠近主要交通要道的原则，精心挑选四联、水口、东田、码市、小圩、花江 6 个交通便利、水土资源条件较好、经济较为发达的移民集中安置点，认真细化省政府对涔天河水库扩建工程移民安置点的顶层设计，坚持移民安置点规划设计按照与瑶族文化旅游景区相结合、与旅游服务区相结合、与瑶族风情特色乡镇建设相结合，立足于江华瑶族自治县神州第一瑶都、湘南门户、三省通衢的地理优势，按照“神州瑶都，天湖江华”的总体形象定位和“生态乡愁、宜居宜游”的特色规划理念，高起点、高标准规划设计移民安置点。江华瑶族自治县聘请北京世纪千府国际工程设计有限公司、中国建筑上海设计研究院有限公司，对水口镇、东田镇移民安置点进行特色规划设计，努力把移民安置点规划、建设成瑶族风情小镇、旅游区和服务区，打造成移民就业创业、增收发展的致富平台。6 个移民集中安置点之一的县城四联安置点在 2014 年 9 月 10 日开工，最迟的东田安置点于同年 11 月 15 日开工建设。同时启动库区公路、桥梁复改建工程建设。在工程建设过程中，基础超深、地基塌陷和安置点建房基础形式造价过高、施工难度过大等重大棘手问题不断出现，特别是 2014 下半年和 2015 年，江华瑶族自治县又遇有史以来最多的雨水天气，对移民安置点建设和专项设施迁复建形成严重制约。2015 年 9 月至 12 月，江华瑶族自治县组织开展“百日攻坚”大会战，确保移民安置点和路桥等专项设施建设赶进度，保质量。2016 年 9 月至 11 月组织开展“百日竣工”大会战，集中时间、集中精力、集中力量，形成移民安置点建设热潮。截至 2017 年 4 月，6 个移民安置点建设基本完成，移民安置房屋和安置点道路、水电等配套设施建设基本建成，学校、医院建成并投入使用。其中，县城四联安置点 2016 年 10 月完成移民房屋抽签分配，码市、小圩安置点 2016 年

11 月完成房屋分配，东田、水口安置点 2016 年 12 月完成房屋分配，移民已陆续搬迁入住。

二、道路、桥梁复改建

规划复建四级公路 8 条段 136.49 公里，新建横跨潇水干流独立大桥 4 座。截至 2017 年 4 月，X081 线、花花线、X085 线、濠凌线、浮清线、湄清线、蒋新线已具备通行条件，S355 线路基土石方工程基本完成，桥梁水下工程已完成，江华瑶族自治县政府已制定保通方案，正常蓄水后不影响库周群众的交通出行。

2017 年，涔天河水库扩建移民区新建横跨潇水干流大桥

第三节　枢纽工程移民安置验收

枢纽工程建设要求 2014 年 11 月完成施工期度汛水位 264.17 米以下移民人口搬迁。10 月下旬，江华瑶族自治县编制完成移民应急搬迁安置实施方案，市移民局召集市直相关部门领导专家，邀请省移民局专家参加，对实施方案进行评审。11 月 3 日，市政府组织相关部门和专家对方案进行初步审查，形成《湖南省潇水涔天河水库扩建工程导（截）流后移民应急搬迁安置方案（送审稿）》。11 月 20 日，省移民局报经省人民政府同意后对《湖南省潇水涔天河水库扩建工程导（截）流后移民应急搬迁安置方案》给予批复。市移民局及时代拟文稿请求市人民政府向江华瑶族自治县转发省移民局批复意见。11 月 22 日，根据省委、省政府，市委、市政府的决策部署，按照市协调领导小组的工作安排，依照《大中型水利水电工程移民安置验收管理暂行办法》等相关政策法规，市移民开发局会同江华瑶族自治县人民政府，共同完成导截流阶段移民安置自验和初验。配合完成导截流阶段移民安置终验。

2015 年汛期，江华瑶族自治县在省、市支持下，扎实准备、周密组织，按时完成 264.17 米蓄水高程以下 1545 户 7334 人的应急搬迁安置，其中先期搬迁安置 916 人（国有林场 908 人、自谋职业 4 户 8 人）、临时过渡 5664 人（农村及集镇居民户 1330 户 4966 人、机关单位 698 人）、临时度汛 754 人，确保移民平安度汛。5 月中下旬和 11 月中旬江华瑶族自治县多次集中降雨出现后，由于准备充分，积极应对，处置得当，移民应急搬迁安置方案组织实施取得成功，在建工程和库区坝前 264.17 米回水线下没有出现重大财产损失和人员伤亡。

2015 年，江华瑶族自治县召开涔天河水库扩建工程移民服务管理工作会议

第四节　移民资金拨付管理

一、拨付移民资金

湖南省政府与永州市政府、永州市政府与江华瑶族自治县政府分别签订涔天河水库扩建工程建设征地补偿和移民安置资金包干责任书。江华瑶族自治县设立财政移民资金专户，安排专人负责资金管理工作，制定《涔天河水库扩建工程建设征地补偿和移民安置资金管理办法》。涔天河水库扩建工程建设征地移民补偿总投资为42.47亿元。省政府同意按《湖南省人民政府关于调整湖南省征地补偿标准的通知》，对涔天河水库扩建工程调增土地补偿费5.77亿元，调整后移民补偿投资为48.24亿元。截至2017年4月7日，涔天河工程建设投资有限责任公司累计拨付移民资金41.57亿元（其中江华瑶族自治县25.18亿元），占中央批复总投资42.47亿元的97.88%；江华瑶族自治县收到移民资金25.18亿元，江华瑶族自治县累计支出33.69亿元，垫支8.511亿元。

二、筹措移民缺口资金

受水库移民安置条例及规范中“三原”政策等因素的制约，涔天河水库移民安置建设资金不能足额列入移民补偿投资。移民实行县内6个安置点集中安置及按照“三结合”思路规划建设移民安置点，投资比国家发改委批复的初步设计移民安置投资概算有较大突破。经粗略测算，移民安置点基础设施建设、公共服务项目配套建设、移民安置房建设以及库区道路复建等方面资金缺口近20亿元。通过市县积极汇报和多方努力，移民资金缺口逐步得到弥补。省政府调增土地补偿费5.77亿元，同时明确对口支援涔天河水库扩建工程移民安置工作原则和方法。江华瑶族自治县按照湖南省人民政府专题会议纪要精神，积极组织实施对口支援涔天河水库扩建工程移民安置工作，得到省住建、民政、卫计等部门对口支援，共落实各类对口支援移民安置资金4亿多元。为弥补规划外迁移民建房部分资金缺口，解决移民建房缺口资金，市移民局研究起草并报市政府印发《关于设立涔天河水库扩建工程移民安置资金和规划外迁移民建房资金管理办法》，永州市原规划接收安置移民的江华、江永、道县、回龙圩三县一区按照规划外迁移民人均2000元的标准，分摊承担规划外迁移民建房资金；为应对电站建设期间兑付长效实物补偿资金的风险以及电站营运期间各种兑付风险，水库受益的江华、江永、道县、宁远四县按照受益灌溉面积，分摊涔天河水库扩建工程移民安置资金。2015—2016年，市移民局配合市财政局按照《关于设立涔天河水库扩建工程移民安置资金和规划外迁移民建房资金管理办法》，全额完成两年两项资金5000多万元的筹集任务。

第五节　办理征地手续

国土资源部、国家林业局、省政府、省林业厅分别对涔天河水库扩建工程项目用地进行批复。2013年9月，省林业厅印发《关于同意潇水涔天河水库扩建工程项目临时占用林地的批复》，批准枢纽工程坝区临时占地占用林地17.91公顷。2014年6月，国家林业局印发《国家林业局准予行政许可决定书（使用林地审核同意书）》，对工程坝区、淹没区、安置点建设区及专项复建区永久性占用林地进行批复，同意湖南省潇水涔天河水库扩建工程项目占有征收林地1842.18公顷。2014年12月27日，国土资源部印发《国土资源部关于潇水涔天河水库扩建工程建设用地的批复》，批准涔天河水库扩建工程项目用地。2016 年 7 月 7 日，省人民政府印发《湖南省人民政府农用地转用、土地征地审批单》，同意涔天河水库扩建工程项目农用地转用 2594.08 公顷、土地征地 3023.01 公顷。

第六节　移民搬迁安置

一、处置淹没影响小水电站

2009 年，永州市和江华瑶族自治县启动涔天河水库扩建工程受淹电站处置工作。2011 年永州市政府明确涔天河水库扩建工程受淹电站处置工作主体为江华瑶族自治县。2012 年 5 月，江华瑶族自治县成立库区受淹影响电站处置工作组，全面澄清淹没电站的底子，制定出台《涔天河水库扩建工程淹没影响小水电站处理补偿工作方案》。涔天河水库扩建工程淹没影响 33 处小水电站，装机容量 6.21 万千瓦，涉及近万名省内外股份制电站股民。其中全部淹没电站 26 处，装机 4.92 万千瓦；部分淹没迁移电站 7 处，装机 1.29 万千瓦。工作组按照“包宣传发动到位，包签定处置补偿协议，包全淹电站拆除移交清库处理，包部分淹没电站迁建，包处置补偿资金兑现到位，包矛盾协调处理和信访维稳”的“六包”责任制要求开展工作。2016 年 10 月 8 日，淹没影响小水电站统一停止发电上网。截至 2016 年 12 月底，33 座小水电站补偿资金全部兑付并已拆除，其中 7 座迁移电站完成迁建，已并网发电。富华水电站对淹没电站处置原则和补偿金额提出异议，2015 年 4 月 7 日在长沙市中级人民法院起诉省政府和江华瑶族自治县移民局，8 月 25 日长沙市中级人民法院开庭审理，一审判决富华电站公司败诉。2016 年 1 月 19 日，富华电站公司向永州市中级人民法院提起诉讼。永州市中级人民法院审理判决，驳回原告所有诉讼请求，原告不服上诉省高院。

二、单位、企业专项设施迁建补偿

2014 年 11 月，完成 88 个企事业行政单位补偿协议签订，占总任务的 99%。淹没影响工业企业 56 家，已全部完成补偿协议签订和补偿资金兑付工作。基本完成库周交通复改建补偿，全部完成电力、通信设施等复改建补偿。淹没影响的码市、涔天河水文站 2 处水文站建成投入使用。2015 年 11 月 2 日，淹没影响的 2 处文物点完成考古发掘，由湖南省文物考古研究所完成并通过验收，湖南省文物局出具意见。2016 年 8 月，复建 500 千伏超高压线路 9.78 公里、10 千伏线路 149.84 公里、低压线路 146.27 公里，10 千伏配电变压器 14 台，功能已恢复。完成 4 片抬填工程及 3 处浸没处理工程。

三、农村移民搬迁安置

至规划水平年 2016 年，涔天河水库扩建工程建设库区征地需搬迁安置人口 6535 户 27471 人（其中农村 5589 户 21515 人，集镇 946 户 5020 人，江华国有林场搬迁 936 人）。移民根据安置办法选择搬迁安置方式：6 个城集镇安置点集中安置 25684 人，外迁自谋职业安置 86 人，投靠亲属赡（抚、扶）养安置 47 人，分散后靠安置 1565 人，随本单位独立迁建 89 人（其中农村机关、事业单位 14 人，清塘壮族学校 47 人，其他镇外单位搬迁人口 28 人）。截至 2017 年 4 月，实际完成移民搬迁 6666 户 28431 人（农村移民 22629 人），其中，坝区 4 户 18 人，库区 6662 户 28413 人。

四、农村移民生产安置

涔天河水库移民根据移民安置办法选择生产安置方式，截至 2017 年 4 月，完成生产安置 24899 人，其中长效实物补偿 21263 人，自谋职业 3633 人，投靠亲属赡（抚、扶）养 3 人。2015 年初，市移民局指导江华瑶族自治县起草《涔天河水库扩建工程农村移民长效实物补偿实施管理办法》和《涔天河水库扩建工程库区 2015 年汛期淹没影响土地补偿方案》。2 月 25 日再次行文请示市政府常务会议研究，3 月初市政府常务会通过《涔天河水库扩建工程农村移民长效实物补偿实施管理办法》，4 月 19 日市人民政府批复《涔天河水库扩建工程库区 2015 年汛期淹没影响土地补偿方案》。经报市协调领导小组会议审查后，于 9 月 25 日提交市政府常务会研究。2016 年 3 月 31 日，市政府办公室印发《湖南涔天河水库扩建工程库区农村移民长效实物补偿实施管理办法》，4 月，市政府批复《涔天河水库扩建工程库区 2015 年汛期淹没影响土地补偿方案》。涔天河水库扩建工程淹没农村集体经济组织的土地补偿费和安置补助费 67100 万元，由永州市政府管理投资用于涔天河电站建设，其收益作为长效实物补偿资金来源。涔天河水库扩建工程淹没征用的水田、旱地、林地、荒草地、水塘等农村集体土地，按照省政府《湖南省人民政府关于调整湖南省征地补偿标准的通知》确定的系数折算成标准水田面积，按照每亩每年 500 公斤稻谷标准和当年国家公布的中晚籼稻收购保护价格计算实物补偿金额，兑付给淹没影响集体土地权属人，直到水库完全报废。市政府文件下发后，市移民局及时协调江华瑶族自治县、涔天河公司和市财政局共同研究长效实物补偿方案具体实施操作程序，指导和督促江华瑶族自治县制定长效实物补偿方案的实施细则。长效实物补偿的土地折算成标准水田面积共计 2.1628 万亩，每年需补偿稻谷 108.92 万公斤。2016 年底，全部完成淹没土地分解到户工作，完成涔天河公司与江华瑶族自治县人民政府签订长效实物补偿协议，江华瑶族自治县移民局与库区相关乡镇人民政府、206 个村民小组集体经济组织的长效实物补偿三方协议签订工作。长效实物补偿时间从 2016 年 11 月份开始全面实施，应急过渡引起的库区淹没影响土地补偿时间截至 2016 年 10 月底。为化解长效实物补偿资金兑付风险，确保涔天河库区移民年年有补偿，生活有保障，市政府建立涔天河水库扩建工程移民安置风险资金。

涔天河水库移民四联安置点入户群众在小区休闲

五、落实移民后期扶持政策

按照省人民政府批准的《湖南省潇水涔天河水库扩建工程技施设计阶段建设征地移民安置实施规划设计报告》，至规划水平年 2016 年，涔天河水库扩建工程建设征地需搬迁安置人口为 27471 人，其中农村和集镇农业人口 21608 人（农村农业人口 21192 人、集镇农业人口 416 人）。截至 2017 年 4 月，涔天河水库扩建工程实际搬迁安置人口 28431 人，其中农业人口 22629 人。第二批申报的先期搬迁农村移民 7326 人，已通过国家审批并纳入后期扶持范围，从 2015 年起享受后期扶持政策；第一批申报的搬迁农村移民 11282 人，已通过国家审批并纳入后期扶持范围，从 2016 年起享受后期扶持政策；第三批申报的搬迁农村移民 3711 人，待国家核定审批；第四批申报的淹地不淹房纯生产安置人口 8972 人（其中枢纽工程建设占地纯生产安置人口 69 人，水库淹没影响区纯生产安置人口 8903 人）待国家核定审批。至 2016 年 3 月，已核定审批的搬迁安置后期扶持人口 18608 人，已经上报但尚未核定审批的后期扶持人口共 12683 人（其中搬迁农业人口 3711 人，淹地不淹房纯生产安置人口 8972 人），尚未申报的搬迁农业人口 310 人。共需申报核定农村移民后期扶持人口 31291 人。

涔天河水库移民创业就业

（一）移民培训就业

为确保有就业能力和就业意愿的城镇安置移民群体都能够实现就业，2014 年 3 月，市移民局指导江华瑶族自治县对周边县区 91 家企业单位就业岗位和移民就业意愿进行双向调查，摸清各类企业可为移民提供就业岗位共 3318 个。争取省移民局将江华瑶族自治县职业中专列为全省移民培训定点院校，为涔天河水库扩建工程移民培训就业就近搭建起平台。编制完成移民就业培训规划。

（二）维护移民区安定

涔天河水库扩建工程移民安置任务重、问题多、困难大。江华瑶族自治县始终坚守“工程质量、移民安全、社会稳定”三条底线，并把稳定工作摆在突出位置。2011 年 9 月建立以移民搬迁安置乡镇为责任主体，县级领导包乡镇、县直单位包村组、干部包户的移民搬迁安置工作责任制，全县 1300 余名干部按照“十包”责任制长期驻村到户开展工作。2013 年 8 月在移民乡镇、村设立移民迁安理事会，2014 年 10 月在安置点设立移民建房理事会，推行移民自我管理、自我教育、自我服务的主动参与机制。与此同时，市移民局配合江华瑶族自治县加强宣传，共同编印 3 套《涔天河水库移民安置政策宣传手册》3 万册，发放到全县移民干部群众手中，抢抓先机、正面宣传，为做好移民工作传播正能量。市移民局深入信访问题较多的务江乡漕滩村一组与移民座谈，进一步加强政策宣传解释工作，对移民提出的问题给予现场解答，并督促、指导江华瑶族自治县将移民存有疑问的政策进行梳理，进一步宣传政策，做好解释工作。对阻挠和破坏移民工作的人和事依法依规严厉打击。指导江华瑶族自治县积极应对务江乡漕滩、龙虎两村 60 位移民和富华水电站的诉讼案。

六、下闸蓄水阶段移民安置验收

2016 年 10 月，永州市市、县按照省水利厅《关于涔天河水库扩建工程下闸蓄水计划及初期运行调度的函》批复的涔天河水库下闸后初期蓄水计划，及时调整移民搬迁安置计划，制定 282 米高程以下移民过渡安置方案和库底清理方案。完成房屋清理 95.55 万平方米，小水电站清理 33 处，封堵水井 438 口、地窖 1146 口。拆除电力、通信线路 1165.83 公里，拆除用户变压器 14 台；完成林木清理 23800 亩，占总任务 26900 亩的 88.5%；完成库区 4196 家移民户、51 家企业单位的卫生清理。完成水口、小圩、务江等 9 个乡镇场 59 个村灭鼠工作；完成水口集镇垃圾集中堆放场垃圾的清运工作。282 米高程以下库底清理完成：房屋拆除 79.42 万平方米，清理小水电站 13 处，封堵水井 219 口、地窖 574 口；电力、通信线路基本拆除；林木清理 17187.05 亩，占总任务的 90.84%；完成库区 3348 家移民户、38 家企业的卫生清理。

由于受到长时间持续雨水天气影响，移民搬迁安置工作无法按原计划在 2016 年 8 月底完成，为确保大坝按期下闸蓄水、移民安置验收工作顺利进行，由市移民局牵头，涔天河公司、江华瑶族自治县、设计单位及移民综合监理单位共同研究，围绕大坝控制性蓄水计划编制《湖南潇水涔天河水库扩建工程下闸蓄水阶段移民安置验收工作大纲》，江华瑶族自治县县委、县政府作出限期完成移民搬迁安置任务的承诺。10月23—26日，市移民开发局会同江华瑶族自治县人民政府、涔天河公司，组织各有关单位对涔天河水库扩建工程下闸蓄水阶段征地移民安置工作进行初步验收，11月21—23日，水利部移民局会同湖南省移民局，长江水利委员会建管局，永州市委、市政府，省发改委，省水利厅，涔天河公司等单位组成移民安置验收委员会，对涔天河水库扩建工程下闸蓄水阶段（初期蓄水）282米高程以下移民安置工作进行验收，在江华瑶族自治县县委、县政府书面承诺按计划全面完成移民安置和库底清理工作任务、确保移民生命财产安全和库区群众安全出行的前提下，涔天河水库扩建工程通过水利部移民局组织的下闸蓄水前移民安置及库底清理验收。2016年12月，水利部办公厅印发《涔天河水库扩建工程下闸蓄水阶段移民安置验收报告》。12月30日，涔天河水库扩建工程按时下闸蓄水。

七、正常蓄水位移民安置验收

2017年3月7—9日，永州市移民局会同江华瑶族自治县人民政府、涔天河公司组织对涔天河水库扩建工程正常蓄水位（313米高程以下）征地移民安置工作进行初步验收，同意通过正常蓄水位移民安置初步验收。4月10—12日，水利部移民局会同湖南省移民局、长江水利委员会建管局、省发改委、省水利厅、市委、市政府、市政协、涔天河公司等单位组成移民安置验收委员会，组织并同意通过涔天河水库扩建工程正常蓄水位移民安置验收。

第五篇

生态水利

党的十八大提出，全面推进经济建设、政治建设、文化建设、社会建设、生态文明建设，实现以人为本、全面协调可持续的科学发展。2013年9月22日，湖南省人民政府召开湘江流域保护与整治委员会会议，将湘江保护与治理确定为省政府“一号重点工程”。永州市委、市政府配合中央、省环保督察工作，实施永州市“环境整治”战役、“六大战役”、“绿盾”行动等，严格落实“污染禁入、森林限伐、矿产限采、干流限渔、畜禽限养、河道限挖”的“一禁五限”措施，以河长制为抓手，制定出台一系列政策，采取多项措施，推进生态水利建设，在湘江保护和治理、水土保持、水生态修复等方面取得成效，特别是把最严格水资源管理工作落实到位，确保境内湘江干流及主要支流水质达到Ⅲ类或优于Ⅲ类水质，其他水体基本达到《永州市水功能区划》目标。

第一章 湘江保护与治理

2013年9月22日，湖南省政府决定将湘江保护与治理确定为省政府“一号重点工程”，市政府决定成立永州市湘江保护协调委员会和湘江重金属污染治理委员会，制定出台一系列政策，采取强有力的工作措施，全面落实永州市湘江保护和治理三个“三年行动计划”实施方案，永州市国家地表水考核断面水环境质量状况进入全国337个地级及以上城市前30位。

第一节 湘江保护

2013年12月11日，永州市人民政府印发湖南省第一部水资源保护规范性文件《永州市江河水库水资源保护办法》，将江河、水库水资源保护工作纳入各级人民政府行政首长工作目标责任制，各级人民政府对本行政区域内的江河、水库水环境质量负责。

2014年3月20日，市政府办公室印发《永州市人民政府办公室关于成立永州市湘江保护协调委员会和湘江重金属污染治理委员会的通知》。市委副书记、市长严志辉任主任，市委常委、常务副市长易佳良，市委常委、副市长蒋善生任副主任，各县（区）人民政府县（区）长、各管理区和永州经济技术开发区管委会主任、各市直有关单位主要负责人为成员。市湘江保护协调委员会办公室设在市水利局，市水利局局长廖荣良兼任办公室主任。湘江重金属污染治理委员会办公室设在市环保局，市环保局局长周友元兼任办公室主任。5月13日，永州市水利局印发《关于成立永州市湘江保护协调委员会办公室的通知》，市水利局局长、党组书记廖荣良任办公室主任。5月16日永州市政府批准实施《永州市水功能区划》，明确各水功能区水质管理目标。8月12日，永州市湘江保护协调委员会办公室印发《关于印发〈永州市湘江保护协调委员会工作规则〉的通知》、《关于印发〈永州市湘江保护协调委员会成员单位工作责任分工〉的通知》和《关于印发〈永州市2014年度湘江保护协调工作方案〉的通知》。10月31日，永州市政府办公室印发《永州市实施生态优先战略工作方案》。是年，永州市城镇集中式饮用水水源地水质达标率为100%，农村规模以上集中式饮用水水源地达标率为95%以上。市中心城区生活污水收集处理率达到80%、各县城达到65%以上、建制镇达到15%以上，新增乡镇污水处理能力0.6万吨/天，辖区内企业污水稳定达标排放，境内未发生重大及以上水环境污染事故。

2015年2月16日，永州市政府办公室印发《永州市河道保洁工作实施方案》。3月25日，市长向曙光主持召开全市湘江保护和治理委员会全体会议。4月20日，市湘江保护协调委员会印发《2014年度湘江保护工作考核情况通报》，江永县、新田县考核等级为优秀，其他县区考核等级为良好。11月，湖南省委宣传部组织《人民日报》、新华社、《中国水利报》、《湖南日报》、湖南卫视等中央和省内主流媒体到永州市就湘江保护开展新闻采访活动，11月10日，市委副书记、市长易佳良就永州市湘江保护工作接受媒体记者联合采访。11月17日至18日，全国、省人大代表到永州开展“湘江流域生态环境治理和保护工作”专题集中视察活动。

是年，永州市4个污水处理项目建设完成年度计划的67.5%。市垃圾焚烧处理厂完成各项前期工作，工程建设完成20%工程量。完成测土配方施肥面积974.1万亩；建立秸秆腐熟还田万亩示范区5个；主要农作物专业化统防统治面积达到145万亩；建设绿色防控示范基地57个；全市投入外来物种灭毒除害防控资金1500余万元，防控面积32万亩；全市投入资金1000万元在8个项目村216户重点建设了“三池一站”生态农业示范项目。完成6艘货船加装生活污水收集装置任务。开展全市河道保洁工作，完成全市12个县区、管理区24个监控设施的安装，新购买25条专业垃圾打捞船，清理转运垃圾18640吨。完成集中供水工程总投资1.867亿元，兴建供水工程200处，解决农村不安全饮水人口38.85万人。新增市本级、东安、双牌、江华、江永、蓝山等一市五县农村饮水水质检测中心建设，累计完成投资928万元。永州市市级水功能区水质达标率100%，其中I、II类水高达80.51%。全年出境水质全面达到II类水以上，高于省政府下达的III类水标准。

2016年5月16日，全市水土保持宣传进校园活动启动仪式在冷水滩区滨江小学举行。10月11日，永州市政府办公室印发《永州市湘江保护和治理第二个"三年行动计划"实施方案（2016—2018年）》。10月，水利部发布全国重要饮用水水源地名录，永州市冷水滩区湘江水源地、永州市零陵区潇水水源地、永州市祁阳县湘江水源地、永州市道县潇水水源地成功晋级全国重要饮用水水源地。是年，永州市建成下河线污水处理厂5万吨/日二期扩建工程、宁远县污水处理厂2万吨/日扩建工程、新田县污水处理厂1万吨/日扩建工程，祁阳县污水处理厂2万吨/日二期扩建工程、道县污水处理厂1万吨/日二期工程、江华瑶族自治县污水处理厂1万吨/日扩建工程，新增污水处理能力12万吨/日。新建垃圾处理设施5702处，村级可回收垃圾回收点4266个。实行垃圾集中收运的村达3583个，完成农村卫生厕所改造5000余座。实现规模化禽畜养殖污染处理达标率100%。2016年加强饮用水水源地保护和环境监管，全面完成12个省级重要城镇饮用水水源地安全保障达标建设实施方案编制；永州市水利局审批建设项目水资源论证报告书（表）和延续取水评估65份；中心城区居民阶梯水价制度全面建立并正式实施；建立健全全市水功能区水质监测网络，全市水功能区水质监测断面从2014年的25个增加到56个，水功能区水质达标率100%、饮用水水源地水质达标率100%、行政交接断面流量合格率100%。

2016年10月，永州市下河线污水处理厂二期扩建工程竣工

2017年1月1日，永州市水文局开始对规模以上入河排污口实施常态化监测全覆盖，同时，市、县水行政部门对全市重要入河排污口水质实施定期不定期人工监测。8月8日，市委、市政府召开全市河长制工作委员会暨市湘江保护和治理委员会第一次全体成员会议。11月20日，永州市河长制工作简报（第10期）印发《全市水库污染治理绩效评估情况通报》，抽样检测结果显示，全市水库水质达标率为77.6%，比2014年摸底统计53.2%提高24.4%。是年，永州市全面开展农药使用量零增长行动，使用高效、低毒、低残留农药和生物农药比例达到95%以上。采用PPP建设模式，设计日处理生活垃圾1400吨、近期年发电量9833万千瓦时中心城区垃圾焚烧发电项目投产运行。完成8个工业园区污水集中处理设施建设。中心城区6处饮用水水源保护区排污口截污全部完成。全市河道砂石开采权出让5个标段，出让金4560万元。全市开展重点区域“河道保洁行动”，实现了城区河道无大面积漂浮物、河岸无大堆垃圾的目标。永州市实现水功能区水质达标率100%，出境水质连续稳定在II类水标准以上，水环境总体质量位居全省前列。永州市全面建立市、县、乡、村四级河长责任体系，市、县两级河长公示牌基本安装到位，率先在全省实行“双河长制”。

2018年4月19日，省长许达哲到蓝山县考察湘江源国家森林公园生态建设及水资源保护等工作。并叮嘱当地负责人员，切实做好护山护林、护水护源各项工作，守护好养心养眼的优美生态。6月11

日，省人大常委会副主任周农率省人大调研组一行到永州开展《湖南省湘江保护条例修正案（草案）》立法调研，省水利厅巡视员甘明辉、省人大常委会法制委副主任吴秋菊参与调研活动。6月28日至29日，省委书记、省人大常委会主任杜家毫深入永州市双牌县、宁远县、蓝山县开展调研活动，省委常委、省委秘书长谢建辉，省直有关部门负责人王晓科、胡伟林、邓立佳、王志群等以及市委书记李晖参与调研活动。杜家毫一行到位于蓝山县野狗岭南麓的湘江源头，实地考察当地生态环境保护情况，强调保护湘江，首先要保护好源头，要牢记习近平总书记的嘱托，树立“绿水青山就是金山银山”的理念，坚决守护好一江碧水。全市完成3万亩高效节水灌溉建设任务。全市102个市级水功能区全部设立水质监测断面，实现市级水功能区水质监测覆盖率100%。全面落实最严格水资源管理制度，抓用水总量控制，积极推进水资源论证工作，开展取水许可证规范管理工作。抓用水效率控制，中心城区居民阶梯水价制度全面建立并正式实施，城区自来水管网改造大力推进，管网漏损率明显降低。严格执行产业政策和行业准入制度，强化工业用水源头监管，开展用水定额管理，对重要取用水户和取用水大户实行用水计划管理。全面完成县级水功能区划工作，将50平方公里以上河流和小（2）型以上水库全部纳入县级水功能区划范围。建立健全全市水功能区水质监测网络，全市水功能区水质监测断面从2013年26个增加到102个，市级水功能区水质监测实现全覆盖，水功能区水质达标率100%。根据全省首次年度绿色发展指标评价结果，永州市地表水达到或好于Ⅲ类水体比例、地表水劣Ⅴ水体比例、重要江河湖泊水功能区水质达标率、地级及以上城市集中式饮用水水源水质达到或优于Ⅲ类比例等四项指标均名列全省第一。

2019年，全面开展河道划界工作，经过设计单位编制，省、市水利部门和自然资源部门专家联合审查通过，区县政府向社会公告，区县政府批准，完成全市流域面积50平方公里及以上的176条（段）河流划界工作。完成市本级下河线污水处理厂二期第二个5万吨城镇污水处理厂扩建工程任务。

2020年5月9日，永州市政府办公室印发《永州市湘江保护和治理第三个“三年行动计划”实施方案（2019—2021年）》。到2021年，湘江和潇水流域保护和治理达到如下目标：（1）全市地表水考核断面水质达到或优于Ⅲ类比例达到100%，其中3个国家考核断面水质达到Ⅱ类；（2）中心城区和各县城集中式饮用水水源水质达到或优于Ⅱ类标准并全面达标；（3）全市水资源开发利用总量控制在28.5亿立方米以内，万元工业增加值用水量控制在56立方米以内；（4）重点行业重金属排放量比2013年下降12%以上；（5）中心城区建成区消除黑臭水体，实现长治久清；县城建成区黑臭水体治理全面完成；（6）中心城区基本实现污水管网全覆盖，污水全收集、全处理；县城生活污水处理设施全覆盖。流域内较大规模的乡镇污水处理设施全覆盖，对污水进行处理的行政村比例达到50%以上，乡村生活垃圾收集处理基本覆盖。

第二节　湘江治理

2004年，永州市为保护湘江水质，对永州市芝山区（现零陵区）珠山片的锰矿进行整治。冷水滩区水政监察大队采取联合行动，对冷水滩区湘江蔡市锰矿进行集中清理。

2014年11月3日，永州市政府办公室印发《永州市水库污染治理实施方案（试行）》，以水产畜禽养殖污染治理为主，兼顾农村生活垃圾、污水、农业面源污染和工业污染源治理。是年，全市完成病险水库治理31座，水土流失治理3平方公里，“四水”治理和中小河流治理项目各6个。

2015年10月15日，永州市政府办公室印发《永州市2015—2017年河道采砂集中整治工作方案》。是年，全市范围内开展为期三年的河道采砂整治活动，取缔采砂船424艘，减少上砂码头257处。共清理平整尾砂堆900多万立方米。组织开展35次较大规模的涉河违建强拆工作，取缔非法上砂点22处，迁移养殖场121处，拆除废物收购站25处，关闭16个排污口。完成永州市冷水滩区国家农业综合开发水土保持项目和江华瑶族自治县国家坡耕地水土流失综合治理项目。完成永州市冷水滩区老毛江普利桥等6个河段治理工程，治理河长37.6公里。

2015年，祁阳县拆除对湘江有污染的临江酒楼

2016年，永州市政府出台《永州市水污染和大气污染治理实施方案（2016—2020年）》等政策，先后在中心城区开展宋家洲综合治理，全面取缔宋家洲网箱养殖户189户，拆除网箱26.36万平方米、养鱼房3个，兑现补偿金和劳务款774万元。将占全市工业污染排污总量60%以上的湘江纸业停产关闭；取缔关闭永州市冷水滩区三医院等排污口7个；取缔关闭中心城区饮用水源保护区内排污口7个。

2017年，永州市水利局牵头制定《永州市2017年净水工程工作方案》，全面实施湘江保护与治理工程，建立健全河长制，积极推进城乡生活污水治理，加强禽畜养殖污染防治，开展城市黑臭水体整治，开展城乡饮用水水源地保护等。永州市完成中心城区建成区内11处黑臭水体整治工作；完成中心城区全部16处饮用水水源保护区排污口截污整治；完成水土流失面积治理20平方公里。取缔非法采砂船93艘、非法上砂码头122处。依法整治养殖场，全市共退养湘江沿岸规模畜禽养殖场95家。同时，对50家规模养殖场实施污染治理；完成900个污水治理重点村治理、400个行政村垃圾综合治理，小（2）型以上水库投肥养鱼基本禁止。

2018年5月22日，生态环境部督查组到永州开展集中式饮用水水源地环境保护专项督查。26日，永州市城管执法部门在相关部门配合下，依法对冷水滩区滨江公园内13家到期游乐场所进行拆除。11月26日，副省长陈文浩调研东安县城水源地整改情况，实地查看紫水河新屋断面、扬江河坝临时水源地，并听取汇报，要求尽快完成湘江西源水源地取水工程建设。永州市水利局牵头制定《永州市2018年净水工程工作方案》，进一步落实最严格水资源管理制度，健全河长制，积极推进城乡生活污水治理，加强禽畜养殖污染防治，开展城乡饮用水水源地保护，切实抓好城市黑臭水体整治，进一步落实水土保持工作。加强饮用水水源地保护，祁阳县浯溪入河排污口整治到位，16个县级以上城市地表水集中式饮用水水源保护区内环境问题整治全部完成。325艘各类“僵尸船”于2018年3月31日前完成拆解处置任务，省定146家畜禽规模养殖场标准化升级改造全部完成，省定永州市8处城市黑臭水体完成6处，5个建制镇黑臭水体治理任务全面完成。严厉打击非法采砂，共打击非法采砂28起、非法运砂30起、非法上砂9起、非法采砂船42艘。下大力气开展“清四乱”专项整治行动，全市共摸排“清四乱”问题201个，整治销号201个。

2018年，祁阳对“僵尸船”进行拆解处置

10月16日，市水利局印发《关于加快我市国家级、省级自然保护区水电项目环境整治工作的通知》，各县区按“一站一策”要求制定整改方案，完成4座水电站断水断电封存，待财政评估后进行拍卖；25座电站完成生态改造方案设计，并完成改造工作，其中7座限期退出电站与县级政府签订限期退出协议。12月1日，市人民政府印发《永州市小水电站突出问题专项整治方案》文件，就小水电站建设秩序、“僵尸”电站、安全隐患、河道生态等突出问题进行专项整治，全面清理全市675座建成运行和24座停运、停建电站。是年，永州市5个国家级、省级自然保护区所在县水利局牵头开展水电站排查整治工作。6月，江永县对立即退出的正冲电站进行断电、查封，11月，对机电设备、闸阀进行拆除封存，拆除上网线路。10月，道县对立即退出的庆里源、韭菜岭、大江源三个电站采取解除并网、封堵引水渠、破坝放水等措施，封停电站，11月对机电设施进行拆卸封存。9—10月，阳明山、九嶷山、舜皇山三个国家级和源口省级自然保护区内26座限期退出和生态改造的电站完成“一站一策”整改方案，11月，限期退出电站与当地县政府签订限期退出协议，12月，完成生态改造，下泄生态流量，装设生态流量监控设施。

2019年，永州市水利局牵头制定《永州市2019年净水工程工作方案》，水环境质量持续改善，水资源“双控行动”目标全面实现，水污染治理加快推进，城乡饮用水水源地环境保护有效加强，全面推进河长制工作向纵深推进。全市完成流域面积50平方公里以上河流214个“四乱”问题集中整治销号任务。大力推进“绿盾2017”和“绿盾2018”行动，对位于自然保护区内的小水电项目进行清理整改，共拆除4座位于国家级保护区核心区、缓冲区内电站，要求限期退出12座电站，同时，完成限期退出电站和位于实验区电站生态改造，装设监测设施，施放生态流量。全市完成8处黑臭水体整治任务。取缔非法堆砂场17处，复原复绿堆砂场1处，清理尾砂堆17.3万立方米，下达执法文书32份，行政罚款1.2万元，处理涉砂信访19起。

第三节　项目选介

一、零陵锰矿整治

2019年7月，永州市政府驻零陵锰矿区开采秩序特别督查组（以下简称市督查组）进驻永州市零陵区珠山镇开展矿区环境整治。一是彻底清理废土废渣。矿区整治行动开展以来，零陵区对矿区裸露黄土、废弃矿渣进行彻底的规整填埋，共计规整和填埋矿渣、废土11.3万吨；对涉矿村垃圾进行全面清理，拆除空心房301座、旱厕465座，矿区人居环境明显改善。二是有效治理矿区扬尘。共清理路面、路边散乱固体废弃物（含锰渣）5100吨，清理路旁水沟104.6公里，清除矿区道路路边杂草181.1公里，平整路肩57.9公里，公路两旁路肩铺设碎石3.6公里，工区进出道路连接段铺设碎石6.86公里，在矿区主要通村组道路配备洒水车13台，对矿区181.1公里道路进行常态化冲洗保洁，矿区道路扬尘问题得到明显改善。三是加快修复损毁道路。零陵区投入资金近4000万元，新建重建矿区严重破损道路10条22.2公里，对部分破损道路进行修复加固。2020年春节前全部完工投入使用新建道路有：进出三个国有矿区与乡道损毁道路重建9.4公里，连接大科甸、龙和田、寨子脚、长冲等主要矿区8条共计20公里乡村道路。四是退还和恢复占有用林地和耕地。零陵矿区共退还和恢复林地221.3公顷，治理湿地（山塘、水库、小河道）106处，面积121.7公顷，治理和恢复耕地187.5公顷。五是有效治理水土流失。为防止矿水矿渣下河，全面关停河流500米范围内选矿场、废泥库，共取缔洗矿机组1263台。在珠山镇东湘桥桔子园、东安县横塘镇宝塔岩设立2处水质监测点，定期检查检测，严防浑水下水。对石期河及6条支流进行治理，共清淤河道12.3公里、清障29.7公里，清运集中掩埋矿渣1.2万立方米。六是有序推进生态修复项目建设。零陵锰矿区山水林田湖草生态保护修复工程项目按计划有序实施，Ⅰ期工程1、3、4标段共完成生态治理修复面积7128亩。Ⅱ期工程于2020年6月中旬完成六个标段招标工作。石期河水质重金属污染治理项目完成集中掩埋、铺设防渗膜、复土和播种草籽等全部工程。通过矿区环境整治，杜绝浑水外排等现象发生，石期河水质稳定在Ⅲ类。

二、宋家洲综合整治

永州市冷水滩区宋家洲水域网箱养殖问题起源于20世纪90年代。2014年9月，冷水滩区畜牧水产局组织对宋家洲大坝上游水域网箱养殖情况进行实地调查，核实当时共有冷水滩籍养殖户27户（其中宋家洲户籍24户），网箱面积25373平方米（不含内湖网箱）。2015年11月30日，市政府下发《永州市人民政府关于禁止在宋家洲水域进行网箱养殖的通告》法规性文件，制作《网箱自拆补偿协议》法律文书，规定：在2014年9月前进行养殖行为，养殖户于2016年6月6日前自行拆除网箱养殖设施设备，将按不同规格最高不超过70元/平方米标准给予网箱退出补贴（其中，钢质结构70元/平方米、PVC管50元/平方米、竹木结构40元/平方米）；在2014年9月后新搭建网箱，养殖户于2016年6月6日前自行拆除，按不高于20元/平方米标准给予自拆劳务费。同时，为确保补偿工作公开透明，该《协议》中特别加入“协议签订后公示3天，公示期内无群众举报的按协议时间给付补偿资金，如有举报待网箱取缔工作组调查核实后另行处理”这一条款，采取每签订一户《协议》就公示一户办法，在公示栏中逐个进行公示。综合整治实施后，签订《协议》网箱养殖户81户，涉及网箱面积145975.5平方米，其中外河道网箱养殖户38户、网箱面积93695平方米，内湖网箱养殖户43户、网箱面积52280.5平方米。发放网箱退出补贴及自拆劳务费3530465元（外河道2700070元、内湖830395元）。

宋家洲综合整治前状况

2019年5月，正式启动宋家洲避险搬迁及环境综合治理工作。2019年8月12日18时30分，最后一栋五层房屋（编号为309）拆除，宋家洲避险搬迁及环境综合治理项目房屋征收与拆除工作顺利收官，共拆除房屋264栋8.1万平方米，达到整治工作预定目标。

三、湘江纸业土地治理

永州市湘江纸业有限责任公司前身为冷水滩造纸厂，始建于1958年，主要生产纸袋纸、精品牛皮纸、复合原纸、胶带原纸，年生产能力22万吨，高峰期年产值11亿余元，利税1.8亿元，曾为永州经济社会发展提供财政支持，是永州市当时“三大标志性”企业之一。2013年，省委、省政府决定将湘纸公司搬迁纳入湘江母亲河治理和源头保护“一号工程”。2015年12月31日，湘纸公司在省委、省政府决策部署下正式关停并转至岳阳。为此，永州作为后发地区，主动舍弃10多个亿元GDP、1个多亿元税收。2016年上半年，顺利完成员工分流、企业关停目标。

截至2018年9月28日，项目实际完成白泥处置工程量超过10万立方米，污水池完成污水处理4万立方米，污泥处置完成1.1万立方米，污水池处理、白泥处置已全部完成，车间废液处理完成1.5万立方米，废渣处理完成7000立方米，剩余危废液约1.5万立方米未处理。项目实际完成投资3500万元，污水池、白泥堆放区、新化浆车间及碱回收车间污染治理已全部完成，项目基本具备环保销号条件。

四、城市城镇污水综合治理

2016—2018年，永州市共排查出城市黑臭水体34处，全部整治到位。其中中心城区建成区18处，按照控源截污、垃圾清理、清淤疏浚、生态修复等，对中心城区黑臭水体进行治理，并及时向社会公布治理情况，黑臭水体专项整治全面完成。与此同时，全市各级政府积极推进重点乡镇污水处理设施建设，实施城镇污水处理厂提质扩容改造和纳污管道建设，全市完成31个乡镇污水处理设施建设，投入运营23个，建成配套管网长度627.6公里，污水处理量17.77万吨/日。市、县区污水处理厂全部完成提质扩容改造，排放标准从一级B提升到一级A的改造建设工作。

祁阳县对城市黑臭水体进行整治

五、农村人居环境整治

永州市通过开展农村人居环境整治，86%以上村实现清扫保洁，92%乡镇配置垃圾转运设施，农村生活垃圾集中处理率达80%，卫生厕所普及率达75.8%。2019年，全市33个村被评为省级美丽乡村示范村。全市强化土壤污染治理，专业化统防统治和绿色防控全程防治面积613.73万亩，农药使用量减少12.4%以上。全面完成畜禽规模养殖场和有污染排放养殖专业户退出工作。全市共关闭、搬迁1234个养殖场。

六、水源地安全保障达标建设

2016年，全市开展省级饮用水水源地安全保障达标工作，完成永州市冷水滩区湘江水源地、永州市零陵区潇水水源地、永州市道县潇水水源地、永州市东安县高岩水库水源地、永州市江华瑶族自治县潇水水源地、永州市江永县大坪坳水库水源地、永州市蓝山县舂陵水水源地、永州市宁远县泠江水源地、永州市宁远县水市水库水源地、永州市祁阳县湘江水源地、永州市双牌县潇水水源地、永州市新田县金陵水库水源地等 12 个省级饮用水水源地安全保障达标建设方案编制工作。

零陵区农村饮用水水源保护

2017 年，县区人民政府批复饮用水水源地安全保障达标建设方案，制定并由县区政府印发突发水污染事件、洪水和干旱等特殊条件下重要饮用水水源地安全保障应急预案，完成饮用水水源一级保护区隔离防护设施建设，完成饮用水水源保护区内入河排污口核查登记并启动拆除、关闭或整治，按月对饮用水水源地水质进行监测，水质监测指标全部达标。

2018 年，组织实施饮用水水源地安全保障达标建设方案，完成饮用水水源保护区内入河排污口拆除、关闭或整治，建立保护区巡查制度，对取水口等重点区域实现视频监控，按月对饮用水水源地水质进行监测，水质监测指标全部达标。

七、入河排污口整治

永州市从 2016 年开始对入河排污口实行整治，启动入河排污口核查登记工作，全市登记规模以上入河排污口 52 个，规模以下入河排污口 143 个。全面推进入河排污口截污，取缔饮用水水源保护区内所有入河排污口。市本级财政预算连续两年每年安排 1.2 亿元，专项用于下河线和向家亭两家污水处理厂污水处理。筹集资金 3600 万元用于冷水滩城区最大污水“转运站”——德源路泵站扩容改造及下河线污水处理厂扩建、提标改造工程，日输送污水能力从 11 万吨提升到 18 万吨，下河线污水处理厂日污水处理能力从 15 万吨提升到 20 万吨。先后筹集 1500 万元专项用于增设德源路污水泵站出水压力管、陶源路出水压力管等五个污水管网项目，引导和协调市城投公司和冷水滩区筹资 4000 万元完成市长途线路局排污口截流和竹林路排污工程两个重点项目建设任务。2018 年底，市本级财政投入污水治理资金 2.5 亿元，实现中心城区直排湘江污水口全部截流，饮用水水源保护区实现污水“零排放”。

八、湘桂运河项目

湘桂运河项目涉及永州市零陵区、双牌县、道县、江永县，东 1 线方案：萍岛至平乐长 332.2 公里，其中人工运河 42.3 公里，永州市境内 189 公里，改建南津度、五里牌、双牌、五洲等 4 个梯级水电枢纽，新建 8 个梯级水电枢纽，预计项目总投资 800 亿元，争取 2025 年开工，2029 年竣工。

2021 年 3 月 8 日至 11 日，湖南省副省长陈飞、广西壮族自治区副主席费志荣率两省区联合调研组一行对湘桂运河项目进行现场勘察，并在南宁市召开座谈会。参加调研的单位有湖南省交通运输厅、自然资源厅、水利厅、生态环境厅、发展改革委、发展改革委、水运事务中心、中交水运规划设计院有限公司、湘水集团、交通规划勘察设计院、水利水电勘测设计研究院和广西壮族自治区交通运输厅、海事局、发展改革委、自然资源厅、生态环境厅、水利厅、北部湾国际港务集团。湖南省永州市市委书记严华，永州市人民政府副市长严兴德，广西壮族自治区南宁市市委常委、副市长杨鸿，桂林市副市长赵奇玲等领导参加了这次调研活动。联合调研组一行踏勘东1线方案、西线方案，东1线方案实地调研湘江、潇水汇合口苹岛及相关水域、双牌水库大坝、道县两河口（沱江、永明河）、江永县分水岭，广西壮族自治区恭城龙虎枢纽、平乐县三江口（恭城河、漓江、桂江）；西线方案实地调研阳朔县水东门码头至杨堤码头、漓江航道、兴安县湘桂古运河灵渠和灵渠展示中心。

九、湘江永州至衡阳三级航道改扩建工程

工程项目涉及永州市冷水滩区、零陵区、祁阳县，项目建设内容包括：整治永州境内航道里程148公里，改建潇湘船闸，扩建浯溪、湘祁二线船闸，配套建设航道站、锚地管理区等支持保障系统，预计项目总投资34亿元，2020年开工，2024年竣工。

第二章　水资源管理

市委、市政府认真落实最严格水资源管理制度，明确水资源管理红线控制目标，建立健全体制机制，逐步完善各项制度，把最严格水资源管理制度工作落实到位，确保境内用水总量不突破，用水效率逐年提高，湘江干流及主要支流水质达到Ⅲ类或优于Ⅲ类水质，其他水体基本达到《永州市水功能区划》目标。

2003 年出台《永州市人民政府关于实施取水许可和征收水资源费的通知》，开始征收水资源费。2011 年中央一号文件明确提出，在全国范围内实行最严格水资源管理制度，永州市认真贯彻落实中央一号文件精神，出台相关政策，建立健全相关体制机制，全面推进最严格水资源管理制度各项工作。2011 年至 2013 年将最严格水资源管理制度纳入政府绩效考核。2014 年开始，市政府对县区政府实施最严格水资源管理制度年度专项考核，水资源开发利用控制红线、用水效率控制红线、水功能区限制纳污红线等水资源管理“三条红线”全面达标。

第一节　水资源管理制度

一、宣传教育

1999 年，永州市水利局根据湖南省水利厅的统一部署，在全市开展水资源开发利用现状调查。2000 年，永州市完成《水资源保护规划调查资料汇总》。

2002 年，永州市水利局围绕“世界水日”“中国水周”开展宣传活动，并积极配合、参与全省“三湘之子”保护母亲河行动，全市水利系统共接待询问 1.8 万多人次，收回问卷 4000 多份，张贴宣传画 6000 多张，悬挂宣传标语 3 万多条、跨街横幅 2000 多幅，散发宣传资料 7 万多份，出动宣传车（船）350 多辆（艘）次。是年，《中华人民共和国水法》颁布实施之日，《永州日报》发表永州市人民政府副市长程晨曦就水资源保护工作回答记者提问。

2003 年，永州市政府第 53 次政府常务会议研究部署，于 2003 年 9 月 28 日印发《永州市人民政府关于实施取水许可和征收水资源费的通知》，规定从 2003 年 11 月 1 日起开始执行。2003 年 10 月 10 日在《永州日报》开辟专版，刊登《永州市人民政府关于实施取水许可和征收水资源费的通告》，市水利局局长、党组书记周作生发表《依法治水，确保水资源的可持续利用》署名文章。永州市执行《湖南省取水许可和水资源费征收管理办法》和湖南省物价局相关文件。

2005 年，市水利局围绕水资源管理开展一系列活动，联合永州电视台到芝山锰矿区拍摄制作《保障饮水安全，维护生命健康》电视专题片并播放，联合《永州日报》采写发表《让生命之水长流》署名文章，联合永州职业技术学院团委开展爱水、节水、护水专题签名活动，联合市水文局对芝冷城区公共供水水源取水口水质和管内水质进行检测。

二、取水许可

2000 年，全市新发放取水许可证 20 本。

2003 年上半年开始，市水利局对全市已有取水单位进行一次核实摸底并造册登记，对已发取水许可证取水单位换发新版取水许可证，全市新发取水许可证 89 本。市水利局开展取水户水资源论证工作，首先对阳明山水电站开展水资源论证专家评审。2004 年，审评审批道县五洲电站、涔天河右岸电站、道县泡水流域、江华瑶族自治县沱江电站水资源论证报告书。

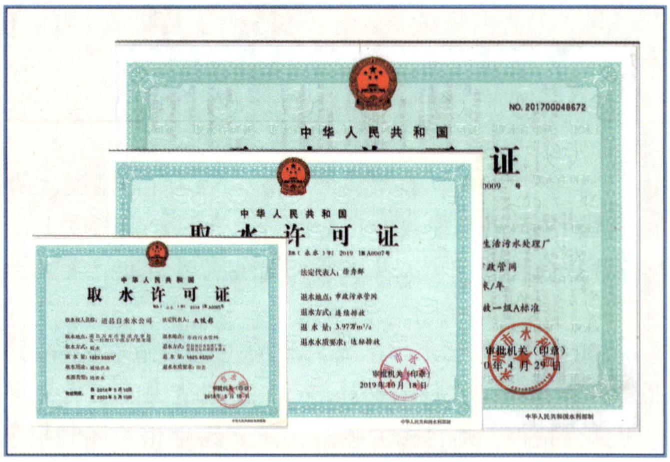

永州市水行政主管部门发放的取水许可证

2006 年，市水利局新发取水许可证 86 本。开展入河排污口普查登记工作，登记入河排污口 88 个，年排污量 8300 万吨，其中工业企业入河排污口 25 个，年实际排污量近 2000 万吨。

2009 年，市水利局加强对新建取水项目管理，严格取水许可审批，重点规范水资源论证审查工作，完成双牌县金滩水电站和蓝山县钟野水电站等水资源论证报告审查。市、县（区）稳步推进已有取水户换发新版取水许可证工作，其中，水电站按“四无”（无立项、无设计、无审批、无管理）电站清理要求，通过竣工验收合格后换证。

三、水资源有偿使用

2002 年 8 月 29 日修订，自 2002 年 10 月 1 日起施行的《中华人民共和国水法》明确：国家对水资源依法实行取水许可制度和有偿使用制度。

2003 年 4 月 8 日省人民政府第 4 次常务会议通过，自 2003 年 7 月 1 日起施行的《湖南省取水许可和水资源费征收管理办法》明确，农村集体经济组织及其成员使用本集体经济组织的水塘、水库中的水的；农业灌溉、水产养殖取水的；家庭生活和零星散养、圈养禽畜引用等少量取水的（少量取水的限额为每户每月取地表水 180 立方米，或者取地下水 80 立方米）；为保障矿井等地下工程施工安全和生产安全必须进行临时应急取（排）水的；为消除对公共安全或者公共利益的危害临时应急取水的；为农业抗旱和维护生态与环境必须临时应急取水的等五种情况外，取用水资源的单位和个人，都应缴纳水资源费，水资源费征收标准，由省人民政府价格、财政部门拟定，报省人民政府批准后公布执行。水资源费由水行政主管部门分级负责征收，分级征收具体划分如下：

日取地表水 80000 立方米以上、日取地下水 5000 立方米以上的项目和总装机容量 25000 千瓦以上的水力发电企业的水资源费由省级水行政主管部门负责征收；

日取地表水 30000 立方米以上不足 80000 立方米、日取地下水 3000 立方米以上不足 5000 立方米的项目和总装机容量 10000 千瓦以上不足 25000 千瓦的水力发电企业的水资源费由市州水行政主管部门负责征收；

日取地表水不足 30000 立方米、日取地下水不足 3000 立方米以上的项目和总装机容量不足 10000 千瓦的水力发电企业的水资源费由县级水行政主管部门负责征收。

2004 年 5 月 24 日起，永州市水资源费征收执行《湖南省物价局湖南省财政局关于重新发布水利系统行政事业性收费项目和标准的通知》，（一）地表水：1. 工业取水为 0.03 元/立方米；2. 生活取水为

0.025元/立方米；3. 城市公共供水取水为0.02元/立方米；4. 水力发电取水0.001元/千瓦小时，5. 火力发电循环冷却取水为0.001元/千瓦小时；（二）地下水：1. 城市规划区内取水：①城市公共供水取水为0.05元/立方米，②其他取水为0.30元/立方米；2. 非城市规划区取水为0.05元/立方米。

2006年1月24日国务院第123次常务会议通过，自2006年4月15日起施行的《取水许可和水资源费征收管理条例》明确，农村集体经济组织及其成员使用本集体经济组织的水塘、水库中的水的；家庭生活和零星散养、圈养禽畜引用等少量取水的（少量取水限额由省级政府规定）；为保障矿井等地下工程施工安全和生产安全必须进行临时应急取（排）水的（报县级以上地方人民政府水行政主管部门或者流域管理机构备案）；为消除对公共安全或者公共利益的危害临时应急取水的（报县级以上地方人民政府水行政主管部门或者流域管理机构备案）；为农业抗旱和维护生态与环境必须临时应急取水的（应当经县级以上地方人民政府水行政主管部门或者流域管理机构同意）等五种情况外，取用水资源的单位和个人，都应缴纳水资源费。水资源费标准由省、自治区、直辖市人民政府价格主管部门会同同级财政部门、水行政主管部门制定，报本级人民政府批准。

2007年12月19日，湖南省水利厅印发的《关于水资源费征收有关问题的通知》明确，各大火电厂、装机10万千瓦以上的各水电站以及湘钢、涟钢、岳纸、巴陵石化，厅属电站，五菱公司所属电站的水资源费从2008年1月1日起均由厅直接征收，不再委托；日取水8万立方米以上、各设区的市（长沙市除外）自来水公司水资源费授权市州征收；其他省管取水单位的水资源费全额委托市州征收使用。

2009年4月22日，下发《湖南省物价局　湖南省财政局关于重新发布水利系统行政事业性收费项目和标准的通知》，未对水资源费征收标准进行调整。

2013年10月1日起执行《湖南省物价局湖南省财政局湖南省水利厅关于调整水资源费征收标准的通知》，文件明确（一）地表水：1. 工业取水为0.10元/立方米；2. 生活取水为0.10元/立方米；3. 城市公共供水取水为0.08元/立方米；4. 水力发电取水0.003元/千瓦小时；5. 火力发电贯流式冷却取水为0.003元/千瓦小时；6. 火力发电闭式循环取水为0.001元/千瓦小时；7. 特种行业取水（洗浴、高尔夫球场等）为0.20元/立方米；（二）地下水：1. 城市公共供水取水为0.15元/立方米；2. 地热水、用于制作矿泉水纯净水取水为1.00元/立方米；（三）其他取水：城市公共管网覆盖区为0.70元/立方米，城市公共管网未覆盖区为0.20元/立方米。

2018年10月1日起执行《湖南省发展和改革委员会湖南省财政局湖南省水利厅关于水资源费有关问题的通知》，文件明确（一）地表水：1. 工业取水为0.10元/立方米；2. 生活取水为0.10元/立方米；3. 公共供水取水为0.08元/立方米；4. 水力发电取水0.003元/千瓦小时；5. 火力发电贯流式冷却取水为0.003元/千瓦小时（在开征水资源税前暂按0.0015元/千瓦小时标准执行）；6. 火力发电闭式循环取水为0.001元/千瓦小时；7. 特种行业取水为0.20元/立方米；（二）地下水：1. 公共供水取水为0.15元/立方米；2. 地热水、用于制作矿泉水纯净水取水为1.00元/立方米；（三）其他取水：公共管网覆盖区为0.70元/立方米，公共管网未覆盖区为0.20元/立方米。

四、水资源管理

2006年5月24日，冷水滩区农资公司农药仓库发生火灾，部分农药包装毁损外溢，市水利局于5月24日晚22时47分接到永州市水文局有关事件报告后，有关人员立即赶赴事发地点，并通知祁阳水文站监测水质变化情况，经永州市疾控中心检测，该次火灾没有造成水质污染。

2006年设立湖南省水环境监测中心永州分中心，市水利局分管水资源工作领导担任主任，承担全市范围内11个水质监测断面检测工作。

2007年7月，对23个典型入河排污口污水中镉、石油、悬浮物、氟化物、砷、氰化物含量进行检测。2008年，全市完成全市新型工业化工业企业考核体系调查、摸底、上报工作，以及规模以上工业企业用水考核的调查、摸底、上报工作。永州市水环境监测中心每月两次定期对全市主要河流进行水质状况监测，每月出版《永州市水资源质量状况通报》一期。市水利局完成省水利厅安排《湘江流域水量分配方案基础资料调查表》成果审核、上报工作。

2011 年 7 月 14 日，市水利局召开全市水资源管理工作会议

2008 年，市水利局开展取水户换发新版取水许可证工作，全面完成取水单位换发新版取水许可证各项前期工作。在 2007 年登记审核基础上，按照市水利局审核把关、区水利局盖章换证程序，零陵区完成符合换证条件换证工作。

2009 年，永州市水环境监测中心落实入河排污口设置申请、审批制度，加强水功能区、饮用水水源地和入河排污口水质水量监测及信息发布工作，每月发布一次永州市水资源质量状况内部通报。市水利局于 2009 年 6 月 12 日印发《永州市突发性水污染事件应急预案》。2010 年，市水利局上报永州市“十二五”水资源保护措施规划。完成水功能区划复核调整基础数据收集、整理、上报工作。完成城市水源地名录收集、整理、上报工作，以及协助水利部长江委对永州市重要饮用水水源地情况核查工作。

2011 年中央一号文件明确提出，在全国范围内实行最严格水资源管理制度，其核心是水资源开发利用控制红线、用水效率控制红线、水功能区限制纳污红线等水资源管理“三条红线”，建立用水总量控制制度、用水效率控制制度、水功能区限制纳污制度、水资源管理责任和考核制度等“四项制度”。县级以上地方政府主要负责人对本行政区域水资源管理和保护工作负总责。严格实施水资源管理考核制度，考核结果交由干部主管部门，作为地方政府相关领导干部综合考核评价的重要依据。

2015 年 11 月，市政府对宁远县进行最严格水资源管理制度年度考核

永州市认真贯彻落实中央一号文件精神，2011 年至 2013 年将最严格水资源管理制度纳入政府绩效考核。2011 年 8 月 29 日至 9 月 4 日，市水利局组织专家深入各县区、管理区召开座谈会，督促检查各县区、管理区落实最严格水资源管理制度情况，形成《关于永州市水资源管理体系的调研报告》。2011 年，全市新增 9 个水功能区水质监测断面，加大水功能区水质监管和控制。市农村工作领导小组制定《关于印发〈2011 年农业农村工作目标管理单项考核细则〉的通知》中，明确水资源管理工作为 10 分，要求确立“三条红线”，建立“四项制度”。

永州市政府办公室印发《关于开展 2011 年水资源管理绩效评估指标数据核查工作的通知》，确定核查对象为全市范围内规模以上（含）工业企业和纳入 2011 年度绩效评估的水功能区。对每个县区、管理区域内的工业企业随机核查 3~5 家工业企业（达不到 3 家的，全部核查）的生产用水量，被核查单位未安装生产用水计量装置的（或无法准确换算出生产用水量的），则认为该单位万元工业增加值用水量指标核查为不合格。2011 年省对永州市考核水资源管理绩效评估目标值为万元工业增加值用水量 156 立方米、水功能区水质达标率 95%。自评结果值为万元工业增加值用水量为 144.76 立方米，比考核目标值少 11.24 立方米，低 7.2%；全年水功能区水质达标率 100%，比考核目标值 95%高 5%。

2011 年 4 月，市政府批准的市水利局《三定方案》再一次强化水行政主管部门的水资源管理和保护职责，明确要求“加强水资源的节约、保护和合理配置，保障城乡供水安全，促进水资源的可持续利用”。市水利局内设水资源科（加挂永州市节约用水办公室）。在省水利厅与永州市合作备忘录中明确，成立副处级、全额事业单位的市水资源管理局，隶属市水利局管理。东安县委常委会会议确定成立全额拨款的、副科级的水资源管理局，10 月 10 日，东安县机构编制委员会正式印发《关于设立东安县水资源管理局的批复》。

2012 年，省对永州市考核目标值为万元工业增加值用水量 138 立方米、水功能区水质达标率 95%。自评结果值为万元工业增加值用水量为 102.45 立方米，比考核目标值少 35.55 立方米，低 25.76%；全年水功能区水质达标率 100%，比考核目标值 95%高 5%。2012 年，永州市水利局完成《永州市水功能区划》编制，经省水利厅、市直相关部门、县区和管理区水利（水务）局审查通过，市政府正式批准实施。市水利局完成永州市最严格水资源管理“三条红线”指标体系报告编制、水功能区纳污能力核定和重要水域纳污总量核定工作。完成《永州市贯彻落实最严格水资源管理制度实施方案》、《永州市水资源管理绩效考核工作方案》、《永州市水量分配管理办法》及《永州市江河水库水资源保护办法》等起草工作。

2011 年永州市水利局公布的《永州市水资源公报》

2013 年，永州市政府印发《永州市江河水库水资源保护办法》。永州市万元工业增加值用水量控制在 100 立方米以内，水功能区水质达标率为 100%。全市完成取水许可证网上录入工作。新田县出台《金陵水库水质保护办法》，江华瑶族自治县出台《加强涔天河水库大坝以上河流水质保护措施》。

2015 年，12 处列入《湖南省重要饮用水水源地名录》省级饮用水水源地都设立界碑和警示标志。配合国家水资源监控能力建设，完成取用水大户 26 套实时监控设备安装。市水利部门批复水资源论证均明确落实生态流量（或最小下泄流量）管理目标和要求。自 2015 年开始，永州市再次启动为期 3 年的河道采砂专项整治，严禁非法侵占河湖水域、河道滥采乱挖等行为。省整治办交办 3 个重点案件和市里挂牌督办 40 个重点难点案件及时处理到位。

2016 年，永州市政府批准永州市“十三五”水资源管理“三条红线”控制指标年度分解方案和 2020 年县级行政区用水效率控制指标方案。

2018 年 1 月 2 日，市水利局、市发改委联合印发《关于转发〈关于推进规划水资源论证工作的通知〉的通知》，全面落实取水许可制度。全市共审批 74 份水资源论证报告书（表），新发取水许可证 27 本，换发取水许可证 76 本。永州市水环境监测中心启动实施国家地下水监测工程建设，完成祁阳浯溪、东安白牙市 2 个国家地下水监测点工程建设。2018 年永州市用水总量 25.1684 亿立方米，万元工业增加值用水量 55 立方米，农田灌溉水有效利用系数 0.513 均符合省下达控制指标。境内湘江干流及主要支流水质和湘江干流出境水质均达到或优于要求。2018 年市本级实际征收水资源费 626 万元。市水利局开展县级重要饮用水水源地应急备用水源规划工作。市水利局牵头开展净水工程有关工作，制定《永州市 2018 年净水工程工作方案》，由市环境整治战役指挥部生态环境组印发，工作方案制定的水环境质量持续改善、水资源“双控行动”目标全面实现。

是年，永州市截污关闭位于省级重要饮用水水源保护区内祁阳县浯溪公园入河排污口。10 月中旬，省环保厅、水利厅组成联合核查组，对长江经济带交办的15个入河排污口整治完成情况进行逐个实地核查，一致同意永州市入河排污口整改销号。市水利局督办中央环保督察“回头看”工作，共收到10件交办函、15个具体内容，主要集中在河道采砂、水电开发对生态环境产生影响方面，各项工作均整改销号。

2019年6月13日，水利部发展研究中心副主任吴强率调研组对永州市实行最严格水资源管理制度考核、生态流域建设等情况开展调研。根据市机构改革《三定方案》，市政府将水功能区划、入河排污口审核、水环境整治划入市生态环境局，市水利局于2019年7月进行职能移交，市级水功能区水质监测自2019年8月份不再开展。2019年3月，全省启动长江流域取水工程（设施）核查登记工作，同月，市水利局召开全市取水工程（设施）工作暨培训会议，印发四期工作进度通报。市管取水工程全部完成取水许可手续、颁发或换发取水许可证。市水利局重点推进农村安全饮水工程取水许可工作，全面完成千吨万人农村安全饮水工程水资源论证报告书编制和技术审查工作，颁发取水许可证。全市共核查登记取水项目3646个，其中保留类1696个，退出类39个，整改类1911个。完成永州市2019年净水工程工作方案起草，并由市环境整治指挥部生态环境组行文实施；市水利局配合完成长江委对东安县湘江取水工程水资源论证报告书审批。按要求完成湘江保护第二个三年行动计划实施情况评估报告。规范水资源费征收，全年市本级完成水资源费征收1521万元；水功能区移交前，按月印发《永州市水资源质量状况通报》。

2020年9月底，永州市全面完成核查登记取水项目退出类、整改类整改销号工作。11月，永州市水利局节水机关建设通过湖南省水利厅验收，11个县区水利局节水机关建设通过永州市水利局验收。

2020年12月22日，经市政府同意，市发展和改革委员会、市水利局联合印发《国家节水行动永州市行动方案》，明确2020年、2022年全市用水总量和用水效率控制指标，以及2035年总体要求；重点行动包括：总量强度双控、农业节水增效、工业节水减排、城镇节水降损、重点地区节水开源、科技创新引领。

五、最严格水资源管理制度考核

2011—2013年，永州市政府对县区政府实行最严格水资源管理制度进行年度考核，将考核结果纳入市政府对县区政府绩效考核。2011年考核成绩前三名县区：冷水滩区、新田县并列第一名，宁远县第二名，江永县第三名；2012年考核成绩前三名县区：新田县第一名，江永县、道县并列第二名，宁远县第三名；2013年考核成绩前三名县区：宁远县第一名，道县第二名，新田县第三名。

2014年8月28日，市政府印发《永州市最严格水资源管理制度实施办法》，市政府对县区政府开始实施最严格水资源管理制度年度专项考核。

2015年，全市用水总量23.898亿立方米，万元工业增加值用水量81立方米，农田灌溉水有效利用系数0.480，水功能区水质达标率100%，各项控制指标均优于省下达年度控制指标。2015年7月，湖南省政府对市政府首次即2014年度实行最严格水资源管理制度考核结果公布，永州市在全省14个市州中排名第三位。

2016年，永州市用水总量为25.27亿立方米，万元工业增加值用水量为75立方米，农田灌溉水有效利用系数为0.491，重要江河湖泊水功能区水质达标率为100%，水资源管理红线控制指标均优于省下达指标。

2017年，全市用水总量24.7288亿立方米，万元工业增加值用水量60立方米，万元地区生产总值用水量143立方米，农田灌溉水有效利用系数0.502，重要江河湖泊水功能区水质达标率100%，水资源管理红线控制指标均优于省下达的指标。

2014—2017年，永州市政府对县区政府实行最严格水资源管理制度考核，考核结果经市政府批准同意后，在市政府网站公布。2014年度获良好等级的县区：宁远县、新田县；2015年度获良好等级的县区：冷水滩区、零陵区、东安县、道县、江永县、宁远县、新田县；2016年度获良好等级的县区：

冷水滩区、零陵区、东安县、道县、江永县、宁远县、新田县、蓝山县；2017 年度获优秀等级的县区：冷水滩区、零陵区、道县、江永县、宁远县、新田县。

第二节 水资源开发利用控制

一、开发利用控制目标

2014 年《永州市最严格水资源管理制度实施办法》规定永州市各县区、管理区和经开区水资源开发利用红线控制目标，具体目标如表 5-2-1。

2015—2030 年永州市县区、管理区、经开区水资源开发利用红线控制目标一览表

表 5-2-1

县区、管理区、经开区	用水总量（万立方米）		
	2015 年	2020 年	2030 年
全市	263000	277000	293000
冷水滩区	28545	31507	33515
零陵区	32318	33244	33786
祁阳县	36843	37899	38434
东安县	32776	33428	34292
双牌县	6699	7172	8025
道县	29207	23320	15104
江永县	11921	11992	12292
江华瑶族自治县	15745	27842	48318
宁远县	29744	27563	22712
蓝山县	14399	14813	15144
新田县	14155	14562	15187
金洞管理区	2621	2696	2756
回龙圩管理区	1109	1139	1165
永州经济技术开发区	6918	9823	12270

注：2015 年各县灌溉用水量计算在用水县的用水总量中。2020 年和 2030 年涔天河灌溉取水计入取水口所在江华瑶族自治县的用水总量中，实行专项用水控制，即 2020 年江华瑶族自治县用水总量中包括涔天河水库灌溉用水量 14182 万立方米，其中道县灌溉用水 7033 万立方米，江永县灌溉用水 564 万立方米，宁远县灌溉用水 3774 万立方米，江华瑶族自治县灌溉用水 2811 万立方米；2030 年江华瑶族自治县用水总量中包括涔天河水库灌溉用水量 36000 万立方米，其中道县灌溉用水 17854 万立方米，江永县灌溉用水 1431 万立方米，宁远县灌溉用水 9579 万立方米，江华瑶族自治县灌溉用水 7136 万立方米。2015 年神华国华永州火电厂用水量 1378 万立方米计入冷水滩区用水总量中，并在冷水滩区用水总量中考虑电厂后期用水

2018 年 10 月 9 日，经市政府研究同意，对各区县用水总量进行调整，具体情况如表 5-2-2。

2015—2030 年永州市县区、管理区、经开区水资源开发利用红线控制目标一览表

表 5-2-2

县区、管理区、经开区	用水总量（万立方米）		
	2015 年	2020 年	2030 年
全市	263000	277000	293000
冷水滩区	28545	30737	32705
零陵区	32318	32432	32969
祁阳县	36843	36973	37504
东安县	32776	32611	33462
双牌县	6699	6997	7831
道县	29207	22751	14739
江永县	11921	12952	13246
江华瑶族自治县	15745	27162	47150
宁远县	29744	26890	22163
蓝山县	14399	18728	19062
新田县	14155	15492	16118
金洞管理区	2621	2684	2744
回龙圩管理区	1109	1134	1160
永州经济技术开发区	6918	9459	12147

注：本表中，2015 年各县灌溉用水量计算在用水县的用水总量中。2020 年和 2030 年涔天河灌溉取水计入取水口所在江华瑶族自治县的用水总量中，实行专项用水控制，即 2020 年江华瑶族自治县用水总量中包括涔天河水库灌溉用水量 14182 万立方米，其中道县灌溉用水 7033 万立方米，江永县灌溉用水 564 万立方米，宁远县灌溉用水 3774 万立方米，江华瑶族自治县灌溉用水 2811 万立方米；2030 年江华瑶族自治县用水总量中包括涔天河水库灌溉用水量 36000 万立方米，其中道县灌溉用水 17854 万立方米，江永县灌溉用水 1431 万立方米，宁远县灌溉用水 9579 万立方米，江华瑶族自治县灌溉用水 7136 万立方米。2015 年神华国华永州火电厂用水量 1378 万立方米，计入冷水滩区用水总量中，并在冷水滩区用水总量中适当考虑电厂后期用水

二、开发利用情况

永州市农业用水最多，其次是工业及城镇、农村居民生活用水。农作物以水稻为主，且多为双季稻，兼种冬春旱作物和经济作物。2015 年，水稻灌溉量为每亩 581 立方米，万元地区生产总值和万元工业增加值用水量分别为 194 立方米和 84 立方米，城镇居民生活用水量 157 升/人·日、农村居民生活用水量 90 升/人·日。

2015 年，永州市用水量 25.22 亿立方米，其中地表水 23.86 亿立方米，地下水 1.360 亿立方米；按部门分，农业用水 18.66 亿立方米，工业用水 3.51 亿立方米，居民生活用水 2.38 亿立方米，城镇公共用水 0.53 亿立方米，生态环境用水 0.14 亿立方米。

2019 年，经计算，2019 年永州市用水量 25.18 亿立方米，其中地表水 23.56 亿立方米，地下水 1.62 亿立方米；按部门分，农业用水 19.18 亿立方米，工业用水 2.88 亿立方米，居民生活用水 2.41 亿立方米，城镇公共用水 0.56 亿立方米，生态环境用水 0.15 亿立方米。

第三节 用水效率控制

一、开发利用控制指标

2014年《永州市最严格水资源管理制度实施办法》规定永州市各县区、管理区和经开区用水效率红线控制目标，具体目标如表5-2-3。

2015年永州市县区、管理区、经开区用水效率红线控制目标一览表

表5-2-3

县区、管理区、经开区	2015年	
	万元工业增加值用水量（立方米/万元）	农田灌溉水有效利用系数
全市	108	0.477
冷水滩区	94	0.487
零陵区	83	0.487
祁阳县	121	0.477
东安县	116	0.479
双牌县	93	0.481
道县	115	0.472
江永县	121	0.471
江华瑶族自治县	113	0.482
宁远县	121	0.467
蓝山县	110	0.467
新田县	116	0.477
金洞管理区	121	0.483
回龙圩管理区	121	0.477
永州经济技术开发区	93	0.487

注：工业增加值采用2010年不变价。各县区、管理区、经开区2015年后的用水效率红线控制目标，综合考虑国家产业政策、区域发展布局和物价因数，结合国民经济和社会发展五年规划另行制定

二、开发利用情况

2015年12月16日，永州市发展和改革委员会印发的《关于调整市中心城区城市供水价格暨实行阶梯水价的通知》明确，从2015年12月起，市中心城区城市供水阶梯水价制度全面实施，居民生活用水量在15立方米/户·月（含）的为第一级，其价格为1.60元/立方米；用水量在15~25立方米/户·月（含）的为第二级，其价格为2.40元/立方米；用水量在25立方米/户·月以上的为第三级，其价格为3.20元/立方米。

永州市落实节水“三同时”（节水设施与主体工程同时设计、同时施工、同时投产）制度，在建设项目水资源论证报告书审批时，杜绝国家、省明文禁止高耗水设备，禁止采用淘汰类用水技术，积极推广节水新技术、新工艺和新设备，严格执行《湖南省用水定额》、节水“三同时”制度。

2015年，实施重庆啤酒年产10万吨啤酒生产线、东安县龙溪水泥厂、普华水泥厂等一批重大节水

技术改造项目，全市推广零陵卷烟厂、湖南科茂林化、湖南果秀食品等节水型企业建设经验。

市水利局于2016年6月发布《关于公布永州市重点监控用水单位名录的通知》，全市新建成高效节水灌溉面积超过1万亩，高效灌溉面积累计达到135.83万亩，其中管灌面积107.52万亩、微灌面积4.6万亩、喷灌面积4.16万亩、滴灌面积19.55万亩。积极实施小农水重点县建设、国土整理工程、高标准农田建设、“五小水利”建设等项目，加大农田灌溉渠道修复、改造力度，积极推广农业节水技术，实施节水农业435万亩，全市农田灌溉水有效利用系数由2015年的0.480提高到2016年的0.491。

2016年，永州市全面推进节水载体建设。湖南熙可食品通过建立完善的管理制度、实施分级计量、严格管理措施等，万元产值用水量从2014年34.04吨/万元降到2016年24.70吨/万元。湖南中烟零陵卷烟厂对烧煤锅炉进行更新改造，每年节约用水量6万吨左右，工业用水重复率达到92%以上，平均水耗0.09立方米/标箱，低于用水定额0.12立方米/标箱；改造绿化浇灌设施，年节水5万吨以上。福嘉综环科技有限公司采用先进膜法水处理技术、设备冷却水循环回收利用、锅炉冷凝水回收利用，年节水137万吨。湖南重庆啤酒国人有限公司实施年产10万吨啤酒生产线节水改造等，年节水能力0.65万立方米，节水达到国内先进水平。永州市零陵三湘电化有限责任公司通过建立制度、加强管理、挖掘节水潜力等，高氯酸钾、氯酸钾制造平均水耗10立方米/吨，低于用水定额30立方米/吨的标准。永州山香香料有限公司实施柠檬醛生产线节能增效改造项目，年节水500吨，减少废水排放500吨，减排化学需氧量0.2吨，削减二氧化硫排放3.2吨。湖南科技学院投入60多万元对学生宿舍楼、办公楼、教学楼等卫生洁具进行更新改造，年节水30万吨左右。

2017年7月28日，市水利局、市发改委联合印发《永州市水利局、永州市发展和改革委员会关于印发〈永州市“十三五”水资源消耗总量和强度双控行动实施方案〉的通知》，明确“十三五”水资源消耗总量和强度双控行动指导思想、主要目标和重点工作，到2020年，全市年用水总量控制在27.7亿立方米以内，万元国内生产总值用水量、万元工业增加值用水量分别比2015年降低30%和28.7%，农田灌溉水有效利用系数提高到0.537以上。各项指标分解到各区县、管理区、经开区情况如表5-2-4。

2020年各县区、管理区、永州经开区用水强度控制目标一览表

表5-2-4

县区	万元国内生产总值用水量比2015年下降（%）	万元工业增加值用水量比2015年下降（%）	农田灌溉水有效利用系数
全市	30.0	28.7	0.537
冷水滩区	30.0	25.0	0.538
零陵区	30.0	30.8	0.545
祁阳县	30.0	34.1	0.537
东安县	30.0	39.1	0.545
双牌县	30.0	40.5	0.547
道县	30.0	42.1	0.557
江永县	30.0	28.3	0.547
江华瑶族自治县	30.0	27.4	0.551
宁远县	30.0	37.6	0.557
蓝山县	30.0	35.3	0.527
新田县	30.0	16.2	0.537
金洞管理区	30.0	17.7	0.537
回龙圩管理区	30.0	0.0	0.537
永州经济技术开发区	30.0	20.0	0.538

2018 年，加大节水技术改造，新建和改造城区老旧给水管网 260 多公里。完成 3 万亩农业高效节水任务。

2019 年，实施县域节水型社会建设，零陵区、祁阳县政府批准实施县域节水型社会建设实施方案；开展节水型示范载体建设，全市向省节约用水办公室推荐全市 20 家节水型企业、机关、学校、小区示范单位；推进市、区县水利行业节水机关建设，编制完成市水利局机关节水建设实施方案。

第四节　水功能区限制纳污

一、限制纳污控制指标

2013 年 12 月 11 日，永州市政府下发《永州市政府关于印发〈永州市江河水库水资源保护办法〉的通知》。2014 年 5 月 16 日，永州市政府印发《永州市政府关于〈永州市水功能区划〉的批复》。2014 年《永州市最严格水资源管理制度实施办法》规定永州市各县区、管理区和经开区限制纳污红线控制目标，具体目标如表 5-2-5。

2015—2030 年县区、管理区、经开区水功能区限制纳污红线控制目标一览表

表 5-2-5

县区、管理区、经开区	重要江河湖泊水功能区水质达标率（%）		
	2015 年	2020 年	2030 年
冷水滩区	91	95	95
零陵区	91	95	95
祁阳县	91	95	95
东安县	91	95	95
双牌县	91	95	95
道县	91	95	95
江永县	91	95	95
江华瑶族自治县	91	95	95
宁远县	91	95	95
蓝山县	91	95	95
新田县	91	95	95
金洞管理区	91	95	95
回龙圩管理区	91	95	95
永州经济技术开发区	91	95	95

二、工作开展情况

2015 年，全面落实污染禁入、森林限伐、矿产限采、干流限渔、畜禽限养、河道限挖“一禁五限”措施，实施小（2）型以上水库禁止投肥养鱼，连续三年全市地表水水环境功能区达标率、饮用水水源地水质达标率、城镇集中式饮用水水源地全年水质达标率保持 100%；出境水监测断面水质连续保持在Ⅱ类水质，优于省政府要求Ⅲ类水标准。湘江源头区域获批国家生态文明先行示范区。永州市全面开展县级水功能区划工作。市水利局补充完善《永州市水功能区纳污能力核定方案》，核定市级水功能区化学需氧量纳污能力为21.6万吨/年、氨氮纳污能力为1.18万吨/年。全市县城以上城镇污水实际处理率为90.33%。2015年1月开始，市水利局每月定期发布水功能区水质通报。

2015年12月，全市共检测34个市级水功能区，其中Ⅰ类水5个、占14.7%，Ⅱ类水27个、占79.4%，Ⅲ类水2个、占5.9%，水质达标率100%。1—12月，全市共检测市级水功能区水质396次，其中Ⅰ类水62次、占15.7%，Ⅱ类水243次、占61.4%，Ⅲ类水90次、占22.7%，Ⅳ类1次、占0.2%。

2016年，永州市水利局决定在全市范围内开展市级水功能区确界立碑工作，明确水功能区确界立碑工作由市水利局统一组织，界碑样式由市水利局统一设计，年底，永州市行政区域内所有市级水功能区，全部设立永久性界碑，完成102个市级水功能区界碑设立建设任务。市水利局、市经济和信息化委员会、市环境保护局、市住房和城乡建设局、市城市管理行政执法局等5家市直单位联合印发了《关于加强开展入河排污口核查登记工作有关事项的通知》，经全面调查、核查，全市核查登记各类入河排污口共计208个。11个县区政府批准实施县级水功能区划。配合完成4个国家级饮用水水源地水质在线监控设备安装现场踏勘工作。

2017年底，长江委和省水利厅认定永州市重要饮用水水源保护区内存在的26个入河排污口全部实现截污关闭。尤其是冷水滩区河东长途线路局雨污混合入河排污口整改，投资大、涉及面广、情况复杂，经多方论证，确定“关口前移，铺管纳污”整改方案，市政府专门安排1900万元，采用全国最先进顶管技术和顶管设备，2017年12月底，污水纳入湘江东路截污干管，实现雨污分流。加强饮用水水源保护，全市重要水源地水质达标率保持100%。

2015年11月，市水利局水资源科长廖红华（右一）就全市水功能区保护接受湖南省多家媒体采访

2018年，完成县级重要饮用水水源保护区内入河排污口的拆除、关闭或整治，生态环境部予以认可；建立县级重要饮用水水源保护区巡查制度；对县级重要饮用水取水口等重点区域实现视频监控；对县级重要饮用水水源地水质实行水质监测。永州市水环境监测中心完成规模以下入河排污口管理台账。按照省水利厅的总体部署，对入河排污口实施分类综合整治，严格入河排污口设置审批，完善设置审批手续。7月，市水利局首次组织专家对入河排污口进行技术审查，暨《道县工业污水处理项目一期入河排污口设置论证报告》进行技术审查，并行文批准实施。推进入河排污口规范化建设，入河排污口标识标牌规范化设置全面实施，对全市52个规模以上入河排污口实现监督性监测全覆盖，由省水利厅按季发布通报。全市水功能区水质监测断面从2010年的15个增加到104个，实现市级水功能区水质监测全覆盖，全市市级水功能区水质达标率为100%，市水利局按月发布全市水功能区水质状况通报。12月，全市共检测104个市级水功能区，其中Ⅰ类水25个、占24.04%，Ⅱ类水69个、占66.35%，Ⅲ类水10个、占9.61%，水质达标率100%。1—12月，全市共检测市级水功能区水质882次，其中Ⅰ类水140次、占15.87%，Ⅱ类水562次、占63.73%，Ⅲ类水178次、占20.18%，Ⅴ类1次、占0.11%，劣Ⅴ类1次、占0.11%。

2019年7月份全市共检测43个市级水功能区，其中Ⅰ类水8个，占18.60%，Ⅱ类水32个、占74.42%，Ⅲ类水3个、占6.98%，水功能区水质达标率100%。1—7月，全市共检测市级水功能区水质484次，其中Ⅰ类水55次、占11.37%，Ⅱ类水368次、占76.03%，Ⅲ类水61次、占12.60%。

第三章　水土保持

永州市山青水秀，自然生态良好。20世纪90年代以来，随着永州市经济发展加快，城乡生产建设项目增多，境内人为水土流失增加，2015年全市水土流失面积达到峰值。为治理境内自然因素水土流失，由政府投资，全市先后对水土流失重点区域开展石漠化、崩岗、小流域、坡耕地等治理项目，同时改善当地居民生产生活条件。针对人为活动水土流失，水行政部门对境内生产建设项目通过审批、监督、检查、执法等行政手段，对生产建设项目水土保持方案审批、水土保持设计施工、水土保持监测监理、水土保持监督检查、水土保持设施验收报备实施全过程管理，基本控制住境内水土流失扩大趋势。2018年，永州森林植物园、祁阳德辉现代农业科技园、东安新科农业示范园获批省级水土保持示范园。

第一节　水土流失

一、水土流失概况

永州市属于南方红壤区，水土流失类型主要是水力侵蚀，水力侵蚀表现形式主要是面蚀和沟蚀；部分山丘区存在滑坡、崩塌、泥石流等侵蚀。

1992—2015年，湖南省开展三次土壤侵蚀遥感数据观测，观测结果表明，1992年全市水土流失面积3866.03平方公里，占土地总面积的17.31%；2002年水土流失面积4074.4平方公里，占土地总面积的18.24%；2015年水土流失面积4505平方公里，占土地总面积的20.2%。2015年与1992年比较，全市水土流失面积增加638.97平方公里，占土地总面积百分比从17.31%上升至20.2%，递增2.89%。

2018年，水利部开始实施年度水土保持流失动态监测工作，长江委承担永州市范围内水土流失动态监测工作。根据监测数据，2018年全市境内水土流失面积2757.76平方公里，水土保持率87.62%；2019年全市境内水土流失面积2721.39平方公里，水土保持率87.77%。

湖南省三次土壤侵蚀遥感调查数据统计表（永州市部分）

表5-3-1

序号	县区	1992年			2002年			2015年		
		土地总面积（平方公里）	水土流失面积（平方公里）	占土地总面积（%）	土地总面积（平方公里）	水土流失面积（平方公里）	占土地总面积（%）	土地总面积（平方公里）	水土流失面积（平方公里）	占土地总面积（%）
1	冷水滩	1218.16	232.70	19.1	1218.16	139.52	11.45	1218	227	18.6
2	零陵	1967.23	385.30	19.59	1967.23	400.7	20.37	1965	420	21.4
3	祁阳	2519.38	477.00	18.93	2519.38	366.83	14.56	2539	419	16.5
4	东安	2216.09	655.40	29.57	2216.09	346.06	15.62	2205	438	19.9
5	双牌	1739.32	94.80	5.45	1739.32	248.55	14.29	1727	150	8.7
6	道县	2441.03	401.50	16.45	2441.03	631.12	25.85	2449	585	23.9
7	江永	1632.62	174.90	10.71	1632.62	314.41	19.26	1629	421	25.8

续表5-3-1

序号	县区	1992年			2002年			2015年		
		土地总面积（平方公里）	水土流失面积（平方公里）	占土地总面积(%)	土地总面积（平方公里）	水土流失面积（平方公里）	占土地总面积(%)	土地总面积（平方公里）	水土流失面积（平方公里）	占土地总面积(%)
8	江华	3279.95	321.93	9.82	3279.95	457.28	13.94	3235	714	22.1
9	宁远	2507.7	444.80	17.74	2507.7	535.21	21.34	2503	565	22.6
10	新田	1003.98	315.10	31.39	1003.98	275.61	27.45	1000	338	33.8
11	蓝山	1810.14	362.60	20.03	1810.14	359.11	19.84	1799	228	12.7
合计		22335.6	3866.03	17.31	22335.6	4074.4	18.24	22269	4505	20.2

2018年和2019年永州市年度水土流失动态监测成果表

表5-3-2

序号	县区	土地总面积（平方公里）	2018年			2019年		
			水土流失面积（平方公里）	占土地总面积（%）	水土保持率（%）	水土流失面积（平方公里）	占土地总面积（%）	水土保持率（%）
1	冷水滩	1217	98.56	8.10	91.90	97.52	8.01	91.99
2	零陵	1964	171.83	8.75	91.25	167.65	8.54	91.46
3	祁阳	2538	434.13	17.11	82.89	429.73	16.93	83.07
4	东安	2204	188.58	8.56	91.44	186.11	8.44	91.56
5	双牌	1726	285.08	16.52	83.48	282.88	16.39	83.61
6	道县	2448	204.27	8.34	91.66	198.77	8.12	91.88
7	江永	1629	232.65	14.28	85.72	228.57	14.03	85.97
8	江华	3234	212.11	6.56	93.44	209.95	6.49	93.51
9	宁远	2501	442.35	17.69	82.31	437.58	17.50	82.50
10	新田	1000	173	17.30	82.70	171.73	17.17	82.83
11	蓝山	1798	315.2	17.53	82.47	310.9	17.29	82.71
合计		22259	2757.76	12.39	87.61	2721.39	12.23	87.77

二、水土流失分布

永州市属于以水力侵蚀为主类型区中的南方红壤区，水土流失类型主要是水力侵蚀，部分山丘区存在着滑坡、崩塌、泥石流等重力侵蚀。水力侵蚀的表现形式主要是面蚀和沟蚀。其中崩岗、石漠化等流失现象较为普遍。

根据2015年12月31日公布的《湖南省第三次土壤侵蚀遥感调查数据》，全市土壤侵蚀面积4505平方公里，占全市土地总面积20.23%。其中，轻度侵蚀面积3176平方公里，占水土流失面积70.50%；中度侵蚀面积1118平方公里，占水土流失面积24.82%；强烈侵蚀面积90平方公里，占水土流失面积2.00%；极强烈侵蚀面积78平方公里，占水土流失面积1.73%；剧烈侵蚀面积43平方公里，占水土流失面积0.95%。

永州市第三次遥感土壤侵蚀面积表

表 5-3-3

序号	土壤侵蚀强度分级	土壤侵蚀面积（平方公里）	土壤侵蚀面积占水土流失总面积百分比（%）
1	微度	17765	—
2	轻度	3176	70. 50
3	中度	1118	24. 82
4	强烈	90	2. 00
5	极强烈	78	1. 73
6	剧烈	43	0. 95
全市土地总面积（平方公里）		22270	—
全市水土流失总面积（平方公里）		4505	—
全市水土流失面积占土地总面积百分比（%）		20. 23	—

全市年平均水土侵蚀总量为 1343. 11 万吨，其中，道县、宁远、江华 3 个县土地总面积 8187 平方公里，占全市 36. 76%，对全市土壤侵蚀量贡献率达 40. 58%，是全市土壤侵蚀相对严重区域。

永州市第三次遥感土壤侵蚀量成果表

表 5-3-4

县区	水土流失面积（平方公里）						土壤侵蚀量（万吨）	全市贡献率（%）
	合计	轻度	中度	强烈	极强烈	剧烈		
冷水滩	226. 5	203. 0	18. 3	3. 8	1. 2	0. 2	68. 71	5. 11
零陵	420	329. 0	75. 0	9. 4	5. 3	1. 3	124. 27	9. 24
祁阳	419. 3	298. 1	110. 4	6. 9	2. 9	1. 0	130. 19	9. 70
东安	438. 1	347. 6	79. 4	5. 8	3. 8	1. 5	131. 36	9. 78
双牌	149. 8	84. 3	59. 8	2. 4	2. 4	0. 9	55. 70	4. 14
道县	584. 8	407. 6	160. 6	7. 7	5. 8	3. 1	169. 82	12. 63
江永	421. 1	310. 9	104. 7	1. 9	1. 8	1. 8	119. 84	8. 93
江华	713. 8	381. 6	248. 6	29. 9	32. 3	21. 4	209. 42	15. 63
宁远	565. 1	403. 3	146. 6	6. 1	5. 5	3. 6	165. 62	12. 32
新田	338. 7	271. 9	51. 6	7. 4	5. 3	2. 2	93. 06	6. 93
蓝山	227. 6	138. 2	62. 2	8. 8	12. 1	6. 3	75. 13	5. 59

根据第三次土壤侵蚀遥感监测成果，永州市土壤侵蚀分布具有一定的地带性规律。土壤侵蚀强度较强地区主要分布在西北及中南部，中部及东南部土壤侵蚀强度相对较弱。

三、水土保持区划

2018 年，永州市人民政府批准实施《永州市水土保持规划（2016—2030 年）》，全市划分永东北部保土农田防护区、永西北部低山丘陵保土人居环境维护区、永中部山地生态维护水源涵养区、永西南部保土农田防护区、永东南部山地水质维护区等五个水土保持功能区。

（一）永州市东北部保土农田防护区

该区域位于永州市东北部丘陵区，包括东安县白牙市镇、井头圩镇、川岩乡、端桥铺镇、鹿马桥镇、黄泥洞林场、芦洪市镇、新圩江镇、大盛镇、花桥镇、南桥镇；冷水滩区花桥街镇、杨村甸乡、牛角坝镇、普利桥镇、高溪市镇、黄阳司镇；祁阳县大村甸镇、文明铺镇、龚家坪镇、文富市镇、黎家坪镇、下马渡镇、七里桥镇、羊角塘镇、梅溪镇、潘市镇、白水镇、进宝塘镇、黄泥塘镇等3个县区30个乡镇（街道），区域面积3197.06平方公里，占永州市幅员面积14.36%。

根据2015年湖南省第三次土壤侵蚀遥感调查（下同），永州市有水土流失面积644.52平方公里，占该区域面积20.16%，其中，轻度流失537.76平方公里，占水土流失面积83.44%；中度流失87.83平方公里，占水土流失面积13.64%；强度流失12.77平方公里，占水土流失面积1.98%；极强度流失5.04平方公里，占水土流失面积0.78%；剧烈流失1.12平方公里，占水土流失面积0.17%。

主导基础功能及社会经济功能，水土保持主导基础功能：农田防护、土壤保持。社会经济功能：粮食生产和综合农业生产功能保护、减少河湖库淤积、河湖沟渠边岸保护。

（二）永州市西北部低山丘陵保土人居环境维护区

该区域位于永州市西北部丘陵区，包括东安县舜皇山国家森林公园、大庙口镇、水岭乡、紫溪市镇、横塘镇、石期市镇；冷水滩区仁湾街道、珊瑚街道、梧桐街道、肖家园街道、杨家桥街道、凤凰街道、菱角山街道、曲河街道、梅湾街道、上岭桥镇、伊塘镇、岚角山街道、蔡市镇；祁阳县长虹街道、龙山街道、浯溪街道、茅竹镇、观音滩镇、三口塘镇、大忠桥镇、肖家镇、凤凰乡、八宝镇、石鼓源乡、金洞镇、晒北滩瑶族乡；零陵区珠山镇、石岩头镇、大庆坪乡、水口山镇、黄田铺镇、梳子铺乡、石山脚街道、七里店街道、徐家井街道、朝阳街道、南津渡街道、接履桥街道、菱角塘镇、凼底乡、邮亭圩镇、富家桥镇等4个县区48个乡镇（街道），区域面积4730.30平方公里，占永州市幅员面积21.24%。

该区域有水土流失面积859.93平方公里，占该区域面积18.18%，其中，轻度流失640.49平方公里，占水土流失面积74.48%；中度流失195.27平方公里，占水土流失面积22.71%；强度流失13.13平方公里，占水土流失面积1.53%；极强度流失8.16平方公里，占水土流失面积0.95%；剧烈流失2.88平方公里，占水土流失面积0.33%。

主导基础功能及社会经济功能，水土保持主导基础功能：人居环境维护。社会经济功能：城镇道路工矿企业防护、河湖源区保护、减少河湖库淤积、饮水安全保护、土地生产力保护。

（三）永州市中部山地生态维护水源涵养区

该区域位于永州市中部，包括双牌县何家洞乡、五里牌镇、泷泊镇、打鼓坪乡、理家坪乡、江村镇、上梧江瑶族乡、塘底乡、五星岭乡、茶林镇、麻江乡、阳明山国家森林公园；新田县门楼下瑶族乡、骥村镇、金陵镇；宁远县五龙山瑶族乡、桐木漯瑶族乡、中和镇；道县桥头镇、乐福堂乡、仙子脚镇、清塘镇、千家峒自然保护区等4个县区23个乡镇（街道），区域面积3300.54平方公里，占永州市幅员面积14.82%。

该区域有水土流失面积492.59平方公里，占该区域面积14.92%，其中，轻度流失291.78平方公里，占水土流失面积59.23%；中度流失189.16平方公里，占水土流失面积38.40%；强度流失4.53平方公里，占水土流失面积0.92%；极强度流失4.47平方公里，占水土流失面积0.91%；剧烈流失2.65平方公里，占水土流失面积0.54%。

主导基础功能及社会经济功能，水土保持主导基础功能：水源涵养、土壤保护。社会经济功能：水源地保护、林业生产保护、工矿企业防护、河湖源区保护、减少河湖库淤积、生态多样性保护。

（四）永州市西南部保土农田防护区

该区域位于永州市西南部，包括江永县源口瑶族乡、粗石江镇、桃川镇、兰溪瑶族乡、夏层铺镇、回龙圩镇、松柏瑶族乡、潇浦镇、千家峒瑶族乡、上江圩镇；道县梅花镇、寿雁镇、祥霖铺镇、蚣坝镇、万家庄街道、营江街道、西洲街道、上关街道、濂溪街道、富塘街道、东门街道、白芒铺镇、白马渡镇、柑子园镇；宁远县清水桥镇、鲤溪镇、柏家坪镇、保安镇、太平镇、冷水镇、禾亭镇、仁和镇、棉花坪瑶族乡、文庙街道、东溪街道、桐山街道、舜陵街道、天堂镇；新田县龙泉镇、大坪塘镇、新圩镇、新隆镇、陶岭镇、三井镇、枧头镇、金盆镇、石羊镇；蓝山县楠市镇、土市镇、祠堂圩镇；江华瑶族自治县界牌乡、沱江镇、桥市乡、大路铺镇、白芒营镇、大石桥乡、涛圩镇、河路口镇等6个县区58个乡镇（街道），区域面积6346.55平方公里，占永州市幅员面积28.50%。

该区域有水土流失面积1717.57平方公里，占该区域面积27.06%，其中，轻度流失1312.63平方公里，占水土流失面积76.42%；中度流失311.80平方公里，占水土流失面积18.15%；强度流失40.48平方公里，占水土流失面积2.36%；极强度流失36.71平方公里，占水土流失面积2.14%；剧烈流失15.95平方公里，占水土流失面积0.93%。

主导基础功能及社会经济功能，水土保持主导基础功能：农田防护、土壤保护。社会经济功能：以城镇道路工矿企业防护、河湖源区保护、减少河湖库淤积、河湖沟渠边岸保护、水源地保护、生态多样性保护、自然景观保护为主，兼顾农业综合生产能力和土地生产力的提高。

（五）永州市东南部山地水质维护区

该区域位于永州市南部低山区，包括道县四马桥镇、审章塘瑶族乡、横岭乡、洪塘营瑶族乡；宁远县水市镇、湾井镇、九嶷山瑶族乡；蓝山县舜源街道、太平圩镇、新圩镇、犁头瑶族乡、南平街道、汇源瑶族乡、塔峰街道、毛俊镇、所城镇、浆洞瑶族乡、湘江源瑶族乡、荆竹瑶族乡、大桥瑶族乡；江华瑶族自治县湘江乡、涔天河镇、水口镇、码市镇、小圩壮族乡、大圩镇、蔚竹口乡、大锡乡等4个县区28个乡镇（街道），区域面积4695.55平方公里，占永州市幅员面积21.08%。

该区域有水土流失面积790.40平方公里，占该区域面积16.83%，其中，轻度流失393.44平方公里，占水土流失面积49.78%；中度流失333.15平方公里，占水土流失面积42.15%；强度流失19.19平方公里，占水土流失面积2.43%；极强度流失23.82平方公里，占水土流失面积3.01%；剧烈流失20.80平方公里，占水土流失面积2.63%。

主导基础功能及社会经济功能，水土保持主导基础功能：水质维护。社会经济功能：粮食生产和综合农业生产功能保护、饮水安全保护、水源地保护、减少河湖库淤积、河湖沟渠边岸保护、自然景观保护、生物多样性保护。

第二节　综合治理

永州市实施水土流失治理项目主要有五种形式。一是小流域综合治理项目，以一条或者两条小流域为治理对象，治理手段主要包括：对疏林地、幼林地进行封禁补植，利用荒山荒坡种植水保林和经果林，对小溪小河冲刷段进行局部整治，后期增加人居环境治理措施。二是坡耕地综合治理项目，主要针对丘陵山地区域存在大量坡耕地现象，将坡耕地改造为水平或坡式梯田，并配套种植水保林、经果林和耐旱农作物等。三是崩岗治理项目，通过削坡减载、工程或植物固土、配套布置导排水沟等工程措施，对水土流失严重崩岗区域进行治理。四是农业综合开发项目水土保持综合治理项目，针对区域内农业综合开发项目日益增多情况，水利部门与农业综合开发部门合作实施。五是石漠化综合治理项目，由发改部门牵头，水利、林业部门配合实施。

2016 年，永州市水利局组织编制《永州市水土保持规划（2016—2030 年）》，明确治理目标：到 2030 年，完成水土流失治理面积 3153. 88 平方公里，水土流失总治理率达 70%，水土流失面积占全市土地总面积比例从现状 20. 2%降低至 7%；提出水土保持区划方案，明确水土保持分区防治措施体系、布局及防治目标；划定水土流失重点预防区和重点治理区，界定容易发生水土流失其他区域，确定综合治理、预防保护和综合监管、水土保持监测建设规划等。2018 年 1 月 5 日，经永州市人民政府办公室批准同意，永州市水利局向社会发布《永州市水利局关于永州市水土流失重点预防区和重点治理区划定公告》。

2019 年 9 月 20 日，永州市开展水土保持第一次卫星遥感监管疑似违法违规问题图斑核查工作，共核查 439 个项目。

一、坡耕地水土流失综合治理

2012 年，实施道县双牌水库移民坡耕地水土流失综合治理试点工程，规划治理坡改梯 740 公顷，项目总投资 1000 万元，其中，中央投资 1000 万元。项目实施后，治理坡耕地 740 公顷。

2013 年，实施江华瑶族自治县清塘项目区坡耕地水土流失综合治理工程，规划治理面积 6668 亩，总投资 1667 万元，其中，中央投资 1000 万元，省市县配套 667 万元，项目治理坡耕地 4934. 85 亩。

2014 年，实施江华瑶族自治县坡耕地水土流失综合治理工程，规划治理面积 321. 8 公顷，总投资 1208 万元，其中，中央投资 900 万元，省市县配套 308 万元。项目治理坡耕地 240 公顷。

2015 年，实施江华瑶族自治县崇江流域小圩项目区坡耕地水土流失综合治理工程，规划治理面积 156. 7 公顷，总投资 586 万元，其中，中央投资 500 万元，省市县配套 86 万元。项目治理坡耕地 156. 5 公顷。

2016 年，实施江华瑶族自治县崇江流域大圩项目区坡耕地水土流失综合治理工程，规划治理面积 469. 7 公顷，总投资 2111 万元，其中，中央投资 1500 万元，省市县配套 611 万元。实际到位资金 1500 万元，完成水土流失综合治理面积 212. 27 公顷。

2017 年，新田县陶岭坡耕地综合治理项目水土流失面积 129. 34 公顷，项目完成总投资 639. 71 万元。

2019 年，实施新田县枧头、新圩项目区坡耕地综合治理项目，完成综合治理水土流失面积 392 公顷，完成投资 1384. 83 万元。

二、生态清洁小流域水土流失综合治理

2015 年，实施祁阳县蒋龙滩项目区容驷生态清洁小流域水土保持重点建设项目，治理面积 17. 56 公顷，完成投资 468. 14 万元。

2015 年，实施东安县晓观生态清洁小流域水土保持重点建设项目，治理面积 6. 5 公顷，完成投资 200 万元。

2016 年，实施新田县石羊河生态清洁小流域水土保持重点建设项目，完成治理面积 610. 91 公顷，完成投资 447. 6 万元。

2016 年，实施祁阳县蒋龙滩项目区板桥生态清洁小流域水土保持重点建设项目，治理面积 1292 公顷，完成投资 482 万元，其中中央投资 450 万元。

2017 年，实施道县柑子园、白芒铺水土保持重点工程项目，批复项目总投资 1014. 72 万元，其中，中央投资 700 万元，地方配套 314. 72 万元。项目实际到位资金 490 万元，完成治理面积 1330 公顷。

2017 年，实施零陵区富家桥项目区国家水土保持重点工程项目，治理面积 1909 公顷，完成投资

396.09 万元。

2018 年，实施江永县千家峒乡大远河小流域项目区国家水土保持重点工程，项目到位资金 500 万元。

2018 年，实施零陵区黄田铺镇桐木桥小流域项目区国家水土保持重点工程，到位资金 500 万元，治理面积 1338 公顷，完成投资 440.86 万元。

2018 年，实施道县永明河小流域项目区国家水土保持重点工程，到位资金 500 万元，治理面积 1590 公顷。

2019 年，实施零陵区茆江生态清洁小流域项目，到位资金 600 万元，治理面积 2000 公顷。

2018 年 4 月，市水利局领导检查道县永明河小流域项目区国家水土保持重点工程

2019 年，实施江永县马河生态清洁小流域项目，到位资金 500 万元，治理面积 1650 公顷。

2019 年，实施蓝山县濛溪水竹管寺项目区生态清洁小流域项目，到位资金 600 万元，治理面积 2000 公顷。

三、农业综合开发水土流失综合治理

2008—2010 年，实施祁阳县文明铺农业综合开发水土保持综合治理项目，三年治理面积 40.11 平方公里，共投资 534.34 万元，其中中央投资 385 万元。

2013 年，实施冷水滩区烟江农业综合开发水土保持综合治理项目，治理面积 720 公顷，总投资 251.3 万元，其中，中央投资 180 万元、地方配套 71.3 万元。

2013 年，实施江华瑶族自治县西河水土保持综合治理项目，治理面积 532 公顷，投资 200 万元，其中中央投资 200 万元。

冷水滩区实施小流域综合开发水土保持综合治理项目

2014 年，实施冷水滩区三龙塘农业综合开发水土保持综合治理项目，治理面积 469 公顷，项目投资 200 万元，均为中央投资。

2015 年，实施冷水滩区水汲江农业综合开发水土保持综合治理项目，治理面积 660 公顷，项目投资 268.98 万元，其中中央投资 200 万元。

2016 年，实施冷水滩区里湾农业综合开发水土保持综合治理项目，治理面积 670 公顷，项目投资 267 万元，其中中央投资 200 万元。

四、面上国家水土保持重点项目

2001年，冷水滩区确定为水土保持重点县，伊塘镇八角丘小流域水土流失治理项目，治理面积1670公顷，项目投资169.5万元，其中中央投资100万元。

2012年，实施江华瑶族自治县潇水马鹿洞小流域水土流失重点治理项目，治理面积2.5平方公里，项目投资100万元，均为中央投资。

2013年，实施零陵区梳子铺乡乙坝冲小流域水土流失综合治理工程，治理面积1.56平方公里，项目投资70万元，均为中央投资。

2014年，实施道县柑子园小流域水土流失综合治理工程，治理面积2.68平方公里，项目投资80万元，均为中央投资。

五、崩岗治理

2011年，实施东安县大庙口水土流失重点治理工程项目，治理崩岗45座，项目投资140万元，均为中央投资。

2011年，实施祁阳县羊角塘水土流失重点治理工程项目，治理崩岗55处，项目投资140万元，均为中央投资。

2012年，实施蓝山县紫良乡水土流失重点治理工程，治理治理崩岗22处，项目投资100万元，均为中央投资。

2014年，实施江永县谢沐河崩岗治理工程项目，治理崩岗8处，项目投资100万元，均为中央投资。

2001—2019年永州市水土保持治理项目计划安排情况统计表

表5-3-5

序号	实施年份	项目名称	县区	完成资金（万元）			治理水土流失面积（公顷）	坡耕地综合治理面积（公顷）	崩岗治理（处）
				总额	中央	地方			
一	—	坡耕地水土流失综合治理项目	—	8097	6600	1497	156.6	2650.97	—
1	2012	道县坡耕地治理项目	道县	1000	1000	—	—	740	—
2	2013	江华坡耕地治理项目	江华	1000	1000	—	—	444.5	—
3	2014	江华坡耕地治理项目	江华	900	900	—	—	321.8	—
4	2015	江华瑶族自治县崇江流域小圩项目区	江华	586	500	86	156.6	—	—
5	2016	江华瑶族自治县崇江流域大圩项目区	江华	2111	1500	611	—	469.47	—
6	2017	新田县陶岭坡耕地水土流失综合治理项目	新田	1029	700	329	—	283	—
7	2019	新田县枧头、新圩项目区2019年坡耕地 水土流失综合治理工程	新田	1471	1000	471	—	392.2	—
二	—	生态清洁小流域水土流失综合治理项目	—	6292.43	5700	592.43	19639.86	—	—
8	2015	祁阳将龙滩项目区	祁阳	671.43	470	201.43	1792	—	—

续表5-3-5

序号	实施年份	项目名称	县区	完成资金（万元）			治理水土流失面积（公顷）	坡耕地综合治理面积（公顷）	崩岗治理（处）
				总额	中央	地方			
9	2015	东安县晓观小流域	东安	286	200	86	660	—	—
10	2016	新田县石羊河生态清洁小流域	新田	563	450	113	1286	—	—
11	2016	祁阳县蒋龙滩项目区板桥生态清洁小流域项目	祁阳	642	450	192	1285	—	—
12	2017	道县柑子园、白芒铺项目区国家水土保持重点治理项目	道县	490	490	—	2238	—	—
13	2017	零陵区富家桥项目区国家水土保持重点治理项目	零陵	440	440	—	2221	—	—
14	2018	江永县千家峒乡大远河小流域项目区国家水土保持重点治理项目	江永	500	500	—	1580	—	—
15	2018	零陵区黄田铺镇桐木桥小流域项目区国家水土保持重点治理项目	零陵	500	500	—	1337.86	—	—
16	2018	道县永明河小流域项目区国家水土保持重点治理项目	道县	500	500	—	1590	—	—
17	2019	2019年国家水土保持重点工程永州市零陵区茆江生态清洁小流域	零陵	600	600	—	2000	—	—
18	2019	江永县2019年马河项目区国家水土保持重点治理工程	江永	500	500	—	1650	—	—
19	2019	蓝山县濠溪水竹管寺项目区国家生态清洁小流域	蓝山	600	600	—	2000	—	—
三	—	农业综合开发水土流失综合治理项目		2090.83	1160	396.5	8637	—	—
20	2009	祁阳县2008年农业综合开发水土保持项目	祁阳	201.49	—	—	1787	—	—
21	2010	2009年农业综合开发水土保持项目	祁阳	193.91	—	—	1407	—	—
22	2011	2010年农业综合开发水土保持项目	祁阳	138.93	—	—	820	—	—
23	2012	冷水滩区烟江项目区潮水小流域农发水保项目	冷水滩	238	180	58	900	—	—
24	2013	冷水滩区烟江项目区堰塘小流域农发水保项目	冷水滩	238	180	58	903	—	—
25	2013	江华瑶族自治县西河农发水保项目	江华	256	200	56	823	—	—
26	2014	冷水滩区三龙塘农发水保项目	冷水滩	256	200	56	667	—	—
27	2015	国家农业综合开发水土保持项目（水汲江项目区）	冷水滩	285.32	200	85.32	660	—	—

续表5-3-5

序号	实施年份	项目名称	县区	完成资金（万元）			治理水土流失面积（公顷）	坡耕地综合治理面积（公顷）	崩岗治理（处）
				总额	中央	地方			
28	2016	冷水滩区里湾农业综合开发水土流失综合治理项目	冷水滩	283.18	200	83.18	670	—	—
四	—	面上国家水土保持重点治理项目	—	1263.5	430	69.5	6238	0	0
29	2001	伊塘镇八角丘水土流失治理项目	冷水滩	169.5	100	69.5	1670	—	—
30	2005	祁阳县2004年度中央预算内专项资金水土保持项目（车壁塘小流域治理）	祁阳	80	—	—	806	—	—
31	2006	祁阳县2005年度中央预算内专项资金水土保持项目（下马渡小流域治理）	祁阳	60	—	—	840	—	—
32	2009	东安县2008年度中央预算内专项资金水土保持项目	东安	—	—	—	—	—	—
33	2009	力山小流域水保综合治理项目	冷水滩	200	—	—	750	—	—
34	2011	黑神庙小流域水保综合治理项目	冷水滩	184	—	—	360	—	—
35	2012	卉塘小流域水保综合治理项目	冷水滩	240	—	—	700	—	—
36	2012	江华马鹿洞小流域治理项目	江华	100	100	—	362	—	—
37	2013	零陵区梳子铺乡乙坝冲小流域治理项目	零陵	70	70	—	210	—	—
38	2014	道县柑子园小流域治理项目	道县	80	80	—	270	—	—
39	2014	东安县小流域流治理项目	东安	80	80	—	270	—	—
五	—	崩岗治理项目	—	480	480	0	0	0	170
40	2011	东安县大庙口崩岗治理项目	东安	140	140	—	—	—	65
41	2011	祁阳县羊角塘崩岗治理项目	祁阳	140	140	—	—	—	65
42	2012	蓝山县紫良乡崩岗治理项目	蓝山	100	100	—	—	—	25
43	2014	江永县谢沐河崩岗治理项目	江永	100	100	—	—	—	15
合计			—	18223.76	14370	2555.43	34671.46	2650.97	170

第三节 监督管理

1991年6月《中华人民共和国水土保持法》（以下简称《水土保持法》）公布施行，明确规定“县级以上地方人民政府水行政主管部门主管本辖区的水土保持工作”，“建设项目中的水土保持设施，必须与主体工程同时设计、同时施工、同时投产使用”。2010年12月修订通过、2011年3月起施行的《水土保持法》规定，县级以上人民政府水行政主管部门负责对水土保持情况进行监督检查。永州市水利部门依法要求境内生产建设项目在建设、运行过程中落实水土保持措施，防止生产建设项目造成水土流失。水利部门监督管理工作涵盖生产建设项目建设、运行全过程，通过审批生产建设项目水土保持方案确立水土流失防治体系，通过水土保持监督检查及行政执法工作，推动生产建设单位落实水土保持措施、开展水土保持监测监理工作并完成水土保持设施验收。

一、水土保持方案审批

2002年，永州市第一次开展水土保持方案审批工作，批复项目为宁远县玉琯湖水利工程，项目建设单位为宁远县水利局，市水利局下达《关于〈宁远县玉琯湖水利工程水土保持方案〉的批复》，批复防治责任范围为300亩。全市水土保持方案审批工作逐步实现常态化，2002年至2016年，永州市水利局共计批复水土保持方案56个。2017年，湖南省水利厅实施审批事权下放，市水利局水土保持方案审批数量：2017年批复水土保持方案10个，2018年批复水土保持方案10个，2019年批复水土保持方案71个。

二、水土保持工程施工监理

水土保持工程施工监理按照水土保持监理标准和规范开展，主要为大型基础设施项目和规模开发建设项目。湖南江永黄甲岭风电场工程于2014年8月开工建设，建设业主国电龙源江永风力发电有限公司委托湖南水利水电工程监理承包总公司担任项目水土保持监理工作，该项目水土保持工程于2017年5月完工，2017年6月，湖南省水利厅主持开展该项目的水土保持设施验收工作。

三、水土保持监测

冷水滩区伊塘镇孟公山红壤土流失标准监测站

2002年，在冷水滩区伊塘镇孟公山建成永州市红壤水土流失标准监测场，包括5度、10度两种坡度径流小区，每种坡度按光板地、经果林、梯坪地、灌木林4种类型8个标准对比观测小区。2003年10月1日，孟公山径流场开始正式观测。2017年，在永州市南部蓝山县南平街道办排下村修建水土保持径流监测场，建设6个标准径流观测小区，按照种植园地、裸地、耕作坡耕地、荒草地来设置，逐个采集水土流失观测数据。2018年，永州市水利局将永州市红壤水土流失标准监测场实行异地搬迁、改造，升级到永州市林业博览园内（植物园），更名为永州市伊塘监测径流小区观测场。2019年该观测场基本建成，有3个林下径流观测小区，分别采集林下裸地人工经果林、林下落叶堆积单一品种人工林和乔灌草杂合自然林地条件下水土流失数据。

2008年，永州市水土保持监测站对永连公路建设项目开展水土保持监测工作，这是全市第一次开展生产建设项目水土保持监测工作。2010年后，生产建设项目水土保持监测工作改由建设单位自身或者第三方社会机构担任。

四、水土保持监督执法

2016年，全市共计开展水土保持监督执法255次，批复建设项目水土保持方案69个。

2019年，永州市开始实施遥感监管疑似违法违规图斑核查工作，通过卫星图片解译得到地表扰动图斑，现场核查后持续跟踪整改。全市共计开展水土保持监督执法831次。

江永县黄甲岭风电场。该项目2014年开工建设，建设过程中风电场道路存在严重顺坡弃渣现象，江永县水利局下达整改通知后，建设单位国电龙源江永风力发电有限公司未整改到位，于2015年12月底并网发电。永州市水利局下达水土保持整改函，要求该单位限期整改。建设单位于2016年委托湖南省水利水电勘测设计研究总院编制水土保持设施技施设计报告，于2017年5月完成全部水土保持整改任务，完成水土保持总投资2421.76万元，2017年6月，该项目通过了水土保持设施竣工验收。

涔天河水库灌区工程。该工程建设过程中，因弃渣场变更，防治责任范围产生了较大变动，2019年10月，水利部将该项目列为长江经济带23起水土保持违法案件之一，挂牌督办。永州市水利局组织相关县水利局，对灌区工程开展水土保持现场核查，确认违法事实无误后，要求建设单位——永州涔天河灌区工程建设责任公司对存在问题及时整改。该公司依法接受行政处罚，治理施工造成的水土流失，向当地水行政主管部门报备变更的弃渣场，委托第三方机构编制水土保持变更（弃渣场补充）报告，依法办理水土保持方案变更手续。

新田县茂家2万千瓦分布式光伏发电项目。该项目位于新田县茂家乡，2017年，永州市水利局检查中发现该项目未按要求布设截水、排水沟和配套沉砂池，存在裸露边坡，未对剥离表土采取临时覆盖措施。随后，市水利局对建设单位——五凌新田电力有限公司发出整改函，该公司接函后，对存在问题区域逐个进行整改，完善水土保持措施，于2019年完成项目水土保持设施验收备案工作。

蓝山县湘江源—宁远县九嶷山公路工程。该工程是连接蓝山县湘江源瑶族乡和宁远县九嶷山风景区的旅游公路，项目建设过程中未严格落实水土保持措施，造成严重水土流失。2020年，省、市、县水利部门先后对该项目下达整改通知书，工程全线停工，落实水土保持整改措施，开展边坡挂网喷播，修整边坡截水、排水沟，采取临时覆盖和临时拦挡措施，弃渣场进行分级并落实复绿措施。

第四章 水生态修复

永州市积极实施水生态保护、修复工作，健全河长制体制机制，坚持以河长制为抓手，明确水生态保护、修复目标，层层压实责任，突出重点环境问题整治，从河道规划、河道“清四乱”、河道采砂整治、河道保洁、中小河流治理、水库污染治理等方面开展水生态环境治理和修复工作。积极开展水利风景区建设项目，通过水利工程建设、水环境综合整治、河湖生态修复等措施，整合水利风景资源，优化结构布局，到2019年，全市建成国家水利风景区6家、省级水利风景区2家。

第一节 河长制

一、“河长制”出台背景

2016年12月，中共中央办公厅、国务院办公厅印发《关于全面推行河长制的意见》。2017年2月，中共湖南省委办公厅、湖南省人民政府办公厅印发《关于全面推行河长制的实施意见》。2017年4月，中共永州市委办公室、永州市人民政府办公室印发《永州市全面推行河长制实施方案》，至当年底，永州市河长制全面建立，比中央要求的时间节点提前一年。

二、工作实施

2017年，永州市认真贯彻中央、省关于全面推行河长制的决策部署。4月21日，市长易佳良主持召开市政府常务会议，审议通过《永州市关于全面推行河长制的实施方案》。5月18日，市委、市政府召开全市全面推行河长制动员大会，在全省率先提出各级党委书记任第一河长、行政首长任总河长，相关行政领导任河长、副河长。5月底，4名市级河长、195名县级河长、976名乡级河长、3247名村级河长全部在网上公示，覆盖全市所有河流。6月底，县、乡两级出台河长制实施方案，市、县、乡建立河长会议制度，信息共享制度，信息报送制度，工作督察制度，考核制度和验收制度等六项工作制度。8月8日，市委、市政府召开全市河长制工作委员会暨市湘江保护和治理委员会第一次全体成员会议，8月底，在河道显著位置竖立3946块河长公示牌。9月15日，永州市召开“民间河长”新闻发布会，市人大常委会副主任袁火林、副市长贺辉等参加会议，永州市在全省率先实施“双河长制”。9月26日，全市第一次河长制会议在冷水滩召开，市委书记、市人大常委会主任、市第一总河长李晖，市委副书记、市长、市总河长易佳良出席会议。会议期间，市河长制工作委员会与湖南环保志愿服务联合会签订总体框架协议，并举办以“保护母亲河，助力河长制”为主题的“民间河长”志愿服务活动新闻发布会。9月底，召开全市第一次河长会议，11月，永州市河长制工作委员会办公室先后印发《关于推行“双河长制”落实“民间河长”工作的通知》《关于转发永州市民间河长行动中心〈永州市“民间河长”暂行管理办法〉的通知》两个文件，全市正式推行“双河长制”。11月底，召开全市河长制工作推进会，12月底，完成省考核验收并通过，永州市河长制全面建立。2017年河长制工作荣获省政府真抓实干表扬激励。永州市“双河长制”新举措，被提名为十大基层治水经验，参与水利部中国水利记忆评选。

2018年1月，中央全面建立河长制工作中期评估验收并通过。2018年11月，永州市河长制工作委员会办公室印发《永州市“记者河长”工作实施方案》，招募首批10名记者河长。2018年，创建湘江祁阳县城东段、江华瑶族自治县萌渚水涔天河国家湿地公园河段等2条全省“美丽河湖”，2018年12月，永州市河长制工作委员会、中共永州市纪律检查委员会、永州市监察委员会联合印发《永州市河长制工作责任追究暂行办法（试行）》。永州市获评2018年全省第三批生态文明改革创新案例。

2019年9月，永州市河长制工作委员会办公室印发《关于全市开展基层河长制工作“六化”建设大比武活动的通知》。2019年创建双牌县小河江、潇水道县西洲公园段、东安县紫水河、江永县永明河上江圩女书园段、宁远县九嶷河九嶷山乡段等5条全省“美丽河湖”。7月4日，永州市委书记严华主持召开全市总河长会议，总结2018年河长制工作，部署下一阶段工作。会议观看全市河长制工作突出问题暗访专题片。

2019年，永州市政府召开全市总河长会议

2020年，创建蓝山县舜水河塔峰岭脚村—教师村段、金洞管理区白水河城区段、祁阳县湘江三家村段、道县潇水河葫芦岩红军渡口段等4条全省“美丽河湖”。2020年河长制工作荣获省政府真抓实干表扬激励。

永州市水利局被评为2020年度全国全面推行河长制工作先进集体。全市水环境总体质量常年位居全国前30、全省第一。

三、落实省总河长令

永州市立足高质量发展，坚持问题导向，树立底线思维，始终把责任扛上肩，把措施抓在手，不折不扣落实省总河长令第1、2、3、4、5号各项任务目标。

2017年10月25日，省长许达哲签署第1号省总河长令《关于开展河长巡河行动的通知》。2017年11月，永州市河长制工作委员会办公室印发《关于转发湖南省总河长令第1号〈关于开展河长巡河行动的通知〉的通知》，永州市各级河长纷纷开展巡河履职，书记、市长率先垂范，每年先后8次以“四不两直”方式深入湘江干流、潇水开展巡河巡查，现场解决一批水环境重点难点问题，带动各级河长层层压实责任、层层推动落实。

2017年11月24日，省长许达哲签署第2号省总河长令《关于开展“僵尸船”专项清理整治的决定》。2018年1月，永州市河长制工作委员会办公室印发《永州市关于开展“僵尸船”专项清理整治工作方案》，按照“摸清情况、分类处理、限期整改、依法整治”的整治原则，在全市范围内全面开展“僵尸船”专项清理整治，消除航运安全和水污染隐患。用不到3个月时间，全面完成325艘各类“僵尸船”拆解处置任务，处置300多艘“三无”采、运砂船舶，划定151处船舶临时停泊区，建设相关锚泊设施。

2018年3月7日，省长许达哲签署第3号省总河长令《关于开展洞庭湖及湘江流域重点排污源整治的决定》。永州市大力开展湘江保护与治理，持续推进重点排污源整治。年底，完成7个城镇污水处理厂提标改造、6个乡镇污水处理设施等建设任务，整治中心城区4处、9个建制镇黑臭水体，改造省定146家规模养殖场，规模养殖场畜禽粪污处理设施装备配套率达到75%以上。

2018年3月7日，省长许达哲签署第4号省总河长令《关于开展县级以上地表水集中式饮用水水源保护区突出环境问题整治的决定》。永州市开展饮用水水源地环境保护专项整治，4月份拆除、关闭祁阳县浯溪公园生活入河排污口，年底完成16个县级以上城市地表水集中式饮用水水源一级、二级保护区内的环境问题整治。

2018年8月23日，省委书记杜家毫、省长许达哲联合签署省总河长5号令《关于开展河湖“清四乱”专项整治行动的决定》。同年8月，永州市河长制工作委员会办公室、永州市水利局联合印发《关于开展全市河库“清四乱”专项行动的通知》，在全市范围大力开展乱占、乱采、乱堆、乱建等“四乱”问题排查整治，用一年多时间，整治销号255个“四乱”问题，建立长效管护机制，持续推进“清四乱”常态化规范化，逐步实现水域岸线优美目标。

四、重点问题整治

（一）水库污染治理

2014年11月3日，永州市人民政府办公室印发《永州市水库污染治理实施方案（试行）》，方案明确水库污染治理以水产畜禽养殖污染治理为主，兼顾农村生活垃圾、污水、农业面源污染和工业污染源治理，用三年时间，全市水库污染得到有效遏制，水库水质达到水功能区水质标准。

2014年12月，永州市水库污染治理工作正式启动，到2017年底，实现全市水库污染得到有效遏制，水库水质达到水功能区水质标准。

永州市水库污染治理经历三个阶段，第一阶段，调查摸底阶段（2014年9月—2014年12月），各县区对辖区内水库污染治理情况进行调查摸底，建立水库水质现状和承包合同台账；第二阶段，全面治理阶段（2015年1月—2016年12月），完成包括一般小（2）型水库在内各类水库治理；第三阶段，检查验收阶段（2017年1月—2017年12月），由市委、市政府两办督查室牵头，组织市直相关部门对水库水质污染治理项目进行验收。

2017年10月第三方抽样检测结果表明，永州市水库污染治理取得明显成效，投肥养鱼现象持续减少，全市1231座水库中仅有75座水库投肥养鱼，同比下降65.4%，148座水库采用人工饲料养鱼，同比下降62.1%，水库周边承包养猪、养鸭76处，同比下降42.4%。经委托第三方机构对水库污染治理工作成效进行评估，全市抽样检测的161座水库中（其中中型水库15座、小（1）型水库32座、小（2）型水库114座），125座水库水质达到Ⅲ类水标准，11座水库水质Ⅳ类水标准（轻度污染），25座水库为Ⅴ类水标准（重度污染），全市总体抽检水库水质达标率为77.6%，比2014年提高24.4%，水库水质明显好转。

（二）饮用水水源保护区整治

2017年，永州市关闭县级饮用水水源地一、二级保护区内入河排污口19处，其中中心城区保护区内的排污口15处，县区饮用水水源保护区内排污口4处。同年，整治11处城市黑臭水体，清理51座重度污染水库投肥和人工饲料养鱼，完成400个行政村垃圾综合治理任务、退养湘江沿岸规模畜禽养殖场95家等任务。

2018年，市政府召开河长制工作民主监督暨重点提案督办会议

（三）环保督察整改

2018年，永州市完成省水利厅生态环保督察交办“潇水道县一标段汇丰源砂场位于河道管理范围内，无相关审批文件，并向河道内直排制砂污水”“宁远双龙水库存在向坝肩和溢洪道内倾倒垃圾现象”等2个问题整治。同年，整治13处城镇黑臭水体治理，完成国

家核查交办 13 个环保督察问题及自查 22 个问题整改。

（四）小水电站清理整顿

2019 年 6 月，永州市水利局、永州市发改委、永州市生态环境局联合印发《永州市小水电清理整改工作方案》，明确全市所有 5 万千瓦以下已建、在建、停建电站为清理整改对象。月底，完成长江经济带生态环境警示片涉及的蓝山县大村、万年桥电站问题整改，得到了省委主要领导充分肯定。年底，完成小水电清理整改综合评估和“一站一策”清理整改方案。

（五）非法采砂整治

2019 年 6 月，省总河长会议交办“道县蚣坝镇沱江河道管理范围内存在大量砂石尾堆，河道两侧近一公里利用尾砂堆填筑平台，存在侵占河道现象”问题，用一月时间完成整改。11 月，完成湘江干流省级河长会议交办永州市“湘江祁阳段仍存在偷采、盗采等非法采砂现象”“祁阳经济开发区祁阳科技工业园污水处理厂进水量小、进水浓度过低”等 2 个问题。年底，提标改造省定 4 座城镇生活污水处理厂，治理 8 处城乡黑臭水体，依法关闭或搬迁湘江一、二级支流 85 家禁养区内养殖场，取缔非法采砂船 93 艘、非法堆砂制砂场 61 处。

第二节　河道治理

2000 年，永州市成立“四水”治理项目部。2000 年 8 月，市水利局回复人大代表联名提出《关于我市河道治理和城市防洪的议案》，加强河道管理，启动城市防洪工程和水政执法队伍建设，实施河道划界工作。市水利局对 1999 年省人大代表交办查处河道内乱建码头、乱倒垃圾和侵占过洪断面三件水事案件办理情况向省人大常委会作出汇报，认真查处芝冷两区湘江河道 9 处违章码头案，积极组织力量清除芝山区枣子园河段工业垃圾堆问题，深入调查宋家洲电站侵占河道案。

2001 年 5 月 30 日，市水利局就河道管理工作情况向永州市委副书记、市长刘爱才进行专题汇报，建议市政府尽快出台《永州市河道管理暂行规定》及批准成立“永州市水政监察支队”和县区成立“水政监察大队”。

2015 年，根据省湘江保护工作要求，永州市先后组织开展 35 次较大规模涉河违建强拆工作，对侵占水域面积大，影响防洪安全，污染水环境砂场、养殖场、废品收购站等进行集中清理，取缔非法上砂点 25 处，迁移养殖场 129 处，拆除废物收购站 28 处，关闭污水排放口 20 处。

2016 年 3 月开始，永州市水利局先后多次配合省水利厅参加广西全州县东山乡小禾村和平隧洞引水工程与永州市零陵区大庆坪乡引发水事纠纷协调会议。8 月 25 日，广西壮族自治区全州县政府代表与零陵区政府代表在全州县政府二楼会议室召开联席会议，就东山瑶族乡小禾坪和平隧道引水工程纠纷有关工作进行协调，达成三点共识，暂停项目建设；先勘测论证共同协定，协商不成就依法处理；双方县区政府做好群众工作，防止省际水事纠纷发生。经水利部长江水利委员会多次组织协调，2021 年 12 月 28 日，湘桂边界和平隧道引水工程水事矛盾协调会在武汉举行，零陵区、全州县政府双方就处理水事纠纷矛盾签订协议，水事纠纷得到圆满解决。

2019 年，永州市水利局共受理涉河建设项目审批事项 23 项，其中准予许可事项 23 项。在抓好涉河建设项目洪水影响评价审批同时，市水利局注重抓好建设项目开工前占用河道位置界限许可工作，及时监督建设单位按照审批事项严密组织、科学施工。

一、河道规划

2000 年 5 月，永州市水利局召开全市河道划界和城市防洪工作会议，各县区陆续开展河道划界工作。2019 年 4 月 26 日，市水利局召开全市河道管理工作调度会，督促河道划界扫尾工作。2019 年 9 月、10 月永州市水利局先后两次召开河道划界工作调度会、视频会，下发 4 期河道划界工作通报。截至 2019 年 11 月底，全市完成 148 条流域面积 50 平方公里以上河流方案编制、技术审查、公示、政府批复和公告。2020 年，全市基本完成 148 条流域面积 50 平方公里以上河流界桩埋设工作。2020 年 11 月，完成市管湘江东源、湘江西源、芦洪江、祁水、白水、石溪江等六条河流岸线保护与利用规划编制、技术审查、部门审查、市政府批准实施工作；各县区共完成 30 条县管河流岸线保护与利用规划编制、技术审查、部门审查、县级政府批准实施工作。2020 年，完成市本级和各县区河道采砂规划报告（2021—2025 年）编制、技术审查、部门审查、市政府批准实施工作。

二、河道“清四乱”

江永县永明河治理前状况

2018 年 8 月 8 日，永州市河长制工作委员会办公室与永州市水利局联合印发《关于开展全市河库“清四乱”专项行动的通知》，通知要求对全市流域面积 5 平方公里以上河流、所有大中小型水库进行全面排查，重点对乱占、乱采、乱堆、乱建等河库管理保护“四乱”（“乱占”主要包括全市河库管理范围内围垦河库，非法侵占水域、滩地，种植阻碍行洪的林木及高杆作物；“乱采”主要包括河库非法采砂、取土；“乱堆”主要包括河库管理范围内乱扔乱堆垃圾，倾倒、填埋、贮存、堆放固体废物，弃置、堆放阻碍行洪的物体；“乱建”主要包括河库水域岸线长期占而不用、多占少用、滥占滥用，违法违规建设涉河项目，河库管理范围内修建阻碍行洪的建筑物、构筑物）突出问题开展清理整治。永州市河长办向各个县区下发《关于河湖“清四乱”工作交办函》，督促落实“清四乱”工作。全市共排查河道“四乱”问题 214 个，其中，乱占 42 个，乱堆 126 个，乱建 30 个，其他违法违规 16 个。2019 年 7 月底，台账内 214 个“四乱”问题均整治销号，完成专项整治任务。

2019 年，市水利局成立以局党组书记、局长任组长，分管领导任副组长，有关责任科室（站）负责人任成员的市水利局违建别墅问题清查整治工作领导小组。2019 年 7 月 29 日市水利局召开局务会，8 月 1 日召开局长办公会，10 月 22 日召开全市水利系统视频会议，三次会议研究部署全市水利系统违建别墅问题清查整治工作。全市各县区按照双线排查、双线上报要求对区域内重要河流、水库疑似违建别墅进行地毯式摸排。2019 年 12 月底，全市共摸排重要河流、水库管理范围内疑似违建别墅 11 处，其中零陵区 5 处、祁阳县 3 处、蓝山县 2 处、金洞管理区 1 处；最终认定违建别墅 5 处，其中零陵区 1 处、祁阳县 1 处、蓝山县 2 处、金洞管理区 1 处，按要求整改到位。

三、河道采砂整治

（一）河道采砂拍卖

2000年，永州市水利局制定《永州市河道采砂清理整顿实施方案》。2003年9月28日，永州市芝山、冷水滩两区潇湘河道砂石采矿权出让会在冷水滩区南华大酒店举行，当日拍卖冷水滩区段砂石采矿权，即湘江黄阳司后龙院—狮子岭段、湘江黄阳司狮子岭—高溪市段、湘江高溪市—冷水滩造纸厂段，起拍价1915万元，成交价2315万元。2003年10月，全市持续开展河道采砂整治工作。2005年，湘江百里平湖禁采区全面禁采，河道砂石开采拍卖权出让金收交到位，老码头整治和补偿工作基本到位，对河道整治财务进行检查。

2012年4月28日，市政府在市水利局召开会议，专题研究零陵区潇水和湘江河道及零陵区与双牌县、冷水滩区界河疏浚采砂权出让工作有关问题，解决起拍价和保证金收取标准问题、共管河道管理和出让金分成问题、拍卖等有关准备工作。

2013年11月1日，永州市政府办公室签发关于限期解决零陵区潇湘河道砂石开采权出让后突出问题交办函，对存在问题提出整改意见要求。

2014年1月27日，市政府召开市河道采砂整治领导小组成员单位负责人会议，专题研究解决零陵区、双牌县潇湘河道砂石开采权出让后有关问题，同意市采砂办关于几个具体问题处理意见。

2015年9月18日上午，市长易佳良主持召开市长办公会，专题研究处理第一轮河道砂石开采权出让遗留问题。10月8日，市政府召开全市水利建设暨河道采砂专项整治动员会。10月15日，市政府办公室印发《永州市2015—2017年河道采砂集中整治工作方案》。

2018年3月5日，永州市政府批复《湖南省湘江干流永州市河段采砂规划报告（2017—2020年）》；2018年，11个县区完成2017—2020年采砂规划编制和政府批复。

2019年9月12日，市政府第45次常务会议对《永州市河道采砂实施暂行办法》进行审议，原则同意并成立永州市河道采砂管理工作领导小组。11月20日，市政府印发《永州市河道采砂实施暂行办法》。11月26日，市政府办印发《关于成立永州市河道采砂管理工作领导小组的通知》。

2011—2019年，永州市湘江、潇水河道砂石开采权公开出让22个标段，出让金总计7.448亿元。详细情况如表5-4-1。

2011—2019年永州市省管、市管河道采砂经营权出让统计表

表5-4-1

序号	县区	所在河流	出让标段	出让时间	出让年限	成交价款（万元）	到期时间
1	冷水滩	湘江	1	2011.09	6	5000	2017.11
2			1	2018.02	3	19100	2021.8
3	零陵	潇水	1	2012.07	5	1500	2018.7
4			2	2012.07	5	3050	2018.7
5			3	2012.07	5	2100	2019.3
6		湘江	零陵、冷水滩、东安共管河道	2018.02	3	6200	2021.8

续表5-4-1

序号	县区	所在河流	出让标段	出让时间	出让年限	成交价款（万元）	到期时间
7	祁阳	湘江	蒋家院采区	2013.12	5	14500	2018.12
8			茅洲Ⅰ采区				
9			柴埠头采区				
10			王家院Ⅰ采区				
11			王家院Ⅱ采区				
12			老山湾Ⅰ采区				
13			老山湾Ⅱ采区				
14	东安	湘江	杨马渡口	2014.11	5	3800	2019.11
15		湘江西源	杨马埠渡口至洲头前渡口	2019.11	2	4200	2022.3
16	双牌	潇水	李子园至五里牌水电站大坝下游600米	2019.12	2	4840	2023.1
17			4	2012.07	5	3700	2022.5
18			5	2012.07	5	1300	2020.1
19	道县	潇水	1	2017.02	5	1320	2022.5
20			2	2017.02	5	960	2022.6
21			4	2017.11	3	1030	2020.12
22			道县、双牌共管河道	2017.08	5	1880	2022.11
合计						74480	

备注：统计数据为2011年以来，截至2019年12月底

（二）河道采砂专项整治

永州市冷水滩区河道采砂始于20世纪80年代，历经30多年发展，河道采砂船只最多时达100多条，非法采砂活动猖獗，乱堆乱弃破坏性采砂严重，争河采砂、暴力采砂日益突出。

湘江零陵区段采砂场

2004年，冷水滩区委、区政府开始整顿河道采砂秩序，禁止无证采砂，禁止非法码头上砂，禁止在禁采区采砂，禁止非法买卖砂洲和清理采砂尾堆的河道采砂“四禁一清”专项整治活动。明确禁采区和可采区（湘江永州大桥—与零陵交界处河段全长43.92公里为砂石禁采区，竹山桥镇群勇村刘家湾组—上岭桥镇港子口村永州大桥段全长32.08公里为可采区），可采区砂石总储量约1695万立方米。

2011年9月1日，冷水滩区可采河道依法进行第二轮拍卖。出让年限为5年，每年最大开采量300万立方米，由永州市嘉信沙卵石有限公司以4500万元竞得，成交款由市、区两级人民政府按3∶7分成，专款用于河道堤防工程修复、上砂码头修建和河道采砂日常管理。保留上砂码头5处，区政府出

资1800多万元新建高溪市七里坪、黄阳司竹山水、港子口等3处高标准集上砂、碎砂于一体规模化上砂码头，3处码头日碎砂能力在2000立方米左右。规范33条采砂船，做到了“一船一证一范围”。每条采砂船主上交3万元尾砂履约保证金，市、区采砂办与各采砂船主签订尾砂处理协议书，查处蔡市镇岐山头村公路大桥下禁采区采砂、芦洪江禁采河道等非法采砂等案件17起，取缔湘江蔡市镇沙坪里、百里平湖等5处非法上砂码头，扣押非法采砂船只4条，制止非法买卖砂洲行为3起。通过专项整治，冷水滩区河道非法采砂的行为得到有效遏制，采砂管理秩序明显好转。

永州市集中开展2012—2014年、2015—2017年两轮三年河道采砂专项整治行动，2018年和2019年，市委、市政府把河道采砂整治作为扫黑除恶重要领域和关键部位，始终保持高压态势，持续开展打击非法采砂行动。印发《关于开展全市河道采砂问题大排查的通知》《关于进一步规范河道清障工作的通知》，发布《关于对全市河道采砂整治问题举报的公告》《关于对全市水利系统重点领域扫黑除恶问题举报的公告》，出台打击非法采砂专项行动方案，制定暗访工作方案，成立暗访组，不定期对全市河道采砂工作进行暗访。

2011年12月15日，召开全市冬春水利建设暨河道采砂专项整治现场会

2019年3月27日，永州市河长办印发《永州市2019年集中打击非法采砂专项行动方案》，9月12日，市政府第45次常务会议对《永州市河道采砂实施暂行办法》进行审议，原则同意并成立永州市河道采砂管理工作领导小组，市长何录春任组长，副市长刘新良、欧阳元初、谢景林任副组长，市直相关单位负责人以及各县区长为成员。10月11日，市水利局、市公安局、市交通运输局联合行文印发《关于联合组织开展河道采砂专项整治行动工作方案》。11月20日，市政府印发《永州市河道采砂实施暂行办法》。11月26日，市政府办印发《关于成立永州市河道采砂管理工作领导小组的通知》。全市共查处非法采砂案件48起，打击非法采砂点64处，取缔非法采砂船12艘，取缔非法堆砂场62处，下达执法文书181份，行政拘留3人，司法拘留3人，行政罚款74.6万元，河道巡查13000余人次，处理涉砂信访18起。

东安县委、县政府统一部署，制定东安县境内湘江河及紫水河部分河段2015—2017年河道清障实施方案。县政府采取“岸上分筛、综合利用，市场运作、公开招标，限量清障、机械制砂，以砂养河、良性循环”河道清障模式，吸纳民间资本组成清障公司，通过公开招标方式取得清障许可证。在政府不投资情况下，由中标清障公司自行购置或租用清障机械设备，将河道内多年形成的尾砂堆全部运输上岸，在选定制砂场进行分筛破碎，所产生砂石由中标人自行出售，所得利益归中标人所有，实现采砂尾堆清理和经济效益双赢，河道乱弃尾砂乱象得到有效处置。

（三）规范河道采砂监管

2020年，按照省水利厅要求，全市进一步强化采砂区域监管，明确提出采砂“六控”监管具体措施，即控总量、控范围、控深度、控时段、控船数、控功率，全面实施采区电子监控平台建立和标志牌设立，落实采运管理四联单制度，实施砂石公司落实运砂船签单发航制度，建立进出场计重、登记及现场交接班制度。

四、河道保洁

2015年，永州市政府建立以市委常委、副市长蒋善生为召集人，市政府分管副秘书长、市委宣传部、市文明办、市水利局、市公安局、市财政局、市环保局、市住建局、市城管局、市农委、市畜牧水产局、市卫计局、市文广新局、市交通运输局、市教育局、团市委负责人为联席会议成员的河道保洁工作联席会议制度，其办公室设在市水利局，由市水利局分管领导任办公室主任，河道保洁办公室具体负责全市的河道保洁日常工作。2月16日，永州市政府办公室印发《永州市河道保洁工作实施方案》，要求全面落实河道保洁属地管理行政首长负责制，加快建立“政府主导、部门协作、公众参与”河道保洁工作机制。3月31日，市河道保洁办公室印发《永州市河道保洁工作考核办法》。永州市各县区均成立10~20人河道保洁专门队伍，新购买25条专业垃圾打捞船，在电站、大桥、取水口等重点水域设置永久性宣传、警示标识牌238块，各项工作均建立专门台账，并严格落实巡查制度，由水利部门牵头开展日常巡查138次。利用“世界水日”“中国水周”，组织河道保洁志愿者120多人对百里平湖等河段两岸垃圾清理、水面垃圾打捞。全市打捞河面垃圾11060吨，清除河中障碍物248处，清理河岸垃圾10600吨，转运垃圾21660吨，基本实现“河面无杂草、无漂浮物，河中无障碍，河岸无垃圾”的“四无”目标。湘江水电站率先在全市购置安装河面垃圾打捞设备，得到省水利厅充分肯定。

2016年，全市清理转运河岸垃圾33620吨。先后组织35次较大规模涉河违建强拆工作，对侵占水域面积大，影响防洪安全，污染水环境的砂场、养殖场、废品收购站等进行集中清理，取缔非法上砂点22处，迁移养殖场121处，拆除废物收购站25处，关闭污水排放口16处。

2017年，全市共投入河道保洁工作经费3209万元，打捞水面漂浮物14653吨、打捞水草4798吨，清理转运河岸垃圾19197吨。

2018年，全市共投入河道保洁工作经费1626万元，打捞水面漂浮物4350吨、打捞水草2380吨，清理转运河岸垃圾10539吨。

2019年，永州市进一步加强河道保洁监管，建立观察和预警机制，通过在重要水域安装监控设备，设立观察点，提前介入，及时受理，对重要区域、重点水域乱扔、乱堆、乱倒行为进行整治打击和依法处理。全市河道保洁共投入经费2308万元，打捞水面漂浮物4900吨，打捞水草2818吨，清理其他污染物1093吨，清理转运河岸垃圾8821吨。全市主要河道内水面垃圾、沿河养殖、乱搭乱建等现象得到有效清理，水环境明显好转，基本实现“河面无大面积杂草、无大面积漂浮物、河中无障碍、河岸无成堆垃圾”目标。

2015年5月，江华瑶族自治县政府组织清理河道

第三节　中小河流治理

2009年，永州市启动中小河流治理项目。2013年启动中小河流综合整治重点县及水系连通项目。

2009年，永州市实施蓝山县舜水河塔峰镇县城段治理工程和双牌县桴江河联合村至邹家村段治理工程，计划总投资2721万元，其中，中央投资1960万元、省级投资227万元。实际完成投资2721万元，完成综合治理河长22.389公里。

2010年，全市计划实施中小河流治理项目7个，零陵区桴江河凼底乡段治理工程、零陵区石期河东湘桥段治理工程、江永县恭城河源口段治理工程、道县永明河祥霖铺镇河段治理工程、祁阳县祁水河东江段治理工程、东安县芦江大盛至芦洪市河段治理工程、宁远县宁远河舜陵镇段治理工程，计划总投资8409万元，其中，中央投资5803万元、省级投资777万元。实际完成投资8409万元，完成综合治理河长56.984公里。

2011年，全市计划实施中小河流治理项目6个，冷水滩区花桥河花桥街段治理工程、东安县芦江芦洪市—竹木町段治理工程、道县沭水河白马渡镇治理项目区、江永县源口集镇治理项目区工程、江华瑶族自治县岭东河大圩镇治理工程、新田县新田河龙泉镇治理工程，计划总投资12220万元，其中，中央投资8439万元、省级投资1205万元。实际完成投资12220万元，完成综合治理河长48.59公里。

2012年，全市计划实施中小河流治理项目5个，零陵区青石江菱角塘整治工程、江永县桃川镇大河边段治理项目区工程、江永县永明河允山镇向光段治理工程、江永县桃川镇朝阳段治理项目区工程、江华瑶族自治县码市镇辇江河段治理工程，计划总投资6754万元，其中，中央投资5403万元、省级投资484万元。实际完成投资6754万元，完成综合治理河长29.345公里。

2013年，全市计划实施中小河流治理项目6个，零陵区贤水富家桥段治理工程、冷水滩区芦江冷水滩河段治理工程、祁阳县白水河金洞管理区河段治理工程、祁阳县白水河昌木套河段治理工程、道县濂溪河营江乡河段治理工程、宁远县九嶷河水市河段治理工程，计划总投资12420万元，其中，中央投资8528万元、省级投资1361万元。实际完成投资12420万元，完成综合治理河长41.88公里。

2014年，全市计划实施中小河流治理项目9个，零陵区石期河新宅里段治理工程、冷水滩区老毛江牛角坝河段治理工程、江永县马河回龙圩河段治理工程、东安县紫溪白牙市—大江口段治理工程、道县蚣坝四马桥镇河段治理工程、江华瑶族自治县西河（萌渚水）涛圩镇河段治理工程、蓝山县钟水河土市段治理项目、新田县日西河瑶塘窝—田家岭河段治理工程、双牌县永江永江乡—泷泊镇河段治理工程，计划总投资18790万元，其中，中央投资12852万元、省级投资1781万元。实际完成投资18790万元，完成综合治理河长65.394公里。

2015年，全市计划实施中小河流治理项目12个，零陵区黄溪河梅溪段治理工程、祁阳县白水河白水镇段治理工程、江永县恭城河桃川集镇河段治理工程、道县濂溪河清塘镇河段治理工程、蓝山县舜水河龙溪段治理项目、江华瑶族自治县中河码市镇河段治理工程、零陵区黄溪河邮亭圩段治理工程、冷水滩区老毛江普利桥河段治理工程、东安县紫溪大庙口镇—紫溪镇段治理工程、宁远县宁远河永安河段治理工程、江永县汉江源河夏层铺镇甘棠河段治理工程、新田县日东河潭田—李不湾河段整治工程，计划总投资24060万元，其中，中央投资17214万元、省级投资2888万元。实际完成投资24060万元，完成综合治理河长91.788公里。

2016年，全市计划实施中小河流治理项目2个，冷水滩区老毛江杨村甸河段治理工程、江华瑶族自治县麻江河湘江乡河段治理工程，计划总投资880万元，其中，中央投资880万元、实际完成投资880万元，完成综合治理河长4.21公里。

新田县日东河中小河流治理工程

2017年，全市计划实施中小河流治理项目6个，冷水滩区老毛江杨村甸河段治理工程、冷水滩区老毛江高溪市河段治理工程、江华瑶族自治县麻江河湘江乡河段治理工程、蓝山县钟水河火市段治理工程、双牌县贤水蔡里口村—刘家洞村河段治理工程、祁阳县白水二期治理工程（其中江华瑶族自治县麻江河湘江乡河段治理工程资金被整合用于精准扶贫，没有实施）。计划总投资4317万元，其中中央投资4317万元，实际完成投资4317万元，完成综合治理河长22.8公里。

2018—2019 年，全市计划实施中小河流治理项目 14 个，蓝山县钟水河火市段治理工程、祁阳县白水二期治理工程、零陵区毛溪桥一期治理工程、冷水滩区石溪江二期治理工程、东安县芦洪江二期治理工程、道县九嶷河二期治理工程、道县宜江二期治理工程、宁远县九嶷河二期治理工程、江永县恭城河二期治理工程、祁阳县祁水二期治理工程、双牌县桴江一期治理工程、新田县石羊河二期治理工程、江华瑶族自治县岭东河二期治理工程、江华瑶族自治县西河二期治理工程（其中江华瑶族自治县岭东河二期治理工程、江华瑶族自治县西河二期治理工程被整合用于精准扶贫，没有实施）。计划总投资 13537 万元，其中，中央投资 12828 万元、省级投资 709 万元。实际完成投资 13537 万元，完成综合治理河长 70.84 公里。

2009—2019 年永州市中小河流治理工程实施情况表

表 5-4-2

序号	项目名称	所在县区	实施年度	完成投资（万元）			
				小计	中央投资	省投资	市县投资
1	蓝山县舜水河塔峰镇段治理工程	蓝山	2009	1633	1307	97	229
2	双牌县桴江河治理工程	双牌	2009	1088	653	130	305
3	零陵区桴江河凼底乡段治理工程	零陵	2010	683	410	81	192
4	零陵区石期河东湘桥段治理工程	零陵	2010	858	515	102	241
5	江永县恭城河源口段治理工程	江永	2010	970	776	57	137
6	道县永明河祥霖铺镇河段治理工程	道	2010	1485	891	178	416
7	祁阳县祁水河东江段治理工程	祁阳	2010	1207	966	72	169
8	东安县芦江大盛至芦洪市河段治理工程	东安	2010	1601	961	191	449
9	宁远县宁远河舜陵镇段治理工程	宁远	2010	1605	1284	96	225
10	冷水滩区花桥河花桥街段治理工程	冷水滩	2011	2295	1377	275	643
11	东安县芦江芦洪市至竹木町段治理工程	东安	2011	1990	1194	263	533
12	道县洑水河白马渡镇治理项目区	道县	2011	2400	1440	347	613
13	江永县源口集镇治理项目区工程	江永	2011	1485	1188	89	208
14	江华瑶族自治县岭东河大圩镇治理工程	江华	2011	2025	1620	146	259
15	新田县新田河龙泉镇治理工程	新田	2011	2025	1620	85	320
16	零陵区青石江菱角塘整治工程	零陵	2012	1474	1179	248	47
17	江永县永明河允山镇向光段治理工程	江永	2012	880	704	37	139
18	江永县桃川镇朝阳段治理项目区工程	江永	2012	1010	808	43	159
19	江永县桃川镇大河边段治理项目区工程	江永	2012	1230	984	52	194
20	江华瑶族自治县码市镇犂江河段治理工程	江华	2012	2160	1728	104	328
21	零陵区贤水富家桥段治理工程	零陵	2013	2060	1236	247	577
22	冷水滩区芦江冷水滩河段治理工程	冷水滩	2013	2700	1620	324	756
23	祁阳县白水河金洞管理区河段治理工程	金洞	2013	1760	1408	211	141
24	道县濂溪河营江乡河段治理工程	道县	2013	2280	1368	274	638
25	宁远县九嶷河水市河段治理工程	宁远	2013	1930	1544	232	154

续表5-4-2

序号	项目名称	所在县区	实施年度	完成投资（万元）			
				小计	中央投资	省投资	市县投资
26	祁阳县白水河昌木套河段治理工程	祁阳	2013	1690	1352	203	135
27	零陵区石期河新宅里段治理工程	零陵	2014	2080	1248	330	502
28	冷水滩区老毛江牛角坝河段治理工程	冷水滩	2014	2510	1506	381	623
29	江永县马河回龙圩河段治理工程	回龙圩	2014	1890	1512	33	345
30	东安县紫溪白牙市至大江口段治理工程	东安	2014	2150	1290		860
31	道县蚣坝四马桥镇河段治理工程	道县	2014	2200	1320	264	616
32	江华瑶族自治县西河（萌渚水）涛圩镇河段治理工程	江华	2014	1910	1528	165	217
33	蓝山县钟水河土市段治理项目	蓝山	2014	2060	1648	44	368
34	新田县日西河瑶塘窝至田家岭河段治理工程	新田	2014	2030	1624	122	284
35	双牌县永江永江乡至泷泊镇河段治理工程	双牌	2014	1960	1176	185	599
36	零陵区黄溪河梅溪段治理工程	零陵	2015	1990	1194	239	557
37	道县濂溪河清塘镇河段治理工程	道县	2015	2010	1206	241	563
38	江永县恭城河桃川集镇河段治理工程	江永县	2015	2050	1640	246	164
39	江华瑶族自治县中河码市镇河段治理工程	江华	2015	1540	1232	185	123
40	蓝山县舜水河龙溪段治理工程	蓝山	2015	2350	1880	282	188
41	祁阳县白水河白水镇段治理工程	祁阳	2015	1990	1592	239	159
42	零陵区黄溪河邮亭圩段治理工程	零陵	2015	2250	1350	270	630
43	冷水滩区老毛江普利桥河段治理工程	冷水滩	2015	1950	1170	234	546
44	东安县紫溪大庙口镇至紫溪镇段治理工程	东安	2015	1970	1182	236	552
45	宁远县宁远河永安河段治理工程	宁远	2015	1890	1512	227	151
46	江永县汉江源河夏层铺镇甘棠河段治理工程	江永	2015	2090	1672	251	167
47	新田县日东河潭田至李不湾河段整治工程	新田	2015	1980	1584	238	158
48	江华瑶族自治县麻江河湘江乡河段治理工程	江华	2016—2017	550	550	—	—
49	冷水滩区老毛江杨村甸河段治理工程	冷水滩	2016—2017	660	660	—	—
50	双牌县贤水蔡里口村至刘家洞村河段治理工程	双牌	2017	1050	1050	—	—
51	冷水滩区老毛江高溪市河段治理工程	冷水滩	2017	1080	1080	—	—
52	蓝山县钟水河火市段治理工程	蓝山	2017—2018	1600	1600	—	—
53	白水祁阳县二期治理工程	祁阳	2017—2018	2200	2200	—	—
54	毛溪桥零陵区一期治理工程	零陵	2018—2019	1038	976	62	—
55	石溪江冷水滩区二期治理工程	冷水滩	2018—2019	1709	1644	65	—
56	芦洪江东安县二期治理工程	东安	2018—2019	867	817	50	—
57	九嶷河道县二期治理工程	道县	2018—2019	824	737	87	—

续表5-4-2

序号	项目名称	所在县区	实施年度	完成投资（万元）			
				小计	中央投资	省投资	市县投资
58	九嶷河宁远县二期治理工程	宁远	2018—2019	1364	1312	52	—
59	恭城河江永县二期治理工程	江永	2018—2019	1166	1122	44	—
60	宜江道县二期治理工程	道县	2019	213	213	—	—
61	祁水祁阳县二期治理工程	祁阳	2019	337	291	46	—
62	桴江双牌县一期治理工程	双牌	2019	695	600	95	—
63	石羊河新田县二期治理工程	新田	2019	1524	1316	208	—
合计				102251	76367	9305	16579

2013—2014年，永州市实施冷水滩区中小河流治理重点县综合整治和水系连通试点项目4个，分别为：腊树村河岚角山项目区、曲河（楚江）岚角山项目区、石江上岭桥项目区、水汲江珊瑚项目区，计划总投资10433万元，其中中央投资6260万元。实际完成投资10433万元，完成综合治理河长46.11公里。

2015—2016年，永州市实施冷水滩区中小河流治理重点县综合整治和水系连通试点项目4个，分别为：烟江伊塘项目区、烟江竹山桥项目区、燕子岩河普利桥项目区、泥河伊塘项目区，计划总投资9869万元，其中中央投资5921万元。实际完成投资9869万元，完成综合治理河长35.093公里。

2017—2018年，实施冷水滩区中小河流治理重点县综合整治和水系连通试点项目3个，分别为：黄阳司河黄阳司项目区、水汲江仁湾项目区、燕子岩河黄阳司项目区，计划总投资8302万元，其中中央投资4981万元。实际完成投资8302万元，完成综合治理河长34.528公里。

2013—2018年永州市冷水滩区中小河流治理重点县综合整治和水系连通试点项目区实施情况表

表5-4-3

序号	项目名称	实施年度	完成投资（万元）			治理河长
			小计	中央投资	地方配套	
1	腊树村河岚角山项目区	2013—2014	2151	1291	860	4.70
2	曲河（楚江）岚角山项目区	2013—2014	2733	1640	1093	11.41
3	石江上岭桥项目区	2013—2014	2807	1684	1123	18.40
4	水汲江珊瑚项目区	2013—2014	2742	1645	1097	11.60
5	烟江伊塘项目区	2015—2016	2343	1406	937	9.20
6	烟江竹山桥项目区	2015—2016	2540	1524	1016	10.03
7	燕子岩河普利桥项目区	2015—2016	2559	1535	1024	8.64
8	泥河伊塘项目区	2015—2016	2427	1456	971	7.23
9	黄阳司河黄阳司项目区	2017—2018	2824	1694	1130	12.56
10	水汲江仁湾项目区	2017—2018	2823	1694	1129	10.62
11	燕子岩河黄阳司项目区	2017—2018	2655	1593	1062	11.35
合计			28604	17162	11442	115.74

第四节　生态流量

2020 年开始，永州市开始安排部署河流控制断面生态流量监管工作。

一、生态流量控制目标

2019 年 12 月 27 日，《湖南省水利厅湖南省发展和改革委员会湖南省生态环境厅关于印发〈湖南省主要河流控制断面生态流量方案〉的通知》明确，经省人民政府同意，印发《湖南省主要河流控制断面生态流量方案》。《湖南省主要河流控制断面生态流量方案》明确，控制指标包括生态流量指标和最小流量指标，永州市境内控制断面控制指标见表 5-4-4。

2019 年湖南省主要河流控制断面生态流量控制指标表（永州）

表 5-4-4

序号	河流	控制断面	控制面积(平方公里)	多年平均流量(立方米/秒)	断面类型					生态流量(立方米/秒)	最小流量(立方米/秒)
					流域控制断面	省界断面	市界断面	重要水利枢纽	市（州）城区断面		
1	湘江	渌埠头站	6431	232		√				23.2	23.2
2	湘江	湘江坝	7940	256				√		25.6	25.7
3	湘江	太洲坝	9172	291				√		29.1	29.2
4	湘江	潇湘坝(冷水滩站)	21590	645				√	√	64.5	75.0
5	湘江	浯溪坝	23380	691				√		69.1	85.0
6	湘江	湘祁坝	27160	787			√	√		78.7	106
7	潇水	涔天河坝	2469	82.8				√		8.28	11.0
8	潇水	双牌坝	10599	304				√		30.4	31.8
9	潇水	河口	12099	344	√					34.4	35.8
10	舂陵水	永州郴州界	3558	83.5			√			8.35	9.85

2020 年，永州市水利局组织专家对《永州市主要河流控制断面生态流量方案》进行技术审查，确定境内主要河流控制断面生态流量控制指标，见表 5-4-5。

2020 年永州市主要河流控制断面生态流量控制指标表

表 5-4-5

序号	河流	控制断面	控制面积(平方公里)	多年平均流量(立方米/秒)	断面类型	生态流量(立方米/秒)	最小流量(立方米/秒)	最小流量占多年平均流量比例	类别
1	湘江西源	渌埠头	6431	232	省界断面	23.2	23.2	10%	省级
2	湘江西源	湘江坝	7940	256	重要水利枢纽	25.6	25.7	10%	省级
3	湘江西源	太洲坝	9172	291	重要水利枢纽	29.1	29.2	10%	省级
4	湘江	潇湘坝	21590	645	重要水利枢纽	64.5	75.0	12%	省级
5	湘江	浯溪坝	23380	691	重要水利枢纽	69.1	85.0	12%	省级
6	湘江	湘祁坝	27160	787	市界断面	78.7	106	13%	省级
7	湘江东源	涔天河坝	2469	82.8	重要水利枢纽	8.28	11.0	13%	省级

续表5-4-5

序号	河流	控制断面	控制面积(平方公里)	多年平均流量(立方米/秒)	断面类型	生态流量(立方米/秒)	最小流量(立方米/秒)	最小流量占多年平均流量比例	类别
8	湘江东源	双牌坝	10599	304	重要水利枢纽	30.4	31.8	10%	省级
9	湘江东源	潇水河口	12099	344	流域控制断面	34.4	35.8	10%	省级
10	舂陵水	永州郴州界	3558	83.5	市界断面	8.35	9.85	12%	省级
11	龙虎河	湘桂界	992		省界断面	2.00	2.00		省级
12	湘江东源	湘江源	28	0.950	重要河流源头	0.095	0.095	10%	市级
13	永明河	桐溪尾	785	31.4	江永—道县县界	3.14	3.14	10%	市级
14	宜江	宜江河口	936	26.7	流域控制断面	2.67	2.67	10%	市级
15	石溪江	石溪江河口	322	6.29	流域控制断面	0.629	0.629	10%	市级
16	贤水	贤水河口	475	13.6	流域控制断面	1.36	1.36	10%	市级
17	蚣坝河	蚣坝河口	511	14.6	流域控制断面	1.46	1.46	10%	市级
18	泠江	泠江河口	719	21.8	流域控制断面	2.18	2.18	10%	市级
19	宁远河	油湘	2619	87.7	宁远—道县县界	8.77	8.77	10%	市级
20	舜水	舜水河口	524	20.7	流域控制断面	2.09	2.09	10%	市级
21	西河	西河河口	884	26.8	流域控制断面	2.68	2.68	10%	市级
22	湘江东源	向阳坝	4318	139	重要水利枢纽	13.9	13.9	10%	市级（电站）
23	俊水	毛俊水库坝	284		重要水利枢纽	1.50	1.50		市级（电站）
24	黄花河	大忠坝	440	10.4	零陵—祁阳县界	1.04	1.04	10%	市级（电站）
25	芦洪江	杨梓洞坝	910	18.6	东安—冷水滩县界	1.86	1.86	10%	市级（电站）
26	紫水河	紫水河口	1012	30.0	流域控制断面	3.00	3.00	10%	市级（电站）
27	石期河	石期河口	920	26.6	流域控制断面	2.66	2.66	10%	市级（电站）
28	祁水	祁水河口	1683	23.4	流域控制断面	2.34	2.34	10%	市级（电站）
29	白水	白水河口	1815	41.6	流域控制断面	4.16	4.16	10%	市级（电站）
30	桴江	桴江坝	315	11.8	双牌—零陵县界	1.18	1.18	10%	市级（电站）
31	新田河	新隆坝	780	15.5	市界断面	1.55	1.55	10%	市级（电站）
32	湘江东源	大林江坝	3506	111	江华—道县县界	11.1	12.2	11%	市级（电站）
33	湘江东源	五洲坝	5578	172	重要水利枢纽	17.2	19.0	11%	市级（电站）
34	湘江东源	五里牌坝	10832	305	重要水利枢纽	30.5	31.4	10%	市级（电站）
35	湘江东源	南津渡坝	11791	325	重要水利枢纽	32.5	31.4	10%	市级（电站）

二、电站生态流量改造

2018 年，市政府出台《永州市小水电站突出问题专项整治方案》，明确提出，对保留类水电站落实“一站一策”清理整改方案，确定下泄生态流量和生态流量泄放设施建设。2018 年 12 月 6 日，水利部、国家发展改革委、生态环境部、国家能源局制定出台《关于开展长江经济带小水电清理整改工作的意见》，要求切实纠正小水电开发中存在的生态环境突出问题，保护和修复河流生态系统，促进长江经济带走出一条生态优先、绿色发展的新路子。

2019 年 3 月 29 日，省水利厅出台《湖南省小水电清理整改实施方案》。2019 年 6 月 6 日，《永州市水利局、永州市发展和改革委员会、永州市生态环境局关于印发〈永州市小水电清理整改工作方案〉的通知》明确全市小水电站，同时满足以下三个条件可以保留：一是依法依规履行了行政许可手续；二是不涉及自然保护区核心区、缓冲区和其他依法依规应禁止开发区域；三是满足生态流量下泄要求。全市全面完成小水电站清理整改综合评估和“一站一策”清理整改方案，2019 年 9 月，完成整改类水电站生态流量核定和生态流量泄放设施方案。

2020 年 9 月 14 日，永州市召开小水电清理整改工作推进视频会议，会议要求，全力以赴抓好小水电清理整改工作，高质量完成小水电清理整改工作任务。年底，全市 653 座整改类水电站生态流量泄放设施改造、生态流量监测设备安装完成率 100%。

2021 年 1 月 26 日，下发《湖南省人民政府办公厅关于对 2020 年度真抓实干成效明显地区予以表扬激励的通报》，永州市获评全面推进河长制湖长制和“小水电”清理整改等工作成效显著的市、县市区，予以通报表扬，并给予激励支持。

第五节　水利风景区建设

永州市水利风景区建设项目，通过水利工程建设、水环境综合整治、河湖生态修复等措施，整合水利风景资源，优化结构布局，到 2019 年，全市建成国家水利风景区 6 家、省级水利风景区 2 家。

一、国家水利风景区

（一）双牌县阳明山水利风景区

2006 年 8 月 16 日，水利部《关于公布第六批国家水利风景区的通知》批准双牌县阳明山水利风景区为“国家水利风景区”。

双牌县阳明山水利风景区

阳明山位于湖南省永州市双牌县东北隅，属南岭支脉，有着丰富的自然景观资源与以佛教文化为主体的人文景观资源，1982 年阳明山被列为省级自然保护区，1992 年被批准为国家森林公园，1993 年零陵地区成立阳明山国家森林公园管理局，2006 年被评为国家级水利风景区，2009 年被批准为国家自然保护区，2012 年创建国家 AAAA 级旅游景区。

阳明山国家水利风景区境内气候宜人，雨水丰富，溪流纵横，河谷交错，水体景观丰富多彩，计有高山泉眼 40 余处、飞瀑 4 条、深潭 2 处，特别是水质符合源头水、国家自然保护区监测标准。阳明山还是国内罕见的生态宝库，自古就有“北有庐山、南有阳明”之说，山脚的竹、山腰的原始次森林、山顶的杜鹃花构成奇特丰富的生态画卷。境内森林覆盖率达 96%，原始次森林分布数万亩，华南最大的华东黄杉和红豆杉群落分布其中；境内年均气温 14.2℃，空气清新，平均负氧离子含量达 38000 个/立方厘米，其中小黄江源达到 66800 个/立方厘米，有“天然氧吧”之称。

（二）江华瑶族自治县潇湘源水利风景区

2013年10月15日，水利部《关于公布第十三批国家水利风景区的通知》批准湖南省永州市江华瑶族自治县潇湘源水利风景区为“国家水利风景区”。

潇湘源水利风景区以涔天河水库为核心，辐射周边乡镇，包括江华瑶族自治县境内潇水和冯河流经区域，总面积287平方公里，主要由潇湘源滨河风光带、涔天河水库旅游度假区、黄龙山原始森林区和大龙山生态旅游区四部分构成。潇湘源水利风景区文化底蕴深厚，种类齐全，有以长鼓舞和盘王大歌为代表的歌舞文化，以龙犬图腾为代表的宗教信仰文化，以盘王节、赶鸟节为代表的节庆文化，以吊脚楼为代表的居住文化，以瑶家腊肉、瑶家十八酿、荷香米粉肉为代表的饮食文化，以坐歌堂、入赘为代表的婚嫁文化，等等，几乎涵盖瑶族文化生产、生活的方方面面。同时瑶山英才辈出，如王德榜、李启汉、陈为人、王涛、夏明、江华等历史名人。

瑶家姑娘纵情潇水河

潇湘源水利风景区内民族宗教文化资源突出，有盘王殿、豸山寺、文庙、水口寺、观音山等，香火旺盛，经久不衰。还有古芝江红二十九军陈树湘师长就义地、湘江扩红基地、李启汉故居、陈为人故居、王德榜故居、江蓝理瑶厅所城遗址等；还有江华古八景中的阳华胜揽、浪石清流、寒亭秋色、暖谷春容、奇兽虚明等五景在附近。有潇江湾、白泉河洲、星桥、九龙井、天河瑶池、狮子山、天堂瑶寨等景区点星罗棋布。风景区内地形起伏大，割裂分散，沟壑纵横，峰谷交错，地质构造复杂，地貌形态以低山、丘陵为主，为紫红色砾岩、砂岩、页岩构成的低丘，岗上起伏，山势优美。有野生种子植物1198种，陆生脊椎动物140种。

（三）江永县千家峒水利风景区

2015年11月30日，水利部《关于公布第十五批国家水利风景区的通知》批准江永县千家峒水利风景区为“国家水利风景区”。

千家峒水利风景区位于湖南省永州市江永县境内，总面积307平方公里，其范围以源口水库、古宅水库为依托，以“千家峒大泊水瀑布群、女书岛情人河、上甘棠古村水系、千年勾蓝瑶寨水系”等水景观为点，串点成线，融合独有的“瑶族古都千家峒、千古之谜女书、千年古村上甘棠”三千文化资源，主要由瑶族古都千家峒度假区、千古之谜女书岛度假区、千年古村上甘棠水系游览区、千年勾蓝瑶寨度假区、源口水库休闲度假区、古宅水库小古源漂流度假区等构成，是生态景观、自然景观、人文景观、瑶族文化、女书文化、耕读文化、水利资源相结合的综合观光景区。

（四）蓝山县湘江源水利风景区

2015年11月30日，水利部《关于公布第十五批国家水利风景区的通知》批准蓝山湘江源水利风景区为“国家水利风景区”。

湘江源国家水利风景区位于湖南省永州市蓝山县境内，总体规划面积175平方公里，是生态景观、自然景观、人文景观、瑶族文化、水利资源相结合的综合观光景区，与九嶷山接壤，主要由板塘、高塘坪等四湖，大桥河、中河、凌江河等河溪，香炉石、三分石、八仙下棋、野狗岭等多座山构成。山岗、水库、河流、原始次森林构成了这里独特美丽的风景。

蓝山县湘江源水利风景区——高山雾景

（五）祁阳县浯溪水利风景区

2017年8月31日，水利部《关于公布第十七批国家水利风景区的通知》批准湖南省永州市祁阳浯溪水利风景区为"国家水利风景区"。

祁阳县浯溪水利风景区涉及祁阳县大村甸镇、茅竹镇、浯溪镇等9个乡镇临江各行政村，规划总面积51.59平方公里，其中水域面积26.58平方公里。景区主要依托浯溪电站、石洞源水库、湘江、祁水、白水等水域（水利工程），属自然河湖型水利风景区。景区山清水秀，文化厚重，文风昌盛，人杰地灵，水体资源丰富，水域面积占风景区总面积的51.52%，水域景观类型丰富，水生态环境优越，有秀丽的水库，蜿蜒的河道，开阔的平湖，错落的洲滩，景观效果极好的湿地，适合开展多种休闲娱乐活动。

（六）永州市金洞白水河水利风景区

2018年12月5日，水利部《关于公布第十八批国家水利风景区的通知》批准永州金洞白水河水利风景区为"国家水利风景区"。

湖南省永州市金洞管理区白水河水利风景区以白水河为轴、楠木文化主题公园为核心、晒北滩水库和金洞漂流为两翼，具有鲜明的水生态、水文化、水资源景观区域特色。景区群山耸峙、溪河纵横、郁郁葱葱、风光旖旎，景区规划总面积33.5平方公里，其中水域面积4.8平方公里。

金洞管理区白水河风景区

二、省级水利风景区

（一）东安县高岩湖水利风景区

2016年10月26日，湖南省水利厅《关于公布第十三批省级水利风景区的通知》同意东安县高岩湖水利风景区为"省级水利风景区"。

高岩湖水利风景区位于永州市东安县境内，是以紫水上游高岩水库及紫水国家湿地公园为核心水利风景区，总面积17.9平方公里，其中水域面积2.4平方公里，属水库型+湿地型水利风景区。东安县争取项目资金600多万元对下游河道进行治理，投入150万元完善了风景区公路体系、旅游观光景点、大坝绿化美化和排水等基础设施和配套设施，2016年顺利晋级为省级水利风景区。

（二）道县濂溪水利风景区

2016年10月26日，湖南省水利厅《关于公布第十三批省级水利风景区的通知》同意永州市道县濂溪水利风景区为“省级水利风景区”。

濂溪水利风景区是道县独具特色的景区，这里人文气息浓重，历史底蕴深厚，是众多名人的故乡，如宋朝理学鼻祖周敦颐、清朝书法大家何绍基等。景区的名胜古迹甚多，如周敦颐诞生故居、濂溪祠、道山、道岩和圣脉泉等。自然景点颇多，清新秀美，奇特有趣，如月岩、擎天柱、龙宫洞、石象戏珠等。

道县濂溪水利风景区

第六篇 防汛抗旱

新中国成立后，永州人民不断地与水旱灾害作斗争，探索灾害发生规律，建立起一系列科学防灾减灾机制，市、县（区）和基层单位建立健全防汛抗旱组织机构，实行行政首长负责制，进行统一指挥、科学管理。专业技术机构开展气象、水文预报预测，及时掌握雨情水情，为防汛抗旱工作提供信息支撑。同时，各级政府扩大投入渠道，因地制宜新、扩建一批防洪、蓄水、灌溉及供水工程，特别是涔天河水库的扩建降低湘江干流洪水发生的频率，使湘江正源水多、水少问题得到根本性解决。针对山区地形气候特点，永州市山洪灾害预警系统建设覆盖城乡，提前预防，提前转移，主动躲灾避灾，有效降低山洪灾害损失。抗旱预警机制不断完善，安全饮水工程全面建设，抗旱服务队伍机构人员设备得到充实保障。水旱灾害预案、宣传、培训、演练等工作制度化、规范化，为全市防汛抗旱工作开展提供组织和制度保证。

第一章　组织体系

永州市依据《中国人民共和国防洪法》和《中华人民共和国防汛条例》等法律法规，各级政府及大中型水利工程管理单位建立防汛抗灾组织机构，市、县（区）乡镇建立健全以行政首长负责制为核心的各项防汛抗旱责任体制，开展防汛抗灾宣传、培训、演练，发动组织群众和社会力量进行抗灾救灾。同时，各级政府坚持不断地开展水利基础设施建设，通过科学调度，发挥水利工程在防灾减灾中的重要作用。

第一节　机构体系

一、防汛抗旱指挥部

1964 年，零陵地区开始成立防汛防旱指挥部，指挥长由零陵专区专员兼任，成员为军分区、水利水电、气象、交通、财政、粮食、物资、商业等部门主要负责人。指挥部下设办公室，办公地点在地区水利水电局，由地区水利水电局副局长兼任办公室主任。各县市、乡镇以及大中型水库均成立防汛防旱指挥部，统一管理辖区内防汛抗旱工作。1991 年，地区防汛防旱指挥部指挥长由零陵行政公署分管农业的副专员兼任，防汛办主任由地区水利水电局办公室主任兼任，实行一个机构、两块牌子，指挥部成员单位由原来几个重要部门，增加至 30 多个部门。

2015 年，市长向曙光主持全市山洪灾害防御、水库防守、城市防涝电视电话会

2003 年市级防汛、抗旱应急预案的修订和颁发，为全市各级防汛抗旱指挥部制度化和规范化建设提供保障。2008 年、2013 年预案不断修编，增加成员单位，明确工作职责。

2013 年防汛预案规定，市人民政府设立市防汛抗旱指挥部（以下简称市防指），负责全市防汛抗旱工作。由市政府分管防汛工作的副市长任指挥长，永州军分区参谋长、市委和市政府分管防汛工作的副秘书长、市政府农村工作办公室主任（2015 年，市政府农村工作办公室并入市农业局后，不再设此副指挥长）、市水利局局长任副指挥长。防指成员单位有永州军分区、市政府农村工作办公室、市政府新闻办公室、市发展和改革委员会、市经济和信息化委员会、市公安局、武警永州支队、永州消防支队、市财政局、市水利局、市民政局、市国土资源局、市安全生产监督管理局、市气象局、市水文局、市教育局、市卫生局、市农业局、市农业机械化管理局、市畜牧水产局、市林业局、市交通运输局、市住房和城乡规划建设局、市环境保护局、市城市管理行政执法局、市商务局、市人力资源和社会保障局、市应急办、市文广新局、永州广播电视台、永州日报社、市粮食局、市供销联社、市地方海事局、市通讯部门（电信永州分公司、移动永州分公司、联通永州分公司）、国网永州供电公司、中国石化永州分公司、中国石油永州分公司、双牌水库管理局、涔天河水利水电管理局等单位，其负责人为指挥部成员。

2013 年防汛预案规定，永州市防指主要职责：领导、组织全市防汛、抗旱、抢险、救灾等工作；传达贯彻省委、省政府、省防指和市委、市政府对防汛抗旱工作的指示；拟订市防汛抗旱政策、制度和规定等；组织制订防汛抗灾各类预案；负责重大防汛抗旱经费、物资的安排使用与管理；及时掌握全市汛情、灾情，组织实施抗洪抢险救灾措施，统一调控和调度全市水利、水电设施的水量；组织灾后处置，并做好有关协调工作。

1989—2019 年永州市防汛抗旱指挥部指挥长名录

表 6-1-1

任职时间	指挥长	担任职务
1989—1992 年	王干成	零陵地区行署副专员
1993—1998 年	郑纯发	零陵地区行署副专员
1998 年	谢梦阳	永州市人民政府副市长
1998—2001 年	崔永平	永州市人民政府副市长
2002—2006 年	程晨曦	永州市人民政府副市长
2006—2008 年	刘事清	中共永州市委常委、市人民政府副市长
2009 年	荣燕明	永州市人民政府副市长
2010 年上半年	刘尤碧	永州市人民政府副市长
2010 年 7 月至 2013 年	舒　平	永州市人民政府副市长
2014—2016 年	蒋善生	中共永州市委常委、市人民政府副市长
2017 年至 2018 年 8 月	贺　辉	永州市人民政府副市长
2018 年 8 月至 2019 年 5 月	谢景林	永州市人民政府副市长
2019 年 5 月至 2019 年 12 月	谢景林（代）	永州市人民政府副市长

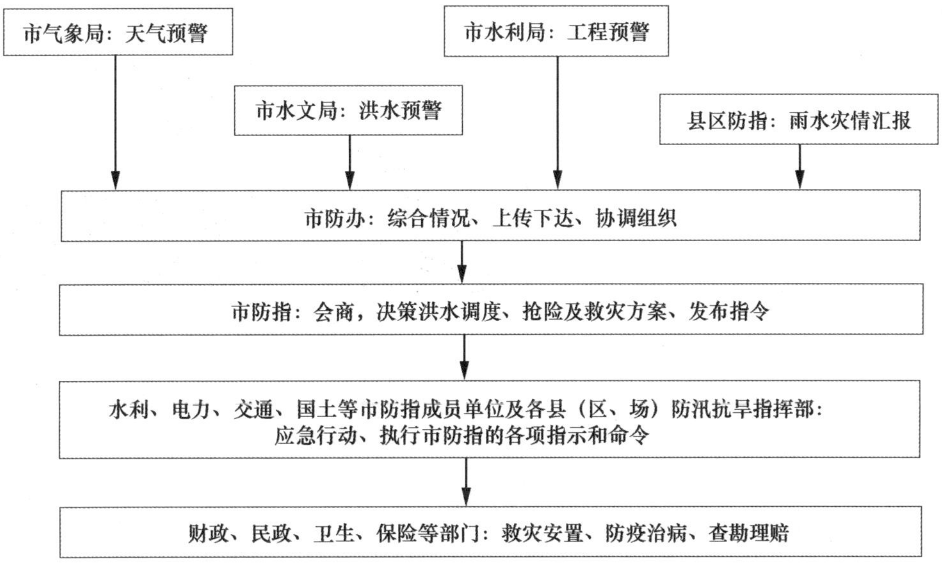

永州市防汛抗旱指挥部组织体系框架图

二、市防汛办

永州市防汛抗旱指挥部下设办公室（以下简称市防汛办）负责处理指挥部日常工作。县（区、管理区）及乡镇分级设立防汛抗旱指挥部，分级负责本行政区域防汛应急工作。乡镇防汛办与乡镇人民政府办公室合署办公，人员多兼任。村级防汛抗旱工作由村支书、村主任等兼任。

1989年前，市防汛办与市水利局办公室实行一个机构、两块牌子。1991年，市防汛办与市水利局办公室分置，明确为全额拨款事业单位，编制3人，挂靠市水利局。2002年市防汛办主任高配为副处级。2005年编制增加至5人。2008年，省、市防汛办加大基层防汛办能力建设，按照“四个一流”（一流的组织机构、一流的专业队伍、一流的技术装备、一流的业务管理）建设原则，全面提高市、县、乡、村四级防汛抗灾综合实战能力，学习“怀化模式”，永州市在祁阳、蓝山等县开展试点。2009年湖南省编办明确永州市防汛办为副处级参公管理事业单位，下设综合科和防汛抗旱应急调度科，编制8人。2016年永州市水利局下发《永州市防汛抗旱指挥部办公室能力建设实施方案》，在县区防汛办队伍建设、财物管理、后勤保障、内务管理、工作规范等方面提出指导性意见和明确要求。2017年底，全市11个县区防汛办全部升格为副科级单位；金洞、回龙圩管理区和永州经开区三地防汛办有常务人员，但都是与当地农村工作局合署办公。2019年机构改革后，市防汛办转隶至市应急管理局。

2019年7月，市水利局党组副书记、副局长黄保平（中）主持防汛工作会议

2013年防汛预案规定，永州市防汛办职责：承办市防指日常工作，组织市防汛抗旱各项具体工作；拟订全市防汛抗旱工作的方针、政策、发展战略并贯彻实施；汛期实行24小时值班制度，收集、上报和发布雨、水、灾情信息；组织制订各类相关预案；指导、督促县区人民政府和管理区、开发区制定和实施防汛抗旱各类预案；指导、督促有关部门清除河道内阻碍行洪的障碍物；科学合理做好市水利、水电设施的水量调度工作；指导、督促各地防汛机动抢险队的建设和管理；组织全市防汛指挥系统建设与管理等。

第二节　保障体系

一、物资储备

2018年，根据市委常委会研究的意见，全市进一步加强防汛抗灾物资器材储备。市财政列支300万元，用于市防汛抗旱物资储备仓库的修缮和物资采购。由市水利局在冷水滩区河西零陵南路仓库修缮一栋防汛抗旱物资储备仓库储备防汛抗灾物资器材，同年，采购物资器材200万元，其中采购冲锋舟6艘、新型组合式铝合金冲锋舟1艘、冲锋舟拖车2辆、应急抢险车1台、橡皮艇8艘、打桩机1台、发电机组1台、潜水救援和水上救援设备各2套，救生衣、雨具等物资若干。物资储备仓库及相关物资2019年转交市应急部门管理。

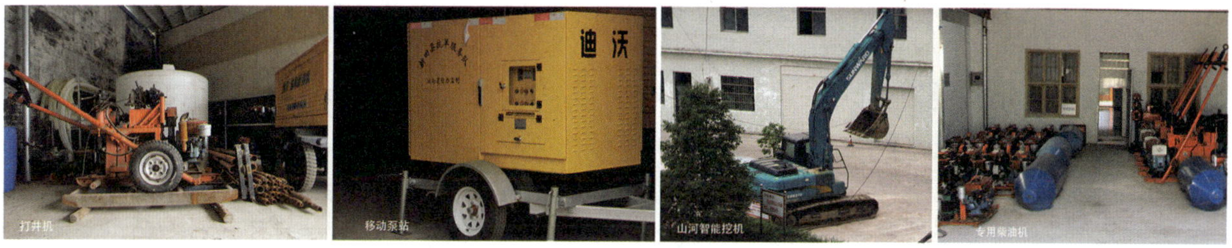

全市各县区防汛抗旱物资储备标配

二、抢险队伍

2000 年至 2018 年，全市各县区组建一支常备专业抢险队伍，由武装部牵头，复退人员组成，人员在 40~100 人，主要用于防汛、防火和其他突发事件的抢险救灾。乡镇、水库等其他重点防汛部位各自组建临时应急抢险队，并开展不同形式的培训和演练。2018 年，全市登记在册的县级专业抢险队伍 17 支 874 人。

三、抗旱服务队

2011 年冷水滩、祁阳、东安三个县区率先被列为中央支持县级抗旱服务队建设县，每县获抗旱设备采购资金 200 万元。2013 年道县、双牌、新田、宁远、蓝山、江永、江华七县分别获 200 万抗旱设备采购资金。永州市 13 个县区（管理区）在原有基础上经相关县区（管理区）政府及编委发文相继成立有机构和人员编制的抗旱服务队，均挂靠在县区水利局，队长由防汛办主任或副主任兼任，人员从水利局调配，制订相关的制度规章。截至 2013 年底，全市共有县级抗旱服务队 13 支，523 名抗旱服务队员，其中编制内 215 名。

第三节　责任体系

根据《中华人民共和国防洪法》《中华人民共和国防汛条例》等相关法律法规的规定，永州市防汛抗灾工作逐渐建立起以行政首长负责制为核心的责任体系，即行政首长责任制、部门分工负责制和防汛抗旱业务部门岗位责任制。2001 年汛前市防指将中型水库、山洪灾害易发区和县级以上城镇防汛责任人在《永州日报》上予以公示，县区按照分级负责的原则在相关媒体公示各类责任人，以加强公众对防汛工作的监督。以后每年汛前形成定例。2003 年，防汛抗旱责任制在全市全面落实。市、县、乡级政府有一名主要领导分工抓防汛抗旱工作，主要负责组织协调各部门工作、发动群众投入抗洪抢险和抗旱救灾，促进和推动防汛抗旱各方面工作的开展；各级防汛抗旱指挥部的组成单位实行部门分工责任制，有明确的职责和承担的防汛抗旱任务；市、县防汛办按照业务范围建立健全各种岗位责任制，并将任务和职责落实到人，防汛抗旱工作人员进行目标责任管理，年终进行考核。在防汛关键时期，市委、市政府主要领导直接指挥调度。部分县为提升工作重要性，一直由县长担任防汛抗旱指挥长。市、县防汛指挥部根据汛情发展，及时组织防汛会商，研究分析雨、水、灾、险情，提出科学合理的调度方案。市县防汛办、水文、气象以及大中型水利工程按照有关调度规程规则，明确调度职责和义务，认真履行各自的职责，切实做好江河洪水和水库洪水预测、预报及调度工作。

水库防汛责任制和防汛值班责任制是水利部门建立最早的责任制，1992 年前就已经全面推行。随着对城市防洪和山洪灾害的重视，2001 年，城市防洪和山洪灾害责任制开始确立。水库后盾单位责任制最先在道县、宁远、江永、回龙圩等县区实行，2014 年开始在各县区全面推广。

一、水库防汛责任制

大型水库由永州市市级领导为行政责任人，中型水库工程和重点小（1）型水库由县区领导为行政责任人，小型水库工程由乡镇和村级领导为行政责任人。同时，各类水库工程明确技术责任人和水库管理责任人，实行行政责任人、技术责任人和水库管理责任人“三人一库”的管理模式，其中小型水库实行专职管护人员。水库工程防汛责任制要求从防汛值班—防汛调度—查险处险—抢险救灾—安全转移—水库管理—除险加固等环节实行全过程包干负责。

二、城市城镇防汛责任制

全市所有的城市、城镇都实行以当地行政首长负责制为核心的领导责任体系，具体对防洪设施建设、防汛排涝、抢险救灾、居民转移等全面负责。

三、山洪灾害易发区防汛责任制

对山洪易发区建立以当地行政领导为责任人，由指挥部相关成员单位具体分工的责任制。做好山体滑坡、泥石流隐患区的监测和防治，对威胁区内的学校、住房、水利、公路、电力、通信等基础设施做好搬迁规划建设指导。制订完善山洪灾害防御应急预案，做好预测预报，及时发布预警信号，提前组织群众安全转移。

四、防汛值班责任制

按照国家防总、省防指的规定，永州市确定每年 4 月 1 日至 9 月 30 日为汛期，其中 4 月 1 日至 6 月 30 日为主汛期，7 月 1 日至 9 月 30 日为末汛期。在汛期内，市、县（区）、乡镇和大中小型水利工程的防汛指挥机构实行 24 小时防汛值班制度，水文、气象、国土等重要成员单位实行汛期 24 小时防汛值班制度，其他成员单位自行确定防汛值班制度。在防汛值班中，值班人员 24 小时不离岗离位，积极主动搜集、整理、上报下达防汛情报信息，为各级领导决策防汛抢险救灾提供科学依据。

防汛办值班人员工作场景

市防汛办实行 24 小时防汛值班制，每周两轮班，分值班领导、主班和副班。领班由市水利局领导担任。值班人员原则上由市防汛办工作人员轮流担任。值班人员每天 8 点、20 点搜集和掌握雨、水、工、险、灾等防汛基本情况，填报值班日志，2017 年开始通过“防汛抗旱云平台”填报电子值班日志。发生暴雨出现汛情紧张时，值班人员将雨水信息以短信方式发送至市委、市政府、市防指和局领导的手机上，并按照要求续报；值班人员主动关注天气预报、卫星云图，查看省市防汛网站的防汛信息，并经常查自动传真、电子邮件等渠道传递过来的文件资料，及时送呈领导，抓好落实。特别对灾害性天气和险情报告等重大情况，值班人员及时报告有关领导。值班人员定期和不定期抽查县区防汛办、大中型水库值班到岗到位情况。

五、后盾单位责任制

县区根据本辖区水库数量和病险程度等实际情况，结合后盾单位实力，明确一个或几个县直单位为水库防汛的后盾单位，该单位明确一名单位领导负责，针对该水库制订切实可行的工作方案，按照“协助管护、支持防汛、参与抢险、支援救灾、督促检查”的原则，从人、财、物等方面尽力协助、配合、督促做好水库防汛工作，确保水库安全度汛和群众生命财产安全。

第四节 应急预案体系

永州市各级政府重视防汛抗旱非工程类措施建设，研究修订各类预案，开展防灾宣传培训和演练，储备必要的资金和物资，组建抢险救灾队伍。同时，加大技术支撑，搞好灾害预报预警，迅速响应，高效指挥，科学调度，为躲灾、避灾、减灾争取时间，为防汛抗旱工作提供重要保障。

一、防汛抗旱预案

1998 年，市政府根据国家法律、法规和有关规定制定一系列防汛抗旱类预案（总体和专项预案），确保防汛抗灾工作有序开展。总体预案主要是防汛应急预案和抗旱应急预案，以指导区域内防汛抗灾工作，涵盖城乡生活、生产和生态等方面，囊括所有县区和相关部门监测、预警、调度、抗灾救灾及善后工作等。永州市及 14 个县区（管理区、经开区）都制定相关的防汛、抗旱应急预案，并通过法制部门审核，以政府文件下达。专项预案主要用于指导不同对象和地区，或一定时段的防汛抗旱工作，如水库防洪应急预案、城区防洪人员紧急转移预案、水库防守抢护和人员紧急转移预案、山洪灾害易发区人员紧急措施转移预案，以及涔天河水库扩建工程年度移民应急度汛预案。随着预案不断规范化、制度化，永州市各类水库、电站、河坝及骨干山塘都制订相应防汛预案，有抗旱蓄调水要求的水利工程都有相应抗旱预案。

宁远县 2015 年防汛应急预案

（一）防汛应急预案

2002 年，永州市防汛抗旱指挥部首次制定防汛应急预案，并编制《永州市防洪指挥调度实用手册》，2007 年市政府批复下发《关于印发永州市防汛应急预案的通知》，2013 年市政府批复下发《关于印发〈永州市防汛应急预案〉的通知》。防汛应急预案的制定和实施促进永州市防汛工作正规化、规范化、制度化建设。

（二）抗旱应急预案

2007年永州市防汛抗旱指挥部首次制定抗旱应急预案，同时，编制《永州市抗旱救灾应急预案简明手册》。2008年市政府批复下发《永州市旱灾应急预案》，2013年市政府批复下发《关于印发〈永州市旱灾应急预案〉的通知》。永州市抗旱应急预案的制定和实施，增强抗旱应急能力，为提高抗旱救灾工作效率，最大限度地减少旱灾损失发挥显著作用。

二、预报预警机制

2013年防汛预案中规定，永州市防指通过各种信息化手段和预报预警人员现场巡查获取信息，由永州市防指统一指挥调度，提前采取预报预警行动，以减少水旱灾害损失。

（一）江河洪水预警

在江河即将出现洪水时，永州市水文局开展洪水预报工作，及时向市防指报告水位、流量的实测情况和洪水预报结论，为预警提供依据。市、县区防指按照分级负责原则，确定洪水预警区域、级别和洪水信息发布范围，按照权限向社会发布。市水文局跟踪分析江河洪水的发展趋势，及时滚动预报最新水情，为抗灾救灾提供基本依据。

（二）山洪灾害预警

市、县区防指组织国土、水利、气象等部门编制山洪灾害防御预案，绘制区域内山洪灾害风险图，划分并确定危险区和安全区，制订群众安全转移方案，明确组织机构的设置及职责。永州市各县区、乡镇建立专业监测与群测群防相结合的监测体系，落实观测措施，汛期坚持24小时值班巡查制度，降雨期间，加密观测、加强巡逻。全市各级防指利用山洪灾害防治县级非工程措施建设的预警平台，及时发布山洪预警信息。乡镇、村、组和相关单位落实信号发送员，一旦发现危险征兆，按组—村—县的次序进行预警，实现快速转移，并及时报告当地防指，由防指组织抗灾救灾。

（三）抗旱预警

在旱灾发生前，市、县区和乡镇水利部门采取有效措施，增加水利工程的蓄水能力，详细掌握境内河道、水库等蓄水量及分布情况，制定抗旱供水计划及水源应急调度预案。同时制定在旱情严重时的节水限水方案，报市人民政府批准后实施。各水利工程管理单位在旱情发生前对水利工程进行检修维护，对水井、机泵、扬水站、供水渠系等进行维修改造，并组织实施抗旱水源工程建设和抗旱应急工程修复。市、县区气象、水文部门及时采集、传递旱情信息，提高旱情预测预报水平，同时调试好人工降雨设备及组织好相关人员培训。各级防指根据掌握的实时旱情灾情，预测干旱发展趋势，根据不同干旱等级，发布相应预警，作出相应对策，防范干旱灾害的发生和蔓延。

（四）预警支持系统

2015年，市、县编制各类防御洪水和抗旱预案，并按规定上报审批。组织工程技术人员，研究绘制本地区的城市洪水风险图、流域洪水风险图、山洪灾害风险图、水库洪水风险图、干旱风险图，并作为抗灾救灾、群众安全转移安置的决策依据。同时，依托市、县大力发展防汛抗旱信息系统，加强山洪灾害防治县级非工程措施项目的建设、维护和管理，建立汛情预警、山洪灾害防治预警系统技术支持平台，江河、山洪预报预警能力得到快速提升。永州市抗旱信息系统发展缓慢，主要在双牌灌区等局地实施和运用。

第二章 防灾减灾

在大力加强水利工程建设，增强防灾抗灾能力的同时，永州防指通过开展防灾减灾培训演练，增强干部群众躲灾避灾能力。通过完善指挥调度，提升抗御洪旱灾害水平。建设覆盖全市的山洪灾害防治非工程措施和抗旱应急水源工程，在战胜一次次重大水旱灾害过程中积累防汛抗灾的宝贵经验。

第一节 培训演练

2017 年，永州市政府举行防汛抗灾应急演练

永州市防汛–培训活动主要采取集中授课培训、专家专题讲座、网络教程发放、集中观看防汛抗旱知识片，以及通过党校及相关会议方式开展。市级重点培训市级防指领导及其成员、防汛办工作人员，所辖县区防汛抗旱行政首长、水利部门及防汛部门负责人等。县、乡分级培训县级防指领导及其成员、防汛办工作人员，所辖乡级防汛抗旱行政首长、水管站工作人员，工程管理人员、技术人员、防汛抢险和抗旱服务组织工作人员，村级山洪灾害预警员、信息员、铜锣员、报信员等。

2007 年，永州市在“世界水日”“中国水周”集中开展防汛抗灾的宣传培训活动，全市分发山洪地质灾害防御知识挂图、手册和光碟等宣传资料 11000 多套。2008 年市防汛办购置《山洪灾害防御知识宣传片》光盘 1400 张分发到县区、乡镇和重点村。在全市“应急知识宣传周”期间，组织市、县两级电视台集中黄金时间播放光盘内容，部分县区还组织宣传队到农村、学校播放光盘。至 2019 年，每年“世界水日”、“中国水周”以及 5 月 12 日市县水利部门都定期开展水利防灾减灾宣传培训活动。

2011 年永州市山洪灾害防治非工程措施全面实施，市防指、市水利局将防汛应急演练工作作为汛前准备的一项重点工作，每年 4—6 月期间组织一次市级应急演练，带动全市县、乡、村以预案为纲领，强化联防联控，在江河低洼区、水库上下游、暴雨中心区、地质灾害区等山洪灾害危险区全面开展应急演练，通过开展防汛应急演练，让基层防御责任人熟知转移组织工作要领，提高应急指挥水平；广大群众熟知避灾转移要点，提高防灾避灾意识，确保关键时刻能临危不乱、有效避灾。

2011 年 6 月 2 日，市防指在道县组织防汛应急演练，参观道县天鹅塘、乐海水库除险加固工程和永明河流域治理工程现场，观摩防汛抢险救援演练，下午召开全市山洪地质灾害防御暨病险水库除险加固现场会议。2012 年 6 月 20 日，市防指在零陵区组织防汛应急演练，观摩零陵区邓古塘水库查险处险及下游山洪灾害防御演练，召开全市山洪灾害防御暨水库防守座谈会。2013 年 5 月 22 日，市防指在东安县组织防汛应急演练，在东安县超美水库观摩山洪灾害防御和水库防守应急演练，召开全市山洪

2014 年 5 月，新田县在知市坪组织村民进行应急演练

灾害防御暨水库防守工作座谈会。2014 年 5 月 20 日，市防指在新田县组织防汛应急演练，在塘下水库观摩山洪灾害防御和水库防守应急转移演练，召开全市山洪灾害防御暨水库防守演练现场会。2015 年 4 月 28 日，市防指在江华瑶族自治县组织防汛应急演练，观摩涔天河水库扩建工程移民转移和抢险救援演练并召开座谈会。2016 年 4 月 7 日至 8 日，市防指在祁阳县组织防汛应急演练，在祁阳县观音滩镇八尺村鸭婆洲观摩防汛应急演练，召开全市防汛抗旱工作会议及全市防汛抗灾调度会议，并举办防汛抗灾业务培训班。2017 年 5 月 18 日，由永州军分区承办，在冷水滩区潇湘平湖举行全市防汛抗灾应急示范演练，调集 50 多艘冲锋舟，出动 300 多名应急抢险队员，市县两级 400 余名主要防汛责任人现场观摩演练。2018 年 4 月 11 日上午，市人民政府组织市级河长、副河长在道县二水厂及五洲电站大坝至两河口河段巡河。全体与会人员在道县祥霖铺镇两河口村观摩防汛抗灾应急演练，下午召开全市汛抗旱暨第一次河长会议。

第二节　指挥调度

市防指、防汛办对防汛抗灾工作的调度主要集中体现在汛前准备工作、江河洪水调度、水库防汛调度和应急响应上。防汛和抗旱应急预案的制定，使各项指挥调度工作规范化。

一、汛前准备

每年 1 月份市防指下发 1 号文件，要求各级各部门做好防汛抗灾准备工作，包括思想准备、组织准备、工程准备、预案准备、物料准备、通信准备，以及加强防汛管理、建设维护管理山洪灾害防治项目。

防汛安全检查是汛前准备的重点工作。每年县区防指、水利局要组织力量在 2 月底前完成对辖区的防汛安全检查，建立检查台账，列出问题清单，明确整改责任，限期整改到位。市防指、市水利局在 3 月上旬对县区开展巡查，采取普查与抽查相结合的方式实施，主要针对水利工程、山洪地质灾害防御工作查找整改问题，迎接省里防汛检查。此外，汛中、汛后根据防汛情况市防指还要派出防汛检查组进行检查。同时，相关部门也分别就山洪地质灾害防御、救灾物资储备、城市防涝以及预警系统维护等工作展开专项检查。

二、江河洪水调度

永州市江河洪水调度操作主要有预泄和错峰调度。

（一）预泄调度

出现较大洪水时，市防指按照《潇湘两水调度管理办法》，向相关水库电站下达调度命令，相关水库电站控制水位，提前预泄。市防指同时向相关水库电站所在县区防指下达调度令，以便监督执行。

2013 年 7 月，双牌水库泄洪错峰

（二）错峰调度

涔天河水库扩建前，双牌水库是永州市境内潇湘两水上唯一具有调节洪水能力的工程，但调蓄能力不强，遇较大洪水时，调节洪水水量有限。双牌水库的调度权限在湖南省防汛办，永州市需要双牌水库错峰调度，通过省防汛办对其下达调度令。

2003 年 5 月 9 日，永州市防指制定《潇湘两水洪水调度规程》，以此规程对有关县区和潇湘两水各水利水电工程管理单位下达洪水预泄、错峰调度、汛期水位控制等调度命令。2013 年 10 月 8 日，永州市水利局对潇湘两水沿线县区，双牌水库大坝以下潇水干流和湘江干流永州市境内径流式水电站下发《防洪调度管理办法》，规定 2014 年 4 月 1 日起施行。办法明确防洪调度的基本方式：适当控制蓄水和适当提前预泄。当发生较大洪水时，水电站服从市、县防汛指挥部门的调度指挥；一般情况和非汛期原则上由水电站按有关规定自行调度（发生特大干旱时除外）；水电站大坝闸门启闭要按工程设计和调度运用有关规定进行操作，逐步开启或关闭，不允许短时间内大幅启闭闸门，造成下游陡涨陡落，要基本保证入出等流，平稳泄洪，以免危害工程自身安全和下游安全，人为造成上下游淹没损失；当双牌水库开闸泄洪流量超过 2500 立方米/秒时，下游的五里牌和南津渡水电站要进入防洪警戒状态，电站工作重点由发电转为防洪保安，大坝、泄洪闸门、引水渠和厂房等主要水工建筑物要做好防洪保安措施，提前开闸泄洪，并根据水情逐渐加开闸门至全部打开，全力泄洪；当湘江上游来水超过 1500 立方米/秒时，下游的湘江、太洲水电站要进入防洪警戒状态，电站工作重点由发电转为防洪保安，大坝、泄洪闸门、引水渠和厂房等主要水工建筑物要做好防洪保安措施，提前开闸泄洪，并根据水情逐渐加开闸门至全部打开，全力泄洪；当湘江老埠头水文站流量超过 3500 立方米/秒时，下游的潇湘、浯溪、湘祁水电站要进入防汛警戒状态，电站工作重点由发电转为防洪保安，大坝、泄洪闸门、引水渠和厂房等主要水工建筑物要做好防洪保安措施，提前开闸泄洪，并根据水情逐渐加开闸门至全部打开，全力泄洪。

码市						
3	水口					
7	4	涔天河				
18	15	11	道县			
26	23	19	8	双牌		
30	27	23	12	4	南电	
32	29	25	14	6	2	老埠头

潇水干流洪水传播时间（单位：小时）

全州				
7	湘电			
12	5	老埠头		
14	7	2	冷水滩	
21	14	9	7	祁阳

湘江干流洪水传播时间（单位：小时）

潇水、湘江较大洪水传播时间示意图

（备注：两个地名交会点的数字为两地间洪水的传播时间）

2019 年潇水、湘江干流主要河段安全流量一览表

表 6-2-1

河道（段）名称	安全流量（立方米/秒）	河段主要城市
涔天河水库大坝—大林江电站大坝	2200	江华县城
大林江电站大坝—宜水河口	2800	道县县城
双牌电站大坝—南津渡电站大坝	3500	双牌县城
南津渡电站大坝—萍岛	3500	零陵城区
渌埠头—萍岛	3000	东安县石期市镇
萍岛—湘祁电站	6000	冷水滩城区、祁阳县城

潇水、湘江主要水文站警戒水位、流量关系一览表

表 6-2-2

水文站	警戒水位（米）	流量（立方米/秒）	水文站	警戒水位（米）	流量（立方米/秒）
道县	170	2180	冷水滩	95	5550
双牌	128.5	2700	祁阳	83	7150
老埠头	103	6000			

2019 年涔天河、双牌水库汛期控制水位情况表

表 6-2-3

水库名称	主汛期				后汛期			
	日期	水位（米）	蓄水量（亿立方米）	防洪库容（亿立方米）	日期	水位（米）	蓄水量（亿立方米）	防洪库容（亿立方米）
涔天河水库	4.1-5.31 6.1-8.10	306.5 310.5	9.85 11.1	3.75 2.5	8.11-9.30	313	12.1	1.45
双牌水库	4.1-6.20	168~169	3.16~3.44	0.58~0.3	6.20-9.30	170	3.74	0

2019 年永州市主要电站防洪调度基本情况表

表 6-2-4

电站名	集雨面积（平方千米）	坝顶高程（米）	汛限水位（米）	正常水位（米）	正常库容（万立方米）	死水位（米）	死库容（万立方米）
五里牌	10832	131	126	126	2590	125	2100
南津渡	11791	119.80	114	114	3156	110.2	2590
湘江	7940	119	117.2	117.2	1307	114	545
潇湘	21590	108	97	97	8500	96	7100
浯溪	23380	96	88.5	88.5	17780	87.5	15600
湘祁	27118	84.8	75.5	75.5	16090	74.8	14380

三、水库防汛调度

每年汛前，防汛部门要对所有上型号的水库设定“汛期控制限制水位”（水库汛期运用计划），并实行分级报批（大型和重点中型报省防指审批下达，一般中型报市防指审批下达，小型水库及以下水利水电工程由县区防指审批下达)。水库防汛调度按照水库防汛预案控制水库水位，水库防汛调度严格执行水库汛期设定的标准水位蓄水，不得擅自超蓄，特别是病险水库、在建水库要进行重点监控。按照分级调度原则，市防汛办主要是监督中型水库蓄水运行情况，对超汛限水位蓄水的水库，及时下达调度令，责令所在县区防指进行调度。

四、应急响应

根据预报预警，永州市各级各部门根据防汛抗旱应急预案按照灾害的类型和等级启动相应应急响应。按照2013年预案要求，按洪涝灾害和旱灾的严重程度和范围，应急响应行动分为四级：Ⅳ级（一般)、Ⅲ级（较重)、Ⅱ级（严重）和Ⅰ级（特别严重)，依次用蓝色、黄色、橙色、红色标示。

当发生较大险情、灾情，或启动Ⅲ级以上响应后，市防指要对抢险物资、器材、装备、队伍、技术力量等方面进行全方位调度，并及时安排工作组（联系县区的领导、工作人员）赴灾区指导帮助抢险救灾。工作组按照预案规定的“响应”级别实施抢险救灾。

（一）防汛应急响应

2013年防汛预案规定，符合下列条件之一时，进入Ⅳ级（蓝色）响应：（1）局部地区24小时降雨量超过100毫米，低于150毫米；（2）湘江或潇水流域发生超警戒水位的一般洪水，即预报冷水滩水文站洪峰水位在95.50米以上至96.50米；或道县水文站洪峰水位在171.00米以上至172.00米；（3）湘江或潇水局部支流区域发生暴雨山洪、泥石流、山体滑坡等山洪灾害；（4）全市多个县区（管理区、开发区）同时发生一般性洪涝灾害，或单一县区（管理区、开发区）发生较严重洪涝灾害；（5）水库、堤坝出现不同程度的险情，但没有垮库、垮堤、垮坝的危险。

符合下列条件之一时，进入Ⅲ级（黄色）响应：（1）局部地区24小时降雨量超过150毫米，低于200毫米，或6小时内降雨量超过100毫米；（2）湘江或潇水流域发生较大洪水，即预报冷水滩水文站最高洪峰水位在96.50米以上至98.00米；或道县水文站最高洪峰水位在172.00米以上至173.50米；（3）全市多个县区（管理区、开发区）同时发生较严重洪涝灾害，或单一县区（管理区、开发区）发生严重洪涝灾害；（4）市气象部门预报强热带风暴、台风将严重影响我市部分县区（管理区、开发区)，并发出紧急警报；（5）小（1）型、小（2）型水库发生危及水库安全的险情，存在垮坝危险。

符合下列条件之一时，进入Ⅱ级（橙色）响应：（1）较大范围（一个县区以上）内24小时降雨量超过200毫米，低于250毫米，或6小时内降雨量超过150毫米；（2）湘江或潇水流域发生大洪水，即预报冷水滩水文站洪峰水位在98.00米以上至99.00米；或道县水文站洪峰水位在173.50米以上至175.50米；（3）潇、湘干流沿线低洼地带出现较大范围的淹没，江华、道县、双牌、零陵、冷水滩、祁阳等县城城区地势较低的地方大面积进水受淹；（4）中型水库、重点小（1）型水库出现超设计标准洪水，出库流量超过下游河道安全泄量，严重危及下游沿线城镇安全；（5）中型水库、重点小（1）型水库发生危及大坝安全的险情。

符合下列条件之一时，进入Ⅰ级（红色）响应：（1）较大范围（一个县区以上）内24小时降雨量超过250毫米，或6小时内降雨量超过200毫米；（2）湘江或潇水流域发生特大洪水，即预报冷水滩水文站洪峰水位达到99.00米以上，或道县水文站水位达到175.50米以上；（3）大中型水库出现超校核标准洪水，严重威胁下游乡镇级以上（含乡镇）城镇安全；（4）境内大中型水库发生危及大坝安全的重大险情，并危及公共安全；（5）市重点在建水利工程遭遇超标准洪水等险情，并危及公共安全；（6）潇湘干流重要城镇的城市堤防发生决口。

（二）抗旱应急响应

2013年抗旱预案规定，符合下列条件之一时，为轻旱（Ⅳ级)：（1）全市区域内农作物受旱面积占耕地面积10%以上至20%；（2）全市区域内农作物关键生长期内连续10至20天降水量小于5毫米；（3）城市干旱缺水率为5%以上至10%，出现缺水现象，居民生活生产用水受到一定程度影响；（4）全市区域内土壤墒情含水量在80毫米以下至60毫米之间。

符合下列条件之一时，为中旱（Ⅲ级）：（1）全市区域内农作物受旱面积占耕地面积20%以上至40%；（2）全市区域内农作物关键生长期内连续21至30天降水量小于5毫米；（3）城市干旱缺水率为10%以上至20%，出现明显的缺水现象，居民生活、生产用水受到较大影响；（4）全市区域内土壤含水量在60毫米至40毫米之间；（5）全市多个县区发生轻旱，单一县区发生重旱时。

符合下列条件之一时，重旱（Ⅱ级）：（1）全市区域内农作物受旱面积占耕地面积40%以上至60%；（2）全市区域内农作物关键生长期内连续31至45天降水量小于5毫米；（3）城市干旱缺水率为20%以上至30%，出现较大缺水现象，城市生活、生产用水受到严重影响；（4）全市区域内土壤含水量在40毫米以下至20毫米之间；（5）全市多个县区发生中旱，单一县区发生特大干旱时。

符合下列条件之一时，为特重旱（Ⅰ级）：（1）全市区域内农作物受旱面积占耕地面积超过60%；（2）全市区域内农作物关键生长期内连续超过45天降水量小于5毫米；（3）城市干旱缺水率超过30%，出现极为严重的缺水局面或严重供水危机，城市生活生产用水受到极大影响；（4）全市区域内土壤含水量在20毫米以下。

2007—2019年永州市启动防汛抗旱应急响应日期表

表6-2-5

年度	防汛应急响应				抗旱应急响应			
	Ⅰ级	Ⅱ级	Ⅲ级	Ⅳ级	Ⅰ级	Ⅱ级	Ⅲ级	Ⅳ级
2007年		6月7日	8月19日	6月2日 6月9日				
2008年		6月9日	6月8日 8月22日					
2011年							8月1日	7月21日 8月11日
2012年				5月12日 6月22日				
2013年		8月17日	8月22日	5月16日 6月9日 9月23日		8月2日	7月31日	7月25日
2014年				6月5日 6月19日				
2015年			5月20日	11月12日				
2016年				5月7日 6月14日				
2017年	7月2日	7月1日 20时	7月3日	6月5日 6月25日 7月1日 14时				
2018年			8月16日	9月16日				
2019年			7月13日	6月9日 7月18日 8月25日				

第三节　山洪灾害防治非工程措施

山洪灾害防治非工程措施包括山洪灾害防御体系、山洪灾害防御预案、中小流域暴雨监测、中小河流洪水预报和山洪预警系统等。2003 年后，永州市进行的山洪灾害防治非工程措施是根据国家和省里的建设要求，进行监测站点、预警报警设施、预警平台建设，中央、省、市、县、乡监测预警系统互联互通，群策群防体系建设，防御预案修订和完善，等等。

一、县级山洪灾害防治非工程措施

2003 年 3 月 28 日，永州市防汛抗旱指挥部下发《关于加强城乡规划防治山洪灾害的通知》，全市启动防治山洪灾害规划的编制工作。2006 年国务院批复《全国山洪灾害防治规划》，提出 2010 至 2020 年山洪灾害防治的目标和建设任务，并进行山洪灾害防治试点。2007 年，省防指在永州市江华、道县两地试点建设 160 个村级报警点，市防指在搞好配套设施建设的同时，另为 29 个重点防御村配备报警设施。2008 年蓝山县成为山洪灾害防治试点县，率先进行山洪灾害防治非工程措施建设，市防指投入 600 万元建设 1000 个村级报警点。2009 年市防指对 120 多个地质灾害点进行报警设施建设。2010 年 11 月，水利部、财政部、国土资源部、中国气象局联合启动山洪灾害防治县级非工程措施项目建设。永州市 11 个县区均属于全省 96 个山洪灾害县级非工程措施建设县。2010 年双牌县、道县、江华瑶族自治县开始实施项目建设。2011 年 1 月，永州市成立由副市长舒平任组长，市财政局、防汛办、国土局、气象局、水文局等相关部门负责人为成员的协调领导小组，负责山洪灾害防治非工程措施的组织、协调和督促工作。县区也按照同样的配置成立县级领导小组。全市 11 个县区全面铺开山洪灾害防治非工程措施项目建设。2012 年，金洞、回龙圩管理区纳入建设县范围实施项目建设。2013 年，全市（不含金洞、回龙圩）县级非工程措施建设项目全部完工，11 个县级山洪灾害预警平台建设正式运行。2013-2016 年，永州市进一步补充完善非工程措施，其间，又启动山洪调查评价和重点山洪沟防洪治理项目。

截至 2016 年 12 月，永州市山洪灾害防治项目累计投入达到 1.53 亿元（中央资金），其中山洪调查评价投入 1727.5 万元，非工程措施投入 9622.5 万元，山洪沟治理投入 3935 万元。据 2018 年统计数据，全市山洪灾害防治完成 4 条山洪沟的治理；新建（改造）县级山洪灾害监测预警平台 13 个；建设和配备预警广播站点 2442 套，雨量遥测站 261 套，水位遥测站 25 套，图像站 177 套，视频站 29 套，水位、雨量一体站 123 套，水位、雨量、图像一体站 113 套。基本建成山洪灾害防治监测网络。

二、市级山洪灾害预警平台

依托山洪灾害防治县级非工程措施硬软件建设，永州市建设山洪灾害监测预警信息管理系统项目，称为市级山洪灾害预警平台。主要是集成全市雨水工情数据信息，汇聚气象、水文、国土等分析成果，实现国家、省、市、县、乡镇视频会商，更好服务于防汛抗旱指挥调度。2013 年 12 月，项目由湖南省水利水电勘察设计研究总院设计，设计概算 250.41 万元。2014 年

江华瑶族自治县山洪灾害预警设施及演练

1月，由湖南省水利厅批复，批复核定项目总投资219.0708万元，其中，中央资金173万元、地方配套资金46.0708万元。系统主要包括山洪灾害监测预警信息平台建设（含互联互通）、山洪调查评价。互联互通于2014年10月29日通过省水利厅竣工验收，山洪灾害监测预警系统平台建设2015年10月11日通过市水利局初步验收。

2008—2019年永州市山洪灾害防治县级非工程措施年度资金安排统计表

表6-2-6 （单位：万元）

市县区	2008	2011	2012	2013	2014	2015	2016	2017	2018	2019	总计
市本级	20	29	34	173	—	73	—	—	—	—	329
冷水滩	—	280	20	115	260	129	5	6	10	10	835
零陵	—	261	30	87	370	200	5	186	10	10	1159
祁阳	—	450	30	99	375	212	185	7	10	10	1378
东安	—	310	—	151	275	30	7	7	181	10	971
双牌	60	80	20	214	195	189	7	316	10	310	1401
道县	—	100	35	441	35	77	185	7	10	10	900
江永	—	—	400	50	265	155	5	13	208	10	1106
江华	70	220	30	25	120	37	9	366	10	10	897
宁远	—	—	444	300	35	175	9	13	10	130	1116
新田	—	—	423	40	310	128	7	13	10	140	1071
蓝山	60	—	448	370	25	105	7	7	10	10	1042
金洞	—	—	180	50	150	84	5	6	10	—	485
回龙圩	—	—	126	49	150	52	5	6	35	—	423
年度合计	210	1730	2220	2164	2565	1646	441	953	524	660	13113

第四节 工程措施

工程措施包括坡面及冲沟治理，中小河流河道治理，滑坡防治，病险水库除险加固，水土流失治理，生态系统修复改良等。2013年到2019年，永州市主要进行重点山洪沟治理、抗旱应急水源建设和一系列防汛安全隐患整治。

一、重点山洪沟治理项目

2013年至2016年，永州市完成蓝山县舜水河上游段，新田县下兰冲溪、江永县油田河和江华瑶族自治县白芒营等4条重点山洪沟防洪治理，项目总投资3413.356万元。

2013年实施蓝山舜水河上游段重点山洪沟治理项目，共治理舜水河蓝山县大麻办事处峡源村附近、大麻办事处大河边村与夏洞村附近、所城镇团园村附近河段山洪沟7.266公里，设计批复资金1100万元，其中中央投入865万元。

2015年实施新田下兰冲溪重点山洪沟治理项目，综合治理新田县下兰冲溪段、大坝水段山洪沟11.204公里，新建护岸9672米，河道清障14183立方米，新建涵管9处。设计批复资金1311.41万元，其中中央投入 1070 万元。

2016 年实施的江永油田河重点山洪沟治理项目，新建护岸 5.91 公里，新建灌溉引水坝 1 处，河道清障疏浚 6 处 2.326 公里共计 43721.79 立方米。设计批复资金 1309.32 万元，其中中央投入 1000 万元。2016 年实施的江华白芒营重点山洪沟治理项目，新建护岸 8404 米，新建灌溉引水坝 1 座，河道清障疏浚 9 处 4349.2 米共计 62899.96 立方米。设计批复资金 1311.59 万元，其中中央投入 1000 万元。

二、抗旱应急水源工程

永州市根据《湖南省抗旱规划（2010—2020 年）》，对抗旱应急（备用）水源工程、旱情监测预警系统、抗旱指挥调度系统和抗旱减灾管理体系四个重点项目的工程类别及工程规模进行规划并上报省水利厅和国家防总。2014 年 7 月，国家启动《全国抗旱规划实施方案（2014—2016 年）》，永州市三年抗旱应急水源建设任务包括零陵、祁阳、东安、新田、宁远等 5 个重点旱区县新建小型水库 1 座、引调提水项目 21 处。

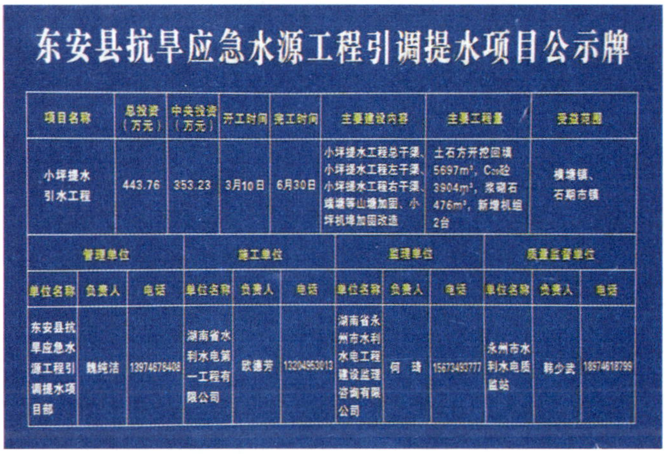

东安县小坪片区应急水源项目公示牌

2014 年，宁远县实施仁和坝引水工程、梨树塘水库引水工程、小欧家骨干山塘引水工程 3 个项目，完成中央投资 1000 万元。改造衬砌渠道 14.604 公里，其中仁和坝引水工程改造引水渠 12.004 公里，梨树塘水库引水工程改造渠道 1.318 公里，小欧家骨干山塘引水工程埋设管道 1.282 公里；整修水库 1 座和增容骨干山塘 1 口。涉及仁和镇、天堂镇、水市镇的 14 个行政村，受益人 1.366 万人，受益农田面积 1.725 万亩。东安县实施卫星水库—金溪水库连通工程、小坪（冒河岭）提水引水工程、小田河坝（王家町）引水工程及斗牛岭（徐家）提水引水工程 4 个项目，完成中央投资 1100 万元。防渗衬砌清淤渠道 25736 米，改造河坝 1 座，清淤加固山塘 6 口，改造机埠 1 处，新建机埠 1 处，改造新建各类渠系附属建筑物 129 处。可保证 1.662 万人饮水安全、1.7315 亩农田灌溉。

2015 年，零陵区实施菱角塘镇金牛岭引水工程、水口山镇上哲源引水工程、邮亭圩镇公龙岭引水工程 3 个项目，完成中央投资 1040 万元。新建和加固渠道 25903 米，新建和加固改造河坝 4 座，加固山塘 29 口，新建各类渠系附属建筑物 108 处。可保证 2.05 万人饮水安全、1.36 万亩农田灌溉。新田县实施赵家水库引水工程，完成中央投资 400 万元。新建渠道 5.224 公里，其中引水渠 2.783 公里、连通渠 2.441 公里，附属建筑物 43 处。可保证 6500 亩农田灌溉。祁阳县实施匡家堰引提水工程、河埠塘引提水工程和石洞源引提水工程 3 个项目，完成中央投资 1140 万元。改造泵房 1 个，新建机埠泵房 1 个，装机 3 台机组总装机数量 310 千瓦，改造引水渠 3 条 10.281 公里，连通渠 5 条 7.936 公里，引提湘江、祁水河至 4 座小（2）型水库、19 口骨干山塘；布设高扬程潜水泵 1 台，安装压力管道 4.0648 公里，确保 2 座水厂用水。可保证 4130 亩农田灌溉、4.4 万人饮水安全，保证潘市镇、梅溪镇 4.4 万居民的生产生活用水。

2016 年，祁阳县实施大村甸镇引提水工程、大江水库引水工程、龚家坪镇引提水工程、红旗水库引水工程 4 个项目，完成中央投资 1150 万元。拆除重建老泵房 1 座装机 55 千瓦，新建机埠 1 座装机 110 千瓦，新建山顶水池 200 立方米，新建渠道 3.243 公里，改造渠道 7 条 3.511 公里，改造河坝 2 座，清淤改造骨干山塘 33 口。可保证 6437 亩农田灌溉。零陵区实施东风水库抗旱应急水源工程，完成中央投资500万元。加固改造河坝1座，新建引水线路1条1050米，新建灌溉渠道1条3.036公里，输水管道7条1.325公里、蓄水池2座，新建各类渠系附属建筑物41处，清淤改造骨干山塘3口。可保证0.0591万人饮水安全、0.3219万亩农田灌溉。新田县实施三井镇友谊水库连通工程、十字镇地下水提水工程、新隆镇新田河提水工程3个项目，完成中央投资900万元。修整和新建渠道0.571公里，新建提水泵站2座，增调控制闸门1处、分水闸3处、涵洞6处。可保证8530人饮水安全、3060亩农田灌溉。蓝山县兴建抗旱应急水源工程两江口水库，总库容72.18万立方米，2016年12月开工建设，2018年9月完工。在抗旱应急保障供水的同时，兼顾农村安全饮水供水、灌溉、生态用水等，设计正常年份可保证水库下游塔峰镇区域内7个行政村3万人农村饮水，特大干旱年份，可保障塔峰镇5万名规划人口最基本用水和下游1000亩农田应急灌溉。

三、防汛安全隐患整治项目

2017年，市防指组织相关职能部门分别对全市小型水库山塘、农村小水电站、地质灾害易发区制定防汛安全隐患整治方案，安全隐患整治工作分三年（2017—2019年）逐步实施。从2017年10月至2020年3月共完成74处危险程度大的地质灾害隐患点（C类）整治，对644处危险程度一般的地质灾害隐患点（A类）和273处危险程度较大的地质灾害隐患点（B类）加强巡防监管，完善应急机制，确保安全；完成81座病险水库和8756口病险山塘除险加固；完成689座在建和已建农村水电站（总装机25000千瓦以下）安全隐患整治，并建立健全安全生产责任体系。

第五节　重大抗灾选介

一、抗洪救灾

（一）2002年抗洪救灾

2002年汛期，永州市183天中有雨日达148天，每半个月就出现一次强降雨过程。每次强降雨集中在二三天内，全市出现11次较大洪水过程，平均每个月发生1.6次洪水过程，形成6次洪灾。由于各级政府组织干部群众防守严密，措施得力，全市没有垮一库一坝，没有造成大的人员伤亡。

2002年8月8日，涔天河水库泄洪，工程设施损害严重

6月17日、7月2日，省委书记杨正午给市委书记曾庆炎致电询问雨情、水情和灾情，对抢险救灾工作作出指示。6月20日至21日省委书记杨正午到永州市指导抗洪救灾工作，先后深入祁阳、冷水滩、零陵等灾区慰问灾民。省委副书记、常务副省长周伯华，省委常委、宣传部部长黄建国，副省长郑茂清等领导先后到永州市指导抗灾救灾工作。省防指密切关注永州市雨水情变化，及时下达防汛调度命令，正确指挥潇湘两水调洪错峰。

永州市委、市政府多次召开防汛抗灾专题会议和会商会，下发紧急通知，周密部署全市的抗洪救灾工作。在汛情紧急时期，市委、市政府停止与防汛无关的一切会议和活动，把抗灾救灾作为压倒一切的中心工作，确保全市抗灾救灾工作有条不紊、卓有成效地开展。市委书记、市长经常到市防汛抗旱指挥部主持召开防汛会商会，对全市抗灾救灾工作进行总体部署，全面指挥；市委常委和所有市级领导全部分赴各重点灾区或联系的县区指导抗洪抢险救灾；从市直有关部门抽调干部组织抗灾救灾工作组，由一名市级领导带队分赴11个县区帮助群众抢险救灾；重点险病水库按照“一库一策”的要求，实行“三人一库”（行政责任人、技术责任人和水库责任人）责任制，严防死守。同时，加强防汛责任制落实情况的督促检查，一方面市级领导分赴各县区对防汛责任制落实情况实行“明察暗访”；另一方面，在暴雨时期，市防指采取电话抽查办法，重点抽查重点险病水库的责任人到岗到位情况。对极少数地方出现的防汛责任不落实、措施不落实的现象，由市纪委牵头组织调查组进行全面调查了解，对在抗灾抢险工作中有失职行为的责任人和分管领导进行严肃处理。据不完全统计，永州市在这次防汛抗灾期间，因工作失职共处分处级领导干部2人、科级干部7人、一般干部5人。

市防指对特别危险的水库下达“空库运行”命令。在抗御第五次和第六次洪灾时，市委、市政府对各县区下达“腾库保安”命令，各类水库严格按照主汛期控制水位腾空库容，确保安全。同时，各县区落实暴雨中心区险病水库抢险和人员紧急转移方案，防汛抢险物资、器材准备及水上救援工具等，组织动员暴雨中心区和33个乡镇山洪易发区群众主动躲灾避灾，在汛情紧急时期，安排干部把守，发生山洪灾害后，及时组织群众安全撤离。每次洪峰来临之前，市、县（区）防指通过新闻媒体向群众告知水情，当地政府及时组织群众安全转移。对洪水围困的群众，各级政府千方百计采取紧急措施，将群众转移到安全地带。全市六次洪灾，共安全转移群众30多万人次，没有发生一起因转移不及时而导致人员伤亡的现象，如道县柑子园乡油湘村91户房子在傍晚被淹，晚上11时倒塌民房75间，因人员转移及时，未发生一人伤亡。全市1135座各类水库反复受灾，126处次出险，因防守得力，抢险及时，没有溃垮一库一坝，确保了人民生命财产安全。

在汛情紧张时，市水文、气象和各控制工程坚持每小时一报制度，及时通报天气和雨水情况。各级防汛办坚持24小时值班，综合各地雨水灾情，为领导决策当好参谋和助手。市领导果断决策，科学调度洪水，取得显著防灾减灾效果。在调度“6·18”洪水时，市防指采取“关闸错峰”决策，调度潇水，双牌水库关闭两孔闸门，成功错开潇湘洪峰，使老埠头洪峰水位降低0.9米，有效减轻下游的洪灾损失。在调度“7·2”洪水时，市防指采取“腾库迎峰”决策，双牌水库提前6小时开启全部闸门泄洪，降低调洪水位1米，最大出库流量减少1000立方米/秒，使湘江老埠头水文站洪峰水位降低0.6米，不仅缓解芝冷两区和祁阳城市防洪压力，而且极大地减轻道县县城的淹没损失。永州市两次洪水调度取得成功，得到省委、省政府的充分肯定。

市、县各级各相关部门、广大军民通力协作成功处置宁远仁和坝险情。8月8日，零陵区30多艘浮桥船只被洪水冲走，严重威胁下游宋家洲大坝的安全，冷水滩区接到险情报告后，派出6名区级干部组织抢险打捞队，搜索5个小时后，终于将船只安全拦截，排除一起重大险情。据统计，六次抗洪抢险，全市共组织各级干部12万人次，出动驻军官兵和干警3万人次奋战在抗洪抢险第一线。

全市先后转移被洪水围困群众78.2万人次，转移山体滑坡地段和暴雨中心区遇险群众39.71万人次，搭建临时帐棚1.7万座，租借房屋安置群众2.1万多人。民政部门接收社会捐款241万余元，募捐衣服等物资7.38万件，已向灾民发放救济粮26.72万公斤、救济衣被7.53万件（套），下拨救济款870万元。市县财政想方设法挤出资金299.79万元用于救灾。市、县（区）卫生部门派出卫生防疫机动队43支13195人次，医疗救护队33支12015人次，巡回到灾区救灾防病。全市各灾区做到“倒房不露宿，绝收不缺粮，疫病不流行”。

全市积极开展灾后重建，重点抓好“五损五补”，即上季损失下季补，水稻损失蔬菜补，种植业损失养殖业补，农村损失城市补，灾区损失非灾区补。各级先后组织干部开展抗灾救灾工作达10万余人次，组织群众补种150.1万亩，改种35.3万亩，计划改种36.2万亩，修复水毁水利工程7240多处、公路360公里、桥涵350处。通信、电力、城建等部门各负其责，在限定时期内抢修水毁工程，最大限度地减轻因灾给群众生产、生活造成的影响。

（二）2013年抗御台风影响强降雨过程

8月15日至8月24日，台风“尤特”“潭美”先后影响永州市，蓝山县普降大到暴雨，局地特大暴雨，降雨量是蓝山县有气象记录以来最大的一次。8月15日8时至24日8时，全县平均降雨量为344.4毫米，其中南部山区乡镇平均在450毫米以上，紫良瑶族乡竹林降水量达755.5毫米，降雨量为百年罕见。蓝山县防指将防汛应急响应由三级提升到一级。

这次洪灾，蓝山全县15个乡镇不同程度受灾，受灾总人口13.97万人，直接经济损失8.948亿元，死亡9人，失踪1人，倒塌房屋4876间，形成危房5873间，死亡大牲畜7136头，农作物受灾面积10.098千公顷（其中成灾5.285千公顷、绝收0.995千公顷）。水利、道路交通、电力、通信等基础设施损失非常严重，其中造成水利设施直接经济损失1.74亿元。

洪灾发生后，蓝山县委、县政府连夜向上级党委、政府汇报灾情，争取紧缺的冲锋舟、皮划艇等抗洪抢险器材设备迅速调往蓝山参加抢险救援。省长杜家毫，副省长盛茂林、张硕辅分别对蓝山抗洪抢险工作作出批示，受省委书记徐守盛、省长杜家毫的委托，副省长张硕辅、省水利厅厅长詹晓安从长沙赶赴蓝山县指导抗洪抢险。市委书记陈文浩，副书记、市长严志辉，市领导唐松成、舒平、张恒洲、刘尤碧等带领市防指成员单位和有关部门及宁远、新田、零陵、冷水滩等兄弟县区应急力量赶到蓝山县参与抗洪抢险，市武警支队出动100余名武警战士和13艘冲锋舟、2艘皮划艇支援蓝山抢险救援。

县委、县政府密切关注台风动态，及时发布预警信息50余条次。县防指对全县37座水库、1183处塘坝、169座水电站进行全面调度，下达水库、山平塘和小水电站腾库保安调度指令62次。同时，组织水利设施巡查抢险队伍35支800多人，对全县水利设施进行全面排查巡查，对出现险情的油榨冲水库、石山湾水库等5座水库和大桥电站、大冲电站等13座电站实施应急除险措施。洪水来临，白鸬洞水库放水闸门堵塞、放水受阻，县防指立即组织人员奔赴郴州市请来潜水队，潜水员潜入库底清除堵塞物并开闸泄洪，保证水库及下游2个乡镇2万多人的安全。全县共发现险工险段953处，全部成功除险，实现不垮一库一塘一坝的目标。

（三）2017年“7·2”抗洪救灾

2017年6月25日至7月3日永州市自北向南普降暴雨，局部大暴雨或特大暴雨，强降雨造成境内江河水位猛涨，尤其是与广西境内湘江西源上游洪水叠加，湘江干流老埠头及以下各水文站点相继超警戒水位，并创下有水文记录以来最高值。永州市2017年“7·2”特大洪灾降雨强度之大，洪水袭击之猛，持续时间之长，造成损失之重，抗灾救灾之难，均为历史罕见。

永州市各级党委、政府在这次抗洪救灾中，沉稳应对、科学防控、行动迅速、措施有力。实施“七个一律”：所有受灾区学校一律停课；所有涉矿企业一律停产，做到升井、走人、落锁、断路；所有山洪地质灾害、尾矿库、病险水库下游等重点防范区域的隐患点一律要落实值守观测制度，及时组织有效的避灾转移；所有在建工地一律停止施工，人员撤离，现场落锁；所有灾区旅游点一律关闭；所有船舶包括客渡船、采砂船、运输船、渔船、乡镇自用船等一律停航封渡固锚，归点管理；值班防守人员一律到岗到位，做到及时发现、分析、调度、处置各类紧急情况，防范强降雨。全市没有发生一起垮堤垮坝事故，没有发生一起群死群伤事件。

永州市“7·2”特大洪灾，得到省委、省政府高度重视，省委书记杜家毫先后三次电话询问永州市汛情灾情，对永州抗洪抢险救灾工作作出指示，许达哲、乌兰等省领导高度关注永州的灾情，多方协调调配救灾应急装备支援永州市抗灾工作。省政协主席李微微深入永州市祁阳、双牌、零陵、东安、冷水滩等抗灾一线，指导开展除险救灾和灾后重建工作。

7月2日9时市委、市政府果断启动防汛最高级别的一级响应，全市各条战线、各个部门、各界人士都把抗洪抢险救灾作为当前压倒一切的头等大事，一切工作围绕防汛抗灾这个中心开展。市委书记李晖坐镇市防汛指挥部指挥调度，昼夜奋战在抗洪一线，并先后深入冷水滩、祁阳、双牌、零陵、东安等县区督导指挥抗灾抢险工作。市委副书记、市长易佳良考察回国即赶赴永州组织协调防汛抗灾工作，深入冷水滩、双牌、东安等重灾区指导抢险救灾工作。7月5日，市委书记李晖，市委副书记、市长易佳良率在家的市级领导到冷水滩区参与清淤除杂、消毒防疫等灾后重建工作。抗洪救灾期间，市委常委全部深入灾区第一线督战。受灾县区所有公职人员全部取消周末公休，所有乡镇、村干部奔赴抗灾救灾一线。市、县区防指密切关注雨情、水情、险情、灾情，及时会商，科学决策，在关键时刻下定决心启动一级响应，向全市人民及时发出预报预警。涔天河水库将出库下泄洪水控制在170立方米/秒以内，库内坝前水位从7月2日15时的EL281米高程上升到7月4日11时的EL286.1米高程，拦截洪水1亿立方米，减轻了下游防洪压力。7月2日晚至7月3日，相关县区、乡镇干部及时做好湘江沿线低洼地带、大中型水库下游行洪区、地质灾害隐患点群众的转移安置工作，全市共转移疏散群众17万多人。各县区对排查出来的119处严重影响安全度汛的涉水工程、120处重点山洪灾害危险区、662处地质灾害隐患点，逐一落实整改措施。7月2日凌晨2时许，麻江村驻村干部和村干部挨家挨户通知威胁区村民转移，凌晨5时麻江村山体滑坡危险区域146户646人全部撤离，6时许泥石流倾泄而下，民房、稻田、道路瞬间夷为平地，堆积物达50万立方米以上，无一人伤亡，被前来勘测定损的国土资源部地质灾害防治中心副主任刘权正称赞为“防范处置特大地质灾害的成功案例”。7月3日，新田县门楼下起头岭村发生大面积山体滑坡，形成近12万立方米的堰塞湖，乡村干部紧急组织转移周边群众35户84人，没有发生人员伤亡事故。市防指及时协调调度广西全州和涔天河、双牌水库的泄洪流量，老埠头、冷水滩水文站实际洪峰水位比预报降低0.3米和0.6米，减少下游灾害损失。

2017年7月2日，省政协主席李微微（中）在永州主持召开防汛抗灾工作会议

1200余名水利专业技术人员奋战在抗洪一线，水利、气象、水文等部门切实加强监测预报，有效提供技术保障。国土部门密切监控地质灾害隐患，及时预警，积极查险处险。安监部门查患排险，紧急关停高危企业，积极抓好尾砂库安全度汛。民政、财政部门紧急下拨救灾资金1.56亿元，及时有效地保障灾民的基本生活。城管部门1500余人昼夜奋战，抢排城区积水，清理灾后现场。卫生部门派出医疗防疫队902批次，对795万平方米受灾区域进行消毒。农业、供销部门下到一线组织指导灾区群众改种补种，储备保障性农资7.5万吨。交通、电力、通信部门迅速抢修受损设施设备，恢复交通干线、电力供应和通信保障。发改委执法人员蹲点农贸市场和客运站场，确保物价平稳。经信委积极组织指导工矿企业抗灾救灾，生产自救。

2017年7月，冷水滩区救援人员帮助伍家院社区群众转移

住建部门防控城区地质险情，摸排积水路段。教育部门启动预案，有序组织住校学生安全转移。宣传部门整合力量，派出36组记者奔赴防汛抗灾报道一线，在中央、省级主要媒体上稿582条，市级主要媒体上稿2689条。特别是广大武警官兵、消防战士、公安干警和民兵预备役，承担大量急难险重任务，永州军分区司令员王守海坚守一线指挥，迅速处置双牌县麻江镇特大泥石流险情，成功转移受威胁群众2400多名。武警永州支队长黄炜铭带领官兵，连续奋战32个小时，救出被困人员230余名。全市出动现役官兵、民兵预备役、武警官兵、公安消防干警35000多人次、冲锋舟561艘次、车辆6000多台次，累计转移解救群众7.58万人，处置险情2400多处。

面对特大暴雨洪灾，社会各界发扬“一方有难、八方支援”的精神，情系灾区、鼎力相助。郴州军分区紧急集结苏仙区、北湖区、宜章县等地人武部20艘冲锋舟、近百名官兵支援祁阳、冷水滩、零陵、金洞的抗洪救灾，营救出被洪水围困群众3500余人次及大量物资。洪灾发生后，团市委联合市扶贫办开展“千名青年下基层，社会扶贫志愿行”活动，组建40支队伍近300名青年志愿者，深入全市280个贫困村，帮助贫困群众抗洪救灾。各级党政机关、社会团体、企业商会、各界人士踊跃捐资捐物，全市共募集赈灾资金3819.02万元，赈灾物资价值818.44万元。

2017年7月2日，祁阳县发生特大洪水灾害，全县31.99万人受灾，农作物受灾面积3.6万公顷，转移9.85万人，集中安置7930人，临时救助25060人，倒塌房屋732户2605间，全县因灾造成直接经济损失15.42亿元。

2017年8月，祁阳县卫生部门组织人员开展灾后防疫工作

祁阳县委、县政府坚持把防汛抗灾作为压倒一切工作的首要任务，全县动员、全民参与，全力迎战超历史最高水位的洪水。7月1日晚上20时，祁阳县防指启动防汛Ⅱ级应急响应；2日10时，县防指启动防汛Ⅰ级应急响应。7月2日中午，县人民政府在电视台发布公告，呼吁全县上下全力投入抗洪救灾。在汛情最为严峻的时刻，县委、县政府连续召开7次防汛抗灾紧急会商会，县防指4天内下发指令33道，通过科学调度，精准应对，县防指强化腾库预泄调度，在洪峰到来前，浯溪水电站、湘祁水电站泄洪闸门全开，恢复自然河道状态，最大限度地减少灾害损失。同时，县、乡镇政府按照“不落一户、不漏一人”的要求，紧张有序地组织人员转移，全县共紧急转移安置受灾群众9.85万人。洪水退后，县委、县政府迅速集中人力、物力、财力，全力组织实施灾后恢复重建。全县因灾受损严重的9个乡镇集中供水工程、37个单村供水工程，经7个日夜作业全面恢复供水。白水河杨桥村段出现大面积滑坡，经抢修于7月11日完成护岸基础，18日护岸建设已全部完成。内下电站路、电、讯中断，电站完全处于瘫痪状态，电站干部职工奋战半个月，完成厂房“三清一除”，一个月恢复发电。

二、水利工程抢险

（一）宁远永佳水库抢险

1992年7月5日20时至7月6日8时，宁远县普降暴雨，山洪暴发。凤仙桥水库站12小时内降雨106毫米，水市水库站降雨119毫米，永佳水库降雨116毫米。县城农贸市场、城东、城南两条街全部受淹，桐山区供销社化肥仓库被洪水淹没达1.3米，损失化肥15000公斤。石家洞、荒塘、桐木漯、保安、禾亭、香花铺、水市、大阳洞等28个乡254个村遭受洪灾，受灾人口15.2万人，死亡5人，伤15人。7月7日晚永佳水库（中型）7号副坝被洪水冲垮一道长30米的缺口，顷刻间洪水泛滥，淹没和冲毁6个乡16个行政村的7860亩农作物。险情发生后，县委、县人大、县政府、县政协的领导第一时间分赴灾区指挥抗洪抢险。6日上午，县委、县政府召开全县紧急电话会议，下午又召开县直各单位负责人会议，县直单位出动干部职工2000多人、人武部应急抢险队50人、区乡村干部1200人投入抗洪抢险第一线，紧急转移水淹群众。县政府调拨资金60万元用于购买救灾物资，安置伤亡人员和被困人员，下发粮食20万斤，发放衣被1900件。

（二）宁远仁和坝抢险

2002年6月29日至7月1日，宁远县仁和坝上游平均降雨在259毫米以上，导致洪水暴涨，发生特大洪水。7月1日15时30分仁和坝出现险情。因坝前水位迅速上涨，导致翻板闸门不能及时打开，溢流坝闸上漫水深达3米，情况十分危急。

仁和坝位于宁远县县城以北10多公里，是1957年建成的一座中型河坝，坝型为圬工坝，坝高15米，控制流域面积700平方公里，有32孔翻板溢流闸。洪水直接威胁到下游4个乡镇16个村2万多群众生命财产安全。

2002年7月2日，宁远县仁和坝遭遇特大洪水

湖南省委书记杨正午闻讯后指示：“永州、宁远两级领导，要不惜一切代价保住仁和坝，确保下游人民群众人身财产安全。”市委书记曾庆炎、市长刘爱才在市防指召开紧急会商会，指挥宁远县仁和坝抢险。市委副书记邓三龙和联系宁远县的市级领导唐代建、李续荣迅速赶赴仁和坝抢险现场，会同宁远县委书记蒋善生、县长李光富等县领导与市、县水利专家研究抢险方案，指挥抢险。市水利局专家到抢险现场进行技术指导。市规划建设局、涔天河水电管理局、零陵水电设备厂、南岭化工厂、宁远电力公司、县烟草局等单位接到抢险通知后，迅速组织力量，自备器材快速赶到现场，全力排险。驻军官兵、公安干警在当地政府统一组织下，组织100多名抢险突出队投入抢险。投入200多名干部负责下游群众的紧急转移工作。经过三天三夜的连续奋战，于7月4日下午4时16分，待水位平闸顶高程时，采取清渣排障等措施，32孔闸门全部打开，险情得到排除。

（三）江永梅冲水库抢险

2005年6月19日20时至21日4时，江永县普降暴雨，平均降雨量达236.9毫米，导致山洪暴发。夏层铺镇坝高33.5米的梅冲小（1）型水库溢洪道被洪水冲出一个长15米、宽5米、深1.5米的大坑，冲坑距大坝左侧侧墙4.5米，水库大坝随时都有被冲垮的危险。汛情发生后，县委、县政府及时向市政府、省政府汇报险情，并将情况通报给位于下游的广西恭城县政府。省水利厅领导赶到现场指挥水库大坝抢险工作，省水利厅紧急划拨30万元作为抢险专款。县委、县政府紧急组织水库下游福洞、冷水铺2个村群众转移，近2000名村民全部被转移到安全地带，并动员、要求桃川至粗石江一带低洼地带的群众随时做好转移准备；迅速组织1000多名由消防、武警、民兵组成的抢险突击队投入抢险；及时调运15吨钢材焊织成40多个大铁笼装填片石；调集13台中型农用卡车抢运300多立方米片石上大坝，500多个纺织袋填装砂石；1000多名抢险突击队分成三班轮流装袋装笼、填堵冲坑；交通公路部门保障运输道路畅通。经过6月19日至25日近一个星期的日夜抢险，梅冲水库大坝险情解除。

（四）祁阳高拱桥水库抢险

2006年6月13日下午5时开始，祁阳县境内降大到暴雨，至14日，全县平均降雨126.5毫米，金洞水文站降雨183.8毫米，全县12个镇不同程度受灾。6月14日凌晨1时位于八宝镇龙潜村的高拱桥水库（小（1）型浆砌石坝）大坝水位急剧上涨，水库管理所人员在开闸泄洪过程中，启闭设备电动机被烧毁，泄洪闸门无法开启，情形十分紧迫。副县长邓年生带领县水利部门技术人员于6月14日凌晨2时赶到八宝镇龙潜村组织抗洪抢险，一方面挨家挨户组织水库下游群众转移到安全地点；一方面果断采取措施开闸泄洪，派四人划船靠近闸门，此时水库水位已超出大坝坝面1米，水流从大坝上直冲而下，抢险人员冒着生命危险爬上启闭机台，经过长达半个小时的奋战，终于打开泄洪闸，保护了下游数万亩稻田和数千名群众的生命财产安全。

（五）江华草岭水库抢险

2008年6月13日下午5时30分，江华瑶族自治县草岭水库管理人员在巡查中发现主坝右坝脚及附近山体多处出现大股涌水，总流量达到0.1~0.2立方米/秒，并有泄漏逐渐增大的趋势。接到险情报告后，县防汛指挥部及时派出水利局领导和技术人员在第一时间赶到现场，市水利局在接到报告后由副局长曹小阳带领技术人员连夜从江永赶赴江华瑶族自治县草岭水库，13日凌晨到达现场指导处险。县委派出县委常委、统战部部长伍少平，县委常委、政法委书记黄志坚，县人大常委会副主任刘维刚，县人民政府副县长、防汛指挥部指挥长赵德明等领导率领县水利局、涛圩镇、草岭水库管理所等部门人员开展处险工作。成立以副县长赵德明为指挥的草岭水库除险指挥部，制定处险预案和工作方案。经现场查勘和了解，险情原因为该水库隧洞出口山体较薄，岩石为强风化的砂岩、粉砂岩夹页岩，强度较低，山体存在漏水通道。市水利局专家组提出意见并经除险指挥部同意，采取一系列措施。对涌水点进行临时倒滤处理，防止水流带走坝体泥沙，避免塌洞；将外引流水切断，在险情处置好之前不再引入，减少入库流量；加大下泄流量，降低库水位；通过抛石、砂袋加固岸坡，以及改变下泄水流流向，避免冲刷坝脚，确保大坝安全；拆除降低溢洪道堰顶高程2米，以防暴雨来临，库水位急剧增长，超过溢洪道，便于加大泄洪流量，控制库水位；每天24小时加强对库水位、下泄流量的监测和大坝等主要枢纽建筑物的巡查。除险指挥部调集民兵应急分队、森林防火防汛抗旱治安巡逻大队、森林消防中队等300人次参与紧急抢险，县水利局、涛圩镇人民政府全面动员，投入除险。

（六）道县乐海水库抢险

2013年10月3日凌晨，道县乐海中型水库副坝涵洞出现管涌，改造后的涵管发现较大流量浑水。当时水库水位接近正常水位，情况十分危急。县防指指挥长蒋华、副指挥长黄河清及时组织县防办、水利局专业技术人员赶到现场，通过对现场渗漏情况的分析判断，找到渗漏部位。乡镇组织100多名抢险队伍，采用在上游抛投砂包、棉被的方式封堵漏洞（有气泡冒出的地方），经过近一天的抢险，水库涵洞漏水逐渐减少直至正常状态，险情排除。

（七）潇湘电站除险

2017年7月2日，永州市发生特大洪水灾害，湘江上游失控船舶接连撞击干流电站大坝。7月2日，零陵区一艘高6米、宽6米，长23米，总重量达50吨的采砂船随湘江洪水而下，因洪急浪大，市、县防指组织力量中途拦截未果，采砂船一路撞断冷水滩城南大桥便桥，于13时20分撞损潇湘电站泄洪闸门后沉没。潇湘电站地处冷水滩城区，坝体上为连通城区两岸的宋家洲大桥，行人、车辆较多，情势十分危急。当天下午，副市长贺辉主持召开采砂船撞击大坝事故处理调度会，与相关部门商讨处理办法。市水利局紧急组织市区技术人员进行事故评估，并派出专家现场蹲守，密切关注坝体、闸门变化。交通部门立即对宋家洲大桥路段进行交通管制，禁止车辆、行人通过。交警、城管部门做好人员疏散。洪水一过，市、区水利局，海事局，采砂办等相关部门马上协调上下游电站闭闸或泄洪清理肇事船舶，排除险情，通过采取有效措施处理，潇湘电站没有出现重大事故，城区交通得以恢复。

（八）江华深冲水库抢险

深冲水库为小（1）型黏土斜墙堆石坝水库，位于江华瑶族自治县小圩乡源口村，1976 年建成，总库容 550.6 万立方米，坝顶高程 439 米。2019 年 3 月 10 日早上 6 时许，深冲水库溢洪道右岸与山体结合部的山体出现塌洞，导致非正常泄流，下游沿河部分农田、村庄及 4800 人受灾，直接经济损失 4830.7 万元。农作物受损 500 亩，农田损毁 300 亩，倒塌房屋 14 户，损毁河堤 7.9 公里、渠道 3.46 公里、道路 1250 米、桥梁 3 座、挡土墙 800 米、机耕道 1750 米、电线杆 19 根、电力断线 2800 米、光缆 3300 米等，1 个通信基站站址中断。3 月 12 日，深冲水库险情排除，坝体稳定，受灾群众得到妥善安置，受灾村组供电供水全部恢复。

3 月 10 日，深冲水库险情发生后，市委书记严华立即作出指示，要求市、县政府迅速组织抢险救灾，确保人民群众生命财产安全。市委副书记、代市长何录春，市委常委、江华瑶族自治县县委书记罗建华，副市长谢景林等市县领导赶到现场指导险情处置工作。

江华瑶族自治县县委、县政府立即启动防汛Ⅱ级响应，迅速组织约 500 人的抗灾抢险队伍投入抢险救灾。省水利厅指导组、市、县水利部门技术人员也在当天赶到现场指导抢险除险。事发当天紧急转移受灾群众 760 人，其中临时集中安置 120 人。

按照应急除险方案，3 月 10 日起抢险队伍在溢洪道左岸及大坝边的山顶上设立观测点，安排专业人员进行 24 小时观测。大坝内坡滑坡体作薄膜覆盖并加固处理。溢洪道堰体拆除至 423.0 米，净宽 20 米，堰体拆除石方 2500 多立方米；拆除溢洪道右侧损毁的侧墙及底板；抢修溢洪道侧墙（格宾笼挡墙长约 180 米，石方 1200 多立方米），格宾笼临水面喷浆约 800 平方米；堰首段左、右山坡完成挂网 1650 平方米，其中完成喷浆 550 平方米；大坝内坡抛石压脚扎木排 500 平方米，作抛石工作平台。3 月 10 日下午，水库水位高程 423 米，与溢洪道基本持平，库容约 139.7 万立方米，通过卧管下泄流量约 1 立方米/秒，坝体稳定，下游河道水位降到正常水位，险情基本排除。

三、山洪灾害抢险救灾

（一）2010 年双牌县全药冲泥石流抢险救灾

2010 年 6 月 13 日，双牌县境内持续发生大到暴雨，特别是 6 月 19 日 22 时至 6 月 20 日 8 时，12 小时内全县平均降雨量 87.2 毫米，茶林乡 1 小时最大降雨量达 90.2 毫米。持续强降雨导致该乡全药冲村 6 月 20 日午夜发生特大泥石流灾害，流程 280 米，体积约 1.8 万立方米，15 栋房屋被不同程度冲毁、淹埋，3 辆货车被埋，1 辆面包车被冲走，直接经济损失 270 万元。

这次险情全面暴发前，村支书邓爱华及时发现泥石流灾害预兆，并通过村、乡、县专线值班系统，在 4 分半钟内报告至县防汛指挥部，正在指挥部值班的县委书记郑柏顺立即根据预案调度，16 分钟后，村、乡、县三级干部先后赶至现场，挨家挨户通知群众转移。全村 67 人在泥石流暴发前全部安全转移，无一伤亡。省委副书记、代省长徐守盛到永州市视察抗洪救灾时充分肯定这次抗洪救灾的成效。

6 月 19 日下午，茶林乡政府领导和乡国土资源所人员接到湖南省国土资源厅和永州市国土资源局地质灾害气象预警预报手机信息后，立即通知全乡 16 个村进入应急状态，驻村干部下到联系村组，随时做好疏散避险准备。6 月 20 日凌晨，茶林乡全药冲村支书邓爱华接到县防汛办和乡政府发布的山洪预警信息后，为确保村民生命财产安全，通宵值班巡查。凌晨 2 时 30 分，邓爱华巡查至该村 3 组时，发现部分村民家中进水，房屋有倒塌的危险，邓爱华立即用防汛报警电话向乡政府报告险情，用铜锣口哨发布转移避险信号，同时挨家挨户上门喊人。2时45分，经过乡、村党员干部的共同努力，全药冲村3组村民顺利转移到安全区域。在转移过程中，80多岁的李红花老人怎么做工作也不愿走，无奈之下，乡干部与老人的儿子强行将其背离现场。当发现耳聋孤寡老人邓顺国不见踪影时，抢险队立即派出4人紧急寻找其下落。经过近半个小时的紧张工作，所有遇险村民全部转移到安全地带。因为夜黑雨大，有人发现自己小孩没有跟来。邓爱华立即原路返回，一路排查，冒着房屋随时倒塌的危险冲进屋内，找到小孩一把抱起向安全区域转移。之后，邓爱华又再次原路返回，对剩下的几栋房屋进行排查确认无人后才最后一个撤离。3时25分，随着轰隆隆一连串的巨响，3组屋后上方山漕泥石流奔腾而下，总体积达1.8万立方米，泥石流最远流程达到280余米。

村里的15栋房屋被掩埋，停在附近的6辆大货车和1辆三轮摩托也被埋入地下，1辆面包车被冲走。

全药冲村灾情发生后，永州市委、市政府和双牌县委、县政府领导到全药冲村3组察看灾情，指导救灾，送去大米1000斤、救灾帐篷15顶、棉被60床，脸盆、水桶、铝锅等生活日用品570余件，食用油16桶，饼干48袋，衣服3箱，发放救灾资金近10万元，对灾民进行妥善安置，组织人员积极抢救水毁基础设施。23日全村恢复通电、通水，卫生防疫部门对灾后场所进行全面消毒。67名房屋全倒村民得到妥善安置。

（二）2013年江华瑶族自治县沱江洪水抢险救灾

2013年5月15日22时至16日凌晨4时，江华瑶族自治县各地普降暴雨，特别是瑶族群众聚居的岭东冯河流域6个小时内集中强降雨，强降雨导致溪河洪水陡涨，全县15个乡镇（场）的260个村20万人口不同程度遭受洪涝灾害。

5月15日晚11时，县长龙飞凤组织县防指成员单位召开紧急防汛会商会，启动防汛三级应急响应。5月16日凌晨4点，县委书记罗建华、县长龙飞凤坐镇岭东、岭西、县城指挥调度抗灾救灾工作。16日上午10时，涔天河水库的入库流量由290立方米/秒猛增到3000立方米/秒，出库流量由300立方米/秒猛增到2500立方米/秒。码市镇16日凌晨0时至3时，降雨量超过230毫米，境内5条溪河汇聚，水位陡然高涨，导致山洪暴发，高出历史上特大洪水1948年的洪水位30厘米，城镇被淹，街道水深达3米，引发码市镇近百年不遇的特大洪灾。全县15个乡镇场260个村受灾，7200户房屋进水被淹，沱江和码市、水口3个集镇被淹。受灾人口20万人，占全县总人口的40%；紧急转移安置人口10.5万人。洪灾严重损坏房屋1480户4410间，倒塌房屋180户424间，其中码市镇倒塌120户268间。这次灾害造成全县直接经济损失6.1亿元，其中农林牧业损失1.75亿元。

2013年5月16日，市委书记陈文浩（中）在江华检查防汛救灾工作

灾情发生后，民政部、湖南省委、省政府和永州市委、市政府高度重视。副省长张硕辅通过电话了解灾情和救灾工作情况，对防汛救灾工作作出指示。5月16日下午，市委书记陈文浩深入江华瑶族自治县重灾乡镇指导防汛抗灾工作。5月17日，省民政厅副厅长杨明波，市委常委、副市长舒平深入江华瑶族自治县受灾最严重的码市镇研究部署灾后恢复重建工作。县委、县政府启动防汛抗灾应急预案，所有县级领导深入全县重灾区指导救灾工作。

重灾区码市镇党员干部16日凌晨0时至3时，逐村逐组、挨家挨户组织群众转移避险。东田中学、启汉小学、沱江镇一小等学校教职员工组织8200名学生安全转移。至18日19时，全县各级政府共向灾区运送大米67吨、食用油11000桶、食盐2.5吨、纯净水1000桶、面包300件、方便面320箱、衣裤5600件、棉被870床、帐篷150顶。全县设立4个临时灾民安置点，搭建帐篷120顶，安置受灾群众400人，以投亲靠友等方式安置受灾群众1800人。确保受灾群众有饭吃、有衣穿、有被盖、有干净水喝、有临时住所、因灾伤病有基本医疗保障。

全县动员组织近1000名县乡干部、武警、消防官兵、公安干警、民兵应急分队队员分别对受灾严重的码市镇、水口镇镇区和县城沱江主要街道的淤泥、垃圾进行清运。全县出动车辆15台、医务人员218人，发放消毒药品价值11.8万元，对2300户受灾户开展消毒、杀菌工作，消毒面积达110万平方米，确保全县大灾过后无疫情。县财政紧急筹措救灾专款110万元，专项用于灾区救灾。民政、教育、电力、通信、交通、公路、农业等部门全力投入灾后重建工作，全县抗灾救灾工作紧张有序进行。

（三）2017年双牌县麻江镇特大地质灾害抢险

2017年7月2日凌晨，双牌县麻江镇麻江村山子岐山和廖家村后龙山发生巨型泥石流特大地质灾害，损毁民房118间，冲毁稻田414亩、道路4250米、河堤3150米，堆积物50万立方米以上，造成水、电、路、讯中断，经专家鉴定为巨型泥石流特大地质灾害。由于预警及时，处置得当，没有造成人员伤亡，被国土资源部专家称为“防范处置特大地质灾害的成功案例”。

7月2日当地发生强降雨，凌晨2时，监测降雨量已达250毫米。值班员麻江村党支部书记全和平立即组织该村党员干部查险巡逻，挨家挨户上门报警。4时许，发现村民全爱文住房后方突然涌出一股泥流，由小变大，全和平等人意识到可能会发生泥石流。他一边通知群众，一边向镇里报告。镇党委书记魏昌龙在向县、市报告的同时，当即组织人员到现场紧急指挥群众撤离。5时许，危险区域146户646人安全撤离。6时，泥石流形成，冲毁房屋、道路。7月2日上午9时，市、县防指组织地质专家亲临现场勘查，双牌县委、县政府启动Ⅱ级响应，成立麻江镇特大地质灾害应急指挥部。永州市军分区司令员王守海、永州市副市长欧阳元初、双牌县委书记苏小康、双牌县县长肖质彬等领导迅速赶到抗灾救灾现场，一连数日，坚守一线，靠前指挥，全面部署抗灾救灾工作。麻江镇政府按照《麻江村山子岐山、廖家村后龙山特大地质灾害应急预案》，用2个小时时间将最危险区域麻江村4至6组46户220人和廖家村1至5组43户215人集中安置在麻江学校。7月4日，国土资源部地质灾害防治中心副主任刘权正、应急办副主任薛佩瑄，省国土资源厅刘星辉等领导和专家到双牌县麻江镇会商灾情，为麻江抗灾救灾工作提供科学指导。

这次泥石流灾害发生前，预警到位，转移迅速。灾害发生后，响应及时，保障有力，全镇没有一人伤亡。

（四）2017年新田县门楼下起头岭堰塞湖抢险

2017年6月25日开始，新田县大面积遭受暴雨袭击。6月25日8时至7月4日17时全县累计平均降雨200.8毫米，最大降雨站点门楼下404.1毫米，肥源水库383.8毫米，打破近10年降雨时长和降雨量的纪录。由于降雨集中，江河水库水位暴涨，7月2月9时新田河超警界水位0.67米，流量达386立方米/秒。

7月1日23时新田县应急响应从Ⅳ级提升为Ⅲ级，县委、县政府要求全县各级各部门干部职工按预案到岗到位，全力投入抗洪救灾工作。

7月1日11时30分，7月2日3时县防汛办分别对北部山区乡镇、沿河乡镇、全县预警广播点发布600余条次广播预警信息，发送预警短信近3000条，要求注意防范强降雨，提前做好群众转移准备。7月3日8点多钟，在滂沱大雨中，起头岭村村民发现从后山引入的自来水停水，村边河水断流，便前往后山查看，发现山体大面积滑坡，约2.6万立方米土石堵塞河道，截留水体达12万立方米，形成高水位“堰塞湖”；此外，还有4万立方米山体存在滑坡危险。由于滑坡形成的“堰塞体”土壤结构松散，极易被高压水体冲破，一旦这12万立方米的洪水直接倾泻而下，后果不堪设想。

险情发生后，市、县、乡三级防汛抢险人员迅速行动，投入抢险救灾。9点30分，门楼下瑶族乡领导组织人员迅速到达现场；10点左右，正在龙泉镇六和圩村调度抢险工作的市委常委、宣传部部长刘尤碧和新田县领导秦山成等到达现场指挥抢险工作；经过抢险救援人员紧急疏导，11点左右，下游村民35户84人采取投亲靠友或集中安置方式全部得到转移安置，帐篷、方便面、矿泉水、棉被、电筒等救援物资同时到位。与此同时，副县长、县防汛抗旱指挥部指挥长吴新波带领水利、国土、民政等部门技术人员经过仔细勘查，分析滑坡原因，及时确定堰塞湖应急处险方案：一是继续扩宽加深原有泄水槽，同时平整降低堰塞湖坝体；二是开挖右岸原泄水槽，防止大雨造成滑坡体继续下滑堵塞现有泄水通道，上游来水能顺利下泄；三是对完成开挖的泄水渠用彩条布防护，防止土体因水流冲刷造成泥石流，同时避免产生新的小型滑坡；四是运输大口径管道埋设于左岸泄水渠并进行回填，通过增加底部土体重量阻止松散下滑土体继续滑动阻塞泄水通道。

由于大型设备在短时间内难以进入，现场指挥部果断命令在现场待命的50名武警官兵和应急分队队员到达现场，采用人工开挖的方式迅速对泄水通道挖深挖宽，至下午3点，共降低水位2米，堰塞湖水量约减少4万立方米。这时，2台大型挖掘机到达现场，按照指挥部确定的处险方案展开抢险，继续开挖泄水通道，至6时许，水位只剩4米，水量只有2000多立方米，险情得到及时控制。

7月4日，70米大口径管道通过人工抬和机械拖等方式运至堰塞湖，随即进行安装和回填，坝体不断降低。为确保安全，7月5日，2台挖掘机继续平整坝体，同时在右岸开挖一条宽3米、深2米的备用泄水通道，一旦暴雨来临时满足洪水下泄要求。为避免出现泥石流，县水利局及时运送彩条布对新开挖的泄水通道进行防护。至7月6日下午6时，全部应急抢险工作圆满完成，经省国土资源厅专家现场勘查，险情已解除，下游群众返回家中。

四、抗旱救灾

（一）1992年宁远县抗旱救灾

1992年7月11日断雨到12月，宁远县长达150天绝大部分地区未下过透雨，其中9月9日至12月底，三个月内只降雨21.5毫米，这是自1959年以来宁远县第二个降雨量最少的年份（仅次于1979年）。宁远县出现严重的旱情，全县6个中型水库水量全部放到死水位；14座小（1）型水库和85座小（2）型水库基本干涸；12220口山塘干涸9560口；151条河溪断流89条。全县50个乡镇619个行政村、12.8万户51.9万人受灾，人畜饮水困难的有878个自然村15.6万人。农作物受灾面积18373公顷。晚稻枯萎绝收面积573公顷，旱粮和经济作物枯萎绝收面积2593公顷。

宁远县委、县政府组织力量全力以赴投入抗旱第一线。全县投入劳动力18万个，筹集抗旱资金280万元，开动电动机156台210千瓦，开动柴油机1456台1200马力，出动水车9560架，动用其他抗旱工具14000件，架缆4960米，打井抽水1260处，开疏渠道142公里，抢救农作物面积10000公顷，最大限度地减少灾害损失。

（二）2011年全市抗旱救灾

2011年，永州市降雨严重偏少，水利工程蓄水严重不足，新田县发生特大干旱，宁远、祁阳、道县、双牌等县出现严重干旱，其他县区为中度干旱。

在汛前“全市防汛抗旱工作电视电话会”上，市防指对全年水旱灾害作出辩证的分析和研判。6月下旬的多次防汛会商会上和6月27日市政府办下发的《关于认真抓好当前防汛抗旱工作的紧急通知》中，市防指提出防汛抗旱两手抓的方针，并要求各县区将工作重心转向抗旱上来。7月15日市委、市政府召开“全市抗旱工作电视电话会议”，紧急动员全市各级各部门全面开展抗旱救灾工作。市委、市政府主要领导和分管领导分别深入县区调研指导抗旱。7月21日，市委、市政府再次下发《关于切实做好当前抗旱工作的紧急通知》，并在当日启动旱灾Ⅳ级应急响应。7月24日，市委、市政府召开全市抗旱救灾紧急电视电话会议，对抗旱工作进行再发动、再部署。7月31日，面对日益加重的旱情，市委书记张硕辅连夜召集有关部门商讨下段抗旱救灾措施。8月1日，市防指将旱灾应急响应提升为Ⅲ级。根据降雨和土壤墒情变化情况，8月11日，市防指将旱灾应急响应级别由Ⅲ级降为Ⅳ级。

2011年，新田发生特大干旱，山塘干裂

6月14日，市防指防汛会商会要求切实加强各类水库调度，确保下一步抗旱用水。市委、市政府主要领导多次到双牌、涔天河两座大型水库，要求两库控制发电，为抗旱多蓄水，绝不允许出现低于保灌水位的情况。两大水库在降雨严重偏少的情况下，认真协调蓄水与发电和下游生态补水的关系，6月12日至7月12日，两座水库水位分别升高4.40米、5.05米，增加有效蓄水7800万立方米、2780万立方米。旱情后期，双牌和涔天河水库水位维持在保灌水位2~3米和4~5米以上。祁阳县大江边中型水库5月28日停止发电，全力确保灌溉用水。作为新田县城供水水源地的金陵水库6月初已停止发电，全力保城镇居民供水。

2011年7月15日，市政府召开全市抗旱工作电视电话会议

全市10个县区开展人工增雨作业，共发射三七炮160发、火箭弹224发，最大单点雨量77.1毫米。特别是8月5日新田县人工增雨让11个乡镇降雨，其中新圩镇雨量最大，达到77.1毫米。通过人工增雨有效增加部分县区的蓄水，缓解旱情。

各地根据当地缺水和蓄水情况，因地制宜，改制改种。全市落实改制改种面积21万亩，其中改种红薯6万亩、秋大豆5万亩、秋玉米7万亩、马铃薯1万亩、荞麦2万亩。

各受旱地区坚持“先生活、后生产”“先重点，后一般”的原则，确保人畜饮水安全。据统计，全市在抗旱期间解决37.59万人、大牲畜16.04万头饮水困难问题。新田县自7月以来组织消防、环卫等部门用消防车、洒水车等为毛里、十字等7个乡镇27个村1.89万受旱群众送水164车次820余吨，确保了人畜饮水安全。

为切实保证困难群众基本生活，受灾严重的新田县发放救灾资金90.8万元。宁远县政府安排300万元抗旱资金，采取“政府补助、群众筹资、部门整合、向上争取、社会捐赠”的方式，共投入抗旱资金2500万元，购买抗旱机械12500台（套），免费向困难农户发放离心泵200余台，挖沟筑坝215处，架设泵站17处，挖井323口，掏氹1680处。

6月份以后，市政府开展为期一个月的“水事纠纷排查月”活动，建立水事纠纷排查调处机制，对经常性发生水事纠纷的地方建立台账，加强疏导，尽早控制，及时化解，妥善处理，把水事纠纷消除在萌芽状态。全市没有发生一起因水事纠纷而引发的群体性事件。

结合“排忧解难服务月”活动，全市派出1.2万名干部下基层，指导开展抗旱救灾工作。水利部门加强水资源科学调度。气象部门密切监视天气变化，做好气象预测预报和人工增雨工作。农业和畜牧水产部门加强对农业结构调整、田间管理的指导，做好农作物病虫害防治和动物疫病防治。财政部门积极筹措资金，确保抗旱急需。民政部门加强灾情调查，做好灾情上报和救灾工作。农机部门组织专门人员，及时帮助维修各类抗旱机械。政法部门及时协调处理用水纠纷。供销、电力、石化等部门分别做好抗旱物资、种苗、电力、油料的保障工作。据不完全统计，全市投入抗旱劳力 97. 78 万人、抗旱设备 10. 92 万台，出动运水车辆 287 辆，投入抗旱资金 1. 9978 亿元，累计抽提引水浇灌农田 292. 1 万亩次。

第七篇 水利管理

永州市水利管理工作体制机制随着水利事业发展而不断建立健全，市、县两级组建水行政主管部门，一手抓建设，一手抓管理，从组织机构、工程管理、水资源管理，到资金管理、水政管理、科技教育等方面，管理水平不断提高，逐步走上规范化、法治化和科学化治水管水轨道。

第一章　机　构

第一节　市级水行政管理机构

永州市水利局是永州市政府工作部门，为正处级行政机构。1994 年 9 月，零陵地区水利水电局办公地址从永州市（现零陵区）城北路 73 号搬迁至冷水滩市（现冷水滩区）双洲路 128 号（后变更为冷水滩区河东梅湾路 218 号）。1996 年 10 月，零陵地区水利水电局更名为永州市水利水电局。2001 年 11 月，永州市水利水电局更名为永州市水利局。

一、零陵地区水利水电局

1992 年，零陵地区水利水电局内设机构 12 个，其中行政机构 5 个，即办公室、政工科、计划财务科、纪律检查组、水政法制科；事业单位 7 个，即农田水利建设站、水利工程管理站、小水电管理站、水利水电器材管理站、水利水电职工学校、综合经营管理站、防汛抗旱指挥部办公室。

1994 年 9 月，零陵地区水利水电局从零陵区搬迁至冷水滩区。是年 10 月，新址正式启动办公。局机关内设机构 11 个，即办公室、纪检监察室、政工科、计划财务科、科教科、水政法制科；事业单位设市防汛抗旱指挥部办公室、市工程管理站、市农田水利站、市综合经营站、市地方水电管理站。撤销水利水电职工学校。

1995 年，零陵地区水利水电局成立水政水资源科。是年，全局行政机构有两室（纪检监察室、办公室）、五科（政工科、科教科、水政水资源科、计划财务科、水利水保科）。所属事业单位有市防汛抗旱指挥部办公室、市水利工程管理站、市地方电力管理站、市河道管理站等 4 个全额拨款事业单位，有综合经营管理站、水利水电质量监督站、水土保持站等 3 个差额拨款事业单位。全局干部职工 68 人，其中行政干部 15 人、技术干部 45 人（含高级工程师 4 人）、工人 8 人。

1996 年是零陵地区地改市的第一年，4 月份撤销零陵地区成立永州市，10 月份零陵地区水利水电局更名为永州市水利水电局。

二、永州市水利水电局

1996 年 9 月 14 日，永州市人民政府办公室发出《关于印发永州市水利水电局职能配置、内设机构和人员编制方案的通知》，永州市水利水电局主要职责：（一）负责《中华人民共和国水法》《中华人民共和国电力法》《中华人民共和国水土保持法》等法律、法规的贯彻实施和监督检查；（二）拟订全市水利水电发展战略、中长期规划和年度计划；组织制订全市主要河道、流域水利水电综合规划和有关专业规划，并负责监督实施；（三）统一管理全市水资源，负责组织全市水资源的监测和调查评估；会同有关部门制订全市水量长期供求计划、水量分配方案并负责监督管理；组织实施取水许可制度，归口管理全市节约用水工作；对水资源的保护实施监督管理；受市政府委托协调处理部门之间和县（区）之间的水事纠纷；（四）主管全市河道（包括人工水道、行洪区）、河口滩涂等水域及其岸线，负责主要河道、流域的综合治理和开发；（五）主管全市防汛抗旱工作，负责全市防汛抗旱指挥部的日常工作；（六）主管全市的水土保持工作；（七）管理全市农村水利和乡镇供水、人畜饮水工作；负责城市地表水供水水源建设、水环境保护等城市水利工作；（八）组织建设和管理水利系统的水（火）电站及地方电网；负责农村水电电气化县建设；（九）配合市政府综合经济管理部门制订有关水利水电的财务价格、税收、信贷等经济调节措施并组织实施；按照国家有关规定监督全市水利水电系统国有资产的保值和增值；（十）对全市水工程建设进行行业管理，负责组织建设和管理具有可控性的跨县（区）的重要水利工程；对全市水利水电工程、水利水电综合经营和水库移民实行行业管理；（十一）负责管理水利水电科技、教育、国际合作；指导和管理全市水利队伍的建设；（十二）承办市政府交办的其他事项。内设办公室、计划财务科、水政水资源科、政工科（加挂老干科的牌子）、科教科、水利水保科、地方电力科、纪检组（监察室），行政编制 27 名。所属事业单位 8 个，即市防汛抗旱指挥部办公室、市水利工程管理站、市水利经济管理站、市地方电力管理站、市河道管理站、市水利水电工程质量监督站、市水土保持监测站、职工培训中心，事业编制 50 名。归口管理永州市人民政府移民开发办公室、市水利水电设计院、永州市涔天河水利水电工程管理局。撤销市水利水电综合经营管理站、农田水利建设管理站、小水电管理站、水利水电器材管理站、水利水电职工学校，其人员编制全部核销。

1996 年 10 月，永州市水利水电局正式挂牌。

2001 年 11 月，电力职能划归永州市经信委，更名为永州市水利局。

三、永州市水利局

2001 年 11 月 19 日，永州市人民政府办公室发出《关于印发永州市水利局职能配置、内设机构和人员编制规定的通知》，对永州市水利局主要职责作出部分调整，新增两个方面内容。一是突出水资源（含空中水、地表水、地下水）的统一管理。拟定市水资源保护规划，组织水功能区的划分，监测江河水库的水量、水质、审定水域纳污能力，对不同水功能区限制排污总量控制意见。二是强调行业技术质量标准和规程、规范。与此同时，将水（火）电站及地方电网的建设管理和水库移民安置工作调整出去。内设机构 6 个：即办公室、计划（规划）财务科、水政水资源科（加挂永州市节约用水办公室牌子）、水利建设与管理科、水土保持科、政工科教科，行政编制为 19 名。市防汛抗旱指挥部办公室核定全额拨款事业编制 3 名。局所属具有行政管理职能的市防汛抗旱指挥部、河道管理站人员编制精简 20%。水土保持站更名为水土保持监测站，人员编制、经费渠道不变。市水利局归口管理市水利水电勘测设计院、市涔天河水利水电管理局。

市水利局机构改革作为市直机关试点，成功经验在全市推广。

2003 年 5 月 30 日，永州市编制委员会《关于“永州市水利局水政水资源科”加挂“永州市水政监察支队”牌子的批复》同意，在水政水资源科加挂“永州市水政监察支队”牌子，承担水利部发布的《水政监察工作章程》规定的职责，不另增编制。

2005 年 9 月 3 日，永州市人民政府办公室印发《关于进一步明确水电开发建设管理职责的通知》（永政办发〔2005〕40 号），对市经委、市水利局承担的职能中涉及水电开发建设管理方面的职责进一步明确：市经委负责电力规划和水电站发电装机容量、发电运行安全以及电量上网监管，行使电力法律法规行政执法权；市水利局负责江河流域开发、建设总体规划，水电站大坝选址，库容规划审批和工程建设管理，以及建成后大坝安全监管、防洪抗旱调度，行使水法律法规行政执法权。

2008 年 2 月 15 日，永州市编制委员会发出《关于为市水利局下达行政编制的通知》，增加行政编制 5 名，原核定的 2 名离退休管理服务编制予以核销。今后不再核定事业编制用于党政机关。

2011 年 4 月 14 日，永州市人民政府办公室印发《永州市水利局主要职责内设机构和人员编制规定》，在主要职责方面进一步强调水资源规划保护和监督管理。但对监测江河水库的水量、水质工作没有提出要求。新增三项工作，即对水文、水利风景区和水利信息化工作进行指导。明确内设机构7个，即办公室、政工科教科、规划计划财务科、水资源科（永州市节约用水办公室）、建设管理科、水土保持科、安全法制科（加挂水政监察支队牌子），行政编制27名。

2015年8月24日，永州市编制委员会办公室发出《关于市水利局有关职责和机构编制调整的通知》，增设农村水利科。调整后内设机构为8个，即办公室、政工科教科、规划计划财务科、水资源科（永州市节约用水办公室）、建设管理科、水土保持科、安全法制科（水政监察支队）、农村水利科。

2011年11月，市水利局召开全市水利（水务）局长会议

2015年10月26日，永州市编制委员会办公室发出《关于市水利局增加人员编制的通知》，调剂增加行政编制1名，调整后市水利局行政编制为28名。

2016年4月18日，永州市编制委员会办公室发出《关于明确市直机关（参公事业单位）监察室主任和机关党委专职副书记领导职数的通知》，明确监察室主任和机关党委专职副书记领导职数（均为正科级）。

2016年6月17日，永州市编制委员会办公室发出《关于市水利局增设科级领导职数的批复》，同意增设1名副科级领导职数。

2016年9月7日，永州市编制委员会办公室发出《关于设立永州水政监察支队的批复》，同意撤销市河道管理站和市水利局安全法制科加挂的市水政监察支队牌子，整合水行政执法职能，设立水政监察支队（挂市河道管理站牌子）。

2017年6月16日，永州市编制委员会办公室发出《关于组建市委巡察机构和市纪委派驻纪检机构所需人员编制划转的通知》，永州市水利局机关划转编制3名，局机关行政编制由28名变为25名。

2018年4月4日，永州市编制委员会办公室发出《关于市水利局设立行政审批科的批复》，同意撤销安全法制科，设立行政审批科，承担局里所有行政审批职能。推行行政审批事项集中审批后，内设机构个数、人员编制及领导职数不变。

2018年12月，永州市机构改革方案出台，共设置市级党政机构47个，永州市水利局属于市政府34个工作部门之一。

2019年1月30日，中共永州市委机构编制委员会下发《关于永州市本级机构改革涉改处级事业单位调整的通知》，通知明确将市移民开发局承担的行政职能划入市水利局，整合市水利局所属相关事业单位公益服务职能，改为市库区移民事务中心，为市水利局所属正处级公益类事业单位；将市防汛抗旱指挥部办公室承担的行政职能分别划入市水利局、市应急管理局。划入市水利局部分改为市水旱灾害防御事务中心，为市水利局所属副处级公益类事业单位。

2019年3月1日，中共永州市委深化机构改革领导小组办公室下达《关于印发〈永州市机构改革人员转隶工作方案〉的通知》，明确市水利局职能职责调整：（1）划出水资源调查和确权登记管理职责至市自然资源和规划局；（2）划出编制水功能区划、排污口设置管理、流域水环境保护职责至市生态环境局；（3）划出农田水利建设项目管理职责至市农业农村局；（4）划出水旱灾害防治相关职责和防汛抗旱指挥部职责至市应急管理局；（5）划入市移民局承担的行政职能；（6）划入市防汛指挥部办公室承担的相关行政职能。并明确人员转隶方案为：从局水资源科调整1人到市自然资源和规划局；从局水资源科调整1人到市生态环境局；从局农村水利科调整2人到市农业农村局。

2019 年 5 月 24 日，市委办、市政府办印发《永州市水利局职能配置、内设机构和人员编制规定》通知，对市水利局提出职能转变要求：市水利局应切实加强水资源合理利用、优化配置和节约保护。坚持节水优先，从增加供给转向更加重视需求管理，严格控制用水总量和提高用水效率。坚持保护优先，加强水资源、水域和水利工程的管理保护，维护河湖健康美丽。坚持统筹兼顾，保障合理用水需求和水资源的可持续利用，为经济社会发展提供水安全保障。局机关设立办公室（信访办公室）、规划计划与财务科教科（扶贫工作办公室）、行政审批与安全法制科、人事科、水资源与水土保护科（市节约用水办公室）、建设与运行管理监督科、河长制工作与河湖管理科、农村水利水电科、水库移民科、水旱灾害防御科等 10 个科室。市水利局机关行政编制 20 名，设局长 1 名，副局长 3 名，暂保留总工程师 1 名。正科级领导职数 11 名（含机关党委专职副书记 1 名），副科级领导职数 4 名。

2019 年 11 月 21 日，中共永州市委机构编制委员会印发《永州市库区移民事务中心职能配置、内设机构和人员编制规定》通知，永州市库区移民事务中心为市水利局所属正处级公益一类事业单位，设综合部、搬迁安置与维权部、计划财务部、后期扶持部等 4 个内设机构，核定全额拨款事业编制 20 名。设主任 1 名，副主任 2 名；内设机构核定正科级领导职数 4 名、副科级领导职数 4 名。

2019 年 11 月 21 日，中共永州市委机构编制委员会印发《永州市水旱灾害防御事务中心职能配置、内设机构和人员编制规定》通知，整合永州市防汛抗旱指挥部办公室和市水利经济管理站相关职能，设立永州市水旱灾害防御事务中心，为市水利局所属副处级公益一类事业单位，设综合部、防御事务部、调度事务部、网信技术部等 4 个内设机构，核定全额拨款事业编制 15 名。核定主任 1 名，副主任 3 名；内设机构核定副科级领导职数 4 名。

2019 年 12 月 25 日，中共永州市委机构编制委员会办公室下达《关于市水利局所属部分事业单位职责和机构编制调整的批复》，整合市河长制办公室、市河道管理站有关公益服务职能，组建市河湖管理事务中心，为市水利局所属正科级公益一类事业单位，核定全额拨款事业编制 10 名，设主任 1 名，副主任 2 名；将市水利工程管理站更名为市农村饮水事务中心，为市水利局所属正科级公益一类事业单位，核定全额拨款事业编制 8 名，设主任 1 名，副主任 2 名；整合市地方电力管理站、市水利水电工程质量监督站、市水土保持监测站有关公益服务职能，组建市水利工程建设与运行事务中心，为市水利局所属正科级公益一类事业单位，核定全额拨款事业编制 15 名，设主任 1 名，副主任 3 名。

第二节　市级水行政管理直属事业单位和下属单位

2015 年，永州市水利局所属事业单位共有 8 个。2019 年机构改革后，设立市水旱灾害防御事务中心、市库区移民事务中心等 6 个事业单位。

一、市防汛抗旱指挥部办公室

1989 年 9 月 1 日，零陵地区编制委员会同意零陵地区水利水电局设立地区防汛防旱指挥部办公室，为常设的科级机构。1996 年 9 月，永州市人民政府办公室发出《关于印发永州市水利局职能配置、内设机构和人员编制规定的通知》，市防汛抗旱指挥部办公室（科级）定编 3 名，财政全额预算拨款。1997 年 12 月 23 日，根据永州市人社局批复，市防汛抗旱指挥部办公室纳入实施国家公务员制度的范围。2001 年 11 月 19 日，永州市人民政府办公室发出《关于印发永州市水利局职能配置、内设机构和人员编制规定的通知》，明确市防汛抗旱指挥部办公室核定全额拨款事业编制 3 名，其中主任（市水利局局长兼任）1 名，副主任 1 名（副处级），人员编制精简 20%。2004 年 4 月 21 日，根据《关于调整市水利局下属部分事业单位编制的批复》，市防汛抗旱指挥部办公室核定的事业编制由 3 名调增为 6

名。增加的3名编制分别从地方电力管理站调整2名和水利工程管理站调整1名。2010年3月17日，《关于永州市防汛抗旱指挥部办公室机构规格等事项的批复》明确永州市防汛抗旱指挥部办公室为副处级事业机构，归口市水利局管理。内设综合科和防汛抗旱调度应急科，编制由6名增至8名，分别从市水利工程管理站、市地方电力管理站连人带编各选调划转1名；领导职数为主任1名（享受副处级干部待遇）、副主任1名（享受正科级干部待遇）、科长2名（享受副科级干部待遇）。2014年1月2日，根据《关于市防汛抗旱指挥部办公室增加领导职数的批复》，增加副主任1名（正科级领导职数）。2019年3月，市防汛抗旱指挥部办公室职能移交市应急管理局，4名编制及人员转隶至市应急管理局。2019年11月，市防汛抗旱指挥部办公室和市水利经济管理站一起被整合为市水旱灾害防御事务中心。

二、市水利工程管理站

1996年，市水利工程管理站保被列为全额预算拨款事业单位，定编10名。1997年12月23日，市水利工程管理站作为行使国家行政职能的事业单位，纳入实施国家公务员制度的范围。2004年4月21日，市水利工程管理站调整1名编制至市防汛抗旱指挥部办公室，编制9名。2014年3月17日，市水利工程管理站被列为全额拨款正科级事业单位，编制8名，设站长1名、副站长2名。2014年12月29日，市水利工程管理站被列为公益一类事业单位。2019年12月，市水利工程管理站更名为市农村饮水事务中心，为市水利局所属正科级公益一类事业单位，核定全额拨款事业编制8名，设主任1名、副主任2名。其主要职责是承担全市节水灌溉、农村饮水事务性工作。

三、市水利经济站

1996年，市水利经济管理站（科级）被列为财政差额预算拨款事业单位，定编10名。2014年3月17日，市水利经济管理站被列为差额拨款正科级事业单位，编制10名，设站长1名、副站长1名。2019年11月，市水利经济管理站和市防汛抗旱指挥部办公室一起被整合为永州市水旱灾害防御事务中心。

四、市地方电力管理站

1996年，市地方电力管理站（科级）被列为财政全额预算拨款事业单位，定编10名。1997年12月23日，市地方电力管理站作为行使国家行政职能的事业单位，纳入实施国家公务员制度的范围。2004年4月21日，市地方电力管理站调整2名编制至市防汛抗旱指挥部办公室，编制8名。2014年3月17日，市地方电力管理站被列为全额拨款正科级事业单位，编制7名，设站长1名、副站长1名。2014年12月29日，市地方电力管理站被列为公益一类事业单位。2019年12月，市地方电力管理站与市水利水电工程质量监督站、市水土保持监测站一起整合事业职能组建为市水利工程建设与运行事务中心。

五、市水利水电质量监督站

1993年2月26日，零陵地区编制委员会批复同意设立零陵地区水利水电工程质量监理站，与农田水利建设站合署办公，实行一个机构、两块牌子。1996年，市水利水电工程质量监督站（科级）被列为财政差额预算拨款事业单位，定编5名，撤销农田水利建设站。2014年3月17日，市水利水电工程质量监督站被列为差额拨款正科级事业单位，编制5名，设站长1名、副站长1名。2014年9月5日，永州市水利水电职工培训中心撤销，2名差额拨款事业编制划入市水利水电工程质量监督站。编制调整后，市水利水电工程质量监督站编制增至7名。2014年12月29日，市水利水电工程质量监督站被列为公益一类事业单位。2018年4月26日，永州市编制委员会发出《关于市水利水电工程质量监督站、市水土保持监测站经费性质调整的批复》，市水利水电工程质量监督站由差额拨款事业单位调整为全额拨款事业单位，原核定的差额拨款编制相应调整为全额拨款事业编制。2019年12月，市水利水电工程质量监督站与市地方电力管理站、市水土保持监测站一起整合事业职能组建为市水利工程建设与运行事务中心。

六、市水土保持监测站

1995年，设立水土保持站。1996年9月，市水土保持站（科级）被列为财政差额预算拨款事业单位，定编5名。2001年11月19日，市水土保持站更名为市水土保持监测站，人员编制、经费渠道不变。2018年4月26日，由差额拨款事业单位调整为全额拨款事业单位，原核定的差额拨款编制相应调整为全额拨款事业编制。2019年12月，市水土保持监测站与市地方电力管理站、市水利水电工程质量监督站一起整合事业职能组建为市水利工程建设与运行事务中心。

七、市河道管理站

1992年，零陵地区河道管理站成立，为全额拨款事业单位。1996年9月，市河道管理站（科级）被列为财政全额预算拨款事业单位，定编5名。1997年12月23日，市河道管理站作为行使国家行政职能的事业单位，纳入实施国家公务员制度的范围。2001年11月19日，市河道管理站人员编制精减20%。2014年3月17日，市河道管理站被列为全额拨款正科级事业单位，编制5名，设站长1名、副站长1名。2014年12月29日，市河道管理站被列为公益一类事业单位。2016年9月7日，永州市编制委员会办公室发出《关于设立永州水政监察支队的批复》，撤销市河道管理站和市水利局安全法制科加挂的市水政监察支队牌子，整合水行政执法职能，设立水政监察支队（加挂市河道管理站牌子），为归口市水利局管理的正科级公益一类事业单位，核定全额拨款事业编制8名（含引进人才专项编制1名），设支队长1名、副支队长2名。市河道管理站撤销后，其6名全额拨款事业编制（含引进人才专项编制1名）、5名在职工作人员一并划入市水政监察支队。2019年12月，市河道管理站与市河长制办公室一起整合有关公益服务职能，组建为市河湖管理事务中心，撤销市水政监察支队加挂的市河道管理站牌子。

八、市河长制办公室

2017年9月14日，永州市编制委员会办公室发出《关于设立永州市河长制办公室的批复》，市河长制办公室为全额拨款正科级公益一类事业单位，编制5名，设主任1名、副主任1名。2019年12月，市河长制办公室与市河道管理站一起整合有关公益服务职能，组建为市河湖管理事务中心。

九、市水政监察支队

2016年9月7日，永州市编制委员会办公室发出《关于设立永州市水政监察支队的批复》，同意按照“撤一建一”原则，撤销市河道管理站和市水利局安全法制科加挂的市水政监察支队牌子，整合水行政执法职能，设立市水政监察支队（挂市河道管理站牌子），为归口市水利局管理的正科级公益一类事业单位，核定全额拨款事业编制8名（含引进人才专项编制1名），设支队长1名、副支队长2名。市河道管理站撤销后，其6名全额拨款事业编制（含引进人才专项编制1名）、5名在职工作人员一并划入市水政监察支队。2019 年 12 月，撤销市水政监察支队加挂的市河道管理站牌子。

十、市库区移民事务中心

2019 年 11 月 21 日，中共永州市委机构编制委员会印发《永州市库区移民事务中心职能配置、内设机构和人员编制规定》通知，永州市库区移民事务中心为市水利局所属正处级公益一类事业单位。市库区移民事务中心贯彻落实中央、省、市关于水利水电工程移民工作的方针政策和决策部署，在履行职责过程中坚持和加强党对库区移民工作的集中统一领导。主要职责是：为大中型水库工程建设制定征地实物调查细则、移民安置规划大纲、移民安置规划、移民后期扶持规划提供技术支持，承担大中型水库移民安置阶段验收及竣工验收和后期扶持规划实施验收的事务性工作；承担移民综合统计工作；承担大中型水库移民安置和后期扶持的事务性工作；协助有关部门拟订市本级及辖区水库移民资金年度预算方案和安排方案，承担全市水库移民工作、移民资金内部审计、稽察和绩效评价的事务性工作，承担全市水库移民后期扶持政策实施情况监测评估的事务性工作，为全市水库移民资金管理提供服务保障；拟订全市水库移民工作规划及年度工作计划，负责水库移民工作规范性文件的起草，承担大中型水库移民信访、行政复议、行政诉讼等相关事务性工作；协助推动水库移民对口帮扶工作；协助协调三峡移民工作；承担大中型水库移民的培训工作；承担市水利局交办的其他工作。设综合部、搬迁安置与维权部、计划财务部、后期扶持部等 4 个内设机构，核定全额拨款事业编制 20 名。设主任 1 名、副主任 2 名；内设机构核定正科级领导职数 4 名、副科级领导职数 4 名。

十一、市水旱灾害防御事务中心

2019 年 11 月 21 日，中共永州市委机构编制委员会印发《永州市水旱灾害防御事务中心职能配置、内设机构和人员编制规定》通知，整合永州市防汛抗旱指挥部办公室和市水利经济管理站相关职能，设立永州市水旱灾害防御事务中心，为市水利局所属副处级公益一类事业单位。市水旱灾害防御事务中心贯彻落实中央、省、市关于水旱灾害防御工作的方针政策和决策部署，在履行职责过程中坚持和加强党对水旱灾害防御工作的集中统一领导。主要职责是：为水旱灾害防治规划、水旱灾害风险图编制和应用、水旱灾害防御应急预案及重要水库水旱灾害防御和应急水量调度方案编制等相关工作提供技术支撑和服务保障；承担重要江河湖泊、重要水工程水旱灾害防御事务性工作；承担重要水库水旱灾害防御和应急水量调度的事务性工作；承担重要流域、区域以及重大调水工程的水资源调度的事务性工作；参与水旱灾害防御值班、会商，参与提出水旱灾害防御相关经费建议，承担水情旱情综合分析工作，协助开展水旱灾害防御预警预报工作；承担防御洪水应急抢险、防汛抗旱的技术支撑工作。承担山洪灾害日常防治事务性工作；开展水旱灾害防御基础技术研究及相关项目建设，协助推广水旱灾害防御新技术、新措施和先进经验；负责全市水利信息化基础设施、数据资源和应用平台的建设、运行维护和安全保障等工作，为水利信息化建设提供技术支撑和服务保障；承担水旱灾害防御物资储备和管理；参与拟定全市水利经济发展规划和年度计划；负责全市水利经济的指导服务等工作；承担市水利局交办的其他工作。设综合部、防御事务部、调度事务部、网信技术部等 4 个内设机构，核定全额拨款事业编制 15 名。核定主任 1 名、副主任 3 名；内设机构核定副科级领导职数 4 名。

十二、市河湖管理事务中心

2019 年 12 月 25 日，中共永州市委机构编制委员会办公室下达《关于市水利局所属部分事业单位职责和机构编制调整的批复》，整合市河长制办公室、市河道管理站有关公益服务职能，组建市河湖管理事务中心，为市水利局所属正科级公益一类事业单位，核定全额拨款事业编制 10 名，设主任 1 名、副主任2名。其主要职责是：承担河长制工作与河湖管理事务性工作；宣传执行有关河道管理法律法规和方针政策；协助审查河湖范围内工程建设项目防洪影响评价报告，承担市本级河湖防洪工程的建设维护等事务性工作；承担水资源事务性工作。

十三、市水利工程建设与运行事务中心

2019年12月25日，中共永州市委机构编制委员会办公室下达《关于市水利局所属部分事业单位职责和机构编制调整的批复》，整合市地方电力管理站、市水利水电工程质量监督站、市水土保持监测站有关公益服务职能，组建市水利工程建设与运行事务中心，为市水利局所属正科级公益一类事业单位，核定全额拨款事业编制15名，设主任1名、副主任3名。其主要职责是：承担水能资源管理等事务性工作，为地方中小水电站更新与技术改革提供服务；承担全市水土保持预防监测和水土流失动态监测等事务性工作；承担全市水利工程的质量监督检查等事务性工作。

十四、零陵地区水利水电职工学校

零陵地区水利水电职工学校为零陵地区水利水电局所属事业单位（成立时间不详），1996年地改市后市编办下文撤销市水利水电局所属水利水电职工学校。

十五、市水利水电勘测设计院

1988年7月，零陵地区水利水电设计室调整为零陵地区水利水电勘测设计院，为正科级事业单位，实行企业管理，定编20人。1989年8月，零陵地区水利水电勘测设计院从零陵地区水利水电局分出成为独立核算单位。1996年9月14日，市水利水电勘测设计院为自收自支的科级事业单位，原定编制60名不变。

十六、零陵地区水利水电物资公司

1993年4月，零陵地区经济委员会同意成立零陵地区水利水电物资公司，该公司为独立核算、自主经营、自负盈亏的全民所有制企业，隶属零陵地区水利水电局管理，前身为零陵地区水利水电器材管理站，为零陵地区水电建设和水电管理事业服务。零陵地区水利水电物资公司与物资管理站合并办公，实行一个机构、两块牌子，1996年撤销，撤销后再成立市水利经济管理站。

十七、永州市水利水电建设公司

永州市水利水电建设公司始建于1964年7月，时称“零陵专县水利施工队”，由地区水电局和零陵县水电局共同组建，胡会元、谢开来分别担任地区和县里的队长，施工队有技术干部和普通工人共40人，主要负责双牌水库右干渠前53公里段渠道和附属建筑物以及杨家洞隧洞项目的施工。1965年9月，零陵专县水利施工队分别成立地县两个施工队。零陵专署水利工程队进驻宁远县水市水库施工，有职工226人，设置人事政工组、生产技术组、财务器材组。1969年6月（宁远县水市水库竣工后），工程队改名为“零陵地区农村战线水利建设连”，1970年承担东方红水库（即涔天河水库）桐子山、黄泥洞两处隧道施工任务。1971年2月到江永县源口水库负责大坝施工。1973年工程队改名为“零陵地区水利建设公司”。1976年，公司更名为“零陵地区水利水电建设公司”，设办公室、人事股、生技股、财务器材股。1982年，取消财政补助，实行独立核算，自负盈亏。1985年，公司实行经理负责制，经理蒋尧臣，公司设经理

办公室、财务保卫股、行政股、劳动服务站、第一施工队、第二施工队、钻探灌浆队和修配厂。1989 年 3 月，零陵地区劳动局下文，将公司由事业单位改制为企业。年底，公司共有职工总数 275 人，其中有高级工程师 4 人，工程师（中级职称）23 人，助理工程师 22 人；公司有各型推土机 3 台，钻探灌浆机 8 台，柴油发电机组 8 台，钻床、车床、刨床等 25 台，交流电焊机 11 台，试验机 2 台，以及其他各类大小施工机械设备 47 台，各种施工交通车辆 23 辆，测量设备 7 台。1994 年起，公司处于停产和半停产状态，1995 年下半年停产整顿，1996 年市水利水电局党组派出工作组对公司进行接管，制定“轻装上阵、重组公司”的整改方案，转换经营机制，划小核算单位，设立总公司，下设分公司，独立核算，承包经营，员工实行优化组合。公司整改未达到预定目的。1997 年 4 月公司由市中级人民法院裁定宣告破产，但因无资金安置职工，破产一直未能到位。从 1994 年起，公司 90%的职工下岗，自谋职业，由上级部门每人每月发给 100 元的生活费，2000 年以后，由于没有资金来源，职工生活费停止发放。许多职工因生活困难，上访不断。针对公司的实际情况，为消除长期存在的安全稳定隐患，2002 年，市水利局党组顺应市场经济发展潮流，积极响应国企改革的号召，着手对公司实行“两个置换”的改革。改革按永州市企业改革有关文件精神进行。2002 年初，公司有职工 325 人（其中在职 223 人，退休 102 人）。同年 5 月，市水利局成立水建公司国企改革指导小组，将公司改革工作进一步推向深入。一是办理特繁工种提前退休；二是鼓励职工自愿申请买断工龄，并对已到期的合同工，以经济补偿的方式解除劳动关系。2003 年 6 月，指导组聘请永州恒兴会计师事务所对公司 2003 年 6 月 30 日止的资产进行审计，并出具审计报告和资产评估书。2003 年 11 月 6 日，市财政局对永州市水建公司的资产评估报告给予核准批复。2003 年 11 月 21 日，市国企办正式下发《关于永州市水利水电建设公司国企改革实施方案的批复》，公司按照此方案进行改革清理工作。到 2003 年底，公司办理了特繁工种提前退休 104 人，置换身份 119 人，部分职工走向社会、自谋职业，退休人员全部移交社会保险机构，并办理了医疗保险手续。2005 年公司职工档案全部移交到市档案馆，企业营业执照、施工资质证、土地使用证、公共部分房屋产权证以及公司各类印章等移交市水利局。2007 年，市水利局向市政府呈报《关于市水建公司建设经济适用房的请求报告》，2008 年 1 月，市政府领导批示同意市水建公司建设经济适用房的方案。2011 年，市水利局成立市水建公司建设经济适用房领导小组，多渠道筹措资金。2012 年，市房产局、财政局、发改委联合发文，审批通过《将市水建公司经济适用房建设项目调整为城市棚户区改造项目》。2013 年 3 月，棚改项目动工，到 2016 年 7 月，建成棚户区改造房屋 8 栋共 232 套。

十八、永州市水利水电工程建设监理咨询有限公司

1999 年 11 月，永州水利水电综合开发有限责任公司和永州市水利水电勘测设计院共同设立永州市水利水电工程建设监理咨询有限公司，公司注册资本金 110 万元。1999 年 11 月 10 日，公司由水利部批准为丙级水利水电监理单位，2001 年 9 月升级为乙级水利工程施工监理单位。2015 年 4 月，公司通过环境管理体系、职业健康安全管理体系、质量管理体系认证。2016 年 3 月，公司取得水利工程协会颁发的 AA 级企业信用等级。2018 年 8 月，公司由水利部批准为甲级水利工程施工监理单位。公司现有总监 4 人，注册监理工程师 20 人，监理员 78 人，其中高级职称 7 人，中级职称 25 人，初级职称 41 人。为适应上级对企事业单位脱钩改制的要求，2020 年 6 月 5 日，永州市水利水电工程建设监理咨询有限公司全部所有权移交市水利水电勘测设计院。

第二章 水利规划

1991 年 3 月，零陵地区水利水电局组织编制《零陵地区地方电网规划》。1993 年，编制《零陵地区粮食以工代赈农田水利基本建设发展规划》。2000 年，五年一度的水利水电发展计划改名为水利发展规划，当年编制《永州市水利“十五”发展规划报告》。2000 年 2 月，湖南省水利水电勘测设计研究总院编制完成《湖南省永州市城市防洪工程规划报告》。2011 年，水利部安排长江水利委员会开始组织编制《湘江流域综合规划》，到 2019 年规划批复，整个规划编制工作历时近 8 年。

第一节 综合规划

一、“八五”计划（1991—1995 年）时期

1990 年零陵地区水利水电局（现永州市水利局）主持制定《零陵地区水利水电发展“八五”计划》。在水利建设方面，一是搞好现有工程的维修改造，除险保安；二是抓好在建工程的续建配套；三是适当兴建骨干工程。在水电建设方面，一是抓好现有电站设备的管理，提高年利用小时；二是搞好高塘坪、南津渡、内下 3 处骨干电站的续建配套；三是力争新上道县五洲、江华沱江两处电源点项目。

二、“九五”计划（1996—2000 年）时期

1995 年零陵地区水利水电局主持制定《零陵地区水利水电发展“九五”计划》，按照布局合理、注重效益的原则，在搞好原有工程保安、配套、更新改造的基础上，积极兴建小型水利工程，重点抓好大、中型骨干工程的新、扩、续建。“九五”计划全区水利水电工程总投资 14.57 亿元，其中，国家及省投入 8.04 亿元、地方财政配套及群众自筹 6.53 亿元。

在水利建设上，续建 2 座中型水库（双牌县单江水库、江永县古宅水库），新建 7 座中型水库（永州市何仙观水库、庙门口水库，江华瑶族自治县流车源水库和麦子田水库，道县龙门桥水库和营乐源水库，东安县芦江水库）和 3 处中型电灌站（祁阳县于家冲电灌站、新田县上里源和冷水滩大花滩电灌工程）以及蓝山县万年桥灌区工程。

在地方电力建设上，在进一步完善南津渡、内下、高塘坪 3 处骨干水电站的基础上，再新建 3 处（东安芦江、九龙和祁阳油榨铺）水电工程以及新建 3 处小火电厂（装机 2000 千瓦宁远小火电厂、装机 2000 千瓦东安小火电厂和装机 3000 千瓦祁阳小火电厂）。

三、“十五”规划（2001—2005 年）时期

2000 年永州市水利局主持编制《永州市水利“十五”发展规划报告》，基本原则是：坚持可持续发展和科教兴水战略，进一步建立健全社会主义市场经济体制，实现从工程水利向资源水利、外延水利向内涵水利、传统水利向现代水利的根本转变。

发展目标是：加大防洪工程建设力度，增强防洪减灾能力；加快水利水电工程的建设和续建配套，促进农村经济发展；防治水土流失，加快治理步伐；防治水污染，加强水资源保护。

主要指标是：全市新增有效灌溉面积10万亩，达到336.88万亩；新增旱涝保收面积12万亩，达到285.48万亩；新增蓄引提总量1.2亿立方米，达到33.2亿立方米；新增水土流失治理面积411.5平方公里，其中小流域面积35平方公里；新增水电装机容量16.11万千瓦，达到56.95万千瓦，年发电量23亿千瓦时。

"十五"规划水利总投资34.05亿元，重点布局在：1. 防洪工程，湘水治理、中小河流治理、病险水库治理、城市防洪工程建设；2. 水利枢纽工程，争取涔天河水库扩建工程立项，争取何仙观水库开工，续建两江口、云溪，单江等中型工程，力争猫儿岩、晨光、金钩挂、流车源、芦江立项；3. 灌区配套与提灌工程，实施双牌大型灌区以及涔天河等中型灌区续建配套及节水改造工程；4. 水资源开发利用工程，人畜饮水与乡镇供水工程建设，建设480余处农村人畜饮水工程，建设冷水滩区黄阳司供水工程等8处城镇供水工程，抓好蓝山县高塘坪抽水蓄能电站等电源点和蓝山高塘坪至江华码市110千伏线路等中小水电工程建设；5. 水土保持工程。

四、"十一五"规划（2006—2010年）时期

2005年永州市水利局主持编制《永州市水利"十一五"发展规划报告》，规划充分体现科学发展观和"五个统筹"的发展要求，坚持5个原则：以人为本，促进人水和谐；水利与经济社会协调发展；因地制宜、突出重点、统筹发展；资源节约、全面保护；以改革促发展。规划投资72.42亿元，通过有效投入和项目建设，全市增加蓄引提水总量2.4亿立方米，增加有效灌溉面积11.12万亩，新增旱涝保收面积10万亩，新增治理水土流失面积1662.99平方公里，新增水电装机35万千瓦。

规划主要建设项目包括10类：防洪工程，重点为市本级零冷两区和其他9个县的城市防洪工程；病险水库治理，包括涔天河大型水库、19座中型水库和608座小型水库；水利枢纽工程建设，争取涔天河水库扩建工程立项，何仙观水库批复兴建，完成两江口、云溪、玉琯湖水库工程扫尾，力争猫儿岩、晨光、金钩挂、芦江水库立项；灌区配套与小型农田水利设施工程；饮水安全和城乡供水工程；水电开发工程，重点为高塘坪抽水蓄能、晒北滩、涪溪、大林江等水电站建设；水土保持工程；河道治理工程；水文、水环境及水利信息化建设工程；水利风景区建设。

五、"十二五"规划（2011—2015年）时期

2010年永州市水利局主持编制《永州市水利"十二五"发展规划报告》，"十二五"水利发展的总体目标是：适应城市化和新农村建设的要求，着重解决民生水利问题，提高防御洪涝、干旱等灾害的整体能力、水资源的长效保障能力、农村水利的基础支撑能力，促进水环境改善。规划投入资金327.35亿元，实施26类1156个重点水利项目。

防洪抗旱减灾。建设涔天河水库扩建工程，争取开工蓝山县毛俊水库工程；实施四水治理项目和中小河流治理项目；实施山洪灾害防治非工程措施建设和工程措施（山洪沟治理）建设；建设抗旱应急水源工程。

民生水利发展。解决180万名农村人口的饮水安全问题；完成5座中型水库、13座大中型水闸、74座小（1）型和216座重点小（2）型水库的除险加固任务；继续实施双牌灌区续建配套与节水改造工程和开工建设大江边、金江、岭口等中型灌区续建配套与节水改造工程；对零陵区国营排灌站、东安县石期市、祁阳县于家冲、道县陆洲坝等大中型排灌泵站进行更新改造；对全市3万口重点山塘实施清淤扩容。

水资源开发利用。增加水库总库容16亿立方米，新增供水能力约7.5亿立方米，新增水电装机容

量约50万千瓦。续建完成单江水库，建设何仙观、芦江、金钩挂水库，争取晨光、营乐源、码市和张家洞等水库开工建设。完成涔天河、湘祁、五里牌、大林江、沱江、白滩河等骨干水电工程的建设。建成江华、江永、双牌等水电新农村电气化县。建设正源冲、老屋地、荒塘等小水电代燃料生态项目工程，对涔天河、九嶷山、源口、内下、五星、高塘坪梯级、金江等电站实施节能增效更新改造。新建涔天河水库扩建工程灌区和古宅、两江口、单江等大中型灌区。

2010年5月，市水利局召开全市水利规划及项目前期工作会议

水资源节约保护。新增节水灌溉面积103.95万亩，农业灌溉水有效利用系数提高到0.55；水功能区水质达标率90%以上，万元地区生产总值和万元工业增加值用水量下降30%；城市居民饮用水达标率100%。建设扬江、普里桥等高标准节水示范工程；在全市范围开展节水型社会建设。

水土保持与河湖生态修复。综合治理水土流失面积800平方公里，建立覆盖全市的水土保持监测网络，争取实施3~5条河流的农村河道综合治理工程项目。开展水土保持小流域综合治理，实施坡耕地、崩岗、石漠化等重点治理项目，实施革命老区水土保持治理，争取实施农村河道综合治理试点工程。

六、“十三五”规划（2016—2020年）时期

2015年永州市水利局主持编制《永州市水利“十三五”发展规划报告》，“十三五”水利发展总体目标：到2020年，统筹推进农村水利、城市水利、生态水利实现跨越式发展，基本建成与全面建成小康社会相适应的现代水利体系，有效支撑经济社会可持续发展。

“十三五”期间，水利建设的重点任务是建立防洪排涝工程体系、空间均衡水源工程体系、城乡饮水安全工程体系、农业灌溉体系、水生态工程体系等五大体系。规划共分为八大类33小项，有大小项目1833个，“十三五”总投资393.144亿元。主要内容：建立“蓄泄兼顾、江河安澜”的防洪排涝工程体系；合理配置水资源，建立“多源互补、丰枯调剂”的空间均衡水源工程体系；加快供水设施提质改造，建立“城乡统筹、保障有力”的城乡饮水安全工程体系；加快农村水利建设，建立“灌排自如、节水高效”的农业灌溉体系；推进河湖保护、生态治理，建立“河流健康、山川秀美”的水生态工程体系。

《湖南省永州市水利发展“十三五”规划报告（审批篇）》

第二节 专项规划

一、湘江流域综合规划

2011年12月，水利部以《关于资水流域综合规划等4项前期工作任务书的批复》批复《湘江流域综合规划任务书》，按照任务书的要求，长江水利委员会编制工作大纲，组织调研和查勘，并委托长江勘测规划设计研究院牵头编制规划报告。2015年8月12日至14日，水利部水利水电规划设计总院在北京组织召开评审会，对《湘江流域综合规划》进行审查。2019年9月11日，水利部下达《水利部关于湘江、资水流域综合规划的批复》。

《湘江流域综合规划》由“流域概况”“水文、气象”“经济社会发展对流域治理、开发与保护的要求”“流域总体规划”“防洪减灾规划”“水资源综合利用规划”“水资源与水生态环境保护规划”“流域水利管理”“主要支流规划意见”“环境影响评价”“近期实施意见及效果分析”“结论与建议”等12个部分组成。流域总体规划范围为湘江流域，重点为湘江干流及流域面积大于3000平方公里的潇水、耒水、洣水、涟水、舂陵水、渌水、浏阳河、蒸水等8条支流，规划区域总面积为9.46万平方公里。规划基准年为2010年，近期规划水平年为2020年，远期规划水平年为2030年。防洪减灾规划分析流域防洪形势，包括湘江干流及潇水等主要支流的洪水特性与洪水灾害、防洪工程现状，提出防洪治理原则、标准和目标，防洪规划方案，防洪工程规划。规划永州市主城区防洪标准为50年一遇，主要城市堤防工程29.13公里（其中已达标13.31公里），一般城镇及乡村堤防工程171.04公里（其中已达标95公里）。规划永州市新建（含扩建）水库涔天河扩建、毛俊水库。水资源综合利用规划分为水资源评价与配置、供水规划、灌溉规划、航运规划、水力发电规划等五个部分。对永州市城市供水规划意见为：永州市城区（零陵、冷水滩两区）供水水源单一，规划新建何仙观水库向城区供水，供水规模8万立方米/天，何仙观水库为待建中型水库，已纳入“十二五”规划，设计兴利库容6800万立方米；并提出其他9个县的供水规划意见。规划永州市大、中型水库工程8座，分别为涔天河水库扩建、毛俊、白马、码市、营乐源、何仙观、金钩挂、芦江。规划永州市新建大型灌区2处，为涔天河水库扩建工程灌区和何仙观灌区；续建配套1处，为双牌灌区；5万~30万亩灌区新建及配套13处；1万~5万亩灌区新建及配套57处。

二、零陵地区地方电网规划

1990年以前，电站经济效益和社会效益未得到充分发挥，存在“重电轻网、重发轻供、重建轻管”现象，1991年3月，零陵地区水利水电局组织编制《零陵地区地方电网规划（初稿）》。

三、零陵地区粮食以工代赈农田水利基本建设发展规划

零陵地区水利水电局编制《零陵地区粮食以工代赈农田水利基本建设发展规划（1993—1997）》。1993—1997年规划投资5000万元，其中1993年计划投资1000万元，建设中型水利工程8处、小（1）型水利工程21处、小（2）型水利工程21处、人畜饮水工程95处，解决11.6万人、18.9万头牲畜饮水困难问题。

四、永州市城市防洪规划

2000年2月，湖南省水利水电勘测设计研究总院编制完成《湖南省永州市城市防洪工程规划报

告》，2000 年 9 月，通过省水电厅评审，并获得正式批复。

城市防洪范围为永州市城区总体规划 2015 年城区，总面积 71.5 平方公里，防洪保护范围与城市市区规划协调一致。其防洪边界大致为：潇水东岸上起南津渡电站大坝早禾洞，下至频洲的向家亭；潇水西岸上起南津渡电站大坝新埠头，下至频岛的犁头咀；湘江东岸上起芝山朝阳乡的羊角滩，下至冷水滩潇湘二桥白石山；湘江西岸上起芝山频岛，下至冷水滩的下河线五码头。根据城市总体规划和各防护点的地理位置将防洪范围大体分为五大片进行防护，即芝山河东片、芝山河西片、岚角山片、冷水滩河东片、冷水滩河西片。

防洪标准城区按 50 年一遇洪水标准设防，河心洲按 20 年一遇洪水标准设防。规划水平年近期 2010 年，远景 2015 年。

防洪工程规划。新建防洪堤 20 条，长 56.14 公里；新建涵闸水管 21 处，总长 3270 米；现有堤防加高加固 3 条，5.84 公里；河道清障 11 处。排涝工程规划。新建排涝泵站 21 处 53 台；新建撇洪渠 1 处，长 1300 米。总投资 19720.58 万元，其中，防洪工程 16801.77 万元、排涝工程 2918.81 万元。

规划工程实施效益。永州市区防洪标准将提高到 50 年一遇，排涝标准将提高到 10 年一遇；每年可避免直接经济损失 4600 万元；同时，还可美化市容，改善城市人居环境。

五、永州市水土保持规划

《永州市水土保持规划（2016—2030 年）》由永州市水利局委托永州市水利水电勘测设计院编制，2018 年 1 月，经永州市人民政府批准同意。

规划范围包括永州市 11 个县区的 150 个乡镇、33 个街道和 4 个国家森林公园（林场），永州市水土保持规划区总面积 22270 平方公里，现状水土流失面积 4505 平方公里。此次永州市水土保持规划基准年为 2015 年，规划期限为 2016—2030 年，近期规划水平年为 2020 年，远期规划水平年为 2030 年。此规划通过对全市各地自然环境条件、水土流失特点以及产业发展方向的研究，系统分析水土流失及其防治现状和存在的问题，紧密结合当前社会经济发展的新形势，以防止水土流失，合理利用、开发和保护水土资源为主线，研究提出水土保持区划方案，制定水土保持分区防治措施体系、布局及防治目标，划定水土流失重点预防区和重点治理区，界定容易发生水土流失的其他区域，确定综合治理、预防保护和综合监管、水土保持监测建设规划等，以提升水土保持服务于经济社会发展的综合能力，为全面推进小康社会和生态文明建设提供水土保持技术支撑和保障。

《永州市水土保持规划（2016—2030 年）》

通过《规划》实施，到 2030 年，完成水土流失治理面积 3153.88 平方公里，水土流失总治理率达 70%，水土流失面积占全市土地总面积的比例从现状的 20.2%降低至 7%。

六、“十四五”县级农村供水保障规划

2019 年永州市水利局按照水利部、省水利厅的通知要求，督促指导各县区开展“十四五”农村供水保障规划编制工作，到 2020 年 5 月，各县区通过调查农村供水现状、确定工程布局、提出目标任务，基本编制完成规划报告。2021 年 3 月，部分县区规划报告获得县（区）人民政府批复。零陵区规划投资 7.54 亿元，新建规模化供水工程 3 处，2025 年自来水普及率达到 90.11%，规模化工程服务人口比例达到 83.7%。祁阳县规划投资 12.6 亿元，建设城乡供水一体化工程 3 处，2025 年自来水普及率达到

92%，规模化工程服务人口比例达到85%。宁远县规划投资12亿元，新建规模化供水工程10处，2025年自来水普及率达到85%，规模化工程服务人口比例达到60%。江永县规划投资4.83亿元，规划城乡供水一体化工程1处，万人工程5处，2025年自来水普及率达到88%，规模化工程服务人口比例达到55%。

七、河道采砂规划

2017年12月，湖南省永州水文水资源勘测局受永州市水利局委托，按照《河道采砂规划编制规程》（SL423-2008）和《湖南省河道采砂规划报告编制大纲（2017—2020年）》（湖南省水利厅，2017年8月31日）的要求，编制完成《永州市湘江干流萍岛至九洲河段采砂规划报告（2017—2020）》，规划河段总长度为158.12公里，共划分5个禁采区、4个可采区和1个保留区。禁采区为归阳水文站至谦公塘人渡禁采区、养马坪人渡禁采区、黄阳司轮渡至黄阳司水厂禁采区、顾家湾人渡禁采区、易家桥人渡至萍岛禁采区，长134.78公里；可采区为谦公塘人渡至养马坪人渡可采区、养马坪人渡至黄阳司轮渡可采区、黄阳司水厂至顾家湾人渡可采区、顾家湾人渡至易家桥人渡可采区，长9.03公里；保留区为九洲至归阳水文站保留区，长14.31公里。规划年度控制采砂总量为350万吨。

根据水利部办公厅《关于加快规划编制工作合理开发利用河道砂石资源的通知》和省水利厅要求，2020年8月，永州市水利水电勘测设计院编制完成2条市管河道的采砂规划，分别为《湖南省永州市湘江东源（萍岛—涔天河坝址）河道采砂规划报告（2021—2025年）》和《湖南省永州市湘江西源（萍岛—调元）河道采砂规划报告（2021—2025年）》（2020年9月2日，市政府下达批复。）各县区完成31条县管河道采砂规划的编制及批复。《湖南省永州市湘江西源（萍岛—调元）河道采砂规划报告（2021—2025年）》规划河段总长度为62.54公里，共划分7个禁采区，长46.945公里；6个可采区，长15.595公里。禁采区从下游至上游分别为：冷水滩区湘江湿地公园禁采区、永州市应急备用水源取水口禁采区、杨马埠渡口禁采区、大启渡口禁采区、洲头前渡口禁采区、岐岭脚渡口禁采区、石期市大桥—省界禁采区；可采区从下游至上游分别为：倒扎渡口—舜帝庙渡口可采区、烟竹塘—杨马埠渡口保留区、杨马埠渡口—大启渡口可采区、大启渡口—洲头前渡口可采区、洲头前渡口—岐岭脚渡口可采区、岐岭脚渡口—石期市大桥可采区。规划河段年度控制采砂总量为52.56万吨。《湖南省永州市湘江东源（萍岛—涔天河坝址）河道采砂规划报告（2021—2025年）》规划河段总长度为214.9公里。共划分10个可采区，长25.856公里；13个禁采区，长189.044公里。禁采区从下游至上游分别为：潇水湿地公园禁采区、赤石回渡口禁采区、杨家码头渡口禁采区、长乐亭渡口禁采区、平福头渡口禁采区、柏梧塘渡口禁采区、国际慢城及日月湖湿地公园禁采区、县界（钓鱼台）—宜山坪禁采区、唐家山渡口禁采区、倈仔塘渡口禁采区、白马渡渡口禁采区、东洲山—县界禁采区、县界—涔天河大坝禁采区；可采区从下游至上游分别为：异蛇村—赤石回渡口可采区、赤石回渡口—杨家码头渡口可采区、杨家码头渡口—长乐亭渡口可采区、长乐亭渡口—平福头渡口可采区、平福头渡口—柏梧塘渡口可采区、柏梧塘渡口—五里牌大坝下游可采区、宜山坪—唐家山渡口可采区、唐家山渡口—倈仔塘渡口可采区、倈仔塘渡口—白马渡渡口可采区、白马渡渡口—东洲山可采区。规划年度控制采砂总量为245.41万吨。

八、河流岸线保护与利用规划

2020年11月，永州市共完成36条重要河流岸线保护与利用规划编制、批复，其中市本级委托湖南省水务规划设计院有限公司编制完成湘江东源、湘江西源、祁水、白水、芦洪江、石溪江等6条重要市管河流的岸线保护与利用规划。2020年11月30日，永州市人民政府下达批复文件。

第三章　投资　规费

水利工程属国家基础设施，水利项目一般为公益性或准公益性项目，以政府投入为主导，分中央投入和地方投入（包括省市县地方财政投入、银行贷款、个人和企业投入等），其中中央资金主要投向大中型水利项目，地方投入主要是作为中央投资项目的配套或自主投向小型水利项目。为弥补水利投资不足，国家或者地方政府出台相关政策，征收水利规费，用于水资源管理、水利工程项目建设和水利设施维修管护等。

第一节　投　资

20 世纪 50 年代至 90 年代初，国家投入永州市水利建设的资金主要有三大块：小型农田水利事业费、水利基建费和防汛岁修费。其间，全市共投入小型农田水利事业费 11036.87 万元，平均每年 269.18 万元；投入水利基建费 20205.83 万元，平均每年 545.1 万元；投入防汛岁修费 3245.96 万元，平均每年 115.93 万元。

2000 年开始，中央对永州市水利投资逐渐归为两大类，一类是国家发改委安排的中央预算内投资，主要投入大中型水利项目，包括主要支流治理、大中型病险水库（水闸）除险加固、大型灌区续建配套与节水改造、农村饮水、大型泵站更新改造、坡耕地治理等；另一类是财政部安排的中央财政水利发展资金，主要投入小型水利项目，包括中小河流治理、新建小型水库和小型病险水库除险加固、中型灌区续建配套与节水改造、水土保持工程、山洪灾害防治、水利工程设施维修养护等。除中央投入外，省、市、县对中央投入水利项目承担地方配套资金任务，永州市、县财政困难，水利项目配套资金基本难以到位。对于地方自主实施的水利项目，工程所在地市和县乡政府组织群众投工投劳，市县财政拿出部分资金或物资水泥，采取以奖代补的形式，调动广大群众兴修水利的积极性。

21 世纪初，永州市水电开发投资逐渐加大，到 2005 年左右达到高潮，2010 年后再逐渐减少，这块的投入主要是私营企业，一般是通过合伙出资加银行贷款的方式筹集建设资金。

2012 年后，金融机构对涔天河水库扩建工程、毛俊水库等工程给予支持，涔天河水库扩建工程共向银行贷款 12.6 亿元，毛俊水库工程向农发行共申请贷款 4 亿元。

2018 年，国家积极鼓励地方政府发行专项债券，主要投向包括交通基础设施、能源项目、农林水利等有一定收益的项目。2020 年，涔天河水库扩建灌区工程、毛俊水库工程、东安县芦江水库、双牌县毛家岭水厂及配套管网改扩建工程、回龙圩管理区城乡供水一体化建设工程分别发行到位地方专项债券资金 8 亿元、0.8 亿元、1.5 亿元、1 亿元、0.2 亿元。

除水利部门的投入外，其他部门也有很多的水利投入，如国土部门的土地整理项目、农业部门的高标准农田建设、烟草部门的烟草水源工程援建项目、农开部门的农业综合开发项目，等等。2012 年以来，永州市兴建的新田县金陵水库连通工程、宁远县金钩挂水库、江华瑶族自治县清江水库、道县营乐源水库、蓝山县毛江水库等 5 个烟草行业水源工程援建项目，总概算投资为 6.825 亿元，烟草行业补贴资金达 4.4924 亿元。

一、“八五”期间水利投资

1992年之前，永州市水利资金投入主要包括上级安排的小型农田水利事业费、防汛岁修费、基建费和群众投工投劳等。

1992年，全市投入水利建设资金3179.8万元，其中，小型农田水利事业费357.9万元，水利基建950万元，其余为物资和群众投工投劳折算。

1992年，党的十四大以来，随着社会主义市场经济体制的逐步确立，永州市初步探索出一条多渠道、多层次、多元化的全社会增加水利投入的新机制，逐步将小型水利建设投入主体转移到农民群众自我投入上来，形成劳、资、物结合的多元投入机制，各县区建立起水利建设发展基金和水利劳动积累工制度。1993—1995年全市水利投资连续三年突破1亿元。

1994年8月3日，湖南省人民政府为加快水利建设步伐，做好防洪保安工作，印发《湖南省征集防洪保安资金暂行规定》，决定自1995年起开始在全省征集防洪保安资金。

1995年，永州市开征防洪保安资金，当年实际征收452万元，主要用于秋冬修水利，包括小型水库、山坪塘及灌溉渠道整修等，由此市县财政投入力度加大，永州市（现零陵区）和祁阳县当年财政投入水利建设的资金都超过100万元。

二、“九五”期间水利投资

1997年7月21日，湖南省人民政府印发《湖南省水利建设基金筹集和使用管理暂行办法》，全省范围开始筹集水利建设基金。

“九五”期间，永州市水利建设从转变独家办水利的观念入手，把计划调节型逐步转变为市场调节型，全市初步建立起多渠道、多形式的水利投入新机制，市、县（区）两级开征“防洪保安资金”和“水利建设基金”，使社会办水利成为现实。1997年全市水利投资1.4亿元，1999年度和2000年度投资力度大大增加，分别达到2.4亿元和3.8亿元。

三、“十五”期间水利投资

2001年，全市多渠道投入建设资金1.091亿元，兴办各类水利工程64151处，占计划的107%；移动土石方3131万立方米，占计划的104.3%；完成劳动工日4091万个，占计划的102.3%。

2002年，全市多渠道投入建设资金1.5616亿元，开工各类水利工程70172处，完成69998处，其中治理小型病险水库297座，共投劳动工日5702万个，完成土石方4658万立方米。

2003年，全市多元化投入建设资金2.1149亿元，完成各类水利工程67151处（其中小型病险水库治理240座），完成土石方4025万立方米，劳动工日5669万个。

2004年，全市多元化投入水利建设资金2.03亿元，完成各类水利工程60095处（其中治理小型病险水库213座），完成土石方3007万立方米，完成劳动工日4036万个。

2005年，全市投入水利建设资金1.73亿元，开工各类水利工程50246处，完工39975处，完成土石方2383万立方米，投入劳动工日2103万个，出动施工机械4.75万台。

四、“十一五”期间水利投资

2006年，全市多渠道投入水利建设资金2.55亿元，完成各类水利工程60827处，占计划任务的101.3%，完成劳动工日4003.5万个、土石方3319万立方米，分别占计划任务的100.1%和103.7%，高峰时期投入劳力达 91 万人，出动施工机械 6.04 万台。

2007 年，全市完成水利投资 14.38 亿元，其中，水利投资 2.79 亿元、水电投资 11.59 亿元，实现水利经济总收入 9 亿元。

2008 年，全市完成水利水电建设投资 13.256 亿元，其中，水利投资 2.256 亿元、水电投资 11 亿元。

2009 年全市完成水利水电建设投资 18.3 亿元，占年度计划的 102%，其中，水利投资 5.7 亿元、水电投资 12.6 亿元。

2010 年度，全市加大水利基础设施的投资，完成水利建设投资 16.49 亿元，其中，水利投资 9.3 亿元、水电投资 7.19 亿元，完成水利工程 52600 处，完成土石方 2225 万立方米，完成劳动工日 2180 万个，出动施工机械 8.2 万台，修复水毁工程 15000 多处。

五、"十二五"期间水利投资

2011 年 8 月 30 日，湖南省人民政府印发《湖南省水利建设基金筹集和使用管理办法》，规定筹集方向来自地方收取的政府性基金和行政事业性收费、城市维护建设税等六个方面（取消防洪保安资金征收）。市本级当年共征集水利建设基金 3100 万元。冷水滩区从六大渠道筹集水利建设基金 1000 万元。2011 年 9 月 1 日，根据《中共中央国务院关于加快水利改革发展的决定》，湖南省财政厅湖南省水利厅下发《关于从土地出让收益中计提农田水利建设资金有关事项的通知》，永州市本级从土地出让收益中计提 10%共 380 万元，专项用于小型农田水利建设。宁远县从土地出让收益中计提 10%共 1000 万元，新田县从土地出让收益中计提 10%共 500 万元。

2011 年，全市水利水电完成投资 20 亿元（中央、省级资金 11.3 亿元），其中，病险水库除险加固投资 3.2 亿元，中小河流及四水治理项目投资 2.58 亿元，农村饮水安全投资 1.1 亿元，小农水重点县投资 0.63 亿元，沟渠疏浚和节水灌溉项目投资 0.19 亿元，防汛应急项目和山洪灾害防治投资 0.4 亿元，水土保持投资 0.1 亿元，农村水电增效扩容和小水电代燃料及电气化县项目投资 0.16 亿元，山塘清淤等投资 0.5 亿元。

2012 年，全市完成水利投资 15.62 亿元，其中，涔天河水库扩建工程投资 6 亿元（8 月 5 日开工建设），农村饮水安全投资 2.47 亿元，病险水库除险加固项目投资 4.33 亿元，中小河流及四水治理项目投资 1.46 亿元，小型农田水利建设投资 0.88 亿元，农村水电代燃料和电气化投资 0.2822 亿元，水土保持投资 0.1933 亿万元。

2013 年，全市完成水利投资 20.1 亿元，其中，涔天河水库扩建工程投资 10.4 亿元，农村饮水安全投资 1.45 亿元，病险水库除险加固项目完成投资 1.39 亿元，中小河流治理项目投资 3.19 亿元，四水治理投资 0.88 亿元，小型农田水利重点县建设投资 1.02 亿元，农村水电增效扩容改造和电气化投资 0.74 亿元，水土保持投资 1784 万元。

2014 年，全市完成水利投资 26.62 亿元，其中，涔天河水库扩建工程投资 16 亿元，农村饮水安全投资 2.2 亿元，病险水库除险加固项目投资 1.3 亿元，中小河流及四水治理项目投资 2.55 亿元，小型农田水利建设投资 2.07 亿元，农村水电增效扩容改造和电气化投资 1.93 亿元。

2015 年，全市完成水利投资共计 26.13 亿元，其中，涔天河水库扩建工程投资 12 亿元，涔天河水库扩建工程灌区投资 1 亿元（10 月 29 日开工建设），农村饮水安全投资 1.86 亿元，病险水库除险加固投资 1.7 亿元，中小河流治理投资 1.25 亿元，"五小水利"投资 3.5 亿元，小农水重点县建设投资 1.6 亿元。

六、"十三五"期间水利投资

2016 年，全市完成水利投资 18.78 亿元，其中，涔天河水库扩建工程投资 7.64 亿元，涔天河水库扩建灌区工程投资 7 亿元。

2017 年，全市完成水利投资 41.44 亿元，其中，涔天河水库扩建工程投资 11.34 亿元，涔天河水库扩建灌区工程投资 5 亿元，毛俊水库工程投资 5 亿元（10 月 14 日开工建设），农村饮水安全巩固提升投资 5.06 亿元。

2018 年，全市完成水利投资 26.37 亿元，其中，涔天河水库扩建工程投资 1.39 亿元，涔天河水库扩建灌区工程投资 5 亿元，毛俊水库工程投资 5 亿元，农村饮水安全巩固提升投资 3.35 亿元。

2019 年，全市完成水利投资 28.91 亿元，其中，涔天河水库扩建灌区工程投资 5 亿元，毛俊水库工程投资 3 亿元，农村饮水安全巩固提升投资 10.08 亿元。

2020 年，全市完成水利投资 25.66 亿元，其中，涔天河水库扩建灌区工程投资 8.69 亿元，毛俊水库工程投资 5 亿元。

第二节 规 费

一、基金

1995—2011 年，永州市在全市范围内征集防洪保安资金，对加快全市水利建设，提高城市防洪能力，确保人民群众生命财产安全，促进全市经济和社会发展发挥重要作用。2012 年，永州市开征水利建设基金和农田水利建设资金，取消防洪保安资金征收。

（一）防洪保安资金

1994 年 8 月 3 日，湖南省政府颁发《湖南省征集防洪保安资金暂行规定》、规定明确防洪保安资金的征集范围与对象、征集标准、征集办法及使用管理等，规定自 1995 年 1 月 1 日起施行。

1994 年，零陵地委成立征集防洪保安资金领导小组及其领导小组办公室，零陵地区行政公署先后出台《永州市征集防洪保安资金暂行规定》《零陵地区征集防洪保安资金实施细则》和《零陵地区防洪保安资金征收管理实施办法》，明确凡在零陵地区范围内的国有、集体（含乡镇企业）、股份、联营和私营企业，银行、保险、各类信托投资公司及财务公司、城乡信用社，城乡个体工商户，机关、团体、企业和事业单位在职职工，城镇和工矿区非农业建设新征占用土地单位，应当按照比例缴纳防洪保安资金。机关、团体、企业和事业单位在职职工按个人月工资收入分档次征集。

1995 年，零陵地区开征防洪保安资金，财政、地税、国土、工商分别为代征单位。1995—1998 年，省下达永州市防洪保安资金征集任务为 1235 万元，因永州市企业不景气、财政困难、干部职工收入不高，经市防洪保安资金征集办向省有关部门汇报，1999 年、2000 年永州市的征集任务分别减至为 781 万元和 610 万元。1995 年实际征收 434.35 万元，完成计划的 35.17%；1996 年实际征收 499.50 万元，完成计划的 40.45%，其中市本级 37 万元；1997 年实际征收 565.63 万元，完成计划的 45.80%；1998 年实际征收 569 万元，完成计划的 46.07%；1999 年实际征收 538.41 万元，完成计划的 68.94%。

2000 年，市政府印发的《永州市防洪保安资金征收管理实施细则》明确，为减轻企业负担，永州市防洪保安资金企业征收部分的征集标准从 1999 年 1 月 1 日起开始降低。

2001 年 12 月 17 日，湖南省政府批转省财政厅制定的《湖南省防洪保安资金征收管理办法》。办法明确防洪保安资金的征收范围与对象、征收标准、征收办法、资金管理等。办法从 2002 年 1 月 1 日起施行，同时废止《湖南省征集防洪保安资金暂行规定》。

永州市征集的防洪保安资金主要用于防洪保安工程建设，病险水库的处理和其他水利工程的运行维护等。2012 年，取消防洪保安资金征收。

1995—2011 年部分年份永州市防洪保安资金征收统计表

表 7-3-1 单位：万元

年份	市本级	全市	年份	市本级	全市
1995	—	434.35	2008	557	1824
1996	37	499.50	2009	403	2168
1997	—	565.63	2010	496	2518
1998	—	569	2011	586	3499
1999	—	538.41			

（二）水利建设基金

2011 年 8 月 30 日，省政府印发《湖南省水利建设基金筹集和使用管理办法》，2012 年 11 月 15 日，永州市政府办公室予以转发。办法规定水利建设基金的来源包括 6 个方面：地方收取的政府性基金和行政事业性收费；出让河道采砂、矿业权价款；中央成品油改革转移支付资金；城市维护建设税；单位和个人生产、经营收入；新增建设用地有偿使用费。办法规定基金的筹集和预决算部门、使用范围、管理和监督责任等。同时废止防洪保安资金的征收文件。

永州市筹集的水利建设基金主要用于江河、湖泊治理，病险水库除险加固，城市防洪设施建设，水资源配置工程建设，重点水土流失防治工程建设，农田水利、农村饮水和节水改造工程建设，水利工程维修养护、更新改造及项目前期工作，防汛应急度汛，水利科教等方面。

2012—2019 年永州市水利建设基金征收统计表

表 7-3-2 单位：万元

年份	市本级	全市	年份	市本级	全市
2012	614	3509	2016	1057	5772
2013	854	3934	2017	1200	5469
2014	926	9256	2018	1447	6988
2015	909	5303	2019	1151	8093

注：2012 年湖南省开征水利建设基金，同时废止防洪保安资金的征收文件

（三）农田水利建设资金

根据《中共中央国务院关于加快水利改革发展的决定》的规定，财政部、水利部印发《关于从土地出让收益中计提农田水利建设资金有关事项的通知》，决定从土地出让收益中提取 10%用于农田水利建设。

从 2011 年 9 月 1 日起，永州市本级开始从土地出让收益中计提农田水利建设资金，专项用于小型农田水利建设。

2011—2019 年永州市农田水利建设资金征收统计表

表 7-3-3 单位：万元

年份	市本级	全市	年份	市本级	全市
2011	380	443	2016	1528	6319
2012	778	904	2017	1114	6412
2013	300	1407	2018	1427	4939
2014	177	2115	2019	0	2776
2015	4035	6007			

二、行政事业性收费

根据 1992 年国家物价局、财政部《关于发布中央管理的水利系统行政事业性收费项目及标准的通知》，永州市明确水利系统行政事业性收费项目及标准。

（一）水资源费

1993 年，电力工业部发出《关于对水电站征收水资源费和库区开发费问题的通知》，其内容有悖于《中华人民共和国水法》及 1992 年国家物价局、财政部《关于发布中央管理的水利系统行政事业性收费项目及标准的通知》的有关规定，水利部发出《关于依法征收水资源费的通知》，湖南省水利水电厅、零陵地区水利水电局予以转发。通知明确，凡利用国家水资源（包括水量、水质、水能、水温）而获得经济效益的任何单位和个人，都应交纳水资源费，予以补偿。据此，水力发电也应依法交纳水资源费。1993 年，零陵地区收取水资源费 15 万元。1994 年，零陵地区收取水资源费 50 万元。

2003 年，根据《湖南省取水许可和水资源费征收管理办法》和《湖南省物价局、湖南省财政厅关于水资源费收费标准的通知》等政策性文件，永州市于 2003 年 11 月起开征水资源费。

2004—2019 年永州市市本级水资源费征收统计表

表 7-3-4 单位：万元

年度	2004	2005	2006	2007	2008	2009	2010	2011
收费	52	99	87	102	73. 23	89. 35	136. 145	104. 262
年度	2012	2013	2014	2015	2016	2017	2018	2019
收费	124	192. 05	429. 227	541. 149	592. 418	601. 345	626. 65	1521. 103

（二）水土保持补偿费

1996 年 3 月 1 日，湖南省物价局、财政厅、水利水电厅发布《湖南省水土保持设施补偿费、水土流失防治费征收管理试行办法》明确，有水土保持监督机构批准《水土保持方案》的生产建设项目，按其方案确定的防治费用，一次或按生产建设进度分期交纳；没有水土保持监督机构批准的水土保持方案的生产建设项目，按下列标准征收：损坏地貌植被造成水土流失的，按损坏面积和治理难易程度每平方米征收 1~2 元；乱堆放、乱倾倒废弃土、石、砂或者废渣造成水土流失的，按每立方米 3 元征收；烧制砖、瓦、石灰、水泥及零星分散的开矿等造成水土流失的，按产品产量计收；不便按以上标准计算的，按产品销售价格的 1%~2%计收。

2006 年，《湖南省物价局、湖南省财政厅关于水土保持设施补偿费和水土流失防治费标准有关事项的通知》明确，在生产建设过程中损坏原地貌，造成水土保持功能降低或者丧失的单位和个人，按生产建设占地面积每平方米 1.5 元缴纳水土保持设施补偿费。在生产建设过程中造成水土流失的单位和个人，必须负责治理，不自行治理或治理达不到水土保持技术标准的单位和个人，按下列标准缴纳水土流失防治费，由水行政主管部门负责治理：损坏原地貌的，按损坏面积每平方米 2 元征收；乱堆放、乱倾倒废渣的，按每立方米 3 元征收；烧制石灰、水泥的，按每吨产品 1 元征收；采矿的，按每吨产品 1 元征收；烧瓦、烧砖的（农民自用除外），按每万块 3 元征收。符合上述几种造成水土流失情况的同一生产建设项目，按其中单项最高收费项收费，不重复征收。

2017 年，省发改委、财政厅《关于降低 2017 年涉企行政事业型收费标准的通知》规定，一般性建设项目 1 元/平方米；开采矿产资源，在建设期按占用土地面积 1 元/平方米，开采期间按开采量 0.7 元/吨；取土、挖沙、采石及烧制砖、瓦、瓷和石灰，根据取土、挖沙、采石量 1 元/立方米；排放废弃土、石、渣 1 元/立方米。

2002 年，永州市水利局开始征收水土保持规费，实际征收水土保持补偿费 81020 元。随后，水土保持规费征收逐步纳入正常工作，并严格执行收费文件。

2002—2019 年永州市市本级水土保持补偿费征收统计表

表 7-3-5　　单位：万元

年度	2002	2003	2004	2005	2006	2007	2008	2009	2010
收费	8.102	75	28	27.5	35	42	46	48	38
年度	2011	2012	2013	2014	2015	2016	2017	2018	2019
收费	40	42	45	120	110	150	180	90	222.93

（三）河道采砂权拍卖收入

2003 年 10 月，永州市对境内的河道砂石采矿权进行首次拍卖。永州市政府对冷水滩、芝山境内的潇湘河道砂石采矿权进行拍卖。冷水滩境内从冷水滩造纸厂至黄阳司后龙院 3 个标段 28 公里湘江河道共有可采砂石储量 1878 万立方米，年限采 101 万立方米，出让年限为 5 年，起拍价为 1919 万元，实际拍出 2315 万元。芝山境内潇湘河道实际拍出 748 万元。

2011 年 9 月 1 日，冷水滩区依法对河道采砂权进行第二轮拍卖，每年最大开采量 300 万立方米，出让年限为 5 年，由永州市嘉信沙卵石有限公司以 4500 万元竞得，所拍资金专款用于河道堤防工程的修复、上砂码头的修建以及河道采砂的日常管理。

2012 年 7 月，湖南省河道采砂权出让观摩会暨永州市潇湘河道砂石开采、经营权拍卖现场会在永州召开。这是全省河道采砂专项整治以来停止“招拍挂”8 个月后的“湖南第一拍”。此次潇湘河道拍卖的河段涉及零陵、双牌、冷水滩三县区，河道总长 43.95 公里，可采区总长 33.26 公里，共分 5 个标段拍卖，出让期 5 年，起拍价 2070 万元，经过多轮竞拍，最终以总金额 1.165 亿元成交。5 个拍卖标段采矿权评估价值为 1203.98 万元，成交价款是评估价款的 9.7 倍，超出起拍价 9580 万元，上一轮拍卖成交价款为 1148 万元，实现市委、市政府提出的平稳过渡、效益最大化的目标。

2015 年，永州市严格规范河道采砂权出让，公开出让河道砂石开采权 14 个标段，出让总金额 3.45 亿元。

截至 2019 年，全市共有 10 个标段正在开采砂石，成交价 45199 万元，其中市级分成 10397 万元。年度开采总量达 705.2 万吨。

2012—2019 年永州市可采区采砂情况统计表

表 7-3-6　　单位：万元

县区	出让河流名称	地理位置（镇、村）	出让时间	合同签订时间	合同到期时间	出让金额（万元）	市级分成（万元）	年度开采总量（万吨）
冷水滩	湘江干流	高溪市猴岛至刘家湾	3 年	2018 年 4 月	2021 年 4 月	19100	3700	350
零陵	湘江西源	黄田铺镇、舜帝庙和倒扎村	3 年	2018 年 5 月	2021 年 5 月	6200	1800	30
东安	湘江西源洲头前渡口—杨马渡口	石期市镇大启村、台凡村、杨马村	2 年	2020 年 3 月 6 日	2022 年 3 月 5 日	4200	1200	51
双牌	四标	五里牌全家州	5 年	2012 年 8 月	2022 年 5 月	3700	740	56
双牌	李子园	泷泊镇樟古寺	2 年	—	—	4840	1400	49.5
道县	潇水河	白马渡镇青口	5 年	2017 年 10 月 19 日	2022 年 10 月 18 日	1880	564	30
道县	潇水河	白马渡镇高车	5 年	2017 年 6 月 26 日	2022 年 6 月 25 日	960	288	35
道县	潇水河	白马渡镇社复	5 年	2017 年 5 月 22 日	2022 年 5 月 22 日	1320	396	35
道县	潇水河	蚣坝镇向阳坝	3 年	2018 年 12 月	2021 年 12 月	1030	309	28
蓝山	俊水河	毛俊镇羊尾村	1 年	2019 年 10 月 1 日	2020 年 9 月 30 日	1969.0	0	40.7
合计	—	—	—	—	—	45199	10397	705.2

（四）水利工程质量监督费

1992 年 1 月 28 日，湖南省物价局、湖南省财政厅、湖南省水利水电厅联合发文《关于重新核发水利水电系统行政事业性收费项目收费标准的通知》，明确水利水电工程质量监督费按省政府办公厅 1988 年规定的标准执行，纳入预算外资金管理。

1992 年 10 月 24 日，零陵地区水利水电局下文，明确水利水电工程质量监督站为代表同级政府对水利工程质量履行法定监督的职能部门，对工程实施强制性监督。《零陵地区水利水电工程质量监督实施办法》第十条规定“根据省政府办公厅文件和省物价局《湖南省行政事业性收费许可证》的规定，对全区所属水利水电工程收取质量监督费。收费标准为建安工程量的 2.5‰，不足 500 元的按 500 元收取，质量监督费在工程概算中的其他费用项内列支。未列该项费用时，从预备费中支付”。

1997 年 8 月 25 日，水利部发布《水利工程质量监督管理规定》，第二十九条规定项目法人（或建设单位）应向质量监督机构缴纳工程质量监督费。工程质量监督费属事业性收费，用于水利工程质量监督的费用支出。

2004 年 5 月 24 日，永州市物价局、永州市财政局转发《关于重新发布水利系统行政事业性收费项目和标准的通知》的通知，永州市水利工程质量监督费收费标准按建安工程量 2.5‰收取。

2008 年以前，永州市水利工程质量监督费每年收取不到 15 万元。2008 年，根据永州市水利局“四无”电站清理整顿工作的统一安排，对市级监管的电站采取“一站式服务”，全年共收取工程质量监督费 110 万元。

2008 年 11 月 13 日，永州市根据《财政部、国家发展改革委员会关于取消和停止征收 100 项行政事业性收费的通知》要求，明确自 2009 年 1 月 1 日起取消工程质量监督费。

（五）中小水电管理费

1989 年，湖南省水利厅下发文件，明确征收地方中小水电管理费，其性质为行政事业性收费，并纳入预算外资金管理。其主要用于地方中小水电和小火电的发展，进行电站电厂电网技术改造，推广标准化管理，促进企业升级等活动。

永州市中小水电管理费从1990年开征，至1995年，应征收152.8066万元，实际征收81.1541万元。应向省水利厅上交管理费93.6497万元，实际上交18.7992万元。南津渡水电站移交湖南省水利厅管理后，每年征收管理费20万元。1996年全市合计征收120.86万元，其中返回县局52.8241万元，余下为省、市68.0359万元（上交省水利水电厅30.2156万元、市水利局37.8203万元）。

1999年2月3日，根据《中共中央、国务院关于治理向企业乱收费、乱罚款和各种摊派等问题的决定》精神，湖南省人民政府下发《关于取消第三批涉及企业的行政事业性收费项目的通知》，取消中小水电管理费等18项收费项目，并立即停止收费。

第四章　工程管理

第一节　建设管理

1995年，水利部发布《水利工程建设项目管理规定（试行）》，明确水利工程建设要推行项目法人责任制、招标投标制和建设监理制，积极推行项目管理。1998年，水利部发布《水利工程建设程序管理暂行规定》，明确提出项目建议书阶段、可行性研究阶段、施工准备阶段、初步设计阶段、建设实施阶段、生产准备阶段和竣工验收、后评价等具体程序，随后相继出台一系列配套制度和政策。永州市贯彻实施国家相关政策，项目法人制、招标投标制、建设监理制、合同管理制得到全面推行，管理体制机制逐步建立健全，水利建设市场逐步规范有序。特别是在招投标方面，永州市水利部门走出新路子，水利建设和管理逐步纳入制度化、规范化、科学化轨道。

一、项目法人制

项目法人制即建设项目的法人（业主），对项目立项、资金筹集、建设实施、生产经营、债务偿还以及资产保值增值实行全过程负责的制度。按照水利部《关于贯彻落实加强公益性水利工程建设管理若干意见的实施意见的通知》要求，根据工程的作用和受益范围确定是中央项目还是地方项目，中央项目由水利部（或流域机构）负责组建项目法人，地方项目由县级以上人民政府或其委托的同级水行政主管部门负责组建项目法人。永州市项目法人组建模式分为四种，即中央组建、省级组建、市县组建和委托代建。

永州市各县区分别于2012年3月6日至2012年12月17日成立县级水利建设项目管理中心，水利建设项目管理中心为县级水利局下属事业单位，履行本辖区内公益性和准公益性中小型水利工程建设项目法人职责。

2012年永州市建管中心情况调查统计表

表7-4-1

机构名称	批准机关	文号	发文日期	机构定员
永州市冷水滩区水利建设项目管理中心	永州市冷水滩区机构编制委员会	冷编发〔2012〕9号	2012年8月21日	12人
永州市零陵区水利建设项目管理中心	永州市零陵区机构编制委员会	零编办发〔2012〕18号	2012年12月17日	人员编制部门内部调剂
祁阳县水利建设项目管理中心	祁阳县机构编制委员会	祁编发〔2012〕23号	2012年10月22日	4人
东安县水利建设项目管理中心	东安县人民政府	东政函〔2012〕92号	2012年10月24日	人员编制部门内部调剂
双牌县水利建设项目管理中心	双牌县人民政府	双政函〔2012〕55号	2012年12月17日	人员编制部门内部调剂

续表7-4-1

机构名称	批准机关	文号	发文日期	机构定员
道县水利建设项目管理中心	道县人民政府办公室	道政办函〔2012〕97号	2012年10月22日	人员编制部门内部调剂
江永县水利建设项目管理中心	江永县机构编制委员会	江永编办发〔2012〕15号	2012年3月6日	25人
江华瑶族自治县水利建设项目管理中心	江华瑶族自治县人民政府	江政函〔2012〕17号	2012年4月24日	人员编制部门内部调剂
宁远县水利建设项目管理中心	宁远县人民政府	宁政函〔2012〕78号	2012年10月26日	人员编制部门内部调剂
新田县水利建设项目管理中心	新田县机构编制委员会	新编发〔2012〕08号	2012年9月17日	5人
蓝山县水利建设项目管理中心	蓝山县机构编制委员会	蓝编呈〔2012〕12号	2012年11月29日	15人
永州市金洞管理区水利建设项目管理中心	永州市金洞管理区管理委员会	金管发〔2012〕9号	2012年12月6日	3人
永州市回龙圩管理区水利建设项目管理中心	永州市回龙圩管理区管理委员会	回管〔2012〕52号	2012年11月6日	4人
永州市凤凰园经济开发区水利建设项目管理中心	永州市凤凰园经济开发区管委会	永凤管发〔2012〕20号	2012年10月15日	4人

二、招标投标制

1998年6月，永州市潇水流域开发有限公司涔天河—码市110千伏线路项目实行公开招标，为全市向社会公开招标的第一个水利工程项目，开创永州市中型以上水利水电工程建设招投标先例。该项目概算903万元，经招标投资为800多万元，降低工程造价10%，同时保证工期收到良好经济效益。

1998年9月，省水利厅颁发《湖南省水利水电工程建设项目施工招标投标管理实施办法》及有关规定，是年，永州市水利水电局成立永州市水利水电工程建设项目招标投标领导小组，由分管局领导任组长，各业务科室负责人和监察人员为小组成员，办公室设在水利水保科，负责招标投标日常工作。

全市各类水利水电工程建设项目基本实行先申报、后审批、再组织招标投标的制度。中型以上水利水电工程和110千伏以上输变电工程资质申请、招标申请，先由市水利水电局招标投标办提出意见，再报省水利厅招标投标办审批。小（1）型以下水利水电工程和中型水利灌区工程及35千伏以下输变电工程由市水利水电局招标投标办审批。招标投标办参与组织和协助各类新开工建设和准备动工建设水利水电工程招标、投标过程，直至确定施工队伍签订施工合同，严格按照公开、公平、公正依法招标投标原则处理工程招标、投标过程中的问题。

2000年，结合国家和省级层面出台的招投标法以及招投标法实施方案，永州市对投资50万元以上水利工程项目全部实行招投标制，严格建设资金使用管理，通过开展水利资金大检查，加大源头预防和治理腐败力度。

2005年，建立评标专家库，发布《关于进一步规范水利工程建设项目招投标活动》通知，全市水利工程建设招标投标工作初步纳入规范化轨道。2008年《永州市水利水电工程建设招标投标实施细则》出台，标志着全市水利建设项目招标投标工作制度化、规范化全面落实。

2011年，永州市水利局严格执行项目法人责任制、项目招投标制、工程监理制、合同管理制有关规定，特别是在全省水利项目建设领域率先采取“合理定价评审抽取法”开展招投标，即对报名的投标人随机确定标段，发售含合理定价清单招标文件，随机确定3家入围投标人，由评标委员会对入围投标人投标文件进行评审，推荐中标候选人的评标办法，其做法在全省水利项目招投标中全面推广。

2012 年 8 月，永州市开展永州市水利建设项目进入公共资源交易市场准备工作。

2013 年 7 月，市政府投资和使用国有资金、依法必须招标的水利工程建设项目招投标，全面进入市级以上人民政府公共资源交易市场。

2016 年 7 月 1 日起，永州市全部使用国有资金投资以及国有资金投资占控股或主导地位的水利工程全部实行电子招标投标。

2017 年，永州市水利系统在全省率先创建电子招投标体系，所有施工、监理项目都实行电子招投标，构建公开、公正、公平的招投标平台，全年共办理招投标备案 41 个项目。

三、建设监理制

1990 年 11 月，水利部颁发《水利工程建设监理规定（试行）》和《水利工程建设监理单位管理办法（试行）》。

1997 年，永州市水利水电局派员参加湖南省水利厅组织的监理工程师培训。1999 年，湖南省永州市水利水电工程建设监理咨询有限公司对码市 110 千伏变电站开展监理工作，为全市第一个实施工程监理的水利水电工程。之后，水利水电工程监理在全市逐步得到推行。

1999 年 11 月，根据《中华人民共和国公司法》，湖南永州水利水电综合开发有限责任公司和永州市水利水电勘测设计院共同投资，依法成立湖南省永州市水利水电工程建设监理咨询有限公司，公司注册资本 110 万元，经营范围为水利工程施工监理服务及技术服务，该公司为永州市第一家水利水电工程建设监理咨询有限公司。1999 年 11 月 10 日，该公司由水利部批准为丙级水利水电监理单位，2001 年 9 月，该公司由水利部批准为乙级水利工程施工监理单位，2015 年 4 月，该公司通过环境管理体系、职业健康安全管理体系、质量管理体系认证，2016 年 3 月，该公司取得水利工程协会颁发的 AA 级企业信用等级，2018 年 8 月，该公司由水利部批准为甲级水利工程施工监理单位。该公司先后对古宅水库一级电站、晒北滩水库枢纽和电站、流车源电站、凌江电站、富华电站等一批电站建设，石坝仔、乐海、上坝、杨家洞、肥源等一批中型水库除险加固工程，冷水滩区城区、祁阳县县城等一批防洪堤工程，舜水河、潇水河道县段、永明河江永段等一批中小河流治理工程开展工程监理。

四、竣工验收

2010 年 4 月 20 日，湖南省水利厅发布《关于进一步加强水利工程竣工验收管理工作的通知》。永州市水利系统按照省水利厅要求，建立健全“建设单位负责，施工单位保证，监理单位控制，政府部门监督”质量管理体系；强化检测资料管理；规范工程资料整编，要求各参建单位严格按照规程规范要求，及时整理工程建设资料；加大验收工作力度，工程建设过程中，项目法人及时组织分部工程、单位工程或合同工程完工验收。

2013 年 6 月 23 日，召开涔溪电站枢纽工程验收会

第二节　工程质量管理

1992—2016 年，永州市水利水电质量监督站共接受质监工程 726 项（不含县级质监站受监项目），其中，水利工程 612 项、水电工程 114 项，建安投资共计 620869 万元。全市列入国家计划水利工程质量监督覆盖率达 100%，民生水利工程项目一次性验收合格率达 100%，未发生一起重（特）大质量事故。

一、工程质量监管

2001 年 2 月 28 日，永州市水利局对新田县两江口水库工程进行质量监督。7 月 28 日，永州市水利局完成湖南省双牌灌区节水配套 1999 年项目工程质量监督报告。

2011 年 5 月 19 日，永州市水利局印发《关于加强水利工程原材料及中间产品质量检测工作的通知》。

2012 年 3 月 12 日，永州市水利局印发《关于加强全市病险水库除险加固工程混凝土预制块质量管理通知》。

2013 年 5 月 29 日，永州市水利局印发《关于成立水利工程质量管理领导小组的通知》。7 月 26 日，永州市水利局《关于印发〈永州市开展 2013 年水利工程质量管理年实施方案〉的通知》。8 月 30 日，永州市水利局印发《关于召开全市水利质量管理座谈会的通知》。9 月 22 日，永州市水利局印发《关于进一步加强水利工程质量管理工作的意见》。

2014 年，永州市水利局印发《关于举办全市水利工程建设质量管理培训班的通知》，培训内容为水利工程建设管理、质量管理等有关法律法规，水利工程质量控制，水利建设质量管理与考核要点，水利安全生产监督检查和水利工程建设强制性条文等。培训对象为各县区从事水利工程质量管理人员（包括各股室技术骨干）、市水利水电勘测设计人员、各监理单位监理人员、在永州市从事水利工程建设的施工单位项目部人员。之后，每年开展一次全市水利工程建设质量管理培训。

市水利局质监人员到宁远小农水项目进行质量检测

2014 年，永州市水利局印发《关于做好水利工程质量监督工作的通知》和《关于对湖南省光辉监理有限公司、长沙湘禹建设工程有限公司违规行为的通报》。

2015 年，全市 14 个县区、管理区、永州经开区水利局相继成立县级质量监督专职机构，实现全市水利工程质量监督全覆盖。在湖南省水利厅组织的 2015—2016 年水利建设质量考核中，永州市水利局位列全省 7 个 A 等单位的第一位。

二、质量监管案例

（一）东安县水利工程“手捏成渣”事件

2018年2月17日，网友拍摄视频反映东安县石期市镇马头村田间沟渠工程质量问题后，东安县立即开展调查核实整改，并对相关责任单位和责任人进行问责处理。视频中沟渠位于东安县石期市镇马头村，系东安县农业技术推广中心负责实施的新增粮食产能田间工程建设项目第二标段。该项目于2016年12月1日在永州市公共资源交易中心进行公开挂网招投标，中标单位是华厦建设集团有限公司，中标价为136.78万元。该沟渠结构为现浇混凝土，深为0.4米，底宽为0.4米，工程由长沙市成事建设监理咨询有限公司负责监理，该项目于2017年1月开始动工。2018年2月20日，施工队伍组织施工设备、原料和施工人员进场，对质量不合格沟渠进行全部拆除，并同步进行重建。业主单位东安县农业委安排专业技术人员，马头村“两委”安排专人，驻守工地，会同监理人员进行全程质量监管，确保严格按照设计规范施工，3月底前保质保量完成整改重建任务。问责处理情况：一是对负有直接责任的施工和监理企业进行处理。向上级呈报降低施工单位华厦建设集团有限公司水利建设资质等级，降低监理单位长沙市成事建设监理咨询有限公司企业资质等级。向上级行政主管部门呈报，依法按规定将上述两个企业列入东安县建设领域黑名单，停止两个企业在东安县内招投标活动。依法按合同约定，对施工方和监理方进行相应条款约定经济处罚。二是东安县纪委监委迅速立案调查，启动问责程序，对业主和主管部门相关责任人进行问责。免去蒋某某东安县农业委党组书记、主任职务（按程序办理），免去谭某某东安县农业委综合调研股股长、项目负责人职务，免去谭某某东安县农业委项目办副主任职务；给予蒋某某、谭某某党内严重警告处分；给予谭某某、谭某某和东安县农业委项目办工作人员何某某降低岗位等级处分。

（二）道县防洪堤事件

2016年，多家媒体报道道县城市防洪堤疑似“豆腐渣”工程后，道县县委、县政府迅速组织人员进行调查。9月13日，湖南省水利厅及湖南省水利水电勘测设计研究总院专家，进驻对道县滨河路二段防洪堤开展现场勘探检测。2008年，永州兴龙置业有限公司通过招拍挂形式，获得此防洪堤项目建设权。工程于2010年完工以来，由于工程质量未达标及其他多种原因，防洪堤先后有5处发生垮塌。其中，2016年5月有2处发生垮塌。道县政府聘请专业机构对垮塌原因进行全面鉴定分析，彻查垮塌原因，出具鉴定结论并制定整改修复意见。对项目涉及单位进行全覆盖核查，严查其中失职渎职行为。

第三节　工程运行管理

一、管理组织

永州市逐步形成以重点工程管理单位为依托，以乡村行政组织为基础的双层水利管理服务体系。全市上型号水利工程建立管理机构，配备专管人员，乡镇水管站为基层水利建设和防汛抗旱提供技术服务。

1989年2月25日，湖南省政府发布《湖南省水利水电工程管理办法》。永州市逐步建立健全统一与分级管理相结合的水利工程管理体制。20世纪90年代，全市基层水管单位体制改革摆上重要工作日程，市水利、财政、编办等部门配合开展全市基层水管单位情况调研，联合向市委、市政府写出专题报告，起草《永州市水管单位体制改革实施意见》报市政府常务会议研究审定，同时，积极推广祁阳、零陵、江华等县区基层水管单位体制改革试点经验。祁阳县乡镇水管站人、财、物归口县水利局管理，工资纳入财政预算，人均月工资 700 元左右，不足部分从水费、项目规划、设计与施工管理费中解决，其养老保险、医疗保险与县水利局正式职工同等享受。江华瑶族自治县乡镇水管站人员工资由县财政从转移支付中按每人每年 6000 元标准发放，不足部分由乡镇解决。零陵区明确乡镇水管站为财政拨款事业单位，定编 30 人，财政年补贴 13.5 万元。

2006 年 6 月，市政府召开全市水利工程管理体制改革工作会议，市政府出台《永州市水利工程管理体制改革实施意见》。各县区水管体制改革按国务院和省政府要求制订定编定性、人员分流、两费筹措等具体方案，各县区水利局积极向县区政府汇报。道县、江华、零陵等县区乡镇水管站改革领跑全市，乡镇水管员工资和养老保险进入财政预算。道县国营电灌站体制改革一步到位，在职人员全部“买断”，退休人员纳入社保，稳定基层水利队伍；东安、祁阳等县深化小型水利工程设施改制改造，确保工程安全和效益发挥。

改造后的冷水滩区双牌灌区管理所

2009 年，市、县两级政府先后出台水管体制改革文件，对各水管单位进行定性，编制部门核定编制 1882 人，财政部门核定人员经费 3726 万元、工程养护经费 3434 万元。全市水管体制改革人员经费落实 3402 万元，占应落实的 91%。市委、市政府成立以市长任组长的永州市水利改革发展领导小组，将市委 2 号文件落实到相关责任部门，按照《湖南省水利改革试点方案》要求，从重点领域和关键环节入手，坚持改革创新，着力构建科学发展的体制机制，全面推进水利改革。江永县单独设立乡镇水利站，定编 30 名，全部纳入乡镇（场）机构改革范畴。大力推广农民用水户协会，全市组建农民用水户协会 660 个，东安县开展农民用水户协会试点，县政府拿出 100 万元支持组建 100 个农民用水户协会，新田县组建农民用水户协会 187 个。

道县久佳河坝管理所体制改革后在编职工合影

2012 年，永州市政府印发《永州市水利改革实施方案》，对水利工程运行管理、乡镇水利站建设、农民用水户协会建设提出明确要求，各县区根据实际情况出台相应水利改革实施方案。到 2013 年，永州市 197 个乡镇全部单独或综合设置乡镇水利站，明确职责，核定编制 536 名，其人员经费和公益性业务经费纳入县级财政预算。1201 座小型水库各聘请 1~2 名管护人员，各县区按照每年每人 2000~4000 元标准落实管护经费，列入财政预算，奠定了全市水利工程良性运行基础。到 2015 年，全市 1230 座大、中、小型水库中，属市管理的有 2 处，县管理的有 55 处（其中，中型 27 处、小（1）型 26 处、小（2）型 2 处），其余均属乡（镇）、村两级管理。

二、水利工程检查观测

2002 年 6 月，永州市水利局贯彻落实水利部《关于加强小型水库安全管理工作的意见》，在全市范围加强小型水库安全管理工作，明确水库责任主体，落实安全责任；健全管理机构，落实管理经费；加强安全检查，推进规范管理；抓好前期工作，加快除险加固；加大培训力度，提高管理人员素质。推行水库降等运行与报废制度。

2003 年 5 月，永州市水利局开展全市水库大坝基本资料搜集汇集整理工作，建立全市水库大坝基本资料数据库，逐步实现水库大坝信息资源网络化管理与服务。是年 5 月，永州市水利局在全市范围开展小型水库大坝安全鉴定工作，采取各县区提供基础资料，统一由永州市水利水电勘测设计院集中编制《大坝安全论证报告》，迅速开展水库安全鉴定工作，为全市病险水库进入国家除险加固项目库提供依据。

2003 年—2015 年，永州市在水库除险加固过程中，对 22 座中型及 159 座小（1）型水库安装大坝安全监测系统，在防汛非工程措施建设中，对大中型水库、小（1）型水库大坝安装太阳能自动水位计、量水器以及部分水库安装视频监控系统，这些自动设施与各县区防汛办联网联报，实现及时了解雨情水情工情，进一步完善水库大坝安全监测系统。

2010 年—2016 年，永州市山洪灾害防治非工程措施项目共建设雨量站 193 个、水位站 15 个、雨量水位一体站 169 个、视频站 22 个、图象站 209 个，基本覆盖全市重点小（2）型以上水库。通过大坝安全监测系统及非工程措施项目建设，实现水位雨量、图像、视频三位一体监控网络，及时掌握水库运行动态，发现水库存在问题。

2016—2018 年，永州市开展为期三年的大中型水库安全运行管理“三年行动计划”，通过三年水库大坝安全运行管理工作，全市中型及以上水库大坝安全运行管理水平明显提高，水库大坝安全运行管理工作逐步走向规范化、制度化。

2019 年，全面开展 3 级以上堤防和大中型水闸注册登记，全面开展大中小型水库安全鉴定工作。

第五章　水政管理

第一节　行政许可

一、行政许可事项

1992 年，根据相关法律法规，零陵地区水利水电局承担行政许可共有 32 项。（一）水工程防洪规划审批。（二）建设项目水资源论证报告书审批。（三）取水许可审批。（四）入河排污口的设置和扩大审核。（五）水利水电建设项目环境影响报告书（表）审核。（六）防洪大堤堤顶或戗台兼作公路审批。（七）江河的故道、旧堤、原有的工程设施等填堵、占用或拆毁审批。（八）水库大坝注册登记。（九）水利工程建设项目招标备案。（十）水利工程开工审批。（十一）水利基建项目（水库、水闸等小型水利枢纽工程；跨县（区）行政区域的水利枢纽工程；市级立项的河道治理及城市防洪工程）初步设计文件审批。（十二）水利工程质量检测单位资格认定。（十三）农村水电项目初步设计文件审批。（十四）农村水电项目变更初步设计审批。（十五）水电站竣工验收事项核准。（十六）非防洪建设项目洪水影响评价报告审批。（十七）占用防洪规划保留区土地审核。（十八）开发建设项目水土保持方案报告书审批。（十九）开发建设项目水土保持设施竣工验收。（二十）开发建设项目水土保持初步设计审批。（二十一）水利基建项目（小型灌区工程；节水灌溉示范工程；小型农田水利工程；农村饮水安全工程）初步设计文件审批。（二十二）占用农业灌溉水源、灌排工程设施审批。（二十三）中小型灌区工程管理和保护内的建设项目审批。（二十四）洪泛区、蓄滞洪区非防洪建设项目涉河管理事项审批。（二十五）填堵城市原有河道沟渠道、贮水湖塘洼淀和废除原有防洪围堤审批。（二十六）蓄洪区内避洪设施建设涉河管理事项审批。（二十七）河道管理范围内建设项目涉河管理事项审批。（二十八）河道范围内采砂等生产作业许可审批。（二十九）河道围垦审核。（三十）设立水利旅游项目审批。（三十一）组建公益性水利工程建设项目法人审批。（三十二）河道管理范围内岸线、水域、洲滩、哑河开发利用规划审批。

2001 年 11 月 19 日，永州市人民政府办公室发出《关于印发永州市水利局职能配置、内设机构和人员编制规定的通知》，对永州市水利局主要职责作出部分调整，将水（火）电站及地方电网的建设管理和水库移民安置工作调整出去。

2005 年 9 月 3 日，下发《永州市人民政府办公室关于进一步明确水电开发建设管理职责的通知》，对市经委、市水利局承担职能中涉及水电开发建设管理方面的职责进一步明确如下：一、市经委负责电力规划和水电站发电装机容量、发电运行安全以及电量上网监管，行使电力法律法规行政执法权；二、市水利局负责江河流域开发、建设总体规划、水电站水坝选址、库容规划审批和工程建设管理，以及建成后大坝安全监管、防洪抗旱调度，行使水法律法规行政执法权。

2008 年，湖南省人民政府取消“设立水利旅游项目审批，组建公益性水利工程建设项目法人审批，河道管理范围内岸线、水域、洲滩、哑河开发利用规划审批”等 3 项行政许可。

2014 年，永州市政府接受省下放权力“河道范围内采砂等生产作业许可”1 项。

2014 年 9 月 3 日，《永州市人民政府关于公布市本级行政审批等事项清理调整结果的规定》中保留

“建设项目水资源论证报告及取水许可证审批，建设项目水土保持方案审批及设施竣工验收，河道管理范围建设项目审批，入河排污口的设置和扩大审核”等4项市本级行政许可项目，将“建设项目水资源论证报告书审批”和“取水许可”合并为一项，即建设项目水资源论证报告及取水许可证审批，将“河道范围内采砂等生产作业许可”下放到县级水利部门。

2014年10月8日，《永州市人民政府关于公布市本级2011年至2013年暂未公布的行政审批项目清理处理结果的规定》取消“水利工程开工审批，江河的故道、旧堤、原有的工程设施等填堵、占用或拆毁审批”2项行政许可，将“水工程防洪规划审批，洪泛区、蓄滞洪区内非防洪建设项目审批，填堵城市河道沟汊、贮水湖塘洼淀和废除原有防洪围堤审批，蓄洪区避洪设施建设审批，水库大坝注册登记，水利基建项目初步设计文件审批”等6项行政许可下放到县级水利部门，市本级保留“占用农业灌溉水源、灌排工程设施”行政审批项目，将“水利工程质量检测单位资格认定，水利水电建设项目环境影响评价书（表）审核”作为市本级不列入行政审批目录的项目。

2015年4月，永州市人民政府工作部门推行权力清单制度，对行政职权进行梳理，调整规范和行政确认，市水利局保留5项行政许可，即“建设项目水资源论证报告及取水许可证审批，开发建设项目水土保持方案审批及设施竣工验收、河道管理范围建设项目审批，入河排污口设置同意和扩大审核，占用农业灌溉水源、排灌工程设施审批”。

2018年7月4日，《永州市人民政府关于公布2018年市级行政权力事项的通知》取消“开发建设项目水土保持设施竣工验收批复”，将“占用农业灌溉水源、灌排工程设施审批”行政审批项目下放到县级水利部门。

2019年6月25日，《永州市水利局关于移交编制水功能区划、排污口设置管理和流域水环境保护职能相关工作的函》将“入河排污口的设置和扩大审核”市本级行政许可项目移交永州市生态环境局。

2019年10月31日，永州市水利局《关于做好市级水利行政审批管理权限下放衔接落实工作的通知》明确，根据《湖南省人民政府办公厅关于在全省县（市）推广下放部分市级经济社会管理权限的通知》文件，从2019年6月28日起，将“水工程防洪规划审批，日取地表水3万立方米以上不足8万立方米、日取地下水0.3万立方米以上不足0.5万立方米的项目和总装机容量不足2.5万千瓦的水力发电企业（跨市、县界项目除外）的取水许可审批，县域内省级立项的占地10公顷以下、且挖填土石方10万立方米以下的生产建设项目水土保持方案审批和验收”等3项行政审批项目下放到县级水利部门。

二、行政许可程序

2005年7月，水利部颁布《水行政许可实施办法》，明确提出公民、法人或者其他组织从事特定水事活动，依法需要取得水行政许可的，应当直接向有水行政许可权的水行政许可实施机关提出申请。水行政许可实施机关受理水行政许可申请后应当进行审查、决定、变更和延续。

2008年，永州市水利局行政许可统一在市政务服务中心水利综合窗口办理。许可审批实行“一个窗口对外”“并联审批”“一站式审批”“首问负责制”等制度，许可程序为“窗口受理（窗口工作人员）→审查（相关科室）→出具审批文件（相关科室）→办结转牵头部门（窗口工作人员）”，具体审

市水利局副局长李启华（左一）到市政务中心水利局行政窗口检查指导工作

批过程中遵循受理、审查、出具审批文件、办结转牵头部门的处理流程。

申请人提出申请后，符合法定条件和要求、材料齐全的，窗口受理并出具受理单；材料不全或不符合法定形式的，当场一次性告知申请人需补正的全部内容。窗口受理后，通知市水利局相关科室到窗口取申请材料，对材料作实质性审查，如有必要，还须进行现场查勘和专家评审。经审查后，决定是否准予许可，由窗口制作分管领导签发许可文件，并在窗口发送批文。事项受理和办理情况及时在永州市信用平台、永州市水利网上公布。

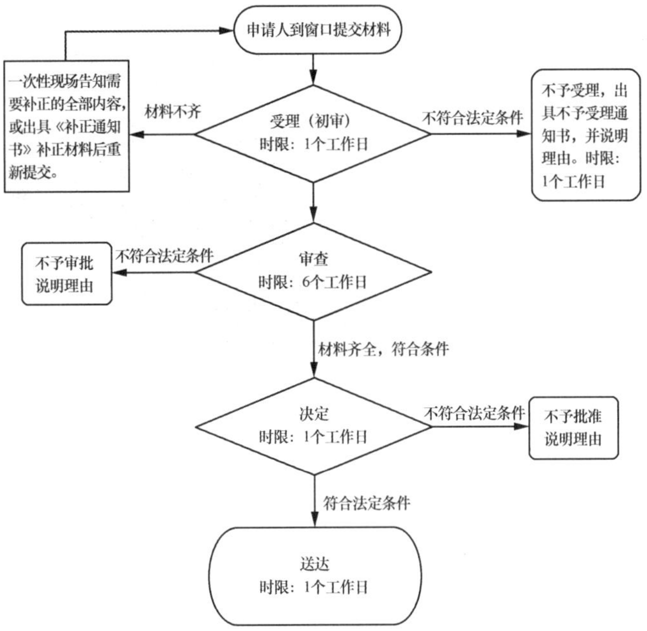

2019 年永州市水利局行政许可流程图

三、行政许可办理

2008 年 12 月，道县凯迪绿色能源开发有限公司首次向市政务服务中心水利综合窗口提出申请，《湖南道县凯迪生物质能发电厂（4×12 兆瓦）工程水资源论证报告书》成为第一个在窗口审批项目。

2014 年以前，所有行政许可和审批事项办结时限为 30 天。2015 年开始，行政许可和审批事项办结时限为 21 天。2016 年开始，行政许可和审批事项办结时限为 13 天。2018 年开始，行政许可和审批事项办结时限为 9 天。

2018 年，永州市水利局按照市编办的批复文件，撤销安全法制科，新成立行政审批科，并与设在政务服务中心的受理窗口合署办公，主要承担审批件受理（政务窗口受理）、牵头技术审查、组织审批和审批决定送达等工作。

第二节 水行政执法

一、执法队伍

1990 年底，零陵地区 11 个县（市）建立水政机构，共配备专职干部 47 人，设水利公安机构 2 个，共 20 人，地、县（市）人民法院水利水电法律法规办案室（执行室）共 9 个，配备专（兼）职干部 45 人，全区水利系统还配备专职和兼职水政监察员 348 人，初步形成地、县、区、乡四级水利执法网络。从 1991 年起，按照省政府法制办要求，对水行政执法工作人员进行培训考试，取得水利行政执法证。同时每年举行执法工作培训。

1992 年零陵地区水利水电局法制队伍建设归口水政水资源科管理，加挂水政监察支队牌子，人员为 4~5 人。1992 年 9 月下旬，由地区人大联工委、农经委、水利办、水电局等单位领导及有关科室人员组成验收组，对东安、冷水滩、新田、蓝山等 9 个县（市）进行水利执法检查验收。通过听取汇报、查看执法现场和翻阅有关档案文件，除冷水滩市外，其余 8 个县基本符合水利部所规定的七条验收标准，颁发合格证。

2018 年 2 月，市中级人民法院在市河长制办公室建立“工作联络室”

1993 年 3 月 15 日，零陵地区中级人民法院、零陵地区水利水电局联合发出《关于成立“零陵地区中级人民法院水利水电法律法规办案室”的通知》，“办案室”人员由地区中级人民法院行政审判庭派出 2 人、地区水利水电局派出 3 人共 5 人组成，“办案室”为地区中级人民法院行政审判庭组成部分，行政上受零陵地区水利水电局和地区中级人民法院双重领导，办公地点设在地区水利水电局。

2001 年机构改革，永州市水利局内设水政水资源科。2003 年 5 月 30 日，永州市编制委员会《关于“永州市水利局水政水资源科”加挂“永州市水政监察支队”牌子的批复》同意，在水政水资源科加挂“永州市水政监察支队”牌子，承担水利部发布的《水政监察工作章程》规定的职责。不另增加编制。

2011 年机构改革，水政水资源科分为水资源科和安全法制科，安全法制科（加挂水政监察支队牌子）人员为 4 人，承担水法律法规贯彻实施，拟订全市水利法制建设规划，组织指导全市水政监察和水行政执法工作，承办局水利行政诉讼、行政复议和水利行业普法宣传教育等工作。

2016 年，市编委办下文成立永州市水政监察支队（加挂永州市河道管理站），编制 8 人，协警 12 人，设支队长 1 名、副支队长 2 名。所辖 14 个县区（管理区）都成立水政监察大队，担负全市水法规宣传、水行政执法、水事纠纷调处、水行政复议等工作。

二、执法依据

1992 年，国家层面已颁布“三法”“三条例”“三个规定”“一个办法”，即 1984 年发布《中华人民共和国水污染防治法》（1996 年修正，2008 年修订，2017 年修正），1988 年发布《中华人民共和国水法》（2002 年修正，2009 年修正，2016 年修正）、1991 年发布《中华人民共和国水土保持法》（2009 年修正，2010 年修订），1988 年发布《中华人民共和国河道管理条例》（2011 年修正，2017 年两次修正，2018 年修正）、1991 年发布的《大坝安全管理条例》（2011 年修正，2018 年修正）、1991 年发布《中华人民共和国防汛条例》（2005 年修正，2011 年修正），1988 年发布《城市节约用水管理规定》、1989 年发布《饮用水水源保护区污染防治管理规定》（2010 年修正）、1992 年发布《河道管理范围内建设项目管理的有关规定》（2017 年修正），1990 年发布《河道采砂收费管理办法》。永州市水行政主管部门根据这些法律法规开展治水、管水和用水活动，初步形成有法可依、执法必严、犯法必究的法治环境。

1993 年国家发布《中华人民共和国水土保持法实施条例》（2010 年修改）。1995 年发布《中华人民共和国电力法》（2009 年修正，2015 年修正，2018 年修正）。1995 年发布《开发建设项目水土保持方案编报审批管理规定》（2005 年修正，2017 年修正）。1995 年发布《水利工程建设项目管理规定（试行）》（2014 年修正，2016 年修正）。1997 年发布《水利工程质量管理规定》（2017 年修正）。1998 年发布《水利工程建设程序管理暂行规定》（2014 年修正，2016 年修正，2017 年修正）。2006 年发布《大中型水利水电工程建设征地补偿和移民安置条例》（2013 年两次修正，2017 年修正）。2006 年发布《取水许可和水资源费征收管理条例》（2017 年修正）。2007 年发布《水量分配暂行办法》。2009 年发布《中华人民共和国抗旱条例》。2013 年八部委联合发布《电子招标投标办法》。2016 年发布《农田水利条例》《水权交易管理暂行办法》《农田水利条例》。

省级层面，依据国家发布水法律法规，出台一系列实施办法，颁布一系列配套制度，为全省水行政主管部门依法治水、管水、用水提供依据。1989 年发布《湖南省水利水电工程管理办法》（1997 年修正）；2003 年发布《湖南省取水许可和水资源费征收管理办法》（2008 年修正）；2007 年发布《湖南省水能资源开发利用管理条例》；2010 年发布《湖南省小型农田水利条例》；2012 年发布《湖南省湘江保护条例》（2018 年修正）；2017 年发布《湖南省饮用水水源保护条例》。2019 年发布省政府令第 293 号令，公布《湖南省节约用水管理办法》。

冷水滩区公安水上派出所在区水利局建立警务室，区检察院派驻河长办联络室

市级层面，市级水行政部门制定出台一系列规范性文件，规范性文件实行统一登记、统一编号、统一公布的“三统一”，初步实现规范性文件规范管理。1992 年以来，永州市共出台 21 个规范性文件。

2012—2019 年永州市规范性文件统计表

表 7-5-1

序号	文件标题	文号	公布日期	登记号
1	关于印发《湖南省涔天河水库扩建工程农村移民安置办法》的通知	永政办发〔2012〕54 号	2012 年 9 月 11 日	YZCR2012-01051
2	关于印发《涔天河灌区耕地后备资源开发项目资金管理办法》的通知	永政办发〔2013〕40 号	2013 年 9 月 27 日	YZCR2013-01032
3	关于鼓励社会资金投资承包经营涔天河水库灌区新开垦耕地的实施意见	永政办发〔2013〕42 号	2013 年 9 月 28 日	YZCR2013-01034
4	关于印发《永州市潇湘干流水电站防洪调度管理暂行办法》的通知	永水办〔2013〕22 号	2013 年 10 月 8 日	YZCR-2013-17001
5	关于印发《永州市水利局水行政处罚自由裁量权基准》的通知	永水水政〔2013〕8 号	2013 年 10 月 18 日	YZCR-2013-17002
6	关于印发《永州市江河水库水资源保护办法》的通知	永政发〔2013〕25 号	2013 年 12 月 11 日	YZCR-2013-00024
7	关于印发《湖南省涔天河水库扩建工程农村移民安置办法》的通知	永政办发〔2014〕8 号	2014 年 1 月 23 日	YZCR2014-01008
8	关于印发《湖南省涔天河水库扩建工程建设征地补偿和移民安置资金管理办法》的通知	永政办发〔2014〕11 号	2014 年 1 月 27 日	YZCR2014-01010

续表7-5-1

序号	文件标题	文号	公布日期	登记号
9	关于印发《永州市最严格水资源管理制度实施办法》的通知	永政发〔2014〕15号	2014年8月28日	YZCR2014-00021
10	关于印发《永州市水库污染治理实施方案（试行）》的通知	永政办函〔2014〕122号	2014年11月3日	YZCR-2014-01038
11	关于印发《永州市河道保洁工作实施方案》的通知	永政办发〔2015〕4号	2015年2月16日	YZCR-2015-01003
12	关于印发《涔天河水库扩建工程移民安置规划实施管理办法》的通知	永政办发〔2015〕16号	2015年5月8日	YZCR2015-01015
13	关于印发《永州市2015—2017年河道采砂集中整治工作方案》的通知	永政办发〔2015〕44号	2015年10月15日	YZCR2015-01025
14	关于切实加强农村饮水工作的意见	永政办发〔2016〕2号	2016年1月12日	YZCR2016-01001
15	关于印发《涔天河灌区工程建设征（用）地补偿和拆迁安置实施管理办法》的通知	永政办发〔2016〕12号	2016年3月31日	YZCR2016-01009
16	关于印发《涔天河水库扩建工程库区农村移民长效实物补偿实施管理办法》的通知	永政办发〔2016〕13号	2016年4月8日	YZCR2016-01013
17	关于印发《涔天河灌区工程建设项目管理办法》的通知	永政办发〔2016〕15号	2016年3月31日	YZCR2016-01011
18	关于印发《永州市水利工程项目技术评审咨询工作暂行管理办法》的通知	永水办〔2016〕44号	2016年4月9日	YZCR-2016-00017
19	关于印发《涔天河灌区工程建设工作责任追究暂行办法》的通知	永政办发〔2016〕18号	2016年4月21日	YZCR2016-01015
20	关于印发《永州市水利局行政审批技术审查工作实施细则》的通知	永水发〔2019〕1号	2019年1月22日	YZCR2019-16001
21	关于印发《永州市河道采砂管理暂行办法》的通知	永政办发〔2019〕8号	2019年11月20日	YZCR2019-00007

三、“世界水日”“中国水周”宣传

1988年《中华人民共和国水法》（以下简称《水法》）颁布后，国家将每年7月1—7日确定为《水法》宣传活动周。1992年7月，零陵地区人大联工委、农经委、法制办、司法局、水电局联合组织开展一次大规模《水法》巡回宣传活动。1993年，联合国第47届大会决定从1993年开始，每年3月22日为世界水日。为与国际接轨，水利部发出通知，从1994年开始，全国《水法》宣传周改为每年3月22—28日，即每年《水法》宣传周活动从“世界水日”开始。全市水利部门每年利用3月22日“世界水日”和3月22—28日“中国水周”，采取集中宣传和宣传车下乡、水法律法规进校园等形式，通过报纸、电视、广播、网络等新闻媒体，以及制作永久性大型宣传标语牌、悬挂横幅、张贴标语、发放资料、出动流动车辆等方式，全面加强水法律法规宣传，提高全民惜水、爱水、节水、保护水环境意识。

2013年3月22日，在第二十一届“世界水日”，3月22—28日第二十六届“中国水周”宣传活动期间。永州市委副书记、市长魏旋君在《永州日报》发表以《节约保护水资源建设美好新家园》为标题的署名文章，这是永州市首位市政府领导在“世界水日”“中国水周”发表署名理论文章，对增强全市人民节约水资源、保护水资源意识发挥了积极作用。

2014年3月22日，市委书记陈文浩在《永州日报》发表以《加强湘江源头保护为幸福城市增添更多水利元素》为标题的署名文章，这是永州市首位市委书记在党报发表理论文章纪念宣传“世界水日”“中国水周”。

2015年3月23日，市委副书记、市长向曙光在《永州日报》发表以《加强水资源管理建设水生态文明》为题的署名文章，纪念宣传“世界水日”“中国水周”。

2015年3月22日，市政府组织永州市3·22“世界水日”和“中国水周”宣传活动

2016年3月22日，市委副书记、市长易佳良在《永州日报》发表以《落实五大发展理念推进最严格水资源管理》为题的署名文章，纪念宣传“世界水日”“中国水周”。当天，为增强全社会关心水、爱护水、保护水意识，永州市水利局主办水法律法规知识竞赛活动，在《永州日报》面向全社会发布《永州市2016年“世界水日”“中国水周”水法律法规知识竞赛》活动须知，公布100道测试题目，限定答题期限，设立答题奖金，由公证处统一从答题名单中评选获奖者。竞赛活动结束后，4月30日在《永州日报》和永州水利网公布获奖名单。

2017年，“世界水日”“中国水周”宣传主题为“坚持节水优先，强化水资源管理”。3月22日，《永州日报》发表《聚焦世界水日——市水利局党组书记、局长廖荣良谈法治水利》署名文章，市水利局在冷水滩区滨江广场举行“世界水日”“中国水周”启动仪式，组织永州绿色卫士和环保专业志愿者60余人悬挂宣传标语，乘船从宋家洲出发，抵达零陵区萍洲岛，沿途打捞潇湘平湖河道白色垃圾和异物，大力宣传保护湘江母亲河。3月22—28日，永州电视台播放世界水日宣传片（节水），利用滨江广场大型电子显示屏、市水利局大门口电子显示屏、市水利局办公楼电子显示屏播放宣传口号和水利部发布的节水宣传公益广告。

2018年，“世界水日”“中国水周”宣传主题为“实施国家节水行动，建设节水型社会”。3月22日，市委、市人大、市政府和市政协四大家办公楼大厅电子显示屏宣传“世界水日”和“中国水周”。《永州日报》开设2018年“世界水日”专版，市水利局局长廖荣良发表《实施国家节水行动，建设节水型社会》署名文章。市水利局门户网站和永州电视台发布宣传口号，连续7天播放相关宣传图片、水利公益广告等视频。

2019年，“世界水日”“中国水周”宣传主题为“坚持节水优先，强化水资源管理”。3月22日，市委、市人大、市政府和市政协四大家办公楼大厅电子显示屏宣传“世界水日”和“中国水周”。《永州日报》开设2019年“世界水日”专版，市水利局局长廖荣良发表《以节水优先守护好一江碧水》署名文章。冷水滩区滨江广场举行永州河长制“世界水日”“中国水周”宣传活动暨碧桂园永州城市公司保护母亲河活动启动仪式，由永州市水利局、永州市河长制工作委员会办公室、湖南省环保志愿服务联合会、冷水滩区水利局联合会主办，永州市水文局、永州市水利水电勘测设计院、永州市水利水电建设有限责任公司、永州市民间河长行动中心、永州市融媒体中心、永州市碧桂园、永州市义工协会承办。冷水滩区滨江小学组织开展节水进校园活动，通过观看宣传公益片、课堂互动等方式，培养学生节水、爱水、护水理念。

第三节　典型案例

一、水行政执法案件

（一）宁远县盗窃水利设施团伙案

1993 年，宁远县水利水电局紫江派出所破获两起盗窃水利设施团伙案，追缴被盗变压器 42 台，电动机、电焊机共 16 台（件），价值 40 多万元，共逮捕 11 人并依法进行惩处。

（二）冷水滩农贸公司农药仓库农药泄漏事故

2006 年 5 月 24 日，冷水滩农贸公司农药仓库火灾造成农药泄漏事故，市水利局及时跟踪调查和处置，防止事态扩展，确保城市饮水安全。

（三）零陵区林某棋砖厂违规取土破坏渠道案

2004 年 2 月 6 日，林某棋在七里店灵峰村彭家组亭子山挖断双牌灌区第四支渠，渠长 7.5 米，深 0.5 米，渠内外两侧总长 25 米，零陵区水利局对砖厂业主林某棋进行批评教育并罚款 9300 元，责成其恢复渠道原貌。

（四）零陵区土地开发整理储备中心未缴纳水土保持设施补偿费案

2010 年 3 月 11 日，零陵区土地开发整理储备中心在黄田铺镇岔建桥、大河坝、扶塘、名山岭、双江桥、桐木桥、鱼塘、鲁塘等村对 8300 亩土地项目整治未缴纳水土保持设施补偿费，2011 年 12 月 6 日经申请人和被执行人达成协议，被执行人向申请执行人支付 2010 年水土保持设施补偿费 20 万元。

（五）永州市青松房地产开发有限公司违规取水案

2010 年 3 月，永州市青松房地产开发有限公司潇水潇湘码头段未办理相关取水手续，擅自取水供财记大酒店空调冷却使用。2010 年 8 月，零陵区水利局下发《责令停止水事违法行为通知书》、《关于办理取水许可证和依法缴纳水资源费的通知》及《水资源费催缴通知书》。零陵区水利局于 2010 年 8 月对该公司处以 1 万元罚款，缴纳水资源费 5000 元。

（六）陈某非法建设码头案

2014 年 10 月，陈某在零陵区黄田铺镇倒扎村非法建设码头，占用河道断面 6 平方米，零陵区水利局依法拆除所建码头，对非法所建码头违法行为罚款人民币 2 万元。

（七）江华瑶族自治县白芒营镇某某村非法采砂案

2016 年 3 月 6 日，兰某某在白芒营镇某某村河段范围内一个小沙洲非法采砂。2016 年 3 月 7 日，江华瑶族自治县水利局对兰某某做询问笔录。兰某某自 2015 年 12 月与白芒营镇某某村签订采砂合同，与白芒营镇某某村委会达成口头开采协议，承包该村小沙洲，每年付给该村 3000 元。采砂设备主要有 1 条机械采砂船、1 个上砂航吊。

经调查，江华瑶族自治县水利局认定兰某某违反《湖南省实施〈中华人民共和国河道管理条例〉办法》第十九条“在河道管理范围内采挖砂石、取土、淘金的，须经河道所在地的市州、县市河道主管机关批准；涉及其他部门的，由河道主管机关会同有关部门批准。凡利用河道管理范围内洲滩的，必须符合防洪和洲滩利用规划要求，按照有关规定报县级以上人民政府河道主管机关批准。”

2016年4月8日，江华瑶族自治县水利局对兰某某下达行政处罚决定书，责令其立即停止非法采砂作业，限其于2016年4月15日前自行撤离采砂船，恢复河道。同时，对其处以人民币1万元罚款。2016年4月8日兰某某到县水利局领取《行政处罚事先告知书》，表示服从，无异议，缴纳罚款1万元，该案结案。

（八）江华瑶族自治县小圩壮族乡某村制砂点擅自解除查封案

2016年11月11日，江华瑶族自治县水利局查封小圩壮族乡某某村砂场机械制砂设备后，该砂场未经批准，自2016年11月15至18日擅自解除水利局查封条，撬坏锁链，进行河道生产作业。2016年11月23—24日，江华瑶族自治县水利局对当事人做询问笔录。当事人对于违法事实表示承认。

经调查，江华瑶族自治县水利局认定该砂场业主朱某某违反《中华人民共和国河道管理条例》第四十四条第（四）项“未经批准或者不按照河道主管机关的规定在河道管理范围内采砂、取土、淘金、弃置砂石或者淤泥、爆破、钻探、挖筑鱼塘”有关规定。

2016年11月25日，江华瑶族自治县水利局对朱某某下达行政处罚决定书，责令其立即停业整顿，在解除查封前，不得进行河道生产作业和机械砂石生产；限其于2016年11月30日前清除尾砂堆，平整河道；处以人民币2万元罚款。

当事人表示服从，于2016年12月1日缴纳2万元罚款，该案结案。

（九）江华瑶族自治县沱江镇某村非法出让沙洲案

2015年5月11日，江华瑶族自治县采砂办收到“沱江镇某某村非法出让河道砂石资源”信访件后，立即派人向该村委会主任、村支书、村秘书了解情况。

经了解，2015年3月19日，某某村委会召开村民代表、村组长、党员会议后，未报经相关主管部门批准，擅自决定将潇水某某村河段的河道砂石开采权公开拍卖。3月20日，某某村委在村秘书家门口墙黑板上张贴拍卖通知。2015年3月23日上午9点，某某村委组织相关人员在该村水轮泵河边召开“拍卖会”，底价25万元。最终，某砂场以31万元竞得该村河道砂石开采权，双方签订协议。随后，伍某某（该砂场股东之一）以转账形式一次性向某某村村委会支付31万元，其中25万元转入某某村村委会农商行账户，因某某村委会没有农业银行账户，该砂场在农商行账户上钱不够，伍某某将砂场在农业银行账户上6万元转入村主任农业银行账户，由村主任暂时代村保管。某某村委会出具一张31万元收据给该砂场。某某村委在本村秀美山庄建设、村水泥路修建及村水沟维护等方面花费约4万元。

2015年4月25日，该砂场将采砂船开进潇水某某村河段范围采砂，在江华瑶族自治县水利局对其下达相关法律文书后，将采砂船撤出该河段范围。

鉴于双方当事人积极配合调查的态度，对双方当事人作出以下处理：

1. 该砂场在明知沱江镇某某村河段已被江华瑶族自治县划为禁采区后，仍进入该河段采砂，违反了《湖南省河道采砂管理试行办法》《湖南省湘江保护条例》《江华瑶族自治县人民政府关于规范河道采砂秩序的通告》（江政通〔2014〕5号）等相关法规和政策，鉴于当事人在收到县水利局对其下达法律文书后，能主动将采砂船撤离该河段，并积极配合处理，县采砂办依照该砂场与县采砂办签订《管理协议》，对该砂场处以1万元罚款。

2. 沱江镇某某村委未经批准，擅自拍卖潇水某某村河段砂石资源，非法出让砂石资源，牟取利益，违反《中华人民共和国矿产资源法》《江华瑶族自治县人民政府关于规范河道采砂秩序的通告》等相关法规、政策，根据《湖南省河道采砂管理试行办法》第十六条“违反本办法的其他行为，应当予以处罚的，按照有关法律法规由有关部门予以处罚。”县采砂办责成县国土资源局对其依据《中华人民共和国矿产资源法》相关规定依法查处，追缴非法所得。

3. 根据《江华瑶族自治县人民政府关于规范河道采砂秩序的通告》相关要求，责令沱江镇人民政府追究某某村委相关责任人员责任，并将处理结果报县采砂办及相关领导，建议县人民政府将相关处理结果在全县通报，以儆效尤，遏制此类违法行为再次发生。

（十）宁远县永州莲花水泥责任有限公司欠缴水土保持补偿费案

2011年5月，查处永州莲花水泥责任有限公司二期扩建工程征地176.9亩，欠缴水土保持补偿费，在县人民政府组织指挥下，县水利局等有关单位协同责成永州莲花水泥责任有限公司补交12万元水土保持补偿费。

（十一）江永县蒋某飞非法采砂、乱挖渔塘案

蒋某某，允山镇井边村人，在古宅河井边村境段河道管理范围内，非法围堰、挖渔塘6口约6亩，非法采砂700余立方米。2015年6月立案查处，2015年8月15日结案。

2015年6月7日，县水政监察大队执法人员到允山镇检查河道时，发现蒋某某在古宅河井边村河段采砂、围堰、开挖渔塘。县水政监察大队对此依法立案查处。经查明：当事人蒋某某在古宅河井边村境段河道管理范围内非法采砂，挖筑渔塘，乱置尾堆。渔塘围堰占用河道流水断面，影响河势稳定及行洪安全。渔塘围堰长45米、宽1.5米、高1.1米。2015年6月8日，县水政监察大队向当事人下达《责令改正违法行为通知书》，告知当事人行为违反《中华人民共和国防洪法》第二十二条之规定："河道、湖泊管理范围内的土地和岸线的利用，应当符合行洪、输水的要求。禁止在河道、湖泊管理范围内建设妨碍行洪的建筑物、构筑物、倾倒垃圾、渣土，从事影响河势稳定、危害河岸堤防安全和其他妨碍河道行洪的活动。"

经调查取证核实后，2015年8月9日县水政监察大队对当事人下达《行政处罚决定书》，依据《中华人民共和国防洪法》第五十六条之规定，对蒋某某拟作出如下处罚：责令改正违法采砂及挖筑渔塘活动，限期清除渔塘围堰及砂石尾堆；对在河道管理范围内采砂、及挖筑渔塘的违法事实，给予罚款人民币2万元。

此案于2015年8月15日结案。

（十二）江永县潘某祥非法采砂案件

潘某某，江永县千家峒瑶族乡枫木坪村人，在大远河潘家村境河段河道管理范围内非法采砂。2015年9月3日立案，2005年10月23日结案。

2015年9月2日，江永县水政监察大队接到举报，有人在大远河潘家村境河段河道内采砂。执法人员立即赶到现场进行调查取证。查明：当事人潘某某未办理任何手续、未经批准在大远河潘家村境河段河道内非法采砂。县水政监察执法人员经调查、核实，江永县水务局水政监察大队、水利股、防汛办等部门联合召开会议对潘某某非法采砂案件进行研究，拟建议依法进行立案查处。2015年9月3日，向当事人下达《江永县水务局行政处罚告知书》《责令改正违法行为通知书》。责令：1. 限期一周内清理回填砂坑，疏通河道，对河岸进行护堤，恢复河道及河滩地原貌。2. 当事人行为涉嫌违反《湖南省湘江保护条例》第五十九条之规定：湘江流域从事河道采砂活动的单位和个人应当申请河道采砂许可证，并按照河道采砂许可证的规定进行开采。根据《湖南省湘江保护条例》第七十二条："违反本条例第五十九规定的违法行为，没收违法所得和非法采砂机具，可以处十万元以上三十万元以下的罚款"之规定，对潘某某罚款人民币6万元。

二、水事纠纷调处典型案例

（一）上坪水轮泵站电站扩建水事纠纷

1997年，永州市新田县与郴州市嘉禾县因上坪水轮泵站扩建电站时发生水事纠纷。湖南省水利厅组成调查组于1997年1月15日赴实地调查了解，1月17日，在嘉禾县主持召开协调会，参加会议的有永州、郴州两市水行政主管部门和新田、嘉禾县政府、县水电局以及相关乡（镇）、村负责人，按照尊重历史、尊重现实、客观公正、实事求是、互谅互让、协商一致原则，从稳定大局出发，以充分发挥工程效益为目的，对该起水事纠纷进行处理。1. 上坪水轮泵站调度和运用必须坚持灌溉优先、发电服从灌溉的原则，确保工程的灌溉效益得到正常发挥。2. 对电站扩建做进一步科学论证，并根据论证结果再做好协调工作，3. 论证工作由省里牵头，当事双方派员参加，1997年1月底拿出论证报告。4. 暂停电站施工。5. 市、县两级有关部门做好各自工作，维护边界安定团结。

（二）道县同海山电站和宁远县曹家滩电站水事纠纷

2010年，道县同海山电站和宁远县曹家滩电站水事纠纷历时两年多，一直未能得到妥善解决。永州市水利局经过深入调查了解，积极组织相关部门协调，最终双方正式签订水事纠纷调解协议。

（三）江华瑶族自治县、江永县人民政府关于老屋山（老文山）水事纠纷

2010年4月1日，道贺高速公路协调指挥部有关人员到永州市水利局反映，江华、江永两县接壤的老屋山（老文山）地下水矛盾纠纷导致道贺高速公路建设受阻。永州市水利局召集江华、江永两县水利（水务）局和道贺高速公路协调指挥部有关人员一起察看现场、听取情况，按照尊重历史、注重现实、着眼发展，既要保证重点工程建设又要切实解决老百姓实际问题的原则，依据科学论证结论，确定解决方案。2010年5月20日，永州市水利局给江华、江永两县政府下发《关于老屋山（老文山）地区水文地质勘测情况的复函》，这起县际水事纠纷用50天时间调解到位。

（四）湖南永州市零陵区大庆坪乡与广西全州县东山乡水事纠纷

2016年8月1日，永州市零陵区大庆坪乡部分村民到零陵区水利局反映，广西全州县东山乡小禾坪村动工建设和平隧洞引水工程，将严重影响下游农田灌溉和群众生产生活用水。2016年8月11日，零陵区大庆坪乡政府向广西壮族自治区全州县东山乡政府送达《关于要求立即停止小禾坪村和平隧洞引水工程施工的函》。2016年8月25日，全州县人民政府和零陵区人民政府在全州县政府二楼会议室召开联席会议，形成会议纪要，达成以下共识。1. 暂停小禾坪和平引水工程项目建设。2. 2016年9月6日，双方组织水利技术人员及相关乡镇到东山瑶族乡小禾坪村现场勘测论证，供双方共同协定；协商不成，双方依法处理。3. 双方县区人民政府及东山瑶族乡人民政府、大庆坪乡人民政府要切实做好群众工作，坚决防止省际水事纠纷群体性械斗发生。2016年10月27日，永州市人民政府向桂林市人民政府邮寄《关于协调处理全州县东山乡小禾坪村和平隧洞引水工程的函》，建议两市就该引水工程立即展开协商，争取达成一致意见。一直没有收到桂林方的复函。

2017年3月28日，水利部长江水利委员会水政与安监局处长何一平等人到广西桂林方察看现场。2017年4月12日，水利部长江水利委员会在武汉组织召开湘桂边界和平隧洞引水工程水事纠纷协调会，湖南方认为：根据法律法规，和平隧洞引水工程必须经双方达成一致意见后方可重启建设。会议明确，先开展和平隧洞引水工程水源水力学连通试验。

2018年11月28日，水利部长江水利委员会在南宁市组织召开湘桂边界和平隧洞引水工程水事纠纷协调会，审议《湘（大庆坪乡、水口山镇）桂（东山乡）边界水资源调查评价报告》，各方都提出修改意

见，形成会议纪要，要求编制单位修改完善。

2019 年 8 月 29 日和 9 月 25 日，水利部长江水利委员会分别在武汉和长沙组织召开湘桂边界和平隧洞引水工程水事纠纷协调会，没有达成一致建议。2019 年 10 月 30 日至 11 月 1 日，水利部长江水利委员会副主任吴道喜到湘桂边界和平隧洞水事纠纷现场进行调研，并于 2019 年 11 月 1 日在零陵区召开协调会。因考虑到广西方脱贫攻坚工作的需要，在尚未达成相关协议前，零陵区同意和平隧洞施工，并签署会议纪要，明确各方的责任。隧洞施工于 2019 年 11 月 16 日正式开工建设。

2020 年 7 月至 8 月份，全州方在未告知零陵区的情况，擅自贯通和平隧洞，并安装 315 的管道过水。8 月 6 日，长江水利委员会处长杨易华到现场处置，将隧洞前端封闭。10 月 22 日，长江水利委员会政策法规局副局长何一平、处长杨易华等三人到现场调研，组织湖南方市、区、乡、村等代表进行座谈，明确安装流量监控设施，隧洞前端封闭工作由长江委组织实施，并要求湖南方尽快与广西方签订协议。

2021 年 1 月 15 日至 21 日，长江水利委员会组织陆水枢纽试验管理局施工人员对和平隧洞前端再次进行封闭施工，并对野牛岩、五星渠道、和平隧洞出口水量进行测量。

2021 年 12 月 28 日，湘桂边界和平隧洞引水工程水事矛盾协调会在武汉举行，水利部长江水利委员会、双方省（区）、市、县（区）三级水行政主管部门及双方县（区）政府相关人员参加会议，零陵区、全州县政府双方就处理水事纠纷矛盾签订协议，延续近 40 年的水事纠纷得到圆满解决。

第六章　水利经济

1995 年 5 月 13 日，零陵地区水利水电局成立零陵地区水利水电综合开发有限责任总公司，与冷水滩市（现冷水滩区）自来水厂合股建设曲河水厂。

1997 年，省水利厅发出《关于下达 1997 年度水利经济计划的通知》，下达全省 1997 年度及“九五”水利经济计划，永州市 1996 年完成数为 3.0649 亿元，1997 年计划数为 4.2 亿元，2000 年规划数为 10 亿元。

1997 年市水利水电综合开发有限责任总公司与江华瑶族自治县水利局联合成立永州市潇水流域开发有限公司，负责江华水电开发和将电力输送到广东。

1999 年 11 月 3 日，市水利水电综合开发有限责任总公司成立永州市水利水电咨询监理公司，桂岳担任第一任经理，第一个监理项目是江华瑶族自治县码市 110 千伏变电站工程。

2000 年，市水利水电综合开发有限责任总公司与零陵区水利局石坝仔水库管理所合股建设珠山水厂。

2016 年 9 月，永州市水利水电咨询监理公司移交永州市水利水电勘测设计院。

第一节　水　费

一、水价改革

2016 年，永州市开始农业水价综合改革工作。2017 年，祁阳县文家冲水库灌区列入农业水价综合改革试点，同年 10 月，永州市水利局印发《关于祁阳县文家冲灌区 2017 年度农业水价综合改革实施方案的批复》，文件明确：开展农田水利工程节水改造；实施农业灌溉计量监测、小型农田水利设施产权改革；按照“政府引导、农民自愿、依法登记、规范运作”原则，成立祁阳县文家冲灌区用水者协会；划定农业初始水权，按照“以供定需”、村为用水单元，由用水户协会对水权进行分配；按照国务院《水利工程管理体制改革的实施意见》要求，进行分类定性，公益性耗费由财政负担，非公益性耗费在项目区分粮食作物、畜禽养殖、一般经济作物、高附加值经济作物、林果业、水产养殖和设施农业等七个类别，在终端用水环节实行差别化水价，建立农业水价形成机制；建立精准补贴和节水奖励机制，充分调动地方各级政府和农民群众用水改革的积极性，在保障水利工程正常运行基础上，多渠道筹资，建立节水奖励基金，对采取节水措施、调整生产模式促进农业节水农户给予奖补。

二、灌溉水费

1990 年，零陵地区行政公署办公室印发《关于水利工程农业水费改收稻谷和按谷计价收费的通知》。

1991 年，零陵地区水利水电局联合粮食局印发《关于水利工程农业水费改收稻谷的通知》，实行“以物计收，粮站代收”，领导包干，分级负责，分类指导。

1992 年，水费改革在前两年基础上进一步深化，全面实行以物计价，粮站代收。据统计，全地区计划收水费 1226. 4 万元，实收 1159. 3 万元，占计划 95%。

1995 年，零陵地区共计收水费 2152 万元，比 1994 年增长 43. 2%。

1996 年，在粮食价格偏低情况下，全市实收水费 3225 万元，比上年增长 29%。双牌、涔天河两大灌区采取由财政代扣代缴办法。

2006 年，国家取消农业税后，大多数中小型灌区水费没有再上交。由县区财政转移支付的涔天河灌区、双牌灌区水费收缴工作基本正常，其中，涔天河中型灌区每年收缴水费 98 万元，双牌灌区每年收缴水费 237 万元。

三、农村自来水水费

2015 年，省发改委、省水利厅联合下发《关于印发〈湖南省农村集中借贷水价格管理办法〉的通知》，对农村供水水价作出具体规定。农村自来水水费收缴有多种形式。重力式自流自来水，按 0. 5~0. 8 元/吨收取水费。提水式自来水按两种方式计费：1. 按基本水价+计量水价方式收取水费，每个水表基本水价 10 元，基本水量 5 吨（不管用没用到 5 吨均按 10 元收费），超过 5 吨再按 1. 67 元/吨计算；2. 按 1. 7 元左右/吨计费。

第二节　电　费

一、电价改革（税费改革）

1994 年是新税制实施第一年，地方电力系统税赋水平增加近两倍。现行小水电按 3%缴纳增值税。

二、上网电价

因地方电网电价偏低，零陵地区各县区就调整电价问题报请零陵地区物价局、零陵地区水利水电局批复。1994 年，东安县上报《关于调整县电网电价的请示》，零陵地区物价局、零陵地区水利水电局印发《关于对东安县地方电网电价有关问题的批复》，明确村民生活用电价每千瓦时最高 0. 5 元，对农业生产用电，实行优惠，具体价格由县物价局核定。

1997 年，鉴于地方中小水电建设成本及发电生产成本越来越高，而现行上网电价偏低实际情况，为保证水力发电企业生存与发展，省物价局、省电力工业局印发《关于调整地方中小水电上网电价的通知》，省水利厅予以转发，要求地方政府及物价部门给予大力支持，地方电力生产企业要加强内部经营管理，努力增收节支，降低成本，充分发挥中小水电企业经济效益。具体标准为：双牌电站每千瓦时丰水期由 0. 091 元调为 0. 111 元，枯水期由 0. 111 元调为 0. 131 元，其他电站每千瓦时丰水期由 0. 086 元调为 0. 106 元，枯水期由 0. 151 元调为 0. 171 元，调整后地方中小水电上网电价从 1997 年 3 月 1 日起执行。各水电站上网电价有一定差别，大部分上网电价变动情况如下：

2008 年 12 月 31 日，湖南省物价局出台的《关于核定湖南骏泰浆纸有限公司生物质热电站等发电企业上网电价有关问题的通知》明确，自 2008 年 7 月 1 日起，小水电上网电价调整为 0. 305 元/千瓦时。

2010 年 11 月 18 日，湖南省物价局出台的《关于调整水电上网电价的通知》明确，自 2009 年 11 月 20 日起，小水电上网电价调整为 0. 32 元/千瓦时。

2011 年 12 月 26 日，湖南省物价局出台的《关于省电网发电项目上网电价有关问题的通知》明确，自 2011 年 6 月 1 日起，小水电上网电价调整为 0. 34 元/千瓦时。

2012 年 8 月 27 日，湖南省物价局出台的《关于省电网已投产水电项目上网电价有关问题的通知》明确，自 2011 年 12 月 1 日起，小水电上网电价调整为 0. 36 元/千瓦时。

2014 年 7 月 9 日，湖南省物价局出台的《关于调整省电网水电上网电价的通知》明确，自 2014 年 1 月 1 日起，小水电上网电价调整为 0. 37 元/千瓦时。

2016 年 8 月 26 日，湖南省发改委出台的《关于印发湖南省降低大工业电价工作方案》明确，自 2016 年 9 月 1 日起，小水电上网电价下调为 0. 34 元/千瓦时。具体下调标准：上网电价为 0. 35 元/千瓦时及以上的电站下调 3 分/千瓦时；上网电价为 0. 32～0. 35 元/千瓦时的电站下调至 0. 32 元/千瓦时；五强溪、东江、柘溪、凤滩水电厂下调 2 分/千瓦时；上网电价为 0. 32 元/千瓦时及以下的电站下调 1 分//千瓦时。

三、用户电价

1999 年，蓝山、江华、江永三县农网改造全面启动，蓝山县通过农网改造，农村电价降到 0. 7 元/千瓦时以下，江永、江华两县降到 0. 8 元/千瓦时以下。

2000 年，全市实行农网改造，农村电价普遍降到 0. 8 元/千瓦时以下。

第三节　综合经营

20 世纪 90 年代初期，零陵地区水利部门充分发挥自身优势，利用水库、山塘等水利资源，大力开展养殖、种植和综合经营活动。

1992 年 4 月，零陵地区水利水电局组织召开全地区防汛防旱和水利综合经营工作会议，研究部署人事劳动和分配制度改革，提出“发展综合经营，创办经济实体，增强自身活力”，加快水利计划经济体制向市场经济体制转变。零陵地区水利水电勘测设计院和新成立的“水利水电开发服务中心”通过创收，搞活自身，吹响水利走向市场前奏曲。部分县市水利水电局在当地党委和政府统一部署下，本着“小机构、大服务”和“精简、放权、分流、搞活”原则，进行机构改革、精兵简政。

1992 年，祁阳县水电局下属企业江北冶化厂狠抓产品结构调整和强化企业管理，工厂扭亏为盈，产值突破 1000 万元大关。

1993 年，零陵地区水利系统因地制宜开展水利综合经营，既突出社会效益，又注重经济效益。据年报统计，全地区开展综合经营单位 723 个，从业人员 4596 人，年总收入 8391 万元，实现利润 1123 万元，这两项指际均比 1991 年翻了近两番。各地综合经营保留传统种养加项目，共生产粮食 43 吨、水果 321 吨、禽蛋 47 吨、肉类 169 吨、鱼类 817 吨，营林面积 1765 亩，产销木材 270 立方米，而且还涉及第三产业，全地区建立商业服务网 42 个，特别是以小水电为依托的水利企业异军突起，发展迅速，效益显著。1993 年，县（市）综合经营收入 5757. 8 万元，其中电费收入 2787. 8 万元，实现盈利 902. 7 万元。从水库来看，全市各水库实现总收入 3111. 64 万元，其中电费收入 970. 94 万元，实现盈利 519. 73 万元。

1994 年，零陵地区水利综合经营规模和效益实现突破，全区年总收入超过 1 亿元。县（市）综合经营收入 1 亿元，其中电费 2999 万元，实现盈利 2000 万元。从水库来看，全市各水库实现总收入 4277. 2 万元，其中电费收入 1066. 7 万元，实现盈利 728. 4 万元。

1995 年，零陵地区水利水电局长会议把搞活水利经济作为全年工作重头戏，提出“发展水利经济，壮大基础产业”口号，发展增长速度达到 15%。全地区水利水电总收入达到 2. 8 亿元。

1996年，全市水电系统水利经济实现总收入（产值）3.27亿元。1997年，全市水利经济总产值达到3.68亿元，比上年增长13.9%。1998年，全市水利经济实现总产值3.56亿元。1999年，全市水利经济实现总产值4亿元。

2000年，全市水利系统通过深化改革，调整产业结构，积极探索新的经济增长点，水利经济凸显活力，实现总收入4.25亿元，比上年增长6%。2002年，全市水利系统实现总收入5.9亿元，水利固定资产近10亿元。2003年，全市水利经济实现总产值6.5亿元。2004年，水利经济得到加强，全市完成总收入7.3亿元，比上年增长12%，水利产业得到巩固和发展。2007年，全市水利系统实现经济总收入8.8亿元，创历史新高。2008年，机构改革以后，没有再统计水利经济总收入。

第七章　水利科技

随着社会经济的发展和科学技术的进步，永州市水利工作者和相关从业者不断学习、推广和应用新技术、新工艺，同时，运用现代方式管理水利，水利设施效益不断增加，防灾减灾能力得到提升。如猫儿岩水库深层岩溶地质处理、按水稻生育阶段控制田间水分状况的试验研究等取得显著进步。

第一节　推广应用

永州市水利工作者结合本地实际，在节水用水上推广和应用一些先进的技术，虽然技术运用不多，但取得的实效较好，为全市水利科技进步起到引领和示范作用。

一、推广“控水增产技术”

零陵地区地处湘南，干旱严重，但在缺水的同时，却又沿袭串灌漫灌的老方法，既浪费水又产生了大面积的渍害性低产田。1996 年 1 月 2 日，零陵地区科学技术委员会、零陵地区水利水电局联合下发文件。首先在祁阳县、东安县、冷水滩市（现冷水滩区）推广“控水增产技术”。解决水资源短缺矛盾，改善渍害性低产田，达到省水、增产和降低农业生产成本的效果。

“控水增产技术”是根据水稻不同生育阶段对水分的不同需求进行灌溉，达到省水、增产效果的一种新灌水方法，是节水灌溉科学研究的新成果。1994 年、1995 年零陵地区在祁阳县大江边等 13 个灌区试推 25 万亩，经阶段验收表明，推广效益显著。早稻平均每亩节水 41.4 立方米/亩、增产 42.8 公斤/亩；晚稻平均每亩节水 46.92 立方米/亩、增产 52.3 公斤/亩。“控灌”后田纹枯病、稻温病明显减少，每亩田可节省农药费开支 8 元。

试推后，零陵地区在祁阳、东安、冷水滩三县区推广，按照一万亩一个高标准示范田的要求，具体落实到乡镇、村、组、工程管理单位。建立标示牌，专人技术负责，有指导人，以点带片。并通过广播、电视、报纸等新闻媒介，广泛宣传发动，健全推广网络，印发技术资料到农户，积极组织培训，加强巡回检查、督促，层层落实技术承包责任制，建立验收制度和评比奖罚制度。1996 年推广 30 万亩，早晚两季每亩平均节水 73.8 立方米。该科研项目由湖南省水利工程管理局、永州灌溉试验站的胡学良、何顺之、刘振林、李在武、张义泉等合作进行，获得 1999 年度湖南省科技进步推广三等奖。

二、推广节水灌溉技术

2005 年，永州市示范推广旱作秸秆覆盖、地膜覆盖、节水灌溉、生化调控、分厢起垄、水旱轮作等节水技术。2005 年推广 45.64 万亩。2006 年，推广 93.16 万亩，其中，玉米应用面积 30.06 万亩，平均每亩产量 372.5 公斤，每亩增效 134.43 元；蔬菜应用面积 23.79 万亩，平均每亩产量 2063.6 公斤，每亩增效 419.87 元；果树应用面积 10.1 万亩，平均每亩产量 1330 公斤，每亩增效 1208.31 元；其他作物应用面积 29.21 万亩，平均每亩产量 513 公斤，每亩增效 206.89 元。2007 年，全市节水农业技术推广应用面积

260.4 万亩，增效 1227.97 万元。2008 年，全市推广应用节水技术面积 265.55 万亩。2009 年，推广应用节水技术面积 268.44 万亩。2010 年全市主要采取集雨节水、地膜覆盖、聚垄分厢、深沟埋肥、排灌分家、浅湿灌溉等农田节水技术，全年推广应用节水技术面积 654.3 万亩。

零陵区应用新农田节水技术

三、推广水肥一体化技术

2013 年，永州市推广喷灌、滴灌、排灌分离、浅湿灌溉、稻草覆盖、地膜覆盖等水肥一体化技术，共在蔬菜、柑橘、玉米、西瓜等主要农作物上办示范点 9 个。

第二节 自动化 信息化

永州市水利部门信息化建设主要是在防汛抗灾的运用中不断建立和完善的。随着气象中小尺度系统、水文站网系统、湘江水情自动测报系统等科技信息化以及县级山洪灾害防治非工程措施建设和完善，为防汛抗灾提供实时决策依据，主要是通过雨、水、灾、险情等信息监测，实现监测信息种类全覆盖，强化工程视频、图像监控，为气象预警、洪水预测预报、水利工程调度提供智能指挥决策依据。据不完全统计，2011 年至 2015 年，永州市累计发送讯息 68.7 万条次，启动预警广播 2.37 万站次，有效避免人员伤亡 10.76 万人次。2015 年 5 月 20 日位于湘江干流的白水水位站及时反应湘江水位变化，祁阳县白水镇启动预警广播为 1000 多户 0.3 万人生命财产的转移赢得了时间。东川村、湘江村共计 800 多名受灾村民及时转移，无一人被洪水围困。

一、气象多普勒雷达系统

永州新一代天气雷达（CINRAD 每秒 B）属于全国防洪预警系统布网站点之一，是“湖南省防洪天气预警系统”重点工程，2006 年 3 月 17 日投入运行。该系统最大探测距离半径为 460 公里，范围覆盖永州、邵阳、衡阳、郴州、娄底及两广北部，可以探测 300 公里范围内的暴雨、冰雹、大面积降水，具有良好的多普勒测速能力，对暴雨、冰雹、龙卷风等灾害性天气有很强的监测和预警能力，对防汛调度决策，有效防止或减少气象灾害损失具有重要的意义。

二、气象中小尺度系统

永州中小尺度灾害天气自动气象监测系统与新一代多普勒天气雷达、国家气象观测站等联合组成永州气象综合观测系统。截止到 2013 年底，全市已建成 360 个区域气象观测站，为防汛抗灾提供实时降雨信息，大大提高全市中小尺度灾害天气预报预警水平，为科学防范局地暴雨灾害、指挥人影作业等提供准确及时的监测数据和灾害预警信息，为防范山洪地质灾害，有效减少或避免人员伤亡和财产损失提供重要支撑。

三、水文站网系统

永州水文局在全市布设16个国家基本水文（位）站、12个中小河流水文（位）站、141个报汛雨量点、3个墒情监测站、2个泥沙站、4个水质站、4个蒸发站，承担全市区域内水文信息的收集、处理与分析，发布水情预警预报，参与洪水调度，为科学防汛、优化调度提供重要的依据。

四、县级山洪灾害防治非工程措施

2009年，永州市13个县区（管理区）开启县级山洪灾害防治非工程措施建设，2013年项目全部竣工。之后不断对项目进行完善补充。项目建设主要由四个部分组成，即信息采集、预警平台、预警发布、预案演练。项目的主要目标是通过开展监测预警系统建设，强化群测群防体系，提高全民防灾避灾意识，减少人员伤亡和财产损失，尤其是有效避免群死群伤事件。项目建成后的预警信息，相关部门可以共享。全市系统建设预警广播站点2442套，雨量遥测站261套，水位遥测站25套，图像站177套，视频站29套，水位、雨量一体站123套，水位、雨量、图像一体站113套；配发乡镇手摇报警器3305个、铜锣6398面、口哨14064个、乡镇预警平台设备231套；建成县级监测预警平台13套；划定危险区2028个；修订县级预案13套、乡镇预案231套、行政村预案2021套；制作宣传栏2323个、宣传牌6571个、警示标志2839个、转移路线标志6639个；下发明白卡444538张，项目总投资为4457.4324万元。

五、湘江水情自动测报系统

永州市水情自动测报系统是以GPRS为主信道、GS米为备用信道通信方式组建的一套自动测报系统，准确完成湘江流域各个水情报汛站实时降雨量、水位、流量等水情信息的采集、传输和处理。在全市共设16个国家基本水文（水位）、12个中小河流水文（位）站、141个报汛雨量点、3个墒情监测站。湘江水情自动测报系统的建成，大大提高防汛反应速度和调度速度，对全市的防汛减灾发挥重要作用。

六、视频会商系统

2004年，永州市开始规划防汛信息系统的建设工作，制定较为翔实、切合永州市实际的信息化建设规划。2007年5月建成防汛大楼和多功能大屏防汛会商室。2008年，投资20万元实现与国家防总、湖南省防指的三级视频会商，极大地提高防汛指挥能力。2010年，投资150余万元实现与县区的视频会商，从而将防汛指挥调度系统延伸至基层。2014年，投资150万元完成山洪灾害防治非工程措施预警市级平台建设，实现全市13个县区（管理区）山洪灾害监测预警信息功能互连互通，并对市级防汛会商中心进行改造，提高工作效率。

永州市防汛指挥中心会商室

第三节　水利科技成果选介

一、猫儿岩水库深层岩溶地质处理研究

为解决湘桂边远毗邻山区干旱死角的水利问题，1983 年 12 月至 1991 年 7 月，零陵地区水电局对猫儿岩水库深层岩溶地质处理进行研究，查明永州市（现零陵区）大庆坪乡域内岩溶水的补给、径流和排泄等规律和状况，选择水源丰沛的岩溶地址，确定施工方案，设计建设猫儿岩水库。施工中，针对该水库坝址深层岩溶渗漏难题，课题组结合实际，采取开挖竖井、平硐、深层洗浆等特殊技术工艺施工。大坝经受三年蓄水深达 62 米的蓄水考验。水库建成后，坝高 33 米，蓄水深 76 米，库容 4140 万立方米，灌溉面积 6.12 万亩，发电总装机容量 1500 千瓦，解决周边 6 个乡的用水用电难题。该项成果处国内先进水平，获 1993 年度零陵地区科技进步一等奖。

二、按水稻生育阶段控制田间水分状况的试验研究

1989 年 1 月至 1991 年 10 月，零陵地区灌溉试验站的何顺之、蒋春月、陈小云、曹红云、洪庆华等人，开展“按水稻生育阶段控制田间水分状况的试验研究”，经 1000 亩以上的大田试验，总结出适用湘南水稻各生育阶段科学用水的最佳技术指标。与常规稻田灌水方法对比，早、晚稻可年减少灌水 21 次，节水 55.3%，平均每亩增产 7.9%，冷浸田增产效果更佳。1994—1999 年在零陵、衡阳、郴州等地推广实施 150 万亩，省水增产（值）效果显著，该技术成果居国内先进水平，获 1995 年度永州市科技进步一等奖和 1996 年湖南省科技进步三等奖。

三、XD—103 防水复合柔毡处理漏库

1991 年 10 月至 1992 年 3 月，新田县水电局首次引进 XD-103 防水复合柔毡解决本埠漏库问题获得成功。该项目采取砌筑排气管道、挖防滑沟等技术措施，达到排气减压和柔毡稳固的目的，有效保证工程质量，并总结出一套适合零陵地区实际的柔毡防渗的施工方法。该项成果获 1992 年度零陵地区科技进步四等奖。

四、小型水电站直流控制保护跳闸操作电源技术研究应用

祁阳县人民电站的肖国平、桂富生、邓春苟、蒋志平、郑建波等，开展“小型水电站直流控制保护跳闸操作电源技术研究应用”，获 2001 年度永州市科技进步三等奖。

五、中日技术合作“中国大型灌区节水改造示范项目”

2001 年 6 月 1 日至 2006 年 5 月 31 日，中日政府间签署“中国大型灌区节水改造示范项目”技术合作，在三个重点灌区示范，永州市双牌水库灌区为其中之一。总体目标是提高重点示范灌区水的利用率。由水利部与日本农林水产省通过日本国际协力机构（JICA）和中国灌溉排水发展中心共同执行。

该项目是围绕中国正在进行的大型灌区续建配套与节水改造工程而进行的中外技术合作，主要包

括水管理自动测控系统、水田节水灌溉示范区、灌区基础设施信息数据库、灌溉示范区管理制度建设，以及节水灌溉新技术推广。日方共提供设备援助597件（套），建设梁木铺水田节水灌溉示范区并完善灌区水管理测控系统。该系统包括田间节水灌溉示范区测控系统，取水口闸门的遥控、田间水位、流量及气象等信息内容的自动观测，实现田间信息的自动监测和控制。2002年9月5日开工建设水田节水灌溉示范区，采用超低压管道灌排技术，铺设灌排管，2003年4月完成通水。2005年7月完成灌区基础设施信息数据收集、整理，编程入库及上网。先后制定《中日技术合作项目管理办法》《双牌灌区测控系统设备操作规程及注意事项》《双牌灌区信息化系统设备维护制度》《水管理信息化系统管理办法》《闸门现场操作程序》《梁木铺水田节水灌溉示范区管理细则》等管理操作规程。同时，双牌水库管理局编制《水稻节水灌溉技术》手册2万册、2005年年历宣传画7000份、《水稻节水增产技术要点》12000份等宣传资料，发放到农民手中。组织推广节水技术万人签名活动。举办各类技术培训班和说明会，培养农民示范户112户，组建农民用水户协会。项目建成后，采用节水灌溉技术的水田每亩节水30%，粮食亩产提高5%。

六、灌区渠道整治新技术研究与应用

湖南省水利水电科学研究所、双牌水库管理局李桂元、廖荣良、何学明、张彩鉐、申志高等人组织开展“灌区渠道整治新技术研究与应用”，获2008年度湖南省科技进步三等奖。

七、西瓜种植膜下滴灌技术引进与推广

2010年，永州市柑科所的李友卿、尹向东、何小华、何群、柏小明等人，开展“西瓜种植膜下滴灌技术引进与推广”。根据西瓜在不同生长阶段或气候条件下对水的需求，通过膜下滴灌，使水缓慢、均匀、定时、定量地浸润到西瓜根系生长区域，使西瓜主要根系区域始终保持在最佳含水状态，达到省时、省力、增产、降低成本，改良土壤结构等多项效果。经测产验收，1758亩瓜地实施推广该项技术，平均每亩增产1713公斤，增产率72%，节水率45%。获2010年度永州市科技进步三等奖。

八、金钩挂水库特殊地质条件设计方案

为解决金钩挂水库坝基及绕坝渗漏、导流隧洞临时支护、溢洪道基础及槽身稳定等地质问题，以陈灿为首的永州市水利水电勘测设计院团队，结合实际，运用新技术，在地下水比较丰富、砾岩溶蚀发育的坝基采用“砼截水槽加帷幕灌浆”防渗方案，处理坝基及绕坝漏问题；采用扶壁式钢筋砼挡墙加钢筋砼抗滑桩化解在坝肩陡坡土基上修建溢洪道，底板土粒易冲刷、淘空，槽身失稳的难题；对地质条件较差或异常地质情况下的导流隧洞，开挖前，先采用管棚超前支护技术进行支护，此技术经济实用，且在永州市首次应用。该设计方案获得2020年度湖南省优秀水利水电工程设计一等奖。

第八篇 库区移民

永州市降雨丰沛、河溪纵横，水资源十分丰富。全市建设了一大批水库工程。这些水库在防洪、发电、灌溉、供水等方面发挥巨大作用，同时，水利建设过程中也衍生出大批水库移民，全市大中型水库建设淹没耕地13.47万亩，移民15.11万人，截至2019年底，繁衍形成现状农村移民25.79万人，占全省农村移民的1/10。全市有小型水库1295座，小水库移民约20万人。

20世纪90年代，永州市水库移民工作有两个重点。第一个重点是对双牌水库移民进行后期扶持。1991年6月，湖南省水利水电厅对双牌电站按上网电量提取移民扶助金和水费附加。从1996年起，按上网电量每千瓦时提取0.5分后期扶持基金。1999年以后，后期扶持基金征收标准提高到每千瓦时2分钱，征收期限执行到2005年底。1996—2005年，双牌水库库区实际到位后期扶持资金8000多万元。1997年7月，市委、市政府出台双牌水库移民脱贫规划和实施意见。1997—2000年，投入资金4181万元，实施扶持项目62项。1999年8月24日，省政府印发《关于双牌库区建设有关问题的会议纪要》。1996—2005年，双牌水库投入移民生产开发资金1亿多元，兴修一批基础设施，发展一批种养项目，移民吃饭、饮水、用电、行路、灌溉、上学等几大难问题得到一定缓解。

从1999年开始，湖南省移民局在永州市双牌库区双牌、道县两县试点，对地处偏远、居住分散、基础设施建设难度大的移民户，实施异地搬迁安置。由省里每人补助6000元，地方政府出台优惠政策，采取“进城、靠镇、下山”的办法，将原来分散居住的移民集中安置，统一配套水电路等基础设施。到2005年底，双牌、道县两县共完成特困移民异地搬迁安置345户1552人，其中进城391人，靠镇570人，下山591人，移民异地搬迁实现一年搬迁定居、两年解决温饱、三年稳定脱贫目标，为后来的全省大规模特困移民避险解困探索路子，积累经验。

第二个重点是新建大中型水库工程移民安置。2006—2019年，永州市动工修建大中型水库6座（大型水库3座、中型水库3座），淹没耕地19871亩，移民42408人。其间，永州市共到位移民后期扶持资金50.97亿元，另整合部门投入和地方配套3.94亿元。十四年间，全市共发放移民后期扶持直补资金16.53亿元；投入9.15亿元用于基础设施建设，完成项目10749个，直接受益移民83.97万人次；投入8亿元用于移民产业发展，库区新发展水果、油茶、茶叶11.67万亩，发展蔬菜大棚1.73万亩，发展大水面养鱼15950亩、标准网箱养鱼2426口；投入资金3962万元，培训移民72431人次，其中实用技术培训56803人次，就业技能培训12704人次，实现转移就业12551人。通过后期扶持，移民致富脱贫能力大为增强，移民生活水平有了很大提高。移民人均纯收入从2006年的1265元增长到2019年的12970元。

与此同时，2000年以来，永州市水电项目投资主体出现多元化，掀起了新一轮水电资源开发热潮。2006—2019年，全市动工修建太洲、五里牌、湘祁、涔天河水库扩建、芦江、毛俊6座大中型水库，共完成移民安置38014人。涔天河水库扩建工程完成移民安置31291人，如期通过水库下闸蓄水阶段移民安置验收，确保涔天河水库扩建工程建设顺利进行。

第一章 水库淹没

第一节 淹没设计标准

水库淹没处理设计洪水标准，是确定水库淹没处理范围和移民安置规划设计的重要依据。1958 年，永州市修建双牌水库时，开始没有水库淹没处理设计洪水标准，直到 1962 年 1 月，湖南省委发文《批转省委移民领导小组办公室关于召开柘溪、双牌、白渔潭、水府庙四个水库移民座谈会情况的汇报》，对双牌水库淹没处理设计洪水标准给予明确：双牌水库移民按 1961 年 4 月 20 日洪水位的标准（相当于 20 年一遇），土地征用为 2 年一遇标准。全市当时同期修建的中型水库都采用双牌水库淹没处理设计洪水标准。

1985—2019 年，永州市大中型水库淹没处理设计洪水标准统一执行水利电力部和电力工业部颁布的水库淹没处理设计规程规范：征用耕地、园地的洪水标准为 2~5 年一遇，乡村、集镇居民迁移的洪水标准为 10~20 年一遇。由于永州境内溪河纵横，居民沿河聚居，且有一定的抗洪经验，加上大部分地区种植水稻，短期淹没对农作物的影响不大，同时由于受到水库建设资金不足的制约，永州市水库建设对耕地、园地普遍采用标准下限即 2 年一遇洪水回水位淹没标准，对人口、房屋一般采用标准上限即按 20 年一遇洪水回水位确定淹没洪水标准。

第二节 淹没实物指标

水库淹没和工程占地的实物指标是移民安置规划编制和淹没补偿投资概算的依据。1956—1984 年，永州修建的大中型水库在开工之前都由政府对水库淹没和工程占地的实物指标进行调查登记，并按照淹没实物指标进行简单补偿。1985 年 2 月施行的《水利水电工程水库淹没处理设计规范》，把水库淹没和工程占地实物指标调查作为初步设计阶段水库淹没处理设计的主要任务之一。1985 年以后，永州市修建的大中型水库都按照水利电力部《水利水电工程水库淹没处理设计规范》和电力工业部《水电工程水库淹没处理规划设计规范》，对水库淹没实物指标进行认真调查。2008 年 7 月修正的《湖南省大中型水库移民条例》第十二条对水库建设实物指标调查程序进行明确规定。此后，永州市严格依法依规进行水库淹没实物指标调查工作，确保调查结果真实准确。

1956—2019 年，永州市建成和在建 38 座大中型水库，淹没涉及 13 个县区 159 个乡镇（场、办事处）1294 个村，共淹没耕地 13.47 万亩，淹没林地 11.87 万亩，淹没房屋 438.71 万平方米（其中农村房屋 301.92 万平方米），淹没公路 362 公里、桥梁 886 处、码头 2297 处、高压输电线路 314 公里、低压输电线路 2339 公里、广播线路 805 公里、通信线路 851 公里，淹没机关单位 176 家、工矿企业 254 家、学校 119 所、医院 27 所。

第三节　淹没处理规划

1952—1984年，湖南省水库移民安置处理规划比较简单粗略，不尽科学合理。如省投资兴建的双牌水电站，1958年9月动工修建，1963年8月才由湖南省水利电力厅设计院编制、省移民委员会批准《湖南潇水双牌水利枢纽工程初步设计》，对移民安置表述过于简略："水库正常蓄水位170米，淹没道县、宁远县、零陵县水田11355亩、旱土5538亩，搬迁移民8235户37904人，拆迁房屋9172栋36095间。淹没公路36公里、电讯线路128公里、停排坞址5处、国家粮仓3处，淹没集镇4处。农村移民采取原地后靠或在相邻大队安插安置。移民按每人200元给予补偿，由地县包干，各地一次评定到户、到人、到国家机关学校和国家粮仓，分批分期拨款，共计移民费用758.08万元。"

1985年2月起施行的《水利水电工程水库淹没处理设计规范》在技术上规范水库淹没处理规划工作。1991年5月施行的国务院《大中型水利水电工程建设征地补偿和移民安置条例》、2002年颁布的《湖南省大中型水库移民条例》和2006年9月1日施行的国务院《大中型水利水电工程建设征地补偿和移民安置条例》对水利水电工程建设征地移民安置规划设计作出明确规定。1985—2019年，永州市兴建大中型水库都按照国家移民条例、省移民条例和水利水电工程建设征地移民安置规划设计规范，依据环境容量确定移民安置规模，编制水库淹没处理规划（移民安置规划），对移民搬迁安置、生产安置、专项设施恢复、企事业单位迁建进行详细规划，并按规定依程序进行审查审批，移民安置工作逐步走向正轨。如涔天河水库扩建工程移民安置，2010年8月，国家发改委作出《湖南省潇水涔天河水库扩建工程项目建议书的批复》。2010年10月，水利部水规总院审查通过《湖南省潇水涔天河水库扩建工程建设征地移民安置规划大纲》。2013年9月，水利部印发《关于湖南省潇水涔天河水库扩建工程初步设计报告的批复》。由于绝大部分移民不愿接受初步设计报告批复的移民安置方式，经省、市、县调查研究，广泛听取移民的意见和建议，2013年8月，省移民局报经省政府批复同意，增加长效实物补偿安置方式，对移民安置点进行调整。2013年8月，省水利水电勘测设计研究总院根据省移民局批复，编制《涔天河水库扩建工程技施设计阶段建设征地移民安置实施规划设计报告》，2014年7月30日，省人民政府给予批复。

第四节　淹没补偿

淹没补偿包括土地征用、移民安置和专项设施迁建等补偿补助，是搞好移民安置的物质基础。永州市水库移民淹没补偿标准发展变化主要有三个阶段。

第一阶段（1956—1984年），移民人均补偿44～200元。1956—1957年，永州市修建宁远县仁和坝水库，移民安置投资22000元，移民人均44.35元。同时，根据"谁受益谁负责移民安置"原则，按受益面积调整土地给移民户耕种。1958年冬，省委召开大型水利工程建设会议，决定双牌等大型水库迁移补偿标准按每人30～50元包干。库区群众和市县政府反映补偿标准太低，要求提高补偿标准。1962年1月，省委文件《中共湖南省委批转省委移民领导小组办公室的报告》作出规定："移民费标准包括各项公私财产补偿在内，按移民每人平均200元，由地县包干，各地可采取一次评定到户、到人，到国家机关、学校和国家粮仓，分期分批拨款的办法。但因房屋质量有好有坏，土地产量有高有低，迁移距离有远有近，同时有农村、有集镇以及国家机关、团体、学校和粮仓等差别，因此，各地应根据实际情况，通过调查和群众研究，合理分配，定出不同的补助标准。某些地区的机关、团体、学校、粮仓，通过迁移能够合并分散安置或不需要重建的可不补或少补。具体制定经费标准方案经地委审查报省委备案。”双牌库区按照省委文件规定下拨移民搬迁补偿费705.08万元，人均200元。1958年修建的祁阳县龙江桥水库，规划移民863人，由移民安置地社队负责修建移民住房，水库工程建设指挥部移民科验收，分配给移民户居住。指挥部给每个移民发放100元搬运费，共补偿86300元。1960年动工修建的常宁县西塘水库祁阳县库区，淹没耕地133亩，淹没房屋8630平方米，搬迁移民15户90人，给每户移民发放房屋搬迁费100元，淹没稻田、旱土100亩，给每亩补偿青苗费60元。1964年动工修建的祁阳县大江边水库，搬迁移民1789人，每人补偿搬迁费80元，共补偿14.31万元。1966年动工修建的江华瑶族自治县涔天河水库、草岭水库，前者国家无偿征用淹没的山林、耕地，给予库区移民每人125元的建房补助，生活安置主要靠国家提供的定销粮指标，后者生活安置仅为移民修建了安置房，生产安置为每个移民提供了0.2亩的耕地。

第二阶段（1985—2005年），移民补偿明显提高。1985年2月施行的水利电力部《水利水电工程水库淹没处理设计规范》，要求水库淹没处理补偿标准执行1982年国务院颁布的《国家建设征用土地条例》、1983年国家计委、农牧渔业部、城乡建设环境保护部印发的《关于〈国家建设征用土地条例〉若干问题说明的通知》和水利电力部制定的《大中型水利水电工程移民安置办法》的有关规定，对水库工程的移民经费与工程概算一并审定，并在基建投资中安排包干使用。1985年2月至1990年4月，永州市建设的大中型水库淹没补偿标准执行上述规定，移民补偿费较前有明显提高。1988年动工修建祁阳县内下水库，1990年，祁阳县人民政府制定《祁阳县内下水库大坝工程建设征地、拆迁、移民安置补偿办法》，规定稻田每亩补偿3200元，旱土每亩1040元，鱼塘、小池每亩3200元，荒山、荒地每亩80元，竹林每株补偿1.2~1.8元，用材林每株2.8~3.2元，果木树每株6~26元。红砖木房每平方米补偿35元，土砖木房每平方米33元，木板房每平方米16~20元，木皮房每平方米10~14元，杂房每平方米3~12元。1991年5月1日施行的《大中型水利水电工程建设征地补偿和移民安置条例》对水库建设征地补偿和移民安置作出明确规定：征用耕地补偿费，为该耕地被征用前三年平均年产值的三至四倍；每一个需要安置的农业人口的安置补助费，为该耕地被征用前三年平均每亩年产值的二至三倍。被征用土地上的附着物和青苗补偿，执行省里规定。房屋建筑物补偿按现有房屋建筑物的拆卸工费、运输费和重建费给予补偿。1991年5月1日后，永州市新建大中型水库淹没补偿执行国务院第74号令规定，补偿标准较前有了较大提高。东安县高岩水库土地补偿费按三年前平均年亩产值的5倍予以补偿，农业人口安置补助费按需要安置的农业人口人平占有耕地被征用前三年亩年产值的4倍计发。房屋按土屋、木屋、土木、纯木、砖混等结构分别按每平方米15~70元的标准给予补偿。1993年动工修建的蓝山县毛江水库，草皮房每平方米补偿80元，泥皮房每平方米补偿100元，泥瓦房每平方米补偿120元，砖瓦房每平方米补偿150元。1997年5月开工建设的蓝山县板塘水库，水田每亩补偿3000元，旱土每亩1000元，杉树每株10元，药材每株20元。在同一时期内，以发电为主的大中型水库淹没补偿标准高于以水利为主的水库补偿标准。1994年动工建设的近尾洲电站祁阳县库区，稻田每亩补偿9310元，旱土每亩补偿6087元，荒山、荒坡每亩补偿955元。砖混结构房每平方米补偿231元，砖木房每平方米补偿156元，木房每平方米补偿130元。果树每株补偿50元，用材林每株补偿5元。简易公路桥每座补偿50000元，机耕道每公里补偿22000元，人行桥每座补偿1000元，生活码头每处补偿2200元，人渡码头每处补偿3300元。移民建房用地每户补偿1109元，场地平整每户补偿1374元，饮水照明每户补偿800元，移民搬迁每人补偿120元，搬迁物资损失每人补偿100元，误工补助每人补偿120元。2005年6月动工修建的祁阳县晒北滩电站，水田每亩补偿13500元，旱土每亩补偿4500元，经济林每公顷补偿6000元，灌木林每公顷补偿1000元。砖混结构房屋每平方米补偿252元，砖木结构每平方米补偿172元，土房每平方米补偿120元，木房每平方米补偿125元，杂房每平方米补偿50元。果树一类每株补偿5~10元，二类11~30元，三类31~50元。围墙每平方米补偿12元，球场每个补偿15元，水池每个补偿50元，粪池每个补偿80元，水井每口补偿100元，红薯窑每口补偿100元，灶台每座补偿150元，有线电视接收器每个补偿200元。建房宅基地平整每户补偿2000元，饮水照明每户补偿400元。

第三阶段（2006—2019年），移民补偿进一步提高。2006年9月1日施行的《大中型水利水电工程建设征地补偿和移民安置条例》第二十二条规定："大中型水利水电工程建设征收耕地的，土地补偿费和安置补助费之和为该耕地被征收前三年平均年产值的16倍。"2006年9月1日后，永州市移民安置土地补偿费和安置补助费执行国务院规定的标准。2008年10月，省移民开发管理局依据国务院规定的标准，结合正在实施的祁阳县晒北滩水电站建设实际，印发《对〈湖南省祁阳县晒北滩水电站建设征地移民部分补偿项目概算调整报告〉的批复》，对移民房屋补偿标准及移民宅基地开挖平整费等部分项目进行调整：砖混房屋每平方米补偿405元，砖木299元，土房191元，木房191元，杂房80元。征用宅基地（集体）每亩补偿6074元，宅基地平整费每户补偿8322元。2013年国家发改委、水利部审批涔天河水库扩建工程初步设计报告时，确定其征地补偿按16倍年产值标准执行，并安排生产安置措施补助费1.0833亿元。2014年7月，省政府在审批涔天河水库扩建工程移民安置实施规划时，按照省政府《湖南省人民政府关于调整湖南省征地补偿标准的通知》发布的片区综合地价标准，对涔天河水库扩建工程调增土地补偿费5.77亿元。涔天河水库扩建工程移民砖混结构民房补偿标准为每平方米690元，贫困移民基本用房标准为25平方米砖混结构房屋。

第二章 移民安置

第一节 移民安置发展阶段

截至2019年底，永州市完成38座大中型水库移民搬迁安置，搬迁移民15.11万人（含三峡移民1179人、近尾洲水库移民1470人、常宁市西塘水库移民90人），占应迁移民15.37万人的98.3%。涔天河水库扩建工程设计搬迁移民27471人，实际搬迁28431人。芦江水库设计搬迁移民407人，已搬迁44人，未搬迁363人，毛俊水库设计搬迁2776人，已搬迁537人，未搬迁2239人，在建水库中尚有2602人未搬迁。全市移民搬迁安置工作总体上可以分为以下七个阶段。

中华人民共和国成立初期（1956—1957年）。宁远县高度重视水库移民安置工作，组织动员工作充分，帮助移民解决实际问题到位，加上移民群众积极响应政府号召，自觉服从国家建设需要，仁和坝水库移民124户496人得到较好安置。

“大跃进”运动时期（1958—1959年）。全市出现第一次水库建设和移民搬迁高潮。1958年9月，双牌大型水库和冷水滩区岭口，新田县金陵，祁阳县石洞源，东安县金江、松江，道县云溪，宁远永佳共7座中型水库同期开工建设，水库库容8.13亿立方米，装机容量13.92万千瓦，设计灌溉面积76.39万亩，水库淹没耕地20311亩，移民46077人。1959年，道县廊洞、宁远县半山、祁阳县龙江桥3座中型水库动工兴建，共淹没耕地1743亩，移民4824人。这一时期，移民安置情况特殊复杂，一方面，移民群众支援水利工程建设的热情很高，积极、自觉地配合水库建设进行移民搬迁；另一方面，不少地方对移民搬迁安置采取了一些“三天动员、七天搬完”的过激措施，有些移民安置不够到位，但移民人数之多，搬迁速度之快，在永州移民搬迁史上绝无仅有。双牌水库移民37904人的搬迁安置，主体移民搬迁前后只用了两年多时间。

经济困难时期（1960—1963年）。由于经济基础脆弱，加上自然灾害严重，国民经济发生严重困难，全市停止新上水库建设，集中力量组织已开工水库续建配套，并巩固安置移民1万多人。

调整整顿时期（1964—1966年）。永州市总结1963年干旱灾害教训，大力兴修水利工程，出现第二次水库建设和移民安置高潮，全市在安置巩固老水库移民的同时，动工修建江华瑶族自治县涔天河大型水库和东安县双江、道县陆洲等13座中型水库，淹没耕地19414亩，移民22842人。

“文化大革命”时期（1967—1977年）。1967—1974年，全市基本停止水库建设，仅有道县1971年动工修建上坝、乐海两座中型水库，淹没耕地4900亩，移民5301人。1975—1977年，湖南提出“十年建成工业省”“每人一亩旱涝保收稳产高产农田”的口号，在此背景下，全市形成水库建设小高潮，零陵区石坝仔、新田杨家洞等5座中型水库动工兴建，设计灌溉面积17.42万亩，淹没耕地10413亩，移民9034人。

改革开放至国务院移民条例修订时期（1978—2005年）。水电项目投资主体出现多元化，各类社会资金进入水电开发项目，永州出现新一轮水电开发高潮。冷水滩区潇湘、金洞管理区晒北滩、祁阳县浯溪3座中型水电站和零陵区南津渡、回龙圩管理区晨光等11座以发电为主的中型水库相继开工建设，形成水库库容9.35亿立方米，电站装机33.19万千瓦，设计年发电量13.61亿千瓦时。水库淹没耕地28536亩（含近尾州水库461亩），移民36511人（含三峡移民1186人、近尾洲水库移民1470人）。

国务院移民条例修订颁布后（2006—2019年）。2006年7月，国务院公布新修订的《大中型水利水电工程建设征地补偿和移民安置条例》，并于2006年9月1日起施行。2010年5月、2015年11月，湖南省人民政府先后发布《关于加强大中型水库移民安置工作的意见》《关于进一步加强大中型水库移民安置工作的意见》，2014年10月省政府办公厅印发《湖南省大中型水库移民安置工作管理办法》。移民安置工作逐步走向规范，移民合法权益得到有效保护。全市动工修建太洲、五里牌、湘祁、涔天河水库扩建工程、毛俊和芦江6座大中型水库，淹没耕地19871亩，移民42408人。

第二节　移民安置方式

移民搬迁安置由建房生活安置和就业生产安置两个方面构成，通过安置实现移民安居乐业。由于政策、环境、市场等因素影响，永州市移民搬迁安置方式呈现多样性。从移民搬迁后选择的居住地域来看，可以分为就近后靠安置、外迁安置、城镇化安置等方式；从生产资料占有类型来看，可以分为以土从农安置、一次性货币安置、长效实物补偿安置等方式。

一、后靠安置

移民就近在库周淹没线以上区域建房，政府采取调剂土地或开发土地的办法进行生产安置，这种方式能够充分利用库区资源，适合移民故土难离的心理，是移民最容易接受的安置方式，也是永州市所有大中型水库移民安置采取的基本方式，全市52座大中型水库共就近后靠安置移民10.42万人，占原迁移民总数13.97万人的74.59%，后靠安置占比较重的是1986年以前建设的老水库。道县1958—1980年修建上坝、云溪、乐海、廊洞、陆洲、向阳、桐溪尾和久佳8座中型水库，淹没涉及14个乡镇47个行政村249个村民小组，搬迁移民5714户19662人，全部采取就近后靠安置方式。1958年动工修建双牌水库，道县、双牌、宁远三县1961—1963年共搬迁移民37904人，其中就近后靠建房安置33749人，占整个搬迁移民的89.04%。江永县源口中型水库，淹没涉及一乡三村14个村民小组，搬迁移民532户1878人，全部在库周后靠安置。但由于就近后靠安置移民搬迁后耕地减少，加之林地被划为生态公益林，移民生活出现困难，江永县给后靠安置移民每年每人发放200公斤粮食，100公斤粮食指标（每百斤9.5元），由水库管理局每年从电费收入中拨付4万元，林业局负担3万元，县财政负担4万元，用于移民购粮。此外，水库管理局还给每户移民每月免费供电5千瓦时，年终每人送1斤鱼，妥善解决后靠移民生活困难。

二、外迁安置

外迁安置方式适合环境容量不足、发展条件局限的库区。全市53座水库中有25座水库在后靠安置的同时采取外迁安置方式，共外迁安置移民35377人，占原迁移民总数的25.32%，具体有三种情形。一是投亲靠友外迁安置。移民愿意投亲靠友安置的，经审批同意后，由移民迁出地县级人民政府向移民迁入地县级人民政府出具移民投亲靠友外迁证明，由迁入地给移民安排住房，分配生产资料。双牌水库投亲靠友外迁安置806户4155人。但是，由于外迁所在地人多地少等原因，1967—1968年，有764户3983人陆续返回原地。1969—1970年，地方政府对返回移民进行重新安置。祁阳县1968年修建大江边水库，77%的移民投亲靠友插队落户到受益社队，由接收的社队按照移民原住房面积修建住房，人均12~33平方米，然后，迁出、迁入双方共同组织搬迁安置。大江边水库由于安置措施比较到位，没有出现返迁现象。二是政府组织集中安置。宁远县有中型水库6座，始建于1956年，大部分建成于1977年，搬迁移民3240人，其中外迁安置移民771人，由政府主导统筹安排，分配外迁移民落实到村到组，并给移民调剂山、林、田、土生产资料，移民安置比较到位。1967年，新田县金陵水库金陵镇石岭下村外迁移民48户184人到桂阳县四里乡安置，由于移民外迁插队落户安置规划不科学，安置措施不到位，外迁移民陆续返迁新田县库区，到2010年底，共形成金陵水库返迁移民52户208人。1993年，蓝山县毛江水库动工修建，原迁移民625人，其中50户295人外迁到新圩镇的上清水村安置，外迁移民按国家当时的补偿标准领取房屋、田土、山林淹没补偿费和青苗补偿费，在安置地自行建房，由政府安排田土、山林等生产资料，移民安置比较成功。

三、城镇安置

涔天河水库扩建工程兴建于国家城镇化快速推进的关键时期，城镇化建设的发展机遇助推涔天河水库扩建工程移民城镇化安置。至规划水平年2016年，涔天河水库扩建工程建设设计征地需搬迁安置人口6535户27471人。截至2019年底，涔天河水库扩建工程实际搬迁移民6666户28431人，除771人选择分散后靠安置外，27660人选择在江华瑶族自治县5个城集镇移民集中安置点安置。

四、以土安置

通过调剂土地、开发荒地等手段，为移民提供一份能够满足生存与发展需要的土地资源，确保移民以土地为依托发展种植业、养殖业。这种移民生产安置方式是永州市水库建设使用时间最长、应用范围最广的一种方式。永州市水库移民生产安置全部采取了这种方式，对外迁移民由安置区调剂土地等生产资源，对后靠安置移民就地调剂土地或开发土地给移民耕种。永州市接受安置三峡农村移民1186人，冷水滩、零陵、东安、祁阳四县区为移民调剂水田人均1亩，旱土人均0.25亩，山林人均0.39亩，较好地安置了三峡移民。

五、一次性货币安置

一次性货币安置，由自谋职业安置移民以户为单位写出书面申请，并附相关材料原件和复印件；移民所在村民小组、村委会、乡镇人民政府对申请进行逐级审核，县级移民管理部门进行审定；符合条件的移民户与当地乡镇人民政府签订安置协议一式三份，经公证机关公证后，协议签订方和县级移民管理部门各执一份；县移民管理部门按规定直接给移民兑付移民个人财产补偿费、沼气池补助费、过渡期生活补助费、坟墓补偿费、建房困难补助费、基础设施补偿费、搬迁运输补助费、生产安置费等补偿补助费。永州市2003年以后新建的涍溪、晒北滩、太洲、五里牌、湘祁、涔天河水库扩建和芦江7座大中型水库都有少量移民选择自主货币安置方式。涔天河水库扩建工程库区有自谋职业安置、投靠亲属赡（抚、扶）养安置和随本单位独立迁移安置移民3629人选择自主货币生产安置方式。

六、长效实物补偿安置

长效实物补偿安置即按被征占耕地面积，实行长期补偿农作物产出实物同等价值现金的农村移民安置方式。晒北滩水电站库区坝区、涔天河水库扩建工程库区均采取长效补偿为主的安置方式。晒北滩水电站库区、坝区共需进行生产安置人口788人，根据永州市人民政府和省移民局相关文件精神，晒北滩水电站对水库淹没的土地实行实物补偿生产安置方式。补偿标准为每年补偿每亩水田稻谷450公斤、旱土225公斤、经济林180公斤、用材林150公斤、灌木林50公斤，从2007年开始，库区每年补偿稻谷37.17万公斤，坝区每年补偿稻谷8357公斤，移民生产安置人口每年人均补偿482.36公斤，折算成现金1300元左右。由电站按双方核定的补偿资金在年底前拨付到金洞区移民办，移民办再发放到组或到户。涔天河水库扩建工程库区21061人选择长效实物补偿方式，占生产安置总人口的85.28%，2016年开始兑现补偿，移民人均每年收入1300元。

第三章　水库移民后期扶持政策

第一节　口粮补助

双牌水库1962年建成后，为解决部分困难移民的吃饭问题，国家给移民每年每人发放口粮补助180公斤。并实行“随着移民人口逐年增长，粮食指标的价差补贴相应逐年增加”的管理方式。1996年7月，湖南省粮食局、财政厅、移民开发局联合印发《关于下达水库移民口粮供应和补贴款计划的通知》，给永州市双牌库区新增安排移民口粮150万公斤，补差145万元，全市每年供应移民口粮2341.5万公斤，补贴差价2713.9万元。从1996年8月1日起，湖南省政府改革移民口粮供应办法，实行钱粮分开。1998年第四季度起，省政府考虑到移民生产生活条件有了一定改善，对移民口粮补贴逐年进行核减，永州市每年享受移民口粮补贴1720.01万元。1996年至2006年6月，全市累计享受移民口粮补贴2.4470亿元。1962年至2006年6月，全市累计享受移民口粮补贴约6.4471亿元。

第二节　双牌水库移民扶助金

1991年6月，省水利水电厅印发《关于提取双牌、水府庙、欧阳海三座水库移民扶助金的通知》，对双牌电站按上网电量每千瓦时提取1厘移民扶助金，双牌水库电站年上网电量5亿千瓦时，每年提取50万元。同时，按灌溉农田每亩征收1公斤稻谷（折合现金0.7元/公斤）设立水费附加。省水利水电厅核定双牌水库灌溉面积27.42万亩，每年征收水费附加约19万元，两项合计每年提取移民扶助金69万元。1996年起，双牌库区水费附加增加到每亩3公斤稻谷，按当年当地市场价格折合现金结算，每年收取水费约70万元。1998年双牌水库征缴水费附加资金68.48万元（冷水滩区27.26万元、零陵区21.11万元、祁阳县19.35万元、双牌县7600元），按照永州市人民政府文件规定，扣除2%代收费和业务费外，其余61.84万元全部下拨给县，其中双牌县25.23万元，道县36.61万元。双牌水库移民扶助金政策在1999年12月3日执行湖南省人民政府办公厅文件规定后停止执行。1991—1999年，双牌水库共提取移民扶助金830万元。

第三节　移民后期扶持基金

1996年，永州市按上网电量每千瓦时提取0.5分移民后期扶持基金。截至1995年底，全市共有大中型水库电站16座，年发电量18.38亿千瓦时，上网电量约15亿千瓦时，每年应提取后期扶持基金750万元。1999年以后，征收标准提高到每千瓦时2分钱，征收期限执行到2005年底，每年应提取后期扶持基金3000万元。1996—2005年，全市共提取移民后期扶持基金约15500万元。此外，祁阳等县根据省人民政府和市人民政府文件精神，设立地方水库后期扶持基金，从1999年1月1日起执行。如祁阳县地方水电站按实际发电量每千瓦时提取0.5分钱，水费附加算进各发电站成本，税前列支。受益的大中型水库灌溉区和享受移民口粮补贴的5座小（1）型水库，按原核定的灌溉面积每亩征用稻谷3公斤。1999—2001年，祁阳县共收缴水费附加298.34万元，其中电费附加192.06万元，水费附加106.28万元。

第四节　库区开发专项资金

1997年7月，省政府规定按水电上网电量每千瓦时提取1.05分开发专项资金，用于移民生产开发。1999年停止征收。1997—1999年，全市共提取库区开发专项资金约1000万元。

第五节　部门支持移民资金

1997—2005年，永州市筹集部门支持移民扶持资金4000万元。

1997年5月24—25日，永州市委书记邹金鷟率市直有关部门负责人及道县、双牌两县主要负责人到双牌水库水淹区调查研究，共商库区脱贫致富大计。6月15日至7月3日，由市农委牵头，从市直有关单位和双牌、道县两县抽调干部40多名，组成8个专业组，对双牌水库水淹区乡镇场、村、组、户进行全面调查摸底，在掌握第一手资料、弄清基本情况的基础上，写出《双牌库区社会、经济发展状况和开发扶贫规划与实施意见》，向永州市委常委扩大会议汇报。10月26日，市委召开常委扩大会议，专题研究双牌水库淹没区开发扶贫工作，正式通过《关于双牌水库淹没区开发扶贫的实施方案》，确定由市直107个单位组织20个开发扶贫工作队，定点帮扶双牌、道县水淹区20个特困村，力争3年内基本脱贫。11月26日，双牌水库水淹区建整开发扶贫工作会议在芝山区召开。参加会议的有市委、市人大、市政府、市政协主要领导；市直单位主要负责人；道县、双牌两县主要领导；市直建整开发扶贫工作队员。1999年6月19日，副省长庞道沐在道县主持召开会议，专题研究双牌库区建设的有关问题。省政府副秘书长唐建奎和省计委、省建委、省科委、省财政厅、省交通厅、省水利水电厅、省民政厅、省农业厅、省林业厅、省地税局、省电力局、省农科院、省扶贫办、省对口支援办、省移民开发局以及永州市委、市政府、双牌县和道县县委、县政府等单位的负责人参加会议。8月24日，省政府下发《关于双牌库区会议纪要》，决定将双牌库区特困村列入全省重点扶贫范围；省电业局、省水利水电厅在考察论证的基础上，将双牌库区电网纳入全省农网改造范围；省计委支持30万元，省交通厅支持100万元，用于双牌尚江公路建设；省建委、省财政厅各支持10万元，用于双牌县江村镇集镇基础设施建设；双牌县5000人（1000户）的二次搬迁，每户补贴建房费2000元，计200万元；征地每亩补贴500元，计250万元。

第六节　后期扶持政策成效

国家、省、市后期扶持政策和扶贫措施的实施，对永州市库区移民生产生活条件的改善、帮助移民解决温饱、摆脱贫困起到至关重要的作用，移民区的用电难、行路难、饮水难、上学难、就医难等问题得到不同程度的缓解，部分库区利用山地面积较广、水面资源丰富的特点，扶持移民发展适合库区的种养业，多渠道增加移民收入。2005年，全市库区移民人均纯收入1879元。

2006年5月17日，国务院出台文件《关于完善大中型水库移民后期扶持政策的意见》。文件规定对2006年6月30日前搬迁的纳入扶持范围的大中型水库农村移民，自2006年7月1日起再扶持20年；对2006年7月1日以后搬迁的纳入扶持范围的大中型水库农村移民，从其完成搬迁之日起扶持20年。对纳入扶持范围的农村移民每人每年补助600元。后期扶持资金能够直接发放给移民个人的应尽量发放到移民个人，也可以实行项目扶持，还可以采取两者结合的方式。作为实施配套文件，国家发改委发布《关于切实做好水库移民后期扶持政策实施工作的通知》，湖南省人民政府发布《关于完善大中型水库移民后期扶持政策的意见》，湖南省移民局制定发布《关于做好大中型水库移民后期扶持人口核定登记工作的通知》和《关于确定大中型水库农村移民后期扶持方式的指导性意见》等文件。

2006年10月底，永州市铺开完善大中型水库移民后期扶持政策实施工作。成立市完善大中型水库移民后期扶持政策工作领导小组，由市委副书记、市长任组长，16个市直单位负责人为成员。市委常委会研究决定，将市移民局升格为参照公务员管理的正处级事业单位，县级移民机构统一明确为县区政府直属参照公务员管理的正科级事业单位，并统一安排工作经费。各县区作为后扶工作的责任主体、工作主体和实施主体，由县区委书记总揽，县区长主抓，分管副县区长具体抓。市县区抽调工作队员700多人，进村入户宣传、落实国务院文件精神。重点难点是移民身份的核定登记及扶持方式的确定。各县区坚持以原始设计文件和搬迁时的原始花名册等档案资料为依据，坚持依靠群众进行核实，坚持以村民小组为单位进行三榜公示，逐级审定上报核定后期扶持人口；严格按照“一个尽量，两个可以”的要求，尊重大多数移民意愿并听取原居村民意见，民主确定扶持方式。为确保政策执行准确到位，市县区从宣传发动、摸底登记到政策兑现，实行全过程监督，及时纠偏补漏。2007年6月，市委办、市政府办下发《关于全面兑现全市大中型水库后期扶持政策有关问题的通知》，进一步明确任务完成时限和责任追究要求。截至2007年6月底，湖南省核定永州市2006年6月30日前的大中型水库移民后扶指标220439人（含三峡移民1362人），涉及13个县区166个乡镇（场）1020个行政村。全市874个移民村（不含移民人数在10%以下的146个村），采取直补到人扶持方式的264个村、采取项目扶持的221个村、采取两者结合的389个村。2007年6月全市首批兑现2006年7月至2007年3月9个月的移民后扶资金21.4446万人9650.07万元，兑付率97.28%。2008年4月11日，省政府印发《关于表彰落实移民后期扶持政策工作先进集体和先进个人的通报》，江永县人民政府、冷水滩区移民局、双牌县移民局和道县白马渡镇人民政府被评为先进单位。

2011—2019年，水利部移民开发局核定永州市新建大中型水库农村移民后期扶持指标37477人，其中，2011年新增金洞管理区晒北滩水库移民后期扶持人口指标1731人，2015年新增祁阳县湘祁水电站水库移民后期扶持人口指标3386人、双牌县五里牌水电站水库移民后期扶持人口指标1069人、江华瑶族自治县涔天河水库扩建工程移民后期扶持人口指标31291人。与此同时，各县区陆续进行移民人口自然变化处理，2013年12月市移民局下发《关于对全市大中型水库移民后期扶持资金直补人口加强动态管理的通知》，并召开会议进行部署。2006—2019年，全市共核减大中型水库移民后期扶持资金直接补助人口9958人。核减出来的资金由本县区统筹使用，通过项目扶持，解决库区和移民安置区存在的突出问题。道县、双牌、蓝山等部分县区根据移民意愿对后期扶持方式进行适当调整，减少项目扶持和两者结合方式人数，尽量采取直补方式。到2019年末，全市大中型水库已核定的农村移民后期扶持指标增加到25.7916万人，其中，采取直补到人扶持方式的13.9492万人、采取项目扶持的10.7021万人、采取两者结合的1.1403万人，涉及全市13个县区157个乡镇（场）1281个行政村。

2006—2019 年永州市核定大中型水库移民后期扶持人口指标统计表

表 8-3-1　　单位：人

县区	核定的 2006 年 6 月 30 日前的后期扶持指标	扶持方式			截止到 2019 年末核定的后期扶持指标	扶持方式		
		直补到人	两者结合	项目扶持		直补到人	两者结合	项目扶持
合计	220439	56451	78906	85082	257916	139492	11403	107021
冷水滩区	10953	1415	920	8618	10953	2207	0	8746
零陵区	15772	4162	4796	6814	15772	3752	5907	6113
祁阳县	25378	14095	0	11283	28764	14983	0	13781
东安县	9347	6524	0	2823	9347	6407	0	2940
双牌县	30273	269	21081	8923	31342	20761	0	10581
道县	78172	5934	46891	25347	78172	48636	2006	27530
江永县	6069	3515	0	2554	6069	3313	0	2756
江华瑶族自治县	8570	6255	0	2315	39861	23225	0	16636
宁远县	13957	6905	0	7052	13957	6753	0	7204
新田县	12609	4208	4151	4250	12609	4094	3435	5080
蓝山县	5015	1878	1067	2070	5015	2346	0	2669
金洞管理区	3474	1268	0	2206	5205	2992	55	2158
回龙圩管理区	850	23	0	827	850	23	0	827

2006 年 7 月 1 日至 2019 年末，永州市共到位移民后期扶持资金 50.97 亿元，库区生产条件得到明显改善，移民生活水平进一步提高。到 2019 年底，全市移民人平均纯收入由 2005 年的 1879 元增至 12970 元，增长 6.9 倍，年均增加 792 元。移民收入占全市农民人均可支配收入的比例由 2006 年 63.6%增加到 86.35%，移民与全省农民的收入差距逐步缩小。经与市扶贫部门比对，全市由 2005 年的约 10 万名贫困移民减少到 2016 年底建档立卡的贫困移民 3.3099 万人，至 2019 年底全市建档立卡的贫困移民锐减到 452 户 1379 人。

第四章　水库移民区基础设施建设

第一节　水电路等建设

1978—2005年，永州市认真落实国家移民后期扶持政策，多方筹集资金进行水电路等基础设施建设。全市已建成和在建的47座大中型水库，共兴建各类水利工程2390处（座），其中水库、山塘1561处，溪坝253处，机电排灌站576处，修建水渠1194公里，蓄引提总水量16亿立方米。修建各类人畜饮水工程633处，改善库区近10万人的饮水条件。复建一批110千伏、35千伏变电站，建设输电线路85条788公里。新建公路465公里、大小桥梁143座、涵闸码头282处，改善了8万多移民的交通条件。

2006—2019年，永州市完善大中型水库移民后期扶持政策，投入资金9.1451亿元用于基础设施建设，共完成基础设施项目10749个，新建、改建道路4671.84公里，全市1281个移民村全部实现村村通，并基本解决组内交通问题。新建、改造通信线路1107.5公里，直接受益移民20万人，实现移民村组通电视、电话。为1270个移民村解决安全饮水问题，15万移民基本实现安全饮水。新建或改造用电线路100公里，减少不通电移民组43个，实现移民村组户户通电。新增、改善灌溉面积82232亩，开发土地91300亩，直接受益移民约21万人。改善乡村校舍14.21万平方米、移民住房13.39万平方米，建村卫生室28020平方米，减少没有卫生室的村259个，直接受益移民19万人，实现移民生存条件好转，生态环境改善。

第二节　移民异地搬迁安置

一、二次搬迁安置

1998年，道县、双牌县对双牌水库库区生存环境恶劣的移民进行二次搬迁试点，搬迁安置移民110人。1999年，省移民局在双牌库区进行二次搬迁试点，对居住在库区滑坡体上，生命财产受到严重威胁，山林资源贫乏、人均耕地在0.2亩以下，生存条件恶劣、人均收入长期处于800元以下的移民户，采取“进城、靠镇、下山”的办法，实施二次搬迁安置。省里给移民每人补助6000元，地方政府出台优惠政策，对搬迁进城的移民，以成本价向搬迁户提供门面地皮，建房资金每人补助5000元；对搬迁靠镇的移民，一律安置在乡镇所在地人口集中区域，由乡镇政府与县移民局合作新建和扩建农贸市场，以成本价向搬迁户提供门面地皮，建房资金每人补助3000元；对搬迁下山的移民，搬迁到人口居住相对集中、基础设施比较完备、生产生活条件相对较好的地方，政府统一开垦或调剂人均0.3~0.5亩口粮田，统一安排人均0.3亩宅基地，每人补贴建房资金1500元。对移民建房异地安置，在就医、就学、就业、生产开发等方面享受与当地居民同等待遇；对移民建房所用木材，由林业部门提供自用材指标6~8立方米，拆除旧木房给予木材出售指标并允许自行处理；涉及国土、建设、房产、公安、民政、电力、电信、广播电视、自来水等部门的收费，凡政策性收费只收工本费，凡服务性收费只收成本费。进城移民生活水平低于城镇最低生活水平的，可享受城镇低保政策。到2006年底，双牌、道县两县共完成特困移民二次搬迁安置345户1552人，其中进城391人，靠镇570人，下山591人，移民二次搬迁实现一年搬迁定居、两年解决温饱、三年稳定脱贫目标。

二、无房户建房安置

2006—2008年，全省开展移民无房户建房工作，下达道县移民无房户建房指标389户，安排资金389万元。到2008年底，道县完成397户特困移民无房户建房，完成投资1433.2万元，其中移民建房补助资金389万元，移民自筹1044.2万元，新建砖混结构房屋397栋，建筑面积37298平方米，特困移民1611人喜迁新居。

三、生态移民安置

2009年7月，省移民局印发《关于下达全省大中型水库移民避险和改善生存环境搬迁安置指标的通知》，分配永州市三年生态移民指标1154人，其中2009年352人、2010年382人、2011年420人。永州市按照省统一部署，在总结库区无地少地移民二次搬迁试点工作经验的基础上，对居住在滑坡体上和生活在高寒山区、生存环境极端恶劣、生产资源严重匮乏区域的移民实施生态移民安置。2009年，国家投入140万元，完成生态移民352人；2010年，投入229.2万元，完成生态移民565人；2011年，投入252万元，完成生态移民459人。全市三年共投入621.2万元，并通过优惠政策扶持和移民群众自筹自建，共完成生态移民1376人。

四、避险解困安置

2014年，根据《湖南省第二批大中型水库移民避险解困试点方案》，双牌、道县纳入全省12县特困移民避险解困试点范围，计划避险解困8298人，国家解决专项资金1.6596亿元，省财政、省移民配套资金2011.33万元，省市县专业部门配套资金1.5209亿元，移民自筹1.92亿元。2015年11月4日，省人民政府在平江县举行全省第二批特困移民避险解困试点启动仪式，要求2016年完成任务。市移民局按照省移民局批复的避险解困年度方案实施路线图和施工倒计时进度表，加强对双牌、道县两县指导和协调，两县基本上如期完成移民避险解困任务。道县规划避险解困1556户5301人，在县城东门街道冯家社区集中安置点自建房安置29户92人，县城分散安置点自购房安置343户1167人；乡集镇分散安置点自建房安置1户4人；中心村分散安置点自建房安置820户3042人，中心村集中安置点自建房安置207户829人（上关街道龙江桥村集中安置点安置53户232人、龙黄家村集中安置点安置36户157人、梅花镇蒋莫村集中安置点安置63户280人、白马渡镇雷家洞村集中安置点安置55户160人）；社会保障安置156户167人（五保户）。双牌县规划避险解困688户2997人，在县城集中安置点自建房安置250户1079人（工业园安置点50户178人，大路口安置点200户901人），县城分散安置点自购房安置53户223人；乡集镇集中安置点自建房安置256户1113人（江村镇安置点100户440人，上梧江乡安置点100户433人，塘底乡安置点56户240人），乡集镇分散安置点自购房安置80户361人（江村镇40户172人，上梧江乡40户189人）；中心村分散安置点自建房安置20户88人，中心村集中安置点自建房安置29户133人（蒋家田安置点17户78人，黄土岌安置点12户55人）。

2017年3月，永州市纳入全省第三批大中型水库移民避险解困试点范围人数4059人（冷水滩122人、零陵423人、祁阳1208人、东安416人、江永218人、江华384人、宁远443人、新田528人、金洞管理区168人、蓝山149人），国家拨付专项资金8118万元，省市县配套5700万元，移民自筹

9100万元。省政府将这项工作纳入2017—2018年度市州政府重点民生实事考核内容，省移民局出台《湖南省水库移民开发管理局关于切实做好全省第三批大中型水库移民避险解困试点工作的通知》，启动第三批大中型水库移民避险解困试点工作。零陵区、金洞管理区、冷水滩区、东安县、宁远县、江永县、江华瑶族自治县、蓝山县、新田县、祁阳县政府成立大中型水库移民避险解困工作领导小组，由常务副县（区）长任组长，分管移民工作的副县（区）长任副组长，相关部门单位和乡镇分管负责人为成员。领导小组下设办公室，由县（区）移民局局长任办公室主任，及时协调解决移民避险解困工作中的有关问题，为避险解困工作提供有力的组织保障。按照省市移民局的要求，10个县区组织编制《大中型水库移民避险解困试点方案》，11月，永州市移民局《关于永州市第三批大中型水库移民避险解困试点实施方案的批复》文件对相关县（区）的试点实施方案给予批复。至2018年底，全市10个县区共完成县城购房安置945人，集镇集中安置532人，中心村分散安置2648人，完成建房、购房面积13.4万平方米，3940名移民顺利搬迁新居。

第三节　重点移民村建设

2017年永州市移民局成立重点移民村整村推进移民美丽家园建设领导班子，由市移民局党组书记、局长任组长，并设立办公室，全面指导督促全市整村推进工作的开展。

2017年9月，省移民局召开全省整村推进移民美丽家园建设试点工作会议，明确指导思想、基本原则和总体目标。要求通过实施整村推进移民美丽家园建设，初步形成“产业兴旺、生态宜居、乡风文明、治理有效、生活富裕”的移民美丽乡村发展新格局，到2026年达到“移民生产生活水平达到当地农村平均水平”的中长期目标。全省选择50个移民人数300人以上的重点移民村作为首批试点，祁阳县潘市镇陶家湾村、东安县石期市镇蒋家村、双牌县江村镇江村村、道县寿雁镇平地尾村、新田县骥村镇肥源村等5个基础设施相对较好、民风淳朴、村“两委”班子团结干事、战斗力强的移民村纳入首批试点村，省里安排专项资金1150万元，5个县从到县的移民后扶资金中安排1826.8万元，整合农业、交通、水利、环保、扶贫等其他部门配套资金2685万元，合计5661.8万元，共实施项目138个，其中基础设施项目59个2772.3万元，人居环境项目32个1294.2万元，移民增收项目47个1595.3万元。

宁远县金钩挂水库移民安置区

2017—2019年，省移民局（省库区移民事务中心）又分4批安排永州市重点移民村建设指标68个村，其中冷水滩区3个、零陵区4个、祁阳县8个、东安县3个、双牌县8个、道县17个、江永县3个、江华瑶族自治县8个、宁远县3个、蓝山县3个、新田县3个、金洞管理区3个、回龙圩管理区2个，省里安排专项资金1.17亿元，13个县区根据各村实际情况编制经济社会发展规划或推进移民美丽家园建设实施方案，并从到县的移民后扶资金中安排9048.23万元，整合农业、交通、水利、环保、扶贫等其他部门配套资金1.0393亿元，合计3.1141亿元，共实施项目771个，其中基础设施项目285个1.3878亿元，人居环境项目219个6459.23万元，移民增收项目267个1.0803亿元。

第四节 移民重点建设项目选介

一、零陵区供水工程

2010—2013 年，零陵区投入移民资金 80 万元，整合部门饮水安全资金 100 万元，在石岩头镇、富家桥镇、凼底乡建成四个集中供水站，日供水 400 吨，保障石岩头镇石坝仔村、三房头村，富家桥镇富家桥村、栗山铺村、人民桥居委会，凼底乡凼底村、赤石回村近万人饮水安全，其中受益移民 5000 人。

二、道县移民安全饮水工程

2014—2015 年，道县投入移民资金 466 万元、整合水利部门资金 250 万元，新建马渡镇樟武坊、东门街道东门社区等村（社区）自来水项目 38 处，打水井 42 口，新建引水管道 144.2 公里，建蓄水池 60 处 5000 立方米，解决 28630 人饮水困难，其中受益移民 13320 人。

三、双牌县江尚公路

双牌县江尚公路南起于江村镇江村村、北止于尚仁里乡卿家巷村，途径尚仁里乡、上梧江瑶族乡、江村镇等 10 个村近百个村民小组，2 万多人收益。江尚公路全长 39 公里，路宽 6.5 米，按山岭重丘区四级公路标准测量设计。1997 年 10 月动工，2003 年 5 月简易公路修建全线通车，2007—2008 年全线硬化竣工，总投资 1997 万元，其中交通部门投资 1294 万元，移民部门投资 693 万元，沿途各乡镇群众人均集资 60 元共计近 10 万元用于购买修路工具和炸药。该公路的建成使江村镇至县城的路程缩短 25 公里。

四、双牌县塘上公路

1990 年，双牌县修建塘底乡至上梧江乡公路，起于五星岭林场长滩村沙坪桥，途径五星岭林场长滩、朝阳，塘底乡麻滩、黄泥山，上梧江乡平溹、上梧江等库区村，全长 55 公里。2014 年 5 月至 2015 年 10 月进行塘上公路硬化，南起于上梧江乡上梧江村、北止于塘底乡，全长 20.43 公里，使上梧江乡河东 19 村及塘底乡 2 村 13200 人受益，带动库区 15 个村 80%以上竹木资源和农副产品的运输销售，改善整个双牌库区上梧江、塘底等乡的交通状况。新塘上公路总投入 2750 万元，其中交通部门补助 1000 万元，移民部门支持 780 万元，其它及自筹 970 万元。

五、古宅水库库区通村公路

2010 年 10 月至 2013 年 12 月，江永县投资 540 万元，其中整合部门资金近 500 万元，完成古宅水库大畔村通村公路硬化工程，公路全长 13.4 公里，宽 5 米，受益移民 1200 余人。

六、源口水库库区通村公路

2008—2013 年，江永县交通运输局大力扶持，沿途群众积极投劳，完成源口水库环库公路建设，公路全长19.3公里，宽5米。2014年10月，江永县启动环库公路硬化建设，纳入道路硬化范围长16.21公里，其中行车道宽度3.5米，路肩每边0.75米，路面面层采用C30（20厘米厚）水泥混凝土路面结构。总投资667.73万元，其中县交通运输局扶持340余万元，受益移民2000余人。

七、晒北滩水库环库公路建设

2007—2009年，金洞管理区晒北滩水库环库公路通达工程2007年开工建设，公路全长15.3公里，宽4.5米。2012年10月，启动环库公路硬化建设，行车道宽3.5米，路肩每边0.75米，路面面层采用C30（20厘米厚）水泥混凝土路面结构，总投资1367.73万元，受益移民2000余人。

八、湘江西汉河大桥

祁阳县黄泥塘镇九洲村湘江西汉河大桥由省公路设计有限公司设计，祁阳县移民开发局建设，省第五建筑公司施工，2005年10月勘察设计，2007年5月开工建设，2008年9月建成，桥长129.86米，宽9.2米，投入移民淹没补偿资金474万元，受益移民2200余人。

九、晒北滩茅碧岗大桥

金洞管理区晒北滩茅碧岗大桥位于晒北滩瑶族乡晒北滩村，跨猛江河河口。由永州市交通勘察设计院设计，桥长90.6米，宽8.7米，2006年3月动工兴建，2008年7月竣工验收。总投资423.5万元，全部是移民资金，受益移民2200余人。

十、庙头大桥（冷水大桥）

道县白马渡镇庙头村庙头大桥（冷水大桥）坐落于潇水河支流九嶷河上，连接白马渡镇庙头村和青口村，由湖南省公路设计有限公司设计，道县交通局建设，永州公路桥梁建设有限公司施工，湖南联智桥隧技术有限公司监理。主桥长134.7米，桥宽5.6米，其中行车道宽5米。2009年10月开工，2010年12月底竣工。总投资381.64万元，其中移民后扶资金127万元，交通部门扶持254.64万元。与此同时，利用移民后扶资金修建12公里的环村公路，结束庙头村不通公路的历史，受益移民5280人。

十一、水市镇卜家大桥

宁远县水市水库1968年建成以来，库区一直没有公路桥梁，村民交通极为不便。2010年，市移民部门投资100万元，宁远县整合涉农资金200多万元，动工修建卜家大桥。由永州市交通设计院设计，湖南东富集团醴陵建设公司承建，2010年5月动工，2011年7月竣工，桥长76米，桥宽6.8米，为主拱圈和复拱圈组成的空腹式钢筋混凝土结构双曲拱桥。卜家大桥解决水市水库库区2万多人行路难问题。

十二、清塘镇塘枧大桥

道县清塘镇塘枧大桥位于道县清塘镇塘枧村内，横跨濂溪河，属于中型桥梁。由永州市交通勘察设计院设计，道县移民开发局建设，浙江万里建设工程有限公司施工。2012年9月10日开工，2013年

5月20日竣工。总长83.7米，桥宽6米，投入移民资金105.74万元。桥梁建成后，解决4个组240户714人出行问题。

十三、源口水库人行吊桥

江永县大田村人行吊桥，长197.06米，宽2.06米，马头山人行吊桥长175.06米，宽2.06米，两座吊桥索塔高20.8米，跨越源口水库支流。由永州市交通勘察设计院设计，2009年3月动工兴建，2011年5月县交通运输局等部门组织竣工验收。工程总投资186.5万元，受益移民2300余人。

十四、双牌水库人行吊桥

双牌县江村镇访尧村龙山吊桥，建于2010年，桥长160米、宽2.25米，投资130余万元；江村镇金滩村仙人吊桥，长321米，宽2.25米，总投资400余万元，2011年竣工。两座吊桥县移民局共扶持390余万元，其余部分由江村镇政府自筹解决。上梧江瑶族乡上梧江村瑶湾吊桥，长128米、宽2.4米，建于2014年，总投资140余万元，双牌县交通局投入渡改建设资金80万元，县移民局扶持25万元，其余不足部分由乡政府自筹解决。三座铁索人行吊桥方便8个村8000余移民群众的出行。

第五节　水库移民区生产开发

1978—2005年，永州市大中型水库库区利用淹没后剩余的山水资源，积极开展以治山治水为中心的移民生产开发。1986年，全市认真贯彻国家开发性移民方针，大力进行山水资源综合开发，全市移民工作的重点转移到生产开发上来，并将生产开发作为移民脱贫致富的主要途径。双牌水库库区依据山水优势，大规模进行移民生产开发。截至1997年，双牌库区开发用材林11000亩，种植水果7300亩，发展养羊大户134户，共养羊5600只，发展养牛大户20户，共养牛1500头，利用库汊养鱼1000亩。道县利用双牌库区的独特山水资源和气候条件，大力发展脐橙生产，集中连片开发脐橙产业基地6000亩。1997年，永州市委、市政府制定双牌库区经济社会发展重点项目规划，1997—2000年，双牌库区实施经济开发项目21项，投资1907万元；教育培训项目6项，投资369万元。1999年6月16—18日，省政府在道县召开全省移民生产开发现场会议，各市州和移民大县人民政府分管领导和移民局长参加会议，副省长庞道沐出席会议并讲话，与会代表参观道县库区脐橙产业开发基地。截至2005年底，全市已建成和在建的47座大中型水库，共计人工造林28956亩，封山育林50万亩。开发茶园、水果面积17600亩，开发利用水面养鱼1200亩。

道县移民安置区水果产业丰收

2006—2015年，全市抓住完善大中型水库移民后期扶持政策机遇，不断推进移民生产开发产业化。按照省移民局的统一部署，坚持“三个联结”（龙头企业与移民利益的联结，生产基地与产业化链条的

祁阳县移民安置区自然韵黑茶茶园

联结，库区产品与国内外市场的联结），积极引导移民走面向市场、合理开发、保护生态、形成特色的路子，重点发展水果、水产、油菜、茶叶、中药材、蔬菜等优势产业和拳头产品。2013 年 4 月，市移民局编制《永州市“十二五”大中型水库库区和移民安置区产业开发实施方案》。全市根据库区产业开发的现状和资源条件，确定把脐橙、油茶、茶叶、山苍子、中药材作为移民产业发展重点，同时兼顾发展库区和移民安置区休闲农业、蔬菜、食用菌、水产、楠竹、杉木等产业。2013 年 12 月，省移民局印发的《湖南省大中型水库库区和移民安置区重点（特色）产业发展实施方案》，明确永州市祁阳县为茶叶产业重点县，道县为水果产业重点县，双牌县为中药材产业重点县，道县、新田县为蔬菜产业重点县，冷水滩、江华为山苍子产业重点县区。永州市移民产业开发从粗放式开发向集约高效开发转变，扶持的重点由扶持基地向扶持加工、销售等领域发展。围绕优势产业和拳头产品，大力吸纳知名龙头企业参与移民产业开发，积极引导移民组建专业合作社，推行“公司+基地+移民”经营模式，促进移民产业化经营发展壮大，带动移民群众增收致富。先后有永州山香香料有限公司、湖南金浩茶油股份有限公司、湖南熙可食品有限公司、湖南自然韵黑茶科技有限公司、湖南德辉现代农业公司、湖南天江科技生物有限公司、新田县秀峰无公害蔬菜有限公司等一大批骨干龙头企业进入库区，采取合办基地、参股经营、有偿投入、滚动开发等合作模式，帮助移民开发产业，带动移民步入产业化经营轨道。全市组建移民专业合作社 92 家，注册资金 21346.19 万元，拥有社员 25604 人。

2016—2019 年，市移民局按照《永州市大中型水库移民后期扶持“十三五”规划》继续将移民产业开发作为工作重点，依托龙头企业，大力发展移民产业，提高移民收入水平。其间，全市共投入资金 37424 万元用于移民产业开发，库区和移民安置区一、二、三产业蓬勃发展，至 2019 年底，全市已发展到以道州脐橙为主的水果基地 11.14 万亩，以新田富硒蔬菜为主的有机蔬菜基地 1.1 万亩，以祁阳为主的优质油茶基地 3.02 万亩、茶叶基地 1.2 万亩，以双牌、江华为主的高标准食用菌生产大棚 6.3 万平方米，移民专业合作社 309 家，龙头企业 29 家，形成以祁阳自然韵黑茶、新田富硒蔬菜、道州脐橙为代表的名优产品。江华瑶族自治县移民集中安置点已引进以生产马达、数据线为主的小微企业 82 家，可为移民提供就业岗位 2500 余个，已有 1446 名移民就业。

1956—2019 年，永州市共筹集各类移民资金 116.52 亿元，其中 2006 年 6 月 30 日前筹集大中型水库移民后期扶持资金 14.52 亿元，2006 年 7 月 1 日后筹集完善大中小水库移民后期扶持资金 102 亿元。

1956 年 1 月至 2006 年 6 月，全市使用移民资金 14.5279 亿元：移民口粮补贴 6.45 亿元，双牌水库移民扶助金 830 万元，移民后期扶持基金 1.55 亿元，库区开发专项资金 1000 万元，部门支援资金 4000 万元，三峡移民资金 2649 万元，淹没补偿费 5.68 亿元。

2006 年 7 月至 2019 年 12 月，全市使用移民资金 71.35 亿元：后期扶持资金 30.2 亿元，2015 年避险解困试点项目资金 1.6596 亿元，2017 年避险解困试点项目资金 0.8118 亿元，部门扶持资金 1.42 亿元，三峡移民专项资金 0.2582 亿元，淹没补偿资金 37 亿元，主要是涔天河水库扩建工程移民资金、芦江水库移民资金。

第五章 重点库区移民

到2019年底，永州市建成和在建大型水库7座，即双牌水库、涔天河水库、潇湘电站水库、晒北滩电站水库、浯溪电站水库、湘祁电站水库和毛俊水库（在建），其中涔天河水库扩建工程已竣工，库区移民在第四篇中已作记述。

第一节 双牌水库移民安置

双牌水库位于湘江一级支流潇水中游。水库大坝建在永州市双牌县城关镇周冲，1958年11月5日破土动工，1961年关闸蓄水，正常水位170米。水库设计总库容6.9亿立方米，设计灌溉农田32万亩；电站装机3台、容量13.5万千瓦，设计年发电量5.85亿千瓦时。工程总投资8000万元，是一个集灌溉、发电、防洪、航运、养鱼于一体的大型综合水利水电工程。

一、水库淹没

双牌水库淹没涉及原零陵、道县、宁远三县13个公社67个大队475个生产队8659户37904人，淹没耕地10079亩、林地6787亩；淹没房屋130.84万平方米，其中农村私人房屋101.6万平方米；淹没公路98公里、桥梁181座，渡口、码头114处，山塘、河坝、水渠、筒车、水轮泵、抽水机、水井等水利水电设施1014处，油榨、磨坊、凉亭、灰窑、砖瓦窑、加工厂等设施120多处；淹没电讯线路128公里、停排坞址5处、国家粮仓3处；淹没集镇4处。

二、淹没补偿

双牌水库按照《中共湖南省委批转省委移民领导小组办公室的报告》关于“移民费包括各项公私财产补偿在内，每人平均200元，由地县包干”的规定，补偿淹没补偿费758.08万元，人均200元。

三、移民搬迁

1961年春，双牌水库移民开始就地上靠建房，1962年开始搬迁，1966年搬迁结束。道县、双牌、宁远三县共搬迁双牌水库移民37904人，其中就近后靠建房安置33749人，投亲靠友安置4155人，分别占移民总数的89.04%和10.96%。但是，由于移民外迁所在地人多地少等原因，1967—1968年，双牌水库投亲靠友外迁移民有764户3983人陆续返回原地，1969—1970年，地方政府对返回移民进行重新安置。繁衍至2015年，双牌水库库区移民总数达到75345人，其中道县52336人、双牌县22348人、宁远县661人。

四、后期扶持

（一）扶持政策资金

道县政府在上关乡建立万亩脐橙基地，扶持移民产业

1991年6月，省水利水电厅印发《关于提取双牌、水府庙、欧阳海三座水库移民扶助金的通知》，对双牌电站按上网电量每千瓦时提取1厘移民扶助金，双牌水库电站年上网电量5亿千瓦时，每年提取50万元。同时，按灌溉农田每亩征收1公斤稻谷（折合现金0.7元/公斤）设立水费附加。省水利水电厅核定双牌水库灌溉面积27.42万亩，每年征收水费附加约19万元，两项合计每年提取移民扶助金69万元。1996年起，双牌库区水费附加增加到每亩3公斤稻谷，按当年当地市场价格折合现金结算，每年收取水费约70万元。1998年双牌水库征缴水费附加资金68.48万元（冷水滩区27.26万元、零陵区21.11万元、祁阳县19.35万元、双牌县7600元），按照永州市人民政府永府阅〔1997〕36号会议纪要规定，扣除2%代收费和业务费外，其余61.84万元全部下拨给县，其中双牌县25.23万元，道县36.61万元。双牌水库移民扶助金政策根据省人民政府办公厅有关文件规定在1999年12月3日停止执行。1991—1999年，双牌水库共提取移民扶助金830万元。1996—2005年，国家规定按上网电量每千瓦时提取0.5分作为移民后期扶持基金，1997—1999年，省政府规定按水电上网电量每千瓦时提取1.05分作为移民开发专项资金，1996—2005年，双牌水库共提取移民后期扶持资金约5500万元。2006年，国家完善大中小水库移民后期扶持政策，双牌水库三县核定后期扶持人口75345人，移民后期扶持资金投入显著加大。

（二）移民二次搬迁

1998年，道县、双牌县对双牌水库库区生存环境恶劣的移民进行二次搬迁试点，搬迁安置移民110人。从1999年开始，省移民局在双牌库区进行二次搬迁试点，到2005年底，双牌、道县两县共完成特困移民二次搬迁安置345户1552人，其中进城391人，靠镇570人，下山591人，移民二次搬迁实现一年搬迁定居、两年解决温饱、三年稳定脱贫目标。2006—2008年，道县投入移民无房户建房资金1433.2万元，新建砖混结构房屋397栋37298平方米，397户1611人特困无房户移民喜迁新居。2009—2011年，双牌库区共投入621.2万元，并通过优惠政策扶持和移民群众自筹自建，完成生态移民1376人。2015—2016年，双牌、道县两县完成特困移民避险解困8298人，其中道县避险解困1619户5301人，双牌县避险解困688户2997人。1998—2016年，双牌水库库区共完成二次移民搬迁12947人。

（三）移民生产开发

1986年以来，双牌水库库区认真贯彻国家开发性移民方针，按照“山上挖金子，水里捞银子，市场抓票子”的开发思路，依据山水优势，大规模进行移民生产开发。截至1997年，双牌库区开发用材林11000亩，种植水果7300亩，发展养羊大户134户，共养羊5600只，发展养牛大户20户，共养牛1500头，利用库汊养鱼1000亩。道

道县移民产业——木耳种植基地

县利用双牌库区的独特山水资源和气候条件，集中连片开发脐橙基地6000亩。1997年，永州市委市政府制定双牌库区经济社会发展重点项目规划，1997—2000年，共实施经济开发项目21项，投资1907万元，实施教育培训项目6项，投资369万元，移民生产开发主导产业进一步发展壮大。1999年6月，省政府在永州市召开全省移民生产开发会议，参观道县库区脐橙产业开发基地，进一步促进了双牌库区移民产业开发。

2006年以来，双牌库区抓住完善大中型水库移民后期扶持政策机遇，按照省移民局的统一部署，坚持龙头企业与移民利益的联结，生产基地与产业化链条的联结，库区产品与国内外市场的联结，积极引导移民走面向市场、合理开发、保护生态、形成特色的路子，重点发展水产、水果等优势产业和拳头产品，不断推进移民生产开发朝农业产业化迈进。2008年，省政府再次在道县召开全省移民产业开发现场会，进一步促进双牌库区移民产业开发，道县移民果农户平均纯收入5万~8万元，受益移民人均增收2100余元。

第二节　三峡水库移民安置

永州市是湖南省第二批安置三峡移民的四市之一。市委、市政府高度重视接收安置三峡移民工作，将其作为一项严肃的政治任务来抓，认真执行国务院制定的《长江三峡工程建设移民条例》，严格落实国家对移民“移得进、稳得住，逐步能致富”的要求，自2000年1月开始，至2004年7月结束，经过4年多的努力，全面完成三峡移民安置工作任务。全市共安置三峡移民272户1179人，分别安置在冷水滩、零陵、东安、祁阳四个县区。截至2019年12月，全市三峡移民人数为1328人。

一、安置机构

市委、市政府为了圆满完成三峡移民安置任务，在市本级和有三峡移民安置任务的区、县及乡镇（办事处）建立三峡移民安置机构，专门负责三峡移民安置工作。

2000年10月30日，市人民政府成立永州市三峡库区移民安置工作领导小组，由副市长任领导小组组长。其成员由市政府分管副秘书长及市直15个相关职能部门和企业主要负责人担任。2001年10月30日，市政府从市政府办、市移民局等单位抽调10人，成立市三峡移民安置工作领导小组办公室，相关的4个县区也相应成立领导小组及办公室。

二、安置人数

全市接收安置三峡移民工作分三个批次进行。第一批（2001年），安置在冷水滩区和芝山区（现零陵区），接收安置193户818人，其中，冷水滩区62户266人，零陵区131户552人；第二批（2002年），安置在东安县，共接收安置34户149人；第三批（2004年），安置在祁阳县，共接收安置45户212人。

冷水滩、零陵两区安置的均为重庆市忠县石宝镇移民，东安县安置的为忠县移民，祁阳县安置的为开县厚坝镇移民。

三、安置地点

国家对三峡移民安置点的基本要求是自然条件好，经济相对发达，土地较为充裕。冷水滩、零陵、东安、祁阳四县区严格按照这一要求选点定点，共设安置点22个，其中，冷水滩区安置点4个，分别为岚角山镇长塘角村大一甲、庵子坳，新田前村黄土山、半边岭；零陵区安置点4个，分别为朝阳办事处纳福村蒋家山、杉树山，邮亭圩镇前进村梅溪街、前进街；东安县安置点5个，分别为白牙市镇茶源村、紫溪市镇合力村、大庙口镇白沙村、屯里村黑溪村、早禾田村；祁阳县安置点7个，分别为观音滩镇新铺村（原天堂村），白水镇赵衙里村、升级村、众升村（原少白村）、成功村，大村甸镇烟竹桥村、大庆社区（原一居委会）。

冷水滩区岚角山镇长塘角村三峡移民小区

四、调出耕地

根据国家对每个三峡移民迁移到新居地应提供水田1亩、旱土0.3亩、林地0.3亩等生产资料的要求，各安置点按照分配安置的移民人数，组织进行调田、调土、调林地工作。永州市经过广泛细致的思想动员，接收地广大群众纷纷表示欢迎三峡移民迁入当地安家落户，并愿意调出最好的田、土、林地给移民。在统一干部群众思想认识的基础上，县区、乡镇（办事处）及移民机构与村组签订调出田、土、林地协议书。各安置县区均在规定的时间内全部完成这项任务。

五、安置点建设

（一）住宅工程

三峡移民住房，均由移民方委托接收方承建，双方签订建房委托合同，人均面积不少于30平方米。四县区共建房148栋222套，建筑总面积38786.32平方米。其中，冷水滩区建房29栋62套，建筑面积7429.38平方米，芝山区建房38栋79套，建筑面积23087.19平方米；东安县建房36栋36套，建筑面积2969.75平方米；祁阳县建房45栋45套，建筑面积5300平方米。

（二）基础设施

三峡移民安置点建设除房屋外，还包括水、电、路、讯和山塘、电灌机埠等生产、生活基础设施。各安置县区在建设住宅工程的同时，抢抓时间，进行基础设施建设。移民住房全部验收之时，基础设施建设也基本完成。

六、移民资金

三峡工程外迁移民资金来源有“外迁移民资金”和“地方政府补助资金”两种。外迁移民资金系国务院三建委按规定拨入的移民资金，地方政府补助资金系各级地方政府筹集的用于三峡工程外迁移民安置的补助资金，两项资金分开掌握使用。市、县区三峡移民安置办认真执行国务院三建委和湖南省移民开发局制定的《三峡移民资金管理细则》，加强三峡移民资金管理，接受纪检、监察的监督与审计部门的审计，保证三峡移民资金专款专用，保障三峡移民安置工作顺利进行。

七、移民管理

三峡移民迁入初期，各安置县区从县区直机关抽调干部，与乡镇（办事处）干部一起到各安置点与移民谈心，了解移民的思想和诉求，介绍当地风俗民情、乡规民约、生产、生活状况，讲解当地政府在接收和安置移民工作中，服从国家大局，发动群众调出田、土、林地，克服种种困难完成建房及基础设施工程等情况；同时宣传永州市人民政府对移民迁入后实行的有关优惠政策，并征求移民们的意见。绝大部分移民经过工作，情绪逐步稳定。少数移民提出住房存在一些质量问题，有关部门立即督促施工单位加以维修，直至移民满意签字为止。此外，各地还结合选举移民组长，建立农业生产责任制等，开展思想教育，进一步做好移民稳定工作。同时，组织开展农业生产技术、法律法规政策等方面的专门培训，让移民们尽早掌握当地生产技能，熟悉当地民情，加快融入当地社会的步伐。

四县区积极主动为三峡移民子女就学创造条件，提供便利，并认真落实市政府关于三峡移民子弟入学读书的优惠政策，减免部分学杂费。与此同时，各安置县区公安部门及时办理三峡移民户口登记和移民身份证。

八、后期扶持

2006 年 5 月，国务院出台《关于完善大中型水库移民后期扶持政策的意见》，将三峡农村移民后期扶持纳入全国大中型水库移民后期扶持范围，每人每年享受 600 元补助，通过银行打卡领取，资金兑现率达 100%。

为进一步改善三峡移民居住环境，完善水、电、路、讯等基础设施，四县区不断加大工作力度和资金投入。经过多年努力，三峡移民的生产生活条件有极大改观，为移民稳得住、逐步致富夯实坚实的基础。

市、区移民中心领导深入三峡移民户家中听取意见

各安置县区注重对三峡移民进行生产开发扶持。一是出台优惠政策，采取贷款贴息、以奖代补、以奖代投的方式鼓励移民发展生产。二是典型示范带动。注重发挥示范样板和典型引路的作用，着力在发现、培植、推介生产开发典型上做文章。让本地的生产开发大户现身说法，让移民身边的人和先进事迹说话，不断增强三峡移民生产开发的积极性。三是实行帮扶促动。各安置县区政府制定三峡移民帮扶工作方案，要求县区直相关职能单位对口帮扶移民的生产开发，为他们提供信息、技术和资金服务，及时解决移民在生产开发中碰到的具体困难。四是加大培训力度。市、县区移民部门高度重视三峡移民的技能培训，着力提高他们的生产技术水平和致富能力。采取“走出去，请进来”等方式，选送三峡移民参加省移民局举办的技术培训班，组织三峡移民到本县区的种养大户参观学习；同农业、畜牧水产部门联合举办专业讲

座，并专门聘请畜牧专家，经常深入三峡移民养殖户，现场传授饲养和疫病防治知识，帮助解决移民遇到的实际困难和问题，增加移民致富信心和发展后劲。

第三节　毛俊水库移民安置

毛俊水库工程位于湘江二级支流毛俊水（湘江—舂陵水—毛俊水），毛俊水流域全长50公里，流域面积484平方公里，河床比降8.46‰。毛俊水库建成后，预留兴利库容9200万立方米，其中灌溉库容7500万立方米。水库枢纽工程位于湖南省永州市蓝山县境内，坝址距蓝山县城25公里，距永州市172公里。毛俊水库工程是一个以灌溉为主，结合供水，兼顾发电等综合利用效益的大（2）型水利工程，水库正常蓄水位342.5米，设计洪水位342.91米，校核洪水位343.93米，死水位307米，总库容1.165亿立方米，正常库容1.10亿立方米，死库容0.18亿立方米，兴利调节库容0.92亿立方米（其中灌溉库容0.75亿立方米，供水库容0.17亿立方米），灌溉农田41.15万亩，水库电站装机容量为1.1万千瓦，渠首电站装机容量0.5万千瓦。

毛俊水库工程规划搬迁安置人口811户2927人，其中水库淹没影响区670户2380人，枢纽工程建设区114户396人，灌区工程建设区27户151人。到2019年底，累计签订移民搬迁协议730户2412人，占规划搬迁811户2927人的90%；完成临时过渡搬迁126户422人，其中枢纽工程建设区104户340人，淹没影响区22户82人。

一、水库淹没情况

（一）水库淹没区

毛俊水库淹没涉及蓝山县毛俊镇（礼河村、禾坪村、漕溪村、刘家寨村、云峰村、羊尾村、沙坪村、杨家洞村、井头村、毛俊村、龙江村、栗树脚村）、浆洞瑶族乡（下洞村）等2个乡镇的13个村（其中漕溪村、云峰村、羊尾村、沙坪村、杨家洞村等5个村有涉及人口，井头村、毛俊村、龙江村、栗树脚村、下洞村等5个村只涉及插花林地，礼河村、禾坪村、漕溪村、云峰村、羊尾村、沙坪村、杨家洞村等7个村有涉及耕地）41个组。淹没土地6291.96亩，其中淹没耕地1181.77亩（水田1108.84亩，旱地72.93亩）、林地3778.21亩、草地80.26亩、住宅用地192.42亩、交通运输用地118.73亩、水域及水利设施用地940.57亩；淹没人口为641户2273人，其中农业人口2258人；淹没房屋面积125372.46平方米；淹没农村工商企业1处；淹没主要专项设施：乡村公路16.87公里、桥梁6座242米、人行道5.85公里，10千伏高压线12.92公里、低压线5.4公里，变压器17处680千伏安，电信杆程3.5公里、光缆皮长12.6公里，自动监测雨量站1处，水电站6处19台15010千瓦。

2017年10月，蓝山县毛俊水库移民办到尚坪村刘家召开协调会议

根据湖南省文物考古研究所提出的《湖南省蓝山县毛俊水库工程文物调查勘探报告》，毛俊水库淹没涉及5处文物，根据湖南省国土厅出具的《关于湖南省蓝山县毛俊水库工程建设用地项目未压覆重要矿产的证明》，毛俊水库工程未压覆重具工业价值的重要矿产资源。

（二）影响区情况

毛俊水库影响毛俊镇尚屏办事处的云峰村、沙坪村等2个村5个组，影响林地60.99亩；影响人口为12户44人，均为农业人口；房屋面积为2734.72平方米。

（三）枢纽工程建设区

枢纽工程建设征地影响毛俊镇的5个村7个组，工程征收土地面积为343.34亩，其中耕地67.52亩、林地228.26亩、住宅用地23.65亩、交通运输用地3.21亩、水域及水利设施用地20.7亩；影响人口112户390人，房屋18634.81平方米；农村工商企业1处；乡村公路0.2公里，电信杆程0.2公里，光缆皮长0.6公里；水电站1处800千瓦。征用地土地面积为425.4亩，扣除与征收土地重复面积155.8亩（均在水库淹没范围），实际需征用土地面积为269.6亩，其中水田116.68亩、林地152.92亩。

（四）灌区工程建设区

灌区工程永久征地涉及永州市的蓝山县、新田县，郴州市的嘉禾县等两市三县13个乡镇街道办99个村347个组，灌区工程征收土地4594.62亩，其中耕地1292.44亩（水田1024.37亩、旱土268.07亩），园地4.13亩，林地3223.28亩，草地8.26亩，住宅用地15.17亩，交通运输用地24.78亩，水域及水利设施用地26.56亩；工程永久占地影响27户148人，房屋14776.93平方米；影响乡村公路4.37公里，10千伏高压线1.14公里、低压线0.35公里，变压器1处100千伏安，电信杆程1.51公里、光缆皮长1.51公里；影响文物1处。

二、移民规划设计

2013年，湖南省水利勘测设计总院编制完成《湖南省蓝山县毛俊水库工程建设征地移民实物调查细则》，2015年8月18日通过湖南省水库移民开发管理局的审查。2015年9月，省移民局下发《关于〈湖南省蓝山县毛俊水库工程建设征地移民实物调查细则〉的审查意见的函》。2015年10月27日，湖南省人民政府发布《湖南省人民政府关于禁止在蓝山县毛俊水库工程占地和淹没区新增建设项目和迁入人口的通告》。蓝山县人民政府下发关于开展毛俊水库工程建设征地实物调查的通知。2015年11月3日至12月18日，蓝山县、新田县、嘉禾县分别与湖南省水利勘设计院组成联合调查组，按《水利水电工程建设征地移民安置规划设计规范》（SL290-2009）和《湖南省蓝山县毛俊水库工程建设征地移民实物调查细则》要求，对库区及工程征（占）地区的实物指标进行全面实地调查。2015年12月，按照《水利水电工程建设征地移民安置规划设计规范》（SL290-2009）的规定，设计院进行各项工程设计和投资估算工作，编制《湖南省蓝山县毛俊水库工程建设征地移民安置规划报告（送审本）》。

2016年3月8日，长江水利委员会会同湖南省水库移民开发管理局在武汉市召开《湖南省蓝山县毛俊水库工程建设征地移民安置规划大纲（送审本）》审查会，形成审查意见，在此基础上编制完成《湖南省蓝山县毛俊水库工程建设征地移民安置规划大纲（审定本）》。

2016年6月，水利部、湖南省人民政府下发《关于〈湖南省蓝山县毛俊水库工程建设征地移民安置规划大纲的批复〉》。受水利部委托，长江水利委员会会同湖南省水库移民开发管理局在武汉市对《规划报告送审本》进行审核，并形成审核意见。根据审核意见对报告进行补充和修改完善，在此基础上编制完成《湖南省蓝山县毛俊水库工程建设征地移民安置规划报告（审定本）》。

2016 年 7 月，省移民局下发《关于〈湖南省蓝山县毛俊水库工程建设征地移民安置规划报告审核意见的函〉》。2016 年 6 月，长江水利委员会下发《关于报送〈湖南省蓝山县毛俊水库工程建设征地移民安置规划报告审核意见的报告〉》。2016 年 7 月，水利部提出《关于报送〈湖南省蓝山县毛俊水库工程建设征地移民安置规划报告审核意见〉的函》。

2016 年 10 月 7 日至 10 日，受国家发改委委托，中国水利水电科学研究院在湖南省蓝山县召开会议，对《可研报告》进行评估。根据评估意见，编制《湖南省蓝山县毛俊水库工程建设征地移民安置规划补充报告》。2016 年 10 月，省移民局下发《关于〈湖南省蓝山县毛俊水库工程建设征地移民安置规划报告补充审核意见的函〉》。

2016 年 7 月 3 日至 8 月 18 日，蓝山县、新田县、嘉禾县分别与湖南省水利勘测设计总院组成联合调查组，按《水利水电工程建设征地移民安置规划设计规范》（SL290-2009）和《调查细则》要求，对库区及工程征（占）地区的实物指标进行复核调查；地方政府组织对有变化的实物指标进行公示、复核，蓝山县、新田县和嘉禾县人民政府分别对实物指标复核调查成果出具确认函。在以上工作的基础上，编制《湖南省毛俊水库工程初步设计阶段建设征地移民安置规划报告（送审本）》。

2016 年 12 月 10—14 日，水利部水利水电规划设计总院在蓝山县召开会议，对《湖南省毛俊水库工程初步设计阶段建设征地移民安置规划报告》进行审查。根据审查意见对报告进行补充和修改完善，在此基础上编制完成《湖南省毛俊水库工程初步设计阶段建设征地移民安置规划报告（审定本）》。

三、组织实施

2017 年 1 月 25 日，蓝山县人民政府印发《关于公布〈湖南毛俊水库工程移民安置补偿标准〉的通知》《蓝山县人民政府办公室关于印发〈湖南毛俊水库工程移民安置人口及农村移民户登记审核办法〉的通知》。3 月，蓝山县委、县政府成立毛俊水库工程建设指挥部，下设综合协调组、安置点工程建设协调组、资金财务组、征地移民搬迁安置组等，库区毛俊镇成立乡镇移民工作办公室，蓝山县水利局负责移民安置规划、监督工作。6 月 10 日，蓝山县政府办公室印发《关于印发〈毛俊水库工程建设征地补偿和移民安置资金管理办法〉的通知》。9 月 11 日，蓝山县政府出台《湖南毛俊水库工程枢纽建设区临时过渡搬迁安置实施方案》《〈湖南毛俊水库工程建设征地和移民安置实施方案〉和〈湖南毛俊水库工程移民安置房屋建设管理办法〉》《湖南毛俊水库工程移民安置实施管理费使用管理办法》。

（一）移民安置点建设

2017 年 10 月 13 日，毛俊水库工程建设 782 户移民中，均已明确搬迁安置去向（其中有 615 户已签字确认去向，有 167 户口头表达去向意愿），选择县城城郊安置点的有 735 户，占已确定搬迁安置去向的 93.99%；选择县域电梯房安置的有 36 户，占已确定搬迁安置去向的 4.6%；选择禾坪村安置的有 7 户，后靠安置的有 2 户，一次性补偿安置的有 2 户。县城城郊安置点紧邻县城规划区，并将纳入下一阶段的县城规划区范围，区位条件优越，移民认同程度很高。对于已签字但未选择县城城郊安置点的 47 户移民，通过进一步的宣传发动，积极引导移民全部选择在县城安置点进行

2018 年 10 月，蓝山县毛俊水库移民安置点开工建设

安置。毛俊水库工程规划搬迁安置人口 811 户 2927 人，其中水库淹没影响区 670 户 2380 人，枢纽工程建设区 114 户 396 人，灌区工程建设区 27 户 151 人。到 2019 年底，累计签订移民搬迁协议 730 户 2412 人，占规划搬迁 811 户 2927 人的 90%；完成临时过渡搬迁 126 户 422 人，其中枢纽工程建设区 104 户 340 人，淹没影响区 22 户 82 人。

2019 年 11 月，蓝山县毛俊水库移民安置点建设工地

城郊移民安置点项目位于蓝山县城市规划道路兴蓝大道的南北两侧，项目总造价约 20000 万元，建设用地 661 亩，安置移民 814 户。项目包含移民安置房屋建筑工程、小区衔接点外市政道路工程和湘源学校、集贸市场、社区服务中心、休闲广场、点内道路等配套项目。安置房建部分总设计建筑面积 24 万平方米，施工建筑面积 8.2 万平方米；市政道路工程包含主干道兴蓝大道规划宽度为 45 米、长 532 米，龙泉路规划宽度为 36 米、长 628 米，德政路规划宽度为 24 米、长 630 米，荷叶塘路规划宽度为 24 米、长 453 米。2018 年 10 月开工建设，计划 2020 年 4 月完成主体工程，9 月份移民入住，项目法人单位为蓝山县水利局。移民安置点建设采取 EPC 工程总承包模式。

（二）移民资金拨付管理

2019 年 10 月，项目法人累计预拨付移民资金 88875.2429 万元，其中向蓝山县移民资金专户预拨农村移民补偿资金 45156.942 万元，拨付蓝山县专项设施迁建补偿费 16292.71 万元，拨付蓝山县实施管理费、机构开办费、前期工作经费、设计费、监理费等其他费用 5137.67 万元，拨付基本预备费 577.68 万元，上缴森林植被恢复费、耕地占用税等有关税费 21710.2409 万元。项目法人累计拨付蓝山县移民资金占三方协议分解到县总投资 101629.69 万元的 87.45%。

截至 10 月底，蓝山县累计使用完成移民补偿投资 70317.3177 万元，占三方协议分解到县总投资 101629.69 万元的 69.19%。蓝山县移民专户暂结转移民资金 18557.9252 万元。

（三）办理征地手续

2016 年至 2019 年 8 月，蓝山县不断补充和完善各种土地报批材料。2017 年 5 月 26 日，湖南省林业厅批复《蓝山县水库控制工程先行使用林地的复函》。7 月 23 日，国土资源部批复《关于毛俊水库控制工程先行用地的复函》。湖南省人民政府 2018 年 6 月 14 日批复毛俊水库的征地面积 6930.0315 亩（462.0021 公顷），其中耕地 1464.76 亩（97.6513 公顷）。枢纽建设区和库区、安置点用地手续办理完成，二期围堰范围内林木采伐许可已经有关部门批准。毛俊水库工程累计征收土地 4739.098 亩，占规划征地总面积 11290.91 亩的 41.97%。其中，枢纽工程建设区征收土地 410.651 亩，占规划 343.34 亩的 119.6%；淹没影响区累计征收土地 3277.171 亩，占规划 6352.95 亩的 51.59%；灌区工程建设区征用临时用地 35.084 亩，累计征用 158.908 亩，占规划 1975.54 亩的 8.04%；城郊安置点累计征收土地 522.368 亩，占规划 661.63 亩（含点外道路）的 78.95%，安置点征用临时用地 29.985 亩；环库公路复建工程累计征收土地 453.603 亩，占规划 467.85 亩（Y369 和 C093 线）的 97%。

第九篇 水文气象

永州市受气候和地形地貌的影响，是暴雨、洪水、干旱、泥石流等自然灾害多发地区之一，汛期集中降雨，江河洪水泛滥，后汛期受副热带高压控制，晴热少雨，旱象频出，加之降雨时空分布不均，水旱灾害交叠发生。

永州人民在与水旱灾害的长期斗争中，兴修了一大批水利工程，用于调剂水的余缺，减少灾害造成的损失。与此同时，随着科学技术的迅速发展，永州市专业技术机构开展对气象、水文的预测预报，特别是预测预警平台的建立，实现对中小河流水文、气象以及水利工程监测全覆盖，科技“千里眼”“顺风耳”，为人们防汛抗旱、抢险救灾工作做到“运筹帷幄，决胜千里”提供信息支撑。

第一章 水 文

第一节 水文特性

一、降水和蒸发

（一）年降水量

1. 年降水量地区分布

据1992—2018年资料统计，永州市多年平均年降水量为1513毫米，多年平均年降水量变化在1100~2100毫米，全市有3个高值区和2个低值区，山地多雨，一般在1600毫米以上；丘陵和平原区少雨，大部分地区在1400毫米以下。

高值区。都庞岭山脉区，位于永明河上游、湘桂两省交界的都庞岭山脉，年降水量1800~2100毫米，其中以江永县大溪源站多年平均年降水量2056毫米为最多。

九嶷山脉区，位于舜水、俊水上游，湘粤两省交界的九嶷山脉，年降水量1600~1900毫米，其中以蓝山县大麻营站多年平均年降水量1901毫米为最多。

阳明山脉区，位于白水上游、永衡两市交界的阳明山脉，年降水量1600~1700毫米，其中以金洞管理区的金洞站多年平均年降水量1727毫米为最多。

低值区。东安县、冷水滩区、祁阳县一大片丘陵区，年降水量1100~1200毫米，其中以冷水滩区普利桥站多年平均年降水量1128毫米为最少。

宁远、仁和坝、新田一大片丘陵区，年降水量1300~1400毫米，其中以新田县龙会寺站多年平均年降水量1375毫米为最少。

2. 降水量年内分配

永州市各地降水量最大月一般出现在5月或6月，占年降水量的12%~23%，降水量特别不均匀的典型年份可达34%以上，如道县道县站2007年6月降水量532.8毫米，占年降水量的34.5%。降水量最小月多出现在12月，占年降水量的3.0%~4.5%，特别是不均匀的典型年份个别站降水量最小月为0毫米。

全市各地降水量最大月是降水量最小月的3~6倍，祁阳县黎家坪站比值最大（28.7倍）。

1992—2018年永州市多年平均降水量月分配表

表9-1-1 单位：毫米

月份	1月	2月	3月	4月	5月	6月	7月	8月	9月	10月	11月	12月	4-9月	全年
平均降水	77.1	80.3	148.5	178	226.5	239.3	139.7	161.3	71.9	69.5	80.6	57.5	1016.7	1530.2
全年占比	5.04	5.25	9.7	11.6	14.8	15.6	9.13	10.5	4.7	4.54	5.27	3.76	66.4	100

汛期（4—9月）是降水最集中的时期，全市汛期多年平均降水量占年降水量的66.4%。4—6月降

水量明显多于7—9月，连续3个月最大降水量出现在4—6月。

3. 降水量年际变化

永州各地降水量一年中各月分配不均，年际间变化也很大。通常以各站年降水量变差系数Cv值表示年降水量的年际变化。全市年降水量变差系数的变幅一般在0.13~0.42。

全市各站最大年降水量一般在1600~2700毫米，其中以2013年蓝山县大麻营站年降水量2702.9毫米为最大。最小年降水量一般在800~1400毫米，其中以2011年新田县新田站年降水量816.3毫米为最小。全市各站年降水量最大值与最小值之比在2.0左右，其中江华瑶族自治县大路铺站2015年年降水量2256.7毫米为最大，2009年830.8毫米为最小值，两者的比值达2.73，为全市最大。

（二）暴雨

1. 暴雨的地区分布

永州市暴雨地区分布有山区大于丘陵、丘陵大于平原区的特点，在阳明山脉以北地区，最大24小时点雨量均值一般在80~110毫米，以南地区为80~140毫米。全市有2个暴雨高值区和1个低值区。

高值区。永明河上游以江永县大溪源、大远等地为中心的高值区，多年平均最大24小时降水量达130~140毫米。

舜水、俊水上游以大麻营、毛俊等地为中心的高值区，多年平均最大24小时降水量达120~130毫米。

低值区。衡邵干旱走廊，包括东安、冷水滩、祁阳等地的低值区，多年平均最大24小时降水量为80~90毫米。

2. 极值暴雨

永州市是暴雨多发地区。发生在舜水上游大麻营站的“8·16”暴雨是1992年以来最大的一次暴雨，最大24小时降水量达387.5毫米。据实测和调查资料统计，1992年以来，全市共出现3场最大24小时点降水量大于250毫米的特大暴雨过程。

1993年7月20—21日，祁阳县黎家坪站最大24小时降水量270.9毫米。

2007年6月6—7日，道县道县站最大24小时降水量260.8毫米。

2013年8月16—17日，蓝山大麻营站最大24小时降水量为387.5毫米，宁远县半山站最大24小时降水量为256毫米。

3. 暴雨的年际变化

永州市暴雨年际变化较大，年最大24小时点雨量变差系数Cv.24h在0.19~0.55，其中泠江宁远县半山、舜水蓝山县大麻营等地的Cv.24h在0.40以上。不同历时暴雨变差系数的高低值区与暴雨均值的高低值区基本一致，其值随暴雨历时的变化而略有变化，长历时暴雨的Cv值大于短历时暴雨的Cv值。

（三）蒸发

1. 水面蒸发量

永州市1992—2018年平均年水面蒸发量为753.1毫米。南部地区的蒸发量大于北部地区，分布的总趋势：山区小，丘陵、平原区大。全市各地多年平均年蒸发量变化范围在500~900毫米。以萌渚水江华瑶族自治县大路铺站860.7毫米为最大，白水金洞管理区金洞站568.3毫米为最小。

2. 陆面蒸发量

陆面蒸发系指流域或区域内水面蒸发、土壤蒸发、植物散发和冰雪蒸发的总和，一般根据流域水量平衡法求其近似值。根据1992—2018年永州市多年平均降水量减去多年平均径流量求得，永州市多年平均陆面年蒸发量为118亿立方米，相当于水层深度531.1毫米，表明约35%的年降水量通过陆面蒸发返回到大气中。

二、径流

径流是降水汇流到河流、湖库和土壤含水层中的水流。按径流形成过程和空间分布可分为：①地面流（生成于地面并沿地面流动的水流）；②壤中流（在土壤中相对不透水层界面上形成的水流）；③地下水径流（地下水与地表水体之间潜出或潜入的水流）。河川径流以地面流和表层壤中流为主组成，基本上能综合反映流域的地表径流特征。在统计分析河川径流时，一般将其还原为未经耗用和未经调节的天然状态，称天然径流。

（一）径流量的地区分布

永州市 1992—2018 年平均年径流深 981.9 毫米，折合地表年径流量为 218.5 亿立方米。年径流的地区分布与年降水量的地区分布大体相似。有 3 个高值区和 2 个低值区。

1.3 个高值区

都庞岭南侧永明河流域高值区，多年平均径流深在 1000~1100 毫米；阳明山北面白水流域高值区，多年平均径流深在 1000~1150 毫米；九嶷山东南方，住龙门雨量站往东至蓝山毛俊一片高值区，多年平均径流深在 1000~1300 毫米。

2.2 个低值区

冷水滩区以北低值区，多年平均径流深在 700 毫米以下，其中黎家坪站（下马渡）只有 535 毫米，为全区最小；宁远、仁和坝、新田一大片低值区，多年平均径流深在 650~750 毫米。

按水系统计，永州市长江流域洞庭湖水系（流域面积为 21490 平方公里），1992—2018 年平均年径流深 974.9 毫米，折合径流量 209.5 亿立方米；珠江流域珠江水系（流域面积 765 平方公里），1992—2018 年平均年径流深 1179.1 毫米，折合径流量 9.02 亿立方米。

径流系数能综合反映气象和地理因素对径流形成的影响，是重要的径流地区特征。年径流系数是年径流深与年降水量之比，永州市 1992—2018 年多年平均年径流系数为 0.65。

地区分布规律与降水和径流深的地区分布基本相似，降水、径流丰沛的地区年径流系数大，山区径流系数比丘陵、平原地区大。高值区可达 0.70，低值区只有 0.45。

（二）径流量的年内分配

径流的年内分配与降雨季节变化相适应，永州市河流有明显的汛期（4—9 月）和非汛期（10 月至次年 3 月）之分。全市各径流代表站多年平均连续最大 3 个月径流量一般出现在 4—6 月，这 3 个月的径流量一般占全年径流量的 45%~60%。4—9 月汛期径流量约占全年径流量的 60%~70%，枯季 12 月至次年 2 月的径流量占全年径流量的比例，略大于 10%。

（三）径流量的年际变化

径流量年际变化通常以年径流变差系数 Cv 表示。据 1992—2018 年资料分析计算，永州市年径流 Cv 值变幅在 0.24~0.44。以阳明山为界，北部大于南部。

历年年径流量最大值与最小值的倍比能大致反映径流年际变化幅度。各地最大、最小年径流比值变化在 2~5，一般山区变化小，丘陵、平原区变化大。

年径流量的年际变化，既有丰水年与干旱年交替出现的特点，又存在丰水年和干旱年连续发生的现象。

三、洪水与干旱

降雨时空分布不均是形成洪水和干旱的根源。不同的地貌条件使洪水和干旱具有明显的地区特征。

(一) 洪水

1. 洪水的区域特征

永州市属同一季风区，但因地理位置不同，洪水出现的次数、时间和特性均有差异。

潇水流域洪水均由暴雨造成，由于流域干支流的坡度较大，汇流较快，暴雨集中，形成洪量集中，峰高流急，暴涨暴落，历时短，流域上游一般在降水 12~24 时后即出洪峰，中下游在 2~3 日内出现洪峰，且一次洪峰过程集中在 3~5 日内。

湘江流域洪水均由暴雨形成，洪水时空变化与暴雨情况大体一致。年最大洪水多发生在 4—7 月，此期间洪水主要由气旋锋面暴雨所产生；8 月以后的洪水多为台风雨产生。一次洪水过程历时较长，三日过程单峰多于复峰。

各级支流的洪水具有汇流快、历时短的共同特征，易形成局部山洪灾害。支流洪水向干流汇集，常出现多条支流洪水在干流相遇。

2. 洪水的季节性和年际变化

洪水的发生时间与暴雨的季节变化基本一致，受降雨分布和暴雨中心移动的影响，同一条河流的上中下游最大洪水发生时间不一定相应。

根据 1960 年至 2018 年潇水流域控制站道县水文站实测各年最大的洪水资料分析，59 年中年最大洪水 3 月 2 次、4 月 11 次、5 月 16 次、6 月 18 次、7 月 7 次、8 月 5 次。年最大洪水发生在 4—7 月的占 88.1%，尤以 5—6 月出现机会最多，年最大洪水发生在 2—3 月的机会不多，此期间发生的洪水量级往往不大；年最大洪水在 8 月份也有发生，此间洪水主要受台风影响造成。潇水道县水文站实测最大洪水发生在 2008 年 6 月 14 日，洪峰流量为 6540 立方米/秒。

根据 1959 年至 2018 年湘江流域控制站老埠头水文站实测各年最大的洪水资料分析，60 年中年最大洪水 2 月 1 次、3 月 1 次、4 月 7 次、5 月 23 次、6 月 15 次、7 月 10 次、8 月 2 次、11 月 1 次。年最大洪水发生在 4—7 月的占 91.7%，尤以 5—6 月出现机会最多，年最大洪水发生在 2—3 月的机会不多，此期间发生的洪水量级往往不大；年最大洪水在 8 月份也有发生，此间洪水主要受台风影响造成。湘江老埠头水文站实测最大洪水发生在 1976 年 7 月 10 日，流量 14700 立方米/秒。

永州市不同时期发生洪水的频次不同，从历史资料分析具有相对集中的时期和一定的准周期性。20 世纪 60 年代发生 3 次全流域性大洪水，发生年份分别为 1961 年、1965 年、1968 年；20 世纪 70 年代发生 3 次全流域性大洪水，发生年份分别为 1972 年、1976 年、1978 年；20 世纪 80 年代发生 1 次全流域性大洪水，发生年份为 1985 年；20 世纪 90 年代发生 1 次全流域性大洪水，发生年份为 1994 年；21 世纪初发生 4 次全流域性大洪水，发生年份分别为 2002 年、2003 年、2007 年、2008 年；21 世纪 10 年代发生 2 次全流域性大洪水，发生年份分别为 2015、2017 年，其中 2015 年 11 月永州市境内发生有历史记录以来的最大秋汛，2017 年湘江老埠头水文站发生实测最高洪峰水位（104.32 米）的洪水。

3. 洪水的量级

洪水量级一般以洪峰流量、洪水总量或洪峰模数（洪峰流量与相应集水面积之比）等特征值表示。在水文预报和工程设计中常辅以相应洪峰水位为衡量标准。洪水量级一般随集水面积增加而增大，不同地区相等集水面积上发生的洪水，因降水和地貌特征不同，洪峰模数也有明显差异。永州市不同量级集水面积上最大洪峰流量统计如表 9-1-2 所列。

永州市不同量级集水面积上最大洪峰流量统计表

表 9-1-2

河流名称	测站名称	集水面积（平方公里）	实测最大流量（立方米/秒）	发生时间	洪水模数（立方米/秒·平方公里）
萌渚水	大路铺	612	1220	2016. 5. 20	1. 99
永明河	江永	505	1240	1985. 5. 27	2. 46
潇水	道县（二）	5634	6540	2008. 6. 14	1. 16
宜水	豪福	431	1290	1959. 6. 10	2. 99
潇水	双牌	10599	7610	1994. 7. 24	0. 72
湘江	老埠头	21341	14700	1976. 7. 10	0. 69
白水	金洞（三）	795	2450	1968. 7. 8	3. 08
舜水	蓝山	254	774	2006. 7. 15	3. 05

从表 9-1-2 中可以看出，不同集水面积的最大洪峰流量记录，多出现在发源于各个暴雨中心区的河流上。流域面积越小，洪峰模数越大。

（二）干旱

干旱是指供水不能满足正常需水的水短缺现象，是在自然因素和人类活动综合作用下形成的。干旱期的降水、蒸发和径流等水文要素与正常值的偏离幅度是反映干旱形成特征和干旱程度的基本指标。

1. 干旱年的降水特征

久晴无雨或少雨是形成干旱的直接原因。永州市 7—9 月因常受副热带高压控制，晴热少雨，多年平均 7—9 月降水量是 4—6 月降水量的一半左右。

2. 干旱指数的分布

干旱指数是综合反映一个地区湿润或干旱程度的指标，通常以年蒸发能力和年降水量之比表示。当干旱指数大于 1 时，蒸发量大于降水量。干旱指数愈大，干旱程度就愈严重。据 1992—2018 年水文资料计算分析，永州市多年平均干旱指数为 0. 56，其中冷水滩区（0. 66）最大，祁阳县（0. 63）、新田县（0. 60）次之，江永县（0. 51）最小。干旱指数接近或大于 0. 6 的高值区为：湘江流域上游冷水滩区、祁阳县等地；湘江一级支流芦洪江流域东安县的黄泥洞一带；湘江一级支流萌渚水流域江华瑶族自治县的河路口一带；湘江一级支流宜水流域道县的寿雁镇一带；湘江一级支流新田河流域新田县。

3. 干旱的季节性和年际变化

永州的旱灾以夏季开始的夏秋连旱发生次数最多，受灾程度最重，其次为夏旱或秋旱，春旱发生的年份相对较少。山丘区的干旱几乎年年发生，大范围干旱发生的频次也较高。据历史资料统计分析，干旱具有一定准周期，连续出现丰水年份之后，常有大旱发生。

四、河流泥沙

河流泥沙是河水挟带的岩土颗粒。悬浮于水中随水流运动的泥沙即悬移质泥沙，是河流泥沙的主要组成部分。河流泥沙的多寡受流域自然地理特征、降水特性、河道形态及人类活动等因素的影响，其变化比其他水文要素的变化更为复杂，常以含沙量、输沙率、输沙模数等特征数据反映其变化。河流泥沙能反映流域水土流失程度，并影响水电工程的运行和河流、湖泊的变迁。永州市只有道县水文站和老埠头水文站设有泥沙观测项目，2012 年老埠头水文站泥沙项目搬迁到下游冷水滩水文站。

（一）河流悬移质含沙量

悬移质含沙量是指单位体积浑水中所含悬移质干沙的质量。根据1992—2018年泥沙资料统计，道县水文站监测多年年平均悬移质含沙量为0.0738公斤/立方米，历年最大年平均含沙量为0.1530公斤/立方米（2008年），历年最小年平均含沙量为0.0170公斤/立方米（2009年）；老埠头水文站监测多年年平均悬移质含沙量为0.0738公斤/立方米，历年最大年平均含沙量为0.1400公斤/立方米（1994年），历年最小年平均含沙量为0.0170公斤/立方米（2018年）。年内含沙量主要集中在4—7月，约占全年的70%。

永州市水文局技术人员在中心城区河段取水样

（二）输沙模数的地区分布

输沙模数是一定时段内输沙量和相应集水面积的比值。输沙模数大小基本上能反映单位面积内产沙量的大小和流域内水土流失的程度。根据1992—2018年资料统计，湘江零陵以上地区悬移质泥沙多年平均年输沙模数为63.3吨/平方公里，湘江道县以上地区上悬移质泥沙多年平均年输沙模数为101吨/平方公里。

（三）河流悬移质输沙量

据1992—2018年资料统计，湘江老埠头水文站多年平均年输沙量132万吨，湘江道县水文站多年平均年输沙量56.7万吨。每年3—8月输沙量占全年总输沙量的94%。

第二节 水文站网

水文站网是各类水文测站组成的资料收集系统。科学地选择有代表性的地点布设水文测站，以经济合理的站点形成测站之间相互联系的网络，使观测到的水文资料既能反映重要流域或重点地区水文情势演变，又能满足无实测资料地区水文特征值内插和区域水文计算的需要。

1924年8月，扬子江水道讨论委员会在零陵设立雨量站，永州水文工作从此开始。新中国成立后，省水利局迅速恢复和重建各类水文测站，1980年全市共建水文（位）站14个，2019年共建水文站23个（含泥沙、土壤墒情和蒸发观测项目）、水位站15个、雨量站155个、水质监测站41个（含2个地下水监测站和5个水质自动监测站），分布在湘江干流及其支流上，形成布局较合理、监测项目较齐全的水文站网。

一、水文站网规划

（一）规划原则

水文基本站网的站类包括水位站、流量站、泥沙站、雨量站、蒸发站和水质站6类。基本流量站网布设的原则分为直线原则、区域原则和站群原则。直线原则是指按水量内插精度要求沿河长设立控制性测站，适用于规划集水面积大于5000平方公里的流量站；区域原则即面的原则，要求在某一水文区内，能依据所布设的区域代表站的资料，对无测站地区内插出具有一定精度的各种水文特征值；站群原则即在一个水文分区内布设一群集水面积小于200平方公里的小河站，探索降雨形成径流的规律，然后应用于无资料的小河流上。基本泥沙站的布设系根据河流平均含沙量的大小比照流量站布设原则布设，并和基本流量站结合。基本水位站的布设主要考虑洪水沿程传播和演进的规律，满足水文预报的需要；在水库、湖泊上能满足通过水位计算水量和调蓄调度的需要。基本雨量站、基本蒸发站的布设要满足水文预报、水文计算的需要，在没有充分的资料进行分析时，可根据水文分区确定不同的布站密度，满足绘制降水量、蒸发量等值线图的需要。

区域代表站按区域原则规划，须首先划分水文分区。经分析湖南的自然地理环境和气候条件，径流、降水量等值线图的变化，结合四水流域的分水岭和行政区划，以水文状况及变化规律的相似性为主，将全省划分为湘东丘陵区、湘中丘陵区、湘中山区、湘南山区、湘西山区、湘西澧西山区和洞庭湖平原水网区等7个水文分区，分区内再按暴雨洪水特征划分为2~3个副区，永州市位于湘中丘陵区和湘南山区。

（二）规划成果

1. 基本流量站（水文站）

流量站是测量河渠某一横断面水位和流过的水量的水文测站，流量站可兼有其他站类的测验功能。

在干流上采用直线原则布设基本流量站，由上而下按上下两站区间水量不少于上游水量10%~15%为控制，结合考虑湘江和潇水干流沿河水文情报预报的需要，分别在湘江干流布设基本流量站2个、潇水干流布设5个。流域面积在5000~10000平方公里的河流，大都按区域原则布站，结合考虑直线原则；流域面积小于5000平方公里的支流，按200~500、500~1000、1000~3000、3000~5000平方公里分成4级，根据水文分区和区内面积，布设集水面积大小不等的区域代表站。在暴雨中心区适当增设流量站控制洪水的来源，为水文预报提供可靠的依据。以上共规划基本流量站23个（含中小河流流量站10个），站网密度为1个/1000平方公里，其中湘江2个、潇水4个、祁水1个、白水1个、萌渚水1个、宜水1个、永明河1个、舜水1个、九嶷河1个、紫溪河1个、石期河1个、芦洪江1个、老毛江1个、贤水河1个、泡水河1个、濂溪河1个、永江1个、泠江河1个、宁远河1个。

2. 基本水位站

水位站是观测固定地点某一基面以上水体自由水面高程的水文测站。除23个基本流量站观测水位外，另根据水文预报、洪水演算和航运的需要，规划基本水位站20个（含中小河流水位站11个、洪水易发水位站2个），站网密度为2个/1000平方公里，其中湘江2个、新田河1个、紫溪河1个、潇水2个、祁水1个、白水1个、安宁河1个、宁远河2个、泡水河1个、濂溪河1个、永江1个、永明河1个、泠江河2个、俊水1个、日东河1个、桴江1个。

3. 基本泥沙站

泥沙站是测验河流含沙量、输沙率或颗粒级配的水文测站。规划采取与基本流量站结合，以控制湘江和潇水泥沙为主，共选定2个基本流量站进行泥沙测验。

4. 基本蒸发站

蒸发站是以蒸发器皿测定水面蒸发量的水文测站。与水文站结合，按不同自然地理条件和均匀分布方法规划基本蒸发站4个。

5. 基本雨量站

雨量站是观测降水量的水文测站。根据规划原则，应按暴雨中心位置和暴雨区分布特点确定布站密度。基本雨量站布设以暴雨中心区为重点，结合考虑其他特征，确定雨量站布设。全市共规划基本雨量站155个（包括流量站和水位站兼测雨量的站数），站网密度为7个/1000平方公里。

6. 水质站

水质站是监测河流、水库、湖泊水质而设立的监测站。从掌握水系水质现状和变化趋势的需求，结合考虑流域范围内自然环境特征、人类活动影响等实际情况规划水质监测站网，力求与现有水文站网配套。全市共规划水质站 41 个，其中基本水质站 34 个、自动水质监测站 5 个、地下水质监测站 2 个。

（三）站网变化与充实

1. 站网变化

根据省水文局规定，涔天河水文站流量于 1995 年 1 月停测；据 2017 年新编《涔天河站测站任务书》，该站从 2018 年 1 月 1 日恢复流量测验工作。

新田水文站于 1994 年完成流量实验任务，流量从 1995 年 1 月开始停测，改为水位站。

毛俊水文站于 1972 年设站，1973 年正式观测水位和雨量，流量测验，根据省水文局批准 2004 年搬迁至蓝山县城，并更名为蓝山水文站。

江华水文站因涔天河水库扩建被淹，于 2015 年 1 月停测，搬迁至上游码市镇，更名为码市水文站。码市水文站从 2015 年 1 月开始观测雨量、水位及水质，2016 年开展流量测验工作。

老埠头水文站根据省水文局规定，流量和泥沙从 2013 年 1 月停测，保留水位、降水、蒸发和水质项目。

黎家坪水文站根据省水文局规定，只保留雨量项目，站类改为雨量站，流量、水位下迁至下马渡，并更名为下马渡水文站。

新建的码市水文站

永江水文站为探索小流域产、汇流参数分析，于 1988 年设站，2005 年完成产、汇流参数分析任务撤站。

道县水文站于 1951 年设立，2012 年经水利部批复由原道县水文站下迁至 3.7 公里的道县道江镇滨河路，更名为道县（二）站。

金洞水文站于 1959 年设立，1963 年 1 月上迁 1500 米更名为金洞（二）站；1970 年 1 月上迁 2500 米，更名为金洞（三）站；1975 年 1 月下迁 2500 米，更名为金洞（二）站；1982 年 1 月上迁 1520 米，更名为金洞（二马）；1987 年 1 月下迁 1520 米，更名为金洞（二）站；1995 年 1 月上迁 1520 米，更名为金洞（三）站。

九嶷水文站于 1978 年设立，2015 年 1 月上迁 2000 米，更名为九嶷（二）站。

宋家水文站为探索小流域产、汇流参数分析，于 1970 年设站，1992 年完成产、汇流参数分析任务撤站。

2019 年 8 月，因国家机构改革和职能调整，原 104 个水功能区水质监测站移交给生态环境部门。

2. 站网充实

城市防洪站网充实。为永州市城区防汛提供科学的水文依据，2009 年在冷水滩区湘江上增设冷水滩水文站，2010 年开展水位观测，2012 年开展水温、岸温、水位、降水观测，流量、泥沙测验，水质取样等项目。

洪水易发区站网充实。原中小河流水文站网密度不足，存在大量水文信息监测空白区，为做好全市中小河流洪水易发区水文测验工作，当好防汛抢险的参谋，2010 年在已有 15 个水文（位）站的基础上增设 2 个洪水易发区水位站（其中湘江西源 1 个、桴江 1 个）和 18 个洪水易发区雨量站。

中小河流站网充实。为满足中小河流治理和山洪灾害防治，根据省发改委 2013 年下发《关于湖南省中小河流水文监测系统建设项目（2013—2014 年度）实施方案的批复》的要求，2014 年在全市增设中小河流水文（位）站 21 个，其中水文站 10 个、水位站 11 个；按中小河站配套雨量站最小密度要求，增补配套雨量站 55 个。

道县水文站老自记井

土壤墒情站网充实。土壤墒情站主要用于监测土墒含水量，收集土壤墒情信息，以满足抗旱减灾、水资源管理、国家粮食安全等发展方面的需求而设立。2008 年至 2014 年在全省水文统一规划下，全市先后设立了 11 个土壤墒情站，即每个县区 1 个土壤墒情站。

水质监测站网充实。2001 年受长江委的委托，增加湘江干流的桂湘省界断面渌埠头水质监测，监测频次为每月 1 次，并每月将监测结果上报给长江委水环境监测中心。2006 年增加部分饮用水源地及敏感水域水质断面，共 15 个。

水质自动监测站网充实。2016 年开始，永州市开始建设水质自动监测站，到 2019 年初，共有 5 个自动监测站建成运行，监测项目有水温、pH 值、浑浊度、氨氮、化学需氧量、溶解氧、电导率等指标，全部位于主要城市供水水源地，实行 24 小时监测。

地下水监测站网充实。地下水监测站是为监测地下水位、地下水开采量及地下水质等项目，以便掌握地下水动态，探求地下水运动规律而设立水文监测站。根据全省水文统一规划标准，2017 年永州市分别在位于衡邵干旱走廊地带的祁阳县和东安县设立 2 个地下水监测。

二、站网管理

新中国成立后，全国水文站网实行集中统一管理和分级分类管理相结合的办法。1951 年 1 月，根据水利部颁发《各级水文测站之名称及业务》的规定，省水利局报请中南水利部批准，明确永州市老埠头站为一类水文站，道县站为二类水文站。1958 年 2 月，水利部颁发《水文测站调整、撤销、移交的管理办法》，规定基本水文测站的调整、改级、撤销均应报水利部批准；专用水文测站的调整由各省市区水利机关批准，送水利部备查；水利部门设立的水文测站一般不移交给其他部门。1965 年 5 月，水电部颁发《水文站网审批程序的暂行规定》，重申基本水文测站调整的管理权限，增加测流断面迁移、个别项目调整由各省市区决定并报部备查的规定，补充设站必须报送查勘报告、撤站必须报送分析资料等要求。“文化大革命”期间，水电部军管会将国际河流站、中央报汛站以外的其他水文测站调整权限下放地方。在全国第三、四次站网规划时重申了大体相似的原则。1991 年 10 月，水利部颁发《水文管理暂行办法》，明确“国家基本水文站网中重要测站的迁移、改级、裁撤，应报经水利部批准；其他测站的迁移、改级、裁撤，由有

老埠头水文站

关省、自治区、直辖市水行政主管部门或流域机构审批，报水利部备案。重要测站的划分标准由水利部制定”。1992 年 11 月，水利部发布《重要水文站建设暂行标准》和第一批国家重要水文站名单，进一步加强了站网管理和站网建设。

湖南省水行政主管部门执行水利部关于站网管理的历次规定，使全省基本水文站网稳定发展。水文测站管理体制下放阶段（1958 年 9 月至 1962 年 3 月）个别地方曾出现任意裁撤水文测站和测验项目的现象，省水电厅于 1962 年 1 月发出紧急通报予以制止。1967 年 10 月，省水电厅发出《在规划和修建水利工程时要照顾到水文站工作的通知》，明确河道工程不能造成水文测验中断。1975 年 10 月，省水电局对受水利工程影响需要迁移水文测站的问题作出了具体规定。2003 年 6 月，省人民政府颁发《湖南省水文管理办法》，明确“水文测站的设立、迁移、改级、撤销，按国家规定的程序办理”“国家基本水文站网由省人民政府水行政主管部门按照国家统一规划组织建设，省水文机构管理”。省水文机构设置专门的处（科）室管理全省水文站网，通过制定和颁发“测站任务书”确定各类测站的测验任务以实现设站目标，定期开展站网功能检验、设站年限分析等试验研究，合理地进行站网调整，使全省基本水文站网的整体功能日益完善并逐步提高。

第三节 水文测验

水文测验指从站网布设到收集、整编水文资料的全部技术过程。狭义的水文测验指测量水文要素所进行的全部作业，测验方式有定位观测、巡回测验、水文调查等，观测项目包括水位、流量、泥沙、降水、蒸发等。永州水文测验始于 1924 年。当年 8 月，扬子江水道讨论委员会在零陵设立雨量。

一、测验项目和时制

（一）测验项目

水文测验项目包括水循环过程中不断变化着的各种要素。民国时期永州市境内水文站开展的测验项目较少，一般观测降水量和水位，极少部分站开展了降水量和水位观测、流量测验。新中国成立初期，各水文站均观测降水量、水位和流量测验，少部分站增加了泥沙测验、水面蒸发、水温和岸温观测项目。

1955 年 10 月，水利部颁发《水文测站暂行规范》，规定水位、流量、降水量为基本测验项目，蒸发量、比降、水温、地下水位、泥沙（包括悬移质输沙率、单位水样含沙量、悬移质泥沙颗粒级配）、水质分析等为补充测验项目。永州市水文测站 1956 年 1 月开始实施。1956 年 2 月，省水利厅首次颁发《测站任务书》，明确规定各站的测验项目，全市除多数站停测气象观测外，水文测验项目有了较多增加。

1960 年 4 月，水电部颁发《水文测验暂行规范》，将原规定的基本测验项目和补充测验项目都确定为基本测验项目，并增加水文调查一项；将不需整编刊布的测验项目，如风向、风力、流向等列为附属测验项目；气象观测项目由省级水文领导机关根据需要确定。其后各次修订颁发的水文测验规范中所规定的测验项目基本保持不变。2018 年全市开展的水文测验项目有：水位（包括天然河道水位、水库库内水位、渠道水位、地下水位及中、高水期比降水位观测等）、流量（包括天然河道流量、渠道流量和水电站发电流量等）、泥沙（包括天然河道悬移质单样含沙量、输沙率）以及水（岸）温、降水量、蒸发量、水文调查和水质等。

（二）观测时制

水文观测时制包括时区标准和日分界时间的规定。民国时期水文测站一般采用地方标准时区，永州属中原时区（今北京时区）。新中国成立初期，统一采用中原时区标准时，除降水、蒸发外均以 0 时为日分界。降水、蒸发观测日分界有 9 时（水位、水文站）和 21 时（合作雨量站）之别；1954—1955 年，又按《气象观测暂行规定》采用地方平均太阳时，并以 19 时为日分界。自 1956 年起，各项目观测或测验时间均为北京标准时；除降水量、蒸发量以 8 时为日分界外（其中 1961 年、1962 年汛期曾以 6 时为日分界），其余项目均以 0 时为日分界。

降水量、蒸发量以日分界时间为定时观测时间。视雨情变化情况采用多段制观测（摘录）。人工观测水位一直采用定时观测和加测相结合的方法。民国时期水位定时观测时间不一致，有 1 次（每日 6 时）、2 次（每日 7、17 时）和 3 次（每日 6、12、18 时）等多种。新中国成立初期一般为每日 6、12、18 时 3 次。自 1952 年起改为每日 3 次或 4 次（每日 0、6、12、18 时）。1956 年起规定水位、水温以 8、20 时为定时观测时间，同时规定水位观测以准确计算日平均水位为原则，以 4 段制（每日 2、8、14、20 时）为基础，使用 2、4、8 段制或逐时观测，报汛站按报汛任务书确定观测段次。自 1976 年起，水位、水温以每日 8 时为基本定时观测时间，水温以当日 8 时观测值作为日平均水温，其余规定不变。

二、测验技术和仪器设备

（一）水位

水位观测技术分为人工观测和自动测记。人工观测以采用直立式水尺为主；自动测记分为模拟式自动记录和数字式记录存贮两种类型。

民国时期各站水位均由人工观测，采用直立式水尺。

1959 年，永州市老埠头水文站开始采用模拟式水位计收集水位资料，1978 年，全市 13 个水文（位）站均有自记水位台，但多数结构简陋，部分站不能测记最低或最高水位，或高、低水位井台分设，易受洪水冲毁。从 80 年代开始，全市先后对各站自记水位台进行升级改造。

老埠头水位自记井台

2004 年开始，永州市在省水文局统一规划下引进数字式自记水位仪器，主要有机械编码浮子式水位计、汽泡式水位计、雷达波水位计。由于浮子式机械编码水位计性能稳定，结构简单，又可利用已建的水位自记井台，成为全市推广的水位观测首选设备。少数建井较困难的站使用雷达波水位计或汽泡式水位计。各类数字式自记水位计均与专用固态存贮器联结，采集的水位数据及相应时间以一定格式存贮在固态存贮器中。存贮的数据通过便携式电脑现场取回，或通过 GPRS 或网络下载，再进入计算机生成实测成果资料。

除基本水尺水位观测外，还有比降水尺水位观测。全市大、中河水文站多设有直立式上、下比降水尺，用以测定中、高水位以上水面比降并推算糙率。

（二）流量

流量是反映江河湖库水量变化的基本水文要素。流量测验是水文勘测中耗用人力、物力最多的项目。流速仪法、ADCP 法是流量测验的主要方法，高水等特殊水情时使用浮标法、比降—面积法或雷达波在线测流法。各种测验方法都要使用相应的专用仪器和设施设备。

新中国成立初期，绝大部分测站的高（中）水位级流量测验均以水面浮标法为主，仍沿用 0.85 的固定浮标系数。中低水位时逐步增加流速仪法测次，但测速垂线没有固定，测点和测点流速系数未经过比测分析，受移渡设备限制每次测流的历时也长。虽然测次较多，流量测验精度仍然较低。

1960 年 4 月，水电部颁发《水文测验暂行规范》，规定流量测验在不同的时期或不同情况下采用繁简程度不同的操作方法，即精测法、常测法、简测法，并规定用精测法资料进行测线、测点精简分析的精度指标。

20 世纪 70 年代在贯彻第三部水文测验规范的过程中，开展流量测验和各项水力因素相关关系的分析。分析内容包括测验河段水力学特性，控制条件及其演变，流速系数，常、简测法分析资料延长和补充分析，以及水位流量关系单值化分析等。至 1980 年完成分析工作，并编制《测站特性分析报告》，成为各站自设立以来最系统的流量测验技术总结。

1993 年 7 月，国家标准 GB 50179-93《河流流量测验规范》颁发。新标准吸收和发展国内外流量测验的先进理论和技术方法，突出分类控制测验误差和提高单次测验精度的指导思想。省水文总站按国标要求逐站开展流速仪法流量测验方案分析，并统一审查，于 1996 年分站类批复实施。

随着水文测轮、过河索和水文缆道等渡河设备的不断新建和改进，流速仪测流技术不断提高，1984 年全市水文站全采用流速仪法施测流量。2005 年全市部分水文站开始采用 ADCP 测流，2010 年开始在部分水文站配备雷达波缆道在线测流系统进行比测和测流。

高洪期难以用流速仪法施测流量时，可采用水面浮标法或比降—面积法。

（三）测验设施设备与仪器

1. 测流设施设备

测流设施设备主要有测船、测轮和过河索。测轮是指从事水文测验的机动船，主要用于不具备架设过河索和水文缆道条件的大河水文站。永州水文于 1988 年开始对少数水文站配备测船，2002 年对湘江干流第一站老埠头水文站配备快艇，2012 年对湘江干流站冷水滩水文站配备登船和全自动测轮，2016 年对湘江上游控制站道县水文站配备测轮。

1964 年 5 月，在湘江干流第一站老埠头水文站建成第一座高架过河索，开始用过河索吊船测流。过河索吊船是在测流断面上游架设主钢索横跨河槽，在主钢索上嵌放吊船滑轮，借助水流动力由人操舵使水文测船沿主钢索移渡至各测速垂线。至 1978 年，全市所有水文站均建有过河索。

水文缆道是跨河架设而在岸上操作的测流设备，按驱动方式分为手动和电动两种，由承载、驱动、信号、操作控制、防护设备等五大部分组成。1980 年之前永州市各县区水文站一直采用过河索和测船施测含沙量和流量，直到 1980 年，道县、双牌、蓝山等站先后开始用过河索作主索加循环索，通过岸上手摇绞车移动行车和升降铅鱼、流速仪的方式，架成手摇水文缆道，在全市范围内基本实现人不下河测流。1983 年，江华站建成建全全市第一座电动缆道，至 1994 年，全市建成水文缆道 11 座，凡适宜架设水文缆道的水文站均已实现缆道测流。

其他测流设备。铅鱼是流速仪沉入水中的载体，也是水下测点的定位设备。新中国成立初期，由于靠人工提放铅鱼重量较小，全市水文站采用铅鱼重量一般为 8~100 公斤。随着水文缆道绞车的改进，缆道测速使用的铅鱼重量增加到 100~150 公斤。

浮标投放器是运载和投放浮标的设备，设置在浮标断面上游，利用过河索和循环索将浮标拽运到预定位置投放。1983 年江华水文站架设全市第一座浮标投放器，后陆续在全市大部分水文站建设使用。

2. 测流仪器

永州水文于1955年开始配置流速仪测流，20世纪70年代以后，全市每个水文站均配置了各种型号流速仪用于各级水位的流量测验。

2005年全市开始引进走航式ADCP测流，2012年全市大部分水文站开始投入使用。2016年在道县站和冷水滩引进固定式ADCP测流。2010—2016年先后在豪福水文站、蓝山水文站等13个站配置雷达波缆道在线测流系统测流。

2005年永兴桥水文站工作人员用ADCP和超声波测速仪同时进行洪水监测

（三）泥沙

泥沙是指河水中挟带的岩土颗粒，按其运动状态分为悬移质和推移质两类。水文站的泥沙测验分为河流悬移质泥沙测验和河床推移质泥沙测验（合称全沙），包括含沙量、输沙率和泥沙颗粒级配分析等项目。含沙量是单位体积浑水中所含干沙的质量。测验断面上不同位置的水体中含沙量不同，输沙率测验是为了精确推算断面平均含沙量，应与流量同时施测，是泥沙测验的主要工作内容。

永州泥沙测验于1959年开始，泥沙站只有道县站和老埠头站。2013年老埠头泥沙、流量测验项目搬至下游约30公里的冷水滩站，2013年以后全市只有道县水文站和冷水滩水文站有泥沙测验项目。根据1960年颁发的《水文测验暂行规范》，根据输沙率实测资料分析单样含沙量取样位置和取样方法。从1970年起为老埠头水文站配置1/10000克光电天平，水样处理方法为烘干法。1992年，GB 50159-92《河流悬移质泥沙测验规范》提出了泥沙测验精度控制指标和泥沙站按精度分类的规定，使泥沙测验技术和国际标准接轨。2013—2015年先后在冷水滩站和道县站配备Bettersize2000激光粒度仪，从此以后，全市河流悬移质泥沙水样处理由人工烘干改为仪器自动处理。

悬移质泥沙测验的采样器一般分瞬时式采样器和积时式采样器两类。1952年开始使用的横式采样器属瞬时式采样器，初期采用杆、索悬吊采样器的人工操作方式，输沙率测验目前仍以测船施测为主。

（四）降水量

降水量观测内容为测记降雨、降雪、降雹的水量。1958年《降水量观测暂行规范》规定，单纯的雾、露、霜，其量超过0.05毫米时应测记降水物符号。1975年《水文测验试行规范》规定，不论其量大小，均不测记，由省水文总站指定部分测站测记初、终霜日期、雹的粒径和最大积雪深。

1950—1977年，全市雨量站采用人工观测降水量，1950—1953年除以规定的日分界为定时观测时间外，还测记降水起止时间和记录一次降水量；1954年后雨量站改为每日7、19时观测两次，不再测记降水起止时间；1956年开始以2段制（8、20时）和4段制（2、8、14、20时）为基础，指定部分测站测记降水起止时间，报汛站按报汛任务确定观测段次。至1975年各类测站均不再测记降水起止时间。

1978年开始，全市降水量观测采用20厘米口径虹吸式自记雨量计测记，同时采用20厘米口径雨量器进行人工校核。至1984年，全市基本实现降水量观测自记化。2008年全市基本雨量站升级改造为JDZ05型固态存贮雨量计。

降水量观测仪器与蒸发观测仪器同置于专用观测场中。观测场的设置、大小和保护措施要符合规范要求。由于村镇建设和城市建设的发展，为避免观测场受建筑物遮挡，部分水文测站被迫将雨量器

(计) 迁至屋顶安装。根据比测分析，屋顶所测降水量偏小。

(五) 蒸发量

水面蒸发量观测分为陆上水面蒸发观测和漂浮水面蒸发观测。1963 年永州水文在老埠头建立第一个陆上水面蒸发量观测站，蒸发器口径 20 厘米，1975 年统一改为 E-601 型蒸发器观测。

为了探求大水体的蒸发规律，1962 年省水文总站在新田县金陵水库开展漂浮蒸发观测，搜集了大量资料，并进行了资料分析，于 1968 年 12 月停止观测。

全市现有 4 个水面蒸发站，分别为老埠头站、大路铺站、豪福站和金洞站。老埠头站设立于 1963 年，大路铺站设立于 1983 年，金洞站设立于 1995 年，江永站于 2014 年由豪福站搬迁而设立。豪福站与大路铺站同一年设立。

第四节 水文情报预报

一、水情站网

水情站是报告河流、湖泊、水库或其他水体水文要素现时情况的水文测站或气象台站，一条或几条河流、一个或多个地区的水情站组成水情站网。1951 年，老埠头站开始执行报汛任务，到 2018 年底，全市共有报汛站 624 个。

二、水文预报

永州水文预报始于 20 世纪 50 年代后期，最先在湘江老埠头水文站开展洪水预报作业。60 年代增加枯水预报和旱情分析。到 70 年代，增加祁阳水位站水位预报。到 80 年代，增加道县水文站预报。随后陆续增加江华、双牌等水文站的预报，到 2015 年底永州市境内共设立 38 个预报断面，实现了所有水文（位）站点全覆盖。预报期，从短期预报发展到长期预报，长、中、短期相结合。预报项目有降水、洪峰水位、相应流量、洪峰出现时间、洪峰预见期、超过警戒水位时间、退出警戒水位时间等。

永州水文局实施精准预报，为防汛抗灾提供技术支撑

水文预报的发布开始由湖南省水文总站担任。1959—1966 年由衡阳水文分站担任。1966 年零陵地区成立水文分站，由零陵水文分站水情室担任。1994 年成立永州市水文水资源勘测局后，由水情科担任。

水文预报使用的方法，大致经过了四个发展阶段。20 世纪 50 年代应用洪水波运动理论，探索适合湖南江河湖特点的相应水位和合成流量预报方法。二十世纪六七十年代主要研究降雨径流、单位线、流量演算（马斯京根法、纳希瞬时单位线）在水文预报中的应用。80 年代引进国内外的几种流域水文模型。90 年代重点开发水文预报服务系统，其功能有实时雨水管自动采集、传输和处理，有独立数据库支持的水情监视和预报成果分析软件，有现代水文流域模型和传统预报方案相结合的预报方案软件库。21世纪后，全市各报汛站均实现遥测系统，全市实现水信息采集现代化、水信息传输网络化、水信息处理智能化、水信息服务产品化。

水文情报预报服务效益是指水文部门及时准确向社会有关方面，包括防汛抗旱指挥机构、工矿企业、交通运输、机关学校、公共事业、城乡居民提供水文情报预报，使各方及时采取防范措施，有效地避免或减轻水旱灾害造成的直接经济损失；另一方面是有关部门及时正确使用水文情报预报获得的经济效益。如水电站根据水文预报进行合理调度增加发电量，农业部门和航运部门扩大灌溉面积和增加航运量等。但是，水文情报预报的经济效益尚无统一的评估办法，国内一般采用世界气象组织在加拿大、日本、美国等国的调研结果，洪水情报预报服务的经济效益按防洪工程减灾效益的5%~15%估算。

2017年7月2日，永州市湘江干流老埠头、冷水滩、祁阳（二）站等控制站点相继超过1976年历史最高实测水位，引发严重洪涝灾害，全市启动防汛Ⅰ级应急响应。在这次洪水过程中，永州市水文局通过网络、电话、短信等形式向各级防汛部门和相关单位发送实时雨水情信息1000余条，向社会发布蓝、黄、红色预警共6站次，发布正式洪水预报6站次。其中，2017年7月1日17时00分发布洪水黄色预警，预计湘江干流永州河段将发生超警戒水位洪水，提请沿岸相关单位及社会公众做好避险救灾工作，此次预警发布时间较洪峰出现时间提前27~37小时。2017年7月2日10时10分发布洪水红色预警，预计湘江干流永州河段将发生超历史水位洪水，提请沿岸相关单位及社会公众做好避险救灾工作，此次预警发布时间较洪峰出现时间提前10~20小时。

2017年7月2日10时30分发布湘江老埠头、冷水滩和祁阳（二）站洪水正式预报，其中，永州市水文局预计老埠头站将于7月2日20时左右出现107.30米左右的洪峰水位，与老埠头站实际出现洪峰水位的时间，峰值非常一致，预报等级达到优秀。

2017年“7·2”特大洪水中，防洪效益为98亿元，按防洪工程防护效益10%估算，水文情报预报效益为9.8亿元。

第五节　河流水环境与水质检测

水环境监测是依照水的循环规律，对水的质量、数量及影响水体质量和生态的各种自然、社会因素进行的测定、调查和分析。水环境监测是合理开发利用、管理和保护水资源的一项重要基础工作。

1987年零陵水文分站水化室成立，1991年更名为水质监测科，1996年成立湖南省水环境监测中心永州分中心，实行永州市水利局、永州市水文局双重领导，并通过国家级计量认证，获得“国家资质认定合格证书”，确立了水环境监测机构的法律地位和技术公信地位，网点监测能力得到全面提高。各级水行政部门逐步形成既管水量又管水质、监测为管理服务、管理依靠监测的新机制。

2016年1月，永州市政府常务会议批准，在湖南省水环境监测中心永州分中心的基础上，经提质改造，加挂永州市农村饮水水质检测中心牌子。永州市农村饮水水质检测中心归口永州市水利局管理，检测业务及日常运行管理由永州市水文局负责。

永州分中心主要负责水环境和水生态监测评价工作，承担永州市辖区内的主要江河湖库等水体及省、市界河流的日常监测工作；参与《湖南省水资源公报》《永州市水资源公报》编制；承担实施最严格水资源管理制度的相关技术工作，承担农村安全饮水水质的监督性检测、技术培训与质量管理工作；参与水资源监控能力建设和相关设备的维护管理；负责突发性水污染事件的应急监测工作。

一、监测项目与技术

（一）监测项目

1990—2000 年的水质监测项目按 SD127-84《水质监测规范》规定，同时将《地表水环境质量标准》（GB 3838—83）中列入的项目定为必测项目，并根据永州市主要污染物种类或不同功能水域主要污染物特征确定选测项目。2000 年永州市各类水质监测站的监测项目共 46 项。

（二）监测技术

1. 测定与分析

对规范规定应在采样现场测定的项目，使用满足精度要求的仪器测定。实验室分析技术从容量法为主发展到以仪器分析法为主，仪器分析从手工进样发展到全自动进样分析，使分析速度加快，成果质量提高。

2. 仪器设备与实验室建设

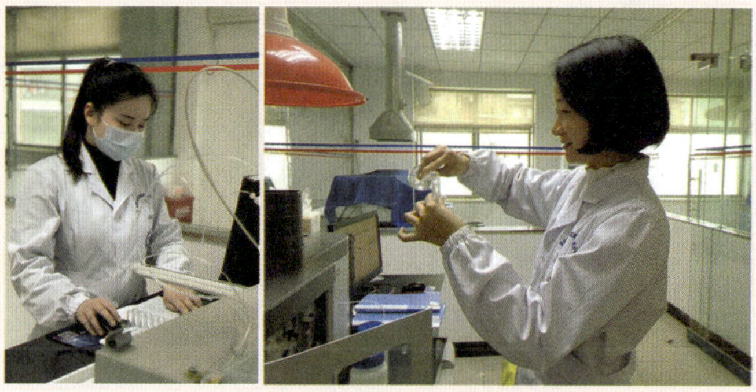
2019 年技术人员对水样进行水质测定和分析

20 世纪 90 年代初常用的仪器设备为 pH 比色计、电烘箱、分析天平、滴定管、容量瓶、比色管和刻度吸管等玻璃仪器及分光光度计等少量仪器分析。20 世纪初，配备冷原子荧光分析、原子吸收光谱分析等现代技术。2019 年，湖南省水环境监测中心永州分中心拥有大型仪器设备 15 台（套），包括连续流动分析仪、流动分析仪、气相色谱仪、ICP 光谱发射仪、离子色谱仪、液相色谱仪、气相色谱质谱联用仪、原子吸收分光光度计、原子荧光光度计、紫外及可见分光光度计等一大批自动化程度较高的大型仪器设备。各水质站只配备采样、送样、水样保存和现场分析所需的仪器设备。

分中心的实验室建设逐步完成，1993 年通过省级计量认证时，实验室面积为 200 平方米，2009 年随着永州市水文局整体搬迁到冷水滩新办公楼后，实验室面积增加到 700 平方米，并建成符合国家计量认证要求的整体实验室。设有天平室、药品室、样品室、制水室、微生物室以及多个仪器室和专业分析室，达到国家计量认证对实验室环境的要求。

二、技术标准和计量认证

（一）监测技术标准

从 1991 年起，永州水质监测中心统一执行水利部水文司、水利部水质试验研究中心下发的《水质分析方法（国家）标准汇编》。

1998 年 9 月 1 日起实施《水环境监测规范》（SL219-98）将原水质监测改为地表水监测，新增了地下水、大气降水、水体沉降物、生物监测以及水污染监测部分。

（二）计量认证

1997 年 4 月，永州水环境监测分中心获国家计量技术监督局颁发的《国家计量认证合格单位》证书。以后每三年进行一次复查换证。按照国家认证认可监督管理委员会、国家技术监督局颁布实施的《产品质量检验机构计量认证/审查认可（验收）评审准则》，永州分中心于2017年7月通过国家计量认证复查换证评审，具有进行地表水、地下水、大气及降水、生活饮用水（含天然矿泉水）、农灌用水、渔业用水、工业用水、废污水（工业废水、生活污水）、底泥质及土壤等11大类共77项参数的法定监测资质，出具的监测评价数据在水资源的统一管理、保障用水安全和监督控制等方面，具有法律效力。

三、水质评价

水质评价是根据水的用途和水的物理、化学、生物性质，按照相应的水质参数、水质标准和评价方法，对水质状况、利用价值、保护和改善水质等进行的分析评定。水质评价是水资源评价的组成部分。不同水功能区的水环境质量由水质评价确定，水质评价是保护水资源和改善水环境质量的科学依据。

从1991年起逐年开展水质现状评价，每月对监测结果进行水质评价，并上报至省中心及相关部门。每年对所属水质断面分汛期、非汛期及全年水质评价，评价标准为地表水按照《地表水环境质量标准》（GB 3838—83），地下水按照《地下水质量标准》（GB/T 14848），采用单因子评价方法。

90年代初，随着经济和社会的发展，“三度”治理相对滞后，水污染日益严重，永州市的水质状况也面临着严重的挑战，如潇水代表断面道县水文站、湘江代表断面老埠头水文站，由于生活工业污水无序排放，水质较差，大部分时间是Ⅲ~Ⅳ类，个别月份达Ⅴ类甚至劣Ⅴ类，全市重要城镇河段水质断面基本上达不到Ⅱ类及以上水质类别，主要污染物为氨氮、总磷、粪大肠菌群。2011年，中央一号文件《中共中央国务院关于加快水利改革发展的决定》下发，实行最严格的水资源管理措施，水资源管理“三条红线”，其中水功能区达标率为其中之一，永州加大水环境污染治理，随着一批污水处理工程的建成，污染企业关停并转，全市的地表水水质状况大为改观，到2018年，全市水功能区水质达Ⅱ类及以上标准为100%，水质优良。

由于永州市地下水水质站少，且监测年限只有两年，故对其不能进行准确评价，从这两年的监测情况来看，总体水质良好。

四、农村饮水水质检测

永州市农村饮水水质检测中心在湖南省永州水环境监测分中心的基础上，经提质改造后，加挂永州市农村饮水水质检测中心牌子。该中心具有国家认监委的国家级资质认定。

根据2016年1月第71次《永州市人民政府常务会议纪要》的要求，永州市成立永州市农村饮水水质检测中心，归口永州市水利局管理，检测业务及日常运行管理由永州市水文局负责。中心主要负责全市范围内农村饮水安全工程供水水质检测、监督考核，并对各县市农村饮水水质检测中心进行人员培训和技术指导等。

检测中心在2017年7月通过国家计量认证复查换证评审，具有进行地表水、地下水77项参数的法定监测资质，出具的监测评价数据在水资源的统一管理、保障用水安全和监督控制等方面，具有法律效力。在此基础上逐步实现106项水质分析指标任务建设的目标。检测中心2017年正式运行，开展农村饮水安全水质检测工作。

五、实时监测公报

从2000年起逐月发布《永州市水资源质量状况通报》，内容包括全市主要河流及重要水库的水质类别评定和主要污染物情况。

《永州市水资源公报》自2010年起逐年发布。内容包括水资源数量、质量和蓄水、供用水状况。其中水资源质量部分包括各水系水质状况、省界河流水质状况和污染事件、重要水事中的水质监测等。

2000年7月起，省水环境监测中心根据水利部发布的《重大水污染事件报告暂行办法》。永州分中心编制《永州市水文系统水污染事件应急监测预案（试行）》，确定了值班及信息报告制度。如2018年11月份东安饮用水水源地发生锑污染事件，在一个月内每天都坚持在东安县高岩水库和紫水河五坝断面取样分析锑，并每天编制《关于东安县饮用水水源地水质锑监测情况的报告》，上报省水文局和水利厅水资源处。

六、水功能区划

为实现水资源合理开发和有效保护，根据流域或区域的水资源条件、水环境状况和水体自然净化能力，结合经济社会发展对水量水质的需求，对地表水划定具有特定使用功能的水体区域，称为水功能区划。水功能区的主导功能由水资源的自然条件、开发利用现状和经济社会发展要求确定，不同的水功能区执行相应质量标准和保护目标。

《永州市水功能区划》由永州市水利局组织，湖南省永州水文水资源勘测局和湖南省水环境监测中心永州分中心承编，按照水利部下发的《水功能区划技术大纲》和水利部流域机构制定的《水功能区划技术细则》编制完成的。

《永州市水功能区划》是在《湖南省水功能区划》的基础上，做了进一步细化。《湖南省水功能区划》在永州境内划分出11个一级区和4个二级区。《永州市水功能区划》在此基础上加入更多的支流和重要水库，并进行功能区的划分，划分出一级区划93个、二级区划53个。2014年5月，永州市人民政府批准实施《永州市水功能区划》。

根据《永州市水功能区划》，永州分中心编制《永州市水量分配方案》和《永州市水功能区纳污能力核定报告》，并由市政府发文实施《永州市最严格水资源管理制度实施办法》。

第六节 水文机构

1991年8月26日，成立零陵水文水资源勘测大队，为副处级事业单位，内设机构不变。1995年4月3日，更名为零陵水文水资源勘测局。1996年4月26日，省水电厅批准成立湖南省水环境监测中心永州分中心。5月30日，由于零陵地区撤地改市成立永州市，省水利水电厅《关于湖南省零陵水文水资源勘测局更名的通知》同意将“湖南省零陵水文水资源勘测局”更名为“湖南省永州水文水资源勘测局”。

1997年9月24日，成立中国共产党永州水文水资源勘测局委员会，下设局机关、离退休、测站3个支部。归口市委农村工作部。

1998年11月5日，省水文局下发《关于成立湖南省道县水文水资源勘测队的通知》，成立湖南省道县水文水资源勘测队，为正科级事业单位，隶属湖南省永州水文水资源勘测局管理。

2002年5月13日，省水利厅发出《关于明确省水文水资源勘测局基层水文站级别的通知》，明确老埠头站、江永站、毛俊站、下马渡站、江华站、道县站、双牌站为副科级水文站。

2002年，水利部批复设立冷水滩水文站。

2002年，永州市人民政府办公室下发《关于设立东安宁远蓝山江华城市防洪水文站的通知》，要求相关县区政府、市直有关单位为满足防汛抗灾预测预报需要，在上述4个县政府所在地设立城市防洪水文站，要求县区做好安排部署，做好建站的各项准备工作，将其纳入城镇防洪建设计划。

2004年6月，双牌水文站经双牌县机构编制委员会批复，同意双牌水文站加挂“双牌县水文局”

牌子。10 月，祁阳县机构编制委员会批复，同意祁阳水文站加挂祁阳县水文局牌子。

2005 年 9 月 26 日，蓝山水文站举行蓝山水文工作座谈会暨蓝山水文站（局）揭牌仪式。

2006 年 12 月 28 日，双牌县水文局举行挂牌仪式。

2007 年 9 月，永州市人民政府复函省水利厅，同意对永州水文水资源勘测局实行双重领导管理体制。

2007 年，省水文局同意冷水滩水文站在长丰国际广场 1 区金华苑第三层购置两套住宅作为该站的生产生活用房。2010 年完成装修并投入使用。

2007 年，市水文局批复同意成立道县水文局。

2008 年，省水文局批复同意江永水文站加挂江永县水文局牌子。

2008 年 12 月 28 日，市水文局机关从零陵区迁入冷水滩区育才路 368 号办公。2009 年 5 月 15 日举行市水文局机关搬迁暨市水文局挂牌仪式。

2009 年 7 月 8 日，省水文局同意冷水滩水文站加挂永州市冷水滩区水文局牌子。

2009 年 6 月 8 日，根据省水文局文件精神，永州市水文水资源勘测局机关由原来的 6 个科室调整为 7 个，分别是办公室、计划财务科、组织人事科、监测科、水情科、水资源科、技术服务科。局机关列入参照公务员法管理。

2012 年 1 月，冷水滩站测流。

2015 年，省水文局批复成立新田县水文水资源局。

2015 年，省水文局批复成立宁远县水文水资源局。

2016 年 9 月 9 日，江华瑶族自治县编办发文，江华瑶族自治县水文水资源局挂牌。

2017 年成立城区水文水资源局。

第二章 气 象

永州市属亚热带大陆性季风湿润气候，既具温光丰富的大陆性季风气候的特点，又有雨量充沛空气湿润的海洋性气候的特征。全市各县区年平均气温在17℃～19℃，年均无霜期在290～340天，年降雨量1200～1700毫米。永州市境内主要气象灾害有干旱、洪涝、连阴雨、低温冷害、大风、冰雹、雷电、冰雪、冻害，尤以干旱、洪涝影响极广，危害最大。

第一节 天气与气候

一、气候特征

（一）气候温暖，四季分明

永州市累年平均气温为18.3℃，最高在道县、江华为18.8℃，次高在宁远为18.6℃，最低在双牌为17.9℃，次低在零陵、蓝山为18.0℃。永州市冬季最冷月1月累年平均气温为6.7℃，各县区在6.1℃～7.4℃；春季4月累年平均气温为18.5℃，各县区在18.1℃～19.0℃；夏季7月累年平均气温在28.7℃，各县区在27.7℃～29.8℃；秋季10月累年平均气温为19.7℃，各县区在19.0℃～20.4℃。气候学上以平均气温低于10℃为冬季，高于22℃为夏季，在10℃～22℃为春季和秋季。永州市一般在3月上旬入春，南部早于北部，江华、江永、道县、宁远在2月下旬至3月初入春。一般在5月上旬入夏，南部早于北部，江华、道县、宁远在5月初入夏。9月下旬至10月上旬入秋，北部早于南部，12月上旬进入冬季。永州市夏季最长，长达5个月之久，即150天左右；冬季次之，一般为3个月，即90天左右；春季、秋季较短，一般各为2个月，即60天左右。气温在一年中呈现明显的季节性变化，四季分明。

（二）光热充足，无霜期长

永州市太阳总辐射年总量累年平均为4013.7兆焦/平方米，92.9%的年份太阳总辐射年总量在3780.0兆焦/平方米以上，太阳能资源丰富；永州市累年平均年日照时数为1467.2小时，最多在江华为1658.9小时，最少在双牌为1316.0小时，属日照较丰富区，累年平均年日照百分率为33%，最高在江华为37%，江华2003年日照百分率为43%；最低在蓝山、双牌为29%，蓝山2015年日照百分率为22%。永州市日照百分率≥60%日数90～130天，累年平均最多在江华为124.4天，最少在双牌为94.1天；日照百分率<20%日数为160～200天，累年平均最多在双牌为190.6天，最少在江华为157.6天。

日平均气温稳定≥5℃是大部分植物开始萌芽和缓慢生长温度指标，永州市日平均气温稳定≥5℃时段是从2月中旬开始，南北有差异，累年平均江华、道县从2月12日、13日开始，零陵、双牌、东安则从2月18日、19日开始，北部各县到12月底终止，南部各县则1月初终止。日平均气温稳定≥5℃时段长达320天左右，全市累年平均为318天，江华、道县、江永为324天，双牌为311天。其间，积温为6200℃~6600℃；全市累年平均为6397℃，最多在道县为6583℃，最少在双牌为6194℃，相差389℃。其间，日照时数为1200~1600小时，全市累年平均为1370小时，最多在江华为1564小时，最少在双牌1210小时。

日平均气温稳定≥10℃是大部分农作物生长活跃的温度指标，永州市日平均气温稳定≥10℃时段是从3月中旬开始，到11月底终止，南北有差异，累年平均江华、宁远从3月16日、18日开始，零陵、双牌则从3月23日、21日开始，双牌、蓝山在11月25日终止，道县则12月2日终止。日平均气温稳定≥10℃时段长达250天左右，全市累年平均为254天，最长在江华为261天，最短在蓝山为249天。其间，积温为5600℃~6000℃，全市累年平均为5764℃，最多在道县为5918℃，最少在双牌为5601℃，相差317℃。其间，日照时数为1000~1400小时，全市累年平均为1215小时，最多在江华为1388小时，最少在双牌为1069小时。

日平均气温稳定≥15℃水稻等喜温作物能迅速生长，永州市日平均气温稳定≥15℃时段是从4月中旬开始，到10月底前后终止。累年平均最早在道县从4月9日开始，最迟在零陵则从4月16日开始，蓝山在10月27日终止，道县、江华则11月5日终止。日平均气温稳定≥15℃时段长达200天左右，全市累年平均为204天，最长在道县为211天，最短在零陵为196天。其间，积温为4800℃~5200℃，全市累年平均为5013℃，最多在道县为5194℃，最少在蓝山为4829℃，相差365℃。其间，日照时数为900~1200小时，全市累年平均为1053小时，最多在江华为1199小时，最少在蓝山910小时。

永州市日平均气温稳定≥20℃时段是从5月上旬末开始，到10月上旬终止。累年平均最早在江华、宁远从5月8日开始，最迟在双牌则从5月13日开始；零陵在10月1日终止，江永则10月10日终止。日平均气温稳定≥20℃时段长达150天左右，全市累年平均为149天，最长在江永为155天，最短在零陵、双牌、蓝山为143天。其间，积温为3700℃~4100℃，全市累年平均为3934℃，最多在祁阳为4083℃，最少在蓝山为3724℃，相差359℃。其间，日照时数为700~1000小时，全市累年平均为857小时，最多在江华为950小时，最少在蓝山为727小时。

日平均气温稳定通过10℃初日至20℃的终日为双季稻安全期，永州市日平均气温稳定≥10℃时段是从3月中旬开始，日平均气温稳定≥20℃时段到10月上旬终止，其间，长达200天左右。且4—10月的太阳总辐射、积温占全年的70%~80%。永州市光热丰富，生长季长，有利于农业生产的发展。

永州市累年平均无霜期为299天，最长在江华为330天，最短在新田为281天。历年无霜期最长出现在江华404天，最短出现在新田224天。

（三）春温多变，寒潮频繁

春季为冬夏过度季节，是永州市一年中冷空气活动最多的时段，由于冷暖空气交替频繁，造成春温多变。春季气温年际变化较大，3月、4月平均气温最高年和最低年相差6℃~8℃，2013年3月平均气温为16.4℃，1985年3月平均气温为8.6℃，相差7.8℃；1998年4月平均气温为21.9℃，1972年4月平均气温为15.9℃，相差6℃。“春似孩儿脸，一日有三变”说明春季晴雨和冷暖的变化无常。永州市3—4月平均有6~7次冷空气入侵，一般7~10天一次，较强的冷空气过程降温幅度在10℃以上，强冷空气入侵可达20℃以上。永州市1988年3月15—17日的寒潮过程，零陵3月14日平均气温为29.3℃，冷空气入侵后17日平均气温为2.4℃，降温幅度达26.9℃。天气变化剧烈，乍暖乍寒，寒潮频繁，容易造成倒春寒或五月低温等低温阴雨天气，永州市1988年3月15日冷空气入侵，至3月30日连续15天日平均气温<10℃，造成严重倒春寒。零陵1991年4月29日至5月13日持续15天日平均气温≤20℃，15天日平均气温仅16.1℃，较常年同期低6℃~7℃，最低日平均气温仅12.5℃，形成严重的五月低温。其中4月因冷暖空气交汇发生雷雨、大风、冰雹等强对流天气居全年之首。

（四）春夏多雨，夏秋多旱

永州市常年降水量在1100~1800毫米，全市累年平均降水量为1438.1毫米。春夏之交，雨水集中，强度大，永州市累年4—6月平均降雨量为601.7毫米，占年降雨量的41.8%，有的年份可达60%以上，2010年4—6月全市平均降水量为940毫米，占全年总降水量1539毫米的61%。4—6月为永州市的雨季，雨季期间短时降水强度大，道县2007年6月7日雨量达224.9毫米，1小时最大降雨量为59.0毫米；2008年6月8—13日连续6天降雨量为313.8毫米。短时强降水造成洪涝灾害，每年4—6月是永州防汛关键时期。

永州市雨季结束于6月底7月初，境内受副热带高压控制，久晴不雨，气温高，蒸发大，造成规律性的干旱。道县1990年7月6日—9月8日连续65天基本无雨，其间，分散降雨仅53.6毫米，形成特大干旱。宁远1998年7月14日—9月3日连续62天基本无雨，其间，分散降雨仅53.1毫米，形成特大干旱；2004年9月3日—11月4日连续63天基本无雨，其间，分散降雨只5.9毫米，形成严重秋旱。江永2004年9月7日—11月4日连续59天基本无雨，其间，仅9月18日降雨5.3毫米，形成严重秋旱。春夏雨丰，夏秋多旱是永州市气候的又一大特点。

(五) 严寒期短，夏热期长

永州市冬季虽处在冬季风控制下，但极地大陆气团经过长途跋涉才影响境内，变性甚大，寒威锐减，温度增高，水汽含量增多，故形成降水天气时，多降雨而少冰雪。以连续5天或以上日平均气温≤0℃表征严寒期，永州大部分年份没有严寒期，永州各地累年平均只有1~2天日平均气温≤0℃的严寒天气，少数年份出现5~10天严寒期，个别年份如罕见的2008年全市重度严寒冰冻，11个县区日平均气温在0℃以下连续10天左右严寒冰冻，其中零陵连续15天（1月20日—2月3日），创有气象记录以来的极大值。2008年1月下旬平均气温大部分县在0℃以下，较历史同期偏低6~7℃，创永州同期有气象记录以来最低值。2008年各县区日最低气温≤0.0℃连续日数在15~17天，零陵1月13日—2月4日连续21天日最低气温≤0.0℃，祁阳1月14日—2月8日连续23天日最低气温≤0.0℃，祁阳、冷水滩极端最低气温出现-4.2℃，造成全市重度严寒冰冻。永州各地降雪日数甚少，全市累年平均为5.1天，北部县区为8天，江永、江华只3天；年最多降雪日数零陵、双牌出现20天，南部略少，江华仅8天。永州各地冰冻日数更少，全市累年平均冰冻日为2.6天，零陵、双牌为4天，江永只2天，永州市严寒期短，冰雪少见。

永州市夏季受副热带高压控制，天气晴朗，气温高，炎热异常。全市日最高气温≥35℃的高温天气累年平均为24.2天，祁阳1998年7—8月出现了47天高温天气，宁远1998年7月27日—8月27日出现连续32天高温天气。以候平均气温大于28℃作为夏热期，永州市各县区常年7月上旬到8月中旬为夏热期，其间，长达40天左右。夏热期最长的祁阳累年平均从36候（6月下旬）开始到48候（8月下旬）结束，其间，长达65天；夏热期较短的江华累年平均从39候（7月中旬）开始到44候（8月上旬）结束，其间，仅31天；特别是江永累年候平均气温唯有44候平均气温为28.1℃，没有明显的夏热期。

二、主要气象要素

(一) 气温

永州市地处亚热带地区，全市累年平均气温为18.30℃，各县区在17.9~18.8℃。历年平均气温最高出现在道县1998年、祁阳2007年、2013年19.6℃，最低出现在江华水口1984年16.7℃。南部高于北部，盆地高于山区。

由于太阳辐射和季风环流的影响，永州市气温呈现出年周期变化，有着明显的季节性，冬季是冬季风盛行的时期，最冷月全市累年1月平均气温为6.7℃，南部高于北部，道县、江华累年1月平均气温为7.4℃，零陵累年1月平均气温为6.1℃，南北相差1.3℃，零陵1977年1月平均气温出现1.5℃。

冬季是一年极端最低气温出现的时段，常年各地极端最低气温在零度以下，气象记录中极端最低气温出现的时段，常年各地极端最低气温在0度以下，气象纪录中极端最低气温祁阳1977年1月30日出现-8.4℃，江永199年12月23日出现-7.7℃。春季是冬夏过渡期，气温暖和，全市累年4月平均气温为18.5℃，南部高于北部，江华累年4月平均气温为19℃，零陵、东安、双牌累年4月平均气温为18.1℃，南北相差0.9℃。4—5月升温明显，是春暖转夏热的时段。夏季是夏季风盛行的时期，最热月全市累年7月平均气温为28.7℃，北部高于南部，祁阳累年7月平均气温为29.8℃，江永累年7月平均气温为27.7℃，南北相差2.1℃；2003年7月平均气温出现32.4℃。夏季是一年极端最高气温出现的时段，极端最高气温在36℃~38℃以上，有的年份最高可达40℃以上，气象记录最高在零陵1951年8月7日43.7℃，其次在祁阳2003年8月3日41.7℃。秋季是夏冬过渡期，气候凉爽，全市累年10月平均气温为19.7℃，江华累年10月平均气温为20.4℃。双牌累年10月平均气温为19℃，南北相差1.4℃。10—11月降温明显，秋凉转冬寒。

永州市气候大陆性较强，全市累年平均气温年较差为22.1℃，祁阳最大23.4℃，江永最小20.5℃，北部大于南部，盆地大于山丘。由于盆地特殊地形造成的局地气候，盆地气候年较差比周边地区大；同时这种特殊地形也影响气温日变化，造成盆地气温日较差比周边地区小。永州市累年平均气温日较差为7.7℃，各地在7℃~8℃，南部大于北部，江华2010年2月11日气温日较差高达25.8℃。气温日变化也具有显明的季节性，在一年中盛夏初秋最大，秋春次之，冬季最小。

（二）降水

永州市处在东亚季风气候区，受季风环流影响明显，加之地形复杂，降水时空分布不均。全市累年平均降水量为1438.1毫米，蓝山最多为1595.4毫米，冷水滩最少为1302毫米。全市各县区大部分年份降水量在1100~1800毫米，南部多于北部，山区多于平丘；年降水量最多蓝山2002年出现2376.7毫米，年降水量最少双牌2011年出现813.3毫米。

永州降水量年际变化大，蓝山2002年降雨量2376.7毫米，2003年降雨量1138.8毫米，上下相差一倍多；新田2002年降雨量2311.2毫米，2011年降雨量仅892.0毫米，相差1419.2毫米，最少年还不到最多年的40%。

永州每年降水主要集中在春夏两季，累年3—8月平均降雨量为1016.6毫米，约占年总雨量的70%，秋冬两季（9月至次年2月）占30%。尤以春夏之交4—6月降水最多，累年4—6月平均降雨量为601.7毫米，占全年总量的41.8%，具有明显的“五月峰”特点。雨季一般开始于3月中下旬，结束于6月底7月初。降水的分布和强度直接影响到旱涝分布，降水集中造成洪涝，降水稀少造成干旱。永州市4—8月是全年多雨期，其间，都有可能出现强降水过程，造成洪涝灾害，尤以主汛期4—6月降水最为集中，永州市多数年份在春夏之交有洪涝出现。相反，雨季结束后的夏秋季节里，多数年份由于副热带高压的控制，气温高，降水少，蒸发大，造成境内的夏秋干旱。境内降水前多后少的分布造成前涝后旱，是永州市降水分布的主要特征。

永州市累年平均雨日（日降水量≥0.1毫米）为161天，最多在蓝山为185天，最少在江华累计为152天；历年雨日最多出现在蓝山1970年为227天，最少出现在江华2003年为122天。上半年雨日比下半年多，雨日最多的月份出现在3月、4月。

永州全市各县区累年平均暴雨日（日降水量≥50毫米）为4天，历年暴雨日数少则2~3天，多则9~10天，新田2002年出现暴雨12天。全市80%的暴雨出现在4—8月，南部多于北部。一日最大降水大部分年份在100毫米以上，有的年份大于200毫米，蓝山2002年7月1日为200.3毫米，道县2007年6月8日为224.9毫米。

（三）太阳辐射与日照

2012年湖南省气候中心根据中华人民共和国气象行业标准QX789208《太阳能资源评估方法》对永

州市（台站号：57866）太阳能资源进行评估，2012 年 1 月发出《评估报告》指出：永州市 1954—2010 年日照时数在 1280. 1～2172. 4 小时，气候平均年日照时数为 1465. 1 小时，属日照较丰富区；各月 30 年平均日照时数在 46. 7～237. 8 小时，其中 5—12 月日照时数均在 100 小时以上。1958—2010 年日照百分率在 27%～63%，气候平均值为 33%；各月气候平均日照百分率在 15%～57%，5—12 月日照百分率在 30%以上，7 月、8 月在 50%以上。

永州全市累年平均日照时数为 1467. 2 小时，最多江华为 1658. 9 小时，最少双牌为 1316 小时。历年日照时数最多零陵 1963 年出现 2172. 4 小时，最少江永 2015 年出现 835. 2 小时。常年夏秋较多，冬春较少，累年 7 月、8 月平均日照时数分别为 229. 7、197. 9 小时，累年 2 月、3 月平均日照时数分别为 49. 3、57. 7 小时，不足 60 小时。永州市各县区累年平均日照百分率为 32%，最高江华为 37%，最低双牌为 29%。日照百分率夏秋大于冬春，7 月、8 月最大，2 月、3 月最小。累年 7 月、8 月平均日照百分率分别为 55%、50%，累年 2 月、3 月平均日照百分率均为 16%。

（四）湿度和蒸发

永州市累年平均水汽压为 17. 9 百帕，南部大于北部，最大在道县、江永为 18. 2 百帕，最小在零陵为 17. 3 百帕，次小双牌为 17. 6 百帕。年平均水汽压最大出现在江永 2015 年 19. 5 百帕，最小出现在双牌 2011 年 15. 4 百帕。

水汽压呈现明显的年周期变化，1 月最小为 8. 0 百帕，之后逐月增大，7 月最大为 28. 6 百帕，之后逐月减小。最大水汽压多出现在夏季，最小水汽压多出现在冬季，极端最大水汽压出现在冷水滩 1998 年 9 月 26 日 49. 9 百帕，极端最小水汽压出现在江华 2005 年 12 月 21 日 1. 2 百帕。全市累年平均相对湿度为 78%，上半年大于下半年；极端最小相对湿度出现在东安 2004 年 2 月 14 日 5%。

永州市累年平均蒸发量（小型蒸发）为 1471. 6 毫米，最大在江华为 1764. 1 毫米，最小在东安为 1371. 6 毫米，年蒸发最大出现在江华 1990 年 2299. 1 毫米，最小出现在零陵 1952 年 1018. 8 毫米。一年中夏季蒸发最大，冬季最小，秋季大于春季；夏秋季节蒸发大于降水，易造成干旱。

三、气象灾害

永州市气候要素时空分布不均，山区高差悬殊，立体气候明显，水热分布差异大，局部小气候复杂，气象灾害繁多。暴雨洪涝、高温干旱频繁，“三寒”明显，雷雨、大风、冰雹年年成灾，积雪冰冻偶有发生，及其诱发的气象次生灾害如山洪、泥石流、地质灾害、渍涝、森林火灾等连年不断，给人民生命财产和社会经济建设造成巨大损失。

（一）暴雨洪涝

永州市春夏之交的主汛期（4—6 月）降水占全年总量的 40%以上，有的年份可达 60%，是永州市的雨季。80%暴雨出现在 4—8 月，60%以上暴雨出现在 4—6 月，降水集中。4—6 月是防汛的关键时期。另外，8 月份由于受台风的影响，也是个多暴雨时段。

永州市的暴雨洪涝灾害主要是以山洪灾害形式出现，短时内雨水集中，暴雨多，强度大，加之山地丘陵，坡陡径流迅速，容易形成山洪水灾。境内山地如越城岭、都庞岭、萌渚岭及阳明山东部是山洪暴发的易发地点。境内出现洪涝的频率为 50%～60%。永州近 40 年特大洪涝年有 1976 年、1994 年、2002 年、2010 年。其中 2002 年降水特多，年降水总量全市在 1790～2376 毫米，大部分县区刷新气象记录极大值；与历年同期比，全市年降水较常年偏多 3～5 成；雨季开始普遍于 3 月上旬，春夏多涝，秋雨明显，潇水流域出现“6 次洪峰”。

（二）高温干旱

永州市在雨季结束后的夏秋季节，由于副热带高压的长期控制，常伴有高温酷热天气，高温天气以日最高气温≥35℃来表示，多出现在7—8月。全市累年平均高温日数在20天以上，最多有60多天，最长连续天数可达一个月以上。

天气久晴不雨，高温炎热，南风大，蒸发强烈，常造成不同程度干旱，旱期频繁，秋旱多于夏旱；永州境内发生干旱的频率高于洪涝，为60%~70%。新中国成立后，永州市特大干旱年份有1962—1963年冬春夏三季连旱、1989—1991年出现连续三年大旱、1998—1999年夏秋冬春四季连旱、2003年夏秋连旱。其中1998年7月—1999年3月连续9个月降水偏少，其间，降水仅为345.1毫米，较常年同期偏少6成，为同期气象记录最少值，出现罕见的夏秋冬春四季连旱。

（三）积雪冰冻

低温积雪冰冻是永州市冬季危害较大的灾害，有50%~60%的年份有冰冻发生。最长的连续冰冻可达20天以上，连续积雪可达7天以上，最大积雪深度出现在零陵2005年1月13日20厘米。

1990年1月31日—2月4日，全市大雪，积雪深度6~10厘米，冰雪持续7天，是1969年、1977年后的又一次大的冰雪灾害。

1999年12月21—27日永州市出现最强霜冻，由于寒潮影响，造成长时间的霜冻天气，极端低温为-7.7℃~-2.8℃，低温强度大，时间长，造成严重冻害。

2008年初永州市出现特大低温雨雪冰冻灾害。2008年1月11日开始，永州出现雨雪天气，13—17日出现冰冻，日均气温≤0°度的严寒天气有4天，.20日开始，冰冻严寒加强并持续，普遍在9天以上，形成全市性强冰冻严寒期，零陵连续冰冻严寒日数达15天（1月20日—2月3日），突破有气象记录以来的极值（1954—1955年连续冰冻10天），冰冻最大直径均在10毫米以上，其中零陵达到58毫米（仅次于1974年2月1日的59毫米），其中1月下旬平均气温在0°C以下，较常年同期偏低6℃~7℃，创同期气象记录最低，1月31日—2月2日又出现全市性大暴雪天气过程。

第二节　气象服务

1963年初零陵专区从衡阳专区分离出来，成立零陵专区气象台，承担本辖区内长、中、短期天气预报和灾害性天气预报、警报的制作、发布和服务工作。

20世纪50—70年代，灾害性天气的发布传递方式基本是从最早的专人送取、口头报告、悬挂风信信号、电话、电报、各级广播电站广播、报纸刊登和书写天气预报牌等方式传递。80年代，运用电视天气预报、甚高频电话发布。随着计算机的普及和微机远程传输网络的建立，1993年永州市气象局开通省—地数字信道，市级气象预报服务系统开通至市党政领导部门的气象服务终端，提高天气预报、警报等各类气象信息服务的时效。2004年底“永州气象信息网”建成运行。2005年，随着气象短信业务的开通，重大气象信息更多地通过手机短信形式发布、传送；2010年后永州市气象部门先后建立山洪预警系统、灾害性天气预警（发布）系统，实现省、市、县重大灾害性天气预报警报服务快速响应三级联动。

一、天气预报

永州市气象台根据科学仪器获得的气象观测资料，应用天气学、动力气象学、统计学的原理和方法，对区域或地点未来一定时段的天气状况作出定性或定量的预测，并制作发布永州市范围内的短时、短期、中期和长期天气预报。

（一）短时临近天气预报与预警信号

短时临近天气预报是以天气雷达为主要工具，参考卫星云图和其它技术方法制作时效在12小时内的天气预报，重点是预报强降水和强对流天气。预报可能发生的暴雨、冰雹、雷雨大风等灾害性天气，并发送预警信号。2006年3月建成投入运行的新一代天气雷达，从根本上改善永州市的大气探测水平，提高对中小尺度暴雨、强对流等灾害性天气的监测、预报、警报能力，及时捕捉降雨云团，科学指挥人工增雨抗旱作业，对重大灾害性天气的防范能力得到进一步提高，便于防汛调度决策，有效防止或减少气象灾害损失。

（二）短期天气预报

通用的公众天气预报中，短期（即时效为12小时至3天）天气预报是最早开始制作发布、应用最为广泛的一种天气预报。1963年，零陵气象台开展天气预报业务，其后随着预报时效提高，逐渐延长预报时段，2002年，实施“7天城市天气预报”业务，延伸期专项天气预报达到10天以上。

20世纪60年代后期，零陵地区气象台学习省地气象台分片预报方法，制作分县预报。70—80年代，以天气图为基础归纳天气过程，建立模式、寻找指标，取得了一批成果，提高短期天气预报准确率。特别是对天气图进行分型建模，建立全区（市）低槽切变型（一、二类）、西南低涡型、倒槽类、切变类等暴雨天气图形指标，用以指导日常业务。90年代后期，“9210工程”建成和MICAPS预报工作平台推广应用后，各种时次、层次的天气图能够随意在计算机屏幕上调阅，逐步停止自绘天气图。

2000年以后，随着网络信息技术的发展与使用，MICAPS预报工作平台升级为MICAPS4.0，预报所需的各类数值产品、实况资料更为丰富多彩，可操作的分析工具、手段更为多样化。加之雷达回波与卫星云图的应用，物理量诊断方法、客观定量预报方法和集合预报方法的广泛应用，使短期天气预报更加科学、及时、准确。

（三）中期天气预报

永州市气象台对外定期发布周报、旬报和根据领导机关、相关部门的要求，不定期制作某时段内逐日要素预报或某种灾害性天气与重要天气的中期预报，以书面或电话形式发布。

20世纪50—60年代，零陵地区气象台发布中期天气过程预报主要根据天气学原理，用“经验加外推”的方法制作，旬趋势预报常用历史演变、前期特征、相关相似、方差分析和多因子综合等方法制作。70—80年代，随着计算机技术的引进，长波理论和各种波谱参数及数理统计方法、数值预报的广泛应用，地区气象台采用欧洲中期天气预报中心213波、31层全球谱模式，日本72~192小时预报模式，国家气象中心42波、9层谱模式等提供的数值预报产品，接收国家气象中心的100百帕、200百帕、300百帕、热带200百帕和热带地面天气图，中期天气过程预报准确率有所提高，其中降水过程预报准确率1990年达72.6%。1991年6月，中国中期数值预报业务模式升级为北半球谱模式，可以较好的制作北半球5天预报。1997年6月，中国中期天气预报业务模式又一次升级，能每天做全球10天天气预报，有力地促进市气象台中期天气预报准确率的提高。2010年以后，市气象台发布的延伸期预报时效已达15天以上。

（四）长期天气预报（短期气候预测）

长期天气预报一般指时效在10天以上、一年以内的天气预报，现在又称短期气候预测。长期天气预报一般只向党政领导机关和有关部门报送，作为指挥生产和防灾减灾的参考依据，不向社会和公众发布。1963年，永州市气象台开始制作和发布一个月的长期天气预报，特别注重制作和发布汛期、春播期天气预报。

（五）预报业务现代化建设

永州市气象局天气预报业务现代化建设始于天气雷达站等探测手段的现代化，计算机技术在气象部门的推广应用促进天气预报业务现代化的进程。

1. 天气雷达站建设

1979年中央气象局投资在零陵地区气象局院内筹建零陵天气雷达站，开展时效在12小时以内的短时天气临近预报。1980年3月建成并投入业务使用，波长为3厘米的711型天气雷达。1981年9月改换成713型天气雷达，并明确该雷达站属国家级雷达站网，担负国家级和省级站网任务。1995年初零陵天气雷达完成数字化改造。1996年4月改名为永州市天气雷达站。

2000年永州市立项筹建永州新一代天气雷达——多普勒天气雷达，10月10日雷达塔楼破土动工，2005年8月23日竣工验收，9月18日雷达吊装，2006年3月16日，中国气象局专家组通过现场测试，17日投入业务运行。2014年2月24日至28日湖南省气象装备中心、北京敏视达雷达有限公司、永州雷达站组成的联合工作小组，对永州新一代天气雷达数字中频进行升级改造。

永州新一代S波段多普勒天气雷达可以监视半径为400公里范围内的台风、暴雨、飑线、冰雹、龙卷等大范围强对流天气，对雹云、龙卷气旋等中小尺度强对流天气现象的有效监测和识别距离可达230公里，可在距离雷达150公里处识别雹云中尺度为2~3公里的核区，或判别尺度为10公里左右的龙卷气旋，增强对暴雨、冰雹等灾害性天气的监测和预警能力，进一步提高降水预报的时间、空间分辨率，实现降水预报的定点、定量、定时化，为社会经济发展和人民生活水平提高提供更好的气象预报服务。

2. 其他气象设施和系统建设

1980年零陵地区气象台及各县站开始先后装备传真收片机，接收北京气象卫星中心加工处理的卫星云图概略图和无线传真天气图，以及省气象局提供的预报产品和图表信息，以天气图方法独立制作短期天气预报。1984年起地区气象台和各县站推广使用PC-1500袖珍计算机、苹果、长城微机等。

1993年对市气象台天气预报会商室进行第一次改造，图形图像自动化显示系统初步建成，为预报产品输出和气象服务自动化打下基础。

1998年“9210”工程建成后，72小时以内的短期天气预报，由最初的以天气图为主的预报手段发展成天气图、雷达回波、卫星云图、物理量诊断、客观定量等综合预报方法。市、县气象台站的客观定量预报方法，是接收省以上气象台提供的数值预报产品作指导，并从本地预报方法中优选好的预报指标因子与之相结合，使预报向客观定量方向发展。3~10天的中期预报由最初的实践经验延伸发展成天气学、统计学、动力学的综合运用，预报方法从初期单纯的天气图加经验的主观定性预报，逐步发展为采用气象雷达、卫星云图、计算机等现代化装备的客观定量预报，使预报准确率越来越高，服务面越来越广。

2005年市气象台按新预报业务流程进行第二次会商室改造，市级预报实时业务系统初步建成。2008年底市气象台天气预报会商室进行第三次改造，提高市气象台天气预报的客观自动化水平。在此基础上，研制开发永州市适用的客观预报方法、数值模式产品释用预报方法，将预报对象扩展到全市11个县气象站点的日最高、最低气温和平均气温。

新一代市级天气预报业务系统包括6个子系统：通信网络子系统、信息存贮子系统、信息加工处理子系统、综合分析预报子系统（包括人机交互系统、业务预报工具系统、实时天气监视系统、客观预报业务系统、综合集成系统）、产品分发子系统、预报业务监控子系统。

2002年10月，道县自动气象站建成ZQZ-CⅡ2型自动气象站并投入运行，到2020年底，全市共有地面气象观测站11个、国家级自动气象观测站11个，22套国家级自动气象观测设备以一主一备方式24小时不间断运行。

2006年2月14日，永州市政府召开97次常务会议，对永州市中小尺度灾害天气自动气象监测站网建设问题进行研究部署。4月5日，市政府下发《永州市人民政府办公室关于加快永州市中小尺度灾

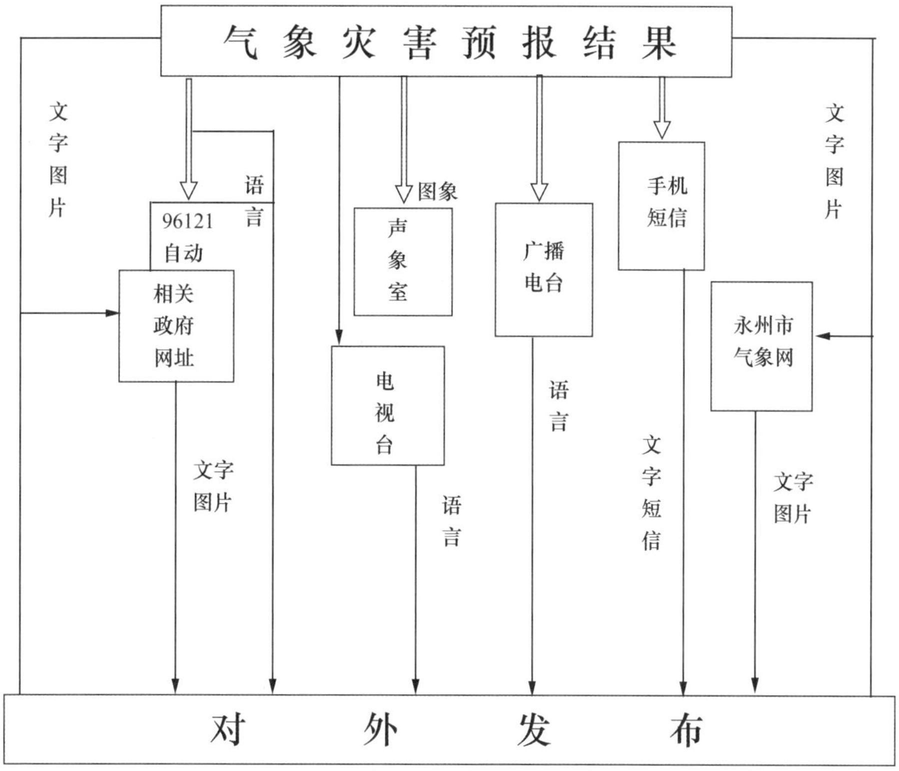

永州市气象台2015年气象灾害预警信号发布流程图

害天气自动气象监测网建设的通知》。8月15日，江华瑶族自治县率先启动中小尺度灾害天气自动气象监测站网建设。到2020年，永州市共有区域自动气象观测站364个，其中骨干站32个。按观测要素分，其中雨量站166个、温雨站148个、多要素站50个。

2011年在冷水滩区伊塘镇柑橘示范场建设1个固定地段自动土壤水分观测站，到2020年，永州市共有自动土壤水分观测站5个。

二、决策气象服务

永州市气象局始终把为党政领导决策的气象服务作为气象服务的重中之重，以重大灾害性天气预报警报服务、重要季节气象服务、重点工程建设等气象服务为核心，以天气预报、气象情报、气候分析、农业气象等为主要内容，以长期天气预报、中期天气预报、专题天气报告、灾害性天气警报、天气气候公报、农业气象情报、预报等形式做好决策气象服务工作。

决策气象服务的重点是重大灾害性天气预报警报服务。2003年永州市政府制定《永州市突发性气象灾害预警应急预案》，明确气象部门职责：负责灾害性天气气候的监测、预测预报和警报的发布，及时提供气象服务信息；为各级政府启动和终止实施预案、组织气象防灾减灾提供决策依据和建议；负责气象灾害信息的收集、分析、评估、审核和上报工作；组织实施人工影响天气作业。

2005年12月7—8日，永州市气象局编制的《永州市防汛抗灾信息系统》。

2011年永州市编制《永州市气象灾害应急预案》《永州市气象灾害防御规划》。

2013年4月10日，永州市气象防灾减灾指挥部成立，由市委、市政府分管领导任政委和指挥长，市委办、市政府办、市直及中央、省驻永39个单位为成员，指挥部办公室设在市气象局，市气象局局长任副指挥长兼办公室主任。

（一）山洪和地质灾害气象预警预报

2005年永州市气象局与市国土资源局合作研发地质灾害气象预警预报系统并投人试运行，2006年对系统进行升级和完善，将地质灾害的气象等级预报精确到乡镇和易发点。

2006年市气象台发布地质灾害预警讯息18期，成功预报3次较大的地质灾害事件：5月6日双牌县上梧江乡平漯村的山体滑坡；5月25日道县驷马桥镇卜石塘村泥石流；7月14日江华瑶族自治县小圩镇练江村韦家寨和双牌县茶林乡白水岭村山体滑坡等地质灾害。特别是5月25日，道县驷马桥镇卜石塘村地灾监测员在接到预警信息后及时到灾害易发点巡查，发现前兆，并迅速报告险情，当地政府和国土资源部门立即组织群众撤离，112名村民免受灾害危害。此次地质灾害的成功预警得到多家媒体的关注和报道，2006年6月10日《中国气象报》以《湖南道县成功地预防了一起地质灾害》为题进行报道。

2006年下半年至2007年市气象局在灾害性天气和地质灾害易发区建成自动气象站网点和中尺度数值天气预报系统网点186个。

2007年3月至2008年3月，永州市气象局、冷水滩区气象局和冷水滩区民政局的科技人员合作研究开发“冷水滩小流域及山洪地质灾害动态评估系统”，为政府部门开展防灾减灾工作提供技术支撑并取得明显的社会经济效益。该系统2009年获得冷水滩区科学技术进步二等奖、永州市科学技术进步三等奖。

（二）重大防汛气象服务

1994年6月12—14日，全区普降暴雨、大暴雨，平均雨量200毫米以上，暴雨中心江华瑶族自治县5天降雨548毫米，潇湘流域大小支流河水陡涨。地区气象台提前做出准确预报，地区防汛办请示省防指对双牌水库进行科学调度，提前开闸预泄，减轻库区和下游的防洪压力。南津渡大桥施工单位铁道部16工程局接到预报后，及时抢救设备物资，避免20万元的经济损失。在建的宋家洲水电站及时转移大坝上的物资，避免50万元的损失。南津渡水电站采取腾空库容，使其所属29台抽水设备和库区淹没区免受损失。据统计，这次预报服务取得经济效益3000多万元。

2002年6月13日，市气象台发布“未来4~5天全市降雨比较集中，有连续性大到暴雨、局部有大暴雨”的预报，通过电话、传真向市防指和市委、市政府有关领导报告，并在永州电视台及时向社会公众发布汛情。市气象局干部职工通宵达旦坚守工作岗位，密切注视天气变化，认真分析各种天气图表，积极参与市县防汛工作会商。在强降雨来临时，市气象台每小时向市防指提供一次天气形势分析报告和雨情资料。市防指根据天气分析报告和雨情资料，经请示省防指同意将双牌水库大坝11孔闸全部打开提前泄洪，从而减轻双牌库区洪涝的压力；同时组织沿河两岸群众迅速转移，确保无一人员伤亡。

6月17日夜间，广西灌阳、全州出现大暴雨，近6000个流量的洪峰进入湘江与潇水洪峰汇合，市气象台经过认真会商分析，18日下午做出“潇水上游各县19—20日为阵雨天气，21—23日为晴热高温天气”的专题预报，并向市委、市政府领导和市防指作出汇报。当天晚上，市气象局根据雨情和卫星云图雷达回波等资料，在市防汛会商会议上进一步确定上述预报结论。市防指通过认真研究，做出关闭潇水上双牌水库部分闸门，减少泄洪量，使潇水、湘江两股洪峰错开的决策。这次潇湘两水洪水调度，使老埠头洪峰水位降低0.9米，减少下游受灾人口1.1万人，减少被淹农田5万亩，避免9万平方米房屋受淹，挽回经济损失5300万元，时任湖南省委书记杨正午对此给予高度评价。

6月29日20时至7月2日08时，永州市再次发生大面积持续强降雨，其中6月30日20时至7月1日20时仅24小时的降雨量全市11个县区平均为99.4毫米，南部道县、蓝山、江永三县降水量分别为194.6毫米、200.3毫米、172.9毫米，均突破同期历史纪录，防汛形势非常严峻。6月28日市气象台发布强降雨警报，并向市防指和有关市领导每天两次提供天气形势分析报告和每小时一次雨情报告。

市防指根据预报和雨情又做出“腾库迎峰”的决策，有效削减洪峰高度。7 月 1 日，宁远县又传来险情，潇水仁和坝翻板闸门不能开启，导致洪水漫坝，坝上滚水 3 米多高，随时有垮坝的可能。市防指做了最坏的打算——炸坝泄洪。7 月 2 日市气象台分析卫星云图、雷达回波等资料，发现雨势有减弱趋势，马上向市委、市政府领导和市防指汇报，市防指决定将炸坝的时间往后推迟，集中力量开启仁和坝翻板闸门。经过几个小时的苦战，仁和坝翻板闸门终于被打开，仁和坝保住了。

永州市气象局在 2002 年抗洪抢险中做出重要贡献，被省、市政府分别授予“抗洪救灾先进集体”称号。

2007 年 6 月 6—9 日，受西南暖湿气流和地面冷空气共同影响，永州市普降暴雨，局部出现特大暴雨。暴雨中心区在九嶷山、都庞岭、萌渚岭和阳明山一带。全市平均降雨量 124.5 毫米，其中道县 227 毫米，宁远 203.8 毫米。过程雨量超过 300 毫米的暴雨点有道县水文站（347 毫米）、驷马桥（344 毫米），蓝山黄瓜山（317 毫米）、大芒营（311 毫米），宁远丑冲（315 毫米）。道县的泡水河和宁远的九嶷河出现百年不遇的洪水。湘江老埠头水文站 8 日 13 时出现 106.60 米的洪峰，超警戒水位 4.6 米，流量达 12300 立方米/秒，是 1976 年（107.18 米）以来最大的洪水。这次暴雨过程，市县气象台提前 36 小时发出暴雨警报，并通过传真、电话、96121 音讯系统、手机短信、电视飞播等手段向党政领导、防汛指挥部及广大市民进行汇报和播发，还通过互联网将 6 分钟扫描一次的多普勒天气雷达资料、半小时一次的卫星云图和一小时一次的中小尺度雨情资料及时传送到市防汛指挥部。市气象局积极参加防汛会商，将强降雨范围预报到具体区域，锁定强降雨集中区和重点受灾区，增强市领导防汛抢险救灾决策的针对性，全市没有垮一库一坝，没有出现群死群伤事件。

2008 年 6 月 8 日至 13 日永州市出现大范围的连续性暴雨过程，根据中小尺度雨量监测点的雨量报告，过程雨量超过 300 毫米的有 9 个站，雨量超过 200 毫米的有 54 个站，雨量在 100~200 毫米的有 132 个站，双牌水库出现建库以来的最大洪水。同时广西北部也出现超强降雨，两股洪水汇合于永州市零陵区，潇湘两岸形势非常严峻。永州市气象台认真分析卫星云图和多普勒雷达回波资料，将降雨范围、时段、强度预报细化到具体区域，争取防汛抗灾的主动。市防汛指挥部根据气象部门的预报和建议，启动防汛应急 I 级响应预案，调度双牌水库、涔天河水库先后提前开闸泄洪，腾库迎峰错峰。同时充分发挥建成的 1189 个村级手机短信息气象预警服务系统的作用，由责任人向当地群众报告汛情，紧急撤离转移群众 38.76 万人，解救围困群众 60000 余人。

2010 年 6 月 20 日 0 时至 8 时发生的强降雨，引发永州市重大洪涝灾害。此次强降雨时间主要集中在凌晨 1 时至 6 时，地点主要集中在双牌县阳明山区一带，最大降雨站点双牌茶林 149.6 毫米，其中 6 小时内达到 140 毫米。凌晨 3 时 20 分，双牌县茶林乡全药冲村发生特大泥石流灾害。由于预报预警及时准确，乡村干部组织转移群众 65 人，创造重大地质灾害防治“零伤亡”奇迹。

2012 年 6 月 11 日受高空低槽和中低层切变线共同影响，全市出现入汛以来最强的降水。据区域站网资料显示，11 日 0 时至 23 时，降雨量≥100 毫米的站 17 个，最大降雨量出现在祁阳的金洞林场（182.3 毫米）。市气象台在 6 月 8 日提前 3 天发出预警，发布暴雨黄色预警信号 10 次、暴雨橙色预警信号 3 次、暴雨红色预警信号 3 次，市局气象科技服务中心向公众外呼发布预警信息达 20 多万人次。永州市气象局获评 2012 年全国重大气象服务先进集体。

2013 年 5 月 15 日夜间到 16 日凌晨江永县古调村 2 小时降水量达到 216.3 毫米，村庄进水，部分房屋倒塌、道路损毁、农田被淹。市、县气象台提前发布暴雨红色预警短信，江永县委、县政府及时组织古调村群众安全转移，全村没有人员伤亡事故，灾害损失减少到最低程度。

2015 年 11 月下旬，永州等地湘江上游地区出现历史罕见的冬汛，永州老埠头水文站洪峰水位达 108 米，超警戒水位 3 米。道县气象局两次启动应急响应，提前作出预报预警，确保人员和物资安全转移。道县气象局获湖南省气象局授予的“2015 年重大气象服务先进集体”称号。

2016 年永州市发生大范围洪涝灾害，市气象部门共发布气象灾害预警信号 702 站次、农业气象灾害预警 25 期、农业气象灾害评估 21 期，发布气象灾害预警信息短信 30 余万条。市气象局获“永州市抗洪抢险先进集体”称号，2人次分别获评省、市抗洪抢险先进个人。

（三）抗旱气象服务

1989年7月初雨季结束后，零陵地区连续出现高温晴热少雨天气，普遍受旱，尤其南六县6—12月降雨量比常年偏少5~6成，出现夏秋冬三季连旱，其持续时间，影响范围和受害程度均为近百年所罕见。零陵地区气象台1988年12月就对这次特大旱灾作出预报，对1989年汛期天气预报中明确指出“8—9月降水将显著减少，全区有明显的干旱发生”。5月地区气象台发布干旱专题预报“雨季将在6月下旬结束，7—9月总雨量偏少，夏秋干旱明显，属大旱年”，建议加强蓄水和科学用水。地委、行署根据气象预报及时召开专题会议，及早采取抗旱措施，全区节约用水1亿立方米，减少粮食损失0.5亿公斤，直接经济效益4000余万元。

1991年4—7月零陵地区出现大旱。地区气象台年度天气预报提出“夏秋将出现全区性的干旱，要作好抗大旱准备”“部分晚稻改种旱粮”的建议并被地委、行署采纳，全区改种“二秋”作物3.33万公顷，经济效益3500万元。同时，全区气象部门积极开展人工增雨，增加蓄水3500万立方米，缓解农作物旱情8万公顷，经济效益达3000多万元。

1992年旱涝转换的决策气象服务。该年5月中旬至6月中旬，零陵地区部分县市发生干旱，行署计划调运物资组织抗旱。6月12日地区气象台预报“目前我区雨季尚未结束，6月中旬降水偏多”。行署据此重新决策和部署。结果6月14日至7月6日大部分县市降水比常年多3成以上。冷水滩市6月14—15日发生特大暴雨，岭口中型水库超警戒水位，地区防汛指挥部考虑炸涵闸泄洪，地区气象局预报雨区已经南压，该水库流域24小时内不会再有超过30毫米的降水，建议不炸涵闸。地区防汛指挥部取消炸涵闸泄洪方案，改为蓄水抗旱，这次旱涝转换的决策气象服务，创造2000多万元的经济效益。7月中旬至11月，全区11个县市实施高炮人工增雨，创造直接和间接经济效益2500多万元。

1998年6月长江流域出现特大洪涝，强降雨区覆盖湘北湘中，并不时南北摆动，永州市时有强降雨发生。省防指要求永州市加大泄洪力度，确保水利设施安全度汛。市气象局集中预报骨干，认真研究分析天气状况，承受着泄洪的巨大压力，做出“永州市雨季即将结束，进入晴热高温期，有夏秋干旱”的预报，6月28日成功预报雨季结束前最后一次较强降雨过程，并提出加强蓄水的建议。市防指采纳市气象台建议，经请示省防指同意，非但没有泄洪，还加大蓄水力度，使全市较常年同期多蓄水1.6亿立方米。1999年4月27日，市委书记邹金鹭称赞市气象台1998年准确的雨季结束预报和干旱趋势预报，为市委在关键时刻作出保水抗旱的决策提供科学依据。1998年永州市气象台荣获“全省重大气象服务先进集体”称号。

2003年6月底至7月初永州雨季结束，出现长时间高温少雨天气，形成严重干旱。7月全市月雨量偏少8成以上，新田县滴雨未下。8—11月降水持续偏少，大多数县市偏少5成左右，严重的夏秋连旱长达100多天，干旱高峰期全市有85%的面积受灾。市县气象局根据年度气候预测，在防汛紧张时刻，向市防汛抗旱指挥部提出后段可能发生干旱，做好防暑降温、节水抗旱以及适时开展人工增雨的建议。7月下旬起，全市出动高炮52门次、火箭18架次，作业80次，累计增雨2.5亿立方米，有效缓解旱情。市委、市政府授予市人工影响天气领导小组办公室“防汛抗旱先进集体”称号。

三、人工影响天气

（一）发展历程

1959年宁远县采用发射土火箭的方法进行人工增雨试验。1960年祁阳县气象站牵头与有关单位协作，在早稻育秧期间用燃烧氯化铵的办法开展600多次人工造雾防寒保苗，在100米范围内秧田提高气温4℃~5℃。1963年湖南省人工增雨试验办公室组织在零陵、郴州、衡阳、邵阳、湘潭专区的29个县进行飞机人工增雨作业，零陵地区是全省干旱最为严重的地区之一，这次作业飞行40架次，其中有37次下雨，作业成功率92.5%。

1976年永州市2次发射土火箭4枚进行人工增雨试验，后因土火箭安全隐患多，降雨效果不显著而停止。1978年7月15日祁阳县开展第一次高炮人工增雨作业，当年被湖南省气象局评为人工增雨先进单位。

1980年7月2日，零陵地区行政公署、零陵军分区发出《关于从民兵高炮中拨出部分旧炮专门用于人工降雨的通知》，将零陵军分区两门民兵五五式三七高炮交给新田县使用保管。1980年7月21日，株洲市武装部调派10门三七高炮到零陵开展人工增雨试验工作。1985年起湖南省军区从株洲、衡阳、郴州无偿调拨15门三七高炮给零陵地区各县长期开展人工增雨试验。

1998年湖南省气象局配给道县气象局由陕西中天火箭技术有限公司生产的WR-1B增雨防雹火箭作业系统设备。8月27日成功发射火箭2枚，在作业区的12个雨量点实测最大降雨量达73.2毫米，最小为2.5毫米。1999年6月7日省军区从衡阳调拨3门双管三七高炮给永州市，分配双牌、道县、东安各1门。

2003年永州市气象局成立推广火箭人工增雨作业系统建设领导小组，制定《永州市气象局完成省局下达配备车载式火箭作业系统工作任务实施方案》。永州市政府2003年3月19日下发《关于加强人工影响天气作业装备建设的通知》。6月底全市11个县、区均落实购置经费，7月底火箭作业系统配置到位。8月2日，永州市委、市政府在市气象局举行授车仪式，各县区分管农业的副县区长接车。《中国气象报》、《永州日报》、永州市电视台等新闻媒体记者进行现场报道。至此，永州市在全省率先完成车载式火箭作业系统的建设任务，全市共有BL系列车载火箭11套，形成车载火箭与高炮相结合的人工增雨作业方式。

2012年，宁远县建成一个标准化作业炮点。2014年江华、东安、冷水滩、零陵等县区各新建标准化作业炮点1个，宁远县改建标准化作业炮点2个，新田、蓝山、道县、江永、祁阳、双牌与其他单位共用标准化作业炮点6个。

2014年永州市人工影响天气办与林业部门签订合作协议，实行森林防火作业服务，市政府向省政府请求飞机增雨降低森林火险，11月7日省人工影响天气办派飞机到永州进行飞机增雨作业。

2015年全市各县区主要作业区建成标准化作业炮点14个，其中宁远县在烤烟主要生产区，利用烟叶烤场建成4个标准化作业炮点。

2016年全市三七高炮改造完成，双管三七高炮实现自动化装填，电动发射。大大提高所辖区域的作业能力和作业安全性。

2016年永州市有高炮12门、火箭炮25套，共设置炮点（含高炮、火箭）119处，配专用汽车24辆。

1978年至2016年永州市人工影响天气统计表

表9-2-1

项目 年份	实施作业县数（个）	出动高炮门数（门）	作业次数（次）	作业用弹数（板）	出动火箭套数（套）	作业次数（次）	作业用弹数（板）	作业后降雨次数（次）	作业效率（%）	人工增雨效益
1978	1	2			—					
1979	2	2	19	594	—			18	95	
1980	6	12	102	2944	—			97	95	抢插晚稻2.9万亩
1982	5	12	45	1852	—			44	98	抢插晚稻2.9万亩
1983	5	9	72	3372	—			67	93	增插水稻4.5万亩

续表9-2-1

项目 年份	实施作业县数（个）	出动高炮门数（门）	作业次数（次）	作业用弹数（板）	出动火箭套数（套）	作业次数（次）	作业用弹数（板）	作业后降雨次数（次）	作业效率（%）	人工增雨效益
1984	7	12	95	3528	—			95	100	增插水稻 36 万亩
1985	8	14	124	4324	—			121	95	
1986	4	7	37	1334	—			37	100	增水 428 万立方米
1987	3	5	19	626	—			19	100	
1988	2	4	19	582	—			19	100	
1989	6	10	62	1496	—			61	98	
1990	9	16	107	3199	—			105	98	
1991	8	14	139	3303	—			139	100	
1992	5	7	36	846	—			36	100	
1993	1	2	5	183	—			5	100	
1995	8	15	120	3150	—			120	100	增插晚稻 80 万亩
1996	4	5	24	629	—			24	100	
1998	10	17	58	1577	1	3		58	100	增加蓄水 1355 万立方米
1999	3	5	17	377				17	100	春季抗旱作业
2000	10	15	96	5056	1	6	10	96	100	
2003	11	15	91	2160	12	32	46	123	100	增水 4.5 亿立方米
2004	2				2	3	5	2	100	局地暴雨
2005	11	6	13	154	10	23	30	36	100	增水 3777 万立方米
2007	11	7	42	669	11	80	145	122	100	直接经济效益 1.5 亿元
2008	11	1			11	26	48	26	100	明显的增雨效果
2009	11				11	10	24	10	100	
2010	11	2	5	90	11	41	75	46	100	直接经济效益 3 千万元以上
2011	11	2	5	200	11	82	135	87	100	直接经济效益 3 千万元以上
2013	11	4	14	241	15	92	182	106	100	有效缓解旱情
2014	1				1	3	10	3	100	解除局部旱情
2015	5				5	6	11	11	100	解除局部旱情
2016	6				6	14	28	28	100	

（二）队伍建设

2001 年省气象局、省人工影响天气领导小组办公室开始对作业人员进行系统培训，永州市加强人工增雨作业队伍建设，2008 年全市 70 人经考试合格取得从事人工增雨作业资格。

2010 年永州军分区将三七高炮炮手的管理培训列入全市预备役建设范围。2011 年永州军分区成立三七高炮民兵预备役营，并进行实弹训练，为永州三七高炮人工影响天气作业提供充足的作业人员。

2012 年 7 月中下旬三七高炮民兵培训在江华瑶族自治县举行，调用三七高炮 8 门，培训民兵 60 人，并参加永州市首次民兵建制分队阅兵暨实兵综合演练，接受省军区、永州军分区首长检阅。

2016 年永州市 48 人经考试合格新取得从事人工增雨作业资格。

（三）人工增雨作业

2003 年，永州市出现了近十年来最严重的夏、秋连旱，部分地区人畜饮水困难。按照市委、市政府抗旱保增收紧急电话会议和全市人工增雨工作会议的部署，11 个县区积极开展人工增雨作业。7 月 21 日至 9 月 20 日作业时间长达 2 个月，动用 15 门高炮、1 门固定火箭炮、11 套车载式火箭系统，进行了 123 次作业，其中火箭作业 32 次、高炮作业 91 次、发射炮弹 2160 发、火箭弹 46 枚。作业后，炮点及影响区出现大暴雨 1 次、大到暴雨 5 次、大雨 17 次、中雨 28 次、小雨 72 次，作业有效率达到 100%。全市人工增雨共增加蓄水量约 4.5 亿立方米。

2004 年永州市出现春旱，因缺水烤烟移栽受阻，到 3 月中旬三分之一的移栽任务没有完成，栽下去的烟苗每天需数万群众挑水保苗，3 月 17—25 日、新田、江华两县抓住冷空气影响的有利时机开展火箭人工增雨作业 3 次，发射火箭弹 5 枚，作业有效率 100%，作业点及影响区降中到大雨，局地暴雨，旱情得到有效缓解，部分地区干旱解除，烤烟移栽和春耕工作顺利进行。

2007 年，全市 11 个县区参加人工增雨作业，共投入车载火箭 11 台、三七高炮 7 门。人工增雨作业三级指挥系统应用到每个作业单位，结合多谱勒天气雷达的实时回波跟踪，作业时机、作业方位、作业用弹量达到最佳状态。从 8 月 1 日到 9 月 14 日共作业 122 次，发射火箭弹 145 枚、炮弹 669 发，作业炮点遍布 40 个乡镇，作业区域 3140 平方公里。作业有效率 100%，其中降短时暴雨 30 次、中到大雨 37 次、小到中雨 36 次、小雨 20 次，有效地缓解或解除旱情。尤其是 8 月 19—22 日，各县区抓住第 9 号台风外围影响的有利时机，利用车载火箭和高炮开展大规模作业，增雨效果非常明显，全市平均降雨量达到 51.8 毫米，部分乡镇在 100 毫米以上，全市旱情得到有效缓解。得到市委书记曾庆炎肯定。

2011 年 6 月 20 日至 9 月 20 日。全市参加人工增雨作业的车载火箭 14 门、三七高炮 2 门，共作业 87 次，发射火箭弹 135 枚、三七炮弹 200 发。作业区降雨大于 50 毫米大暴雨 20 次、大暴雨 14 次、中到大雨 32 次、小雨 21 次。作业影响区普遍受益，直接经济效益达 5000 万元以上。江永县松柏乡群众发短信给政府为人工增雨作业请功。市委书记张硕辅到抗旱一线看望和慰问新田、宁远两县人影响作业人员。8 月 23 日在人工增雨作业催化作用下，全市自北向南普降大到暴雨，局部大暴雨，平均雨量 30 毫米，有效缓解旱情。

2013 年全市出动 19 个作业队，15 门车载火箭和 4 门三七高炮，在 71 个作业炮点实施人工增雨作业，共作业 106 次，发射火箭弹 182 枚、三七炮弹 241 发，作业有效率 100%，其中，产生暴雨过程 9 次、中到大雨 68 次。

2014 年蓝山县成功进行 3 次人工增雨作业，发射火箭弹 10 枚，取得明显的增雨效果，中央电视台、湖南电视台对此进行新闻报道。

2016 年 7—10 月，祁阳、江华、蓝山、双牌、零陵区、冷水滩区 6 个县区开展人工增雨作业 14 次，发射火箭弹 28 枚，有效缓解局地旱情。

人物

一、人物传略

（以姓氏笔划为序）

匡子玉

匡子玉（1937—2018），男，汉族，出生于1937年11月，湖南省祁东县人，中专文化，中共党员。湖南省原零陵水文水资源勘测大队大队长、总支书记。

1961年至1965年在衡阳水文分站工作；1965年至1966年在涔天河水文站工作，任站长；1966年至1974年在零陵地区水文分站测资组，任组长；1974年至1980年在零陵地区水文分站，任副主任；1980年至1989年在湘水第一水文勘测队，任副队长；1989年至1996年先后在湘水（零陵）第一水文水资源勘测大队，任副大队长、大队长。1996年退休。2018年10月逝世，享年81岁。

朱葛天

朱葛天（1936—1993），男，湖南省邵东市人（原邵东县），中共党员。原零陵地区水利水电局副局长。

1957年进入衡阳专署水利水电学院学习。1960年9月在衡阳工学院从事教学工作。1961年8月调至衡阳专署农业局工作，1962年参加北京水电学院本科函授学习。1963年1月在零陵专署水利局工作，1968年10月至1971年7月在零陵地区“五七”干校学习。1971年8月至1987年8月先后任零陵地区水利水电局技术员、工程师、副站长等职，1987年9月任零陵地区水利水电局副局长。永州市（现零陵区）第三、四、五届人大代表。1993年5月18日在长沙出差病逝，时年57岁。

1979年被评为零陵地区农业战线科技工作者；1981年获零陵地区科技成果二等奖，名列第一；1982年被评为零陵地区地直机关先进工作者；1986年被评为零陵地区科技服务先进工作者。撰写的《下游水位对重力坝稳定分析的影响》一文，发表在全国性杂志《水利水电》1980年第5期上，并获得全国科技成果二等奖；撰写的《分块极限平衡法分析重力坝抗滑稳定的探讨》和《渠道的断面设计和衬砌防渗》分别在省水利厅组织的学术会议上交流。

任明瑞，男，生卒年不详。1969年8月13日至1971年5月8日，任零陵地区水利服务站（当时地区水利部门）主任。

全德昭

全德昭（1926—1997），男，汉族，湖南省衡南县人，中共党员，原零陵地区水利水电局党组书记、局长、顾问。

1946年10月参加中国人民解放军，1948年入党，在部队历任通讯员、副班长、班长、副排长、指导员等职务，先后参加大小战斗数十次，两次光荣负伤，荣立四等功3次、三等功2次、二等功1次。1952年6月转业回到家乡，1953年1月任衡南县第九区区委组织委员、区委书记，1954年11月任县委农村部副部长，1959年4月任衡阳专署机械厂党总支副书记，1961年12月任冷水滩市委农村办副主任，1962年12月任零陵专署水利局第一副局长，1969年3月任零陵地区水利服务站第一副主任，1971年任零陵地区水利战线领导小组副组长，1972年12月任零陵地区水电局第一副局长，1977年12月至1983年10月任零陵地区水利水电局党组书记、局长，1983年11月任零陵地区水利水电局顾问，享受副厅级待遇，1986年10月离休，1997年12月14日因病去世，终年72岁。

李世鸿（1954—1998），男，湖南省宁远县人，中共党员，工程师、高级政工师。永州市原水利水电局党组书记、副局长。

李世鸿

1978 年 8 月，毕业于武汉水电大学水电工程建筑专业。1971 年 1 月参加工作，曾任市水建公司审计股长、副经理，参与了江永县源口水库大坝施工管理。1988 年 8 月带领工程技术人员抢修双牌水库渠道，提前完成任务，受到行署立功奖励。1988 年 11 月任南津渡水电站工程科科长，1992 年 3 月任南津渡水电站副站长，先后负责电站、大坝施工技术和主持外事工作，其间，南津渡水电站外事办被省外事部门评为优秀外事单位，两次被永州市（现零陵区）人民政府记功。1993 年任零陵地区涔天河水电管理局局长兼党委书记。1997 年任永州市水利水电局副局长、党组副书记，主管农水、工管、防汛抗旱、水政法制等工作。1998 年 10 月任永州市水利水电局党组书记、副局长，1998 年 10 月 24 日病逝于工作岗位，时年 44 岁。

何顺之（1934—2018），男，湖南省零陵人，湖南省科技进步三等奖获得者。

1955 年毕业于武汉水利学校，1979 年 4 月在零陵地区水利水电局工作，1986 年调零陵灌溉试验站工作，先后任副站长、站长、高级工程师等职务，并兼任湖南省水利学会环境水利委员会委员，从事水稻控水增产技术成果推广工作，主持完成“水库对生态环境影响的试验研究”，1996 年获湖南省水利水电科技进步二等奖；水稻控水增产技术获永州市 1996 年科技进步一等奖、湖南省科技进步三等奖。1994—1998 年在全省八地市主持推广水稻控水增产技术播种面积 3779 万亩，1999 年 1 月 6 日通过湖南省科技验收，主持完成“农作物优化组合需水规律的试验研究”。2018 年 11 月 15 日去世，享年 84 岁。

张育文（1925—?），男，出生于 1925 年 4 月，河北省三河市人，中共党员。原双牌水库渠道指挥长、双牌水库扩建指挥长，涔天河水库指挥长，江永县源口水库指挥长。

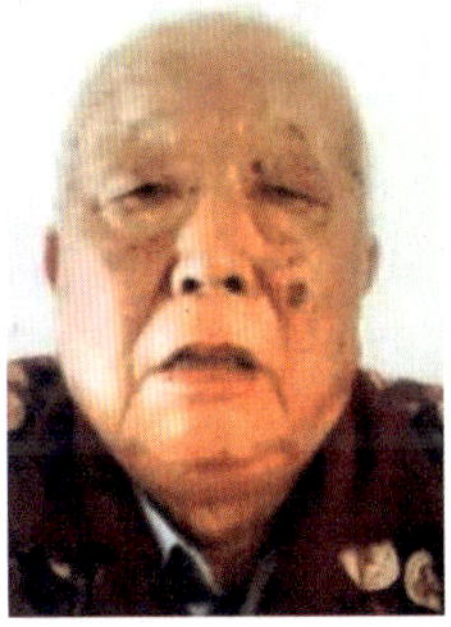
张育文

1943 年加入中国共产党，担任村党支部书记；1944 年到河北省十四分区学习，结业后分配任区武装部干事、教导员、队长；1948 年任区委书记；1949 年随军南下到永明县（现江永县）城关镇任区委书记；1950 年任永明县桃川区委书记；1951 年任永明县人民政府秘书；1952 年任永明县政府副县长；1955 年任衡阳地区农科所所长；1958 年任衡阳地区农办副主任兼农业局局长；1963 年任双牌水库渠道指挥长、双牌水库扩建指挥长；1972 年任零陵地区农办主任兼江华县涔天河水库指挥长、江永县源口水库指挥长；1979 年调任湖南省水利工程局副局长，后来水利工程局与中国水电八局合并任副局长。1986 年离职休养。逝世年月不详。

张宝文（1928—2005），男，汉族，出生于 1928 年 7 月，河北省邯郸人，中共党员。原零陵地区水利水电局局长。

张宝文

1947 年 4 月参加革命工作，1948 年 11 月至 1949 年 1 月在晋冀豫边区军区第八兵站工作。1949 年 2 月南下，1949 年 11 月任湖南省新化县财粮科会计，1950 年 6 月任新化县财经委员会秘书，1951 年 1 月任中共新化第三区委会书记，1952 年任中共新化县委办公室主任，1953 年 9 月至 1962 年 1 月在湖南省建设银行工作，历任一科科长、直属拓溪支行行长、人秘科长，1962 年 2 月任零陵地区建设银行行长，1969 年 1 月任零陵地区生产资料公司主任。1972 年任零陵地区水利水电局局长。1978 年 3 月任零陵地区农机局局长、顾问。1990 年 10 月退休。2005 年 11 月 23 日去世，享年 77 岁。

袁斌森（1931—2015），男，出生于 1931 年 8 月，湖南省东安县人，中共党员。原零陵地区水利水电局党组书记、局长。

1950 年 5 月在东安县芦洪市区参加工作。1950 年 5 月至 1976 年 8 月，在东安县先后任芦洪市区公所公安干事、助理，白牙市区公所任公安助理、列席区委，石期市区委会副书记、书记，东安县农林水局第一副局长、局长，东安县委办公室、农村办副主任，东安县委常委、农村部部长，东安县县长，东安县革委会副主任、县委副书记。担任东安县县长期间，兼任抓革命促生产指挥部副指挥长、东安湘江大桥指挥部指挥长、湘黔枝柳铁路民兵团政委。1976 年 8 月任零陵地区水利水电局党委副书记、第一副局长；1983 年 9 月至 1984 年 12 月，任零陵地区行政公署水利水电处党组副书记、第一副处长，其间，任零陵曲河大桥指挥部施工指挥长；1984 年 12 月至 1989 年 8 月，任零陵地区水利水电局党组书记、局长；1989 年 8 月至 1992 年 1 月任零陵地区水利水电局调研员；1992 年 1 月退休。2015 年 4 月 14 日去世，享年 84 岁。

黄　森（1933—2006），男，出生于 1933 年 7 月，汉族，湖南省道县人，中共党员。原零陵地区涔天河水利水电管理局党委书记。

黄　森

1949 年夏，加入湘南人民翻身团游击队；1949 年 11 月参加道县中共短期干部训练班学习，后分配到武工队工作；1950 年 6 月加入中国新民主主义青年团，担任道县八区青年干事；1952 年 7 月加入中国共产党，历任道县九区区长、十一区区长；1953 年冬任道县人民政府秘书；1954 年 7 月任道县县委宣传部副部长、县委委员；1955 年 2 月任团衡阳地工委书记；1957 年出席共产主义青年团第三次全国代表大会，担任衡阳、郴州、常德三个地区的代表小组长，受到中央领导的接见；1959 年被撤销职务，保留公籍（国家干部身份）；1961 年分配至道县农场工作；1963 年至江永铜山岭农场工作；1979 年 2 月平反；1979 年 4 月任江永县农办副主任；1979 年 11 月任零陵地区涔天河水利水电管理局党委书记；1983 年 5 月任零陵地委副书记；1990 年 3 月任零陵地区政协联工委主任；1993 年退休。2006 年 7 月逝世，享年 73 岁。

熊礼衡（1931—2020），男，出生于 1931 年 10 月，湖南道县人，中共党员。原零陵地区涔天河水利水电管理局党委书记。

熊礼衡

1941 年至 1948 年在道县太平乡小学读书；1948 年至 1950 年在家务农；1950 年 7 月至 1952 年在道县区工所任干事；1952 年至 1954 年 10 月在道县梅花税务所任所长；1954 年 10 月至 1958 年在道县组织部任干事；1958 年至 1962 年在道县寿雁人民公社工作，任副书记；1962 年至 1971 年分别在寿雁、午田、理家坪公社任书记；1971 年至 1976 年在道县梅花区任书记；1976 年至 1980 年任道县清塘区书记；1980 年至 1982 年 6 月任道县人民政府副县长；1982 年 6 月至 1984 年任道县县委副书记；1984 年 4 月至 1987 年 2 月任道县人大常委会主任；1987 年 2 月 1990 年 10 月任零陵地区涔天河水利水电管理局副局长；1990 年 10 月任零陵地区涔天河水利水电管理局党委书记。1993 年 10 月退休。2020 年 6 月 2 日去世，享年 89 岁。

潘树永，男，生卒年不详。中共党员，原零陵地区水电局局长。

1963 年 8 月 31 日至 1969 年 8 月 13 日任零陵地区水电局局长。1977 年 12 月至 1980 年 7 月任零陵地区革命委员会气象局第一副局长，1980 年 7 月至 1981 年 8 月任零陵地区气象局党委副书记、副局长，1981 年 8 月至 1983 年 9 月任零陵地区气象局党委书记、局长，1983 年 9 月任零陵地区气象局正处级调研员，1986 年 5 月离休。

二、人物简介

（以姓氏笔划为序）

王　俊

王　俊，男，汉族，出生于1966年9月，湖南省祁阳县人，中共党员。湖南省双牌水力发电有限公司党委书记、执行董事、总经理。

1985年7月至1987年7月在湖南省水利水电学校财务会计专业学习；1987年7月任双牌水电站财务统计科会计；1996年3月任双牌水电站财务统计科副科长；2002年10月任双牌水电站财务统计科科长，2007年6月兼任双牌水电站副总会计师；2010年8月任湖南省双牌水电站副站长；2015年12月任湖南省双牌水电站党委书记、副站长；2018年1月任湖南省双牌水力发电有限公司党委书记、执行董事、总经理。曾获得湖南省水利厅“先进个人”、“优秀管理者”、“党员标兵”、“省水利厅三等功”等荣誉。

王明湘

王明湘，男，出生于1932年10月23日，湖南省江永县人，1952年8月加入中国共产党。湖南省水利水电厅原厅长、党组书记。

1950年11月至1957年2月，先后任中共江永县委机关通迅员，县委组织部组织干事，县委农村工作部副部长，中共江永县委候补委员，黄甲岭区委副书记、书记。1957年2月在湖南省衡阳干部学校学习，1958年9月任湖南省水利水电局第三施工队队长、书记，1964年10月任湖南省水利电力厅工程灌溉管理局副局长，1968年8月在湖南省革命委员会生产指挥组农林水组工作，1969年11月任湖南省水利电力服务站水利组长，1970年6月任湖南省水利电力局副局长、党委常委、党委副书记兼水利处处长，1980年3月任湖南省水利电力厅副厅长、党组副书记，1986年6月任湖南省水利水电厅厅长、党组书记，1993年1月任湖南省人大常委会农业委员会副主任委员。1998年6月退休。1955年在江永县工作期间，发动组织群众兴建鸟里、上山塘两座小型水库。1958年8月到省水利电力局任施工队长后，参与水府庙大型水库工程建设，1960年装机3万千瓦的水府庙电站第一台机组发电。1964年被评为湖南省农田基本建设先进工作者。在省水利厅担任领导期间，重点做了三个方面工作：一是对双牌、涔天河、黄材、酒埠江、王家厂、欧阳海水库和青山垅灌区、大坝灌区、韶山灌区以及青山水轮泵站等一大批水利工程进行续建配套；二是把险病水库治理作为工作的重中之重，推广冲抓回填、劈裂灌浆、高压定喷等新技术，治理了一大批病险水库；三是新上铁山、六都寨、竹园、龙源、岩层潭、车田江6座大型水库、113座中型水库、5208座小型水库、18处中型电灌站，以及利用贴息贷款发展喷灌、滴灌60多万亩，巩固和发展了全省水利基础产业。在洞庭湖区，重点抓了长江上车湾裁弯、电力排灌建设、园田化建设、撇洪渠建设、堤防加高加固、洞庭湖一期治理，这些工程在抗御1996年、1998年特大洪水中发挥了重要作用。

王国强

王国强，男，汉族，出生于1965年6月，湖南省祁阳县人，大专文化，中共党员，高级工程师。湖南省劳动模范、全国先进工作者（全国劳模）。

1983年10月参加工作被分配到祁阳县内下电站，先后任描图员、测量员、技术员、助理工程师、工程师，历任祁阳县内下大坝指挥部质监组副组长、资料室副主任，祁阳县内下一级电站工程建设指挥部党支部书记、工程科副科长、科长，祁阳县内下电站管理局团委副书记，祁阳县内下水库管理所副所长、所长（兼支部书记），现任祁阳县内下电站管理局工会正股级干部、水利水电工程建筑高级工程师。

2005 年 4 月被湖南省人民政府授予“湖南省劳动模范”，2015 年 4 月被中共中央、国务院授予“全国先进工作者”称号。祁阳县第十一届党代表，县、市推荐十八大党代表湖南省代表候选人。

王桂芳

王桂芳，女，苗族，出生于 1963 年 12 月，广西忻城人。硕士研究生文化，中共党员。永州市水利局原党组成员、副局长，永州市水利局二级调研员。

1981 年至 1983 年在零陵师范学校学习。毕业后分配至零陵地委政策研究室，历任科员、副科级研究员、办公室副主任、正科级研究员，1995 年至 1997 年挂职冷水滩区珊瑚乡任乡党委副书记。1998 年任永州市委政策研究室办公室主任，2000 年 9 月任永州市水利局党组成员、纪检组长，其间，挂职宁波市北仑区任区长助理。2004 年至 2007 年完成湖南省委党校法学理论专业研究生学习。2010 年 6 月任永州市水利局副局长、纪检组长、党组成员，2010 年 9 月任永州市水利局副局长、党组成员。2017 年 7 月任永州市水利局调研员，2019 年 6 月任永州市水利局二级调研员。

1994 年、2003 年、2004 年、2006 年、2008 年被永州市（零陵地区）直属机关工委评为优秀共产党员。2007 年 9 月被中央社会治安综合治理委员会办公室、水利部授予“全国调处水事纠纷创建平安边界先进个人”荣誉称号。

王瑶东

王瑶东，男，满族，出生于 1956 年 11 月，辽宁西丰人。大学本科文化，1985 年 8 月加入中国共产党。永州市水利局原党组成员、副局长。

1973 至 1975 年下放至江华瑶族自治县五七干校。1975 年进入零陵地区涔天河水电管理局工作，历任检修车间工人、副主任、主任，生技科科长等职，1996 年任永州市涔天河水电管理局副局长，1999 年 11 月任永州市涔天河水电管理局党委副书记、局长。2002 年 11 月任永州市水利局副局长、党组成员，2016 年退休。

王振华

王振华，男，出生于 1973 年 5 月，湖南省祁阳县人。大学文化程度，中共党员。湖南涔天河工程建设投资有限责任公司党委副书记、总经理。

1996 年 8 月毕业于湖南水利水电学校，同年 9 月到永州市水利水电勘测设计院参加工作。2005 年 7 月本科毕业于河海大学水利水电工程专业。2009 年 3 月任永州市水利水电勘测设计院副院长，2010 年 6 月任永州市水利水电勘测设计院院长。2013 年 12 月任永州市水务投资建设开发有限责任公司经理。2017 年 12 月，任湖南涔天河工程建设投资有限责任公司党委副书记、总经理，主持涔天河枢纽、灌区项目的全面技术工作和企业管理工作。涔天河水库扩建工程先后被评为全国文明工地、国家优质投资项目。

邓传雨

邓传雨，男，出生于 1940 年农历正月，湖南省祁阳县人，刊大文化，中共党员。永州市水利局原党组成员、纪检组长。

1958 年 12 月入伍，在部队历任战士、班长、排长、连指导员、党支部书记、营教导员、营党委书记、广州军区第一兵站党委常委、政治处主任等职。1967 年奉命参加地方三支两军工作，任广东省汕头地区军委会军代表。1984 年 4 月转业，先后任零陵地区水利水电建设公司党总支书记，零陵地区水利水电局监察室主任，永州市水利局党组成员、纪检组长等职。1985 年抽调零陵地委整党办任联络员，1992 年抽调参加零陵地委农村社教工作队任队长，荣立三等功。2000 年 3 月退休。

左全裕

左全裕，男，汉族，出生于1966年9月，湖南衡阳人，大学本科学历，中共党员，高级工程师、注册造价师、总监理工程师。永州市水利局原党组副书记、副局长。

1988年7月毕业于湖南省水利水电学校大专班农田水利工程专业，1996年任永州市水利水电勘测设计院副院长（主持全盘工作），1997毕业于武汉水利电力大学建筑工程专业，1998年任永州市水利水电勘测设计院院长，主持和参与了南津渡水电站大坝、道县云溪水库、新田两江口水库、永州市城市防洪堤工程等几十处中小型水利工程的勘测设计工作，1999年、2000年记三等功各一次。2002年任永州市水利局水利工程质量监督站站长，2002年获湖南省抗洪救灾一等功；2003年任永州市涔天河水电管理局副局长，2012年任永州市水利局党组副书记、副局长。2013—2017年，先后任湖南涔天河工程建设投资有限责任公司副总经理、党委副书记、总经理。在国家级核心期刊发表论文11篇，获湖南省水利水电科学技术进步一等奖一项、优秀成果一等奖一项。2017年11月，任永州市住房和城乡建设局党组成员、副局长。

石　琪

石　琪，男，汉族，出生于1960年4月，湖南省祁阳县人，大专文化程度，中共党员。永州市水利局原党组成员、防汛办主任。

1979年9月参加工作，1977—1980年任祁阳县肖家村中学民办教员，1984年1月湖南省水利水电学校毕业后分配到零陵地区水利水电局工作。1991年任零陵地区水利水电局防汛办副主任、技术服务中心副主任，1998年任永州市水利局地电站主任科员兼规费办主任，1999年任永州市水利局防汛办主任，2002年任永州市防汛抗旱指挥部办公室副主任（副处级），2010年任永州市防汛抗旱指挥部办公室主任、市水利局党组成员，2014年9月任永州市水利局调研员。2017年5月为永州市水利局原调研员，2019年6月任永州市水利局二级调研员，2019年12月16日晋级为永州市水利局一级调研员。2020年1月退休。

工作期间从事水利、水电、防汛、抗旱工作，分管防汛抗旱和地方水电工作，参与过涔天河水库扩建等重点水利水电工程的建设管理工作。1994年被湖南省人民政府授予“防汛抗洪先进个人”称号，2000年和2002年分别被湖南省人民政府授予“湖南省水利建设先进个人”称号。

卢文庆

卢文庆，男，出生于1965年11月，瑶族，湖南省江永县人，大学文化，中共党员。永州市涔天河水库和工程管理局局长。

1982年6月任江永县上江圩公社交通员；1984年5月至1993年4月任江永县上江圩乡政府秘书、团委书记、武装部副部长、乡党委委员、副乡长、武装部部长；1993年5月任江永县桃川镇党委委员、武装部部长；1994年6月任江永县桃川镇党委副书记、武装部部长；1995年9月任江永县千家峒瑶族乡党委副书记、武装部部长；1996年10月任江永县千家峒瑶族乡党委副书记、乡长；2000年3月任江永县千家峒瑶族乡党委书记；2003年2月任江永县林业局党组书记、局长；2008年12月任江永县人民政府党组成员；2009年6月任江永县人民政府党组成员、县长助理；2009年8月任江永县桃川洞名优特新产品开发区党委副书记、管委会主任；2012年8月任江永县委常委、宣传部部长；2015年4月任江永县委常委、县委办主任；2016年8月任江永县委常委、政法委书记；2017年11月任市涔天河水库和工程管理局局长、党委副书记。

冯德校，男，出生于1965年3月，湖南省永州市冷水滩区人。大学本科学历，中共党员。永州市水利局原局长。

冯德校

1986年7月参加工作，历任南岭化工厂团委书记，凤凰园经开区管委会党委委员、副主任，冷水滩区委副书记，永州市政法委副书记，永州市水利局局长，蓝山县人民政府县长，中共江永县委书记、中共东安县委书记。

在任永州市水利局局长期间，全市防汛预警系统全面完成，7个县区城市防洪工程建设全面启动，2008年“6·13”特大洪灾中实现“零伤亡”，永州经验在全国推介。湖南省水利建设“一号工程”涔天河水库扩建工程，列入全国水利建设“十一五”规划，全市中型水库全部完成除险加固，小（1）型、小（2）型水库除险加固工作全面启动，全省水库除险工程推进会在永州召开，小型农田水利项目实现全市各县区和管理区全覆盖，农村安全饮水工程解决了近50万人饮水安全问题。全市410处“四无”水电站全部清理整顿，甫口河坝、紫江河坝等跨市水事纠纷成功化解，水管体制改革通过国、省验收，永州市水利局荣获全省水土保持工作先进集体称号。

刘云祥，男，出生于1938年5月，汉族，湖南省宁远县人，初中文化，中共党员。湖南省劳动模范。

刘云祥

1958年10月参加工作进入衡阳水口山矿务局，1960年至1974年先后在衡阳水口山矿务局火电厂、机修厂工作。1974年在双牌水电站工作，任检修车间电修班副班长、班长等职。1975—1979年在湖南省双牌水电站连续五年被评为先进生产者；1985年荣立三等功；1987年被评为零陵地区先进工作者；1994年被评为零陵地区劳动模范；1995年被评为湖南省劳动模范，湖南省双牌水力发电有限公司技术骨干、生产标兵。

刘六伦，男，出生于1954年9月，湖南省祁阳县人，大学本科文化，中共党员。永州市水利局原党组书记。

刘六伦

1972年12月应征入伍，1986年7月毕业于中国人民解放军南京高级陆军学院，先后任营长、副团长、团长、师副参谋长等职。1997年8月转业至永州市水利水电局任副局长、党组成员，分管办公室、政工科、计财科、防汛抗旱办等工作。2000年4月任永州市水利局党组副书记、副局长、机关党委书记，分管局办公室、政工科、计财科、防汛抗旱办、机关党委、设计院等工作。2007年4月任永州市水利局党组书记、局机关党委书记，分管政工科、机关党委、设计院等工作。2012年4月任永州市水利局党组成员，分管机关党委、设计院等工作。2014年退休。

刘金友，男，汉族，出生于1965年5月，湖南省邵东人，大学本科学历，中共党员，工程师。湖南省永州水文水资源勘测局原局长兼党委书记。

刘金友

1988年至1992年在湖南省衡阳水文水资源勘测大队测资科工作；1992年至1996年任湖南省衡阳水文水资源勘测大队测资科科长、湖南省衡阳水文水资源勘测局测资科科长；1996年至1998年任湖南省郴州水文水资源勘测队队长；1998年至2001年任湖南省衡阳水文水资源勘测局副局长；2001年至2005年任湖南省永州水文水资源勘测局党委书记；2005年至2009年任湖南省永州水文水资源勘测局局长兼党委书记；2009年至2019年任湖南省水文水资源勘测局计划财务处处长；2019年3月退休。

刘亮凯

刘亮凯，男，出生于1961年4月，汉族，湖南湘阴人，本科学历，中共党员。永州市涔天河水库和工程管理局原局长。

1982年1月任零陵地区涔天河水利水电管理局水库调度员；1983年10月任零陵地区涔天河水利水电管理局水工车间专责技术员；1984年4月任零陵地区涔天河水利水电管理局水工车间副主任；1988年5月任零陵地区涔天河水利水电管理局水工车间主任；1994年1月至1995年1月任零陵地区涔天河水利水电管理局工程开发总公司副总经理兼党支部书记；1995年1月至1996年3月任零陵地区涔天河水利水电管理局工程开发总公司总经理兼党支部书记；1996年3月任零陵地区涔天河水利水电管理局劳动人事科科长；1997年3月任永州市涔天河水利水电管理局副局长、党委委员；2002年11月至2017年9月任涔天河水利水电管理局局长、党委副书记；2017年9月至2017年11月任市涔天河水库和工程管理局党委副书记、局长；2017年11月至2021年4月任市涔天河水库和工程管理局原党委副书记、局长；2021年4月退休。

刘道秀

刘道秀，男，瑶族，出生于1952年6月，湖南省江永县人，初中文化，中共党员。全国水利系统模范个人。

1970年在零陵卫星煤矿参加工作，1979年任永州市涔天河水利水电管理局苗圃管理所看水员，1990年被聘为苗圃管理所副所长，1991年任苗圃管理所所长，连续多年被评为永州市涔天河水利水电管理局先进生产者，苗圃管理所多年被评为先进管理所。1996年10月荣获中华人民共和国水利部授予的“全国水利系统模范个人”称号。2012年6月退休。

刘福莲

刘福莲，女，汉族，出生于1972年10月，湖南省邵东县人，中共党员，函授大专学历。全国先进女职工。

1993年9月在双牌水电站运行车间实习，1994年5月任双牌水电站运行车间电气运行副值班员，1995年5月任双牌水电站运行车间电气运行正值班员，1995年11月任双牌水电站运行车间电气运行班长，2011年9月任双牌水电站五里牌项目部发电运行值长，2020年5月任湖南省双牌水力发电有限公司发电部值长。

2003年2月被永州市总工会授予“芙蓉百岗明星”称号，被湖南省总工会授予“芙蓉百岗明星”称号。2004年3月被中华全国总工会授予“全国先进女职工”称号。

杨社顺

杨社顺，男，汉族，出生于1956年11月，湖南东安人，大专文化，中共党员。永州市移民开发局原局长。

1973年3月广西全州县龙水公社插队知青，任公社团委委员、团支书；1975年9月广西农学院农机系机械化专业大专学习，1978年8月毕业后，任广西全州农机技工学校班主任；1980年11月调至双牌县公安局政工股任副股长；1985年4月调至双牌县委组织部工作，历任副科级秘书、副科级组织员、正科级组织员、副部长兼县编委办主任；1996年8月任双牌县委常委、组织部部长；1997年8月调任宁远县委常委、组织部部长，2002年1月任宁远县委副书记、组织部部长，2002年9月任宁远县委副书记；2009年7月调任永州市移民开发局党组副书记、副局长，2010年1月任永州市移民开发局局长、党组副书记，2016年退休。

杨诗君

杨诗君，男，汉族，出生于1968年4月，湖南省岳阳人，在职研究生学历，中共党员，高级工程师。湖南省永州水文水资源勘测局原党委书记、局长。

1997年3月任湖南省永州水文水资源勘测局党委书记、局长；2001年3月任湖南省水文水资源勘测局党委副书记、纪委书记；2004年6月任湖南省水文水资源勘测局党委副书记、副局长；2008年6月任湖南省水文水资源勘测局党组副书记、纪检组长；2013年12月任湖南省水利厅后勤服务中心主任；2016年6月任省水利厅人事处处长；2019年6月任省水利厅党组成员，2019年7月任省水利厅党组成员、副厅长。

李友生

李友生，男，汉族，出生于1953年8月，湖南省祁阳县人，大专文化，中共党员。湖南省劳动模范，全国先进工作者，原双牌水库管理局原党委书记、局长。

1986年1月至1989年12月获辽宁省委党校函授大专文凭，1997年9月至2000年7月获湖南师大大专文凭。1995年4月任双牌水库管理局第一副局长、副书记，主持全盘工作；1996年10月任双牌水库管理局党委书记、局长；2007年4月任永州市人大常委会农业委员会主任委员。

1998年被永州市人民政府授予“十杰职工”、市劳动模范荣誉称号；2000年4月被湖南省人民政府授予“省劳动模范”称号；2001年6月被评为湖南省“优秀共产党员”；2002年12月被评为湖南省“十佳高级政工师”；2003年被评为湖南省“艰苦奋斗、勤廉为民”优秀领导干部；2004年被评为全国大型灌区精神文明建设先进个人；2005年荣获“全国先进工作者”称号。

李启华

李启华，男，汉族，出生于1961年12月，湖南省祁阳县人，大学本科学历，中共党员。永州市水利局党组成员、副局长。

1978年高中毕业后任祁阳县东井小学民办教师；1979年11月任衡阳军分区勤务连战士；1981年9月在沈阳第二炮兵学院学习；1983年8月任海南军区炮兵团一营一连二排排长；1984年10月任祁东县人民武装部军事科正排职参谋；1985年8月任衡阳军分区司令部动员办正排职参谋；1986年4月先后任祁阳县人民武装部党委秘书、办公室副主任、军事科副营职参谋、军事科科长（1990年9月—1992年6月在衡阳市职工大学中文秘书专业大专班学习）；2000年3月任永州军分区司令部作训科科长（2000年8月至2002年12月在中央党校函授学院法律专业本科学习）；2004年3月任江华瑶族自治县人民武装部部长、县委常委。

2008年12月任永州市水利局党组成员、副局长，先后分管水利经济、水政水资源、农村饮水和农业灌溉、办公室、河道管理、河道采砂、河长制、水政执法、水利法制、安全生产、行政审批、农村水利水电等工作。

李作林

李作林，男，出生于1938年11月，湖南省衡山县人，中共党员，大专文化，工程师。零陵地区水利水电局原党组书记、局长。

1953年参加临时水利工作，1954年进入湖南省水利学院学习，1958年毕业分配到衡阳专署农水局，从事防汛、办公室、调查研究工作。1963年任零陵专署水利局办公室主任科员，负责水利建设、防汛抗旱等日常工作，1967年至1977年任零陵专署水利局水利科科长，1978年任零陵地区水利水电局党组成员（副处级），1982年任零陵地区水利水电局党组成员、副局长，1990年任零陵地区水利水电局党组书记、局长，工作期间三次荣立一等功。1999年退休。

李建红，男，出生于 1967 年 8 月，汉族，湖南省双峰县人，大学文化，中共党员，高级政工师、工程师职称。湖南省南津渡水力发电有限公司党委副书记、总经理。

1990 年大学毕业后分配至南津渡水电站工程指挥部，先后在渠道区、机电科工作。1991 年 12 月调入南津渡水电站运行车间，历任班长、值长。1998 年任南津渡水电站团委副书记，1999 年兼任南津渡水电站劳人科副科长、党办副主任，2005 年任南津渡水电站党办主任兼劳人科科长，2010 任南津渡水电站站长助理兼劳人科科长，同年增补为南津渡水电站党委委员，2015 年任南津渡水电站副站长，兼任南电实业开发公司总经理。2017 年 1 月任湖南省双牌水力发电有限公司党委副书记、纪委书记，2019 年 10 月任湖南省南津渡水力发电有限公司党委副书记、总经理。

李德用，男，出生于 1944 年 3 月 7 日，湖南省永州市双牌县人，中共党员。零陵地区涔天河水利水电管理局原党委书记、局长。

李德用

1964 年至 1965 年参加社教工作；1965 年至 1966 年在道县县委组织部工作；1968 年至 1970 年在道县县革委政工组工作；1970 年至 1983 年任道县上关公社党委书记；1983 年至 1987 年任道县蚣坝区委书记；1987 年至 1990 年任道县人民政府农委主任、党组书记；1990 年至 1994 年任零陵地区涔天河水利水电管理局副局长；1994 年至 1997 年任零陵地区涔天河水利水电管理局党委副书记；1997 年至 2000 年任永州市涔天河水利水电管理局党委书记、局长；2001 年退休。

严光荣，男，汉族，出生于 1963 年 4 月，中共党员，高级工程师。永州市气象局党组书记、局长。

严光荣

1982 年 8 月至 1995 年 5 月先后在江华瑶族自治县气象局、零陵地区气象局观测科、冷水滩区气象局工作；1995 年 5 月任江永县气象局副局长；1996 年 11 月任冷水滩区气象局局长；2001 年 1 月任永州市气象局办公室主任；2003 年 7 月任永州市气象局党组成员、副局长；2013 年 3 月任邵阳市气象局党组副书记、副局长；2015 年 8 月任邵阳市气象局党组书记、局长；2019 年 10 月任永州市气象局党组书记、局长。

吴又芬，男，出生于 1951 年 2 月，湖南省东安县人，大专文化，中共党员。全国农村电气建设先进个人。

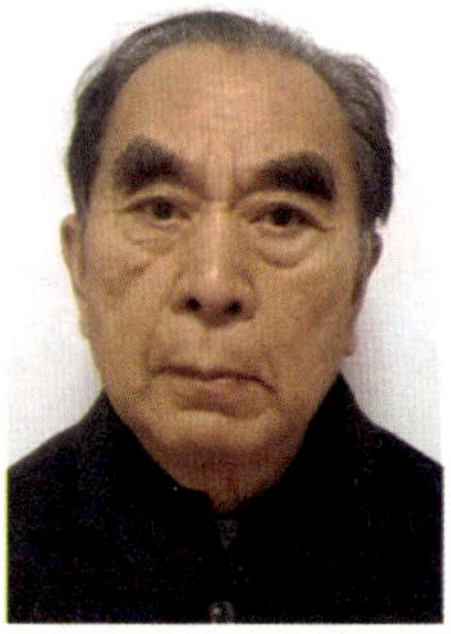
吴又芬

1971 年 7 月参加工作，先后任茶源公社团委书记、党委委员，紫溪市区团委书记，绿埠头公社党委副书记、管委会主任，紫溪市公社、紫溪市乡、紫溪市镇党委书记，花桥区委书记；1991 年 1 月任东安县水电局党委书记，兼东安县电气化办公室主任、电网建设指挥部副指挥长；1993 年 2 月任东安县水电局局长、党委书记；2002 年任东安县水电局党委书记；2003 年退居二线；2011 年 2 月退休。1994 年被湖南省人民政府评为“抗洪抢险先进个人”，1996 年被水利部评为“全国农村电气建设先进个人”。在主持东安县水利局工作期间，东安县被水利部评为“全国降损节能先进县”，1995 年获评“全国发展水利经济先进县”，1995 年东安县实现了农村水电初级电气化达标县，1996 年被评为“全国水电系统设备管理先进县”。

何世军，男，出生于 1940 年 8 月，湖南省宁远县人，大专文化，中共党员。湖南省水利厅原党组成员、纪检组长、厅直属机关党委书记。

何世军

1960 年 11 月加入中国共产党，1961 年 8 月参加工作，历任零陵地委（现永州市）组织部干事，湖南省委组织部科长，省委常委专职秘书，湖南省编委、省人事厅副处长、处长、机关党委专职副书记。1994 年 8 月任湖南省水利厅党组成员、纪检组长、厅直属机关党委书记（副厅长级），联系永州市水利工作。2001 年在湖南省水利厅退休。曾任湖南省直机关政研会副会长、中国水利集邮协会会长、湖南水利集邮协会会长、湖南省直机关老年体协副主席，先后被评为“优秀共产党员”“省直工会优秀领导干部”“湖南省干部教育先进工作者”“全国老年体育先进个人”“湖南省关心下一代协会先进个人”。先后出版《学后随笔》《回眸随笔》《重阳随笔》等五本著作，数篇文章被《湖南日报》及有关报刊单位评为好新闻、优秀论文、新时期优秀学术成果一等奖、特等奖。任职湖南省水利厅期间，关心支持永州市水利工作，对道县跳鱼台电站、道县跃进水库、宁远县九嶷电站等水利水电工程进行现场指导，帮助道县、新田、宁远等县边远山区 20 余村解决人畜饮水困难。

何江波，男，汉族，出生于 1963 年 12 月，湖南省道县人，中共党员，高级工程师。“全国五一劳动奖章”获得者，中共十七大代表。

何江波

1981 年 12 月参加工作，先后在豪福、江华、涔天河、毛俊、道县等水文站和道县水文勘测队工作，历任江华水文站站长、道县水文勘测队副队长，先后荣获首届全国水文勘测工技能大赛第一名、“全国水文勘测工技术能手”、“全国技术能手”、“中华技能大奖”、“全国五一劳动奖章”、“全国先进工作者”、“湖南省技能大师”、“全国水文标兵”等荣誉，是享受国务院政府特殊津贴的高技能人才。2007 年当选中共十七大代表。2013 年 6 月任衡阳市水文局总工程师，2016 年 6 月任衡阳市水文局副调研员，2019 年 12 月任衡阳市水文局四级调研员。

何福君，男，汉族，出生于 1962 年 12 月，湖南省永州市零陵区人，大专文化，中共党员。全国水利系统模范工人。

何福君

1979 年到零陵县水利局工作；1982 年调至永州市水电设备厂工作，担任水电工程队队长；1982 年至 1986 年调至永州市水建公司工作，任副经理；1987 年调永州市零陵区机电排灌站工作，任副站长、站长，主要从事农用泵站的管理、运行、维护工作；2003 年任永州市零陵区水利局水政监察大队长兼任零陵区机电排灌站站长。1996 年被中华人民共和国水利部授予“全国水利系统模范工人”荣誉称号。

陈安美，男，出生于 1944 年 10 月，湖南省祁东县人，大学本科学历，中共党员。永州市水利局原党组成员、副局长。

陈安美

1969 年 9 月就读于武汉大学水利水电学院河川枢纽及水电站建筑专业；1973 年毕业分配至水利电力部西南电力局第二工程公司工作，同年参加水利电力部举办的“大型机组安装培训班”学习，学期一年；1974 年 10 月调零陵地区水利水电局工作，1979 年后任副站长、副院长、技术员、助理工程师；1983 年 11 月任零陵地区水利水电局副局长、党组成员；1984 年 5 月参加南津渡水电站初步设计报告工作，担任设计组组长，1986 年 6 月主持编制了《湖南永州南津渡水电站初步设计报告书》；1988 年主持南津渡水电站库区保护工程技术研究，该研究论文分别获省国土局科研一等奖和国家国土局技术推广二等奖；1987 年 9 月任南津渡水电站工程建设指挥部副指挥长兼总工程师；1996 年 6 月任永州市水利水电局副局长、党组成员；2002 年 5 月任永州市水利局调研员。2004 年退休，任永州市水利局老年协会会长，2010 年任永州市水利局机关老年支部书记。

陈昌国，男，出生于 1933 年 9 月，湖南省东安县人，大专文化，中共党员。零陵地区水利水电局原副局长、党组成员。

陈昌国

1951 年参军入伍，在中国人民解放军部队先后任参谋、团部副参谋长、副团长等职；1979 年 11 月转业至零陵地区气象局任副局长，1981 年 5 月任零陵地区水利水电局副局长、党组成员；1993 年退休。1954 年在部队立三等功一次，1984 年获“湖南省水利科技科教先进工作者”称号。

张建坤

张建坤，男，汉族，出生于1967年3月，湖南省永州市零陵区人，大学本科学历，中共党员。永州市涔天河水利水电管理局原党委书记。

1990年7月参加工作，历任零陵地区水利局政工科科员、副科级干部、副科长、纪检组副组长兼监察室主任（其间，1991年1月至12月在芝山区珠山镇参加农村社教工作，1994年5月至1997年12月参加水利企业永州市水建公司搞整顿）；2000年12月任市涔天河水利水电管理局副局长；2002年12月至2007年10月任涔天河水利水电管理局党委书记；2007年10月至2010年6月任道县县委常委、组织部部长、县委党校第一校长（兼）；2010年6月至2012年5月任东安县委常委、组织部部长、东安县委党校第一校长（兼）、县总工会主席（兼）；2012年5月至2015年4月任江永县委副书记；2015年4月至2017年3月任永州市城市管理行政执法局党组书记、局长；2017年3月任永州市教育局党组书记、局长。

欧阳平清

欧阳平清，男，瑶族，出生于1970年10月，湖南省江永县人，大学本科文化，中共党员。永州市水利局党组成员、副局长。

1992年7月从中南民族学院历史系毕业分配至江永县文化局，主编《江永县文化志》；1994年3月起任江永报社编辑、记者，参与《江永报》复刊；1996年3月起任中共江永县委办公室干事、综合组长、副科级秘书、县委政策研究室主任、县委办副主任，参与起草县委第八、第九届党代会报告和1997年—2004年县委三级干部会议报告，主持完成《江永县生态优势向经济优势转化发展研究》等重点课题；2004年4月起任永州市政府办主任科员、综合调研室副主任，2010年9月任永州市政府研究室副主任，参与起草2005年—2015年市人民政府工作报告，参与或主持完成《永州市融入华南经济圈的产业定位与发展战略研究》《永州市农村金融发展调查报告》《永州市政府债务化解问题研究》等重大课题。

2015年9月，任永州市水利局党组成员、副局长，负责机关管理、信访、水资源、水利经济、水土保持等工作；其间，任永州市水利志编纂委员会常务副主任兼编纂办主任，牵头组织、主持完成《永州市水利志（1992—2019）》编纂工作。

周作生

周作生，男，出生于1953年1月，汉族，湖南省蓝山县人，大学本科学历，中共党员。永州市水利局原局长、党组书记。

1970年入伍，1973年11月任零陵军分区机关警通排排长，1976年11月任零陵军分区独立一连连长，1980年1月任零陵军分区司令部作训科正连、副营职参谋，1983年9月任零陵军分区司令部作训科科长（副团职），1985年1月任双牌县人武部副部长，1986年3月任双牌县人武部部长，1986年11月任双牌县委常委、人武部部长，1990年8月任县级永州市人武部政委，1991年2月任县级永州市委常委、人武部政委。1992年11月任县级永州市委副书记，1996年3月地改市后任永州市芝山区委副书记，1997年8月任永州市建委副主任、党组副书记、市委建设工作部副部长。1999年至2006年12月任永州市水利局局长、党组书记。2007年1月任永州市三届人大常委会党组成员、秘书长。

中共永州市委第三届委员会委员，永州市第三届人大常委会委员。永州市第三届人民代表大会常务委员会副主任差额候选人。1987获评国防部征兵工作先进个人，2002年获湖南省委、省政府“抗洪救灾功臣”（省劳模）等荣誉称号。

周智亮

周智亮，男，瑶族，出生于1962年7月，湖南江永人，大专文化，中共党员。永州市移民开发局原党组书记、局长。

1986年7月于湖南省农业机械化学校毕业，分配到江永县职业中学任教；1988年3月调至江永县农机工作站，1990年8月任江永县农机监理站副站长，1992年7月任江永县农机工作站副站长。1993年4月至1994年4月挂职任江永县冷水铺党委副书记；1994年4月任江永县粗石江镇党委书记；1997年8月任江永县委宣传部部长，1997年10月任江永县委常委、宣传部部长。2001年6月至12月挂职任浙江省宁波市宁海县任县长助理；2002年9月任江华瑶族自治县委常委、统战部部长，2006年6月任江华瑶族自治县委常委、政法委书记，2007年12月任江华瑶族自治县县委副书记；2012年3月调任永州市移民开发局党组书记、局长。

屈松林

屈松林，男，汉族，出生于1954年5月，永州市冷水滩区人。大学本科文化，中共党员。永州市移民开发局原局长。

1975年10月参加零陵县农业学大寨工作队，被分配到零陵县石岩头公社和平村任工作队员；1976年10月任零陵县东方红公社团委书记、革委会副主任、党委副书记；1980年8月任零陵县蔡家公社管理委员会副主任、党委副书记；1982年12月任零陵县梅溪公社党委书记；1984年12月任县级永州市邮亭圩区委副书记、区长；1985年5月任县级永州市邮亭圩区委书记；1992年2月任县级永州市委常委、宣传部部长；1992年8月任县级永州市委常委、组织部部长，1995年11月芝山区委常委、组织部部长；1997年8月至2001年8月任永州市移民开发局局长，为市移民开发局首任局长。

1994年被中国科协评为全国先进工作者；1995年被评为湖南省组织系统先进工作者；1998年、1999年被省移民开发局评为先进工作者；2000年被省移民开发局评为三峡水库移民搬迁先进工作者。

胡　健

胡　健，男，汉族，出生于1935年3月，湖南省衡南县人，中专文化，中共党员。原湘水第一勘测大队总支书、队长。

1955年参加工作，1962年至1964年在大路铺水文站工作；1964年至1966年在湘水第一分站工作；1966年至1974年在零陵地区水文分站工作；1974年至1978年在双牌水文站工作，任站长；1978年至1980年在零陵地区水文分站工作，任副主任；1980年至1984年在湘水第一勘测队工作，任队长；1984年至1993年在湘水第一勘测大队工作，任总支书记、队长；1993年退休。

1977年获评原水利电力部全国水文战线学大庆学大寨先进个人。

贺松林

贺松林，男，出生于1965年，湖南湘乡人，中共党员。全国水利系统先进工作者。

1981年12月参加工作，先后在豪福、江华、道县、双牌、冷水滩等水文站工作，历任豪福、双牌、大路铺水文站站长、党支部书记等职；1989年被湖南省水利厅记大功一次；2007年被道县县委、县政府授予“抗洪抢险先进个人”称号；2009年被市国资委授予“优秀共产党员”称号；2010年获“永州市劳动模范”称号；2012年获“永州市技术能手”称号；2013年获永州市道德模范提名奖；2015年被评为全国水利系统先进工作者；2019年获“永州榜样”荣誉称号。

秦雄飞

秦雄飞，男，出生于1974年10月，湖南省永州市零陵区人，大学文化，中共党员。永州市库区移民事务中心党委书记、主任。

1991年6月于湖南省劳动人事学校毕业后分配至永州市（县级）自来水公司工作；1992年6月调至永州市（县级）建委办公室工作；1996年12月任永州市市政管理局科员、副主任科员；2002年8月任永州市城市管理局公共客运交通管理科科长；2004年4月到双牌县麻江乡挂职，任党委副书记；2006年11月任永州市公用事业管理局人事教育科科长；2007年6月任永州市司法局党组成员、纪检组长；2013年8月任永州市委政法委委员、纪检组长；2017年9月任永州市移民开发局党组成员、副局长；2019年8月任永州市库区移民事务中心党委书记、主任。

聂红胜

聂红胜，男，出生于1968年，湖南省邵阳县人，中共党员，高级工程师。获“全国技术能手”称号。

1986年12月参加工作，先后在江华、大路铺水文站、零陵（永州）水文局测资科工作，历任江华水文站站长、永州市水文局测资科科长。1997年11月获第二届全国水文勘测工技能大赛第一名，被水利部、劳动部联合授予“全国技术能手”称号。

夏剑平

夏剑平，男，出生于1964年5月，湖南省双牌县人。大专文化，中共党员。双牌水库管理局局长、党委书记。

1988年7月毕业于湖南师范大学数学系数学专业；1989年3月任双牌县城关镇人民政府秘书；1992年4月任双牌县城关镇党委组织委员；1992年9月任双牌县城关镇人民政府副镇长；1995年9月任双牌县尚仁里乡党委副书记；1998年1月任双牌县何家洞乡党委书记；2001年11月任双牌县建设委员会党组书记；2002年5月任双牌县建设局局长；2002年12月到新田县工作，先后任副县长、县委常委、纪委书记；2010年1月任宁远县委常委、纪委书记；2011年6月任宁远县委副书记；2012年5月任双牌水库管理局局长、党委副书记；2013年12月任双牌水库管理局局长、党委书记。

郭懋德

郭懋德，男，出生于1936年8月，汉族，永州市零陵区人，大学本科学历，中共党员，高级工程师。涔天河水利水电管理局原党委书记、局长。

1961年8月毕业于武汉水利电力学院治河防洪工程专业。1961年9月任湖南省水利水电勘测设计院技术员、规划、设计工程项目水文水利专业负责人；1970年7月起历任零陵地区涔天河水利水电工程管理局技术员、助理工程师、工程师；1979年任零陵地区涔天河水利水电管理局水工车间副主任；1981年任零陵地区涔天河水利水电管理局高级工程师；1981年10月任零陵地区涔天河水利水电管理局局长；1984年1月至1990年9月任零陵地区涔天河水利水电管理局局长兼党委书记；1990年9月任零陵地区涔天河水利水电管理局局长；1993年任零陵地区涔天河水利水电管理局总工程师；1996年9月退休。

高　武

高　武，男，汉族，出生于1965年12月，湖南省永州市零陵区人。研究生文化，中共党员。永州市移民开发局原党组书记。

1986年8月湖南省长沙农业学校毕业后，被分配到零陵地区水产试验场任技术员，1987年5月调至道县农业局工作，任干事；1990年11月，调至零陵地区行署法制办工作，历任秘书科干事、副科长、法制科副科长，1997年1月任永州市人民政府法制局行政复议应诉科科长，1999年2月任永州市人民政府法制局副局长，2001年10月任永州市人民政府法制办公室副主任；2002年8月任新田县委副书记、纪委书记；2004年2月任永州市城市管理行政执法局党组副书记、副局长；2006年6月任凤凰园经济开发区党委委员、管委会副主任，2008年12月任凤凰园经济开发区党委副书记、管委会副主任；2010年1月至2012年3月任永州市移民开发局党组书记。

唐天生

唐天生，男，汉族，出生于1954年9月，湖南省永州市零陵区人，大专文化，中共党员。湖南省劳动模范。

1977年10月先后任永州市（现零陵区）西头公社团委书记、组织委员、党委副书记；1983年12月任永州市毛溪桥公社党委书记；1987年1月任永州市水口山镇党委书记；1990年2月任永州市水口山区区长；1991年7月任永州市水口山区委书记；1995年7月任芝山区（现零陵区）水电局党组书记、局长；2014年9月从零陵区水利局退休。1998年获评“湖南省优秀党员”“湖南省水利建设先进个人”，2000年获“湖南省劳动模范”称号。

唐运军

唐运军，男，出生于1957年4月，湖南省宁远县人，大专文化，中共党员。永州市水利局原局长、党组书记。

1975年参加宁远县委工作队，1977年至1982年任公社团委书记、区团委书记，1983年至1985年参加零陵地委党校在职干部班学习，1986年至1991年先后任乡党委书记、镇党委书记、区党委书记，1992年至1999年任蓝山县委常委、组织部部长、纪委书记、常务副县长、县委副书记、县人民政府县长。2000年至2004年任永州市乡镇企业局局长，2005年至2009年任永州市国资委党委书记、主任。2010年至2012年任永州市水利局局长、党组副书记、书记。2012年任永州市政协党组成员、副主席。2017年退休。

唐顺亚

唐顺亚，男，汉族，出生于1965年6月，湖南省双牌县人，大学本科学历，中共党员，高级工程师。湖南省永州水文水资源勘测局原局长、党委书记。

1988年至1989年在零陵造纸厂生产技术科工作；1989年至1990年在零陵地区抗旱救灾队驻江华县中洞乡工作队工作；1990年至1992年借调零陵地区轻纺工业局科技科工作；1992年至1998年在湖南省永州水文水资源勘测局水质监测科工作；1998年至2002年任永州水文水资源勘测局水质监测科科长兼省水环境监测中心永州分中心副主任；2002年1月起，任永州水文水资源勘测局副局长；2009年任永州水文水资源勘测局局长；2014年任永州水文水资源勘测局局长、党委书记。

凌向韶

凌向韶，男，汉族，出生于 1973 年 12 月，湖南省双峰县人，大学本科学历，中共党员，高级工程师。湖南省永州水文水资源勘测中心党委书记、主任。

1997 年 7 月参加工作，先后在湘西土家族苗族自治州水文局、湖南省水文局水资源处工作；2006 年 11 任湖南省水文局水资源处副主任科员；2009 年 5 月任湖南省水文局水资源处副处长（正科级）；2016 年 7 月任湖南省水文局水环境监测处副处长；2019 年 10 月任湖南省水文中心水环境监测处副处长、一级主任科员；2020 年 1 月任湖南省永州水文水资源勘测中心党委书记、主任。

黄保平

黄保平，男，汉族，出生于 1966 年 2 月，湖南省祁阳县人，大学文化，中共党员。永州市水利局党组书记、局长。

1985 年 9 月就读于岳阳师专政教系，1988 年 7 月毕业后被分配到双牌县二中任校团委书记；1995 年 11 月任双牌团县委副书记；1997 年 5 月考入永州市委组织部，先后任组织科副科级组织员、企业党建干部科科长、干部二室副主任、干部一室主任（副处级）；1992 年代表市委组织部在冷水滩区伊塘镇鼎星观村建整扶贫。2003 年、2005 年连续两届被评为湖南省优秀组织工作者，连续 2 次被评为湖南省双联工作先进个人。2011 年 2 月任永州市水利局党组副书记、副局长，先后负责办公室、安全生产、河道采砂、计划财务、政工、机关党委、老龄、扶贫等工作，协助局长主持全面工作。2018 年被评为永州市执行力优秀干部。

2021 年 7 月任永州市水利局党组书记、局长。

黄爱平

黄爱平，男，瑶族，出生于 1962 年，湖南省江华瑶族自治县人，大学本科学历，中共党员，国家一级作家。永州市水利水电局原党组成员、纪检组长。

1982 年 7 月在零陵地区涔天河水电管理局子弟学校任教；1992 年 9 月先后任零陵日报社编辑、记者、文化生活部副主任、新闻发展公司经理；1995 年 11 月先后任永州市委组织部副科级组织员、办公室副主任、正科级组织员（1996 年 12 月至 1997 年 8 月借调省委组织部工作）；2000 年 3 月任永州市水利水电局党组成员、纪检组长；2000 年 9 月任中共蓝山县委副书记（排县长之后）；2002 年 6 月任广东省江门市新会市长助理（挂职）；2006 年 6 月任永州市房产局党组副书记、副局长；2007 年 9 月任永州市文联党组书记、主席；2009 年 5 月任湖南省文联副秘书长兼文化产业发展集团总经理。

中国作家协会会员、中国民间文艺家协会会员、湖南省民间文艺家协会副主席、湖南瑶族文化研究中心主任。荣获第三届毛泽东文学奖和第九届全国少数民族文学“骏马奖”，荣获湖南省“德艺双馨”文艺家称号。出版有《边缘之水》和《黄爱平诗选》文学专集。

曹小阳

曹小阳，男，汉族，出生于 1963 年 10 月，湖南省祁阳县人，研究生学历，中共党员，高级工程师。永州市水利局党组成员、副局长。

1984 年 7 月从湖南省水利水电学校毕业后被分配到湖南省双牌水库管理局工作，先后担任渠道管理所副所长、所长、工程科科长、局长助理；2001 年 2 月任永州市水利局党组成员、副局长，先后分管防汛、建管、水保、工管、农水、质监、河道、河长制等工作，主持或参与制定永州市重大出险工程处险方案及防洪抢险工作，多次评为永州市防汛抗灾先进个人；2002 年主持完成永州市河东防洪堤工程建设；2007 年以来先后主持和参与完成新田两江口、道县云溪新建中型水库、22 座中型、1201 座小型病险水库除险加固工程以及全市农村饮水安全工程、小农水重点县等建设；2018 年兼任永州市河长制工作委员会办公室副主任，主持完成永州市（2018—2020 年）“一河一策”实施方案编制工作。

蒋正生

蒋正生，男，出生于1965年10月，湖南省永州市冷水滩区人，大学文化，中共党员。永州市水利局原党组成员、纪检组长。

1986年6月毕业于湖南省粮食学校统计专业，1986年7月在永州中泰饲料实业总公司参加工作，先后任采购部主任、质检科科长；1996年10月任永州市零陵粮库主任；1998年8月调永州市军粮供应处工作；2000年4月任永州市粮食局政工科科长；2005年5月任永州市国资委改革改制科科长；2008年12月任永州市国资委副调研员；2010年5月任永州市国资委党委委员、总经济师；2010年12月任永州市水利局党组成员、纪检组长，先后分管监察室、监理公司、水建公司改制指导组、永州市水利水电勘测设计院等工作。2017年8月调市纪委监委驻市卫健委纪检监察组，任纪检监察组组长、市卫健委党组成员。

蒋国胜

蒋国胜，男，汉族，出生于1969年10月，湖南省江华瑶族自治县人，大学本科学历，中共党员，高级工程师。全国农村水电及电气化建设先进个人。

1992年7月毕业于湖南省水利水电学校水利水电工程建筑专业，2000年毕业于湖南大学建筑工程专业；2001年2月任永州市水利局工管站副站长；2008年4月任永州市水利局地电站站长，2009年被水利部授予全国农村水电及电气化建设先进个人称号；2011年6月主持永州市水利局水保科工作；2015年5月任永州市水利局工管站站长；2020年3月任永州市农村饮水事务中心主任。编制《永州市水能资源调查评价报告》，参与起草《关于切实加强农村饮水工作的意见》《永州市农村饮水工程建设与管理实施方案》。

蒋燕翔

蒋燕翔，男，汉族，1965年10月出生，湖南省道县人，在职研究生文化，中共党员。永州市水利局党组成员、总工程师。

1986年被分配到零陵地区水利水电局工作，先后任永州市水利局计划财务科副科长、政工科教科科长兼局机关党委副书记；2006年7月任永州市水利局总工程师，2010年6月任永州市水利局党组成员、总工程师，先后分管水利技术、地方电力、水利工程监理、水资源管理、水利工程招投标监管、水利工程建设与管理、农村水利等工作，主持完成了1000多处水利水电项目技术审查、审批工作。多次被省市评为优秀共产党员、优秀党务工作者和优秀公务员。先后在中央、省、市电台、电视台和报刊发表新闻稿件及学术论文300多篇，其中，《浅析国有资产管理现状及对策研究》被评为湖南省自然科学三等优秀学术论文，《浅析农村税费改革后水利工程水费的征管与对策》发表在国家级刊物《水利发展研究》上，分别获水利部“水管单位体制改革有奖征文”二等奖和湖南省水利厅水利经济发展学术优秀论文一等奖。

鲁金舟

鲁金舟，男，汉族，出生于1961年2月，湖南长沙人，硕士研究生，中共党员，高级工程师。永州市气象局原局长。

1982年1月至1995年2月在道县气象局工作，先后任副局长、局长；1995年2月至2008年1月调到永州市气象局，历任办公室主任，财务产业科科长，计划财务科科长，产业发展管理科科长，副局长、党组成员；2008年1月至2011年5月任株洲市气象局副局长、纪检组长、党组成员；2011年5月至2019年10月任永州市气象局局长、党组书记。

廖红华

廖红华，男，出生于1963年3月，湖南省耒阳市人，大学本科学历，工学学士学位，中共党员，高级工程师。全国水资源工作先进个人。

1983年7月毕业于湖南大学发电厂及电力系统专业，被分配到零陵地区水利水电局工作；1991年6月任零陵地区水利水电局小水电管理站副站长；1998年2月任零陵地区水利水电局小水电管理站站长；2008年4月任永州市水利局水政水资源科科长；2019年5月任永州市水利局副调研员。编制完成《零陵地区地方电力工作票、操作票暂行规定（实行）》；主持或参与完成南津渡水电站初步设计、零陵地区地方电网规划、江永县和宁远县农村初级电气化规划等；主持完成江华瑶族自治县岭东林区骨干电力网络项目建设；组织完成《永州市水功能区划》的编写工作并由市政府印发《永州市最严格水资源管理制度实施办法》《永州市江河水库水资源保护办法》等。2017年获水利部授予“全国水资源工作先进个人”荣誉称号。

廖荣良

廖荣良，男，汉族，出生于1963年10月，湖南省新田县人，大学文化，中共党员，高级工程师。永州市水利局原党组书记、局长，市水利局二级巡视员。

1985年从湖南省水利水电学校农田水利工程专业毕业，分配到湖南省双牌水库管理局工作，先后任菱角塘管理所技术员、局党政办秘书、工程科技术员、工程科副科长、综合经营科副科长、综合经营科科长等职；1998年至2000年在双牌县五里牌镇挂职任党委副书记；1997年至1999年完成中央党校函授学院经济管理专业本科学习；2000年任湖南省双牌水库管理局党委副书记，2003年任湖南省双牌水库管理局副局长、党委副书记；2007年4月任湖南省双牌水库管理局局长；2012年3月任永州市水利局党组书记、局长，2021年4月任市水利局党组书记、局长、二级巡视员；2021年7月任市水利局二级巡视员。

2019年12月被人力资源和社会保障部、水利部联合评为“全国水利系统先进工作者”（享受省部级劳动模范待遇）。撰写的《发挥水利在生态文明建设中的支撑作用》《坚持质量为本争创优质工程》《以节水优先守护好一江碧水》等文章先后在《中国水利报》《人民长江报》《湖南日报》《湖南水利水电》等报刊上发表。

黎世民

黎世民，男，生于1964年6月，瑶族，湖南省江华瑶族自治县人，大学本科学历，中共党员。永州市涔天河水库和工程管理局党委书记。

1982年8月任江华瑶族自治县农业局农技员；1986年任江华瑶族自治县农业委员会秘书；1990年9月任江华瑶族自治县小圩乡党委书记；1994年1月任江华瑶族自治县大路铺区委副书记、区长；1995年6月任江华瑶族自治县大路铺镇工委书记、党委书记；1997年3月任江华瑶族自治县农业委员会党组书记、主任；1997年9月任江华瑶族自治县政府党组成员，县农业委党组书记、主任；1998年2月任江华瑶族自治县政府副县长；2000年5月至11月挂职浙江省杭州市滨江区区长助理；2002年9月任江华瑶族自治县县委副书记、县政府副县长；2003年1月任江华瑶族自治县县委副书记；2006年6月任永州市水利局党组副书记、副局长；2007年10月任永州市涔天河水利水电管理局党委书记，2013年8月兼任湖南涔天河工程建设投资有限责任公司副总经理；2015年4月至2016年7月兼任永州市政府副秘书长；2017年9月任永州市涔天河水库和工程管理局党委书记。

湖南省十届、十一届党代会代表，永州市一届、二届、四届、五届党代会代表。1994年被授予“零陵地区劳动模范”称号；2003年荣立“湖南省抗洪抢险一等功”。

三、人物名录

1992—2019年永州市水利局历任党组成员名录

表10-3-1

任别	职务	姓名	任职时间	备注
1992年1月—1999年3月	党组书记、局长	李作林	1992.1—1999.3	
	党组成员、副局长	朱葛天	1992.1—1993.5	因公牺牲
	党组成员、副局长	陈昌国	1992.1—1994.3	
	党组副书记、副局长	李世鸿	1997.4—1998.10	1998年10月任党组书记，因公牺牲
	党组成员、副局长	陈安美	1992.1—1999.3	
	党组成员、副局长	刘六伦	1997.9—1999.3	
	党组成员、副局长	陈湘涛	1992.1—1999.3	
	党组成员、副局长	张位增	1992.1—1996.10	
	党组成员、纪检组长	邓传雨	1992.1—1999.3	
1999年3月—2007年3月	党组书记、局长	周作生	1999.3—2007.3	
	党组成员、副局长	刘六伦	1999.3—2007.3	
	党组成员、副局长	陈安美	1999.3—2001.10	
	党组成员、副局长	陈湘涛	1999.3—2001.2	
	党组成员、纪检组长	邓传雨	1999.3—2000.3	
	党组成员、副局长	王瑶东	2002.12—2007.3	
	党组副书记、副局长	黎世民	2006.6—2007.3	
	党组成员、副局长	曹小阳	2001.2—2007.3	
	党组成员、纪检组长	黄爱平	2000.3—2000.9	
	党组成员、纪检组长	王桂芳	2000.9—2007.3	
2007年3月—2010年2月	党组副书记、局长	冯德校	2007.3—2010.2	
	党组书记、副局长	刘六伦	2007.4—2010.2	
	党组副书记、副局长	黎世民	2007.3—2007.10	
	党组成员、副局长	曹小阳	2007.3—2010.2	
	党组成员、副局长	王瑶东	2007.3—2010.2	
	党组成员、副局长	李勇清	2007.10—2009.12	
	党组成员、纪检组长	王桂芳	2007.3—2010.2	
	党组成员、副局长	李启华	2008.12—2010.2	

续表10-3-1

任别	职务	姓名	任职时间	备注
2010年2月—2012年3月	党组副书记、局长	唐运军	2010.2—2012.3	
	党组书记、副局长	刘六伦	2010.2—2012.3	
	党组副书记、副局长	黄保平	2011.2—2012.3	
	党组成员、副局长	曹小阳	2010.2—2012.3	
	党组成员、副局长	王瑶东	2010.2—2012.3	
	党组成员、纪检组长、副局长	王桂芳	2010.2—2012.3	2011年1月任副局长
	党组成员、副局长	李启华	2010.2—2012.3	
	党组成员、防汛办主任	石琪	2010.6—2012.3	
	党组成员、总工程师	蒋燕翔	2010.6—2012.3	
	党组成员、纪检组长	蒋正生	2011.1—2012.3	
2012年3月—2021年7月	党组书记、局长	廖荣良	2012.3—2021.7	
	党组副书记、副局长	黄保平	2012.3—2021.7	
	党组副书记、副局长	左全裕	2012.3—2013.8	
	党组成员、副局长	曹小阳	2012.3—2021.7	
	党组成员、副局长	王瑶东	2012.3—2015.6	
	党组成员、副局长	王桂芳	2012.3—2017.7	
	党组成员、副局长	李启华	2012.3—2021.5	
	党组成员	刘六伦	2012.3—2014.9	
	党组成员、防汛办主任	石琪	2012.3—2014.9	
	党组成员、总工程师	蒋燕翔	2012.3—2021.7	
	党组成员、纪检组长	蒋正生	2012.3—2017.7	
	党组成员、副局长	欧阳平清	2015.9—2021.7	
2021年7月—	党组书记、局长	黄保平	2021.7	
	党组成员、副局长	曹小阳	2021.7	
	党组成员、总工程师	蒋燕翔	2021.7	
	党组成员、副局长	刘大兵	2021.7	
	党组成员、副局长	欧阳平清	2021.7	

1992—2019年永州市水利局非党组成员市管干部名录

（以在市水利局任职时间为序，已列入党组成员名录的不再重复列入）

表10-3-2

姓名	性别	职务	任职时间
谭继才	男	零陵地区水电局调研员	1985.5
杨家恩	男	零陵地区水电局副处级站长	1990.11
周进廷	男	零陵地区水电局总工程师	1991.2
范迁运	男	零陵地区水电局助理调研员	1994.12

续表10-3-2

姓名	性别	职务	任职时间
眭纯斌	男	零陵地区水电局总工程师	1995.6
尹维艾	男	零陵地区水电局调研员	1995.12
金颖春	男	市水利局总工程师	2002.11
王隆东	男	市水利局助理调研员	2004.2
唐桂荣	男	市水利局助理调研员	2004.2
单剑平	男	市水利局副调研员	2008.10
王亚春	男	市水利局副调研员	2009.6
李国旗	男	市防汛抗旱指挥部办公室主任	2015.5
陈颖川	男	市水利局副调研员	2019.4
廖红华	男	市水利局副调研员	2019.5
杨涛波	男	市水旱灾害防御事务中心主任	2019.8

永州籍外地从事水利工作正处级以上职务或正高级职称人员名录

（按单位排序，同单位按姓氏笔划排序，部分收录）

表10-3-3

姓名	出生年月	籍贯	职务（职称）	工作单位
王胜万	—	宁远	建设司司长	水利部
王明湘	1932.10	江永	原厅长	湖南省水利厅
何世军	1940.8	宁远	原党组成员、纪检组长	湖南省水利厅
蒋娟琳（女）	1963.5	宁远	财务处长、一级调研员、高工	湖南省水利厅
王平	1973.12	祁阳	运行管理与监督处处长、高工	湖南省水利厅
彭鹏飞	1970.2	祁阳	水土保持处处长	湖南省水利厅
唐晓荣	1965.7	零陵	二级调研员	湖南省水利厅
汤荣军	1965.8	东安	一级调研员	湖南省水利工程管理局
周娟华（女）	1963.4	东安	党委书记、副主任、一级调研员	湖南省库区移民事务中心
吴群雄	1964.2	江华	一级调研员	湖南省库区移民事务中心
沈起鹏	1957.12	永州	研究员级高工	省水文中心
王小玲（女）	1960.9	江永	正高级工程师	湖南省水利水电勘测设计研究总院
蒋岑	1981.10	祁阳	教研主任（高工）	湖南水利水电职业技术学院
潘斌生	1944	祁阳	原院长（教授）	长沙理工大学
魏再勋	1957	零陵	离退休处书记	长沙理工大学
胡国华	1965	新田	教授	长沙理工大学
黄培斌	1952	蓝山	局长	张家界市气象局（退休）
周新成	1963	道县	局长	张家界市气象局

《永州市水利志》承修单位历任局长、党组书记名录

表 10-3-4

姓名	职务	所在单位	任职时间	离职时间
永州市库区移民事务中心				
屈松林	党组书记、局长	永州市移民开发局	1997.8	2001.8
胡晓猛	局长	永州市移民开发局	2001.8	2007.4
王先文	局长	永州市移民开发局	2007.4	2009.7
胡晓猛	党组书记	永州市移民开发局	2007.4	2009.7
杨社顺	副书记、副局长	永州市移民开发局	2009.7	2010.1
杨社顺	局长、副书记	永州市移民开发局	2010.1	2012.3
高武	党组书记	永州市移民开发局	2010.1	2012.3
周智亮	党组书记、局长	永州市移民开发局	2012.3	2018.11
何长华	副局长	永州市移民开发局	2018.11	2019.8
秦雄飞	党委书记、主任	永州市库区移民事务中心	2019.8	—
永州市气象局				
陈学邑	党组书记、局长	零陵地区气象局	1988.10	1995.1
徐运良	局长	永州市气象局	1995.1	1998.1
崔新成	党组书记	永州市气象局	1995.1	1996.4
李国军	党组副书记、副局长	永州市气象局	1998.1	1998.6
李国军	党组书记、局长	永州市气象局	1998.6	2007.4
董小强	党组副书记、副局长	永州市气象局	2007.4	2010.6
董小强	党组书记、局长	永州市气象局	2010.6	2011.5
鲁金舟	党组书记、局长	永州市气象局	2011.5	2019.10
严光荣	党组书记、局长	永州市气象局	2019.10	—
湖南省双牌水库管理局				
陈自禄	党委书记	零陵县双牌右干渠工程指挥部	1963.10	1969.9
罗质素	党总支书记、主任	双牌右干渠管理所	1970.6	1971.10
曹天源	党总支书记、主任	双牌右干渠管理所	1971.10	1973.8
	所长	双牌右干渠管理所	1973.8	1974.5
花景波	党总支书记、主任	双牌灌区工程管理局	1974.5	1975.4
刘贤德	党总支书记、主任	双牌灌区工程管理局	1975.4	1976.8
彭世铁	党总支书记、主任	双牌灌区工程管理局	1976.8	1979.11
刘宏春	党总支书记、副局长	双牌灌区工程管理局	1979.11	1980.4
唐宜佑	党委负责人、负责人	湖南省双牌水库管理局	1982.3	1984.3
唐宜佑	党委书记、局长	湖南省双牌水库管理局	1984.3	1986.8
向本学	党委副书记、局长	湖南省双牌水库管理局	1988.10	1993.1
尹维艾	党委书记、局长	湖南省双牌水库管理局	1993.1	1995.4
李友生	局长、党委书记	湖南省双牌水库管理局	1996.10	2007.4

续表10-3-4

姓名	职务	所在单位	任职时间	离职时间
廖荣良	局长、副书记	湖南省双牌水库管理局	2007. 4	2012. 3
夏剑平	局长、党委书记	湖南省双牌水库管理局	2012. 5	—
永州市涔天河水利水电管理局				
郭自安	党委书记	湖南省涔天河水库工程指挥部	1965. 7	1969. 11
潘树永	指挥长	湖南省涔天河水库工程指挥部	1965. 7	1969. 11
张育文	指挥长	湖南省涔天河水库工程指挥部	1969. 11	1972. 11
张宝文	党委书记、指挥长	湖南省涔天河水库工程指挥部	1972. 11	不详
张育文	党总支书记、革命会主任	零陵地区涔天河水利水电管理局	1970. 12	1972. 1
赵九义	党总支书记、革命会主任	零陵地区涔天河水利水电管理局	1972. 7	1975. 4
刘庆华	党总支书记、革命会主任	零陵地区涔天河水利水电管理局	1975. 9	1976. 4
谢建华	党委副书记	零陵地区涔天河水利水电管理局	1978. 5	1979. 2
谢建华	党总支书记、革命会主任	零陵地区涔天河水利水电管理局	1979. 2	1979. 10
黄森	党委书记	零陵地区涔天河水利水电管理局	1979. 11	1983. 5
郭懋德	局长	零陵地区涔天河水利水电管理局	1981. 10	1984. 1
郭懋德	党委书记、局长	零陵地区涔天河水利水电管理局	1984. 1	1990. 9
熊礼衡	党委书记	零陵地区涔天河水利水电管理局	1990. 9	1993. 5
郭懋德	局长、党委副书记	零陵地区涔天河水利水电管理局	1990. 9	1993. 5
李世鸿	局长、党委副书记	零陵地区涔天河水利水电管理局	1993. 5	1993. 11
李世鸿	局长、党委书记	零陵地区涔天河水利水电管理局	1993. 11	1997. 4
李德用	局长、党委书记	永州市涔天河水利水电管理局	1997. 4	2000. 1
王瑶东	局长、党委副书记	永州市涔天河水利水电管理局	2000. 1	2002. 12
张建坤	党委书记	永州市涔天河水利水电管理局	2002. 12	2007. 10
刘亮凯	局长、党委副书记	永州市涔天河水利水电管理局	2002. 12	2017. 11
黎世民	党委书记	永州市涔天河水利水电管理局	2007. 10	—
卢文庆	局长、党委副书记	永州市涔天河水库和工程管理局	2017. 11	—
湖南涔天河工程建设投资有限责任公司				
李祥红	董事长	湖南涔天河工程建设投资有限责任公司	2013. 8	2020. 4
左全裕	总经理	湖南涔天河工程建设投资有限责任公司	2015. 11	2017. 11
王振华	总经理	湖南涔天河工程建设投资有限责任公司	2017. 11	—
永州水文水资源勘测中心				
胡健	大队长	零陵水文水资源勘测大队	1992. 1	1992. 12
匡子玉	大队长	零陵水文水资源勘测大队	1992. 12	1995. 4
汪翔	局长	零陵水文水资源勘测局	1995. 4	1996. 3
杨诗君	局长	永州水文水资源勘测局	1997. 3	2001. 9
刘金友	局长	永州水文水资源勘测局	2001. 10	2009. 5

续表10-3-4

姓名	职务	所在单位	任职时间	离职时间
唐顺亚	局长	永州水文水资源勘测局	2009.5	2016.12
孙亚飞	局长	永州水文水资源勘测局	2016.12	2019.12
凌向韶	主任	永州水文水资源勘测中心	2020.1	—
湖南省双牌水力发电有限公司				
潘广恩	书记	湖南省双牌水电站	1963.3	1966.4
郭会丰	站长	湖南省双牌水电站	1963.4	1967.10
郝新芳	书记	湖南省双牌水电站	1966.4	1967.10
郝新芳	主任、组长	湖南省双牌水电站	1967.10	1968.8
赵尚德	主任	湖南省双牌水电站	1968.8	1970
赵尚德	组长	湖南省双牌水电站	1969.2	1971.4
廉光煌	主任	湖南省双牌水电站	1970	1973
廉光煌	书记	湖南省双牌水电站	1971.11	1973.5
潘树永	主任、书记	湖南省双牌水电站	1973	1976.10
滕名瑜	主任、书记	湖南省双牌水电站	1976.10	1981.1
罗质素	书记	湖南省双牌水电站	1981.1	1982.1
吴胤麟	站长、副书记	湖南省双牌水电站	1981.1	1982.6
张爱日	书记	湖南省双牌水电站	1982.1	1983.12
周承家	站长	湖南省双牌水电站	1982.6	1983.12
周承家	书记	湖南省双牌水电站	1983.12	1985.5
李喜旺	副站长（负责全面工作）	湖南省双牌水电站	1983.12	1985.5
马建光	书记	湖南省双牌水电站	1985.5	1991.8
陶南华	站长	湖南省双牌水电站	1985.5	1991.8
龚艮安	站长	湖南省双牌水电站	1991.8	1995.6
龚艮安	书记	湖南省双牌水电站	1992.4	1995.6
王振谭	站长、书记	湖南省双牌水电站	1995.6	1996.7
唐建设	副书记（主持工作）	湖南省双牌水电站	1996.7	1998.1
石光畅	副站长（主持工作）、副书记	湖南省双牌水电站	1996.7	1998.1
石光畅	站长、副书记	湖南省双牌水电站	1998.1	2000.9
唐建设	书记	湖南省双牌水电站	1998.1	2001.4
刘启华	站长	湖南省双牌水电站	2000.9	2004.1
刘启华	书记	湖南省双牌水电站	2001.4	2003.4
林战难	书记	湖南省双牌水电站	2003.4	2004.1
杨辉	书记	湖南省双牌水电站	2004.1	2010.8
张爱民	站长、副书记	湖南省双牌水电站	2004.9	2006.6

续表10-3-4

姓名	职务	所在单位	任职时间	离职时间
江双喜	站长	湖南省双牌水电站	2006.7	2013.11
江双喜	书记	湖南省双牌水电站	2010.8	2013.11
杨勇	站长、书记	湖南省双牌水电站	2013.11	2015.12
杨勇	站长、副书记	湖南省双牌水电站	2015.12	2017.11
王俊	党委书记	湖南省双牌水电站	2015.12	2018.1
杨勇	党委副书记、执行董事、总经理	湖南省双牌水力发电有限公司	2017.11	2018.1
王俊	党委书记、执行董事、总经理	湖南省双牌水力发电有限公司	2018.1	—
湖南省南津渡水力发电有限公司				
胡会元	党委书记、指挥长	南津渡水电站工程指挥部	1985.6	1988.5
欧阳天河	党委书记、指挥长	南津渡水电站工程指挥部	1988.6	1991.12
欧阳天河	党委书记	永州市南津渡水电站工程管理局	1992.1	1992.8
于乐清	局长	永州市南津渡水电站工程管理局	1992.9	1993.1
	站长	湖南省南津渡水电站	1993.2	1997.5
黄衡	党委书记	湖南省南津渡水电站	1992.9	1997.5
文柏海	党委书记、站长	湖南省南津渡水电站	1997.6	1998.7
陈贵德	党委书记	湖南省南津渡水电站	1998.8	2007.10
张爱民	站长	湖南省南津渡水电站	1998.8	2003.12
林战难	站长	湖南省南津渡水电站	2004.1	2010.7
	党委书记、站长	湖南省南津渡水电站	2007.11	2008.10
李朝晖	党委书记	湖南省南津渡水电站	2008.11	2015.11
陈敬民	党委书记	湖南省南津渡水电站	2015.12	2017.12
罗广林	站长	湖南省南津渡水电站	2010.8	2017.12
	党委书记、总经理	湖南省南津渡水力发电有限公司	2018.1	2019.9
罗广林	党委书记	湖南省南津渡水力发电有限公司	2019.10	2020.12
李建红	总经理	湖南省南津渡水力发电有限公司	2019.10	—

县区水利局历任局长、书记名录

表 10-3-5

县区	姓名	职务	所在单位	任职时间	离职时间
冷水滩区	陈湘涛	局长	冷水滩市水利局	1984.6	1993.7
	潘秀珍	局长	冷水滩市水利局	1993.8	1995.12
	朱元顺	局长	冷水滩区水利局	1996.11	1998.4
	熊善国	局长	冷水滩区水利局	1999.12	2010.7
	朱继雅	党组书记	冷水滩区水利局	2007.11	2010.7
	唐基和	局长	冷水滩区水利局	2010.8	2016.12
	李兴军	局长	冷水滩区水利局	2016	—
零陵区	刘邦安	科长	零陵县人民政府建设科	1949.10	1951.2
	刘邦安	科长	零陵县人民政府农林科	1951.2	1952.12
	张殿举	科长	零陵县人民政府农建科	1953.7	1954.5
	吴绍白	局长、党委书记	零陵县人民政府农林水利局	1954.8	1955.6
	杨兆元	局长	零陵县人民政府农林水利局	1955.6	1956.6
	张高峻	局长	零陵县水利电力局	1956.9	1958.10
	蔡本守	局长	零陵县革命委员会水利电力局	1973.8	1975.8
	唐义麟	局长	零陵县革命委员会水利电力局	1975.8	1978.12
	张高峻	局长	零陵县革命委员会水利电力局	1978.12	1980.12
	张高峻	局长	零陵县水利电力局	1980.12	1984.1
	唐玉昆	局长、党委书记	零陵县水利电力局	1984.1	1984.8
	唐玉昆	局长	永州市水利水电局	1984.9	1989.3
	蒋立成	党委书记	永州市水利水电局	1989.11	1993.1
	杨照群	局长、党委副书记	永州市水利水电局	1989.11	1993.1
	杨照群	局长	永州市水利水电局	1993.2	1995.7
	唐天生	局长、党委书记	永州市水利水电局	1995.7	1996.3
	唐天生	局长、党组书记	芝山区水利水电局	1996.3	2002.4
	唐天生	局长、党组书记	芝山区水利局	2002.4	2003.9
	朱三好	局长、党组书记	芝山区水利局	2003.9	2005.8
	朱三好	局长、党组书记	零陵区水利局	2005.8	2011.3
	周文誉	局长、党组书记	零陵区水利局	2011.3	2012.10
	周文誉	局长	零陵区水利局	2012.10	2016.6
	吕和安	党组书记	零陵区水利局	2012.10	2016.6
	欧学钊	局长、党组书记	零陵区水利局	2016.6	2017.9
	吕松桑	局长、党组书记	零陵区水利局	2017.9	2019.4
	吕松桑	党组书记	零陵区水利局	2019.4	—
	汪东燕	局长	零陵区水利局	2019.4	—

续表10-3-5

县区	姓名	职务	所在单位	任职时间	离职时间
祁阳县	李德发	局长	祁阳县水利局	1988. 1	1990. 2
	王富春	局长	祁阳县水利局	1990. 2	2002. 2
	唐华生	局长	祁阳县水利局	2002. 3	2010. 8
	张应生	局长	祁阳县水利局	2010. 8	2014. 12
	邓卫芳	局长	祁阳县水利局	2014. 12	—
东安县	吴又芬	局长	东安县水利局	1993. 2	2000. 6
	卿茂林	党组书记	东安县水利局	1997. 1	2000. 12
	刘联国	局长	东安县水利局	2001. 1	2008. 7
	蒋兴彪	党组书记	东安县水利局	2001. 1	2006. 6
	郑剑	局长	东安县水利局	2008. 7	2016. 2
	陈明元	党组书记	东安县水利局	2011. 3	2013. 12
	苏乐云	局长	东安县水利局	2016. 2	2019. 3
	蒋忠山	党组书记	东安县水利局	2019. 4	—
	唐柏纯	局长	东安县水利局	2019. 4	—
双牌县	周建平	局长	双牌县农水局	1977. 8	1982. 1
	何战鏖	局长	双牌县水利水电局	1982. 1	1987. 10
	邓崇华	副局长（主持工作）	双牌县水利水电局	1987. 10	1989. 1
	蒋良超	局长	双牌县水利水电局	1989. 1	1998. 4
	郑小满	局长	双牌县水利水电局	1998. 4	2002. 4
	龚述安	局长	双牌县水利局	2002. 4	2008. 4
	胡尚海	党组书记	双牌县水利局	2002. 4	2008. 4
	吕保和	局长	双牌县水利局	2008. 4	2010. 1
	唐志利	局长	双牌县水利局	2010. 1	2016. 3
	黄新明	党组书记	双牌县水利局	2010. 1	2013. 12
	胡志波	局长	双牌县水利局	2016. 3	—
道县	刘庆瑶	局长	道县水利局	1984. 1	1993. 1
	陈青春	局长	道县水利局	1993. 1	1998. 5
	胡好贤	局长	道县水利局	1998. 5	2003. 12
	王田贤	局长	道县水利局	2003. 12	2008. 12
	唐建明	副局长（主持工作）	道县水利局	2008. 12	2010. 12
	丁建华	局长	道县水利局	2010. 12	2013. 2
	黄河清	局长	道县水利局	2013. 2	—

续表10-3-5

<table>
<tr><th>县区</th><th>姓名</th><th>职务</th><th>所在单位</th><th>任职时间</th><th>离职时间</th></tr>
<tr><td rowspan="6">江永县</td><td>聂玉昆</td><td>局长</td><td>江永县水利水电局</td><td>1984. 1</td><td>1995. 5</td></tr>
<tr><td>王芳贵</td><td>局长</td><td>江永县水利水电局</td><td>1995. 5</td><td>2002. 6</td></tr>
<tr><td>谢孝祥</td><td>局长</td><td>江永县水务局</td><td>2002. 6</td><td>2006</td></tr>
<tr><td>欧树荣</td><td>局长</td><td>江永县水务局</td><td>2006</td><td>2015. 11</td></tr>
<tr><td>罗声军</td><td>局长</td><td>江永县水务局</td><td>2015. 11</td><td>2019. 3</td></tr>
<tr><td>曾志峰</td><td>局长</td><td>江永县水利局</td><td>2019. 3</td><td>—</td></tr>
<tr><td rowspan="18">江华瑶族自治县</td><td>任树兴</td><td>科长</td><td>江华县人民政府建设科</td><td>1950</td><td>1953</td></tr>
<tr><td>聂邦年</td><td>科长</td><td>江华瑶族自治县水利科</td><td>1954</td><td>1957</td></tr>
<tr><td>伍石生</td><td>股长</td><td>江华瑶族自治县农业局水利股</td><td>1958</td><td>1960</td></tr>
<tr><td>石松修</td><td>股长</td><td>江华瑶族自治县农业局水利股</td><td>1961</td><td>1963</td></tr>
<tr><td>邵启文</td><td>局长</td><td>江华瑶族自治县水利局</td><td>1964</td><td>1967</td></tr>
<tr><td>屈济兰</td><td>局长</td><td>江华瑶族自治县水利局</td><td>1968</td><td>1969</td></tr>
<tr><td>陈友光</td><td>站长</td><td>江华瑶族自治县革命委员会
农林水服务站</td><td>1970</td><td>1973</td></tr>
<tr><td>张得高</td><td>局长</td><td>江华瑶族自治县革命委员会
农业水电局</td><td>1974</td><td>1976</td></tr>
<tr><td>柏金凤</td><td>局长</td><td>江华瑶族自治县革命委员会
水利电力局</td><td>1977</td><td>1983</td></tr>
<tr><td>李国祥</td><td>局长</td><td>江华瑶族自治县水利电力局</td><td>1984</td><td>1991. 5</td></tr>
<tr><td>左名安</td><td>局长</td><td>江华瑶族自治县水利电力局</td><td>1991. 5</td><td>1998. 2</td></tr>
<tr><td>杨显茂</td><td>局长</td><td>江华瑶族自治县水利电力局</td><td>1998. 2</td><td>2002. 4</td></tr>
<tr><td>黄世才</td><td>局长</td><td>江华瑶族自治县水利局</td><td>2002. 4</td><td>2005. 5</td></tr>
<tr><td>蒙业宏</td><td>局长</td><td>江华瑶族自治县水利局</td><td>2005. 5</td><td>2007. 11</td></tr>
<tr><td>吴震欧</td><td>局长</td><td>江华瑶族自治县水利局</td><td>2008. 1</td><td>2017. 4</td></tr>
<tr><td>唐震</td><td>局长</td><td>江华瑶族自治县水利局</td><td>2017. 4</td><td>—</td></tr>
<tr><td>黄桐保</td><td>局长</td><td>宁远县水利电力局</td><td>1990. 7</td><td>1995. 12</td></tr>
<tr><td rowspan="5">宁远县</td><td>唐正祥</td><td>局长</td><td>宁远县水利局</td><td>1995. 12</td><td>2007. 9</td></tr>
<tr><td>周正河</td><td>局长</td><td>宁远县水利局</td><td>2007. 9</td><td>2014. 12</td></tr>
<tr><td>彭政超</td><td>局长</td><td>宁远县水利局</td><td>2015. 1</td><td>2016. 11</td></tr>
<tr><td>刘柏华</td><td>局长</td><td>宁远县水利局</td><td>2016. 11</td><td>2019. 5</td></tr>
<tr><td>郑辉</td><td>局长</td><td>宁远县水利局</td><td>2019. 5</td><td>—</td></tr>
</table>

续表10-3-5

县区	姓名	职务	所在单位	任职时间	离职时间
新田县	于绍卿	科长	农建科	1949. 11	1951. 6
	易邦秀	局长	农林水利局	1955. 1	1958. 4
	邓宽发	局长	新田县水利局	1962. 8	1967. 2
	邓良民	局长	新田县水利局	1965. 11	1968. 10
	邓成忠	主任	新田县水利局	1969. 11	1973. 1
	陈忠和	主任	新田县水利局	1973. 1	1973. 6
	谢凤山	局长	新田县水电局	1973. 8	1978. 11
	邓良民	局长	新田县水电局	1978. 12	1985. 12
	高家顺	局长	新田县水电局	1986. 2	1990. 5
	黄乃兵	局长	新田县水电局	1990. 5	2000. 4
	蒋贤明	局长	新田县水电局	2000. 6	2001. 1
	肖龙斌	局长	新田县水电局	2001. 2	2008. 4
	陈军中	局长	新田县水利局	2008. 5	2010. 3
	陆亚飞	局长	新田县水利局	2010. 4	2012. 10
	肖辉	局长	新田县水利局	2012. 11	2016. 5
	欧亚明	局长	新田县水利局	2016. 6	2019. 3
	邓振斌	局长	新田县水利局	2019. 4	—
蓝山县	匡新发	局长	蓝山县水利水电局	1984. 2	1993. 12
	李安恒	局长	蓝山县水利水电局	1993. 3	1998. 1
	伍兰峰	局长	蓝山县水利水电局	1998. 3	2002. 5
	高凡生	局长	蓝山县水利局	2002. 5	2008. 3
	谭春生	局长	蓝山县水利局	2008. 3	2016. 3
	成志明	局长	蓝山县水利局	2016. 3	2017. 12
	彭凌涛	党组书记	蓝山县水利局	2017. 12	—
	黄昌健	局长	蓝山县水利局	2019. 4	—

1992—2019 年永州市水利系统省、部级以上先进人物名录

（按授予单位级别及授予时间排序）

表 10-3-6

姓名	所在单位	荣誉称号	授予单位	授予时间
王国强	祁阳县内下电站管理局	全国先进工作者	中共中央、国务院	2015 年 4 月
何江波	永州市水文局	全国先进工作者	国务院	2000 年 4 月
聂红胜	湖南省永州水文水资源勘测局	全国技术能手	水利部、劳动部联合授予	1997 年 6 月
贺松林	湖南省永州水文水资源勘测局	获“省部级劳动模范”荣誉称号	人力资源和社会保障部、水利部	2015 年

续表10-3-6

姓名	所在单位	荣誉称号	授予单位	授予时间
廖荣良	永州市水利局	全国水利系统先进工作者，享受省部级表彰奖励获得者待遇。	人力资源和社会保障部、水利部	2019年12月
王桂芳（女）	永州市水利局	获“全国调处水事纠纷创建平安边界先进个人”荣誉称号	中央社会治安综合治理委员会办公室、水利部	2007年9月
刘道秀	涔天河水库和工程管理局	全国水利系统模范工人	水利部	1996年10月
何福君	零陵区水利局	全国水利系统先进个人	水利部	1996年
蒋国胜	永州市水利局	全国农村水电及电气化建设先进个人	水利部	2009年5月
廖红华	永州市水利局	获“全国水资源工作先进个人”荣誉称号	水利部	2017年12月
刘福莲（女）	湖南省双牌水力发电有限公司	全国先进女职工	中华全国总工会	2000年3月
周作生	永州市水利局	抗洪救灾功臣	中共湖南省委、湖南省人民政府	2002年
刘红雨	永州市水利局	湖南省脱贫攻坚先进个人	中共湖南省委、湖南省人民政府	2018年10月
唐桂荣	永州市水利局	防汛抗洪先进个人	湖南省人民政府	1994年
石琪	永州市水利局	防汛抗洪先进个人	湖南省人民政府	1994年
李友生	湖南省双牌水库管理局	湖南省劳动模范	湖南省人民政府	2000年4月
唐天生	零陵区水利局	湖南省劳动模范	湖南省人民政府	2000年
李志翔	永州市水利局	获省先进工作者称号 享受省级劳模待遇	湖南省人民政府	2014年5月
周新成	道县气象局	气象部门双文明建设先进个人	中国气象局	2000年
徐梦（女）	零陵区气象局	“首届全国气象行业地面气象测报技能竞赛”单项二等奖	中国气象局	2007年
周明辉	宁远县气象局	全国优秀县局局长	中国气象局	2018年
刘云祥	湖南省双牌水力发电有限公司	省劳动模范	湖南省劳动模范和先进工作者表彰大会筹委会	1995年4月
张志芳（女）	永州市水利工程管理站	湖南省防汛抗旱先进个人，记一等功	中共湖南省委组织部、湖南省人事厅	2003年9月
朱三好	零陵区水利局	湖南省防汛抗灾先进个人、一等功	中共湖南省委组织部、省人事厅、省防指	2006年9月
刘亮凯	永州市涔天河水库和工程管理局	防汛抗灾先进个人，记一等功	中共湖南省委组织部、湖南省人事厅	2006年9月
成刚	永州市水利局	湖南省山洪防御和抗旱救灾先进个人，记一等功	中共湖南省委组织部、湖南省人事厅	2007年9月

永州市水利系统高级专业技术人员名录

（按单位排序，同单位按职称取得时间排序）

表 10-3-7

姓名	职称	取得职称时间	姓名	职称	取得职称时间
永州市水利局					
邓文龙	高级工程师	已故，不详	邓天柏	高级工程师	1988. 1
周进廷	高级工程师	1988. 1	周成堡	高级工程师	1988. 1
眭纯斌	高级工程师	1988. 1	胡恒虎	高级工程师	1988. 3
黄明烈	高级工程师	1993. 9	廖红华	高级工程师	1997. 9
彭群英	高级工程师	2005. 12	韩少武	高级工程师	2006. 6
曹小阳	高级工程师	2006. 12	聂顺生	高级工程师	2008. 11
杨进步	高级工程师	2008. 12	雷端生	高级工程师	2008. 12
廖荣良	高级工程师	2010. 12	蒋国胜	高级工程师	2017. 3
唐弈	高级工程师	2018. 5	唐平	高级工程师	2018. 12
熊智华	高级工程师	2019. 12	周仲金	高级工程师	2019. 12
乔文（女）	高级工程师	2019. 12			
永州市水利水电勘测设计院					
奉红珍	高级工程师	1988. 1	潘焕荣	高级工程师	1988. 1
何盛兰	高级工程师	1988. 1	陈灿	高级工程师	2002. 9
何琦	高级工程师	2004. 1	陈海（女）	高级工程师	2005. 12
陆海军	高级工程师	2009. 12	桂许亮	高级工程师	2010. 12
蒋志彦	高级工程师	2010. 12	熊绿枝（女）	高级工程师	2014. 1
黄小波	高级工程师	2016. 12	雷瑞丽（女）	高级工程师	2018. 12
付跃明	高级工程师	2018. 12	唐春华（女）	高级工程师	2018. 12
陈静（女）	高级工程师	2019. 12	赵雅清（女）	高级工程师	2020. 12
蒋雁	高级工程师	2020. 12			
永州市气象局					
曹志国	副高	1994. 12	张培发	副高	1996. 11
文志庭	副高	1999. 5	邓宏胜	副高	2008. 9
李高峰	副高	2013. 11	龙志宇	副高	2014. 11
李青松	副高	2014. 11	黄海涛	副高	2015. 1
欧阳水章（女）	副高	2015. 1	鲁金舟	副高	2015. 1
周丽珍（女）	副高	2015. 1	李琼（女）	副高	2015. 1
文加连	副高	2015. 1	徐根生	副高	2020. 11
周斌	副高	2015. 1	宾雪（女）	副高	2015. 1
胡世和	副高	2015. 1	谷代国	副高	2015. 1
严光荣	副高	2016. 11	何应法	副高	2016. 11

续表10-3-7

姓名	职称	取得职称时间	姓名	职称	取得职称时间
刘世云	副高	2016.11	秦向宏	副高	2017.11
周玉文（女）	副高	2017.11	罗飞云	副高	2017.11
宋定满	副高	2018.11	邹志红	副高	2018.11
付炜	副高	2019.11	欧晋辉	副高	2020.11
双牌水库管理局					
何顺之	高级工程师	1995.5	张彩鉐	高级工程师	2001.11
蒋红艳（女）	高级工程师	2003.9	张永祥	高级工程师	2008.11
唐国华	高级工程师	2008.11	伍军民	高级工程师	2009.12
李晨明（女）	高级工程师	2013.4			
永州市涔天河水库和工程管理局					
郭懋德	高级工程师	1988.10	陈德祥	高级工程师	1988.12
何先勤	高级工程师	1988.12	熊礼衡	高级政工师	1991.10
郑启林	高级政工师	1991.10	罗丽光（女）	高级工程师	1992.11
彭乔生	高级工程师	1993.9	林运翠（女）	中级高教	1997.8
何今盛	高级工程师	1997.9	刘景云	高级政工师	1997.10
张明亮	高级经济师 高级政工师	2000.12 1999.10	蒋永农	高级政工师	2002.10
李忠	高级政工师	2003.10	黎小涛	高级政工师	2004.10
欧阳祖民	高级政工师	2004.10	唐砖青	高级政工师	2005.9
陈春明	高级经济师	2005.11	刘亮凯	高级工程师	2007.11
李露生	高级政工师	2017.12	唐广衡	高级政工师	2019.5
朱江（女）	高级工程师	2019.12	唐国珍（女）	高级政工师	2019.12
湖南省永州水文水资源勘测局					
刘满元	高级工程师	1996.8	汤小平	高级政工师	2002.11
唐顺亚	高级工程师	2002.9	何江波	高级工程师	2002.9
匡向阳	高级工程师	2002.10	刘金友	高级工程师	2003.9
廖政文	高级工程师	2006.12	凌向韶	高级工程师	2007.10
刘承明	高级工程师	2009.12	王勇国	高级工程师	2010.12
秦远清	高级工程师	2010.12	伍小铁	高级工程师	2017.12
卢文军	高级工程师	2018.12	钟铭	高级工程师	2019.12
湖南涔天河工程建设投资有限责任公司					
王显峰	高级工程师	2006.8	王四清	高级工程师	2007.11
黄义元	高级工程师	2014.12	左全裕	高级工程师	2002.9
于姣瑞	高级工程师	2018.8	何勇	高级工程师	2019.12
周伟	高级工程师	2019.12	王振华	高级工程师	2020.12
何卫东	高级工程师	2020.12	郭晓宁	高级工程师	2020.12

续表10-3-7

姓名	职称	取得职称时间	姓名	职称	取得职称时间
湖南省双牌水力发电有限公司					
王振谭	高级工程师	1989.8	刘金虹	高级工程师	2006.12
王柏林	高级工程师	2007.11	刘德文	高级工程师	2009.12
徐兴国	高级工程师	2019.12	曹树平	高级工程师	2011.12
张亚平	高级政工师	2012.4	程科华	高级政工师	2012.12
刘艳华（女）	高级会计师	2018.12			
零陵区水利局					
张金耀	高级工程师	1993.9	李谊增	高级工程师	2007.11
陈晔	高级工程师	2011.12	唐甲和	高级工程师	2017.12
周翠艳	高级工程师	2019.12	李茂林	高级工程师	2020.12
祁阳县水利局					
邓志林	高级工程师	2011.12	邓卫芳	高级工程师	2015.2
桂静	高级工程师	2017.12	肖国平	高级工程师	2017.12
王国强	高级工程师	2017.12	付军田	高级工程师	2018.12
廖华	高级工程师	2018.12	聂湘云	高级工程师	2018.12
奉立	高级工程师	2020.4	李双卫	高级工程师	2020.4
东安县水利局					
吴化军	高级工程师	2010.12	陈铸铭	高级工程师	2011.12
李天柏	高级工程师	2013.12	孙凤云（女）	高级工程师	2013.12
周兰云（女）	高级工程师	2017.12	廖红玲（女）	高级工程师	2019.12
双牌县水利局					
秦湘晖	高级工程师	2020.12			
道县水利局					
刘亮	高级工程师	2019.12	李健	高级工程师	2020.12
李招贤（女）	高级工程师	2020.12			
蓝山县水利局					
陈述斌	高级工程师	2018.12	黄华兴	高级工程师	2020.12
江永县水利局					
陈文辉	高级工程师	2015.12			
江华瑶族自治县水利局					
左孙富	高级工程师	2018.12	杨善平	高级工程师	2018.12

附录

一、永州市小河流名录

10~50 平方公里河流一览表

表 11-1-1

序号	河名	河长（公里）	集水面积（平方公里）	流经
1	神仙背	16.11	55.44	广西全州县东山瑶族乡，湖南道县仙子脚镇、道县桥头乡
2	石江桥	19.99	48.82	冷水滩区伊塘镇、冷水滩区竹山桥镇、冷水滩区上岭桥镇
3	老下车	17.45	48.12	新田县枧头镇、新田县毛里乡、新田县龙泉镇
4	蛟源河	15.37	47.62	宁远县清水桥镇
5	大叶江	13.79	47.51	双牌县五里牌镇
6	沙里江	18.34	47.38	道县洪塘营瑶族乡、道县横岭瑶族乡、道县四马桥镇、道县蚣坝镇
7	蒋家湾	14.19	47.02	祁阳县下马渡镇
8	南竹坪	14.75	46.84	道县洪塘营瑶族乡、道县横岭瑶族乡
9	濠江	16.44	46.84	江华瑶族自治县贝江乡
10	得月桥	11.17	46.72	东安县大盛镇、邵阳县白仓镇、邵阳县五峰铺镇
11	金陵圩	17.26	46.36	新田县金陵镇、桂阳县塘市镇
12	新屋易家	19.27	45.97	零陵区石山脚乡、零陵区黄田铺镇、零陵区朝阳街道
13	太平	18.10	45.58	宁远县九疑瑶族乡、宁远县湾井镇
14	大圩河	13.54	45.32	江华瑶族自治县大圩镇
15	兴桥	14.49	44.37	道县蚣坝镇、道县上关乡
16	黄牛江	22.12	43.95	江华瑶族自治县两岔河乡、江华瑶族自治县大石桥乡、江华瑶族自治县白芒营镇
17	上梧江	15.16	43.83	双牌县上梧江瑶族乡
18	洪江	17.62	43.68	江华瑶族自治县务江乡、江华瑶族自治县码市镇
19	三板桥	18.72	43.19	祁东县白地市镇、祁东县黄土铺镇、祁东县石亭子镇、祁阳县文富市镇
20	山水口	21.55	42.98	广西富川瑶族自治县朝东镇，湖南江永县夏层铺镇、江永县兰溪瑶族乡、江永县桃川镇
21	蒋家河	19.48	42.97	江华瑶族自治县花江乡、江华瑶族自治县水口镇
22	福家坪	16.55	42.93	宁远县禾亭镇、宁远县舜陵镇
23	小金塘	8.67	42.84	永州市冷水滩区伊塘镇
24	南江	22.44	42.73	双牌县打鼓坪林场、双牌县尚仁里乡、双牌县泷泊镇
25	军田河	13.10	42.68	蓝山县浆洞瑶族乡、蓝山县毛俊镇

续表11-1-1

序号	河名	河长（公里）	集水面积（平方公里）	流经
26	马溪河	15.47	42.35	江华瑶族自治县两岔河乡、江华瑶族自治县务江乡、江华瑶族自治县涛圩镇
27	旱江河	11.41	42.16	宁远县荒塘瑶族乡、宁远县鲤溪镇
28	辰山	14.98	41.70	蓝山县楠市镇、蓝山县土市乡
29	小桃川河	16.75	41.59	江永县桃川镇
30	旱河	13.71	41.27	宁远县鲤溪镇
31	大竹源	15.06	41.22	江华瑶族自治县务江乡
32	苗院子	10.29	41.17	邵阳县白仓镇、东安县大盛镇
33	板栗江	13.28	41.04	双牌县五里牌镇、零陵区富家桥镇
34	牟江	18.50	40.73	双牌县打鼓坪林场、双牌县江村镇
35	小河边	12.34	40.14	江华瑶族自治县沱江镇、江华瑶族自治县桥头铺镇
36	石山台	12.87	39.11	祁阳县大村甸镇、祁阳县黎家坪镇
37	三义河	16.80	39.02	常宁市洋泉镇、祁阳县内下乡
38	上坪塘	18.81	39.02	新田县石羊镇、新田县高山乡
39	空权岩	17.58	38.99	道县月岩林场、道县寿雁镇
40	牛皮塘	13.54	38.60	祁阳县羊角塘镇
41	平世河	17.96	37.38	宁远县太平镇、嘉禾县盘江乡、嘉禾县广发乡、嘉禾县莲荷乡
42	杉树山	15.84	37.29	新宁县—渡水镇、东安县水岭乡、东安县白牙市镇
43	北江	11.76	37.14	双牌县塘底乡
44	小江口	19.43	37.05	道县清塘镇、道县新车乡、道县万家庄乡、道县营江乡、道县富塘乡
45	麟阁村	10.36	36.87	东安县川岩乡、东安县白牙市镇
46	菱角塘	12.66	36.68	零陵区菱角塘镇
47	永佳河	15.15	36.65	宁远县太平镇、宁远县禾亭镇、宁远县保安乡、宁远县仁和镇
48	月岩河	16.11	36.45	道县月岩林场、道县清塘镇
49	老屋	16.05	35.97	道县白芒铺乡、道县白马渡镇
50	上甘棠	10.16	35.90	江永县桃川镇、江永县夏层铺镇
51	马止庙	12.38	35.23	江华瑶族自治县大路铺镇
52	双江口	9.96	35.20	东安县新圩江镇
53	何仙观	9.80	35.07	零陵区富家桥镇
54	老村	16.31	35.04	宁远县水市镇、宁远县舜陵镇
55	樟木塘	12.58	35.01	祁阳县观音滩镇、祁阳县大忠桥镇
56	冷水	16.23	34.69	宁远县太平镇、宁远县禾亭镇、宁远县冷水镇
57	桥头	13.23	34.48	道县桥头林场、道县桥头乡
58	罗家村	17.29	34.32	江华瑶族自治县大路铺镇、江华瑶族自治县白芒营镇

续表11-1-1

序号	河名	河长（公里）	集水面积（平方公里）	流经
59	吴家	17.02	34.25	东安县大庙口林场、东安县大庙口镇
60	新拦塘	20.65	34.24	宁远县中和镇
61	管家	13.54	34.16	江永县桃川镇、江永县允山镇
62	史家	14.66	33.94	宁远县太平镇、新田县金盆圩乡、新田县石羊镇
63	粗石江	15.59	33.59	广西全州县东山瑶族乡，湖南双牌县何家洞乡
64	桥边	15.74	33.47	祁阳县进宝塘镇、祁阳县黄泥塘镇
65	老屋冲	16.64	33.42	蓝山县荆竹林场、蓝山县大桥瑶族乡、江华瑶族自治县码市镇
66	崩家河	16.75	33.37	蓝山县塔峰镇
67	水晶深	11.21	33.17	江永县松柏瑶族乡、江华瑶族自治县大路铺镇
68	高家冲	22.03	33.12	祁阳县梅溪镇、祁阳县潘市镇
69	石马	13.08	32.87	宁远县水市镇
70	二井岗	11.27	32.68	双牌县何家洞乡
71	东江沅	13.25	32.52	江华瑶族自治县务江乡、江华瑶族自治县沱江镇
72	板铺	10.15	32.32	江永县桃川镇、江永县允山镇
73	午田	12.57	32.17	道县清塘镇、道县新车乡
74	黄土岭	12.43	32.16	新田县十字乡、新田县枧头镇、宁远县保安乡
75	大坝口	14.20	32.06	宁远县中和镇、宁远县柏家坪镇
76	溧江	15.55	31.96	双牌县泷泊镇
77	小河口	15.15	31.88	祁阳县大江林场、祁阳县大忠桥镇
78	旱田江	11.07	31.79	祁阳县凤凰乡、祁阳县大江林场
79	车头	14.74	31.73	祁东县过水坪镇、祁东县鸟江镇、祁东县归阳镇、祁阳县羊角塘镇
80	罗溪	15.36	31.65	新田县毛里乡、新田县茂家乡、新田县三井乡、新田县新圩镇
81	沙坪	10.85	31.62	蓝山县所城镇
82	罗家桥	11.12	31.62	祁阳县石鼓源乡、祁阳县进宝塘镇、祁阳县八宝镇
83	厂子铺河	9.02	31.22	江永县夏层铺镇、江永县允山镇
84	大兴江	13.97	31.08	双牌县五星岭林场、双牌县茶林乡
85	岭芝村	12.32	31.06	东安县川岩乡
86	西江沅	18.96	30.72	宁远县中和镇
87	新湾里	14.42	30.68	祁阳县上司源乡、常宁市官岭镇
88	贝子头	12.67	30.44	冷水滩区杨村甸乡
89	何家大塘	9.50	30.35	祁阳县龚家坪镇、祁阳县文明镇
90	白沙源	10.61	29.98	江永县源口瑶族乡、江永县桃川镇
91	石岭	12.16	29.93	江永县黄甲岭乡
92	东江	12.19	29.40	双牌县阳明山林场

续表11-1-1

序号	河名	河长（公里）	集水面积（平方公里）	流经
93	蔡家甸	18.77	29.31	零陵区邮亭圩镇
94	太阳洞	15.97	29.28	宁远县水市镇、宁远县天堂镇
95	九菜园	10.65	29.26	宁远县九疑瑶族乡
96	江口	11.82	29.10	祁阳县上司源乡、祁阳县小金洞乡
97	蒋家	11.92	29.09	宁远县水市镇、宁远县天堂镇
98	黄泥塘	15.01	28.87	宁远县禾亭镇、宁远县仁和镇
99	胡家塘	13.10	28.43	宁远县中和镇
100	下马渡	10.45	28.03	祁阳县下马渡镇
101	里下	15.21	27.99	新田县冷水井乡、新田县龙泉镇
102	冷水	9.76	27.86	江华瑶族自治县未竹口乡
103	湾里	12.37	27.79	冷水滩区伊塘镇、祁阳县三口塘镇
104	桥头村	14.08	27.45	蓝山县紫良瑶族乡、蓝山县所城镇
105	朱木水	17.60	27.06	临武县万水乡、嘉禾县塘村村镇、蓝山县新圩镇、蓝山县太平圩乡
106	下洞铺	18.61	27.02	蓝山县楠市镇、蓝山县竹管寺镇
107	锦堂	17.95	26.86	江永县桃川镇、江永县粗石江镇
108	江基头	13.31	26.84	零陵区大庆坪乡、零陵区水口山镇、零陵区石岩头镇、零陵区珠山镇
109	叠楼	12.48	26.80	江永县粗石江镇
110	溪江	11.47	26.73	江华瑶族自治县东田镇
111	小圩河	19.03	26.72	江华瑶族自治县两岔河乡、江华瑶族自治县小圩镇
112	黄田岗	13.30	26.48	道县月岩林场、道县仙子脚镇
113	大潭坝	9.92	26.47	道县白芒铺乡、宁远县天堂镇、道县柑子园乡
114	桥头	10.97	26.41	宁远县九疑瑶族乡、宁远县湾井镇
115	黄沙	12.36	26.29	江华瑶族自治县贝江乡
116	冷水江	13.61	26.27	零陵区水口山镇、双牌县何家洞乡、零陵区富家桥镇
117	马鞍山	16.09	26.08	江华瑶族自治县桥市乡、江华瑶族自治县东田镇、江华瑶族自治县沱江镇
118	白杜窑	10.42	26.06	新田县知市坪乡、桂阳县古楼乡、新田县高山乡
119	新铺上	12.91	26.04	蓝山县祠堂圩乡、宁远县冷水镇
120	毛江水	11.68	25.85	临武县武源乡、蓝山县新圩镇
121	黄泥田	8.10	25.67	道县洪塘营瑶族乡
122	仁桥	14.06	25.61	广西全州县白宝乡，湖南零陵区石岩头镇
123	狗屎岭	12.40	25.60	零陵区邮亭圩镇、零陵区接履桥镇
124	观音滩	10.53	25.57	祁阳县三口塘镇、祁阳县茅竹镇、祁阳县观音滩镇
125	龙门桥	9.27	25.57	道县横岭瑶族乡

续表11-1-1

序号	河名	河长（公里）	集水面积（平方公里）	流经
126	兴龙坪	12.11	25.48	东安县黄泥洞林场、东安县鹿马桥镇
127	泥塘	13.99	25.40	江华瑶族自治县务江乡、江华瑶族自治县码市镇
128	冻青沅	16.40	25.39	江永县桃川镇、江永县允山镇
129	流沙河	13.59	25.24	蓝山县塔峰镇
130	下塘窝	14.17	25.21	新田县十字乡、新田县枧头镇、新田县金盆圩乡、新田县石羊镇
131	祖门口	12.56	25.16	湖南东安县横塘镇，广西全州县庙头镇
132	大湾	13.63	25.07	蓝山县荆竹瑶族乡
133	阻山口	8.40	25.05	宁远县荒塘瑶族乡
134	木沅洞	10.37	24.89	江华瑶族自治县河路口镇、江华瑶族自治县涛圩镇
135	小山岭河	10.97	24.80	冷水滩区仁湾镇、东安县井头圩镇、冷水滩区蔡市镇、东安县石期市镇
136	小官山	13.07	24.78	江永县桃川镇、江永县允山镇
137	雷家	15.28	24.74	广西富川瑶族自治县朝东镇，湖南江永县兰溪瑶族乡、江永县桃川镇
138	团园河	8.59	24.72	蓝山县所城镇
139	杨家铺	14.99	24.56	道县桥头林场、道县桥头乡
140	隔河	11.68	24.42	蓝山县塔峰镇、蓝山县竹管寺镇
141	凌江仔	13.23	24.41	蓝山县荆竹瑶族乡
142	行公塘	13.04	24.34	宁远县棉花坪瑶族乡
143	高桥	9.17	24.27	祁阳县大忠桥镇、祁阳县三口塘镇
144	黄楠寨	13.50	24.27	江华瑶族自治县未竹口乡
145	麻溪	11.49	24.18	东安县端桥铺镇
146	五广岭	12.35	24.18	广西富川瑶族自治县石家乡，湖南江华瑶族自治县白芒营镇
147	腰江村	8.99	23.98	宁远县鲤溪镇、宁远县柏家坪镇
148	仙姑塘	12.10	23.94	江永县粗石江镇
149	八轮车	12.30	23.92	道县蚣坝镇
150	仙子脚河	10.36	23.90	道县仙子脚镇
151	牛角坝	10.42	23.79	冷水滩区普利桥镇、冷水滩区牛角坝镇
152	官庄河	8.12	23.77	永州市东安县紫溪市镇
153	朴六院水	13.87	23.70	祁阳县七里桥镇
154	下车河	11.56	23.67	嘉禾县石羔乡、蓝山县祠堂圩乡、蓝山县土市乡
155	石古风	9.83	23.65	新田县陶岭乡、新田县高山乡、新田县新隆镇
156	罗坝	9.33	23.62	宁远县清水桥镇
157	大明江	11.38	23.55	零陵区邮亭圩镇
158	黄田铺	12.63	23.47	零陵区黄田铺镇

续表11-1-1

序号	河名	河长（公里）	集水面积（平方公里）	流经
159	黄泥洞	8.24	23.36	东安县黄泥洞林场
160	小旧沅冲	15.45	23.36	江华瑶族自治县两岔河乡、江华瑶族自治县大圩镇
161	白果村	11.61	23.30	湖南东安县紫溪市镇，广西全州县庙头镇
162	下堡桥	12.11	23.27	祁阳县潘市镇
163	湾里村	10.25	23.23	冷水滩区竹山桥镇、冷水滩区上岭桥镇
164	鹅婆氹	13.70	23.15	祁阳县龚家坪镇、祁阳县文明镇
165	大洞田	9.03	23.13	道县洪塘营瑶族乡
166	新铺子	12.46	23.11	零陵区梳子铺乡、零陵区黄田铺镇
167	大家漯	11.28	23.02	双牌县上梧江瑶族乡
168	油麻岭	9.86	22.88	宁远县冷水镇
169	李子口	11.01	22.83	临武县武源乡、蓝山县新圩镇、蓝山县毛俊镇
170	下荷甸	12.22	22.82	祁阳县大江林场、祁阳县大忠桥镇
171	神福塘	11.60	22.80	零陵区富家桥镇、零陵区石山脚乡
172	大鲁桂口	10.18	22.76	江华瑶族自治县未竹口乡
173	车上	12.25	22.69	广西富川瑶族自治县石家乡，湖南江华瑶族自治县白芒营镇
174	龙板	11.79	22.65	宁远县鲤溪镇
175	赖家	9.40	22.18	江华瑶族自治县沱江镇
176	刘家	8.09	22.15	双牌县五星岭林场、双牌县麻江乡
177	山木桥	9.78	22.10	东安县芦洪市镇、冷水滩区牛角坝镇
178	柏家坪	13.33	22.08	宁远县柏家坪镇
179	漯婆田	10.65	21.85	宁远县中和镇
180	老怀里	7.77	21.82	祁阳县白水镇
181	胡家村	8.28	21.74	冷水滩区岚角山镇
182	小沅	10.92	21.70	蓝山县犁头瑶族乡、宁远县湾井镇
183	徐家冲水	8.81	21.68	祁阳县大村甸镇、冷水滩区黄阳司镇
184	磨石村	8.19	21.62	冷水滩区仁湾镇、冷水滩区珊瑚乡
185	洛家洞	9.84	21.60	宁远县清水桥镇
186	大石桥	13.67	21.47	江华瑶族自治县涛圩镇、江华瑶族自治县大石桥乡
187	沙坪水	12.70	21.47	临武县武源乡、蓝山县浆洞瑶族乡、蓝山县毛俊镇
188	太平桥	8.88	21.31	东安县井头圩镇、东安县石期市镇
189	新屋河	9.67	21.28	江华瑶族自治县务江乡、江华瑶族自治县沱江镇
190	横江	7.62	21.24	蓝山县荆竹林场、蓝山县紫良瑶族乡、蓝山县所城镇
191	石礅	11.49	21.16	蓝山县太平圩乡、蓝山县土市乡
192	鱼心小河	6.56	20.98	宁远县水市镇

续表11-1-1

序号	河名	河长（公里）	集水面积（平方公里）	流经
193	岩寺营	11.46	20.92	广西富川瑶族自治县朝东镇，湖南江永县兰溪瑶族乡、江永县桃川镇
194	小江冲	10.74	20.86	宁远县九疑瑶族乡
195	老满河	10.00	20.75	新宁县一渡水镇、东安县白牙市镇
196	白鱼塘	10.29	20.63	冷水滩区牛角坝镇、东安县端桥铺镇
197	坝亍	13.57	20.59	宁远县棉花坪瑶族乡、宁远县中和镇
198	塘碑	11.74	20.58	道县桥头乡、道县乐福堂乡
199	牛头岭	8.87	20.51	零陵区邮亭圩镇
200	三里湾	9.82	20.41	冷水滩区伊塘镇、冷水滩区竹山桥镇
201	下井河	8.67	20.38	邵阳县河伯岭林场、东安县新圩江镇
202	周家湾	10.65	20.34	祁阳县潘市镇
203	住兴	10.11	20.30	道县白芒铺乡、道县上关乡
204	廖沅河	9.06	20.29	江永县回龙圩镇
205	庙后头	12.00	20.26	冷水滩区花桥街镇、冷水滩区普利桥镇、冷水滩区杨村甸乡
206	台凡市	9.79	20.24	东安县井头圩镇、东安县石期市镇
207	群丰	7.58	20.03	江华瑶族自治县花江乡
208	河桥	15.69	19.93	江永县桃川镇
209	月亮坪	9.86	19.91	双牌县五星岭林场、零陵区菱角塘镇、零陵区邮亭圩镇
210	木里江	8.74	19.79	东安县鹿马桥镇、东安县川岩乡
211	大坝头	10.20	19.69	宁远县禾亭镇、宁远县冷水镇
212	下元	10.60	19.67	蓝山县新圩镇
213	龙子荣	9.71	19.66	蓝山县楠市镇
214	水尾洞	9.75	19.56	宁远县天堂镇、道县柑子园乡
215	林江河	10.24	19.45	双牌县五星岭林场、双牌县茶林乡
216	大水铺	10.13	19.28	东安县大庙口林场、东安县大庙口镇、新宁县靖位乡
217	南镇	10.88	19.24	东安县南桥镇
218	石排楼	9.40	19.17	广西全州县东山瑶族乡，湖南道县桥头乡
219	马栗村	11.99	19.12	东安县鹿马桥镇、东安县端桥铺镇
220	大元冲	7.39	19.12	桂阳县塘市镇、新田县金陵镇、新田县莲花乡
221	钟家	9.46	19.04	江华瑶族自治县小圩镇、江华瑶族自治县清塘壮族乡
222	新村	12.00	19.03	道县乐福堂乡、道县寿雁镇
223	杨家塘	9.94	18.99	宁远县柏家坪镇
224	油村口	10.20	18.95	宁远县湾井镇、宁远县冷水镇
225	秀垒	10.90	18.87	宁远县荒塘瑶族乡

续表11-1-1

序号	河名	河长（公里）	集水面积（平方公里）	流经
226	陆员河	8.42	18.85	宁远县棉花坪瑶族乡、宁远县中和镇
227	拦桥头	11.74	18.77	东安县南桥镇、邵阳县五峰铺镇
228	审章塘河	7.39	18.74	道县审章塘瑶族乡
229	下江沅	10.36	18.70	江永县桃川镇、江永县千家峒瑶族乡
230	大漯水	12.06	18.66	江永县桃川镇、江永县粗石江镇
231	黄沙溪	9.31	18.64	新田县龙泉镇、新田县大坪塘乡
232	新田山	9.11	18.59	祁阳县龚家坪镇
233	乔家	11.01	18.58	东安县大庙口镇
234	先河	13.60	18.53	江华瑶族自治县码市镇
235	槐木塘	10.30	18.49	江永县黄甲岭乡、江华瑶族自治县桥头铺镇
236	沙井	8.96	18.42	江华瑶族自治县小圩镇、江华瑶族自治县大路铺镇、江华瑶族自治县白芒营镇
237	甫口水	6.87	18.41	嘉禾县石羔乡
238	黄家坝	10.31	18.29	祁阳县大江林场
239	涯次渡	9.70	18.26	零陵区凼底乡
240	茨头江	13.70	18.24	零陵区富家桥镇、零陵区梳子铺乡、零陵区石山脚乡
241	谈文溪	13.96	18.16	新田县枧头镇、新田县三井乡、新田县新圩镇
242	虎楼岭	9.27	18.08	东安县鹿马桥镇
243	小蓬口	10.94	18.03	江华瑶族自治县务江乡
244	两岔江	9.33	18.02	东安县大庙口林场
245	左家岭	7.21	17.82	零陵区水口山镇
246	大水铺	11.83	17.82	东安县紫溪市镇、东安县大庙口镇
247	上村	9.89	17.74	江永县桃川镇、江永县允山镇
248	平头岭	8.26	17.72	新田县毛里乡、新田县龙泉镇
249	香草冲	8.08	17.61	江华瑶族自治县湘江乡
250	大湾井	11.53	17.52	江华瑶族自治县湘江乡
251	栗山铺	8.52	17.49	零陵区富家桥镇
252	吊角塘	8.24	17.35	东安县横塘镇
253	饭盒	6.69	17.22	江华瑶族自治县务江乡、宁远县九疑瑶族乡
254	柑子园	8.20	17.22	道县柑子园乡
255	周家湾	6.86	17.12	新田县骥村镇
256	电堂冲	8.51	17.04	蓝山县大桥瑶族乡
257	元山	11.68	17.04	蓝山县新圩镇、蓝山县太平圩乡
258	何家	8.58	16.91	道县横岭瑶族乡

续表11-1-1

序号	河名	河长（公里）	集水面积（平方公里）	流经
259	港子口	9.38	16.91	冷水滩区上岭桥镇
260	大畔源口	8.12	16.79	江永县桃川镇、江永县允山镇
261	排楼	10.43	16.76	道县寿雁镇
262	上赤湾水	10.88	16.71	祁阳县七里桥镇、祁阳县下马渡镇
263	袁家皂	9.84	16.63	祁阳县梅溪镇、祁东县归阳镇
264	黑烟冲	10.11	16.54	东安县大庙口镇
265	高滩	7.59	16.54	江华瑶族自治县贝江乡
266	凤岩山	8.36	16.32	江永县消浦镇、江永县千家峒瑶族乡
267	刘家村	5.63	16.31	零陵区七里店街道、零陵区菱角塘镇
268	北阳	12.15	16.31	宁远县保安乡
269	半天棚	9.46	16.23	江华瑶族自治县务江乡
270	崩冲口	6.67	16.18	江华瑶族自治县湘江乡
271	下荣	10.61	16.11	新田县门楼下瑶族乡、新田县骥村镇
272	英塘村	6.77	16.09	零陵区珠山镇、东安县横塘镇
273	石古塘	7.49	16.07	蓝山县浆洞林场、蓝山县浆洞瑶族乡
274	彭子城	11.15	16.01	新田县十字乡、新田县枧头镇
275	兆村	11.98	15.99	湖南东安县横塘镇，广西全州县庙头镇
276	城村河	9.60	15.96	零陵区黄田铺镇
277	永福水	9.03	15.91	祁阳县大村甸镇、祁阳县浯溪镇
278	坦里洞	10.13	15.89	道县月岩林场
279	潮水江	6.58	15.88	广西全州县东山瑶族乡，湖南零陵区大庆坪乡
280	牛车田	5.70	15.83	江华瑶族自治县界牌乡
281	毛家溪左源	8.27	15.83	零陵区水口山镇、零陵区大庆坪乡
282	云山坝	7.46	15.80	东安县大庙口林场、东安县大庙口镇
283	下水口	7.28	15.73	祁阳县上司源乡、祁阳县金洞镇
284	祥乐福	7.76	15.68	道县新车乡
285	樊家	12.03	15.64	零陵区黄田铺镇、东安县石期市镇
286	兰桥	8.79	15.62	祁阳县梅溪镇、祁阳县羊角塘镇
287	大坪	5.76	15.45	蓝山县荆竹瑶族乡、蓝山县大桥瑶族乡
288	白岭河	7.63	15.40	冷水滩区普利桥镇、冷水滩区牛角坝镇
289	达滩	10.91	15.36	江永县上江圩镇
290	秀峰河	9.75	15.35	湖南江永县兰溪瑶族乡，广西富川瑶族自治县朝东镇
291	祖山坪	6.82	15.24	东安县大庙口林场、东安县大庙口镇
292	双井塘	7.32	15.23	双牌县江村镇

续表11-1-1

序号	河名	河长（公里）	集水面积（平方公里）	流经
293	何家坪	7.78	15.17	东安县横塘镇、零陵区珠山镇
294	达村	7.67	15.16	道县清塘镇
295	大树脚	9.95	15.13	东安县井头圩镇
296	铺山河	6.15	15.11	道县祥霖铺镇
297	官冲	8.70	15.08	冷水滩区黄阳司镇、祁阳县大村甸镇、祁阳县黎家坪镇
298	云内	7.45	15.07	江华瑶族自治县小圩镇、江华瑶族自治县大圩镇
299	全药冲	6.86	15.06	双牌县五星岭林场、双牌县茶林乡
300	永安	8.95	15.04	新田县冷水井乡、宁远县鲤溪镇
301	新屋村	8.06	15.01	零陵区石山脚乡
302	柴子岭	7.21	15.01	双牌阳明山林场
303	岗芝头	5.01	14.93	宁远县柏家坪镇
304	油榨河	8.18	14.89	江华瑶族自治县大锡乡
305	龙家河	7.77	14.89	冷水滩区杨村甸乡、冷水滩区普利桥镇
306	癞塘	9.33	14.86	宁远县九疑瑶族乡
307	迴龙圩	10.01	14.70	江永县回龙圩镇
308	涔天河	8.42	14.70	江华瑶族自治县务江乡
309	梅花圩	7.76	14.66	道县梅花镇
310	杨家村	8.82	14.66	江永县上江圩镇
311	杨桥水	7.77	14.62	祁阳县大忠桥镇、祁阳县白水镇
312	黄吞河	9.34	14.61	江华瑶族自治县河路口镇、江华瑶族自治县涛圩镇
313	东田	10.59	14.54	新田县石羊镇、新田县高山乡、新田县新圩镇
314	何家院	6.12	14.52	冷水滩区黄阳司镇
315	成家台水	7.58	14.51	祁东县石亭子镇、祁东县白地市镇、祁阳县文富市镇
316	双江口	6.41	14.50	宁远县桐木漯瑶族乡
317	野鸡岭	8.30	14.50	永州市零陵区接履桥镇、冷水滩区伊塘镇
318	龙母	7.66	14.44	江华瑶族自治县桥市乡
319	候家洞	5.79	14.43	冷水滩区岚角山镇、冷水滩区伊塘镇
320	黄村	11.09	14.42	江永县兰溪瑶族乡、江永县桃川镇
321	东风水	10.39	14.38	祁阳县大村甸镇、祁阳县浯溪镇
322	敏村	8.99	14.38	冷水滩区花桥街镇
323	尧仁	15.16	14.36	临武县万水乡、蓝山县新圩镇、蓝山县太平圩乡
324	黄泥湾	10.66	14.35	祁阳县凤凰乡、祁阳县大江林场
325	堡口	9.74	14.31	冷水滩区牛角坝镇、冷水滩区高溪市镇
326	源头	9.67	14.26	新田县龙泉镇

续表11-1-1

序号	河名	河长（公里）	集水面积（平方公里）	流经
327	蒋家	11.12	14.25	蓝山县太平圩乡、蓝山县土市乡
328	新隆河	10.40	14.23	新田县陶岭乡、新田县新隆镇
329	黄土岭	7.76	14.23	蓝山县犁头瑶族乡、蓝山县祠堂圩乡
330	南埼屋	10.49	14.20	道县白芒铺乡、道县蚣坝镇
331	麻子塘水	7.37	14.18	蓝山县土市乡
332	聂家	6.99	13.98	双牌县塘底乡
333	仁寿塘	8.88	13.95	祁阳县大村甸镇、祁阳县黎家坪镇
334	竹山园	6.30	13.92	东安县井头圩镇、东安县大江口乡
335	瓮水	10.68	13.91	广西富川瑶族自治县石家乡，湖南江华瑶族自治县白芒营镇
336	旦久冲	10.68	13.85	江华瑶族自治县涛圩镇、江华瑶族自治县河路口镇
337	龙口源水	8.36	13.84	祁阳县七里桥镇
338	桃斗河	9.88	13.80	冷水滩区蔡市镇
339	苦竹桥	9.52	13.77	广西富川瑶族自治县麦岭镇，湖南江永县松柏瑶族乡、江永县黄甲岭乡
340	庄房河	7.58	13.77	宁远县保安乡、新田县十字乡
341	上泥江	5.58	13.72	双牌县江村镇
342	前村河	7.75	13.64	零陵区石山脚乡
343	谢家	9.18	13.62	宁远县天堂镇
344	槁梧冲	7.72	13.62	江华瑶族自治县水口镇
345	木山底	8.86	13.61	零陵区富家桥镇
346	大方洞	8.93	13.61	宁远县柏家坪镇、宁远县鲤溪镇
347	蒋家村	9.42	13.56	零陵区邮亭圩镇
348	夏湾	11.10	13.55	江永县上江圩镇
349	小江桥	9.61	13.53	冷水滩区普利桥镇
350	大路岩	5.77	13.51	江永县松柏瑶族乡
351	石头湾	10.32	13.44	新田县门楼下瑶族乡、新田县骥村镇
352	山田	11.66	13.43	蓝山县紫良瑶族乡、蓝山县所城镇
353	潘家潔	7.06	13.42	双牌县上梧江瑶族乡
354	唐家河	7.47	13.41	冷水滩区普利桥镇、冷水滩区牛角坝镇
355	大尾田	5.58	13.39	双牌县阳明山林场
356	石马山	9.27	13.33	道县桥头林场、道县桥头乡
357	乌岗河	8.12	13.31	道县桥头乡
358	猛江	7.13	13.31	宁远县荒塘瑶族乡、祁阳县内下乡
359	大月江	6.67	13.23	双牌县永江乡、双牌县何家洞乡

续表11-1-1

序号	河名	河长（公里）	集水面积（平方公里）	流经
360	南冲	9.99	13.21	道县月岩林场、道县新车乡
361	杨家坝	8.99	13.21	冷水滩区上岭桥镇
362	张家排	8.18	13.17	冷水滩区杨村甸乡
363	沙子岭	5.79	13.14	蓝山县荆竹林场、蓝山县大桥瑶族乡
364	团山	6.76	13.13	祁阳县下马渡镇
365	流车江	7.41	13.12	江华瑶族自治县务江乡
366	筱岭冲	8.00	13.10	祁阳县文富市镇、祁东县白地市镇
367	河底坪	6.97	13.03	宁远县九疑瑶族乡
368	周家村	9.63	13.00	祁阳县八宝镇
369	江边村	8.77	12.99	零陵区菱角塘镇
370	汤家村	11.62	12.96	零陵区邮亭圩镇
371	断井坳	6.08	12.87	蓝山县荆竹林场、蓝山县大桥瑶族乡
372	庙门口	8.25	12.86	零陵区邮亭圩镇
373	新坝河	5.89	12.85	道县祥霖铺镇
374	詹家	6.50	12.83	道县桥头林场
375	大种地	10.46	12.82	宁远县舜陵镇
376	中寨	7.37	12.78	江华瑶族自治县大锡乡
377	马仔坪	5.98	12.74	东安县井头圩镇
378	富家湾	9.39	12.74	零陵区水口山镇、双牌县何家洞乡
379	水仙桥	5.40	12.71	祁阳县黎家坪镇
380	大茂河	9.89	12.70	邵阳县河伯岭林场、东安县大盛镇
381	小清坝	8.14	12.69	江华瑶族自治县大路铺镇、江华瑶族自治县白芒营镇
382	鲁冲水	5.94	12.67	祁阳县潘市镇、祁阳县梅溪镇
383	平立河	8.99	12.65	江永县回龙圩镇、江永县黄甲岭乡
384	长头河	7.07	12.64	江永县上江圩镇、道县祥霖铺镇、江华瑶族自治县桥头铺镇
385	石桥河	9.68	12.55	东安县井头圩镇、东安县大江口乡
386	西江沅	6.53	12.52	宁远县鲤溪镇
387	高家村	4.16	12.48	零陵区水口山镇、零陵区珠山镇
388	齐家铺	6.94	12.47	道县乐福堂乡
389	罗百洞	7.67	12.35	江华瑶族自治县大圩镇
390	王河村	7.87	12.32	零陵区富家桥镇
391	赵家村	8.25	12.30	祁阳县大江林场
392	塘冲水	9.97	12.28	祁阳县羊角塘镇
393	荒塘	8.36	12.26	宁远县荒塘瑶族乡

续表11-1-1

序号	河名	河长（公里）	集水面积（平方公里）	流经
394	石岩闲	8.18	12.24	零陵区石岩头镇
395	东河源	6.10	12.24	双牌县打鼓坪林场
396	竹园仔	7.79	12.23	宁远县水市镇、宁远县湾井镇
397	毛村河	7.60	12.21	东安县横塘镇
398	黄庆河	8.15	12.21	新田县冷水井乡、新田县龙泉镇
399	陈家河	6.54	12.19	宁远县舜陵镇、宁远县天堂镇
400	竹山水	6.41	12.19	祁阳县茅竹镇
401	大冲村	7.33	12.18	桂阳县四里乡、新田县大坪塘乡
402	杉木沅	9.32	12.18	江永县千家峒瑶族乡
403	大堡桥水	7.96	12.15	祁阳县七里桥镇、祁阳县浯溪镇
404	开沅冲	7.38	12.15	江华瑶族自治县清塘壮族乡
405	龙板桥	6.83	12.12	宁远县冷水镇、宁远县舜陵镇
406	东江源	6.14	12.10	道县洪塘营瑶族乡
407	水口营	9.15	12.07	江华瑶族自治县务江乡、江华瑶族自治县沱江镇、江华瑶族自治县界牌乡
408	石家冲	9.43	12.06	蓝山县浆洞瑶族乡、蓝山县浆洞林场
409	源口	6.41	12.06	江永县桃川镇、江永县源口瑶族乡
410	蔚竹冲	8.19	12.05	江华瑶族自治县未竹口乡
411	下古河	10.44	11.96	祁阳县金洞镇
412	莲花塘	12.14	11.96	东安县大庙口镇、东安县紫溪市镇
413	刘家洞	7.06	11.94	道县仙子脚镇、道县桥头乡
414	九里江	7.08	11.90	零陵区富家桥镇
415	伍家沅	7.02	11.90	江华瑶族自治县界牌乡
416	石桥头	7.44	11.85	江永县上江圩镇、江永县黄甲岭乡
417	古木洞	5.32	11.82	道县白马渡镇
418	谢家咀	8.80	11.82	祁阳县梅溪镇、祁阳县羊角塘镇
419	岚江	6.01	11.80	双牌县尚仁里乡
420	仁和坝	6.97	11.80	宁远县仁和镇
421	下海螺	11.10	11.78	道县大坪铺农场、道县清塘镇、道县寿雁镇
422	门楼冲	7.38	11.78	江永县桃川镇、江永县源口瑶族乡
423	环连桥	5.64	11.76	宁远县冷水镇、蓝山县楠市镇
424	酒地塘水	9.45	11.76	祁阳县龚家坪镇
425	马塘角	9.10	11.76	冷水滩区牛角坝镇、冷水滩区高溪市镇
426	竹溪江	8.06	11.71	零陵区菱角塘镇、双牌县茶林乡

续表11-1-1

序号	河名	河长（公里）	集水面积（平方公里）	流经
427	台子上	7.57	11.66	双牌县五星岭林场
428	鸡爪坪	7.53	11.65	江永县粗石江镇
429	上古河	10.72	11.65	祁阳县金洞镇、祁阳县小金洞乡
430	大步冲	9.08	11.62	江华瑶族自治县大圩镇
431	白竹河	6.88	11.47	祁阳县大江林场
432	上横塘	8.27	11.46	祁阳县潘市镇
433	上横塘	7.25	11.45	祁阳县观音滩镇、祁阳县白水镇
434	车线坪	6.45	11.35	蓝山县浆洞林场、蓝山县浆洞瑶族乡
435	九泥水	5.44	11.34	祁阳县大江林场
436	岭背洞	8.73	11.33	道县乐福堂乡、道县桥头乡
437	搭江	7.46	11.30	双牌县五星岭林场
438	庙子口	7.13	11.30	江华瑶族自治县湘江乡
439	芙蓉冲	5.93	11.27	江华瑶族自治县大锡乡
440	长田方水	5.13	11.23	祁阳县白果市乡
441	江边	5.50	11.22	祁阳县石鼓源乡、常宁市官岭镇
442	下坪漯	7.40	11.19	双牌县塘底乡
443	培子湾水	6.38	11.18	祁阳县文明镇、祁阳县黎家坪镇
444	金盆河	12.08	11.18	宁远县太平镇、新田县金盆圩乡、新田县石羊镇
445	车头	7.37	11.15	江永县消浦镇
446	大坝头	6.37	11.15	祁阳县白果市乡
447	图山脚	9.56	11.14	道县四马桥镇
448	刘家	4.32	11.11	宁远县水市镇
449	碗塘村	8.93	11.05	东安县白牙市镇、东安县大江口乡
450	小水干	5.85	11.01	新田县门楼下瑶族乡
451	毛坪岭	8.67	10.98	宁远县中和镇
452	文海	7.46	10.97	江华瑶族自治县大圩镇
453	牛庙河	8.86	10.97	道县梅花镇、道县寿雁镇
454	寺西塘	7.45	10.94	江永县消浦镇、江永县允山镇
455	南风	6.86	10.92	祁阳县内下乡
456	大井头	6.58	10.91	冷水滩区蔡市镇
457	钟家河	8.27	10.91	冷水滩区上岭桥镇
458	湾井河	10.08	10.91	宁远县湾井镇
459	大宅	7.33	10.91	双牌县何家洞乡
460	江边黄家	8.28	10.90	东安县井头圩镇、东安县端桥铺镇

续表11-1-1

序号	河名	河长（公里）	集水面积（平方公里）	流经
461	王家河	5.68	10.90	零陵区接履桥镇
462	黄坪水	6.65	10.88	祁东县过水坪镇、祁阳县羊角塘镇
463	笋芽漯	5.70	10.86	双牌县麻江乡、双牌县塘底乡
464	泮家	6.18	10.84	蓝山县祠堂圩乡
465	蕉溪江	9.78	10.84	双牌县平福头乡
466	廖芙蓉	5.94	10.81	蓝山县竹管寺镇
467	菖蒲沅	7.25	10.76	双牌县阳明山林场
468	茅竹水	5.19	10.74	祁阳县茅竹镇
469	平田	9.24	10.73	宁远县清水桥镇、宁远县柏家坪镇
470	黄泥铺	6.39	10.73	江永县黄甲岭乡
471	花坪	8.98	10.72	道县洪塘营瑶族乡
472	泥井江水	5.86	10.72	祁阳县下马渡镇
473	埂冲	6.49	10.72	道县月岩林场
474	西楼冲	7.89	10.71	江华瑶族自治县码市镇
475	消家	9.19	10.69	道县审章塘瑶族乡、道县祥霖铺镇
476	新塘河	8.06	10.66	东安县川岩乡、东安县井头圩镇
477	板塘	5.62	10.66	蓝山县荆竹林场
478	大圩山	8.12	10.65	江华瑶族自治县贝江乡
479	金江	10.08	10.64	东安县大盛镇、邵阳县五峰铺镇
480	石门砥	6.76	10.61	东安县白牙市镇、东安县大江口乡
481	浪泥湖	7.08	10.61	道县洪塘营瑶族乡、道县横岭瑶族乡
482	大比河	7.31	10.59	东安县白牙市镇、东安县大江口乡
483	小皮河	8.74	10.59	江华瑶族自治县务江乡
484	田冲	9.16	10.59	江华瑶族自治县湘江乡
485	冯家	8.02	10.49	宁远县禾亭镇、宁远县舜陵镇
486	李干	7.98	10.46	宁远县太平镇、宁远县保安乡、新田县金盆圩乡
487	大龙江	7.87	10.46	东安县大庙口林场、东安县大庙口镇
488	井湾河	6.20	10.44	道县新车乡
489	冷水井	8.29	10.43	东安县南桥镇
490	黄河源	8.02	10.43	蓝山县荆竹林场、蓝山县大桥瑶族乡
491	芙蓉	9.54	10.36	江华瑶族自治县务江乡、江华瑶族自治县大锡乡
492	鸡公神	7.40	10.35	道县白芒铺乡、道县四马桥镇
493	安家河	9.23	10.33	江华瑶族自治县涛圩镇、江华瑶族自治县大石桥乡
494	下东江	5.36	10.32	祁阳县小金洞乡

续表11-1-1

序号	河名	河长（公里）	集水面积（平方公里）	流经
495	高山河	8.83	10.29	新田县石羊镇、新田县陶岭乡、新田县高山乡
496	八尺湾水	5.62	10.28	祁阳县观音滩镇
497	马达江	5.52	10.25	新宁县一渡水镇、东安县黄泥洞林场
498	新垄江	5.24	10.24	零陵区富家桥镇
499	大河江	4.81	10.24	双牌县五星岭林场、双牌县茶林乡
500	杨家坪	9.01	10.23	宁远县太平镇
501	大栗沅	6.23	10.23	江永县千家峒瑶族乡
502	茶源河	5.92	10.22	东安县水岭乡、东安县白牙市镇
503	左鸭塘	5.18	10.22	冷水滩区黄阳司镇
504	天源头	7.81	10.18	东安县芦洪市镇、东安县新圩江镇
505	白猪口	6.43	10.15	宁远县水市镇
506	新田湾	5.96	10.15	蓝山县汇源瑶族乡
507	山角万	6.05	10.10	双牌县上梧江瑶族乡
508	古调	7.17	10.08	江永县粗石江镇
509	沙袁	8.15	10.08	蓝山县土市乡
510	东江沅	9.58	10.06	宁远县荒塘瑶族乡、宁远县鲤溪镇
511	茶园河	7.00	10.04	江华瑶族自治县东田镇
512	井头河	6.49	10.02	东安县白牙市镇、东安县川岩乡
513	水口河	6.58	10.01	东安县横塘镇
514	高枧河	4.37	9.95	道县寿雁镇
515	光家岭	6.69	9.94	道县蚣坝镇
516	小明江	5.76	9.93	零陵区邮亭圩镇
517	漯南	8.55	9.92	双牌县麻江乡、双牌县塘底乡

二、古代水工程选介

（一）西汉初期长沙国南部地形图

1973 年 12 月出土于湖南省长沙市马王堆一号汉墓的“西汉初期长沙国南部地形图”，为绢制地图，方位为上南下北。该地图绘制了汉初长沙国南部 8 个县（道），即今湖南南部潇水流域、南岭、九嶷山及附近地区地形地貌。邻区为汉朝初期南越国的辖地，相当于今天的广东大部分和广西小部分地区。主区部分内容比较详细，邻区的内容则较于简略。虽然在这个地图中并没有标明比例尺，但经测算，其主区比例约为 1∶180000，相当于汉代的一寸折十里，而图上所绘河流骨架、流向及主要弯曲等，均和现在地图大体相似，所绘山脉坐落、山体轮廓、范围及走向也大体正确。这些无一不证明这是一幅科学测量、计算而绘制的地图，记述的内容也较为准确，对研究世界地图历史有着重要的意义。

西汉初期长沙国南部地形图

（二）零陵县志中记载的潇水流域图

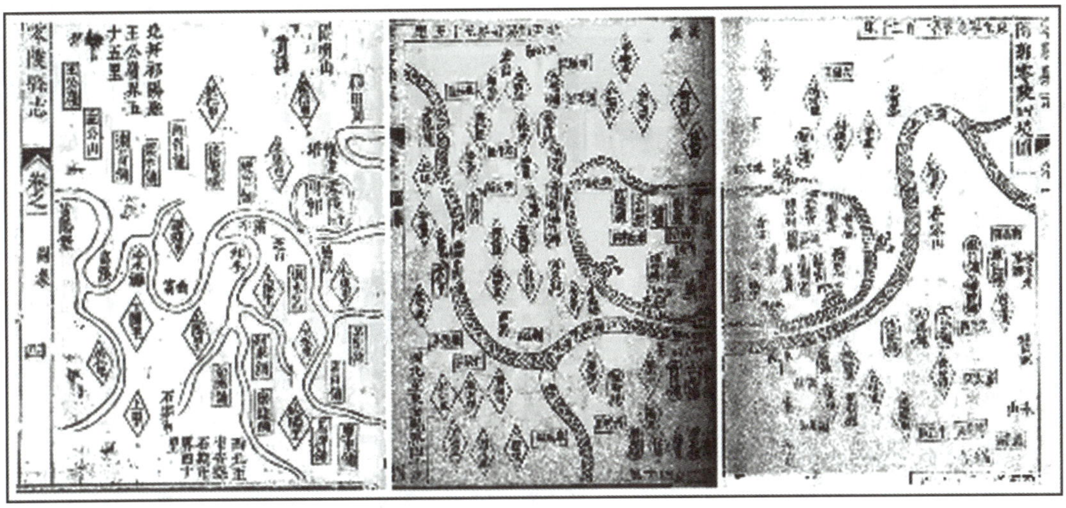

清代光绪年间编著的《零陵县志》中记载的潇水流域图

（三）阳华岩水系图刻

阳华岩，位于江华瑶族自治县城东南 5 公里的竹园寨社区回山之下，自古有“九嶷万峰，不如阳华”的美称，因山南有大岩向阳而得名，岩内的洞壁是历代文人墨客刻石题咏的胜地，2006 年，阳华岩摩崖石刻被列为第六批全国重点文物保护单位。在阳华岩众多石刻中，有一方刻有当地水系的碑刻，即《道州江华县阳华岩图并序》，刻于南宋绍兴丙子年（1156 年），图刻高 93 厘米，宽 113 厘米，为国内少有、湖南仅存的摩崖水系图刻，但历经时代的消磨，水系轮廓已不可见。

阳华岩水系图刻

（四）零陵古井

春泉井，位于零陵区南津渡办事处中山中路水晶巷 444 号，系四方形，井壁以青条石砌成，井罩用四大青石拼组，井深五米余，四季不涸。始建于宋代，现存井为清代重修建，20 世纪 80 年代前为零陵水晶巷居民主要饮水、用水之井，至今保持完好。

霭士井，位于永州市零陵区中山南路新街，井为正方形，1 米正方，外壁 0. 20 米，青石砌成，深 3 米。此井至今水仍清冽，四季不涸，为永州城名井之一。始建于宋代，现存井为明代重修建，20 世纪 80 年代前为当地居民主要饮水、用水之井，至今保持完好，2003 年公布为市级文物保护单位。

零陵古井——春泉井

零陵古井——霭士井

紫岩仙井，位于湖南省永州市零陵区南津渡办事处中山中路文星街256号，井为圆形，内径0.7米，外壁厚0.22米，青石砌成，深10.8米。为张浚贬永州时于南宋绍兴七年（1137年）建，明天启六年（1626年），张浚后裔重修水井，井上加罩，罩用巨石凿成，为八边形。罩壁面刻“紫岩仙井，天启六年”字样。此井至今仍清洌，四季不涸。

紫岩仙井

撒珠井，位于零陵区南津渡办事处七层坡居委会撒珠井266号，井深5米余，水深1米许，四季水源不断，井底均系小颗卵石，每逢月光下，水面晃动，犹如颗颗珍珠，井名撒珠。井罩外壁上刻“古撒珠，民国五年（1916）重修”。

（五）新田古井

彭梓城古井群，位于新田县枧头镇彭梓城村，古井位村西南角，分为犀牛井和品字升。两井相隔45米。犀牛井低于地表约1米，一字排列形成三池，依次分别为饮水池、洗菜池和洗农产品池，井旁有村规民约碑一块。品字井成品字形排列，上为水池，右为洗菜池，左为洗农产品池。两口古井水量大，不仅供应全村3000余人的生活用水，还供数百亩田灌溉用水。古井皆以青条石砌沿，石板铺底，青石铺面，美观又便于人们取水，极具湘南山井文化特色。2011年，经湖南省人民政府公布省级文物保护单位。

村规民约碑

犀牛井

品字井

（六）东安泉井

东安人民根据山丘区特点，因地制宜修建陂圹、堰坝、泉井发展灌溉。著名泉井16眼，其中泉井庙大井在东安县紫溪市东北九十里清中乡（现东安县芦洪市一带），“兹井自上流衍委蛇数里，灌溉民屯田五千余亩”。

（七）宁远“五里沟”引水工程

永州市宁远县四都何家地处舂水河边，村民却无法将河水提上岸灌田。十年九旱，水贵如油，村民苦不堪言。明天顺七年（1463），黄绍礼（字祖成，1412～1508）受何家父老之请，反复察勘地形，在离村五里多路远的舂水河上游筑坝引水。由黄绍礼全面负责工程规划和施工指挥。村民通过协商，筹集资金180贯。为加快工程进度，黄绍礼暗中派人在工地里埋下银钱，并传言工地地段有窖藏，村民凿石挖土，果得银钱，男女老少争先上工，奋力大干，到次年秋冬，就建成一座用松树桩围成宽2.5米、长105米、高1米，中间用片石和黄土回填的拦河坝，修通了宽1.2米、高1.5米、长近2.5公里的引水渠，即“五里沟”，灌田1000多亩。村民为了纪念黄绍礼，将河坝取名为“多公坝”（宁远称外祖父为多公），坝名和引水渠一直保留至今。新中国建立后，该工程得到了政府的高度重视，拦河坝几经修复，现用钢筋混凝土筑成了永久性的拦河坝。现在该工程地段，植被良好，空气新鲜，风景秀丽，每到夏天来此旅游观光的人更是络绎不绝。

（八）江永县上甘棠古防洪堤

西汉元鼎6年（前111年）在江永县境西南置谢沐县，县治设上甘棠，历时700年。谢沐河自上甘棠村东侧的昂山脚，沿村前北自东向西流至月陂亭，向西迤逦而去。经何宅、社头，至所城，入桃水。属珠江水系。

周姓祖先（弘本）定居上甘棠后便开始修筑谢沐河护村堤、防洪堤。古防洪坝用长147厘米、宽35厘米、厚20厘米加工细致、规格一致的青石料砌成，用同样规格的青石料立有较深的基础。青石料之间用石灰拌河沙作粘合凝结材料。沿河两岸的防洪堤露出土面有10层料石，高达2米。古防洪堤美观、大方、坚固、精致。古防洪堤长度可自昂山至何家厂村计算，约2750米。历经沧桑，下甘棠至何家厂约1500米只有遗址；月陂亭至下甘棠250米的古防洪堤，遗址明显。昂山至月陂亭约1000米的古防洪堤，独显古风，古韵犹存。左堤是护城（村）堤，堤内平时是潺潺谢沐河水自东向西而去，堤外是古谢沐县治。

三、文件文稿选录

（一）关于大力开展农田水利建设的决定

（1991年11月4日中共零陵地委、零陵地区行署零地发〔1991〕15号）

为了大力开展农田水利建设，特作如下决定：

一、把水利建设放到基础产业的重要地位。建国以来，党和政府十分重视水利建设，兴建了大量水利设施，在抗御洪涝干旱灾害中发挥了重大作用，大大减轻了灾害的程度。但是我区水利设施严重老化、失修，抗灾能力弱的问题尚未得到根本解决。全区现有干旱死角乡镇二十八个，有天水田二十多万亩，易涝易旱田七十多万亩，有八十万亩旱土基本没有灌溉设施，这些地方依然靠天吃饭。干旱已成为制约我区农业生产和经济发展的桎梏。最近连续三年的大旱，造成农业减产，经济减收，给人民的生产生活带来了严重困难，教训极为深刻。实践证明，水利不仅是农业的命脉，而且是整个国民经济、社会发展的基础设施和基础产业。它不仅关系到农业的丰歉，而且也极大地影响着工业和整个经济生活。水利不兴，农业不稳，国民经济基础则不牢。各级领导必须从稳定政治、稳定经济、稳定社会的大局出发，充分认识水利建设的重要性，树立危机感和紧迫感，真正把它作为社会和经济发展的基础产业来抓。从今年秋冬开始，在全区大张旗鼓地开展农田水利基本建设，力争在“八五”期间基本改变干旱面貌，为发展农业生产及整个国民经济打下较好的水利基础。

二、进一步加快水利建设的步伐。根据我区水利现状和“八五”计划的要求，今后几年水利建设的主要目标和任务是：全区每年投入兴修水利的劳动工日四千万个以上，完成土石方三千万立方米左右，新增蓄引提水量一亿立方米，增加旱涝保收面积八万亩。经过三、五年努力，基本完成现有骨干工程的配套任务，百分之六十以上的干旱死角乡镇解除干旱威胁，形成全区性的工程体系和灌溉网络，从根本上改变我区的水利面貌。在近期内，全区的水利建设要主攻四个方面：一是继续大搞小型水利建设。全区现有十六万多处小塘小坝，用三年时间全面进行整治，每年整治三分之一，做到“浅塘挖深，小塘扩大，漏塘整修”，增加蓄水量六千多万立方米。还要努力新建扩建小型工程，有条件的地方要求每年每个乡镇兴建一处小二型工程，新增水量二、三十万立方米，每个村兴修一口骨干塘，每个组修建一、两处小塘小坝。二是切实搞好水利工程的配套建设。全区二十三处大中型工程和一千三百五十多座小一、二型水库，要抓紧搞好配套挖潜和除险加固工作，加快双牌水库灌区的配套建设，对灌区内已被废弃的山塘要合理地进行恢复，做到渠塘结合，长藤结瓜，所有灌区的渠道要清淤防渗，现有的病险库要加快处理。三是加快改变干旱死角的水利面貌。对全区28个干旱死角乡镇进行综合开发，要分期分批有计划地重点安排，因地制宜进行分类指导。沿江河一带的要发展提灌，有地下水的要积极开发水源，山丘区的干旱死角要下决心改种旱粮或经济作物，水路不通走旱路，切实解决好人畜饮水和农业灌溉问题。四是积极争取上涔天河、古宅、单江、何仙观等一批大中型水库。

三、努力增加对水利建设的投入。从今年开始，地县市各级都要增加对水利建设的投资，同时要广泛发动群众，发扬自力更生艰苦奋斗的精神。各乡镇村组要建立健全水利建设基金制度，每亩责任田交纳10至15公斤稻谷作水利发展基金，如用以资代粮的，按上述筹谷标准以当地当时市场粮价折算。要用足用好省人大通过的积累工制度，农村每个劳力每年不得少于25个，水利建设任务大的地方可以超过。对积累工的使用，原则上用于农户受益工程，但也可以打破村组界限，实行以村或乡为单位统一筹集，统一调配，统一使用，统一结算，做到以工换工，大体平衡，不得无偿平调。

四、强化水利管理。我区一方面缺水，另一方面由于管理不善，水的浪费流失又十分严重，大大降低了抗旱能力，加剧了水的供需矛盾。因此，解决水利问题必须走建设与管理相结合、建管并重的路子。各地必须高度集中水权，实行统一管水。一把锄头放水，形成乡、村、组三级水利管理服务体系，建立健全水利管理责任制。要积极做好水费收交工作，切实解决水管人员的报酬和工程维修费用。要认真执行《水法》，坚持依法治水，严厉打击破坏水利设施的违法行为。各级党委、政府要大力支持区乡水管站和水利工程管理单位的工作，充分发挥水利管理部门和水管人员的作用。

五、切实加强对水利建设的领导。各级党委、政府一定要把农田水利建设作为治国安邦的百年大计来抓，作为全党全社会一项长期的任务来抓，组织和发动群众，坚持一年四季修水利，在全区形成农田水利建设的高潮。要把水利建设搞得好坏作为各级党政领导干部的政绩考核的重要内容。各县市党政主要领导都要带头办点刻样板，抓重点工程，树样板乡村；区乡干部每年每人要亲自组织修好一处水利工程，村主干要修好一口骨干塘。层层办样板，一级带一级。水利工程的建设，既要抓速度，更要抓质量。小型水利工程的建设必须做到当年设计，当年施工，当年完成，当年受益。各类工程项目，都要有严格的勘测、规划、设计和施工操作规程，从技术上严格把关，确保工程质量。要动员各行各业大力支援水利建设，财政、金融、物资、交通、商业、卫生等各个部门，都要结合本职工作，搞好后勤服务，为尽快改变我区农业生产条件，振兴零陵经济作出贡献。

（二）零陵地区征集防洪保安资金实施细则

（1995年6月2日零陵地区行政公署零署办发〔1995〕24号）

根据湖南省人民政府《湖南省征集防洪保安资金暂行规定》（湘政发〔1994〕31号文件）精神，结合我区实际，制定本实施细则。

一、征集范围与对象

（一）凡在本地区范围内的下列单位和个人，应当缴纳防洪保安资金：

1. 国有、集体（含乡镇企业）、股份、联营和私营企业；

2. 银行、保险及卫生各类信托投资公司、财务公司、城乡信用社；

3. 城乡个体工商户；

4. 机关、团体、企业和事业单位在职职工；

5. 城镇和工矿区非农业建设新征占用土地单位。

（二）下列单位和个人免缴防洪保安资金：

1. 外商独资、中外合资、中外合作企业（简称“三资”企业，下同）；

2. 劳改、劳教、民政福利企业和校办工厂；

3. 修建高速公路和飞机场征地单位；

4. 残疾人、月工资收入（含基本工资、奖金、政策性补贴和津贴，下同）在300元以下的在职职工、待业职工，“三资”企业外方职员。

政策性亏损企业、特困的企业和其它有特殊困难的单位，经代收部门审核后报同级财政部门批准，可以免缴防洪保安资金。

二、征集标准

（一）商业、外贸、供销、物资等流通企业按当年销售收入的1‰征集，其中以批发为主的企业按销售收入的0.8‰征集；旅游服务按当年营业收入的1‰征集。

（二）工交企业按当年销售收入的1‰征集，建筑安装企业按当年工程结算收入的2‰征集。

（三）银行按当年利息收入的2‰征集；保险公司按当年财产保险费收入的1‰征集；各类信托投资公司及财务公司按当年业务收入2‰征集，城乡信用社按当年利息收入的1‰征集。

（四）私营企业和个体工商户按当年销营收入（或营业收入）的1‰征集。

（五）在职职工按照个人月工资收入分档次征集：

1. 月工资收入301元至400元的，每人每年20元；

2. 月工资收入401元至500元的，每人每年30元；

3. 月工资收入501元至800元的，每人每年50元；

4. 月工资收入801元以上的，每人每年80元。

（六）非农业建设所征占用土地，按每亩1000元征集。

三、征集办法：

（一）防洪保安资金，按下列分工及时收缴：

1. 国有、集体、股份、联营企业及银行、保险、信托投资、财务公司和城乡信用社缴纳的防洪保安资金，由当地地方税务部门按月代收，其中驻永、冷两市的中央、省、地的国有、集体、股份、联营企业及地级各家银行、保险、信托投资、财务公司、信用联社缴纳的防洪保安资金，由地区地方税务局代收或由地区地方税务局委托永、冷两市地方税务局按月代收。上述单位应缴的防洪资金，在次月的1—10日内交清。

2. 机关、团体、事业单位在职职工缴纳的防洪保安资金，由单位一次性代收于当年6月底交同级财政部门，其中驻永、冷两市的中央、省、地级机关、团体、事业单位在职职工缴纳的防洪保安资金，由单位一次性代收后于当年6月底交地区财政局。

3. 国有、集体、股份、联营企业及银行、保险、信托投资、财务公司和城乡信用社在职职工和“三资”企业中方职工缴纳的防洪保安资金由单位代收后于当年6月底交当地地方税务部门，其中驻永、冷两市的中央、省、地区国有、集体、股份、联营企业及地区各家银行、保险、信托投资、财务公司和信用联社在职职工和“三资”企业中方职工缴纳的防洪保安资金，由单位代收后交地区地方税务局或地区地方税务局委托的永、冷两市地方税务局，再上交地区地方税务局。

4. 城镇和工矿区非农业建设新征占用土地单位缴纳的防洪保安资金，由国土管理部门在办理用地手续时一次性代收，其中驻永、冷两市的中央、省、地属单位非农业建设新征占用土地缴纳的防洪保安资金，由地区国土局在办理用地手续时一次性代收。

5. 私营企业和个体工商户缴纳的防洪保安资金，由当地工商行政管理部门于当年6月1日至10日和12月1日至10日分两次代收。

6. 私营企业在职职工缴纳的防洪保安资金由企业代收后于当年6月底交当地工商行政管理部门。

（二）各级财政、税务、工商、国土部门征集防洪保安资金，必须使用省财政厅统一印制的专用票据。征集资金要按月全额存入同级财政“防洪保安资金专户”。专用票据和各种账表的领取办法由各县市财政局和地直代收单位到地区财政局统一领用。专用票据和各种账表的印刷费用由各级财政部门垫付，在防洪保安资金中列支。

（三）单位缴纳防洪保安资金，从单位自有资金中列支。计算单位和个体工商户缴纳防洪保安资金的销售收入或营业收入，一律以统计、财政和税务部门核实的数额为准。

（四）对不按规定按时缴纳防洪保安全资金的单位，财政部门不予办理控购手续、不予审批自筹基建、停止供应收费票据、停止预算拨款；税务部门停止供应税务发票；工商部门不予办理工商执照；国土部门不予办理征用土地有关手续。代征单位还可通知开户银行从其银行存款中扣缴。

四、防洪保安资金的使用和管理

（一）各级政府部门要加强对防洪保安资金征集工作的领导，各级代征部门要认真履行职责，积极完成代征任务，各级财政部门从征集总额中提出3%返回给代征单位作为业务手续费，此项经费可用于代征业务开支。

（二）按照分级征集、分级集中使用的原则，合理分配防洪保安资金。中央和省属单位、银行、保险、信托投资、财务公司和城乡信用社以及所属职工缴纳的防洪保安资金，归省所有，省、地和所在县市按3∶3∶3的比例分成使用（地直单位代收的上述单位和所属职工的防洪保安资金不参加地、县比例分成）。驻永、冷两市以外的地直单位和所属职工缴纳的防洪保安资金由所在县市有关部门负责代收。地、县按5∶5比例分成。凡上交省、地的防洪保安资金由代收县市财政局按月全额上交地区财政局“防洪保安资金专户”，上交省部分由地区财政局上交省财政厅“防洪保安资金专户”。

（三）为保证防洪保安工作正常运转和有关征集单位及人员的积极性，从征收的防洪保安资金总额中提留2%~4%作为征集办公室业务费和奖励基金。

（四）各级地方税务部门和国土管理部门应于每月15号前，各级工商部门当年7月1日至10号和12月20日至30日前，分别填报“湖南省防洪保安资金征集情况表”报送同级财政综合计划部门；各县市财政部门应于每月20日前，汇总填报“湖南省防洪保安资金征集情况汇总表”，报送同级人民政府并抄报上级财政部门。

（五）防洪保安资金必须专款专用，主要用于重点防洪保安工程建设、大中型病险水库的处理以及重点项目，具体由水利行政主管部门会同同级财政部门提出安排意见，并填报“湖南省防洪保安资金使用计划表”，报同级人民政府批准后使用。

（六）各县市财政部门应于每年元月30日前填报“湖南省防洪保安资金收支决算表”，并附必要的文字说明，报同级人民政府和地区财政局（一式两份）。

（七）审计部门应加强对防洪保安资金征集、使用的审计监督，凡违反本实施细则，隐瞒、贪污、挪用、截留防洪保安资金的，按《国务院关于违反财政法规处罚的暂行规定》进行处理；对不按规定使用“专用收据”和不按规定期限将防洪保安资金缴入财政防洪保安资金专户的，按《湖南省预算外资金管理条例》第二十四条、第二十五条规定进行处理；对不按规定报送各种报表的，按《湖南省预算外资金管理条例》第二十六条处理；对不按规定保证防洪保安资金及时拨付的，按《湖南省预算外资金管理条例》第二十八条规定处理。

五、本细则由地区财政局、地区水利水电局负责解释并组织实施。

六、本细则自一九九五年一月一日起施行。

（三）关于开发水电资源加速电力建设的若干意见

（1996年5月23日中共蓝山县委、蓝山县人民政府蓝发〔1996〕17号）

为了加快我县水电资源的全面开发和充分利用，加速电力建设步伐，保证我县国民经济和社会发展“九五”计划和2010年远景目标的顺利实现，增强全县经济发展后劲，根据《中华人民共和国电力法》等法律法规的规定，结合我县实际情况，提出如下意见：

一、“九五”期间，我县开发水电资源、加速电力建设，发展电力事业的总的指导思想是：统一规划，多家办电，一家管网，新电新价，以电养电，共图发展。到“九五”期末，全县水电装机容量达到5万千瓦。

二、搞好统一规划，合理开发水电资源。县水利电力局是县人民政府主管水利电力的行政职能部门，在水电资源的开发中，负责制订全县水电资源开发利用的中长期规划和年度计划，负责新建水电站的项目评估论证和审批；县水电部门负责对准备新建的水电站按照国家规定进行工程勘察和工程设计，确保符合总体规划、经济实用。其工程勘察、设计费则按国家标准（100元/千瓦）的30—50%的优惠办法收取，也可以接受投资办电业主的委托承包建设水电站；未经县水电局规划审批的水电站，不享受新电新价和利益保护等优惠。此类水电站投入生产时，县水电局还可以对其按上网电价10%的比例征收水资源费；新建水电站一经县水电局审批，即发放发电取水许可证，县计划委员会7天内下达立项任务书，县国土管理部门20天内完成统一征地和按行政无偿划拨方式办完用地手续。水电工程所涉及的乡镇场、村组及个人都要积极支持和自觉服从办电的用地和取水规划，密切配合有关部门按政策规定及时办理有关手续。但发电、取水不得损害当地人畜饮水和农田灌溉；被征用土地的单位和个人，均可将土地收入投资入股参与兴办水电站，但不得以水、土资源或地域位置相要挟，强行巧立名目空头入股或以近区强行用电。对干扰和破坏水电站建设的肇事者，政法部门要及时依法从严查处。

新建水电站的税收交当地人民政府，若工程涉及多个乡镇场时，则通过协商确定。

三、开展多家办电。在统一规划和设计的前提下，对水电资源开发实行“谁有资金和积极性，就优先审批给谁”和对新建水电站实行“谁投资、谁收益”的政策。在全县范围内，允许机关、企事业单位、干部职工及社会各界人士独资或合资兴办水电站，尤其鼓励各级领导干部和水电部门职工领头兴办水电站。对个人集资入股参与兴办水电所得的收入，自投资之日算起7年内免征所得税和个人收入调节税。新建水电工程中因一时不能通过向银行借款解决的资金缺口，可以采取内部借资入股方式补足，其内部借资部分的利息可以略高于银行当时贷款利息标准，但最高年息限于25%。

四、坚持一家管网。县水电总公司按照设计科学化、布局合理化、管理规范化的要求统筹规划全县“县道”和“站道”的电网建设，根据全县电源布点和电站建设情况全盘设计和建设输电网络，确保符合条件的水电生产企业的电力顺利并网运行，避免重复建设、减少浪费、提高电力购销效益。同时，县水电总公司每年要拿出其当年总收入20%的资金作为生产费用投入电力建设，尤其是电网建设。

新建水电站，凡经过县水电局规划审批、符合全县电网建设规划并网运行要求，上网电量达到其发电量的90%以上的，可以享受新电新价的上网电力收购政策。

五、实行新电新价。凡县内各种水电生产企业，其并入县网的电力价格为：

（一）上网电量达其发电量的90%以上的：

①1989年12月31日前竣工投产者，执行省定上网现行标准，即丰水期0.075元/千瓦时，枯水期0.140元/千瓦时。

②1990年1月1日至1996年1月7日期间竣工投产者，比省定现行标准分别提高0.045元/千瓦时和0.060元/千瓦时，即执行标准为丰水期0.120元/千瓦时，枯水期0.200元/千瓦时。

③1996年1月8日以后竣工投产且建设工期在2年以内者，比省定现行标准分别提高0.125元/千瓦时和0.120元/千瓦时，即执行标准为丰水期0.200元/千瓦时，枯水期0.260元/千瓦时。

（二）余电上网的，仍按省定现行标准丰水期0.075元/千瓦时，枯水期0.140元/千瓦时予以收购。

六、搞好协调，以电养电。县人民政府协调计划、国土、财政、税务、审计、金融和水电的管理、生产、调度等部门和单位，实施以下措施：

（一）允许水电生产企业5年之内税前还贷付息和给付内部借资的本息。

（二）按照政策规定收取的电力建设资金、电力增容费等实行专户建账，由县人民政府主管领导审批专项用于全县电力建设。

（三）新建水电站自开工之日算起，从第3年到第7年期间只征农村小水电增值税。

（四）新建水电工程中的生产性投资的方向调节税实行零税率。

（五）新建水电工程建设期，除有关税赋外，其他规费均按政策标准的30%优惠收取，并免交联网贴费。

（六）办电业主自筹办电资金达到新建水电站工程预算总投资的70%以上，并存入县农业银行的，县农业银行可在县水电总公司承诺担保后优先给予贷款。

对新建水电工程中涉及用地、取水、规划、税费等情况，县委县政府授权县水电开发指挥部及时召集相关部门和办电业主等举行现场会议，协调加以解决，作出明确处理，并形成县政府专题会议纪要，进行督促落实。

七、水电事业是关系我县发展个体私营经济、乡镇企业乃至全县经济迈上新台阶的头等大事。要加强对水电资源开发工作的领导和协调，搞好政策服务，使水电所具有的市场前景广阔、投资见效快、增值收益期长、企业管理简易、涉他补偿微少、环境污染轻微、不用流动资金、不须更新产品等优秀特征和良性作用充分显示和发挥出来，成为全县经济中的一支强大生力军。

（四）关于湖南省潇水涔天河水库扩建工程项目建议书的批复

（2010 年 8 月 21 日国家发展与改革委员会发改农经〔2010〕1965 号）

湖南省发展改革委：

报来《关于请求审批〈湖南省潇水涔天河水库扩建工程项目建议书〉的请示》（湘发改〔2009〕96 号）收悉。经研究，现批复如下：

一、原则同意所报湖南省潇水涔天河水库扩建工程项目建议书。该工程的任务是灌溉、防洪、下游补水和发电，兼顾航运等综合利用。

二、该工程由拦河坝、泄洪建筑物、引水发电系统、电站厂房、灌溉引水建筑物、通航建筑物等组成。初定水库正常蓄水位 313 米，总库容 15.1 亿立方米，防洪库容 3 亿立方米，兴利库容 8.16 亿立方米，水电站装机容量 180 兆瓦。根据 2008 年实物指标调查成果，水库淹没及工程永久占地 54193 亩（其中耕园地 8947 亩），拆迁房屋 1496 万平方米；至规划水平年需生产安置 15757 人，搬迁安置 19747 人。

三、按 2009 年第二季度价格水平估算，工程静态总投资为 428924 万元，总投资为 440216 万元。工程建设所得资金的具体来源，由你省在可行性研究阶段予以落实。

四、在可行性研究阶段，请按以下要求落实各项建设条件，编制可行性研究报告，按程序报我委审批。

（一）按照公司法和实行项目法人责任制等有关规定，进一步完善项目法人组建方案，建立与市场经济体制相适应的工程管理体制和运营机制。

（二）按照项目建议书阶段水利部审查意见和中国国际工程咨询公司评估意见，优化工程设计。综合考虑下游生态环境和生产生活需水要求、移民安置等因素，进一步优化水库正常蓄水位，尽量减少水库淹没影响范围和损失。

（三）按照《大中型水利水电工程建设征地补偿和移民安置条例》（国务院令第 471 号）等有关规定，认真细致地做好征地补偿和移民安置工作，全面查明水库淹没实物指标，合理确定移民安置区环境容量，依法创新移民安置方式，在充分征求移民和安置区居民意见的基础上，编制移民安置规划，妥善落实移民的安置去向和就业途径，确保移民搬迁后生活水平不降低。在移民安置前期工作和实施过程中要加强信息公开，通过发放移民手册、在项目区张贴公告等方式广泛告知移民该工程的有关情况，落实移民的知情权、参与权、表达权和监督权。

（四）拟定合理可行的工程供水价格和上网电价，整合土地开发收益，结合下游电站新增效益分摊，研究提出有利于工程良性运行、资产保值增值的资金筹措和运行维护方案，落实各项建设资金来源。

（五）进一步复核灌区范围和规模，合理确定水田和旱地的配置和灌溉保证率，抓紧开展涔天河灌区工程前期工作，多渠道筹措落实建设资金，在可行性研究阶段研究灌区工程与水库扩建工程同步建设的可行性。在项目方案论证和建设时，优先安排用于移民安置的灌区开发。

（六）结合下游水库补水调度运用方式，在进一步分析涔天河水库的补水时段、补水调度方式和效果的基础上，抓紧研究水库向“长株潭”地区补水的利益协调问题。

（七）根据有关法律规定，做好环境影响评价、建设用地预审、移民安置前期工作审查审批及招标方案等工作。

（五）关于认真贯彻落实中央和省委1号文件精神加快我市水利改革发展的实施意见

（2011年5月23日中共永州市委　永州市人民政府永发〔2011〕2号）

《中共中央国务院关于加快水利改革发展的决定》（中发〔2011〕1号，简称《决定》）和省委、省政府《贯彻落实（中共中央国务院关于加快水利改革发展的决定>的实施意见》（湘发〔2011〕1号，简称《实施意见》）明确提出了今后一个时期水利改革发展的指导思想、基本原则和目标任务，制定和出台了针对性强、覆盖面广、含金量高的措施，具有很强的指导性和可操作性。

我市是水利大市，又地处湘江上游。历届市委、市政府高度重视水利工作，组织和带领广大干部群众大力开展水利建设，水利事业取得了巨大成就，为促进全市经济社会持续健康发展、保障人民生命安全和保护湘江水质发挥了重要作用。但必须看到，水患多、季节性缺水和水利设施薄弱仍然是影响我市经济社会发展和人民生命财产安全的突出问题。随着工业化、城镇化深入发展，增强防灾减灾能力、强化水资源节约保护扭转农业主要“靠天吃饭”局面的任务尤为紧迫和艰巨。全市各级党委、政府要认真学习宣传、贯彻落实《决定》和《实施意见》精神，结合本地实际采取得力措施加快水利改革发展步伐，坚持不懈地推动全市水利事业可持续发展。

一、明确水利改革发展指导思想、基本原则和目标任务

（一）指导思想。以邓小平理论和“三个代表”重要思想为指导，深入贯彻中央《决定》和省委《实施意见》精神，全面落实科学发展观，把水利作为基础设施建设的优先领域，把农田水利作为农村基础设施建设的重点任务，把严格水资源管理作为加快经济发展方式转变的战略措施，围绕推进“四化两型”建设、促进富民强市、全面建设小康社会，大力推进安全水利、民生水利、生态水利、法制水利，不断深化水利体制机制创新，加快建立人水协调的现代水利体系。

（二）基本原则。坚持民生优先。把保护人民生命安全放在第一位，着力解决群众最关心最直接最现实的水利问题，推动民生水利新发展。坚持统筹兼顾。注重兴利除害结合、防灾减灾并重、治标治本兼顾，进一步完善水利工程布局，促进城乡区域水利建设协调发展。坚持人水和谐。顺应自然规律和社会发展规律，合理开发、优化配置、全面节约、有效保护水资源。坚持政府主导。发挥公共财政对水利发展的保障作用，形成政府社会协同治水兴水合力。坚持依法治水。积极探索和实践新的治水思路，努力推进依法行政、依法治水，维护全市水事环境。坚持改革创新。加快水利重点领域和关键环节改革攻坚，破解制约水利发展的体制机制障碍。

（三）目标任务。通过5—10年的努力，水利建设逐步适应经济社会发展的需要。中心城区防洪标准达到100年一遇，县城防洪标准达到50年一遇；基本完成病险水库和病险水闸的除险加固任务；基本建成山洪灾害防御体系，重点山洪沟治理基本完成；解决180万农村人口饮水安全问题，基本实现乡乡（镇镇）通自来水；抗旱防灾减灾能力显著提高，满足干旱时人畜饮水需求；建成水资源合理配置和高效利用体系，全市年用水总量控制在30亿立方米以内，其中地下水开采总量控制在2亿立方米以内；万元国内生产总值和万元工业增加值用水量下降50%；新增和恢复灌溉面积40万亩，新增节水灌溉面积100万亩，农田灌溉水有效利用系数提高到0.55以上；全市水功能区水质达标率提高到95%以上，城市居民饮用水达标率100%；最严格水资源管理制度基本建立；基本建立水文水资源和水土保持监测站网体系，全市水能资源开发利用率90%以上，新增水电装机容量50万千瓦。水利信息化水平明显提高，基本形成工程运行信息管理系统、水利应急管理体系、安全监督体系、科技创新体系、工程质量监督体系和水行政综合执法体系；人才队伍建设和科技创新能力全面加强，水利公共服务能力和可持续发展能力显著提高。

二、突出抓好水利建设

（一）加快涔天河水库扩建工程建设。全面完成涔天河水库扩建及灌区续建配套工程任务，着力提高涔天河水库灌溉、防洪、发电、航运等综合效益。

（二）完成病险水库除险加固任务。加快病险水库和病险水闸除险加固步伐，大幅度提高水库防洪保安能力。“十二五”期间，全面完成3座中型水库、13座大中型病险水闸、74座小一型、216座重点小二型、799座一般小二型病险水库的除险加固任务。建立全市重点水库大坝安全监测与运行管理系统。

（三）加快“四水”流域防洪工程建设。加强防洪工程建设，进一步完善全市防洪体系。加快湘水及主要支流“四水”治理工程建设，实施湘江干流永州段堤防工程建设，完成11个县区城市防洪工程建设。

（四）加强中小河流治理和山洪灾害防治。加快实施36条中小河流的治理，优先安排洪涝灾害易发、人口密集区和重要的河段治理。完善市防汛抗旱指挥决策系统、山洪灾害防御预警系统、山洪灾害村级报警点和实施山洪灾害治理工程建设，形成覆盖全市的雨情、水情、工情、洪灾、旱灾信息监测体系和连通全市13个县区、管理区水利（务）局以及潇湘两水干流测站、大中型水库的洪水预报调度系统、防汛抗旱指挥决策系统。全市1559个山洪灾害重点防治区逐步建成以监测、通信、预报、预警等非工程措施为主的山洪灾害预警系统，建成山洪易发区防灾避险体系。加强气象观测能力建设，加快全市突发事件预警预报信息发布平台建设，形成覆盖全市的预警信息发布体系。

（五）加强农田水利建设。扎实推进全国小型农田水利重点县建设，抓好现有3个重点县建设的同时，争取新增8个重点县列入国家规划。“十二五”期间，启动符合条件的中型灌区续建配套与节水改造。大力推广农业节水灌溉新技术，大幅增加农田水利节水灌溉面积。支持小水窖、小水池、小塘坝、小泵站、小水渠等“五小水利”工程建设。大力开展骨干山平塘清淤扩容和沟渠疏浚，“十二五”期间完成30000口山塘清淤扩容，在完成2个沟渠疏浚试点县的基础上，做好其他县区、管理区的沟渠疏浚。通过大力开展农田水利建设，基本消除现有农村机埠、机电、涵闸等病险隐患，农田灌溉水利用系数由现在的0.44提高到0.55以上，全面提高水利设施效益。

（六）完成农村饮水安全建设任务。到“十二五”末，基本解决180万人农村人口饮水安全问题，基本实现乡乡（镇镇）通自来水。建立农村饮水安全工程良性运行机制，加强农村饮用水源保护，划定水源地保护范围，加强对水源和出厂水水质保护和监测。农村饮水安全工程建设用地实行优惠政策，需占用国有土地的，按公益事业用地依法取得划拨地使用权；需占用集体经济组织土地的，允许采取调整、互换等方式自行解决。农村饮水安全工程供水价格实行基本水费和计量收费的两部制水价。农村饮水供水用电执行农业排灌用电价格。

（七）加强水生态保护建设。大力开展以生态清洁型小流域建设、坡耕地治理和崩岗治理为重点的水土流失综合治理，“十二五”期间，综合治理36条小流域，治理水土流失面积800平方公里，建设坡改梯工程10万亩，治理崩岗1200处，建设水土保持生态清洁型小流域10条，建设2个名胜风景区，完成5处重点水源工程的前期工作。

（八）加强农村水电建设。大力推进水电新农村电气化县建设、小水电代燃料工程建设和农村水电配套电网改造，“十二五”期间，建成农村电气化县10个，建设小水电代燃料项目10个。加强小水电开发，抓好小水电的节能减排，加大农村水电监管力度，全面推进农村水电安全分类管理及年检工作。

（九）加快水文气象和水利信息化建设。加强水文气象基础设施建设，扩大覆盖范围，优化站网布局，着力增强重点地区、地下水超采区水文测报能力，加快应急机动监测能力建设。以水利信息化带动水利现代化，加快水利信息监测站网建设，建成覆盖全市的水利信息采集监测网络，建立涵盖各类水利工程特征数据、各类业务报表数据、实时监测数据及自然空间地理等数据中心。加大信息公开力度，建成涉水事务办理网上电子窗口和一站式协同办公平台。加强科研能力建设，整合科技资源，完善水利科技运行机制，提高水利科技管理效率和水平。

三、建立健全水利投入机制

（一）加大公共财政对水利建设的投入。

1. 从2011年起，市、县区（管理区）财政都要从土地出让收益中提取10%专项用于农田水利建设，由财政部门纳入土地出让金收支预算。市本级土地收益安排的水利建设资金，主要用于中心城区防洪工程建设。充分发挥新增建设用地有偿使用费等土地整治资金的综合效益。市、县区（管理区）政府（行政）不得因此而减少应由财政一般预算安排的农田水利建设资金。

2. 依法加强水利建设基金征收。按一定比例提取地方收取的政府性基金和行政事业性收费收入，以及从中央对我市成品油价格和税费改革转移支付资金中划出一定比例，纳入地方水利建设基金。具体提取标准以省政府有关规定为准。财政部门根据上年度收支预算执行情况，通过预算安排按季度预提和划转，年终统一结算。

3. 完善水资源有偿使用制度，依法足额征收水能资源有偿出让金等各类水利行政性和事业性收费，做好水利规费征收政策的充实完善工作，任何部门和单位不得多征、少征、缓征、停征，或者侵占、截留和挪用水利规费。财政、水利、审计部门要加强对水利规费筹集、拨付和使用情况的监督检查，促进水利规费依法征收并有效利用。

（二）加强对水利建设的金融支持。综合运用财政和金融货币政策，创新投融资机制，引导金融机构增加水利信贷资金。公益和准公益性水利建设项目，可采用项目法人承贷。公益性水利建设项目，规划区内土地等资源进行融资。加强与国家开发银行、农业发展银行等金融机构的协作，在风险可控的前提下，积极开展水利建设中长期贷款业务。进一步增加农田水利建设的优惠信贷资金，积极开展水利项目收益权质押贷款等多种形式融资。鼓励和支持发展洪水保险。提高水利利用外资的规模和质量。

（三）广泛吸引社会资金投资水利。积极探索组建国有市水利投资公司，作为水利资产的投融资主体和水利发展的平台。通过直接、间接融资方式，拓宽水利投融资渠道，积极稳妥推进经营性水利项目进行市场融资。鼓励通过收购、兼并、产权置换等方式盘活、重组水利资产。采取自然人参股或引进战略投资者的方式，广泛吸引社会资金参与水利建设。

（四）整合涉农资金投入水利建设。按照“统一规划、渠道不变、整体推进、各计其功”的要求，整合各类涉水专项资金，统筹安排，集中用于农田水利设施建设。进一步完善“一事一议”筹资筹劳制度，规范奖补程序，加大财政奖补力度，多筹多补、多干多补，充分调动农民兴修农田水利的积极性。

四、落实最严格的水资源管理制度

（一）建立用水总量控制制度。确立水资源开发利用控制红线，制定并尽快实施流域水量分配方案，建立取用水总量控制指标体系。强化水资源统一调度，协调好生活、生产和生态环境用水，完善永州市水资源调度方案、应急调度预案和调度计划。

（二）建立用水效率控制制度。确立用水效率控制红线，坚决遏制用水浪费，把节水工作贯穿于国民经济发展和群众生产生活全过程。落实建设项目节水设施与主体工程同时设计、同时施工、同时投产制度，发改委与水行政主管部门要加强对建设项目节水“三同时”制度实施的监督管理。加快实施节水技术改造，全面加强企业节水管理，建设节水示范工程，普及农业高效节水技术。

（三）建立水功能区限制纳污制度。确立水功能区限制纳污红线，修改完善《永州市水功能区划》，水行政主管部门要按照水功能区对水质的要求和水体自然净化能力，从严核定水域纳污能力，向环保行政主管部门提出各水功能区限制排污总量，严格控制入河湖排污总量。水行政主管部门要加强对入河湖排污口的监督管理，对排污量超出水功能区限制排污总量的地区，限制审批新增取水和入河排污口。建立水功能区水质达标评价体系和水质监测预警预报体系。依法划定饮用水水源保护区，建立完善饮用水水源安全应急机制。

（四）建立水资源管理责任和考核制度。市、县区（管理区）政府主要负责人对本行政区域水资源管理和保护工作负总责。严格实施水资源管理考核制度，水行政主管部门会同有关部门，对各地区水资源开发利用、节约保护主要指标的落实情况进行考核，考核结果交由干部主管部门，作为地方政府相关领导干部综合考核评价的依据。

五、创新水利改革发展体制机制

（一）加快水资源管理体制改革。强化城乡水资源统一管理，对城乡供水、水资源综合利用、水环境治理和防洪排涝等实行统筹规划、协调实施，促进水资源优化配置。完善流域管理与区域管理相结合的水资源管理制度，建立事权清晰、分工明确、行为规范、运转协调的水资源管理工作机制，进一步完善水资源保护和水污染防治协调机制。逐步建立健全市、县、乡镇三级水务统一管理体系。推行农业水价综合改革，逐步实行国有水利工程水价加末级渠系水价的终端水价制度。推进水利工程非农业水价改革，逐步推行基本水价和计量水价相结合的两部制水价。积极推进工业和服务业水价改革，实行超定额、超计划累进加价制度，适当拉开高耗水行业与其他行业的水价差价。逐步推行居民生活用水阶梯水价制度。

（二）加快水行政管理体制改革。加强河道管理和水域保护，强化河道采砂统一管理，由水行政主管部门颁发采砂许可证、征收河道砂石资源费，建立建设项目占用水域补偿机制。健全市、县区（管理区）水行政执法队伍，安排人员经费。

（三）加快水利工程建设体制改革。促进建设管理专业化、市场化和社会化机制建设，加快水利建设市场主体诚信体系建设。水行政主管部门要组建水利项目建设管理中心，确定项目法人，全权负责本辖区内水利建设和管理。积极推进非经营性政府投资项目采用多种建设模式，促进项目“投资、建设、管理、使用”的职能分离。经营性水利工程应按照现代企业制的要求进行建设管理，组建企业性质的项目法人，健全法人机构，完善法人制度，实现自主经营、自负盈亏。

（四）加快小型农田水利建设招投标改革。农村小型农田水利建设采取村民自建、民主管理的机制，将投资项目核准到村，以村民委员会作为建设主体，负责工程的建设和管理，对村民能够自建的项目，无论投资大小，不实行招投标，由村民委员会组织村民自建，并给予劳动报酬。对工程技术含量较高、村民无力实施的项目，由村民委员会自主招标。资金管理实行公示制和报账制，接受村民监督和政府监管。

（五）加快水利工程管理体制改革。完成水利工程管理体制改革任务，在水利工程管理单位定性、定编、定员，凡在公益性、准公益性岗位上的水利工程管理人员经费，全部纳入同级财政预算，建立水利工程维护管理投入的长效机制，落实好水利工程维修养护经费。以乡镇为单元，健全基层水利服务机构，按规定核定人员编制，经费纳入县级财政预算。

六、加强组织领导

（一）落实各级党委、政府责任。各级党委和政府要站在全局和战略高度，切实加强水利工作，及时研究解决水利改革发展中的突出问题。认真执行防汛抗旱、水利建设、饮水安全、水资源管理、水库安全度汛、农村水电安全监管行政首长负责制。把加强农田水利建设作为农村基层开展创先争优活动的重要内容，充分发挥农村基层党组织的战斗堡垒作用和广大党员的先锋模范作用，带领广大农民群众加快改善农村生产生活条件。

（二）大力推进依法治水。加大水法、防洪法、水土保持法等法律和《湖南省水能资源开发利用管理条例》、《湖南省小型农田水利管理条例》等法规执行力度。加强水资源保护、河道管理等领域的执法，完善水事纠纷调处机制。全面推进水利综合执法，严格执行水资源论证、取水许可、水工程建设规划同意书、洪水影响评价、水土保持方案、水能资源有偿使用等制度。加强河湖管理，严禁建设项目非法侵占河湖水域。加强防汛抗旱督察工作制度化建设。健全预防为主、预防与调处相结合的水事纠纷调处机制，完善应急预案。深化水行政许可审批制度改革。

（三）加强水利规划和前期工作。强化规划在水利改革发展中的指导和基础作用。科学编制水利规划、完善全市流域、区域水利规划体系，强化水利规划对涉水活动的管理和约束作用。加大防洪骨干工程、重要水资源调配、民生水利等各类基础设施建设的项目储备，加大水利规划和前期工作投入力度，组建水利建设管理中心，实行水利项目前期工作统筹管理。从2011年起，各级财政安排一定资金用于水利规划和前期工作，跨县区的水利项目由市政府协调，按受益原则分担前期工作经费。做好水库移民安置工作，落实后期扶持政策。

（四）加强水利队伍建设。适应水利改革发展新要求，全面提升水利队伍素质，切实增强全市水利勘测设计、建设管理和依法行政能力。大力培养、选拔各类水利专业人才，完善人才评价、流动、激励机制。加强水利教育培训工作，每年定期对水利干部职工进行水行政管理、水利科技知识的综合培训和其他专业培训，培育一支高素质水利行政管理和技术干部队伍。

（六）湖南省涔天河水库扩建工程农村移民安置办法

（2014年1月23日永州市人民政府办公室永政办发〔2014〕8号）

第一章 总 则

第一条 为做好涔天河水库扩建工程农村移民安置工作，维护移民合法权益，根据《中华人民共和国农村土地承包法》、《大中型水利水电工程建设征地补偿和移民安置条例》、《湖南省大中型水库移民条例》、《湖南省人民政府关于加强大中型水库移民安置工作的意见》（湘政发〔2010〕9号）、《湖南省大中型水库移民安置工作管理暂行办法》（湘政办发〔2011〕78号）、《湖南省潇水涔天河水库扩建工程移民安置规划设计大纲》，结合涔天河库区实际，制定本办法。

第二条 本办法适用于涔天河水库扩建工程淹没区、影响区及枢纽工程建设区农村移民安置。

第三条 涔天河水库扩建工程遵循开发性移民方针，围绕“搬得出、稳得住、逐步能致富”目标，坚持前期补偿补助和后期扶持相结合，使移民生活达到或超过原有水平。

第四条 移民安置应遵循以下原则：

（一）以人为本，保障移民的合法权益，满足移民生存与发展的需求。尊重当地少数民族的生产、生活方式和风俗习惯。

（二）顾全大局，服从国家整体安排，兼顾国家、集体、个人利益。

（三）因地制宜，统筹规划。

（四）以资源环境承载能力为基础，坚持移民外迁安置为主、农业生产安置为主，多渠道、多门路安置移民。

第五条 集中外迁到道县、江永县、回龙圩管理区安置的移民，继续享受江华瑶族自治县高考招生、人口与计划生育政策。

第六条 农村外迁移民库区内淹没线上剩余耕地，由村集体经济组织或乡（镇）人民政府统一收回，解除承包合同，并按生产安置标准分配给后靠生产安置的移民。淹没线以上的林地及林木仍由原移民户承包经营管理，外迁移民在林地经营管理上与原村集体经济组织的其他村民享有同等的政策待遇。

第七条 移民安置工作实行政府领导、分级负责、县为基础、项目法人参与的管理体制。在湖南省人民政府领导下，永州市人民政府负责涔天河水库扩建工程移民安置工作，项目法人参与。有移民安置任务的县级人民政府（管理区）是涔天河水库扩建工程移民安置工作的责任主体、工作主体和实施主体，负责本行政区域内移民安置工作的组织实施。在省移民开发管理部门的指导、协调、检查、督促下，永州市移民管理部门及有涔天河水库扩建工程移民安置工作任务的县级人民政府移民管理部门负责本行政区域的移民工作。市、县人民政府及相关部门按照各自职责，做好相关的移民工作。

第八条 农村移民安置方式主要分为集中外迁有土安置、进城镇土地流转安置、后靠安置、自谋职业安置和投靠亲属赡（抚、扶）养安置。

第二章　集中外迁有土安置

第九条　集中外迁有土安置是指规划外迁的农业生产安置移民，自愿选择在政府统一规划的农村移民集中安置点配置生产用地和宅基地的安置方式。

规划外迁的农业生产安置移民，在环境容量许可的前提下，原则上整村（指自然村）、组成建制集中安置。集中安置点的生产生活条件和基础设施优于移民迁出点原有条件，由政府统一规划、统一征地、统一基础设施建设，确保水、电、路、讯畅通，上学、就医方便。移民利用补偿补助费自行建房、联户建房或委托建房。

第十条　生产用地、宅基地配置标准。

（一）生产用地配置标准：人均水田 0.6 亩、旱土 0.3 亩（无旱土的配置 0.21 亩水田）、林地 0.5 亩。

（二）宅基地配置标准：1 至 2 人户配置 60 平方米宅基地；3 至 5 人户配置 120 平方米宅基地；6 人以上户配置 180 平方米宅基地。

第十一条　补偿补助费发放：淹没影响的移民个人财产补偿费、沼气池补助费、搬迁运输补助费（自行搬迁）、过渡期生活补助费、坟墓补偿费、建房困难补助费等，按规定直接兑付给移民；移民基础设施补偿费，用于集中安置点基础设施建设；生产安置费按规定程序拨付给安置地县级人民政府（管理区）用于调剂耕地、林地安置本村民小组移民；移民个人财产补偿费中的房屋补偿等可按建房进度分期分批拨付。

第十二条　办理程序：移民以户为单位写出书面申请，由搬迁前所在村民小组、村委会、乡镇人民政府逐级审核，经县级移民管理部门审定后，移民以户为单位与迁出地和安置地乡镇人民政府签订集中外迁有土安置协议，协议一式五份，签订方、迁安两地县级移民管理部门各执一份。出县外迁移民，迁出地、安置地县级人民政府须签订移民集中外迁安置协议。

第三章　进城镇土地流转安置

第十三条　进城镇土地流转安置，是指外迁有土安置移民在县城集中安置小区自行购房或在集镇配置宅基地自行建房，将配置的生产用地集中流转经营的安置方式。

移民安置区县级人民政府根据集中安置、集约经营、固定补助、后扶支持的原则，按照人均水田 0.6 亩、旱土 0.3 亩、林地 0.5 亩的移民生产用地配置标准，连片调剂熟地给外迁农业生产安置的移民，调剂熟地有困难的，在涔天河水库扩建工程灌区耕地后备资源开发建设规划范围内，按照靠近生活安置地的原则，将生产用地折算成标准水田面积连片调剂生地给移民。移民配置的生产用地所有权归外迁移民新组建的农村集体经济组织所有，土地承包经营权归移民所有，由生产安置地县级人民政府颁发土地所有权证和承包经营权证。

第十四条　按照依法、自愿、有偿的原则，移民将配置的生产用地集中流转给项目法人或其他农业开发公司集约经营，或由移民组建的农业合作社自主生产经营。集中流转给项目法人经营的，在约定流转期内，按当地土地流转的市场价格计算流转收益，由项目法人逐年拨付给移民户口所在地县级移民管理部门，县级移民管理部门及时兑现给移民；集中流转给农业开发公司经营的，流转价格由移民与公司协商，支付方式在流转协议中明确；移民自组农业合作社经营的，由移民自负盈亏。

第十五条　选择进城镇土地流转安置方式的移民，从搬迁之日起按照审定的移民安置规划设计报告规定的过渡期生活补助的年限和标准执行，过渡期结束后执行土地流转收益补助。土地流转收益可以继承。集中流转给项目法人经营的土地流转收益由项目法人负责，项目法人应建立进城镇土地流转安置移民扶持基金，用于应对经营不善、自然灾害等兑付风险。

第十六条　对具有城镇生活条件且有自行购房能力的移民，实行进县城土地流转安置，根据城市规划，由政府统一建设移民安置小区，移民从小区自行购置楼房。规划移民小区时，要充分考虑就医、就学、交通方便。每人购置楼房在25平方米以内的（含25平方米），由移民按照审定规划确定的同样结构房屋补偿费单价购置；25平方米以上至30平方米（含30平方米）按成本价购置；超出30平方米部分，按市场价购置。

对具有自行建房能力且有经商谋生技能的移民，实行进集镇土地流转安置。原则上要求就医、就学、交通方便，尽量选择靠近生产安置用地集镇。1至2人户配置48平方米宅基地；3至5人户配置96平方米宅基地；6人以上户配置144平方米宅基地，由移民按照统一规划，自行建房或委托代建。

第十七条　鼓励移民进城镇土地流转安置。将进城镇安置移民纳入城镇就业服务体系，加强移民职业技能培训、职业技能鉴定等就业服务，帮助符合就业条件的移民户培训转移一个劳动力就业。符合农村居民最低生活保障条件的移民，按规定享受农村居民最低生活保障待遇，符合其他社会救助条件的，按规定享受相应待遇。

第十八条　补偿补助费发放：进县城移民安置小区自行购房的移民，须委托当地县级移民管理部门暂时代管其个人财产补偿费、沼气池补助费、搬迁运输补助费（自行搬迁）、坟墓补偿费等资金，待移民选购好房屋结算时，受委托代管的县级移民管理部门用补偿补助资金为移民结算购房款，并将多余的资金退还给移民，移民补偿补助资金购房欠缺部分，由移民补足。移民基础设施补偿费用于安置小区的基础设施建设。生产安置费由项目法人按规定程序调剂或开发移民农业生产用地。

进集镇土地流转安置的移民，淹没影响的移民个人财产补偿费、沼气池补助费、搬迁运输补助费（自行搬迁）、过渡期生活补助费、坟墓补偿费、建房困难补助费等，按建房进度分期分批兑付给移民。移民基础设施补偿费，用于集中安置点基础设施建设。生产安置费由项目法人按规定程序调剂或开发移民农业生产用地。

第十九条　办理程序：进城镇土地流转安置的移民，以户为单位写出书面申请。移民所在村民小组、村委会、乡镇人民政府对申请进行逐级审核，县级移民管理部门审定后张榜公示。公示无异议后，移民与迁出地、安置地乡镇人民政府签订进城镇土地流转安置协议一式七份，协议签订方、外迁移民生活安置地集体经济组织、县级移民管理部门、项目法人各执一份。出县外迁移民，迁出地、安置地县级人民政府须签订移民安置协议。

第四章　后靠安置

第二十条　后靠安置是指移民安置规划确定的后靠安置移民，通过本组调剂耕地解决生产用地，就近后靠建房的安置方式。淹房不淹耕地的搬迁移民户，只配置宅基地；淹耕地不淹房的生产移民户，只配置生产用地；淹房又淹耕地的移民户，才同时配置生产用地和宅基地。后靠集中安置移民，户外的水、电、路、讯等基础设施，政府统一规划建设。

第二十一条　生产用地、宅基地配置标准。

（一）生产用地配置标准：人均标准水田0.7亩。

（二）宅基地配置标准：分散后靠安置的移民，宅基地占用耕地的每户控制在120平方米以内，占用林地的每户控制在180平方米以内，占用荒地的每户控制在210平方米以内；1至2人户配置60平方米宅基地；3至5人户配置120平方米宅基地；6人以上户配置180平方米宅基地。

第二十二条　补偿补助费发放：淹没影响的移民个人财产补偿费、沼气池补助费、过渡期生活补助费、坟墓补偿费、建房困难补助费、搬迁运输补助费等，按规定直接兑付给移民。基础设施补偿费，分散后靠安置的直接补偿给移民用于建房或购房，集中后靠安置的统一用于后靠安置点的基础设施建设。

第二十三条　办理程序：后靠安置的移民，以户为单位写出书面申请，由移民所在村民小组、村委会、乡镇人民政府逐级审核，县级移民管理部门审定后，与当地乡镇人民政府签订安置协议一式三份，协议签订方和县级移民管理部门各执一份。

第五章 自谋职业安置

第二十四条 自谋职业安置是指移民生产门路和生活出路已落实，不需要政府解决生产、生活安置用地，自谋职业的安置方式。

第二十五条 自谋职业安置的条件：移民库区外的私有房产（有土地使用证、房产证）能保障家庭成员的居住，正在从事的服务业、运输业、建筑业等二、三产业生产经营活动已连续三年以上，有工商部门核发的营业执照、税务部门核发的税务登记证、行业主管部门核发的经营许可证，能提供缴纳管理费或税收的票据，其生产经营收入能满足家庭成员的基本生活需求。

第二十六条 补偿补助费发放：淹没影响的移民个人财产补偿费、沼气池补助费、过渡期生活补助费、坟墓补偿费、建房困难补助费、基础设施补偿费、生产安置费、搬迁运输补助费等，按规定直接兑付给移民。

第二十七条 办理程序：

（一）符合自谋职业无土安置条件的移民，以户为单位写出书面申请，并附本办法规定的相关材料原件和复印件。

（二）移民所在村民小组、村委会、乡镇人民政府对申请进行逐级审核，县级移民管理部门进行审定。

（三）符合条件的移民户与当地乡镇人民政府签订安置协议一式三份，经公证机关公证后，协议签订方和县级移民管理部门各执一份。

第六章 投靠亲属赡（抚、扶）养安置

第二十八条 投靠亲属赡（抚、扶）养安置是指移民自愿放弃生产、生活安置用地，投靠直系亲属或配偶供养的安置方式。

第二十九条 投靠亲属赡（抚、扶）养安置条件：移民的直系亲属或配偶在军队、机关、事业或国有大中型企业等单位有固定工作（不含临时工，军队要符合随军条件），其稳定收入能满足家庭成员的基本生活需求；有投靠亲属所在单位出具的从事职业和收入证明、有公证机关出具的投靠亲属接受移民的书面承诺、有供移民永久性居住的私有房产。

第三十条 补偿补助费发放：淹没影响的移民个人财产补偿费、沼气池补助费、过渡期生活补助费、坟墓补偿费、建房困难补助费、基础设施补偿费、生产安置费、搬迁运输补助费等，直接兑付给移民。

第三十一条 办理程序：

（一）投靠的移民向迁出地乡镇人民政府写出书面申请，不能自写申请的人员，可由直系亲属或监护人代为提出申请，出具与投靠亲属关系的相应证件或证明，并附本办法规定的相关材料原件和复印件。

（二）移民所在村民小组、村委会、乡镇人民政府对申请进行逐级审核，县级移民管理部门进行审定。

（三）投靠人员与所在乡镇人民政府签订安置协议一式三份，经公证机关公证后，协议签订方和县级移民管理部门各执一份。

第七章 附 则

第三十二条 本乡镇内安置的移民，由当地户籍管理部门负责户籍变更登记；跨乡镇安置的移民，由迁出地和安置地户籍管理部门负责办理户籍迁移入户；跨县区安置的移民，由迁出地和安置地县区户籍管理部门负责办理户籍迁移入户。

第三十三条 参加医疗保险和享受低保的移民，由县区相关部门办理转移接续手续；参加养老保

险的移民，出县安置的由迁出地人力资源与社会保障部门依据国家规定的转移接续办法执行。

第三十四条　安置地县级人民政府，应当及时为移民办理耕地山林、房产确权发证手续，并在子女就学、就业等方面提供帮助。

第三十五条　移民按规定办理手续，领取相关费用后，不得拒绝搬迁或拖延搬迁。已经搬迁安置的，不得返迁或要求再次安置。若拖延搬迁或者拒迁的，当地人民政府或者其移民管理部门可以申请人民法院强制执行；违反治安管理法律、法规的，依法给予治安管理处罚；构成犯罪的，依法追究有关责任人员的刑事责任。

第三十六条　移民后期扶持按国家和湖南省有关政策规定执行。

第三十七条　本办法自公布之日起执行。

第三十八条　本办法由永州市移民开发局负责解释。

（七）永州市2015—2017年河道采砂集中整治工作方案

（2015年10月15日永州市人民政府办公室永政办发〔2015〕44号）

为贯彻落实省委、省政府关于保护湘江母亲河的安排部署，进一步推进湘江流域保护治理和河道保洁工作，经市人民政府研究，决定在全市范围内继续开展为期3年的河道采砂集中整治活动。为确保集中整治活动有序开展，取得实效，特制定本工作方案。

一、指导思想

以党的十八大和十八届三中、四中全会精神为指针，认真贯彻落实《湖南省湘江保护条例》、《湖南省人民政府关于印发〈湖南省河道采砂管理试行办法〉的通知》（湘政发〔2012〕10号）、《湖南省人民政府办公厅关于印发〈湖南省河道保洁工作实施方案〉的通知》（湘政办发〔2014〕95号），牢固树立“既要金山银山，又要绿水青山”的理念，全面落实“政府主导，水利主管，部门配合”工作要求，巩固前3年整治成果，全面推进河道采砂规范化管理。

二、总体目标

通过集中整治，使全市的河道采砂管理工作走向科学化、法制化、规范化轨道，做到采砂规划合理，出让工作规范，采砂有序，上砂码头规模化，日常巡查常态化，无非法上砂码头、无无证采砂船只、无非法买卖砂洲行为、无船上分筛设备，实现河道生态功能的根本好转和持续稳定，达到水清、河畅、岸绿、景美的目标。

三、整治任务

（一）整治对象。河道管理范围内的采砂船只，涉河建设工程，水面养殖业，采砂活动中涉黑、涉恶、保护伞。

（二）整治内容。依法严厉打击河道管理范围内乱建、乱采、乱排、乱围、乱占、乱弃等行为，具体包括以下几个方面：

1. 涉及采砂管理的违法行为。包括在禁采区和非拍卖区采砂；在拍卖区无证采砂或未按许可规定采砂；已完成河道砂石开采权规范出让但不依规上解和使用河道砂石资源有偿使用收入等。

2. 涉及河道利用管理的违法行为。包括在河道内弃置、堆放阻碍行洪的物体或种植阻碍行洪林木及高杆作物；倾倒垃圾、渣土，围垦、淤填河道；在河道内进行拦网或网箱养鱼，从事影响水质、河势稳定、危害河岸堤防安全和其他妨碍河道行洪的行为；非法占用水域等。

3. 涉及涉河建设项目管理的违法行为。包括未经审批，擅自建设防洪工程和其他水利工程、水电站或建设桥梁、码头和其他拦河、跨河、临河建筑物、构筑物，铺设跨河管道、电缆；或者虽经批准但未按照要求修建控制引导河水流向、保护堤岸等工程；防洪补救措施不落实、未办理占用河道位置界限许可等。

4. 非法买卖河道砂石资源行为。包括非法买卖砂洲、各类矛盾纠纷。

5. 违法阻工行为。包括破坏正常的采砂秩序，涉黑、涉恶及保护伞。

（三）整治要求。

1. 严格河道采砂准入制。可采区的采砂权必须通过“招、拍、挂”取得，出让方案必须经市水利部门审核后报省水利部门批准。

2. 严厉打击违法采砂行为。严禁在禁采区采砂；可采区非拍卖区域严禁采砂；可采区拍卖区域严禁无证采砂、超范围采砂、在禁采期采砂，严禁船上分筛，禁止超量开采，采砂船只数量必须控制在批准范围内。

3. 清理整顿上砂码头。非拍卖区上砂码头坚决依法取缔，严禁上砂；拍卖区上砂码头要合理规划，依法审批，着力建设规模化、规范化的上砂码头；拍卖区未经批准的上砂码头一律依法取缔。

4. 彻底清除采砂尾堆。对遗留在禁采区的采砂尾堆，要认真制定清障计划，以公开招标的方式取得清障权，通过护岸和机械制砂消耗利用尾砂堆。市管以上河道清障计划报市水利部门审批，其他河道由县区审批。

5. 依法处理违法阻工行为。认真开展拍卖区采砂活动中的环境整治，重点查处采砂活动和上砂码头建设中的阻工行动，依法严厉打击涉黑、涉恶势力及保护伞。

6. 妥善处理各类矛盾纠纷。依法严厉打击非法买卖河道砂石资源行为，发现一起查处一起，决不姑息迁就。

7. 依法查处水面养殖、向河道内倾倒垃圾渣土、乱排污水行为。

8. 严格涉河建设项目审批和监管。要严格执行《中华人民共和国防洪法》，涉河建设项目的可行性研究报告按照国家规定的基本建设程序报请批准前，防洪评价报告必须经有管辖权的水行政主管部门审查同意，未经审查批准的项目不得上马。集中整治期间，对2014年以来已建和在建的涉河建设项目，凡没有水利部门审批手续的，责成建设业主补办审批手续，并按审批意见采取补救措施；在建项目业主必须凭水利部门开具的开工许可证开工，制定度汛计划，并与水利部门签订安全度汛责任书，按围堰、弃渣工程量核算缴纳清除押金。

9. 全面加强河湖水域管理。严禁建设项目非法侵占河湖水域、岸线；依法划定各类河道管理范围，报同级人民政府批准，设立保护标志，作为河湖日常管理的依据。

10. 建立河道管理长效机制。在开展集中整治的同时，合理制定河道采砂规划和岸线利用规划，编制河道砂石资源出让方案，积极稳妥推进河道砂石资源有偿出让；要建立健全河道管理机构，配备与工作职责相适应的管理人员和装备，落实管理经费；制定和完善涉河建设项目审批制度、采砂管理制度、水域保护制度、河道巡查制度。

四、工作步骤

（一）准备阶段（2015年10月1日至11月15日）。召开会议进行动员部署；对采砂船、上砂码头、涉河建设项目、水上养殖、砂洲矛盾纠纷、采砂环境秩序、乱占乱弃乱排等情况进行全面排查，建立台账；结合实际，制定实施方案。

（二）集中整治阶段（2015年11月16日至2017年11月30日）。

1. 集中整治。各地对排查出来的问题和隐患逐一进行整治，对在规定期限内整改不到位和拒不停止非法、违规行为的，由政府牵头，组织相关部门联合执法。

2. 规范出让。根据上级有关文件要求，合理调整境内河道采砂规划，依法开展出让工作。

3. 依法划界。依法划定河道管理范围，2015年12月15日前完成实施方案编制工作，2017年11月底前完成境内所有河流管理范围的划定工作，并依法依规逐步确定管理范围内的土地使用权。

（三）检查验收阶段（2017年12月1日至31日）。各县区在2017年12月10日前，对照本工作方案完成自查，并向市人民政府提交整治报告，申请验收。市人民政府根据申请，对各县区、管理区集中整治工作进行验收。对集中整治效果不好，验收未通过的，继续开展整治，直至任务完成。

五、责任分工

为按期按质完成全市河道采砂集中整治任务，确保河湖资源可持续利用，实现河道功能根本好转和持续稳定，达到“水清、河畅、岸绿、景美”的目标。根据《湖省湘江保护条例》、《湖南省河道采砂管理试行办法》和建设“美丽永州”的要求，现将河道采砂集中整治责任分工如下：

（一）县区、管理区、经开区

1. 责任内容

（1）依照属地管理原则依法严厉打击河道管理范围内乱建、乱采、乱排、乱围、乱占、乱弃等“六乱”行为，具体包括五个方面即：一是涉及河道采砂管理的违法违规行为；二是涉及河道利用管理的违法行为；三是涉及河道建设项目管理违法行为；四是非法买卖河道砂石资源的行为；五是涉河违法阻工行为。

（2）制定或修编采砂规划，认真做好出让前期工作，依法按程序完成出让工作。

（3）按时收缴河道砂石资源出让收入，按规定及时上缴省市财政收入部分。

（4）完成辖区内各类河道管理范围划界确权和河道保洁工作。

（5）负责涉河涉砂安全生产和信访维稳工作。

2. 责任要求

（1）组织领导。各县区人民政府（管理区、经开区）是集中整治行动的实施责任主体，主要负责人为第一责任人，分管领导为直接责任人。成立相应的领导机构和办事机构。要明确各级各部门的责任，将河道采砂集中整治工作纳入本级政府及对下级政府、部门的考核内容，把责任明确到岗到人，并层层签订责任书。

（2）经费保障。各县区人民政府（管理区、经开区）要将河道采砂集中整治活动所需经费列入本级财政年度预算，并及时足额安排到位，确保工作需要。

（3）宣传教育。利用各种宣传媒体，采取多种形式宣传涉水涉河法律法规，曝光不法行为和丑恶现象，让集中整治行动深入人心，形成护河爱河、人人有责的浓厚氛围。

（二）市河道采砂整治领导小组成员单位

1. 责任内容

市委宣传部：参与全市河道采砂集中整治行动的组织、指导、协调、验收等工作，依法履行本单位涉河涉砂方面的工作职责，负责集中整治期间的宣传报道，营造良好的社会舆论氛围。

市水利局：牵头组织河道采砂集中整治各项工作，负责与各部门的衔接，负责制定集中整治工作方案，负责提出河道管理长效机制，负责牵头查处无证采砂船只、上砂码头等非法采砂行为，负责组织编制河道采砂规划、河道采砂防洪影响评价、上砂码头规划、统一发放河道采砂许可证、组织河道砂石开采权的有偿出让、河道采砂统一监督管理，负责涉河建设项目的审批和监管，依法查处涉河违法行为，牵头组织考核评比。

市交通运输局、地方海事局：参与全市河道采砂集中整治行动的组织、指导、协调、验收等工作，依法履行本单位涉河涉砂方面的工作职责，负责颁发采砂船、运砂船、船员有关证照，负责采砂船只、运砂船只管理和水上交通安全的监督管理，负责查处采砂船只及运砂船只的水上交通安全违法行为，参与编制河道采砂规划、上砂码头规划、河道采砂许可会签，参与依法查处涉河桥梁、渡口、码头等违法违规行为。

市国土资源局：参与全市河道采砂集中整治行动的组织、指导、协调、验收等工作，依法履行本单位涉河涉砂方面的工作职责，负责查处非法买卖河道砂石资源，负责查处上砂码头、其他涉河建设项目违法用地行为，负责河道砂石资源地质调查评价、资源储量管理、资源权益价款评估，参与编制河道采砂规划、河道砂石开采权有偿出让、河道采砂许可会签，负责办理政府规划的上砂码头临时用地许可，参与河道管理范围界线划定和确权工作。

市财政局：参与全市河道采砂集中整治行动的组织、指导、协调、验收等工作，依法履行本单位涉河涉砂方面的工作职责，负责集中整治和河道管理工作经费保障，参与收取河道砂石资源有偿使用收入。

市公安局：参与全市河道采砂集中整治行动的组织、指导、协调、验收等工作，依法履行本单位涉河涉砂方面的工作职责，负责水上治安管理工作，负责依法打击河道采砂、砂石经营活动中涉黑、涉恶及其保护伞，负责依法处理集中整治期间的抗法及暴力行为，保障集中整治行动的顺利开展。

市人民检察院：参与全市河道采砂集中整治行动的组织、指导、协调、验收等工作，依法履行本单位涉河涉砂方面的工作职责，负责涉河涉砂违法案件的起诉。

市中级人民法院：参与全市河道采砂集中整治行动的组织、指导、协调、验收等工作，依法履行本单位涉河涉砂方面的工作职责，负责涉河涉砂申诉案件和违法案件的依法判决。

市监察局：参与全市河道采砂集中整治行动的组织、指导、协调、验收等工作，依法履行本单位涉河涉砂方面的工作职责，负责查处国家公职人员参与采砂经营活动、充当保护伞，负责对不作为、乱作为、慢作为的人和事问责。

市法制办：参与全市河道采砂集中整治行动的组织、指导、协调、验收等工作，依法履行本单位涉河涉砂方面的工作职责，负责审核、把关集中整治期间的法律文书，参与合同纠纷调处。

市安监局：参与全市河道采砂集中整治行动的组织、指导、协调、验收等工作，依法履行本单位涉河涉砂方面的工作职责，负责河道采砂和上砂码头安全生产监督管理。

市农业委：参与全市河道采砂集中整治行动的组织、指导、协调、验收等工作，依法履行本单位涉河涉砂方面的工作职责，负责查处河道管理范围内网箱养鱼行为。

市城管执法局：参与全市河道采砂集中整治行动的组织、指导、协调、验收等工作，依法履行本单位涉河涉砂方面的工作职责，负责查处城区河道管理范围内乱建、乱围、乱占、乱弃行为。

市住建局：参与全市河道采砂集中整治行动的组织、指导、协调、验收等工作，依法履行本单位涉河涉砂方面的工作职责，负责查处非城区河道管理范围内乱建房屋行为。

市环保局：参与全市河道采砂集中整治行动的组织、指导、协调、验收等工作，依法履行本单位涉河涉砂方面的工作职责，负责查处采、运砂船和上砂码头乱排废油、污水等污染环境行为。

国网永州供电公司：参与全市河道采砂集中整治行动的组织、指导、协调、验收等工作，依法履行本单位涉河涉砂方面的工作职责，负责对非法上砂码头、采砂船只停止供电。

2. 责任要求

（1）明确分管领导、责任科室和具体责任人。

（2）主动履责，主动作为，违法违规行为依法处理到位。

（3）信息报送准确及时。

六、保障措施

（一）加强组织领导。市里建立河道采砂集中整治协调机制，由市政府分管副市长牵头负责，市水利、交通运输、国土资源、财政、公安、检察、法院、监察、法制、安监、农委、城管执法、住建、环保、信访、维稳、地方海事、工商、地税、外宣、供电等部门和单位分管负责人紧密配合，切实做好全市河道采砂集中整治行动的组织、指导、协调、验收等工作。各县区、管理区也要建立相应的协调机制。

（二）落实工作责任。各县区政府是集中整治行动的实施责任主体，主要负责人是集中整治行动的第一责任人，分管负责人是具体责任人，必须切实承担起领导职责。各县区政府要切实加强组织领导，统一指挥辖区内的集中整治行动；沿河乡镇政府（办事处）要抓好本行政区域内的日常监管工作；村组（社区）等基层组织要积极参与和配合集中整治行动，认真落实上级交办的整治任务。相关部门按照职责分工，各司其职、各负其责，密切配合，统一步调，形成合力。

（三）加强宣传教育。各地要充分利用广播电台、电视台、网站、报纸等媒体大力开展河道采砂整治行动的宣传报道，普及有关涉河法律法规知识，形成护河爱河人人有责的浓厚氛围。

（四）强化督促检查。各地要对集中整治行动进行督促检查，狠抓工作落实。对整治工作措施得力、效果好的，给予通报表彰；对集中整治行动组织领导不力、敷衍塞责、推诿扯皮、效果不佳的，给予通报批评，并对有关人员进行问责。

（五）注重整章建制。各地要对整治行动中发现的问题立即进行整改，同时要不断建立和完善规章制度，逐步建立河道管理的长效机制。

（八）关于切实加强农村饮水工作的意见

（2016年1月12日永州市人民政府办公室永政办发〔2016〕2号）

为进一步加强我市农村饮水工作，适应农村饮水建设与管理新常态，促进人饮工程都能管得好、用得起、长受益，根据水利部等五部委《关于进一步加强农村饮水安全工作的通知》（水农〔2015〕252号）、《湖南省人民政府办公厅关于进一步做好农村饮水安全工作的意见》（湘政办发〔2013〕64号）、省政府《关于全省农村饮水“十三五”规划有关问题的会议纪要》（湘府办阅〔2015〕9号）等精神，结合我市实际，经市人民政府同意，现就切实加强农村饮水工作提出如下意见：

一、提高思想认识

农村饮水是事关农民健康、农业发展、农村稳定的重要工作，对于改善农村人居环境，提高农民生活质量，全面建成小康社会具有十分重要的意义。党中央、国务院对农村饮水工作高度重视，把它作为立党为公、执政为民、共享改革发展成果的一项重要举措。省委、省政府和市委、市政府连续10年将农村饮水工程列入为民办实事项目，去年又将农村饮水工作列入重大民生项目。近十年来，我市农村饮水工作取得了巨大成效，解决了260多万农村人口饮水安全问题。但是，我市农村饮水工作仍存在建设资金缺口大，运行管护滞后，自来水普及率、供水保证率和水质合格率偏低等问题，广大农民群众“喝上自来水”、“喝上好自来水”的愿望非常强烈并交织叠加，农村饮水工程建设和建后管理任务非常艰巨。各级各有关部门要充分认识农村饮水工作的重要性、紧迫性、艰巨性，切实加强领导、落实保障措施、加大工作力度，认真做好农村饮水工作。

二、加强项目建设

1. 明确目标任务。按照“城乡统筹、区域一体、近远结合、突出重点”原则做好农村饮水巩固提升工作，综合采取新建、扩建、配套、改造、联网等方式，进一步提高农村自来水普及率、水质达标率、供水保证率和工程运行管理水平，建立从“源头到龙头”的农村饮水运行管理和水质保障体系。到2020年，全市农村集中式供水比例达到90%以上，实现100%的乡镇、85%的行政村通自来水，农村自来水普及率达到80%以上，供水保证率90%以上，水质合格率显著提高。

2. 科学谋划项目。各级政府要组织开展农村饮水现状和需求调研，认真做好项目谋划和储备，大力推进城乡供水一体化、区域供水规模化、工程建管专业化。城乡供水一体化即利用城市供水管网向周边农村延伸供水，实现城乡供水同网同质；区域供水规模化即打破行政区划界限，重点发展集中连片规模化供水工程；工程建管专业化即规模化集中式供水工程由专业化机构（公司）承担建设和运营管理。规划的项目，要按照水源可靠、布局合理、符合规范的要求开展勘测、设计工作，做好水源矛盾纠纷、工程占（用）地等协调工作。因矛盾协调工作不到位的项目，一律不列入年度投资计划。

3. 严格建设程序。各级各部门要进一步简化审批事项、杜绝重复审批，加快各项评审、审批工作。下达的计划和批复的设计不得随意变更，确需调整的要严格按规定程序办理。项目建设过程中要严格落实项目法人制、招标投标制、工程监理制、合同管理制、项目公示制。供水规模为200吨/日及以上或供水人口达2000人及以上工程（以下简称“规模以上工程”）按照“先建机制，后建工程”的指导思想组建项目管理单位，落实项目法人；严格招投标制度，设备（含管材、下同）和土建安装工程实行公开招投标，择优选定供货和施工单位；委托有资质的监理单位对项目开展建设监理，监理单位应认真履行监理职责、监理人员持证上岗并到岗到位；落实合同管理制，设计、监理、施工等都应依法签订合同，并严格执行。规模以下工程可在制定完善的管理办法、确保工程质量的前提下，采用村民自建、自管的方式建设。项目应通过媒体向社会公示，并在项目点设立农村饮水安全工程标志牌。

4. 加强质量管理。严格落实工程质量终身责任制和质量监管责任。项目法人对工程质量负总责，其它各参建单位各负其责，严格执行村镇供水工程技术规范有关要求。加强施工过程的质量控制，加强水源工程、水质净化和消毒设施设备、管网工程等重点环节的质量管理，把好建筑材料、构配件、设备等准入关，杜绝不合格产品进入建设现场。认真做好施工质量检测和施工质量评定工作，切实落实施工过程的质量验收工作。加强质量监督，加大质量责任追究力度，从严查处质量违规违法行为，确保工程质量。

三、健全管护机制

1. 落实管护主体。各县区要进一步建立完善农村饮水工程建设管理机构，负责县域内农村饮水工程的管理与监督，并充实管理人员，加强服务与指导。以国家投资为主兴建的农村饮水安全工程，可由县城公共供水公司或区域规模化供水企业或新组建国有独资管理公司为管护主体，统一负责运行管护。规模以上工程允许所有权和经营权分离，推行企业化经营和专业化管理；规模以下工程可由受益村民委员会负责管理。建立基层技术维修队伍，落实工程技术维修服务人员，设立服务电话，提供技术和维修服务。供水单位要建立各类规章制度，加强工程运行管护，确保供水质量达标，主动接受相关部门的检查和用户的监督。

2. 建立供水价格机制。农村饮水工程价格实行统一政策，分级管理，按照“补偿成本、合理收益、节约用水、公平负担”的原则核定水价。供水价格由供水成本、费用、税金和利润组成，其中利润按不得超过净资产的6%核实。供水价格按供水用途分居民生活用水价格和非居民生活用水价格，其比价系数按1：1.2确定。居民生生活用水水费实行包干水费和超量收费结合的水费制度。供水单位应统一为用户安装计量水表，水表及材料费由用户负责，实行按年、季或月抄表收费。

3. 加强水质保障工作。落实工程建设、水源保护、水质检（监）测“三同时”制度，进一步加大农村饮用水水源地保护和水质检（监）测力度。划定水源地保护区和工程管护范围，设立保护标志牌，建立水源巡视制度，加强水源地保护。落实净化消毒设施的配备并加强维护管理，加大对人员的培训力度，确保工程净化消毒设施正常有效的使用。加强市县水质检测中心建设，建立健全供水单位自检（规模以上工程）、市县级水质检测中心巡检、卫生卫计部门抽检的三级水质检测制度，切实保障饮用水质达标。要完善县级农村饮水和水厂供水应急预案，确保饮水安全。

四、落实保障措施

1. 落实工作责任。各地要建立健全政府“一把手”负总责、分管领导具体负责、部门合力推进的有效机制，明确政府责任人、部门责任人和项目责任人，层层传导压力，严格跟踪问责，切实强化责任制的刚性约束。发改、财政、水利、卫计、环保、公安、教育、国土、农业、林业、住建、电力、税务等部门要各负其职、密切协作，进一步加大工作力度，完善政策支持，加强指导帮扶，强化监督检查，共同做好农村饮水工作。

2. 加大财政投入。各县区要建立县级负责、上级奖补、社会参与的多渠道投入机制，加大财政投入，将每年农村饮水工程建设和运行维修管护费用按照县区财政收入的一定比例纳入年度财政预算。要严格资金监管，实行县级资金报账制，进一步规范资金使用，确保资金安全。

3. 实行目标考核。各级政府要把农村饮水安全目标任务纳入政府任期目标责任考核，纳入全面建成小康社会监测考评指标体系，纳入相关领导干部实绩卡和执行力考核内容，纳入年度政府绩效评估指标并加大分值权重。对目标任务未完成、群众意见大、考核不合格的县区，对主要负责人进行诫勉谈话；对工作不到位、影响农村饮水安全工作的部门单位给予通报批评。各地要制定严格的目标考核和责任追究办法，定期不定期开展督查督办，每年年终对相关部门单位和乡镇政府主要负责人进行考核，并通报考核结果。

（九）永州市全面推行河长制实施方案

（2017年4月26日中共永州市委办公室、永州市人民政府办公室永办〔2017〕11号）

为贯彻落实《中共湖南省委办公厅湖南省人民政府办公厅印发〈关于全面推行河长制的实施意见〉的通知》（湘办〔2017〕13号）精神，加强河库保护管理，推进生态文明，建设品质活力新永州，经市委、市政府同意，决定在全市全面推行河长制，现结合我市实际，制定以下实施方案。

一、总体要求

（一）指导思想

全面贯彻党的十八大和十八届三中、四中、五中、六中全会精神，深入学习贯彻习近平总书记系列重要讲话精神，全面落实市第五次党代会精神，牢固树立五大发展理念，坚持节水优先、空间均衡、系统治理、两手发力，紧紧围绕构筑创新开放新高地、建设品质活力新永州战略部署，以保护水资源、防治水污染、改善水环境、修复水生态为主要任务，在全市河库全面实行河长制，构建责任明晰、协调有序、监管严格、保护有力的河库管理机制，维护河库健康生命，实现河库功能永续利用。

（二）基本原则

1. 坚持生态优先、绿色发展。遵循人与自然和谐发展理念，强化规划约束，科学开发、合理利用、有效保护河库资源，促进河库休养生息、维护河库生态功能。

2. 坚持党政领导、部门联动。建立以党政领导负责制为核心的责任体系，明确各级河长及相关部门职责，整合各方力量，协调推动河库管理保护工作。

3. 坚持属地管理、分级负责。各县区（管理区、经开区）政府对行政区域内所有河库管理保护负主体责任，市政府负责跨区域河流、大型水库监督协调工作，并做好河长制监督、检查、考核工作。

4. 坚持问题导向、因地制宜。立足不同河库实际，统筹区域经济发展要求，因河施策，系统治理，解决好河库管理保护的突出问题，保障治理长远效果。

5. 坚持城乡统筹、水陆共治。加强区域合作，统筹城市与农村发展需求，上下游、左右岸协调推进，水域与岸地共同治理，充分发挥河库综合功能。

6. 坚持强化监督、严格考核。健全河库管理保护的监督考核和责任追究制度，科学规划，严格执法，切实发挥河长制责任落实、协调保护、监管督查作用。

（三）工作目标

1. 总体目标。全市所有河流和大中小型水库实现河长制全覆盖。根据我市河流水系水库及管理体系，建立河库级别和河库所在地相结合的多级河长制；推动各级党委、政府全面履行河库保护管理责任，创新河库管理保护机制；实施山水林田库系统治理，有效修复和恢复河库生态功能；加快实现“河流畅通、水质良好、生物多样、岸线优美”的目标，为建设品质活力新永州提供强劲动力。

2. 具体目标。通过“十三五”时期的努力，实现以下主要目标：

用水总量严格控制。全市用水总量控制在27.7亿立方米以内，单位规模工业增加值用水量降低到70立方米以下，农田灌溉水有效利用系数提高到0.54以上。

水体水质持续保持良好。全市重要江河库水功能区水质达标率达到95%以上，中心城区集中式饮用水源水质保持在III类以上。

水域岸线有效保护。湘江及涔天河、双牌两座大型水库自然岸线保有率不低于90%，县级以上城市达到国家规定的防洪治涝标准，千吨级航道通航里程达到150公里以上。

生态环境明显改善。中心城区建成区黑臭水体控制在10%以内，全市森林覆盖率稳定在65%以上，湿地保护率稳定在72%以上，水生生物重要栖息地、洄游通道保护率达70%，渔业资源得到有效保护，河道管理范围内“乱占乱建、乱围乱堵、乱采乱挖、乱倒乱排”现象得到有效遏制。

管理制度逐步完善。建立涵盖基础信息、实时水量水质数据等在内的河库管理信息平台，河库管理与保护联合执法机制逐步形成。

二、主要任务

（一）加强水资源保护

1. 控制用水总量。健全流域取用水总量控制指标体系，加强国民经济和社会发展总体规划、城市总体规划和重大建设项目布局的水资源论证工作，严格建设项目水资源论证，对取用水总量接近控制指标的县区，限制审批建设项目新增取水许可；已达到或超过控制指标的县区，暂停审批建设项目新增取水许可。严格控制开采深层承压水，地热水、矿泉水开发应严格实行取水许可和采矿许可。2020年，全市用水总量控制在27.7亿立方米以内。（市水利局牵头，市发改委、市国土资源局、市经信委、市住建局、市城管执法局参与，县区（管理区、经开区）、乡镇人民政府负责落实。以下均需县区（管理区、经开区）、乡镇人民政府落实，不再列出）

2. 提高用水效率。严格采用用水定额核定取用水量，强化行业和产品用水强度控制。重点对火电、钢铁、石化、化工、印染、造纸、食品等高耗水工业行业进行节水技术改造，开展工业企业节水诊断、水平衡测试和用水效率评估。对使用超过50年和材质落后的城市供水管网进行更新改造。到2020年，全市公共供水管网漏损率控制在10%以内。加强农田水利建设和现代高效节水工程设施建设，到2020年，基本完成大型灌区、重点中型灌区续建配套和节水灌溉建设任务，新增农田有效灌溉面积56万亩，发展高效节水灌溉面积11万亩。（市水利局、市发改委、市经信委、市财政局、市农委、市国土局、市城管执法局牵头）

3. 加强水源保护。加强入河排污口监管，对违法排污行为开展专项整治，关闭设置不合理的排污口；对排污量超出水功能区限制排污总量的地区，限制审批新增入河排污口。开展饮用水水源地安全保障达标建设，依法拆除或关闭饮用水水源一级、与供水设施无关的建设项目和二级保护区内排污口。推进农村集中式饮用水水源保护区划定和调整，加快推进农村饮水安全巩固提升工程建设，市级重要饮用水水源地按季度向社会公开城市饮水安全状况信息。（市水利局、市环保局牵头，市住建局、市城管执法局、市卫计委等参与）

4. 提高供水保障。加强重点水源工程建设，在全面强化节水、增效、治污、控需的前提下，充分挖掘现有水库工程供水潜力，加快推进涔天河水库扩建工程、涔天河灌区工程、毛俊水库和芦江水库等一批大中型骨干水源建设，完善水源骨干网点工程布局，合理配置水资源。结合城乡供水及农田灌溉，提高区域水资源水环境承载能力。加快城市应急备用水源建设，2020年底前，建成中心城区应急备用水源建设，增强城乡用水保障和应急能力。（市水利局牵头，市发改委、市环保局、市住建局、市城管执法局等参与）

（二）加强河库管理保护

5. 加强河库综合整治。加快全市防洪排涝体系建设和综合整治，大力开展河道疏浚、清障和护岸工程建设，提高防洪通航能力，中心城区防洪标准提高到50年（含）一遇以上，县级城市防洪标准提高到20年（含）一遇以上，农村重要保护区域防洪标准提高到10年（含）一遇以上。结合城市总体规划，中心城区沿江两岸逐步建设沿河生态景观带，增强水体流动性，提高水环境承载能力，构建良好的水生态系统。新建1000吨级以上航道150公里，禁止在航道内乱采乱挖，确保航道畅通。（市水利局、市交通运输局牵头，市发改委、市国土资源局、市城管执法局、市农委、市财政局、市住建局等参与）

6. 加强河库岸线管理。建立河库自然资源资产产权制度，开展水域、滩涂、岸线等自然生态空间确权登记，2017年底前完成湘江干流永州段及全市大中型水利工程管理与保护范围划定调查工作，2020底前基本完成湘江永州段一级支流的保护范围划界调查工作，按照轻重缓急、先易后难的原则有序推进划界确权工作。根据河库功能定位，充分考虑地区水资源条件、环境承载能力、防洪安全和生态要求，科学确定岸线保护区、保留区、控制利用区和开发利用区。到2020年，湘江永州段一级支流自然岸线保有率不低于90%。建立健全河库规划治导线制度，保障防洪安全。（市水利局、市国土资源局牵头，市发改委、市交通运输局、市农委、市林业局、市住建局、市城管执法局等参与）

7. 加强河库水域管理。按照保护生态、管控结合、等效替代的原则，建立完善建设项目占用水域补偿制度。严格禁止建设项目非法占用水域，防止减少现有河库水域面积。加强涉河建设项目管理，严格履行报批程序和行政许可，建立涉河建设项目行政许可信息通报和公告制度。（市水利局牵头，市发改委、市国土资源局、市住建局、市交通运输局、市农委等参与）

8. 规范河道采砂管理。严格执行河道采砂规划，按照“去产能、控产量、严监管”的原则，健全“政府主导、水利主管、部门配合”的监管体系，严厉打击各类涉砂违法行为。大力开展河道清障，到2020年，完成城区、重要交通干线沿线等重点河段采砂尾堆清理。（市水利局牵头，市财政局、市国土资源局、市交通运输局等参与）

（三）加强水污染防治

9. 加强工业污染防治。对造纸、氮肥、有色金属、印染、农副食品加工、原料药制造、制革、农药等重点行业进行专项治理，全面禁止新设不符合国家产业政策的小型造纸、制革、印染、染料、农药等严重污染水环境的工业企业。2017年底前，工业集聚区要按规定建成污水集中处理设施，并安装自动在线监控装置，污水经预处理达标后方可进入污水集中处理设施；逾期未完成的，一律暂停审批和核准新增水污染物排放的建设项目。（市环保局牵头，市发改委、市经信委等参与）

10. 加强城镇生活污染防治。持续推进城镇污水处理设施建设与改造，2017年底前，县以上城镇污水处理率达到95%以上。加强现有城镇生活污水处理厂运营维护与管理，保障污水处理厂持续运行和稳定达标，加快建设再生水利用设施，到2020年，污水再生利用率达到15%以上。全面加强污水处理配套管网建设，加快实施雨污分流改造，难以改造的，应采取截流、调蓄和治理等措施，新建污水处理设施的配套管网要同步设计、同步建设、同步投运，全市所有县区和重点镇具备污水全收集、全处理能力。推进污水处理设施产生污泥的稳定化、无害化和资源化处理处置，全面完成污泥处理设施的达标改造，2020年底前，中心城区污泥无害化处理处置率达到100%。实行城乡环卫一体化，建设覆盖城乡的垃圾收转运体系和垃圾分类收集系统，到2020年，生活垃圾资源化利用率达到35%以上，90%以上的县区建成覆盖城乡的垃圾收转运体系。大力推进垃圾焚烧发电，稳妥推进其他处理方式，实现生活垃圾的减量化、资源化。（市城管执法局牵头，市住建局、市发改委、市财政局、市卫计委、市环保局、市农委等参与）

11. 加强农业农村污染防治。制定实施农业面源污染综合防治方案，开展农作物病虫害绿色防控和统防统治，实行测土配方施肥，完善高标准农田建设标准规范，到2020年，主要农作物测土配方施肥技术推广覆盖率达到90%以上，农作物病虫害统防统治覆盖率达到40%以上。科学划定禽畜养殖禁养区、限养区、适养区。依法关闭或搬迁禁养区内的畜禽养殖场（小区）和养殖专业户，适养区新建、改建、扩建规模化畜禽养殖场实施雨污分流和标准化改造，2020年底前，基本完成适养区内存栏生猪500头以上规模养殖场的标准化改造，基本实现养殖粪便污水和病死禽畜等有机废弃物的资源化利用。制定重点河库和水域水产养殖规划，对不符合养殖规划的网箱养殖开展专项整治和清理。整县推进农村饮用水水源地保护、生活污水处理、垃圾处置、畜禽养殖污染整治和农村面源污染防治，提高农村生态文明建设水平。（市农委、市畜牧水产局牵头，市发改委、市环保局、市城管执法局、市国土资源局、市水利局、市林业局等参与）

12. 加强交通运输污染防治。2017年底前，全市所有高速公路服务区建成污水收集处理设施并稳定达标排放。编制实施全市码头、装卸站污染防治方案，加快码头垃圾接收、转运及处理处置设施建设，位于内河的码头、装卸站及船舶修造厂于2020年底前达到建设要求。严格执行船舶污染物排放标准，依法强制报废超过使用年限的船舶，限期淘汰不能达到污染物排放标准的船舶，严禁新建不达标船舶进入运输市场。自2017年1月1日起，禁止生活污水排放达不到要求的内河运输船舶以及单壳化学品船、600载重吨以上的单壳油船进入湘江永州段水域航行，停止此类船舶的检验和营运手续。（市

交通运输局牵头，市经信委、市环保局、市城管执法局等参与）

（四）加强水环境治理

13. 加强不达标水体污染整治。根据《永州水功能区划》，对水功能区水环境质量监测长期不达标的区域开展综合治理。到2018年底前，基本完成湘江永州段等污染较重流域河段污染整治。（市环保局牵头，市发改委、市城管执法局、市水利局、市农委等参与）

14. 加强城市黑臭水体整治。中心城区建成区要根据水体排查结果，及时公布黑臭水体名称、责任人及达标期限。采取控源截污、垃圾清理、清淤疏浚、河库连通、生态修复等措施，加大黑臭水体治理力度，每半年向社会公布治理情况。到2020年底前，各县区要完成黑臭水体治理目标。（市城管执法局牵头，市环保局、市水利局、市农委等参与）

15. 加强河道保洁。加快建立“政府主导、部门协作、公众参与”的河道保洁工作机制，按照“控源头、清河道、重监管”的要求，全面清除河道内堆积的废弃物，逐步清理河道管理范围内的违章建筑，落实河库清障、绿化和保洁等日常管护工作。到2017年底前，确保县级以上城区段河面垃圾有专人清理，实现城区河段水面无大面积漂浮物，河岸无垃圾的目标。（市水利局牵头，市城管执法局、市交通运输局等参与）

16. 加强地下水保护与治理。依法规范机井建设管理，排查登记已建机井，未经批准的和公共供水管网覆盖范围内的自备水井一律关闭。定期调查评估集中式地下水型饮用水水源补给区等区域环境状况。工业园区、矿山开采区、垃圾填埋场等区域应进行必要的防渗处理。（市环保局牵头，市水利局、市发改委、市国土资源局、市城管执法局、市农委等参与）

（五）加强水生态修复

17. 加强流域源头保护。健全河库源头保护机制，建立生态红线分区域分级分类管理制度，加强水土流失预防监督和综合治理，因地制宜推进小流域综合治理等生态保护工程，完善对重点生态功能区保护的政策措施，加强森林资源保护，认真落实森林禁伐措施，加强林地资源保护，严格林地用途管制，确保湘江永州段水质不下降。通过实施生态保护、生态修复、渔业人工增殖放流、污染防治等项目，实现湘江永州段水质达到III类水质以上。（市环保局、市水利局牵头，市发改委、市林业局、市财政局、市国土资源局、市农委、市畜牧水产局等参与）

18. 加强水量调度管理。优化流域和区域水资源调度方案、应急调度预案，确定湘江干流永州段和主要支流控制断面的最小流量，采取闸坝联合调度、生态补水等措施，合理安排闸坝下泄水量和泄流时段，维持河库基本生态用水需求，重点保障枯水期生态基流。加大水利工程建设力度，发挥好控制性水利工程在改善水质中的作用。（市水利局牵头，市环保局、市农委等参与）

19. 加强河库水系连通。以湘江永州段为重点，着力解决水系复杂、河库萎缩、蓄滞洪水能力降低等问题，逐步构建流域布局合理、生态良好、引排得当、蓄泄兼筹、丰枯调剂、多源互补、调控自如的河库水系连通体系。加强水生生物重要栖息地、洄游通道保护，水生生物重要栖息地、洄游通道保护率达70%。（市水利局牵头，市发改委、市住建局、市农委、市畜牧水产局等参与）

20. 加强森林湿地保护。以国家级、省级重点生态功能区为重点，大力开展植树造林，实施退耕还林还湿、封山育林、水土保持、矿山植被修复等生态工程，不断扩大森林面积，提高水源涵养能力。开展湿地保护与修复，编制我市湿地保护相关文件并组织实施，划定湿地保护红线，加强湿地保护修复，禁止湿地无序开发，确保全市68.8万亩湿地面积不减少。通过建设湿地公园、湿地类型自然保护区、湿地保护小区等形式，完善全市湿地保护体系。重点加强河道两岸造林绿化和河道型湿地建设，大力推进永州水生态文明建设。到2020年，全市森林覆盖率稳定在65%以上，湿地保护率稳定在72%以上。依托自然保护区、森林公园、湿地公园、水利风景区等开展国家公园试点。（市林业局牵头，市发改委、市环保局、市财政局、市国土资源局、市住建局、市水利局、市农委等参与）

（六）加强执法监管

21. 完善河库管理制度体系。建立领导干部自然资源资产离任审计制度，把河库保护管理工作作为对领导干部自然资源资产离任审计的主要内容之一。落实《党政领导干部生态环境损害责任追究办法（试行）》（湘办发〔2016〕31号），强化党政领导干部河库生态环境保护职责。探索建立与生态文明建设相适应的河库健康评价体系，开展河库健康评估，条件成熟后发布河库健康公报。建立网格化、全方位河库水域岸线巡查检查制度和违法行为报告制度，强化日常监督和考核问责。完善河库及堤防管理养护制度，明确河库管理责任和管理主体，积极推行管养分离和政府购买服务方式，实现河库养护专业化、社会化。落实河道管理、河道采砂、库泊保护等法规规章。（市水利局牵头，市环保局、市发改委、市财政局、市国土资源局、市住建局、市农委、市审计局等参与）

22. 加强日常行政监管执法。强化行政监管与执法，市、县区建立水利行政部门牵头、相关部门共同负责的河库保护管理联合执法机制。有条件的县区可以探索综合执法试点，统筹水利、环保、农业、林业、国土资源、交通运输、城管等部门涉及河库保护管理的行政执法职能，成立综合执法队伍。开展河库“乱占乱建、乱围乱堵、乱采乱挖、乱倒乱排”突出问题专项整治，健全行政执法与刑事司法衔接配合机制，严厉打击非法侵占水城岸线、擅自取水排污、非法采砂、非法采矿洗矿、倾倒废弃物以及电、毒、炸鱼等破坏河库生态环境的违法犯罪行为。落实河库管理执法监管责任主体、人员、经费和设备，完善监督考核机制，加强河库水域巡查保洁及堤防工程建设和监管。（市水利局牵头，市公安局、市国土资源局、市环保局、市城管执法局、市交通运输局、市农委、市林业局、市畜牧水产局等参与）

23. 提升动态监测监管水平。建设全市河库管理地理信息系统平台，加强河库水域环境动态监管，湘江干流永州段及主要支流要逐步建立监控系统，实现基础数据、涉河工程、水域岸线管理及水位、水量、水质监测等信息化、系统化。加强河库水域环境动态监管，及时制止河道管理范围内的违法行为。建立实时、公开、高效的河长即时通信平台，将日常巡查、问题督办、情况通报、责任落实等纳入信息化、一体化管理，提高工作效能，接受社会监督。（市水利局牵头，市国土资源局、市环保局、市城管执法局、市交通运输局、市农委、市卫计委等参与）

三、责任分工

（一）组织领导

成立永州市河长制工作委员会（简称“委员会”），委员会由河长、副河长和委员组成，在市委、市人民政府领导下开展工作。由市委书记任第一河长，市委副书记、市人民政府市长任河长，市委常委、市人民政府常务副市长以及市政府分管水利工作的副市长任副河长；市委常委、市人民政府常务副市长担任湘江（萍岛以下）干流永州段及一级支流河长，市政府分管水利工作的副市长担任湘江东源（蓝山紫良乡野狗岭至萍岛）、湘江西源（东安紫溪镇庙头至萍岛）河长。委员会成员由市委组织部、市委宣传部、市编办、市发改委、市经信委、市水利局、市政府法制办、市科技局、市教育局、市公安局、市财政局、市人社局、市国土资源局、市环保局、市住建局、市城管执法局、市交通运输局、市农委、市林业局、市卫计委、市审计局、市工商局、市畜牧水产局等单位主要负责人和各县区、管理区、经开区政府主要负责人组成。委员会办公室（简称河长办）设在市水利局，办公室主任由市水利局主要负责人兼任。

各县区、管理区、经开区设置相应河长制工作委员会和河长制办公室，由党委、政府主要领导分别担任该辖区内第一河长、河长。

（二）工作职责

1. 委员会职责。研究制定相关制度和办法，批准年度工作计划，组织协调相关综合规划和专业规划的制定与实施，协调处理部门之间、区域之间的重大争议，组织开展综合考核工作，统筹协调其他重大事项。

2. 河长职责。第一河长、河长负责领导本行政区域内河长制工作，分别承担总督导、总调度和直接领导河长制办公室职责。各级河长是所辖河库保护管理的直接责任人。

河长负责组织领导相应河库的管理和保护工作，包括水资源保护、水域岸线管理、水污染防治、水环境治理和渔政管理等；牵头组织对侵占河道、超标排污、非法采砂等突出问题进行清理整治，协调解决重大问题；对相关部门和下一级河长履职情况进行督导，对目标任务完成情况进行考核。

市、县区级第一河长、河长负责牵头推进河库突出问题整治、水污染综合防治、河库巡查保洁、渔政管理、河库生态修复、河道采砂整治和河库保护管理，协调解决实际问题，检查督导下级河长和相关部门履行职责。

乡镇河长负责本乡镇范围内河库管理工作，制定落实辖区内河库管理策略和方案，组织开展河库整治工作，按照属地管理原则配合执法部门打击涉水违法行为，处理结果及时反馈至县区（管理区、经开区）河长制办公室。

村级河长负责本村范围内河库管理日常宣传工作，组织开展河库巡查，及时发现问题并上报到乡镇（街道）河长制办公室。

3. 河长办职责。承担河长制组织实施具体工作，起草相关工作规则和制度，落实委员会和河长确定的事项，主要职责为组织协调、调度督导、检查考核。

4. 委员会成员单位职责。

市委组织部：负责指导河长制办公室对县区（管理区、经开区）河长制成员及成员单位责任人的考核并对考核进行结果运用。

市委宣传部：负责组织河库保护管理的宣传教育、典型推介和舆论引导工作。

市编办：负责河长制有关机构设置和职能调整工作。

市发改委：研究制定河库保护产业布局和重大政策，统筹河库管理规划，协调推进河库保护有关重点项目，开展重点整治行动的综合协调等。

市经信委：负责推进工业企业落后产能淘汰和工业节水，协调与河库保护管理有关新型工业化问题。

市水利局：负责开展水资源开发利用、节约、保护，水量调度，水量、水质监测工作，推进节水型社会和水生态文明建设。组织水域岸线保护和管理、河库划界确权、河道采砂管理、水土流失治理等工作，依法查处水事违法违规行为。负责河长制办公室的日常工作。

市政府法制办：负责对河库保护管理有关规范性文件和地方性规章制度的合法性审查。

市科技局：负责组织开展节约用水、水资源保护、河库环境治理、水生态修复等技术示范和技术推广。

市教育局：负责指导和组织开展中小学生河库保护管理教育活动。

市公安局：负责依法打击破坏河库环境、影响社会公共安全的违法犯罪行为。

市财政局：负责落实市级河长制专项经费，协调、整合河库保护管理所需资金，监督资金使用。

市人社局：负责将河长制实施工作纳入政府绩效评估范围，并落实奖惩措施。

市国土资源局：负责矿产资源开发整治过程中环境保护工作，负责协调河库治理项目用地保障、河库及水利工程管理范围和保护范围确权划界。加强流域内自然地质灾害的防治。

市环保局：负责水污染防治的统一监督指导，严格实施污染物排放标准，开展入河污染源的调查执法和达标排放监管。开展水环境质量评估，落实行政区域交接断面交接责任和补偿机制。

市住建局：负责城乡建成区范围内由建设系统管理的水域环境治理工作。

市城管执法局：负责推进城镇污水、垃圾处理等基础设施的建设和监管，整治城区乱倒建筑垃圾和渣土工作，推进城镇污水管网建设。组织推进城镇减排实施。

市交通运输局：负责组织航道整治及疏浚、水上运输及港口码头污染防治，实施航道治理，改善通航条件，保障航道通畅，加强水上交通安全监管。

市农委：负责监管农业面源防治，推进农业废弃物综合利用，发展节水农业。

市林业局：负责推进生态公益林建设，协调推进河库沿岸绿化和湿地修复工作。

市审计局：负责水域、岸线、滩涂等自然资源资产离任审计。

市卫计委：负责集中式供水单位卫生监督检查，集中式供水和二次供水的饮用水卫生监督监测，饮水安全的卫生疾病预防控制工作。

市工商局：负责查处职责范围内的无照经营行为，在登记工作中严格审查前置许可证件，对国家规定关停、取缔的企业和项目，依法吊销营业执照或办理变更登记。

市畜牧水产局：负责畜禽水产养殖污染防治和人工增殖放流工作，依法依规查处破坏渔业资源的行为。

市直各成员单位要按照职责分工，协同推进各项工作。各县区（管理区、经开区）政府要根据实际情况，进一步明确当地有关部门的工作职责，结合省市《方案》在2017年5月中旬前制定出台本地落实河长制的实施方案并认真抓好落实。

四、工作措施

（一）强化领导，建立机制。各级党委和政府要把实施河长制作为推动生态文明建设的重要举措，切实加强组织领导，成立相应的管理机构，建立市县乡村四级河长制，结合各地实际情况，制定本区域实施河长制工作方案。要建立河长制会议制度，河长要定期和不定期牵头召集成员单位，研究实施河长制有关工作方案、推进措施和需要协调解决的重点难点问题。建立河长制工作督办制度，开展日常督办、专项督办和重点督办，确保工作落实。（市河长办牵头，相关成员单位参与）

（二）严格考核，问责兑现。各行政区域建立河长制工作考核奖罚制度，以水质水量监测、水域岸线管理、河库生态环境保护等为主要考核指标，考核结果纳入市委、市政府综合考核及对县区（管理区、经开区）党委、政府绩效评估范围，作为地方党政领导干部综合考核评价、领导干部自然资源离任审计和生态环境损害责任追究的重要依据。考核结果靠前的，市委、市政府通报表扬并给予适当经济奖励，具体考核办法由市河长办牵头制定并负责组织实施。（市河长办牵头，市委组织部、市人社局、市发改委、市财政局、市审计局、市环保局、市水利局等参与）

（三）加大投入，落实资金。各级人民政府要把水环境治理作为公共财政支出的重点，统筹安排相关专项资金，加大城乡水环境整治、水污染治理、生态保护修复和人工增殖放流等项目资金投入，足额保障水质水量监测、河库巡查保洁等日常管养经费需要，重点保障规划编制、信息平台建设、河库划界确权、突出问题整治及技术服务等。河长制专项经费纳入财政年度预算。积极利用PPP、PSL等模式推进河库环境治理与保护，制定出台社会资本参与河库治理、日常管护等工作的管理办法。各县区、管理区、经开区要建立相应的资金投入保障机制。（市财政局牵头，市国土资源局、市环保局、市住建局、市水利局、市畜牧水产局等参与）

（四）加强宣传，营造氛围。各地各部门要加强河库保护宣传，在河库显要位置设置警示标志，设立河长公示牌，公布河段范围、姓名职务、职责和联系方式，接受群众监督和举报，有效发挥媒体舆论的引导和监督作用。各地要积极开展中小学生河库保护管理教育活动，宣传部门每年应定期或不定期围绕河库生态环境保护开展集中宣传活动，进一步增强社会各界河库管理和保护责任意识，积极营造社会各界和人民群众共同关心、支持、参与和监督河库保护管理的良好氛围。（市委宣传部牵头，市水利局、市教育局、相关新闻媒体单位等参与）中共永州市委办公室

（十）永州市水利局机关各内设机构及直属事业单位主要职责规定

（2020年2月20日永州市水利局永水发〔2020〕1号）

一、办公室（信访办公室）主要职责

1. 负责综合协调局机关政务、业务等有关工作，组织协调局机关日常运转工作。

2. 组织机关内部管理制度化建设，负责机关大院、办公楼的管理等后勤保障工作。

3. 负责局机关公文处理、督办督查、政务信息、政务公开、档案工作，承担保密、机要、密码、

史志编纂、国家人民安全防线、印章管理等工作，并指导水利系统相关工作。

4. 负责局机关行政会议计划管理工作，负责局召开的综合性的全市性会议、局务会议等重要会议的组织工作

5. 组织局宣传、新闻发布和舆情监测工作，协调舆情处置工作，指导水利系统宣传、水情教育工作。

6. 负责局政务信息化规划的管理工作，组织开展局网站及政务内网的建设、运行管理和内容保障工作。

7. 负责草拟局综合性重要政务文稿。

8. 组织局重要接待工作。

9. 组织协调人大建议和政协提案的办理工作。

10. 负责局信访工作。

11. 负责局值班工作。

12. 承办局领导交办的其他事项。

二、规划计划与财务科教科（扶贫工作办公室）主要职责

1. 组织编制全市水利发展战略规划、中长期改革发展规划、重大水利综合规划、专业规划、专项规划。

2. 组织审核全市重点水利建设项目的项目建议书、可行性研究报告和初步设计。组织指导重点水利基础设施项目前期工作。

3. 组织指导城市总体规划和重大水利建设项目等有关防洪论证工作。指导水工程建设项目合规性审查工作。

4. 组织实施市级水利工程投资计划，统筹协调项目实施的监督管理。负责提出全市水利建设投资年度建议计划，负责指导全市水利建设投资计划执行。

5. 负责水利科技工作。组织实施全市水利科学技术发展规划，指导和监督实施水利行业地方技术标准和规程规范，组织重大水利科技问题研究，开展科技奖励、技术引进和科技推广及科普工作。

6. 负责全市水利改革统筹协调工作，组织开展水利改革重大专题（课题）研究。

7. 指导水利建设项目后评估工作。负责水利统计、水利普查等工作。

8. 负责编制部门预算并组织实施，承担局财务管理工作和资产管理、内部审计工作。负责指导监督所属单位的财务管理和会计核算。

9. 参与组织提出市级水利财政资金安排建议，并统筹协调项目实施的绩效评价。

10. 负责局行政事业性收费管理工作。提出有关水利价格、税费、基金、信贷的建议。

11. 指导市水利学会工作。

12. 负责水利扶贫工作，组织协调驻村扶贫工作。

13. 承办局领导交办的其他事项。

三、行政审批与安全法制科主要职责

1. 指导全市水利系统依法行政工作、法制宣传教育和普法工作。承办有关法律、法规、规章的征求意见答复工作。

2. 指导水利行业行政许可工作。承办市本级水行政审批事项的综合协调服务和政务中心窗口工作。

3. 组织实施水利工程安全监督。指导水利行业安全生产工作，指导水库、水电站大坝等水利工程的安全监管，组织或参与较大以上生产安全事故的调查处理。

4. 研究拟订全市综合性和重大水利工作的政策措施并监督实施。组织开展水利行业重大综合性课题调研。

5. 组织起草有关规范性文件草案，负责组织局规范性文件的管理和清理工作，承担规范性文件合法性审查。

6. 承办局行政应诉、行政复议和行政赔偿工作。

7. 指导水事纠纷预防调处工作，协调跨县区水事纠纷。

8. 指导全市水政监察和水行政执法，负责水利法律、法规和规章实施情况的监督检查，组织调查重大涉水违法事件。

9. 牵头负责局优化发展环境工作。

10. 指导市水政监察支队工作。

11. 承办局领导交办的其他事项。

四、人事科主要职责

1. 指导水利行业人才队伍建设。

2. 负责局机关及直属单位领导班子建设、管理、监督工作，承担局管干部的日常管理与监督工作。

3. 负责局党组会议的组织工作，督促党组会议研究的重要事项的检查落实。

4. 负责局机关和指导局直属单位机构编制、机构改革、岗位管理、人才引进、招考招录等人事管理工作。指导水利行政管理体制改革工作。

5. 组织实施全市水利水电专业中级技术职务评审工作，负责局专业技术职务和职业技能等级的聘用工作。负责专家工作。

6. 负责局直属单位人事档案管理工作，负责局机关干部职工和局管干部的人事档案管理工作，承担干部人事统计工作。

7. 负责局机关并指导直属单位工资保险工作。负责局干部职工劳动保护、福利、卫生保健、疗养休养工作。负责双拥工作。

8. 归口管理局机关和直属单位干部教育培训工作。组织拟订局系统干部教育培训规划、年度计划并监督实施。

9. 负责局备案人员因私出国（境）证照管理和因私出国（境）审核工作。

10. 组织实施局绩效考核工作，归口管理局年度考核、表彰奖励工作。

11. 组织落实局机关离退休人员的政治待遇和生活待遇。

12. 负责局机关离退休人员日常管理服务和医疗保健工作。

13. 承办局领导交办的其他事项。

五、水资源与水土保持科（市节约用水办公室）主要职责

1. 承担实施最严格水资源管理制度相关工作，牵头负责最严格水资源管理制度考核。

2. 组织实施水资源取水许可、水资源论证等制度，指导开展水资源有偿使用工作。

3. 指导水量分配工作并监督实施，指导河湖生态流量水量管理工作。

4. 组织编制水资源保护规划，指导饮用水水源保护有关工作。

5. 拟订节约用水政策措施，组织编制并协调实施节约用水规划，组织指导计划用水、节约用水工作。

6. 组织实施用水总量控制、用水效率控制、计划用水和定额管理制度。

7. 指导和推动节水型社会建设工作。指导城市污水处理回用等非常规水源开发利用工作。

8. 指导地下水开发利用和地下水资源管理保护。

9. 指导水文工作。

10. 承担市节约用水办公室的日常工作。

11. 组织、协调、指导全市水土保持工作，负责水土流失综合防治、监督管理和监测评价。

12. 负责编制和监督实施全市及重点区域水土保持规划，负责规划实施的考核评估。

13. 组织全市水土流失调查、动态监测、预报并公告。

14. 负责权限内生产建设项目水土保持方案的审批、监督检查及水土保持设施验收备案。

15. 指导全市水土保持重点工程实施和生态清洁小流域建设。

16. 组织推广水土保持科技成果，指导水土保持服务体系建设。负责水土保持补偿费用征收使用制度的实施。

17. 承办局领导交办的其他事项。

六、建设与运行管理监督科主要职责

1. 指导水利工程建设管理，组织制定水利建设管理制度并组织实施。

2. 指导水库、水闸、堤防等水利基础设施建设，指导重要病险水库（水闸）、重要堤防的除险加固，负责初步设计审批。负责编制病险水库、水闸等工程的除险加固专项规划或实施方案。

3. 组织实施水利工程质量监督，组织水利建设质量考核工作，负责水利建设项目法人责任制、建设监理制、招标投标制、合同管理制执行情况的监督管理。组织或参与重大水利质量事故的调查处理。

4. 指导水利工程蓄水安全鉴定和验收工作。

5. 指导水利建设市场监督管理，负责施工、监理、造价、质量检测等水利建设市场主体和人员的资质资格认定相关工作。

6. 组织实施水利建设市场信用体系建设，负责水利建设市场信用信息的规范应用。

7. 指导水利设施的管理、保护和综合利用。组织指导制定水利工程运行管理制度并监督实施。组织指导水利工程管理体制改革工作。

8. 组织水库大坝、水闸注册登记工作，组织指导水库大坝降等报废和水库运行调度规程编制工作。

9. 指导水库、水电站大坝、堤防、水闸等水利工程的运行管理与划界。

10. 组织督促检查水利重大政策、决策部署和重点工作的贯彻落实。

11. 指导市水利工程建设与运行事务中心工作。

12. 承办局领导交办的其他事项。

七、河长制工作与河湖管理科主要职责

1. 落实国家和市委、市政府关于河长制工作的决策部署，拟定市河长制年度重点工作计划及年度考核细则。

2. 负责拟定市河长制工作规章制度，督促落实市级河长和会议决定的事项。

3. 负责组织开展河长制工作督察、督办，组织开展年度工作考核。

4. 负责协调市河长制工作委员成员单位、市级河长责任联系单位开展河长制工作，负责指导地方河长制工作。

5. 承担市河长制工作委员会办公室日常工作。

6. 组织指导河道水域及其岸线的管理、保护和水利风景区建设管理工作。

7. 组织指导河道管理范围划定工作。

8. 指导重要江河湖泊、滩涂、河口的开发、治理和保护。指导河湖水生态保护与修复以及河湖水系连通工作。

9. 指导、监督河道采砂管理工作。负责河道采砂规划的编制，指导河道采砂年度计划编制并监督检查。

10. 指导、监督河道管理范围内建设项目和活动管理有关工作。

11. 负责权限内河道涉河建设项目行政许可，并监督实施。

12. 指导市河湖管理事务中心工作。

13. 承办市级河长和局领导交办的其他事项。

八、农村水利水电科主要职责

1. 指导农村水利和农村水电工作。组织拟订农村水利和农村水电发展规划并监督实施。

2. 负责水能资源开发利用的统一监督管理，组织开展水能资源调查工作，组织拟定农村水能资源开发规划。

3. 负责权限内占用农业灌溉水源、灌排工程设施审批工作。

4. 指导小水电改造、水电农村电气化、农村水电增效扩容改造以及小水电代燃料等工作，指导绿色小水电创建工作。

5. 指导监督水电站生态流量的监测工作。

6. 指导农村水利改革创新。指导农村水利社会化服务体系和基层水利服务体系建设。

7. 指导市农村饮水事务中心工作。

8. 承办局领导交办的其他事项。

九、水库移民科主要职责

1. 指导全市水库移民工作。研究拟订全市水库移民工作规章制度，经批准后监督实施。

2. 指导大中型水库移民安置前期工作，负责权限内大中型水库工程移民安置规划大纲审查和移民安置规划审核工作。

3. 指导大中型水库移民安置实施工作，协调移民安置工作中的重大问题，组织大中型水库移民安置阶段验收和竣工验收工作。组织开展大中型水库移民新增后期扶持人口核定工作。

4. 组织编制大中型水库移民后期扶持规划，负责权限内大中型水库移民后期扶持规划审批工作，指导大中型水库移民后期扶持规划实施工作。

5. 负责全市大中型水库移民资金及项目的管理工作，负责全市水库移民资金内部审计、稽察、绩效评价和移民政策实施情况监测评估工作。

6. 指导水库移民依法行政工作，指导协助水库移民信访维稳工作。

7. 协调处理全市三峡移民工作，协调推动水库移民对口支援工作。

8. 指导市库区移民事务中心工作。

9. 承办局领导交办的其他事项。

十、水旱灾害防御科主要职责

1. 负责协调落实综合防灾减灾规划相关要求，组织指导编制洪旱灾害防治规划、防护标准并组织实施，指导编制抗御干旱灾害预案。

2. 组织协调指导水情旱情信息报送和预警工作，组织指导水库蓄水和干旱影响评估工作。

3. 组织指导编制重要河湖、重要水工程的防御洪水抗御旱灾调度和应急水量调度方案按程序报批后组织实施。承担台风防御期间重要水工程调度工作。

4. 指导重要河湖和重要水工程水旱灾害防御调度演练。

5. 协调指导山洪灾害防御工作，指导全市山洪灾害防治项目建设与管理工作。

6. 组织指导水利行业水旱灾害防御工作的组织发动、检查督查等。组织协调指导防御洪水应急抢险的技术支撑工作。

7. 组织指导水旱灾害防御信息化建设和洪水风险图编制运用工作。负责提出水利工程水毁修复经费的建议。

8. 组织指导重要流域、区域以及重大调水工程的水资源调度工作，并对实施情况进行监督检查。指导监督跨区域跨流域调水工程调度管理工作。

9. 组织协调指导蓄滞洪区安全建设、管理和运用补偿工作以及洪泛区、蓄滞洪区和防洪保护区洪水影响评价工作。

10. 指导全市水旱灾害物资储备与管理工作

11. 指导全市水利信息化建设工作，负责局机关信息化建设工作。

12. 指导市水旱灾害防御事务中心工作。

13. 承办局领导交办的其他工作。

十一、机关党委主要职责

1. 负责局机关及直属单位的党群工作。

2. 承担局党组履行党建主体责任和党风廉政建设主体责任的日常工作。

3. 负责局机关及直属单位党的政治建设、思想建设。宣传党的基本理论、基本路线、基本方略，拟订局党组中心组理论学习计划并组织实施，组织局机关及直属单位党员政治理论学习。协助局党组落实意识形态工作责任制。

4. 负责局机关和局直单位党组织建设，指导党员发展工作，落实党内政治生活制度。

5. 负责机关纪检工作，对党员进行监督、管理、教育，对所属党组织和党员进行监督执纪问责工作。对机关干部的任免、考核、调动和奖惩等提出初步廉政意见和建议。负责联系纪检组。

6. 负责机关工会、共青团、妇委会等群团组织工作，负责统战工作。

7. 负责局机关精神文明建设日常工作，指导水利系统精神文明建设工作。

8. 承办局领导交办的其他事项。

十二、局直属事业单位主要职责

（一）市水旱灾害防御事务中心主要职责

1. 为水旱灾害防治规划、水旱灾害风险图编制和应用、水旱灾害防御应急预案及重要水库水旱灾害防御和应急水量调度方案编制等相关工作提供技术支持和服务保障。

2. 承担重要江河湖泊、重要水工程水旱灾害防御事务性工作；承担重要水库水旱灾害防御和应急水量调度的事务性工作；承担重要流域、区域以及重大调水工程的水资源调度的事务性工作。

3. 参与水旱灾害防御值班、会商，参与提出水旱灾害防御相关经费建议，承担水情旱情综合分析工作，协助开展水旱灾害防御预警工作。

4. 承担防御洪水应急抢险、防汛抗旱的技术支撑工作。承担山洪灾害日常防治事务性工作。

5. 开展水旱灾害防御基础技术研究及相关项目建设，协助推广水旱灾害防御新技术、新措施和先进经验。

6. 负责全市水利信息化基础设施、数据资源和应用平台的建设、运行维护和安全保障等工作，为水利信息化建设提供技术和服务保障。

7. 承担水旱灾害防御物资储备和管理。

8. 参与拟订全市水利经济发展规划和年度计划；负责全市水利经济的指导服务等工作。

9. 承办市水利局交办的其他工作。

（二）市河湖管理事务中心主要职责

1. 承担河长制工作与河湖管理事务性工作；

2. 宣传执行有关河道管理法律法规和方针政策；

3. 协助审查河湖范围内工程建设项目防洪影响评价报告，承担市本级河湖防洪工程的建设维护等事务性工作；

4. 协助水资源事务性工作；

5. 承办市水利局交办的其他事项。

（三）市农村饮水事务中心主要职责

1. 承担全市节水灌溉、农村饮水事务性工作；

2. 承担大中型灌排工程建设与管理事务性工作，组织开展大中型灌区和大中型灌排泵站工程建设与改造。

3. 承担农村饮水工程建设与管理事务性工作，组织开展农村饮水安全巩固提升工程。

4. 承担农业水价综合改革事务性工作。

5. 承办市水利局交办的其他事项。

（四）市水利工程建设与运行事务中心主要职责

1. 承担全市水利工程建设和运行管理事务性工作；

2. 承担全市水利工程质量监督检查等事务性工作；

3. 协助水能资源管理等事务性工作，为地方中小水电站更新与技术改革提供服务；

4. 协助全市水土保持监测和水土流失动态监测等事务性工作；
5. 承办市水利局交办的其他事项。
（五）市水政监察支队主要职责
1. 承担全市水政监察和水行政执法工作；
2. 对水事活动进行监督检查，对水事违法行为依法依规实施行政处罚或采取其他行政措施，维护正常的水事秩序；
3. 负责依法查处权属范围内的破坏河道、水库、水资源、水土保持、农村饮水、灌溉、节水、堤防、排灌站、水文和水旱灾害防御等水利设施的违法行为；
4. 指导监督协调县区河道清障和打击非法采砂工作；
5. 负责调处水事纠纷；
6. 指导、协调和监督县级水行政执法、水政监察工作；
7. 负责组织全市水政监察执法队伍的业务培训；
8. 承办市水利局交办的其他事项。

（十一）节约保护水资源　建设美好新家园

永州市人民政府市长　魏旋君

（《永州日报》2013 年 3 月 22 日刊发）

编者按：今年 3 月 22 日是第二十一届“世界水日”，3 月 22—28 日是第二十六届“中国水周”。联合国确定“世界水日”的宣传主题是“水合作”，我国纪念“世界水日”和开展“中国水周”活动的主题是“节约保护水资源，大力建设生态文明”。目前水资源问题已成为全社会普遍关注的问题，大家要从点滴做起，从今天做起，切实保护水资源，保护大自然，建设美丽永州。

水是生命之源、生产之要、生态之基。2011 年，中央 1 号文件把水利提升到关系经济安全、生态安全、国家安全的战略地位。党的十八大明确提出，通过加强水源地保护和用水总量管理，推进水循环利用，全面促进资源节约；通过推进水土流失综合治理，加快水利建设，增强城乡防洪抗旱排涝能力，加大自然生态系统和环境保护力度；通过完善最严格的水资源管理制度，深化资源性产品价格和税费改革，加强生态文明制度建设。省委、省政府提出要将湘江打造成“东方莱茵河”，以湘江流域治理作为“两型社会”建设的突破口，把湘江沿岸建成生态经济带和秀美风光带。我们一定要认真落实中央和省里的决策部署，进一步加强水资源的节约和保护，为生态文明建设提供强有力支撑。

节约保护水资源，必须严格制度管理。要紧紧围绕生态文明建设战略部署，以落实最严格的水资源管理制度为切入点，科学确定水资源开发利用控制、用水效率控制、水功能区限制纳污“三条红线”，建立健全水资源管理责任和考核制度，从源头上管理水环境。要严格控制用水总量，进一步落实水资源论证、取水许可监督、水资源有偿使用等管理措施，制定主要河流水量分配方案，维持河流生态流量和水库、地下水合理水位，保障生态用水基本需求。要努力提高用水效率，抓好用水定额管理和用水计划管理，实施重点用水监控。要合理核定水域纳污容量，加强重要饮用水源地管理保护，完成重要饮用水源地确界立碑工作，建立水功能区水质达标评价体系，确保饮水安全。

节约保护水资源，必须强化综合治理。要突出加强以小流域为单元水土流失综合治理，实施坡耕地、崩岗、石漠化等重点治理项目，实施地下水保护工程。要在全市范围内开展高标准节水示范工程、节水型社会、重点饮用水源地保护工程等建设。要依法强化预防保护和监督检查，有效防止人为水土流失，实施清洁小流域工程，开展农村水环境综合整治，改善农村人居环境。要大力推进重点流域和区域水生态修复，积极开展水生态文明城市建设、农村水系和河塘清淤整治，给子孙后代留下山青、水净、河畅、岸绿的美好家园。

节约保护水资源，必须发展民生水利。要着力提高防汛抗灾能力，全面完成纳入国家规划的中小河流治理项目和县城城市防洪工程，在山洪灾害重点防治区建成以监测、通信、预报和预警等非工程措施为主的山洪灾害预警系统，建成山洪易发区防灾避险体系，形成覆盖全市的洪旱灾害信息监测体系、洪水预报调度系统和防汛抗旱指挥决策系统。要着力改善水利条件，建立健全稳定增长的水利投入机制，规划建设10个大中型水源工程，完成1074座病险水库和32座水闸除险加固，解决180万农村人口饮水不安全问题，实施好大中型灌区续建配套与节水改造、大中型排灌泵站更新改造工程，抓好全国小农水重点县、沟渠疏浚和山塘清淤扩容等水利建设，切实改善群众生产生活条件。

节约保护水资源，必须完善体制机制。深化水资源管理体制改革，在建立事权清晰、分工明确、运转协调的水资源管理机制上取得新突破；深化水利投融资体制改革，在建立健全政府主导、金融支持、社会广泛参与的水利投入稳定增长机制上取得新突破；深化水利工程建设和管理体制改革，推进县区水利工程建设与管理中心建设，进一步完善项目法人制、建设监理制、招标投标制、合同管理制，突出抓好水利工程建设质量监管，在建立健全市场信用体系、质量监管体系、工程安全运行保障体系上取得新突破；深化基层水利服务体系改革，全面落实乡镇水利站机构编制、人员和经费，积极推进农民用水户协会组织建设等基层水利服务体系上取得新突破。

节约水资源是我们的历史使命，保护水资源是我们的共同责任。全市上下要积极行动起来，从现在做起，从自身做起，切实加强水资源的节约和保护，为永州更加美好的明天而努力奋斗！

（十二）加强湘江源头保护　为幸福城市增添更多水利元素

中共永州市委书记　陈文浩

（《永州日报》2014年3月22日刊发）

湘江是湖南的母亲河，永州是湘江的源头。湘江在永州流域面积2.1万平方公里，占湘江流域总面积的22.6%；流经永州8个县区，不仅为460万永州人民提供充足的生活、生产用水，而且为湘江中下游地区提供了优质、充沛的水资源。守护母亲河，是我们的历史使命。我们必须坚守生态底线，划定生态红线，加强湘江源头和湘江上游保护，努力建设“天蓝、地绿、水净、景美”的锦绣潇湘，进一步打造幸福城市，让人民群众共享“生态红利”，分享“绿色福利”。

一、严格水资源管理，让湘江之水常清。水是生命之源、生产之要、生态之基。把落实最严格的水资源管理制度作为加强湘江保护的重要抓手，从制度层面确保湘江源头水质量。一要加强用水总量控制。正确处理经济社会发展和水资源条件的关系，全面考虑水的资源功能、环境功能、生态功能，对水资源进行合理开发、优化配置、全面节约和有效保护。以水定需、量水而行、因水制宜，既满足经济社会发展合理需求，又满足维护河湖生态健康基本需要；既满足当代人对水的需求，又给子孙后代留下足够的生存和发展空间。二要提高用水效率。设立工业企业取用水计量装置，建立健全用水定额指标体系和取用水台账，实施计划用水管理；加快制定高耗水工业和服务业用水定额国家标准，实施工业、农业、服务业节水技术改造，强制推广应用节水产品和器具，逐步实施阶梯水价，全面推进节水型社会建设。三要完善水资源管理监督体系。建立健全取、用水计量和监控体系。到2020年全市年用水总量控制在30亿立方米以内，其中地下水开采总量控制在2亿立方米以内，农田灌溉水有效利用系数提高到0.55以上，水功能区水质达标率提高到95%以上，城市居民饮用水达标率提高到100%。城市污水处理率达95%以上，城镇生活垃圾无害化处理率达95%以上。四要加强水资源管理考核。建立和完善目标考核、干部问责和监督检查机制，充分发挥“三条红线”的约束作用。建立生态环境损害责任终身追究制，将水资源管理纳入绩效考核体系，将水资源管理统筹到经济社会发展全局来安排部署，层层分解任务，明确责任，严格考核，确保各项措施落作实处。

二、加强水利基础设施建设，让湘江之水常丰。处理好水利基础设施建设与江河开发利用及保护的关系，对水利基础设施实行科学规划，合理布局，加快建设。一要加强水源工程建设，增强蓄水能力。抓好“五小”水利建设。今年全市投资3.5亿元，完成8560处。完成63座小二型水库扫尾，抓好凤仙桥、半山等3座中型水库除险加固，推进芦江、金钩挂等水库建设，加快水毁水利工程修复、中型灌区维修改造和沟渠疏浚。完成10个中小河流治理项目和7个全国小农水重点县年度建设任务。积极争取把零陵区何仙观水库、东安县芦江水库、蓝山县毛俊水库、宁远县金钩挂水库、回龙圩管理区晨光水库等一批重要水源工程和河湖水系连通工程，列入国家建设计划并尽快实施，提高水库、江河的防洪抗旱排涝能力和城乡供水保障能力。二要抓紧建设好湖南省“一号水利工程”，构筑城乡防洪安全屏障。涔天河水库扩建工程是湖南省水利建设“一号工程”。2017年水库建成将为湘江的生态补水、防洪控制起到重要的调节作用。从现在抓起，把涔天河水库扩建工程建设和湘江及其支流的开发利用与水生态环境保护结合起来，实行工程措施与非工程措施相结合，构筑城乡防洪安全屏障。三要加快饮水安全工程建设，确保饮水安全。多措并举，实现河道水体“清起来、活起来”，构筑与美丽永州要求相适应的水环境体系。全面解决永州流域内100万列入国家规划内人口的饮水不安全问题，今年解决30万农村人口安全饮水问题。加快推进城乡供水一体化进程，让人民群众喝上干净的水，吃上放心的食品。四要进一步强化水土保持和生态保护工作。积极争取国家水土保持重点工程，通过采取小流域综合治理、造林绿化、生态修复等措施，保护好重要水源涵养区、江河源头区和生态湿地，有效防止水土流失，为加强湘江保护奠定坚实基础。

三、推进潇湘流域河道治理，让湘江之水常畅。坚持“人与自然和谐相处”和“生态环境保护优先”的原则，把河道综合治理作为湘江保护的重要手段。一是提高防洪保障能力。加快流域内病险水库除险加固和干支流及中小河流重要河段治理，提高江河、水库的防洪抗灾能力。将中心城区防洪标准提高到50年一遇以上，县级城市防洪标准提高到20年一遇以上，农村重要保护区域防洪标准提高到10年一遇以上。二是加强航道治理。实施湘江航道系统治理，改善湘江通航条件。湘江永州苹岛至衡阳段航道按III级标准建设。积极争取把湘桂运河建设纳入国家“十三五”规划。三是加强河道及水域岸线管理。严格涉河建设项目行政审批，组织开展湘江干流及主要支流河道确权划界，组织编制湘江干流及主要支流岸线利用规划，依法建立完善建设项目占用水域审批制度。四是推进河道采砂规范化管理。健全“政府主导，水利主管，部门配合”的管理体系，严格执行湘江河道采砂规划，全面加强河道采砂管理，严厉打击各类采砂违法行为，大力开展河道清障，确保河道发挥最大的社会、经济和生态效益。

四、加强生态文明建设，让湘江之源常绿。站在生态文明建设的战略高度，以“天更蓝、山更绿、水更清”为目标，不断改善湘江源头生态环境，努力保持和提高湘江源头水质量。一是加快推进水生态文明建设。切实提高流域水生态功能，重点建立生态用水及河流生态评价指标体系，定期开展湘江河流健康评价，推进水生态文明建设试点工作。大力开展水生态文明建设。加强水土保持，推进一批县区列入全省山洪沟治理计划。严格落实建设项目水土保持“三同时”制度，加强小流域综合治理、石漠化治理、“小水电代燃料”等工程建设。加强水生态系统保护与修复，积极建立水生态补偿机制，加强水生生物保护，促进水生态系统保护与修复。二是加强林业生态工程建设。绿化体现生态，美化体现品质。以守土有责的精神，加快构建绿色产业体系，重点是大力开展生态公益林保护、退耕还林、湿地保护与恢复等工程建设，保护好森林和植被，恢复退化的湿地生态系统功能，加快绿色永州建设，全面提升永州生态文明水平。积极申报国家重点生态功能区，不断加大造林绿化力度。今年完成营造林120万亩，中心城区完成20万株大苗种植任务，创造大绿大美的湘江源头景观。三是加大湘江治理力度。积极响应省委、政府的号召，加强对母亲河的治理。重点是实施污水处理，控制点源污染；实施小流域保护，实现清水出沟；实施综合治理，改善河流环境。组织开展好湘江流域综合治理、城乡环境治理和矿区治理，切实加强小锰矿、小造纸、小矿山、小冶炼关停整治，对涉重企业开展限期完成治理任务，为湘江中下游提供优质水源，为子孙后代留下一江清水。

（十三）加强水资源管理　建设水生态文明

市委副书记、市长　向曙光

（《永州日报》2015 年 3 月 23 日刊发）

今年 3 月 22 日是第二十三届“世界水日”，第二十八届“中国水周”宣传活动也已拉开帷幕。联合国确定今年“世界水日”的宣传主题是“水与可持续发展”，我国确定今年“中国水周”宣传活动的主题是“节约水资源，保障水安全”。

水是生命之源，生产之要，生态之基。我们必须坚持节约用水，保障安全用水，科学谋划，精心部署，以良好的水生态、水环境推动和促进品质活力永州建设。

一、加强水资源管理，建设水生态文明是落实中央和省委、省政府治水管水兴水方针之要，务必牢记使命，深化认识

我市水资源十分丰富，是全省水域最广、水量最多的地区之一。全市境内 5 公里以上河流 733 条，各类水利工程 20 多万处，各类水库 1243 座，其中大型水库 5 座，中型水库 34 座，小一型水库 162 座，小二型水库 1042 座，中型河坝 10 座，山塘 17 万多处，各类水域面积 938. 7 平方公里，每年总水量 468 亿立方米。其中湘江在境内流长 515 公里，占湘江总长的 54. 3%，流域面积 21389 平方公里，占湘江总流域面积的 22. 7%，占全市总面积的 96%。

党的十八大以来，党中央着眼长远发展，就构建国家水安全保障体系作出了一系列战略部署。习近平总书记提出了“节水优先、空间均衡、系统治理、两手发力”的新时期治水思路，对水利工作赋予了新内涵，明确了新任务，提出了新要求。党的十八届三中全会把水利放在生态文明建设的突出位置，将水资源管理、水环境保护、水生态修复、水价改革、水权交易等纳入生态文明建设重要内容，为我们推进水利改革发展指明了方向。省委、省政府把湘江保护与治理作为全省“一号重点工程”，提出要把湘江打造成东方的莱茵河。永州地处湘江上游，保护母亲河、节约水资源、优化水环境、保障水安全是功在当代、惠泽千秋的系统工程，是全市上下义不容辞、勇于担当的历史责任。我们要自觉把加快发展与保护水生态有机结合起来，坚持在发展中保护，在保护中发展，使湘江源头的水生态在经济社会发展中发挥更加重要的作用。

二、加强水资源管理，建设水生态文明是建设品质活力永州的关键环节，务必严控源头，规范管理

加强水资源管理，建设水生态文明，要从源头抓起，从细节入手。坚持水资源的合理开发、高效利用、有效保护和科学管理，为湘江中下游提供优质水源，为子孙后代留下一江清水。

以落实最严格水资源管理制度为抓手，强化源头防控治理。抓好节能减排工作，深入开展湘江重金属污染治理、城乡环境治理、矿区治理，倡导全社会节能、节水、节地、节材，逐步淘汰能耗高、污染大的落后产能，切实加强“五小行业”整治，对不符合环保要求的企业一律取缔关停。

抓好乡镇垃圾收集处理，不断提升农村清洁工程建设水平，引导农民建立长效管理机制，开展清洁生产，建设清洁庭院，实现清洁生活。抓好农业面源污染防控，大力开展生态清洁小流域建设，减少入河道泥沙。抓好水库渔业规范养殖，全面加强水库水质保护，清理整顿污染水质的投肥养殖等行为。抓好防汛抗旱减灾工作，立足于防大汛、抗大旱，确保重要堤防、水库水电站、在建工程、城镇防洪安全，确保城乡供水安全。

以加强水利工程建设为基础，增强资源环境承载能力。加大水利工程建设，是加强水资源调控、促进水资源节约的重要保证。重点抓好涔天河水库扩建工程建设，完成 4 座中型、17 座小一型、92 座

一般小二型水库除险加固工程建设任务；完成宁远凤仙桥、半山和新田杨家洞、东安双江等4座中型水库除险加固工程年度建设任务；完成6个全国小农水重点县、5个中小河流治理项目以及“四水”治理项目，完成8570处“五小水利”工程建设项目，完成48座电站增效扩容续建、5个水土流失综合治理、1个中型灌区续建以及县级抗旱水源引调水项目，切实改善水利条件，增强流域蓄水能力。积极开展水土保持工作，防范水土流失。扎实推进零陵黄溪河邮亭圩段、冷水滩老毛江普利桥河段等6处河道治理工程。扎实推进河道管理，抓好河道保洁工作。

以加快绿色永州建设为保障，强化水生态治理和修复。把治水与治山、治林、治地结合起来，从涵养水源、修复生态入手，强化水生态治理和修复。始终坚持绿色引领、绿色发展，以创建国家森林城市、加强裸露山地绿化为抓手，以“天更蓝、山更绿、水更清”为目标，不断改善湘江源头生态环境。江华、宁远和蓝山作为湘江源头区域全国第一批生态文明先行示范区，要抓紧落实，主动作为。今年全市要完成5329个秀美村庄建设，建设好39个示范村。开展绿色城镇、绿色社区、绿色庭院、绿色村庄、绿色家园、绿色道路创建活动，打造“绿色之肺”。大力推进“三边造林”、“大苗进城”和“城市绿园”建设。

三、加强水资源管理，建设水生态文明是各级党政领导的应尽之责，务必认真履职，勇于担当

加强领导，明确责任，切实履行依法用水、管水，科学治水的神圣职责。各级党政一把手要亲自抓、负总责，将水利工作纳入重要议事日程。进一步落实好水利建设行政首长负责制，将重点水利项目建设列入各县区和市直单位绩效考核。积极推进湘江流域综合管理和城乡水务一体化管理，建立事权清晰、分工明确、运转协调的水资源管理体制。按照分级管理原则，落实河流、山塘水库管护主体责任。严格执行取水许可、水资源论证制度，完善工业用水管理，开展工业企业计划用水和节约用水管理，做好水质监测。健全水资源有偿使用制度，规范水资源费征收。大力开展水生态文明宣传教育，让水生态文明意识深入人心，成为每一个公民的自觉行动，在全市上下形成节水、爱水、护水、亲水的良好风尚。

（十四）落实五大发展理念　推进最严格水资源管理

市委副书记、市长　易佳良

（《永州日报》2016年3月22日刊发）

今年3月22日是第二十四届“世界水日”，3月22至28日是第二十九届“中国水周”。联合国确定今年“世界水日”的宣传主题是“水与就业”，我国确定今年“中国水周”活动的宣传主题为“落实五大发展理念，推进最严格水资源管理”。

水是生命之源、生产之要、生态之基，解决好水资源问题是关系中华民族生存和发展的长远大计。落实五大发展理念，推进最严格水资源管理，要从永州市情水情实际出发，围绕水资源配置、节约和保护“三个环节”，通过健全制度、落实责任、提高能力、强化监管“四项措施”，严格用水总量、用水效率、水功能区限制纳污“三条红线”控制，推动全市经济社会发展与水资源水环境承载能力相协调，建设蓝天常有、青山常在、绿水常流的品质活力永州。

一、转变治水思路，全面推进最严格水资源管理

理念的变革是最深刻的变革，思想的突破是最根本的突破。要深刻认识到，创新、协调、绿色、开放、共享五大发展理念，是我们党的重大理论创新成果，是做好新时期水利工作的根本遵循。我市虽然降水丰沛、水资源总量较大，但时空分布不均衡，用水方式粗放，工程性、季节性、水质性缺水长期并存，局部区域水资源短缺、水污染严重、水生态环境恶化等问题依然比较突出。只有落实五大发展理念，全面实行最严格的水资源管理制度，才能充分利用水资源节约保护的“倒逼机制”推进经

济结构调整和发展方式转变，从源头上扭转水生态水环境恶化趋势，加快建设资源节约型、环境友好型社会，推动全社会走上生产发展、生活富裕、生态良好的文明发展道路。

二、坚持科学兴水，严格水资源开发利用控制管理

水利是农业现代化的根基，也是新型城镇化的血脉。要注重提高水资源配置效率，强化用水总量约束性指标管理，集中力量建设一批补短板、增后劲、促发展、惠民生的重大水利工程，不断增强水利公共产品供给和水安全保障能力。要加快推进涔天河水库扩建、毛俊水库、东安芦江水库、宁远金钩挂水库、江华清江水库、零陵何仙观水库等重点水源工程建设，增强城乡供水保障和应急能力，确保人民群众生产生活基本用水需求。要扎实推进小农水重点县、灌区续建配套工程建设，因地制宜兴建“五小水利”工程，抓好冬春农田水利兴修，解决好农田灌溉“最后一公里”问题。要继续抓好湘江重要支流和中小河流治理、山洪地质灾害防治、水土保持等项目建设，切实加强防洪抗灾等薄弱环节。要着力实施农村饮水安全巩固提升工程，进一步提高农村集中供水率、自来水普及率、水质达标率和供水保证率。要严格控制用水总量，加强建设项目水资源论证和取水许可审批，严格水资源有偿使用。

三、突出节水优先，严格用水效率控制管理

节水优先，是实现可持续发展的必然选择。要强化用水需求侧管理，加快转变用水方式，以水定需、因水制宜、量水而行，促进经济社会发展与水资源、水生态、水环境承载能力相适应。要强化用水效率约束性指标管理，加强用水定额和计划管理，健全取水计量、水质监测和供用耗排监控体系，积极开展节水型社会建设，把节约用水贯穿于经济社会发展和群众生活生产全过程。积极开展农业节水，推进区域规模化高效节水灌溉和高标准农田建设，提高农田灌溉水有效利用系数。积极开展工业节水，加快推进节水技术改造，严格落实节水设施与主体工程同时设计、同时施工、同时投产“三同时”制度，提高水的重复利用率和用水效率。加大城市生活节水力度，大力推广使用生活节水器具，着力降低供水管网漏损率。实施用水产品、重点用水行业和灌区等方面的水效领跑者引领行动，增强全社会惜水、节水、护水意识。

四、推进人水和谐，严格水功能区限制纳污管理

绿水青山、蓝天白云是永州最可宝贵的财富。我市要争创生态文明城市，必须把建设水生态文明放在重要位置。要以水源涵养为根本，加强重要生态保护区、水源涵养区、江河源头区生态保护，推进重点区域水土流失治理，加快坡耕地综合整治和生态清洁小流域建设，启动实施省、市、县、乡水生态文明示范工程。要以水域保护为基础，全面落实水污染防治行动计划，强化江河湖泊和城乡水环境治理，全面禁止小二型以上水库投肥养鱼，严格限制建设项目占用自然岸线。要以湘江保护与治理为抓手，全面落实省政府一号重点工程，实施好湘江保护与治理第二个三年行动计划，全面落实污染禁入、森林限伐、矿产限采、干流限渔、畜禽限养、河道限挖等保护措施。要以水功能区限制纳污为底线，从严核定水域纳污能力，强化水环境保护与治理，加大截污控源、中水利用、雨污分流、清淤保洁力度，确保全市重要水功能区达标率达到100%，湘江干流出境水监测断面水质保持在三类水质以上。

五、牢记守水有责，严格水资源管理责任和考核

实行最严格水资源管理制度，是党中央、国务院作出的重大战略部署。从国务院到省、市、县区政府均已明确，水资源管理和保护实行地方政府行政首长负责制，实行年度考核和五年规划期末考核相结合的考核方式。市、县区政府要把水资源管理工作摆上突出的位置，主要领导要亲自抓、负总责，切实履行管理责任，抓好工作部署，强化督促检查，做到守水有责、治水履责、管水尽责。水利部门要勇于承担重任，切实发挥好组织、协调职能，发改、经信、财政、国土、环保、住建、城管、农业、审计、统计等部门要密切配合、各司其职，形成积极推进最严格水资源管理制度落实的工作合力，确保各项工作有布置、有检查、有落实、有奖惩，努力创造无愧于时代和人民的业绩。

（十五）在永州市专题研究农村饮水工作会议上的讲话

（2018 年 12 月 10 日）

农村饮水安全问题是覆盖面最广的一个最基本的民生问题，这个问题不解决，各项工作的成效就会大打折扣，老百姓的幸福指数就无从谈起。你们汇报的时候，我一边听一边在想，这项工作为什么这么难做？为什么遗留下这么多任务要解决？我想问题主要出在以下四个方面：

第一，这是认识的问题。城市供水有一百多项指标来保质保量供应达标，而农村饮水却没人管，一边是城市居民，一边是农村居民，怎么这么大的差别？农村饮水安全都得不到保障，那还是共产党吗？那还是人民的政府吗？这是我们要正视的一个重要民生问题，需要在决策层面统一思想和认识。

第二，这是决心的问题。刚才你们汇报提出解决农村饮水安全问题需要 37.5 亿元，认为这是钱不到位的问题。我们在城市建设上花那么多钱，负债仍然要去搞。比如学位问题，下大决心，投入 100 多亿也要把它解决了。但是到农村饮水安全问题就硬是搞不到钱，硬是拿不下来。我看，这不是钱的问题，而是人的问题，是下不下决心的问题。我们设身处地想一想，那些长年累月喝不干净水的父老乡亲，会是什么感觉？

第三，这是思路的问题。过去困在这个问题上，不知道怎么办才好。只要认识到位，下了决心，思路有的是。我们大家要开动脑筋想办法，还要学会放开，给出政策，让各级政府一起来想办法做，没有必要强调全市统一，一村一策也是可以的。

第四，这是执行的问题。农村安全饮水问题都解决不了，为民办实事工作怎么能算是落实到位？今后，要把农村安全饮水问题纳入为民办实事考核，而且要一票否决。市里定下来，县里必须认真落实，不能打折扣。

至于农村安全饮水工作怎么抓，我想要从这几个方面入手。

第一，摸清一个底子。饮水不安全的底子要摸清楚，这个不搞清楚，工作就没法开展，完成脱贫率上也不允许。底子怎么摸？首先是搞准入户率，入户率出来后，其他完成多少村多少组都不是问题，考核起来也清楚明白。在入户率的基础上，再考虑两个方面，一是水质的达标率，二是供水的保障率。就是这么简单的事。有一个问题要专门讨论一下，那就是入户率 100%是不是现实，有些地方山上就住着一户人家，对其搞集中供水是不现实的，所以必须实事求是，把入户率定准确，不能百分之八十、九十的乱定。摸底的用意也是要重点解决这个问题，不适合集中供水的，那就不能纳入到这个比例。入户率要搞细搞准，83.3%就 83.3%，85.7%就 85.7%，不能“摸脑袋”，这也是我们脱贫攻坚的一条经验。摸排清了，就会遇到“是多申报一点好，还是少申报一点好”的问题，必须要打消这种顾虑，你多报少报，都不是实事求是，是多少就报多少，是什么就报什么，这就是我们技术性的调查，把最真实的情况搞准，一定要以客观的调查为基础完成达标率和保证率。总之，通过入户率调查，拿出最终要达标的方案，然后定达标的比例额。在保证入户的基础上，再要求供水达标率、保证率 100%。

第二，明确两年时限。2019 年着力解决覆盖的问题，2020 年着力解决原来建好但需要改造提质扩容的问题，确保“十三五”期间全面解决农村饮水安全问题。你们要按照这个时间表把任务定好，新建的任务都要拿到 2019 年来做，改造提质的任务都要拿到 2020 年来做，这两年的主要任务要很清晰。

第三，定好三项内容。一是定任务。把底子摸清楚，这个底子包括新建和改造的底子，都要摸清楚，要把新建的任务、改造的任务分解下达到各个县。二是定资金。也就是定盘子。根据上述任务，各个县区测算出来需要多少资金并上报。三是定方式。什么方式？就是要自主创新，探索自己的建设管理模式。市里提供一个备选资料，我们市县的成功模式可以用的，不管你是祁阳模式，还是宁远模式，选两三种模式；别的省、市的先进经验，也提供三五个模式。市里不统一模式，但是要提供好的模式样板，供县区去选择、去研究、去探讨。

第四，压实四级责任。哪四级责任？简言之，市里主导，县里主体，乡镇主抓，村里主人。四级责任要区分清楚，农村饮水安全工作一定要落到村里，不能像过去那样就是上级大包大揽。要把资金放到村上去，把责任放到村上去，把政策放到村上去，把村里的自觉性、积极性、责任感调动起来。

刚才讲的问题中有几个关键的问题还要特别讨论。

一是资金的问题。资金怎么办？有五条途径。第一条，市以上的政策性资金；第二条，市里的奖励性资金；第三条，县里的补助性资金；第四条，通过融资方式的投资性资金，即社会资金；第五条，老百姓的自筹资金。资金无外乎这几样。在这里就要好好研究一下，市里投入的奖励性资金拿多少？市里这块人平补多少可以保障？要算清楚账。市以上的政策性资金，一定要搞到位；其他可以争取的，县里各显神通。

二是验收的问题。分两个年度，经常性的考核和年度性的验收同时进行。实施进度要经常性考核，年终要看结果。凡是达不到指标和目标的，年度考核一票否决，必须要下这个决心。

三是后续运营和管理的问题。不要把它定死了，工程怎么管，都不要有太多约束。但必须要提要求，要探索新的运营管理模式，保证农村集中饮水的日常持续供水。想通过简单的行政管理来管农村饮水的问题是管不好的，一定要有以市场化为导向的社会管理才可以，这需要县区努力去探索。总之，农村饮水的管理，村里是主人，这里的主人不是指村级两委是主人，而是村民是主人。责任必须压实到村里，一定要把村民的积极性调动起来，成为真正的主人翁，把他们摆在这个供水体系当中。我们政府搞简单的一刀切，一个模式，文件由我发，资金由我出，好坏由我管，这个模式搞不得，那最后的责任全落在市政府、市水利局。所以，我们要创新思维，开动脑筋，要有改革的精神。

今天这个会解决的是一个改革性的问题，我在思路上给出了基本的要求，你们按照这个思路再拿一个方案，月底之前摸清底子，2019 年元月再研究，争取 2019 年元月 15 日研究定稿，2019 年我要将农村饮水安全工作作为核心工作来推动。

（编者注：该文为时任市委副书记、市长会议讲话，根据会议录音整理。）

（十六）大庆坪治水的故事（报告文学）

陈颖川

（水利部《大江文艺》2004 年第五期刊发）

大庆坪，一个藏匿于边远山坳里的乡镇。因为水，她曾经满目荒凉；因为水，她一度名闻遐迩；也因为水，她如今繁荣兴旺。水啊！这大自然恩赐的琼浆，演绎出大庆坪多少可歌可泣、撼天动地的故事。

一

阳春三月，笔者陪同朋友再一次走访永州市零陵区大庆坪乡。从零陵城出发，乘车去大庆坪有 70 多公里，一路上经过的地名都与石山结缘，石山脚、珠山、石岩头、石坝仔、石脚盆、白石山、猫儿岩……

大庆坪海拔 600 米，地处湖南的边沿地带，与广西全州市东山、白宝乡毗邻，这里重峦叠嶂、峡谷纵横、灰岩裸露，溶洞发育，是典型的喀斯特地形。千百年来，生活在这片土地上的人们饱受干旱缺水之苦，水啊！这一覆盖了我们这颗蔚蓝色星球 70% 面积的液体成为大庆坪人世世代代梦寐以求的奢侈品。

在大庆坪采访，从老人们的嘴里我们了解到许多过去岁月里关于水的传说——

牛角挂灯的传说。大庆坪缺水，只能种上一季水稻，收成多少，也要看老天的脸色，全乡大部分水田挂在山腰上，村民说：小雨不进田，大雨不进塘。说的是雨水都渗漏到地下阴河里去了，甚至田土随时有沉陷地下的可能。每年收获有限的粮食，都是从老天吝啬的嘴里抢出来的。恶劣的自然环境造就了勤劳的大庆坪人，春耕时节，晴天是不能耕作的，没有水，田土坚硬如石，只有雨天，才是犁田耙田的最佳时机，而雨往往是下在夜晚，于是，山里人穿戴蓑衣斗笠，在牛角上挂上一盏灯，顶风冒雨进行劳作，山野的夜晚不再寂静，呈现在人们眼前的是一幅雨夜耕耘的绝景。山外人耕耘一般是一犁一耙，而在大庆坪却要五犁五耙，只有反复犁耙，水土稠和，才能蓄得上水，大庆坪人以几倍于山外农人的辛劳顽强地固守着这一方山水，养育着一茬又一茬强悍的人！

石脚盆的传说。在大庆坪，有一个300多口人的自然村落——石脚盆。大约在300多年前他们的祖先迁徒到这一方山水耕耘繁衍。石脚盆村，得名于一眼泉井，就连村里百岁老人也说不上是哪朝哪代发生了千年不遇的旱灾，真是赤地千里，人们的嗓子眼干渴得冒火，十年九旱的大庆坪更是滴水可以救命啊！石脚盆的一位石匠在一溶洞内发现了一注永不干涸的水滴，于是他连夜在水滴落之处开凿一只石盆，盛上那汪滋润生命之水，全村人每天每户分得一盆水，才渡过那年的干旱劫难。今天，我们访问石脚盆，大家都被这自然的造化和石匠的神功所折服，溶洞的洞口隐匿于葱郁的树木之中，沿着一条曲折的石阶，行三十多步，下到洞底，有一股阴凉之气袭来，离洞底一米高的石眼中有一股清泉汩汩涌出，滴落于一只石盆之中，这石盆简直不象是人工所为，是那么天衣无缝地嵌在石洞之中。据当地人讲，现在是春水季节，水滴如注，枯水季节，水滴也不断线，清清泉水，四季不绝，滋润着石脚盆300多口人的生命。这里的人们对一盆水的充分利用形成了一道独特的程序：先洗脸、再洗菜、再洗衣，最后才喂猪和牛。在石脚盆，对于水是人生存的命脉，我有了更深层次的领悟。

楚粤亭的传说。楚粤亭是由一块块巨大的青石垒筑而成的，雄居于湘桂两省交界之处，为两省因争水械斗而坐下来谈判的处所。我们站在已经荒废的亭前，那一块块饱经苍桑的青石仿佛在诉说流逝了的干旱岁月，于是，在我们眼前依稀呈现出当年两省边民为争水而械斗的刀光剑影。为了这珍贵的水啊！同饮一溪的村里邻居反目，兄弟姐妹结怨，湘桂两省边境械斗烽烟不断。我们不愿去追忆械斗那鲜血淋漓的往事，荒废的楚粤亭已经印证了一段不光彩的历史。陪同我们采访的大庆坪乡党委书记唐富荣说："我们正与广西全州白宝乡联系，两乡携手重修楚粤亭，将它赋于团结和友谊的新含义，成为边境旅游的新景点。"是啊！唐书记的一番话开启了楚粤亭新的一页。

大庆坪关于水的传说，使我们体会了往昔岁月里大庆坪人的几多艰辛和几多无奈，理解了大庆坪人对于水的浓得化解不开的情结。

二

山和水总是紧密联系在一起的，有山就有水，在大庆坪连绵起伏的群山腹部确实奔流着滔滔不绝的阴河水，正如当地流传的一句民瑶：人在地面愁，水在地下流，十年有九旱，滴水贵如油。为了引出阴河水，大庆坪付出了几代人的不懈努力和血泪代价。

从二十世纪五十年代开始，大庆坪人就掀起了修山塘、建水坝的热潮，但建成的塘坝都是漏的，蓄不了水。五十年代未期，大庆坪人开始打起阻塞溶洞拦截阴河水的主意，先后修建了捞宝岩、野牛岩、红旗岩等水坝工程，然而均告失败，千里阴河水如一匹桀骜不驯的野牛，大庆坪人一时驾驭不了，水从数不清的"天窗"里跑得不见了踪影。失败并没有使大庆坪人气馁，反而更加激发了人们战天斗地的坚强斗志。

1963年大庆坪遭遇百年大旱，庄稼颗粒无收。1964年排家洞大队发动社员上山寻找水源，一位青年在荒无人烟的野山里发现了夹于两座山峰之间的一个溶洞，于是就叫它猫儿岩（两座山峰象猫的耳朵），小伙子再麻着胆子进洞探寻，终于听见洞内有潺潺流水声。排家洞大队沸腾了，人们奔走相告，成群结队去倾听奔腾在大山胸膛里的流水声，似乎倾听到了排家洞明天希望的钟声。这一年，排家洞大队召开群众大会，社员们户户签字按手印，一致同意把大队的40头耕牛牵到200公里外的东安县卖掉，为修建猫儿岩水库筹集第一笔资金。1965年10月1日，伴随着庆祝国庆的隆隆礼炮声，排家洞大队党支部书记唐勇带领一帮子青壮年开始上山筑坝打洞，寂静的旷野里震响了第一声开山的炮声。

大庆坪人分兵两路，一路修水坝，把阴河水拦起来；另一路打隧洞，将阴河水引出去。一条380米长的隧洞足足花了三年时间打通了。长长的隧洞啊！是大庆坪人用钢钎铁锤在坚硬的青石上一点一滴开凿出来的，每一寸石壁上都洒下了民工们的汗水和鲜血。1968年，大庆坪大队党支部书记唐锦光在打隧洞时，因垮方殉难，这位大庆坪人心目中最高大的共产党员倒下了，殷红的鲜血在水中浸散开来，染红了整条隧洞，群众自发地为他树立起一块石碑以作永久纪念……

水坝工程施工几起几落。1966年，在修坝清基过程中，一枚雷管炸伤了四位民工，筑坝的队伍只得撤离工地。屋漏偏遭连夜雨，这年春天，一场洪水将水坝基础全部冲毁，大庆坪人从工地上撤下阵来。洪水可以轻而易举地推毁工程，但推毁不了的是大庆坪人坚韧不拔的毅力，第二年，他们又开始在猫儿岩中游清基筑坝，由于地质条件复杂，一时难以清到底子，大庆坪人再一次吞饮失败的苦果。倔强的大庆坪人是永远不会被困难和失败打倒的，第三年人们再一次开始在猫儿岩的下游清基筑坝，一直修到1978年，一座高33米、长16米的混凝土水坝终于筑起了，十三年筑一坝，那是大庆坪人用全部心血和信念筑起的一座大坝哟。

为修建猫儿岩水库，民工们从16公里之外的大庆坪公社和广西的白宝公社挑运水泥、河砂，蜿蜒的羊肠山路上磨烂了多少双肩膀和脚板！无论是赤热炎炎的三伏，还是寒风凛冽的隆冬，民工们担着对子孙后代的责任，追赶着对水的梦想，日夜奔波于崎岖山路上，用一担担水泥、河砂将水库大坝垒起来，甚至把血肉之躯也垒进了大坝。

1966年9月，民工们正在紧张施工，一巨石从100多米高的山上滚落下来，民工蒋义花将自己年青的生命永远铸在了猫儿岩水库工程上。施工中还有三位受伤的民工，他们是：唐伟、唐改田，因放炮受伤；唐林英，女，施工中掉下三丈深的溶洞，幸免于难。

在大庆坪乡采访，我们有幸见到了三位猫儿岩水库建设历史的见证者——

唐广祥，现年66岁，曾任排家洞村老村长、老党员，60年代水库工程建设指挥长。

唐广作，现年60岁，曾任排家洞村党支部书记。

唐衡，现年72岁，老党员，水库工程建设时的会计。

谈起猫儿岩水库的建设历程，年逾古稀的唐衡老人无限感慨地说：一座水库，包含了大庆坪三代人心血（他的儿子唐祖政，今年40岁，孙子唐志明，今年20岁，一家三代先后参加了猫儿岩水库工程的建设），历经了四十年的奋斗，不容易啊！

三位老人以崇敬的心情向我们谈起排家洞村老党支部书记唐勇，当年水库开工时，唐勇还是个30岁青年，后来就一直没有离开工程半步，直到头发花白，他把自己一生中最美好的年华全部奉献给了大庆坪治水事业，为修建猫儿岩水库，他的左眼在放炮时被炸瞎，繁重的劳动弄得周身是伤病，2000年带着对大庆坪未来无限美好的憧憬离开了人世。

修建猫儿岩水库，光是排家洞村人先后投入资金40万元，其中贷款10万元。全村5个村民小组，430多人，人平筹资近1000元，无偿投入的劳动工日无以计算。在那些贫困的年代里排家洞人从本来辘辘的饥肠上刮下来的一点一滴全部用于修建水库，当年的这5个生产队集体十余年没有搞过年终分配。

上个世纪70年代初，湖南日报以“铁臂引来阴河水，敢叫日月换新天”为题在头版头条报道了大庆坪兴修水利的先进典型，湖南图片出版社和中央新闻电影纪录片厂都对此进行了大力宣传推介，大庆坪人自力更生、艰苦奋斗兴修水利的感人事迹传遍了大江南北，长城内外。

三

说起猫儿岩水库，人们不会忘记当年名噪一时的铁姑娘队。1970年，为加快猫儿岩水库建设进度，大庆坪大队成立了一支由女性组成的铁姑娘队，在21名队员中，19岁的共产党员、队长唐元英年纪最大，最小的才17岁，17岁正是花样年华，现代城里姑娘还在父母面前撒娇，可那个时代的她们却打起背包，手提钢钎铁锤，开进离家10多公里的深山旷野打洞筑坝。在工地上，男人们能干的活，她们都抢着干，打炮眼既要力气，又要技术，开始时，姑娘们从工地上下来，一个个的手臂和膝盖上都被落空的铁锤砸出血来，经过反复的锻炼，21名队员都熟练地掌握了打炮眼的技术，16磅重的铁锤抡起来也挥洒自如。点火放炮是个危险的活，队长唐元英、副队长唐带英和队员唐旺娣自告奋勇担任起三个班的首批点炮手，如今三十多年过去了，三人手上都留下当年点炮时溅起碎石击伤的疤痕。开始修建猫儿岩水库时，都是大庆坪人自力更生筹资投劳，民工的工作条件和生活条件都十分艰苦，铁姑娘队员每天要干10小时以上的重体力活，但吃的除自己种的蔬菜外，主菜便是从家里带的腌菜。由于工地海拔高，雾多潮湿，姑娘们经常穿湿衣裤上工地，晚上盖湿被子。除了苦和累，铁姑娘队员还碰到许多危险，1971年11月的一个晚上，副队长唐带英带领5名姑娘正在岩洞内施工，天空下起了大雨，姑娘们却浑然不知，雨越下越大，大水挟着泥沙奔向洞内，洞里的水越来越深，渐渐地淹到了姑娘们的膝盖，姑娘们发现情况不妙，正当准备撤离岩洞时，突然，只听到“轰隆”一声，沙石从洞口压下来，洞口被彻底堵死了。在这危急时刻，唐带英没有惊慌，她急忙将姐妹们召集起来，点燃蜡烛，寻找新的出口处，经过大家的齐心协力，终于找到了一处新的出口，姑娘们全部安全撤离岩洞。

1971年，湖南省妇联第一副主任曹瑞武大姐来到猫儿岩水库工地看望铁姑娘队员，听说姑娘们每月来例假还坚持劳动时，曹大姐握着那一双双布满老茧的手眼里流出了泪水，她一再嘱咐当地党政领导：“姑娘们例假期间绝对要休息，不能让她们把身体拖垮了，她们都还很年轻啊！”

这次采访，我们惊喜地从排家洞大队老支书唐广作家中找到了30多年前新闻记者为铁姑娘队拍摄的黑白照片，照片上是一群英姿风爽的姑娘，她们用青春之火照亮了千百年流荡在黑暗之中的阴河水。是的，照片终究会发黄、变质，甚至霉烂，但历史早已将她们美丽的形象定格。

四

1978年猫儿岩水库大坝工程竣工后关闸蓄水。1979年，排家洞村200多亩水田灌溉受益。渠道通水的那天，大庆坪象过年一样热闹，人们穿戴一新扶老携幼从四面八方赶到渠道，当清冽冽的地下水欢快地奔腾而来时，人们的欢呼声响彻了整个山野。

1980年5月，位于主坝左端的副坝基础被水压穿，形成一个新的溶洞，50天时间，一库水全部流干。大庆坪人用3年时间对水库新溶洞进行封阻，1984年水库大坝再次关闸蓄水，然而4个月后，主坝基础深部溶槽又被水压穿。失败的阴影笼罩在大庆坪上空，笼罩在人们心头，世世代代做着盼水梦的大庆坪人一次又一次地与水擦肩而过。而此时的大庆坪人已经到了山穷水尽的地步，粗重的喘息之后再难有回天之力。

1983年，当时的零陵县水电局调派工程技术人员进驻大庆坪对猫儿岩水库大坝进行技术处理，经过两年勘测和灌浆施工，漏水问题还是没有解决，有人因此断言：在喀斯特地区不可能修建蓄水工程，更不可能引水上山！大庆坪人闻讯，心都碎了……

1985年5月，时任湖南省省长的熊清泉来到大庆坪视察工作，当他了解到猫儿岩水库工程因缺技术、缺资金而停工时，当场拍板由省里解决建设资金50万元，并鼓励大家树立信心，继续寻找开启地下水的金钥匙，让大庆坪人一定喝上水，过上好日子。

时任零陵地委书记的秦光荣在视察猫儿岩水库工程后指示，要把这个水库建成一个“团结库”并搞好工程配套，尽早发挥效益。

省水利厅水科所专家带着仪器来了；

地、市水电局组成强大的工程技术班子也来了；

全市各乡镇组成的施工大军浩浩荡荡开进了猫儿岩水库工地。

又一场水利工程大会战如火如荼地在大庆坪展开了。

1989年，水利专家通过对大庆坪以及周边地区地质构造和水文网系的反复勘测论证，找到了漏水溶槽，工程建设者日夜奋战，抢在洪水来临之前，用浆砌石和混凝土封阻溶洞成功，一举攻克了岩溶发育地区修建蓄水工程的老大难问题。90年代初，南斯拉夫水利专家慕名前来大庆坪猫儿岩水库考察学习，对在喀斯特地区神奇地建成这一中型水库表示莫大钦佩。猫儿岩水库成为全国最大的溶洼水库，总库容达4240万立方米，也是解决湘、桂两省边界地区干旱缺水问题的团结水库，可使5万多人告别饮水难，6万多亩耕地告别“望天田”。

与此同时，修渠大军在山腰上开凿11.4公里的石渠，打通7个隧洞，架设250米倒虹吸管……

在那些壮怀激烈的日日夜夜，多少人为工程建设奉献着自己的智慧和汗水。

笔者采访原永州市（县级市）水电局局长杨照群，这位当时被工程建设者们称作“拼命三郎”的老水利如今已卧病在床，谈到猫儿岩水库，老人眼里闪烁着激动的光芒，当有人给猫儿岩水库工程判死刑时，正是这位60年代毕业于水利学校的“水官”坚持自己的信念，依靠科学的力量，为水库起死回生立下了汗马功劳。

自从担任猫儿岩水库灌区建设指挥长就与水结下不解之缘的原永州市委副书记周作生，现在当起了永州市（1996年零陵地区撤区改市）水利局局长，一谈起大庆坪，就触动他对干旱缺水的一种铭心刻骨的痛，对猫儿岩水库的一种难以割舍的情，每次到零陵区（原永州市现改为零陵区）大庆坪乡指导工作都要上猫儿岩水库看看，他多年前就有一种愿望，写一部书，将大庆坪治水的精神在新时期发扬光大。

当年的永州市（县级市）委书记沈泗海对猫儿岩水库建设十分关注，由于严重干旱，民工们饮水吃菜都十分困难，他就调洒水车从城里运来自来水，运来新鲜蔬菜，担当起工程建设的“后勤部长”。如今已从市（地级市）政协副主席的位置上退下来的沈泗海对水利事业的一腔热情不减当年。

五

1998年猫儿岩水库灌区配套工程被国家水利部立项建设，项目实施三年，共投入建设资金1712万元。在配套完善猫儿岩水系后，大庆坪人一鼓作气，将猫儿岩水系与潮水江、清水头和幸福坝三条水系形成一个完整的灌溉网络。

猫儿岩灌区配套工程竣工那天，成千上万的群众自发地聚集到渠道上庆贺，渠水流到哪里，鞭炮便放到哪里。72岁的唐基忠老大爷随着哗哗奔流的渠水走了十来里路，嘴里喃喃自语：水啊！我的命根子，这辈子终于盼来了你啊！

大庆坪人艰辛的付出，终于得到了丰厚的回报。

有了水，全乡2万多亩干涸的稻田得到了雨露的滋润。原来只能种植一季水稻的全部种上了双季稻，同时，大庆坪人将7000多亩旱土改为水田。2000年大庆坪迎来了粮食大丰收，全乡增产稻谷1328万公斤。

有了水，满山遍野的百合长势喜人，5000亩百合给大庆坪挣回了3000万，如今，百合基地成了大庆坪人的招财树。

有了水，大庆坪往日的荒山野岭上披了绿装，良好的生态环境带动了养殖业的迅速发展，年养肉牛超100头的养殖大户就有10多户，一个大型养牛示范中心正在建设之中。

猫儿岩满满一库水，流淌的都是金和银啊！大庆坪人开始在水上做着生财的梦，先后修建了鱼乐江、五星、梅师岩和阿凼里水电站，年发电量达3100万千瓦时。寂静的山区夜晚明珠闪烁，水给大庆坪人在带来光明的同时，也吹来了山外文明之风。湾夫水泥厂、鱼乐江冶炼厂、四板桥焊制厂、大庆坪石雕厂以及众多的木材、百合加工厂如雨后春笋般遍布了大庆坪的山山岭岭，那些祖祖辈辈面朝黄土背朝天的山野人也开始办起了企业，乡镇和个体私营企业正逐步成为大庆坪经济的支柱产业。

一条渠道一条路，水通到哪里，路就通到哪里，如今的大庆坪公路四通八达，3000平方米的湘桂农贸市场招来了四方商人，小小大庆坪已成为边贸市镇。

乡党委书记唐富荣兴奋地告诉笔者：我们人平收入由过去的600多元增长到现在的1580元，明年我们瞄准的目标是人平2000元。

汪汪一库水，弯弯盘山渠，正给大庆坪人带来生机，带来富裕，带来希望。水滋润着大庆坪的今天，更滋润着大庆坪的明天。

四、永州市小型水利工程名录

永州市小（1）型水库名录

（根据2011年水利普查资料整理，金洞、回龙圩管理区、永州经开区水库分属祁阳县、江永县、冷水滩区）

表11-4-1

序号	水库名称	总库容（万立方米）	设计灌溉面积（万亩）	建成时间	序号	水库名称	总库容（万立方米）	设计灌溉面积（万亩）	建成时间
冷水滩区									
1	三百亩塘水库	125.3	0.32	1958.1	8	长坝水库	118.2	0.36	1973.10
2	小吉塘水库	527.9	0.6	1960.10	9	铁炉冲水库	136.6	0.36	1976.8
3	嗷塘水库	139.5	0.366	1961.11	10	新抬头水库	130	0.24	1976.10
4	莲塘水库	116	0.26	1965.3	11	樟木凼电站—水库工程	650	0.18	1982.3
5	建设水库	288	0.3	1968.12	12	山口水库	419.5	1.23	1988.12
6	红坝水库	156.7	0.5	1969.2	13	挑水塘水库	102	0.188	1993.7
7	哲塘冲水库	126.7	0.5	1970.12					
零陵区									
14	栈板塘水库	577	1.06	1959.1	23	邓家冲水库	135	0.31	1973.8
15	富塘水库	153.5	0.3555	1959.1	24	霞塘水库	141	0.27	1974.1
16	北冲水库	158.5	0.331	1959.3	25	清水头水库	440	0.82	1975.3
17	朱塘水库	173	0.34	1960.1	26	两水口水库	118.1	0.219	1976.1
18	大古源水库	128	0.248	1960.1	27	张家冲水库	440	0.88	1977.1
19	禁山里水库	137.8	0.34	1960.2	28	花山岭水库	273	0.464	1977.7
20	邓古塘水库	107.9	0.213	1960.7	29	大木源水库	142.9	0.234	1978.4
21	朗板榄水库	169.19	0.38	1965.1	30	双井水库	132	0.3	1979.1
22	东风水库	146.36	0.335	1969.7	31	小木口水库	195.2	0.396	1987.3
祁阳县									
32	里塘水库	149.69	0.2	1956.2	39	畔塘水库	153.74	0.3	1967.3
33	唐家冲水库	164.42	0.25	1958.12	40	烟塘水库	122.9	0.25	1967.12
34	丁源冲水库	257.2	0.5	1959.9	41	舜塘水库	119.9	0.25	1967.12
35	石洞源水库	853.5	2.3	1960.4	42	石堰脑水库	110.83	0.2	1967.12
36	波罗山水库	143.6	0.45	1963.5	43	文家冲水库	495.1	1.58	1969.2
37	东江源水库	174.98	0.35	1965.3	44	茶园水库	118.92	0.21	1969.2
38	乌山冲水库	108.85	0.3	1966.10	45	水口庙水库	196.6	0.33	1970.12

续表11-4-1

序号	水库名称	总库容（万立方米）	设计灌溉面积（万亩）	建成时间	序号	水库名称	总库容（万立方米）	设计灌溉面积（万亩）	建成时间
46	陶家冲水库	128.34	0.35	1970.12	55	高彼塘水库	174.1	0.4	1975.2
47	碧芝塘水库	136.1	0.3	1971.1	56	炭木冲水库	158	0.34	1975.2
48	四角丘水库	243.3	0.51	1972.10	57	长塘水库	120.46	0.28	1975.3
49	保定安水库	114.28	0.3	1972.12	58	杨司桥水库	161.3	0.3	1976.12
50	高拱桥水库	104.3	0.25	1973.2	59	月口冲水库	210.6	0.34	1977.10
51	大堰水库	187.2	0.3	1973.3	60	大桥水库	265.9	0.52	1977.12
52	长塘冲水库	341.2	0.95	1973.12	61	楼塘水库	140.86	0.4	1977.12
53	大牛冲水库	212.3	0.44	1973.12	62	油榨铺电站—水库工程	680	0.08	1994.7
54	楠木皂水库	196.2	0.35	1973.12					
东安县									
63	金溪水库	126.8	0.26	1958.2	74	龙溪水库	143.9	0.35	1970.12
64	超美水库	159	0.39	1964.2	75	群伍水库	125.5	0.25	1971.10
65	福江水库	124.5	0.29	1965.1	76	飞跃水库	106.8	0.16	1971.12
66	凤江水库	110	0.31	1965.1	77	龙江水库	103	0.25	1973.5
67	陶江水库	100.5	0.28	1965.3	78	白石江水库	115	0.34	1973.12
68	天堂水库	101.3	0.133	1966.3	79	大古塘水库	117.1	0.25	1974.1
69	妙江水库	117.2	0.2	1967.2	80	大盛水库	168.7	0.31	1974.12
70	新江水库	105	0.12	1967.2	81	险峰水库	100.2	0.2	1975.1
71	大田水库	202.7	0.4	1968.5	82	坪一水库	207.6	0.4	1976.10
72	群峰水库	113	0.2	1968.5	83	大兴水库	132.5	0.35	1978.12
73	群江水库	101.2	0.25	1969.2	84	卫星水库	129	0.31	1991.4
双牌县									
85	向阳水库	165	1.157	1970.9	88	低头江水电站—水库工程	102	—	1987.10
86	前进水库	130.1	0.341	1970.9					
87	朱里源水库	485	0.91	1978.10	89	万和湖水库	106.3	—	2007.12
道县									
90	联合电站—水库工程	325.5	0.42	1960.10	97	清明田水库	133.7	0.2	1973.9
91	沙田水库	148	0.31	1960.11	98	新花园水库	151.1	0.13	1975.3
92	砚石水库	136.8	0.26	1965.12	99	长兴水库	145.4	0.19	1976.1
93	大路坝水库	221.9	0.32	1968.12	100	跃进水库	106.1	0.175	1977.11
94	西源水库	578.5	0.82	1969.5	101	下观水库	120.5	0.271	1978.5
95	乐福堂电站—水库工程	468	1.1	1971.3	102	天花岩水库	116.7	0.15	1979.2
96	天鹅塘水库	345.5	0.746	1972.10	103	四清水库	114.1	0.255	1986.5

续表11-4-1

序号	水库名称	总库容（万立方米）	设计灌溉面积（万亩）	建成时间	序号	水库名称	总库容（万立方米）	设计灌溉面积（万亩）	建成时间
江永县									
104	双龙水库	130. 4	0. 175	1958. 8	111	大路岩水库	186. 3	0. 51	1977. 10
105	莲花水库	230. 6	0. 628	1958. 10	112	大坪坳水库	431	0. 7683	1978. 2
106	汉江源水库	286. 8	0. 543	1960. 3	113	狮形水库	291. 3	0. 422	1988. 3
107	大漯水库	156. 8	0. 4256	1960. 3	114	川岩水库	136. 8	0. 31	1991. 4
108	盐下水库	104. 4	0. 2	1968. 8	115	两江口水库	147. 5	0. 31	1991. 5
109	梅冲水库	129. 1	0. 33	1976. 4	116	水流界水库	173. 5	0. 354	1992. 9
110	富隆水库	103. 88	0. 2192	1977. 3	117	花楼水库	150. 8	0. 194	1992. 9
江华瑶族自治县									
118	四角山水库	211. 1	0. 27	1958. 3	127	兴华电站—水库工程	136. 6	—	2001. 12
119	黑山口水库	145	0. 22	1958. 10					
120	旱塘水库	235. 5	0. 2	1960. 5	128	漕滩电站—水库工程	456. 35	—	2002. 12
121	东水源水库	206. 8	0. 28	1972. 3	129	富华电站—水库工程	335	—	2003. 9
122	石盘坝水库	346. 8	0. 74	1973. 7					
123	二坝水库	151. 4	0. 3	1976. 12	130	未竹口电站—水库工程	117. 4	—	2003. 12
124	开源水库	148. 8	0. 32	1977. 9	131	羊岩电站—水库工程	260	—	2008. 8
125	桐冲口水库	705	—	1989. 12					
126	深冲水库	454. 3	0. 36	1997. 6	132	连华电站—水库工程	765	—	2008. 12
宁远县									
133	牛形坝水库	280. 3	0. 45	1955. 12	141	红旗水库	170. 7	0. 33	1984. 12
134	锡海水库	119. 1	0. 56	1959. 5	142	中心江水库	142. 1	0. 58	1986. 9
135	向阳水库	491. 7	0. 98	1959. 10	143	伞把冲水库	125. 6	0. 423	1991. 1
136	石坝水库	367. 2	0. 75	1959. 10	144	岭背洞水库	313. 5	0. 4	1991. 12
137	三联水库	254. 7	0. 37	1959. 10	145	小观音阁水库	240. 2	0. 38	1991. 12
138	黄梅洞水库	113. 4	0. 422	1960. 10	146	大坝口水库	192. 8	0. 96	1991. 12
139	桂里源水库	124. 4	0. 36	1961. 10	147	小东江水库	311. 6	0. 35	1992. 12
140	河东水库	185. 5	0. 55	1972. 12					
新田县									
148	塘下水库	354. 6	0. 8	1956. 10	154	大坝水库	331. 8	0. 7	1960. 12
149	山田湾水库	132. 3	0. 3	1957. 4	155	野牛山水库	147	0. 302	1966. 10
150	赵家水库	298. 8	0. 8	1958. 4	156	下圩水库	126	0. 35	1967. 5
151	团结水库	342. 1	0. 6	1959. 4	157	友谊水库	127. 7	0. 26	1972. 5
152	罗家厂水库	170. 3	0. 45	1959. 4	158	东岭水库	346. 4	0. 6	1975. 4
153	新亭岭水库	186. 2	0. 32	1959. 10					

续表11-4-1

序号	水库名称	总库容（万立方米）	设计灌溉面积（万亩）	建成时间	序号	水库名称	总库容（万立方米）	设计灌溉面积（万亩）	建成时间
蓝山县									
159	蓝嘉水库	244	0.3	1955.9	165	龙冲庙水库	191.8	0.435	1976.4
160	甘竹山水库	522	1.46	1957.4	166	红卫水库	124	0.35	1976.9
161	油榨冲水库	108	0.33	1959.2	167	毛江水库	194.6	0.5	1999.12
162	白鸬洞水库	325	0.7	1960.2	168	大桥电站水库	110	—	2003.12
163	岐山水库	121.8	0.3	1960.9	169	下坪电站水库	100	—	2003.12
164	上下村水库	157.7	0.45	1972.1					

永州市小（2）型水库名录

（根据2011年水利普查资料整理，金洞、回龙圩管理区、永州经开区水库分属祁阳县、江永县、冷水滩区）

表11-4-2

序号	水库名称	总库容（万立方米）	设计灌溉面积（万亩）	建成时间	序号	水库名称	总库容（万立方米）	设计灌溉面积（万亩）	建成时间
冷水滩									
1	堰塘水库	90	0.08	1959.10	20	台塘水库	37.5	0.068	1961.12
2	新塘水库	75	0.095	1960.11	21	土地堂水库	36	0.08	1958.12
3	黑山水库	73	0.045	1959.7	22	石山塘水库	34.4	0.065	1960.2
4	紫鸭塘水库	55.35	0.085	1958.12	23	双鸭塘水库	34	0.073	1960.2
5	神仙山水库	53.5	0.084	1961.12	24	野猪洞水库	33.6	0.08	1966.12
6	温水塘水库	51.5	0.17	1973.12	25	志干山水库	33	0.07	1960.10
7	新木塘水库	49	0.082	1967.1	26	莲塘水库	32.5	0.06	1960.11
8	胜利水库	46.5	0.055	1959.12	27	老塘水库	32	0.06	1956.12
9	王马塘水库	46	0.062	1957.12	28	定塘水库	31	0.074	1959.2
10	永吉安水库	46	0.1	1960.1	29	东风水库	31	0.054	1959.10
11	老黄冲水库	42	0.078	1958.12	30	跃进水库	31	0.078	1958.12
12	山塘水库	42	0.072	1960.1	31	红卫水库	30	0.088	1976.12
13	大磨山水库	41.6	0.0435	1961.4	32	所池塘水库	28.87	0.036	1991.7
14	白竹亭水库	40	0.055	1960.1	33	鲁塘水库	28.8	0.058	1959.12
15	虾塘水库	40	0.066	1959.10	34	北塘水库	28.6	0.05	1961.11
16	邓家冲水库	38.8	0.108	1959.2	35	对头冲水库	28.3	0.085	1961.11
17	吉塘水库	38.75	0.091	1972.12	36	东风水库	28.05	0.08	1971.11
18	八一水库	38.2	0.045	1960.3	37	革命水库	28	0.068	1968.3
19	长冲口水库	38	0.06	1972.12	38	湖塘水库	28	0.08	1961.11

续表11-4-2

序号	水库名称	总库容（万立方米）	设计灌溉面积（万亩）	建成时间	序号	水库名称	总库容（万立方米）	设计灌溉面积（万亩）	建成时间
39	落马井水库	28	0.0935	1966.12	73	白竹塘水库	17.6	0.05	1957.12
40	野鸭塘水库	28	0.065	1972.12	74	井塘排水库	17.5	0.045	1978.12
41	东塘水库	27.95	0.074	1958.12	75	太洲水库	17.5	0.04	1964.10
42	跃进水库	27.7	0.04	1959.6	76	岩塘水库	17.5	0.036	1976.12
43	澄塘水库	27	0.065	1959.12	77	桑叶塘水库	17.2	0.045	1964.12
44	百花塘水库	26.95	0.07	1956.4	78	和平水库	17.1	0.048	1966.10
45	石塘水库	26.3	0.051	1959.12	79	大叶塘水库	17	0.03	1985.3
46	大竹塘水库	26.25	0.071	1966.12	80	杨春塘水库	17	0.045	1950.12
47	源塘水库	26	0.0562	1960.12	81	鹅鸭塘水库	16.85	0.055	1958.12
48	张家塘水库	25.5	0.09	1960.12	82	胡塘水库	16.56	0.0435	1992.4
49	胜利水库	24.4	0.068	1960.3	83	枫木冲水库	16.51	0.0445	1992.12
50	欧家水库	24	0.037	1976.12	84	阳塘水库	16.4	0.04	1993.3
51	神仙塘水库	23.5	0.056	1964.12	85	朱家大塘水库	16.21	0.04	1992.11
52	长木塘水库	23	0.03	1959.4	86	里合塘水库	16.2	0.045	1957.12
53	上子塘水库	23	0.045	1959.12	87	母塘水库	16.2	0.05	1959.11
54	左塘水库	23	0.03	1956.12	88	负泥塘水库	16	0.043	1958.10
55	月山塘水库	22.5	0.062	1960.12	89	鸟里冲水库	15.68	0.036	1993.12
56	淹塘水库	22.4	0.041	1970.12	90	差古塘水库	15.6	0.0505	1969.12
57	团结水库	21.67	0.05	1991.12	91	马鞭塘水库	15.4	0.023	1991.10
58	毛里冲水库	20.6	0.051	1959.11	92	贺家桥水库	15.31	0.039	1991.12
59	前进水库	20.4	0.036	1958.10	93	黄泥塘水库	15.3	0.045	1976.12
60	山塘水库	20.1	0.05	1958.12	94	集福塘水库	15.02	0.035	1991.11
61	木子塘水库	20	0.042	1961.10	95	布塘水库	14.9	0.036	1993.10
62	选塘水库	20	0.05	1959.12	96	鲁塘水库	14.9	0.0362	1990.10
63	兰塘水库	19.75	0.038	1960.2	97	大池塘水库	14.85	0.033	1957.12
64	雷公塘水库	19.3	0.04	1991.12	98	沙坪里水库	14.5	0.035	1977.10
65	雪皮水库	19	0.058	1958.12	99	柿花塘水库	14.24	0.0218	1993.12
66	石塘水库	18.5	0.038	1958.2	100	六鸭塘水库	14	0.045	1960.1
67	宅伏塘水库	18.5	0.053	1957.12	101	海塘水库	13.9	0.036	1990.12
68	下花塘水库	18.26	0.049	1970.12	102	沈家洞水库	13.8	0.0315	1994.12
69	山塘水库	18.1	0.034	1967.2	103	扬塘水库	13.63	0.03	1992.11
70	南木塘水库	18	0.055	1954.12	104	丰收水库	13.6	0.03	1991.12
71	小磨山水库	18	0.04	1958.12	105	坳背岭水库	13.4	0.04	1984.5
72	战备水库	18	0.045	1971.12	106	岩塘水库	13.14	0.04	1991.12

续表11-4-2

序号	水库名称	总库容（万立方米）	设计灌溉面积（万亩）	建成时间	序号	水库名称	总库容（万立方米）	设计灌溉面积（万亩）	建成时间
107	高家塘水库	13	0.035	1958.8	117	荷叶塘水库	12.3	0.042	1958.12
108	石燕塘水库	12.8	0.024	1991.11	118	乌塘水库	12.3	0.04	1992.11
109	朝塘水库	12.7	0.026	1993.10	119	上竹塘水库	12.18	0.036	1991.12
110	山塘水库	12.6	0.03	1977.12	120	界牌水库	12	0.037	1960.11
111	大塘水库	12.5	0.03	1991.11	121	沙子塘水库	12	0.0365	1959.7
112	双井塘水库	12.45	0.0331	1977.12	122	岭口坳水库	11.96	0.035	1991.12
113	金冲水库	12.4	0.036	1976.2	123	上塘水库	11.7	0.032	1959.12
114	芽塘水库	12.4	0.04	1959.12	124	云消塘水库	11.7	0.03	1961.11
115	跃进水库	12.4	0.037	1958.12	125	老鸭冲水库	11.5	0.035	1972.12
116	麦塘水库	12.35	0.036	1991.10	126	石门口水库	10.2	0.0276	1957.6
零陵区									
127	赶塘水库	94	0.22	1958.9	150	上路塘水库	40	0.1	1957.3
128	莳菇塘水库	91	0.16	1959.1	151	黄塘水库	39	0.086	1956.10
129	蔡子冲水库	80	0.16	1960.1	152	冲仔口水库	38.8	0.05	1968.4
130	大丝塘水库	74	0.13	1957.10	153	横塘水库	38	0.088	1965.10
131	胡里塘水库	70	0.16	1991.1	154	竹根塘水库	38	0.097	1959.10
132	长虎塘水库	67	0.08	1978.2	155	杉木塘水库	37	0.093	1959.10
133	赤家冲水库	63	0.136	1976.9	156	金塘水库	36.5	0.08	1959.12
134	座塘水库	60	0.12	1976.2	157	黑叶坝水库	36.4	0.087	1973.12
135	蒿草塘水库	59	0.095	1956.10	158	小木塘水库	36.2	0.03	1957.8
136	千公塘水库	57	0.128	1960.10	159	乙坝冲水库	36	0.065	1959.11
137	横冲塘水库	55	0.13	1958.12	160	大路山水库	35	0.06	1959.1
138	六寺园水库	54	0.1324	1958.1	161	罗汉塘水库	35	0.091	1959.1
139	铁力山水库	51	0.08	1957.9	162	新塔塘水库	35	0.072	1956.10
140	皮塘水库	50	0.113	1957.10	163	邓禾塘水库	33.75	0.073	1971.1
141	冬塘水库	48.5	0.107	1958.1	164	赵河塘水库	32.8	0.067	1954.3
142	茶林寨水库	48.2	0.12	1961.10	165	大岩冲水库	32	0.083	1952.9
143	白沙塘水库	47	0.1	1959.10	166	火箭塘水库	32	0.077	1960.9
144	灯塘水库	45.5	0.097	1957.10	167	大理塘水库	30	0.06	1957.10
145	礼塘水库	45.5	0.084	1956.9	168	桑叶塘水库	30	0.07	1959.9
146	孔禾塘水库	45	0.102	1959.10	169	西河渡水库	30	0.051	1957.8
147	杨柳塘水库	42.5	0.1	1957.11	170	小丝塘水库	30	0.058	1969.9
148	大里塘水库	42	0.05	1978.11	171	旱塘水库	29.5	0.055	1957.12
149	大塘水库	40	0.05	1966.12	172	静塘水库	28.8	0.064	1955.8

续表11-4-2

序号	水库名称	总库容（万立方米）	设计灌溉面积（万亩）	建成时间	序号	水库名称	总库容（万立方米）	设计灌溉面积（万亩）	建成时间
173	豹子槽水库	27.6	0.052	1957.1	207	甘塘冲水库	17.8	0.045	1959.10
174	丁塘水库	27.5	0.065	1957.1	208	万竹塘水库	17.6	0.031	1957.9
175	万冲洞水库	27.2	0.042	1958.9	209	木瓜冲水库	17.5	0.046	1959.9
176	上易塘水库	27	0.049	1957.9	210	上丝塘水库	17	0.037	1966.9
177	新弄塘水库	26.8	0.063	1959.10	211	龙江冲水库	16.8	0.037	1959.10
178	上木塘水库	26.5	0.049	1959.10	212	兴塘水库	16.8	0.041	1969.1
179	上周塘水库	26.5	0.057	1953.10	213	对门冲水库	16.7	0.05	1960.7
180	东塘水库	26	0.061	1958.1	214	小塘斗水库	16.5	0.036	1960.10
181	湿塘水库	26	0.035	1960.8	215	新庄塘水库	16.5	0.036	1958.10
182	提塘水库	26	0.05	1965.11	216	白竹塘水库	16	0.047	1993.1
183	磨塘水库	25.75	0.06	1958.1	217	水背水库	16	0.026	1992.1
184	黄毛塘水库	25.6	0.06	1956.1	218	鸭叉塘水库	16	0.047	1992.1
185	安塘水库	25.5	0.055	1958.8	219	紫云庵水库	15.6	0.034	1958.9
186	尧河塘水库	25.2	0.057	1957.1	220	李子槽水库	15.5	0.03	1967.8
187	白玉塘水库	25	0.05	1967.8	221	霞吉口水库	15	0.036	1957.9
188	园珠水库	25	0.057	1960.2	222	荷叶塘水库	14.8	0.033	1957.9
189	大塘水库	24.8	0.046	1960.2	223	荷叶塘水库	14.8	0.037	1959.10
190	胡家塘水库	24.6	0.07	1965.1	224	哑波塘水库	14.4	0.034	1959.1
191	六六水库	24	0.06	1967.10	225	蔡子源水库	14	0.025	1971.1
192	龙塘水库	23.77	0.052	1959.11	226	西塘水库	14	0.0212	1967.9
193	周水塘水库	23.6	0.044	1957.1	227	尧禾塘水库	13.9	0.025	1969.9
194	连鱼塘水库	22.7	0.056	1960.7	228	横冲槽水库	13.7	0.035	1959.10
195	罗溪园水库	21	0.058	1960.10	229	蒿草塘水库	13.5	0.025	1959.10
196	大池塘水库	20.8	0.055	1958.6	230	杨家塘水库	13.4	0.02	1970.10
197	大山塘水库	20.4	0.05	1958.1	231	新塘水库	13	0.027	1991.9
198	大塘水库	20.3	0.05	1965.12	232	周禾塘水库	13	0.027	1992.10
199	大英塘水库	20.2	0.048	1959.12	233	白花冲水库	12.5	0.031	1959.3
200	沙塘水库	20.1	0.052	1959.1	234	关塘水库	12.5	0.033	1959.10
201	莲塘水库	20	0.045	1958.12	235	螺丝冲水库	12.3	0.033	1965.12
202	社塘水库	20	0.05	1992.10	236	分水塘水库	12	0.025	1976.1
203	长塘水库	19	0.036	1958.9	237	塘背冲水库	12	0.02	1957.1
204	立塘水库	18.6	0.042	1958.9	238	丫叉塘水库	12	0.025	1992.9
205	石子塘水库	18.5	0.035	1976.1	239	蚌塘水库	11.5	0.025	1959.1
206	大塘水库	17.9	0.046	1976.8	240	麻芝氮水库	11.3	0.027	1961.10

续表11-4-2

序号	水库名称	总库容（万立方米）	设计灌溉面积（万亩）	建成时间	序号	水库名称	总库容（万立方米）	设计灌溉面积（万亩）	建成时间
241	定坝塘水库	11	0.0308	1993.1	246	白花冲水库	10	0.015	1991.9
242	王河水库	11	0.0241	1971.1	247	荷叶塘水库	10	0.026	1991.9
243	烟竹塘水库	10.95	0.024	1992.9	248	团结水库	10	0.029	1957.1
244	纳福水库	10.5	0.025	1959.12	249	杨梅塘水库	10	0.028	1992.1
245	石井塘水库	10.5	0.027	1992.9					
祁阳县									
250	牛冲水库	69.9	0.12	1959.3	278	梅子塘水库	34.5	0.06	1961.2
251	麻托湾水库	69	0.08	1973.3	279	长塘水库	34.2	0.05	1958.2
252	豺狗塘水库	68	0.04	1957.2	280	唐顶皂水库	34	0.08	1958.2
253	李家皂水库	64.5	0.2	1976.10	281	杨家冲水库	33.8	0.1	1959.3
254	长流水库	61.7	0.09	1958.2	282	响塘冲水库	33.2	0.08	1967.2
255	鹅池井水库	61.5	0.15	1976.12	283	白露塘水库	33.1	0.05	1958.2
256	水婆皂水库	60	0.08	1965.2	284	牡叶塘水库	31.6	0.05	1967.8
257	吉安亭水库	58.5	0.11	1976.1	285	显塘水库	30.8	0.06	1959.2
258	芒冬塘水库	58	0.1	1961.2	286	庙山塘水库	30.3	0.08	1958.2
259	沙堰水库	56.8	0.13	1961.2	287	八一塘水库	30	0.07	1960.2
260	坝上水库	55.6	0.09	1959.2	288	车头水库	30	0.05	1962.10
261	石山塘水库	53	0.04	1958.3	289	青山冲水库	30	0.08	1967.12
262	杨采塘水库	52.9	0.13	1958.2	290	黄泥塘水库	29.7	0.08	1959.4
263	珠林水库	52.1	0.06	1966.2	291	广塘水库	27.3	0.075	1966.3
264	月月塘水库	48.48	0.138	1958.7	292	老里冲水库	26.5	0.05	1956.2
265	君塘水库	48.1	0.12	1971.2	293	上升水库	26.3	0.02	1966.2
266	成功水库	48	0.05	1958.3	294	高子岭水库	25.7	0.05	1967.8
267	洞宾岩水库	47.2	0.07	2001.12	295	观塘水库	25	0.04	1958.3
268	冲泥塘水库	47	0.06	1972.3	296	荞麦塘水库	25	0.08	1968.2
269	泥秋塘水库	47	0.06	1972.2	297	九岔塘水库	24.6	0.05	1965.2
270	颜家冲水库	46.6	0.12	1969.3	298	马斯冲水库	24.3	0.075	1959.3
271	叶家井水库	46.6	0.12	1969.3	299	龙塘水库	24	0.05	1959.1
272	红泥皂水库	44	0.1	1970.2	300	石头冲水库	24	0.07	1959.2
273	金凤水库	42.1	0.1	1957.2	301	道塘水库	23.1	0.05	1959.3
274	长春元水库	41.2	0.07	1967.12	302	红旗水库	23	0.06	1966.10
275	上升水库	39.8	0.07	1959.2	303	湖塘水库	23	0.05	1966.2
276	于家冲水库	35.5	0.06	1968.10	304	金竹山水库	23	0.28	1975.10
277	白竹水库	35	0.06	1957.2	305	下乌山冲水库	23	0.03	1966.2

续表11-4-2

序号	水库名称	总库容（万立方米）	设计灌溉面积（万亩）	建成时间	序号	水库名称	总库容（万立方米）	设计灌溉面积（万亩）	建成时间
306	陈塘水库	22.2	0.04	1966.2	340	苦桔园水库	16	0.035	1965.7
307	胡泉塘水库	22.2	0.04	1961.3	341	藕塘水库	16	0.04	1962.2
308	铁丝井水库	21.6	0.06	1958.2	342	乌泥塘水库	16	0.03	1990.12
309	军民水库	21	0.06	1973.3	343	皂角塘水库	16	0.03	1988.10
310	托木塘水库	20.8	0.06	1972.12	344	赵家屋水库	16	0.04	1967.2
311	麻叶塘水库	20.75	0.02	1990.12	345	铁冲水库	15.9	0.03	1969.10
312	豆角冲水库	20.6	0.03	1960.2	346	井冲水库	15.8	0.02	1969.2
313	吴家桥水库	20.5	0.04	1976.10	347	新塘水库	15.8	0.03	1972.3
314	朱泉塘水库	20.4	0.055	1958.3	348	戏塘水库	15.6	0.04	1959.4
315	柏家洞水库	20.2	0.03	1960.2	349	楠木冲水库	15.6	0.04	1967.2
316	岭口冲水库	20.2	0.05	1969.12	350	长塘水库	15.4	0.04	1959.3
317	皮冲水库	20	0.05	1975.2	351	邓家塘水库	15.4	0.04	1959.2
318	清水塘水库	20	0.06	1958.2	352	花广水库	15.3	0.04	1963.3
319	火塘冲水库	19.3	0.04	1959.2	353	禾家冲水库	15.2	0.04	1959.3
320	清水塘水库	19.25	0.06	1957.2	354	月塘冲水库	15.2	0.04	1958.2
321	大泗塘水库	19.2	0.04	1957.2	355	金台水库	15	0.03	1959.2
322	连花奄水库	19.2	0.05	1957.2	356	井塘水库	15	0.03	1978.2
323	香木冲水库	19.2	0.04	1956.3	357	湘塘冲水库	15	0.04	1958.10
324	堰塘水库	19.2	0.04	1957.2	358	小井塘水库	15	0.04	1959.1
325	毛家塘水库	18.5	0.04	1959.2	359	纸马塘水库	15	0.045	1968.2
326	羊角塘水库	18.4	0.05	1964.2	360	仁塘冲水库	14.8	0.02	1967.4
327	倒塘水库	18.2	0.04	1967.2	361	横冲塘水库	14.7	0.045	1967.2
328	石头坳水库	18.2	0.05	1958.2	362	卉塘水库	14.7	0.04	1959.2
329	路边塘水库	18	0.04	1958.2	363	夭塘水库	14.7	0.04	1967.2
330	清水塘水库	18	0.05	1957.2	364	大新塘水库	14.5	0.04	1964.10
331	泉塘水库	18	0.05	1967.2	365	德牛冲水库	14.5	0.035	1960.2
332	三塘水库	17.8	0.05	1967.3	366	清水塘水库	14.5	0.032	1967.10
333	崇山水库	17.6	0.03	1967.3	367	银子塘水库	14.4	0.03	1958.1
334	邓家冲水库	17.6	0.035	1974.3	368	长塘水库	14	0.03	1969.12
335	白竹塘水库	17.2	0.04	1966.2	369	新湾水库	14	0.035	1956.12
336	园头冲水库	17	0.05	1982.8	370	长塘水库	13.9	0.03	1957.2
337	芦冲水库	16.6	0.05	1966.12	371	乌龟塘水库	13.9	0.02	1959.3
338	贺家塘水库	16.5	0.04	1960.2	372	成林冲水库	13.6	0.03	2008.12
339	高塘水库	16.4	0.04	1963.2	373	官塘水库	13.5	0.03	1957.2

续表11-4-2

序号	水库名称	总库容（万立方米）	设计灌溉面积（万亩）	建成时间	序号	水库名称	总库容（万立方米）	设计灌溉面积（万亩）	建成时间
374	梅园水库	13.5	0.036	1999.10	408	枣树园水库	12	0.02	2010.12
375	塘冲水库	13.5	0.03	1992.2	409	竹鸡岩水库	12	0.03	1967.2
376	唐家冲水库	13.4	0.02	1968.4	410	金塘水库	11.9	0.03	1990.12
377	梅木水库	13.3	0.02	1965.12	411	双龙水库	11.9	0.03	1959.2
378	三角塘水库	13.3	0.04	1989.11	412	龙家桥水库	11.8	0.03	2007.8
379	观音塘水库	13.2	0.03	1983.12	413	白竹塘水库	11.6	0.03	1992.2
380	长吉水库	13	0.04	1977.3	414	石狮塘水库	11.6	0.03	1978.10
381	长塘水库	13	0.03	1955.2	415	长塘冲水库	11.5	0.03	1965.8
382	段家亭水库	13	0.03	1966.12	416	杨林水库	11.5	0.03	1973.2
383	立木塘水库	13	0.04	1960.12	417	仁木塘水库	11.42	0.03	1990.12
384	木龙塘水库	13	0.035	1995.2	418	长清塘水库	11.4	0.025	1967.9
385	中间塘水库	12.8	0.03	1980.2	419	高家岭水库	11.4	0.02	1978.10
386	竹山水库	12.8	0.025	1965.12	420	石头塘水库	11.4	0.03	1958.2
387	城木塘水库	12.5	0.035	1992.2	421	壁梓塘水库	11.3	0.02	1958.10
388	楠木冲水库	12.5	0.03	1972.2	422	大塘水库	11.3	0.03	1967.3
389	荷叶塘水库	12.4	0.03	1959.2	423	苏家冲水库	11.3	0.03	1966.10
390	枯井塘水库	12.4	0.035	1975.3	424	白毛冲水库	11.2	0.03	1959.1
391	老虎冲水库	12.4	0.035	1967.2	425	大塘水库	11.2	0.03	1956.2
392	蔡塘水库	12.3	0.03	1968.3	426	杨柳冲水库	11.2	0.03	1968.2
393	观山冲水库	12.3	0.03	1968.2	427	慧塘水库	11.18	0.028	1991.2
394	黄泥塘水库	12.3	0.035	1967.2	428	大山塘水库	11.1	0.03	1959.2
395	正冲水库	12.3	0.03	1997.10	429	东塘水库	11.1	0.03	1959.3
396	群力水库	12.2	0.035	1972.2	430	邓家塘水库	11	0.025	1960.2
397	铁丝塘水库	12.1	0.03	1957.2	431	红旗水库	11	0.03	1959.2
398	万塘水库	12.1	0.03	1977.3	432	黄袍坳水库	11	0.025	1954.7
399	白云山水库	12	0.03	1960.3	433	金子观水库	11	0.02	1991.6
400	大塘冲水库	12	0.03	1959.3	434	雷家冲水库	11	0.03	1965.10
401	老塘水库	12	0.03	1975.12	435	泉塘水库	11	0.03	1958.3
402	龙吟石水库	12	0.03	2010.11	436	泉塘水库	11	0.03	1957.2
403	杉木塘水库	12	0.02	1956.4	437	申家屋水库	11	0.03	1975.3
404	上鱼塘水库	12	0.03	1955.10	438	铁路冲水库	11	0.03	1965.12
405	石梓塘水库	12	0.03	1957.2	439	月塘水库	11	0.03	1968.1
406	西塘冲水库	12	0.035	1972.7	440	砖房冲水库	11	0.02	1957.2
407	向东水库	12	0.022	1977.2	441	撬猪塘水库	10.9	0.03	1960.2

续表11-4-2

序号	水库名称	总库容（万立方米）	设计灌溉面积（万亩）	建成时间	序号	水库名称	总库容（万立方米）	设计灌溉面积（万亩）	建成时间
442	泉子塘水库	10.9	0.03	1989.10	458	池子塘水库	10.2	0.025	1978.2
443	奄祖塘水库	10.9	0.03	1956.2	459	浮鸭塘水库	10.2	0.03	1964.2
444	张家屋水库	10.8	0.025	1966.3	460	张家门水库	10.2	0.02	1975.12
445	南泉山水库	10.7	0.03	1968.10	461	尖和冲水库	10.1	0.025	1959.1
446	涛母塘水库	10.7	0.03	1959.8	462	竹塘水库	10.1	0.025	1957.2
447	罗家冲水库	10.6	0.03	1985.11	463	大塘水库	10	0.03	1965.4
448	上椿水库	10.5	0.03	1958.2	464	干塘冲水库	10	0.025	1958.3
449	下塘水库	10.5	0.02	1965.10	465	老塘冲水库	10	0.03	1956.11
450	杨家冲水库	10.49	0.025	1992.3	466	莲花塘水库	10	0.02	1958.2
451	韩家冲水库	10.4	0.03	1958.2	467	麻石塘水库	10	0.02	1966.3
452	庙后水库	10.4	0.025	1967.2	468	石马塘水库	10	0.03	1964.2
453	瓦屋塘水库	10.4	0.025	1959.2	469	铁丝岭水库	10	0.025	1966.3
454	丫叉塘水库	10.4	0.02	1958.12	470	乌龟塘水库	10	0.025	1957.2
455	碧子塘水库	10.3	0.025	1960.10	471	新中水库	10	0.02	1963.3
456	张家冲水库	10.3	0.01	1972.2	472	腰子冲水库	10	0.025	1967.2
457	长塘水库	10.2	0.02	1958.2					
				东安县					
473	斗山水库	86	0.18	1964.12	490	东风水库	40	0.11	1960.10
474	红旗水库	83	0.2	1958.12	491	联心水库	38.1	0.08	1957.4
475	五龙水库	82	0.12	1960.10	492	公庾水库	37.9	0.07	1957.12
476	黄塘水库	62	0.16	1954.12	493	棉花冲水库	37.2	0.04	1957.12
477	石灰塘水库	61	0.095	1957.4	494	金鸡水库	36.8	0.06	1957.12
478	大兴水库	60.9	0.09	1956.12	495	金云水库	35.1	0.056	1957.12
479	庙山塘水库	57.6	0.095	1966.2	496	大罗塘水库	33.4	0.06	1952.12
480	庙塘水库	57.6	0.095	1955.4	497	大喜水库	32.1	0.069	1960.12
481	三吉水库	55	0.06	1962.12	498	双坝水库	31.6	0.05	1957.12
482	杨柳水库	50.4	0.08	1957.12	499	大姨塘水库	31.3	0.045	1953.12
483	胜利水库	48.6	0.12	1956.12	500	班竹塘水库	30.4	0.06	1958.12
484	古楼水库	47.3	0.064	1973.12	501	石井水库	30.3	0.06	1957.10
485	堰塘水库	46.79	0.12	1958.12	502	大石塘水库	29.8	0.048	1957.12
486	大者塘水库	43.4	0.08	1957.2	503	双冲水库	29.6	0.08	1957.12
487	七一水库	42.1	0.07	1973.12	504	石鼓水库	29.2	0.04	1959.12
488	父子荣水库	42	0.08	1992.12	505	莲塘水库	28.8	0.054	1953.12
489	湘长水库	40.7	0.05	1957.12	506	马仔安水库	28.4	0.075	1958.1

续表11-4-2

序号	水库名称	总库容（万立方米）	设计灌溉面积（万亩）	建成时间	序号	水库名称	总库容（万立方米）	设计灌溉面积（万亩）	建成时间
507	杨塘水库	27.6	0.05	1967.1	541	横塘水库	19.4	0.08	1958.12
508	橙塘水库	27.2	0.04	1957.12	542	角塘水库	19.3	0.04	1956.12
509	雷公塘水库	27.2	0.043	1957.12	543	勇建水库	19.3	0.06	1957.3
510	电源水库	27	0.045	1958.12	544	庆弄水库	19.2	0.04	1958.10
511	团结水库	27	0.05	1971.1	545	双坝水库	19.2	0.055	1957.12
512	和平水库	26.7	0.04	1956.12	546	上淹塘水库	19.1	0.034	1952.1
513	倒榨塘水库	25.8	0.04	1957.10	547	白毛冲水库	19	0.05	1992.12
514	鸡子塘水库	25.8	0.05	1955.2	548	禾仓头水库	19	0.05	1956.12
515	洪井水库	25.7	0.038	1957.12	549	杨益水库	18.9	0.025	1957.10
516	万里冲水库	25.7	0.05	1958.2	550	六梅塘水库	18.7	0.03	1958.12
517	大井塘水库	25.6	0.06	1957.12	551	石板水库	18.7	0.03	1959.12
518	大兴水库	25.2	0.05	1957.12	552	寿竹塘水库	18.6	0.036	1957.12
519	九井塘水库	25	0.05	1958.10	553	杨塘水库	18.4	0.03	1956.4
520	老鼠窝水库	24.7	0.05	1959.12	554	大里塘水库	18.3	0.053	1955.2
521	横仔塘水库	24.4	0.04	1957.12	555	龟山水库	18	0.04	1957.12
522	大和平水库	24.2	0.05	1957.12	556	都塘水库	17.9	0.04	1948.2
523	石灰塘水库	23.3	0.061	1957.3	557	群力水库	17.4	0.05	1968.12
524	滕花塘水库	23.2	0.048	1955.12	558	群力水库	17.4	0.025	1966.12
525	泉井水库	22.6	0.05	1996.12	559	爱国水库	17.3	0.031	1976.12
526	胜利水库	22.4	0.053	1957.12	560	大西塘水库	17.1	0.04	1957.12
527	东方红水库	22.2	0.035	1957.1	561	同心水库	16.8	0.04	1954.4
528	大塘水库	22.1	0.059	1958.12	562	丰收水库	16.7	0.04	1957.12
529	群仙水库	21.8	0.05	1957.1	563	银溪水库	16.6	0.03	1965.8
530	荷叶塘水库	21.2	0.05	1957.10	564	白塘水库	16.5	0.03	1956.3
531	姑家塘水库	20.9	0.06	1960.10	565	乐园水库	16.4	0.06	1959.2
532	闹塘水库	20.8	0.04	1954.12	566	大塘水库	16.3	0.032	1958.12
533	乌塘水库	20.6	0.042	1958.12	567	田心水库	16.2	0.035	1957.12
534	枫林水库	20.5	0.035	1956.3	568	乌龟塘水库	16.2	0.032	1958.12
535	永坝水库	20.4	0.03	1959.10	569	新子塘水库	15.4	0.023	1958.4
536	乌塘冲水库	20	0.045	1978.12	570	下西塘水库	15.3	0.035	1976.9
537	星火水库	20	0.06	1958.12	571	枫木山水库	15.2	0.05	1956.12
538	大新塘水库	19.7	0.038	1965.12	572	虎啸水库	15.1	0.03	1957.3
539	灌坝水库	19.6	0.037	1959.10	573	平升水库	15.1	0.03	1958.12
540	石塘水库	19.6	0.055	1957.3	574	下兰塘水库	15.1	0.03	1976.12

续表11-4-2

序号	水库名称	总库容（万立方米）	设计灌溉面积（万亩）	建成时间	序号	水库名称	总库容（万立方米）	设计灌溉面积（万亩）	建成时间
575	双合水库	15	0.04	1957.12	609	自力水库	12	0.025	1959.12
576	赤祖塘水库	14.9	0.07	1960.12	610	洋塘水库	11.9	0.016	1957.12
577	铁塘水库	14.9	0.035	1956.12	611	中心塘水库	11.9	0.025	1969.12
578	石板水库	14.8	0.03	1956.3	612	大塘水库	11.7	0.03	1956.12
579	大坪水库	14.7	0.03	1957.12	613	大新水库	11.7	0.025	1957.1
580	湖塘水库	14.5	0.03	1949.12	614	庙塘水库	11.7	0.03	1963.12
581	秦塘水库	14.3	0.035	1956.12	615	燕坝水库	11.6	0.03	1956.12
582	烟竹水库	14.3	0.04	1958.12	616	石坳水库	11.5	0.02	1967.1
583	长塘水库	14.2	0.03	1956.4	617	鸣放水库	11.4	0.035	1957.2
584	渡里塘水库	13.9	0.04	1956.12	618	小家塘水库	11.4	0.04	1954.12
585	横家塘水库	13.9	0.035	1949.12	619	中心塘水库	11.1	0.03	1976.1
586	大皇岭水库	13.7	0.03	1995.12	620	中心塘水库	11.1	0.025	1969.12
587	凉树斗水库	13.6	0.025	1960.1	621	长塘水库	11	0.03	1972.12
588	三级水库	13.4	0.02	1957.2	622	夏塘水库	10.8	0.04	1958.12
589	深塘水库	13.2	0.03	1958.12	623	大石板水库	10.7	0.02	1958.2
590	新建水库	13.2	0.04	1958.12	624	弯塘水库	10.7	0.04	1956.3
591	新塘水库	13.2	0.03	1986.10	625	小山塘水库	10.7	0.025	1956.2
592	隔山水库	13.1	0.032	1956.2	626	坪阳水库	10.6	0.04	1957.12
593	洗草塘水库	13.1	0.03	1958.4	627	石塘水库	10.6	0.035	1964.12
594	新木塘水库	13.1	0.04	1962.4	628	双林水库	10.6	0.016	1958.12
595	刘家水库	13	0.025	1958.12	629	保丰水库	10.5	0.03	1958.2
596	乌龟塘水库	13	0.03	1957.12	630	山塘水库	10.5	0.014	1956.12
597	山甸水库	12.7	0.032	1957.12	631	小海塘水库	10.5	0.04	1958.2
598	大和岭水库	12.6	0.035	1966.3	632	杨塘水库	10.5	0.015	1958.10
599	黑冲水库	12.6	0.033	1966.12	633	白鹤水库	10.4	0.04	1978.12
600	上郑家冲水库	12.6	0.04	1966.12	634	三八水库	10.4	0.02	1960.12
601	南新塘水库	12.5	0.034	1957.12	635	锁石弄水库	10.4	0.02	1965.1
602	长龙水库	12.4	0.04	1956.12	636	新塘水库	10.4	0.025	1958.12
603	马口水库	12.3	0.03	1956.1	637	八都水库	10.3	0.03	1971.10
604	下郑家冲水库	12.3	0.03	1974.12	638	磊石水库	10.3	0.03	1956.12
605	燕塘水库	12.3	0.026	1991.12	639	东方红水库	10.2	0.035	1958.12
606	竹花塘水库	12.2	0.02	1958.12	640	黄江水库	10.2	0.06	1966.12
607	丰登水库	12.1	0.022	1955.12	641	立新水库	10.2	0.03	1966.2
608	鸟塘水库	12	0.02	1972.12	642	上塘水库	10.2	0.03	1963.10

续表11-4-2

序号	水库名称	总库容（万立方米）	设计灌溉面积（万亩）	建成时间	序号	水库名称	总库容（万立方米）	设计灌溉面积（万亩）	建成时间
643	团结水库	10.2	0.04	1973.10	647	东山水库	10	0.021	1956.12
644	烟竹水库	10.2	0.035	1958.12	648	金仔脚水库	10	0.03	1957.2
645	荷叶水库	10.1	0.025	1960.12	649	罗家井水库	10	0.02	1954.12
646	严塘水库	10.1	0.03	1957.12					
双牌县									
650	野猪江水电站—水库工程	78	—	2007.7	674	山岔潆水库	13.5	0.428	1986.9
					675	大河塘水库	13.22	1.157	1958.9
651	株木塘水库	48	1.0009	1956.8	676	丝爪塘水库	13	0.91	1966.11
652	座塘水库	32	1.0009	1958.12	677	大塘善水库	12.82	1.157	1965.8
653	畚箕槽水库	30.2	0.91	1964.9	678	双丰水库	12.7	0.0533	1960.12
654	水竹山水电站—水库工程	30	—	2004.7	679	杨柳塘水库	12.4	0.027	1958.12
					680	横冲水库	12.2	1.157	1958.9
655	杨柳湾水电站—水库工程	30	—	2005.11	681	长槽水库	12	0.02	1991.12
					682	大塘水库	12	0.034	1972.10
656	八一水库	29	1.157	1969.8	683	江边院电站—水库工程	12	0.03	—
657	岚江水电站—水库工程	26	—	—	684	沙塘水库	12	1.157	1958.10
658	阳明湾水库	22.6	0.0226	2007.6	685	小麦塘水库	12	0.91	1958.11
659	源头潆水库	22.19	0.428	1960.8	686	竹叶洞水库	11.8	0.428	1989.10
660	马家潆水库	22.1	0.0868	1959.12	687	满竹山水库	11.6	0.201	1961.9
661	白竹塘水库	21.5	0.341	1965.11	688	高粱水库	11.5	0.201	1990.4
662	段槽潆水库	21.3	0.0533	1990.10	689	塔山Ⅱ级水电站—水库工程	11	—	1985.10
663	何家洞水电站—水库工程	20	—	2008.5	690	门前水库	10.8	1.157	1959.9
					691	斗坡塘水库	10.6	0.4125	2008.10
664	马支凹水库	20	—	—	692	上源水库	10.6	0.06	1978.9
665	螺丝岩水库	17	1.157	1958.7	693	良木凼水库	10.5	0.91	1965.12
666	磨子洞水库	17	0.91	1958.12	694	木淀潆水库	10.5	0.4125	1961.6
667	全体水库	16	0.01	1960.11	695	小塘水库	10.5	1.157	1958.6
668	袁家大塘	16	0.201	1978.5	696	何家大塘水库	10.39	0.007	1991.9
669	寿塘水库	15.4	1.157	1959.9	697	蜂子庙水库	10.3	1.157	1989.10
670	李子园水库	15	1.0009	1976.11	698	胡沙塘水库	10.2	1.157	1970.9
671	高寺塘水库	14.8	1.157	1958.12	699	大潆水库	10	0.341	1964.3
672	石字塘水库	14.3	0.04	1999.11	700	蒋家塘水库	10	0.428	1960.8
673	山塘水库	14	1.157	1959.10	701	秦古潆水库	10	0.91	1991.2

续表11-4-2

序号	水库名称	总库容（万立方米）	设计灌溉面积（万亩）	建成时间	序号	水库名称	总库容（万立方米）	设计灌溉面积（万亩）	建成时间
702	小溪里水库	10	0.0405	1958.10					
道县									
703	飘源湖水库	86	0.027	1993.11	735	堰槽山水库	18.62	0.042	1982.4
704	正鹄水库	78	0.113	1968.8	736	梯子岭水库	18.6	0.044	1953.1
705	桃子园水库	69.2	0.104	1962.5	737	猫仔冲水库	18.4	0.0425	1981.2
706	芽洞水库	60.89	0.12	1954.2	738	石头山水库	17.8	0.021	1970.5
707	荷叶塘水库	54.18	0.08	1970.5	739	香花庙水库	17.76	0.0342	1979.7
708	海龙水库	50.13	0.12	1977.7	740	白泥塘水库	17.3	0.045	1968.7
709	杜家塘水库	50.07	0.072	1958.7	741	黑山岭水库	16.8	0.031	1979.9
710	鲁塘水库	48.9	0.072	1960.1	742	大江口水库	16.68	0.033	1960.7
711	富竹水库	42	0.063	1972.6	743	虎眼冲水库	16.5	0.03	1967.7
712	百路水库	36.06	0.062	1965.7	744	小黑累水库	16.5	0.032	1974.4
713	新塘水库	29.3	0.074	1968.5	745	石公塘水库	16.41	0.025	1975.5
714	新塘水库	29.25	0.0378	1968.12	746	杨柳水库	16.14	0.031	1969.12
715	上茶园水库	29.17	0.036	1954.5	747	乌鸡塘水库	15.9	0.031	1953.4
716	大益塘水库	28.53	0.062	1972.5	748	凤兴水库	15.3	0.023	1981.1
717	指背塘水库	28	0.072	1962.2	749	廖母塘水库	15.3	0.021	1975.9
718	凤形洞水库	27.53	0.065	1956.6	750	古木洞水库	15	0.024	1960.5
719	杨柳水库	26.03	0.034	1975.5	751	杨梅山水库	15	0.031	1987.9
720	南北冲水库	26	0.06	1970.5	752	廖家塘水库	14.82	0.035	1955.5
721	清水塘水库	25	0.04	1979.7	753	庄家塘水库	14.67	0.021	1977.7
722	桂花树水库	24.6	0.03	1960.5	754	大得岭水库	14.62	0.035	1966.6
723	岭柏洞水库	24.6	0.056	1960.1	755	红路水库	14.5	0.033	1970.7
724	红盆塘水库	24.1	0.048	1974.12	756	勇兴水库	14.5	0.03	1966.7
725	上汶水库	24	0.05	1986.5	757	黄沙源水库	14.4	0.02	1991.1
726	新塘尾水库	23.5	0.053	1967.12	758	假洞水库	14.17	0.031	1963.12
727	龙家水库	22.5	0.0278	1997.6	759	土桥水库	13.95	0.023	1966.7
728	白泥山水库	22.26	0.055	1971.12	760	东源水库	13.7	0.028	1962.5
729	狮子岩水库	21.6	0.032	1973.3	761	小坝头水库	13.3	0.031	1993.12
730	茶子塘水库	20.2	0.03	1966.6	762	天堂湖水库	13.17	0.028	1972.1
731	大塘水库	20	0.04	1961.2	763	太平塘水库	13.13	0.0266	1983.1
732	新塘水库	20	0.04	1976.5	764	中家冲水库	13	0.024	1960.5
733	双江口水库	19.5	0.0268	1977.1	765	野牛塘水库	12.77	0.0266	1970.5
734	月子塘水库	19	0.04	1969.09	766	友谊水库	12.58	0.023	1959.9

续表11-4-2

序号	水库名称	总库容（万立方米）	设计灌溉面积（万亩）	建成时间	序号	水库名称	总库容（万立方米）	设计灌溉面积（万亩）	建成时间
767	岩头水库	12.2	0.025	1998.11	776	老福田水库	10.95	0.013	1986.8
768	四清水库	12.09	0.0174	1965.5	777	豹子塘水库	10.7	0.022	1959.9
769	旱塘湖水库	12	0.023	1971.11	778	大新塘水库	10.7	0.023	1959.9
770	李批山水库	12	0.02	1959.5	779	红丝源水库	10.5	0.0185	1969.6
771	马基瑶水库	11.9	0.02	1985.11	780	清水塘水库	10.47	0.0223	1978.7
772	勤俭水库	11.63	0.022	1980.12	781	石源冲水库	10.2	0.021	1975.12
773	大伟水库	11.52	0.024	1962.5	782	小伟水库	10.2	0.026	1962.2
774	大塘湖水库	11.4	0.025	1979.9	783	婆仂源水库	10.19	0.02	1961.1
775	林家塘水库	11	0.0243	1958.11	784	吴墙坪水库	10.03	0.015	1971.11
江永县									
785	横山岗水库	95	0.17	1991.4	809	桃子湾水库	26.9	0.042	1968.4
786	棠下源水库	93.4	0.229	1975.12	810	大背塘水库	26.7	0.055	1990.4
787	高尚水库	83	0.23	1991.8	811	白马水库	26.1	0.041	1965.4
788	上力头源水库	80	0.121	1955.11	812	棠锦水库	26	0.05	1963.12
789	石驳塘水库	75.6	0.127	1970.11	813	上塘水库	25.6	0.05	1990.4
790	水美拱坝水库	72	0.068	1979.10	814	单竹源水库	25.1	0.0391	1964.11
791	黄家湾水库	67.4	0.06	1989.11	815	茅塘尾水库	24.1	0.03	1958.12
792	洪洞水库	56	0.148	1993.3	816	蔡石岭水库	23.7	0.052	1955.8
793	回峰水库	56	0.15	1985.8	817	谷母溪水库	23	0.021	1959.4
794	下力头源水库	52.1	0.1113	1972.12	818	上马坪水库	21.4	0.015	1993.12
795	毛家水库	48.6	0.125	1964.2	819	上山塘水库	21.4	0.0276	1955.10
796	道上湾水库	44.6	0.1	1971.9	820	高峰水库	21.3	0.038	1974.3
797	双龙桥水库	43.2	0.093	1973.4	821	邑口坪水库	20.2	0.027	1978.10
798	小桶水库	42.3	0.086	1968.11	822	陈家塘水库	20.1	0.024	1959.8
799	晨光水库	40.5	0.1	1966.11	823	兰洲水库	20	0.033	1975.9
800	源头塘水库	33.9	0.055	1990.12	824	新山塘水库	18.7	0.045	1959.10
801	大塘水库	33	0.05	1990.8	825	圩头水库	18.5	0.034	1989.8
802	神仙洞水库	32	0.1	1989.11	826	自力水库	18.2	0.03	1969.12
803	冬古塘水库	31.8	0.05	1989.5	827	斜塘背水库	18.1	0.033	1976.5
804	小古漯水库	31.2	0.05	1958.11	828	牛屎岭水库	17.9	0.025	1993.1
805	担山塘水库	31.1	0.055	1991.3	829	牛塘水库	17.4	0.025	1993.10
806	硖石水库	27.4	0.039	1965.10	830	四群水库	17	0.053	1989.11
807	犀牛塘水库	27.3	0.045	1964.12	831	三八水库	16.9	0.04	1969.11
808	旱塘水库	27.1	0.04	1972.11	832	宅锦水库	16.4	0.03	1967.4

续表11-4-2

序号	水库名称	总库容（万立方米）	设计灌溉面积（万亩）	建成时间	序号	水库名称	总库容（万立方米）	设计灌溉面积（万亩）	建成时间
833	水美水库	16. 3	0. 0376	1966. 5	843	周家塘水库	13. 6	0. 0362	1991. 4
834	聚钱水库	16	0. 025	1990. 5	844	茅塘水库	13. 3	0. 029	1985. 11
835	三角塘水库	15. 7	0. 02	1989. 6	845	黄土塘水库	13. 1	0. 033	1992. 3
836	塘下水库	15. 5	0. 03	1986. 8	846	精怪塘水库	13	0. 026	1990. 11
837	挂榜山水库	15. 3	0. 025	1993. 4	847	回头水库	12. 9	0. 0221	1958. 10
838	清水塘水库	15. 1	0. 0255	1984. 6	848	饭包洞水库	12. 6	0. 0336	1993. 1
839	白露塘水库	14. 6	0. 035	1989. 4	849	黑石塘水库	12. 1	0. 0224	1992. 11
840	四清水库	14. 5	0. 031	1966. 10	850	尧里水库	11. 7	0. 022	1973. 4
841	杨寨里水库	14. 2	0. 03	1966. 10	851	三角塘水库	11	0. 023	1989. 10
842	源头塘水库	14. 1	0. 028	1955. 10	852	铜古洞水库	10. 5	0. 022	1991. 3
江华瑶族自治县									
853	大码头电站—水库工程	95	—	2003. 6	873	蒲塘水库	39	0. 072	1970. 3
					874	螺丝塘水库	38. 5	0. 052	1957. 12
854	岭背塘水库	91. 65	0. 175	1976. 12	875	下四角山水库	37. 8	0. 1	1964. 10
855	田冲水库	91. 25	0. 25	1956. 3	876	麻塘肚水库	37. 5	0. 06	1976. 12
856	大石湾水库	88. 7	0. 13	1972. 12	877	马蹄塘水库	37. 25	0. 09	1958. 2
857	沙井水库	88	0. 2	1972. 12	878	田坪电站—水库工程	36	—	1999. 10
858	老瓮水水库	84	0. 064	1959. 3					
859	黄沙二级电站—水库工程	80	—	2006. 2	879	竹舍水库	35. 5	0. 08	1959. 3
					880	大山湾水库	35. 4	0. 07	1953. 12
860	凉伞界水库	78	0. 16	1959. 5	881	龟山水库	35. 25	0. 093	1959. 12
861	团结水库	69. 49	0. 085	1957. 12	882	长井塘水库	34. 8	0. 0725	1954. 11
862	蒋家坝水库	65	—	1985. 12	883	大冲里水库	33. 3	0. 055	1990. 12
863	红旗水库	62	0. 074	1973. 12	884	落阳冲电站—水库工程	33	—	2005. 7
864	双井水库	60	0. 15	1960. 2					
865	赫洞水库	58	0. 0725	1958. 11	885	大连塘水库	32. 5	0. 053	1952. 3
866	大地坪水库	55. 2	0. 09	1953. 11	886	盘古水库	32. 3	0. 09	1976. 12
867	龙溪电站—水库工程	55	—	2003. 12	887	神塘水库	30. 8	0. 05	1973. 10
					888	金子塘水库	30. 6	0. 05	1958. 3
868	青山庙水库	54. 4	0. 12	1974. 4	889	鹅塘水库	30. 32	0. 06	1966. 10
869	枫木塘水库	54. 3	0. 11	1958. 12	890	白泉塘水库	30. 3	0. 095	1956. 11
870	金背塘水库	53. 25	0. 15	1973. 12	891	源头井水库	30	0. 05	1997. 1
871	老谷冲水库	51	0. 11	1959. 12	892	上下鹅塘水库	29. 5	0. 055	1991. 2
872	塘家源水库	43	0. 11	1973. 1	893	天然水库	29. 32	0. 035	1964. 3

续表11-4-2

序号	水库名称	总库容（万立方米）	设计灌溉面积（万亩）	建成时间	序号	水库名称	总库容（万立方米）	设计灌溉面积（万亩）	建成时间
894	箭山水库	28.77	0.03	1972.3	921	清塘水库	15.5	0.036	1957.2
895	球里塘水库	28.4	0.045	1959.1	922	鸡婆冲水库	15	0.04	1993.12
896	何家塘水库	28	0.06	1976.12	923	野猪冲水库	14.8	0.035	1958.2
897	酿水坪水库	27.9	0.04	1953.12	924	梅竹槽水库	14.75	0.02	1992.12
898	茶园新水库	27.6	0.085	1978.8	925	茶花岭水库	14.72	0.03	1990.3
899	葫芦冲水库	27.46	0.057	1976.1	926	红花塘水库	14.32	0.021	1977.12
900	班田水库	26.5	0.025	1989.12	927	上申塘水库	14.3	0.025	1958.3
901	七社水库	24	0.041	1958.12	928	塘仔肚水库	14	0.03	1957.1
902	松木塘水库	23	0.014	1973.12	929	野猪桥水库	13.8	0.014	1991.1
903	白砖塘水库	22.8	0.055	1991.1	930	荷家塘水库	13.75	0.035	1957.3
904	上井水库	22.5	0.03	1954.11	931	联塘水库	13.53	0.022	1973.12
905	木桂英水库	19.75	0.03	1959.2	932	荷叶塘水库	13.5	0.025	1991.2
906	横岭水库	19	0.04	1991.1	933	大华岭水库	13.4	0.017	1959.2
907	北风庙水库	18.9	0.03	1973.12	934	黄众塘水库	13.4	0.027	1958.12
908	麻子塘水库	18.75	0.02	1989.12	935	溴鱼塘水库	13.3	0.021	1969.5
909	标准塘水库	18.18	0.021	1959.2	936	稻谷塘水库	13.25	0.025	1958.12
910	白面塘水库	17.7	0.045	1959.12	937	大源冲水库	12.65	0.03	1978.2
911	大塘尾水库	17.7	0.02	1956.12	938	石榴塘水库	12.65	0.036	1968.10
912	丰源水库	17.4	0.05	1975.10	939	弯弓田水库	12.4	0.03	1958.1
913	鸭脚岩水库	16.8	0.025	1958.12	940	石虎山水库	11.83	0.03	1956.10
914	五洞水库	16.7	0.03	1958.10	941	和平水库	11.25	0.0126	1958.12
915	马山塘水库	16.6	0.035	1958.1	942	长塘水库	11.1	0.032	1968.12
916	大清塘水库	16.5	0.04	1966.1	943	长塘槽水库	10.8	0.016	1977.1
917	神仔上水库	16.4	0.0159	1960.12	944	牛坝水库	10.5	0.032	1978.12
918	南北冲水库	16.2	0.025	1973.7	945	排塘水库	10.25	0.025	1957.11
919	大斗冲水库	15.8	0.035	1979.12	946	崩塘水库	10.15	0.015	1959.12
920	猴山水库	15.75	0.03	1959.2	947	田冲口水库	10	0.016	1974.10
宁远县									
948	黄龙头水库	83.16	0.035	1958.10	954	大界源水库	47	0.12	1990.12
949	友谊桥水库	75	0.09	1991.12	955	马兰背水库	44.7	0.135	1970.12
950	五里坪水库	65	0.14	1971.10	956	小里源水库	43	0.06	1957.8
951	黄家水库	63.39	0.1	1990.10	957	曹家冲水库	41	0.1	1993.6
952	社禾洞水库	59.11	0.12	1959.12	958	永丰水库	38.5	0.111	1964.12
953	群英水库	59	0.1	1958.09	959	东头源水库	38	0.055	1957.12

续表11-4-2

序号	水库名称	总库容（万立方米）	设计灌溉面积（万亩）	建成时间	序号	水库名称	总库容（万立方米）	设计灌溉面积（万亩）	建成时间
960	白马水库	36.7	0.11	1959.12	994	屋脊干水库	15.8	0.035	1990.12
961	黄花源水库	36.5	0.095	1964.10	995	泉井眼水库	15.5	0.035	1956.3
962	白面下水库	33.7	0.07	1977.10	996	李家寨水库	15.3	0.03	1957.12
963	柏家水库	33	0.12	1978.12	997	白竹函水库	15	0.03	1982.12
964	上洞水库	33	0.08	1957.11	998	芳塘水库	15	0.03	1984.10
965	古塘岭水库	31.5	0.05	1996.12	999	镰刀湾水库	15	0.022	1959.12
966	冯石水库	31.2	0.09	1959.12	1000	石榴塘水库	15	0.025	1958.12
967	义子塘水库	30.64	0.04	1957.12	1001	铁背冲水库	14.7	0.036	1990.12
968	枫木山水库	30	0.07	1984.12	1002	长冲水库	14.5	0.026	1991.11
969	杨彩塘水库	29.3	0.03	1957.10	1003	庵子里水库	14.2	0.03	1957.12
970	永塘岭水库	28.5	0.057	1967.4	1004	板里源水库	14	0.03	1957.12
971	尼姑塘水库	27	0.07	1955.10	1005	曾家塘水库	13.8	0.035	1957.12
972	冲子里水库	25	0.036	1986.10	1006	雷佳塘水库	13.6	0.02	1986.12
973	木碳矿水库	25	0.077	1964.7	1007	社教水库	13.6	0.018	1961.12
974	牛栏形水库	24.2	0.03	1955.12	1008	野鸭塘水库	13.6	0.02	1957.12
975	油麻岭水库	23.3	0.033	1990.12	1009	左家水库	13.4	0.035	1969.12
976	野鸡塘水库	22.5	0.02	1957.12	1010	水尾塘水库	13.2	0.02	1959.11
977	神民塘水库	21.9	0.035	1958.12	1011	甘花洞水库	13.1	0.036	1979.11
978	野鸭塘水库	21	0.03	1958.12	1012	毛栗山水库	13	0.02	1967.12
979	社塘水库	20.5	0.05	1965.9	1013	桃子冲水库	13	0.022	1961.12
980	白兔水库	20	0.03	1956.12	1014	过路塘水库	12.8	0.029	1990.11
981	李家塘水库	20	0.04	1959.10	1015	黄家冲水库	12.8	0.018	1960.11
982	梅山凹水库	20	0.057	1968.11	1016	阴竹塘水库	12.76	0.018	1957.10
983	大河塘水库	19.1	0.06	1960.11	1017	深塘脚水库	12.7	0.025	1959.10
984	天然水库	18.8	0.03	1957.12	1018	神塘口水库	12.7	0.019	1988.11
985	油榨里水库	18.8	0.04	1990.12	1019	五福源水库	12.67	0.027	1959.6
986	联社水库	18.6	0.03	1958.3	1020	鱼鳞塘水库	12.67	0.033	1988.10
987	官塘水库	18.5	0.04	1950.12	1021	新屋地水库	12.6	0.03	1992.11
988	沙田井水库	18.2	0.086	1990.10	1022	油榨源水库	12.6	0.019	1994.10
989	新塘水库	18	0.03	1996.12	1023	中心洞水库	12.6	0.03	1957.12
990	田光洞水库	17	0.022	1957.12	1024	白石下水库	12.5	0.032	1959.12
991	泻泥漯水库	16.3	0.045	1959.12	1025	居家源水库	12.5	0.03	1957.10
992	砠尾塘水库	16	0.016	1979.12	1026	螺壳塘水库	12.5	0.022	1960.12
993	狗头岭水库	16	0.04	1957.12	1027	缸午厂水库	12.3	0.033	1965.12

续表11-4-2

序号	水库名称	总库容（万立方米）	设计灌溉面积（万亩）	建成时间	序号	水库名称	总库容（万立方米）	设计灌溉面积（万亩）	建成时间
1028	小里源水库	12.3	0.02	1990.12	1062	龙形头水库	10.9	0.025	1958.12
1029	哑子岩水库	12.1	0.028	1991.5	1063	棉花塘水库	10.9	0.019	1959.11
1030	长木源水库	12	0.025	1981.11	1064	杨梅塘水库	10.9	0.031	1988.7
1031	狗爪窝水库	12	0.018	1975.10	1065	氹古塘水库	10.8	0.018	1958.12
1032	司公塘水库	12	0.03	1957.12	1066	大塘水库	10.8	0.02	1959.12
1033	排楼下水库	11.9	0.03	1969.12	1067	火烟塘水库	10.8	0.025	1959.12
1034	源木漯水库	11.9	0.03	2004.9	1068	大桶水水库	10.7	0.02	1979.11
1035	冲槽井水库	11.8	0.018	1958.11	1069	葫芦塘水库	10.7	0.025	1959.11
1036	新坝塘水库	11.8	0.024	1960.9	1070	公共洞水库	10.62	0.016	1989.12
1037	蛟龙塘水库	11.76	0.021	1986.10	1071	洞尾塘水库	10.6	0.026	1960.11
1038	五家冲水库	11.7	0.02	1958.12	1072	狗婆冲水库	10.6	0.026	1958.11
1039	邓家塘水库	11.63	0.027	1990.10	1073	龟子塘水库	10.6	0.022	1959.12
1040	放光水库	11.6	0.132	1997.10	1074	筛子塘水库	10.6	0.025	1988.10
1041	白水塘水库	11.5	0.025	1957.11	1075	太平庵水库	10.6	0.015	1956.10
1042	老虎井水库	11.5	0.03	1958.12	1076	土地冲水库	10.6	0.015	1998.11
1043	鱼姑塘水库	11.34	0.02	1990.10	1077	新夏塘水库	10.6	0.022	1960.10
1044	大冲头水库	11.3	0.033	1959.9	1078	模范塘水库	10.5	0.021	1952.11
1045	罗家水库	11.3	0.016	1990.12	1079	骆全水库	10.4	0.028	1959.3
1046	茄子园水库	11.3	0.025	1974.3	1080	小吉洞水库	10.4	0.024	1986.10
1047	新塘水库	11.3	0.023	1957.10	1081	杨家塘水库	10.4	0.03	1990.12
1048	老鸭岭水库	11.21	0.02	1964.10	1082	周家山水库	10.4	0.025	1958.12
1049	茶月岭水库	11.2	0.025	1960.5	1083	巴巴冲水库	10.3	0.03	1978.12
1050	里古冲水库	11.2	0.015	1989.12	1084	梅木塘水库	10.3	0.018	1999.7
1051	磨刀石水库	11.2	0.032	1958.12	1085	仁形水库	10.2	0.015	2004.10
1052	石板塘水库	11.2	0.026	1959.10	1086	社塘水库	10.2	0.025	1958.1
1053	新白兔水库	11.2	0.03	1987.12	1087	胡家塘水库	10.1	0.03	1959.11
1054	志里塘水库	11.1	0.024	1960.1	1088	长冲垒水库	10	0.025	1990.12
1055	凹门岭水库	11	0.03	1960.10	1089	放冲源水库	10	0.02	1958.10
1056	长春水库	11	0.025	1991.12	1090	滑石板水库	10	0.015	1968.12
1057	金鸡凉亭水库	11	0.021	1958.12	1091	梨树塘水库	10	0.025	1957.12
1058	天凉亭水库	11	0.016	1988.11	1092	李亥水库	10	0.021	1958.12
1059	泻泥洞水库	11	0.03	1976.11	1093	路明塘水库	10	0.03	1959.12
1060	大山窝水库	10.9	0.03	1959.11	1094	麻拐塘水库	10	0.013	1963.3
1061	冷水洞水库	10.9	0.017	1957.12	1095	芒冬漯水库	10	0.0205	1984.11

续表11-4-2

序号	水库名称	总库容（万立方米）	设计灌溉面积（万亩）	建成时间	序号	水库名称	总库容（万立方米）	设计灌溉面积（万亩）	建成时间
新田县									
1096	白杜水库	72.8	0.15	1966.12	1123	南头岭水库	17.9	0.05	1986.3
1097	龙凤洞水库	52.6	0.06	1985.12	1124	狗头窝水库	17.4	0.03	1981.11
1098	青山坪水库	49.5	0.082	1998.10	1125	狗头井水库	17.3	0.035	1962.10
1099	合群水库	46.8	0.05	1966.12	1126	松树下水库	17.3	0.03	1961.10
1100	虎形水库	42.7	0.09	1957.1	1127	凉亭桥水库	16.2	0.03	1969.4
1101	鸭古岩水库	42	0.08	1966.10	1128	白芒井水库	15.9	0.05	1963.12
1102	芹才水库	37.9	0.08	1964.7	1129	扎源洞水库	15.5	0.039	1971.7
1103	合口亭水库	36.8	0.08	1965.4	1130	竹子坪水库	15	0.04	1982.12
1104	龙脑背水库	33.5	0.07	1971.11	1131	银子塘水库	14.58	0.02	1957.12
1105	螺丝洞水库	32.7	0.07	1962.3	1132	湾背洞水库	14.5	0.04	1969.11
1106	高血水库	30.3	0.06	1962.10	1133	星塘水库	14.5	0.04	1974.12
1107	尹家水库	29.5	0.08	1961.10	1134	罗卜冲水库	14	0.03	1963.12
1108	鸡婆砠水库	27.7	0.02	1986.11	1135	张家冲水库	14	0.03	1978.10
1109	黄板源水库	27.3	0.07	1988.3	1136	岭背下水库	13.3	0.03	1968.10
1110	神下水库	27.1	0.07	1961.7	1137	白平窝水库	13	0.01	1998.11
1111	潘溪头水库	26	0.03	1997.5	1138	刘定源水库	13	0.03	1963.11
1112	滚山水库	25.7	0.05	1975.1	1139	梅山水库	12.8	0.03	1983.12
1113	长冲水库	24	0.04	1969.10	1140	仁岗水库	12.8	0.02	1990.12
1114	何家冲水库	23.9	0.04	1968.12	1141	牛塘水库	12.5	0.02	1979.10
1115	三源头水库	23.8	0.04	1967.12	1142	长牛塘水库	12.2	0.03	1971.2
1116	上春洞水库	23.4	0.04	1969.5	1143	鸡井水库	12	0.03	1977.10
1117	石禾冲水库	23	0.06	1970.11	1144	团结水库	12	0.01	1977.4
1118	铁炉冲水库	23	0.05	1970.11	1145	路冲水库	11.4	0.02	1964.12
1119	星塘铺水库	22.9	0.05	1973.12	1146	梽木塘水库	11.3	0.03	1958.10
1120	赤壁下水库	22.3	0.06	1968.12	1147	梦山水库	11.03	0.02	1996.10
1121	山口水库	20.6	0.05	1964.11	1148	灯盏窝水库	10.2	0.02	1973.12
1122	东方红水库	17.9	0.03	1990.10	1149	祖源洞水库	10	0.03	1963.12
蓝山县									
1150	滴水龙水库	90	—	1972.10	1155	笔架砠水库	32	0.08	1960.12
1151	水牛冲水库	60	0.1	1957.12	1156	龙井头水库	32	0.06	1956.2
1152	田螺冲水库	60	0.04	1958.2	1157	都龙庙水库	23	0.05	2000.1
1153	大冲电站水库	56	2005.11		1158	大岭洞水库	20.7	0.05	1959.12
1154	交元里水库	44.5	0.085	1979.12	1159	水竹河电站水库	20	—	1998.10

续表11-4-2

序号	水库名称	总库容（万立方米）	设计灌溉面积（万亩）	建成时间	序号	水库名称	总库容（万立方米）	设计灌溉面积（万亩）	建成时间
1160	广坪岭水库	19.4	0.06	1958.12	1176	神塘山水库	12	0.03	1956.6
1161	铁管冲水库	18	0.04	1957.1	1177	十里下水库	12	0.035	1955.11
1162	团圆冲水库	16.8	0.02	1990.12	1178	小水岭水库	12	0.03	1991.7
1163	上岭冲水库	14.6	0.04	1991.6	1179	火塘岭二号水库	11.98	0.03	1973.12
1164	蒋家洞水库	13.6	0.025	1957.11	1180	仙人塘水库	11.8	0.02	1987.12
1165	东井水库	13.27	0.035	1959.10	1181	金银庵水库	11.7	0.035	1957.12
1166	大石源水库	13.2	0.03	1991.6	1182	牛头岭水库	11.7	0.035	1960.12
1167	毛加山水库	12.8	0.03	1978.12	1183	猪兜冲水库	11.7	0.034	1998.12
1168	石山湾水库	12.7	0.035	1991.11	1184	金钟水库	11.6	0.03	1960.3
1169	罗壳塘水库	12.6	0.035	1956.11	1185	牛牯岭水库	11.3	0.03	1958.10
1170	李家园水库	12.48	0.035	1976.10	1186	夹板冲水库	11	0.022	1958.4
1171	茶鸡窝水库	12	0.02	1991.11	1187	南岭冲水库	11	0.035	1957.12
1172	大岭口水库	12	0.03	1991.12	1188	楼下水库	10.9	0.02	1959.10
1173	火烧桥水库	12	0.03	1990.10	1189	神山塘水库	10.4	0.03	1958.12
1174	老鼠坪水库	12	0.03	1975.6	1190	肖姑山水库	10.4	0.025	2010.11
1175	冷口坝水库	12	0.035	1957.12	1191	新屋场水库	10.3	0.03	1958.10

2019年永州市千人以上农村饮水安全集中供水工程名录

表11-4-3

序号	供水工程名称	供水时间	设计供水规模（立方米/天）	序号	供水工程名称	供水时间	设计供水规模（立方米/天）
冷水滩区							
1	上岭桥镇东村供水工程	2008.4	150	8	普利桥水厂	2010.4	850
2	杨村甸乡堆子头村供水工程	2008.4	160	9	蔡市镇零东圩村供水工程	2010.4	160
3	杨村甸贯子头村供水工程	2008.4	110	10	杨村甸乡沙子坳村供水工程	2010.4	130
4	高溪市水厂	2009.4	800	11	麻风病村供水工程	2010.7	100
5	伊塘镇堰塘村供水工程	2009.4	135	12	上岭桥镇竹山桥水厂	2011.4	550
6	杨村甸乡张家排村供水工程	2009.4	150	13	花桥街水厂	2011.4	600
7	伊塘镇曾家村供水工程	2009.7	150	14	岚角山镇楚江圩水厂	2011.4	550

续表11-4-3

序号	供水工程名称	供水时间	设计供水规模（立方米/天）	序号	供水工程名称	供水时间	设计供水规模（立方米/天）
15	岚角山镇寅已塘村供水工程	2012. 4	210	33	花桥街镇金山岭村供水工程	2016. 7	100
16	孟公山水厂	2012. 7	550	34	上岭桥镇枫木塘村供水工程	2016. 12	132
17	万喜登农科园区供水工程	2013. 7	100	35	花桥街镇秀井头村供水工程	2016. 12	110
18	普利桥镇长冲村供水工程	2014. 4	120	36	牛角坝镇麦子园村供水工程	2016. 12	110
19	普利桥镇杉木桥水厂供水工程	2014. 4	500	37	伊塘镇茶花村供水工程	2016. 12	130
20	岚角山镇长塘角村供水工程	2014. 4	90	38	蔡市伍家岭村供水工程	2016. 12	130
21	黄阳司镇田坝塘村供水工程	2014. 4	160	39	珊瑚乡桃李坪村供水工程	2017. 4	210
22	牛角坝杉树园村供水工程	2014. 4	190	40	高溪市镇樟木凼村供水工程	2017. 12	120
23	伊塘镇山门口村供水工程	2014. 4	120	41	岚角山街道春光村春光片供水工程	2017. 12	130
24	普利桥镇石马村供水工程	2014. 4	120	42	黄阳司镇大湾村供水工程	2017. 12	100
25	全福村供水工程	2014. 4	120	43	上岭桥镇群勇村供水工程	2017. 12	150
26	荷塘村供水工程	2014. 4	160	44	杨村甸乡黄茶园村供水工程	2017. 12	180
27	普利桥镇双合村供水工程	2014. 7	110	45	普利桥镇落刀塘村供水工程	2017. 12	165
28	普利桥镇竹家冲村供水工程	2015. 4	135	46	花桥街镇金山岭村高龙片供水工程	2017. 12	135
29	黄阳司镇社湾村供水工程	2015. 4	120	47	高溪市镇甄家冲村供水工程	2018. 12	180
30	蔡市镇沙坪里村供水工程	2015. 4	100	48	伊塘镇堰塘村 2018年供水工程	2018. 12	135
31	上林桥镇八宝岭村供水工程	2015. 4	120	49	上岭桥镇阳山观村供水工程	2018. 12	170
32	花桥街镇敏村供水工程	2015. 4	120	50	普利桥镇荷塘村供水工程	2018. 12	180
零陵区							
51	高贤村供水工程	2007. 9	150	53	黄田铺镇泵站扬水工程	2007. 12	250
52	阳岩头村泵站扬水工程	2007. 10	180	54	楚阳村供水工程	2008. 12	100

续表11-4-3

序号	供水工程名称	供水时间	设计供水规模（立方米/天）	序号	供水工程名称	供水时间	设计供水规模（立方米/天）
55	水口山镇集中供水工程	2008.12	120	84	大江背村供水工程	2015.8	100
56	梳子铺乡集中供水工程	2009.3	500	85	山岩村供水工程	2015.10	150
57	邓家村供水工程	2009.9	140	86	周家村供水工程	2015.10	110
58	石山脚乡集镇供水工程	2009.10	150	87	客路村供水工程	2015.12	100
59	秧丘埠村供水工程	2009.12	120	88	大皮口村供水工程	2016.12	150
60	花户桥村供水工程	2010.10	120	89	石凡村供水工程	2016.12	100
61	菱角塘良湾集中供水工程	2010.12	200	90	福田茶场供水工程	2017.8	180
62	凼底乡供水工程	2010.12	500	91	周家大院新村供水工程	2017.10	420
63	和家村供水工程	2011.8	100				
64	何仙姑村供水工程	2011.12	150	92	羊角井村供水工程	2017.12	150
65	梁木桥村供水工程	2012.9	100	93	天神观村供水工程	2017.12	150
66	杉木桥村供水工程	2012.10	120	94	灵仙观村供水工程	2017.12	250
67	蒋家村供水工程	2012.10	160	95	茶叶湾村供水工程	2017.12	100
68	船头村供水工程	2012.10	100	96	华兆村供水工程	2017.12	180
69	蒿？塘村供水工程	2012.10	120	97	马驴桥村供水工程	2017.12	250
70	田心村供水工程	2012.10	150	98	长塘村供水工程	2017.12	120
71	岿山村供水工程	2012.12	120	99	鹿鸣塘村供水工程	2017.12	160
72	南山村供水工程	2013.12	100	100	古江村供水工程	2017.12	150
73	社公山村供水工程	2014.10	120	101	桴江村供水工程	2017.12	120
74	桥头村供水工程	2014.10	60	102	上河村供水工程	2017.12	100
75	文峰村供水工程	2014.10	120	103	田家湾村供水工程	2017.12	100
76	藕塘村供水工程	2014.10	120	104	大庙头村供水工程	2017.12	250
77	文屯村供水工程	2014.10	100	105	袁十万村供水工程	2017.12	110
78	易家洞村供水工程	2014.10	100	106	大冲村供水工程	2017.12	110
79	落脚底村供水工程	2014.10	120	107	湾夫村供水工程	2017.12	230
80	渣塘村供水工程	2014.10	120	108	毛坪村供水工程	2018.12	100
81	三坛峰村供水工程	2014.10	120	109	俄塘村供水工程	2018.12	180
82	菱角塘镇集中供水工程	2014.12	780	110	里洞村供水工程	2018.12	100
				111	红狮村供水工程	2018.12	200
83	麻时塘村供水工程	2015.8	110	112	悟山里村供水工程	2018.12	100

续表11-4-3

序号	供水工程名称	供水时间	设计供水规模（立方米/天）	序号	供水工程名称	供水时间	设计供水规模（立方米/天）
113	燕朝村供水工程	2018. 12	100	117	尚木井村供水工程	2018. 12	150
114	和谐村供水工程	2018. 12	100	118	甸尾头村供水工程	2018. 12	135
115	晓里塘村供水工程	2018. 12	120	119	江边村供水工程	2018. 12	200
116	名山岭村供水工程	2018. 12	180				
祁阳县							
120	七里桥镇供水工程	2005. 11	800	138	龙山街道六合岭村集中供水工程	2009. 12	100
121	羊角塘镇兰桥供水工程	2005. 12	130	139	浯溪街道沿江村塔边供水工程	2009. 12	250
122	大村甸镇供水工程	2006. 11	800	140	七里桥镇金竹山村供水工程	2009. 12	60
123	龚家坪镇云排岭村供水工程	2006. 12	190	141	梅溪镇杨华村供水工程	2009. 12	50
124	大村甸镇永福坪村供水工程	2006. 12	120	142	龚家坪福星桥村供水工程	2009. 12	50
125	进宝塘镇长冲村供水工程	2007. 11	130	143	龚家坪大坪铺供水工程	2009. 12	380
126	大忠桥镇茶山村供水工程	2007. 11	110	144	大忠桥镇远景村供水工程	2009. 12	50
127	肖家村镇下白鹭村供水工程	2007. 11	150	145	大村甸毛塘村供水工程	2009. 12	50
128	文明铺镇龙江桥村龙江桥供水工程	2007. 11	130	146	白水镇联盟村供水工程	2009. 12	40
129	进宝塘镇供水工程	2007. 12	800	147	大江龙潜氹管理站供水工程	2009. 12	200
130	潘市镇清水塘村大洞源供水工程	2008. 11	130	148	茅竹镇富里村供水工程	2010. 12	110
131	大忠桥镇五里山村供水工程	2008. 11	130	149	羊角塘镇供水工程	2010. 12	600
132	文富市镇丁源冲村供水工程	2008. 12	60	150	肖家村镇太平街供水工程	2010. 12	300
133	羊角塘镇荷池村供水工程	2008. 12	50	151	龙山街道天马村供水工程	2010. 12	200
134	进宝塘石云村供水工程	2009. 12	60	152	文富市镇黄泥山村供水工程	2010. 12	60
135	肖家村镇梓山村供水工程	2009. 12	70	153	黄泥塘镇供水工程	2010. 12	800
136	肖家村镇元贝里村供水工程	2009. 12	150	154	大忠桥镇改扩建供水工程	2010. 12	950
137	下马渡镇集中供水工程	2009. 12	600	155	白水镇湘湖村供水工程	2010. 12	90

续表11-4-3

序号	供水工程名称	供水时间	设计供水规模（立方米/天）	序号	供水工程名称	供水时间	设计供水规模（立方米/天）
156	八宝镇高兴村供水工程	2010.12	110	177	黎家坪镇瑶城供水工程	2013.12	80
157	龚家坪镇管网延伸改造工程	2011.12	400	178	羊角塘高槐村供水工程	2014.12	130
158	下马渡镇东溪园村供水工程	2011.12	110	179	羊角塘镇黄坪供水工程	2014.12	100
159	三口塘镇嶷山村供水工程	2011.12	90	180	潘市镇谢家湾村供水工程	2014.12	100
160	黎家坪镇大麻冲村供水工程	2011.12	100	181	进宝塘镇白合水厂	2014.12	200
161	进宝塘镇河埠塘村供水工程	2011.12	100	182	进宝塘镇里仕村供水工程	2014.12	130
162	黄泥塘镇茶亭供水工程	2011.12	200	183	龚家坪镇复兴村供水工程	2014.12	100
163	大忠桥镇双凤村供水工程	2011.12	80	184	大村甸镇新铺子村供水工程	2014.12	100
164	大村甸镇凼桥村供水工程	2011.12	110	185	羊角塘镇牛坪坳村牛坪坳供水工程	2015.12	110
165	大村甸镇许家亭村供水工程	2011.12	110	186	羊角塘镇清江村供水工程	2015.12	110
166	白水镇毛家村供水工程	2011.12	100	187	肖家村镇上白鹭村供水工程	2015.12	130
167	浯溪街道孙市村供水工程	2012.12	120	188	文明铺镇三角湾村供水工程	2015.12	120
168	三口塘镇供水工程	2012.12	700	189	文明铺镇大福桥村供水工程	2015.12	150
169	茅竹镇大塘村供水工程	2012.12	250	190	文富市富湾村供水工程	2015.12	150
170	进宝塘镇佑兴村供水工	2012.12	110	191	七里桥镇乌山冲村供水工程	2015.12	110
171	大忠桥镇群强村供水工程	2012.12	113	192	潘市镇合洲村供水工程	2015.12	120
172	白水镇杨桥供水工程	2012.12	300	193	进宝塘镇种田村供水工程	2015.12	160
173	肖家镇供水工程	2013.12	700	194	黄泥塘镇半边街村供水工程	2015.12	110
174	文明铺镇八甲湾村供水工程	2013.12	100	195	大村甸镇五塘冲村供水工程	2015.12	130
175	文富市镇中心村供水工程	2013.12	100	196	白水镇竹山村供水工程	2017.11	120
176	文富市镇供水工程	2013.12	980	197	羊角塘镇金竹村供水工程	2017.12	100

续表11-4-3

序号	供水工程名称	供水时间	设计供水规模（立方米/天）	序号	供水工程名称	供水时间	设计供水规模（立方米/天）
198	肖家镇慈源新村供水工程	2017.12	200	219	进宝塘镇新朝村供水工程	2017.12	155
199	肖家镇仙泉村供水工程	2017.12	170	220	黄泥塘镇幸福村供水工程	2017.12	140
200	下马渡镇青峰村供水工程	2017.12	170	221	观音滩镇和平村供水工程	2017.12	100
201	下马渡镇罗家岭村供水工程	2017.12	110	222	观音滩镇新龙湾村供水工程	2017.12	140
202	文明铺镇豪联玉村玉柏岭供水工程	2017.12	80	223	龚家坪镇新江村供水工程	2017.12	190
203	文明铺镇新塘角村供水工程	2017.12	150	224	龚家坪镇石山湾村石山湾供水工程	2017.12	100
204	文富市镇双江口供水工程	2017.12	700	225	大忠桥镇金旗村供水工程	2017.12	100
205	文富市镇建香村供水工程	2017.12	250	226	大忠桥镇和平村供水工程	2017.12	100
206	三口塘镇满明村供水工程	2017.12	190	227	白水镇屯金村供水工程	2017.12	100
207	三口塘镇丝塘村供水工程	2017.12	165	228	八宝镇内下村供水工程	2017.12	100
208	七里桥镇龙门新村供水工程	2017.12	200	229	八宝镇上百里村供水工程	2017.12	170
209	七里桥镇豪井村供水工程	2017.12	170	230	八宝镇上百里洲村供水工程	2017.12	140
210	七里桥镇大挂榜山村供水工程	2017.12	155	231	羊角塘镇雪坪村坪山供水工程	2018.12	150
211	潘市镇建溪村供水工程	2017.12	190	232	羊角塘镇雪坪村雪里红供水工程	2018.12	150
212	潘市镇龙潭村龙潭供水工程	2017.12	150	233	羊角塘镇崀井山村供水工程	2018.12	170
213	潘市镇光华村供水工程	2017.12	100	234	羊角塘镇平安村供水工程	2018.12	150
214	潘市镇下七渡村供水工程	2017.12	200	235	肖家镇九泥村供水工程	2018.12	190
215	梅溪镇大伍村供水工程	2017.12	135	236	肖家镇大院村供水工程	2018.12	100
216	梅溪镇城墙村供水工程	2017.12	145	237	肖家镇青山村供水工程	2018.12	100
217	黎家坪镇油塘村供水工程	2017.12	175	238	下马渡镇谭家湾村谭家湾供水工程	2018.12	120
218	黎家坪镇甘棠坪村供水工程	2017.12	140	239	文明铺镇林场村供水工程	2018.12	170

续表11-4-3

序号	供水工程名称	供水时间	设计供水规模（立方米/天）	序号	供水工程名称	供水时间	设计供水规模（立方米/天）
240	文明铺镇大泉湾村供水工程	2018. 12	130	251	黎家坪镇竹茶冲村供水工程	2018. 12	120
241	文明铺镇三官塘村三官塘供水工程	2018. 12	180	252	黄泥塘镇双槽门村供水工程	2018. 12	160
242	文富市镇双龙桥村供水工程	2018. 12	250	253	龚家坪镇四角丘村供水工程	2018. 12	100
243	七里桥镇龙口源村供水工程	2018. 12	190	254	龚家坪镇双塘村供水工程	2018. 12	150
244	七里桥镇龙华村供水工程	2018. 12	170	255	大忠桥镇江边村供水工程	2018. 12	110
245	七里桥镇挂榜山村供水工程	2018. 12	100	256	大忠桥镇华羊村供水工程	2018. 12	130
246	七里桥镇文家冲供水工程	2018. 12	300	257	大忠桥镇合兴村供水工程	2018. 12	140
247	潘市镇许家岭村供水工程	2018. 12	110	258	白水镇向凉村供水工程	2018. 12	120
248	潘市镇桐木村供水工程	2018. 12	120	259	八宝镇合力村供水工程	2018. 12	140
249	潘市镇丁家坪村供水工程	2018. 12	130	260	八宝镇河上江村供水工程	2018. 12	120
250	梅溪镇龟山村供水工程	2018. 12	160				
东安县							
261	水岭乡吊牛坪村供水工程	2005. 11	130	270	鹿马桥镇金江供水工程	2008. 12	565
262	井头圩镇长斐村供水工程	2005. 11	90	271	井头圩镇保丰村供水工程	2009. 11	100
263	大盛镇铁塘村供水工程	2005. 12	120	272	鹿马桥镇沙子铺村供水工程	2009. 11	85
264	鹿马桥镇泗塘村供水工程	2006. 11	300	273	芦洪市镇伍家桥村供水工程	2009. 11	390
265	芦洪市镇石坝村供水工程	2006. 11	120	274	芦洪市镇对江村供水工程	2009. 11	100
266	川岩乡集中供水工程	2006. 11	90	275	芦洪市镇溪源村供水工程	2009. 11	140
267	鹿马桥集镇供水工程	2007. 11	195	276	芦洪市镇罗群村供水工程	2009. 11	80
268	新圩江小田村供水工程	2007. 12	127	277	横塘镇白滩河村供水工程	2009. 11	140
269	鹿马桥镇坪阳村供水工程	2008. 11	105	278	大庙口镇庙龙村供水工程	2009. 11	85

续表11-4-3

序号	供水工程名称	供水时间	设计供水规模（立方米/天）	序号	供水工程名称	供水时间	设计供水规模（立方米/天）
279	端桥铺马力村供水工程	2009.11	90	300	横塘镇供水工程	2013.12	850
280	川岩乡上界头村供水工程	2009.11	80	301	大庙口镇杨下村供水工程	2013.12	100
281	横塘镇狮子铺集水供水工程	2009.12	350	302	水岭乡新铺村供水工程	2014.11	80
282	新圩江镇石板头村供水工程	2009.12	80	303	鹿马桥镇马头湾水厂	2014.11	365
283	大盛镇黄家村供水工程	2010.12	80	304	鹿马桥镇陶家村供水工程	2014.11	120
284	大盛镇泗水村供水工程	2010.12	90	305	芦洪市镇长冲村供水厂	2014.11	225
285	芦洪市镇白沙供水工程	2010.12	200	306	芦洪市镇黄塘冲村供水工程	2014.11	100
286	芦洪市镇耀祥中学供水工程	2010.12	250	307	大庙口镇白沙村水厂	2014.11	200
287	端桥铺镇云山村供水工程	2010.12	80	308	石期市镇烟竹村水厂	2014.11	200
288	紫溪市镇车田村供水工程	2010.12	100	309	井头圩镇石板铺村供水工程	2015.11	160
289	水岭乡集中供水工程	2011.12	600	310	黄泥洞村供水工程	2015.11	150
290	鹿马桥镇沙子山供水工程	2011.12	160	311	大盛镇易江村供水工程	2015.11	90
291	新圩江镇双庙供水工程	2011.12	250	312	锁石弄饮水工程	2016.12	150
292	大庙口镇东江村供水工程	2011.12	90	313	大井供水工程	2016.12	90
293	芦洪市社塘村供水工程	2012.12	80	314	端桥铺镇金溪村供水工程	2016.12	90
294	横塘镇高峰供水工程	2012.12	300	315	端桥铺镇麻溪村村民自建供水工程	2016.12	90
295	新圩江镇供水工程	2012.12	660	316	田心引水工程	2016.12	90
296	大庙口镇大西村供水工程	2012.12	160	317	大群自来水厂	2016.12	90
297	大庙口镇麻里源村供水工程	2012.12	85	318	荷叶塘供水工程	2016.12	90
298	石期市镇洪井村供水工程	2012.12	130	319	井头圩镇岭观村供水工程	2017.12	150
299	花桥镇集中供水工程	2013.12	550	320	大盛镇三潭村供水工程	2017.12	140

续表11-4-3

序号	供水工程名称	供水时间	设计供水规模（立方米/天）	序号	供水工程名称	供水时间	设计供水规模（立方米/天）
321	横塘镇大坪村供水工程	2017. 12	100	328	新圩江镇芦江村供水工程	2018. 12	200
322	新圩江大浪村供水工程	2017. 12	100	329	石期市镇竹洲村供水工程	2018. 12	120
323	大庙口镇高枧村供水工程	2017. 12	150	330	川岩乡白牙水村供水工程	2018. 12	200
324	石期市镇双杨村供水工程	2017. 12	100	331	白牙市镇祥合村供水工程	2018. 12	150
325	白牙市镇山水村供水工程	2017. 12	100	332	白牙市镇龙溪源村供水工程	2018. 12	150
326	紫溪市镇群力村供水工程	2017. 12	150	333	紫溪市镇乐园村供水工程	2018. 12	120
327	水岭乡冷山村供水工程	2018. 12	100				
双牌县							
334	茶林集镇供水工程	2004. 12	600	346	江村集镇供水工程	2010. 12	500
335	廖家村供水工程	2006. 9	300	347	五里牌镇集中供水工程	2011. 12	700
336	江村镇五里村供水工程	2007. 12	150	348	麻江镇集镇供水工程	2012. 12	350
337	何家洞镇集镇供水工程	2008. 9	120	349	湾夫村供水工程	2012. 12	120
338	观文口村供水工程	2008. 9	80	350	理家坪乡集镇供水工程	2012. 12	900
339	坦田村供水工程	2009. 3	200	351	打鼓坪乡集镇供水工程	2013. 12	350
340	探花村供水工程	2009. 10	70	352	良村村供水工程	2014. 12	150
341	九甲村供水工程	2009. 11	100	353	平福头集中供水工程	2014. 12	560
342	霞灯村供水工程	2009. 11	120	354	文塔村供水工程	2015. 10	250
343	上梧江乡集镇供水工程	2009. 11	125	355	阳明山集镇供水工程	2017. 12	950
344	马蹄村供水工程	2009. 11	100	356	沙背甸村供水工程	2017. 12	350
345	访尧村供水工程	2009. 11	100				
道县							
357	仙子脚镇沙田村供水工程	2006. 12	110	361	白马渡镇南冲村供水工程	2006. 12	150
358	柑子园镇黄金村供水工程	2006. 12	100	362	祥霖铺镇银山村供水工程	2006. 12	200
359	蚣坝镇兴桥村自流引水程	2006. 12	160	363	白芒铺镇广文铺村供水工程	2006. 12	120
360	白马渡镇青口村自流引水工程	2006. 12	200	364	寿雁镇胡家村泵站扬水续建工程	2006. 12	250

续表11-4-3

序号	供水工程名称	供水时间	设计供水规模（立方米/天）	序号	供水工程名称	供水时间	设计供水规模（立方米/天）
365	东门街道办白泥塘村供水工程	2006.12	180	386	白芒铺镇陀仂复村供水工程	2010.12	120
366	桥头镇鱼田村供水工程	2006.12	200	387	祥霖铺藕塘村供水工程	2010.12	160
367	仙子脚镇下坝洞供水工程	2007.12	160	388	蚣坝镇后江桥村供水工程	2010.12	200
368	仙子脚镇堡子岭村供水工程	2007.12	130	389	蚣坝镇蚣坝村供水工程	2010.12	350
369	桥头镇桥头村供水工程	2007.12	300	390	祥霖铺雷洞村供水工程	2010.12	250
370	四马桥镇彭家村供水工程	2007.12	160	391	白马渡集镇泵站扬水工程	2010.12	400
371	桥头镇石马山村供水工程	2007.12	180	392	寿雁镇社尾村供水工程	2010.12	160
372	仙子脚镇自来水厂	2007.12	500	393	营江街道办上汶村供水工程	2010.12	140
373	仙子脚镇分水桥供水工程	2007.12	500	394	道县上关街道郑家村供水工程	2010.12	110
374	寿雁镇丙田村供水工程	2007.12	120	395	道县上关街道七里岗供水工程	2010.12	140
375	乐福堂乡中村坊村供水工程	2008.12	200	396	道县横岭乡水厂	2011.9	252
376	井塘乡井塘村自流引水工	2008.12	140	397	仙子脚镇富明水厂	2011.12	500
377	蚣坝镇丰村洞供水工程	2009.12	200	398	柑子园镇洲子上村供水工程	2011.12	160
378	四马桥周塘营村供水工程	2009.12	140	399	蚣坝镇南塘尾村供水工程	2011.12	100
379	审章塘沙子河村供水工程	2009.12	160	400	审章塘乡莲花宅村供水工程	2011.12	160
380	乐福堂乡龙村供水工程	2009.12	130	401	蚣坝镇光家岭村供水工程	2011.12	160
381	蚣坝镇长江圩供水工程	2009.12	140	402	白芒铺集镇供水工程	2011.12	180
382	桥头镇邓家村供水工程	2009.12	120	403	仙子脚镇罗敏村供水工程	2011.12	150
383	白马渡镇雷家洞村供水工程	2009.12	120	404	寿雁镇山口铺村供水工程	2011.12	250
384	蚣坝镇新油榨供水工程	2010.12	150	405	富塘乡塘背村供水工程	2011.12	160
385	桥头镇坪岗村集中供水工程	2010.12	180	406	营江街道阳乐田社区供水工程	2011.12	120

续表11-4-3

序号	供水工程名称	供水时间	设计供水规模（立方米/天）	序号	供水工程名称	供水时间	设计供水规模（立方米/天）
407	桥头镇丘塘村供水工程	2012.12	160	420	桥头镇坦口村供水工程	2015.12	180
408	蚣坝镇麦子塘村供水工程	2012.12	250	421	蚣坝镇马家岭村供水工程	2015.12	250
409	仙子脚镇齐家湾村供水工程	2012.12	500	422	寿雁镇下龙洞村供水工程	2015.12	250
410	寿雁镇芽洞村供水工程	2012.12	180	423	蚣坝镇莲塘尾村供水工程	2017.12	120
411	东门街道冯家村供水工程	2012.12	130	424	蚣坝镇豹岩村供水工程	2017.12	120
412	白芒铺镇邓家村供水工程	2013.12	100	425	梅花石下渡村供水工程	2018.3	160
413	四马桥镇华山村供水工程	2013.12	180	426	东门街道高车供水工程	2018.3	180
414	梅花镇正鹄村供水工程	2013.12	120	427	祥霖铺镇常青供水工程	2018.4	300
415	营江街道办新屋村供水工程	2013.12	180	428	祥霖铺镇立福洞老村供水工程	2018.4	200
416	仙子脚镇石山脚村供水工程	2014.12	140	429	祥霖铺镇田广洞村供水工程	2018.4	250
417	仙子脚镇洞尾村供水工程	2014.12	250	430	祥霖铺镇白露塘供水工程	2018.4	250
418	白马渡镇古木洞村供水工程	2014.12	120	431	祥霖铺镇两河口供水工程	2018.5	200
419	白马渡镇庙头村供水工程	2015.12	160				
江永县							
432	潇浦镇下界头村供水工程	2005.12	100	439	桃川镇富隆村供水工程	2009.12	80
433	粗石江镇鸡嘴营村供水工程	2007.6	110	440	夏层铺福洞联村供水工程	2010.11	150
434	夏层铺镇下甘棠村供水工程	2007.10	120	441	夏层铺镇洞美村供水工程	2010.12	90
435	桃川镇石枧村供水工程	2007.10	90	442	源口乡黄金山村供水工程	2010.12	150
436	松柏集镇水厂	2008.5	500	443	铜山岭水厂	2011.6	100
437	千家峒乡刘家庄新村饮水工程	2008.10	90	444	源口乡大田村供水工程	2012.12	50
438	松柏乡西栎尾村供水工程	2009.6	110	445	松柏乡枇杷所村供水工程	2013.9	120

续表11-4-3

序号	供水工程名称	供水时间	设计供水规模（立方米/天）	序号	供水工程名称	供水时间	设计供水规模（立方米/天）
446	兰溪集镇水厂	2014.4	450	461	松柏乡兰州水库供水工程	2017.11	250
447	上江圩镇河渊村供水工程	2014.12	130	462	松柏乡石岭村供水工程	2017.11	110
448	夏层铺镇雄川村供水工程	2014.12	110	463	上江圩镇甘益村供水工程	2017.11	200
449	千家峒集镇水厂	2015.5	800	464	松柏乡水美塘村供水工程	2017.11	150
450	源口乡八十工村供水工程	2015.12	120	465	千家峒乡瓦扎湾、中桂村供水工程	2017.11	100
451	上江圩集镇水厂	2015.12	900	466	潇浦镇何家湾供水工程	2017.11	150
452	松柏乡南峰山村供水工程	2015.12	100	467	兰溪乡香花井村供水工程	2017.11	100
453	千家峒乡古源村供水工程	2016.11	200	468	源口乡清溪村供水工程	2017.11	150
454	松柏乡白马村供水工程	2016.11	50	469	夏层铺镇马蹄村供水工程	2017.11	160
455	潇浦镇莲花水库供水工程	2017.11	150	470	上江圩镇桐口村供水工程	2017.11	100
456	源口乡小古漯村供水工程	2017.11	100	471	桃川镇大地坪村供水工程	2017.12	120
457	松柏乡水流界水库供水工程	2017.11	250	472	源口乡古调村供水工程	2018.3	100
458	桃川镇六十工村供水工程	2017.11	110	473	粗石江镇光明村供水工程	2018.3	200
459	松柏乡龙母致村供水工程	2017.11	150	474	夏层铺镇上甘棠供水工程	2018.9	100
460	源口乡清溪源村供水工程	2017.11	100				
江华瑶族自治县							
475	蓬田源农村饮水工程	1992.6	130	483	罗坪自然村饮水工程	2008.7	130
476	大塘背水厂	2003.6	140	484	尖山供水工程	2009.6	19
477	上木源饮水工程	2004.6	110	485	富足村自然村饮水工程	2009.7	100
478	上马石水厂	2005.6	120	486	桥头铺自来水厂	2010.6	700
479	黄泥江水厂	2005.6	150	487	猴山饮水工程	2010.7	150
480	下蒋村自来水	2007.6	300	488	塘湾饮水工程	2010.7	230
481	牛路自然村供水工程	2007.6	100	489	水东村饮水工程	2011.6	140
482	排楼村饮水工程	2008.6	120	490	白沙塘水厂	2012.7	300

续表11-4-3

序号	供水工程名称	供水时间	设计供水规模（立方米/天）	序号	供水工程名称	供水时间	设计供水规模（立方米/天）
491	界牌中心自来水厂	2013.5	150	525	书里村饮水工程	2017.7	141
492	白饭洞水厂	2013.6	130	526	源口水厂	2017.7	380
493	八洞村饮水工程	2014.6	160	527	齐心村自来水工程	2017.7	120
494	泥井村饮水工程	2014.6	120	528	小贝水厂	2017.7	570
495	白芒营第二水厂	2015.6	800	529	凌江村饮水工程	2017.7	108
496	鹅塘集中供水工程	2015.7	150	530	大塘村饮水工程	2017.7	180
497	塘头坪村饮水工程	2016.1	160	531	清塘水厂	2017.7	500
498	林家村饮水工程	2016.2	140	532	西岭村饮水工程	2017.7	144
499	鹧鸪塘村饮水工程	2016.2	170	533	沟边村饮水工程	2017.7	113
500	塘车村饮水工程	2016.2	180	534	高寨村饮水工程	2017.7	120
501	十字饮水工程	2016.6	160	535	十字村饮水工程	2017.7	163
502	伍家寨农村饮水工程	2016.6	100	536	桥头村饮水工程	2017.7	187
503	新石岩饮水工程	2016.7	100	537	小圩社区自来水工程	2017.12	340
504	牛趾窝水厂	2017.1	130	538	源头村自来水工程	2017.12	202
505	庙子源村饮水工程	2017.2	120	539	绣球村自来水工程	2017.12	190
506	黄沙自然村饮水工程	2017.2	140	540	老车村自来水工程	2017.12	140
507	河湾村饮水工程	2017.2	140	541	白竹塘村自来水工程	2017.12	150
508	濠江村饮水工程	2017.2	130	542	骥马塘村自来水项目	2017.12	130
509	枫源村饮水工程	2017.2	140	543	宝昌洞社区自来水项目	2017.12	370
510	塘肚村饮水工程	2017.2	161	544	蔚竹口社区自来水工程	2017.12	200
511	泮水村饮水工程	2017.2	150	545	厚塘村饮水工程	2018.2	100
512	大锡乡水厂	2017.2	230	546	黄石村饮水工程	2018.2	140
513	所城村饮水工程	2017.2	150	547	大鹿冲村饮水工程	2018.2	190
514	竹市村饮水工程	2017.2	210	548	下刘家塘村自来水	2018.6	180
515	瓦窑村饮水工程	2017.2	130	549	新大山口村新寨自然村饮水工程	2018.7	160
516	秀鱼塘村饮水工程	2017.2	180				
517	旦久村饮水工程	2017.2	110	550	岩口村供水工程	2018.7	130
518	蕉源村饮水工程	2017.2	100	551	牛山村饮水工程	2018.7	140
519	珠琅塘村饮水工程	2017.2	130	552	白芒营镇车下村黄二塘自然村饮水工程	2018.12	290
520	大山脚村饮水工程	2017.2	110				
521	草坪村饮水工程	2017.2	120	553	白芒营镇二坝村饮水工程	2018.12	110
522	白牛山村饮水工程	2017.2	190				
523	荷花田村饮水工程	2017.2	190	554	白芒营镇鱼古湾村饮水工程	2018.12	110
524	绣球村饮水工程	2017.5	222				

续表11-4-3

序号	供水工程名称	供水时间	设计供水规模（立方米/天）	序号	供水工程名称	供水时间	设计供水规模（立方米/天）
555	白芒营镇秦岩村秦岩自然村饮水工程	2018. 12	170	557	白芒营镇石碧塘村饮水工程	2018. 12	146
556	界牌乡洪源村饮水工程	2018. 12	340	558	白芒营镇平泽村饮水工程	2018. 12	140
宁远县							
559	禾亭社区周家供水工程	2005. 6	100	577	中和镇友谊桥村供水工程	2014. 12	120
560	太平镇坪石头村供水工程	2006. 12	180	578	文庙街道蛟龙塘村供水工程	2014. 12	145
561	鲤溪镇白兔村白兔供水工程	2007. 12	144	579	文庙街道新车水厂	2014. 12	230
562	冷水镇神下村神下供水工程	2009. 12	516	580	太平镇清水岭村供水工程	2014. 12	217
563	中和镇慕投村集中供水工程	2009. 12	252	581	太平镇妙瑞井村供水工程	2014. 12	150
564	保安乡李亥村供水工程	2009. 12	120	582	水市镇小欧家水厂	2014. 12	910
565	太平镇供水工程	2010. 12	432	583	清水桥镇平田水厂	2014. 12	922
566	清水桥镇田伟村供水工程	2010. 12	276	584	冷水镇琴棋村供水工程	2014. 12	50
567	保安乡黄土岭供水工程	2010. 12	154	585	九疑山乡新塘水厂	2014. 12	144
568	清水桥镇西塘村供水工程	2011. 12	190	586	禾亭镇王朝印村供水工程	2014. 12	178
569	红旗村李家山供水工程	2012. 10	156	587	柏家坪镇刘均申村供水工程	2014. 12	395
570	中和镇坦坝村供水工程	2012. 12	122	588	柏家坪镇礼仕湾小新屋供水工程	2014. 12	480
571	五龙山乡集中供水工程	2012. 12	720	589	中和镇聂家村供水工程	2015. 12	51
572	太平镇水便村供水工程	2012. 12	264	590	中和镇何家山联村供水工程（何家山、排楼屋、荒塘）	2015. 12	170
573	棉花坪乡供水工程	2012. 12	127				
574	保安乡坦头岩村供水工程	2012. 12	98	591	太平镇石门山村供水工程	2015. 12	180
575	柏家坪镇双井圩供水工程	2012. 12	173	592	太平镇排楼下村供水工程	2015. 12	192
576	中和镇保和联村供水工程	2014. 12	120	593	太平镇杨家坪村供水工程	2015. 12	216

续表11-4-3

序号	供水工程名称	供水时间	设计供水规模（立方米/天）	序号	供水工程名称	供水时间	设计供水规模（立方米/天）
594	太平镇下谢家村供水工程	2015.12	156	614	太平镇张公井村洞尾供水工程	2017.12	136
595	太平镇毛坪头村供水工程	2015.12	132	615	水市镇柜林村沙落坝供水工程	2017.12	92
596	仁和镇大石洞村供水工程	2015.12	156	616	水市镇天堂山村供水工程	2017.12	215
597	鲤溪镇柏万城村下柏万城供水工程	2015.12	120	617	水市镇大界村供水工程	2017.12	276
598	九嶷山乡太平村供水工程	2015.12	143	618	仁和镇冯石村供水工程	2017.12	193
599	保安乡盐田供水工程	2015.12	98	619	鲤溪镇快乐洞村快乐洞供水工程	2017.12	120
600	保安乡黄梅洞水厂	2015.12	535	620	冷水镇梅翠村供水工程	2017.12	50
601	柏家坪镇左家村供水工程	2015.12	187	621	冷水镇山脚村上山脚供水工程	2017.12	102
602	桐木漯乡供水工程	2016.12	100	622	冷水镇玉屏新村老张家供水工程	2017.12	145
603	太平镇坪下村老坪下供水工程	2016.12	228	623	九疑山乡龙坪村供水工程	2017.12	201
604	水市镇腊树脚供水工程	2016.12	156	624	禾亭镇富村供水工程	2017.12	132
605	仁和镇社高丰村社旺供水工程	2016.12	120	625	禾亭镇和谐村老烟竹供水工程	2017.12	131
606	鲤溪镇枫木山村供水工程	2016.12	110	626	禾亭镇朝阳村供水工程	2017.12	199
607	鲤溪镇瓜石村供水工程	2016.12	216	627	保安镇中心铺村供水工程	2017.12	118
608	鲤溪镇杉木坪村杉木坪供水工程	2016.12	129	628	保安镇三合村黄家坝供水工程	2017.12	106
609	禾亭镇石城村供水工程	2016.12	275	629	清水桥镇谢家村太平铺供水工程	2018.12	132
610	太平镇白土村老白土供水工程	2017.12	132	630	冷水镇奉佳山村供水工程	2018.12	144
611	太平镇土桥头村供水工程	2017.12	348	631	柏家坪镇郑古元村供水工程	2018.12	146
612	太平镇上谢家村供水工程	2017.12	240	632	柏家坪镇都喜村都堂岭丹村供水工程	2018.12	113
613	太平镇九十四村供水工程	2017.12	372				
新田县							

续表11-4-3

序号	供水工程名称	供水时间	设计供水规模（立方米/天）	序号	供水工程名称	供水时间	设计供水规模（立方米/天）
633	枧头集镇集中供水工程	2009.6	500	654	星塘村供水工程	2017.12	150
634	十字乡集中供水工程	2012.2	200	655	大利村供水工程	2017.12	138
635	洞心村供水工程	2017.12	253	656	沙田村（沙田村、张家湾村）供水工程	2017.12	200
636	大岭脚村供水工程	2017.12	150	657	平乐脚村供水工程	2017.12	175
637	山田湾村供水工程	2017.12	270	658	永新村供水工程	2017.12	229
638	火柴岭村供水工程	2017.12	174	659	云砠下村供水工程	2017.12	120
639	周家山村供水工程	2017.12	285	660	洞水村供水工程	2017.12	150
640	小塘村供水工程	2017.12	130	661	大山铺村供水工程	2017.12	180
641	大坪村供水工程	2017.12	190	662	大坪头村供水工程	2017.12	150
642	砠湾村供水工程	2017.12	100	663	山下村供水工程	2017.12	200
643	罗家坪村供水工程	2017.12	150	664	唐家村供水工程	2017.12	90
644	古牛岗村供水工程	2017.12	225	665	云砠下集中供水工程	2017.12	112
645	潮水铺村供水工程	2017.12	100	666	新隆镇龙会塘村供水工程	2018.10	110
646	贺家村供水工程	2017.12	200	667	枧头镇集中供水工程改造及维修	2018.11	880
647	马场岭村供水工程	2017.12	236	668	枧头镇桑梓村（桑田村）供水工程	2018.11	102
648	三水村（三源头、水车洞村）供水工程	2017.12	300	669	金盆镇徐家村供水工程	2018.11	147
649	云溪欧家村供水工程（新屋、老屋）	2017.12	250	670	金盆镇李仟二村供水工程	2018.11	129
650	大元冲村供水工程(矮家冲村、黄粟皮村)	2017.12	90	671	大坪塘镇龙井塘村供水工程	2018.11	102
651	梧村供水工程	2017.12	150	672	大坪塘镇留家田村供水工程	2018.11	103
652	骆铭孙村供水工程	2017.12	460	673	大坪塘镇枇杷窝村（大冲村）供水工程	2018.11	80
653	陈继村供水工程	2017.12	160	674	龙泉镇小步岭村、官富塘村(秀富里村)供水工程	2018.11	123

续表11-4-3

序号	供水工程名称	供水时间	设计供水规模（立方米/天）	序号	供水工程名称	供水时间	设计供水规模（立方米/天）
675	三井镇高峰村（长峰）供水工程	2018.11	80	694	新隆镇龙会寺村供水工程	2018.11	203
676	三井镇茂家村（茂家村）供水工程	2018.11	80	695	石羊镇国塘村（塘罗村）供水工程	2018.11	192
677	龙泉镇洞源村供水工程	2018.11	91	696	三井镇小坪塘村供水工程	2018.11	80
678	新圩镇万年村供水工程	2018.11	102	697	金陵镇大元冲村供水工程	2018.11	181
679	龙泉镇过肥田村供水工程	2018.11	103	698	金陵镇山林岗村供水工程	2018.11	108
680	大坪塘镇草坪村供水工程	2018.11	106	699	金陵镇磨刀岭村供水工程	2018.11	102
681	金盆镇集中供水工程	2018.11	206	700	龙泉镇秀岭水村供水工程	2018.11	125
682	三井镇丰美塘村（山美村）供水工程	2018.11	145	701	龙泉镇黄沙溪村供水工程	2018.11	138
683	大坪塘镇土桥坪村供水工程	2018.11	149	702	龙泉镇上车村供水工程	2018.11	103
684	大坪塘镇大坪塘村供水工程	2018.11	314	703	大坪塘镇冷水塘村供水工程	2018.11	130
685	龙泉镇龙华村供水工程	2018.11	171	704	骥村镇肥源村供水工程	2018.11	88
686	骥村镇下槎村（槎源村）供水工程	2018.11	211	705	金陵镇千马坪村供水工程	2018.11	127
687	新圩镇大窝岭村（道塘村）供水工程	2018.11	134	706	清水湾供水工程	2019.5	330
688	金盆镇光辉村供水工程	2018.11	120	707	骆佰二村供水工程	2019.5	180
689	枧头镇水楼脚村供水工程	2018.11	141	708	合福坊村供水工程	2019.5	135
690	三井镇石坠村及原茂家圩上供水工程	2018.11	166	709	大历县村供水工程	2019.5	137
691	大坪塘镇齐家村（定家村）供水工程	2018.11	213	710	龙脉塘村供水工程	2019.5	87
692	大坪塘镇花岭咀村（龙溪村）供水工程	2018.11	201	711	金陵圩供水工程	2019.5	520
693	陶岭镇陶市村供水工程	2018.11	144	712	小明路村供水工程	2019.5	100
蓝山县							
713	毛俊镇毛俊村自流引水供水工程	2006.12	320	714	塔峰镇小泉村供水工程	2008.12	170

续表11-4-3

序号	供水工程名称	供水时间	设计供水规模（立方米/天）	序号	供水工程名称	供水时间	设计供水规模（立方米/天）
715	新圩镇大塘村供水工程	2009. 11	110	736	楠市芹菜村单村供水工程	2015. 11	200
716	毛俊镇秧田冲供水工程	2009. 11	220	737	楠市水厂扩建工程	2015. 11	780
717	新圩镇新圩水厂扩建	2009. 11	270	738	太平上奎村单村供水工程	2015. 11	150
718	太平乡水厂一期	2009. 12	220	739	楠市镇正市集中供水工程扩建	2015. 11	170
719	太平乡水厂续建	2010. 11	230	740	土市锡楼单村供水工程扩建	2015. 12	200
720	新圩镇毛江供水工程	2010. 11	680	741	舜源街道办界头村供水工程	2016. 11	170
721	火市供水工程	2011. 11	150	742	楠市镇上下村供水工程	2016. 12	170
722	所城填大麻联云集中供水工程	2011. 11	140	743	楠市镇熊家村供水工程	2016. 12	170
723	太平梅溪黑山脚集中供水工程	2011. 11	220	744	舜源街道办成家村供水工程	2016. 12	150
724	新圩镇杨家坊联合集中供水工程	2011. 12	380	745	犁头乡毛粟村供水工程	2016. 12	130
725	土市水厂	2012. 11	620	746	土市镇塔溪村供水工程	2017. 11	140
726	祠堂圩东毛山联合供水工程	2012. 11	200	747	楠市镇甘溪村单村供水工程	2017. 11	220
727	毛江水厂续建工程	2012. 11	460	748	塔峰镇两江口村供水工程	2017. 11	130
728	毛俊沙溪井头集中供水工程	2012. 11	170	749	楠市镇环连村供水工程	2017. 11	150
729	土市水厂二期	2012. 12	450	750	土市三广村供水工程	2017. 11	100
730	大桥乔市联合供水工程	2012. 12	470	751	塔峰镇源桐星村供水工程	2018. 11	150
731	新圩水厂改建	2013. 11	330	752	塔峰镇南平社区六甲村供水工程	2018. 11	160
732	祠堂圩乡蓝屏水厂扩建工程	2013. 11	560	753	毛俊镇杨家洞供水工程	2018. 11	130
733	竹管寺镇白鸬洞集中供水工程（二期）	2014. 11	620	754	土市镇洞头村供水工程	2018. 11	110
734	蓝屏水厂续建（二期）	2014. 11	250	755	土市八五供水工程	2018. 11	120
735	太平观洞村单村供水工程	2015. 11	150				

续表11-4-3

序号	供水工程名称	供水时间	设计供水规模（立方米/天）	序号	供水工程名称	供水时间	设计供水规模（立方米/天）
金洞管理区							
756	金洞集镇供水工程	1997.2	400	763	凤凰乡长吉村供水工程	2015.10	200
757	金洞林场凤凰供水工程	2006.11	200	764	金洞镇白泡廻村友胜片供水工程	2015.10	160
758	上司源乡供水工程	2008.11	200	765	石鼓源乡西岭坳村供水工程	2017.9	220
759	晒北滩瑶族乡集镇供水工程	2009.10	150	766	金洞镇小金洞村巩固提升工程	2017.9	150
760	白果市集中供水工程	2010.11	180	767	金洞镇白沙凼村巩固提升工程	2017.9	100
761	凤凰乡陶家村单村供水工程	2015.9	260	768	凤凰乡旭日洞村供水工程	2017.10	200
762	石鼓源乡楠冲源村单村供水工程	2015.9	120				
回龙圩管理区							
769	新风村供水工程	2013.9	170	771	兴隆村饮水工程	2018.5	100
770	岩口塘联村集中供水工程	2015.5	770				

2019年永州市农村水电站名录

表11-4-4

序号	电站名称	所在河流	总装机容量（千瓦）	投产时间	序号	电站名称	所在河流	总装机容量（千瓦）	投产时间
冷水滩区									
1	太洲水电站	湘江	25000	2010.12	3	岭口水库电站	石溪江	375	1978.6
2	樟木氹	芦洪江	1000	1982.12	4	山口水库电站	石溪江	320	2003.1
零陵区									
5	五洲亭水电站	湘江	6400	2005.3	12	石坝仔水电站	石期河	1450	1987.3
6	五星水电站	石期河	3600	1984.8	13	茶乙湾水电站	贤水河	1360	2007.7
7	鱼乐江一级水电站	石期河	3500	2001.5	14	东溪江水电站	石期河	1260	2007.3
					15	潮水江电站	石期河	1260	2003.5
8	黄溪河三级电站	黄溪河	3150	2011.5	16	杉木坳水电站	黄溪河	1250	2005.1
9	黄溪河二级水电站	黄溪河	3000	2014.4	17	老坝塘幸福电站	石期河	1100	2016.5
10	邓家湾水一级电站	桴江河	1580	1986.12	18	茨头江水电站	贤水河	1050	2009.3
11	洛里口水电站	黄溪河	1500	2005.7	19	四仙岩三级水电站	石期河	1040	1975.8

续表11-4-4

序号	电站名称	所在河流	总装机容量（千瓦）	投产时间	序号	电站名称	所在河流	总装机容量（千瓦）	投产时间
20	搞茶背水电站		1000	2007. 12	29	炭木桥水电站	青石江	500	—
21	向阳坝水电站	石期河	1000	2009. 5	30	大文洞水电站	贤水河	500	2005. 8
22	胡家园水电站	石期河	1000	2006. 12	31	刘家桥水电站	黄溪河	410	2007. 12
23	阿凼里水电站	石期河	800	2002. 12	32	桴江坝水电站	桴江河	320	2005. 3
24	鱼乐江二级水电站	石期河	750	2003. 12	33	福田水电站	黄溪河	285	1983. 9
					34	岩门前水电站	石期河	250	2005. 7
25	江源水电站（四仙岩二级）	石期河	750	2008. 12	35	花山岭水电站	青石江	200	2004. 6
26	四仙岩一级水电站	石期河	750	2005. 6	36	杉木冲（大木源）水库电站	黄溪河	200	2012. 3
27	楠木源水电站	青石江	640	2008. 12	37	小木口水电站	黄溪河	160	1982. 9
28	邓家湾二级电站	桴江河	600	1993. 12	38	中江坝水电站	石期河	75	2002. 7
祁阳县									
39	内下二级电站	大黄溪河	27000	1985. 4	55	石洞源水电站	周家水	500	1979. 7
40	人民水电站	白水	6000	1976. 12	56	茶柳园一级电站	昌木套河	400	2005. 8
41	内下一级水电站	大黄溪河	5200	1995. 4	57	春华电站	祁水河	400	1998. 9
42	大江一级水电站	昌木套河	3000	1972. 9	58	华湘电站	祁水河	375	1998. 9
43	蒋家台水电站	昌木套河	3000	2005. 4	59	高拱桥电站	九渡水	375	1997. 5
44	内下三级水电站	大黄溪河	2500	1980. 2	60	翔宏电站	祁水河	375	1999. 12
45	大江二级水电站	昌木套河	1750	1976. 7	61	冷水江电站	祁水河	375	1999. 11
46	茶柳园二级水电站	昌木套河	1200	2005. 12	62	宏发电站	祁水河	375	2002. 4
47	棕树坪电站	昌木套河	1130	1998. 5	63	落塘山电站	祁水河	375	2002. 10
48	两江水电站	白水	1000	2002. 8	64	群力电站	祁水河	325	1999. 11
49	大忠电站	黄花河	640	1983. 6	65	联谊电站	泥河	250	2002. 3
50	老屋冲电站	祁水河	540	1980. 6	66	九渡电站	九渡水	250	2002. 9
51	杨家湾电站	白水	500	1992. 7	67	狮子口电站	白水	200	2002. 8
52	双江口电站	祁水河	500	1998. 12	68	金华电站	金竹山水	180	2001. 8
53	茶柳园四级电站	昌木套河	500	2005. 4	69	邓家岭电站	金竹山水	100	2004. 8
54	良基滩电站	祁水河	500	2000. 9					
东安县									
70	湘江水电站	湘江	23400	1978. 9	75	玉陛源水电站	扬江河	1500	2004. 6
71	高岩水库电站	紫水河	5560	1994. 12	76	坝头水电站	紫水河	1500	2006. 8
72	舜皇山水电站	扬江河	2000	1993. 8	77	松江水库电站	赤皮源水	1320	1978. 12
73	金江水库电站	西涧河	1725	1976. 6	78	金达水电站	西涧河	1200	2008. 8
74	芦江水库水电站	芦洪江	1600	在建	79	玉陛源一级水电站	扬江河	1050	2005. 11

续表11-4-4

序号	电站名称	所在河流	总装机容量（千瓦）	投产时间	序号	电站名称	所在河流	总装机容量（千瓦）	投产时间
80	紫江河坝电站	紫水河	1040	1992.5	105	老龙江电站	紫水河	400	2006.5
81	金鸡岭水电站	扬江河	1000	1994.12	106	关家冲电站	紫水河	400	2005.2
82	扬江河坝电站	扬江河	1000	1998.4	107	柳河冲电站	扬江河	400	2005.9
83	清水湾电站	石期河	1000	1988.8	108	交林江电站	川岩水	400	2005.9
84	紫云山电站	紫水河	900	2005.4	109	皂洲电站	紫水河	375	1987.8
85	平江电站	扬江河	820	1994.4	110	双华水电站	石期河	360	2006.11
86	潮水电站	紫水河	800	2006.11	111	冷水冲电站	芦洪江	360	2004.11
87	白米寨电站	龙井水	760	1992.11	112	雷子冲电站	龙井水	360	2009.1
88	紫水五坝电站	紫水河	750	1992.5	113	银山背水电站	紫水河	360	2005.7
89	湘江水轮泵电站	湘江	735	1987.11	114	石龙江电站	紫水河	320	2004.11
90	舜皇源电站	扬江河	720	2004.11	115	卜涛江电站	紫水河	320	2006.8
91	文家冲电站	龙井水	700	1995.1	116	东江水电站	芦洪江	300	2007.6
92	皂水凼电站	西涧河	640	1995.2	117	紫水三坝电站	紫水河	250	1999.8
93	长虹电站	扬江河	570	2005.4	118	八丘电站	石期河	250	2005.1
94	柳山电站	龙井水	500	2004.11	119	紫水一坝电站	紫水河	200	1986.7
95	三江水电站	紫水河	500	2005.4	120	紫水二坝电站	紫水河	200	1994.1
96	六仕町电站	紫水河	500	2005.6	121	荷叶塘电站	紫水河	165	1989.1
97	杨梓洞电站	芦洪江	500	2005.11	122	高江电站	川岩水	160	1997.8
98	两岔江电站	扬江河	500	2005.1	123	塘旁边水电站	紫水河	155	1985.1
99	大江边电站	紫水河	500	2009.4	124	塘复电站	紫水河	155	1988.11
100	下界头电站	赤皮源水	480	2003.9	125	双江水库电站	扬江河	125	1984.4
101	塘家电站	紫水河	450	2005.5	126	紫水四坝电站	紫水河	110	1998.6
102	平水江电站	扬江河	450	2006.3	127	新圩江水电站	芦洪江	110	1994.7
103	朱家冲电站	龙井水	410	2003.11	128	源尾坝电站	龙溪河	110	1988.1
104	栗木冲电站	芦洪江	400	2003.1	129	永发水电站	芦洪江	110	2003.6
双牌县									
130	五里牌电站	潇水河支流	45000	2011.7	138	两江口水电站	麻江	4750	1978.12
131	阳明山二级水电站	桴江	25000	2004.3	139	横江二级水电站	横江	4070	2012.3
132	马家水库电站	社江	8630	2012.12	140	长岭水电站	贤水	4000	2013.1
133	何家洞水电站	贤水	8000	2013.1	141	天坪水电站	麻江	3750	2009.7
134	永江四级水电站	永江	6400	2009.4	142	杉木滩水电站	桴江	3130	2016.8
135	黑漯河二级水电站	桴江	5800	2008.3	143	永江三级水电站	永江	3000	2009.2
136	珍珠水电站	麻江	5250	2006.7	144	黑漯河三级水电站	桴江	2060	2008.3
137	罗皇庙水电站	桴江	5000	2009.8	145	岚江水电站	岚江	2060	2013.1

续表11-4-4

序号	电站名称	所在河流	总装机容量（千瓦）	投产时间	序号	电站名称	所在河流	总装机容量（千瓦）	投产时间
146	野猪江水电站	贤水	1890	2007.7	164	奉家水电站	贤水	1050	2012.3
147	单江水电站	单江	1800	1979.9	165	天子山水电站	桴江	1030	2006.1
148	杨柳湾水电站	贤水	1800	1995.3	166	朝富水电站	永江	1000	2003.1
149	黄江源水电站	麻江	1800	2008.1	167	李家水电站	贤水	1000	2007.9
150	永江二级水电站	永江	1680	2017.12	168	水竹山电站	贤水	1000	2008.12
151	罗卜江电站	贤水	1580	2015.1	169	大坪水电站	贤水	800	2007.8
152	粗石江水电站	贤水	1500	2006.12	170	黄柏山水电站	贤水	800	2008.12
153	湘江湾水电站	社江	1500	2005.1	171	潘家漯水电站	社江	800	2008.6
154	黑漯河一级水电站	桴江	1430	2007.12	172	牟江一级水电站	牟江	765	2014.9
155	北江口水电站	麻江	1400	2008.7	173	牟江二级水电站	牟江	765	2014.9
156	横江一级水电站	横江	1320	2012.3	174	燕子岩水电站	贤水	750	2006.7
157	塔江漯水电站	横江	1320	2006.1	175	江边院水电站	岚江	750	2007.8
158	永江一级水电站	永江	1320	2005.2	176	前进水电站	潇水河支流	725	1970.12
159	低头江水电站	贤水	1250	1986.7	177	双江口电站	社江	525	1976.12
160	盘家洞水电站	永江	1250	2009.6	178	金海一级（银丰）水电站	宜阳	500	2008.6
161	羊角山电站	贤水	1130	2008.12	179	金海三级水电站（金丰）	宜阳	500	2008.6
162	大湾里一级	桴江	1050	2007.6	180	向阳水电站	向阳	250	1977.3
163	蒋家洞水电站	贤水	1050	2012.3	181	双华一级水电站	单江	225	2009.7
道县									
182	五洲水电站	潇水	12000	2011.1	193	坦里源水电站	濂溪河	2060	2005.10
183	新向阳坝水电站	潇水	7000	2007.10	194	湘源锡矿水电站	蚣坝河	1975	2005.12
184	两岔河水电站	两岔河	6000	1998.12	195	杰仕口水电站	大洞田河	1890	2004.12
185	虎目脑水电站	垚子头河	5000	2004.12	196	幸福洞水电站	濂溪河	1890	2005.10
186	牛栏洞水电站	蚣坝河	4500	2004.12	197	萝卜滩水电站	两岔河	1850	2005.12
187	楠竹道水电站	两岔河	3600	2004.12	198	上坝水库左岸水电站	宜水	1760	1982.12
188	岔河口水电站	垚子头河	3200	2011.12	199	乐福堂库尾水电站	沐福堂河	1660	2009.11
189	东江脚水电站	蚣坝河	3000	2005.12	200	跳鱼台水电站	宜水	1600	1999.12
190	桐溪尾水电站	永明河	3000	2014.12	201	毛栗冲水电站	两岔河	1500	2004.12
191	陆洲水轮泵水电站	潇水	2800	1973.4	202	道县东江岔水电站	两岔河	1500	2006.12
192	陡山湾水电站	两岔河	2400	2005.12	203	白石塘电站	蚣坝河	1440	2006.5

续表11-4-4

序号	电站名称	所在河流	总装机容量（千瓦）	投产时间	序号	电站名称	所在河流	总装机容量（千瓦）	投产时间
204	上坝水库电站	宜水	1280	1982. 12	234	晏家田	潇水	625	1970. 12
205	凤仙岭水电站	垚子头河	1260	2008. 12	235	马江瑶电站	挑花井河	600	2009. 12
206	金源水电站	宜水	1260	1999. 11	236	宏源（金狮庵）电站	蚣坝河	600	1978. 12
207	大坪水电站	大棚江河	1250	2005. 12	237	畔塘电站	罗敏河	600	2007. 12
208	同海山水电站	宁远河	1200	2006. 10	238	洲子上水电站	宁远河	535	2008. 11
209	大理坪水电站	蚣坝河	1200	2009. 11	239	团结坝电站	宜水	525	2008. 8
210	小河边电站	平山河	1175	2004. 6	240	联合电站	龙村河	500	1978. 12
211	何家乡电站	新龙塘河	1130	2005. 8	241	白果树电站	蚣坝河	480	2005. 8
212	廊洞电站	宜江河	1110	1978. 12	242	插花冲水电站	蚣坝河	480	2006. 10
213	牛郎坪一级水电站	大棚江河	1000	2004. 12	243	沙田水库坝后水电站	罗敏河	480	1976. 10
214	豪光水电站	潇水	1000	2005. 9	244	卜石塘电站	蚣坝河	400	2007. 11
215	黄泥田水电站	大棚江河	1000	2004. 12	245	沙子冲电站	沙子冲河	400	2008. 12
216	车子江水电站	垚子头河	1000	2005. 12	246	梁木树电站	蚣坝河	400	2006. 12
217	凤仙岭二级水电站	新龙塘河	1000	2007. 11	247	小甲冲电站	垚子头河	375	2006. 11
218	刘家坝水电站	宁远河	960	2008. 12	248	跳山塘电站	蚣坝河	360	2005. 5
219	楠竹坪电站	大洞田河	900	2010. 11	249	张家电站	新龙塘河	320	2005. 5
220	龙村电站	龙村河	840	1982. 6	250	隆鑫电站	新龙塘河	320	2005. 10
221	云溪水库电站	濂溪河	800	2000. 12	251	龙潭电站	蚣坝河	320	2005. 7
222	蒋包水电站	蒋包溪	750	2008. 5	252	水牛塘电站	新龙塘河	320	2005. 10
223	棉竹江电站	棉竹江河	720	2006. 12	253	正冲（白水冲）电站	沙子冲河	320	2004. 10
224	同禾田电站	棉竹江河	720	2008. 9	254	新村电站	宜水	300	2006. 12
225	银湖（天域）水电站	新龙塘河	720	2005. 11	255	清明田电站	新龙塘河	300	1979. 12
226	夹板桥水电站	蚣坝河	700	2004. 7	256	肖家坪水电站	两岔河	300	2006. 11
227	道县清水塘水电站	罗敏河	650	2019. 12	257	永兴电站	宜水	250	2007. 10
228	乐福堂坝后电站	沐福堂河	650	1978. 12	258	合利电站	濂溪河	200	2005. 7
229	深海电站	新龙塘河	650	2009. 12	259	坪地口水电站	两岔河	200	2007. 5
230	大棚江水电站	大棚江河	650	2008. 10	260	油湘桥右岸水电站	九嶷河	180	1998. 7
231	小棚江水电站	大棚江河	650	2010. 12	261	大冲源电站	两岔河	150	2014. 12
232	摩天岭水电站	新龙塘河	650	2014. 12	262	郭家电站	新龙塘河	125	2007. 12
233	金鸡坝水电站	宜水	640	2005. 12					

续表11-4-4

序号	电站名称	所在河流	总装机容量（千瓦）	投产时间	序号	电站名称	所在河流	总装机容量（千瓦）	投产时间
江永县									
263	古宅一级水电站	永明河	5000	2000.11	278	七公岭水电站	恭城河	1130	1992.10
264	源口水电站	恭城河	4800	1988.12	279	城下水电站	恭城河	1120	2008.7
265	小古源水电站	小古源	4000	2007.12	280	古宅三级水电站	永明河	1030	2005.12
266	白俸水电站	白沙源	3750	2009.6	281	大漠头水电站	马河	1000	2004.6
267	深冲水电站	大畔源	2520	2005.5	282	鸡爪坪水电站	清溪源	1000	2005.6
268	大溪源水电站	大远河	2400	2004.12	283	江源水电站	汉江源	1000	2012.10
269	古宅二级水电站	永明河	1890	1998.11	284	源口四级水电站	恭城河	1000	1999.4
270	下江源水电站	大远河	1430	2004.12	285	盘山水电站	永明河	820	2006.12
271	朝阳水电站	恭城河	1430	1976.12	286	源口五级水电站	秀水河	800	2005.10
272	大古源水电站	大古源	1320	2007.3	287	红石源水电站	永明河	800	2005.12
273	一字山水电站	恭城河	1300	1977.10	288	冻源江水电站	冻源江	800	2007.12
274	上木源水电站	大远河	1260	2005.1	289	老屋地电站	大源	650	2016.10
275	大源水电站	大源	1260	2007.2	290	正冲水电站	大远河	640	2006.12
276	利田水电站	马河	1200	2007.3	291	古宅四级水电站	永明河	600	2005.12
277	江河电站	永明河	1160	2017.10					
江华瑶族自治县									
292	大林江电站	潇水	39140	2009.12	309	上务江四级水电站	上务江河	2000	2004.12
293	沱江水电站	潇水	12800	在建	310	麻江源水电站	香草河	2000	2005.12
294	流车源二级电站	流车源	5000	2009.12	311	金辉一级水电站	中河	2000	2005.6
295	黄茶坪电站	凌江河	4460	2005.7	312	金田水电站	后河	2000	2006.4
296	连华电站	凌江河	3830	2008.6	313	打板寮水电站	螃蟹木	2000	2005.12
297	桐冲口扩容水电站	麻江河	3760	2004.12	314	长冲口电站	上务江河	1900	1990.12
298	饭滩水电站	大桥河	3750	2006.6	315	田坪电站	中河	1900	1999.12
299	飞凤水电站	后河	3200	2005.4	316	白石水电站	安宁河	1890	2003.9
300	石良坪水电站	麻江河	3000	2003.12	317	上务江二级水电站	上务江河	1890	2004.12
301	葫芦岩水电站	老鼠岩	3000	2005.7	318	庙子口水电站	香草河	1890	2005.12
302	香草河水电站	香草河	2800	2004.12	319	山冲水电站	大锡河	1890	2005.1
303	欧菜坪水电站	麻江河	2500	2002.12	320	龙塘水电站	蒋家河	1760	2004.12
304	婆婆源水电站	香草河	2500	2004.12	321	漕滩新兴电站	安宁河	1580	—
305	流车源四级电站	流车源	2500	2010.12	322	山门水电站	麻江河	1580	2002.12
306	流车源三级水电站	流车源	2500	2005.12	323	兴发电站	凌江河	1450	1998.11
307	长田水电站	岭东河	2400	2004.10	324	新村水电站	岭东河	1400	2004.6
308	瑶人坪水电站	后河	2000	2000.6	325	正源冲一级水电站	正源冲	1400	2006.12

续表11-4-4

序号	电站名称	所在河流	总装机容量（千瓦）	投产时间
326	羊岩二级水电站	潇水	1300	2007.7
327	梁何水电站	中河	1260	2006.3
328	门湾水电站	麻江河	1260	2004.12
329	大冲卡电站	大冲卡河	1260	1998.12
330	黄沙二级电站	黄沙河	1260	2006.12
331	牛皮湾电站		1260	2015.5
332	大田水电站	凌江河	1260	2001.1
333	祥兴电站	春头源	1210	2005.12
334	杉木源水电站	春头源	1200	2005.12
335	小龙电站	小龙河	1200	2002.12
336	钓鱼槽水电站	蒋家河	1130	2004.12
337	龙发水电站	贝江河	1050	2005.3
338	龙湾水电站	中河	1050	2006.12
339	前座水电站	麻江河	1030	2006.12
340	羊岩电站	邬龙河	1005	2007.7
341	蒋家河长冲水电站	蒋家河	1000	2005.12
342	上务江一级水电站	上务江河	1000	2002.12
343	未竹口水电站	贝江河	1000	2003.6
344	苗竹湾水电站	岭东河	1000	2004.12
345	狮子头电站	螃蟹木	1000	2008.12
346	飞龙电站	濠江河	980	2009.12
347	小山冲电站	大锡河	960	2002.12
348	马井电站	贝江河	960	2005.7
349	兴安电站	大锡河	950	2014.10
350	光明电站	贝江河	880	1979.10
351	米桶窝电站	老鼠岩	870	2006.12
352	小朋电站	小朋冲	850	2008.12
353	春阳电站	贝江河	840	2004.11
354	螃蟹木二级电站	螃蟹木	840	2006.1
355	春头源电站	春头源	820	1999.12
356	龙窝电站	贝江河	820	2005.12
357	仙龙电站	贝江河	820	2004.12
358	东冲电站	岭东河	800	2003.3
359	龙溪电站	贝江河	800	2004.12
360	田冲河电站	田冲河	800	2004.12
361	叶华三级电站	后河	800	2005.2
362	落阳冲电站	后河	800	2005.4
363	正源冲二级电站	正源冲	800	2006.12
364	滑油电站	濠江河	800	2007.12
365	竹安电站	大锡河	800	2008.5
366	金辉二级水电站	后河	750	2006.3
367	石龙电站	大锡河	720	2006.1
368	犁江电站	大锡河	720	2006.1
369	秀马电站	花江洞河	720	2006.12
370	黄沙一级电站	黄沙河	720	2007.12
371	龙潭电站	樟佑冲	705	2004.12
372	龙旺电站	贝江河	660	2004.12
373	春江电站	春头源	650	2006.3
374	蕉叶坪电站	岭东河	650	2006.12
375	康宏电站	鱼晒冲	650	2007.12
376	团结电站	岭东河	640	1999.10
377	鱼晒电站	鱼晒冲	640	2000.12
378	水井电站	安宁河	640	2002.12
379	深冲二级电站	深冲	640	2006.12
380	螃蟹木一级电站	螃蟹木	640	2006.1
381	梁友电站	中河	640	2007.12
382	秧田湾电站	贝江河	570	2007.1
383	香草源电站	香草河	570	2007.12
384	顺天电站	麻江河	560	2002.12
385	民主冲电站	潇水	520	2016.9
386	未竹冲电站	贝江河	520	2003.8
387	大湾井电站	竹瓦河	520	2018.12
388	大码头水电站	岭东河	500	2003.5
389	叶华二级电站	后河	500	2005.12
390	竹瓦电站	麻江河	500	2006.12
391	中信电站	凌江河	500	2006.12
392	中央冲电站	中河	485	2002.5
393	黄塘冲水电站	黄塘冲	480	2000.2

续表11-4-4

序号	电站名称	所在河流	总装机容量（千瓦）	投产时间	序号	电站名称	所在河流	总装机容量（千瓦）	投产时间
394	小龙二级电站（爽底冲电站）	小龙河	480	2007.7	413	竹坪电站	大桥河	300	2001.3
395	代冲口电站	大锡河	480	2005.1	414	小边河电站	大桥河	285	2004.7
396	沅田电站	郇龙河	460	2003.3	415	蒋家坝电站	岭东河	250	1992.11
397	杉木口电站	濠江河	445	2014.12	416	小江电站	安宁河	250	1988.3
398	洋涓电站	洋涓冲	410	2002.12	417	深冲电站	深冲	250	2002.5
399	公九冲电站	贺江	410	2005.10	418	大龙电站	潇水	250	2003.1
400	草岭电站	西河	400	2014.12	419	书里水电站	岭东河	250	1973.9
401	黄金坝电站	大锡河	375	2006.1	420	码铃冲电站	潇水	250	2005.6
402	西河源电站	西河	360	2005.7	421	东水源一级电站	东水源	215	1986.8
403	下湾电站	大锡河	360	2005.10	422	大水冲电站	郇龙河	200	2004.8
404	马鹿洞电站	马鹿洞河	360	2005.11	423	苦竹冲电站	岭东河	180	2004.12
405	月亮水电站	大锡河	360	2008.5	424	东水源电站	东水源	160	1981.10
406	金滩电站	安宁河	325	2002.2	425	两岔河电站	岭东河	125	1980.5
407	兰江电站	麻江河	325	2006.4	426	四角山电站	四角山河	125	2005.9
408	灯草电站	岭东河	325	2007.4	427	将军冲电站	将军冲	125	2006.6
409	大湾冲电站	潇水	320	2001.2	428	开源冲电站	开源冲	100	1979.4
410	西流冲电站	潇水	320	2001.10	429	下高浪电站	贝江河	75	1973.10
411	阳光电站	贝江河	320	2004.7	430	荆村电站	岭东河	75	2014.12
412	黄皮冲电站	潇水	305	1999.5					
				宁远县					
431	九疑山电站	九嶷河	15050	1980.5	442	黄花源水电站	泠江河	2000	2007.6
432	住龙门水电站	九嶷河	9600	2011.5	443	西江源一级水电站	癞塘河	1800	2009.3
433	牛头江水电站	别江河	8400	2012.5	444	水市水库电站	九嶷河	1660	1970.12
434	荞麦花水电站	九嶷河	5800	2008.1	445	河底坪电站	河底河	1600	2009.5
435	大紫荆水电站	别江河	2400	2012.12	446	双龙水库电站	西春水河	1500	1973.10
436	曹家滩水电站	宁远河	2400	2008.3	447	麦里江电站	泠江河	1500	2005.11
437	西江源二级电站	癞塘河	2380	2009.5	448	鑫丰电站（小马颈电站）	大江洲河	1350	2007.7
438	别江口水电站	别江河	2230	2007.1	449	母江河一级电站	九嶷河	1300	2009.5
439	鲁观电站（三亩田水电站）	小江冲河	2080	2007.5	450	母江河三级电站	九嶷河	1250	2009.5
440	仁和坝水库电站	宁远河	2070	1965.8	451	大阳洞水电站	九嶷河	1200	2005.7
441	大马颈电站	大江洲河	2000	2013.4	452	半山水库电站	泠江河	1160	1966.12

续表11-4-4

序号	电站名称	所在河流	总装机容量（千瓦）	投产时间	序号	电站名称	所在河流	总装机容量（千瓦）	投产时间
453	恒源电站（湘源电站）	九嶷河	1040	2011.7	463	小紫荆电站	别江河	750	2012.7
454	鑫源水电站	蛟源河	1030	2005.4	464	官塘水电站	宁远河	730	1996.7
455	半塘水电站	新拌塘河	1030	2009.5	465	下洞水电站	小江冲河	720	1981.12
456	江溪塔水电站	蛟源河	1030	2007.12	466	小江冲电站	西春水河	700	2005.10
457	小源电站	双江口河	1030	2009.10	467	凤仙桥水库电站	中河	640	1976.3
458	龙塘水电站	宁远河	1020	1978.3	468	大源电站	东江河	520	2008.3
459	白竹口水电站	大江洲河	1020	2008.5	469	源头坝水电站	泠江河	375	1980.8
460	小东江坝后水电站	九嶷河	800	1997.7	470	大坝口水电站	大坝口河	375	2005.10
461	茶罗电站	泠江河	800	2008.4	471	桃子坪水电站	九嶷河	320	2008.7
462	中渡河电站	河底河	800	2009.5					
新田县									
472	新圩水电站	石羊河	1760	1979.12	479	心安电站	春陵水	525	1978.12
473	金陵电站	新田河	1040	1968.10	480	立新电站	日西河	480	1986.12
474	肥源电站	日西河	945	1977.12	481	南鑫水电站	新田河	480	2005.10
475	亚华水电站	新田河	650	2006.12	482	祖亭下水电站	新田河	420	2005.12
476	新隆电站	新田河	640	1987.10	483	大坝中干渠水电站	日西河	350	2004.12
477	金源水电站	新田河	640	2006.10	484	双碧水电站	新田河	285	2005.8
478	七贤山水电站	石羊河	600	2005.11	485	小山下水电站	石羊河	260	2005.10
蓝山县									
486	高塘坪一级水电站	大桥河	7200	1987.11	499	凌江河二级水电站	凌江河	2520	2004.5
487	钟野电站	钟水	6030	2011.2	500	大桥二级电站	琛水	2400	2005.5
488	高塘坪二级水电站	舜水	5600	1985.12	501	连俊梯级电站	俊水	2400	2004.5
489	军田水电站	军田水	4500	1978.5	502	鑫源电站	钟水	2240	2006.2
490	杨家洞电站	鲁田水	3750	2005.7	503	井湾水电站	钟水	2000	2006.11
491	高塘坪三级水电站	舜水	3600	1998.12	504	百口水电站（水金岩）	中河	1950	2003.10
492	鲁田水电站	鲁田水	3600	1999.4	505	云峰水电站	俊水	1800	2006.4
493	万年桥水电站	舜水	3600	1999.10	506	枫木山水电站	鲁田水	1600	2003.4
494	源水水电站	俊水	3200	2005.4	507	桐木垒三级电站	苦竹冲水	1510	2006.4
495	滴水龙水电站	钟水	3000	1982.3	508	友谊坳水电站	漕溪水	1500	2014.12
496	凌江河一级水电站	凌江河	2520	2004.5	509	沙落水电站	凌江河	1500	2004.3
497	瓦窑口水电站	中河	2520	2005.6	510	水竹河电站	中河	1500	1999.12
498	界牌水电站	琛水	2520	2002.4	511	荆竹水电站	凌江河	1500	2004.10

续表11-4-4

序号	电站名称	所在河流	总装机容量（千瓦）	投产时间	序号	电站名称	所在河流	总装机容量（千瓦）	投产时间
512	团沅水电站	团圆水	1500	2003.7	544	黄瓜水电站	沙坪水	800	2003.6
513	艾公冲水电站	中河	1500	2005.10	545	大桥一级水电站	琛水	800	2005.5
514	恒昌电站	鲁田水	1500	2000.3	546	罗家山水电站	横江水	800	2005.4
515	舜水河电站	舜水	1500	2011.4	547	新富源水电站	舜水	800	2006.4
516	下源井水电站	鲁田水	1400	1997.4	548	高罗岭水电站	横江水	800	1997.11
517	大志鹏水电站	鲁田水	1320	1997.12	549	里佳田水电站	紫良源水	800	1997.4
518	老寨水电站	中河	1320	2004.2	550	浆洞新村水电站	鲁田水	800	2004.2
519	群英水电站	舜水	1320	1972.12	551	溪林水电站	舜水	750	2006.4
520	北门水电站	舜水	1260	1998.4	552	山田四级水电站	紫良源水	750	2006.4
521	金鸡岭三级电站	板塘水	1260	2005.7	553	大鱼梁电站	凌江河	750	1987.5
522	葫芦坳水电站	东河水	1260	2004.7	554	上夏洞水电站	舜水	720	2006.7
523	八仙下棋二级电站	中河	1260	2006.4	555	幼江洞水电站	团圆水	700	2006.4
524	斋公塘水电站	漕溪水	1250	2007.4	556	车线坪水电站	车线坪水	650	2008.8
525	乔市水电站	琛水	1250	2004.4	557	大河边水电站	舜水	650	2005.4
526	庙背岭水电站	漕溪水	1220	1997.12	558	小源水电站	小源水	650	2005.4
527	龙河水电站	俊水	1200	2006.7	559	鱼晒水电站	中河	650	2006.5
528	立新水电站	俊水	1200	1972.4	560	龙花冲水电站	中河	650	2005.5
529	小洞水电站	鲁田水	1120	1999.4	561	石羊水电站	凌江河	640	2005.3
530	荆竹坪水电站	大源水	1040	2005.4	562	友爱水电站	中河	640	2005.4
531	汇源水电站	大源水	1030	1998.10	563	荆竹源水电站	凌江河	640	2005.11
532	蒲林水电站	凌江河	1000	2006.5	564	龙塘河水电站	琛水	640	2004.5
533	岩丘水电站	俊水	1000	2005.4	565	大洞田水电站（石壁电站）	凌江河	640	2011.2
534	十里下坪水电站	中河	1000	2004.5	566	东山水电站	仙姑岩水	640	1997.4
535	大湾水电站	大湾河	1000	2004.2	567	新村水电站	钟水	640	1999.12
536	大桥乡大冲水电站	琛水	1000	2005.4	568	毛江一二级水电站	毛江水	640	2007.10
537	红星河水电站	高良源水	900	2007.4	569	小目口一级电站	沙子岭水	640	2003.2
538	下枯山水电站	排田水	900	1990.4	570	半山二级电站	沙坪水	640	1998.1
539	堡里水电站	漕溪水	900	1997.7	571	肖家水电站	琛水	640	2005.3
540	普里水电站	漕溪水	900	1997.7	572	茶源水电站	漕溪水	640	2003.4
541	堡里电站	漕溪水	900	1997.7	573	沙坪电站	东河水	640	2005.4
542	龙溪水电站	舜水	890	2006.12	574	大村水电站	琛水	570	2005.5
543	廖家庄水电站	舜水	860	2006.4	575	栗树坪二级电站	高良源水	570	1997.11

续表11-4-4

序号	电站名称	所在河流	总装机容量（千瓦）	投产时间	序号	电站名称	所在河流	总装机容量（千瓦）	投产时间
576	湘源二级水电站（湘源电站）	大源水	525	2005.4	607	金鸡岭二级电站	板塘水	400	2005.7
577	大坪头（二级）水电站	鲁田水	520	2003.3	608	坪冲水电站	中河	400	2005.4
578	黄泥铺水电站	舜水	520	2006.4	609	大麻电站	舜水	400	1976.4
579	林布水电站	舜水	520	2008.4	610	大冲口电站	舜水	400	1996.4
580	大坪头二级电站	鲁田水	520	2003.3	611	刘门水电站	沙坪水	400	2003.4
581	绵花地水电站	苦竹冲水	520	2004.5	612	栗树坪四级水电站	高良源水	400	1997.11
582	小牛皮河二级电站	漕溪水	500	2007.4	613	庙山脚水电站	军田水	375	2004.9
583	新富源二级电站	舜水	500	2004.4	614	柘溪水电站	舜水	375	2009.4
584	桐木垒二级电站	苦竹冲水	500	2005.4	615	富头山电站	凌江河	370	2005.3
585	呈垒源水电站	呈里源水	500	2005.5	616	所城水电站（大坝口）	高良源水	360	1985.4
586	栗树坪三级电站（鸭婆洞）	高良源水	500	1998.11	617	小牛皮河水电站	漕溪水	350	2007.4
587	老屋场水电站	高良源水	500	2006.5	618	尚屏水电站	俊水	325	2014.12
588	岱底电站	琛水	500	2004.3	619	万年水电站	舜水	325	2006.4
589	蓝江水电站	琛水	500	1997.6	620	大河冲电站	舜水	320	2004.12
590	八仙下棋电站	中河	500	2006.4	621	合包岭水电站	仙姑岩水	320	2006.4
591	长冲一级水电站	中河	500	2006.3	622	山田水电站（山田第二级）	紫良源水	320	2005.4
592	杉木冲水电站	中河	500	2005.5	623	桐木垒一级电站	苦竹冲水	320	2005.4
593	栗树坪一级电站	高良源水	500	2003.5	624	军屯水电站	横江水	320	1998.12
594	岭脚电站	舜水	500	1979.3	625	牛角冲电站	舜水	320	1998.8
595	大桥何家电站	琛水	500	2009.4	626	大坪头一级电站	鲁田水	320	2005.3
596	紫良二级水电站	紫良源水	480	2005.8	627	初冲水电站	小洞水	320	2006.4
597	神源港电站	舜水	480	2007.4	628	鲫鱼坪水电站	排田水	320	1997.4
598	箭岭二级水电站	排田水	450	2002.4	629	大河冲水电站	舜水	320	2014.12
599	箭岭一级水电站	排田水	450	1998.4	630	月形电站	仙姑岩水	300	2006.2
600	马山下电站	舜水	450	1975.12	631	小平源水电站	沙坪水	285	2005.5
601	三步水电站	漕溪水	445	1999.6	632	友谊电站	钟水	275	1968.3
602	大冲口二级电站	舜水	410	2008.4	633	钟形脚水电站	锡坑水	260	2005.8
603	八亩田水电站	漕溪水	410	2007.4	634	珠子岭电站	军田水	260	2003.5
604	小坝头水电站	石家冲水	410	2003.7	635	上尾菜水电站	舜水	260	2003.8
605	看牛坪电站	高良源水	410	2007.3	636	金鸡岭一级电站	板塘水	250	2005.7
606	小米坳水电站	小洞水	410	2003.7	637	三〇三电站	高良源水	250	1989.4

续表11-4-4

序号	电站名称	所在河流	总装机容量（千瓦）	投产时间	序号	电站名称	所在河流	总装机容量（千瓦）	投产时间
638	紫良源一级水电站	紫良源水	250	2004.8	650	湖广冲水电站	小洞水	200	2005.10
639	茶山电站	漕溪水	250	2005.4	651	批冲水电站	鲁田水	200	2003.4
640	东岭园电站	漕溪水	250	2003.4	652	田流水水电站	琛水	200	2005.12
641	荆竹林场电站	琛水	250	1990.4	653	荷叶塘水电站（停机）	舜水	200	2004.4
642	桃金冲水电站	中河	250	2006.5	654	石角冲水电站	车线坪水	200	2004.4
643	竹山口水电站（山田第三级）	紫良源水	200	2005.7	655	界头山水电站	漕溪水	160	2001.4
644	小志鹏水电站	鲁田水	200	2006.4	656	荆竹坪水电站	大源水	160	2005.12
645	县电厂	舜水	200	1978.12	657	瑶旦水电站	漕溪水	160	2005.4
646	三合水电站	罗家洞水	200	2007.4	658	臭水水电站	鲁田水	160	2000.3
647	水杉林水电站	军田水	200	2003.5	659	两江口水电站	濛溪水	125	2003.09
648	三亩田水电站	军田水	200	1998.8	660	源兴电站	琛水	125	2007.4
649	三岗记水电站	石家冲水	200	2004.4					
金洞管理区									
661	晒北滩电站	白水	35000	2010.4	672	冷水源电站	小黄系河	1600	2006.5
662	油榨铺水电站	白水	4800	1994.7	673	茶盘口水电站	大黄系河	1200	2005.10
663	水竹源水电站	白水	3780	2006.10	674	团结二级附属电站	小黄系河	1000	2007.5
664	大茅坪电站	大黄系河	3750	2006.7	675	白沙源电站	白水	1000	1983.12
665	金珠湾水电站	白水	2500	2008.10	676	东江水电站	白沙凼水	1000	2006.5
666	野株源水电站	野株源河	2500	2017.6	677	小茗洞水电站	小茗洞	1000	2007.5
667	团结二级电站	小黄系河	2000	2006.5	678	红日山电站	小黄系河	500	1980.2
668	钗江河二级电站	钗江河	1890	2010.9	679	金星电站	大黄系河	500	2006.4
669	红星电站	白水	1890	2011.6	680	星光电站	小黄系河	500	2007.3
670	团结一级水电站	小黄系河	1890	2006.5	681	锡口源电站	钗江河	270	2007.5
671	钗江河三级电站	小黄系河	1800	2010.9					

五、志书编纂文件

（一）《永州市水利志》编纂工作实施方案

（永州市水利局　永水办〔2016〕60号）

编修部门志是“十三五”期间我市水利重点工作。市委、市政府决定，从2016年开始，采取“先编部门志，后编市志”的方式，开展新一轮市志编修工作。根据市委办、市政府办联合印发的《〈永州市志〉编修实施方案》（永办〔2016〕17号）精神，为全面做好《永州市水利志》编纂工作，制定如下方案。

一、指导思想

以马克思列宁主义、毛泽东思想和中国特色社会主义理论为指导，全面贯彻习近平总书记系列讲话精神，以党的路线、方针、政策和国家法律法规为依据，坚持辩证唯物主义、历史唯物主义的观点，坚持解放思想、实事求是、锐意进取、改革创新，遵循志书编修的原则和体例，全面、客观、系统地记载和反映永州水利改革发展和涉水事务的历史与现状，充分体现时代特点和地域特色，为推动永州经济社会持续健康发展提供资政服务和历史借鉴。

二、工作任务

编修《永州市水利志》（1992—2015），字数50万字左右，2018年3月底完成初稿，2018年9月底前形成送审稿，力争2018年底完成印刷、出版工作。

三、组织机构

《永州市水利志》编修工作由市水利局牵头，市移民局、市气象局、双牌水库管理局、涔天河水利水电管理局、市水文局、涔天河工程建设投资有限公司、双牌水电站、南津渡水电站、宋家洲电站、浯溪电站为承修单位。

为加强志书编纂工作领导，推动志书编纂工作，成立永州市水利志编纂委员会。

主　任：廖荣良

副主任：黄保平　曹小阳　王桂芳　李启华　蒋燕翔　蒋正生　欧阳平清（常务）　周智亮　鲁金舟　夏剑平　黎世民　唐顺亚　李祥红　杨　勇　罗广林　陈成林　于　熙

成　员：石琪　单剑平　李国旗

编纂委员会下设办公室，欧阳平清同志兼任办公室主任。唐重斌、李志翔、谭清华、廖红华、何江辉、彭群英、黄安晓、肖毅、雷端生、熊智华、蒋国胜、陈琼、杨涛波、王勇、韩少武、唐平、周珊莉、蒋仲峰、张光珍、付炜、李国勇、刘团荣、高安德、陈茂智、何富根、杨浩、李一平、黄剑为办公室成员。

如遇工作调整，编纂委员会成员及编纂委员会办公室成员相应递补，不再另行下文。

聘请蒋仲峰同志为《永州市水利志》主编，陈颖川同志为副主编，廖红华、左建平、黄崇县同志为责任编辑，梁礼为专职工作人员。

四、工作步骤

本轮修志于2016年上半年启动，2018年9月完成《永州市水利志》编纂工作，力争2018年底完成出版工作。

（一）准备阶段（2016年10月底前）

制定《〈永州市水利志〉编纂工作实施方案》，阐明水利志编修的意义和作用，确定各承修单位的基本任务，明确编修的质量标准等，成立水利志编纂委员会及办公室；召开水利志编修动员大会，市有关承修单位、各县区局、局直各单位、各科室向市水利局递交责任书；制定《永州市水利志》编目大纲；各单位部门确定专人负责收集资料；开展业务培训，组织编纂相关人员进行业务培训。

（二）资料征集阶段（2017年3月底前）

编写大事记，各单位、科室站按照篇目大纲广泛搜集资料，做好志书断限期内入志资料的搜集、整理、鉴别和考证。资料要做到全面、系统、真实、准确，并进行分类、建卡、存档，同时组织编写资料长篇。

（三）编纂阶段（2018年6月底前）

按照质量标准与时限要求，完成志稿并进行初审，形成“征求意见稿”；将“征求意见稿”分送有关领导、专家及相关部门审查，多方征求意见建议后进行修改形成《永州市水利志》的“送审稿”，报市史志办审查。

（四）评议修改阶段（2018年9月底前）

送审稿形成后，在市史志办指导下召开专门的评审会，对志稿进行公开点评。评审会议后，组织主笔逐条归纳、整理、分析及处理评审意见，对志稿进行删补、修改完善。修改后的定稿，报市史志办备案。

（五）出版阶段（2018年底前）

出版前，由保密部门和统计部门负责对志书数据、涉密内容进行审查。经市史志办终审批复后，由市史志办统一组织公开出版。

五、工作条件和经费安排

1. 市水利局在办公楼专门安排一间办公室作为永州水利志的编撰室，提供必要的办公设施。

2. 根据永州市志、部门志编修动员大会精神，水利志编纂工作所需经费列入部门预算。为确保水利志编纂工作有效开展，按照综合考虑、统筹安排的原则，将筹措90万元经费用于修志工作。所筹经费主要用于编修人员的工资、稿酬、办公费、差旅费、资料征集、评议会议评审费等。市水利局向市财政积极争取水利志的出版经费，不足部分另行安排。

3. 市水利局从《永州市水利志》承修单位按照每个单位3万元的标准收取部门志编修经费。同时，有关科室和部门要积极争取市财政适当补助，市水利局财务还自筹60万元用于编纂工作。各有关单位自筹经费在2016年底全部到位。

4. 市水利局根据修编工作阶段任务完成情况，对聘请的主编按每月4000元、专职工作人员按每月2600元的标准发放聘用工资。

5. 市水利局按照省、市史志办统一规定的标准发放相关人员的稿酬。

六、工作要求

（一）高度重视。编修好水利志，既是历史责任，又是法定职责，修志工作要讲政治、讲大局，增强政治责任感，充分认识修志工作的重要性，各承修单位、各县区、市水利局局直各单位和科室要将此工作列入重要议事日程，形成各负其责、齐抓共管的工作格局；配齐配强工作人员，全面做好支持保障。

（二）密切协作。修志工作是一项政治性强、标准高，战线长、范围广，难度大、时间紧的工作，是整体合力、综合素质和统筹能力的充分展现，特别需要全方位的密切配合和协同作战，更需要互相理解、相互支持和相互配合。

（三）注重质量。始终坚持质量第一的观念，正确处理质量与进度的关系，坚持存真求实，严字当头，严把政治关、史实关、体例关、文字关、出版关，致力于打造经得起历史检验、具有鲜明时代特征和地域特色的精品佳志。

（四）强化责任。将水利志编修工作列入对各县区水利局、市局各单位和科室目标考核。各县区、各单位和科室要严格按照实施方案中的部署安排、时间节点，全力配合志书的编纂工作，确保编纂工作按时保质高效完成。

附件：1. 志书编纂规范和质量要求

2. 部门志编修工作基本流程

3. 永州市水利志编修工作任务安排表

附件 1：志书编纂规范和质量要求

一、编纂规范

1. 志书名称。市本级综合志，书名为《永州市志（1992—2015）》；部门志书名一律定为《永州市××志（19××—2015）》。永州市水利部门志书命名为《永州市水利志》。

2. 内容断限。市志上限 1992 年，下限 2015 年。续修部门志书的上限原则上从首轮修志的下限开始。首轮未单独修志的单位，上限以该部门成立开始，有涉及全局的改革，为反映改革过程的完整性，可以适当上溯下延。续修、创修志书下限均至 2015 年。

3. 体裁体例。志书由述、记、志、传、图、表、录、索引等方志基本体裁和要素构成，以志为主体，亦可根据实际需要，采用专记、特载、记略等体裁。市志采用“中篇体”结构，部门志一般采用“小篇体”结构，横分门类，纵述史实。记述要求实、精、特，文字精炼，篇幅适宜，实现志书“精品化”“轻型化”。

4. 人物传记坚持“生不立传”的原则，在世人物的突出事迹以事系人入志，可设人物简介、人物表予以收录。

5. 志书中所用称谓、纪年时间、数字、注释引文、计量单位、标点符号等，按照志书行文通则执行。志书所采用的资料，包括史料、人名、地名、年代、数据、引文等，必须经考证核实，重要的要注明出处。全书应编制索引及英文对照目录。

二、质量要求

1. 观点正确。市志、部门志体现的观点应符合马列主义、毛泽东思想、中国特色社会主义理论和习近平总书记系列讲话精神，符合辩证唯物主义和历史唯物主义，符合党的十一届三中全会以来的路线、方针、政策，符合党和国家有关涉外、保密、民族、宗教等政策，符合各行各业发展实际。

2. 资料翔实。志书内容横不缺项、纵不断线，入志资料、数据要全面系统、真实准确，经得起实践和历史的检验。

3. 结构合理。篇目设置要符合科学分类和适当兼顾社会分工的实际，突出时代特点和地方特色，门类合理，归属得当，层次分明，标题简明，排列有序；图表、照片选用适当。

4. 文辞规范。按记叙文体的要求做到文风朴实、文字简明、用语准确、行文简洁流畅。

5. 印刷标准。文字差错率低于十万分之三，志书排印规格统一，装帧设计要适用、经济、美观，达到出版要求。

附件 2：部门志编修工作基本流程

一、成立编写领导小组

二、组建编写班子

三、确定主编、副主编

四、筹措修志专项经费

五、安排专门的修志办公室

六、召开由市志总编室领导参加的部门志编修启动会

七、制定编修纲目

八、搜集资料，编写资料长编

九、主编一支笔疏理初稿，一气呵成形成送评稿

十、召开志稿评议会

十一、修改评议稿，送市史志办审查

十二、修改送审稿，定稿

十三、送出版社，付印

附件3：永州市水利志编修工作任务安排表（略）

（二）关于认真开展《永州市水利志》资料收集整理工作的通知

（永州市水利局　永水办〔2017〕2号）

《永州市水利志》各承修单位，各县区、管理区、永州经开区水利（水务）局，局属各部门（单位）：

资料收集整理工作是志书编纂一项极其重要的基础性工作，资料收集整理工作的质量直接影响志书的编纂质量。根据市委、市政府的统一部署，《永州市水利志》编纂工作已全面展开。按照《永州市水利志》编纂工作进度要求，2017年3月30日前为资料收集阶段。为更好地在规定的时间内完成这项工作，现就《永州市水利志》资料收集整理工作有关事项通知如下。

一、明确目标，统一认识

总的目标是，按照《永州市水利志》编纂工作要求，全面、客观、系统地收集、整理反映永州水利改革发展的历史和现状，特别是1992年以来我市水利改革发展的有关资料，努力把《永州市水利志》编纂成为具有时代特征、地方特色、水利特点相统一的精品佳志打好基础。各地、各单位要高度认识此次志书编纂的重大意义，把志书编纂资料收集工作列入重要议事日程，坚持一把手牵头，为资料收集工作创造必要的条件，分管领导抓落实，做好检查督促工作，责任人员具体操作，保质保量完成各类相关资料的收集、整理和考证，完整提交收集的资料。

二、突出重点，精心收集

《永州市水利志》资料收集整理工作，重点突出六大类资料，一是主体资料：反映各责任单位工作发展变化情况的资料；二是大事记资料：记载本单位有重大影响的事件、事物的资料；三是专题资料：记载本单位重大事项发展变化过程及其结果、影响等情况的详细资料；四是图表资料：反映本单位基本面貌、重要事件、重要会议的有关照片及一览表、统计表等；五是附录资料：本单位具有存史价值的重要文献、水利著述、治水人物、古代水工程及统计资料等。资料收集整理的具体内容如下：

（一）市水利局各科、室、站：

1.《永州市水利志》篇目大纲划分的责任单位名下的具体内容。

2. 1992年以来各年度工作计划和总结。

3. 1992年以来起草、出台的所有文件。

4. 1992年以来向上级汇报的各类综合材料。

5. 1992年以来每一年度审批、上报、实施、管理、验收的各类水利工程基本情况。

6. 最能体现本部门工作特色亮点的统计表、图片、照片。

7. 重要的、有影响力的新闻报道。

8. 大事记。

（二）各县区、管理区、永州经开区水利（水务）局：

1.《永州市水利志》篇目大纲划分的责任单位名下的具体内容。

2. 最能体现本地本局工作特色亮点的文件、材料、统计表、图片。

3. 省、部级以上领导视察的照片。

4. 重要的、有影响力的新闻报道。

5. 大事记。

（三）各承修单位：

1.《永州市水利志》篇目大纲划分的责任单位名下的具体内容。

2. 参照水利局各科室站、各县区水利局收集内容进行。

3. 大事记。

三、保证质量，按时提供

《永州市水利志》资料收集整理工作面广、量大，任务重、时间紧，各地、各单位一定要克服困难，尽量收集，并将保证质量摆在首要位置。必须注重收集资料的权威性，收集的资料要求是第一手原始资料，并对收集的资料加以考证，确保资料的真实可靠。必须注重收集资料的完整性，做到纵不断线，横不缺项，按照篇章节目的内容，全面收集，客观反映，确保资料收集质量，减少资料退回重做率。资料收集要把握好“时间、地点、事件、人物、过程、结果”六大要点，所收集的资料上限1992年，下限2015年，部分资料根据需要可适当上溯和下延。

具体时间要求是：2017年1月20日前，进一步确定资料收集线索，细化具体收集内容，分解落实任务，并将确定的分管领导和具体负责同志及联系方式，上报市水利局。2017年3月15日前，各县区水利局，局机关各科室、直属各单位，《永州市水利志》各承修单位，根据细化的具体收集内容，开展资料收集工作，将收集的资料按不同篇、章、节、目整理归类，经单位内部初审、单位主要领导签署意见、加盖单位公章后，报市水利局。2017年3月30日前，市水利局邀请专家对各地上报的资料统一组织审查，各地根据市水利局审查意见对资料及时进行补充完善，并报市水利局。

附：1.《永州市水利志》篇目大纲资料收集责任划分

2.《永州市水利志》大事记编写要求

3.《永州市水利志》凡例

附件1：《永州市水利志》篇目大纲资料收集责任划分（略）

附件2：《永州市水利志》大事记编写要求

1 大事记资料的选材，应遵循“常事不记，非常则记”的原则，做到大事突出，要事不漏。如会议，应记重要会议，一般性例会不记；又如水事活动，应记国家、省、市重大水事活动。

2 入选大事记资料的大事、要事，必须是有较大影响的，具有资政、教育、存史和查考价值。如：重大洪涝和干旱灾害情况，抗灾防灾的重大活动。

3 大事记资料的记载范围，一般包括以下几个方面：（1）水行政主管部门机构设置沿革和人事变动，以及职能、辖属情况的变化；（2）重要文件、规定的制订、印发与实施；（3）大中型水利工程建设和具有时代代表性的水工建筑物的开工、竣工、投产受益等；（4）本单位重大专项工作、活动和重要事件，重大科学研究成果、学术科研活动；（5）工作中的重大失误、重大事故、重大案件，记实而不咎其责任；（6）上级重要领导人、著名人士在本单位的重要活动。

4 大事记资料采用编年体和纪事本末体相结合的体例编写，要反映大事、要事发生的时间、地点、人物、经过、结果、相关数据等基本要素。

5 大事记资料以年、月、日为序排列，一事一条。日不明者置于月末，称“是月”；日、月均不明者置于年末，称“是年”。

附件3：《永州市水利志》凡例（略）

（三）关于进一步加强《永州市水利志》编纂工作的通知

（永州市水利局 永水办〔2019〕47号）

各承修单位，各县区（管理区、经开区）水利局，局属各部门（单位）：

《永州市水利志》是《永州市志》的重要组成部分，是《永州市志》41部部门志之一，由市水利局牵头组织，市直12个承修单位共同参与。经过近三年的努力，各相关单位做了大量工作，取得了阶段性成效，形成了近四十万字的“资料长篇”。目前，《永州市水利志》已进入总纂阶段。总纂是在各承修单位志书的基础上对志书总合成、深加工的过程，是在高层次上对全部资料的重新消化、系统加工，是决定志书整体质量的关键环节。为进一步加强《永州市水利志》编纂工作，特通知如下：

一、调整充实编纂人员

由市水利局党组成员、副局长欧阳平清继续兼任《永州市水利志》编纂办主任，王方卓任《永州市水利志》编纂办副主任。聘请陈颖川为《永州市水利志》主编，廖红华、成刚为《永州市水利志》副主编，左建平、唐平、郑慧为《永州市水利志》责任编辑。

二、延伸记述内容下限至2019年

《永州市水利志》原记述内容上限为1992年，下限至2015年，入志内容可适当上溯和下延。考虑到2019年是新中国成立70周年，又是市、县区党政机构改革完成之年，也是我市水利改革发展具有重要标杆意义的一年，2020年我国将全面建成小康社会，开启中国特色社会主义社会崭新阶段。因此，《永州市水利志》下限时间统一调整至2019年。以2019年为此次修志的时间下限，既是现实工作需要，也有重要历史意义。

各承修单位，各县区（管理区、经开区）水利局，局属各部门（单位）要安排专门力量，对2016年—2019年的资料抓紧整理、梳理上报。重点要收集整理六大类资料，一是主体资料：反映各责任单位工作发展变化情况的资料；二是大事记资料：记载本单位有重大影响的事件、事物的资料；三是专题资料：记载本单位重大事项发展变化过程及其结果、影响等情况的详细资料；四是图表资料：反映本单位基本面貌、重要事件、重要会议的有关照片及一览表、统计表等；五是丛录资料：本单位具有存史价值的重要文献、水利著述、治水人物及统计资料等。资料收集整理的具体要求和内容，可参考《关于认真开展永州市水利志资料收集整理工作的通知》（永水办〔2017〕2号）。

三、抓紧补齐重要资料短板

各承修单位，各县区（管理区、经开区）水利局，局属各部门（单位）要抓紧对1992年—2019年的重要资料进行认真收集，全面整理，补强弱项，该记入志书的要记入志书。重点补齐四类资料短板，一是重要工程资料，各相关单位优选精选最具时代意义、最有地方特色的3—10个精品水利工程上报，市编纂办将组织专家评选后记入志书；二是重要人物资料，主要收录对永州对县区水利改革发展做出重要贡献的人物资料，包括承编单位和县区水利局历任一把手资料、重大水利工程指挥长或常务副指挥长资料、高级工程师资料，也适当收录在外地工作、有重要成就的永州籍水利人物，详见附件1；三是重要图片资料，主要是反映各单位重要事件、重要会议、重要人物、重要工程的照片资料，详见附件2；四是重要荣誉资料，主要是各单位以及单位干部职工获得的省部级以上表彰的荣誉称号。

四、全力完成志书编纂

《永州市水利志》工作时间紧、任务重、压力大，需要各单位采取有效措施，集中人员、集中时间、集中财力，倒排工期、全力以赴，强力推进修志工作，坚决克服庸、懒、散、拖，确保优质高效完成修志工作任务。2019年11月底前，形成《永州市水利志》“讨论稿”，市水利局将组织局里相关领导和老同志对稿件进行评议，广泛征求意见和建议。2019年12月底前修改“讨论稿”，力争形成“初稿”，市水利局将邀请市领导和修志专家对初稿进行评审。2020年2月底，对初稿进行修改后，形成“送审稿”，送市史志办审查。

具体时间要求是：2019年9月30日前，分解落实任务，细化收集内容，将确定的分管领导和具体负责同志及联系方式，上报市水利局。2019年10月31日前，各县区水利局，局机关各科室、直属各单位，将收集的资料整理归类，经单位内部初审、单位主要领导签署意见、加盖单位公章后，报市水利局。2019年11月30日前，市移民中心、市气象局、双牌水库管理局、涔天河水利水电工程管理局、市水文局、涔天河工程建设投资有限公司、双牌水电站、南津渡水电站、宋家洲电站、浯溪电站、湘祁电站等11个《永州市水利志》承修单位，完成所承担的《永州市水利志》相关篇目编纂工作，经单位组织专家评审并修改、单位主要领导签署意见、加盖单位公章后，报市水利局。

附件1.《永州市水利志》人物资料编写要求

2.《永州市水利志》图片资料要求

附件1：《永州市水利志》人物资料编写要求

一、基本内容

1 人物资料主要记载在永州市工作或活动、对永州市水利改革发展有突出贡献人物的事迹，也适当收录在外地工作、有重要成就的永州籍水利人物的事迹。

2 人物资料包括《人物传》资料、《人物录》资料、《人物表》资料三部分。

3《人物传》资料，全面记述本单位2019年底以前去世的符合收录标准的水利人物的生平事迹。

4《人物录》资料，着重记述在世的符合收录标准的水利人物的主要事迹。

5《人物表》资料，以表格形式反映符合收录标准的水利人物的基本情况。

二、收录标准

收入《永州市水利志》的人物，应以该人物对永州市水利改革发展的贡献及影响大小为收录标准。

1《人物传》或《人物录》：永州市水利局历任党组成员，各承修单位历任一把手，省、市重大水利工程建设杰出贡献者，全国水利先进工作者，省级以上劳动模范，战斗英雄、烈士，有突出贡献、突出成就的水利人物。

2《人物表》：各县区水利局历任一把手，湖南省省级以上先进人物（劳动模范、先进工作者、三八红旗手），高级专业技术资格获得者，在外地工作、有处级以上职务或高级职称的永州籍水利人物。

三、基本要素

1《人物传》和《人物录》资料的基本要素包括：姓名，性别，出生年月日（已逝者加逝世年月日），籍贯，学历，政治面貌，主要事迹，主要成果，曾获荣誉，社会评价等。人物传应介绍详细生平事迹。为使内容生动、形象，应重视收集反映人物特点的资料，尽量发掘有代表性的事迹细节及其讲话或言论。

2《人物表》资料的表栏设置要求清晰明确，内容包括姓名、性别、籍贯、所在单位、政治面貌、代表性成果、荣誉项目、授荣单位和时间等。

3 每篇《人物传》资料约为800—3000字，每篇《人物录》资料约200—500字。

附件2：《永州市水利志》图片资料要求

1 单位主体图片。与单位工作资料相对应，真实反映单位基本面貌、发展变化以及地方特色和单位特点的照片。

2 重要水事图片。重要的大事记、重大会议、重大调研、重大抢险救灾活动资料，应提供1—2幅相应的照片。

3 重要水利工程图片。可根据实际情况，每个重要水利工程配置2—3幅图片，适应收录部分工程建设前后的对比图片。

4 水利人物图片。《人物传》收录人员，每人应提供大一寸证件照片1张，永州水利工作照2—3张；《人物录》收录人员，每人应提供永州水利工作照2—3张；《人物表》收录人员，每人应提供永州水利工作照1—2张。

5 数码照片应统一使用 JPG 常用图片文件格式，照片文字说明应标在该照片的图框外或文件夹上，简要说明拍摄内容、时间及拍摄者（提供照片单位）。

（四）关于《永州市水利志》编纂工作的说明

欧阳平清

各位领导、各位同仁、各位专家：

根据评审会议的安排，我代表《永州市水利志》编纂办就志书编纂工作作个说明。作这个说明，我有些诚惶诚恐、忐忑不安。一来，志书的编纂工作，从来就不是一件容易的事情。我们的水利志，因为其专业性、多学科、多部门、跨领域，更为不易。二来，在坐的各位都是我们永州水利系统的大腕，是永州水利改革发展的策划者、组织者、指挥者、参与者、见证者和奉献者。三来，我本人到市水利局工作仅仅五年多一点，虽然过去在政策研究和文稿起草方面有一些心得，但对水利工作的历史和现状、建设和管理、事件和人物还了解得很不够。所以，有讲得不对的地方，请大家多多包涵，多多指正。

第一，水利志是一面小镜子，它要照出水利的过去、现在和未来，更要体现出存史、资政和教化方面的价值。

凡为过往，皆属历史。历史，是要被记录的。大者，于国，谓史；小者，于家，谓谱；中间，于地方、于部门，谓志。史书官修、志书官修，这是中华文明生生不息绵延不断的优良传统。水利志的编修，要传承好这一优良传统，持政府观点，为水利立言，体现官方意志、官方意识。这面镜子照过去，就是要忠实照出 1992 年到 2019 年水利工作的发展轨迹，重要工程的基本布局，重大事件的前因后果，重头政策的来龙去脉，各个层面的辉煌成就；这面镜子照现在，就是要忠实照出我们这一代水利人的过硬作风、良好素质、拼搏进取、不负韶华，以及“忠诚、干净、担当，科学、求实、创新”的新时代水利精神；这面镜子照未来，就是要忠实照出我们这一代水利人做了什么、干了什么、成了什么、留下了什么，取得了哪些成绩，在什么地方有缺陷，让后来的水利人，或者从中可以汲取奋进的力量，或者从中可以传承宝贵的经验，或者从中可以避免不必要的错误。

《永州市水利志》是我市第一部水利部门志，志书记录的 28 年（1992 年—2019 年），在人类发展史上只是弹指一挥间，但却是整整一代水利人的全部。这 28 年来，全体水利人顶天立地、战天斗地，掀开了永州治水史的新篇章，留下了永州治水史上浓墨重彩的一笔，推动了全市水利大改革、大投入、大发展、大繁荣、大跨越。回顾水利历程，追踪水利记忆，我们的水利志书可圈可点的很多很多；讲好水利“故”事，传承水利文化，我们的水利志书要记要载的很多很多。我相信，我们在坐的各位能够讲好自己的水利“故”事，也乐于讲好自己的水利“故”事，让我们的水利“故”事口口相传、代代相传。

第二，水利志是一个大箩筐，它装的东西不能太少，但是它也不是什么东西都可以装，它要装的东西必须是有价值的、有份量的、有意义的东西。

《永州市水利志》这个箩筐之大，简直可以无所不包、无所不装，犹如永州水利百科全书般的存在。我们编纂办预想的是，《永州市水利志》要为国、为民、为水利立言，集时代特征、地方特点、水利特色于一书，横不缺项、纵不断线，全面、客观、准确、忠实记录我市水利发展的历史和现状，我市水利事业取得的显著成就和发生的深刻变化，全方位、多层次、宽领域展现我市水利改革发展历史轨迹。从装的范畴上讲，按照市委、市政府的要求，我们的水利志包括 8 个正处级单位、1 个副处级单位，还有几个股份制中型电站。我个人的理解，《永州市水利志》不仅仅是我们市水利局的局志，它更应该是我们整个永州市水利系统的系统志，或者讲永州市涉水系统志，它既包括我们市水利局，也包括移民局、气象局、水文局、涔天河水库管理局、双牌水库管理局、双牌电站、南津渡电站、涔天河水库扩建工程投资公司、宋家州电站、浯溪电站等，还应该包括水资源保护、水灾害防御、水环境治理、水生态修复、水污染防治等，一句话概括，涉水行政事务管理上的“九龙治水”要努力变成志书编纂上的“九龙归一”。从装的内容上讲，《永州市水利志》当然以永州市水利局的工作为主体，这个主体也打破了上一部志书按照“蓄、引、提、调”工程分章的格式，我们从水系水资源、防汛抗旱、水利工程、水电发展、生态水利、涔天河水库扩建工程、水库移民、气象水文、水利管理、附录等10个方面，横分门类、纵述史实、依次展开，另有双牌灌区、涔天河灌区、双牌电站、南津渡电站、宋家洲电站、浯溪电站等大中型水利水电工程专辑6个，无论是内容的广度、厚度，还是专业的精度、深度，都有大的提升。至于一般般的东西，可有可无的东西，或者邋里邋遢的东西，就不要了。从装的体裁上讲，志书的七大体裁述、记、志、图、表、传、录全部都有体现，以志为主体，间插图片、表格，力争做到兼收并蓄、图文并茂、好懂易读。

关于志书编纂的几个具体问题，在此，也简要说明一下。

1. 关于志书断限。主体时间是1992年—2019年，较市志要求的下限2015年延长了四年，主要考虑2019年是新中国成立70周年，又是市、县区党政机构新一轮改革完成之年，也是全市水利改革发展具有重要标杆意义的一年（与全国全省一样，永州的治水主要矛盾发生了历史性重大转变，已经从人民群众对除水害兴水利的需求与水利工程能力不足之间的矛盾，转化为人民群众对水资源水生态水环境的需求与水利行业监管能力不足之间的矛盾）。个别工作，根据需要，适当进行了上溯下延。

2. 关于志书图片。志书图片的编辑与设计，我们聘请了市水利局原党组成员、副局长王瑶东同志专门做这一块。他非常敬业，也非常专业，通过广泛发动人脉及资源，千方百计收集水利照片4000余张，整理有收录价值的600余张，并以洪荒之力收集到了原全国人大委员长乔石同志、原全国政协副主席毛致用同志以及历任湖南省委书记、众多省部级领导视察永州水利工作等珍贵照片。志书的图片设计工作现已基本完成，限于篇幅，没有打印出来。

3. 关于志书人物。人物是志书的灵魂，也是最敏感的地方。对此，我们非常慎重，反复讨论后专门出台了文件予以规范。重点收录对永州市水利改革发展有突出贡献人物的事迹，也适当收录在外地工作、有重要成就的永州籍水利人物的事迹，包括《人物传》、《人物录》、《人物表》三部分。《人物传》或《人物录》收录范围是：永州市水利局历任党组成员，各承修单位历任主要负责人，省、市重大水利工程建设杰出贡献者，全国水利先进工作者，省级以上劳动模范，战斗英雄、烈士，有突出贡献、突出成就的水利人物，其中《人物传》收录2019年底以前去世水利人物，《人物录》收录2019年底在世的水利人物。《人物表》收录范围是：各县区水利局历任局长，湖南省省级以上先进人物（劳动模范、先进工作者、三八红旗手，二等功及以上荣誉），高级专业技术人员，在外地工作、正处级以上职务或高级职称的永州籍水利人物。由于多方面原因，有不少该收录的没有收录进来，下段我们会继续下功夫收集。

4. 关于志书附录。在资料收集过程中，我们发现，很多资料和内容非常珍贵，也很有保存价值，但又不宜记述于志书正文中，舍弃了非常可惜，因此单列此篇。

第三，水利志是一棵小苗子（或者说是半成品），还比较稚嫩、比较粗糙，尤其需要大家的浇水施肥、阳光雨露、用心呵护，帮助它健康成长、快快长大。

在2016年以来的这四年多的志书编纂过程中，虽然我们尽了心、努了力，也取得了一定的效果，但是它的缺点和不足也非常明显。这部水利志不是陈颖川的水利志，不是欧阳平清的水利志，也不是廖荣良的水利志，而是我们在坐各位的水利志，是我们这一代水利人的水利志。唯其如此，今天请大家来，就是请大家回想当年、梳理过去、查找资料，多找志书不足、多补志书漏洞，努力让这部志书少留些遗憾，少一些缺失。我想，重点请大家在这三方面努力。

一是提供有效资料。万丈高楼平地起，没有丰富而翔实的资料，任何志书的编纂都是空谈。我们这部志书，要解决好当前存在的这种那种的问题，关键靠资料。在这近30年的发展历程当中，很多资料已经遗失了，很多文件也找不到了，所以请大家回去多花点功夫，请我们的科室站长们在自己的老电脑、老柜子、老档案、老笔记本里面多翻一翻、找一找，提供有效资料，包括图片、事件、工程、人物等等。图片是无言的史，反映真相非常直观，有的人也比较在乎，我就多讲两句。原则上，请我们在坐的同志，或者对我们水利作出贡献的水利人，都提供好自己的工作照，如果有条件收录的，我们尽量收录。我们水利志估计有60多万字，700—800页，两页可插一张图，包括最前面的图片，应该能容纳300、400张照片，所以请大家尽量提供。如果大家实在没有，该补拍的补拍，我觉得也没多大问题。但到时，如果说那个科室有照片，我这个科室没有照片，或者说某某的照片进了志书，为什么我的照片就没有进志书，进而闹情绪、有意见，这样就不好。因此，来了的，请把这个事记下，没来的，请大家相互转告。到时没提供又没有上志的话，就不要有什么意见。

二是修复志书空档。我刚才讲了，志书要讲好水利“故”事，这个“故”事也是“古”事，以使我们的水利工作有一个延续性、传承性。我们志书一些重要的水利工作，很多在时间节点上出现了空档、空白，中间跨越了几年、十几年甚至二十年没得内容，主要原因是资料匮乏，档案难找，当事人记不清，或者没有佐证依据。比如水利经济，这个曾经的中心工作，期间就跨越七、八年没有内容。所以说，请大家把这些空档空白补齐。如果实在没得资料，我跟颖川同志、红华同志以前也讲过，或者把原来的篇压缩成章，章压缩成节，节压缩成目，或者把它砍去、删掉。

三是匡正史实错误。时代久远了，这志书里记录的东西，部分可能不准确，或者讲不全面。最简单的就是我们党组成员表，我反正搞不清，听廖红华、何江辉讲，五、六个地方在时间上有错误。还包括一些工程方面的内容，请大家用心。志书这个东西，错下去就是历史罪人。如果印出来了，错了也对了，因为，我们现在代表政府代表官方修志，而对、错，是以官方记载为准的。所以，我们不要以错代错。对遗漏的一些史事、时间、人物、事迹，请我们各位分管领导认真看看，请我们科长们认真看看、核实。

同志们，这个志书能有今天这个样子，主要得益于廖局长的高度重视和局党组的关心支持，也得益于我们承修单位和在座科长们的付出，特别得益于我们编纂办编纂室全体同志兢兢业业、无私奉献、甘坐冷板凳。

今天这个会，标志着我们这个志书进入收官阶段，也进入决胜决战的关键时刻，能不能把红旗插上去，取决于在座的各位。我们今天可谓是老少咸集、群贤毕至、英才荟萃，非常难得也非常不易。我建议大家多思考、多提意见，少打电话、少看手机，把意见整理成书面文字后提交给颖川同志。如果今天搞不好，可以后面几天，甚至后面半个月、一个月，都可以提供。

也请编纂室全体同志不解释、不争论、不辩解，用心听、用心记、用心理解、用心思考。下午，我将组织力量，把大家的真知灼见整理好、记录好、消化好、吸收好。

我就讲这些，谢谢大家！

（编者注：本文系2020年11月22日在《永州市水利志》稿水利系统内部评审会议上的发言，根据录音整理，收录时作者有所修改。）

索　引

说明：本索引中篇章节名称按第一个字的汉语拼音字母顺序排列，第一个字相同则按第二个字的汉语拼音字母顺序排列，依此类推。

B

办理征地手续 …………………………………… 214
保障体系 ………………………………………… 276
病险水库除险加固 ……………………………… 81
部门支持移民资金 ……………………………… 367

C

涔天河水库扩建工程 ………………………… 195
城市水利建设选介 ……………………………… 120
城镇水利建设 …………………………………… 117

D

大庆坪治水的故事（报告文学） ……………… 518
大事记 ………………………………………… 11
地方电网建设 …………………………………… 178
典型案例 ………………………………………… 342
电　费 …………………………………………… 348
电网建设 ………………………………………… 178
电站建设 ………………………………………… 148

F

防洪工程 ………………………………………… 117
防汛抗旱 ……………………………………… 273
防灾减灾 ………………………………………… 281
附　录 ………………………………………… 457
附 1：大型水利工程专辑——双牌灌区 …… 122
附 2：大型水利工程专辑——涔天河水库 … 135
附 3：中型水电站专辑——双牌水电站 …… 184
附 4：中型水电站专辑——南津渡水电站 … 186
附 5：中型水电站专辑——潇湘水电站 …… 190
附 6：中型水电站专辑——浯溪水电站 …… 193

G

概　述 ………………………………………… 1
工程措施 ………………………………………… 288
工程管理 …………………………… 205，209，328
工程建设………………………………… 202，207
工程运行管理 …………………………………… 332
工程质量管理 …………………………………… 331
古代水工程选介 ………………………………… 474
关于《永州市水利志》编纂工作的说明 …… 581
关于大力开展农田水利建设的决定 ………… 479
关于湖南省潇水涔天河水库扩建工程项目建议书的批复 ………………………………… 484
关于进一步加强《永州市水利志》编纂工作的通知 ……………………………………… 579
关于开发水电资源加速电力建设的若干意见 ……………………………………………… 482
关于切实加强农村饮水工作的意见 ………… 497
关于认真贯彻落实中央和省委 1 号文件精神加快我市水利改革发展的实施意见 ……… 485
关于认真开展《永州市水利志》资料收集整理工作的通知 ………………………………… 577
灌溉工程 ………………………………………… 99
灌区工程 …………………………………… 207，99
规　费 …………………………………………… 322

H

旱　灾 …………………………………………… 65

行政许可 …………………………………………… 335
河道治理 …………………………………………… 256
河流水环境与水质检测 ………………………… 402
河长制 ……………………………………………… 253
后期扶持政策成效 ……………………………… 367
湖南省涔天河水库扩建工程农村移民安置办法
…………………………………………………… 489

J

机 构 ……………………………………………… 304
机构体系 …………………………………………… 274
加强水资源管理 建设水生态文明 ………… 514
加强湘江源头保护 为幸福城市增添更多水利
元素 ……………………………………………… 512
监督管理 …………………………………………… 250
减灾效益 …………………………………………… 206
建设背景 …………………………………………… 197
建设管理 …………………………………………… 328
节水灌溉工程 ……………………………………… 103
节约保护水资源 建设美好新家园 ………… 511

K

口粮补助 …………………………………………… 366
库区开发专项资金 ……………………………… 367
库区移民 ………………………………………… 357

L

零陵地区征集防洪保安资金实施细则 ……… 480
落实五大发展理念 推进最严格水资源管理 … 515

M

毛俊水库移民安置 ……………………………… 382

N

农村电气化 ………………………………………… 159

P

培训演练 …………………………………………… 281

Q

其他河流 …………………………………………… 42
气 象 ……………………………………………… 407
气象服务 …………………………………………… 412
前期工作 …………………………………………… 197
前期准备 …………………………………………… 198

R

人 物 …………………………………………… 423
人物传略 …………………………………………… 424
人物简介 …………………………………………… 427
人物名录 …………………………………………… 442

S

三峡水库移民安置 ……………………………… 379
山洪灾害防治非工程措施 ……………………… 287
山平塘 ……………………………………………… 90
生态流量 …………………………………………… 266
生态水利 ………………………………………… 219
市级水行政管理机构 …………………………… 304
市级水行政管理直属事业单位和下属单位 … 307
枢纽工程 …………………………………………… 201
枢纽工程移民安置验收 ………………………… 213
双牌水库移民安置 ……………………………… 377
双牌水库移民扶助金 …………………………… 366
水 费 ……………………………………………… 347
水 库 ……………………………………………… 71
水 量 ……………………………………………… 48
水 能 ……………………………………………… 50
水 文 ……………………………………………… 388
水 系 ……………………………………………… 39
水 灾 ……………………………………………… 60
水 质 ……………………………………………… 51
水电管理 …………………………………………… 160
水电建设 ………………………………………… 147
水电开发 …………………………………………… 148
水电路等建设 ……………………………………… 370
水电梯级开发 ……………………………………… 154
水功能区限制纳污 ……………………………… 239

水旱灾害 …… 60
水行政执法 …… 337
水库淹没 …… 359
水库移民后期扶持政策 …… 366
水库移民区基础设施建设 …… 370
水库移民区生产开发 …… 375
水利风景区建设 …… 268
水利管理 …… 303
水利规划 …… 313
水利建设 …… 69
水利经济 …… 347
水利科技 …… 351
水利科技成果选介 …… 354
水生态修复 …… 253
水土保持 …… 241
水土流失 …… 241
水文测验 …… 397
水文机构 …… 405
水文气象 …… 387
水文情报预报 …… 401
水文特性 …… 388
水文站网 …… 393
水系水资源 …… 37
水政管理 …… 335
水资源 …… 48
水资源管理 …… 229
水资源管理制度 …… 229
水资源开发利用控制 …… 235

T

提水工程 …… 94
天气与气候 …… 407
投　资 …… 319
投资　规费 …… 319
推广应用 …… 351

W

文件文稿选录 …… 479

X

县级电网建设和改造 …… 179
县区水利局历任局长、书记名录 …… 449
湘　江 …… 40
湘江保护 …… 220
湘江保护与治理 …… 220
湘江源头 …… 39
湘江治理 …… 222
湘江主要支流 …… 41
项目选介 …… 224
小型水电站选介 …… 174
蓄水工程 …… 71

Y

淹没补偿 …… 360
淹没处理规划 …… 360
淹没设计标准 …… 359
淹没实物指标 …… 359
移民安置 …… 210，363
移民安置发展阶段 …… 363
移民安置方式 …… 364
移民安置工程建设 …… 212
移民安置前期工作 …… 210
移民搬迁安置 …… 215
移民后期扶持基金 …… 366
移民异地搬迁安置 …… 370
移民重点建设项目选介 …… 373
移民资金拨付管理 …… 214
引水工程 …… 92
引提水工程 …… 92
饮水安全工程 …… 106
饮水安全巩固提升 …… 106
饮水工程 …… 105
饮水工程选介 …… 111
饮水解困工程 …… 105
应急预案体系 …… 279
永州籍外地从事水利工作正处级以上职务或正高级职称人员名录 …… 444
永州市2015—2017年河道采砂集中整治工作方案 …… 493
永州市全面推行河长制实施方案 …… 499
永州市市水利局机关各内设机构及直属事业单位主要职责规定 …… 505
永州市水利系统高级专业技术人员名录 …… 454

《永州市水利志》编纂工作实施方案 ········ 574
《永州市水利志》承修单位历任局长、党组书记名录 ········ 445
永州市小（1）型水库名录 ········ 523
永州市小（2）型水库名录 ········ 526
永州市小河流名录 ········ 458
永州市小型水利工程名录 ········ 523
用水效率控制 ········ 237

Z

在永州市专题研究农村饮水工作会议上的讲话 ········ 517
责任体系 ········ 277
指挥调度 ········ 282
志书编纂文件 ········ 574
中小河流治理 ········ 261
重大抗灾选介 ········ 290
重点库区移民 ········ 377
重点移民村建设 ········ 372
专项规划 ········ 316
自动化　信息化 ········ 352
综合规划 ········ 313
综合经营 ········ 349
综合治理 ········ 245
组织机构 ········ 201，207
组织体系 ········ 274

表格索引

表 1-1-1　2019 年永州市境内流域面积 50 平方公里以上河流基本情况统计表 ········ 43
表 1-2-1　2015 年永州市行政分区水资源量统计表 ········ 50
表 1-2-2　2015 年永州市流域分区水资源量统计表 ········ 50
表 1-2-3　2008 年永州市水能资源情况表 ··· 51
表 1-2-4　2010—2018 年永州市主要河流水质评价统计表 ········ 52
表 1-2-5　2018 年永州市水功能区水质状况统计表 ········ 54
表 1-3-1　1976—2017 年部分年份永州市典型洪水灾害损失情况表 ········ 61
表 2-1-1　2019 年永州市大型水库大坝注册登记表 ········ 74
表 2-1-2　2019 年永州市中型水库大坝注册登记表 ········ 78
表 2-1-3　2019 年永州市大中型水库除险加固表 ········ 85
表 2-1-4　2019 年永州市小（1）型水库除险加固表 ········ 85
表 2-1-5　2015 年永州市各县区塘坝处数统计表 ········ 91
表 2-2-1　永州市中型灌溉排水泵站基本情况表 ········ 96
表 2-2-2　2019 年永州市小型灌溉排水泵站基本情况汇总表 ········ 98
表 2-4-1　2005—2019 年永州市农村饮水工程建设发展变化一览表 ········ 108
表 2-4-2　2019 年永州市千吨万人以上农村饮水安全集中供水工程汇总表 ········ 108
表 2-5-1　2019 年永州市县级以上城市（镇）防洪圈一览表 ········ 118
表 2-6-1　2019 年双牌灌区建设现代灌区项目及投资估算一览表 ········ 127
表 2-6-2　1999—2008 年湖南省双牌灌区全国大型灌区续建配套与节水改造项目投资情况表 ········ 130
表 2-7-1　涔天河电站历年效益统计表 ······ 141
表 2-7-2　涔天河水库历年雨水情及发电量统计表 ········ 142
表 3-1-1　2019 年永州市水电站建设情况表 ········ 151
表 3-1-2　2019 年永州市小水电清理整改退出类水电站分类清单 ········ 152
表 3-1-3　2002 年道县沲水河流域电站建设项目规划情况表 ········ 158
表 3-1-4　2011—2020 年永州市增效扩容改造情况统计表 ········ 162
表 3-1-5　2016—2019 年永州市生态机组改

造情况统计表 …………………………… 173
表 4-2-1　2011 年永州市涔天河水库扩建工程建设指挥部成员名录 ………………… 201
表 4-2-2　2013—2015 年永州市涔天河水库扩建工程协调领导小组名录 …………… 202
表 4-2-3　2015 年永州市涔天河水库扩建工程协调领导小组名录 ………………… 202
表 5-2-1　2015—2030 年永州市县区、管理区、经开区水资源开发利用红线控制目标一览表 …………………………… 235
表 5-2-2　2015—2030 年永州市县区、管理区、经开区水资源开发利用红线控制目标一览表 …………………………… 236
表 5-2-3　2015 年永州市县区、管理区、经开区用水效率红线控制目标一览表 ……… 237
表 5-2-4　2020 年各县区、管理区、永州经开区用水强度控制目标一览表 ………… 238
表 5-2-5　2015—2030 年县区、管理区、经开区水功能区限制纳污红线控制目标一览表 …………………………… 239
表 5-3-1　湖南省三次土壤侵蚀遥感调查数据统计表（永州市部分） ………………… 241
表 5-3-2　2018 年和 2019 年永州市年度水土流失动态监测成果表 ………………… 242
表 5-3-3　永州市第三次遥感土壤侵蚀面积表 …………………………… 243
表 5-3-4　永州市第三次遥感土壤侵蚀量成果表 …………………………… 243
表 5-3-5　2001—2019 年永州市水土保持治理项目计划安排情况统计表 …………… 248
表 5-4-1　2011—2019 年永州市省管、市管河道采砂经营权出让统计表 …………… 258
表 5-4-2　2009—2019 年永州市中小河流治理工程实施情况表 …………………… 263
表 5-4-3　2013—2018 年永州市冷水滩区中小河流治理重点县综合整治和水系连通试点项目区实施情况表 …………………… 265
表 5-4-4　2019 年湖南省主要河流控制断面生态流量控制指标表（永州） ………… 266
表 5-4-5　2020 年永州市主要河流控制断面生态流量控制指标表 ………………… 266
表 6-1-1　1989—2019 年永州市防汛抗旱指挥部指挥长名录 …………………… 275
表 6-2-1　2019 年潇水、湘江干流主要河段安全流量一览表 …………………… 284
表 6-2-2　潇水、湘江主要水文站警戒水位、流量关系一览表 …………………… 284
表 6-2-3　2019 年涔天河、双牌水库汛期控制水位情况表 ………………………… 284
表 6-2-4　2019 年永州市主要电站防洪调度基本情况表 ………………………… 284
表 6-2-5　2007—2019 年永州市启动防汛抗旱应急响应日期表 …………………… 286
表 6-2-6　2008—2019 年永州市山洪灾害防治县级非工程措施年度资金安排统计表 …………………………… 288
表 7-3-1　1995—2011 年部分年份永州市防洪保安资金征收统计表 ………………… 323
表 7-3-2　2012—2019 年永州市水利建设基金征收统计表 ………………………… 323
表 7-3-3　2011—2019 年永州市农田水利建设资金征收统计表 …………………… 324
表 7-3-4　2004—2019 年永州市市本级水资源费征收统计表 ……………………… 324
表 7-3-5　2002—2019 年永州市市本级水土保持补偿费征收统计表 ……………… 325
表 7-3-6　2012—2019 年永州市可采区采砂情况统计表 ………………………… 326
表 7-4-1　2012 年永州市建管中心情况调查统计表 ………………………………… 328
表 7-5-1　2012—2019 年永州市规范性文件统计表 ………………………………… 339
表 8-3-1　2006—2019 年永州市核定大中型水库移民后期扶持人口指标统计表 ……… 369
表 9-1-1　1992—2018 年永州市多年平均降水量月分配表 ………………………… 388
表 9-1-2　永州市不同量级集水面积上最大洪峰流量统计表 ……………………… 392
表 9-2-1　1978 年至 2016 年永州市人工影响天气统计表 ………………………… 419
表 10-3-1　1992—2019 年永州市水利局历任党组成员名录 ……………………… 442
表 10-3-2　1992—2019 年永州市水利局非党组成员市管干部名录 ……………… 443
表 10-3-3　永州籍外地从事水利工作正处级以上职务或正高级职称人员名录 ……… 444

表 10-3-4 《永州市水利志》承修单位历任局长、党组书记名录 …………………………… 445
表 10-3-5 县区水利局历任局长、书记名录 ………………………………………………… 449
表 10-3-6 1992—2019 年永州市水利系统省、部级以上先进人物名录 …………………… 452
表 10-3-7 永州市水利系统高级专业技术人员名录 ……………………………………… 454
表 11-1-1 10~50 平方公里河流一览表 … 458
表 11-4-1 永州市小（1）型水库名录 …… 523
表 11-4-2 永州市小（2）型水库名录 …… 526
表 11-4-3 2019 年永州市千人以上农村饮水安全集中供水工程名录 …………………… 544
表 11-4-4 2019 年永州市农村水电站名录 ……………………………………………… 562

编后记

《永州市水利志》是永州市第一部水利志，是《零陵地区水利水电志》续志。《永州市水利志》编修工作从2016年初开始谋划，当年10月正式启动，在编修各方共同努力下，历时五年多，现在付印出版，画上一个圆满句号。

《永州市水利志》记述内容起于1992年，下限2019年（较市志要求的下限2015年延伸了4年），个别事项进行了上溯下延。全志由概述、大事记、正文、人物、附录5个部分组成，正文部分由水系水资源、水利建设、水电建设、涔天河水库扩建工程、生态水利、防汛抗旱、水利管理、库区移民、水文气象9篇组成，共34章114节6个专辑，人物由人物传略、人物简介和人物名录三部分组成，附录收入永州市小河流名录、文件文稿选录、古代水工程选介、小型水利工程名录表、志书编纂五个方面内容。在体例上，我们运用述、记、志、传、录、图、表等方式，以志为主体，间插图片、表格，力求兼收并蓄、图文并茂。力求全面、系统、客观记述28年间永州市水利改革发展历程。《永州市水利志》编纂牵涉面广，全市11个承修单位共同参与编修，在一定意义上是永州市水利系统志或永州市涉水事业志。

《永州市水利志》编修工作经历了4个阶段。

第一个阶段为准备阶段。2016年3月27日，中共永州市委办公室、永州市人民政府办公室《关于印发〈永州市志编修实施方案〉的通知》（永办〔2016〕17号）明确，《永州市水利志》为《永州市志》41部部门志之一，由市水利局牵头双牌水库管理局、涔天河水利水电管理局、南津渡电站、宋家洲电站等单位编修。之后，市水利局多次研究协调相关事宜，多方物色志书主编，2016年9月确定人选，开展相关准备工作。2016年10月18日，永州市水利局下发《关于印发〈永州市水利志〉编纂工作实施方案的通知》（永水办〔2016〕60号），成立以市水利局党组书记、局长廖荣良为主任，市水利局党组成员和市移民局、市气象局、湖南省双牌水库管理局、涔天河水利水电管理局、市水文水资源勘测局、涔天河工程建设投资有限公司、湖南省双牌水电站、湖南省南津渡水电站、潇湘水电站、浯溪水电站等10个承修单位主要负责人为副主任的《永州市水利志》编纂委员会，编纂委员会下设办公室，市水利局党组成员、副局长欧阳平清任编纂委员会常务副主任兼编纂办主任，市水利局聘请蒋仲峰为《永州市水利志》主编、陈颖川为副主编。2016年11月至12月，在主编拿出篇目大纲初稿的基础上，编纂办通过5次集中商讨、10余次反复修改，制定了《〈永州市水利志〉篇目大纲》，得到了市党史与地方志征集编纂办公室的高度认可和各方好评。2016年12月28日，市水利局召开《永州市水利志》编纂工作动员会，各承修单位、各县区水利局、市水利局各科室站院负责人和编纂办全体成员参加会议，会议对志书编修工作作了全面安排部署。由于编纂室成员都是第一次参加修志工作，缺乏专业知识和工作经验，市水利局专门组织相关人员到常德市水利局学习编纂水利部门志书的经验，还通过网络和电话联系购买了一批全国优秀水利志书供编纂人员学习借鉴。同时，两次派员参加由市地方志编纂室举办的部门志编纂工作培训班，两次邀请市地方志编纂室副主任高波到市水利局作集中培训指导。每一位编纂办成员以高度的责任感、使命感，坚持在学中干、在干中学，相互探讨、研究、取长补短，较快掌握了志书编修业务，进入了角色。

第二阶段为资料收集整理阶段。2017年1月11日，市水利局印发《关于认真开展〈永州市水利志〉资料收集整理工作的通知》（永水办〔2017〕2号文），要求志书编修单位按照《篇目大纲》收集整理各类相关史实、文件、图片、大事记、人物和实物资料，每篇、章、节都明确了责任单位、编纂人员和工作要求。市水利局主要领导、分管领导多次开会研究，针对工作进度适时协调解决具体问题，保障人力、物力、财力，就志书资料收集整理交思路、交任务、交方法。主编、副主编和编纂者们不厌其烦地多次到志书承修单位、市水利局责任科室站和县区水利局现场指导、精准对接、点对点催报，有的在市档案馆一待就是一个多月，有的为一则资料跑四五次路，工作浩繁却无怨无悔。通过一年多的努力，据统计，各承修单位提供文字资料 50 万多字，图片资料 100 多张；各县区水利局提供文字资料 200 余万字，图片资料近 100 张；市水利局各科室站院提供文字资料 100 余万字，图片资料 200 多张。2019 年 7 月，形成了 50 余万字的《永州市水利志》资料长编，但在内容广度和专业深度上存在不少差距。2019 年 9 月 18 日，市水利局印发《关于进一步加强〈永州市水利志〉编纂工作的通知》（永水办〔2019〕47 号文），对资料收集、志稿编纂、人员调整充实等作出安排，聘请陈颖川为《永州市水利志》主编，廖红华、成刚为副主编，同时对《永州市水利志》延伸记述内容，下限调整至 2019 年底。紧接着，编纂办对编纂人员分工进行优化，陈颖川续任第四篇涔天河水库扩建工程、第八篇库区移民、第九篇水文气象和专辑的编纂人员，廖红华续任第一篇水系水资源、第三篇水电建设、第五篇生态水利的编纂人员，左建平续任第七篇水利管理的编纂人员，成刚任第六篇防汛抗旱、人物和附录的编纂人员，唐平任第二篇水利建设的编纂人员。2019 年 9 月 23 日，市水利局召开《永州市水利志》编纂工作推进暨业务培训会，各承修单位、各县区水利局、市水利局各科室站院负责人参加了会议。之后，《永州市水利志》编纂办本着对历史负责、为事业立范的原则，立足高起点，力求出精品，组织全体编纂人员在时间紧、任务重的情况下，全力以赴，攻坚克难，仅半年时间，从市档案馆、局档案室、局机关打印室、各承修单位、各县区水利局、市水利局各科室站院以及永州日报社、市水利网等新闻媒体收集整理资料 3000 多万字，各类文件目录 10 万余条，为志书编纂打下了扎实的资料史料基础。为了在这些卷轶浩繁的资料中发掘出精髓，厘清事件、项目、人物真相，2019 年冬至 2020 年春的 6 个月，编纂办主任欧阳平清每周必调度、每天催进度，其中利用节假日召开工作推进会或内部讨论会、评审会 20 余次，从编纂办主任到主编、副主编、编纂人员，大家在一起共同谈想法，解疑难，各抒己见，集思广益，精诚合作，有力推动了志书编纂工作的顺利进行。2020 年 4 月，《永州市水利志》全面开展图片资料的收集、补摄和设计制作工作，市水利局聘请原党组成员、副局长王瑶东专门做这一块工作，王瑶东非常敬业也非常专业，前后历时 3 个多月，共收集与水利志书相关图片约 4000 张，品质较好的约 1000 张，经过筛选和后期处理、编辑，应用到志书的近 400 张，丰富了志书的内容与内涵，编纂办为此先后召开 8 次内部专题会议，对志书图片工作进行深入研究、讨论，反复修改清样。

第三阶段为编纂定稿阶段。2020 年 5 月，《永州市水利志》编修工作进入关键时期，各位编纂人员在全面掌握、有效消化大量第一手资料的基础上，对资料长编进行全面充实、修正和完善，编纂志书各个篇、章、节、目内容。2020 年 11 月 11 日，《永州市水利志》形成初稿，文字计 60 余万字。2020 年 11 月 22 日，永州市水利局组织召开《永州市水利志》稿内部评审会，各承修单位、各县区水利局、市水利局领导以及各科室站院负责人和部分退休老领导、老专家参加了会议，会议对志稿进行了充分肯定，同时提出了修改意见。紧接着，编纂办组织编纂人员认真吸收内部评审会上领导专家提出的意见和建议，加班加点对志稿进行认真修改。2020 年 11 月 30 日，由市地方志编纂室组织的《永州市水利志》稿评审会议在市水利局召开，市地方志编纂室及《永州市志》的专家领导蒋政平、高波、张泽槐、曾福查、王劲梅等对《永州市水利志》稿进行认真评审，给予充分肯定，并提出了宝贵意见和建议。市政协原副主席、《永州市志》总纂蒋政平在《永州市水利志》稿评审会上指出：《永州市水利志》稿“是我们市里的部门志当中资料最翔实，撰写最认真，整体质量比较成熟的一部志稿。市水利局分管的领导欧阳平清同志很认真，编写组力量是强的”。2020 年 12 月 1 日至 2 日，《永州市水利志》编纂办召集全体编纂人员对志稿评审会上领导、专家意见建议进行了认真研究吸纳，全面部署《水利志》稿修改完善工作。2021 年 9 月 29 日，《永州市水利志》送审稿送市地方志编纂室、《永州市志》总编室和市水利局主要领导、专家审查。2021 年 10 月 22 日，市地方志编纂室领导和专家就《永州市水利志》送审稿同编纂办成员交换意见。之后，编纂办组织进行最后的内容补充、完善和校对工作，在市地方志编纂室指导下开展出版社、印刷厂比对择优工作。

第四阶段为出版印刷阶段。2021 年 12 月，《永州市水利志》稿交由方志出版社出版，2022 年 12 月，由湖南湘衡彩印有限公司承印。

《永州市水利志》在编修过程中得到了湖南省水利厅、长沙理工大学、湖南科技学院、湖南省库区移民事务中心、湖南省水文水资源勘测中心、湖南省水利水电勘测设计研究总院、湖南水利水电职业技术学院，永州市地方志编纂室、市科技局、市档案馆、市图书馆、永州日报社以及常德市水利局等单位的大力支持，得到了市水利局、市库区移民事务中心、市气象局、市水文水资源勘测中心、湖南省双牌水库管理局、涔天河水库和工程管理局、涔天河工程建设投资有限公司、湖南省双牌水力发电有限公司、湖南省南津渡水力发电有限公司等承修单位，以及冷水滩区水利局、零陵区水利局、祁阳市水利局、东安县水利局、双牌县水利局、道县水利局、江永县水利局、江华瑶族自治县水利局、宁远县水利局、新田县水利局、蓝山县水利局的支持配合。其中，市水利局办公室、政工科、水资源科、建管科、地电站、防汛办、工管站等科室站，市库区移民事务中心、市水文水资源勘测中心、湖南省双牌水库管理局、涔天河工程建设投资有限公司、湖南省南津渡水力发电有限公司等承修单位尤其是编写主笔，为水利志编纂提供了较高质量的文字或图片资料。市水利局二级巡视员、原党组书记、局长廖荣良，市水利局党组书记、局长黄保平对志书编纂工作高度重视，多次在局党组会议和局务会议上进行安排部署，高位推动修编工作。分管副局长欧阳平清 5 年来主持召开志书编纂大小会议上百次，对志书编修全过程全环节进行协调督促、业务把关，特别对篇目大纲的修改历时两个多月、对概述的修改历时 5 个多月，并在 4 次通读全稿的基础上提出大量指导、修改意见，促进了志书品质提升。编纂室的同志们兢兢业业，任劳任怨，数年如一日坚持着，陈颖川接任主编后面对众多挑战全身心投入到志书编纂中，廖红华升任副调研员后在繁重工作任务的同时勇挑重担接任副主编，成刚副主编、编纂人员左建平、唐平都是单位中层骨干，本职工作任务很重，他们就利用闲暇时间、节假日休息时间编写志稿，王瑶东以对水利工作的挚爱，耗时一年多时间，补拍、收集、筛选、编辑、设计志书图片。每一位编纂人员包括蒋仲峰都为志书付出了辛勤劳动，作出了重要贡献。梁礼、罗林曾经参与过志书的编纂，周克敏、郑慧、唐海民、肖娣等为修志提供过服务，还有市水利局很多同事、市水利系统内外很多同志为志书编纂作出了贡献，在此不一一列举，一并表示感谢。

伏案修志五载余，往事历历在目，酸甜苦辣，五味杂陈。写完编后记，修编工作告成，编者顿觉幸福感满满，“无愧于时代，无愧于前辈水利人，也无愧于自己专业素养”的感觉充盈心中。

由于志书时间跨度长，涉及范围广，需要研究的问题多，加之编者水平有限，经验不足，书中疏漏之处在所难免，恳请读者谅解和批评指正。

编　者

2022 年 12 月